Springer-Lehrbuch

Albert Fetzer · Heiner Fränkel

Mathematik 2

Lehrbuch für ingenieurwissenschaftliche Studiengänge

7. Auflage

Mit Beiträgen von
Akad. Dir. Dr. rer. nat. Dietrich Feldmann
Prof. Dr. rer. nat. Albert Fetzer
Prof. Dr. rer. nat. Heiner Fränkel
Prof. Dipl.-Math. Horst Schwarz †
Prof. Dr. rer. nat. Werner Spatzek †
Prof. Dr. rer. nat. Siegfried Stief †

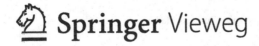 Springer Vieweg

Prof. Dr. Albert Fetzer
Hochschule für Technik
und Wirtschaft Aalen

Prof. Dr. Heiner Fränkel
Hochschule Ulm

ISBN 978-3-642-24114-7
DOI 10.1007/978-3-642-24115-4

ISBN 978-3-642-24115-4 (eBook)

Die Deutsche Nationalbibliothek verzeichnet diese Publikation in der Deutschen Nationalbibliografie; detaillierte bibliografische Daten sind im Internet über http://dnb.d-nb.de abrufbar.

Springer Vieweg

Lektorat: Eva Hestermann-Beyerle
Einbandentwurf: WMXDesign GmbH, Heidelberg

Gedruckt auf säurefreiem und chlorfrei gebleichtem Papier

Springer Vieweg ist eine Marke von Springer DE.
Springer DE ist Teil der Fachverlagsgruppe Springer Science+Business Media
www.springer-vieweg.de

Vorwort zur siebten Auflage

Band 2 des erfolgreichen einführenden Lehrwerks in die Mathematik liegt nun in der 7. Auflage vor. Es zeichnet sich durch eine exakte und anschauliche Darstellung aus. Der Stoff wird durch eine Fülle von Beispielen und Abbildungen veranschaulicht und vertieft.

Zahlreiche Aufgaben mit Lösungen zu jedem Abschnitt erleichtern das Selbststudium.

Aalen, Ulm, im Herbst 2011 **Albert Fetzer**
Heiner Fränkel

Vorwort zur vierten Auflage

Seit fast zwanzig Jahren wird das vorliegende Mathematikwerk von Studenten und Dozenten an Fachhochschulen und Technischen Hochschulen verwendet und hat sich sowohl als Lehr- und Lernmittel wie auch als autodidaktisches Hilfsmittel äußerst gut bewährt.

Neue Aufgabengebiete und Anforderungen der betreffenden Bildungseinrichtungen haben nun jedoch eine vollständige Überarbeitung notwendig erscheinen lassen. Damit wird der Entwicklung im Bereich von Computer- und Kommunikationstechnik Rechnung getragen. Berücksichtigt wird auch, daß der Computereinsatz neue Arbeitsmethoden und Algorithmen ermöglicht.

Die Aufnahme neuer Stoffgebiete machte eine straffere Darstellung einiger Kapitel erforderlich. Die Inhalte wurden nunmehr auf zwei Bände verteilt.

Folgende Themen wurden zusätzlich aufgenommen:

* Geometrische Transformationen und Koordinatentransformationen im $\mathbb{R}^2$ und $\mathbb{R}^3$
* Eigenwerte von Matrizen
* Problematik der Rundungsfehler bei numerischen Verfahren
* QR-Algorithmus
* Kubische Splines
* Fourier-Transformation
* Lineare Differentialgleichungen der Ordnung n mit konstanten Koeffizienten
* Numerische Verfahren für Anfangswertaufgaben

Inhalt dieses Bandes

1. Anwendung der Differential- und Integralrechnung
2. Reihen
3. Funktionen mehrerer Variablen
4. Komplexwertige Funktionen
5. Gewöhnliche Differentialgleichungen

In Abschnitt 1 werden die Methoden der Differential- und Integralrechnung angewendet. Die Absicht der Autoren war es, möglichst viele Probleme ausführlich und anschaulich darzustellen. Auf Anwendungen aus der Geometrie, die auch die Interpolation mit Hilfe kubischer Splines enthält, folgen zahlreiche Beispiele aus der Physik. Die Aufgaben in den Abschnitten 8 und 9 von Band 1 werden hier durch eine umfassende Aufgabensammlung ergänzt.

Die Theorie der Reihen wird in Abschnitt 2 behandelt, zunächst in ausführlicher Darstellung die Zahlenreihen. Besonderer Wert wird auf die in der Praxis häufig auftretenden Potenz- und Fourier-Reihen gelegt. Mit Hilfe der gliedweisen Integration und Differentiation werden Potenzreihen von einigen wichtigen Funktionen hergeleitet und damit Näherungsformeln für z.B. den Umfang einer Ellipse, das Durchhängen eines Seiles usw. angegeben. Die Fourier-Reihe wird, auch in komplexer Form, ausführlich diskutiert, wobei sich die Erweiterung auf nicht periodische Funktionen, die Fourier-Transformation, anschließt. Beispiele aus der Elektrotechnik zeigen, wie diese Theorien in der Praxis verwendet werden.

Bei der Behandlung der Funktionen mehrerer Variablen in Abschnitt 3 ist besonderer Wert auf Anschaulichkeit gelegt worden. Das geschieht aus folgendem Grund: Ein Ingenieur muß z.B. bei der Bestimmung eines Trägheitsmomentes (mehrfaches Integral), der Berechnung der Arbeit eines Feldes (Linienintegral) oder der Untersuchung des Temperaturgefälles (Gradient) seine Fragestellung in eine geeignete mathematische Formulierung „übersetzen" können. Die dabei entstehenden mathematischen Probleme sind häufig geometrisch interpretierbar, also einer Anschauung zugänglich. Das bedeutet, daß zunächst der „Raum", der dreidimensionale Anschauungsraum, mit einigen seiner möglichen Koordinatensysteme behandelt wird. Da die mathematische Beschreibung von Körpern (z.B. von Kegeln, Zylindern, Ringen) erfahrungsgemäß dem Anfänger Schwierigkeiten bereitet, wurde ihr im ersten Teilabschnitt breiter Raum gewidmet. Die Technik des partiellen Differenzierens fällt Anfängern meist leicht, so daß (im zweiten Teilabschnitt) besonderer Wert auf eine anschauliche und ausführliche Erläuterung der Begriffe „partielle Ableitung" und „Differenzierbarkeit" gelegt werden konnte. Die Integralrechnung im dritten Teilabschnitt ist ebenfalls anschaulich dargestellt und enthält viele Anwendungen für Ingenieure. Ein weiterer Teilabschnitt ist einigen elementaren Grundbegriffen der Vektoranalysis gewidmet. Hier wird insbesondere das Linienintegral auf eine Weise eingeführt, die unseres Erachtens für Ingenieure besonders geeignet ist: Es wird zunächst ein Problem der Naturwissenschaften gelöst (Arbeit eines Feldes längs einer Kurve) und danach der mathematische Begriff „passend" erklärt. Bei der Behandlung der Wegunabhängigkeit von Linienintegralen (konservative Felder) wurde auf mathematische Allgemeinheit bewußt verzichtet, da in nahezu allen für Anwender wichtigen Fällen der etwas umständliche Begriff des „einfach zusammenhängenden Gebietes" unnötig allgemein ist.

In Abschnitt 4 werden komplexwertige Funktionen behandelt, und zwar ausschließlich im Hinblick auf die Anwendung in der Wechselstromlehre. Der Vorteil der komplexen Schreibweise besteht darin, daß lineare Wechselstromkreise nach den gleichen Gesetzen behandelt werden können wie solche für Gleichstrom. Die ersten beiden Teilabschnitte vermitteln die für die Berechnung von linearen Wechselstromkreisen nötigen Kenntnisse, wie z.B. die Abbildung $w = 1/z$. Nachdem dann die komplexe Schreibweise in der Wechselstromtechnik eingeführt ist, werden die Ortskurven von Netzwerkfunktionen anhand von Beispielen erläutert.

Abschnitt 5 ist in sechs Teilabschnitte gegliedert. Zunächst werden die theoretischen Grundlagen untersucht. Wir stellen hier insbesondere Kriterien für die Existenz und Eindeutigkeit von Lösungen zur Verfügung. Der zweite Teilabschnitt behandelt einige Typen von Differentialgleichungen erster Ordnung, und es werden Lösungsmethoden dafür vorgestellt. Einen wesentlichen Teil bilden hier Anwendungen aus der Physik und der Elektrotechnik. Als nächstes werden lineare Differentialgleichungen zweiter Ordnung mit konstanten Koeffizienten diskutiert, anschließend die Theorie der linearen Differentialgleichungen der Ordnung n. Wir stellen mehrere Lösungsmethoden vor, die in Abhängigkeit von der speziellen Gestalt der Differentialgleichung anwendbar sind. Zuletzt diskutieren wir hier einige mechanische und elektrotechnische Probleme, die auf Differentialgleichungen der Ordnung zwei führen. Im fünften Teilabschnitt untersuchen wir lineare Systeme von Differentialgleichungen erster Ordnung mit konstanten Koeffizienten. Wir lösen sie und untersuchen Aufgaben, die auf diese Systeme führen. Im letzten Teilabschnitt werden numerische Verfahren für Anfangswertaufgaben vorgestellt.

Inhalt des ersten Bandes

Mengen, reelle Zahlen, Funktionen, Zahlenfolgen und Grenzwerte, Grenzwerte von Funktionen, komplexe Zahlen, lineare Gleichungssysteme, Matrizen, Determinanten, Vektoren und ihre Anwendungen, Differentialrechnung, Integralrechnung.

Eine Vielzahl von Beispielen und Abbildungen veranschaulichen und vertiefen auch in diesem Band den Stoff. Zahlreiche Aufgaben mit Lösungen zu jedem Kapitel erleichtern das Selbststudium.

Wir danken dem VDI-Verlag für die gute Zusammenarbeit.

Düsseldorf, März 1995   **Albert Fetzer**
                                                                        Heiner Fränkel

Auszug aus dem Vorwort zur ersten Auflage

Zielgruppen

Das dreibändige Werk richtet sich hauptsächlich an Studenten und Dozenten der technischen Fachrichtungen an Fachhochschulen. Auch Studenten an Universitäten und Technischen Hochschulen können es während ihrer mathematischen Grundausbildung mit Erfolg verwenden. Die Darstellung des ausgewählten Stoffes ist so ausführlich, daß es sich zum Selbststudium eignet.

Vorkenntnisse

Der Leser sollte mit den folgenden Themen, die in Band 1 ausführlich diskutiert werden, vertraut sein: Mengen und reelle Zahlen, Funktionen, Zahlenfolgen und Grenzwerte, Grenzwerte von Funktionen, Stetigkeit, Differential- und Integralrechnung.

Darstellung

Besonderer Wert wurde auf eine weitgehend exakte und doch anschauliche Darstellung gelegt. Das erfordert, einerseits Beweise mathematischer Sätze nicht fortzulassen und andererseits sie durch Beispiele und Zusatzbemerkungen zu erhellen. Da die Beweise einiger Sätze jedoch über den Rahmen dieses Buches hinausgehen, wurde in solchen Fällen der Beweis ersetzt durch zusätzliche Gegenbeispiele, die die Bedeutung der Voraussetzungen erkennen lassen.

Hinweise für den Benutzer

Die Strukturierung ist ein wertvolles didaktisches Hilfsmittel, auf das die Autoren gerne zurückgegriffen haben.

Die Hauptabschnitte werden mit einstelligen, die Teilabschnitte mit zweistelligen Nummern usw. versehen. Am Ende eines jeden Teilabschnittes findet der Leser ausgewählte Aufgaben (schwierige Aufgaben sind mit einem Stern gekennzeichnet), an Hand derer er prüfen kann, ob er das Lernziel erreicht hat. Zur Kontrolle sind die Lösungen mit zum Teil ausführlichem Lösungsgang im Anhang zu finden, so daß sich eine zusätzliche Aufgabensammlung erübrigt.

Definitionen sind eingerahmt, wichtige Formeln grau unterlegt, Sätze eingerahmt und grau unterlegt. Das Ende des Beweises eines Satzes ist durch einen dicken Punkt gekennzeichnet.

Oft werden Definitionen und Sätze durch anschließende Bemerkungen erläutert, oder es wird auf Besonderheiten hingewiesen.

Hannover, im März 1978

Albert Fetzer
Heiner Fränkel

Inhaltsverzeichnis

1 Anwendungen der Differential- und Integralrechnung

1.1 Geometrische Probleme

1.1.1 Kurven in der Ebene

Bei der Veranschaulichung einer Funktion f wurde die Punktmenge $\{(x, y) | x \in D_f$ und $y = f(x)\}$ in einem kartesischen Koordinatensystem dargestellt. Als Schaubilder der betrachteten Funktionen ergaben sich meist Kurven oder Kurvenstücke.

Beispiel 1.1

Kurven als Graphen von Funktionen (vgl. Bild 1.1 und 1.2)

a) $y = \sqrt{4 - x^2}$ mit $x \in [-2, 2]$ hat als Graph einen Halbkreis.
b) $y = -\sqrt{4 - x^2}$ mit $x \in [-2, 2]$ hat als Graph einen Halbkreis.

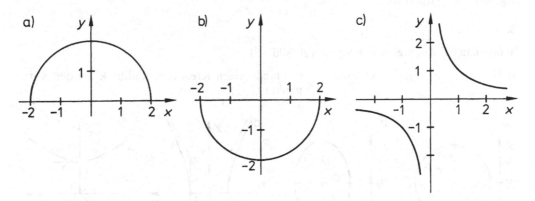

Bild 1.1a–c: Graphen zu Beispiel 1.1

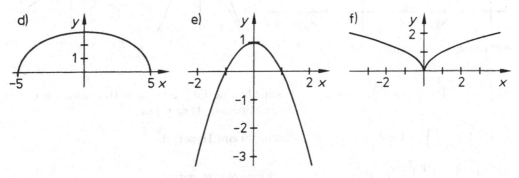

Bild 1.2d–f: Graphen zu Beispiel 1.1

A. Fetzer, H. Fränkel, *Mathematik 2*,
DOI 10.1007/978-3-642-24115-4_1, © Springer-Verlag Berlin Heidelberg 2012

c) $y = \dfrac{1}{x}$ mit $x \in \mathbb{R} \setminus \{0\}$ hat als Graph eine Hyperbel.

d) $y = 3\sqrt{1 - \dfrac{x^2}{25}}$ mit $x \in [-5, 5]$ hat als Graph eine Halbellipse.

e) $y = 1 - x^2$ mit $x \in \mathbb{R}$ hat als Graph eine Parabel.

f) $y = \sqrt{|x|}$ mit $x \in \mathbb{R}$ hat als Graph eine an der y-Achse gespiegelte Halbparabel.

Eine Möglichkeit zur Beschreibung von Kurven besteht also in der Angabe der Zuordnungsvorschrift $y = f(x)$ einer Funktion. Man sagt dann, die Kurve ist in **expliziter Form** gegeben. Wegen der eindeutigen Zuordnung von Argument und Funktionswert enthalten so beschriebene Kurven nie zwei Punkte mit gleicher Abszisse x.

Kurven können aber auch durch Gleichungen der Form

$$F(x, y) = 0 \tag{1.1}$$

beschrieben werden. Die Kurve ist dann die Menge aller Punkte (x, y), für deren Koordinaten die Gleichung (1.1) gilt. Zum Beispiel gilt für alle Punkte eines Kreises vom Radius R um den Nullpunkt: $x^2 + y^2 - R^2 = 0$. Eine durch (1.1) beschriebene Kurve nennt man in **impliziter Form** gegeben oder dargestellt.

Beispiel 1.2

In impliziter Form gegebene Kurven (vgl. Bild 1.3)

a) $(x - x_0)^2 + (y - y_0)^2 - R^2 = 0$ \qquad beschreibt einen Kreis vom Radius R um den Mittelpunkt (x_0, y_0).

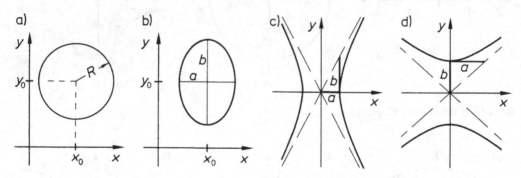

Bild 1.3a–d: Kurven zu Beispiel 1.2

b) $\left(\dfrac{x - x_0}{a}\right)^2 + \left(\dfrac{y - y_0}{b}\right)^2 - 1 = 0$ \qquad beschreibt eine Ellipse mit den Halbachsen a und b, deren Mittelpunkt (x_0, y_0) ist.

c) $\left(\dfrac{x}{a}\right)^2 - \left(\dfrac{y}{b}\right)^2 - 1 = 0$ \qquad beschreibt eine Hyperbel.

d) $-\left(\dfrac{x}{a}\right)^2 + \left(\dfrac{y}{b}\right)^2 - 1 = 0$ \qquad beschreibt eine Hyperbel.

Die Darstellung einer implizit gegebenen Kurve in einem kartesischen Koordinatensystem ist mitunter ein Problem. I. allg. versucht man zunächst $F(x, y) = 0$ »nach y aufzulösen« und zu gegebenem $x_1 \in \mathbb{R}$ die y-Werte zu bestimmen, für die $F(x_1, y) = 0$ gilt, z.B.:

$$F(x_1, y) = e^y - |x_1 + \sin x_1| = 0 \Leftrightarrow y = \ln |x_1 + \sin x_1|.$$

Gelingt dies nicht, so versucht man, $F(x, y) = 0$ nach x aufzulösen und zu gegebenem $y_1 \in \mathbb{R}$ die x-Werte zu bestimmen, für die $F(x, y_1) = 0$ gilt, z.B.:

$$F(x, y_1) = y_1^2 + e^{y_1} - x^2 = 0 \Leftrightarrow (x = + \sqrt{y_1^2 + e^{y_1}} \text{ oder } x = - \sqrt{y_1^2 + e^{y_1}}).$$

Läßt sich $F(x, y) = 0$ weder nach x noch nach y auflösen, so verwendet man Näherungsverfahren, wie sie in Band 1, Abschnitt 8.8 behandelt wurden. Will man z.B. die durch $y^2 + e^y - |x + \sin x| = 0$ implizit gegebene Kurve darstellen, so gibt man sich ein $x_1 \in \mathbb{R}$ vor und verwendet ein Iterationsverfahren zur Bestimmung der y-Werte, für die $y^2 + e^y = |x_1 + \sin x_1|$ gilt.

Neben der expliziten und der impliziten Darstellung von Kurven kennen wir bereits eine dritte Möglichkeit: Bei der Definition der Sinus- und der Kosinusfunktion wurde der Einheitskreis als Menge aller Punkte (x, y) mit

$$x = \cos t \quad \text{und} \quad y = \sin t \tag{1.2}$$

beschrieben. Dabei entsprach t dem Bogenmaß vom Punkt $(1, 0)$ zum Punkte (x, y). Durchläuft t monoton wachsend das Intervall $[0, 2\pi]$, so durchläuft der t entsprechende Punkt (x, y) den Kreis entgegen dem Uhrzeigersinn genau einmal (s. Bild 1.4).

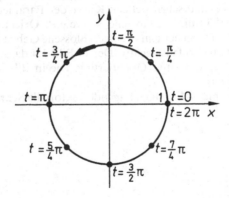

Bild 1.4: Parameterwerte zu (1.2)

Definition 1.1

Eine Punktmenge $C \subset \mathbb{R}^2$ heißt **stetige Kurve**, wenn es zwei auf einem Intervall I stetige Funktionen φ, ψ gibt, so daß für jeden Punkt $(x, y) \in C$

$$x = \varphi(t), \quad y = \psi(t) \quad \text{mit} \quad t \in I \tag{1.3}$$

gilt. Die Gleichungen (1.3) nennt man eine **Parameterdarstellung** der Kurve C.

Schreibweise: $C: x = \varphi(t), y = \psi(t)$ mit $t \in I$.

Ist I das abgeschlossene Intervall $[t_1, t_2]$ und gilt $\varphi(t_1) = \varphi(t_2)$ und $\psi(t_1) = \psi(t_2)$, so heißt die stetige Kurve **geschlossen**.

Bemerkungen:

1. Da beide Koordinaten eines Punktes P vom Parameter t entsprechend der Parameterdarstellung abhängen, sprechen wir auch kurz vom Punkt $P(t)$ statt vom Punkt $(\varphi(t), \psi(t))$.
2. Neben (1.3) gibt es noch unendlich viele andere Parameterdarstellungen der Kurve C. Der Einheitskreis läßt sich z.B. auch durch

$$x = -\sin\tau, y = \cos\tau \quad \text{bzw. durch} \quad x = \cos\tau, y = -\sin\tau \text{ mit } \tau \in [0, 2\pi]$$

beschreiben (vgl. Bild 1.5). Diese Parameterdarstellungen erhält man aus (1.2) durch die Parametertransformationen $t = \tau + \dfrac{\pi}{2}$ bzw. durch $t = -\tau$.

3. Der Begriff Parameterdarstellung wird in analoger Weise auch für nicht stetige Kurven verwendet.
4. Eine Kurve wird auf I **stückweise stetig** genannt, wenn die **Koordinatenfunktionen** φ und ψ auf I stückweise stetig sind.
5. Ist in einer gegebenen Parameterdarstellung die Funktion φ oder ψ unstetig, so kann doch eine stetige Kurve beschrieben sein. Z.B. beschreibt

$$x = \varphi(t) = \begin{cases} R \cdot \cos t & \text{für } t \in [0, \pi] \\ -R \cdot \cos t & \text{für } t \in (\pi, 2\pi] \end{cases}, \quad y = \psi(t) = R \cdot \sin t \quad \text{für } t \in [0, 2\pi]$$

eine stetige Kurve (nämlich den Kreis $x^2 + y^2 = R^2$), obwohl φ in $t = \pi$ unstetig ist.
6. Durchläuft bei einer geschlossenen stetigen Kurve der Parameter t monoton wachsend das Intervall $[t_1, t_2]$, so erhält die geschlossene Kurve eine **Orientierung**. Der Umlaufsinn wird **positiv** genannt, wenn das von der Kurve eingeschlossene Gebiet beim Durchlaufen der Kurve stets zur Linken liegt, andernfalls **negativ**. Der in Bild 1.4 dargestellte Kreis erhielt dementsprechend durch (1.2) eine positive Orientierung. Die in Bild 1.5 gezeichneten Kreise sind unterschiedlich orientiert.
7. Statt $x = \varphi(t)$, $y = \psi(t)$ mit $t \in I$ ist auch folgende vektorielle Schreibweise üblich:

$$\vec{r} = \vec{r}(t) = \begin{pmatrix} \varphi(t) \\ \psi(t) \end{pmatrix} \quad \text{mit } t \in I.$$

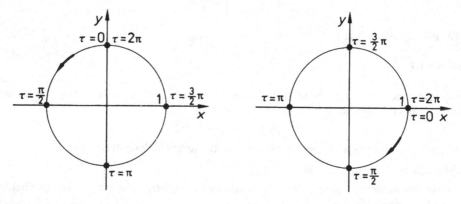

Bild 1.5: Zu anderen Parameterdarstellungen des Einheitskreises

Diese Schreibweise bietet sich insbesondere für Raumkurven an. Zum Beispiel stellt

$$\vec{r} = \vec{r}(t) = \begin{pmatrix} R \cdot \cos t \\ R \cdot \sin t \\ t \end{pmatrix} \quad \text{mit } t \in \mathbb{R}$$

eine Schraubenlinie mit der Ganghöhe 2π dar.

Beispiel 1.3

Parameterdarstellung einer Ellipse mit den Halbachsen a und b

Durch

$$\begin{aligned} x &= a \cdot \cos t \\ y &= b \cdot \sin t \end{aligned} \quad \text{mit } 0 \leqq t \leqq 2\pi$$

wird eine geschlossene stetige Kurve beschrieben. Wegen $\sin^2 t + \cos^2 t = 1$ gilt nämlich für alle Punkte (x, y) die Gleichung

$$\left(\frac{x}{a}\right)^2 + \left(\frac{y}{b}\right)^2 = 1.$$

Die Parameterdarstellung beschreibt also eine Ellipse mit dem Mittelpunkt $(0,0)$. Sie wird im positiven Sinn durchlaufen (vgl. Bild 1.6). Im Fall $a = b = R$ wird ein Kreis vom Radius R beschrieben.

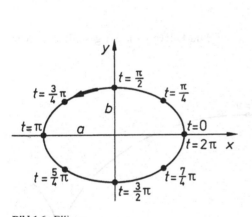

Bild 1.6: Ellipse

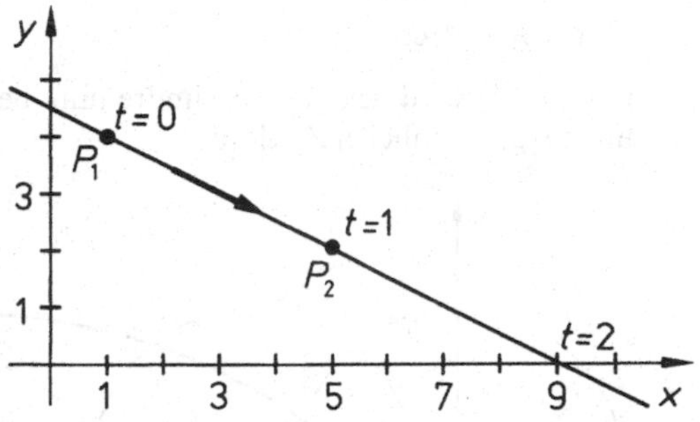

Bild 1.7: Gerade

Beispiel 1.4

Eine Parameterdarstellung einer Geraden

Aus Band 1, Abschnitt 7.2.3 ist uns die Zweipunktegleichung einer Geraden bekannt:

$$\vec{x} = \vec{x}_1 + t(\vec{x}_2 - \vec{x}_1)$$

mit $t \in \mathbb{R}$. Eine Gleichung der Geraden durch die Punkte $P_1(1,4)$ und $P_2(5,2)$ lautet z.B.:

$$\begin{pmatrix} x \\ y \end{pmatrix} = \begin{pmatrix} 1 \\ 4 \end{pmatrix} + t \begin{pmatrix} 4 \\ -2 \end{pmatrix} \quad \text{mit} \quad t \in \mathbb{R}.$$

was die folgende Parameterdarstellung der Geraden ergibt (vgl. Bild 1.7):

$$x = 1 + 4t, \quad y = 4 - 2t, \quad t \in \mathbb{R}.$$

Beispiel 1.5

Zykloide

Bei einigen technischen Anwendungen sind »Rollkurven« von Interesse. Hier soll nur der einfache Fall, daß ein Kreis vom Radius R auf einer Geraden abrollt, betrachtet werden. Man stelle sich etwa ein Rad vor, das auf einer Ebene rollt, ohne zu gleiten.

Wir beschreiben die Lage eines Punktes P auf der Peripherie des Kreises in Abhängigkeit vom Drehwinkel t. Zu Beginn (d.h. für $t = 0$) möge P der Berührungspunkt von Kreis und Gerade sein. Das Koordinatensystem wird entsprechend Bild 1.8 gewählt.

Rollt der Kreis auf der Geraden ab, dann »hebt sich« der Punkt von der Achse, hat nach einer halben Umdrehung $(t = \pi)$ einen maximalen y-Wert und ist nach einer vollen Umdrehung $(t = 2\pi)$ wieder Berührpunkt von Kreis und Gerade.

Bei einer Drehung um t ist der Bogen $R \cdot t$ des Kreises auf der Geraden abgerollt, woraus sich die folgende Parameterdarstellung ergibt (vgl. Bild 1.8):

$$x = Rt - R \cdot \sin t$$
$$y = R - R \cdot \cos t.$$

Mit $t \in [0, 2\pi]$ wird genau eine Umdrehung beschrieben. Die Kurve ist nicht geschlossen. Man nennt sie (gewöhnliche) Zykloide.

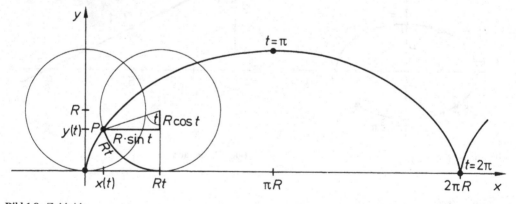

Bild 1.8: Zykloide

Bisher wurde ein Punkt stets durch seine kartesischen Koordinaten gekennzeichnet. Oft ist es nützlich, davon abzuweichen, und die Punkte einer Ebene auf ein anderes Koordinatensystem zu beziehen:

Wir zeichnen einen in der Ebene liegenden Punkt O als **Pol** und eine von O ausgehende Halbgerade als **Polgerade** aus. Die Lage eines beliebigen von O verschiedenen Punktes P läßt sich dann durch

die Maßzahl r der Länge der Strecke $\overline{OP}$ und durch

das (vorzeichenbehaftete) Bogenmaß φ des Winkels zwischen der Polgeraden und $\overline{OP}$

kennzeichnen (s. Bild 1.9). Durch die Angabe eines geordneten Zahlenpaares (φ_0, r_0) ist dann eindeutig ein Punkt P_0 im φ, r-**System** festgelegt (vgl. Bild 1.10). Es beschreibt $\varphi = \varphi_0$ eine Halbgerade durch O und P_0 und $r = r_0$ einen Kreis um O durch P_0, r_0 heißt der **Radiusvektor** von P_0 und φ_0 das **Argument** von P_0.

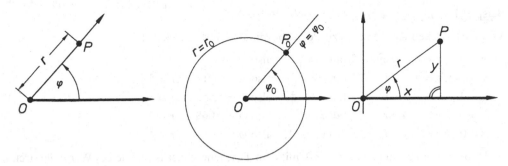

Bild 1.9: Pol und Polgerade   **Bild 1.10:** Koordinatenlinien im φ, r-System   **Bild 1.11:** Zusammenhang zwischen kartesischen Koordinaten und Polarkoordinaten

Durch diese Festlegung ist zwar jedem Paar (φ, r) mit $r \geqq 0$ eindeutig ein Punkt der Ebene zugeordnet, nicht aber umgekehrt jedem Punkt der Ebene eindeutig ein Zahlenpaar (φ, r). Vielmehr entsprechen einem Punkte P unendlich viele Zahlenpaare, die sich alle im Argument um ein ganzzahliges Vielfaches von 2π unterscheiden. Soll die Zuordnung umkehrbar eindeutig sein, so muß der Argumentbereich eingeschränkt werden, z.B. durch $0 \leqq \varphi < 2\pi$ für $r > 0$. Zwar entsprechen dem Pol O dann noch immer alle Paare $(\varphi, 0)$, die Zuordnung der von O verschiedenen Punkte der Ebene auf die Paare (φ, r) mit $0 \leqq \varphi < 2\pi$ und $r > 0$ ist dann aber umkehrbar eindeutig. Man nennt die dem Punkt P auf diese Weise zugeordneten Zahlen φ und r die **Polarkoordinaten** von P. Die Koordinatenlinien im **Polarkoordinatensystem**[1]) sind dann Halbgeraden durch O (φ konstant) und konzentrische Kreise um O (r konstant – vgl. Bild 1.10).

Der Zusammenhang mit den kartesischen Koordinaten ist Bild 1.11 zu entnehmen. Fällt die Polgerade mit der positiven x-Achse zusammen, so gilt:

$$\begin{aligned} x &= r \cdot \cos\varphi \\ y &= r \cdot \sin\varphi \end{aligned} \tag{1.4}$$

---

[1]) In mancher Literatur wird das oben erwähnte φ, r-System als Polarkoordinatensystem bezeichnet, obwohl dann die Zuordnung der Paarmenge $\{(\varphi, r) | \varphi \in \mathbb{R}, r \subset \mathbb{R}^+\}$ zu den von O verschiedenen Punkten der Ebene nicht umkehrbar eindeutig ist.

und

$$r^2 = x^2 + y^2, \tan \varphi = \frac{y}{x} \quad \text{bzw.}$$

$$\varphi = \begin{cases} \arctan\dfrac{y}{x} & \text{für } x > 0, y \geqq 0 \\[2mm] \arctan\dfrac{y}{x} + 2\pi & \text{für } x > 0, y < 0 \\[2mm] \arctan\dfrac{y}{x} + \pi & \text{für } x < 0 \\[2mm] (2 - \operatorname{sgn} y)\cdot\dfrac{\pi}{2} & \text{für } x = 0 \end{cases}, \quad r = \sqrt{x^2 + y^2}. \tag{1.5}$$

Beispiel 1.6

Von kartesischen Koordinaten zu Polarkoordinaten und umgekehrt

a) $x = 3, \quad y = 4 \quad \Rightarrow r^2 = 25, \tan \varphi = \frac{4}{3}, \quad$ also $\varphi = 0{,}927\ldots, r = 5$

$\quad x = -3, y = 4 \quad \Rightarrow r^2 = 25, \tan \varphi = \frac{-4}{3}, \quad$ also $\varphi = 2{,}214\ldots, r = 5$

$\quad x = 3, \quad y = -4 \Rightarrow r^2 = 25, \tan \varphi = \frac{-4}{3}, \quad$ also $\varphi = 5{,}355\ldots, r = 5$

$\quad x = -3, y = -4 \Rightarrow r^2 = 25, \tan \varphi = \frac{4}{3}, \quad$ also $\varphi = 4{,}068\ldots, r = 5$

$\quad x = 0, \quad y = -4 \Rightarrow r^2 = 16, \operatorname{sgn} y = -1, \quad$ also $\varphi = \frac{3}{2}\pi, \qquad r = 4$

Dabei ist zu beachten, daß die (z.B. mit dem Taschenrechner berechneten) Werte der arctan-Funktion im Intervall $\left(-\dfrac{\pi}{2}, \dfrac{\pi}{2}\right)$ liegen.

b) $\varphi = \dfrac{\pi}{3}, r = 2 \Rightarrow x = 2\cdot\cos\dfrac{\pi}{3} = 1, y = 2\cdot\sin\dfrac{\pi}{3} = \sqrt{3}$

$\quad \varphi = \frac{5}{3}\pi, r = 4 \Rightarrow x = 4\cdot\cos\frac{5}{3}\pi = 2, y = 4\cdot\sin\frac{5}{3}\pi = -2\sqrt{3}.$

Entsprechend der Darstellung in kartesischen Koordinaten gibt es die folgenden Beschreibungen von Kurven in einem Polarkoordinatensystem:

Explizite Darstellung: $r = f(\varphi)$ mit $\varphi \in D_f$
Implizite Darstellung: $F(\varphi, r) = 0$
Parameterdarstellung: $r = g(t), \varphi = h(t)$ mit $t \in I$, wobei I ein Intervall ist.

Meist ist es vorteilhafter, eine Kurve in einem φ, r-System zu beschreiben. In diesem Fall erspart man sich die für Polarkoordinaten häufig nötigen Fallunterscheidungen.

Beispiel 1.7

Gerade im φ, r-System.
Die nicht durch O gehende Gerade g möge von O den Abstand r_0 haben. Der Fußpunkt des Lotes von O auf g habe die Koordinaten φ_0 und r_0. Für einen beliebigen Punkt der Geraden gilt dann (s. Bild 1.12):

$$\frac{r_0}{r} = \cos(\varphi - \varphi_0) \quad \text{oder} \quad r = \frac{r_0}{\cos(\varphi - \varphi_0)} \text{ für } \varphi \in \left(\varphi_0 - \frac{\pi}{2}, \varphi_0 + \frac{\pi}{2}\right).$$

Das ist eine explizite Darstellung der Geraden. Unter Verwendung des Additionstheorems des Kosinus erhält man die folgende implizite Darstellung einer Geraden:

$$r(\cos \varphi_0 \cos \varphi + \sin \varphi_0 \sin \varphi) - r_0 = 0.$$

Berücksichtigt man die Umrechnungsregeln (1.4), dann folgt aus der letzten Gleichung die sogenannte **Hessesche Normalform** einer Geraden in kartesischen Koordinaten:

$$x \cdot \cos \varphi_0 + y \cdot \sin \varphi_0 = r_0.$$

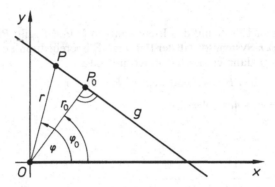

Bild 1.12: Gerade im φ, r-System

Beispiel 1.8

Kreise in φ, r-Systemen

Einige spezielle Kreise sind in Bild 1.13 in φ, r-Systemen dargestellt:

$r = R$ für $\varphi \in [0, 2\pi]$; $\ r = \cos \varphi$ für $\varphi \in [-\frac{1}{2}\pi, \frac{1}{2}\pi]$; $\ r = \sin \varphi$ für $\varphi \in [0, \pi]$; $\ r = 2\cos \varphi - \sin \varphi$ für $\varphi \in [\varphi_0 - \pi, \varphi_0]$ mit $\varphi_0 = \arctan 2$

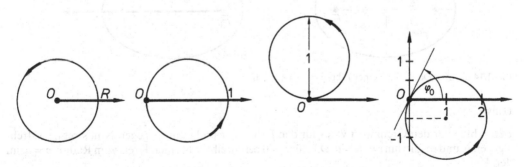

Bild 1.13: Kreise in φ, r-Systemen

Es soll nur der Nachweis geführt werden, daß $r = 2\cos\varphi - \sin\varphi$ einen Kreis beschreibt:

$$r^2 = 2r\cdot\cos\varphi - r\cdot\sin\varphi \Rightarrow x^2 + y^2 = 2x - y \Rightarrow x^2 - 2x + 1 + y^2 + y + \tfrac{1}{4} = \tfrac{5}{4}$$

$$\Rightarrow (x-1)^2 + (y+\tfrac{1}{2})^2 = \left(\frac{\sqrt{5}}{2}\right)^2.$$

Es ist also ein Kreis mit dem Radius $\tfrac{1}{2}\sqrt{5}$ um den Mittelpunkt $(1, -\tfrac{1}{2})$ beschrieben.

Beispiel 1.9

Ellipse im φ, r-System

Für jeden Punkt P einer Ellipse mit den Brennpunkten F_1 und F_2 gilt: $\overline{PF_1} + \overline{PF_2} = 2a$ (vgl. Bild 1.14a). Legen wir ein φ, r-System so, daß der Pol O mit F_1 übereinstimmt und die Polgerade durch F_2 geht (vgl. Bild 1.14b)), dann gilt nach dem Kosinussatz:

$\overline{PF_2^2} = \overline{PF_1^2} + (2e)^2 - 2\cdot2e\cdot\overline{PF_1}\cos\varphi$ und wegen $\overline{PF_2} = 2a - r$:

$$4a^2 - 4ar + r^2 = r^2 + 4e^2 - 4er\cdot\cos\varphi$$

bzw.

$$r = \frac{a^2 - e^2}{a - e\cdot\cos\varphi} = \frac{b^2}{a - e\cdot\cos\varphi} = \frac{\dfrac{b^2}{a}}{1 - \dfrac{e}{a}\cdot\cos\varphi}.$$

Setzt man nun $\dfrac{e}{a} = \varepsilon$ (Exzentrizität) und $\dfrac{b^2}{a} = p$ (Ellipsenparameter), so erhält man eine explizite Darstellung der Ellipse durch:

$$r = \frac{p}{1 - \varepsilon\cdot\cos\varphi} \quad \text{mit } \varphi\in[0, 2\pi] \text{ und } 0 < \varepsilon < 1. \tag{1.6}$$

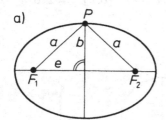
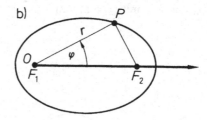

Bild 1.14a,b: Zur Darstellung einer Ellipse im φ, r-System

Hinweis:

Betrachten wir den Grenzwert von r für den Fall, daß ε und damit e gegen Null strebt, so strebt a gegen b, und es gilt: $\lim\limits_{\varepsilon\to 0} r = p = a$. D.h. für $\varepsilon = 0$ beschreibt (1.6) einen Kreis vom Radius $p = a$ um den Pol.

Erwähnt sei noch, daß für $\varepsilon = 1$ durch (1.6) eine Parabel beschrieben wird.

Beispiel 1.10

Lemniskate, Kardioide, kartesisches Blatt und logarithmische Spirale in φ, r-Systemen (s. Bild 1.15). Es sei $a\in\mathbb{R}^+$.

Lemniskate: $\qquad\qquad r = a\cdot\sqrt{\cos 2\varphi}\qquad$ mit $\varphi\in[-\tfrac{1}{4}\pi,\tfrac{1}{4}\pi]\cup[\tfrac{3}{4}\pi,\tfrac{5}{4}\pi]$

Kardioide: $\qquad\qquad r = a(1+\cos\varphi)\qquad$ mit $\varphi\in[0,2\pi]$

kartesisches Blatt: $\qquad r = \dfrac{a\cdot\sin\varphi\cdot\cos\varphi}{\sin^3\varphi+\cos^3\varphi}$ mit $\varphi\in[0,\tfrac{1}{2}\pi]\cup(\tfrac{3}{4}\pi,\pi)\cup(\tfrac{3}{2}\pi,\tfrac{7}{4}\pi)$

logarithmische Spirale: $r = e^{a\varphi}\qquad\qquad$ mit $\varphi\in\mathbb{R}$

a) Lemniskate   b) Kardioide   c) kartes. Blatt   d) log. Spirale

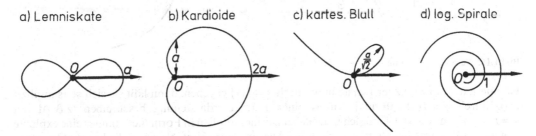

Bild 1.15a–d: Kurven zu Beispiel 1.10

Beispiel 1.11

Wir betrachten ein kartesisches Blatt (vgl. Bild 1.15 c)) und gehen von der expliziten Beschreibung im φ, r-System aus:

$$r = \frac{a\cdot\sin\varphi\cdot\cos\varphi}{\sin^3\varphi+\cos^3\varphi}\quad\text{mit}\quad\varphi\in[0,\tfrac{1}{2}\pi]\cup(\tfrac{3}{4}\pi,\pi)\cup(\tfrac{3}{2}\pi,\tfrac{7}{4}\pi).$$

Durch Multiplikation mit $r^2(\sin^3\varphi+\cos^3\varphi)$ erhalten wir daraus eine implizite Beschreibung in kartesischen Koordinaten:

$$r^3(\sin^3\varphi+\cos^3\varphi) = a\cdot\sin\varphi\cdot\cos\varphi\cdot r^2 \Rightarrow (r\cdot\sin\varphi)^3+(r\cdot\cos\varphi)^3 = ar\cdot\sin\varphi\cdot r\cdot\cos\varphi$$
$$\Rightarrow x^3+y^3 = axy. \tag{1.7}$$

Mit dem Ansatz $y = t\cdot x$ kann man daraus eine Parameterdarstellung gewinnen:

$$x^3+y^3 = axy \Rightarrow x^3+t^3x^3 = axtx \Rightarrow x^3(1+t^3) = atx^2 \Rightarrow x = \frac{at}{1+t^3}\quad\text{für}\quad x\neq 0, t\neq -1.$$

Weil auch der Nullpunkt ein Kurvenpunkt ist, muß nur $t\neq -1$ gefordert werden:

$$x = \frac{at}{1+t^3},\qquad y = \frac{at^2}{1+t^3},\qquad t\in\mathbb{R}\setminus\{-1\}.$$

Wir haben gesehen, daß eine bestimmte Kurve der Ebene durch unterschiedliche Funktionen beschrieben werden kann. Umgekehrt läßt sich eine Funktion f mit $t\mapsto f(t)$ auf verschiedene

Weisen durch Kurven veranschaulichen. Z.B. liefert die Veranschaulichung von $t \mapsto \sqrt{t}$ für $t \in \mathbb{R}_0^+$ im kartesischen Koordinatensystem und im φ, r-System die Bilder 1.16.

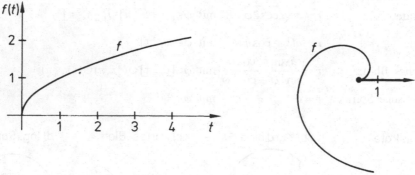

Bild 1.16: Veranschaulichung von $t \mapsto \sqrt{t}$ für $t \in \mathbb{R}_0^+$

Ist eine Kurve in expliziter Darstellung durch $y = f(x)$ gegeben, dann läßt sie sich stets implizit (z.B. durch $y - f(x) = 0$) und mittels einer Parameterdarstellung beschreiben (z.B. durch $x = t, y = f(t)$ mit $t \in D_f$). Daß sich umgekehrt zu einer impliziten Form nicht immer eine explizite angeben läßt, wurde bereits zu Anfang dieses Abschnitts erwähnt. Nun liegt die Frage nahe, ob zu $C: x = \varphi(t), y = \psi(t), t \in I$ immer eine implizite (oder gar eine explizite) Darstellung angegeben werden kann.

Ist $\dot{\varphi}$ stetig in t_0 und $\dot{\varphi}(t_0) \neq 0$, dann existiert wegen der Stetigkeit von $\dot{\varphi}$ eine Umgebung von t_0, in der $\dot{\varphi}$ das Vorzeichen nicht wechselt, in der also φ streng monoton ist (vgl. Band 1, Satz 8.32). Nach Band 1, Satz 2.1 existiert dort die (ebenfalls stetige) Umkehrfunktion φ^{-1} mit $t = \varphi^{-1}(x)$. In einer Umgebung von t_0 gibt es damit eine explizite Darstellung $y = \psi(t) = \psi(\varphi^{-1}(x)) = f(x)$ mit $f = \psi \circ \varphi^{-1}$.

Beispiel 1.12

Von einer Parameterdarstellung zur impliziten Darstellung

Für $a, b > 0$ beschreibt $x = a \cdot \cos t, y = b \cdot \sin t, t \in [0, 2\pi]$ eine Ellipse mit den Halbachsen a und b. Auf $[0, \pi]$ ist $x = a \cdot \cos t$ umkehrbar, und es gilt: $t = \arccos \dfrac{x}{a}$. Für $y \geqq 0$ erhalten wir so:

$$y = b \cdot \sin\left(\arccos \frac{x}{a} \right) = b \cdot \sqrt{1 - \left(\frac{x}{a} \right)^2}.$$

Für $t \in [\pi, 2\pi]$ ist $x = a \cdot \cos t$ auch umkehrbar, und es gilt: $t = 2\pi - \arccos \dfrac{x}{a}$. Daraus folgt für $y < 0$:

$$y = b \cdot \sin\left(2\pi - \arccos \frac{x}{a} \right) = -b \cdot \sin\left(\arccos \frac{x}{a} \right) = -b \cdot \sqrt{1 - \left(\frac{x}{a} \right)^2}.$$

Es gilt deshalb $\left(\dfrac{y}{b} \right)^2 + \left(\dfrac{x}{a} \right)^2 - 1 = 0$ für alle Ellipsenpunkte.

Gilt $\dot\varphi(t_0) = 0$, aber $\dot\psi(t_0) \neq 0$, so erhält man analog: $x = \varphi(t) = \varphi(\psi^{-1}(y)) = g(y)$ mit $g = \varphi \circ \psi^{-1}$.

Ein Punkt $P(t_0)$, in dem sowohl $\dot\varphi$ als auch $\dot\psi$ verschwindet, wird **singulärer Punkt** genannt.

Im folgenden werden oft Kurven, die singuläre Punkte enthalten, aus den Betrachtungen ausgeschlossen. Außer Betracht bleiben häufig auch Kurven mit »Doppelpunkten«:

Durch eine Parameterdarstellung wird jedem $t \in I$ genau ein Punkt $P(t)$ der Kurve C zugeordnet. Gemäß Band 1, Abschnitt 2.1 ist damit eine Funktion $P: I \to C$ gegeben. Diese Funktion von I in C mit $t \mapsto P(t)$ ist genau dann umkehrbar, wenn für alle $t_1, t_2 \in I$ gilt: $t_1 \neq t_2 \Rightarrow P(t_1) \neq P(t_2)$, d.h. wenn die Kurve keinen **Doppelpunkt** $P(t_1) = P(t_2)$ mit $t_1 \neq t_2$ besitzt (s. Bild 1.17).

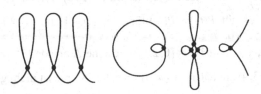

Bild 1.17: Kurven mit Doppelpunkten

Definition 1.2

Eine stetige Kurve C wird **glatt** genannt, wenn sie auf einem Intervall I durch

$$C: x = \varphi(t), \qquad y = \psi(t), \qquad t \in I \tag{1.8}$$

mit stetig differenzierbaren Funktionen φ und ψ beschrieben werden kann und für alle $t \in I$ gilt:

$$(\dot\varphi(t))^2 + (\dot\psi(t))^2 \neq 0. \tag{1.9}$$

Man nennt dann (1.8) eine **zulässige Parameterdarstellung** von C.

Ist zusätzlich die durch φ und ψ gegebene Abbildung $P: I \to C$ mit $t \mapsto P(t)$ umkehrbar, so wird C **glatte Jordankurve** genannt.

Bemerkungen:

1. Eine glatte Jordankurve ist also eine stetige Kurve ohne Doppelpunkt und ohne singulären Punkt.
2. Eine Kurve heißt **stückweise glatt**, wenn eine Zerlegung des Intervalls I in endlich viele Teilintervalle existiert, so daß jedem dieser Teilintervalle ein glattes Kurvenstück entspricht.
3. Für ein und dieselbe glatte Kurve kann es sowohl zulässige als auch nicht zulässige Parameterdarstellungen geben:
   a) $x = t$, $y = t$, $t \in \mathbb{R}$ ist z.B. eine zulässige Parameterdarstellung der explizit durch $y = x$ beschriebenen Geraden: $(\dot\varphi(t))^2 + (\dot\psi(t))^2 = 2 \neq 0$ für alle $t \in \mathbb{R}$.
   b) $x = t^3$, $y = t^3$, $t \in \mathbb{R}$ ist keine zulässige Parameterdarstellung dieser Geraden, denn $(\dot\varphi(t))^2 + (\dot\psi(t))^2 = 18t^4$ verschwindet für $t = 0$.
4. Wird im folgenden von einer glatten Jordankurve $C: x = \varphi(t)$, $y = \psi(t)$, $t \in I$ gesprochen, so sollen φ und ψ stets zulässige Parameterfunktionen sein.

Beispiel 1.13

a) Der Kreis C: $x = R \cdot \cos t$, $y = R \cdot \sin t$, $t \in [0, 2\pi]$ ist wegen $(\dot{\varphi}(t))^2 + (\dot{\psi}(t))^2 = R^2$ eine glatte Kurve und bei Einschränkung auf das Intervall $[0, 2\pi)$ eine glatte Jordankurve.

b) Die Ellipse C: $x = a \cdot \cos t$, $y = b \cdot \sin t$, $t \in [0, 2\pi]$ ist wegen $(\dot{\varphi}(t))^2 + (\dot{\psi}(t))^2 = a^2 \sin^2 t + b^2 \cos^2 t > 0$ für alle $t \in [0, 2\pi]$ eine glatte Kurve.

c) Die folgende Darstellung der Zykloide C: $x = R(t - \sin t)$, $y = R(1 - \cos t)$, $t \in [0, 2\pi]$ ist wegen $(\dot{\varphi}(t))^2 + (\dot{\psi}(t))^2 = 2R^2(1 - \cos t) = 0$ für $t = 0$ und $t = 2\pi$ keine zulässige Parameterdarstellung.

d) Durch $x = a \cdot \cosh t$, $y = b \cdot \sinh t$, $t \in \mathbb{R}$ wird wegen $\cosh^2 t - \sinh^2 t = 1$ für $t \in \mathbb{R}$ ein Teil der Hyperbel $\left(\dfrac{x}{a}\right)^2 - \left(\dfrac{y}{b}\right)^2 = 1$ beschrieben (s. Bild 1.18 a). Dieser Hyperbelast ist eine glatte Jordankurve, denn es gilt $P(t_1) \neq P(t_2)$ für alle $t_1, t_2 \in \mathbb{R}$ mit $t_1 \neq t_2$ und $(\dot{\varphi}(t))^2 + (\dot{\psi}(t))^2 = a^2 \sinh^2 t + b^2 \cosh^2 t > 0$.

e) Durch $x = a \cdot \cos^3 t$, $y = a \cdot \sin^3 t$, $t \in [0, 2\pi]$ wird eine Astroide (Sternkurve) beschrieben. Für $t_k = k \cdot \dfrac{\pi}{2}$ $(k = 0, 1, 2, 3, 4)$ gilt $(\dot{\varphi}(t))^2 + (\dot{\psi}(t))^2 = 0$. Die Kurve ist nicht glatt. Das Schaubild weist in den genannten Punkten $P(t_k)$ Spitzen auf (vgl. Bild 1.18 b).

f) Die in Beispiel 1.11 angegebene Parameterdarstellung des kartesischen Blattes

$$x = \frac{a \cdot t}{t^3 + 1}, \qquad y = \frac{a \cdot t^2}{t^3 + 1} \quad \text{mit } t \in \mathbb{R} \setminus \{-1\}$$

ist nicht auf einem Intervall definiert (s. Bild 1.18 c)). Durch die Transformation $t = \dfrac{1 - \tau}{\tau}$ gelangt man zu der Parameterdarstellung

$$x = \frac{a(\tau^2 - \tau^3)}{1 - 3\tau + 3\tau^2}, \qquad y = \frac{a(\tau - 2\tau^2 + \tau^3)}{1 - 3\tau + 3\tau^2} \quad \text{mit } \tau \in \mathbb{R},$$

in der die Parameterfunktionen φ und ψ auf einem Intervall definiert sind und der Bedingung (1.9) genügen. Die Kurve ist zwar glatt, aber wegen $P(0) = P(1) = (0, 0)$ keine glatte Jordankurve (s. Bild 1.18 d)).

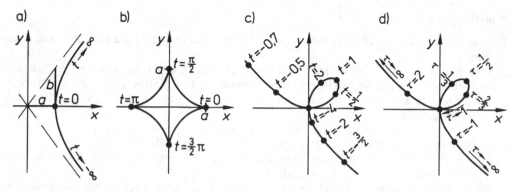

Bild 1.18a–d: Kurven in Parameterdarstellung zu Beispiel 1.13

1.1.2 Kurventangente und Kurvennormale, Berührung höherer Ordnung

Wir befassen uns zunächst mit dem Problem, wann eine durch Parameterdarstellung in kartesischen Koordinaten beschriebene Kurve eine Tangente besitzt und diskutieren dann das Problem für Polarkoordinaten.

Eine glatte Jordankurve C sei durch die zulässige Parameterdarstellung $x = \varphi(t)$, $y = \psi(t)$ mit $t \in [t_1, t_2]$ gegeben. Wir betrachten die Kurve in einer Umgebung von $t_0 \in (t_1, t_2)$. Da die Kurve glatt ist, muß $\dot{\varphi}(t_0) \neq 0$ oder $\dot{\psi}(t_0) \neq 0$ gelten.

Im Falle $\dot{\varphi}(t_0) \neq 0$ wechselt $\dot{\varphi}$ in einer Umgebung von t_0 das Vorzeichen nicht, φ ist dort streng monoton. Dann existiert in dieser Umgebung die Umkehrung $t = \varphi^{-1}(x)$, und es gilt die explizite Beschreibung

$$y - \psi(t) - \psi(\varphi^{-1}(x)) = f(x) \quad \text{mit } f = \psi \circ \varphi^{-1}.$$

Für den Anstieg (bezogen auf die x-Achse) gilt dann nach der Kettenregel und Satz 8.15 (Band 1):

$$f'(x)\big|_{x=x_0} = \frac{dy}{dx}\bigg|_{x=x_0} = \frac{d\psi}{dt}\bigg|_{t=t_0} \cdot \frac{dt}{dx}\bigg|_{x=x_0} = \dot{\psi}(t_0) \cdot \frac{d\varphi^{-1}(x)}{dx}\bigg|_{x=x_0} = \dot{\psi}(t_0) \cdot \frac{1}{\dot{\varphi}(t)}\bigg|_{t=t_0} = \frac{\dot{\psi}(t_0)}{\dot{\varphi}(t_0)}.$$

Im Falle $\dot{\varphi}(t_0) \neq 0$ und $\dot{\psi}(t_0) = 0$ gilt $f'(x_0) = 0$. Die Tangente liegt dann parallel zur x-Achse.

Im Falle $\dot{\varphi}(t_0) = 0$ und $\dot{\psi}(t_0) \neq 0$ gilt für den Anstieg bezogen auf die y-Achse wegen $x = \varphi(t) = \varphi(\psi^{-1}(y)) = g(y)$ mit $g = \varphi \circ \psi^{-1}$:

$$g'(y)\big|_{y-y_0} = \frac{dx}{dy}\bigg|_{y=y_0} = \frac{d\varphi}{dt}\bigg|_{t=t_0} \cdot \frac{dt}{dy}\bigg|_{y=y_0} = \dot{\varphi}(t_0) \frac{d\psi^{-1}(y)}{dy}\bigg|_{y=y_0} = \frac{\dot{\varphi}(t_0)}{\dot{\psi}(t_0)}. \tag{1.10}$$

Die Tangente verläuft wegen $\dot{\varphi}(t_0) = g'(y_0) = 0$ parallel zur y-Achse.

Satz 1.1

$C: x = \varphi(t)$, $y = \psi(t)$, $t \in [t_1, t_2]$ sei eine zulässige Parameterdarstellung einer glatten Jordankurve. In einer Umgebung von $t_0 \in (t_1, t_2)$ sei $y = f(x)$ die explizite Beschreibung von C, und es gelte $\dot{\varphi}(t_0) \neq 0$. Dann gilt dort für den Anstieg:

$$f'(x_0) = \frac{\dot{\psi}(t_0)}{\dot{\varphi}(t_0)} \quad \text{mit } x_0 = \varphi(t_0). \tag{1.11}$$

Bemerkung:

Im Falle $\dot{\psi}(t_0) \neq 0$ gilt für den Anstieg bezogen auf die y-Achse, falls $x = g(y)$ die explizite Beschreibung der Kurve in einer Umgebung von t_0 ist:

$$g'(y_0) = \frac{\dot{\varphi}(t_0)}{\dot{\psi}(t_0)} \quad \text{mit } y_0 = \psi(t_0).$$

Beispiel 1.14

Anstieg einer Hyperbel

Eine Parameterdarstellung eines Hyperbelteils ist uns aus Beispiel 1.13 d) bekannt:

$x = a \cdot \cosh t$, $y = b \cdot \sinh t$, $t \in \mathbb{R}$. Wegen $\dot{\varphi}(t) = a \cdot \sinh t$, $\dot{\psi}(t) = b \cdot \cosh t$ gilt für alle vom Scheitel $(a, 0)$ verschiedenen Punkte (d.h. für $t \neq 0$):

$$f'(x) = \frac{\dot{\psi}(t)}{\dot{\varphi}(t)} = \frac{b \cdot \cosh t}{a \cdot \sinh t} = \frac{b}{a} \cdot \coth t.$$

Wegen

$$g'(y) = \frac{\dot{\varphi}(t)}{\dot{\psi}(t)} = \frac{a \cdot \sinh t}{b \cdot \cosh t} = \frac{a}{b} \cdot \tanh t \quad \text{für alle } t \in \mathbb{R}$$

ist die Tangente im Scheitelpunkt parallel zur y-Achse ($\dot{\varphi}(0) = 0$, $\dot{\psi}(0) \neq 0$).

Insbesondere gilt: $\lim\limits_{t \to \infty} f'(x) = +\dfrac{b}{a}$ und $\lim\limits_{t \to -\infty} f'(x) = -\dfrac{b}{a}$. Bild 1.18 a zeigt, daß dies die Steigungen der Asymptoten an die Hyperbel sind.

$C: x = \varphi(t)$, $y = \psi(t)$ mit $t \in I$ beschreibe eine glatte Jordankurve. In einer Umgebung von $t_0 \in I$ mit $\dot{\varphi}(t_0) \neq 0$ gilt für den Anstieg im Punkt $P(t_0)$ Gleichung (1.11). Mit $x_0 = \varphi(t_0)$ und $y_0 = \psi(t_0)$ lautet dann die Punkt-Richtungs-Form der Tangentengleichung:

$$y - y_0 = f'(x_0) \cdot (x - x_0).$$

Dementsprechend hat die **Tangentengleichung** einer in Parameterdarstellung gegebenen glatten Jordankurve im Punkte $P(t_0)$ die Form:

$$y - \psi(t_0) = \frac{\dot{\psi}(t_0)}{\dot{\varphi}(t_0)} \cdot (x - \varphi(t_0)). \tag{1.12}$$

Beispiel 1.15

Tangente an eine Ellipse

Eine Ellipse mit dem Mittelpunkt (x_M, y_M) sei in Parameterdarstellung gegeben:

$$\begin{aligned} x &= x_M + a \cdot \cos t \\ y &= y_M + b \cdot \sin t \end{aligned} \quad \text{mit } t \in [0, 2\pi] \text{ (vgl. Beispiel 1.3).}$$

Wegen $\dot{\varphi}(t) = -a \cdot \sin t$ und $\dot{\psi}(t) = b \cdot \cos t$ lautet die Gleichung der Tangente im Punkt $P(t_0)$:

$$y - (y_M + b \cdot \sin t_0) = \frac{b \cdot \cos t_0}{-a \cdot \sin t_0} (x - (x_M + a \cdot \cos t_0)) \quad \text{für } \sin t_0 \neq 0$$

oder

$$(y - y_M) \cdot a \cdot \sin t_0 + (x - x_M) \cdot b \cdot \cos t_0 - a \cdot b = 0. \tag{1.13}$$

Bild 1.19 zeigt die Tangenten an die Ellipse mit den Halbachsen $a = 4$, $b = 2$ und dem Mittelpunkt $(5, 3)$ für $t_0 = \frac{1}{4}\pi$, $t_0 = \frac{1}{2}\pi$, $t_0 = \frac{3}{4}\pi$. Für die Tangentengleichungen gilt nämlich:

$$\text{in } P\left(\frac{\pi}{4}\right): \ (y - 3) \cdot 4 \cdot \frac{\sqrt{2}}{2} + (x - 5) \cdot 2 \cdot \frac{\sqrt{2}}{2} - 8 = 0 \quad \text{bzw. } y = -\tfrac{1}{2}x + \frac{11\sqrt{2} + 8}{2\sqrt{2}} = -\tfrac{1}{2}x + 8{,}32\ldots$$

$$\text{in } P\left(\frac{\pi}{2}\right): \ (y - 3) \cdot 4 \cdot 1 + \quad 0 \quad - 8 = 0 \quad \text{bzw. } y = 5$$

$$\text{in } P\left(\frac{3\pi}{4}\right): (y - 3) \cdot 4 \cdot \frac{\sqrt{2}}{2} + (x - 5) \cdot 2 \left(\frac{-\sqrt{2}}{2}\right) - 8 = 0 \quad \text{bzw. } y = \tfrac{1}{2}x + \frac{\sqrt{2} + 8}{2\sqrt{2}} = \tfrac{1}{2}x + 3{,}32\ldots$$

Aus (1.12) läßt sich durch die Substitution $\dfrac{x - \varphi(t_0)}{\dot{\varphi}(t_0)} = \tau$ eine **Parameterdarstellung der Tangente** herleiten:

$$\begin{aligned} x &= \varphi(t_0) + \dot{\varphi}(t_0)\cdot\tau \\ y &= \psi(t_0) + \dot{\psi}(t_0)\cdot\tau \end{aligned} \quad \text{mit } \tau \in \mathbb{R}.$$

Besitzt die Kurve C in $P(t_0)$ eine Tangente, dann wird die durch $P(t_0)$ gehende, zur Tangente orthogonale Gerade die **Normale** in $P(t_0)$ genannt (vgl. Bild 1.19).

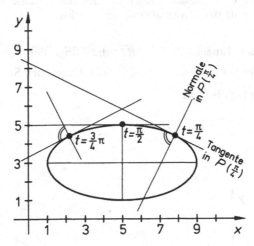

Bild 1.19: Tangenten an Ellipse

Unter Berücksichtigung der Orthogonalitätsbedingung $m_t \cdot m_n = -1$ lautet die **Normalengleichung** in kartesischen Koordinaten:

$$y - \psi(t_0) = -\frac{\dot{\varphi}(t_0)}{\dot{\psi}(t_0)}\cdot(x - \varphi(t_0)) \quad \text{für} \quad \dot{\psi}(t_0) \neq 0.$$

Mit Hilfe der Substitution $\dfrac{x - \varphi(t_0)}{\dot{\psi}(t_0)} = \tau$ erhält man daraus eine **Parameterdarstellung der Normalen**:

$$\begin{aligned} x &= \varphi(t_0) + \dot{\psi}(t_0)\cdot\tau \\ y &= \psi(t_0) - \dot{\varphi}(t_0)\cdot\tau \end{aligned} \quad \text{mit } \tau \in \mathbb{R}.$$

Beispiel 1.16

Normalen einer Ellipse (vgl. Bild 1.19)

Die Normale der in Beispiel 1.15 angegebenen Ellipse in einem Punkte $P(t_0)$ wird beschrieben durch:

$$y - (y_M + b\cdot\sin t_0) = -\frac{\dot{\varphi}(t_0)}{\dot{\psi}(t_0)}\cdot(x - (x_M + a\cdot\cos t_0)).$$

Die Gleichung der Normalen im Punkte $P\left(\dfrac{\pi}{4}\right)$ lautet danach:

$$y - (3 + 2 \cdot \tfrac{1}{2}\sqrt{2}) = -\frac{-4 \cdot \tfrac{1}{2}\sqrt{2}}{2 \cdot \tfrac{1}{2}\sqrt{2}} \cdot (x - (5 + 4 \cdot \tfrac{1}{2}\sqrt{2})) \quad \text{bzw.}$$

$$y = 2x - 7 - 3\sqrt{2} = 2x - 11,24\ldots.$$

Im Zusammenhang mit Tangente und Normale werden oft bestimmte Längen betrachtet: Es sei P_0 ein Punkt der Kurve C, P_0' dessen Projektion auf die x-Achse und T bzw. N seien die Schnittpunkte von Tangente bzw. Normale mit der x-Achse.
Dann heißt:

$\overline{P_0 T}$ die Länge der Tangente $\overline{P_0 N}$ die Länge der Normalen

$\overline{P_0' T}$ die Länge der Subtangente $\overline{P_0' N}$ die Länge der Subnormalen.

Mit $\tan \alpha = y_0'$ gilt dann (vgl. Bild 1.20):

$$\overline{P_0' T} = \left|\frac{y_0}{y_0'}\right| \quad \text{und} \quad \overline{P_0' N} = |y_0' \cdot y_0|. \tag{1.14}$$

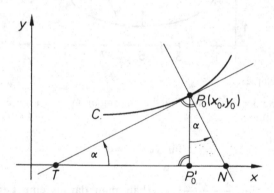

Bild 1.20: Subtangenten- und Subnormalen-Länge

Beispiel 1.17

Tangentenkonstruktion an Parabel und Ellipse

a) Für die durch $y^2 = 2px\,(p > 0)$ beschriebene Parabel gilt: $y \cdot y' = p$ für alle $x \in \mathbb{R}^+$. Die Länge der Subnormalen ist damit wegen (1.14) für alle vom Scheitel verschiedenen Parabelpunkte gleich groß. Das gestattet eine einfache Konstruktion der Parabeltangenten (s. Bild 1.21 a). Für alle Subtangenten-Längen gilt nämlich:

$$\left|\frac{y}{y'}\right| = \left|\frac{y^2}{yy'}\right| = \left|\frac{2px}{p}\right| = 2x.$$

b) Eine Ellipse mit den Halbachsen a und b um den Nullpunkt sei durch $\dfrac{x^2}{a^2}+\dfrac{y^2}{b^2}=1$ implizit

gegeben. Dann erhält man wegen $y^2=b^2-\dfrac{b^2x^2}{a^2}$ für die Länge der Subnormalen:

$|yy'|=\left|-\left(\dfrac{b}{a}\right)^2 x\right|$. Die Länge der Subtangente hängt nicht von b und y ab:

$$\left|\frac{y}{y'}\right|=\left|\frac{y^2}{yy'}\right|=\left|\frac{b^2-\left(\dfrac{b}{a}x\right)^2}{-\left(\dfrac{b}{a}\right)^2 x}\right|=\left|-\frac{a^2}{x}+x\right|.$$

D.h. aber: Alle Ellipsen mit der gleichen Halbachsenlänge a haben in Punkten, deren Abszisse x_0 ist, die gleiche Subtangenten-Länge. Das gilt insbesondere auch für den Kreis mit dem Radius a. Dies gestattet eine einfache Konstruktion der Ellipsentangenten (s. Bild 1.21 b).

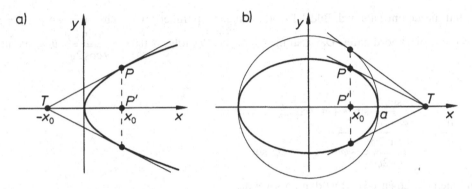

Bild 1.21a,b: Tangentenkonstruktion bei Parabel und Ellipse

Nach diesen Ausführungen über den Anstieg einer in kartesischen Koordinaten beschriebenen Kurve noch eine Bemerkung zum Anstieg einer glatten Jordankurve, die explizit durch $r=f(\varphi)$ in Polarkoordinaten gegeben ist.

Mit $x=r\cdot\cos\varphi=f(\varphi)\cdot\cos\varphi$ und $y=r\cdot\sin\varphi=f(\varphi)\cdot\sin\varphi$ erhält man eine Parameterdarstellung mit dem Parameter φ, und es gilt für den Anstieg $\tan\alpha$ der Tangente in einem Punkt $(\varphi_0, f(\varphi_0))$ der Kurve (vgl. Bild 1.22) im Falle $\dfrac{dx}{d\varphi}\neq 0$:

$$\tan\alpha=\frac{dy}{dx}\bigg|_{x=x_0}=\frac{dy}{d\varphi}\bigg|_{\varphi=\varphi_0}\cdot\frac{d\varphi}{dx}\bigg|_{x=x_0}=\frac{dy}{d\varphi}\bigg|_{\varphi=\varphi_0}\cdot\frac{1}{\dfrac{dx}{d\varphi}\bigg|_{\varphi=\varphi_0}},\text{ also}$$

$$\tan\alpha=\frac{f'(\varphi_0)\sin\varphi_0+f(\varphi_0)\cos\varphi_0}{f'(\varphi_0)\cos\varphi_0-f(\varphi_0)\sin\varphi_0}. \tag{1.15}$$

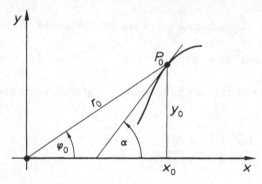

Bild 1.22: Zum Anstieg in Polarkoordinaten

Beispiel 1.18

Wo hat die Lemniskate (vgl. Bild 1.15) eine Tangente parallel zur x-Achse, d.h. wo gilt $y' = 0$?

Aus der Polarkoordinaten-Darstellung $r = a\sqrt{\cos 2\varphi}$ folgt $f'(\varphi) = \dfrac{-a\sin 2\varphi}{\sqrt{\cos 2\varphi}}$ und damit für $\varphi \neq \dfrac{\pi}{4}$:

$$\frac{dy}{dx} = \frac{\dfrac{-a \cdot \sin 2\varphi}{\sqrt{\cos 2\varphi}} \sin \varphi + a\sqrt{\cos 2\varphi} \cdot \cos \varphi}{\dfrac{-a \cdot \sin 2\varphi}{\sqrt{\cos 2\varphi}} \cos \varphi - a\sqrt{\cos 2\varphi} \cdot \sin \varphi}. \tag{1.16}$$

Für einen extremen y-Wert ist dann notwendig:

$$\frac{a \cdot \sin 2\varphi}{\sqrt{\cos 2\varphi}} \sin \varphi = a\sqrt{\cos 2\varphi} \cos \varphi$$

$$2\sin^2 \varphi \cos \varphi = (\cos^2 \varphi - \sin^2 \varphi)\cos \varphi \quad \text{und wegen } \varphi \neq \frac{\pi}{2} + k\pi \, (k \in \mathbb{Z}):$$

$$3\sin^2 \varphi = \cos^2 \varphi$$

$$\tan \varphi = \sqrt{\tfrac{1}{3}} \quad \text{oder} \quad \tan \varphi = -\sqrt{\tfrac{1}{3}}$$

$$\varphi = \frac{\pi}{6} \text{ oder } \varphi = \frac{\pi}{6} - \pi \text{ oder } \varphi = -\frac{\pi}{6} \text{ oder } \varphi = -\frac{\pi}{6} + \pi.$$

Der Nenner in (1.16) verschwindet für diese Werte nicht. Wir verzichten auf die Berechnung der 2. Ableitung und auf die weitere Untersuchung, ob Minima oder Maxima vorliegen.

Wir betrachten zwei Kurven C_1 und C_2, die sich im Punkte (x_0, y_0) berühren. Diese Berührung kann – wie wir aus Band 1, Abschnitt 8.5.3 über approximierende Polynome wissen – von verschiedener Art sein (vgl. Bild 1.23).

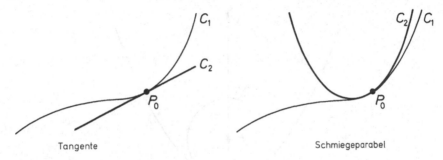

Bild 1.23: Berührung verschiedener Ordnung

Definition 1.3

Zwei Kurven seien explizit durch $y = f(x)$ und $y = g(x)$ gegeben. Die Kurven **berühren** einander im Punkte $P(x_0, y_0)$ **von der Ordnung** n, wenn die Funktionswerte und die ersten n Ableitungen von f und g in x_0 existieren und übereinstimmen:

$$f(x_0) = g(x_0), f'(x_0) = g'(x_0), \ldots, f^{(n)}(x_0) = g^{(n)}(x_0). \tag{1.17}$$

Man sagt: Die Kurven berühren **genau von der Ordnung** n, falls zusätzlich $f^{(n+1)}(x_0) \neq g^{(n+1)}(x_0)$ gilt oder falls nicht beide $(n+1)$-ten Ableitungen in x_0 existieren.

Beispiel 1.19

Berührung von Kreis und Parabel

Es soll der Kreis bestimmt werden, der die Normalparabel $y = x^2$ von möglichst hoher Ordnung in $(0, 0)$ berührt. Offenbar muß wegen der Symmetrie (vgl. Bild 1.24) der Mittelpunkt des Berührkreises im Abstand R auf der y-Achse liegen. Für den unteren Halbkreis gilt $y = g(x) = R - \sqrt{R^2 - x^2}$.

$$f(x) = x^2, \quad g(x) = R - \sqrt{R^2 - x^2} \quad \text{und speziell: } f(0) = g(0)$$

$$f'(x) = 2x, \quad g'(x) = \frac{x}{\sqrt{R^2 - x^2}} \quad \text{und speziell: } f'(0) = g'(0)$$

$$f''(x) = 2, \quad g''(x) = \frac{R^2}{\sqrt{R^2 - x^2}^3} \quad \text{und speziell: } f''(0) = g''(0), \text{ falls } R = \tfrac{1}{2}$$

$$f'''(x) = 0, \quad g'''(x) = \frac{3x \cdot R^2}{\sqrt{R^2 - x^2}^5} \quad \text{und speziell: } f'''(0) = g'''(0)$$

$$f^{(4)}(x) = 0, \quad g^{(4)}(x) = \frac{R^2 + 4x^2}{\sqrt{R^2 - x^2}^7} \cdot 3 \cdot R^2 \quad \text{und speziell: } f^{(4)}(0) \neq g^{(4)}(0) = \frac{3}{R^3}.$$

Der gesuchte Kreis hat den Radius $R = \tfrac{1}{2}$. Die Berührung von Kreis und Parabel ist genau von der Ordnung 3.

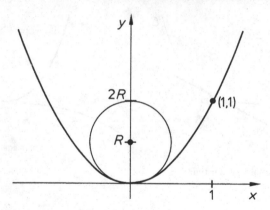

Bild 1.24: Berührung von Kreis und Normalparabel

1.1.3 Bogenlänge einer ebenen Kurve

Eine Kurve sei explizit durch die Zuordnungsvorschrift $y = f(x)$ einer Funktion $f\colon [a,b] \to \mathbb{R}$ gegeben. Wir wollen die Länge einer solchen Kurve definieren. Bisher wurde der Begriff nur bei Strecken verwendet. Es ist deshalb naheliegend, mit Hilfe der Längen von Strecken den Begriff Länge einer Kurve zu erklären [1]).

Durch eine Zerlegung Z des Intervalls $[a,b]$ zeichnen wir Argumente x_i $(i = 0, 1, \dots, n)$ aus, denen Punkte $P_i = (x_i, y_i)$ mit $y_i = f(x_i)$ auf der Kurve entsprechen (s. Bild 1.25).

Die geradlinige Verbindung dieser Punkte ergibt einen »einbeschriebenen« Streckenzug, dessen Länge s_Z die Summe der Längen der Teilstrecken Δs_i ist:

$$s_Z = \sum_{i=1}^{n} \Delta s_i = \sum_{i=1}^{n} \sqrt{(x_i - x_{i-1})^2 + (y_i - y_{i-1})^2} = \sum_{i=1}^{n} \sqrt{\Delta x_i^2 + \Delta y_i^2}$$

$$s_Z = \sum_{i=1}^{n} \sqrt{1 + \left(\frac{\Delta y_i}{\Delta x_i}\right)^2}\, \Delta x_i.$$

Ist f auf $[a,b]$ stetig differenzierbar, dann existieren nach dem Mittelwertsatz der Differentialrechnung (Satz 8.25, Band 1) in allen Intervallen (x_{i-1}, x_i) Zwischenstellen ξ_i mit:

$$\frac{\Delta y_i}{\Delta x_i} = \frac{f(x_i) - f(x_{i-1})}{x_i - x_{i-1}} = f'(\xi_i).$$

Damit hat der zur Zerlegung Z gehörige Streckenzug die Länge

$$s_Z = \sum_{i=1}^{n} \sqrt{1 + (f'(\xi_i))^2}\, \Delta x_i.$$

---

[1]) Auf ähnliche Weise wurde in Abschnitt 9.1.1, Band 1 der Begriff Flächeninhalt mit Hilfe der bekannten Rechteckflächen erklärt.

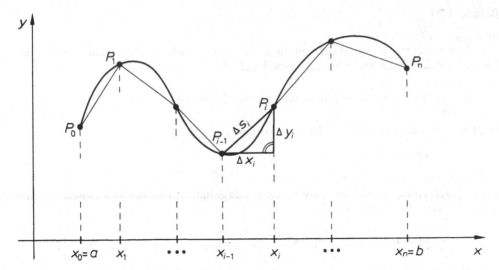

Bild 1.25: Streckenzug zu einer Zerlegung Z

Mit f' ist auch $g = \sqrt{1 + f'^2}$ auf $[a, b]$ stetig, und es existiert nach Satz 9.5, Band 1 und Definition 9.1, Band 1 der Grenzwert $\lim\limits_{dZ \to 0} \sum\limits_{i=1}^{n} g(\xi_i) \Delta x_i$ und hat den Wert

$$s = \int_a^b \sqrt{1 + (f'(x))^2}\, \mathrm{d}x.$$

Definition 1.4

Eine Kurve C sei explizit durch eine auf $[a, b]$ stetig differenzierbare Funktion f gegeben und $x_1, x_2 \in [a, b]$. Dann verstehen wir unter der **Bogenlänge** zwischen den Punkten $(x_1, f(x_1))$ und $(x_2, f(x_2))$ die Zahl

$$s = \int_{x_1}^{x_2} \sqrt{1 + (f'(x))^2}\, \mathrm{d}x.$$

$|s|$ wird **Maßzahl der Länge** der Kurve zwischen den Punkten genannt.

Bemerkung:

Aufgrund dieser Definition ist die Bogenlänge für $x_1 > x_2$ negativ, für $x_1 = x_2$ Null und für $x_1 < x_2$ positiv.

Im folgenden werden wir der Reihe nach die Längen von Kurven berechnen, die

a) explizit
b) durch Parameterdarstellung
c) in Polarkoordinaten

gegeben sind.

Beispiel 1.20

a) Länge der Kettenlinie

Man bezeichnet den Graphen der Funktion f mit $f(x) = \cosh x$ als Kettenlinie. Wir wollen ihre Länge über dem Intervall $[a, b]$ berechnen. Es gilt $f'(x) = \sinh x$ und damit:

$$s = \int_a^b \sqrt{1 + \sinh^2 x}\, dx = \int_a^b \cosh x\, dx = [\sinh x]_a^b = \sinh b - \sinh a.$$

Die Länge des Bogens von $x = 0$ bis $x = b$ beträgt danach:

$$s = \sinh b = \tfrac{1}{2}(e^b - e^{-b}).$$

b) Länge eines Parabelbogens

$y = x^2$ beschreibt eine Normalparabel. Welche Länge hat ein Parabelstück zwischen x_1 und x_2? Wegen $f'(x) = 2x$ erhält man:

$$s = \int_{x_1}^{x_2} \sqrt{1 + 4x^2}\, dx = 2 \cdot \int_{x_1}^{x_2} \sqrt{\tfrac{1}{4} + x^2}\, dx = 2 \cdot [\tfrac{1}{2}(x\sqrt{\tfrac{1}{4} + x^2} + \tfrac{1}{4}\ln(x + \sqrt{\tfrac{1}{4} + x^2}))]_{x_1}^{x_2}$$

$$s = [x_2\sqrt{\tfrac{1}{4} + x_2^2} + \tfrac{1}{4}\ln(x_2 + \sqrt{\tfrac{1}{4} + x_2^2})] - [x_1\sqrt{\tfrac{1}{4} + x_1^2} + \tfrac{1}{4}\ln(x_1 + \sqrt{\tfrac{1}{4} + x_1^2})].$$

Die Länge des Bogens der Normalparabel zwischen den Punkten $(0,0)$ und $(1,1)$ beträgt also:

$$s = \tfrac{1}{2}\sqrt{5} + \tfrac{1}{4}(\ln(1 + \tfrac{1}{2}\sqrt{5}) - \ln\tfrac{1}{2}) = \tfrac{1}{2}\sqrt{5} + \tfrac{1}{4}\ln(2 + \sqrt{5}) = 1{,}4789\ldots.$$

Ist $C: x = \varphi(t)$, $y = \psi(t)$, $t \in [t_1, t_2]$ eine glatte Kurve und $\dot\varphi(t) \neq 0$ für alle $t \in [t_1, t_2]$, dann existiert eine explizite Beschreibung durch $y = f(x)$ mit $f = \psi \circ \varphi^{-1}$, und für den Anstieg gilt Gleichung (1.11). Daraus folgt für die Bogenlänge mit Hilfe der Substitutionsmethode (Satz 9.25, Band 1) und der Substitution $x = \varphi(t)$:

$$s = \int_{x_1}^{x_2} \sqrt{1 + (f'(x))^2}\, dx = \int_{t_1}^{t_2} \sqrt{1 + \left(\frac{\dot\psi(t)}{\dot\varphi(t)}\right)^2}\, \dot\varphi(t)\, dt.$$

Für die Maßzahl der Länge einer durch $x = \varphi(t)$, $y = \psi(t)$, $t \in [t_1, t_2]$ beschriebenen glatten Kurve gilt:

$$|s| = \int_{t_1}^{t_2} \sqrt{(\dot\varphi(t))^2 + (\dot\psi(t))^2}\, dt. \tag{1.18}$$

Gilt $\dot\varphi(t) = 0$ an einer Stelle $t \in [t_1, t_2]$, so ist dort $\dot\psi(t) \neq 0$ (denn C ist glatt), und mit Hilfe von (1.10) erhält man ebenfalls (1.18).

Beispiel 1.21

a) Länge einer Astroide

Die »Sternkurve« wurde in Beispiel 1.13 e) beschrieben. Für sie gilt:

$$\begin{aligned} x &= a \cdot \cos^3 t, & \dot\varphi(t) &= -3a \cdot \cos^2 t \cdot \sin t, \\ y &= a \cdot \sin^3 t, & \dot\psi(t) &= 3a \cdot \sin^2 t \cdot \cos t, \end{aligned} \qquad t \in [0, 2\pi].$$

Unter Ausnutzung der Symmetrie (vgl. Bild 1.18 b)) erhält man:

$$s = 4 \cdot \int_0^{\pi/2} \sqrt{\dot{\varphi}(t)^2 + \dot{\psi}(t)^2}\, dt = 4 \cdot \int_0^{\pi/2} \sqrt{9a^2 \cos^4 t \cdot \sin^2 t + 9a^2 \sin^4 t \cdot \cos^2 t}\, dt$$

$$= 12a \cdot \int_0^{\pi/2} \cos t \cdot \sin t \cdot \sqrt{\cos^2 t + \sin^2 t}\, dt = 6a \int_0^{\pi/2} 2 \cdot \sin t \cdot \cos t\, dt$$

$$= 6a \cdot \int_0^{\pi/2} \sin 2t\, dt = -3a[\cos 2t]_0^{\pi/2} = -3a \cdot [\cos \pi - \cos 0] = 6a.$$

b) Länge eines Ellipsenbogens

Wir betrachten eine Ellipse mit dem Mittelpunkt $(0, 0)$, den Halbachsen a und b mit $b > a$ und der Parameterdarstellung

$$\begin{aligned} x &= a \cdot \cos t, & \dot{\varphi}(t) &= -a \cdot \sin t, \\ y &= b \cdot \sin t, & \dot{\psi}(t) &= b \cdot \cos t, \end{aligned} \qquad t \in [0, 2\pi].$$

Wegen der Symmetrie gilt für den Umfang einer Ellipse:

$$s = 4 \cdot \int_0^{\pi/2} \sqrt{a^2 \sin^2 t + b^2 \cos^2 t}\, dt = 4 \cdot \int_0^{\pi/2} \sqrt{a^2 \sin^2 t + b^2 (1 - \sin^2 t)}\, dt$$

$$= 4 \cdot \int_0^{\pi/2} \sqrt{b^2 + (a^2 - b^2) \sin^2 t}\, dt = 4 \cdot b \int_0^{\pi/2} \sqrt{1 - \frac{b^2 - a^2}{b^2} \sin^2 t}\, dt$$

$$= 4b \cdot \int_0^{\pi/2} \sqrt{1 - k^2 \sin^2 t}\, dt.$$

Dieses Integral ist nicht »elementar«, d.h. man kann keine Stammfunktion unter den elementaren Funktionen finden. Es wird (vollständiges) elliptisches Integral 2. Gattung genannt. In der Literatur findet man Reihenentwicklungen und Tabellen.

Gilt speziell $a = b = R$ (Kreis vom Radius R), dann erhält man wegen $k^2 = 0$:

$$s = 4R \int_0^{\pi/2} dt = 4R \cdot \frac{\pi}{2} = 2\pi R.$$

Ist eine glatte Kurve C in Polarkoordinaten durch $r = f(\varphi)$ beschrieben, so ist durch $x = f(\varphi) \cdot \cos \varphi$ und $y = f(\varphi) \cdot \sin \varphi$ eine Parameterdarstellung mit dem Parameter φ gegeben, und es gilt:

$$\left(\frac{dx}{d\varphi}\right)^2 + \left(\frac{dy}{d\varphi}\right)^2 = (f'(\varphi) \cos \varphi - f(\varphi) \sin \varphi)^2 + (f'(\varphi) \sin \varphi + f(\varphi) \cos \varphi)^2$$

$$= (f'(\varphi))^2 + (f(\varphi))^2$$

Für die Maßzahl der Länge einer durch $r = f(\varphi)$ auf $[\varphi_1, \varphi_2]$ beschriebenen glatten Kurve gilt:

$$|s| = \int_{\varphi_1}^{\varphi_2} \sqrt{(f'(\varphi))^2 + (f(\varphi))^2}\, d\varphi. \tag{1.19}$$

Beispiel 1.22

Bogenlängen von Kurven in Polarkoordinaten

a) Umfang eines Kreises
Die Beschreibung des Kreises ist in Polarkoordinaten kurz: $r = R$ für alle $\varphi \in [0, 2\pi]$. Mit $f'(\varphi) = 0$ erhält man dann:

$$s = \int\limits_0^{2\pi} \sqrt{0 + R^2}\, d\varphi = \int\limits_0^{2\pi} R\, d\varphi = R \cdot 2\pi.$$

b) Länge einer Kardioide
Für die in Bild 1.15 b) dargestellte Kardioide gilt $f(\varphi) = a(1 + \cos \varphi)$ und $f'(\varphi) = -a \cdot \sin \varphi$. Unter Ausnutzung der Symmetrie erhält man für die Bogenlänge:

$$s = 2 \cdot \int\limits_0^{\pi} \sqrt{a^2 \sin^2 \varphi + a^2 (1 + \cos \varphi)^2}\, d\varphi = 2a\sqrt{2} \int\limits_0^{\pi} \sqrt{1 + \cos \varphi}\, d\varphi.$$

Wegen $\cos 2x = 2 \cdot \cos^2 x - 1$ gilt: $1 + \cos \varphi = 2 \cdot \cos^2 \dfrac{\varphi}{2}$ und damit:

$$s = 2a\sqrt{2} \int\limits_0^{\pi} \sqrt{2} \cos \frac{\varphi}{2}\, d\varphi = 4a \left[2 \cdot \sin \frac{\varphi}{2} \right]_0^{\pi} = 8a.$$

1.1.4 Krümmung ebener Kurven

Neben der Bogenlänge spielt ein anderer Begriff bei ebenen Kurven eine bedeutende Rolle. Jedem Autofahrer ist der Unterschied zwischen einer stark und einer schwach gekrümmten Kurve bekannt. Wir wollen versuchen, die Krümmung einer ebenen Kurve in einem Punkt P_0 dieser Vorstellung entsprechend zu erklären.

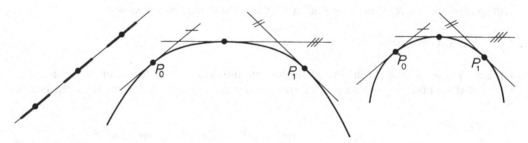

Bild 1.26: Unterschiedliche Krümmungen

Bild 1.26 zeigt drei Kurvenstücke, von denen das erste nicht gekrümmt ist. Die Krümmung hat in diesem Sinne den Wert Null, die Richtung (d.h. der Anstieg) ändert sich nicht. Die Krümmung einer Kurve wird um so größer sein, je größer die Änderung des Neigungswinkels der Tangente ist. Obwohl im zweiten und dritten Teil von Bild 1.26 die Richtungsänderung vom Punkt P_0 zum Punkt P_1 die gleiche ist (die gezeichneten Tangenten veranschaulichen dies), sind die Kurven doch unterschiedlich stark gekrümmt. Das liegt daran, daß die Änderung des Neigungswinkels auf unterschiedlich langen Kurvenstücken erfolgt.

Definition 1.5 (vgl. Bild 1.27)

> C sei eine glatte Kurve und s die von einem beliebigen Kurvenpunkt Q aus gemessene Bogenlänge. Bezeichnen s_0 die zu einem Punkt $P_0 \in C$ gehörige Bogenlänge, Δs die Bogenlänge von P nach P_0 und $\Delta \alpha$ die Differenz der Neigungswinkel der Tangenten in P und P_0, dann heißt der Grenzwert
>
> $$\kappa = \frac{d\alpha}{ds} = \lim_{\Delta s \to 0} \frac{\Delta \alpha}{\Delta s},$$
>
> falls er existiert, die **Krümmung** von C in P_0.

Zur Veranschaulichung dient Bild 1.27. Es bezeichnet darin $\Delta \alpha$ den Unterschied zwischen den Neigungswinkeln der Tangenten in P_0 und P.

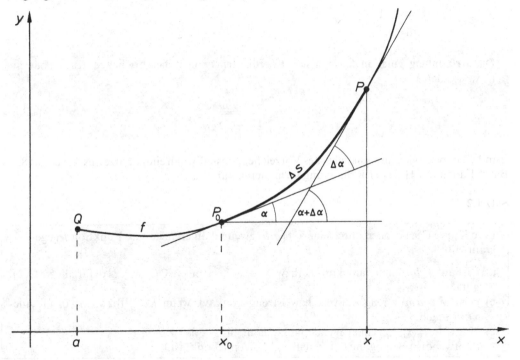

Bild 1.27: Zur Definition der Krümmung

Im folgenden werden wir der Reihe nach die Krümmungen von Kurven berechnen, die

a) explizit
b) durch Parameterdarstellung
c) in Polarkoordinaten

gegeben sind.

Eine Kurve C sei explizit durch $y = f(x)$ auf $[a, b]$ gegeben, und f sei zweimal differenzierbar auf $[a, b]$. Bezeichnet $s(x)$ die Bogenlänge von $(a, f(a))$ bis zum Punkte $(x, f(x))$, also

$$s = \int_a^x \sqrt{1 + (f'(u))^2}\, du,$$

dann gilt nach dem Hauptsatz der Differential- und Integralrechnung (Satz 9.15, Band 1):

$$\frac{ds}{dx} = \sqrt{1 + (f'(x))^2}.$$

Wegen $y' = \tan \alpha$ für $-\dfrac{\pi}{2} < \alpha < \dfrac{\pi}{2}$ folgt dann:

$$\kappa = \frac{d\alpha}{ds} = \frac{d\alpha}{dx} \cdot \frac{dx}{ds} = \frac{d \arctan y'}{dx} \cdot \frac{dx}{ds} \quad \text{(Kettenregel)}$$

$$\kappa = \frac{y''}{1 + y'^2} \cdot \frac{1}{\dfrac{ds}{dx}} = \frac{f''}{1 + f'^2} \cdot \frac{1}{\sqrt{1 + f'^2}}.$$

> Die **Krümmung** einer **in kartesischen Koordinaten** explizit beschriebenen Kurve hat in $P_0(x_0, y_0)$ den Wert
>
> $$\kappa(x_0) = \frac{f''(x_0)}{(\sqrt{1 + (f'(x_0))^2})^3} \tag{1.20}$$

κ und f'' haben in jedem Punkt gleiches Vorzeichen, weshalb man einige Sätze aus Abschnitt 8.7.3, Band 1 auch mit Hilfe der Krümmung formulieren kann:

Satz 1.2

> Eine Kurve C sei explizit durch eine auf $[a, b]$ zweimal differenzierbare Funktion f gegeben. Dann gilt:
>
> a) f ist auf (a, b) genau dann konvex (bzw. konkav), wenn $\kappa \geqq 0$ (bzw. $\kappa \leqq 0$) für alle $x \in (a, b)$ gilt.
> b) f ist auf (a, b) streng konvex (bzw. streng konkav), wenn $\kappa > 0$ (bzw. $\kappa < 0$) für alle $x \in (a, b)$ gilt.
> c) Hat C in $P_0(x_0, y_0)$ einen Wendepunkt, dann gilt $\kappa(x_0) = 0$.
>   (Notwendige Bedingung dafür, daß P_0 ein Wendepunkt ist.)

Weil entsprechend der Orientierung der x-Achse der Graph einer Funktion »von links nach rechts« orientiert ist, entspricht einem Wert $\kappa > 0$ eine **Linkskrümmung**, und $\kappa < 0$ bedeutet **Rechtskrümmung**.

Beispiel 1.23

Krümmung einer explizit in kartesischen Koordinaten beschriebenen Kurve

a) Für $m, n \in \mathbb{R}$ beschreibt $y = mx + n$ eine Gerade. Wegen $y' = m$ und $y'' = 0$ gilt $\kappa(x) = 0$ für alle Punkte einer Geraden.

b) $y = \sqrt{R^2 - x^2}$ ist auf $[a, b]$ mit $a, b \in (-R, R)$ zweimal differenzierbar und beschreibt einen Teil eines Kreises. Wegen $y' = \dfrac{-x}{\sqrt{R^2 - x^2}}$ und $y'' = \dfrac{-R^2}{(\sqrt{R^2 - x^2})^3}$ gilt:

$$\kappa(x) = \frac{-R^2}{(\sqrt{R^2 - x^2})^3} \cdot \frac{1}{\left(\sqrt{1 + \dfrac{x^2}{R^2 - x^2}}\right)^3} = -\frac{1}{R}.$$

Die Ergebnisse von a) und b) bestätigen, daß die Definition der Krümmung unserer Vorstellung entspricht: Eine Gerade ist nicht gekrümmt, und ein Kreis besitzt eine konstante Krümmung, deren Betrag einen um so größeren Wert hat, je kleiner der Radius ist. Man sagt: Die Krümmung ist umgekehrt proportional zum Radius.

c) $y = \sin x$ ist auf $\mathbb{R}$ zweimal differenzierbar, und es gilt wegen $f'(x) = \cos x, f''(x) = -\sin x$ nach (1.20):

$$\kappa(x) = \frac{-\sin x}{(\sqrt{1 + \cos^2 x})^3}.$$

Im Intervall $(0, \pi)$ ist die Sinusfunktion streng konkav $(\kappa < 0)$. Die Sinus-Kurve besitzt in diesem Intervall eine Rechtskrümmung. Das Vorzeichen der Krümmung wechselt genau in den Wendepunkten bei $x = k\pi$ mit $k \in \mathbb{Z}$.

d) $y = e^{-x^2}$ beschreibt die Kurve, die in Beispiel 8.83, Band 1 diskutiert wurde. Für die Krümmung gilt wegen $f'(x) = -2xe^{-x^2}$ und $f''(x) = e^{-x^2}(4x^2 - 2)$:

$$\kappa(x) = \frac{2e^{-x^2}(2x^2 - 1)}{(\sqrt{1 + 4x^2 e^{-2x^2}})^3}.$$

Es gilt $\kappa < 0$ für alle x mit $|x| < \dfrac{1}{\sqrt{2}}$ und $\kappa > 0$ für alle x mit $|x| > \dfrac{1}{\sqrt{2}}$. D.h. die Kurve besitzt eine Rechtskrümmung zwischen den Wendepunkten $\left(-\dfrac{\sqrt{2}}{2}, \dfrac{1}{\sqrt{e}}\right)$ und $\left(\dfrac{\sqrt{2}}{2}, \dfrac{1}{\sqrt{e}}\right)$ und ist außerhalb dieses Intervalls linksgekrümmt (vgl. Bild 8.25, Band 1).

Ist eine Kurve C durch eine Parameterdarstellung $x = \varphi(t)$, $y = \psi(t)$ mit $t \in [t_1, t_2]$ gegeben, und sind die Funktionen φ und ψ auf $[t_1, t_2]$ zweimal differenzierbar, dann gilt für $\dot{\varphi} \neq 0$ nach Gleichung (1.11):

$$f' \circ \varphi = \frac{\dot{\psi}}{\dot{\varphi}} \Rightarrow \frac{d}{dt}(f' \circ \varphi) = \frac{d}{dt}\left(\frac{\dot{\psi}}{\dot{\varphi}}\right) \Rightarrow (f'' \circ \varphi) \cdot \dot{\varphi} = \frac{\dot{\varphi}\ddot{\psi} - \dot{\psi}\ddot{\varphi}}{\dot{\varphi}^2}, \text{ also}$$

$$f'' \circ \varphi = \frac{\dot{\varphi}\ddot{\psi} - \dot{\psi}\ddot{\varphi}}{\dot{\varphi}^3} \tag{1.21}$$

und damit für die Krümmung:

$$\kappa = \frac{y''}{(\sqrt{1 + y'^2})^3} = \frac{\dfrac{\dot{\varphi}\ddot{\psi} - \dot{\psi}\ddot{\varphi}}{\dot{\varphi}^3}}{\left(\sqrt{1 + \left(\dfrac{\dot{\psi}}{\dot{\varphi}}\right)^2}\right)^3} = \frac{\dot{\varphi}\ddot{\psi} - \dot{\psi}\ddot{\varphi}}{(\sqrt{\dot{\varphi}^2 + \dot{\psi}^2})^3}.$$

Gilt in einem Punkte $P(t_0)$ zwar $\dot\varphi(t_0) = 0$, aber $\dot\psi(t_0) \neq 0$, so kann diese Gleichung über den Anstieg bez. der y-Achse hergeleitet werden.

Für eine glatte Kurve $C: x = \varphi(t)$, $y = \psi(t)$, $t \in [t_1, t_2]$ mit zweimal differenzierbaren Koordinatenfunktionen φ und ψ hat die Krümmung in $P(t_0)$ den Wert

$$\kappa(t_0) = \frac{\dot\varphi(t_0)\ddot\psi(t_0) - \dot\psi(t_0)\ddot\varphi(t_0)}{(\sqrt{\dot\varphi(t_0)^2 + \dot\psi(t_0)^2})^3}. \tag{1.22}$$

Beispiel 1.24

Krümmung einer in Parameterdarstellung gegebenen Kurve

Durch $x = a \cdot \cos t$, $y = b \cdot \sin t$ mit $t \in [0, 2\pi]$ wird eine Ellipse mit den Halbachsen a und b beschrieben. Wegen

$$\dot\varphi(t) = -a \cdot \sin t, \quad \dot\psi(t) = b \cdot \cos t,$$
$$\ddot\varphi(t) = -a \cdot \cos t, \quad \ddot\psi(t) = -b \cdot \sin t,$$

besitzt eine Ellipse im Punkt $P(t)$ nach (1.22) die Krümmung

$$\kappa(t) = \frac{-a \cdot \sin t(-b \cdot \sin t) - b \cdot \cos t(-a \cdot \cos t)}{(\sqrt{a^2 \sin^2 t + b^2 \cos^2 t})^3} = \frac{ab}{(\sqrt{a^2 \sin^2 t + b^2 \cos^2 t})^3}.$$

Gilt speziell $a = b = R$ (Kreis), so hat die Krümmung für alle $t \in [0, 2\pi]$ den Wert $\kappa(t) = \dfrac{1}{R}$. Das Vorzeichen ist anders als in Beispiel 1.23 b, weil der Kreis entsprechend der Parameterdarstellung im positiven Sinn durchlaufen wird.

Eine glatte Jordankurve C sei in Polarkoordinaten durch $r = f(\varphi)$ mit $\varphi \in [\varphi_1, \varphi_2]$ gegeben. Wenn f auf $[\varphi_1, \varphi_2]$ zweimal differenzierbar ist, dann erhält man aus (1.22) mit $x(\varphi) = f(\varphi) \cos \varphi$ und $y(\varphi) = f(\varphi) \sin \varphi$:

$$\kappa = \frac{x'y'' - y'x''}{(\sqrt{(x')^2 + (y')^2})^3}$$

und nach einfachen Rechnungen mit $f' = \dfrac{df}{d\varphi}$ und $f'' = \dfrac{d^2 f}{d\varphi^2}$:

Für eine glatte Jordankurve C, die in Polarkoordinaten explizit durch $r = f(\varphi)$ mit $\varphi \in [\varphi_1, \varphi_2]$ beschrieben ist, hat die Krümmung in $P(\varphi, f(\varphi))$ den Wert

$$\kappa(\varphi) = \frac{2(f'(\varphi))^2 - f(\varphi)f''(\varphi) + (f(\varphi))^2}{(\sqrt{(f(\varphi))^2 + (f'(\varphi))^2})^3}. \tag{1.23}$$

Beispiel 1.25

Durch $r = e^{a\varphi}$ mit $\varphi \in \mathbb{R}$ wird eine logarithmische Spirale beschrieben. Mit $f'(\varphi) = a\,e^{a\varphi}$ und $f''(\varphi) = a^2\,e^{a\varphi}$ ergibt sich für die Krümmung in $P(\varphi_0)$:

$$\kappa(\varphi_0) = \frac{2a^2\,e^{2a\varphi_0} - a^2\,e^{2a\varphi_0} + e^{2a\varphi_0}}{(\sqrt{e^{2a\varphi_0} + a^2\,e^{2a\varphi_0}})^3} = \frac{e^{-a\varphi_0}}{\sqrt{1 + a^2}}.$$

Wegen der Monotonie der e-Funktion nimmt die Krümmung bei wachsendem Wert φ ab (vgl. Bild 1.15 d)). Die Abhängigkeit der Krümmung von r, nämlich

$$\kappa(r) = \frac{1}{r\sqrt{1 + a^2}},$$

macht klar, daß der Wert der Krümmung um so größer wird, je näher der Punkt der Spirale an O liegt.

Definition 1.6

> Jeder Punkt einer Kurve, in dem die Krümmung ein relatives Extremum hat, wird **Scheitel** der Kurve genannt.

Bemerkung:

Scheitel können also insbesondere nur Punkte sein, in denen die Krümmung definiert ist (d.h. in denen die Kurve glatt ist und die entsprechenden Funktionen zweimal stetig differenzierbar sind).

Beispiel 1.26

a) Scheitel der e-Funktion
Für die durch $y = e^{ax}$ mit $a \neq 0$ beschriebene e-Funktion gilt $y' = a\,e^{ax}$, $y'' = a^2\,e^{ax}$ und damit nach (1.20):

$$\kappa(x) = \frac{a^2 \cdot e^{ax}}{(\sqrt{1 + a^2\,e^{2ax}})^3}.$$

Die Ableitungen von κ lauten:

$$\kappa'(x) = \frac{a^3\,e^{ax}(1 - 2a^2\,e^{2ax})}{(\sqrt{1 + a^2\,e^{2ax}})^5} \quad \text{und} \quad \kappa''(x) = \frac{a^4\,e^{ax}(1 - 10a^2\,e^{2ax} + 4a^4\,e^{4ax})}{(\sqrt{1 + a^2\,e^{2ax}})^7}.$$

Es gilt $\kappa'(x) = 0$ nur für $x = \dfrac{1}{2a} \cdot \ln \dfrac{1}{2a^2}$, und dort gilt $\kappa''(x) \neq 0$. Im Scheitel, d.h. für $x_S = \dfrac{1}{2a} \cdot \ln \dfrac{1}{2a^2}$, hat die Krümmung den Wert

$$\kappa(x_S) = \frac{2a}{3\sqrt{3}}.$$

b) Scheitel einer Ellipse
Für die Krümmung einer in Parameterdarstellung beschriebenen Ellipse gilt (vgl. Beispiel 1.24):

$$\kappa(t) = \frac{ab}{(\sqrt{a^2 \sin^2 t + b^2 \cos^2 t})^3}.$$

Für die Ableitungen erhält man daraus:

$$\dot{\kappa}(t) = \frac{-3ab(a^2 - b^2)\sin t \cdot \cos t}{(\sqrt{a^2 \sin^2 t + b^2 \cos^2 t})^5}$$

$$\ddot{\kappa}(t) = \frac{3ab(a^2 - b^2)[a^2 \sin^2 t(1 + 3\cos^2 t) - b^2 \cos^2 t(1 + 3\sin^2 t)]}{(\sqrt{a^2 \sin^2 t + b^2 \cos^2 t})^7}.$$

Die Scheitel liegen bei $t = k \cdot \dfrac{\pi}{2}$ mit $k = 0, 1, 2, 3$, weil dort jeweils $\dot{\kappa} = 0$ und $\ddot{\kappa} \neq 0$ gilt. Für die Krümmungen in den Scheiteln ergeben sich die Werte

$$\kappa\left(\frac{\pi}{2}\right) = \kappa\left(\frac{3\pi}{2}\right) = \frac{b}{a^2} \quad \text{und} \quad \kappa(0) = \kappa(\pi) = \frac{a}{b^2}. \tag{1.24}$$

In Beispiel 1.19 wurde ein Kreis gesucht, der eine gegebene Parabel in einem bestimmten Punkt von möglichst hoher Ordnung berührt. Dieses Problem soll nun auf beliebige Kurven übertragen werden. Wir suchen also einen Kreis, der

a) durch P_0 geht,
b) dieselbe Tangente in P_0 wie C besitzt,
c) dieselbe Krümmung in P_0 wie C besitzt.

Definition 1.7

> C sei eine durch eine zweimal differenzierbare Funktion explizit beschriebene glatte Kurve mit nicht verschwindender Krümmung in $P_0 \in C$. Dann wird der Kreis, der die Kurve in P_0 von der Ordnung 2 berührt, der **Krümmungskreis** in P_0 genannt.

Bemerkung:

Scheiteln zugeordnete Krümmungskreise heißen **Scheitelkrümmungskreise**.

Satz 1.3

> Existiert im Punkt $P_0 = (x_0, y_0)$ einer in kartesischen Koordinaten durch $y = f(x)$ explizit beschriebenen Kurve C der Krümmungskreis und bezeichnen y'_0, y''_0 und κ_0 die Werte der ersten beiden Ableitungen und der Krümmung in P_0, so gilt:
>
> a) die Maßzahl ρ_0 des Krümmungsradius hat den Wert $\rho_0 = \dfrac{1}{|\kappa_0|}$ und
>
> b) der Krümmungskreis hat den Mittelpunkt (x_M, y_M) mit
>
> $$x_M = x_0 - \frac{y'_0(1 + y'^2_0)}{y''_0} \quad \text{und} \quad y_M = y_0 + \frac{1 + y'^2_0}{y''_0}.$$

Wir verzichten auf den Beweis. Er beruht im wesentlichen darauf, daß man drei Bedingungen – nämlich die Übereinstimmung von y, y' und y'' in P_0 – dazu verwendet, drei Unbekannte – nämlich x_M, y_M und ρ_0 – zu bestimmen.

Beispiel 1.27

a) Krümmungskreise einer Normalparabel

Für die durch $y = x^2$ beschriebene Normalparabel gilt $y' = 2x$ und $y'' = 2$. Der Krümmungskreis in (x_0, x_0^2) hat also den Radius

$$\rho_0 = \frac{(\sqrt{1 + 4x_0^2})^3}{2}$$

und den Mittelpunkt (x_M, y_M) mit $x_M = -4x_0^3$, $y_M = \frac{1}{2}(1 + 6x_0^2)$.

Im Scheitel $(0, 0)$ hat der Scheitelkrümmungskreis danach den Mittelpunkt $(0, \frac{1}{2})$ und den Radius $\rho = \frac{1}{2}$ (vgl. Beispiel 1.19 und Bild 1.24).

b) Scheitelkrümmungskreis des Graphen der e-Funktion

Für $y = e^x$ gilt $y' = y'' = e^x$ und $\kappa = \dfrac{e^x}{(\sqrt{1 + e^{2x}})^3}$. Nach Beispiel 1.26 liegt der Scheitel bei

$x_s = \ln \dfrac{1}{\sqrt{2}}$, und für die extreme Krümmung gilt: $\kappa_s = \frac{2}{9}\sqrt{3}$. Satz 1.3 besagt, daß der Scheitelkrüm-

mungskreis den Radius $\rho = \frac{3}{2}\sqrt{3}$ hat und den Mittelpunkt (x_M, y_M) mit $x_M = x_s - \frac{3}{2}$ und $y_M = y_s + \frac{3}{2}\sqrt{2}$.

Der Graph ist zusammen mit dem Scheitelkrümmungskreis in Bild 1.28 dargestellt.

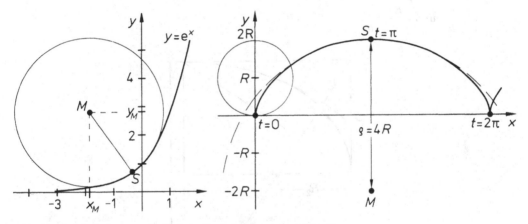

Bild 1.28: Scheitelkrümmungskreise bei e-Funktionsgraph und Zykloide

c) Scheitelkrümmungskreis eines Zykloidenbogens

Für die im Beispiel 1.5 behandelte Zykloide gilt:

$$x = Rt - R \cdot \sin t, \quad \dot{x} = R(1 - \cos t), \quad \ddot{x} = R \cdot \sin t,$$
$$y = R(1 - \cos t), \quad \dot{y} = R \cdot \sin t, \quad \ddot{y} = R \cdot \cos t.$$

Nach (1.22) folgt daraus für die Krümmung:

$$\kappa(t) = \frac{R^2(1 - \cos t)\cos t - R^2 \sin^2 t}{(\sqrt{R^2(1 - \cos t)^2 + R^2 \sin^2 t})^3} = \frac{-1}{2R\sqrt{2}\sqrt{1 - \cos t}}. \tag{1.25}$$

Wegen

$$\dot{\kappa}(t) = \frac{1}{4R\sqrt{2}}\frac{\sin t}{(\sqrt{1 - \cos t})^3} \quad \text{und} \quad \ddot{\kappa}(t) = \frac{1}{4R\sqrt{2}}\frac{\cos t - \cos^2 t - \frac{3}{2}\sin^2 t}{(\sqrt{1 - \cos t})^5}.$$

lautet die notwendige Bedingung für den Scheitel: $t = k\pi$ mit $k \in \mathbb{Z}$. Aber nur die Punkte $P(t)$ mit $t = \pi + 2k\pi$ ($k \in \mathbb{Z}$) sind Scheitelpunkte.

Der Radius des Scheitelkrümmungskreises in $P(\pi)$ beträgt nach (1.25) $\rho = \dfrac{1}{|\kappa|} = 4R$. Bild 1.28 veranschaulicht dies.

d) Aus Beispiel 1.26 b) wissen wir bereits, daß für die Krümmungen in den Scheiteln einer Ellipse $\kappa_1 = \dfrac{b}{a^2}$ und $\kappa_2 = \dfrac{a}{b^2}$ gilt. Für die Radien der Scheitelkrümmungskreise folgt:

$$R_1 = \frac{a^2}{b} \quad \text{und} \quad R_2 = \frac{b^2}{a}.$$

Dies Ergebnis verwendet man bei der näherungsweisen Konstruktion der Ellipse mit Hilfe der Scheitelkreise (vgl. Bild 1.29). Mit den Bezeichnungen des Bildes gilt nämlich nach einem Satz über ähnliche Dreiecke:

$$\frac{R_1}{a} = \frac{a}{b} \quad \text{und} \quad \frac{R_2}{b} = \frac{b}{a}.$$

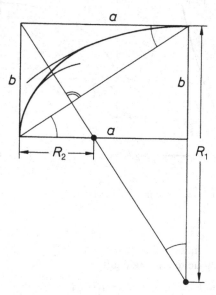

Bild 1.29: Scheitelkrümmungskreiskonstruktion einer Ellipse

Wir verzichten darauf, für Kurven, die durch eine Parameterdarstellung oder in Polarkoordinaten gegeben sind, einen zu Satz 1.3 analogen Satz anzugeben.

1.1.5 Interpolation mit Hilfe kubischer Splines

Die Grundaufgabe der Polynom-Interpolation lautet:
Gegeben sind die $n + 1$ Punkte $P_i = (x_i, y_i) \in \mathbb{R}^2$, $i = 0, 1, \ldots, n$, wobei die x_i paarweise verschieden seien. Zu bestimmen ist ein Polynom höchstens n-ten Grades

$$p_n(x) = \sum_{k=0}^{n} a_k x^k \tag{1.26}$$

so, daß

$$p_n(x_i) = y_i \quad \text{für alle } i = 0, 1, \ldots, n \tag{1.27}$$

ist.

Bemerkungen:

1. Man bezeichnet die x_i als **Stützstellen**, die y_i als **Stützwerte**, die $P_i = (x_i, y_i)$ als (Interpolations-) **Knoten** und p_n als **Interpolationspolynom**, (1.27) heißt **Interpolationsbedingung**.
2. Bei $n = 1$ spricht man von **linearer**, bei $n = 2$ von **quadratischer** und bei $n = 3$ von **kubischer Interpolation**.
3. Das Interpolationspolynom ist unter den gemachten Voraussetzungen eindeutig bestimmt, d.h. man kann durch $n + 1$ Punkte mit verschiedenen x_i-Werten genau eine Parabel höchstens n-ter Ordnung legen.
4. Wie in Aufgabe 4c) (siehe Abschnitt 2.3, Band 1) bewiesen wurde, ist

$$p_n(x) = \sum_{k=0}^{n} y_k \cdot \frac{(x - x_0)(x - x_1) \cdots (x - x_{k-1})(x - x_{k+1}) \cdots (x - x_n)}{(x_k - x_0)(x_k - x_1) \cdots (x_k - x_{k-1})(x_k - x_{k+1}) \cdots (x_k - x_n)}$$

eine mögliche Darstellung von p_n.

Beispiel 1.28

Es sei

$$f : x \mapsto f(x) = \sqrt[3]{x}.$$

Wir wählen als Interpolationsknoten die Punkte $P_i = (x_i, f(x_i))$, $i = 0, 1, \ldots, 5$ mit

x_i	-5	-3	-1	1	3	5
$f(x_i)$	$-1{,}710$	$-1{,}442$	-1	1	$1{,}442$	$1{,}710$

Dann lautet das Interpolationspolynom 5-ten Grades p_5 mit

$$p_5(x) = 0{,}00234x^5 - 0{,}08835x^3 + 1{,}08640x.$$

Bild 1.30 zeigt die Graphen von f und p_5.

Interpolationspolynome hohen Grades können starke Schwankungen aufweisen, so daß solche Polynome zur Annäherung einer gegebenen Funktion ungeeignet sein können. Das Bild 1.31 zeigt

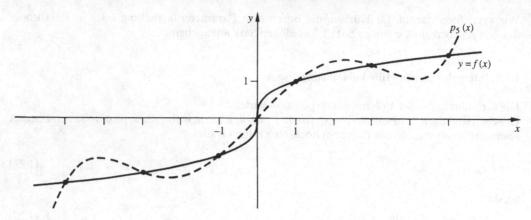

Bild 1.30: Graphen von $f\colon x \mapsto \sqrt[3]{x}$ und von $p_5\colon x \mapsto p_5(x)$

das Interpolationspolynom 15-ten Grades zur Funktion aus Beispiel 1.28 für die eingezeichneten Knoten.

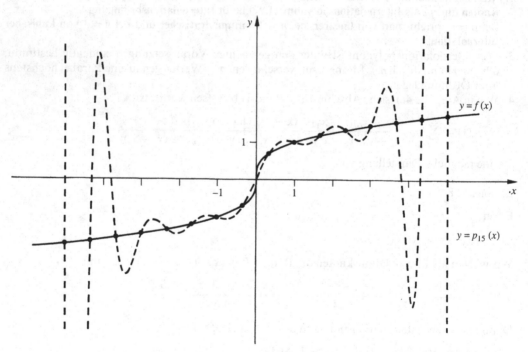

Bild 1.31: Graphen von $f\colon x \mapsto \sqrt[3]{x}$ und von $p_{15}\colon x \mapsto p_{15}(x)$

Abhilfe schafft hier die sogenannte **Spline-Interpolation**. Dabei setzt man Polynome niedrigen Grades stückweise so zusammen, daß eine Gesamtfunktion entsteht, die eine glatte, durch die

Knoten P_i verlaufende Kurve beschreibt. In der Praxis bevorzugt man die **kubische Spline-Interpolation**, d.h. man wählt zwischen je zwei benachbarten Knoten P_i und P_{i+1}, $i = 0, 1, \ldots, n - 1$, ein Polynom 3-ten Grades.

Zur Bestimmung einer **kubischen Spline-Kurve** machen wir für das Kurvensegment s_i zwischen den Knoten P_i und P_{i+1}, $i = 0, 1, \ldots, n - 1$, folgenden Ansatz:

$$s_i: \vec{x}_i = \vec{x}_i(t) = \vec{m}_i \cdot t^3 + \vec{n}_i \cdot t^2 + \vec{p}_i \cdot t + \vec{q}_i \quad \text{mit } t \in [0, 1] \quad \text{für alle } i = 0, 1, \ldots, n - 1. \tag{1.28}$$

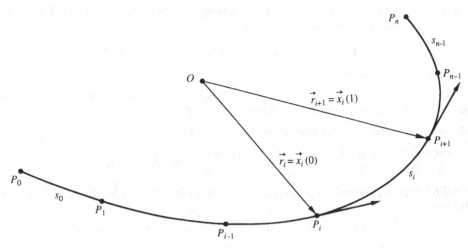

Bild 1.32: Kubische Splinekurve und ihre Kurvensegmente

Bezeichnet $\vec{r}_i$ den Ortsvektor des Knotens P_i, $i = 0, 1, \ldots, n$, (siehe Bild 1.32), dann sind die Koeffizientenvektoren $\vec{m}_i, \vec{n}_i, \vec{p}_i$ und $\vec{q}_i$ so zu bestimmen, daß gilt:

$$\vec{x}_i(0) = \vec{r}_i \quad \text{und} \quad \vec{x}_i(1) = \vec{r}_{i+1} \quad \text{für alle } i = 0, 1, \ldots, n - 1 \tag{1.29}$$

und

$$\vec{x}_i(0) = \vec{x}_{i-1}(1), \quad \dot{\vec{x}}_i(0) = \dot{\vec{x}}_{i-1}(1) \quad \text{und} \quad \ddot{\vec{x}}_i(0) = \ddot{\vec{x}}_{i-1}(1) \quad \text{für alle } i = 1, 2, \ldots, n \tag{1.30}$$

Bemerkungen:

1. Wir wählen eine Parameterdarstellung der Interpolationskurve, um z.B. auch geschlossene Kurven oder Interpolationskurven im $\mathbb{R}^3$ erzeugen zu können. Diese Darstellung spielt auch eine wesentliche Rolle in der Computergraphik, wo Kurven im $\mathbb{R}^2$ und $\mathbb{R}^3$ zu modellieren sind.
2. Die Gesamtheit der **Kurvensegmente** s_i, $i = 0, 1, \ldots, n - 1$, bilden die gesuchte Spline-Interpolationskurve S durch die vorgegebenen Knoten. Die Gleichungen (1.29) sind die Interpolationsbedingungen (siehe (1.27)), die Gleichungen (1.30) bezeichnet man als **Übergangsbedingungen**. Sie gewährleisten, daß S eine glatte (überall zweimal stetig differenzierbare) Kurve ist.
3. Wir haben für die Kurvensegmente s_i, $i = 0, 1, \ldots, n - 1$, als Parameterintervall $[0, 1]$ gewählt, um die Herleitung der gesuchten Gleichungen möglichst einfach zu gestalten. Wählt man für

die Kurvensegmente s_i die Parameterintervalle $[t_i, t_{i+1}]$, so ist der Ansatz

$$\vec{x}_i = \vec{x}_i(t) = \vec{d}_i(t - t_i)^3 + \vec{c}_i(t - t_i)^2 + \vec{b}_i(t - t_i) + \vec{a}_i$$

mit $t \in [t_i, t_{i+1}]$ für alle $i = 0, 1, 2, \ldots, n - 1$

zu machen.

Differentiation von (1.28) liefert

$$\dot{\vec{x}}_i(t) = 3 \cdot \vec{m}_i \cdot t^2 + 2 \cdot \vec{n}_i \cdot t + \vec{p}_i \quad \text{mit } t \in [0, 1] \quad \text{für alle } i = 0, 1, \ldots, n - 1. \tag{1.31}$$

Unter Berücksichtigung der Interpolationsbedingungen (1.29) erhält man an den Knoten P_i und P_{i+1} aus (1.28) und (1.31) für alle $i = 0, 1, \ldots, n - 1$:

$$\vec{x}_i(0) = \vec{q}_i = \vec{r}_i, \quad \vec{x}_i(1) = \vec{m}_i + \vec{n}_i + \vec{p}_i + \vec{q}_i = \vec{r}_{i+1} \tag{1.32}$$

$$\dot{\vec{x}}_i(0) = \vec{p}_i = \vec{t}_i, \quad \dot{\vec{x}}_i(1) = 3\vec{m}_i + 2\vec{n}_i + \vec{p}_i = \vec{t}_{i+1} \tag{1.33}$$

wobei zur Abkürzung die (noch unbekannten) Hilfsgrößen $\vec{t}_i$ bzw. $\vec{t}_{i+1}$ eingeführt wurden. Sie geben die Tangentenrichtungen in den Knoten P_i bzw. P_{i+1} an.

(1.32) und (1.33) liefern durch Elimination von $\vec{n}_i$ bzw. $\vec{m}_i$

$$\begin{cases} \vec{m}_i = 2(\vec{r}_i - \vec{r}_{i+1}) + \vec{t}_i + \vec{t}_{i+1}, \\ \vec{n}_i = 3(\vec{r}_{i+1} - \vec{r}_i) - 2\vec{t}_i - \vec{t}_{i+1}, \end{cases} \text{und} \quad \begin{cases} \vec{p}_i = \vec{t}_i, \\ \vec{q}_i = \vec{r}_i. \end{cases} \text{für alle } i = 0, 1, \ldots, n - 1. \tag{1.34}$$

Durch Einsetzen der Formeln (1.34) in (1.28) erhält man die Kurvensegmente s_i, $i = 0, 1, \ldots, n - 1$, in der Form

$$s_i: \vec{x}_i(t) = \vec{r}_i(1 - 3t^2 + 2t^3) + \vec{r}_{i+1}(3t^2 - 2t^3) + \vec{t}_i(t - 2t^2 + t^3) + \vec{t}_{i+1}(-t^2 + t^3) \tag{1.35}$$

oder in Matrizenschreibweise:

$$\vec{x}_i(t) = G_i \cdot \vec{b}(t) \quad \text{mit}$$

$$G_i = (\vec{r}_i\ \vec{r}_{i+1}\ \vec{t}_i\ \vec{t}_{i+1}) \text{ und } \vec{b}(t) = \begin{pmatrix} 1 - 3t^2 + 2t^3 \\ 3t^2 - 2t^3 \\ t - 2t^2 + t^3 \\ -t^2 + t^3 \end{pmatrix} \text{ mit } t \in [0, 1] \text{ und für alle}$$

$$i = 0, 1, \ldots, n - 1. \tag{1.36}$$

Hierbei bezeichnet man die G_i als **Geometriematrizen** und $\vec{b}(t)$ als den Vektor der **Bindefunktionen** (vgl. (1.35)).

Die in (1.35) bzw. (1.36) noch unbekannten Tangentenrichtungsvektoren $\vec{t}_i$ bzw. $\vec{t}_{i+1}$ ergeben sich aus der noch nicht berücksichtigten dritten Forderung in (1.30), nämlich aus der Forderung der zweimal stetigen Differenzierbarkeit der Splinekurve S in den Knoten. Dazu wird der Ansatz (1.35) zunächst differenziert:

$$\dot{\vec{x}}_i = \vec{r}_i(6t^2 - 6t) + \vec{r}_{i+1}(-6t^2 + 6t) + \vec{t}_i(3t^2 - 4t + 1) + \vec{t}_{i+1}(3t^2 - 2t),$$

$$\ddot{\vec{x}}_i = \vec{r}_i(12t - 6) + \vec{r}_{i+1}(-12t + 6) + \vec{t}_i(6t - 4) + \vec{t}_{i+1}(6t - 2).$$

Einsetzen der Parameterwerte 0 und 1 liefert

$$\begin{aligned} \ddot{\vec{x}}_i(0) &= -6\vec{r}_i + 6\vec{r}_{i+1} - 4\vec{t}_i - 2\vec{t}_{i+1}, \\ \ddot{\vec{x}}_i(1) &= 6\vec{r}_i - 6\vec{r}_{i+1} + 2\vec{t}_i + 4\vec{t}_{i+1}, \end{aligned} \tag{1.37}$$

und $\overset{..}{\vec{x}}_{i-1}(1) = \overset{..}{\vec{x}}_i(0)$ schließlich

$$6\vec{r}_{i-1} - 6\vec{r}_i + 2\vec{t}_{i-1} + 4\vec{t}_i = -6\vec{r}_i + 6\vec{r}_{i+1} - 4\vec{t}_i - 2\vec{t}_{i+1},$$

bzw.

$$\vec{t}_{i-1} + 4\vec{t}_i + \vec{t}_{i+1} = \vec{d}_i, \quad \text{mit} \quad \vec{d}_i = -3\vec{r}_{i-1} + 3\vec{r}_{i+1} \quad \text{für alle } i = 1, 2, \ldots, n-1. \tag{1.38}$$

(1.38) stellt ein **tridiagonales lineares Gleichungssystem** für die gesuchten Tangentenrichtungsvektoren $\vec{t}_0, \vec{t}_1, \ldots, \vec{t}_n$ dar:

$$\begin{pmatrix} 1 & 4 & 1 & 0 & & \cdots & 0 & 0 & 0 & 0 \\ 0 & 1 & 4 & 1 & 0 & \cdots & 0 & 0 & 0 & 0 \\ 0 & 0 & 1 & 4 & 1 & 0 & \cdots & 0 & 0 & 0 \\ \cdots & \cdots & \cdots & \cdots & \cdots & \cdots & \cdots & \cdots & \cdots \\ 0 & \cdot & \cdot & \cdot & \cdot & \cdots & 0 & 1 & 4 & 1 & 0 \\ 0 & 0 & \cdot & \cdot & \cdot & \cdot & \cdots & 0 & 1 & 4 & 1 \end{pmatrix} \cdot \begin{pmatrix} \vec{t}_0^T \\ \vec{t}_1^T \\ \vec{t}_2^T \\ \vdots \\ \vec{t}_{n-1}^T \\ \vec{t}_n^T \end{pmatrix} = \begin{pmatrix} \vec{d}_1^T \\ \vec{d}_2^T \\ \vec{d}_3^T \\ \vdots \\ \vec{d}_{n-2}^T \\ \vec{d}_{n-1}^T \end{pmatrix} \tag{1.39}$$

Dabei lautet die rechte Seite ausführlich geschrieben:

$$\begin{pmatrix} \vec{d}_1^T \\ \vec{d}_2^T \\ \vec{d}_3^T \\ \vdots \\ \vec{d}_{n-2}^T \\ \vec{d}_{n-1}^T \end{pmatrix} = \begin{pmatrix} -3 & 0 & 3 & 0 & 0 & \cdots & 0 & 0 & 0 & 0 \\ 0 & -3 & 0 & 3 & 0 & \cdots & 0 & 0 & 0 & 0 \\ 0 & 0 & -3 & 0 & 3 & \cdots & 0 & 0 & 0 & 0 \\ \cdots & \cdots & \cdots & \cdots & \cdots & \cdots & \cdots & \cdots \\ 0 & 0 & 0 & 0 & 0 & \cdots & -3 & 0 & 3 & 0 \\ 0 & 0 & 0 & 0 & 0 & \cdots & 0 & -3 & 0 & 3 \end{pmatrix} \cdot \begin{pmatrix} \vec{r}_0^T \\ \vec{r}_1^T \\ \vec{r}_2^T \\ \vdots \\ \vec{r}_{n-1}^T \\ \vec{r}_n^T \end{pmatrix} \tag{1.40}$$

(1.39) ist ein lineares $(n-1, n+1)$-System, dem zur eindeutigen Lösbarkeit noch 2 Gleichungen (in der Regel zwei Randbedingungen) hinzugefügt werden müssen. In der Praxis werden meist folgende Randbedingungen verwendet:

a) Es wird gefordert, daß in den Randpunkten P_0 und P_n die Krümmung (siehe (1.22)) von S verschwindet:

$$\overset{..}{\vec{x}}_0(0) = \vec{0} \quad \text{und} \quad \overset{..}{\vec{x}}_{n-1}(1) = \vec{0}. \tag{1.41}$$

Man spricht in diesem Fall von **natürlichen Randbedingungen**. Die entstehende Spline-Kurve S bezeichnet man als **natürliche Spline-Kurve**.

Setzt man unter Berücksichtigung von (1.41) in (1.37) $i = 0$ bzw. $i = n-1$, so folgt

$$2\vec{t}_0 + \vec{t}_1 = -3\vec{r}_0 + 3\vec{r}_1 = \vec{d}_0 \quad \text{bzw.}$$
$$\vec{t}_{n-1} + 2\vec{t}_n = -3\vec{r}_{n-1} + 3\vec{r}_n = \vec{d}_n. \tag{1.42}$$

Unter Hinzufügung dieser Gleichungen zu Beginn und am Ende der Systeme (1.39) und (1.40) erhält man die notwendigen $n+1$ linearen Gleichungen für die Unbekannten $\vec{t}_0, \vec{t}_1, \ldots, \vec{t}_n$.

b) Es werden Vektoren $\vec{a}_0$ und $\vec{a}_n$ vorgegeben und

$$\overset{.}{\vec{x}}_0(0) = \vec{t}_0 = \vec{a}_0, \quad \overset{.}{\vec{x}}_{n-1}(1) = \vec{t}_n = \vec{a}_n \tag{1.43}$$

gefordert. Damit sind Tangentenvektoren im Anfangs- und Endknoten bestimmt. Die Bedingungen (1.43) sind wieder den Systemen (1.39) und (1.40) geeignet hinzuzufügen (siehe Beispiel 1.29).

Hinweis: Es wird darauf hingewiesen, daß die Spline-Kurve nicht nur von der Richtung, sondern auch von der Länge der Vektoren im Anfangs- bzw. Endknoten abhängt.

Bemerkung:

Weitere Vorschläge zur Wahl der Randbedingungen findet man in der einschlägigen Literatur.

Beispiel 1.29

Wir bestimmen die kubische Spline-Kurve S durch die 5 Knoten $P_0, P_1, \ldots, P_4$ zu

a) natürlichen Randbedingungen,
b) den Randbedingungen $\vec{t}_0 = \vec{a}_0$ und $\vec{t}_4 = \vec{a}_4$.

Für $n = 4$ lauten die Systeme (1.39) und (1.40) zusammengefaßt

$$\bar{A} \cdot T = \bar{B} \cdot R, \tag{1.44}$$

wobei

$$\bar{A} = \begin{pmatrix} 1 & 4 & 1 & 0 & 0 \\ 0 & 1 & 4 & 1 & 0 \\ 0 & 0 & 1 & 4 & 1 \end{pmatrix}, \quad T = \begin{pmatrix} \vec{t}_0^T \\ \vec{t}_1^T \\ \vec{t}_2^T \\ \vec{t}_3^T \\ \vec{t}_4^T \end{pmatrix}, \quad \bar{B} = \begin{pmatrix} -3 & 0 & 3 & 0 & 0 \\ 0 & -3 & 0 & 3 & 0 \\ 0 & 0 & -3 & 0 & 3 \end{pmatrix}, \quad R = \begin{pmatrix} \vec{r}_0^T \\ \vec{r}_1^T \\ \vec{r}_2^T \\ \vec{r}_3^T \\ \vec{r}_4^T \end{pmatrix}$$

ist.
Die Randbedingungen liefern zwei zusätzliche Zeilen, so daß aus $\bar{A}$ eine quadratische (reguläre) Matrix A und aus $\bar{B}$ eine Matrix B wird. Das System $\bar{A} \cdot T = \bar{B} \cdot R$ geht dabei über in das System $A \cdot T = B \cdot R$, woraus

$$T = A^{-1} \cdot B \cdot R \text{ bzw. } \begin{pmatrix} \vec{t}_0^T \\ \vec{t}_1^T \\ \vec{t}_2^T \\ \vec{t}_3^T \\ \vec{t}_4^T \end{pmatrix} = P \cdot \begin{pmatrix} \vec{r}_0^T \\ \vec{r}_1^T \\ \vec{r}_2^T \\ \vec{r}_3^T \\ \vec{r}_4^T \end{pmatrix} \text{ mit } P = A^{-1} \cdot B \tag{1.45}$$

folgt.

Hieraus können die gesuchten Tangentenvektoren $\vec{t}_i$ in den gegebenen Knoten P_i bestimmt und neben den Ortsvektoren der Knoten in die Geometriematrizen (siehe (1.36))

$$G_i = (\vec{r}_i \; \vec{r}_{i+1} \; \vec{t}_i \; \vec{t}_{i+1})$$

aufgenommen werden.

$$s_i: \vec{x}_i(t) = (\vec{r}_i\ \vec{r}_{i+1}\ \vec{t}_i\ \vec{t}_{i+1}) \cdot \begin{pmatrix} 1 - 3t^2 + 2t^3 \\ 3t^2 - 2t^3 \\ t - 2t^2 + t^3 \\ -t^2 + t^3 \end{pmatrix} \text{ mit } t \in [0,1], \text{ für alle } i = 0, 1, \ldots, n-1, \quad (1.46)$$

(siehe (1.36)) liefert dann die gesuchte Spline-Kurve S.

Man erkennt, daß die wesentliche Aufgabe in der Berechnung der Matrix $P = A^{-1} \cdot B$ besteht.

Zu a)

Für $n = 4$ liefern natürliche Randbedingungen die beiden zusätzlichen Gleichungen (siehe (1.42))

$$2t_0' + t_1' = -3r_0' + 3r_1' \quad \text{und} \quad t_3' + 2t_4' = -3r_3' + 3r_4',$$

deren Koeffizienten den Matrizen $\bar{A}$ und $\bar{B}$ als erste und letzte Zeile hinzuzufügen sind. Man erhält

$$A = \begin{pmatrix} 2 & 1 & 0 & 0 & 0 \\ 1 & 4 & 1 & 0 & 0 \\ 0 & 1 & 4 & 1 & 0 \\ 0 & 0 & 1 & 4 & 1 \\ 0 & 0 & 0 & 1 & 2 \end{pmatrix} \quad \text{und} \quad B = \begin{pmatrix} -3 & 3 & 0 & 0 & 0 \\ -3 & 0 & 3 & 0 & 0 \\ 0 & -3 & 0 & 3 & 0 \\ 0 & 0 & -3 & 0 & 3 \\ 0 & 0 & 0 & -3 & 3 \end{pmatrix}.$$

Wegen

$$A^{-1} = \begin{pmatrix} 0{,}577 & -0{,}155 & 0{,}042 & -0{,}012 & 0{,}006 \\ -0{,}155 & 0{,}310 & -0{,}083 & 0{,}024 & -0{,}012 \\ 0{,}042 & -0{,}083 & 0{,}292 & -0{,}083 & 0{,}042 \\ -0{,}012 & 0{,}024 & -0{,}083 & 0{,}310 & -0{,}155 \\ 0{,}006 & -0{,}012 & 0{,}042 & -0{,}155 & 0{,}577 \end{pmatrix}$$

folgt (siehe (1.45)):

$$P = A^{-1} \cdot B = \begin{pmatrix} -1{,}268 & 1{.}607 & -0{,}429 & 0{,}107 & -0{,}018 \\ -0{,}464 & -0{,}214 & 0{,}857 & -0{,}214 & 0{,}036 \\ 0{,}125 & -0{,}750 & 0 & 0{,}750 & -0{,}125 \\ -0{,}036 & 0{,}214 & -0{,}857 & 0{,}214 & 0{,}464 \\ 0{,}018 & -0{,}107 & 0{,}429 & -1{,}607 & 1{,}268 \end{pmatrix}. \quad (1.47)$$

Zu b)

Das gesuchte System $A \cdot T = B \cdot R$ erhalten wir dadurch, daß wir $\vec{a}_0$ und $\vec{a}_4$ in die Matrix R aufnehmen,

$$R = \begin{pmatrix} \vec{a}_0^{\,T} \\ \vec{r}_0^{\,T} \\ \vec{r}_1^{\,T} \\ \vdots \\ \vec{r}_4^{\,T} \\ \vec{a}_4^{\,T} \end{pmatrix}, \quad (1.48)$$

und $\bar{A}$ und $\bar{B}$ in die Matrizen

$$A = \begin{pmatrix} 1 & 0 & 0 & 0 & 0 \\ 1 & 4 & 1 & 0 & 0 \\ 0 & 1 & 4 & 1 & 0 \\ 0 & 0 & 1 & 4 & 1 \\ 0 & 0 & 0 & 0 & 1 \end{pmatrix} \quad \text{und} \quad B = \begin{pmatrix} 1 & 0 & 0 & 0 & 0 & 0 & 0 \\ 0 & -3 & 0 & 3 & 0 & 0 & 0 \\ 0 & 0 & -3 & 0 & 3 & 0 & 0 \\ 0 & 0 & 0 & -3 & 0 & 3 & 0 \\ 0 & 0 & 0 & 0 & 0 & 0 & 1 \end{pmatrix}$$

überführen. Mit

$$A^{-1} = \begin{pmatrix} 1 & 0 & 0 & 0 & 0 \\ -0{,}268 & 0{,}268 & -0{,}071 & 0{,}018 & -0{,}018 \\ 0{,}071 & -0{,}071 & 0{,}286 & -0{,}071 & 0{,}071 \\ -0{,}018 & 0{,}018 & -0{,}071 & 0{,}268 & -0{,}268 \\ 0 & 0 & 0 & 0 & 1 \end{pmatrix} \quad \text{folgt (siehe (1.45)):}$$

$$P = A^{-1} \cdot B = \begin{pmatrix} 1 & 0 & 0 & 0 & 0 & 0 & 0 \\ -0{,}268 & -0{,}804 & 0{,}214 & 0{,}750 & -0{,}214 & 0{,}054 & -0{,}018 \\ 0{,}071 & 0{,}214 & -0{,}857 & 0 & 0{,}857 & -0{,}214 & 0{,}071 \\ -0{,}018 & -0{,}054 & 0{,}214 & -0{,}750 & -0{,}214 & 0{,}804 & -0{,}268 \\ 0 & 0 & 0 & 0 & 0 & 0 & 1 \end{pmatrix}. \tag{1.49}$$

Beispiel 1.30

Es sei $f: x \mapsto f(x) = \sqrt[3]{x}$ (siehe Beispiel 1.28).
Wir wählen die Knoten $P_i = (x_i, f(x_i))$, $i = 0, 1, \ldots, 4$ mit

x_i	-5	$-1{,}2$	0	$1{,}2$	5
$f(x_i)$	$-1{,}710$	$-1{,}063$	0	$1{,}063$	$1{,}710$

und bestimmen die zugehörige Spline-Kurve zu den Randsteigungen $f'(-5) = f'(5) = 0{,}114$, zu denen die Tangentenrichtungsvektoren $\vec{a}_0 = \vec{a}_4 = (1 \ \ 0{,}114)^T$ gehören.

Es liegt die Aufgabenstellung aus Beispiel (1.29 b)) vor, wobei gilt:

$$R = \begin{pmatrix} \vec{a}_0^T \\ \vec{r}_0^T \\ \vec{r}_1^T \\ \vdots \\ \vec{r}_4^T \\ \vec{a}_4^T \end{pmatrix} = \begin{pmatrix} 1 & 0{,}114 \\ -5 & -1{,}710 \\ -1{,}2 & -1{,}063 \\ 0 & 0 \\ 1{,}2 & 1{,}063 \\ 5 & 1{,}710 \\ 1 & 0{,}114 \end{pmatrix} \quad \text{(siehe (1.48)).}$$

R liefert zusammen mit der Matrix (1.49) nach (1.45)

$$\begin{pmatrix} \vec{t}_0^{\,T} \\ \vec{t}_1^{\,T} \\ \vec{t}_2^{\,T} \\ \vec{t}_3^{\,T} \\ \vec{t}_4^{\,T} \end{pmatrix} = P \cdot R = \begin{pmatrix} 1 & 0,114 \\ 3,486 & 0,978 \\ 0,057 & 1,105 \\ 3,486 & 0,978 \\ 1 & 0,114 \end{pmatrix}.$$

Mit Hilfe der Geometriematrizen $G_i = (\vec{r}_i \; \vec{r}_{i+1} \; \vec{t}_i \; \vec{t}_{i+1})$ können nun die Kurvensegmente s_i, $i = 0, 1, 2, 3$, aufgestellt werden. Man erhält (siehe (1.36)) für

$i = 0$:

$$s_0 : \vec{x}_0(t) = (\vec{r}_0 \; \vec{r}_1 \; \vec{t}_0 \; \vec{t}_1) \cdot \vec{b}(t) = \begin{pmatrix} -5 & -1,2 & 1 & 3,486 \\ -1,710 & -1,063 & 0,114 & 0,978 \end{pmatrix} \cdot \begin{pmatrix} 1 - 3t^2 + 2t^3 \\ 3t^2 - 2t^3 \\ t - 2t^2 + t^3 \\ -t^2 + t^3 \end{pmatrix}$$

Hieraus folgt für $t \in [0, 1]$

$$s_0 : \vec{x}_0(t) = \begin{pmatrix} -3,114t^3 + 5,914t^2 + t - 5 \\ -0,203t^3 + 0,736t^2 + 0,114t - 1,710 \end{pmatrix}.$$

$i = 1$:

$$s_1 : \vec{x}_1(t) = (\vec{r}_1 \; \vec{r}_2 \; \vec{t}_1 \; \vec{t}_2) \cdot \vec{b}(t) = \begin{pmatrix} -1,2 & 0 & 3,486 & 0,057 \\ -1,063 & 0 & 0,978 & 1,105 \end{pmatrix} \cdot \begin{pmatrix} 1 - 3t^2 + 2t^3 \\ 3t^2 - 2t^3 \\ t - 2t^2 + t^3 \\ -t^2 + t^3 \end{pmatrix}$$

Dies ergibt für $t \in [0, 1]$:

$$s_1 : \vec{x}_1(t) = \begin{pmatrix} 1,143t^3 - 3,429t^2 + 3,486t - 1,200 \\ -0,042t^3 + 0,127t^2 + 0,978t - 1,063 \end{pmatrix}.$$

Entsprechend erhält man für alle $t \in [0, 1]$

$$s_2 : \vec{x}_2(t) = \begin{pmatrix} 1,143t^3 + 0,057t \\ -0,042t^3 + 1,105t \end{pmatrix}$$

und

$$s_3 : \vec{x}_3(t) = \begin{pmatrix} -3,114t^3 + 3,429t^2 + 3,486t + 1,200 \\ -0,203t^3 - 0,127t^2 + 0,978t + 1,063 \end{pmatrix}.$$

Bild 1.33 zeigt die Spline-Kurve S. (Der Graph von f wird durch S verdeckt).

Beispiel 1.31

Wir berechnen eine Spline-Kurve S, die die Ellipse $\dfrac{x^2}{16} + \dfrac{y^2}{4} = 1$ interpoliert.

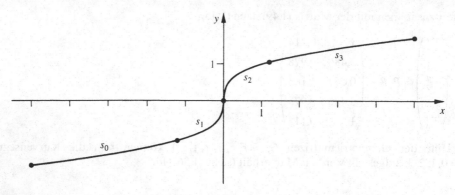

Bild 1.33: Graph von $f: x \mapsto \sqrt[3]{x}$ und eine kubische Splinekurve

Als Knoten wählen wir die Scheitel der Ellipse, also

$$P_0 = (4,0),\ P_1 = (0,2),\ P_2 = (-4,0),\ P_3 = (0,-2),$$

und fügen noch den Knoten $P_4 = P_0 = (4,0)$ hinzu, damit die Spline-Kurve geschlossen ist. Als Randbedingungen in P_0 und P_4 fordern wir $\vec{a}_0 = \vec{a}_4 = (0\ 3)^T$. Damit liegt wieder die Problemstellung von Beispiel 1.29 b) vor.

Die Matrix $R = \begin{pmatrix} \vec{a}_0 \\ \vec{r}_0^{\,T} \\ \vec{r}_1^{\,T} \\ \vdots \\ \vec{r}_4^{\,T} \\ \vec{a}_4^{\,T} \end{pmatrix} = \begin{pmatrix} 0 & 3 \\ 4 & 0 \\ 0 & 2 \\ -4 & 0 \\ 0 & -2 \\ 4 & 0 \\ 0 & 3 \end{pmatrix}$ (siehe (1.48))

liefert mit Hilfe der Matrix (1.49) nach (1.45) die Tangentenvektoren

$$\begin{pmatrix} \vec{t}_0^{\,T} \\ \vec{t}_1^{\,T} \\ \vec{t}_2^{\,T} \\ \vec{t}_3^{\,T} \\ \vec{t}_4^{\,T} \end{pmatrix} = P \cdot R = \begin{pmatrix} 0 & 3 \\ -6 & 0 \\ 0 & -3 \\ 6 & 0 \\ 0 & 3 \end{pmatrix}.$$

Damit erhalten wir z.B. für $i = 0$ und $i = 1$ die Geometriematrizen (siehe (1.36))

$$G_0 = (\vec{r}_0\ \vec{r}_1\ \vec{t}_0\ \vec{t}_1) = \begin{pmatrix} 4 & 0 & 0 & -6 \\ 0 & 2 & 3 & 0 \end{pmatrix},$$

$$G_1 = (\vec{r}_1\ \vec{r}_2\ \vec{t}_1\ \vec{t}_2) = \begin{pmatrix} 0 & -4 & -6 & 0 \\ 2 & 0 & 0 & -3 \end{pmatrix},$$

und damit für alle $t = [0, 1]$

$$s_0: \vec{x}_0(t) = \begin{pmatrix} 4 & 0 & 0 & -6 \\ 0 & 2 & 3 & 0 \end{pmatrix} \cdot \begin{pmatrix} 1 - 3t^2 + 2t^3 \\ 3t^2 - 2t^3 \\ t - 2t^2 + t^3 \\ -t^2 + t^3 \end{pmatrix} = \begin{pmatrix} 2t^3 - 6t^2 + 4 \\ -t^3 + 3t \end{pmatrix},$$

$$s_1: \vec{x}_1(t) = \begin{pmatrix} 0 & -4 & -6 & 0 \\ 2 & 0 & 0 & -3 \end{pmatrix} \cdot \begin{pmatrix} 1 - 3t^2 + 2t^3 \\ 3t^2 - 2t^3 \\ t - 2t^2 + t^3 \\ -t^2 + t^3 \end{pmatrix} = \begin{pmatrix} 2t^3 - 6t \\ t^3 - 3t^2 + 2 \end{pmatrix}.$$

Entsprechend wird

$$s_2: \vec{x}_2(t) = \begin{pmatrix} -2t^3 + 6t^2 - 4 \\ t^3 - 3t \end{pmatrix} \quad \text{und} \quad s_3: \vec{x}_3(t) = \begin{pmatrix} -2t^3 + 6t \\ -t^3 + 3t^2 - 2 \end{pmatrix}$$

für alle $t \in [0, 1]$.

Bild 1.34 zeigt die berechnete kubische Spline-Kurve S.

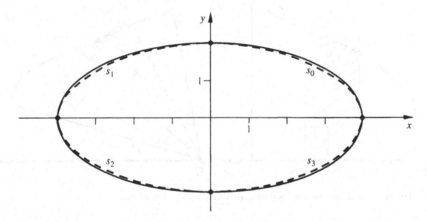

Bild 1.34: Die Ellipse aus Beispiel 1.31 und eine kubische Splinekurve

Wählt man als Tangentenvektoren im Anfangs- und Endknoten die Vektoren $\vec{a}_0 = \vec{a}_4 = \begin{pmatrix} 0 \\ 7 \end{pmatrix}$, so erhält man die im Bild 1.35 skizzierte kubische Spline-Kurve.

1.1.6 Flächeninhalt

Über den Flächeninhalt einer Fläche, deren Berandung in kartesischen Koordinaten beschrieben ist, wurde bereits in Abschnitt 9.1.5, Band 1 berichtet. Wir wollen hier den Flächeninhalt eines Gebietes berechnen, dessen Rand in Polarkoordinaten beschrieben ist. Dazu betrachten wir eine Fläche, die durch die beiden Halbgeraden $\varphi = \alpha$ und $\varphi = \beta$ sowie durch das Schaubild von $r = f(\varphi)$ berandet wird (s. Bild 1.36).

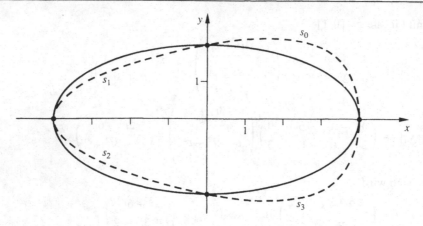

Bild 1.35: Kubische Splinekurve der Ellipse aus Beispiel 1.31 nach Änderung der Randbedingungen

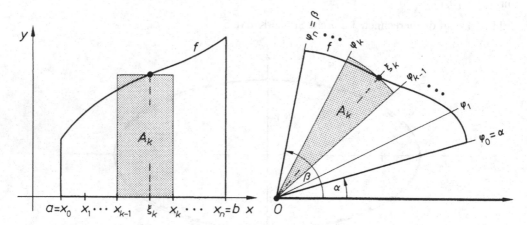

Bild 1.36: Flächeninhalt in kartesischen Koordinaten und in Polarkoordinaten

Analog zum Vorgehen bei kartesischen Koordinaten wird die Fläche durch solche Teilflächen angenähert, deren Flächeninhalte aus der elementaren Geometrie bekannt sind. Waren es dort Rechteckflächen, so sind es hier Kreissektorflächen, deren Flächeninhalt ($\frac{1}{2}\cdot$Bogenlänge$\cdot$Radius) als bekannt vorausgesetzt wird. Durch eine Zerlegung des Intervalls $[\alpha, \beta]$ zeichnen wir Elemente $\varphi_i \ (i = 0, \ldots, n)$ aus mit

$$\alpha = \varphi_0 < \varphi_1 < \varphi_2 < \cdots < \varphi_{k-1} < \varphi_k < \cdots < \varphi_n = \beta.$$

In jedem Teilintervall wird eine Zwischenstelle $\xi_k \in [\varphi_{k-1}, \varphi_k]$ ausgewählt und $r = f(\varphi)$ im gesamten Teilintervall durch $r = f(\xi_k)$ ersetzt. Damit ist die Fläche durch n Kreissektorflächen mit den Radien $f(\xi_k)$ angenähert (s. Bild 1.36).

Als Näherungswert für den gesuchten Flächeninhalt erhalten wir so

$$A \approx \sum_{k=1}^{n} A_k = \sum_{k=1}^{n} \tfrac{1}{2} \cdot f(\xi_k)(\varphi_k - \varphi_{k-1}) \cdot f(\xi_k) = \tfrac{1}{2} \sum_{k=1}^{n} (f(\xi_k))^2 \Delta\varphi_k.$$

Ist f eine auf $[\alpha, \beta]$ stetige Funktion, dann lassen sich Zwischenstellen $\hat{\xi}_k$ so wählen. daß die Flächeninhalte der durch die Kurve berandeten Teilsegmente genau gleich denen der entsprechenden Kreissegmente sind. Für immer feinere Zerlegungen von $[\alpha, \beta]$ erhalten wir:

$$A = \lim_{dZ \to 0} \frac{1}{2} \sum_{k=1}^{n} (f(\hat{\xi}_k))^2 \Delta\varphi_k = \frac{1}{2} \int_{\alpha}^{\beta} f^2(\varphi)\, d\varphi.$$

Satz 1.4

$f : [\alpha, \beta] \to \mathbb{R}$ sei stetig und beschreibe explizit eine Kurve C in Polarkoordinaten. Dann gilt für den Flächeninhalt A der durch C und $\varphi = \alpha$ sowie $\varphi = \beta$ begrenzten Fläche:

$$A = \frac{1}{2} \int_{\alpha}^{\beta} f^2(\varphi)\, d\varphi. \tag{1.50}$$

Bemerkung:

Man beachte, daß die Berandung entsprechend der Orientierung der Winkel durchlaufen wird.

Beispiel 1.32

Flächeninhalte von Gebieten, deren Ränder in Polarkoordinaten beschrieben sind.

a) Flächeninhalt eines Kreises

Durch $r = R$ für alle $\varphi \in [0, 2\pi]$ wird ein Kreis vom Radius R um den Nullpunkt beschrieben. Für den Flächeninhalt gilt:

$$A = \frac{1}{2} \int_0^{2\pi} R^2\, d\varphi = \frac{R^2}{2} \int_0^{2\pi} d\varphi = R^2 \cdot \pi.$$

b) Flächeninhalt der von einer Kardioide begrenzten Fläche (vgl. Beispiel 1.10).

Durch $r = f(\varphi) = a(1 + \cos\varphi)$ mit $\varphi \in [0, 2\pi]$ wird eine Kardioide beschrieben. Für den Flächeninhalt des dadurch umrandeten Gebietes gilt nach (1.50):

$$A = \frac{1}{2} \int_0^{2\pi} a^2 (1 + \cos\varphi)^2\, d\varphi = \frac{a^2}{2} \int_0^{2\pi} (1 + 2\cos\varphi + \cos^2\varphi)\, d\varphi$$

$$A = \frac{a^2}{2} \left[\varphi + 2\sin\varphi + \frac{\varphi + \sin\varphi\cos\varphi}{2} \right]_0^{2\pi} = \frac{a^2}{2} \cdot [3\pi] = \frac{3}{2}\pi a^2.$$

c) Flächeninhalt der von einer Lemniskate begrenzten Fläche (vgl. Beispiel 1.10).

Durch $r = a\sqrt{\cos 2\varphi}$ mit $\varphi \in [-\frac{1}{4}\pi, \frac{1}{4}\pi] \cup [\frac{3}{4}\pi, \frac{5}{4}\pi]$ wird eine Lemniskate beschrieben. Die Berechnung des Flächeninhaltes nach (1.50) ergibt:

$$A = 2 \cdot \frac{1}{2} \int_{-\frac{\pi}{4}}^{\frac{\pi}{4}} a^2 \cos 2\varphi\, d\varphi = a^2 \left[\frac{\sin 2\varphi}{2} \right]_{-\frac{\pi}{4}}^{\frac{\pi}{4}} = \frac{a^2}{2} [1 - (-1)] = a^2.$$

Ist der Flächeninhalt eines Gebietes zwischen den Schaubildern von $r = f_1(\varphi)$ und $r = f_2(\varphi)$ zu bestimmen, dann müssen analog zum Vorgehen bei kartesischen Koordinaten zunächst die Schnittpunkte der Berandungskurven bestimmt werden.

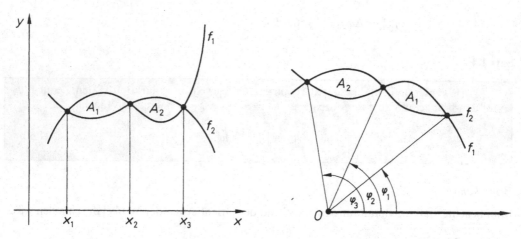

Bild 1.37: Fläche zwischen zwei Schaubildern

Für den in Bild 1.37 dargestellten Fall dreier Schnittpunkte gilt z.B.:

$$A = \int_{x_1}^{x_2} (f_1(x) - f_2(x))\,dx + \int_{x_2}^{x_3} (f_2(x) - f_1(x))\,dx \quad \text{bzw.}$$

$$A = \frac{1}{2} \int_{\varphi_1}^{\varphi_2} (f_1^2(\varphi) - f_2^2(\varphi))\,d\varphi + \frac{1}{2} \int_{\varphi_2}^{\varphi_3} (f_2^2(\varphi) - f_1^2(\varphi))\,d\varphi.$$

Auch im Falle, daß ein Gebiet von einer geschlossenen Kurve C umrandet ist, wird der Flächeninhalt für beide Koordinatensysteme auf analoge Weise bestimmt (vgl. Bild 1.38).

Für den dargestellten Fall gilt z.B.:

$$A = \frac{1}{2} \int_{\varphi_1}^{\varphi_2} (f_1^2(\varphi) - f_4^2(\varphi))\,d\varphi + \frac{1}{2} \int_{\varphi_2}^{\varphi_3} (f_1^2(\varphi) - f_2^2(\varphi))\,d\varphi + \frac{1}{2} \int_{\varphi_2}^{\varphi_4} (f_3^2(\varphi) - f_4^2(\varphi))\,d\varphi.$$

Aus (1.50) kann eine entsprechende Formel für den Fall abgeleitet werden, daß die Berandungskurve in Parameterdarstellung gegeben ist. Bezeichnen wir die Ableitungen nach dem Parameter t mit einem Punkt, so gilt entsprechend dem Zusammenhang zwischen Polarkoordinaten und kartesischen Koordinaten für differenzierbare Koordinatenfunktionen:

$$x = r(t) \cdot \cos \varphi(t) \Rightarrow \dot{x} = \dot{r} \cdot \cos \varphi - r \cdot \dot{\varphi} \cdot \sin \varphi \Rightarrow y \cdot \dot{x} = r \cdot \dot{r} \cdot \sin \varphi \cdot \cos \varphi - r^2 \cdot \dot{\varphi} \cdot \sin^2 \varphi$$

$$y = r(t) \cdot \sin \varphi(t) \Rightarrow \dot{y} = \dot{r} \cdot \sin \varphi + r \cdot \dot{\varphi} \cdot \cos \varphi \Rightarrow x \cdot \dot{y} = r \cdot \dot{r} \cdot \sin \varphi \cdot \cos \varphi + r^2 \cdot \dot{\varphi} \cdot \cos^2 \varphi,$$

und daraus folgt:

$$x \cdot \dot{y} - y \cdot \dot{x} = r^2 \cdot \dot{\varphi} \cdot \cos^2 \varphi + r^2 \cdot \dot{\varphi} \cdot \sin^2 \varphi = r^2 \cdot \frac{d\varphi}{dt}.$$

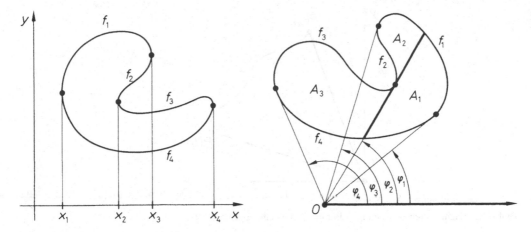

Bild 1.38: Fläche innerhalb einer geschlossenen Kurve C

Unter Berücksichtigung dieser Gleichheit lautet Satz 1.4[1]):

Satz 1.5 (Sektorformel)

Besitzt ein ebenes Gebiet als Berandung eine glatte Jordankurve $C\colon x = \varphi(t)$, $y = \psi(t)$, $t \in [t_1, t_2]$ und zwei Strahlen durch den Nullpunkt und $P(t_1)$ bzw. $P(t_2)$, dann gilt für den Flächeninhalt dieses Gebietes:

$$A = \tfrac{1}{2} \int_{t_1}^{t_2} (\varphi(t)\,\dot{\psi}(t) - \dot{\varphi}(t)\,\psi(t))\,\mathrm{d}t. \tag{1.51}$$

Bemerkung:

Entsprechend der Orientierung der Winkel erhält die Berandung eine Orientierung (vgl. Bild 1.39).

Beispiel 1.33

Flächeninhalte von Gebieten, deren Rand in Parameterdarstellung gegeben ist

a) Flächeninhalt der von einer Ellipse berandeten Fläche

Durch $x = a \cdot \cos t$, $y = b \cdot \sin t$ mit $t \in [0, 2\pi]$ wird eine Ellipse beschrieben (vgl. Beispiel 1.21b)). Nach (1.51) gilt für den Flächeninhalt:

$$A = \tfrac{1}{2} \int_0^{2\pi} [a \cdot \cos t (b \cdot \cos t) - (-a \cdot \sin t) b \cdot \sin t]\,\mathrm{d}t = \frac{a \cdot b}{2} \int_0^{2\pi} (\cos^2 t + \sin^2 t)\,\mathrm{d}t = \pi \cdot ab.$$

---

[1]) Man beachte, daß nun φ für eine Koordinatenfunktion und nicht mehr für das Argument im Polarkoordinatensystem steht.

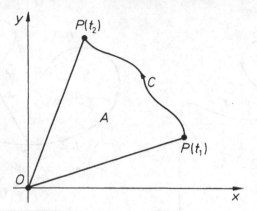

Bild 1.39: Fläche, deren Berandung in Parameterdarstellung gegeben ist

b) Flächeninhalt der von einem Zykloidenbogen und der x-Achse berandeten Fläche

Durch $x = R(t - \sin t)$, $y = R(1 - \cos t)$ mit $t \in [0, 2\pi]$ wird ein Zykloidenbogen beschrieben (vgl. Beispiel 1.5). Für den Flächeninhalt unter diesem Bogen gilt (man beachte dabei die Orientierung!):

$$A = \tfrac{1}{2} \int_{2\pi}^{0} [R(t - \sin t)R \sin t - R(1 - \cos t)R(1 - \cos t)]\, dt$$

$$= \frac{R^2}{2} \int_{2\pi}^{0} (t \cdot \sin t - \sin^2 t - 1 + 2\cos t - \cos^2 t)\, dt$$

$$= \frac{R^2}{2} \int_{2\pi}^{0} [t \cdot \sin t + 2(\cos t - 1)]\, dt = \frac{R^2}{2} [\sin t - t \cdot \cos t + 2\sin t - 2t]_{2\pi}^{0}$$

$$= \frac{R^2}{2} [-(-2\pi - 4\pi)] = 3\pi R^2.$$

c) Flächeninhalt der von einem kartesischen Blatt berandeten Fläche

Durch $x = \dfrac{3at}{t^3 + 1}$, $y = \dfrac{3at^2}{t^3 + 1}$ mit $t \in \mathbb{R}_0^+$ wird ein Teil des kartesischen Blattes beschrieben (vgl. Beispiel 1.13f). Für den Flächeninhalt gilt:

$$A = \tfrac{1}{2} \int_{0}^{\infty} \left[\frac{3at}{t^3 + 1} \cdot \frac{6at - 3at^4}{(t^3 + 1)^2} - \frac{3at^2}{t^3 + 1} \cdot \frac{3a - 6at^3}{(t^3 + 1)^2} \right] dt$$

$$= \frac{3a^2}{2} \int_{0}^{\infty} \frac{3t^2}{(t^3 + 1)^3}(2 - t^3 - 1 + 2t^3)\, dt = \frac{3a^2}{2} \lim_{k \to \infty} \int_{0}^{k} \frac{3t^2}{(t^3 + 1)^2}\, dt$$

$$= \frac{3a^2}{2} \cdot \lim_{k \to \infty} \left[-\frac{1}{(t^3 + 1)} \right]_{0}^{k} = -\frac{3a^2}{2} \lim_{k \to \infty} \left[\frac{1}{(k^3 + 1)} - 1 \right] = \tfrac{3}{2} a^2.$$

Durch $x = \cos t$, $y = \sin t$ mit $t \in [0, 2\pi]$ wird der Einheitskreis beschrieben. Ebenso beschreibt $x = \cosh t$, $y = \sinh t$ die »Einheitshyperbel«. Während beim Einheitskreis die Bedeutung von

t als Bogenmaß offensichtlich ist, fehlt eine äquivalente Deutung bei der Hyperbel. Man kann t am Einheitskreis aber auch anders deuten (vgl. Bild 1.40).

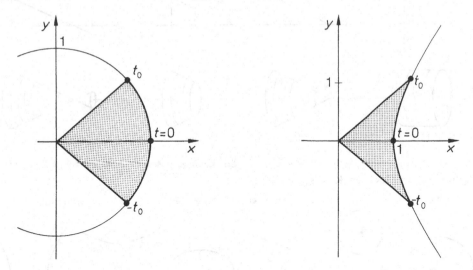

Bild 1.40: Deutung des Parameters t an Einheitskreis und Hyperbel

Am Einheitskreis gilt: $A = \frac{1}{2} \int\limits_{-t_0}^{t_0} (\cos^2 t + \sin^2 t)\, dt = t_0$. D.h. t_0 kann als Flächeninhalt eines

Sektors gedeutet werden. Für die Einheitshyperbel gilt: $A = \frac{1}{2} \int\limits_{-t_0}^{t_0} (\cosh^2 t - \sinh^2 t)\, dt = t_0$.

Auch hier entspricht dem Parameter ein Sektorflächeninhalt. Wegen $x = \cosh t$ und $y = \sinh t$ heißen die Umkehrfunktionen der Hyperbelfunktionen »Area-Funktionen«, denn »area« bedeutet Fläche, und t bezeichnet den Flächeninhalt der Fläche, deren cosinus hyperbolicus gleich x ist bzw. deren sinus hyperbolicus gleich y ist (vgl. Band 1, Abschnitt 4.5).

1.1.7 Volumen und Oberflächeninhalt von Rotationskörpern

In diesem Abschnitt befassen wir uns ausschließlich mit Körpern, die dadurch entstehen, daß eine ebene Kurve oder ein ebenes Kurvenstück um eine Achse rotiert, die in der gleichen Ebene liegt. Andere Körper werden im Abschnitt 3 behandelt.

Rotationskörper sind uns aus dem Alltag bekannt: Vasen, Gläser, gedrechselte Figuren usw. Bild 1.41 zeigt einige spezielle Typen von Rotationskörpern.

Wie wir bei der Berechnung des Flächeninhalts von bereits bekannten Flächeninhalten (Rechteck-bzw. Kreissektorinhalt) ausgingen, so werden wir bei der Bestimmung von Rauminhalten auf bekannte Volumen aufbauen. Aus der Schulmathematik ist uns das Volumen eines Zylinders (Grundfläche mal Höhe) bekannt. Indem wir einen Rotationskörper durch mehrere zylindrische Körper annähern, erhalten wir die Summe der Zylindervolumen als Näherungswert für das Volumen des Rotationskörpers.

Rotation eines Geradenstücks:

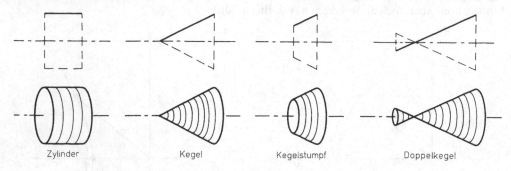

Rotation eines Teiles eines Kegelschnitts:

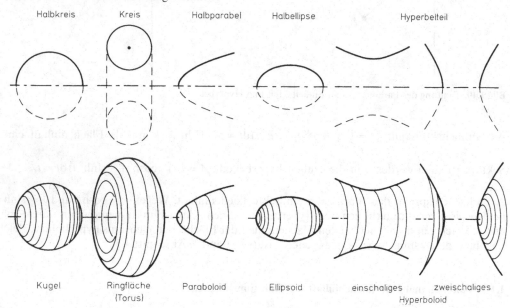

Bild 1.41: Spezielle Rotationskörper

Der Rotationskörper sei durch das rotierende ebene Kurvenstück – **Meridian** genannt – und die in der gleichen Ebene liegende Rotationsachse gegeben. Legt man in der Ebene ein kartesisches Achsensystem so, daß die Rotationsachse mit der x-Achse zusammenfällt, dann möge $y = f(x)$ mit $x \in [a, b]$ die explizite Beschreibung des Meridians sein (vgl. Bild 1.42).

Durch eine Zerlegung des Intervalls $[a, b]$ zeichnen wir Teilpunkte x_i $(i = 0, \ldots, n)$ aus mit

$$a = x_0 < x_1 < \cdots < x_{k-1} < x_k < \cdots < x_n = b.$$

Indem wir in jedem Teilintervall $[x_{k-1}, x_k]$ eine Zwischenstelle ξ_k wählen und die Meridiankurve in diesem Intervall durch $f(\xi_k)$ ersetzen, nähern wir den Rotationskörper durch n Zylinder an (vgl. Bild 1.43).

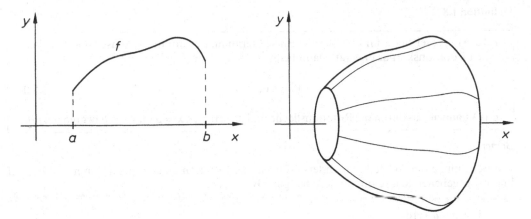

Bild 1.42: Rotation eines Meridians um die x-Achse

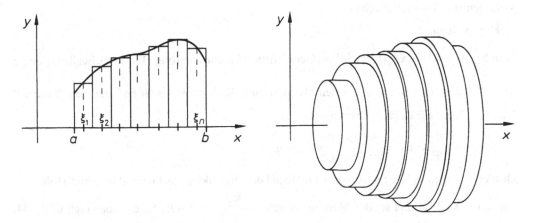

Bild 1.43: Annäherung eines Rotationskörpers durch Zylinder

Die Summe der Zylindervolumen ist ein Näherungswert für das Volumen des Rotationskörpers:

$$\sum_{k=1}^{n} V_k = \sum_{k=1}^{n} \pi f^2(\xi_k)\cdot(x_k - x_{k-1}) = \pi \cdot \sum_{k=1}^{n} f^2(\xi_k)\Delta x_k.$$

Ist f auf $[a,b]$ stetig, so ist auch $g = \pi f^2$ auf $[a,b]$ stetig. Nach Satz 9.5, Band 1 existiert dann der Grenzwert

$$V = \lim_{dZ \to 0} \pi \cdot \sum_{k=1}^{n} f^2(\xi_k)\Delta x_k = \pi \int_a^b f^2(x)\,dx,$$

den wir entsprechend der geometrischen Deutung benennen:

Definition 1.8

$f:[a,b] \to \mathbb{R}$ sei stetig und beschreibe einen Meridian, der um die x-Achse rotiert und so einen Rotationskörper erzeugt. Dann heißt

$$V = \pi \int_a^b f^2(x)\,\mathrm{d}x \qquad (1.52)$$

das **Volumen**, das durch die Rotationsfläche und die Ebenen $x = a$ und $x = b$ begrenzt wird.

Bemerkung:

Die Benennung der Achse kann anders erfolgen. Bei Rotation einer explizit durch $x = g(y)$ auf $[y_1, y_2]$ gegebenen Kurve um die y-Achse gilt z.B.:

$$V = \pi \int_{y_1}^{y_2} g^2(y)\,\mathrm{d}y.$$

Beispiel 1.34

Volumen von Rotationsflächen

a) Kegelvolumen

Durch $\dfrac{y}{R} + \dfrac{x}{h} = 0$ mit $x \in [0, h]$ wird ein Geradenstück beschrieben (vgl. Bild 1.44). Bei Rotation um die x-Achse beschreibt $y = -\dfrac{R}{h}x$ den Meridian eines Kegels mit der Höhe h und dem Radius R. Nach (1.52) gilt für das Kegelvolumen:

$$V = \pi \int_0^h \frac{R^2}{h^2}x^2\,\mathrm{d}x = \frac{\pi R^2}{h^2}\left[\frac{x^3}{3}\right]_0^h = \tfrac{1}{3}\pi R^2 h.$$

Das Volumen eines Kegels ist damit ein Drittel des Produktes aus Grundfläche und Höhe.

Bei einem Kegelstumpf sei der Meridian durch $y = \dfrac{R_2 - R_1}{h}x + R_1$ beschrieben (vgl. Bild 1.44). Für das Volumen gilt:

$$V = \pi \int_0^h \left(\frac{R_2 - R_1}{h}x + R_1\right)^2 \mathrm{d}x = \pi\left[\frac{h}{3(R_2 - R_1)}\left(\frac{R_2 - R_1}{h}x + R_1\right)^3\right]_0^h$$

$$= \frac{\pi h}{3(R_2 - R_1)}(R_2^3 - R_1^3) = \frac{\pi h}{3}(R_2^2 + R_1 R_2 + R_1^2).$$

b) Volumen eines Rotationsellipsoids

Die durch $y = \dfrac{b}{a}\sqrt{a^2 - x^2}$ mit $x \in [-a, a]$ beschriebene Halbellipse (vgl. Bild 1.44) rotiere um die x-Achse. Für das Volumen gilt:

$$V = \pi \int_{-a}^a \frac{b^2}{a^2}(a^2 - x^2)\,\mathrm{d}x = \frac{\pi b^2}{a^2}\left[a^2 x - \frac{x^3}{3}\right]_{-a}^a = \frac{2\pi b^2}{a^2}\cdot\tfrac{2}{3}a^3 = \tfrac{4}{3}\pi a b^2.$$

Bei Rotation um die y-Achse ist $x = \dfrac{a}{b}\sqrt{b^2 - y^2}$ eine Beschreibung des Meridians, und für das Volumen gilt $V = \frac{4}{3}\pi a^2 b$.

c) Volumen des Körpers, der durch Rotation der Kettenlinie entsteht

Die durch $y = a \cdot \cosh \dfrac{x}{a}$ auf $[0, x_0]$ beschriebene Kettenlinie möge um die x-Achse rotieren (vgl. Bild 1.44). Für das Volumen gilt:

$$V = \pi \int\limits_0^{x_0} a^2 \cosh^2 \frac{x}{a}\,\mathrm{d}x = \pi a^2 \int\limits_0^{x_0} \cosh^2 \frac{x}{a}\,\mathrm{d}x = \pi a^2 \left[\frac{a}{2}\sinh\frac{x}{a}\cosh\frac{x}{a} + \frac{x}{2} \right]_0^{x_0}$$

$$= \frac{\pi a^2}{2}\left[x_0 + a\cdot\sinh\frac{x_0}{a}\cdot\cosh\frac{x_0}{a} \right].$$

Weil die Bogenlänge dieser Kettenlinie $s = a\cdot\sinh\dfrac{x_0}{a}$ beträgt, gilt für das Volumen:

$$V = \frac{\pi a}{2}(ax_0 + sy_0).$$

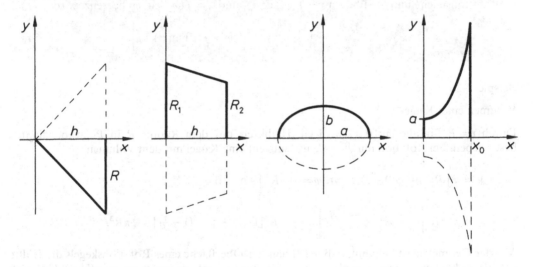

Bild 1.44: Meridiane zu Beispiel 1.34

Ist der Meridian eines Rotationskörpers nicht explizit in kartesischen Koordinaten beschrieben, können die (1.52) entsprechenden Formeln (1.53) und (1.54) zur Berechnung herangezogen werden.

Die durch $x = \varphi(t)$, $y = \psi(t)$, $t \in [t_1, t_2]$ beschriebene stetige Kurve C sei das Schaubild einer Funktion $f: [\varphi(t_1), \varphi(t_2)] \to \mathbb{R}$. Rotiert C um die x-Achse, dann gilt für das Volumen, das durch die Rotationsfläche und die Ebenen $x = \varphi(t_1)$ und $x = \varphi(t_2)$ begrenzt wird:

$$V = \pi \left| \int_{t_1}^{t_2} \psi^2(t) \dot{\varphi}(t) \, dt \right| \tag{1.53}$$

Beispiel 1.35

Volumen des Körpers, der durch Rotation der Astroide entsteht

Der durch $x = a \cdot \cos^3 t$, $y = a \cdot \sin^3 t$ mit $t \in [0, \pi]$ beschriebene Teil der Astroide rotiere um die x-Achse (vgl. Bild 1.18b)). Für das Volumen gilt:

$$V = \pi \int_{\pi}^{0} a^2 \sin^6 t \cdot a \cdot 3 \cos^2 t (-\sin t) \, dt = -3\pi a^3 \int_{\pi}^{0} \sin^7 t \cdot \cos^2 t \, dt = -3\pi a^3 \cdot \frac{1}{9} \int_{\pi}^{0} \sin^7 t \, dt$$

$$= -\frac{\pi a^3}{3} \cdot \frac{6}{7} \int_{\pi}^{0} \sin^5 t \, dt = -\frac{2\pi a^3}{7} \cdot \frac{4}{5} \int_{\pi}^{0} \sin^3 t \, dt = -\frac{8\pi a^3}{35} \cdot \frac{2}{3} [-\cos t]_{\pi}^{0} = \frac{32}{105} \pi a^3.$$

$f: [\varphi_1, \varphi_2] \to \mathbb{R}$ sei stetig und beschreibe in Polarkoordinaten den Meridian eines Rotationskörpers, dessen Achse die Polgerade ist. Dann gilt für das Volumen, das durch die Rotationsfläche und die Ebenen $x = f(\varphi_1) \cos \varphi_1$ und $x = f(\varphi_2) \cos \varphi_2$ begrenzt wird:

$$V = \pi \left| \int_{\varphi_1}^{\varphi_2} f^2(\varphi) \sin^2 \varphi (f'(\varphi) \cos \varphi - f(\varphi) \sin \varphi) \, d\varphi \right|. \tag{1.54}$$

Beispiel 1.36

Volumen einer Kugel

Durch $r = R$ für alle $\varphi \in [0, \pi]$ wird ein Halbkreis mit dem Radius R in Polarkoordinaten beschrieben. Bei Rotation um die x-Achse entsteht eine Kugel mit dem Volumen

$$V = \pi \int_{\pi}^{0} R^2 \sin^2 \varphi (0 - R \sin \varphi) \, d\varphi = -\pi R^3 \int_{\pi}^{0} \sin^3 \varphi \, d\varphi$$

$$= -\pi R^3 \left[-\cos \varphi + \frac{\cos^3 \varphi}{3} \right]_{\pi}^{0} = -\pi R^3 [(-1 + \tfrac{1}{3}) - (1 - \tfrac{1}{3})] = \tfrac{4}{3} \pi R^3.$$

Aus der Geometrie ist bekannt, daß der Inhalt der Oberfläche eines Rotationskegels die Hälfte des Produkts aus Mantellinienlänge und Grundkreisumfang ist, denn ein Kegel läßt sich »abwickeln« (vgl. Bild 1.45). Entsprechend ist der Inhalt der Oberfläche eines Kegelstumpfes das Produkt aus Mantellinienlänge und mittlerer Kreislänge:

$$O = 2\pi \frac{R_1 + R_2}{2} m.$$

Diese Kenntnis werden wir bei der Berechnung des Oberflächeninhalts eines Rotationskörpers

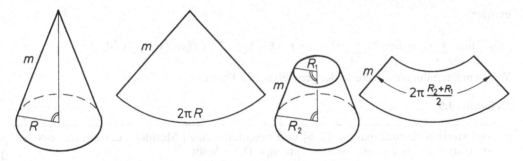

Bild 1.45: Oberflächeninhalt bei Kegel und Kegelstumpf

verwenden. Der Rotationskörper sei wie oben durch Rotationsachse und Meridian gegeben. $y = f(x)$ mit $x \in [a, b]$ beschreibe den Meridian. Eine Zerlegung des Intervalls $[a, b]$ zeichne die Teilpunkte x_i ($i = 0, \ldots, n$) aus mit

$$a = x_0 < x_1 < \cdots < x_{n-1} < x_n = b.$$

Diesen Argumenten entsprechen auf dem Meridian Punkte (x_i, y_i), deren geradlinige Verbindung die Kurve als Streckenzug annähert. Bei Rotation dieses Streckenzugs um die x-Achse entstehen n Kegelstümpfe. Die Summe der Oberflächeninhalte ist ein Näherungswert für den Oberflächeninhalt des Rotationskörpers (vgl. Bild 1.46):

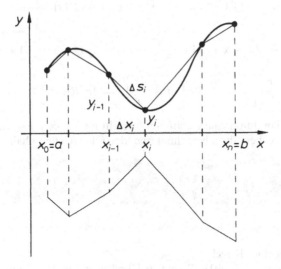

Bild 1.46: Annäherung der Oberfläche durch einen rotierenden Sekantenzug

Unter der Voraussetzung, daß f auf $[a, b]$ stetig differenzierbar ist, läßt sich durch Anwendung des Mittelwertsatzes der Differentialrechnung (Satz 8.25, Band 1), einer geeigneten Zerlegung der Summe (s.z.B. [3]) und Anwendung von Satz 9.5, Band 1 beweisen, daß der folgende Grenzwert existiert:

$$\lim_{dZ \to 0} \sum_{i=1}^{n} O_i = \lim_{dZ \to 0} 2\pi \sum_{i=1}^{n} f(\xi_i)\sqrt{1 + f'(\xi_i)^2}\,\Delta x_i = 2\pi \int_{a}^{b} f(x)\sqrt{1 + f'(x)^2}\,dx.$$

Wir benennen ihn entsprechend der geometrischen Deutung:

Definition 1.9

f sei stetig differenzierbar auf $[a, b]$ und beschreibe einen Meridian, der um die x-Achse rotiert und so einen Rotationskörper erzeugt. Dann heißt

$$O = 2\pi \int_{a}^{b} |f(x)| \cdot \sqrt{1 + (f'(x))^2}\,dx \tag{1.55}$$

der **Oberflächeninhalt** des Rotationskörpers.

Beispiel 1.37

Oberflächeninhalt einer Ringfläche (Torus)

Durch $f_1(x) = R + \sqrt{r^2 - x^2}$ und durch $f_2(x) = R - \sqrt{r^2 - x^2}$ mit $x \in [-r, r]$ und $r < R$ wird ein Kreis als Meridian einer Ringfläche beschrieben (vgl. Bild 1.47a). Bei Rotation entsteht ein Torus. Für dessen Oberflächeninhalt gilt:

$$O = 2\pi \int_{-r}^{r} f_1(x)\sqrt{1 + (f_1'(x))^2}\,dx + 2\pi \int_{-r}^{r} f_2(x)\sqrt{1 + (f_2'(x))^2}\,dx$$

$$= 2\pi \int_{-r}^{r} \left[(R + \sqrt{r^2 - x^2}) \cdot \sqrt{1 + \frac{x^2}{r^2 - x^2}} + (R - \sqrt{r^2 - x^2}) \cdot \sqrt{1 + \frac{x^2}{r^2 - x^2}} \right] dx$$

$$= 4\pi R \int_{-r}^{r} \frac{r}{\sqrt{r^2 - x^2}}\,dx = 4\pi R r \cdot \left[\arcsin \frac{x}{r} \right]_{-r}^{r} = 4\pi^2 R r.$$

Ist ein glatter Meridian durch eine Parameterdarstellung $x = \varphi(t)$, $y = \psi(t)$, $t \in [t_1, t_2]$ in kartesischen Koordinaten gegeben, dann berechnet man den Oberflächeninhalt entsprechend (1.11):

$$O = 2\pi \int_{t_1}^{t_2} |\psi(t)| \cdot \sqrt{\dot{\varphi}^2(t) + \dot{\psi}^2(t)}\,dt. \tag{1.56}$$

Beispiel 1.38

a) Oberflächeninhalt einer Kugel

Durch $x = \varphi(t) = R \cdot \cos t$, $y = \psi(t) = R \cdot \sin t$, $t \in [0, \pi]$ wird ein Halbkreis beschrieben (vgl. Bild 1.47b). Bei Rotation um die x-Achse entsteht eine Kugel. Für deren Oberflächeninhalt gilt wegen $\dot{\varphi}(t) = -R \cdot \sin t$, $\dot{\psi}(t) = R \cdot \cos t$:

$$O = 2\pi \int_{0}^{\pi} R \cdot \sin t \sqrt{R^2 \sin^2 t + R^2 \cos^2 t}\,dt = 2\pi R^2 [-\cos t]_0^{\pi} = 2\pi R^2 [1 - (-1)] = 4\pi R^2.$$

b) Oberflächeninhalt des Körpers, der durch Rotation einer Astroide entsteht

Durch $x = a \cdot \cos^3 t$, $y = a \cdot \sin^3 t$, $t \in [0, \pi]$ wird die Hälfte einer Astroide beschrieben (vgl. Bild 1.47c)). Bei Rotation um die x-Achse entsteht ein Körper, dessen Oberflächeninhalt zunächst nicht nach (1.56) berechnet werden kann, da die Astroide bei $t = \dfrac{\pi}{2}$ nicht glatt ist. Unter Ausnutzung der Symmetrie (oder durch Zerlegung in zwei glatte Kurvenstücke) gelingt jedoch die Berechnung:

$$O = 2 \cdot 2\pi \int_0^{\pi/2} \psi(t)\sqrt{\dot{\varphi}^2(t) + \dot{\psi}^2(t)}\, dt = 4\pi \int_0^{\pi/2} a \cdot \sin^3 t \sqrt{9a^2 \cos^4 t \sin^2 t + 9a^2 \sin^4 t \cos^2 t}\, dt$$

$$= 12\pi a^2 \int_0^{\pi/2} \sin^4 t \cdot \cos t \cdot \sqrt{\cos^2 t + \sin^2 t}\, dt = 12\pi a^2 \left[\frac{\sin^5 t}{5} \right]_0^{\pi/2} = \tfrac{12}{5}\pi a^2.$$

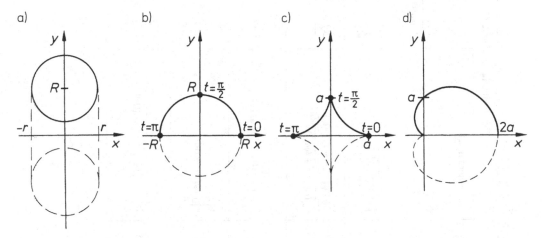

Bild 1.47a–d: Zu den Beispielen für Oberflächeninhalte von Rotationskörpern

Ist ein Meridian durch $r = f(\varphi)$ mit $\varphi \in [\varphi_1, \varphi_2]$ in Polarkoordinaten beschrieben, dann ist $x = f(\varphi)\cos\varphi$ und $y = f(\varphi)\sin\varphi$ eine Parameterdarstellung mit dem Parameter φ. Für den Oberflächeninhalt gilt in diesem Fall entsprechend (1.56):

$$O = 2\pi \int_{\varphi_1}^{\varphi_2} |f(\varphi)\sin\varphi| \sqrt{(f'(\varphi))^2 + (f(\varphi))^2}\, d\varphi. \tag{1.57}$$

Beispiel 1.39

Oberflächeninhalt der Rotationsfläche einer Kardioide

Durch $r = a(1 + \cos\varphi)$ mit $\varphi \in [0, \pi]$ wird eine Hälfte einer Kardioide beschrieben (vgl. Bild 1.47d)). Bei Rotation dieser Kurve um die x-Achse entsteht ein Rotationskörper mit dem

Zusammenstellung wichtiger Formeln aus Abschnitt 1.1

Geometrischer Begriff	Beschreibung der Kurve C		
	kartesische Koordinaten	Parameterdarstellung	Polarkoordinaten
Anstieg in $P_0 \in C$	$f'(x_0)$	$\dfrac{\dot\psi(t_0)}{\dot\varphi(t_0)}$	$\dfrac{f'(\varphi_0)\sin\varphi_0 + f(\varphi_0)\cos\varphi_0}{f'(\varphi_0)\cos\varphi_0 - f(\varphi_0)\sin\varphi_0}$
Bogenlänge zwischen $P_1, P_2 \in C$	$\displaystyle\int_a^b \sqrt{1+(f'(x))^2}\,dx$	$\displaystyle\int_{t_1}^{t_2} \sqrt{\dot\varphi^2(t)+\dot\psi^2(t)}\,dt$	$\displaystyle\int_{\varphi_1}^{\varphi_2} \sqrt{(f'(\varphi))^2 + (f(\varphi))^2}\,d\varphi$
Krümmung in $P_0 \in C$	$\dfrac{f''(x_0)}{(\sqrt{1+(f'(x_0))^2})^3}$	$\dfrac{\dot\varphi(t_0)\ddot\psi(t_0) - \dot\psi(t_0)\ddot\varphi(t_0)}{(\sqrt{(\dot\varphi(t_0))^2+(\dot\psi(t_0))^2})^3}$	$\dfrac{2(f'(\varphi_0))^2 - f(\varphi_0)f''(\varphi_0) + (f(\varphi_0))^2}{(\sqrt{(f'(\varphi_0))^2 + (f(\varphi_0))^2})^3}$
Flächeninhalt einer Fläche mit dem Rand C	$\displaystyle\int_a^b f(x)\,dx$	$\dfrac{1}{2}\displaystyle\int_{t_1}^{t_2} [\varphi(t)\dot\psi(t) - \dot\varphi(t)\psi(t)]\,dt$	$\dfrac{1}{2}\displaystyle\int_{\varphi_1}^{\varphi_2} (f(\varphi))^2\,d\varphi$
Volumen eines Rotationskörpers mit dem Meridian C	$\pi\displaystyle\int_a^b (f(x))^2\,dx$	$\pi\left\lvert\displaystyle\int_{t_1}^{t_2} (\psi(t))^2\dot\varphi(t)\,dt\right\rvert$	$\pi\left\lvert\displaystyle\int_{\varphi_1}^{\varphi_2} f^2(\varphi)\sin^2\varphi\,[f'(\varphi)\cos\varphi - f(\varphi)\sin\varphi]\,d\varphi\right\rvert$
Oberflächeninhalt eines Rotationskörpers mit dem Meridian C	$2\pi\displaystyle\int_a^b |f(x)|\sqrt{1+(f'(x))^2}\,dx$	$2\pi\displaystyle\int_{t_1}^{t_2} |\psi(t)|\sqrt{\dot\varphi^2(t)+\dot\psi^2(t)}\,dt$	$2\pi\displaystyle\int_{\varphi_1}^{\varphi_2} |f(\varphi)\sin\varphi|\sqrt{(f'(\varphi))^2+(f(\varphi))^2}\,d\varphi$

Oberflächeninhalt

$$O = 2\pi \int_0^\pi a(1 + \cos\varphi)\sin\varphi \sqrt{a^2 \sin^2\varphi + a^2(1 + 2\cos\varphi + \cos^2\varphi)}\,d\varphi$$

$$= 2\pi a^2 \int_0^\pi (1 + \cos\varphi)\sin\varphi \sqrt{2 + 2\cos\varphi}\,d\varphi = 2\sqrt{2}\pi a^2 \int_0^\pi (\sqrt{1 + \cos\varphi})^3 \sin\varphi\,d\varphi$$

$$= -\tfrac{4}{5}\sqrt{2}\pi a^2 [(\sqrt{1 + \cos\varphi})^5]_0^\pi = -\tfrac{4}{5}\sqrt{2}\pi a^2(0 - (\sqrt{2})^5) = \tfrac{32}{5}\pi a^2.$$

Aufgaben

Zu Kurven in der Ebene:

1. Beschreiben Sie explizit die durch $2x = \ln(1 + 2y \cdot e^x)$ implizit gegebene Kurve.

2. Zeichnen Sie die durch eine Parameterdarstellung gegebene Kurve:

   a) $x = 1 - t,\ y = t^2 - 1$ b) $x = t^2,\ y = -t^2$
   c) $x = 2t + 4,\ y = t^2 + 2t$ d) $x = t^2,\ y = \tfrac{1}{2}t^3$
   e) $x = t^2,\ y = \tfrac{1}{3}t^3 - t$

3. Geben Sie zu $y = x^2$ zwei verschiedene Parameterdarstellungen so an, daß die Orientierungen unterschiedlich sind.

4. Beschreiben Sie implizit oder explizit in kartesischen Koordinaten:

   a) $x = \sqrt{t},\ y = \sqrt{t - 1}$ b) $x = \dfrac{t}{1 - t},\ y = \dfrac{1}{t}$

   c) $x = -4t^3,\ y = \tfrac{1}{2}(1 + 6t^2)$ d) $x = \alpha + a \cdot \cos t,\ y = \beta + b \cdot \sin t$

   e) $x = t^2,\ y = \tfrac{1}{2}t^3$ f) $x = \dfrac{3t}{1 + t^3},\ y = \dfrac{3t^2}{1 + t^3}$

5. Man zeige, daß die durch $(2a - x)y^2 = x(x - a)^2$ implizit gegebene Kurve auch durch die Parameterdarstellung

   $$x = \frac{2at^2}{1 + t^2},\ y = \frac{at(t^2 - 1)}{1 + t^2}$$

   rational beschrieben werden kann!

6. Geben Sie zu den Paaren (φ, r) kartesische Koordinaten an:

   $$\left(\frac{\pi}{4}, 2\right), \quad \left(\frac{\pi}{2}, 3\right), \quad (\pi, 2), \quad \left(\frac{3\pi}{2}, 3\right).$$

7. Geben Sie zu den Paaren kartesischer Koordinaten die Polarkoordinaten an:

   $$(1, 3), \quad (-1, 3), \quad (-3, -1), \quad (1, -3).$$

8. Skizzieren Sie die Kurve:

   a) $r = \varphi$ b) $r = 1 - \cos\varphi$ c) $r = \dfrac{1}{\varphi}$ d) $r = 1 + 2\cos\varphi$

   e) $r = 6 + 6\cos\varphi$ f) $r = 3 - 2\sin 2\varphi$ g) $r = 2 + \cos 3\varphi$ h) $r = 1 - \sin 3\varphi$

   i) $r = |a \cdot \sin 3\varphi|$ k) $r = |a \cdot \sin 2\varphi|$ l) $r = 3$ m) $r = \dfrac{1}{\sin\varphi}$

   n) $\varphi = \dfrac{\pi}{4}$

9. Beschreiben Sie den Kreis mit dem Radius a und dem Mittelpunkt $(0, a)$ in einem φ, r-System.

10. Beschreiben Sie in einem φ, r-System:

    a) $x^2 - y^2 = a^2$ b) $\arctan \dfrac{y}{x} = \dfrac{2xy}{\sqrt{x^2 + y^2}}, x > 0$ c) $x^3 + y^3 = 3xy$

11. Welche Kurven 2. Ordnung werden beschrieben?

    a) $r = \dfrac{9}{5 - 4\cos\varphi}$ b) $r = \dfrac{9}{4 - 5\cos\varphi}$ c) $r = \dfrac{9}{1 - \cos\varphi}$

12. Beschreiben Sie die Kurven in kartesischen Koordinaten:

    a) $r = a(1 + \cos\varphi)$ b) $r = \frac{1}{2}\dfrac{1}{1 - \sin\varphi}$ c) $r = \dfrac{a}{\cos\varphi}$

    d) $r = 2a \cdot \sin\varphi$ e) $r = a \cdot \sqrt{\dfrac{2}{\sin 2\varphi}}$ f) $r = \dfrac{a \cdot \sqrt{2}}{\sin\left(\varphi + \dfrac{\pi}{4}\right)}$

13. Auf jeder Geraden durch den Pol eines φ, r-Systems wird durch die Kardioide $r = a(1 + \cos\varphi)$ eine Strecke begrenzt. Auf welcher Kurve liegen die Mittelpunkte dieser Strecken?

*14. a) Astroide: Die Endpunkte der Strecke $\overline{AB} = a$ gleiten auf den Achsen eines kartesischen Koordinatensystems. Die Geraden, die durch A und B parallel zu den Koordinatenachsen verlaufen, schneiden sich in einem Punkt C, von wo aus auf $\overline{AB}$ das Lot gefällt wird. Es trifft die Strecke $\overline{AB}$ in P. Beschreiben Sie die Kurve der Punkte P.

    b) Lemniskate: Für alle Punkte $P(\varphi, r)$ einer ebenen Kurve gelte: Das Produkt der Abstände von den festen Punkten $F_1(0, c)$ und $F_2(\pi, c)$ ist gleich c^2. Beschreiben Sie die Kurve in Polarkoordinaten und in kartesischen Koordinaten! (Hinweis: Verwenden Sie den Kosinussatz!)

    c) Kardioide: Ein Kreis vom Durchmesser d rollt, ohne zu gleiten, auf der Außenseite eines Kreises mit gleichem Durchmesser ab. Beschreiben Sie die Kurve, die von einem Punkt P auf dem Umfang des rollenden Kreises durchlaufen wird, wenn man als Pol und Anfangslage des Punktes P den Berührpunkt beider Kreise wählt und die Polgerade durch den Mittelpunkt des rollenden Kreises in der Anfangslage.

*15. Ein Kreis vom Radius r rollt innen auf einem Kreis vom Radius $2r$ ab. Auf der Kreisfläche befindet sich der Punkt P im Abstand a vom Mittelpunkt. Man beweise, daß die Bahnkurve von P eine Ellipse mit den Halbachsen $(r + a)$ und $(r - a)$ ist.

16. In einem Getriebe bewegt sich eine Stange der Länge $\overline{AB} = s$ so, daß die Endpunkte A und B in zwei senkrecht aufeinander stehenden Schienen gleiten. Welche Kurve beschreibt der Punkt P mit $\overline{AP} = a$?

Zur Kurventangente und Kurvennormale:

17. Man bestimme $\dfrac{\mathrm{d}y}{\mathrm{d}x}$ und $\dfrac{\mathrm{d}^2 y}{\mathrm{d}x^2}$ für:

    a) $x = 2 + t, \; y = 1 + t^2$ b) $x = t + \dfrac{1}{t}, y = 1 + t$ c) $x = t^2, \; y = t + t^3$

    d) $x = \mathrm{e}^2 t, \; y = \mathrm{e}^3 t$ e) $x = \ln t, y = t^2$ f) $x = 2 \cdot \sin t, \; y = \cos 2t$

18. Man bestimme die Steigung von $C: x = \mathrm{e}^{-t} \cos 2t, \; y = \mathrm{e}^{-2t} \sin 2t$ im Punkte $P(0)$.

19. Man bestimme in einem kartesischen Koordinatensystem den höchsten Punkt von $C: x = 16t, \; y = 16t - 4t^2$.

20. Bestimmen Sie jeweils die Steigung der Kurve im angegebenen Punkt:

    a) $r = 1 - \cos\varphi, \; \varphi = \dfrac{\pi}{2}$ b) $r = \cos 3\varphi$ im Pol (und skizzieren Sie die Kurve)   c) $r = \dfrac{a}{\varphi}, \; \varphi = \dfrac{\pi}{3}$

21. Man bestimme Schnittpunkte und Schnittwinkel eines jeden Kurvenpaars:

 a) $r = 3\cos\varphi$ und $r = 1 + \cos\varphi$ b) $r = \sin 2\varphi$ und $r = \cos\varphi$
 c) $x = -1 + 3\tau,\ y = \sqrt{3}\tau$ und $x = 2\cos t + \cos 2t,\ y = 2\sin t - \sin 2t$

22. Man zeige, daß sich die folgenden Kurvenpaare unter einem rechten Winkel schneiden:

 a) $r = a \cdot e^{\varphi}$ und $r = b \cdot e^{-\varphi}$ b) $r = 4 \cdot \cos\varphi$ und $r = 4 \cdot \sin\varphi$
 c) $r = 1 + \cos\varphi$ und $r = 1 - \cos\varphi$

23. Man bestimme den Schnittwinkel der Tangenten an $r = 2 - 4 \cdot \sin\varphi$ im Pol.

24. Wie lauten die Gleichungen der Tangenten an die genannten Kurven in den angegebenen Punkten?

 a) $x = a \cdot \cos^3 t,\ y = a \cdot \sin^3 t$, $\qquad\qquad t_0 = \dfrac{\pi}{4}$

 b) $x = a(\cos t + t \cdot \sin t),\ y = a(\sin t - t \cdot \cos t)$, $\qquad t_0 = \dfrac{\pi}{4}$

 c) $x = t^2 - t - 1,\ y = t^2 + t + 1$, $\qquad\qquad P(-1, 3)$
 d) $x = 3\cosh t,\ y = 3\sinh t$, $\qquad\qquad P(3, 0)$

 e) $r = -10 \cdot \cos\varphi$, $\qquad\qquad r_0 = (4\sqrt{5},\ \varphi_0 = \pi - \arctan\tfrac{1}{2})$

25. Man berechne Tangenten- und Normalengleichung in den angegebenen Punkten:

 a) $x = a \cdot \cos^4 t,\ y = a \cdot \sin^4 t$, $\qquad t_0 = \dfrac{\pi}{4}$

 b) $x = \cos t,\ y = 2\sin t$, $\qquad\qquad t_0 = \dfrac{\pi}{3}$

 c) $x = 3e^t,\ y = 5e^{-t}$, $\qquad\qquad t_0 = 0$

 d) $r = \dfrac{1}{\varphi}$, $\qquad\qquad\qquad \varphi_0 = \dfrac{\pi}{2}$

26. Man gebe für die Kurve C: $x = t^2 - 1,\ y = t^3 - t$ die Punkte mit achsenparallelen Tangenten an. Wo und unter welchem Winkel schneidet die Kurve sich selbst?

27. Man gebe für die Kurve C: $x = t^2 + 2t,\ y = t^2 - 2t - 1$ Horizontal- und Vertikaltangenten an. Man beschreibe die Kurve implizit.

28. Man skizziere $r = 1 + \sin\varphi$ und bestimme Punkte mit Tangenten parallel und senkrecht zur Polgeraden.

29. Zeigen Sie, daß für alle Punkte der Kardioide $r = a(1 - \cos\varphi)$ der Winkel, den der Radiusvektor mit der Kurve bildet, halb so groß ist wie der, den er mit der Polgeraden bildet.

30. Zeigen Sie, daß die Kurve $r = e^{a\varphi}$ alle Radiusvektoren ihrer Punkte unter gleichen Winkeln schneidet.

31. Welche Tangente der Astroide $x^{2/3} + y^{2/3} = a^{2/3}$ ist vom Koordinatenursprung am weitesten entfernt?

32. Zeigen Sie, daß alle Normalen der Kurve $x = a(\cos t + t \cdot \sin t),\ y = a(\sin t - t \cdot \cos t)$ gleichen Abstand vom Ursprung besitzen.

*33. Man diskutiere folgende in Parameterdarstellung gegebenen Kurven:

 a) $x = \dfrac{2 + t^2}{1 + t^2},\ y = t - \dfrac{t}{1 + t^2}$ b) $x = \dfrac{t^2}{t - 1},\ y = \dfrac{t}{t^2 - 1}$

34. Man diskutiere folgende implizit beschriebenen Kurven, indem man zu einem φ, r-System übergeht:

 a) $x^4 + y^4 = 2xy$ *b) $(x^2 + y^2 - 6x)^2 = x^2 + y^2$ c) $x^4 + y^4 = x^2 + y^2$

35. Für die folgenden Kurven sind in den angegebenen Punkten die Längen von Tangente, Normale, Subtangente und Subnormale anzugeben:

a) $y = x^2$, $x_0 = 1$ b) $x = y + \ln y$, $y_0 = 1$ c) $x^3 + y^3 = 3xy$, $x_0 = y_0 = \frac{3}{2}$

d) $x = t^2 - t - 1$, $y = t^2 + t + 1$, $t_0 = 1$ e) $x = 1 - \cos t$, $y = \sin t$, $t_0 = \frac{\pi}{3}$ f) $r = \frac{\sin^2 \varphi}{\cos \varphi}$, $\varphi_0 = \frac{\pi}{3}$

g) $r^2 = a^2 \cdot \varphi$, $\varphi_0 = 1$

36. Geben Sie jeweils die Gleichung der Wendetangente an:

a) $y = x^3 + 3x^2$ b) $x = y^2 - e^y$

c) $r = 1 + \frac{1}{\cos \varphi}$ d) $x = t + 1$, $y = t^3 - 6t^2 + 2$

37. Wo und von welcher Ordnung berühren sich die Kurvenpaare?

a) $y = x - 1$ und $4y = x^2$ b) $4y = -x^2 + 6x + 3$ und $y^2 = 4x$

c) $y = x^2 - 2x$ und $x^2 + y^2 - 2x + y + 1 = 0$ d) $y = \frac{1}{1+x}$ und $y = -x^5 + x^4 - x^3 + x^2 - x + 1$

e) $y = \frac{1}{1+x^2}$ und $y = \frac{1 - x^{12}}{1 + x^2}$

38. Geben Sie eine ganzrationale Funktion 2. Grades an, die die Sinuskurve in $\left(\frac{\pi}{2}, 1 \right)$ von der Ordnung 2 berührt.

39. Man nähere die Kurve $y = \sin x$ durch eine Parabel 3. Grades an der Stelle $x_0 = \frac{\pi}{6}$ an.

40. Man bestimme die Schmiegeparabel 4. Grades zur Kurve $y = \ln(x + 2)$ an der Stelle $x_0 = 0$.

41. Das Integral $\int_0^1 \frac{dx}{\sqrt[3]{1 + x^2}}$ ist nicht leicht zu berechnen. Man nähere daher den Integranden durch die Schmiegeparabel 3. Grades in $x_0 = 0,5$ an und integriere dann.

42. Geben Sie den Kreis mit dem Radius a an, der das Cartesische Blatt $x^3 + y^3 = 3axy$ bei $x_0 = \frac{4}{3}a$ berührt.

Zur Bogenlänge:

43. Berechnen Sie die Bogenlänge

a) der Kettenlinie $y = 4 \cosh \frac{x}{4}$, $x \in [0, 4]$ b) eines Zykloidenbogens $x = a(t - \sin t)$, $y = a(1 - \cos t)$

c) der Kurve $x = \frac{t^6}{6}$, $y = 2 - \frac{t^4}{4}$ zwischen den Schnittpunkten mit den Koordinatenachsen

d) der Kurve $r = \cos^2 \frac{\varphi}{2}$

44. Geben Sie die Länge der Kurve im genannten Intervall an:

a) $y = \frac{2}{3}x\sqrt{x}$, $x \in [0, 1]$ b) $y = \ln(\cos x)$, $x \in \left[\frac{\pi}{6}, \frac{\pi}{4} \right]$

c) $x = \frac{1}{3}(y - 3)\sqrt{y}$, $y \in [0, 1]$ d) $y = \ln\left(\frac{e^x - 1}{e^x + 1} \right)$, $x \in [2, 4]$

e) $x = 3y^{3/2} - 1$, $y \in [0, 4]$ f) $x = t - \sin t$, $y = 1 - \cos t$, $t \in [0, 2\pi]$

g) $x = \sin t$, $y = 1 - \cos t$, $t \in \left[\frac{\pi}{2}, \pi \right]$ h) $x = e^t \cos t$, $y = e^t \sin t$, $t \in [0, 4]$

i) $r = 1 - \cos \varphi$, $\varphi \in [0, 2\pi]$ j) $r = 2\varphi$, $\varphi \in \left[0, \frac{\pi}{2} \right]$

45. Wie lang ist die Kurve $y^2 = x^3$ zwischen den Schnittpunkten mit der Geraden $x = \frac{4}{3}$?

46. Ein Punkt ist zur Zeit t bei $x = 0{,}5t^2$, $y = \frac{1}{9}(6t + 9)^{3/2}$. Man bestimme den Weg, den er von $t = 0$ bis $t = 4$ zurücklegt.

Zur Krümmung:

47. Berechnen Sie die Krümmung allgemein und speziell im angegebenen Punkt. Wo liegt der Krümmungskreismittelpunkt?

a) $y = x^4 e^{-x}$, $x_0 = 2$
b) $x = y \cdot e^{-y}$, $y_0 = 1$
c) $y = \ln(1 - x^2)$, $x_0 = 0$

d) $y^2 = 4x$, $x_0 = 1$
e) $y = \cos x$, $x_0 = \dfrac{\pi}{4}$
f) $x \cdot y = 4$, $x_0 = 2$

g) $r = a(1 + \cos\varphi)$, $\varphi_0 = 0$
h) $r = e^{\varphi}$, $\varphi_0 = 0$
i) $r = 3\sin\varphi + 4\cos\varphi$, $\varphi_0 = \dfrac{\pi}{2}$

j) $x = a \cdot \cos^3 t$, $y = a \cdot \sin^3 t$, $t_0 = \dfrac{\pi}{4}$
k) $x = a(t - \sin t)$, $y = a(1 - \cos t)$, $t_0 = \pi$
l) $x = \cos t$, $y = 1 + \sin t$, $t_0 = 0$

48. Wo liegen die Scheitelpunkte der folgenden Kurven?

a) $y = \ln x$
b) $x = \ln(1 - y^2)$
c) $9x^2 - 16y^2 = 144$

d) $r = a \cdot \cos\varphi + 2a$ mit $a > 0$
e) $x = 4\cos t - \cos(4t)$, $y = 4\sin t - \sin(4t)$

49. Geben Sie die Krümmungsradien folgender Kurven an:

a) $y = x^3$ in $(1, 1)$
b) $y = a \cdot \cosh\dfrac{x}{a}$ in $(0, a)$

c) $y = \ln(\cos x)$ in $(0, 0)$
d) $r = a(1 + \cos\varphi)$ in $\left(\dfrac{\pi}{2}, a\right)$

e) $r^2 = a^2 \cos(2\varphi)$ in $(0, a)$
f) $x = a(\cos t + t \cdot \sin t)$, $y = a(\sin t - t \cdot \cos t)$ in $(a, 0)$

g) $x = a(t - \sin t)$, $y = a(1 - \cos t)$ in $P\left(\dfrac{\pi}{2}\right)$

50. Wo sind die folgenden Kurven konvex, und wo haben sie Wende- oder Flachpunkte (mit $y''(x_0) = y'''(x_0) = 0$)?

a) $y = x^3 - 4x + 7$
b) $x^3 + y^3 - 3xy = 0$
c) $x = \cos t$, $y = \sin t$

d) $x = \dfrac{2t}{t^2 + 1}$, $y = \dfrac{1 - t^2}{t^2 + 1}$
e) $x = \frac{1}{3}t(6 - t)$, $y = \frac{1}{8}t^2(6 - t)$
f) $r = e^{-\varphi}$

g) $r = \dfrac{\cos(2\varphi)}{\cos\varphi}$

51. Man skizziere $y = \ln(\sin x)$, indem man den Krümmungskreis im Scheitel verwendet.

52. Man zeige:

Die Kettenlinie $y = \cosh x$ hat folgende Eigenschaft: Die Länge der Normalen von einem Punkt P der Kurve bis zur x-Achse ist dem Krümmungsradius in P gleich.

53. Wir betrachten die Kurve $y = \sinh x$.

a) Geben Sie Krümmungsradius und Krümmungskreismittelpunkt in $(x_0, \sinh x_0)$ an.
b) Wo liegen Scheitel?
c) Geben Sie die Scheitelkrümmungskreise an.

Zu Splines:

Hinweis: Die Lösungen der folgenden Aufgaben lassen sich in vertretbarem Aufwand nur mit einem geeigneten Software-Paket wie MathCad, MAPLE, Mathematica, DERIVE, ... erstellen.

54. Zeigen Sie, daß folgende Kurven S kubische Spline-Kurven sind. Welche Kurve ist eine natürliche Spline-Kurve? Geben Sie die einzelnen Kurvensegmente in der Form $y = f_i(x)$ an und skizzieren Sie die Kurven S.

a) $S:$
$$\begin{cases} \vec{x}_0(t) = \begin{pmatrix} t-1 \\ t^3 - 2t \end{pmatrix} \\ \vec{x}_1(t) = \begin{pmatrix} t \\ -2t^3 + 3t^2 + t - 1 \end{pmatrix} \\ \vec{x}_2(t) = \begin{pmatrix} t+1 \\ t^3 - 3t^2 + t + 1 \end{pmatrix} \end{cases}$$ mit $t \in [0, 1]$.

b) $S:$
$$\begin{cases} \vec{x}_0(t) = \begin{pmatrix} t-2 \\ 5t^3 - 14t^2 + 13t - 4 \end{pmatrix} \\ \vec{x}_1(t) = \begin{pmatrix} t-1 \\ t^3 + t^2 \end{pmatrix} \\ \vec{x}_2(t) = \begin{pmatrix} t \\ -3t^3 + 4t^2 + 5t + 2 \end{pmatrix} \\ \vec{x}_3(t) = \begin{pmatrix} t+1 \\ -7t^3 - 5t^2 + 4t + 8 \end{pmatrix} \end{cases}$$ mit $t \in [0, 1]$.

55. Interpolieren Sie $f: x \mapsto \sin x$ mit $x \in [0, 2\pi]$ mit Hilfe einer kubischen Spline-Kurve an den Stützstellen $0, \frac{\pi}{2}, \pi,$ $\frac{3}{2}\pi$ und 2π. Verwenden Sie

a) natürliche Randbedingungen;
b) die Randbedingungen, die f an den Randstellen besitzt (einseitige Ableitungen).

Erstellen Sie eine Skizze beider Kurven.

56. Interpolieren Sie die Kurve $y^2 = x$ mit Hilfe einer kubischen Spline-Kurve zu den Knoten $(4, 2), (2, \sqrt{2}), (0, 0),$ $(2, -\sqrt{2}), (4, -2)$. Verwenden Sie

a) natürliche Randbedingungen;
b) die Randbedingungen, die die vorgegebene Kurve in den Randknoten besitzt.

Erstellen Sie eine Skizze beider Kurven.

57. Wie lautet die Matrix P (siehe (1.45)) für 7 Knoten $P_i = (x_i, y_i), i = 0, 1, \ldots, 6$, wenn man

a) natürliche Randbedingungen,
b) feste Randbedingungen

vorgibt?

58. Gegeben ist das kartesische Blatt (siehe Beispiel 1.13 f))

$$\vec{x}(\tau) = \left(\frac{\tau^2 - \tau^3}{1 - 3\tau + 3\tau^2}, \frac{\tau - 2\tau^2 + \tau^3}{1 - 3\tau + 3\tau^2} \right) \quad \text{mit } \tau \in \mathbb{R}.$$

Interpolieren Sie diese Kurve an den Stellen $\tau = -1, 0, \frac{1}{3}, \frac{1}{2}, \frac{2}{3}, 1, 2$ mit Hilfe einer kubischen Spline-Kurve. Verwenden Sie natürliche Randbedingungen und skizzieren Sie beide Kurven.

Zum Flächeninhalt:

59. Geben Sie den Flächeninhalt der von folgenden Kurven begrenzten Gebiete an.

a) $x^4 + y^4 = x^2 + y^2$ b) $x = a \cdot \cos^3 t, y = a \cdot \sin^3 t$

c) $x = 2a(\cos t + \cos(2t)), y = 2a(\sin t - \sin(2t))$ d) $r = a \cdot \cos \varphi$

e) $r = a \cdot \cos(2\varphi)$ f) $r = a \cdot \cos(3\varphi)$

g) $r^2 = 1 + \cos(2\varphi)$ h) $r = 2 + \cos \varphi$

i) $r = 0{,}5 + \cos \varphi$

60. Wie groß ist der Flächeninhalt des Gebietes, das von den beiden angegebenen Kurven begrenzt wird?

a) $x^2 + y^2 = 4ax$ und $y^2 = 2ax$ b) $y = x^2$ und $x = y^2$ c) $y = \log_2 x$ und $6x - 7y = 10$

61. Wie groß ist der Flächeninhalt des Gebietes

a) innerhalb von $r = \cos \varphi$ und außerhalb von $r = 1 - \cos \varphi$?
b) innerhalb von $r = \sin \varphi$ und außerhalb von $r = 1 - \cos \varphi$?

62. Wie muß man eine Parallele zur y-Achse legen, damit das von der Kurve $y = \cos x$ und den Achsen begrenzte Flächenstück halbiert wird?

Zu Volumen und Oberflächeninhalt:

63. Berechnen Sie das Volumen der Körper, die durch Rotation der folgenden Meridiane entstehen:

a) $y = \dfrac{1}{\cosh x}, \ -2 \leqq x \leqq 2,$ Rotation um die x-Achse

b) $(y - 2)^2 + x^2 = 1,$ Rotation um die x-Achse

c) $(y - 3)^2 + 3x = 0, \ -3 \leqq x \leqq 0,$ Rotation um die x-Achse

d) $y = \sin x, 0 \leqq x \leqq 2\pi,$ Rotation um die x-Achse

e) $x^2 - y^2 = 4, \ -2 \leqq y \leqq 2,$ Rotation um die y-Achse

f) $y = \dfrac{1}{\cos x}$ mit $-\dfrac{\pi}{4} < x < \dfrac{\pi}{4},$ Rotation um die x-Achse

g) $y = \frac{1}{3}\sqrt{x}(3 - x), 0 \leqq x \leqq 3,$ Rotation um die x-Achse (Stromlinienkörper)

h) $x = a(t - \sin t), y = a(1 - \cos t)$ mit $0 \leqq t \leqq 2\pi,$ Rotation um die x-Achse

i) $r = 4 \cos \varphi,$ Rotation um die Polgerade

j) $r = 1 + \cos \varphi,$ Rotation um die Polgerade

64. Man berechne den Flächeninhalt des Gebietes, dessen Berandung gegeben ist. Wie groß ist das Volumen des Körpers, der bei Rotation um die x-Achse entsteht?

a) $y = 2x^2, y = x + 1$ b) $y = 2x^2, y = -3x^2 + 6x + 27$ c) $y = 4x^2, x = 0, y = 16$ d) $y = x^2, y = 4x - x^2$

65. Durch Rotation der Kurve $y = 6x^2 - 4$, $0 \leqq x \leqq \sqrt{3}$ um die y-Achse entsteht ein Körper in Form eines Kelchglases. Wie groß ist dessen Volumen und das Volumen zwischen $y = -4$ und $y = 5$?

66. Wir betrachten das Flächenstück zwischen der Kurve $y = 1 - \cos x$ und der x-Achse im Bereich $[0, 2\pi]$. Wie groß ist das Volumen des Drehkörpers, wenn das Flächenstück

a) um die x-Achse,   b) um die y-Achse rotiert?

67. Eine Kurve ist in kartesischen Koordinaten in Parameterdarstellung gegeben: $C: x = 4\cos t, y = 2\sin(2t)$.

a) Beschreiben Sie die Kurve implizit.
b) Wie groß ist der Flächeninhalt des von der Kurve berandeten Gebietes?
c) Wie groß ist das Volumen des Drehkörpers, der entsteht, wenn das Gebiet um die x-Achse rotiert?

68. Rotiert die Kurve $y = -2x^4 + x^2 + 2$ um die y-Achse, dann entsteht eine muldenförmige Vertiefung. Man berechne deren Volumen.

69. Man bestimme das Volumen, das entsteht, wenn das durch die Kurven $x + y = 3$ und $y = -x^2 - 3x + 6$ berandete Flächenstück

   a) um die x-Achse,   b) um die Gerade $x = 3$ rotiert.

70. Wie groß ist das Volumen, das entsteht, wenn die Ellipse $\left(\dfrac{x}{a}\right)^2 + \left(\dfrac{y}{b}\right)^2 = 1$

   a) um die x-Achse,   b) um die y-Achse rotiert?

71. Bestimmen Sie den Oberflächeninhalt des Körpers, der durch Rotation des angegebenen Meridians um die genannte Achse entsteht.

   a) $y = mx, 0 \leq x \leq 2$ Rotation um die x-Achse

   b) $y = \frac{1}{3}x^3, 0 \leq x \leq 3$ Rotation um die x-Achse

   c) $8y^2 = x^2(1 - x^2), 0 \leq x \leq 1$ Rotation um die x-Achse

   d) $y = \ln x, 1 \leq x \leq 7$ Rotation um die y-Achse

   e) $y = a \cdot \cosh \dfrac{x}{a}, -a \leq x \leq a$ Rotation um die x-Achse

   f) $x^2 + y^2 = r^2, -a \leq x \leq a$ und $0 < a < r$ Rotation um die x-Achse

   g) $y^2 + 4x = 2\ln y, 1 \leq y \leq 3$ Rotation um die x-Achse

   h) $x = e^t \cos t, y = e^t \sin t, 0 \leq t \leq \dfrac{\pi}{2}$ Rotation um die x-Achse

   i) $x = a \cdot \cos^3 t, y = a \cdot \sin^3 t$ Rotation um die x-Achse

   j) $x = t^2, y = \frac{1}{3}t(t^2 - 3), 0 \leq t \leq \sqrt{3}$ Rotation um die x-Achse

   k) $r = a(1 + \cos \varphi)$ Rotation um die Polgerade

   l) $r^2 = a^2 \cos(2\varphi)$ Rotation um die Gerade $\varphi = \dfrac{\pi}{2}$

1.2 Anwendungen in der Physik

1.2.1 Schwerpunkte

Wir betrachten im Raum ein System von n Massenpunkten $(x_1, y_1, z_1), \ldots, (x_n, y_n, z_n)$ mit den Massen $\Delta m_1, \ldots, \Delta m_n$. Bezeichnet r_k den Abstand des k-ten Massenpunktes von einer Bezugsebene, dann versteht man unter dem **statischen Moment** (oder Drehmoment) bez. dieser Ebene die Summe $\sum\limits_{k=1}^{n} r_k \cdot \Delta m_k$ [1]). Für welchen Hebelarm r_S liefert die Gesamtmasse $\sum\limits_{k=1}^{n} \Delta m_k$ das gleiche Moment bez. dieser Ebene? Offensichtlich gilt:

$$r_S \cdot \sum_{k=1}^{n} \Delta m_k = \sum_{k=1}^{n} r_k \cdot \Delta m_k, \quad \text{d.h.}$$

$$r_S = \frac{\sum\limits_{k=1}^{n} r_k \cdot \Delta m_k}{\sum\limits_{k=1}^{n} \Delta m_k}.$$

---

[1]) Liegen die Punkte auf verschiedenen Seiten der Bezugsebene, erhalten die Summanden unterschiedliche Vorzeichen.

Man bezeichnet den Punkt des Raums, für den die Gesamtmasse bez. der drei Koordinatenebenen das gleiche statische Moment wie die Teilmassen liefert, als **Schwerpunkt der n Massenpunkte**. Für die **Koordinaten des Massenschwerpunktes** gilt:

$$x_S = \frac{\sum\limits_{k=1}^{n} x_k \cdot \Delta m_k}{\sum\limits_{k=1}^{n} \Delta m_k}, \quad y_S = \frac{\sum\limits_{k=1}^{n} y_k \cdot \Delta m_k}{\sum\limits_{k=1}^{n} \Delta m_k}, \quad z_S = \frac{\sum\limits_{k=1}^{n} z_k \cdot \Delta m_k}{\sum\limits_{k=1}^{n} \Delta m_k}. \tag{1.58}$$

1. Volumenschwerpunkt

Anstelle der Massen-»Punkte« stellen wir uns nun Teilmassen Δm_k ($k = 1, \ldots, n$) vor, deren Schwerpunkte die Punkte (x_k, y_k, z_k) sind. Besitzen alle Teilmassen dieselbe Dichte ρ (z.B. bei einem homogenen Körper), so läßt sich wegen $\Delta m_k = \rho \cdot \Delta V_k$ (wobei ΔV_k das zu Δm_k gehörige Volumen bezeichnet) der gemeinsame Faktor ρ »ausklammern« und kürzen. Man spricht dann vom **Volumenschwerpunkt**. Für dessen Koordinaten gilt:

$$x_S = \frac{\sum\limits_{k=1}^{n} x_k \cdot \Delta V_k}{\sum\limits_{k=1}^{n} \Delta V_k}, \quad y_S = \frac{\sum\limits_{k=1}^{n} y_k \cdot \Delta V_k}{\sum\limits_{k=1}^{n} \Delta V_k}, \quad z_S = \frac{\sum\limits_{k=1}^{n} z_k \cdot \Delta V_k}{\sum\limits_{k=1}^{n} \Delta V_k}. \tag{1.59}$$

Betrachten wir speziell einen Rotationskörper, dessen Rotationsachse mit der x-Achse zusammenfällt, dann können wir (wie in Abschnitt 1.1.7) den Körper durch n zylindrische Scheiben mit dem Volumen ΔV_k annähern (vgl. Bild 1.48.).

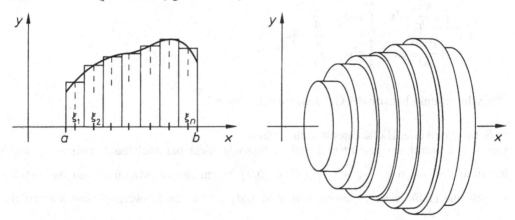

Bild 1.48: Annäherung des Rotationskörpers durch Zylinder

Die Schwerpunkte der einzelnen Zylinder liegen bei $(\xi_k, 0, 0)$. Beschreibt $y = f(x)$ mit $x \in [a, b]$ den Meridian, dann erhalten wir aus (1.59) für den Gesamtschwerpunkt:

$$x_S = \frac{\sum\limits_{k=1}^{n} \xi_k \pi f^2(\xi_k)(x_k - x_{k-1})}{\sum\limits_{k=1}^{n} \pi f^2(\xi_k)(x_k - x_{k-1})}, \quad y_S = 0, z_S = 0.$$

Bei immer feinerer Zerlegung des Intervalls $[a, b]$ (d.h. für $dZ \to 0$) existieren für stetiges f nach Satz 9.5, Band 1 die Grenzwerte der Summen, und für die **Schwerpunktskoordinaten eines homogenen Rotationskörpers** gilt:

$$x_S = \frac{\pi \int\limits_a^b x f^2(x) \, dx}{\pi \int\limits_a^b f^2(x) \, dx}, \quad y_S = 0, z_S = 0. \tag{1.60}$$

Bemerkung:

Die Zahl im Nenner entspricht dem Volumen des Rotationskörpers (vgl. (1.52)).

Beispiel 1.40

a) Schwerpunkt eines Kegels

Der durch $y = \dfrac{R}{h} \cdot x$ mit $x \in [0, h]$ beschriebene Meridian rotiere um die x-Achse (vgl. Bild 1.44).

Dadurch entsteht ein Kegel mit der Höhe h und dem Grundkreisradius R. Für die Koordinaten des Kegelschwerpunktes gilt $y_S = z_S = 0$ und

$$x_S = \frac{\int\limits_0^h x \dfrac{R^2 x^2}{h^2} \, dx}{\int\limits_0^h \dfrac{R^2 x^2}{h^2} \, dx} = \frac{\int\limits_0^h x^3 \, dx}{\int\limits_0^h x^2 \, dx} = \frac{\dfrac{h^4}{4}}{\dfrac{h^3}{3}} = \tfrac{3}{4} h.$$

Der Schwerpunkt hat von der Grundfläche den Abstand $\dfrac{h}{4}$.

b) Schwerpunkt der Hälfte eines Rotationsellipsoides

Der Schwerpunkt des gesamten Rotationsellipsoides liegt natürlich im Mittelpunkt. Durch Rotation des durch $y = \dfrac{b}{a} \sqrt{a^2 - x^2}$ mit $x \in [0, a]$ beschriebenen Meridians um die x-Achse entsteht die Hälfte eines Ellipsoids (vgl. Bild 1.51). Für deren Schwerpunktkoordinaten gilt: $y_S = z_S = 0$ und

$$x_S = \frac{\int\limits_0^a x \dfrac{b^2}{a^2} (a^2 - x^2) \, dx}{\int\limits_0^a \dfrac{b^2}{a^2} (a^2 - x^2) \, dx} = \frac{\int\limits_0^a (a^2 x - x^3) \, dx}{\int\limits_0^a (a^2 - x^2) \, dx} = \frac{\dfrac{a^4}{2} - \dfrac{a^4}{4}}{a^3 - \dfrac{a^3}{3}} = \tfrac{3}{8} a.$$

Damit ist insbesondere bewiesen, daß der Schwerpunkt einer Halbkugel vom Radius R im Abstand $\tfrac{3}{8} R$ vom Mittelpunkt liegt.

2. Flächenschwerpunkt

Besitzen in (1.59) alle Teilkörper mit den Volumen ΔV_k eine konstante Höhe h (z.B. bei einer Scheibe), dann gilt $\Delta V_k = h \cdot \Delta A_k$ (wobei die ΔA_k die Grundflächen der Volumenteile ΔV_k bezeichnen), und der gemeinsame Faktor h kann gekürzt werden (vgl. Bild 1.49).

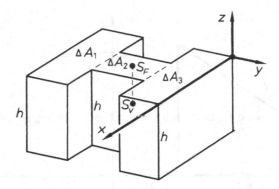

Bild 1.49: Volumenschwerpunkt S_V und Flächenschwerpunkt S_F

Der Schwerpunkt liegt dann stets im Abstand $\dfrac{h}{2}$ von der Grundfläche. Man spricht vom **Flächenschwerpunkt** mit den Koordinaten

$$x_S = \frac{\sum\limits_{k=1}^{n} x_k \cdot \Delta A_k}{\sum\limits_{k=1}^{n} \Delta A_k}, \quad y_S = \frac{\sum\limits_{k=1}^{n} y_k \cdot \Delta A_k}{\sum\limits_{k=1}^{n} \Delta A_k}. \tag{1.61}$$

Betrachten wir nun eine Scheibe der (konstanten) Dicke h, deren Grundfläche in der x, y-Ebene liegt und durch die x-Achse, die Geraden $x = a$ und $x = b$, sowie durch den Graphen einer auf $[a, b]$ stetigen Funktion f begrenzt wird. Dann kann man wie in Abschnitt 9.1.3, Band 1 vorgehen und die Grundfläche durch Rechteckstreifen mit $\Delta A_k = f(\xi_k)(x_k - x_{k-1})$ annähern (vgl. Bild 9.5, Band 1). Die Schwerpunkte der Teilflächen liegen dann bei $(\xi_k, \frac{1}{2} f(\xi_k))$. Bei immer feinerer Unterteilung des Intervalls $[a, b]$ $(dZ \to 0)$ erhält man für den Flächenschwerpunkt:

$$x_S = \frac{\int\limits_{a}^{b} x f(x)\,dx}{\int\limits_{a}^{b} f(x)\,dx}, \quad y_S = \frac{\frac{1}{2}\int\limits_{a}^{b} (f(x))^2\,dx}{\int\limits_{a}^{b} f(x)\,dx}. \tag{1.62}$$

Bemerkung:

Die Zahl im Nenner entspricht dem Flächeninhalt.

Beispiel 1.41

a) Schwerpunkt eines Dreiecks

Das in Bild 1.50 gezeichnete rechtwinklige Dreieck wird durch die x-Achse und die Geraden $x = b$ und $y = \dfrac{h}{b} \cdot x$ begrenzt. Nach (1.62) gilt für die Koordinaten des Flächenschwerpunktes:

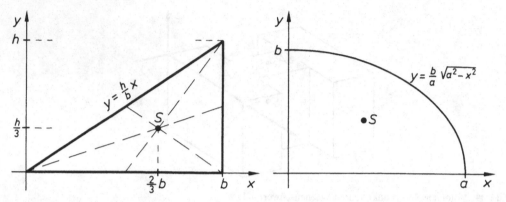

Bild 1.50: Schwerpunkt eines Dreiecks   **Bild 1.51:** Teil einer Ellipse

$$x_S = \frac{\displaystyle\int_0^b x\frac{h}{b}x\,dx}{\displaystyle\int_0^b \frac{h}{b}x\,dx} = \frac{\displaystyle\int_0^b x^2\,dx}{\displaystyle\int_0^b x\,dx} = \frac{\dfrac{b^3}{3}}{\dfrac{b^2}{2}} = \tfrac{2}{3}b, \qquad y_S = \frac{\tfrac{1}{2}\displaystyle\int_0^b \frac{h^2}{b^2}x^2\,dx}{\displaystyle\int_0^b \frac{h}{b}x\,dx} = \frac{h}{2b}\frac{\dfrac{b^3}{3}}{\dfrac{b^2}{2}} = \tfrac{1}{3}h.$$

Der Abstand des Schwerpunktes von einer Seite beträgt damit ein Drittel der zugehörigen Höhe. Dies gilt auch bei nicht rechtwinkligen Dreiecken. Der Schwerpunkt liegt andererseits (aus Symmetriegründen) im Schnittpunkt der Seitenhalbierenden. Nebenbei wurde also bewiesen, daß der Abstand des Schnittpunktes der Seitenhalbierenden von den Seiten gleich einem Drittel der entsprechenden Seitenhöhen ist.

b) Schwerpunkt einer »Viertelellipse«

Durch die Achsen und den Graphen von $y = \dfrac{b}{a}\sqrt{a^2 - x^2}$ mit $x \in [0, a]$ wird die in Bild 1.51 gezeichnete Fläche umrandet. Für die Koordinaten des Flächenschwerpunktes gilt:

$$x_S = \frac{\displaystyle\int_0^a x\frac{b}{a}\sqrt{a^2 - x^2}\,dx}{\displaystyle\int_0^a \frac{b}{a}\sqrt{a^2 - x^2}\,dx} = \frac{\left[-\tfrac{1}{3}(\sqrt{a^2 - x^2})^3\right]_0^a}{\tfrac{1}{2}\left[x\sqrt{a^2 - x^2} + a^2 \arcsin\dfrac{x}{a}\right]_0^a} = \frac{\tfrac{1}{3}a^3}{\tfrac{1}{2}\left[a^2\dfrac{\pi}{2} - 0\right]} = \frac{4a}{3\pi},$$

$$y_S = \frac{\tfrac{1}{2}\displaystyle\int_0^a \frac{b^2}{a^2}(a^2 - x^2)\,dx}{\displaystyle\int_0^a \frac{b}{a}\sqrt{a^2 - x^2}\,dx} = \frac{\tfrac{1}{2}\left(\dfrac{b}{a}\right)^2 \displaystyle\int_0^a (a^2 - x^2)\,dx}{\dfrac{b}{a}\cdot a^2 \cdot \dfrac{\pi}{4}} = \frac{2b}{\pi a^3}\left(a^3 - \frac{a^3}{3}\right) = \frac{4b}{3\pi}.$$

Für $a = b = R$ (Viertelkreis) gilt speziell: $x_S = y_S = \dfrac{4R}{3\pi}$.

Besteht eine Fläche oder ein Volumen aus mehreren Teilen, so kann (1.61) bzw. (1.59) verwendet werden:

Beispiel 1.42

a) In Bild 1.52 a) ist ein Rotationskörper gezeichnet, der sich aus der Hälfte eines Rotationsellipsoids und einem aufgesetzten Kegel zusammensetzt. Für die Schwerpunktskoordinaten und die Volumen gilt:

Ellipsoid: $x_S = y_S = 0$, $z_S = \dfrac{-3}{8}b$ und $V = \frac{2}{3}\pi a^2 b$

Kegel: $\quad x_S = y_S = 0$, $\quad z_S = \dfrac{h}{4}\quad$ und $V = \dfrac{\pi a^2 h}{3}$

Für den Gesamtschwerpunkt gilt damit nach (1.59): $x_S = y_S = 0$ und

$$z_S = \frac{-\frac{3}{8}\cdot b\cdot\frac{2}{3}\pi a^2 b + \frac{h}{4}\cdot\frac{\pi a^2 h}{3}}{\frac{2}{3}\pi a^2 b + \frac{\pi a^2 h}{3}} = \frac{-\frac{3}{4}b^2 + \frac{h^2}{4}}{2b + h} = \frac{h^2 - 3b^2}{4(h + 2b)}.$$

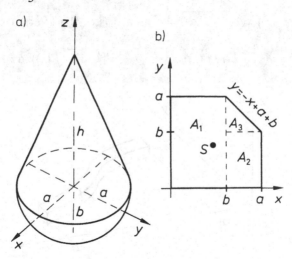

Bild 1.52a,b: Zusammengesetzte Rotationskörper und Flächen

b) Eine Fläche sei durch die Achsen und die Geraden $x = a$, $y = a$, $x + y = a + b$ berandet. Teilt man wie in Bild 1.52 b) diese Fläche in drei Teile, so gilt für die Flächeninhalte und Schwerpunktskoordinaten:

$$A_1 = a\cdot b \qquad \text{und } x_S = \frac{b}{2}, \qquad y_S = \frac{a}{2}$$

$$A_2 = b(a - b) \qquad \text{und } x_S = \frac{a + b}{2}, \qquad y_S = \frac{b}{2}$$

$$A_3 = \tfrac{1}{2}(a - b)^2 \quad \text{und } x_S = b + \frac{a - b}{3}, \quad y_S = b + \frac{a - b}{3}.$$

Für den Schwerpunkt der gesamten Fläche gilt nach (1.61):

$$x_S = \frac{ab \cdot \dfrac{b}{2} + b(a-b)\dfrac{a+b}{2} + \dfrac{(a-b)^2}{2}\left(\dfrac{2b+a}{3}\right)}{ab + b(a-b) + \frac{1}{2}(a-b)^2} = \frac{a^3 + 3a^2b - b^3}{3(a^2 + 2ab - b^2)}$$

$$y_S = \frac{ab \dfrac{a}{2} + b(a-b) \cdot \dfrac{b}{2} + \dfrac{(a-b)^2}{2}\left(\dfrac{2b+a}{3}\right)}{ab + b(a-b) + \frac{1}{2} \cdot (a-b)^2} = \frac{a^3 + 3a^2b - b^3}{3(a^2 + 2ab - b^2)}.$$

Wegen der Symmetrie muß $x_S = y_S$ gelten.

3. Kurvenschwerpunkt

In der x, y-Ebene möge $y = f(x)$ mit $x \in [a, b]$ explizit eine Kurve beschreiben. Denken wir uns jeden Kurvenpunkt—wie in Bild 1.53 veranschaulicht—als Schwerpunkt eines senkrecht zur Kurve stehenden Rechtecks der Breite l und der Höhe h, so liegt der Schwerpunkt des betrachteten Volumens bei $z_S = 0$. Für die anderen Koordinaten dieses **Kurvenschwerpunktes** erhält man durch Annäherung des Volumens ΔV_k (ähnlich wie in Bild 1.25) mit $\Delta V_k = l \cdot h \cdot \Delta s_k$ (wobei $\Delta s_k = \sqrt{\Delta x_k^2 + \Delta y_k^2}$ gilt) und anschließende Grenzwertberechnungen aus (1.59):

$$x_S = \frac{\displaystyle\int_a^b x\sqrt{1 + (f'(x))^2}\,dx}{\displaystyle\int_a^b \sqrt{1 + (f'(x))^2}\,dx}, \quad y_S = \frac{\displaystyle\int_a^b f(x)\sqrt{1 + (f'(x))^2}\,dx}{\displaystyle\int_a^b \sqrt{1 + (f'(x))^2}\,dx}. \tag{1.63}$$

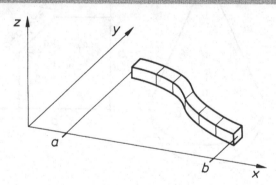

Bild 1.53: Zum Kurvenschwerpunkt

Bemerkungen:

1. Die Zahl im Nenner entspricht der Bogenlänge.
2. Ist die Kurve durch eine Parameterdarstellung $x = \varphi(t)$, $y = \psi(t)$, $t \in [t_1, t_2]$ gegeben, so gilt:

$$x_S = \frac{\displaystyle\int_{t_1}^{t_2} \varphi(t)\sqrt{(\dot\varphi(t))^2 + (\dot\psi(t))^2}\,dt}{\displaystyle\int_{t_1}^{t_2} \sqrt{(\dot\varphi(t))^2 + (\dot\psi(t))^2}\,dt}, \quad y_S = \frac{\displaystyle\int_{t_1}^{t_2} \psi(t)\sqrt{(\dot\varphi(t))^2 + (\dot\psi(t))^2}\,dt}{\displaystyle\int_{t_1}^{t_2} \sqrt{(\dot\varphi(t))^2 + (\dot\psi(t))^2}\,dt}. \tag{1.64}$$

Beispiel 1.43

Kurvenschwerpunkt eines Halbkreisbogens

Durch $x = R \cdot \cos t$, $y = R \cdot \sin t$, $t \in [0, \pi]$ wird ein Halbkreis beschrieben. Wegen $\dot{x}(t) = -R \cdot \sin t$ und $\dot{y}(t) = R \cdot \cos t$ gilt für den Kurvenschwerpunkt (x_S, y_S):

$$x_S = \frac{\int_0^\pi R \cos t \sqrt{R^2 \sin^2 t + R^2 \cos^2 t}\, dt}{\int_0^\pi \sqrt{R^2 \sin^2 t + R^2 \cos^2 t}\, dt} = \frac{R^2 [\sin t]_0^\pi}{R \cdot [t]_0^\pi} = 0$$

$$y_S = \frac{\int_0^\pi R \sin t \sqrt{R^2 \sin^2 t + R^2 \cos^2 t}\, dt}{\pi \cdot R} = \frac{R^2 \cdot [-\cos t]_0^\pi}{\pi \cdot R} = \frac{2}{\pi} R.$$

Oft ist die Berechnung des Volumens und der Oberfläche eines Rotationskörpers sehr einfach. Ist z.B. der um die x-Achse rotierende Meridian explizit durch $y = f(x)$ mit $x \in [a, b]$ gegeben, so gibt $\pi \int_a^b f^2(x)\, dx$ das Volumen des Rotationskörpers an. Diese Zahl spielt bei der Berechnung des Flächenschwerpunktes der durch die x-Achse, $x = a$, $x = b$ und $y = f(x)$ begrenzten Fläche ebenfalls eine Rolle, und es gilt:

$$y_S = \frac{\frac{1}{2} \int_a^b (f(x))^2\, dx}{\int_a^b f(x)\, dx} = \frac{1}{2\pi A} \cdot \pi \int_a^b (f(x))^2\, dx = \frac{1}{2\pi A} \cdot V.$$

Für das Volumen erhält man deshalb $V = 2\pi y_S \cdot A$, wobei y_S die Ordinate des Flächenschwerpunktes ist und A der Flächeninhalt (vgl. Bild 1.54).

Satz 1.6 (1. Guldinsche Regel)

> Rotiert ein ebenes Flächenstück um eine Achse, die in der gleichen Ebene liegt und das Flächenstück nicht schneidet, so ist das Volumen des erzeugten Rotationskörpers das Produkt aus dem Flächeninhalt und der Länge des Weges, den der Schwerpunkt des Flächenstücks bei (einmaliger) Rotation zurücklegt.

Beispiel 1.44

a) Volumen einer Ringfläche
Für das Volumen der in Bild 1.47 a) skizzierten Ringfläche (Torus) gilt:

$$V = 2\pi R \cdot \pi r^2 = 2\pi^2 R r^2.$$

b) Volumen eines Rotationskegels
Für das Volumen des in Bild 1.44 skizzierten Kegels gilt:

$$V = 2\pi \cdot \frac{R}{3} \cdot \frac{hR}{2} = \pi R^2 \cdot \frac{h}{3}.$$

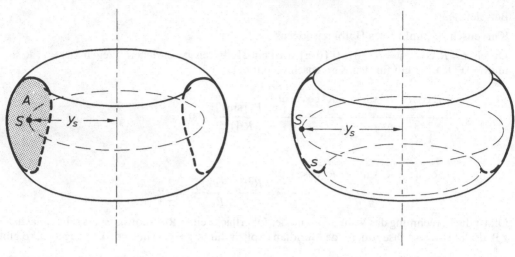

Bild 1.54: Zur 1. Guldinschen Regel   **Bild 1.55:** Zur 2. Guldinschen Regel

Der bei der Rotation entstehende Körper hat nach (1.55) den Oberflächeninhalt

$O = 2\pi \cdot \int_a^b f(x)\sqrt{1 + (f'(x))^2}\,dx$. Diese Zahl spielt auch bei der Berechnung des Kurvenschwerpunktes des rotierenden Meridians eine Rolle. Es gilt:

$$y_S = \frac{\int_a^b f(x)\sqrt{1 + (f'(x))^2}\,dx}{\int_a^b \sqrt{1 + (f'(x))^2}\,dx} = \frac{\frac{1}{2\pi}\cdot O}{s},$$

wobei s die Bogenlänge des Meridians bezeichnet.

Für den Oberflächeninhalt erhält man deshalb $O = 2\pi y_S \cdot s$, wobei y_S die Ordinate des Kurvenschwerpunktes ist (vgl. Bild 1.55).

Satz 1.7 (2. Guldinsche Regel)

> Rotiert ein ebenes Kurvenstück um eine Achse, die in der gleichen Ebene liegt und dieses Kurvenstück nicht schneidet, so ist der Oberflächeninhalt des erzeugten Rotationskörpers das Produkt aus der Bogenlänge des Kurvenstücks und der Länge des Weges, den der Schwerpunkt des Kurvenstücks bei (einmaliger) Rotation zurücklegt.

Beispiel 1.45

a) Oberflächeninhalt einer Ringfläche
Für den Oberflächeninhalt der in Bild 1.47 a) skizzierten Ringfläche gilt:

$\quad O = 2\pi R \cdot 2\pi r = 4\pi^2 \cdot Rr.$

b) Oberflächeninhalt eines Rotationskegels

Für den Oberflächeninhalt des in Bild 1.44 skizzierten Kegels gilt:

$$O = 2\pi \cdot \frac{R}{2} \cdot \sqrt{h^2 + R^2} = \pi R \sqrt{h^2 + R^2} = \pi R m,$$

wenn m die Länge der Mantellinien bezeichnet.

1.2.2 Momente

1. Massenträgheitsmoment

Dreht sich ein Massenpunkt der Masse m im Abstand r um eine Rotationsachse, so gilt für den Weg $s = \alpha r$ und für die Geschwindigkeit $v = \dot{s} = \dot{\alpha}r = \omega r$, wobei $\omega = \dot{\alpha}$ die Winkelgeschwindigkeit bezeichnet. Für die kinetische Energie gilt:

$$W = \frac{m}{2} v^2 = \frac{m}{2} (\omega r)^2.$$

Betrachten wir nun ein System von n Massenpunkten der Massen Δm_i ($i = 1, \ldots, n$), die mit der gleichen Winkelgeschwindigkeit ω um eine Achse rotieren, so gilt für die kinetische Energie:

$$W = \sum_{i=1}^{n} \frac{\Delta m_i (\omega r_i)^2}{2} = \frac{\omega^2}{2} \sum_{i=1}^{n} r_i^2 \cdot \Delta m_i.$$

Der Vergleich mit einer geradlinig bewegten Masse zeigt: Der Geschwindigkeit v entspricht die Winkelgeschwindigkeit ω, und der Masse entspricht bei der Rotation die Summe $\sum r_i^2 \Delta m_i$. Sie wird **Massenträgheitsmoment** genannt:

$$I = \sum_{i=1}^{n} r_i^2 \Delta m_i. \tag{1.65}$$

Beispiel 1.46

Trägheitsmoment von Hohl- und Vollzylinder

Wir betrachten den in Bild 1.56 a) skizzierten Vollzylinder der Höhe h. Er möge homogen sein, d.h. die Dichte ρ soll überall gleich sein. Nun denken wir uns den Zylinder – wie im Bild angedeutet – in n Hohlzylinder der Dicke Δr_i zerlegt. Für deren Volumen gilt: $\Delta V_i \approx 2\pi r_i \cdot \Delta r_i \cdot h$. Ist Δr_i »klein«, dann haben alle Massenpunkte eines Hohlzylinders nahezu den gleichen Abstand r_i von der Drehachse, und es gilt:

$$I \approx \sum_{i=1}^{n} r_i^2 \Delta m_i = \sum_{i=1}^{n} r_i^2 \cdot \rho \cdot \Delta V_i \approx \rho \cdot \sum_{i=1}^{n} r_i^2 \cdot 2\pi r_i \cdot \Delta r_i \cdot h = 2\pi \rho h \sum_{i=1}^{n} r_i^3 \Delta r_i.$$

Nach immer feinerer Unterteilung ($\Delta r_i \to 0$) besitzt die Summe den Grenzwert:

$$I_{\mathrm{vz}} = 2\pi \rho h \int_0^R r^3 \, \mathrm{d}r = 2\pi \rho h \frac{R^4}{4} = \frac{R^2}{2} \cdot \rho \cdot h \cdot \pi R^2 = \frac{R^2}{2} m_{\mathrm{vz}},$$

wobei m_{vz} die Masse des Vollzylinders bezeichnet. Entsprechend gilt für den in Bild 1.56b) gezeichneten Hohlzylinder:

$$I_{HZ} = 2\pi\rho h \int_{R_i}^{R_a} r^3 \, dr = \frac{\pi\rho h}{2}(R_a^4 - R_i^4) = \frac{(R_a^2 + R_i^2)}{2} \cdot \rho\pi h(R_a^2 - R_i^2)$$

$$I_{HZ} = \frac{R_a^2 + R_i^2}{2} \cdot m_{HZ},$$

wobei m_{HZ} die Masse des Hohlzylinders bezeichnet.

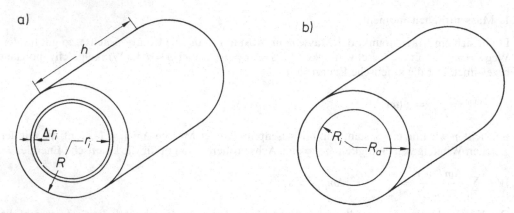

Bild 1.56a,b: Voll- und Hohlzylinder

Zum Schluß wollen wir noch überlegen, welcher der beiden Zylinder schneller eine schiefe Ebene hinunter rollen wird, wenn die Außenabmessungen und beide Massen gleich sind (was natürlich nur möglich ist, wenn die Dichte des Hohlzylinders größer ist). Wie bei der geradlinigen Bewegung die äußere Kraft gleich der zeitlichen Änderung des Impulses ist, so ist bei der Rotationsbewegung das äußere Moment M gleich der zeitlichen Änderung des Drehimpulses. Nun ist M für beide Zylinder gleich ($m_{NZ} = m_{HZ}$), und es gilt:

$$M = I_{VZ}\dot{\omega}_{VZ} = I_{HZ}\,\dot{\omega}_{HZ}. \tag{1.66}$$

Wegen $\dfrac{R_a^2 + R_i^2}{2} > \dfrac{R_a^2}{2}$ ist $I_{HZ} > I_{VZ}$. Nach Gleichung (1.66) muß dann $\dot{\omega}_{HZ} < \dot{\omega}_{VZ}$ gelten. D.h. der Vollzylinder dreht sich schneller.

Betrachten wir nun einen beliebigen Rotationskörper, der durch Rotation des Meridians $y = f(x)$ mit $x \in [a, b]$ um die x-Achse entsteht, und denken wir uns den Körper durch n Zylinder der Höhe $\Delta x_k = x_k - x_{k-1}$ angenähert (vgl. Bild. 1.43). Entsprechend dem letzten Beispiel gilt für das Massenträgheitsmoment

$$I = \sum_{k=1}^{n} \frac{f^2(\xi_k)}{2} \cdot \rho \cdot \pi f^2(\xi_k) \cdot (x_k - x_{k-1}).$$

Bei immer feinerer Unterteilung des Intervalls $[a, b]$ existiert der Grenzwert für stetiges f, und wir erhalten:

Für das Massenträgheitsmoment eines homogenen Rotationskörpers mit dem stetigen Meridian $y = f(x)$ mit $x \in [a, b]$ bez. der x-Achse gilt:

$$I_{\text{rot}} = \frac{\rho \pi}{2} \int_a^b f^4(x)\, dx. \tag{1.67}$$

Beispiel 1.47

Massenträgheitsmoment einer Kugel

Durch Rotation des Meridians $y = \sqrt{R^2 - x^2}$ mit $x \in [-R, R]$ um die x-Achse entsteht eine Kugel. Für deren Massenträgheitsmoment gilt:

$$I = \frac{\rho \pi}{2} \int_{-R}^{R} (R^2 - x^2)^2\, dx = \frac{\rho \pi}{2} \left[R^4 x - 2R^2 \cdot \frac{x^3}{3} + \frac{x^5}{5} \right]_{-R}^{R} = \frac{8}{15} \pi \rho R^5 = \frac{2}{5} R^2 \rho \frac{4}{3} \pi R^3 = \frac{2}{5} R^2 m.$$

2. Flächenträgheitsmomente

In der Festigkeitslehre, besonders in der Biegetheorie, spielt das Flächenträgheitsmoment oder Flächenmoment eine bedeutende Rolle. Es steht in keinem physikalischen Zusammenhang mit dem Massenträgheitsmoment, kann aber formal als Sonderfall aus (1.65) abgeleitet werden (indem man Massenpunkte betrachtet, die alle in derselben Ebene liegen).

Eine Fläche in der x, y-Ebene sei durch die Geraden $x = a, x = b$ und die Graphen von $y = f_1(x)$ und $y = f_2(x)$ mit $x \in [a, b]$ berandet (vgl. Bild 1.57a).

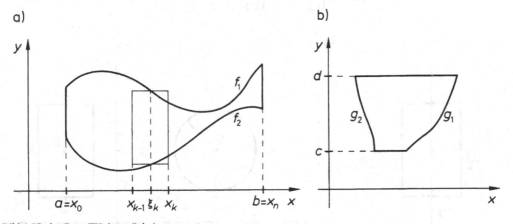

Bild 1.57a,b: Zum Flächenträgheitsmoment

Die Fläche wird durch n Rechtecke mit den Flächeninhalten $\Delta F_k = (f_1(\xi_k) - f_2(\xi_k)) \Delta x_k$ angenähert. Für eine sehr kleine Breite Δx_k besitzen alle Punkte eines Rechteckes nahezu denselben Abstand ξ_k von der y-Achse. Jedes einzelne Rechteck hat dann bez. der y-Achse das Trägheitsmoment $\xi_k^2 \cdot \Delta F_k$, und das Trägheitsmoment der Fläche, die aus allen Rechtecken gebildet ist, hat den Wert

$$\sum_{k=1}^{n} \xi_k^2 (f_1(\xi_k) - f_2(\xi_k)) \Delta x_k.$$

Bei immer feinerer Unterteilung des Intervalls $[a, b]$ existiert für stetige Berandungen f_1 und f_2 der Grenzwert dieser Summe.

> Für das **Flächenträgheitsmoment bez. der y-Achse** einer Fläche, die durch die Graphen der stetigen Funktionen f_1 und f_2 sowie durch die Geraden $x = a$ und $x = b$ berandet ist, gilt:
>
> $$I_y = \int_a^b x^2 (f_1(x) - f_2(x)) \, dx.$$

Entsprechend hat das **Flächenträgheitsmoment bez. der x-Achse** für eine durch die Geraden $y = c$, $y = d$ und die Graphen von $x = g_1(y)$ und $x = g_2(y)$ begrenzte Fläche (s. Bild 1.57b) den Wert

$$I_x = \int_c^d y^2 (g_1(y) - g_2(y)) \, dy.$$

Beispiel 1.48

a) Flächenträgheitsmoment eines Rechtecks bez. der Symmetrieachsen
Für das in Bild 1.58 a) skizzierte Rechteck der Breite b und der Höhe h gilt:

$$I_x = \int_{-\frac{h}{2}}^{\frac{h}{2}} y^2 \left(\frac{b}{2} - \frac{-b}{2} \right) dy = b \cdot \left[\frac{y^3}{3} \right]_{-\frac{h}{2}}^{\frac{h}{2}} = \frac{b}{3} \left(\frac{h^3}{8} - \frac{-h^3}{8} \right) = \frac{bh^3}{12},$$

$$I_y = \int_{-\frac{b}{2}}^{\frac{b}{2}} x^2 \left(\frac{h}{2} - \frac{-h}{2} \right) dx = h \left[\frac{x^3}{3} \right]_{-\frac{b}{2}}^{\frac{b}{2}} = \frac{h}{3} \left(\frac{b^3}{8} - \frac{-b^3}{8} \right) = \frac{hb^3}{12}.$$

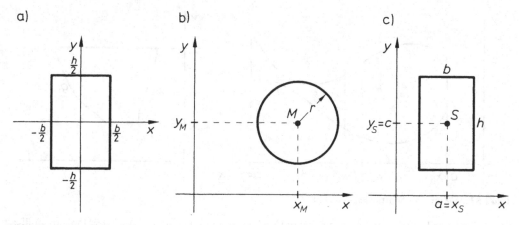

Bild 1.58a–c: Zu Flächenträgheitsmomenten

b) Flächenträgheitsmoment einer Kreisfläche
Der in Bild 1.58b) skizzierte Kreis wird durch

$$y = f_1(x) = y_M + \sqrt{r^2 - (x - x_M)^2} \quad \text{und} \quad y = f_2(x) = y_M - \sqrt{r^2 - (x - x_M)^2}$$

mit $x \in [x_M - r, x_M + r]$ begrenzt. Für das Flächenträgheitsmoment bez. der y-Achse gilt:

$$I_y = \int\limits_{x_M-r}^{x_M+r} x^2 \cdot 2\sqrt{r^2 - (x - x_M)^2}\, dx = \pi r^2 x_M^2 + \frac{\pi r^4}{4} \text{ (nach längerer Rechnung)}.$$

Entsprechend gilt $I_x = \pi r^2 y_M^2 + \frac{1}{4}\pi r^4$. Für $x_M = y_M = 0$ gilt insbesondere $I_x = I_y = \dfrac{\pi r^4}{4}$.

c) Trägheitsmoment eines Rechtecks bez. einer zur Seite parallelen Achse
Für das in Bild 1.58c) skizzierte Rechteck der Breite b und der Höhe h gilt:

$$I_x = \int\limits_{c-\frac{h}{2}}^{c+\frac{h}{2}} y^2 \left[\left(a + \frac{b}{2} \right) - \left(a - \frac{b}{2} \right) \right] dy = b \left[\frac{y^3}{3} \right]_{c-\frac{h}{2}}^{c+\frac{h}{2}} = hbc^2 + \frac{bh^3}{12},$$

$$I_y = \int\limits_{a-\frac{b}{2}}^{a+\frac{b}{2}} x^2 \left[\left(c + \frac{h}{2} \right) - \left(c - \frac{h}{2} \right) \right] dx = h \left[\frac{x^3}{3} \right]_{a-\frac{b}{2}}^{a+\frac{b}{2}} = hba^2 + \frac{hb^3}{12}.$$

Die Ergebnisse in Teil c) lassen sich einfacher durch Anwendung des folgenden Satzes gewinnen.

Satz 1.8 (Satz von Steiner)

Das Trägheitsmoment einer Fläche mit dem Flächeninhalt A bez. einer Achse g ist gleich der Summe aus dem Trägheitsmoment der Fläche bez. der durch den Schwerpunkt der Fläche gehenden zur Achse g parallelen Geraden p und dem Produkt Ad^2, wobei d der Abstand der beiden Achsen ist:

$$I_g = I_p + Ad^2.$$

Bild 1.59a) veranschaulicht den Satz von Steiner.

Beweis:

Wir führen den Beweis bez. der y-Achse und verwenden die Bezeichnungen von Bild 1.59 b). Mit $\bar{x} = x - x_S$ gilt:

$$I_y = \int\limits_a^b x^2 (f_1(x) - f_2(x))\, dx = \int\limits_a^b (\bar{x} + x_S)^2 (f_1(x) - f_2(x))\, dx$$

$$I_y = x_S^2 \int\limits_a^b (f_1(x) - f_2(x))\, dx + 2x_S \int\limits_a^b \bar{x}(f_1(x) - f_2(x))\, dx + \int\limits_a^b \bar{x}^2 (f_1(x) - f_2(x))\, dx$$

$$I_y = x_S^2 \cdot A + 2x_S \int\limits_a^b (x - x_S)(f_1(x) - f_2(x))\, dx + \int\limits_a^b (x - x_S)^2 (f_1(x) - f_2(x))\, dx. \tag{1.68}$$

Das letzte Integral ist das Trägheitsmoment bez. der Parallelen durch den Schwerpunkt der

a)

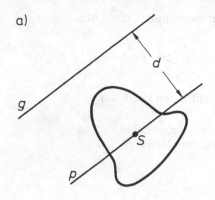

b)

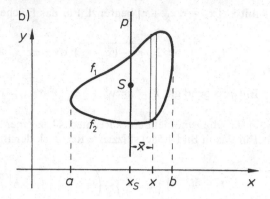

Bild 1.59a,b: Zum Satz von Steiner

Fläche. Für die Schwerpunktsabszisse gilt:

$$x_{\mathrm{S}} = \frac{\int\limits_a^b x(f_1(x) - f_2(x))\,\mathrm{d}x}{\int\limits_a^b (f_1(x) - f_2(x))\,\mathrm{d}x}, \text{ also } x_{\mathrm{S}} \cdot \int\limits_a^b (f_1(x) - f_2(x))\,\mathrm{d}x = \int\limits_a^b x(f_1(x) - f_2(x))\,\mathrm{d}x,$$

weshalb der zweite Summand in (1.68) verschwindet. Es gilt: $I_y = x_{\mathrm{S}}^2 \cdot A + I_p$ ●

1.2.3 Arbeit einer Kraft

Wirkt eine konstante Kraft $\vec{F}$ auf einen Körper, der von einem Punkt P_1 aus geradlinig nach einem Punkt P_2 bewegt wird (vgl. Bild 1.60) und bezeichnet $\vec{s}$ den Weg, so leistet $\vec{F}$ die Arbeit (s. Band 1, Abschnitt 7.1.3)

$$W = \vec{F} \cdot \vec{s} = |\vec{F}| \cdot |\vec{s}| \cdot \cos \sphericalangle (\vec{F}, \vec{s}) = F_s \cdot |\vec{s}|.$$

Welche Arbeit wird aber geleistet, wenn sich die wirkende Kraft längs des geradlinigen Weges stetig ändert? Wir betrachten den Fall, daß eine variable Kraft $\vec{F}$ in Richtung des geradlinigen Weges wirkt. Dann gilt $W = \vec{F} \cdot \vec{s} = F \cdot s$. Für den Fall, daß die Kraft $\vec{F}$ nicht in Richtung der Geraden wirkt, ist F durch die Komponente F_s der Kraft in Richtung der Geraden zu ersetzen.

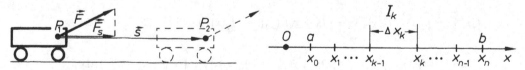

Bild 1.60: Arbeit einer konstanten Kraft   **Bild 1.61:** Zur Arbeit einer variablen Kraft

Wir bezeichnen mit x den Abstand des Angriffspunktes der Kraft von einem festen Punkt O der Geraden. Die stetige Änderung der Kraft sei durch $x \mapsto F(x)$ gegeben. Welche Arbeit leistet diese Kraft, wenn der Kraftangriffspunkt von $x = a$ nach $x = b$ verschoben wird?

Wir zerlegen das Intervall $[a, b]$ in n Teilintervalle $I_k = [x_{k-1}, x_k]$ $(k = 1, \ldots, n)$ mit den Längen Δx_k (vgl. Bild 1.61) und setzen die Kraft in jedem Teilintervall konstant:

$$F(x) = F(\xi_k) \text{ mit } \xi_k \in [x_{k-1}, x_k] \text{ für alle } x \in I_k.$$

Dann gilt für die auf dem Intervall I_k geleistete Arbeit

$$\Delta W_k = F(\xi_k) \cdot \Delta x_k$$

und für die Arbeit auf $[a, b]$:

$$\sum_{k=1}^{n} \Delta W_k = \sum_{k=1}^{n} F(\xi_k) \Delta x_k.$$

Für stetiges F existiert der Grenzwert bei immer feinerer Zerlegung, und wir erhalten:

Eine sich stetig ändernde Kraft $\vec{F}$, die in Richtung eines geradlinigen Weges wirkt, leistet auf diesem Wege von a nach b die Arbeit

$$W = \int_a^b F(x)\,\mathrm{d}x. \tag{1.69}$$

Beispiel 1.49

Arbeit bei Dehnung (oder Stauchung) einer Feder

Bekanntlich bewirkt die Dehnung einer Feder (nach dem Hookeschen Gesetz) eine Zugkraft F_1 in der Feder, die (innerhalb gewisser Grenzen) proportional zur Ausdehnung und dieser entgegengerichtet ist. Bezeichnet O den Endpunkt der Feder vor der Ausdehnung und x die Dehnung (vgl. Bild 1.62), so heißt das:

$$F_1 = -k \cdot x.$$

Dabei ist k die für die Feder charakteristische **Federkonstante**. Die zur Dehnung nötige Kraft F hält in jedem Augenblick der Zugkraft das Gleichgewicht: $F = -F_1$. Für die Arbeit bei einer Dehnung bis zur Stelle $x = s$ gilt also nach (1.69):

$$W = \int_0^s F(x)\,\mathrm{d}x = \int_0^s k \cdot x\,\mathrm{d}x = \frac{k}{2} s^2.$$

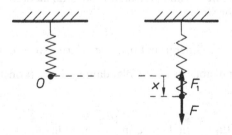

Bild 1.62: Dehnung einer Feder

Beispiel 1.50

Arbeit bei Ausdehnung eines Gases

Wir betrachten ein Gas in einem Zylinder. Es werde durch einen Kolben begrenzt (vgl. Bild 1.63) und habe das Volumen V und den Druck p. Entsprechend der Zustandsgleichung für ideale Gase gilt:

$$p \cdot V = n \cdot R \cdot T, \tag{1.70}$$

wobei T die absolute Temperatur, n die in Kilomol angegebene Stoffmenge und R die allgemeine Gaskonstante bezeichnen. Der Flächeninhalt des Zylinderquerschnitts sei A. Bei Ausdehnung des Gases bewegt sich der Kolben nach rechts. Wie groß ist die dabei geleistete Arbeit?

Auf den Kolben wirkt die Kraft $F = p \cdot A$, so daß bei einer Verschiebung des Kolbens um Δx die Arbeit

$$\Delta W = p \cdot A \cdot \Delta x$$

geleistet wird. Für eine Verschiebung von x_1 nach x_2 erhalten wir:

$$W = A \cdot \int_{x_1}^{x_2} p \, \mathrm{d}x.$$

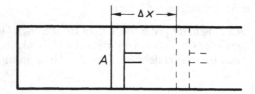

Bild 1.63: Ausdehnung eines Gases

Bezeichnet x die Entfernung des Kolbens von der Ausgangsstellung, so kann wegen $V = A \cdot x$ bzw. $x = \dfrac{1}{A} V$ das Volumen V als neue Variable dienen. Für die Arbeit gilt wegen $\dfrac{\mathrm{d}x}{\mathrm{d}V} = \dfrac{1}{A}$:

$$W = \int_{V_1}^{V_2} p \, \mathrm{d}V \tag{1.71}$$

Ist der Druck als Funktion des Volumens bekannt, so kann hieraus die Arbeit berechnet werden. Wir betrachten zwei Prozesse:

a) isothermer Prozeß
Man führt dem Gas von außen Energie in Form von Wärme so zu, daß die Temperatur des Gases bei Ausdehnung konstant bleibt. Aus (1.70) folgt dann: $p \cdot V = c$ (konstant), d.h. $p = \dfrac{c}{V}$, und für die Arbeit erhalten wir:

$$W = c \int_{V_1}^{V_2} \frac{1}{V} \mathrm{d}V = c \cdot (\ln V_2 - \ln V_1) = c \cdot \ln \frac{V_2}{V_1} = p_1 V_1 \cdot \ln \frac{V_2}{V_1}.$$

b) adiabatischer Prozeß

Bei diesem Prozeß wird dem Gas weder Energie zugeführt noch entzogen. Die Temperatur des Gases nimmt dann bei Ausdehnung ab. Entsprechend dem Poissonschen Gesetz gilt in diesem Fall $p \cdot V^{\kappa} = k$ (konstant), wobei $\kappa > 1$ eine für das Gas charakteristische Konstante ist. Aus (1.71) folgt für die Arbeit bei Ausdehnung des Gases:

$$W = \int_{V_1}^{V_2} kV^{-\kappa}\, dV = k \frac{V_2^{1-\kappa} - V_1^{1-\kappa}}{1-\kappa} = \frac{V_2 kV_2^{-\kappa} - V_1 kV_1^{-\kappa}}{1-\kappa} = \frac{p_2 V_2 - p_1 V_1}{1-\kappa}.$$

Beispiel 1.51

Arbeit eines Wechselstroms

Sind in einem Stromkreis Spannung u und Stromstärke i konstant: $u = U$, $i = I$, so hat die während der Zeit T geleistete Arbeit den Wert

$$W = U \cdot I \cdot T.$$

Wir betrachten nun einen Stromkreis, in dem Stromstärke und Spannung zeitlich veränderlich sind und interessieren uns für die in der Zeit T geleistete Arbeit. Dabei verwenden wir das schon häufig gebrauchte Verfahren und zerlegen das Intervall $[0, T]$ in Teilintervalle I_k der Breite Δt_k und setzen sowohl i als auch u in den Teilintervallen konstant: $i(t) = i(\xi_k)$, $u(t) = u(\xi_k)$ mit $\xi_k \in [t_{k-1}, t_k]$ für alle $t \in I_k$. Dann erhalten wir als Näherungswert für die im Intervall $I_k = [t_{k-1}, t_k]$ geleistete Arbeit:

$$\Delta W_k = u(\xi_k) i(\xi_k) \cdot \Delta t_k$$

und als Grenzwert für die vom Strom i geleistete Arbeit:

$$W = \int_0^T u(t) i(t)\, dt.$$

Eine Wechselspannung $u(t) = u_0 \sin(\omega t)$, die den Strom $i(t) = i_0 \sin(\omega t + \varphi)$ bewirkt, leistet dann z.B. während der Zeit einer Periode $T = \dfrac{2\pi}{\omega}$ die Arbeit

$$W = \int_0^T u_0 \sin(\omega t) i_0 \sin(\omega t + \varphi)\, dt$$

bzw. mit $\omega t = x$:

$$W = \frac{u_0 i_0}{\omega} \int_0^{2\pi} \sin x \sin(x + \varphi)\, dx = \frac{u_0 i_0}{\omega} \int_0^{2\pi} (\sin^2 x \cos \varphi + \sin x \cos x \sin \varphi)\, dx$$

$$= \frac{u_0 i_0}{\omega} \left[\frac{\cos \varphi}{2}\left(x - \frac{\sin 2x}{2}\right) - \frac{\sin \varphi}{2} \frac{\cos 2x}{2} \right]_0^{2\pi} = \frac{u_0 i_0}{\omega} \frac{\cos \varphi}{2} 2\pi,$$

also ist $W = \dfrac{T}{2} u_0 i_0 \cos \varphi$.

1.2.4 Mittelwerte

Für eine auf $[a, b]$ stetige Funktion f existiert nach dem Mittelwertsatz der Integralrechnung (Satz 9.12, Band 1) mindestens eine Stelle $\xi \in [a, b]$, für die $\int_a^b f(x)\, dx = (b - a) f(\xi)$ gilt. Der entsprechende Funktionswert $f(\xi)$ wird **linearer Mittelwert** von f auf $[a, b]$ genannt:

$$m_1 = \frac{1}{b-a} \int_a^b f(x)\,dx.$$

Unter dem **quadratischen Mittelwert** der Funktion f auf $[a, b]$ versteht man die Zahl

$$m_2 = \sqrt{\frac{1}{b-a} \int_a^b (f(x))^2\,dx}.$$

Diese Mittelwerte besitzen u.a. in der Wechselstromlehre eine Bedeutung. Für die durch Wechselspannungen $u(t) = u_0 \sin(\omega t)$ erzeugten Wechselströme $i(t) = i_0 \sin(\omega t + \varphi)$ erhält man in m_1 und m_2 zeitunabhängige Größen, mit deren Hilfe die Wirkung des Wechselstroms gut beschrieben werden kann. Der lineare Mittelwert über eine Periode heißt **Gleichrichtwert**, der quadratische Mittelwert über eine Periode wird **Effektivwert** genannt.

Beispiel 1.52

Gleichrichtwert eines Einweggleichrichters

Der Strom des in Bild 1.64 a) skizzierten Einweggleichrichters habe die Periode $T = \dfrac{2\pi}{\omega}$ und werde durch

$$i(t) = \begin{cases} i_0 \sin \omega t & \text{für } 0 \leqq t \leqq \dfrac{\pi}{\omega} \\[2mm] 0 & \text{für } \dfrac{\pi}{\omega} < t < \dfrac{2\pi}{\omega} \end{cases}$$

a)

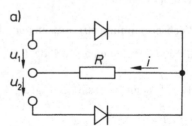

b)

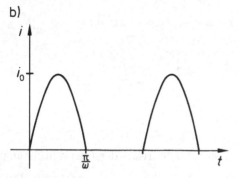

a)

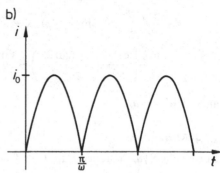

Bild 1.64a,b: Einweggleichrichter

Bild 1.65a,b: Doppelweggleichrichter

beschrieben (s. Bild 1.64b)). Der Gleichrichtwert für diesen Strom ist:

$$I_g = \frac{1}{T} \int_0^T i(t)\,dt = \frac{\omega}{2\pi} \cdot i_0 \cdot \int_0^{\pi/\omega} \sin \omega t\,dt = \frac{\omega i_0}{2\pi} \cdot \left[\frac{-\cos \omega t}{\omega}\right]_0^{\pi/\omega} = \frac{i_0}{2\pi}(1 - (-1)) = \frac{i_0}{\pi}.$$

Für den in Bild 1.65 skizzierten Doppelweggleichrichter erhält man auf die gleiche Weise:
$$I_g = \frac{2i_0}{\pi}.$$

Beispiel 1.53

Effektivwert eines Wechselstroms

Der durch eine Wechselspannung $u(t) = u_0 \sin(\omega t)$ erzeugte Strom $i(t) = i_0 \sin(\omega t + \varphi)$ hat den Effektivwert

$$I_{eff} = \sqrt{\frac{1}{T} \int_0^T (i(t))^2\,dt} = \sqrt{\frac{\omega}{2\pi} i_0^2 \int_0^T \sin^2(\omega t + \varphi)\,dt} = \sqrt{\frac{\omega i_0^2}{2\pi} \int_\varphi^{\varphi+2\pi} \sin^2 x \frac{dx}{\omega}} \quad \text{mit } \omega t + \varphi = x,$$

$$I_{eff} = \frac{i_0}{\sqrt{2\pi}} \cdot \sqrt{\frac{1}{2}\left[x - \frac{\sin 2x}{2}\right]_\varphi^{\varphi+2\pi}} = \frac{i_0}{2\sqrt{\pi}} \sqrt{\varphi + 2\pi - \frac{\sin 2(\varphi + 2\pi)}{2} - \varphi + \frac{\sin 2\varphi}{2}} = \frac{1}{\sqrt{2}} i_0.$$

Entsprechend gilt für den Effektivwert der Spannung: $U_{eff} = \frac{1}{\sqrt{2}} u_0$.

Nach dem Ergebnis aus Beispiel 1.51 hat die vom Wechselstrom geleistete Arbeit und damit die Wärmewirkung einen Wert, der zu diesen beiden Effektivwerten proportional ist:

$$W = \frac{2\pi}{\omega} \frac{u_0}{\sqrt{2}} \frac{i_0}{\sqrt{2}} \cos \varphi = T \cdot U_{eff} \cdot I_{eff} \cos \varphi.$$

1.2.5 Durchbiegung eines Balkens

Ein Balken werde auf Biegung beansprucht. Denkt man sich den Balken als ein Bündel von parallelen Drähten (Balkenfasern), so werden diese Drähte auf der einen Seite des Balkens gedehnt und auf der anderen Seite gestaucht. Dazwischen muß eine Faserschicht liegen, die weder gestaucht noch gedehnt wird. Man nennt sie die neutrale Faserschicht. Wir bezeichnen die Durchbiegung der Punkte der neutralen Faserschicht mit y (vgl. Bild 1.66a).

Vorbemerkung 1:

Für die Krümmung in den Punkten der neutralen Faser gilt:

$$|\kappa| = \frac{1}{\rho} = \left|\frac{y''}{(\sqrt{1 + (y')^2})^3}\right| = \frac{|y''|}{(\sqrt{1 + (y')^2})^3}.$$

Ist $|y'|$ klein gegen 1, so ist y'^2 sehr klein gegen 1, und es gilt: $|\kappa| = \frac{1}{\rho} \approx |y''|$.

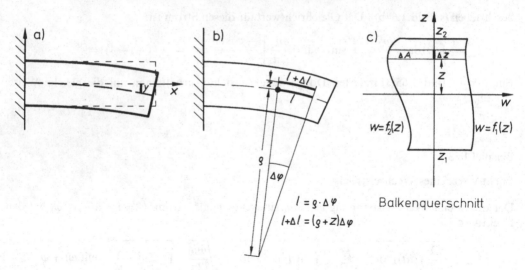

Bild 1.66a–c: Zur Durchbiegung eines Balkens

Vorbemerkung 2:

Durch die Biegung wird ein im Abstand z von der neutralen Faserschicht befindlicher Bogen der Länge l um ein Stück Δl gedehnt. Bezeichnet $\sigma_n(z)$ die Zugspannung parallel zur neutralen Faserschicht, so gilt nach dem Hookeschen Gesetz (vgl. auch Bild 1.66b)):

$$\sigma_n(z) = E \cdot \varepsilon(z) = E \cdot \frac{\Delta l}{l} = E \frac{(\rho + z)\Delta\varphi - \rho \cdot \Delta\varphi}{\rho \cdot \Delta\varphi} = E \cdot \frac{z}{\rho}$$

und wegen Vorbemerkung 1:

$$\sigma_n(z) \approx E \cdot z \cdot |y''|.$$

Der Balken möge einen Querschnitt wie in Bild 1.66c) besitzen. Die auf das eingezeichnete Flächenelement ΔA wirkende Zugkraft liefert dann ein Teilmoment ΔM_b mit:

$$\Delta M_b = \sigma_n(z) \cdot \Delta A \cdot z = \sigma_n(z)(f_1(z) - f_2(z)) \cdot z \cdot \Delta z$$

und wegen Vorbemerkung 2:

$$\Delta M_b \approx E |y''| z^2 \cdot (f_1(z) - f_2(z)) \cdot \Delta z.$$

Die Biegespannungen über den gesamten Querschnitt ergeben das Schnittmoment $M_b(x)$:

$$M_b(x) \approx \sum \Delta M_b \approx E |y''| \sum z^2 (f_1(z) - f_2(z)) \cdot \Delta z,$$

wobei über alle Δz von z_1 bis z_2 zu summieren ist, und als Grenzwert erhalten wir:

$$M_b(x) = E |y''| \int_{z_1}^{z_2} z^2 (f_1(z) - f_2(z)) \mathrm{d}z.$$

Das Integral ist uns bereits als Flächenträgheitsmoment I bez. der w-Achse bekannt, weshalb

$$M_b(x) = E|y''|I \quad \text{bzw.} \quad |y''| = \frac{1}{EI} M_b(x)$$

gilt.

Entsprechend der gewählten Belastung (vgl. Bild 1.66a)) und der Orientierung der y-Achse ist $y'' > 0$, falls $M_b(x) < 0$ ist, d.h. es gilt:

$$y'' = \frac{-1}{EI} M_b(x)^1). \tag{1.72}$$

Man nennt diese Gleichung die Differentialgleichung der Biegelinie.

Beispiel 1.54

Wir betrachten den in Bild 1.67a) gezeichneten Balken der Länge l. Die Belastungsdichte oder Streckenlast q sei konstant (z.B. Eigengewicht). Auch sein Querschnitt sei für alle x der gleiche, d.h. I ist konstant. Dann wirken in y-Richtung die Auflagerkräfte F_1 und F_2 und $F = ql$ als Resultierende der Belastung in der Trägermitte. Wegen der Symmetrie gilt: $F_1 = F_2 = \dfrac{q \cdot l}{2}$.

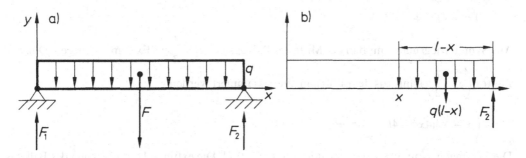

Bild 1.67a,b: Balken mit konstanter Belastung

Wir bestimmen das Moment $M_b(x)$ mit Hilfe von Bild 1.67b). Die Auflagerkraft F_2 besitzt den Hebelarm $(l - x)$. Die Resultierende $q \cdot (l - x)$ wirkt mit dem Hebelarm $\dfrac{l-x}{2}$. Wählt man wie üblich die Orientierung so, daß ein Moment positiv ist, wenn die Balkenunterseite auf Druck beansprucht wird, so gilt:

$$M_b(x) = q \cdot (l-x) \frac{(l-x)}{2} - F_2 \cdot (l-x) = \frac{q \cdot (l-x)}{2}(l-x-l) = \frac{q}{2}(x^2 - lx).$$

---

[1] Häufig wird die y-Achse entgegengesetzt orientiert (die Durchbiegung soll positiv sein). In diesem Fall gilt: $y'' = \dfrac{1}{EI} M_b(x)$.

Entsprechend (1.72) gilt dann:

$$y'' = \frac{-1}{EI} \cdot \frac{q}{2}(x^2 - lx), \quad y' = \frac{-1}{EI} \cdot \frac{q}{2}\left(\frac{x^3}{3} - \frac{lx^2}{2} + C_1\right)$$

und für die Durchbiegung:

$$y = \frac{-1}{EI} \cdot \frac{q}{2}\left(\frac{x^4}{12} - \frac{lx^3}{6} + C_1 x + C_2\right). \tag{1.73}$$

Wegen der Auflagebedingungen ist klar, daß y an den Stellen $x = 0$ und $x = l$ verschwindet. Die Integrationskonstanten C_1 und C_2 müssen diesen »Randwerten« entsprechend gewählt werden:

$$y(0) = -\frac{q}{2EI}(C_2) = 0 \Rightarrow C_2 = 0, \quad y(l) = -\frac{q}{2EI}\left(\frac{l^4}{12} - \frac{l^4}{6} + C_1 l\right) = 0 \Rightarrow \frac{l^4}{12} = C_1 l \Rightarrow C_1 = \frac{l^3}{12}.$$

Für die Durchbiegung gilt also:

$$y = -\frac{q}{24EI}(x^4 - 2lx^3 + l^3 x) \quad \text{und} \quad y' = -\frac{q}{24EI}(4x^3 - 6lx^2 + l^3) \quad \text{mit } 0 \leq x \leq l.$$

Interessiert man sich für die extreme Durchbiegung, dann bestimmt man zunächst die Stellen x_i, für die $y' = 0$ gilt. Das führt auf:

$$4x^3 - 6lx^2 + l^3 = 0.$$

Aus Symmetriegründen muß in der Mitte des Balkens bei $x_1 = \frac{l}{2}$ ein Extremwert liegen. D.h. der Faktor $\left(x - \frac{l}{2}\right)$ kann aus dem Polynom ausgeklammert werden:

$$\left(x - \frac{l}{2}\right)(4x^2 - 4lx - 2l^2) = 0.$$

Die Lösungen x_2 und x_3 liegen nicht im Intervall $[0, l]$. Die extreme Durchbiegung des Balkens beträgt also:

$$y_{\min} = y\left(\frac{l}{2}\right) = \frac{-q}{24EI}\left(\frac{l^4}{16} - \frac{l^4}{4} + \frac{l^4}{2}\right) = -\frac{5ql^4}{384EI}.$$

1.2.6 Bewegung im Schwerefeld

Im Raum betrachten wir die Bewegung eines Massenpunktes der Masse m, auf den die Schwerkraft wirkt. Das kartesische x, y, z-Koordinatensystem wählen wir so, daß die Schwerkraft entgegen der z-Richtung wirkt. Nach dem Newtonschen Beschleunigungsgesetz ist die Summe der äußeren Kräfte gleich dem Produkt aus Masse und Beschleunigung und das in allen Richtungen. Bezeichnen

$$\ddot{x}(t) = \frac{d\dot{x}(t)}{dt} = \frac{d^2 x(t)}{dt^2}, \quad \ddot{y}(t) = \frac{d\dot{y}(t)}{dt} = \frac{d^2 y(t)}{dt^2}, \quad \ddot{z}(t) = \frac{d\dot{z}(t)}{dt} = \frac{d^2 z(t)}{dt^2}$$

die Beschleunigungen in x-, y- bzw. z-Richtung (vgl. Abschnitt 8.1.4, Band 1), dann heißt das:

$$m \cdot \ddot{x}(t) = 0, \quad m \cdot \ddot{y}(t) = 0, \quad m \cdot \ddot{z}(t) = -mg$$

bzw.

$$\ddot{x}(t) = 0, \quad \ddot{y}(t) = 0, \quad \ddot{z}(t) = -g.$$

1. Bewegungen in Nähe der Erdoberfläche

Hier kann g als konstant angesehen werden, woraus für die Geschwindigkeiten folgt:

$$\dot{x}(t) = C_1, \quad \dot{y}(t) = C_2, \quad \dot{z}(t) = -gt + C_3$$

und für die Koordinaten:

$$x(t) = C_1 t + D_1, \quad y(t) = C_2 t + D_2, \quad z(t) = -g\frac{t^2}{2} + C_3 t + D_3. \tag{1.74}$$

Die Integrationskonstanten sind dabei so zu bestimmen, daß die jeweiligen Anfangs- oder Endbedingungen der Bewegung erfüllt sind.

Beispiel 1.55

Schiefer Wurf

Aus der Höhe h werde eine Masse m mit der Anfangsgeschwindigkeit v_0 unter dem Winkel α gegen die x-Achse gestartet (vgl. Bild 1.68). Zu bestimmen ist die Wurfweite s und die Wurfhöhe H. Die Bewegung soll ganz in der x, z-Ebene verlaufen. Entsprechend diesen »Anfangswerten« gilt zur Zeit $t = 0$:

$$x(0) = 0, \qquad z(0) = h,$$
$$\dot{x}(0) = v_{0x} = v_0 \cdot \cos\alpha, \quad \dot{z}(0) = v_{0z} = v_0 \cdot \sin\alpha.$$

Diese vier Angaben gestatten die Bestimmung der Integrationskonstanten C_1, D_1, C_3, D_3 in den obigen Bewegungsgleichungen (1.74)

$$x(0) = 0 \qquad \Rightarrow D_1 = 0, \qquad z(0) = h \qquad \Rightarrow D_3 = h$$
$$\dot{x}(0) = v_0 \cos\alpha \Rightarrow C_1 = v_0 \cos\alpha, \quad \dot{z}(0) = v_0 \sin\alpha \Rightarrow C_3 = v_0 \sin\alpha.$$

Die Bewegung wird also beschrieben durch:

$$x(t) = (v_0 \cos\alpha)t, \quad z(t) = -g\frac{t^2}{2} + (v_0 \sin\alpha)t + h \quad \text{für } 0 \leq t \leq T.$$

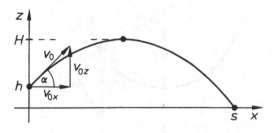

Bild 1.68: Schiefer Wurf

Im Endpunkt des Wurfes gilt $z(T) = 0$, wenn T die Wurfzeit bezeichnet. Aus dieser Gleichung kann die Wurfdauer berechnet werden:

$$-g\frac{T^2}{2} + v_0 \sin\alpha \cdot T + h = 0 \quad \text{bzw.} \quad T^2 - \frac{2v_0 \sin\alpha}{g}T - \frac{2h}{g} = 0.$$

Eine der beiden Lösungen dieser Gleichung scheidet wegen $T_2 < 0$ aus, weshalb

$$T_1 = \frac{v_0 \sin\alpha}{g} + \sqrt{\left(\frac{v_0 \sin\alpha}{g}\right)^2 + \frac{2h}{g}}$$

die Wurfdauer angibt. Für die Wurfweite s gilt:

$$s = x(T_1) = \frac{v_0 \cos\alpha}{g}(v_0 \sin\alpha + \sqrt{v_0^2 \sin^2\alpha + 2hg}).$$

Für $h = 0$ (Wurf oder Schuß aus der Höhe Null) gilt: $s = \dfrac{v_0^2 \sin 2\alpha}{g}$. Diese Weite ist für $\alpha = 45°$ extremal.

Bezeichnet T_3 die Zeit, in der die Masse m die größte Höhe erreicht hat, so gilt $\dot{z}(T_3) = 0$. Daher ist $\dot{z}(T_3) = -gT_3 + v_0 \sin\alpha = 0$, woraus $T_3 = \dfrac{v_0 \sin\alpha}{g}$ folgt. Die Wurfhöhe $H = z(T_3)$ beträgt deshalb

$$H = -\frac{g}{2}\left(\frac{v_0 \sin\alpha}{g}\right)^2 + (v_0 \sin\alpha)\cdot\frac{v_0 \sin\alpha}{g} + h, \quad \text{d.h.}$$

$$H = h + \frac{(v_0 \sin\alpha)^2}{2g}.$$

Für den senkrechten Wurf ($\alpha = 90°$) gilt: $H = h + \dfrac{v_0^2}{2g}$ und schnell weglaufen.

2. Einfache Schwingung

Beispiel 1.56

Ein Massenpunkt der Masse m rolle in einer Kugelschale (vgl. Bild 1.69). Wir bezeichnen den Winkel zwischen der Richtung der (konstanten) Erdanziehung und der Richtung vom Mittelpunkt der Kugel zum Massenpunkt mit $\varphi(t)$, den Kugelradius mit R und den zurückgelegten Weg mit s. Die Anfangslage zur Zeit 0 sei durch $\varphi_0 = \varphi(0)$ gekennzeichnet.

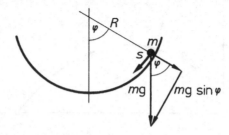

Bild 1.69: Kugel der Masse m in einer Schale

Vernachlässigt man die Reibung, so wirkt als einzige äußere Kraft die Erdanziehung, die wir in zwei Komponenten zerlegen. Die eine Komponente bewirkt, daß die Kugel gegen die Schale gedrückt wird, die andere, daß die Kugel die periodische Bewegung des Hin- und Herrollens ausführt. Wir betrachten zunächst nur eine halbe Periode, damit die Funktion φ, die jedem Zeitpunkt genau einen Winkel $\varphi(t)$ zuordnet, umkehrbar ist $\left(\text{mit } \dfrac{d}{dt} \varphi^{-1} = \dfrac{1}{\dot{\varphi}} \right)$.

Wegen $s = R\varphi$ gilt: $\dot{s} = R\dot{\varphi}$ und $\ddot{s} = R\ddot{\varphi}$ und damit:

$$m\ddot{s} = mR\ddot{\varphi} = -mg \cdot \sin \varphi. \tag{1.75}$$

a) Unter der Annahme, daß die Winkel $|\varphi|$ klein sind, kann näherungsweise $\sin \varphi$ durch φ ersetzt werden, und wir erhalten mit

$$\ddot{\varphi} + \frac{g}{R} \varphi = 0$$

eine Gleichung, in der neben der gesuchten Funktion φ auch die zweite Ableitung dieser Funktion steht. Solchen »Differentialgleichungen« ist der Abschnitt 5 gewidmet. Diese spezielle Differentialgleichung der harmonischen Schwingung kann wie folgt behandelt werden.

Die Multiplikation mit $2\dot{\varphi}$ ergibt $2\dot{\varphi}\ddot{\varphi} = -2\dfrac{g}{R} \varphi \dot{\varphi}$, und nach Satz 9.23 a), Band 1 gilt:

$$\frac{d\dot{\varphi}^2}{dt} = -\frac{g}{R} \frac{d\varphi^2}{dt}.$$

Für $\dot{\varphi}$ bedeutet das:

$$\dot{\varphi}^2 = -\frac{g}{R} \varphi^2 + C_1. \tag{1.76}$$

C_1 wird aus den Anfangsbedingungen bestimmt. Nehmen wir an, daß der Massenpunkt zur Zeit 0 die Geschwindigkeit Null hat, so gilt $\varphi(0) = \varphi_0$, $\dot{\varphi}(0) = 0$ und aus $0 = -\dfrac{g}{R} \varphi_0^2 + C_1$

folgt: $C_1 = \dfrac{g}{R} \varphi_0^2$, was nach (1.76)

$$\dot{\varphi} = \frac{d\varphi}{dt} = -\sqrt{\frac{g}{R}(\varphi_0^2 - \varphi^2)}$$

bedeutet. Das Minuszeichen steht, weil mit kleiner werdendem Winkel die Geschwindigkeit wächst.

Für die maximale Geschwindigkeit $\dot{s}_{max}$ im tiefsten Schalenpunkt gilt danach:

$$|\dot{s}|_{max} = R|\dot{\varphi}|_{max} = R\sqrt{\frac{g}{R} \varphi_0^2} = \sqrt{gR}\, \varphi_0.$$

Die Zeit t_1, in der die Masse von φ_0 nach φ_1 rollt, beträgt

$$t_1 = \int_0^{t_1} dt = \int_{\varphi_0}^{\varphi_1} \frac{dt}{d\varphi} d\varphi = \int_{\varphi_0}^{\varphi_1} \frac{1}{\dot{\varphi}} d\varphi. \tag{1.77}$$

In diesem speziellen Fall erhalten wir ein uneigentliches Integral:

$$t_1 = -\sqrt{\frac{R}{g}} \lim_{\psi \downarrow \varphi_0} \int_\psi^{\varphi_1} \frac{d\varphi}{\sqrt{\varphi_0^2 - \varphi^2}} = -\sqrt{\frac{R}{g}} \lim_{\psi \downarrow \varphi_0} \left[\arcsin \frac{\varphi}{\varphi_0} \right]_\psi^{\varphi_1}.$$

Für die Schwingungsdauer T heißt das:

$$T = 4 \int_{\varphi_0}^0 \frac{1}{\dot\varphi} d\varphi = -4\sqrt{\frac{R}{g}} (\arcsin 0 - \arcsin 1) = 2\pi \sqrt{\frac{R}{g}}.$$

Man nennt die Zahl $v = \dfrac{1}{T} = \dfrac{1}{2\pi} \sqrt{\dfrac{g}{R}}$ die **Frequenz** der Schwingung.

b) Auch wenn wir in (1.75) nicht $\sin \varphi$ durch φ ersetzen, führt das obige Vorgehen zum Ziel: Aus

$$\ddot\varphi = -\frac{g}{R} \sin \varphi$$

folgt nach Multiplikation mit $2\dot\varphi$:

$$\frac{d\dot\varphi^2}{dt} = -\frac{2g}{R} \sin \varphi \frac{d\varphi}{dt}$$

und daraus

$$\dot\varphi^2 = \frac{2g}{R} \cos \varphi + C_1.$$

Die Integrationskonstante wird wieder aus den Anfangsbedingungen bestimmt:

$$C_1 = -\frac{2g}{R} \cos \varphi_0.$$

Es ist also

$$\dot\varphi = -\sqrt{\frac{2g}{R} (\cos \varphi - \cos \varphi_0)},$$

und für die maximale Geschwindigkeit im tiefsten Punkt gilt:

$$|v|_{max} = R|\dot\varphi|_{max} = \sqrt{2gR(1 - \cos \varphi_0)}.$$

Die Schwingungsdauer hat nach (1.77) den Wert

$$T = 4 \cdot \int_0^{T/4} dt = 4 \cdot \lim_{\psi \downarrow \varphi_0} \int_\psi^0 \frac{1}{\dot\varphi} d\varphi = -2\sqrt{\frac{2R}{g}} \int_{\varphi_0}^0 \frac{d\varphi}{\sqrt{\cos \varphi - \cos \varphi_0}}.$$

Zu diesem Integranden existiert keine »elementare« Stammfunktion – es ist ein elliptisches Integral. In der Literatur findet man Reihenentwicklungen und Tabellen zu solchen Integralen.

3. Oberfläche einer rotierenden Flüssigkeit

Die Oberfläche einer Flüssigkeit steht immer senkrecht zu den an den Molekülen angreifenden Kräften. Bei Rotation einer Flüssigkeit in einem Zylinder steht sie also senkrecht zu der Resultierenden aus Erdanziehung und Zentrifugalkraft (vgl. Bild 1.70). Bezeichnen m die Masse eines Moleküls an der Oberfläche, ω die (konstante) Winkelgeschwindigkeit der Rotation, g die Erdbeschleunigung und x den Abstand des Moleküls von der Drehachse, so gilt für die Steigung eines Meridians der Oberfläche

$$y' = \tan\alpha = \frac{m\omega^2 x}{mg} = \frac{\omega^2 x}{g}, \text{ woraus } y = \frac{\omega^2}{g}\int x\,dx = \tfrac{1}{2}\frac{\omega^2}{g}x^2 + C_1$$

folgt. Für $x = 0$ sei $y = 0$. Dann gilt $C_1 = 0$. Die Oberfläche der Flüssigkeit ist ein Rotationsparaboloid mit dem Meridian

$$y = \frac{\omega^2}{2g}x^2.$$

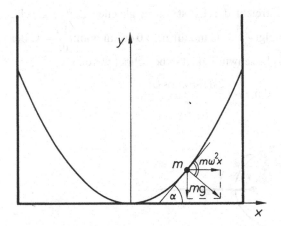

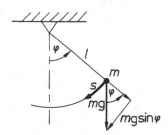

Bild 1.70: Oberfläche einer rotierenden Flüssigkeit   Bild 1.71: Fadenpendel

4. Fadenpendel

Eine Masse m hänge an einem unelastischen (masselos gedachten) Faden der Länge l (vgl. Bild 1.71). Nach einer Auslenkung um den Winkel φ_0 wird sie zur Zeit $t = 0$ losgelassen. Die Erdanziehung wird wie in Beispiel 1.56 in zwei Komponenten zerlegt, von denen die eine den Faden straff hält und die andere die Schwingung bewirkt. Die Bewegungsgleichungen stimmen mit denen in Beispiel 1.56 überein, wenn man nur berücksichtigt, daß jetzt l statt R steht. Für kleine Auslenkungen φ_0 gilt:

maximale Geschwindigkeit: $v_{\max} = \sqrt{gl}\,\varphi_0$

Schwingungsdauer: $T = 2\pi\sqrt{\dfrac{l}{g}}.$

1.2.7 Weitere Anwendungen

1. Planetenbewegung

Nach dem ersten Keplerschen Gesetz bewegt sich ein Planet auf einer elliptischen Bahn um die Sonne, die in einem Brennpunkt der Ellipse steht (vgl. Bild 1.72). Wir legen ein Polarkoordinatensystem so, daß der Pol mit diesem Brennpunkt und die Polgerade mit der Richtung der großen Halbachse zusammenfallen. Die Ellipse wird dann durch

$$r = \frac{p}{1 + \varepsilon \cos \varphi} \quad \text{mit} \quad p \in \mathbb{R}^+ \text{ und } 0 < \varepsilon < 1$$

beschrieben (vgl. (1.6), wobei der Pol des Polarkoordinatensystems hier, im Gegensatz zu Beispiel 1.9, im anderen Brennpunkt der Ellipse gewählt wurde). Für die zwischen φ_0 und φ überstrichene Fläche gilt nach Satz 1.4:

$$A = \tfrac{1}{2} \int_{\varphi_0}^{\varphi} r^2 \, d\psi = \tfrac{1}{2} \int_{\varphi_0}^{\varphi} \left(\frac{p}{1 + \varepsilon \cos \psi} \right)^2 d\psi = \frac{p^2}{2} \int_{\varphi_0}^{\varphi} \frac{d\psi}{(1 + \varepsilon \cos \psi)^2}.$$

Nach dem zweiten Keplerschen Gesetz überstreicht der Leitstrahl in gleichen Zeiten gleiche Flächen, d.h. $\Delta A = k \cdot \Delta t$ (k konstant). Daraus folgt $\dfrac{\Delta A}{\Delta t} = k$ und für $\Delta t \to 0$ erhält man: $\dfrac{dA}{dt} = k$. Bei Kenntnis dieser Konstanten k kann die Winkelgeschwindigkeit ω berechnet werden:

$$\frac{dA}{dt} = \frac{dA}{d\varphi} \cdot \frac{d\varphi}{dt} = \frac{p^2}{2} \cdot \frac{1}{(1 + \varepsilon \cos \varphi)^2} \cdot \omega = k, \quad \text{d.h. } \omega = \frac{2k(1 + \varepsilon \cos \varphi)^2}{p^2}.$$

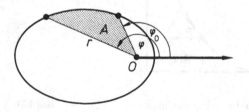

Bild 1.72: Planetenbahn

2. Rakete im kräftefreien Feld

Aus einer Rakete der Masse m_0 (beim Start) werde mit der Austrittsgeschwindigkeit v_A (relativ zur Rakete) Masse ausgestoßen. Die im Zeitintervall Δt ausgestoßene Teilmasse Δm soll gerade so groß sein, daß jederzeit $\dfrac{\Delta m}{\Delta t} = k$ (k konstant) gilt.

Nach einem Satz aus der Mechanik ist die zeitliche Änderung des Impulses gleich der Summe der äußeren Kräfte F_i:

$$\frac{d(mv)}{dt} = \sum F_i.$$

Für eine Rakete im kräftefreien Raum bleibt danach der Gesamtimpuls zeitlich konstant, und es gilt:

$$\dot{m} \cdot v = (m - \Delta m)(v + \Delta v) + \Delta m(v - v_A)$$

$$\Delta m \cdot \Delta v = m \cdot \Delta v - \Delta m \cdot v_A.$$

Nach Division durch die Zeit Δt gilt:

$$\frac{\Delta m}{\Delta t} \Delta v = m \frac{\Delta v}{\Delta t} - \frac{\Delta m}{\Delta t} v_A.$$

Betrachten wir die Grenzwerte für $\Delta t \to 0$ und beachten, daß Δm die abgestoßene Masse, m aber die Raketenmasse bezeichnet, so erhalten wir mit $\dot{m} = -\lim\limits_{\Delta t \to 0} \dfrac{\Delta m}{\Delta t} = -k$ und wegen $\Delta v \to 0$ für $\Delta t \to 0$;

$$0 = m \cdot \dot{v} + \dot{m} \cdot v_A \quad \text{bzw.} \quad \dot{v} = \frac{k}{m} v_A.$$

Nach der Kettenregel (Satz 8.14, Band 1) folgt wegen

$$\frac{dv}{dm} = \frac{dv}{dt} \cdot \frac{dt}{dm} = -\frac{\dot{v}}{k} = -\frac{1}{m} v_A$$

und damit nach der Substitutionsmethode (Satz 9.25, Band 1) für die Geschwindigkeit der Masse m_1:

$$v_1 = \int\limits_0^{v_1} dv = \int\limits_{m_0}^{m_1} \frac{dv}{dm} dm = -v_A \int\limits_{m_0}^{m_1} \frac{1}{m} dm = -v_A \cdot \ln \left| \frac{m_1}{m_0} \right|.$$

Die Geschwindigkeit v_1 wird dementsprechend erreicht von der Masse

$$m_1 = m_0 e^{-v_1/v_A}.$$

3. Seilreibung

Wir betrachten eine zylindrische Trommel über die ein Seil geführt wird. Das Seil möge längs des Bogens $\widehat{AB}$ anliegen (s. Bild 1.73). Wirken an den Seilenden die Kräfte F_1 und F_2 mit $F_1 \neq F_2$, dann

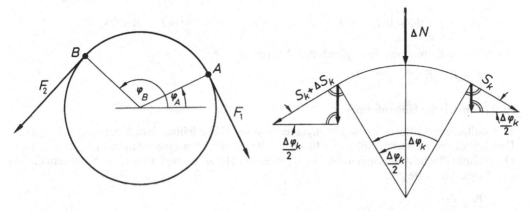

Bild 1.73: Zur Seilreibung   **Bild 1.74:** Zur Seilreibung

kann das Gleiten des Seiles innerhalb gewisser Grenzen durch die Reibungskraft F verhindert werden. Wir wollen diese bestimmen.

Bezeichnen φ_A und φ_B die in Bild 1.73 eingezeichneten Winkel, dann zerlegen wir das Intervall $[\varphi_A, \varphi_B]$ in n Teilintervalle der Länge $\Delta\varphi_k$ und betrachten zunächst nur ein solches Teilintervall (Bild 1.74). Für die in diesem Teilintervall auf die Trommel wirkende Normalkraft ΔN gilt:

$$\Delta N = S_k \cdot \sin\frac{\Delta\varphi_k}{2} + (S_k + \Delta S_k) \cdot \sin\frac{\Delta\varphi_k}{2},$$

wobei S_k in dem durch φ_{k-1} festgelegten Punkt der Trommel und $S_k + \Delta S_k$ in dem durch φ_k festgelegten Punkt wirkt. Die Zerlegung des Intervalls $[\varphi_A, \varphi_B]$ bewirkt also eine Zerlegung des Intervalls $[F_1, F_2]$ in Teilintervalle der Breite $\Delta S_k = S_{k+1} - S_k$.

Für kleine Winkel $\Delta\varphi_k$ gilt $\sin\frac{\Delta\varphi_k}{2} \approx \frac{\Delta\varphi_k}{2}$, was

$$\Delta N \approx S_k \cdot \Delta\varphi_k + \Delta S_k \cdot \frac{\Delta\varphi_k}{2}$$

ergibt. Setzen wir ferner $\Delta\varphi_k$ so klein voraus, daß ΔS_k sehr viel kleiner als S_k ist, dann gilt:

$$\Delta N \approx S_k \cdot \Delta\varphi_k.$$

Für die Reibungskraft, die proportional zur Normalkraft ist, bedeutet das:

$$\Delta R = \mu \cdot \Delta N \approx \mu \cdot S_k \cdot \Delta\varphi_k.$$

Aus der Gleichgewichtsbedingung (senkrecht zur Normalenrichtung) folgt:

$$\Delta S_k = \Delta R \approx \mu \cdot S_k \cdot \Delta\varphi_k \quad \text{bzw.} \quad \frac{\Delta S_k}{S_k} = \mu \cdot \Delta\varphi_k.$$

Für den gesamten Bogen gilt entsprechend:

$$\sum_{k=1}^{n} \frac{\Delta S_k}{S_k} = \sum_{k=1}^{n} \mu \cdot \Delta\varphi_k.$$

Daraus erhalten wir für $\Delta\varphi_k \to 0$ und damit auch $\Delta S_k \to 0$:

$$\int_{F_1}^{F_2} \frac{dS}{S} = \mu \int_{\varphi_A}^{\varphi_B} d\varphi \Rightarrow \ln F_2 - \ln F_1 = \mu(\varphi_B - \varphi_A) \Rightarrow \frac{F_2}{F_1} = e^{\mu(\varphi_B - \varphi_A)} \Rightarrow F_2 = F_1 \cdot e^{\mu(\varphi_B - \varphi_A)}.$$

Die gesamte Reibungskraft ist gleich der Differenz $F_2 - F_1$:

$$F_2 - F_1 = F_1(e^{\mu(\varphi_2 - \varphi_1)} - 1).$$

4. Barometrische Höhenformel

Wir wollen den Luftdruck p in Abhängigkeit von der Höhe h über dem Meeresspiegel angeben. Der Luftdruck in Meereshöhe ($h = 0$) sei p_0. Wir betrachten eine zylindrische Säule mit der Querschnittsfläche A und teilen diese in Scheiben der Höhe Δx_k (vgl. Bild 1.75). Nach dem Gesetz von Boyle-Mariotte gilt:

$$\frac{p_k}{p_0} = \frac{\rho_k}{\rho_0},$$

wobei ρ_k bzw. p_k die Dichte bzw. den Druck in der Höhe x_k und ρ_0 die Dichte in Meereshöhe bezeichnen. Die Gewichtskraft des Volumens ΔV_k verändert den Druck zwischen x_k und $x_k + \Delta x_k$ um

$$\Delta p_k = -\frac{\rho_k g \Delta V_k}{A} = -\rho_k g \cdot \Delta x_k = -\frac{p_k}{p_0} \cdot \rho_0 g \cdot \Delta x_k.$$

D.h. es gilt: $\dfrac{\Delta p_k}{p_k} = -\dfrac{\rho_0 g}{p_0} \Delta x_k.$

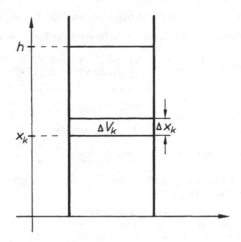

Bild 1.75: Zur Herleitung der barometrischen Höhenformel

Für das gesamte Volumen von der Höhe Null bis zur Höhe h gilt $\sum\limits_{k=1}^{n} \dfrac{\Delta p_k}{p_k} = -\dfrac{\rho_0 \cdot g}{p_0} \sum\limits_{k=1}^{n} \Delta x_k$ mit dem Grenzwert $\int\limits_{p(0)}^{p(h)} \dfrac{\mathrm{d}p}{p} = -\dfrac{\rho_0 g}{p_0} \int\limits_{0}^{h} \mathrm{d}x.$

Daraus folgt $\ln p(h) - \ln p(0) = -\dfrac{\rho_0 \cdot gh}{p_0}$ bzw. $\dfrac{p(h)}{p(0)} = \mathrm{e}^{-\rho_0 gh/p_0}.$

Für den Druck in der Höhe h gilt deshalb die **barometrische Höhenformel**

$$p(h) = p_0 \cdot \mathrm{e}^{-\rho_0 gh/p_0}.$$

Aufgaben

1. Bestimmen Sie den Schwerpunkt des Körpers, der bei Rotation des beschriebenen Flächenstücks um die genannte Achse entsteht.

   a) $y = x^2$, $y = 9$, $x = 0$ Rotation um die y-Achse
   b) $y = x^2$, $y = 9$, $x = 0$ Rotation um die x-Achse
   c) $y = x(4 - x)$, $y = x$ Rotation um die x-Achse
   d) $y = x(4 - x)$, $y = x$ Rotation um die y-Achse
   e) $x^2 - y^2 = 16$, $y = 0$, $x = 8$ Rotation um die x-Achse

f) $x^2 - y^2 = 16$, $y = 0$, $x = 8$ Rotation um die y-Achse
g) $3x + 4y = 8$, $x = 0$, $y = 0$, $x = 2$ Rotation um die x-Achse
h) $y = \frac{1}{4}(x^2 + 4)$, $x = 0$, $y = 5$ Rotation um die y-Achse
i) $y = 16 - x^2$, $x = -2$, $x = 2$, $y = 0$ Rotation um die x-Achse

2. Man berechne den Schwerpunkt einer Kugelschicht der Höhe h, wenn der untere Abschlußkreis den Kugelradius R besitzt.

3. Man berechne die Lage des Schwerpunkts eines Kegelstumpfes der Höhe h mit den Abschlußkreisradien r und R.

4. Der Graph von f mit $f(x) = \frac{1}{x}$ rotiere um die x-Achse. Wo liegt der Schwerpunkt des entstehenden Rotationskörpers der durch $x = 1$ und $x = a > 1$ begrenzt wird? Existiert der Grenzwert für $a \to \infty$?

5. Man bestimme den Schwerpunkt des Flächenstücks, dessen Berandung nachstehend gegeben ist:

   a) $y = x^3 - 8$, $x = 2$, $x = 3$, $y = 0$ b) $y = \sqrt[3]{x}$, $x = 0$, $x = 2$, $y = 0$
   c) $y = x(3 - x)$, $y = 0$ d) $y = \cosh x$, $x = 0$, $x = x_0$, $y = 0$
   e) $y = \sqrt{x}$, $y = x^2$ f) $y = 4 - x^2$, $x = 0$, $y = 0$
   g) $y = x$, $y = x^2$ h) $y = 2\sin(3x)$, $x = 0$, $x = \frac{\pi}{3}$, $y = 0$
   i) $y = \sin^2 x$, $x = 0$, $x = \pi$, $y = 0$ k) $y = x^2$, $y = x + 2$
   *l) $x = a \cdot \cos^3 t$, $y = a \cdot \sin^3 t$ und $x = 0$, $y = 0$ m) $r = \dfrac{1}{\cos \varphi}$, $\varphi = -\dfrac{\pi}{4}$, $\varphi = \dfrac{\pi}{3}$

6. Um die Endpunkte einer Strecke der Länge 5 cm werden Kreisbögen vom Radius 5 cm beschrieben. Wo liegt der Schwerpunkt der Spitzbogenfläche?

*7. Wo liegen die Schwerpunkte der folgenden Flächenstücke?
   a) Fläche im I. Quadranten innerhalb von $r = 4\sin^2 \varphi$
   b) Fläche im I. Quadranten innerhalb von $r = 1 + \cos \varphi$

8. Wo liegt der Schwerpunkt des beschriebenen Kurvenstücks?

   a) $x^2 + y^2 = 25$, $x \geqq 0$, $y \geqq 0$ b) $x^{\frac{2}{3}} + y^{\frac{2}{3}} = a^{\frac{2}{3}}$, $x \geqq 0$, $y \geqq 0$
   *c) $x = a(t - \sin t)$, $y = a(1 - \cos t)$, $0 \leqq t \leqq 2\pi$ d) $x = a \cdot \cos^3 t$, $y = a \cdot \sin^3 t$, $x \geqq 0$, $y \geqq 0$
   e) $r = 2\sin \varphi + 4\cos \varphi$, $0 \leqq \varphi \leqq \dfrac{\pi}{2}$ f) $r = R$, $-\varphi_0 \leqq \varphi \leqq +\varphi_0$

9. Man bestimme mit Hilfe der 1. Guldinschen Regel:
   a) den Schwerpunkt einer Viertelkreisfläche
   b) den Schwerpunkt des von der x-Achse und $4y = x^2 - 36$ berandeten Gebietes
   c) das Volumen des geraden Kreiskegels mit der Höhe h und dem Grundkreisradius R
   d) das Volumen der Ringfläche, die durch Rotation von $4(x - 6)^2 + 9(y - 5)^2 = 36$ um die x-Achse entsteht.

10. Man bestimme mit Hilfe der 2. Guldinschen Regel
    a) den Kurvenschwerpunkt eines Viertelkreises
    b) den Oberflächeninhalt der Ringfläche mit dem Meridian $x^2 + (y - r)^2 = r^2$ bei Rotation um die x-Achse
    c) den Oberflächeninhalt des Körpers, der entsteht, wenn sich ein gleichseitiges Dreieck mit der Seitenlänge a um eine Achse dreht, die im Abstand c vom Schwerpunkt des Dreiecks entfernt ist
    d) den Oberflächeninhalt des Körpers, der entsteht, wenn sich ein Rechteck mit den Seitenlängen a und b um eine Achse dreht, die im Abstand c $(a, b < c)$ vom Schwerpunkt des Rechtecks entfernt ist.

11. Wie muß man die Halbachsen a und b einer Ellipse wählen, damit der Schwerpunkt des Teils im I. Quadranten in $(4, 2)$ liegt?

12. Von einem Parallelogramm falle eine Seite mit der x-Achse zusammen. Beweisen Sie, daß der Schwerpunkt im Schnittpunkt der Diagonalen liegt.

13. Geben sie das Trägheitsmoment des gegebenen Flächenstücks bezüglich der genannten Geraden an.
    *a) $y = 4 - x^2$, $x = 0$, $y = 0$ bezüglich x-Achse, y-Achse und $x = 4$
    b) $y = 8x^3$, $y = 0$, $x = 1$ bezüglich x-Achse und y-Achse
    c) $y^2 = 4x$, $x = 1$ bezüglich x-Achse, y-Achse und $x = 1$
    *d) $y = 0,5 \cdot e^x$, $x = 0$, $x = 2$, $y = 0$ bezüglich x-Achse und y-Achse
    e) $y = x^2$, $x = 2$, $y = 0$ bezüglich y-Achse

14. Wie groß ist das Trägheitsmoment eines Kreises vom Radius r bezüglich einer Geraden, die vom Mittelpunkt die Entfernung a hat?

15. Das angegebene Flächenstück rotiert um die genannte Achse. Geben Sie das Trägheitsmoment des Rotationskörpers bezüglich der Rotationsachse an.

    a) $y = 4x - x^2$, $y = 0$ Rotation um x-Achse und y-Achse
    b) $4x^2 + 9y^2 = 36$ Rotation um x-Achse und y-Achse
    c) $y = \sin(3x)\left(0 \leqq x \leqq \dfrac{\pi}{3}\right)$, $y = 0$ Rotation um die x-Achse

16. Man bestimme das Massenträgheitsmoment des Rotationsparaboloids mit dem Grundkreisradius R und der Höhe h bezüglich der Rotationsachse.

17. Wie groß ist das Trägheitsmoment eines Kegelstumpfes mit der Höhe h und den Grundkreisradien r und R bei Rotation um seine Symmetrieachse?

18. Wie groß ist das Trägheitsmoment einer Halbkugel bei Rotation um die Symmetrieachse?

19. Geben Sie das Trägheitsmoment einer Hohlkugel an (innerer Radius R_i, äußerer R_a), die um einen Durchmesser rotiert.

20. Aus einem zylindrischen Becken mit dem Grundkreisradius 2 m wird Wasser gepumpt. Der Austritt liegt 1 m höher als der Wasserstand (Höhe 2,5 m) zu Beginn im Becken. Welche Arbeit muß geleistet werden, um das Becken leer zu pumpen?

21. Ein nach oben offenes Rotationsparaboloid ist bis zum Rand mit Wasser gefüllt. Seine Abmessungen sind: oberer Radius 2 m, Höhe 4 m. Welche Arbeit muß man leisten, um das Wasser in die Höhe des oberen Randes zu pumpen?

22. Welche Arbeit muß bei Aufgabe 21 entsprechend verrichtet werden, wenn das Gefäß ein nach oben offener Kreiskegel ist?

23. Beweisen Sie, daß die Arbeit, die geleistet werden muß, um einen stehenden zylindrischen Tank leerzupumpen, gleich der Arbeit ist, die geleistet wird, wenn man den Inhalt vom Schwerpunkt bis zur Austritthöhe hebt.

24. Welche Arbeit muß man leisten, um eine Masse von 1 kg in eine Höhe von 1000 km über der Erdoberfläche zu bringen? (Man beachte: Die Erdbeschleunigung ist nicht konstant.)

25. Wie groß ist die Arbeit, die gegen die Schwerkraft geleistet wird, wenn eine Rakete von 1000 kg Masse in eine Höhe von 300 km gebracht wird?

26. Welche Arbeit wird geleistet, wenn man 100 kg Kohle aus 55 m Tiefe über ein Seil hebt, das 30 N/m wiegt?

27. Ein Safe von 7000 N Gewicht wird durch ein 30 m langes Seil, das 70 N/m wiegt, 24 m hochgezogen, wobei das Seil aufgewickelt wird. Welche Arbeit wird geleistet.

28. Eine Kraft von 300 N dehnt eine Feder von 2 m auf 2,2 m. Man bestimme die Arbeit, die geleistet wird, um die Feder auf 2,5 m auszudehnen.

29. Die Federkonstante in einem Prellbock beträgt $4 \cdot 10^6$ N/m. Man berechne die Arbeit, die zu leisten ist, um die Feder um 2 cm zusammenzudrücken.

30. Ein Kolben schließt einen mit Luft gefüllten Zylinder ab. Bei einem Druck von 1000 N/m^2 ist das Volumen 2,5 m^3. Geben Sie die Arbeit an, die man leisten muß, wenn die Luft auf 0,6 m^3 zusammengedrückt werden soll.

    a) Nehmen Sie dabei $p \cdot V = $ konstant an.
    b) Nehmen Sie dabei $p \cdot V^{1,4} = $ konstant an.

31. Ein sich ausdehnendes Gas bewegt in einem Zylinder einen Kolben so, daß das Volumen des eingeschlossenen Gases von $200\,\text{cm}^3$ auf $400\,\text{cm}^3$ wächst. Man bestimme die geleistete Arbeit unter der Annahme, daß $p \cdot V^{1,4} = k$ gilt.

32. Welche Arbeit ist für die adiabatische Verdichtung von Luft des Volumens $0{,}2\,\text{m}^3$ und des Drucks $100\,000\,\text{N/m}^2$ auf ein Volumen von $0{,}05\,\text{m}^3$ nötig? ($\kappa \approx 1{,}4$.)

33. Den linearen Mittelwert bezeichnet man bei Kurven $y = f(x)$, $a \leq x \leq b$ als mittlere Ordinate. Bestimmen Sie diese

    a) für einen Halbkreis $y = \sqrt{a^2 - x^2}$, $-a \leq x \leq a$
    b) für die Parabel $y = 4 - x^2$, $-2 \leq x \leq 2$
    c) für einen Zykloidenbogen $x = a(t - \sin t)$, $y = a(1 - \cos t)$, $0 \leq t \leq 2\pi$.

34. Beim freien Fall gilt $s = \frac{1}{2}gt^2$ und $v = gt = \sqrt{2gs}$.
    Zeigen Sie, daß der lineare Mittelwert von v auf dem Intervall $0 \leq t \leq t_1$ gleich der halben Endgeschwindigkeit ist.

35. Ein Teilchen bewege sich nach dem Gesetz $x = \cos t - 1$, $y = 2\sin t + 1$, wobei t die Zeit (in Sekunden) angibt. Welche Geschwindigkeit hat das Teilchen in $P\left(\dfrac{5\pi}{6}\right)$ und $P\left(\dfrac{5\pi}{3}\right)$? Wo hat es die größte und wo die kleinste Geschwindigkeit?

36. Welche Weglänge durchfällt ein Körper, der mit der Geschwindigkeit v_0 horizontal abgeschossen wird und auf den um h tieferen Boden fällt?

37. Ein Gefäß von der Form einer Halbkugel wird mit einem konstanten Wasservolumen pro Zeiteinheit v_0 gefüllt. Bestimmen Sie die Steiggeschwindigkeit des Wassers, wenn dieses bei Beginn bereits die Höhe h_0 aufweist.

*38. Ein Balken werde, wie in Bild 1.76 veranschaulicht, auf Biegen beansprucht.

    a) Geben Sie die Durchbiegung der Punkte der neutralen Faser an.
    b) Wie groß ist die maximale Durchbiegung?

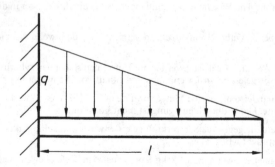

Bild 1.76: Gesamtlast $P = \dfrac{q \cdot l}{2}$

2 Reihen

2.1 Zahlenreihen

2.1.1 Definitionen und Sätze

Gegeben sei eine Folge $\langle a_n \rangle = a_1, a_2, a_3, \dots$ Bezeichnen wir die Summe der ersten n Glieder dieser Folge mit s_n, also

$$s_1 = a_1,$$
$$s_2 = a_1 + a_2,$$
$$s_3 = a_1 + a_2 + a_3,$$
$$\vdots$$
$$s_n = a_1 + a_2 + a_3 + \dots + a_n = \sum_{k=1}^{n} a_k,$$
$$\vdots$$

so erhalten wir eine neue Folge

$$\langle s_n \rangle = s_1, s_2, s_3, \dots \text{ bzw.}$$

$$\langle s_n \rangle = \left\langle \sum_{k=1}^{n} a_k \right\rangle,$$

nämlich die Folge der Partialsummen von $\langle a_n \rangle$.

Beispiel 2.1

Gegeben sei die geometrische Folge $1, \frac{1}{2}, \frac{1}{4}, \frac{1}{8}, \dots$ Durch Partialsummenbildung erhalten wir daraus die Folge

$$s_1 = 1, \quad s_2 = 1 + \tfrac{1}{2} = \tfrac{3}{2}, \quad s_3 = 1 + \tfrac{1}{2} + \tfrac{1}{4} = \tfrac{7}{4}, \dots,$$

$$s_n = 1 + \tfrac{1}{2} + \dots + (\tfrac{1}{2})^{n-1} = \sum_{k=1}^{n} (\tfrac{1}{2})^{k-1} = 2(1 - (\tfrac{1}{2})^n).$$

Man nennt diese Folge $\langle s_n \rangle$ eine geometrische Reihe.

Allgemein definiert man:

Definition 2.1

> Gegeben sei eine Folge $\langle a_k \rangle$. Dann heißt die Folge $\langle s_n \rangle$ ihrer Partialsummen $s_n = \sum_{k=1}^{n} a_k$ (die zu der Folge $\langle a_k \rangle$ gehörende unendliche) **Reihe**.

A. Fetzer, H. Fränkel, *Mathematik 2*,
DOI 10.1007/978-3-642-24115-4_2, © Springer-Verlag Berlin Heidelberg 2012

Bemerkungen:

1. Die Zahlen s_n nennt man Teilsummen der unendlichen Reihe $\langle s_n \rangle = \left\langle \sum_{k=1}^{n} a_k \right\rangle$, die Zahl a_k
   heißt das k-te **Reihenglied**.

2. Ist $n_0 \in \mathbb{N}_0$, so bezeichnet man auch $\left\langle \sum_{k=n_0}^{n} a_k \right\rangle$ als Reihe.

Beispiel 2.2

a) Arithmetische Reihe

Es sei $a_1 \in \mathbb{R}$ und $d \in \mathbb{R} \setminus \{0\}$, dann erhält man aus der arithmetischen Folge $\langle a_k \rangle$ mit $a_k = a_1 + (k-1)d$, die arithmetische Reihe $\langle s_n \rangle$ mit

$$s_n = \sum_{k=1}^{n} (a_1 + (k-1)d) = \frac{n}{2}(2a_1 + (n-1)d) = \frac{n}{2}(a_1 + a_n).$$

b) Geometrische Reihe

Es sei $a_1 \in \mathbb{R}$ und $q \in \mathbb{R} \setminus \{0; 1\}$, dann erhält man aus der geometrischen Folge $\langle a_k \rangle$ mit $a_k = a_1 \cdot q^{k-1}$ die geometrische Reihe $\langle s_n \rangle$ mit

$$s_n = \sum_{k=1}^{n} a_1 \cdot q^{k-1} = a_1 \cdot \frac{1-q^n}{1-q}.$$

c) Harmonische Reihe

Aus der Folge $\langle a_k \rangle$ mit $a_k = \frac{1}{k}$ erhalten wir die **harmonische Reihe** $\langle s_n \rangle$ mit

$$s_n = \sum_{k=1}^{n} \frac{1}{k} = 1 + \frac{1}{2} + \frac{1}{3} + \cdots + \frac{1}{n}.$$

Es ist beispielsweise $s_1 = 1$; $s_2 = 1{,}5$; $s_3 = 1{,}83\ldots$; $s_4 = 2{,}08\ldots$; $s_5 = 2{,}28\ldots$; $s_{10} = 2{,}92\ldots$; $s_{50} = 4{,}49\ldots$; $s_{100} = 5{,}18\ldots$

Da eine Reihe eine Folge (von Partialsummen) ist, können alle Begriffe, die wir von den Folgen her kennen, direkt auf Reihen übertragen werden, insbesondere der der Konvergenz.

Definition 2.2

> Konvergiert die Reihe $\langle s_n \rangle$ mit $s_n = \sum_{k=1}^{n} a_k$ gegen s, so sagen wir, die (unendliche) Reihe sei
> **konvergent** und besitze die **Summe** s.
>
> Schreibweise: $s = \sum_{k=1}^{\infty} a_k = \lim_{n \to \infty} \sum_{k=1}^{n} a_k = a_1 + a_2 + \cdots$.

Bemerkungen:

1. Eine Reihe ist demnach genau dann konvergent gegen die Summe s, wenn es zu jedem $\varepsilon > 0$ ein n_0 gibt, so daß für alle $n \in \mathbb{N}$ mit $n \geq n_0$ gilt: $|s - s_n| = \left| s - \sum\limits_{k=1}^{n} a_k \right| < \varepsilon$. Wenn wir für s die Schreibweise $\sum\limits_{k=1}^{\infty} a_k$ verwenden, folgt aus $\left| \sum\limits_{k=n+1}^{\infty} a_k \right| < \varepsilon$ für alle $n \in \mathbb{N}$ mit $n \geq n_0$ die Konvergenz der Reihe.

2. Existiert der Grenzwert der Reihe $\langle s_n \rangle$ nicht, so heißt die Reihe **divergent**. Ist $\langle s_n \rangle$ bestimmt divergent, so schreibt man symbolisch $\sum\limits_{k=1}^{\infty} a_k = \infty$ bzw. $\sum\limits_{k=1}^{\infty} a_k = -\infty$.

3. Mit $\sum\limits_{n=1}^{\infty} a_n = s$ bezeichnen wir den Grenzwert der Reihe $\langle s_n \rangle = \left\langle \sum\limits_{k=1}^{n} a_k \right\rangle$. Wir wollen nun eine bequemere Schreibweise für Reihen einführen und das Symbol $\sum\limits_{n=1}^{\infty} a_n$ auch zur Bezeichnung der Reihe selbst verwenden. Dasselbe Symbol bezeichnet daher einerseits eine Folge und hat einen Sinn, unabhängig davon, ob diese Folge konvergiert oder nicht, andererseits aber auch den Grenzwert dieser Folge und hat dann nur einen Sinn, wenn die Folge konvergent ist. Die Schreibweise $\sum\limits_{n=1}^{\infty} a_n = s$ soll demnach stets bedeuten, daß die Reihe $\sum\limits_{n=1}^{\infty} a_n$ konvergent ist mit dem Grenzwert s.

4. Die Addition ist kommutativ und assoziativ, daher ist die Summe endlich vieler Zahlen unabhängig von der Reihenfolge der Summanden, bzw. unabhängig davon, ob Klammern gesetzt werden oder nicht. Für unendliche Reihen gilt dies i.allg. nicht, wie folgendes Beispiel zeigt. Die Reihe $\sum\limits_{n=1}^{\infty} (1-1) = (1-1) + (1-1) + \cdots$ besitzt wegen $s_1 = s_2 = \cdots = 0$ den Grenzwert Null, wohingegen die Reihe $\sum\limits_{n=1}^{\infty} (-1)^{n-1} = 1 - 1 + 1 - 1 \pm \cdots$ wegen $s_1 = 1, s_2 = 0, s_3 = 1$ usw. divergent ist.

In Beispiel 2.25 zeigen wir, daß auch die Reihenfolge der Summanden die Summe beeinflussen kann.

Beispiel 2.3

Die geometrische Reihe ist für $|q| < 1$ konvergent. Es gilt (vgl. Band 1, Seite 88, (3.7)):

$$\sum_{k=1}^{\infty} a_1 \cdot q^{k-1} = \frac{a_1}{1-q} \quad \text{für } |q| < 1.$$

So ist beispielsweise $1 + \frac{1}{2} + \frac{1}{4} + \frac{1}{8} + \cdots = \sum\limits_{k=1}^{\infty} \left(\frac{1}{2}\right)^{k-1} = 2$.

Beispiel 2.4

Wir untersuchen die Reihe $\sum\limits_{n=1}^{\infty} \dfrac{1}{n(n+1)}$ auf Konvergenz.

Dazu zerlegen wir das n-te Glied dieser Reihe in Partialbrüche und erhalten $\dfrac{1}{n(n+1)} = \dfrac{1}{n} - \dfrac{1}{n+1}$.

Es ist also

$$s_n = \sum_{k=1}^{n}\left(\frac{1}{k} - \frac{1}{k+1}\right) = \sum_{k=1}^{n}\frac{1}{k} - \sum_{k=1}^{n}\frac{1}{k+1} = 1 + \sum_{k=2}^{n}\frac{1}{k} - \sum_{k=2}^{n}\frac{1}{k} - \frac{1}{n+1} = 1 - \frac{1}{n+1}.$$

Daher ist die Folge $\langle s_n \rangle$ konvergent mit dem Grenzwert 1, also

$$\sum_{n=1}^{\infty}\frac{1}{n(n+1)} = 1.$$

Beispiel 2.5

Die harmonische Reihe $\langle s_n \rangle$ mit $s_n = \sum_{k=1}^{n}\frac{1}{k}$ ist divergent.

Wir zeigen, daß $\langle s_n \rangle$ nicht beschränkt ist. Aufgrund von Band 1, Satz 3.3 ist $\langle s_n \rangle$ dann auch nicht konvergent.

Es sei $n \geqq 4$ und $n \in \mathbb{N}$. Dann liegt n zwischen zwei benachbarten Potenzen von 2, d.h. es gibt ein $k \in \mathbb{N}$ mit $2^{k+1} \leqq n < 2^{k+2}$. Wir erhalten:

$$s_n = 1 + \tfrac{1}{2} + \tfrac{1}{3} + \cdots + \frac{1}{2^{k+1}} + \cdots + \frac{1}{n}$$

$$= 1 + \tfrac{1}{2} + (\tfrac{1}{3} + \tfrac{1}{4}) + (\tfrac{1}{5} + \cdots + \tfrac{1}{8}) + (\tfrac{1}{9} + \cdots + \tfrac{1}{16}) + \cdots + \left(\frac{1}{2^k + 1} + \cdots + \frac{1}{2^{k+1}}\right) + \cdots + \frac{1}{n}$$

Ersetzen wir in jeder Klammer alle Summanden durch den dort auftretenden kleinsten (z.B. in $(\tfrac{1}{5} + \cdots + \tfrac{1}{8})$ durch $\tfrac{1}{8}$) und vernachlässigen wir die nach $\frac{1}{2^{k+1}}$ auftretenden Summanden, so verkleinern wir offensichtlich, und es ergibt sich:

$$s_n > 1 + \tfrac{1}{2} + 2\cdot\tfrac{1}{4} + 4\cdot\tfrac{1}{8} + 8\cdot\tfrac{1}{16} + \cdots + 2^k\cdot\frac{1}{2^{k+1}} = 1 + \underbrace{\tfrac{1}{2} + \tfrac{1}{2} + \tfrac{1}{2} + \tfrac{1}{2} + \cdots + \tfrac{1}{2}}_{k+1 \text{ Summanden}}.$$

Daher ist $s_n > \dfrac{3}{2} + \dfrac{k}{2} = \dfrac{k+3}{2}$.

Die Folge $\langle s_n \rangle$ ist also nicht beschränkt, und es gilt

$$\sum_{n=1}^{\infty}\frac{1}{n} = \infty.$$

Beispiel 2.6

Ein Kreis mit Radius r ist in Kreisausschnitte mit den Mittelpunktswinkeln $\dfrac{\pi}{6}$ geteilt. Vom Endpunkt eines Radius ist das Lot auf den nächsten gefällt, von diesem wiederum das Lot auf den nachfolgenden usw. (vgl. Bild 2.1). Wie groß ist die Summe der Längen aller Lote?

Übernehmen wir die Bezeichnungen von Bild 2.1, so ergibt sich für das $(n+1)$-te bzw. n-te Lot:
$\dfrac{a_{n+1}}{r_n} = \sin\dfrac{\pi}{6}, \dfrac{a_n}{r_n} = \tan\dfrac{\pi}{6}$, woraus $\dfrac{a_{n+1}}{a_n} = \cos\dfrac{\pi}{6} = \tfrac{1}{2}\sqrt{3}$ folgt. Die a_n bilden daher eine geometrische

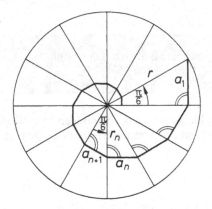

Bild 2.1: Zu Beispiel 2.6

Folge mit $a_1 = r \cdot \sin \dfrac{\pi}{6} = \dfrac{r}{2}$ und $q = \frac{1}{2}\sqrt{3}$. Wir erhalten also für die Summe der Längen der Lote:

$$s = \sum_{n=1}^{\infty} a_n = \sum_{n=1}^{\infty} \frac{r}{2} (\tfrac{1}{2}\sqrt{3})^{n-1} = \frac{r}{2 - \sqrt{3}} = (2 + \sqrt{3})r = r \cdot 3{,}73 \ldots .$$

Da Reihen spezielle Folgen sind, lassen sich entsprechende Sätze über Folgen auf Reihen übertragen. So erhalten wir z.B.

Satz 2.1

Wenn $\displaystyle\sum_{n=1}^{\infty} a_n$ und $\displaystyle\sum_{n=1}^{\infty} b_n$ konvergente Reihen mit den Summen a and b sind und $\alpha, \beta \in \mathbb{R}$, dann gilt

$$\sum_{n=1}^{\infty} (\alpha a_n + \beta b_n) = \alpha \cdot \sum_{n=1}^{\infty} a_n + \beta \cdot \sum_{n=1}^{\infty} b_n = \alpha a + \beta b.$$

Beispiel 2.7

Ist die Reihe $\displaystyle\sum_{n=1}^{\infty} \frac{3^{n+1} - 2^{n+1}}{6^n}$ konvergent? Gegebenenfalls ist der Grenzwert zu berechnen.

Es ist $\dfrac{3^{k+1} - 2^{k+1}}{6^k} = 3 \cdot (\tfrac{1}{2})^k - 2 \cdot (\tfrac{1}{3})^k$. Da die (geometrischen) Reihen $\displaystyle\sum_{n=1}^{\infty} (\tfrac{1}{2})^{n-1}$ und $\displaystyle\sum_{n=1}^{\infty} (\tfrac{1}{3})^{n-1}$ nach Beispiel 2.3 konvergent sind, folgt mit Satz 2.1:

$$\sum_{n=1}^{\infty} \frac{3^{n+1} - 2^{n+1}}{6^n} = 3 \cdot \sum_{n=1}^{\infty} (\tfrac{1}{2})^n - 2 \cdot \sum_{n=1}^{\infty} (\tfrac{1}{3})^n = 3 - 1 = 2.$$

Es gilt auch folgender Satz.

Satz 2.2

> Wenn $\sum\limits_{n=1}^{\infty} a_n$ und $\sum\limits_{n=1}^{\infty} b_n$ konvergente Reihen mit den Summen a und b sind und $a_n \leq b_n$ für alle $n \in \mathbb{N}$ gilt, dann ist $a \leq b$.

Das Abändern endlich vieler Glieder oder das Hinzufügen bzw. Weglassen endlich vieler Glieder einer Folge hat keinen Einfluß auf den Grenzwert dieser Folge (vgl. Band 1, Abschnitt 3.2). Bei Reihen gilt folgender

Satz 2.3

> Es sei $\sum\limits_{n=1}^{\infty} a_n$ eine konvergente bzw. divergente Reihe. Läßt man in den Partialsummen endlich viele Summanden weg oder fügt endlich viele Summanden hinzu, so ist auch die neue Reihe konvergent bzw. divergent.

Bemerkung:

Der Satz besagt, daß endlich viele Glieder keinen Einfluß auf das Konvergenzverhalten der Reihe haben. Die Änderung endlich vieler Glieder beeinflußt i. allg. den Grenzwert, was bei Folgen nicht der Fall ist.

2.1.2 Konvergenzkriterien

Bei Reihen ergeben sich (wie auch bei Folgen) zunächst zwei Hauptfragen, nämlich erstens die Frage nach der Konvergenz und, falls diese positiv beantwortet werden kann, zweitens die Frage nach der Summe der unendlichen Reihe.

Ist der Grenzwert bekannt, so ist die Konvergenz offensichtlich. Nicht immer ist es möglich (wie in den Beispielen 2.2a), b) und 2.4) die Partialsummen geschlossen darzustellen und daraus (durch Grenzwertbildung) die Summe der Reihe direkt zu bestimmen. Oft ist nur die Frage nach der Konvergenz von Interesse bzw. kann aufgrund der Konvergenzaussage die Summe der Reihe ermittelt werden.

In diesem Abschnitt stellen wir Kriterien zusammen, mit Hilfe derer die Konvergenz (bzw. Divergenz) einer Reihe nachgewiesen werden kann, ohne den Grenzwert zu bestimmen.

Zunächst formulieren wir das Cauchysche Konvergenzkriterium. Dieses hat den Vorteil, daß nicht der »Reihenrest« $\sum\limits_{k=n+1}^{\infty} a_k$ (mit unendlich vielen Gliedern) abgeschätzt werden muß, sondern »nur« der Term $\sum\limits_{k=n+1}^{m} a_k$ mit endlich vielen Summanden.

Satz 2.4 (Cauchysches Konvergenzkriterium)

Die Reihe $\sum\limits_{n=1}^{\infty} a_n$ ist genau dann konvergent, wenn es zu jedem $\varepsilon > 0$ ein $n_0 = n_0(\varepsilon) \in \mathbb{N}$ gibt, so

daß $\left| \sum\limits_{k=n+1}^{m} a_k \right| < \varepsilon$ für alle $m, n \in \mathbb{N}$ mit $m > n \geq n_0$ gilt.

Bemerkung:

Setzt man $m = n + p$, so lautet das Cauchysche Konvergenzkriterium: Die Reihe $\sum\limits_{n=1}^{\infty} a_n$ konvergiert genau dann, wenn es zu jedem $\varepsilon > 0$ ein $n_0 \in \mathbb{N}$ gibt, so daß

$$\left| \sum_{k=n+1}^{n+p} a_k \right| = |a_{n+1} + a_{n+2} + \cdots + a_{n+p}| < \varepsilon \text{ für alle } n \in \mathbb{N} \text{ mit } n \geq n_0 \text{ und alle } p \in \mathbb{N} \text{ ist.}$$

Beispiel 2.8

Die Reihe $\sum\limits_{n=1}^{\infty} (-1)^{n+1} \cdot \dfrac{1}{n} = 1 - \frac{1}{2} + \frac{1}{3} - \frac{1}{4} \pm \cdots$ ist konvergent.

Für den Beweis verwenden wit das Cauchysche Konvergenzkriterium und setzen zunächt p als gerade voraus.

$$\left| \sum_{k=n+1}^{n+p} (-1)^{k+1} \cdot \frac{1}{k} \right| = \left| \pm \left(\frac{1}{n+1} - \frac{1}{n+2} + \frac{1}{n+3} - \frac{1}{n+4} \pm \cdots - \frac{1}{n+p} \right) \right|$$

$$= \left| \left(\frac{1}{n+1} - \frac{1}{n+2} \right) + \left(\frac{1}{n+3} - \frac{1}{n+4} \right) + \cdots + \left(\frac{1}{n+p-1} - \frac{1}{n+p} \right) \right|.$$

Alle Klammerausdrücke sind positiv, daher können die Betragsstriche weggelassen werden. Es ist

$$\left| \sum_{k=n+1}^{n+p} (-1)^{k+1} \cdot \frac{1}{k} \right| = \frac{1}{n+1} - \left(\frac{1}{n+2} - \frac{1}{n+3} \right) - \cdots - \frac{1}{n+p} \leq \frac{1}{n+1} < \varepsilon$$

für alle $n \geq n_0 > \dfrac{1}{\varepsilon} - 1$ und alle $p \in \mathbb{N}$, da sich auch für ungerades p die gleiche Abschätzung ergibt.

Es sei darauf hingewiesen, daß Klammern gesetzt bzw. weggelassen werden konnten, da es sich immer nur um endlich viele Summanden handelte.

Wir geben nun eine notwendige Bedingung für die Konvergenz von unendlichen Reihen an.

Satz 2.5

Wenn die Reihe $\sum\limits_{n=1}^{\infty} a_n$ konvergent ist, so ist $\lim\limits_{n \to \infty} a_n = 0$.

Bemerkung:

Die Bedingung $\lim\limits_{n \to \infty} a_n = 0$ ist nur notwendig und nicht hinreichend für die Konvergenz, wie das Beispiel der harmonischen Reihe (vgl. Beispiel 2.5) zeigt.

Beweis:

$\langle s_n \rangle$ mit $s_n = \sum\limits_{k=1}^{n} a_k$ sei gegen s konvergent, d.h. es gelte $\lim\limits_{n \to \infty} s_n = s$ und damit auch $\lim\limits_{n \to \infty} s_{n-1} = s$.

Dann folgt $\left(\text{wegen } a_n = \sum\limits_{k=1}^{n} a_k - \sum\limits_{k=1}^{n-1} a_k = s_n - s_{n-1}\right)$:

$$\lim\limits_{n \to \infty} a_n = \lim\limits_{n \to \infty} (s_n - s_{n-1}) = \lim\limits_{n \to \infty} s_n - \lim\limits_{n \to \infty} s_{n-1} = s - s = 0. \qquad \bullet$$

Die Kontraposition des Satzes 2.5 lautet:

> Ist $\langle a_n \rangle$ divergent oder ist $\lim\limits_{n \to \infty} a_n \neq 0$, so ist die Reihe $\sum\limits_{n=1}^{\infty} a_n$ divergent.

Beispiel 2.9

Die Reihe $\langle s_n \rangle$ mit $s_n = \sum\limits_{k=1}^{n} \left(\dfrac{k}{k+1}\right)^k$ ist divergent, da $\lim\limits_{k \to \infty} \left(\dfrac{k}{k+1}\right)^k = \lim\limits_{k \to \infty} \left(1 + \dfrac{1}{k}\right)^{-k} = \dfrac{1}{e} \neq 0$

ist. Die nach Satz 2.5 notwendige Bedingung für die Konvergenz ist nicht erfüllt, daher ist die Reihe divergent, also (da $\langle s_n \rangle$ monoton wachsend ist) $\sum\limits_{n=1}^{\infty} \left(\dfrac{n}{n+1}\right)^n = \infty$.

Im folgenden geben wir hinreichende Bedingungen für Konvergenz bzw. Divergenz von Reihen an. Von besonderer Bedeutung sind dabei die sogenannten Vergleichskriterien. Man vergleicht dabei die zu untersuchende Reihe mit einer zweiten, deren Konvergenzverhalten bekannt ist.

Satz 2.6 (Majoranten- und Minorantenkriterium)

a) Majorantenkriterium

Gegeben sei die Reihe $\sum\limits_{n=1}^{\infty} a_n$. Gibt es eine konvergente Reihe $\sum\limits_{n=1}^{\infty} c_n$, so daß $|a_n| \leq c_n$ für alle $n \in \mathbb{N}$ ist, dann ist die Reihe $\sum\limits_{n=1}^{\infty} a_n$ konvergent[1]).

b) Minorantenkriterium

Gegeben sei die Reihe $\sum\limits_{n=1}^{\infty} a_n$. Gibt es eine gegen $+\infty$ bestimmt divergente Reihe $\sum\limits_{n=1}^{\infty} d_n$, so daß $a_n \geq d_n$ für alle $n \in \mathbb{N}$ ist, dann ist die Reihe $\sum\limits_{n=1}^{\infty} a_n$ bestimmt divergent gegen $+\infty$.

---

[1]) Die Reihe ist dann sogar absolut konvergent (vgl. Bemerkung 2 zu Satz 2.11).

Bemerkungen:

1. Die Reihe $\sum\limits_{n=1}^{\infty} c_n$ in Teil a) heißt eine **Majorante** von $\sum\limits_{n=1}^{\infty} a_n$ und die Reihe $\sum\limits_{n=1}^{\infty} d_n$ in Teil b) eine

   Minorante von $\sum\limits_{n=1}^{\infty} a_n$.

2. Es genügt, daß $|a_n| \leq c_n$ bzw. $a_n \geq d_n$ erst ab einer Stelle $n_0 \in \mathbb{N}$ gilt.
3. Teil b) gilt entsprechend für bestimmte Divergenz gegen $-\infty$.

Beweis von Satz 2.6:

a) $\sum\limits_{n=1}^{\infty} c_n$ ist konvergent, d.h. zu jedem $\varepsilon > 0$ existiert aufgrund des Cauchyschen Konvergenz-

kriteriums (Satz 2.4) ein $n_1 = n_1(\varepsilon) \in \mathbb{N}$, so daß $\left| \sum\limits_{k=n+1}^{m} c_k \right| < \varepsilon$ für alle m, n mit $m > n \geq n_1$ ist.

Wegen $c_k > 0$ für alle $k \in \mathbb{N}$ folgt:

$$\left| \sum_{k=n+1}^{m} a_k \right| \leq \sum_{k=n+1}^{m} |a_k| \leq \sum_{k=n+1}^{m} c_k < \varepsilon$$

für alle m, n mit $m \geq n \geq n_1$. Mit dem Cauchyschen Konvergenzkriterium (Satz 2.4) folgt daraus die Behauptung.

b) Wegen $s_n = \sum\limits_{k=1}^{n} a_k \geq \sum\limits_{k=1}^{n} d_n$ für alle $n \in \mathbb{N}$ ist die Folge $\langle s_n \rangle$ nicht beschränkt, die Reihe $\sum\limits_{n=1}^{\infty} a_n$
also bestimmt divergent. ●

Die folgenden Beispiele demonstrieren die Anwendung des Majoranten- und Minorantenkriteriums.

Beispiel 2.10

Die Reihe $\sum\limits_{n=1}^{\infty} \dfrac{1}{n^2}$ ist konvergent.

Für alle $n \in \mathbb{N}$ mit $n > 1$ gilt nämlich $\left| \dfrac{1}{n^2} \right| \leq \dfrac{1}{n(n-1)}$. Nach Beispiel 2.4 ist die Reihe $\sum\limits_{n=1}^{\infty} \dfrac{1}{n(n+1)}$

konvergent und daher auch die Reihe $\sum\limits_{n=2}^{\infty} \dfrac{1}{(n-1)n}$. Damit haben wir eine konvergente Majorante

von $\sum\limits_{n=1}^{\infty} \dfrac{1}{n^2}$ gefunden, und nach dem Majorantenkriterium ist $\sum\limits_{n=1}^{\infty} \dfrac{1}{n^2}$ konvergent.

Wir werden in Abschnitt 2.3 (Beispiel 2.67) zeigen, daß $\sum\limits_{n=1}^{\infty} \dfrac{1}{n^2} = \dfrac{\pi^2}{6}$ ist.

Beispiel 2.11

Wir untersuchen die Reihe $\sum\limits_{n=1}^{\infty} \dfrac{1}{\sqrt[3]{n}}$ mit Hilfe des Minorantenkriteriums.

Für alle $n \in \mathbb{N}$ gilt $\dfrac{1}{\sqrt[3]{n}} \geqq \dfrac{1}{n}$. Da $\displaystyle\sum_{n=1}^{\infty} \dfrac{1}{n}$ bestimmt divergent ist (vgl. harmonische Reihe, Beispiel 2.5)

gilt: $\displaystyle\sum_{n=1}^{\infty} \dfrac{1}{\sqrt[3]{n}} = \infty$.

Beispiel 2.12

Mit Hilfe des Majorantenkriteriums zeigen wir die Konvergenz der Reihe $\displaystyle\sum_{n=1}^{\infty} \dfrac{1}{n!}$.

Für alle $n \in \mathbb{N}$ gilt: $\dfrac{1}{n!} = 1 \cdot \frac{1}{2} \cdot \frac{1}{3} \cdots \dfrac{1}{n} \leqq 1 \cdot \frac{1}{2} \cdot \frac{1}{2} \cdots \frac{1}{2} = (\frac{1}{2})^{n-1}$.

$\displaystyle\sum_{n=1}^{\infty} (\frac{1}{2})^{n-1}$ ist also eine konvergente Majorante (geometrische Reihe mit $q = \frac{1}{2}$), daher ist $\displaystyle\sum_{n=1}^{\infty} \dfrac{1}{n!}$ konvergent.

Wie wir in Abschnitt 2.2 zeigen werden (s.(2.17)) ist

$$\sum_{n=0}^{\infty} \frac{1}{n!} = 1 + 1 + \frac{1}{2!} + \frac{1}{3!} + \cdots = e = 2{,}718281828\ldots$$

Diese Reihe konvergiert »schnell«, es ist z.B. $s_2 = 2{,}5$; $s_3 = 2{,}666\ldots$; $s_5 = 2{,}716\ldots$; $s_{10} = 2{,}71828180\ldots$; s_{10} stimmt, wie man sieht, bereits auf 7 Stellen hinter dem Komma mit e überein.

Als Vergleichsreihen werden oft die Reihen $\displaystyle\sum_{n=1}^{\infty} \dfrac{1}{n^\alpha}$ mit $\alpha \in \mathbb{R}$ herangezogen.

Für $\alpha \leqq 0$ ist die notwendige Bedingung $\left(\displaystyle\lim_{n \to \infty} \dfrac{1}{n^\alpha} = 0 \right)$ nicht erfüllt, und daher ist für $\alpha \leqq 0$ die Reihe divergent.

Für $0 < \alpha \leqq 1$ gilt $\dfrac{1}{n^\alpha} \geqq \dfrac{1}{n}$ für alle $n \in \mathbb{N}$. Da die harmonische Reihe $\displaystyle\sum_{n=1}^{\infty} \dfrac{1}{n}$ divergent ist (divergente Minorante), ist auch $\displaystyle\sum_{n=1}^{\infty} \dfrac{1}{n^\alpha}$ für $0 < \alpha \leqq 1$ divergent.

Für $\alpha > 2$ folgt: $\left| \dfrac{1}{n^\alpha} \right| \leqq \dfrac{1}{n^2}$ für alle $n \in \mathbb{N}$. Damit haben wir eine konvergente Majorante (vgl. Beispiel 2.10).

In Beispiel 2.20 zeigen wir, daß $\displaystyle\sum_{n=1}^{\infty} \dfrac{1}{n^\alpha}$ auch konvergent ist für $1 < \alpha \leqq 2$. Zusammenfassend erhalten wir also:

$$\sum_{n=1}^{\infty} \frac{1}{n^\alpha} \text{ ist konvergent für } \alpha > 1 \text{ und divergent für } \alpha \leqq 1. \tag{2.1}$$

Beispiel 2.13

Die Reihe $\displaystyle\sum_{n=1}^{\infty} \frac{\sqrt{n+2}}{\sqrt[3]{n^5+n^3-1}}$ ist konvergent. Für alle $n \in \mathbb{N}$ mit $n \geq 2$ gilt nämlich:

$\left| \dfrac{\sqrt{n+2}}{\sqrt[3]{n^5+n^3-1}} \right| \leq \dfrac{\sqrt{2n}}{\sqrt[3]{n^5}} = \sqrt{2} \cdot \dfrac{1}{n^{7/6}}$. Nach (2.1) haben wir daher eine konvergente $\left(\alpha = \frac{7}{6} > 1 \right)$ Majorante.

Satz 2.7 (Quotientenkriterium)

Gegeben sei eine Reihe $\displaystyle\sum_{n=1}^{\infty} a_n$ mit $a_n \neq 0$ für alle $n \in \mathbb{N}$. Ist die Folge $\left\langle \left| \dfrac{a_{n+1}}{a_n} \right| \right\rangle$ konvergent

gegen den Grenzwert α $\left(\text{d. h. } \displaystyle\lim_{n \to \infty} \left| \dfrac{a_{n+1}}{a_n} \right| = \alpha \right)$, so gilt:

a) Ist $\alpha < 1$, so ist die Reihe $\displaystyle\sum_{n=1}^{\infty} a_n$ konvergent[1]).

b) Ist $\alpha > 1$, so ist die Reihe $\displaystyle\sum_{n=1}^{\infty} a_n$ divergent.

Bemerkungen:

1. Das Quotientenkriterium ist hinreichend. Ist also die Folge $\left\langle \left| \dfrac{a_{n+1}}{a_n} \right| \right\rangle$ nicht konvergent, so kann die Reihe $\displaystyle\sum_{n=1}^{\infty} a_n$ trotzdem konvergent sein (vgl. Beispiel 2.17).

2. Ist der Grenzwert $\alpha = 1$, so macht das Quotientenkriterium keine Aussage. Die Reihe kann dann entweder konvergent oder divergent sein. So ist z.B. die harmonische Reihe $\displaystyle\sum_{n=1}^{\infty} a_n = \sum_{n=1}^{\infty} \frac{1}{n}$ divergent (vgl. Beispiel 2.5), jedoch die Reihe $\displaystyle\sum_{n=1}^{\infty} b_n = \sum_{n=1}^{\infty} \frac{1}{n^2}$ konvergent,

obwohl $\displaystyle\lim_{n \to \infty} \left| \frac{a_{n+1}}{a_n} \right| = \lim_{n \to \infty} \frac{n}{n+1} = 1$ und $\displaystyle\lim_{n \to \infty} \left| \frac{b_{n+1}}{b_n} \right| = \lim_{n \to \infty} \left(\frac{n}{n+1} \right)^2 = 1$ ist.

Beweis:

$\displaystyle\lim_{n \to \infty} \left| \frac{a_{n+1}}{a_n} \right| = \alpha$ bedeutet, daß zu jedem $\varepsilon > 0$ ein n_0 existiert, so daß $\left| \left| \dfrac{a_{n+1}}{a_n} \right| - \alpha \right| < \varepsilon$ ist für alle $n \in \mathbb{N}$ mit $n \geq n_0$, d.h. es ist

$$\alpha - \varepsilon < \left| \frac{a_{n+1}}{a_n} \right| < \alpha + \varepsilon \quad \text{für alle } n \in \mathbb{N} \text{ mit } n \geq n_0. \tag{2.2}$$

---

[1]) Die Reihe ist dann sogar absolut konvergent (vgl. Bemerkung 2 zu Satz 2.11).

Zu a) Es ist $0 \leqq \alpha < 1$, daher gibt es zu $\varepsilon = \dfrac{1-\alpha}{2} > 0$ ein $n_0 \in \mathbb{N}$, so daß

$$0 < \left| \frac{a_{n+1}}{a_n} \right| < \alpha + \varepsilon = \frac{\alpha + 1}{2} = q < 1 \text{ für alle } n \geqq n_0 \text{ ist (vgl. Bild 2.2a).}$$

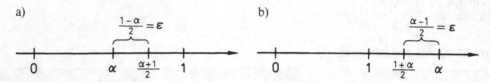

a)   b)

Bild 2.2a,b: Zum Beweis des Quotientenkriteriums

Daraus ergibt sich $|a_{n+1}| < q \cdot |a_n|$ für alle $n \in \mathbb{N}$ mit $n \geqq n_0$, woraus z.B. mit Hilfe der vollständigen Induktion $|a_n| < |a_{n_0}| \cdot q^{n-n_0} = \dfrac{|a_{n_0}|}{q^{n_0}} \cdot q^n$ für alle $n \geqq n_0$ folgt. Wegen $0 < q < 1$ ist die Reihe $\displaystyle\sum_{n=1}^{\infty} q^n$ konvergent, und aufgrund des Majorantenkriteriums (Satz 2.6a)) ist in diesem Fall $\displaystyle\sum_{n=1}^{\infty} a_n$ konvergent.

Zu b) Ist $\alpha > 1$, so gibt es wegen (2.2) zu $\varepsilon = \dfrac{\alpha - 1}{2} > 0$ ein n_0, so daß $1 < \dfrac{\alpha + 1}{2} = q < \left| \dfrac{a_{n+1}}{a_n} \right|$ für alle $n \in \mathbb{N}$ mit $n \geqq n_0$ gilt, d.h. es ist $|a_{n+1}| > |a_n| > \cdots > |a_{n_0}| > 0$ für alle $n \geqq n_0$ (vgl. Bild 2.2b)). Also ist die notwendige Bedingung (s. Satz 2.5) $\lim\limits_{n \to \infty} a_n = 0$ nicht erfüllt. ●

Beispiel 2.14

Die Reihe $\displaystyle\sum_{n=1}^{\infty} \dfrac{n^2}{3^n}$ ist konvergent, denn wir erhalten:

$$\lim_{n \to \infty} \left| \frac{a_{n+1}}{a_n} \right| = \lim_{n \to \infty} \frac{(n+1)^2 \cdot 3^n}{3^{n+1} \cdot n^2} = \lim_{n \to \infty} \tfrac{1}{3} \left(1 + \frac{1}{n} \right)^2 = \tfrac{1}{3} < 1,$$

woraus mit dem Quotientenkriterium (Satz 2.7) die Konvergenz folgt.

Beispiel 2.15

Die Reihe $\displaystyle\sum_{n=1}^{\infty} \dfrac{3^n}{2^n \cdot n^5}$ ist divergent. Es ist nämlich

$$\lim_{n \to \infty} \left| \frac{a_{n+1}}{a_n} \right| = \lim_{n \to \infty} \frac{3^{n+1} \cdot 2^n \cdot n^5}{2^{n+1} \cdot (n+1)^5 \cdot 3^n} = \lim_{n \to \infty} \tfrac{3}{2} \left(1 - \frac{1}{n+1} \right)^5 = \tfrac{3}{2} > 1,$$

woraus die Divergenz folgt.

Beispiel 2.16

Die Reihe $\sum\limits_{n=1}^{\infty} \dfrac{5^n}{n!}$ konvergiert wegen $\lim\limits_{n\to\infty} \dfrac{5^{n+1}\cdot n!}{(n+1)!\cdot 5^n} = \lim\limits_{n\to\infty} \dfrac{5}{n+1} = 0 < 1$.

Wie man dem Beweis des Quotientenkriteriums entnehmen kann, benötigt man als Voraussetzung nur, daß es eine Zahl q gibt mit

$$\left|\frac{a_{n+1}}{a_n}\right| \le q < 1 \quad \text{bzw.} \quad \left|\frac{a_{n+1}}{a_n}\right| \ge q > 1 \quad \text{für alle } n \ge n_0. \tag{2.3}$$

Die Existenz des Grenzwertes $\lim\limits_{n\to\infty} \left|\dfrac{a_{n+1}}{a_n}\right| \ne 1$ impliziert zwar eine dieser Ungleichungen, jedoch kann eine Ungleichung wie in (2.3) bestehen, ohne daß die Folge $\left\langle \left|\dfrac{a_{n+1}}{a_n}\right| \right\rangle$ konvergent ist.

In Fällen, in denen dieser Grenzwert nicht existiert, kann also die Konvergenz bzw. die Divergenz eventuell aufgrund von (2.3) nachgewiesen werden. Dazu folgendes Beispiel.

Beispiel 2.17

Die Reihe $\sum\limits_{n=1}^{\infty} a_n$ mit $a_n = \begin{cases} \dfrac{1}{\sqrt{3^{3(n-1)}}} & \text{für ungerades } n \\[2mm] \dfrac{1}{\sqrt{3^{3n-4}}} & \text{für gerades } n, \end{cases}$

also $1 + \frac{1}{3} + \frac{1}{3^3} + \frac{1}{3^4} + \frac{1}{3^6} + \frac{1}{3^7} + \cdots$ ist auf Konvergenz zu untersuchen.

Es ergibt sich

$$\left|\frac{a_{n+1}}{a_n}\right| = \begin{cases} \dfrac{\sqrt{3^{3(n-1)}}}{\sqrt{3^{3(n+1)-4}}} = \dfrac{1}{3} & \text{für ungerades } n \\[3mm] \dfrac{\sqrt{3^{3n-4}}}{\sqrt{3^{3n}}} = \dfrac{1}{9} & \text{für gerades } n. \end{cases}$$

Die Folge $\left\langle \left|\dfrac{a_{n+1}}{a_n}\right| \right\rangle = \frac{1}{3}, \frac{1}{9}, \frac{1}{3}, \frac{1}{9}, \frac{1}{3}, \frac{1}{9}, \ldots$ konvergiert offensichtlich nicht. Aufgrund obiger Bemerkung ist trotzdem eine Konvergenzaussage über die Reihe $\sum\limits_{n=1}^{\infty} a_n$ möglich, da für alle $n\in\mathbb{N}$ gilt:

$$\left|\frac{a_{n+1}}{a_n}\right| \le q = \frac{1}{3} < 1.$$

Wie schon bemerkt wurde, ist eine Aussage über die Konvergenz der Reihe $\sum\limits_{n=1}^{\infty} a_n$ mit Hilfe des Quotientenkriteriums nicht möglich, wenn $\lim\limits_{n\to\infty} \left|\dfrac{a_{n+1}}{a_n}\right| = 1$ ist. In einigen Fällen kann die Konvergenzfrage eventuell dann mit Hilfe des Wurzelkriteriums beantwortet werden (vgl. Beispiel 2.19)

Satz 2.8 (Wurzelkriterium)

Gegeben sei die Reihe $\sum\limits_{n=1}^{\infty} a_n$. Ist die Folge $\langle \sqrt[n]{|a_n|} \rangle$ konvergent gegen den Grenzwert α (d.h. $\lim\limits_{n\to\infty} \sqrt[n]{|a_n|} = \alpha$), so gilt:

a) Ist $\alpha < 1$, so ist die Reihe $\sum\limits_{n=1}^{\infty} a_n$ konvergent[1]).

b) Ist $\alpha > 1$, so ist die Reihe $\sum\limits_{n=1}^{\infty} a_n$ divergent.

Der Beweis dieses Kriteriums erfolgt ähnlich wie der des Quotientenkriteriums (Satz 2.7) mit Hilfe des Majoranten- bzw. Minorantenkriteriums (Satz 2.6).

Bemerkungen:

1. Ebenso wie beim Quotientenkriterium genügt für den Nachweis der Konvergenz bzw. der Divergenz, daß es eine Zahl q gibt mit $\sqrt[n]{|a_n|} \leqq q < 1$ bzw. $\sqrt[n]{|a_n|} \geqq q > 1$ für alle $n \in \mathbb{N}$ mit $n \geqq n_0$.

2. Das Wurzelkriterium ist in der Handhabung oftmals schwieriger als das Quotientenkriterium, dafür jedoch, wie oben schon erwähnt, weitreichender (vgl. Beispiel 2.19).

3. Ist der Grenzwert $\lim\limits_{n\to\infty} \sqrt[n]{|a_n|} = 1$, so kann mit Hilfe dieses Satzes über die Konvergenz von $\sum\limits_{n=1}^{\infty} a_n$ keine Aussage gemacht werden. Es gilt z.B. für die divergente harmonische Reihe $\sum\limits_{n=1}^{\infty} \dfrac{1}{n}$ (vgl. Beispiel (2.5): $\lim\limits_{n\to\infty} \sqrt[n]{\dfrac{1}{n}} = 1$, für die konvergente Reihe $\sum\limits_{n=1}^{\infty} \dfrac{1}{n^2}$ (vgl. Beispiel 2.10): $\lim\limits_{n\to\infty} \sqrt[n]{\dfrac{1}{n^2}} = 1$.

Es gibt also divergente und konvergente Reihen $\sum\limits_{n=1}^{\infty} a_n$, für die $\lim\limits_{n\to\infty} \sqrt[n]{|a_n|} = 1$ ist.

Beispiel 2.18

a) Die Reihe $\sum\limits_{n=1}^{\infty} \dfrac{1}{n^n}$ ist konvergent, da $\lim\limits_{n\to\infty} \sqrt[n]{\dfrac{1}{n^n}} = \lim\limits_{n\to\infty} \dfrac{1}{n} = 0$ ist.

b) Die Reihe $\sum\limits_{n=1}^{\infty} (\sqrt[n]{2} - 1)^n$ ist konvergent, da

$$\lim\limits_{n\to\infty} \sqrt[n]{|\sqrt[n]{2} - 1|^n} = \lim\limits_{n\to\infty} (\sqrt[n]{2} - 1) = 0 \text{ ist.}$$

---

[1]) Die Reihe ist dann sogar absolut konvergent (vgl. Bemerkung 2 zu Satz 2.11).

c) Die Reihe $\sum\limits_{n=1}^{\infty} \dfrac{5^n}{4^n \cdot n^4}$ ist divergent, da $\lim\limits_{n \to \infty} \dfrac{5}{4 \cdot \sqrt[n]{n^4}} = \frac{5}{4} > 1$ ist.

Folgendes Beispiel belegt die Bemerkung 2 zum Wurzelkriterium (Satz 2.8).

Beispiel 2.19

Wir betrachten $\dfrac{1}{3} + \dfrac{1}{5^2} + \dfrac{1}{3^3} + \dfrac{1}{5^4} + \dfrac{1}{3^5} + \dfrac{1}{5^6} + \cdots$, also die Reihe

$$\sum_{n=1}^{\infty} a_n \text{ mit } a_n = \begin{cases} \dfrac{1}{3^n}, & \text{falls } n \text{ ungerade} \\ \dfrac{1}{5^n}, & \text{falls } n \text{ gerade.} \end{cases}$$

Wir versuchen, die Konvergenz mit Hilfe des Quotientenkriteriums (Satz 2.7) zu beweisen und bilden dazu

$$\left|\frac{a_{2n+1}}{a_{2n}}\right| = \frac{5^{2n}}{3^{2n+1}} = \tfrac{1}{3} \cdot \left(\tfrac{5}{3}\right)^{2n} \quad \text{bzw.} \quad \left|\frac{a_{2n}}{a_{2n-1}}\right| = \frac{3^{2n-1}}{5^{2n}} = \tfrac{1}{3} \cdot \left(\tfrac{3}{5}\right)^{2n}.$$

Da $\left(\tfrac{5}{3}\right)^{2n}$ nicht beschränkt ist, gibt es kein n_0 und kein q, so daß $\left|\dfrac{a_{n+1}}{a_n}\right| \le q < 1$ für alle $n \in \mathbb{N}$ mit $n \ge n_0$ gilt (vgl. 2.3)).

Die Konvergenz läßt sich also nicht mit Hilfe des Quotientenkriteriums beweisen. Untersuchen wir jedoch $\sqrt[n]{|a_n|}$, so ergibt sich

$$\sqrt[2n]{|a_{2n}|} = \sqrt[2n]{\frac{1}{5^{2n}}} = \tfrac{1}{5} \quad \text{bzw.} \quad \sqrt[2n-1]{|a_{2n-1}|} = \sqrt[2n-1]{\frac{1}{3^{2n-1}}} = \tfrac{1}{3}.$$

Da sowohl $\lim\limits_{n \to \infty} \sqrt[2n]{\dfrac{1}{5^{2n}}} = \tfrac{1}{5}$ als auch $\lim\limits_{n \to \infty} \sqrt[2n-1]{\dfrac{1}{3^{2n-1}}} = \tfrac{1}{3}$ ist, gibt es ein n_0 und ein q, so daß $\sqrt[n]{|a_n|} \le q < 1$ ist für alle $n \in \mathbb{N}$ mit $n \ge n_0$. Aufgrund der Bemerkung 1 zum Wurzelkriterium (Satz 2.8) ist die vorgelegte Reihe konvergent.

Man kann die Summe einer unendlichen Reihe $\sum\limits_{n=1}^{\infty} a_n$ auch geometrisch veranschaulichen. Wir zeigen das für den Fall, daß alle $a_n > 0$ sind. Dazu trägt man in einem kartesischen Koordinatensystem die Punkte $P_n(n, a_n)$ ein und erhält daraus, wie in Bild 2.3 ersichtlich, eine »Treppenfläche«. Der Flächeninhalt dieser (nach rechts nicht beschränkten) Treppenfläche veranschaulicht den Grenzwert der unendlichen Reihe $\sum\limits_{n=1}^{\infty} a_n$.

Diese geometrische Veranschaulichung legt es nahe, mit Hilfe eines uneigentlichen Integrals die Konvergenz bzw. Divergenz einer unendlichen Reihe nachzuweisen. In der Tat gilt folgender

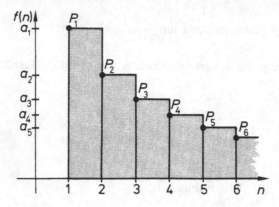

Bild 2.3: Geometrische Veranschaulichung der Summe einer unendlichen Reihe.

Satz 2.9 (Integralkriterium)

Es sei f auf $[1, \infty)$ definiert und monoton fallend. Weiter sei $f(x) \geqq 0$ für alle $x \in [1, \infty)$. Dann ist die unendliche Reihe $\sum\limits_{n=1}^{\infty} f(n)$ genau dann konvergent, wenn das uneigentliche Integral $\int\limits_{1}^{\infty} f(x)\,dx$ konvergent ist.

Bemerkungen:

1. Ist das uneigentliche Integral divergent, so divergiert die unendliche Reihe.

2. Während bei den bisherigen Kriterien die Glieder positiv oder negativ sein konnten, ist das Integralkriterium nur anwendbar, wenn alle Glieder nichtnegativ sind.

3. Der Satz gilt entsprechend für das Intervall $[k, \infty)$.

Beweis:

Da f monoton fallend ist, gilt für alle $n \in \mathbb{N}$:

$$f(n + 1) \leqq f(x) \leqq f(n) \quad \text{mit} \quad n \leqq x \leqq n + 1.$$

Aufgrund der Monotonie des Integrals (vgl. Band 1, Satz 9.10) folgt dann

$$\int\limits_{n}^{n+1} f(n+1)\,dx \leqq \int\limits_{n}^{n+1} f(x)\,dx \leqq \int\limits_{n}^{n+1} f(n)\,dx, \quad \text{d.h.}$$

$$f(n + 1) \leqq \int\limits_{n}^{n+1} f(x)\,dx \leqq f(n) \quad \text{für alle } n \in \mathbb{N}.$$

Durch Addition ergibt sich daraus

$$f(2) + \cdots + f(n) \leqq \int\limits_{1}^{n} f(x)\,dx \leqq f(1) + \cdots + f(n - 1).$$

Bezeichnen wir die Teilsummen mit s_n, d.h. $s_n = \sum_{k=1}^{n} f(k)$, so ergibt sich (vgl. Bild 2.4)

$$s_n - f(1) \leqq \int_1^n f(x)\,dx \leqq s_{n-1} \quad \text{für alle } n \in \mathbb{N}. \tag{2.4}$$

Ist das uneigentliche Integral $\int_1^\infty f(x)\,dx$ konvergent, so folgt wegen

$$0 \leqq s_n - f(1) \leqq \int_1^n f(x)\,dx \leqq \int_1^\infty f(x)\,dx \quad \text{für alle } n \in \mathbb{N}$$

die Beschränktheit der Folge $\langle s_n \rangle$. Weiterhin ist $\langle s_n \rangle$ monoton wachsend, daher ist $\langle s_n \rangle$ konvergent.

Wenn umgekehrt die Reihe $\langle s_n \rangle$ gegen s konvergiert, dann gilt $s_n \leqq s$ für alle $n \in \mathbb{N}$. Aus der rechten Ungleichung von (2.4) folgt dann

$$0 \leqq \int_1^t f(x)\,dx \leqq \int_1^{[t]+1} f(x)\,dx = s_{[t]} \leqq s \quad \text{für alle } t \geqq 1,$$

d.h. $\int_1^\infty f(x)\,dx$ existiert, da der Integrand nichtnegativ ist.   ●

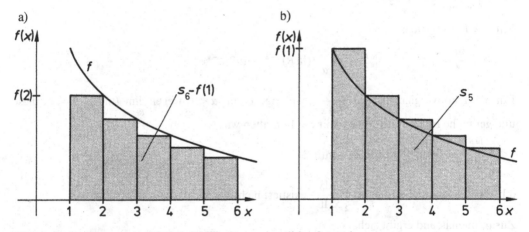

a)

b)

Bild 2.4a,b: Abschätzung einer Reihe mit Hilfe eines uneigentlichen Integrals

Beispiel 2.20

Es sei $\alpha > 0$. Wir untersuchen die unendliche Reihe $\sum_{n=1}^{\infty} \frac{1}{n^\alpha}$ auf Konvergenz.

Wir setzen $a_n = \frac{1}{n^\alpha} = f(n)$, d.h. $f : [1, \infty) \to \mathbb{R}$ mit $f(x) = \frac{1}{x^\alpha}$.

f ist wegen $f'(x) = -\dfrac{\alpha}{x^{\alpha+1}} < 0$ für alle $x \in [1, \infty)$ monoton fallend, weiter ist $f(x) \geqq 0$ für alle $x \in [1, \infty)$. Damit erfüllt f die Voraussetzungen des Integralkriteriums. Wie in Band 1 mit Beispiel 9.68 gezeigt wurde, ist das uneigentliche Integral $\displaystyle\int_1^\infty \dfrac{dx}{x^\alpha}$ divergent für $\alpha \leqq 1$ und konvergent für $\alpha > 1$. Aufgrund des Integralkriteriums ist damit auch die unendliche Reihe $\displaystyle\sum_{n=1}^\infty \dfrac{1}{n^\alpha}$ divergent für $\alpha \leqq 1$ und konvergent für $\alpha > 1$.

Beispiel 2.21

Für welche $\alpha \in \mathbb{R}$ ist die Reihe $\displaystyle\sum_{n=2}^\infty \dfrac{1}{n \cdot (\ln n)^\alpha}$ konvergent, für welche divergent?

Wegen $a_n = f(n) = \dfrac{1}{n \cdot (\ln n)^\alpha}$ wählen wir $f : [2, \infty) \to \mathbb{R}$ mit $f(x) = \dfrac{1}{x \cdot (\ln x)^\alpha}$.

Wie man leicht nachweisen kann, erfüllt f die Voraussetzungen des Integralkriteriums. Wir untersuchen daher das uneigentliche Integral $\displaystyle\int_2^\infty \dfrac{dx}{x \cdot (\ln x)^\alpha}$. Mit Hilfe der Substitution $t = \ln x$ $\left(dt = \dfrac{dx}{x}\right)$ erhalten wir

$$\int_2^R \frac{dx}{x \cdot (\ln x)^\alpha} = \int_{\ln 2}^{\ln R} \frac{dt}{t^\alpha}.$$

Für $\alpha \neq 1$ ergibt sich:

$$\int_{\ln 2}^{\ln R} \frac{dt}{t^\alpha} = \frac{1}{1-\alpha} \cdot t^{1-\alpha} \Big|_{\ln 2}^{\ln R} = \frac{1}{1-\alpha} \cdot ((\ln R)^{1-\alpha} - (\ln 2)^{1-\alpha}).$$

Für $\alpha > 1$ konvergiert also $\displaystyle\int_2^\infty \dfrac{dx}{x \cdot (\ln x)^\alpha}$, wohingegen für $\alpha < 1$, wegen $\lim\limits_{R \to \infty} (\ln R)^{1-\alpha} = \infty$, dieses uneigentliche Integral divergiert. Für $\alpha = 1$ erhalten wir

$$\int_{\ln 2}^{\ln R} \frac{dt}{t} = \ln t \Big|_{\ln 2}^{\ln R} = \ln(\ln R) - \ln(\ln 2),$$

d.h. das uneigentliche Integral $\displaystyle\int_2^\infty \dfrac{dx}{x \cdot \ln x}$ existiert nicht.

Zusammenfassend ergibt sich:

$$\sum_{n=2}^\infty \frac{1}{n \cdot (\ln n)^\alpha} \text{ ist konvergent für } \alpha > 1 \text{ und divergent für } \alpha \leqq 1.$$

Zum Abschluß geben wir noch ein Kriterium an, das sich auf Reihen anwenden läßt, deren Glieder abwechselnd negativ und positiv sind. Man nennt solche Reihen **alternierend**. Für alternierende Reihen $\displaystyle\sum_{n=1}^\infty a_n$ gilt also

$$a_n \cdot a_{n+1} < 0 \quad \text{für alle } n \in \mathbb{N}.$$

Beispiel 2.22

Die Reihe $\langle s_n \rangle$ mit $s_n = \sum_{k=1}^{\infty} (-1)^{k+1} \cdot \frac{1}{k} = 1 - \frac{1}{2} + \frac{1}{3} - \frac{1}{4} + - \cdots + (-1)^{n+1} \cdot \frac{1}{n}$ ist eine alternierende Reihe.

Satz 2.10 (Leibniz-Kriterium)

Eine alternierende Reihe $\sum_{n=1}^{\infty} a_n$ ist konvergent, wenn die Folge $\langle |a_n| \rangle$ eine monoton fallende Nullfolge ist.

Bemerkung:

Dieses Kriterium läßt sich selbstverständlich auch auf Reihen anwenden, die erst ab einer Stelle $n_0 \in \mathbb{N}$ alternierend sind. Dasselbe gilt, wenn die Folge $\langle |a_n| \rangle$ erst ab einem $n_0 \in \mathbb{N}$ eine monoton fallende Nullfolge ist.

Beweis:

Es sei $a_1 > 0$ (für $a_1 < 0$ läuft der Beweis entsprechend). Da die Reihe alternierend ist, gilt:

$$a_{2m-1} > 0 \quad \text{und} \quad a_{2m} < 0 \quad \text{für alle } m \in \mathbb{N}.$$

Aus der Monotonie der Folge $\langle |a_n| \rangle$ folgt

$$a_{2m} + a_{2m+1} \leqq 0 \quad \text{und} \quad a_{2m-1} + a_{2m} \geqq 0 \quad \text{für alle } m \in \mathbb{N}. \tag{2.5}$$

Wir betrachten nun die zwei Folgen $\langle s_{2m-1} \rangle$ und $\langle s_{2m} \rangle$. Die erste ist monoton fallend, die zweite monoton wachsend, denn für alle $m \in \mathbb{N}$ gilt wegen (2.5):

$$s_{2m+1} = s_{2m-1} + (a_{2m} + a_{2m+1}) \leqq s_{2m-1} \quad \text{bzw.} \quad s_{2m+2} = s_{2m} + (a_{2m+1} + a_{2m+2}) \geqq s_{2m}.$$

Wir zeigen nun, daß beide Folgen beschränkt sind.

Aufgrund der Monotonie beider Folgen ist s_1 eine obere Schranke von $\langle s_{2m-1} \rangle$ und s_2 eine untere Schranke von $\langle s_{2m} \rangle$. Weiterhin gilt

$$s_{2m+1} = s_{2m} + a_{2m+1} \geqq s_{2m} \geqq s_2 \quad \text{und} \quad s_{2m} = s_{2m-1} + a_{2m} \leqq s_{2m-1} \leqq s_1 \quad \text{für alle } m \in \mathbb{N},$$

daher ist s_2 auch eine untere Schranke von $\langle s_{2m-1} \rangle$ und s_1 eine obere Schranke von $\langle s_{2m} \rangle$.

Die Folgen $\langle s_{2m-1} \rangle$ und $\langle s_{2m} \rangle$ sind danach beschränkt und monoton und daher konvergent (vgl. Band 1, Satz 3.8).

Es ist also $\lim\limits_{m \to \infty} s_{2m-1} = s'$ und $\lim\limits_{m \to \infty} s_{2m} = s''$. Daraus folgt

$$s'' - s' = \lim_{m \to \infty} s_{2m} - \lim_{m \to \infty} s_{2m-1} = \lim_{m \to \infty} (s_{2m} - s_{2m-1}) = \lim_{m \to \infty} a_{2m} = 0,$$

da nach Voraussetzung $\langle |a_m| \rangle$ und somit auch $\langle a_m \rangle$ eine Nullfolge ist. Die beiden Folgen $\langle s_{2m-1} \rangle$ und $\langle s_{2m} \rangle$ streben also gegen den gleichen Grenzwert, die Folge $\langle s_n \rangle$ ist daher konvergent. ●

Beispiel 2.23

a) Die Reihe $\sum\limits_{n=1}^{\infty} (-1)^{n+1} \cdot \dfrac{1}{n} = 1 - \frac{1}{2} + \frac{1}{3} - \frac{1}{4} + \frac{1}{5} \mp \cdots$ ist konvergent, da die Folge

$\langle |a_n| \rangle = \left\langle \left| (-1)^{n+1} \cdot \dfrac{1}{n} \right| \right\rangle = \left\langle \dfrac{1}{n} \right\rangle$ eine monoton fallende Nullfolge ist.

In Beispiel 2.44 zeigen wir, daß $\sum\limits_{n=1}^{\infty} (-1)^{n+1} \cdot \dfrac{1}{n} = \ln 2$ ist.

b) Die Reihe $\sum\limits_{n=1}^{\infty} \dfrac{(-1)^{n+1}}{2n-1}$ ist eine alternierende Reihe. Die Folge $\left\langle \left| \dfrac{(-1)^{n+1}}{2n-1} \right| \right\rangle = \left\langle \dfrac{1}{2n-1} \right\rangle$ ist

monoton fallend, und es gilt $\lim\limits_{n \to \infty} \dfrac{1}{2n-1} = 0$, woraus mit Hilfe des Leibniz-Kriteriums die Konvergenz folgt.

Es ist (vgl. Beispiel 2.45) $\sum\limits_{n=1}^{\infty} \dfrac{(-1)^{n+1}}{2n-1} = \dfrac{\pi}{4}$.

c) $\sum\limits_{n=0}^{\infty} (-1)^n \cdot \dfrac{1}{n!}$ ist konvergent, da $\left\langle \dfrac{1}{n!} \right\rangle$ eine monoton fallende Nullfolge ist.

Ist $s = \sum\limits_{n=1}^{\infty} a_n$ eine alternierende Reihe, die die Voraussetzungen des Leibniz-Kriteriums erfüllt, so gilt folgende Fehlerabschätzung:

$$|s_n - s| \leq |a_{n+1}| \quad \text{für alle } n \in \mathbb{N}. \tag{2.6}$$

In Bild 2.5 ist diese Ungleichung veranschaulicht.

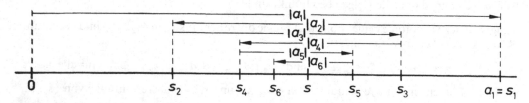

Bild 2.5: $|s_n - s| \leq |a_{n+1}|$ für alle $n \in \mathbb{N}$

Diese Fehlerabschätzung erhalten wir aus dem Beweis des Leibniz-Kriteriums (Satz 2.10). Wie dort sei $a_1 > 0$, d.h.

$a_{2m-1} > 0$ und $a_{2m} < 0$ für alle $m \in \mathbb{N}$.

Die Folgen $\langle s_{2m-1} \rangle$ und $\langle s_{2m} \rangle$ sind daher monoton, haben den gleichen Grenzwert, und es gilt $s_{2m} \leq s \leq s_{2m-1}$ für alle $m \in \mathbb{N}$.

Daraus schließt man für alle $m \in \mathbb{N}$:

$$|s_{2m-1} - s| = s_{2m-1} - s \leqq s_{2m-1} - s_{2m} = -a_{2m} = |a_{2m}| \quad \text{und}$$

$$|s_{2m} - s| = s - s_{2m} \leqq s_{2m+1} - s_{2m} = a_{2m+1} = |a_{2m+1}|,$$

also gilt die Abschätzung (2.6).

Beispiel 2.24

Wieviel Glieder der Reihe $\sum\limits_{n=1}^{\infty} (-1)^{n+1} \cdot \dfrac{1}{n}$ müssen mindestens addiert werden, damit der Grenzwert $\ln 2$ auf 4 Stellen nach dem Komma genau ist?

Aus (2.6) erhalten wir $|s_n - s| \leqq |a_{n+1}| = \dfrac{1}{n+1} < 0,5 \cdot 10^{-4}$, wozu $n > 2 \cdot 10^4 - 1$ genügt. Man muß also 20000 oder mehr Summanden addieren, um die geforderte Genauigkeit zu erreichen. Man sagt, die Reihe konvergiere »langsam«, sie eignet sich also nicht gut zur Berechnung von $\ln 2$.

2.1.3 Bedingte und absolute Konvergenz

Bei der Definition der Summe einer unendlichen Reihe (Definition 2.2) haben wir mit Bemerkung 4 bereits darauf hingewiesen, daß die Reihenfolge der Summanden die Summe beeinflussen kann. Folgendes Beispiel belegt dies.

Beispiel 2.25

Wir betrachten die nach Beispiel 2.23 a) konvergente Reihe $\sum\limits_{n=1}^{\infty} (-1)^{n+1} \cdot \dfrac{1}{n}$. Es ist also

$$1 - \tfrac{1}{2} + \tfrac{1}{3} - \tfrac{1}{4} + \tfrac{1}{5} - \tfrac{1}{6} + \tfrac{1}{7} - \tfrac{1}{8} + - \cdots = s.$$

Diese Reihe ordnen wir nun um und zwar so, daß jeweils auf einen positiven Summanden zwei negative folgen, also

$$1 - \tfrac{1}{2} - \tfrac{1}{4} + \tfrac{1}{3} - \tfrac{1}{6} - \tfrac{1}{8} + \tfrac{1}{5} - \tfrac{1}{10} - \tfrac{1}{12} + \tfrac{1}{7} - \tfrac{1}{14} - \tfrac{1}{16} + - \cdots$$

Setzen wir Klammern, so ergibt sich

$$(1 - \tfrac{1}{2}) - \tfrac{1}{4} + (\tfrac{1}{3} - \tfrac{1}{6}) - \tfrac{1}{8} + (\tfrac{1}{5} - \tfrac{1}{10}) - \tfrac{1}{12} + (\tfrac{1}{7} - \tfrac{1}{14}) - \tfrac{1}{16} + - \cdots$$

und daraus

$$\tfrac{1}{2} - \tfrac{1}{4} + \tfrac{1}{6} - \tfrac{1}{8} + \tfrac{1}{10} - \tfrac{1}{12} + \tfrac{1}{14} - \tfrac{1}{16} + - \cdots = \sum_{n=1}^{\infty} (-1)^{n+1} \cdot \dfrac{1}{2n}.$$

Die letzte Reihe ist aufgrund des Leibniz-Kriteriums (Satz 2.10) konvergent. Der Faktor $\tfrac{1}{2}$ kann also vor die Summe gezogen werden.

$$\sum_{n=1}^{\infty} (-1)^{n+1} \cdot \dfrac{1}{2n} = \tfrac{1}{2} \cdot \sum_{n=1}^{\infty} (-1)^{n+1} \cdot \dfrac{1}{n} = \tfrac{1}{2} \cdot s.$$

Durch die vorgenommene Umordnung der Reihe $\sum\limits_{n=1}^{\infty} (-1)^{n+1} \cdot \frac{1}{n}$ mit der Summe s erhielten wir also eine wiederum konvergente Reihe, jedoch mit der Summe $\frac{1}{2} \cdot s$.

Definition 2.3

> Eine gegen s konvergente Reihe heißt **bedingt konvergent**, wenn es eine Umordnung gibt, so daß die umgeordnete Reihe entweder divergent ist oder gegen eine von s verschiedene Summe konvergiert.

Es gibt Reihen, die bei jeder Umordnung konvergent sind und auch die gleiche Summe besitzen. Man nennt diese Reihen auch **unbedingt konvergent**. Wie man zeigen kann, sind dies genau die Reihen $\sum\limits_{n=1}^{\infty} a_n$, für die auch $\sum\limits_{n=1}^{\infty} |a_n|$ konvergent sind.

Definition 2.4

> Eine Reihe $\sum\limits_{n=1}^{\infty} a_n$ heißt **absolut konvergent**, wenn die Reihe $\sum\limits_{n=1}^{\infty} |a_n|$ konvergent ist.

Bemerkung:

Konvergente Reihen, die nur nichtnegative Glieder besitzen (d.h. $a_n \geq 0$ für alle $n \in \mathbb{N}$), sind, wegen $a_n = |a_n|$, absolut konvergent.

Beispiel 2.26

Die Reihe $\sum\limits_{n=1}^{\infty} \frac{1}{n^2}$ ist nach Beispiel 2.10 konvergent und gleichzeitig absolut konvergent.

Satz 2.11

> Jede absolut konvergente Reihe ist konvergent.

Der Beweis erfolgt mit dem Majorantenkriterium.

Bemerkungen:

1. Die Umkehrung dieses Satzes ist nicht richtig, wie die Reihe $\sum\limits_{n=1}^{\infty} (-1)^{n+1} \cdot \frac{1}{n}$ zeigt. Diese Reihe ist (obwohl sie konvergent ist) nicht absolut konvergent, denn wir erhalten mit

$$\sum_{n=1}^{\infty} \left| (-1)^{n+1} \cdot \frac{1}{n} \right| = \sum_{n=1}^{\infty} \frac{1}{n} \text{ die divergente harmonische Reihe.}$$

2. Wird die Konvergenz einer Reihe mit dem Majoranten-, Quotienten- oder Wurzelkriterium bewiesen, so ist die Reihe sogar absolut konvergent.

Wie oben schon angedeutet wurde, besteht ein Zusammenhang zwischen den unbedingt konvergenten und den absolut konvergenten Reihen. In der Tat läßt sich folgender Satz beweisen.

Satz 2.12

> Eine Reihe ist genau dann absolut konvergent, wenn sie unbedingt konvergent ist.

Bemerkung:

Aufgrund dieses Satzes dürfen absolut konvergente Reihen umgeordnet werden; der Grenzwert ändert sich dabei nicht.

Will man zwei konvergente unendliche Reihen $\sum\limits_{n=1}^{\infty} a_n$ und $\sum\limits_{n=1}^{\infty} b_n$ miteinander multiplizieren, so treten dabei folgende Summanden auf:

$$
\begin{array}{llll}
a_1b_1 & a_1b_2 & a_1b_3 & a_1b_4 \cdots \\
a_2b_1 & a_2b_2 & a_2b_3 \cdots \\
a_3b_1 & a_3b_2 \cdots \\
a_4b_1 \cdots \\
\cdots
\end{array}
$$

Die Summe dieser Produkte ist (wie man zeigen kann) unabhängig von der Reihenfolge dieser Summanden, wenn beide Reihen $\sum\limits_{n=1}^{\infty} a_n$ und $\sum\limits_{n=1}^{\infty} b_n$ absolut konvergent sind. In diesem Fall wählt man als Anordnung zweckmäßig »Schrägzeilen« also:

$$a_1b_1 + (a_1b_2 + a_2b_1) + (a_1b_3 + a_2b_2 + a_3b_1) + (a_1b_4 + \cdots + a_4b_1) + \cdots.$$

Bezeichnen wir $a_1b_1 = c_1, a_1b_2 + a_2b_1 = c_2$, also $\sum\limits_{k=1}^{n} a_k b_{n-k+1} = c_n$, so stellt sich die Frage, ob das

Produkt zweier unendlicher Reihen sich durch die Reihe $\sum\limits_{n=1}^{\infty} c_n$ mit $c_n = \sum\limits_{k=1}^{n} a_k b_{n-k+1}$ berechnen läßt.

Dazu folgender

Satz 2.13

> Die Reihen $\sum\limits_{n=1}^{\infty} a_n = a$ und $\sum\limits_{n=1}^{\infty} b_n = b$ seien absolut konvergent, und es sei $c_n = \sum\limits_{k=1}^{n} a_k b_{n-k+1}$.
>
> Dann ist auch die Reihe $\sum\limits_{n=1}^{\infty} c_n$ (absolut) konvergent, und es gilt
>
> $$\sum_{n=1}^{\infty} c_n = \left(\sum_{n=1}^{\infty} a_n\right) \cdot \left(\sum_{n=1}^{\infty} b_n\right) = a \cdot b.$$

Aufgaben

1. Bestimmen Sie den Grenzwert nachstehender Reihen $\langle s_n \rangle$ mit Hilfe der Partialbruchzerlegung (vgl. Beispiel 2.4).

   a) $s_n = \sum\limits_{k=1}^{n} \dfrac{1}{(3k-2)(3k+1)}$;   b) $s_n = \sum\limits_{k=1}^{n} \dfrac{5}{(k+5)(k+6)}$;

   c) $s_n = \sum\limits_{k=1}^{n} \dfrac{k}{(k+1)(k+2)(k+3)}$;   d) $s_n = \sum\limits_{k=1}^{n} \dfrac{1}{k(k+m)}$ mit $m \in \mathbb{N}$;

   e) $s_n = \sum\limits_{k=1}^{n} \dfrac{1}{k(k+1)(k+2)}$.

2. Welche der nachstehenden Reihen sind nach Satz 2.5 divergent?

   a) $\sum\limits_{n=1}^{\infty} \dfrac{1}{\sqrt[n]{n}}$;   b) $\sum\limits_{n=1}^{\infty} \left(\dfrac{n}{n+1} \right)^{2n}$;   c) $\sum\limits_{n=1}^{\infty} \dfrac{n^5}{n!}$;

   d) $\sum\limits_{n=1}^{\infty} (-1)^n \cdot \dfrac{n-1}{n+1}$;   e) $\sum\limits_{n=1}^{\infty} \dfrac{1}{\arctan n}$;   f) $\sum\limits_{n=1}^{\infty} \dfrac{1}{n \cdot \ln \left(1 + \dfrac{1}{n} \right)}$;

   g) $\frac{2}{3} - \frac{3}{6} + \frac{4}{9} - \frac{5}{12} \pm \cdots$;   h) $(\frac{1}{2})^1 + (\frac{2}{3})^2 + (\frac{3}{4})^3 + (\frac{4}{5})^4 + \cdots$.

3. Mit Hilfe des Majoranten-bzw. Minorantenkriteriums (Satz 2.6) sind folgende Reihen auf Konvergenz bzw. Divergenz zu untersuchen:

   a) $\sum\limits_{n=1}^{\infty} \dfrac{\sqrt{n-1}}{n^2+1}$;   b) $\sum\limits_{n=1}^{\infty} \dfrac{2^{n-1}}{3^n+1}$;   c) $\sum\limits_{n=2}^{\infty} \dfrac{1}{\sqrt{n^2-1}}$;

   d) $\sum\limits_{n=1}^{\infty} \dfrac{\sqrt[3]{n^2+1}}{n \cdot \sqrt[6]{n^5+n-1}}$;   e) $\sum\limits_{n=1}^{\infty} \dfrac{\sqrt[4]{n+4}}{\sqrt[6]{n^7+3n^2-2}}$.

4. Verwenden Sie das Quotienten- bzw. Wurzelkriterium (Satz 2.7 bzw. 2.8) um die Konvergenz oder die Divergenz der nachstehenden Reihen zu zeigen.

   a) $\sum\limits_{n=1}^{\infty} (\sqrt[n]{a} - 1)^n$ mit $a \in \mathbb{R}^+$;   b) $\sum\limits_{n=1}^{\infty} (\sqrt[n]{n} - 1)^n$;   c) $\sum\limits_{n=1}^{\infty} \dfrac{n!}{2 \cdot 4 \cdot 6 \cdots 2n}$;

   d) $\sum\limits_{n=1}^{\infty} (\frac{5}{6})^n \cdot \dfrac{n-2}{n+2}$;   e) $\sum\limits_{n=1}^{\infty} \dfrac{100^n}{n!}$;   f) $\sum\limits_{n=1}^{\infty} \dfrac{n^5}{n!}$;

   g) $\sum\limits_{n=1}^{\infty} \dfrac{n!}{n^9}$;   h) $\sum\limits_{n=1}^{\infty} n^4 \cdot (\frac{9}{10})^n$;   i) $\sum\limits_{n=1}^{\infty} \left(\dfrac{1}{\arctan n} \right)^n$;   j) $\sum\limits_{n=1}^{\infty} \dfrac{3^n}{n^n}$.

5. Prüfen Sie das Konvergenzverhalten der alternierenden Reihen mit Hilfe des Leibniz-Kriteriums.

   a) $\sum\limits_{n=1}^{\infty} \dfrac{(-1)^{n+1}}{2n+1}$;   b) $\sum\limits_{n=1}^{\infty} \dfrac{(-1)^{n+1} \cdot n}{n^2+1}$;   c) $\sum\limits_{n=4}^{\infty} \dfrac{(-1)^n \cdot n}{(n-3)^2+1}$;

   d) $\sum\limits_{n=1}^{\infty} (-1)^{n+1} (1 - \sqrt[n]{a})$;   e) $\frac{1}{2} \ln(\ln 2) - \frac{1}{3} \ln(\ln 3) \pm \cdots$.

6. Wieviel Glieder müssen mindestens addiert werden, wenn $\dfrac{\pi}{4}$ durch die unendliche Reihe $\sum\limits_{n=1}^{\infty} \dfrac{(-1)^{n+1}}{2n-1}$ auf 3 Stellen nach dem Komma genau berechnet werden soll?

7. Berechnen Sie die Summe s_4 der ersten vier Glieder von

a) $\sum\limits_{n=1}^{\infty} \dfrac{(-1)^{n+1}}{n^2}$; b) $\sum\limits_{n=1}^{\infty} \dfrac{(-1)^n}{n!} = \dfrac{1}{e} - 1$,

und schätzen Sie den Fehler $|s - s_4|$ ab.

8. a) Es sei $a_n \geqq 0$ für alle $n \in \mathbb{N}$ und die Reihe $\sum\limits_{n=1}^{\infty} a_n$ konvergent. Zeigen Sie, daß dann auch die Reihe $\sum\limits_{n=1}^{\infty} a_n^2$ konvergiert.

   b) Geben Sie ein Beispiel an, durch das gezeigt wird, daß die Bedingung $a_n \geqq 0$ für alle $n \in \mathbb{N}$ nicht fortgelassen werden kann.

9. Untersuchen Sie folgende Reihen auf Konvergenz:

a) $\sum\limits_{n=1}^{\infty} \dfrac{\sqrt{(n^2+1)^3}}{\sqrt[4]{(n^4+n^2+1)^5}}$; b) $\sum\limits_{n=3}^{\infty} \dfrac{1}{n(\ln n)(\ln\ln n)^p}$; c) $\sum\limits_{n=1}^{\infty} \dfrac{n!}{n^n}$;

d) $\sum\limits_{n=1}^{\infty} \dfrac{(n+1)^n}{n^{n+1}}$; e) $\sum\limits_{n=1}^{\infty} \dfrac{(-1)^n \cdot n}{(n+1)(n+2)}$; f) $\sum\limits_{n=1}^{\infty} \dfrac{(n!)^2}{(2n)!}$;

g) $\sum\limits_{n=1}^{\infty} n^n \cdot \sin^n \dfrac{2}{n}$; h) $\sum\limits_{n=1}^{\infty} \dfrac{3^n}{2^n \cdot \arctan^n n}$; i) $\sum\limits_{n=1}^{\infty} \dfrac{\sin 2^n}{3^n}$

10. Für welche $\alpha \in \mathbb{R}$ konvergieren die Reihen

a) $\sum\limits_{n=1}^{\infty} \dfrac{\alpha^{2n}}{(1+\alpha^2)^{n-1}}$; b) $\sum\limits_{n=1}^{\infty} \dfrac{\alpha^{2n}}{1+\alpha^{4n}}$?

11. a) Zeigen Sie, daß die Reihe $\sum\limits_{n=1}^{\infty} \dfrac{(-1)^n}{\sqrt{n}}$ zwar konvergent, jedoch nicht absolut konvergent ist.

   *b) Für das Produkt zweier absolut konvergenter Reihen $\sum\limits_{n=1}^{\infty} a_n$ und $\sum\limits_{n=1}^{\infty} b_n$ gilt:

   $$\left(\sum\limits_{n=1}^{\infty} a_n \right) \cdot \left(\sum\limits_{n=1}^{\infty} b_n \right) = \sum\limits_{n=1}^{\infty} c_n \text{ mit } c_n = \sum\limits_{k=1}^{n} a_k \cdot b_{n-k+1}.$$

   Zeigen Sie, daß diese Gleichung i.allg. nicht mehr richtig ist, wenn keine der beiden Reihen absolut konvergiert. Wählen Sie dazu die Reihen mit $a_n = b_n = \dfrac{(-1)^n}{\sqrt{n}}$ und beweisen Sie, daß dann $\sum\limits_{n=1}^{\infty} c_n$ divergiert.

12. Bezeichnen wir die Summe der absolut konvergenten Reihe $\sum\limits_{n=1}^{\infty} \dfrac{1}{n^2}$ mit a, zeigen Sie, daß dann gilt:

$1 + \dfrac{1}{3^2} + \dfrac{1}{5^2} + \cdots = \tfrac{3}{4} a$.

13. Zeigen Sie, daß für alle $|q| < 1$ gilt:

a) $\sum\limits_{n=1}^{\infty} n \cdot q^{n-1} = \dfrac{1}{(1-q)^2}$; b) $\sum\limits_{n=1}^{\infty} n(n+1) \cdot q^{n-1} = \dfrac{2}{(1-q)^3}$.

14. Nach Bild 2.6 werden Halbkreise so aneinandergesetzt, daß eine Spirale entsteht. Der Radius des ersten Kreises sei a, der Radius des jeweils folgenden Halbkreises sei $\tfrac{3}{4}$ mal so groß. Berechnen Sie die Länge s der gesamten Spirale.

*15. Homogene Ziegelsteine der Länge l sollen mit einem Überhang gestapelt werden (s. Bild 2.7) Wie groß kann dieser Überhang T maximal werden, wenn genügend Steine vorhanden sind und labiles Gleichgewicht noch zugelassen wird?

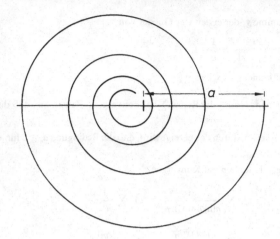

Bild 2.6: Zu Aufgabe 14

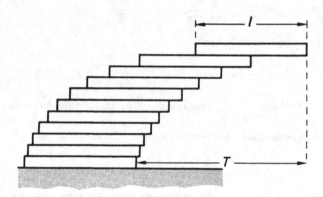

Bild 2.7: Zu Aufgabe 15

*16. Beweisen Sie:

Sind $\sum\limits_{n=1}^{\infty} a_n$ und $\sum\limits_{n=1}^{\infty} b_n$ konvergente Reihen, dann gilt die

Schwarzsche Ungleichung:

$$\left(\sum_{n=1}^{\infty} a_n \cdot b_n \right)^2 \leqq \left(\sum_{n=1}^{\infty} a_n^2 \right) \cdot \left(\sum_{n=1}^{\infty} b_n^2 \right).$$

17. Gegeben ist die Punktfolge $\langle P_n \rangle$ mit $P_n = \left(\sum\limits_{k=1}^{n} (\tfrac{3}{4})^{k-1}, \sum\limits_{k=1}^{n} (-\tfrac{3}{4})^{k-1} \right)$.

a) Skizzieren Sie die ersten vier Punkte P_1, P_2, P_3 und P_4.

b) Ist $\langle P_n \rangle$ eine Punktfolge mit $P_n = (x_n, y_n)$, so bezeichnet man den Punkt $P = (x, y)$ mit $x = \lim\limits_{n \to \infty} x_n$ und $y = \lim\limits_{n \to \infty} y_n$ als Grenzpunkt und schreibt $P = \lim\limits_{n \to \infty} P_n$.

Berechnen Sie die Koordinaten des Grenzpunktes der obigen Punktfolge.

*18. Ein Ball wird mit der Anfangsgeschwindigkeit v_0 unter dem Winkel α zur Waagrechten geworfen. Er pralle in den Entfernungen $x_1, x_2, \ldots, x_n, \ldots$ unter dem gleichen Winkel wieder von ihr ab. Die Anfangsgeschwindigkeit nehme nach dem Gesetz $\dfrac{v_{n-1}}{v_n} = c > 1$ ab (vgl. Bild 2.8) Wie weit springt der Ball?

19. An eine Viertelellipse mit den Halbachsen a_0 und b_0 ($a_0 > b_0$) ist (s. Bild 2.9) eine zweite Viertelellipse mit den Halbachsen $a_1 = b_0$ und b_1, an diese eine dritte Viertelellipse mit den Halbachsen $a_2 = b_1$ und b_2 angesetzt usw. Die Achsen werden dabei immer im gleichen Verhältnis verkleinert. Berechnen Sie den Gesamtflächeninhalt der entstandenen Figur.

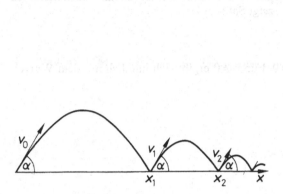

Bild 2.8: Zu Aufgabe 18   **Bild 2.9:** Zu Aufgabe 19

2.2 Potenzreihen

2.2.1 Darstellung von Funktionen durch Potenzreihen

In der Praxis werden häufig Potenzreihen verwendet, deshalb wollen wir sie genauer untersuchen.

Definition 2.5

> Gegeben sei eine Folge $\langle a_n \rangle$ mit $n \in \mathbb{N}_0$ und eine reelle Zahl x_0. Dann nennt man
>
> $$\sum_{n=0}^{\infty} a_n (x - x_0)^n \qquad (2.7)$$
>
> **Potenzreihe** mit dem **Entwicklungspunkt** x_0. Die Zahlen $a_0, a_1, \ldots$ heißen **Koeffizienten** der Potenzreihe (2.7).

Beispiel 2.27

$\displaystyle\sum_{n=0}^{\infty} \frac{(x+1)^n}{n!} = 1 + (x+1) + \frac{(x+1)^2}{2!} + \cdots$ ist eine Potenzreihe mit dem Entwicklungspunkt -1
und den Koeffizienten $a_n = \dfrac{1}{n!}$.

Durch die Substitution $y = x - x_0$ erhält man aus (2.7) die Potenzreihe $\sum\limits_{n=0}^{\infty} a_n y^n$, also eine Potenzreihe mit dem Entwicklungspunkt 0. Daher genügt es, den Fall $x_0 = 0$ zu betrachten.

Die wichtigste Frage ist, für welche $x \in \mathbb{R}$ die Potenzreihe konvergiert. Zunächst stellen wir fest, daß für $x = 0$ jede Potenzreihe $\sum\limits_{n=0}^{\infty} a_n x^n$ konvergiert. Die folgenden Beispiele zeigen, daß eine Potenzreihe (mit Entwicklungspunkt 0) für $x = 0$, für alle $x \in \mathbb{R}$ oder auf einem zu 0 symmetrischen offenen oder abgeschlossenen Intervall konvergent sein kann. Das Intervall kann auch halboffen sein. Daß es andere Möglichkeiten nicht gibt, zeigt Satz 2.14

Beispiel 2.28

Die Reihe $\sum\limits_{n=1}^{\infty} n^n \cdot x^n$ konvergiert nur für $x = 0$. Für $x \neq 0$ ergibt sich nämlich mit dem Wurzelkriterium (Satz 2.8):

$$\lim_{n \to \infty} \sqrt[n]{|n^n x^n|} = \lim_{n \to \infty} n|x| = \infty,$$

also ist die Potenzreihe für alle $x \neq 0$ divergent.

Beispiel 2.29

Die Reihe $\sum\limits_{n=1}^{\infty} \frac{x^n}{n!}$ konvergiert absolut für alle $x \in \mathbb{R}$. Es ist $\lim\limits_{n \to \infty} \left| \frac{x^{n+1} \cdot n!}{(n+1)! x^n} \right| = \lim\limits_{n \to \infty} \frac{|x|}{n+1} = 0$, womit aufgrund des Quotientenkriteriums (Satz 2.7) die Behauptung folgt.

Beispiel 2.30

Wir wollen die $x \in \mathbb{R}$ bestimmen, für die die Reihe $\sum\limits_{n=1}^{\infty} n x^n$ konvergiert. Mit Hilfe des Quotientenkriteriums ergibt sich

$$\lim_{n \to \infty} \left| \frac{(n+1) x^{n+1}}{n x^n} \right| = \lim_{n \to \infty} \left(1 + \frac{1}{n} \right) |x| = |x|.$$

Daraus folgt, daß die Reihe für alle x mit $|x| < 1$ absolut konvergent und für $|x| > 1$ divergent ist. Für $x = 1$ ergibt sich die gegen $+\infty$ bestimmt divergente Reihe $\sum\limits_{n=1}^{\infty} n$ und für $x = -1$ die unbestimmt divergente Reihe $\sum\limits_{n=1}^{\infty} (-1)^n n$, daher ist die Reihe $\sum\limits_{n=1}^{\infty} n x^n$ für alle $x \in (-1, 1)$ absolut konvergent und für alle x mit $|x| \geq 1$ divergent.

Beispiel 2.31

Die Reihe $\sum\limits_{n=1}^{\infty} \frac{x^n}{n}$ ist für alle $x \in [-1, 1)$ konvergent.

Es ist $\lim\limits_{n \to \infty} \frac{n|x|^{n+1}}{(n+1)|x|^n} = |x|$, d.h. für alle $x \in (-1, 1)$ ist die Potenzreihe absolut konvergent, für alle

x mit $|x| > 1$ divergent. Für $x = 1$ ergibt sich die divergente harmonische Reihe (vgl. Beispiel 2.5) und für $x = -1$ die nach dem Leibniz-Kriterium (Satz 2.10) konvergente (jedoch nicht absolut konvergente) Reihe $\displaystyle\sum_{n=1}^{\infty} (-1)^n \cdot \frac{1}{n}$.

Beispiel 2.32

Die Reihe $\displaystyle\sum_{n=1}^{\infty} \frac{x^n}{n^2}$ ist für alle $x \in [-1, 1]$ absolut konvergent, da $\displaystyle\lim_{n \to \infty} \left| \frac{x^{n+1} n^2}{(n+1)^2 x^n} \right| = |x|$ ist und $\displaystyle\sum_{n=1}^{\infty} \frac{1}{n^2}$

sowie $\displaystyle\sum_{n=1}^{\infty} \frac{(-1)^n}{n^2}$ konvergente Reihen sind.

Folgender Satz zeigt, daß jede Potenzreihe entweder nur für $x = 0$ oder auf einem Intervall konvergiert. Dieses Intervall ist symmetrisch zu 0, wenn die Randpunkte nicht beachtet werden.

Satz 2.14

Gegeben sei die Potenzreihe $\displaystyle\sum_{n=0}^{\infty} a_n x^n$.

a) Es sei $\displaystyle\lim_{n \to \infty} \sqrt[n]{|a_n|} = a$. Dann gilt:

i) Ist $a = 0$, dann ist die Potenzreihe für alle $x \in \mathbb{R}$ absolut konvergent.

ii) Ist $a > 0$, so ist die Potenzreihe für alle x mit $|x| < \dfrac{1}{a}$ absolut konvergent und für alle x mit $|x| > \dfrac{1}{a}$ divergent.

b) Ist die Folge $\langle \sqrt[n]{|a_n|} \rangle$ nicht beschränkt, so ist die Potenzreihe nur für $x = 0$ konvergent.

Bemerkung:

Für $x = \dfrac{1}{a}$ bzw. $x = -\dfrac{1}{a}$ macht der Satz keine Aussage.

Beweis:

a) Wir verwenden das Wurzelkriterium (Satz 2.8). Es ist

$$\lim_{n \to \infty} \sqrt[n]{|a_n \cdot x^n|} = \lim_{n \to \infty} \sqrt[n]{|a_n|} \cdot |x|.$$

i) Ist $a = 0$, d.h. $\displaystyle\lim_{n \to \infty} \sqrt[n]{|a_n|} = 0$, so ist auch $\displaystyle\lim_{n \to \infty} \sqrt[n]{|a_n \cdot x^n|} = 0$ für alle $x \in \mathbb{R}$, d.h. die Potenzreihe konvergiert für alle $x \in \mathbb{R}$ absolut.

ii) Ist $a > 0$, so ergibt sich

$$\lim_{n \to \infty} \sqrt[n]{|a_n x^n|} = \lim_{n \to \infty} \sqrt[n]{|a_n|} \cdot |x| = a \cdot |x|.$$

Das Produkt $a \cdot |x|$ ist genau dann kleiner als 1, wenn $|x| < \dfrac{1}{a}$ ist, d.h. für alle x mit $|x| < \dfrac{1}{a}$ konvergiert die Potenzreihe absolut.

Ist $|x| > \dfrac{1}{a}$, dann ist $a \cdot |x| > 1$, d.h. die Reihe ist divergent.

b) Ist $\langle \sqrt[n]{|a_n|} \rangle$ nicht beschränkt, so ist für $x \neq 0$ auch $\langle \sqrt[n]{|a_n|}\,|x| \rangle$ nicht beschränkt, woraus die Divergenz für alle $x \neq 0$ folgt. Die Konvergenz für $x = 0$ ist trivial.   ●

Obiger Satz gibt Anlaß zu folgender

Definition 2.6

Ist die Folge $\langle \sqrt[n]{|a_n|} \rangle$ konvergent, und gilt $\lim\limits_{n \to \infty} \sqrt[n]{|a_n|} = a > 0$, so heißt die Zahl $\rho = \dfrac{1}{a}$

Konvergenzradius der Potenzreihe $\sum\limits_{n=0}^{\infty} a_n x^n$.

Ist $\lim\limits_{n \to \infty} \sqrt[n]{|a_n|} = 0$, so schreibt man symbolisch $\rho = \infty$, ist $\langle \sqrt[n]{|a_n|} \rangle$ nicht beschränkt, so setzt man $\rho = 0$.

Bemerkungen:

1. Verwendet man bei der Bestimmung des Konvergenzbereichs von $\sum\limits_{n=0}^{\infty} a_n x^n$ statt des Wurzelkriteriums (Satz 2.8) das Quotientenkriterium (Satz 2.7), so ergibt sich für den Konvergenzradius

$$\rho = \frac{1}{\lim\limits_{n \to \infty} \left| \dfrac{a_{n+1}}{a_n} \right|} = \lim_{n \to \infty} \left| \frac{a_n}{a_{n+1}} \right|,$$

falls dieser Grenzwert existiert.

2. Satz 2.14 besagt also, daß die Potenzreihe $\sum\limits_{n=0}^{\infty} a_n x^n$ für alle $x \in (-\rho, \rho)$ absolut konvergent ist und für alle $x \in \mathbb{R} \setminus [-\rho, \rho]$ divergent ist. Ist $\rho = 0$, so konvergiert die Potenzreihe nur für $x = 0$; ist $\rho = \infty$, so ist sie für alle $x \in \mathbb{R}$ absolut konvergent.

3. Es läßt sich zeigen, daß jeder Potenzreihe ein Konvergenzradius zugeordnet werden kann, auch solchen, bei denen die Folge $\langle \sqrt[n]{|a_n|} \rangle$ nicht konvergent ist.

Beispiel 2.33

Die Potenzreihe $\sum\limits_{n=1}^{\infty} n x^n$ besitzt den Konvergenzradius 1, denn es ist $\rho = \lim\limits_{n \to \infty} \dfrac{1}{\sqrt[n]{n}} = 1$.

Beispiel 2.34

Es sei $\alpha \in \mathbb{R}_0^+$. Der Konvergenzradius ρ der Reihe $\sum\limits_{n=1}^{\infty} \dfrac{x^n}{n^\alpha}$ ist zu bestimmen sowie das Konvergenzverhalten für $|x| = \rho$.

Wir erhalten für $\alpha \neq 0$: $\rho = \lim_{n \to \infty} \sqrt[n]{n^\alpha} = 1$

und für $\alpha = 0$: $\rho = \dfrac{1}{\lim\limits_{n \to \infty} \sqrt[n]{1}} = 1$.

Also ist die Potenzreihe für alle $x \in (-1, 1)$ absolut konvergent. Um das Konvergenzverhalten am Rand zu untersuchen machen wir eine Fallunterscheidung.

i) $\alpha = 0$ ergibt $\sum\limits_{n=1}^{\infty} (-1)^n$ bzw. $\sum\limits_{n=1}^{\infty} 1^n$. Beide Reihen sind divergent (die notwendige Bedingung $\lim\limits_{n \to \infty} a_n = 0$ ist nicht erfüllt).

ii) $0 < \alpha \leqq 1$, in diesem Fall ist $\sum\limits_{n=1}^{\infty} \dfrac{(-1)^n}{n^\alpha}$ nach dem Leibniz-Kriterium (Satz 2.10) konvergent, $\sum\limits_{n=1}^{\infty} \dfrac{1}{n^\alpha}$ ist jedoch nach (2.1) divergent. Also ist die Reihe konvergent für alle $x \in [-1, 1)$.

iii) Ist $\alpha > 1$, so konvergiert die Reihe absolut für alle $x \in [-1, 1]$, da sowohl $\sum\limits_{n=1}^{\infty} \dfrac{(-1)^n}{n^\alpha}$ als auch $\sum\limits_{n=1}^{\infty} \dfrac{1}{n^\alpha}$ konvergent sind.

Wie schon in Bemerkung 1 zu Definition 2.6 festgestellt wurde, kann zur Bestimmung des Konvergenzradius auch das Quotientenkriterium benutzt werden, das in der Handhabung oft einfacher ist als das Wurzelkriterium.

Beispiel 2.35

Von folgenden Potenzreihen ist der Konvergenzradius zu bestimmen.

a) $\sum\limits_{n=0}^{\infty} \dfrac{x^n}{n!}$.

Es ist $\rho = \lim\limits_{n \to \infty} \dfrac{(n+1)!}{n!} = \lim\limits_{n \to \infty} (n+1) = \infty$, d.h. die Reihe konvergiert absolut für alle $x \in \mathbb{R}$.

b) $\sum\limits_{n=0}^{\infty} \binom{\alpha}{n} \cdot x^n$ mit $\alpha \in \mathbb{R} \setminus \mathbb{N}_0$.

Für $\alpha \in \mathbb{N}$ hat diese Potenzreihe nur endlich viele Glieder, da $\binom{m}{n} = 0$ ist für alle $m, n \in \mathbb{N}$ mit $n > m$, daher interessiert nur $\alpha \in \mathbb{R} \setminus \mathbb{N}_0$.

Wir erhalten $\left(\text{wegen} \binom{\alpha}{n} = \dfrac{\alpha(\alpha-1) \cdot \cdots \cdot (\alpha - n + 1)}{n!} \right)$:

$$\rho = \lim_{n \to \infty} \left| \frac{\binom{\alpha}{n}}{\binom{\alpha}{n+1}} \right| = \lim_{n \to \infty} \left| \frac{\alpha(\alpha-1) \cdot \cdots \cdot (\alpha - n + 1)(n+1)!}{n! \alpha(\alpha-1) \cdot \cdots \cdot (\alpha - n + 1)(\alpha - n)} \right| = \lim_{n \to \infty} \left| \frac{n+1}{\alpha - n} \right| = 1,$$

die Reihe ist also für alle $x \in (-1, 1)$ absolut konvergent.

c) $\displaystyle\sum_{n=0}^{\infty} \frac{x^n}{10^n}$.

Für den Konvergenzradius erhalten wir:

$\rho = \displaystyle\lim_{n\to\infty} \frac{10^{n+1}}{10^n} = 10$, also ist diese Potenzreihe absolut konvergent für alle $x \in (-10, 10)$.

d) $\displaystyle\sum_{n=1}^{\infty} n^2 3^n x^{2n}$.

Es ergibt sich $\displaystyle\lim_{n\to\infty} \left|\frac{a_n}{a_{n+1}}\right| = \lim_{n\to\infty} \frac{n^2 \cdot 3^n}{(n+1)^2 \cdot 3^{n+1}} = \frac{1}{3} \cdot \lim_{n\to\infty} \left(\frac{n}{n+1}\right)^2 = \frac{1}{3}$.

Beachten wir $x^{2n} = (x^2)^n$, so ist die Potenzreihe absolut konvergent für alle x mit $x^2 < \frac{1}{3}$, folglich ist sie absolut konvergent für alle x mit $|x| < \sqrt{\frac{1}{3}}$.

e) $\displaystyle\sum_{n=1}^{\infty} 2^n n(x-3)^n$.

Der Entwicklungspunkt dieser Potenzreihe ist 3. Ist ρ sein Konvergenzradius, so konvergiert diese Reihe für alle $x \in (3-\rho, 3+\rho)$. Es ist $\rho = \displaystyle\lim_{n\to\infty} \frac{2^n \cdot n}{2^{n+1} \cdot (n+1)} = \frac{1}{2}$, also konvergiert diese Potenzreihe absolut für alle $x \in (\frac{5}{2}, \frac{7}{2})$.

Gegeben sei die Potenzreihe $\displaystyle\sum_{n=0}^{\infty} a_n x^n$ mit dem Konvergenzradius ρ. Durch diese Reihe wird jedem $x \in (-\rho, \rho)$ eine Zahl zugeordnet. Damit ist eine auf $(-\rho, \rho)$ definierte Funktion f mit $f : x \mapsto \displaystyle\sum_{n=0}^{\infty} a_n x^n$ gegeben. Sie heißt die **durch die Potenzreihe dargestellte Funktion** f und man schreibt:

$f(x) = \displaystyle\sum_{n=0}^{\infty} a_n x^n$ für alle x des Konvergenzintervalles.

Beispiel 2.36

Die geometrische Reihe $\displaystyle\sum_{n=0}^{\infty} x^n$ besitzt den Konvergenzradius 1 und stellt daher auf $(-1, 1)$ die Funktion $f : (-1, 1) \to \mathbb{R}$ mit $f(x) = \dfrac{1}{1-x}$ dar, also ist

$$\sum_{n=0}^{\infty} x^n = \frac{1}{1-x} \quad \text{für alle } x \text{ mit } |x| < 1. \tag{2.8}$$

In Bild 2.10 ist der Graph von f dargestellt sowie die Graphen von f_1, f_2 und f_3 mit $f_1(x) = 1 + x$, $f_2(x) = 1 + x + x^2$ und $f_3(x) = 1 + x + x^2 + x^3$.

Beispiel 2.37

Folgende Funktionen sind durch Potenzreihen darzustellen und das Konvergenzintervall ist anzugeben.

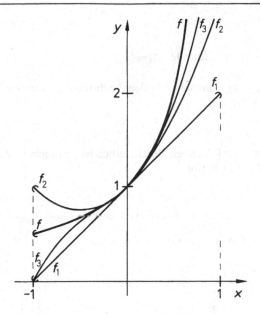

Bild 2.10: Zu Beispiel 2.36

a) f mit $f(x) = \dfrac{1}{2 - 3x}$.

Wir erhalten:

$$\frac{1}{2 - 3x} = \frac{1}{2} \cdot \frac{1}{1 - \frac{3}{2}x} = \frac{1}{2} \cdot \sum_{n=0}^{\infty} \left(\tfrac{3}{2} x\right)^n = \sum_{n=0}^{\infty} \frac{3^n \cdot x^n}{2^{n+1}}$$

(Die letzte Gleichheit gilt aufgrund von Satz 2.1)

Konvergenzradius: $\rho = \lim\limits_{n \to \infty} \left| \dfrac{3^n \cdot 2^{n+2}}{2^{n+1} \cdot 3^{n+1}} \right| = \tfrac{2}{3}$.

Also gilt

$$\frac{1}{2 - 3x} = \sum_{n=0}^{\infty} \frac{3^n \cdot x^n}{2^{n+1}} \quad \text{für alle } x \in (-\tfrac{2}{3}, \tfrac{2}{3});$$

b) f mit $f(x) = \dfrac{2}{3 + 8x}$.

Wir erhalten:

$$\frac{2}{3 + 8x} = \frac{2}{3} \cdot \frac{1}{1 - (-\frac{8}{3}x)} = \frac{2}{3} \cdot \sum_{n=0}^{\infty} \left(-\tfrac{8}{3} x\right)^n = \frac{2}{3} \cdot \sum_{n=0}^{\infty} \left(-\tfrac{8}{3}\right)^n \cdot x^n.$$

Konvergenzradius: $\rho = \lim\limits_{n \to \infty} \left| \left(-\tfrac{8}{3}\right)^n \cdot \left(-\tfrac{3}{8}\right)^{n+1} \right| = \tfrac{3}{8}$.

Also gilt

$$\frac{2}{3+8x} = \frac{2}{3} \cdot \sum_{n=0}^{\infty} \left(-\frac{8}{3}\right)^n \cdot x^n \quad \text{für alle } x \in \left(-\frac{3}{8}, \frac{3}{8}\right).$$

Umgekehrt kann durch (2.8) in manchen Fällen die durch die Potenzreihe dargestellte Funktion einfacher dargestellt werden.

Beispiel 2.38

Das Konvergenzintervall der folgenden Potenzreihen ist anzugeben. Wie lauten die durch diese Potenzreihen dargestellten Funktionen?

a) $\displaystyle\sum_{n=0}^{\infty} \frac{x^n}{3^n}$.

Es ist $\rho = \lim\limits_{n \to \infty} \dfrac{3^{n+1}}{3^n} = 3$, daher gilt für alle $x \in (-3, 3)$:

$$\sum_{n=0}^{\infty} \frac{x^n}{3^n} = \sum_{n=0}^{\infty} \left(\frac{x}{3}\right)^n = \frac{1}{1 - \dfrac{x}{3}} = \frac{3}{3-x}.$$

b) $\displaystyle\sum_{n=0}^{\infty} \left(-\frac{1}{5}\right)^n x^{n+1}$.

Der Konvergenzradius ist 5, daher gilt für alle $x \in (-5, 5)$:

$$\sum_{n=0}^{\infty} \left(-\frac{1}{5}\right)^n x^{n+1} = x \cdot \sum_{n=0}^{\infty} \left(-\frac{1}{5}\right)^n x^n = \frac{x}{1 + \dfrac{x}{5}} = \frac{5x}{5+x}.$$

2.2.2 Sätze über Potenzreihen

Eine unmittelbare Folgerung aus den Sätzen 2.1 und 2.13 ist

Satz 2.15

Der Konvergenzradius von $\displaystyle\sum_{n=0}^{\infty} a_n x^n$ sei ρ_1, der von $\displaystyle\sum_{n=0}^{\infty} b_n x^n$ sei ρ_2.

Weiter sei $\rho = \min\{\rho_1, \rho_2\}$. Dann gilt für alle $x \in (-\rho, \rho)$:

a) $\displaystyle\sum_{n=0}^{\infty} a_n x^n + \sum_{n=0}^{\infty} b_n x^n = \sum_{n=0}^{\infty} (a_n + b_n) x^n$

b) $\displaystyle\left(\sum_{n=0}^{\infty} a_n x^n\right) \cdot \left(\sum_{n=0}^{\infty} b_n x^n\right) = \sum_{n=0}^{\infty} \left(\sum_{k=0}^{n} a_k b_{n-k}\right) x^n$.

Bemerkungen:

1. Da die Summe mit $n = 0$ beginnt, ist hier $c_n = \sum\limits_{k=0}^{n} a_k b_{n-k}$ und nicht, wie in Satz 2.13,

$c_n = \sum\limits_{k=0}^{n} a_k b_{n-k+1}$.

2. Der Konvergenzradius der auf der rechten Seite stehenden Potenzreihen kann größer als ρ sein.

Beispiel 2.39

Wir wollen die Funktion f mit $f(x) = \dfrac{3-4x}{2-5x+3x^2}$ in eine Potenzreihe entwickeln.

Dazu zerlegen wir den Term $\dfrac{3-4x}{2-5x+3x^2}$ in Partialbrüche und erhalten mit (2.8) und Beispiel 2.37a):

$$\frac{3-4x}{2-5x+3x^2} = \frac{1}{1-x} + \frac{1}{2-3x} = \sum_{n=0}^{\infty} x^n + \sum_{n=0}^{\infty} \frac{3^n x^n}{2^{n+1}}.$$

Der Konvergenzradius der ersten Potenzreihe ist $\rho_1 = 1$, der der zweiten $\rho_2 = \frac{2}{3}$. Aufgrund von Satz 2.15 erhalten wir wegen $\rho = \min\{1, \frac{2}{3}\} = \frac{2}{3}$:

$$\frac{3-4x}{2-5x+3x^2} = \sum_{n=0}^{\infty} \frac{2^{n+1}+3^n}{2^{n+1}} \cdot x^n \quad \text{für alle } x \in (-\tfrac{2}{3}, \tfrac{2}{3}).$$

Beispiel 2.40

Die Funktion f mit $f(x) = \dfrac{1}{1-2x+x^2}$ ist als Produkt der Funktion $f_1: x \mapsto \dfrac{1}{1-x}$ mit sich selbst darstellbar. Aufgrund von Satz 2.15 erhalten wir für alle x mit $|x| < 1$

$$\frac{1}{1-2x+x^2} = \left(\frac{1}{1-x}\right)^2 = \left(\sum_{n=0}^{\infty} x^n\right) \cdot \left(\sum_{n=0}^{\infty} x^n\right) = \sum_{n=0}^{\infty} \left(\sum_{k=0}^{n} 1\right) x^n = \sum_{n=0}^{\infty} (n+1)x^n,$$

also gilt

$$\frac{1}{(1-x)^2} = \sum_{n=0}^{\infty} (n+1)x^n = \sum_{n=1}^{\infty} n x^{n-1} \quad \text{für alle } x \in (-1, 1). \tag{2.9}$$

Dieses Beispiel zeigt eine Eigenschaft auf, die alle Potenzreihen mit positivem Konvergenzradius haben. Nach Beispiel 2.40 erhält man die Ableitung auch dadurch, daß die unendliche Reihe gliedweise differenziert wird.

Es gilt nämlich einerseits:

$$f(x) = \frac{1}{1-x} \Rightarrow f'(x) = \frac{1}{(1-x)^2}$$

und andererseits, wenn man gliedweise differenziert:

$$\sum_{n=0}^{\infty} (x^n)' = \sum_{n=1}^{\infty} nx^{n-1},$$

so daß (wegen (2.9)) für alle $x \in (-1, 1)$ gilt:

$$\left(\sum_{n=0}^{\infty} x^n \right)' = \sum_{n=1}^{\infty} nx^{n-1}.$$

In der Tat läßt sich folgender Satz beweisen.

Satz 2.16

Es sei $\sum_{n=0}^{\infty} a_n x^n$ eine Potenzreihe mit dem Konvergenzradius $\rho > 0$.

a) Dann hat die durch gliedweise Differentiation entstehende Potenzreihe $\sum_{n=1}^{\infty} n \cdot a_n x^{n-1}$ auch den Konvergenzradius ρ.

b) Es gilt:

$$\left(\sum_{n=0}^{\infty} a_n x^n \right)' = \sum_{n=1}^{\infty} n \cdot a_n x^{n-1} \quad \text{für alle } x \in (-\rho, \rho).$$

Beweis:

a) Da die Reihe $\sum_{n=0}^{\infty} a_n x^n$ für alle x mit $|x| < \rho$ konvergent ist, gibt es (wegen Satz 2.5) zu jedem $\varepsilon > 0$ ein $n_1 \in \mathbb{N}$, so daß $|a_n x^n| \leqq |a_n \rho^n| < \varepsilon$ für alle $n \geqq n_1$ und alle x mit $|x| < \rho$. x_1 sei nun eine Zahl zwischen $|x|$ und ρ, d.h. $|x| < x_1 < \rho$. Dann gilt

$$|n \cdot a_n x^{n-1}| = |a_n x_1^n| \cdot \frac{n}{x_1} \cdot \left| \frac{x}{x_1} \right|^{n-1} < \frac{\varepsilon \cdot n}{x_1} \cdot \left| \frac{x}{x_1} \right|^{n-1} \quad \text{für alle } n \geqq n_1.$$

Also ist die Reihe $\dfrac{\varepsilon}{x_1} \cdot \sum_{n=1}^{\infty} n \cdot \left| \dfrac{x}{x_1} \right|^{n-1}$ eine Majorante von $\sum_{n=1}^{\infty} n \cdot a_n x^{n-1}$. Ihre Konvergenz erhalten wir mit dem Quotientenkriterium:

$$\lim_{n \to \infty} \frac{|x|^n \cdot x_1^{n-1} \cdot (n+1)}{x_1^n \cdot |x|^{n-1} \cdot n} = \frac{|x|}{x_1} < 1, \quad \text{da} \quad |x| < x_1 < \rho.$$

b) Setzen wir $f(x) = \sum_{n=0}^{\infty} a_n x^n$ und $g(x) = \sum_{n=1}^{\infty} n \cdot a_n x^{n-1}$, dann haben wir zu zeigen, daß

$$\lim_{h \to 0} \left[\frac{f(x+h) - f(x)}{h} - g(x) \right] = 0$$

ist für alle $x \in (-\rho, \rho)$.

Wählen wir h so, daß für $|x| < x_1 < \rho$ auch $|x + h| < x_1 < \rho$ ist, dann erhalten wir, da beide Reihen für alle x mit $|x| < \rho$ absolut konvergent sind

$$\frac{f(x + h) - f(x)}{h} - g(x) = \frac{1}{h}\left(\sum_{n=0}^{\infty} a_n(x + h)^n - \sum_{n=0}^{\infty} a_n x^n \right) - \sum_{n=1}^{\infty} n \cdot a_n x^{n-1}$$

$$= \sum_{n=1}^{\infty} a_n \cdot \left(\frac{(x + h)^n - x^n}{h} - n \cdot x^{n-1} \right) = \sum_{n=2}^{\infty} a_n \cdot \left(\frac{(x + h)^n - x^n}{h} - n \cdot x^{n-1} \right).$$

Mit Hilfe des Mittelwertsatzes der Differentialrechnung (Band 1, Satz 8.25) erhalten wir für alle $n \in \mathbb{N} \setminus \{1\}$:

$$\frac{(x + h)^n - x^n}{h} = n \cdot \xi_n^{n-1}.$$

wobei ξ_n zwischen x und $x + h$ ist, d.h. $|\xi_n - x| < h$.

Damit ergibt sich für alle $n \in \mathbb{N} \setminus \{1\}$

$$\frac{(x + h)^n - x^n}{h} - n \cdot x^{n-1} = n \cdot (\xi_n^{n-1} - x^{n-1}).$$

also, wenn wir den Mittelwertsatz noch einmal auf $\xi_n^{n-1} - x^{n-1}$ anwenden

$$\frac{(x + h)^n - x^n}{h} - n \cdot x^{n-1} = n(n - 1)(\xi_n - x) \cdot \eta_n^{n-2},$$

wobei η_n zwischen x und ξ_n liegt. Wegen $|\xi_n - x| < h$ und $\eta_n < x_1$ für alle $n \in \mathbb{N} \setminus \{1\}$ folgt daher

$$\left| \frac{(x + h)^n - x^n}{h} - n \cdot x^{n-1} \right| < n(n - 1) \cdot h \cdot x_1^{n-2}, \quad \text{woraus}$$

$$\left| \frac{f(x + h) - f(x)}{h} - g(x) \right| < h \cdot \sum_{n=2}^{\infty} n(n - 1) \cdot |a_n| \cdot x_1^{n-2} \tag{2.10}$$

folgt. Nun ist die Reihe $\sum_{n=2}^{\infty} n(n - 1)|a_n|x_1^{n-2}$ absolut konvergent, da sie durch Differentiation aus der Reihe $\sum_{n=1}^{\infty} n \cdot a_n x^{n-1}$ entsteht und daher (nach Teil a) dieses Satzes) ebenfalls den Konvergenzradius ρ besitzt und $0 < x_1 < \rho$ ist. Für $h \to 0$ ergibt sich daher aus (2.10) die Behauptung. ●

Folgerungen aus Satz 2.16

1. Die Potenzreihe $\sum_{n=0}^{\infty} a_n x^n$ habe den positiven Konvergenzradius ρ und die sie darstellende Funktion sei f, also

$$f(x) = \sum_{n=0}^{\infty} a_n x^n \quad \text{für alle } x \in (-\rho, \rho).$$

Nach Satz 2.16 ist f auf $(-\rho, \rho)$ differenzierbar, daher ist f auch (vgl. Band 1, Satz 8.1) auf $(-\rho, \rho)$ stetig.

2. Alle Potenzreihen mit einem positiven Konvergenzradius ρ sind für alle $x \in (-\rho, \rho)$ beliebig oft (gliedweise) differenzierbar, es gilt:

$$f(x) = \sum_{n=0}^{\infty} a_n x^n,$$

$$f'(x) = \sum_{n=1}^{\infty} n \cdot a_n x^{n-1},$$

$$f''(x) = \sum_{n=2}^{\infty} n(n-1) a_n x^{n-2},$$

$$\vdots$$

$$f^{(i)}(x) = \sum_{n=i}^{\infty} n(n-1) \cdot \cdots \cdot (n-i+1) \cdot a_n x^{n-i} \quad \text{für alle } i \in \mathbb{N}.$$

(2.11)

3. Hat $f(x) = \sum\limits_{n=0}^{\infty} a_n x^n$ den positiven Konvergenzradius ρ, dann gilt

$$\int \sum_{n=0}^{\infty} a_n x^n \, dx = \sum_{n=0}^{\infty} a_n \int x^n \, dx = \sum_{n=0}^{\infty} \frac{a_n}{n+1} \cdot x^{n+1} \quad \text{für alle } x \in (-\rho, \rho),$$

(2.12)

d.h. f kann, falls $0 < r < \rho$, auf $[-r, r]$ gliedweise integriert werden.

In der Tat, ist F gegeben durch $F(x) = \sum\limits_{n=0}^{\infty} \frac{a_n}{n+1} \cdot x^{n+1}$, so ist nach Satz 2.16

$F'(x) = \sum\limits_{n=0}^{\infty} a_n x^n = f(x)$, also ist F Stammfunktion von f, damit ist (2.12) bewiesen.

Da zusätzlich $F(0) = 0$ ist, gilt auch

$$\int_0^x \sum_{n=0}^{\infty} a_n t^n \, dt = \sum_{n=0}^{\infty} \frac{a_n}{n+1} \cdot x^{n+1} \quad \text{für alle } x \in (-\rho, \rho).$$

(2.13)

Die folgenden Beispiele zeigen, wie sich Satz 2.16 anwenden läßt.

Beispiel 2.41

Wir wollen die auf $(-1, 1)$ konvergente Potenzreihe $\sum\limits_{n=1}^{\infty} n x^n$ in »geschlossener Form« angeben.

Dazu differenzieren wir die Potenzreihe $\dfrac{1}{1-x} = \sum\limits_{n=0}^{\infty} x^n$ und erhalten für alle $x \in (-1, 1)$:

$$\frac{1}{(1-x)^2} = \left(\sum_{n=0}^{\infty} x^n \right)' = \sum_{n=1}^{\infty} n x^{n-1}.$$

Durch Multiplikation mit x ergibt sich

$$\sum_{n=1}^{\infty} nx^n = \frac{x}{(1-x)^2} \quad \text{für alle } x\in(-1,1).$$

Beispiel 2.42

Für alle $x\in(-1,1)$ gilt $\dfrac{1}{1+x} = \sum_{n=0}^{\infty}(-x)^n$ (geometrische Reihe).

Mit (2.13) erhalten wir daher für alle $x\in(-1,1)$:

$$\ln(1+x) = \int_0^x \frac{dt}{1+t} = \int_0^x \sum_{n=0}^{\infty}(-t)^n \, dt = \sum_{n=0}^{\infty}(-1)^n \cdot \int_0^x t^n \, dt = \sum_{n=0}^{\infty} \frac{(-1)^n x^{n+1}}{n+1}.$$

also

$$\ln(1+x) = x - \frac{x^2}{2} + \frac{x^3}{3} - \frac{x^4}{4} + -\cdots \quad \text{für alle } x\in(-1,1).$$

Beispiel 2.43

Für alle $x\in(-1,1)$ gilt: $\dfrac{1}{1+x^2} = \sum_{n=0}^{\infty}(-x^2)^n = \sum_{n=0}^{\infty}(-1)^n \cdot x^{2n}.$

Daher ist für alle $x\in(-1,1)$:

$$\arctan x = \int_0^x \frac{dt}{1+t^2} = \sum_{n=0}^{\infty}(-1)^n \cdot \int_0^x t^{2n} \, dt = \sum_{n=0}^{\infty} \frac{(-1)^n}{2n+1} \cdot x^{2n+1},$$

also

$$\arctan x = x - \frac{x^3}{3} + \frac{x^5}{5} - \frac{x^7}{7} + -\cdots \quad \text{für alle } x\in(-1,1).$$

Damit haben wir eine Potenzreihenentwicklung für die arctan-Funktion erhalten.

Aufgrund der Folgerung 1 zu Satz 2.16 ist die durch die Potenzreihe $\sum_{n=0}^{\infty} a_n x^n$ gegebene Funktion auf $(-\rho, \rho)$ stetig, wenn ρ der Konvergenzradius der Potenzreihe ist. Die Folgerung macht also nur eine Aussage über das offene Intervall $(-\rho, \rho)$.

Man kann nun weiter zeigen:

Ist die Potenzreihe $\sum_{n=0}^{\infty} a_n x^n$ mit dem Konvergenzradius $\rho > 0$ auf $[-\rho, \rho]$ konvergent, so ist die durch diese Potenzreihe definierte Funktion f auf dem abgeschlossenen Intervall $[-\rho, \rho]$ stetig. Das bedeutet, daß dann f an der Stelle $-\rho$ rechtsseitig und an der Stelle ρ linksseitig stetig ist. Daher gilt

$$\lim_{x\downarrow -\rho} \sum_{n=0}^{\infty} a_n x^n = \sum_{n=0}^{\infty} a_n \cdot (-\rho)^n \quad \text{bzw.} \quad \lim_{x\uparrow\rho} \sum_{n=0}^{\infty} a_n x^n = \sum_{n=0}^{\infty} a_n \cdot \rho^n. \tag{2.14}$$

falls die Potenzreihe $\sum_{n=0}^{\infty} a_n x^n$ auf $[-\rho, \rho]$ konvergiert.

Beispiel 2.44

Wie in Beispiel 2.42 gezeigt wurde, gilt

$$\ln(1+x) = \sum_{n=0}^{\infty} \frac{(-1)^n}{n+1} \cdot x^{n+1} \quad \text{für alle } x \in (-1, 1).$$

Für $x = 1$ erhalten wir die nach Beispiel 2.23a) konvergente Reihe $\displaystyle\sum_{n=0}^{\infty} \frac{(-1)^n}{n+1}$. Aufgrund von (2.14) ist daher

$$\sum_{n=0}^{\infty} \frac{(-1)^n}{n+1} = \lim_{x \uparrow 1} \ln(1+x) = \ln 2, \quad \text{also } \ln 2 = 1 - \tfrac{1}{2} + \tfrac{1}{3} - \tfrac{1}{4} \pm \cdots,$$

wie schon in Beispiel 2.23 a) erwähnt.

Beispiel 2.45

Nach Beispiel 2.43 gilt für alle $x \in (-1, 1)$:

$$\arctan x = x - \frac{x^3}{3} + \frac{x^5}{5} - \frac{x^7}{7} \pm \cdots.$$

Für $x = 1$ ist diese Reihe nach dem Leibniz-Kriterium (Satz 2.10) konvergent (vgl. Beispiel 2.23b)).

Mit (2.14) erhalten wir also wegen $\arctan 1 = \dfrac{\pi}{4}$ (man beachte Aufgabe 8):

$$\frac{\pi}{4} = 1 - \tfrac{1}{3} + \tfrac{1}{5} - \tfrac{1}{7} \pm \cdots.$$

Ohne Beweis geben wir noch den Eindeutigkeitssatz für Potenzreihen an.

Satz 2.17 (Eindeutigkeitssatz für Potenzreihen)

Gibt es eine Umgebung $U(0)$, so daß für alle $x \in U$ gilt

$$\sum_{n=0}^{\infty} a_n x^n = \sum_{n=0}^{\infty} b_n x^n,$$

dann stimmen die Koeffizienten überein, d.h. es ist

$$a_n = b_n \quad \text{für alle } n \in \mathbb{N}_0.$$

An zwei Beispielen wollen wir die Anwendung dieses Satzes demonstrieren.

Beispiel 2.46

Gesucht ist eine Potenzreihenentwicklung der Funktion f mit $f(x) = (1+x)^{\alpha}$, $\alpha \in \mathbb{R} \setminus \mathbb{N}_0$. Wie groß ist der Konvergenzradius dieser Potenzreihe?

Es sei $(1+x)^{\alpha} = \displaystyle\sum_{n=0}^{\infty} a_n x^n$ mit dem Konvergenzradius $\rho > 0$.

Dann erhalten wir für alle $x \in (-\rho, \rho)$ durch Differentiation:

$$\alpha(1+x)^{\alpha-1} = \sum_{n=1}^{\infty} na_n x^{n-1} \quad \text{und daraus}$$

$$\alpha(1+x)^{\alpha} = (1+x) \cdot \sum_{n=1}^{\infty} na_n x^{n-1} = \sum_{n=1}^{\infty} na_n x^{n-1} + \sum_{n=1}^{\infty} na_n x^n$$

$$= \sum_{n=0}^{\infty} (n+1)a_{n+1} x^n + \sum_{n=0}^{\infty} na_n x^n = \sum_{n=0}^{\infty} ((n+1)a_{n+1} + na_n)x^n.$$

Andererseits gilt $\alpha(1+x)^{\alpha} = \alpha \cdot \sum_{n=0}^{\infty} a_n x^n$, also

$$\sum_{n=0}^{\infty} ((n+1)a_{n+1} + na_n)x^n = \sum_{n=0}^{m} \alpha a_n x^n \quad \text{für alle } x \in (-\rho, \rho).$$

Aufgrund des Eindeutigkeitssatzes für Potenzreihen folgt dann für alle $n \in \mathbb{N}_0$:

$$(n+1)a_{n+1} + na_n = \alpha a_n \quad \text{bzw. } a_{n+1} = \frac{\alpha - n}{n+1} \cdot a_n.$$

Damit erhalten wir beispielsweise für

$$n = 0: \quad a_1 = \alpha a_0;$$

$$n = 1: \quad a_2 = \frac{\alpha - 1}{2} \cdot a_1 = \frac{\alpha(\alpha-1)}{1 \cdot 2} \cdot a_0;$$

$$n = 2: \quad a_3 = \frac{\alpha - 2}{3} \cdot a_2 = \frac{\alpha(\alpha-1)(\alpha-2)}{3!} \cdot a_0; \cdots$$

Mit Hilfe der vollständigen Induktion zeigt man

$$a_n = \frac{\alpha(\alpha-1) \cdot \cdots \cdot (\alpha - n + 1)}{n!} \cdot a_0 = \binom{\alpha}{n} \cdot a_0 \quad \text{für alle } n \in \mathbb{N}.$$

Aus $(1+x)^{\alpha} = \sum_{n=0}^{\infty} a_n x^n$ folgt für $x = 0$: $a_0 = 1$. Daher gilt:

$$(1+x)^{\alpha} = \sum_{n=0}^{\infty} \binom{\alpha}{n} \cdot x^n \quad \text{für alle } x \in (-1, 1). \tag{2.15}$$

denn der Konvergenzradius dieser Potenzreihe beträgt 1 (vgl. Beispiel 2.35b).

Beispiel 2.47

Gesucht ist eine Funktion f mit der Eigenschaft $f' = f$ und $f(0) = 1$. (Solche Aufgaben nennt man Anfangswertprobleme (vgl. Abschnitt 5)). Für die Funktion f machen wir einen Potenzreihenansatz:

$$f(x) = \sum_{n=0}^{\infty} a_n x^n \quad \text{und erhalten wegen} \quad f'(x) = \sum_{n=1}^{\infty} n \cdot a_n x^{n-1}$$

$$\sum_{n=0}^{\infty} a_n x^n = \sum_{n=0}^{\infty} (n+1) \cdot a_{n+1} \cdot x^n$$

und aus dem Eindeutigkeitssatz für Potenzreihen (Satz 2.17) folgt

$$a_{n+1} = \frac{a_n}{n+1} \quad \text{für alle } n \in \mathbb{N}_0.$$

Mit Hilfe der vollständigen Induktion folgt $a_n = \dfrac{a_0}{n!}$ für alle $n \in \mathbb{N}$ und aus $f(0) = 1$ ergibt sich $a_0 = 1$, so daß wir für die gesuchte Funktion erhalten

$$f(x) = \sum_{n=0}^{\infty} \frac{x^n}{n!} \quad \text{für alle } x \in \mathbb{R},$$

da der Konvergenzradius $\rho = \infty$ ist (vgl. Beispiel 2.35a)). Im nächsten Abschnitt zeigen wir, daß durch diese Potenzreihe die e-Funktion dargestellt wird, so daß durch die e-Funktion das obige Anfangswertproblem gelöst wird.

2.2.3 Die Taylor-Reihe

Gegeben sei die Potenzreihe $\sum_{k=0}^{\infty} a_k x^k$ mit dem Konvergenzradius $\rho > 0$. Dann wird durch diese Potenzreihe (nach (2.11)) eine auf $(-\rho, \rho)$ beliebig oft differenzierbare Funktion f mit $f(x) = \sum_{k=0}^{\infty} a_k x^k$ definiert. Für die Koeffizienten a_k erhalten wir:

$$f^{(n)}(x) = \sum_{k=n}^{\infty} k(k-1) \cdot \cdots \cdot (k-n+1) \cdot a_k x^{k-n}, \quad \text{also für } x = 0:$$

$$f^{(n)}(0) = n(n-1) \cdot \cdots \cdot 1 \cdot a_n.$$

Daher ist

$$a_n = \frac{f^{(n)}(0)}{n!} \quad \text{für alle } n \in \mathbb{N}_0 \tag{2.16}$$

Ist f eine auf einer Umgebung U von 0 beliebig oft differenzierbare Funktion, so nennt man die Zahlen $a_n = \dfrac{f^{(n)}(0)}{n!}$ die **Taylor-Koeffizienten** von f. Mit Hilfe dieser Taylor-Koeffizienten von f läßt sich die Reihe $\sum_{n=0}^{\infty} \dfrac{f^{(n)}(0)}{n!} \cdot x^n$ bilden, die man **Taylor-Reihe der Funktion f** nennt.

Allgemein definiert man:

Definition 2.7

---

f sei eine auf (a, b) beliebig oft stetig differenzierbare Funktion und $x_0 \in (a, b)$. Dann nennt man

$$\sum_{n=0}^{\infty} \frac{f^{(n)}(x_0)}{n!} \cdot (x - x_0)^n$$

die **Taylor-Reihe von f bezüglich der Stelle x_0**.

Beispiel 2.48

Von folgenden, auf D_f beliebig oft differenzierbaren Funktionen f ist die Taylor-Reihe bezüglich der Stelle 0 zu bestimmen:

a) f mit $f(x) = e^x$, $D_f = \mathbb{R}$.

Es ist $f^{(n)}(x) = e^x$, woraus $f^{(n)}(0) = 1$ für alle $n \in \mathbb{N}_0$ folgt. Daher lautet die Taylor-Reihe der e-Funktion bezüglich der Stelle 0:

$$\sum_{n=0}^{\infty} \frac{x^n}{n!}.$$

b) f mit $f(x) = \ln(1 - x)$, $D_f = (-1, 1)$.

Wir erhalten $f'(x) = -\dfrac{1}{1-x}$, $f''(x) = -\dfrac{1}{(1-x)^2}$, $f'''(x) = -\dfrac{2!}{(1-x)^3}$, also (wie man z.B. mit Hilfe der vollständigen Induktion beweisen kann)

$$f^{(n)}(x) = -\frac{(n-1)!}{(1-x)^n} \quad \text{für alle } n \in \mathbb{N},$$

woraus $f^{(n)}(0) = -(n-1)!$ für alle $n \in \mathbb{N}$ folgt. Die Taylor-Reihe von f bez. der Stelle Null ist daher (man beachte $f(0) = 0$):

$$-\sum_{n=1}^{\infty} \frac{x^n}{n}.$$

c) f mit $f(x) = \ln(1 + x)$, $D_f = (-1, 1)$.

Die Taylor-Koeffizienten erhalten wir aus $f^{(n)}(x) = (-1)^{n-1} \cdot \dfrac{(n-1)!}{(1+x)^n}$ zu $\dfrac{f^{(n)}(0)}{n!} = \dfrac{(-1)^{n-1}}{n}$.

Also lautet die Taylor-Reihe dieser Funktion:

$$\sum_{n=1}^{\infty} \frac{(-1)^{n-1}}{n} \cdot x^n.$$

Es stellen sich sofort zwei Fragen.

1. Für welche $x \in \mathbb{R}$ konvergiert die Taylor-Reihe von f?
2. Wird jede Funktion durch ihre Taylor-Reihe dargestellt?

Die erste Frage läßt sich sofort beantworten, da die Taylor-Reihe einer Funktion eine Potenzreihe ist. Folgende drei Fälle sind daher möglich:

a) Die Potenzreihe konvergiert für alle $x \in \mathbb{R}$.
b) Die Potenzreihe besitzt einen positiven Konvergenzradius.
c) Die Potenzreihe konvergiert nur für $x = x_0$.

Alle drei Fälle können auch bei Taylor-Reihen eintreten. So ist z.B. die Taylor-Reihe der e-Funktion (Beispiel 2.48a)) für alle $x \in \mathbb{R}$ konvergent (vgl. Beispiel 2.29), wohingegen die Taylor-Reihe in Beispiel 2.48b) den Konvergenzradius $\rho = 1$ (s. Beispiel 2.31) besitzt. Man kann zeigen, daß auch der Fall c) möglich ist.

Die zweite Frage ist nur interessant für die Fälle a) und b) und ist mit nein zu beantworten, da es Funktionen gibt, deren Taylor-Reihe nicht die Funktion darstellt.

Beispiel 2.49

Es sei f mit $f(x) = \begin{cases} e^{-\frac{1}{x^2}} & \text{für } x \neq 0 \\ 0 & \text{für } x = 0. \end{cases}$

f ist auf $\mathbb{R}$ beliebig oft differenzierbar. Für $x \neq 0$ ist

$$f'(x) = \frac{2}{x^3} \cdot e^{-\frac{1}{x^2}}, \quad f''(x) = \left(\frac{4}{x^6} - \frac{6}{x^4} \right) e^{-\frac{1}{x^2}},$$

schließlich

$$f^{(n)}(x) = \frac{p(x)}{q(x)} \cdot e^{-\frac{1}{x^2}},$$

wobei p und q ganzrationale Funktionen sind. Mit Hilfe der vollständigen Induktion zeigen wir, daß $f^{(n)}(0) = 0$ für alle $n \in \mathbb{N}$ ist.

(I) Induktionsanfang: $f'(0) = \lim\limits_{h \to 0} \dfrac{e^{-\frac{1}{h^2}}}{h} = 0$ (man vgl. Band 1, (4.42)).

(II) Induktionsschritt:

Es sei $f^{(n)}(0) = 0$, folglich ist $f^{(n+1)}(0) = \lim\limits_{h \to 0} \dfrac{p(h)}{h \cdot q(h)} \cdot e^{-\frac{1}{h^2}} = 0.$

Also ist die Taylor-Reihe dieser Funktion die Nullfunktion und stellt somit nicht die Funktion dar.

Mit Hilfe des Taylorschen Satzes (siehe Band 1, Satz 8.28) erhalten wir eine notwendige und hinreichende Bedingung dafür, daß die Taylor-Reihe von f die Funktion f darstellt.

Nach dem Satz von Taylor (Band 1, Satz 8.28) gilt:

Ist f beliebig oft auf $[a, b]$ differenzierbar und $x_0 \in (a, b)$, dann existiert ein ξ, das zwischen x und x_0 liegt, so daß

$$f(x) = \sum_{n=0}^{n} \frac{f^{(k)}(x_0)}{k!} \cdot (x - x_0)^k + \frac{f^{(n+1)}(\xi)}{(n+1)!} \cdot (x - x_0)^{n+1}$$

ist. Daher gilt folgender

Satz 2.18

f sei auf $[a, b]$ beliebig oft differenzierbar und $x_0 \in (a, b)$, dann konvergiert die Taylor-Reihe von f bez. der Stelle x_0 genau dann gegen die Funktion f, wenn für alle $x \in (a, b)$

$$\lim_{n \to \infty} \frac{f^{(n+1)}(\xi)}{(n+1)!} \cdot (x - x_0)^{n+1} = 0 \qquad (*)$$

ist, wobei ξ zwischen x und x_0 liegt.

Bemerkungen:

1. Es genügt also nicht, wie bereits Beispiel 2.49 zeigt, die Taylor-Reihe auf Konvergenz zu untersuchen, vielmehr muß für alle $x \in (a, b)$ $\lim\limits_{n \to \infty} \dfrac{f^{(n+1)}(\xi)}{(n+1)!} \cdot (x - x_0)^{n+1} = 0$ sein, nur dann stellt die Taylor-Reihe von f die Funktion f dar.

2. Ist ρ der Konvergenzradius der Taylor-Reihe von f, und gilt (*) für alle $x \in (x_0 - \rho, x_0 + \rho)$, so wird f nur auf dem Intervall $(x_0 - \rho, x_0 + \rho)$ durch die Taylor-Reihe dargestellt. So ist z.B. die Funktion f mit $f(x) = \ln(1 + x)$ auf dem Intervall $(-1, \infty)$ beliebig oft differenzierbar, die Taylor-Reihe dieser Funktion bez. der Stelle 0 jedoch nur für $x \in (-1, 1]$ konvergent (vgl. Beispiel 2.48 c)). Also gilt (vgl. Beispiel 2.42)

$$\ln(1 + x) = \sum_{n=1}^{\infty} \frac{(-1)^{n-1}}{n} \cdot x^n \quad \text{für alle } x \in (-1, 1].$$

Wir wollen nun die Taylor-Reihe einiger Funktionen bestimmen und zeigen, daß diese Taylor-Reihen auch jeweils die Funktion darstellen.

a) Taylor-Reihe der e-Funktion

Nach Beispiel 2.48 a) lautet die Taylor-Reihe der e-Funktion bez. der Stelle Null: $\sum\limits_{n=0}^{\infty} \dfrac{x^n}{n!}$. Diese Potenzreihe ist für alle $x \in \mathbb{R}$ (nach Beispiel 2.29 und 2.35) absolut konvergent. Weiterhin gilt

$$\lim_{n \to \infty} \frac{f^{(n+1)}(\xi)}{(n+1)!} \cdot x^{n+1} = \lim_{n \to \infty} e^{\xi} \cdot \frac{x^{n+1}}{(n+1)!} = 0 \quad \text{für alle } \xi, x \in \mathbb{R}$$

(vgl. Band 1, Beispiel 3.26), so daß aufgrund von Satz 2.18 die Taylor-Reihe die e-Funktion darstellt. Es ist daher

$$e^x = \sum_{n=0}^{\infty} \frac{x^n}{n!} \quad \text{für alle } x \in \mathbb{R}. \qquad (2.17)$$

Für $x = 1$ folgt hieraus die bereits in Beispiel 2.12 erwähnte Reihe für e:

$$e = \sum_{n=0}^{\infty} \frac{1}{n!} = 1 + 1 + \frac{1}{2} + \frac{1}{3!} + \cdots$$

b) Taylor-Reihe der sin-Funktion

Für die Funktion f mit $f(x) = \sin x$, $D_f = \mathbb{R}$ gilt:

$$f^{(2n+1)}(0) = (-1)^n, \quad f^{(2n)}(0) = 0 \quad \text{für alle } n \in \mathbb{N}.$$

Für das Restglied R_{2n} erhalten wir $\lim\limits_{n \to \infty} (-1)^n \cdot \dfrac{\cos \xi}{(2n+1)!} \cdot x^{2n+1} = 0$ für alle $\xi, x \in \mathbb{R}$ (vgl. Band 1, Beispiel 8.53). Ebenso zeigt man $\lim\limits_{n \to \infty} R_{2n-1} = 0$, also

$$\sin x = \sum_{n=0}^{\infty} \frac{(-1)^n x^{2n+1}}{(2n+1)!} \quad \text{für alle } x \in \mathbb{R}. \tag{2.18}$$

c) Taylor-Reihe der cos-Funktion

Ebenso erhält man die Taylor-Reihe der cos-Funktion, es gilt

$$\cos x = \sum_{n=0}^{\infty} \frac{(-1)^n x^{2n}}{(2n)!} \quad \text{für alle } x \in \mathbb{R}. \tag{2.19}$$

d) Taylor-Reihe der Funktion f mit $f(x) = \ln(1 + x)$

Nach Beispiel 2.48c) lautet die Taylor-Reihe dieser Funktion $\sum\limits_{n=1}^{\infty} \dfrac{(-1)^{n-1}}{n} \cdot x^n$, die für alle $x \in (-1, 1]$ konvergent ist. In Band 1 wurde in Beispiel 8.56 gezeigt, daß das Restglied für $n \to \infty$ gegen Null konvergiert. Aufgrund von Satz 2.18 und wegen Bemerkung 2 zu diesem Satz gilt also

$$\ln(1 + x) = \sum_{n=1}^{\infty} \frac{(-1)^{n-1}}{n} \cdot x^n \quad \text{für alle } x \in (-1, 1]. \tag{2.20}$$

e) Taylor-Reihe der sinh- und cosh-Funktion

Wegen $(\sinh x)^{(2n)} = \sinh x$, $(\sinh x)^{(2n-1)} = \cosh x$, $(\cosh x)^{(2n)} = \cosh x$, $(\cosh x)^{(2n-1)} = \sinh x$ für alle $n \in \mathbb{N}$ und wegen

$$\lim_{n \to \infty} \frac{x^{n+1}}{(n+1)!} \cdot \sinh \xi = 0 \quad \text{und} \quad \lim_{n \to \infty} \frac{x^{n+1}}{(n+1)!} \cdot \cosh \xi = 0$$

gilt nach Satz 2.18

$$\sinh x = \sum_{n=0}^{\infty} \frac{x^{2n+1}}{(2n+1)!} = x + \frac{x^3}{3!} + \frac{x^5}{5!} + \cdots \quad \text{für alle } x \in \mathbb{R} \tag{2.21}$$

und

$$\cosh x = \sum_{n=0}^{\infty} \frac{x^{2n}}{(2n)!} = 1 + \frac{x^2}{2!} + \frac{x^4}{4!} + \cdots \quad \text{für alle } x \in \mathbb{R}. \tag{2.22}$$

f) Reihenentwicklung der Arcus-Funktionen

Aus (2.15) folgt mit $x = -t^2$ und $\alpha = -\frac{1}{2}$ für alle $t \in (-1, 1)$:

$$\frac{1}{\sqrt{1-t^2}} = \sum_{n=0}^{\infty} \binom{-\frac{1}{2}}{n} \cdot (-1)^n t^{2n} = 1 + \frac{1}{2} t^2 + \frac{1 \cdot 3}{2 \cdot 4} t^4 + \frac{1 \cdot 3 \cdot 5}{2 \cdot 4 \cdot 6} t^6 + \cdots.$$

Es darf gliedweise integriert werden:

$$\arcsin x = \int_0^x \frac{dt}{\sqrt{1-t^2}} = \int_0^x \sum_{n=0}^{\infty} \binom{-\frac{1}{2}}{n} \cdot (-1)^n t^{2n}\, dt = \sum_{n=0}^{\infty} \binom{-\frac{1}{2}}{n} \cdot (-1)^n \cdot \int_0^x t^{2n}\, dt$$

$$= \sum_{n=0}^{\infty} \binom{-\frac{1}{2}}{n} \cdot (-1)^n \cdot \frac{x^{2n+1}}{2n+1},$$

woraus

$$\arcsin x = x + \frac{1}{2} \cdot \frac{x^3}{3} + \frac{1 \cdot 3}{2 \cdot 4} \cdot \frac{x^5}{5} + \frac{1 \cdot 3 \cdot 5}{2 \cdot 4 \cdot 6} \cdot \frac{x^7}{7} + \cdots \quad \text{für alle } x \in (-1, 1) \qquad (2.23)$$

folgt.

Wegen $\arccos x = \frac{\pi}{2} - \arcsin x$ für alle $x \in [-1, 1]$ (vgl. Band 1, Seite 65) ergibt sich

$$\arccos x = \frac{\pi}{2} - \left(x + \frac{1}{2} \cdot \frac{x^3}{3} + \frac{1 \cdot 3}{2 \cdot 4} \cdot \frac{x^5}{5} + \frac{1 \cdot 3 \cdot 5}{2 \cdot 4 \cdot 6} \cdot \frac{x^7}{7} + \cdots \right) \quad \text{für alle } x \in (-1, 1). \quad (2.24)$$

Nach Beispiel 2.43 gilt:

$$\arctan x = x - \frac{x^3}{3} + \frac{x^5}{5} - \frac{x^7}{7} + - \cdots \quad \text{für alle } x \in [-1, 1], \qquad (2.25)$$

da die Reihe nach dem Leibniz-Kriterium (Satz 2.10) auch für $x = \pm 1$ konvergiert und folglich (2.14) angewandt werden kann.

Wegen $\text{arccot}\, x = \frac{\pi}{2} - \arctan x$ für alle $x \in \mathbb{R}$ folgt

$$\text{arccot}\, x = \frac{\pi}{2} - \left(x - \frac{x^3}{3} + \frac{x^5}{5} - \frac{x^7}{7} + - \cdots \right) \quad \text{für alle } x \in [-1, 1] \qquad (2.26)$$

g) Reihenentwicklung der Areafunktionen

Aus $\text{arsinh}\, x = \int_0^x \frac{dt}{\sqrt{t^2 + 1}}$ für alle $x \in \mathbb{R}$ folgt durch gliedweise Integration:

$$\operatorname{arsinh} x = x - \frac{1}{2\cdot 3}\cdot x^3 + \frac{1\cdot 3}{2\cdot 4\cdot 5}\cdot x^5 - \frac{1\cdot 3\cdot 5}{2\cdot 4\cdot 6\cdot 7}\cdot x^7 + - \cdots \quad \text{für alle } x\in(-1,1) \quad (2.27)$$

und ebenso

$$\operatorname{artanh} x = x + \frac{x^3}{3} + \frac{x^5}{5} + \frac{x^7}{7} + \cdots \quad \text{für alle } x\in(-1,1). \quad (2.28)$$

An Hand von Beispielen wollen wir zeigen, wie man obige Ergebnisse in der Praxis anwenden kann.

Beispiel 2.50

Ein an zwei Punkten festgehaltenes Seil oder festgehaltene Kette hat, wie man zeigen kann, die Form des Graphen einer cosh-Funktion. Wählen wir das Koordinatensystem so, daß der tiefste Punkt dieser Kurve in $A = (0,a)$ mit $a > 0$ zu liegen kommt, dann wird diese Kurve durch die Funktion f mit $f(x) = a\cdot\cosh\dfrac{x}{a}$ beschrieben. Es sei nun der Durchhang $h > 0$ sowie die Spannweite $2l$ ($l > 0$) des Seiles gegeben (vgl. Bild 2.11). Gesucht ist a in Abhängigkeit von l und h.

Wir erhalten

$$a + h = a\cdot\cosh\frac{l}{a},$$

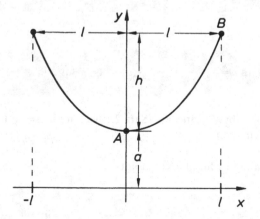

Bild 2.11: Kettenlinie

da der Punkt $B = (l, a + h)$ die Gleichung $y = a\cdot\cosh\dfrac{x}{a}$ erfüllen muß.

Sind h und l gegeben, so kann a z.B. mit Hilfe eines allgemeinen Iterationsverfahrens berechnet werden. Man kann jedoch auch eine Näherung dadurch erhalten, daß man die cosh-Funktion durch die ersten beiden Glieder ihrer Taylor-Reihe ersetzt. Dies ergibt

$$a + h \approx a\left(1 + \frac{l^2}{2a^2}\right), \quad \text{woraus} \quad a \approx \frac{l^2}{2h} \quad \text{folgt.}$$

Beispiel 2.51

Es soll der Umfang s_E einer Ellipse mit den Halbachsen a und b mit $0 < b < a$ berechnet werden. Nach Abschn. 1.1.3, Beispiel 1.21 b) gilt für den Umfang dieser Ellipse:

$$s_E = 4a \cdot \int_0^{\frac{1}{2}\pi} \sqrt{1 - \varepsilon^2 \sin^2 t}\, dt, \tag{2.29}$$

wobei $\varepsilon = \dfrac{e}{a} < 1$ die numerische Exzentrizität und $e^2 = a^2 - b^2$ ist.

(Beachte: In Abschn. 1.1.3, Beispiel 1.21b) war $b > a$ vorausgesetzt, durch Vertauschung von a und b ergibt sich (2.29).)

Mit (2.15) erhalten wir, wenn man $x = -\varepsilon^2 \sin^2 t$ und $\alpha = \frac{1}{2}$ setzt:

$$s_E = 4a \cdot \int_0^{\frac{1}{2}\pi} \sum_{n=0}^{\infty} \binom{\frac{1}{2}}{n} \cdot (-\varepsilon^2 \sin^2 t)^n\, dt.$$

Wegen $|x| = |\varepsilon^2 \sin^2 t| < 1$ für alle $t \in [0, \frac{1}{2}\pi]$ kann (vgl. (2.12)) gliedweise integriert werden. Es ist also

$$s_E = 4a \cdot \sum_{n=0}^{\infty} (-1)^n \binom{\frac{1}{2}}{n} \varepsilon^{2n} \cdot \int_0^{\frac{1}{2}\pi} \sin^{2n} t\, dt.$$

Wegen $\displaystyle\int_0^{\frac{1}{2}\pi} \sin^{2n} t\, dt = \frac{2n-1}{2n} \int_0^{\frac{1}{2}\pi} \sin^{2n-2} t\, dt$ und $\displaystyle\int_0^{\frac{1}{2}\pi} dt = \frac{1}{2}\pi$ folgt

$$\int_0^{\frac{1}{2}\pi} \sin^{2n} t\, dt = \frac{1 \cdot 3 \cdot 5 \cdots (2n-1)}{2 \cdot 4 \cdot 6 \cdots 2n} \cdot \frac{\pi}{2} = \frac{(2n)!}{2^{2n}(n!)^2} \cdot \frac{\pi}{2} \quad \text{für alle } n \in \mathbb{N}_0.$$

Außerdem gilt $\binom{\frac{1}{2}}{n} = (-1)^{n+1} \cdot \dfrac{4(2n-3)!}{2^{2n}n!(n-2)!}$ für alle $n \in \mathbb{N} \setminus \{1\}$, so daß

$$s_E = 2a\pi \cdot \left(1 - \frac{1}{4}\varepsilon^2 - \sum_{n=2}^{\infty} \frac{4(2n)!(2n-3)!}{2^{4n}(n!)^3(n-2)!} \cdot \varepsilon^{2n}\right)$$

ist. Berechnen wir die ersten 4 Glieder, so erhalten wir

$$s_E = 2a\pi \cdot \left(1 - \frac{1}{4}\varepsilon^2 - \frac{3}{64}\varepsilon^4 - \frac{5}{256}\varepsilon^6 - \frac{175}{16384}\varepsilon^8 - \cdots\right). \tag{2.30}$$

Eine gute Näherung für den Umfang der Ellipse ist $s_E \approx \pi\left(3 \cdot \dfrac{a+b}{2} - \sqrt{ab}\right)$.

Wir wollen die Größenordnung des Fehlers dieser Näherung berechnen. Wegen $\sqrt{1-\varepsilon^2} = \dfrac{b}{a}$ folgt:

$$\frac{a+b}{2} = \frac{a}{2}(1 + \sqrt{1-\varepsilon^2}) = 2a(\tfrac{1}{2} - \tfrac{1}{8}\varepsilon^2 - \tfrac{1}{32}\varepsilon^4 - \tfrac{1}{64}\varepsilon^6 - \tfrac{5}{512}\varepsilon^8 - \cdots)$$

$$\sqrt{ab} = a\sqrt[4]{1-\varepsilon^2} = 2a(\tfrac{1}{2} - \tfrac{1}{8}\varepsilon^2 - \tfrac{3}{64}\varepsilon^4 - \tfrac{7}{256}\varepsilon^6 - \tfrac{77}{4096}\varepsilon^8 - \cdots),$$

also

$$\pi\left(3\cdot\frac{a+b}{2} - \sqrt{ab}\right) = 2a\pi(1 - \tfrac{1}{4}\varepsilon^2 - \tfrac{3}{64}\varepsilon^4 - \tfrac{5}{256}\varepsilon^6 - \tfrac{43}{4096}\varepsilon^8 - \cdots).$$

Die Übereinstimmung mit der Reihenentwicklung (2.30) von s_E ist recht gut (bis auf einen Fehler der Größenordnung $\tfrac{3}{16384}\varepsilon^8$).

Beispiel 2.52

Bezeichnet T bzw. T_0 die Dauer einer gedämpften bzw. ungedämpften Zeigerschwingung eines Galvanometers, dann gilt $T_0 = T\cdot\dfrac{\pi}{\sqrt{\pi^2 + \lambda^2}}$.

Dabei ist $\lambda = \dfrac{2\pi}{\omega}\delta$ das sogenannte logarithmische Dekrement der Dämpfung (vgl. (5.77)).

Für »kleine« Werte von λ soll eine Näherungsformel für T_0 entwickelt werden.

Es ist $T_0 = T\left(1 + \left(\dfrac{\lambda}{\pi}\right)^2\right)^{-\frac{1}{2}}$. Setzen wir in (2.15) $\alpha = -\tfrac{1}{2}$, $x = \left(\dfrac{\lambda}{\pi}\right)^2$, so folgt für alle λ mit $0 \leq \lambda < \pi$:

$$T_0 = T\cdot\sum_{n=0}^{\infty}\binom{-\tfrac{1}{2}}{n}\cdot\left(\frac{\lambda}{\pi}\right)^{2n}, \text{ also sind } T\left(1 - \frac{\lambda^2}{2\pi^2}\right) \text{ oder } T\left(1 - \frac{\lambda^2}{2\pi^2} + \frac{3\lambda^4}{8\pi^4}\right)$$

Näherungen für T_0, falls $0 \leq \lambda < \pi$ ist.

Beispiel 2.53

Wird beim freien Fall eines Massenpunktes der Luftwiderstand berücksichtigt und zwar als Reibungskraft, die proportional dem Quadrat der Geschwindigkeit ist, so lautet die Weg-Zeit-Funktion s:

$$s(t) = \frac{m}{r}\cdot\ln\cosh\left(\sqrt{\frac{rg}{m}}\cdot t\right).$$

Dabei ist r der Reibungskoeffizient, m die Masse und g die Erdbeschleunigung.

Um eine Näherung für $s(t)$ zu erhalten, bestimmen wir die Taylor-Reihe der Funktion s bez. der Stelle Null. Es ist

$$s(t) = \frac{m}{r} \cdot \ln \cosh\left(\sqrt{\frac{rg}{m}} \cdot t \right), \qquad\qquad\qquad \text{also } s(0) = 0;$$

$$s'(t) = \sqrt{\frac{mg}{r}} \cdot \tanh\left(\sqrt{\frac{rg}{m}} \cdot t \right), \qquad\qquad\qquad \text{also } s'(0) = 0;$$

$$s''(t) = g\left(1 - \tanh^2\left(\sqrt{\frac{rg}{m}} \cdot t \right) \right), \qquad\qquad \text{also } s''(0) = g;$$

$$s'''(t) = -2g\sqrt{\frac{rg}{m}} \tanh\left(\sqrt{\frac{rg}{m}} \cdot t \right)\left(1 - \tanh^2\left(\sqrt{\frac{rg}{m}} \cdot t \right) \right), \qquad \text{also } s'''(0) = 0;$$

$$s^{(4)}(t) = -2\frac{rg^2}{m}\left(1 - \tanh^2\left(\sqrt{\frac{rg}{m}} \cdot t \right) \right)\left(1 - 3\tanh^2\left(\sqrt{\frac{rg}{m}} \cdot t \right) \right), \quad \text{also } s^{(4)}(0) = -2\frac{rg^2}{m}$$

usw. Damit ergibt sich

$$s(t) = \frac{g}{2} t^2 - \frac{2rg^2}{4!m} t^4 + \cdots \text{ und als Näherung: } s(t) \approx \frac{g}{2} t^2\left(1 - \frac{rg}{6m} t^2 \right).$$

Mit einem modifizierten Horner-Schema lassen sich Potenzreihen dividieren. Dies ist z.B. dann nützlich, wenn der Quotient zweier Funktionen, deren Potenzreihen bekannt sind, in einer Potenzreihe dargestellt werden soll.

Bekannt seien die Potenzreihen der Funktionen f_1 und f_2 mit den Konvergenzradien ρ_1 bzw. ρ_2, also

$$f_1(x) = \sum_{n=0}^{\infty} a_n x^n \quad \text{für } |x| < \rho_1 \quad \text{und} \quad f_2(x) = \sum_{n=0}^{\infty} b_n x^n \text{ für } |x| < \rho_2. \tag{2.31}$$

Die Funktion f_2 habe in ihrem Konvergenzintervall keine Nullstellen (eventuell ist das Intervall $(-\rho_2, \rho_2)$ entsprechend zu verkleinern). Das Absolutglied b_0 ist dann ungleich Null, da sonst f_2 an der Stelle Null verschwinden würde. Ist $b_0 \neq 1$, kann b_0 ausgeklammert werden, so daß ohne Einschränkung der Allgemeinheit $b_0 = 1$ vorausgesetzt werden kann.

Hinweis:

Verschwinden beide Funktionen f_1 und f_2 an der Stelle Null und ist dort eine stetige Ergänzung möglich, so kann durch x bzw. x^n, $n \in \mathbb{N}$ gekürzt werden; b_1 bzw. b_n sind in diesem Fall dann ungleich Null und es kann, wie oben geschildert, verfahren werden. Ein Beispiel dafür ist die Funktion f mit $f(x) = \dfrac{x}{\sin x}$. Hier ist $f_1(x) = x$, $f_2(x) = \sin x$. Wir erhalten

$$f(x) = \frac{x}{\sin x} = \frac{x}{\displaystyle\sum_{n=0}^{\infty} \frac{(-1)^n x^{2n+1}}{(2n+1)!}} = \frac{x}{x \cdot \displaystyle\sum_{n=0}^{\infty} \frac{(-1)^n x^{2n}}{(2n+1)!}} = \frac{1}{\displaystyle\sum_{n=0}^{\infty} \frac{(-1)^n x^{2n}}{(2n+1)!}},$$

b_0 ist nun, wie gewünscht, eins.

f_1 und f_2 seien die in (2.31) gegebenen Funktionen. Gesucht ist die Potenzreihenentwicklung der Funktion f mit $f(x) = \dfrac{f_1(x)}{f_2(x)}$, wobei $x \in (-\rho, \rho)$, mit $\rho = \min\{\rho_1, \rho_2\}$, dabei sei ρ_2 so gewählt, daß f_2 in $(-\rho_2, \rho_2)$ keine Nullstelle hat.

Ist $f(x) = \displaystyle\sum_{n=0}^{\infty} c_n x^n$, dann gilt: $\displaystyle\sum_{n=0}^{\infty} a_n x^n = \left(\sum_{n=0}^{\infty} b_n x^n \right) \left(\sum_{n=0}^{\infty} c_n x^n \right).$

Nach Satz 2.15 ergibt sich $\displaystyle\sum_{n=0}^{\infty} a_n x^n = \sum_{n=0}^{\infty} \left(\sum_{k=0}^{n} b_k c_{n-k} \right) x^n.$

Mit dem Eindeutigkeitssatz für Potenzreihen (Satz 2.17) erhalten wir, wenn, wie oben erwähnt, $b_0 = 1$ ist:

$$\text{Für alle } n \in \mathbb{N}_0 \text{ gilt } a_n = c_n + \sum_{k=1}^{n} b_k c_{n-k} \Rightarrow c_n = a_n - \sum_{k=1}^{n} b_k c_{n-k}.$$

Für die ersten vier Indizes gilt beispielsweise:

$$
\begin{aligned}
n=0: &\quad a_0 = c_0 &&\Rightarrow\quad c_0 = a_0 \\
n=1: &\quad a_1 = c_1 + b_1 c_0 &&\Rightarrow\quad c_1 = a_1 - b_1 c_0 \\
n=2: &\quad a_2 = c_2 + b_1 c_1 + b_2 c_0 &&\Rightarrow\quad c_2 = a_2 - (b_1 c_1 + b_2 c_0) \\
n=3: &\quad a_3 = c_3 + b_1 c_2 + b_2 c_1 + b_3 c_0 &&\Rightarrow\quad c_3 = a_3 - (b_1 c_2 + b_2 c_1 + b_3 c_0).
\end{aligned}
$$

Daraus erhält man folgendes Schema zur Berechnung der ersten fünf Glieder ($n = 4$) einer Potenzreihe, wenn sich diese als Quotient zweier bekannter Potenzreihen darstellen läßt. Diese Tabelle läßt sich bez. n beliebig vergrößern bzw. verkleinern.

	a_0	a_1	a_2	a_3	a_4
$-b_4$					$-b_4 c_0$
$-b_3$				$-b_3 c_0$	$-b_3 c_1$
$-b_2$			$-b_2 c_0$	$-b_2 c_1$	$-b_2 c_2$
$-b_1$		$-b_1 c_0$	$-b_1 c_1$	$-b_1 c_2$	$-b_1 c_3$
$b_0 = 1$	c_0	c_1	c_2	c_3	c_4

Dieses Schema ist wie folgt zu verwenden. In der ersten Zeile werden die Koeffizienten des Zählers eingetragen (bis zu der gewünschten Ordnung); in der ersten Spalte die negativen Koeffizienten des Nenners, von unten beginnend, wobei davon ausgegangen wird, daß $b_0 = 1$ ist. Für c_0 wird a_0 eingetragen. Damit kann das Produkt $-b_1 c_0$ berechnet werden. Dieses wird zu a_1 addiert; man erhält so c_1. Nun können die Produkte in der Spalte von a_2 berechnet werden. Diese zu a_2 addiert liefert c_2 usw.

Beispiel 2.54

Gesucht ist die Potenzreihenentwicklung der Tangens-Funktion mit Entwicklungspunkt Null bis zur Ordnung neun (d.h. der Koeffizient von x^9 soll noch berechnet werden).

Die Konvergenzradien der Kosinus- und Sinusfunktion sind $\rho_1 = \rho_2 = \infty$. Die Kosinusfunktion hat jedoch an den Stellen $\dfrac{2k+1}{2}\pi$ $(k \in \mathbb{Z})$ Nullstellen, so daß die Reihenentwicklung der Tangensfunktion nur für $x \in \left(-\dfrac{\pi}{2}, \dfrac{\pi}{2}\right)$ möglich ist. Wegen der Periodizität der Tangensfunktion mit der primitiven Periode π bedeutet das keine Einschränkung. Für alle $x \in \left(-\dfrac{\pi}{2}, \dfrac{\pi}{2}\right)$ gilt:

$$\tan x = \frac{\sin x}{\cos x}, \quad \sin x = \sum_{n=0}^{\infty} (-1)^n \frac{x^{2n+1}}{(2n+1)!}, \quad \cos x = \sum_{n=0}^{\infty} (-1)^n \frac{x^{2n}}{(2n)!}.$$

Damit ergibt sich folgende Tabelle:

	0	1	0	$-\frac{1}{3!}$	0	$\frac{1}{5!}$	0	$-\frac{1}{7!}$	0	$\frac{1}{9!}$
0										0
$-\frac{1}{40320}$									0	$-\frac{1}{40320}$
0								0	0	0
$\frac{1}{720}$							0	$\frac{1}{720}$	0	$\frac{1}{2160}$
0						0	0	0	0	0
$-\frac{1}{24}$					0	$-\frac{1}{24}$	0	$-\frac{1}{72}$	0	$-\frac{1}{180}$
0				0	0	0	0	0	0	0
$\frac{1}{2}$			0	$\frac{1}{2}$	0	$\frac{1}{6}$	0	$\frac{1}{15}$	0	$\frac{17}{630}$
0		0	0	0	0	0	0	0	0	0
1	0	1	0	$\frac{1}{3}$	0	$\frac{2}{15}$	0	$\frac{17}{315}$	0	$\frac{62}{2835}$

Die Potenzreihenentwicklung der Tangens-Funktion mit Entwicklungspunkt Null lautet danach:

$$\tan x = x + \tfrac{1}{3}x^3 + \tfrac{2}{15}x^5 + \tfrac{17}{315}x^7 + \frac{62}{2835}x^9 + \cdots \quad \text{für } x \in \left(-\frac{\pi}{2}, \frac{\pi}{2}\right).$$

Beispiel 2.55

Ein Stab werde exzentrisch auf Druck beansprucht (s. Bild 2.12). Ist f die Exzentrizität der

Kraft F und $\alpha = l\sqrt{\dfrac{F}{EI}}$, wobei l die Stablänge,

E der Elastizitätsmodul und I das Trägheitsmoment des Stabquerschnittes bezeichnet, so gilt
für die maximale Ausbiegung:

$$x = f \cdot \left(\frac{1}{\cos \alpha} - 1 \right).$$

Wir wollen eine für »kleine« α gültige
Näherungsformel herleiten. Die Funktion φ mit

$\varphi(\alpha) = \dfrac{1}{\cos \alpha}$ wird in eine Potenzreihe mit dem

Konvergenzradius ρ mit Hilfe des obigen
Schemas entwickelt. Es ergibt sich:

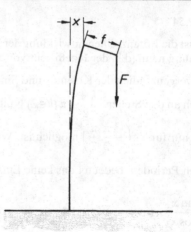

Bild 2.12. Exzentrische Druckbelastung eines Stabes

	1	0	0	0	0	0	0	0	0
$-\frac{1}{8!}$									$-\frac{1}{8!}$
0								0	0
$\frac{1}{6!}$							$\frac{1}{6!}$	0	$\frac{1}{2\cdot6!}$
0						0	0	0	0
$-\frac{1}{4!}$					$-\frac{1}{4!}$	0	$-\frac{1}{2\cdot4!}$	0	$-\frac{5}{(4!)^2}$
0				0	0	0	0	0	0
$\frac{1}{2!}$			$\frac{1}{2!}$	0	$\frac{1}{4}$	0	$\frac{5}{2\cdot4!}$	0	$\frac{61}{2\cdot6!}$
0		0	0	0	0	0	0	0	0
1	1	0	$\frac{1}{2!}$	0	$\frac{5}{4!}$	0	$\frac{61}{6!}$	0	$\frac{1385}{8!}$

Für alle $\alpha \in \left(-\dfrac{\pi}{2}, \dfrac{\pi}{2} \right)$ gilt:

$$\frac{1}{\cos \alpha} = 1 + \frac{1}{2!}\alpha^2 + \frac{5}{4!}\alpha^4 + \frac{61}{6!}\alpha^6 + \frac{1385}{8!}\alpha^8 + \cdots,$$

woraus

$$x = f\alpha^2 \left(\frac{1}{2!} + \frac{5}{4!}\alpha^2 + \frac{61}{6!}\alpha^4 + \frac{1385}{8!}\alpha^6 + \cdots \right)$$

folgt. Eine Näherung für die maximale Ausbiegung ist daher z.B. gegeben durch

$$x \approx \frac{f\alpha^2}{24}(12 + 5\alpha^2) \text{ für } |\alpha| \ll 1.$$

Zusammenstellung wichtiger Potenzreihenentwicklungen

Funktion	Potenzreihenentwicklung	Konvergenzbereich
$(1+x)^\alpha$ mit $\alpha \in \mathbb{R}$[1])	$\displaystyle\sum_{n=0}^{\infty} \binom{\alpha}{n} x^n = 1 + \alpha x + \frac{\alpha(\alpha-1)}{2!}x^2 + \cdots$	$\lvert x \rvert < 1$
$\sin x$	$\displaystyle\sum_{n=0}^{\infty} (-1)^n \cdot \frac{x^{2n+1}}{(2n+1)!} = x - \frac{x^3}{3!} + \frac{x^5}{5!} - + \cdots$	$\lvert x \rvert < \infty$
$\cos x$	$\displaystyle\sum_{n=0}^{\infty} (-1)^n \cdot \frac{x^{2n}}{(2n)!} = 1 - \frac{x^2}{2!} + \frac{x^4}{4!} - + \cdots$	$\lvert x \rvert < \infty$
$\tan x$	$x + \frac{1}{3}x^3 + \frac{2}{15}x^5 + \frac{17}{315}x^7 + \frac{62}{2835}x^9 + \cdots$	$\lvert x \rvert < \frac{\pi}{2}$
$\arcsin x$	$\displaystyle\sum_{n=0}^{\infty} (-1)^n \binom{-\frac{1}{2}}{n} \frac{x^{2n+1}}{2n+1} = x + \frac{1}{2}\cdot\frac{x^3}{3} + \frac{1\cdot 3}{2\cdot 4}\cdot\frac{x^5}{5} + \cdots$	$\lvert x \rvert \leqq 1$
$\arccos x$	$\frac{\pi}{2} - \displaystyle\sum_{n=0}^{\infty} (-1)^n \binom{-\frac{1}{2}}{n} \frac{x^{2n+1}}{2n+1} = \frac{\pi}{2} - \left(x + \frac{1}{2}\frac{x^3}{3} + \cdots \right)$	$\lvert x \rvert \leqq 1$
$\arctan x$	$\displaystyle\sum_{n=0}^{\infty} (-1)^n \cdot \frac{x^{2n+1}}{2n+1} = x - \frac{x^3}{3} + \frac{x^5}{5} - + \cdots$	$\lvert x \rvert \leqq 1$
e^x	$\displaystyle\sum_{n=0}^{\infty} \frac{x^n}{n!} = 1 + x + \frac{x^2}{2!} + \frac{x^3}{3!} + \frac{x^4}{4!} + \cdots$	$\lvert x \rvert < \infty$
$\ln(1+x)$	$\displaystyle\sum_{n=0}^{\infty} (-1)^n \cdot \frac{x^{n+1}}{n+1} = x - \frac{x^2}{2} + \frac{x^3}{3} - + \cdots$	$-1 < x \leqq 1$
$\ln \dfrac{1+x}{1-x}$	$2 \cdot \displaystyle\sum_{n=0}^{\infty} \frac{x^{2n+1}}{2n+1} = 2\left(x + \frac{x^3}{3} + \frac{x^5}{5} + \cdots \right)$	$\lvert x \rvert < 1$
$\sinh x$	$\displaystyle\sum_{n=0}^{\infty} \frac{x^{2n+1}}{(2n+1)!} = x + \frac{x^3}{3!} + \frac{x^5}{5!} + \cdots$	$\lvert x \rvert < \infty$
$\cosh x$	$\displaystyle\sum_{n=0}^{\infty} \frac{x^{2n}}{(2n)!} = 1 + \frac{x^2}{2!} + \frac{x^4}{4!} + \cdots$	$\lvert x \rvert < \infty$
$\operatorname{arsinh} x$	$\displaystyle\sum_{n=0}^{\infty} \binom{-\frac{1}{2}}{n} \frac{x^{2n+1}}{2n+1} = x - \frac{1}{2}\cdot\frac{x^3}{3} + \frac{1\cdot 3}{2\cdot 4}\cdot\frac{x^5}{5} - + \cdots$	$\lvert x \rvert < 1$
$\operatorname{artanh} x$	$\displaystyle\sum_{n=0}^{\infty} \frac{x^{2n+1}}{2n+1} = x + \frac{x^3}{3} + \frac{x^5}{5} + \cdots$	$\lvert x \rvert < 1$

[1]) Ist $\alpha \in \mathbb{N}_0$, so hat die Reihe nur endlich viele (nämlich $\alpha + 1$) Glieder, da dann $\binom{\alpha}{\alpha+k} = 0$ für alle $k \in \mathbb{N}$ ist.

2.2.4 Reihen mit komplexen Gliedern

Zunächst übertragen wir den Begriff Konvergenz auf Folgen und Reihen mit komplexen Gliedern. Dazu benötigen wir zunächst den Begriff einer Umgebung einer komplexen Zahl, den wir mit Hilfe des Betrags einer komplexen Zahl definieren.

Definition 2.8

Es sei $z_0 \in \mathbb{C}$ und $\varepsilon \in \mathbb{R}^+$. Die Menge

$$U_\varepsilon(z_0) = \{z \mid z \in \mathbb{C} \text{ und } |z - z_0| < \varepsilon\}$$

heißt die **ε-Umgebung von z_0** (oder kurz eine **Umgebung von z_0**).

Bemerkungen:

1. In der Gaußschen Zahlenebene ist eine ε-Umgebung eine Kreisscheibe (ohne Rand) mit dem Radius ε um den Mittelpunkt z_0 (vgl. Bild 2.13).
2. Aus $0 < \varepsilon_1 < \varepsilon$ folgt $U_{\varepsilon_1}(z_0) \subset U_\varepsilon(z_0)$.
3. Für $z_0 = x_0 + j y_0$ gilt $U_\varepsilon(x_0) = \{z = x + jy \mid (x - x_0)^2 + (y - y_0)^2 < \varepsilon^2\}$.

Die Definition einer komplexen Folge und einer komplexen Reihe lassen sich direkt aus dem Reellen übertragen.

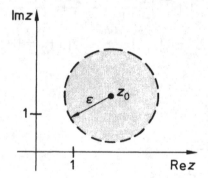

Bild 2.13: ε-Umgebung von z_0

Beispiel 2.56

Komplexe Folgen

a) $\langle j^n \rangle = j, -1, -j, 1, j, \ldots;$

b) $\left\langle \dfrac{n+1}{n} + \dfrac{2nj}{n+3} \right\rangle = 2 + \frac{1}{2}j, \frac{3}{2} + \frac{4}{5}j, \frac{4}{3} + j, \ldots;$

Komplexe Reihen

c) $\left\langle \displaystyle\sum_{k=0}^{n} j^k \right\rangle = 1, 1 + j, 1 + j - 1, \ldots;$

d) $\displaystyle\sum_{n=0}^{\infty} (\tfrac{1}{2} + \tfrac{1}{2}j)^n = 1 + (\tfrac{1}{2} + \tfrac{1}{2}j) + (\tfrac{1}{2} + \tfrac{1}{2}j)^2 + \cdots.$

In Bild 2.14 sind die Folgen und Reihen von Beispiel 2.56 als Punktmengen veranschaulicht.

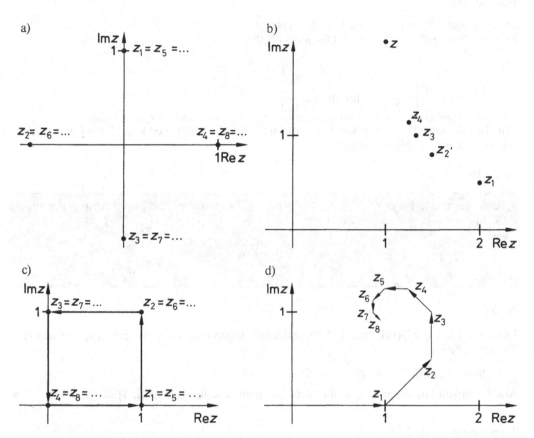

Bild 2.14a–d: Veranschaulichung der Folgen bzw. Reihen von Beispiel 2.56 a)–d)

Definition 2.9

$\langle z_n \rangle$ sei eine komplexe Folge. $z \in \mathbb{C}$ heißt **Grenzwert** dieser Folge, wenn es zu jedem $\varepsilon > 0$ ein $n_0(\varepsilon)$ gibt, so daß für alle $n \in \mathbb{N}$ mit $n \geqq n_0$ gilt $|z_n - z| < \varepsilon$.

Besitzt die Folge $\langle z_n \rangle$ den Grenzwert z, so wird sie **konvergent gegen z** genannt.

Schreibweise: $\displaystyle\lim_{n \to \infty} z_n = z$

Besitzt die Folge $\langle z_n \rangle$ keinen Grenzwert, so wird sie **divergent** genannt.

Bemerkung:

Eine gegen z konvergente Folge $\langle z_n \rangle$ hat also die Eigenschaft, daß in jeder (noch so kleinen) Umgebung von z, fast alle (d.h. alle bis auf endlich viele) Glieder der Folge $\langle z_n \rangle$ liegen.

Beispiel 2.57

a) Die Folge $\langle j^n \rangle = j, -1, -j, 1, \ldots$ ist divergent.
b) Es ist $\lim\limits_{n \to \infty} (\frac{1}{2}j)^n = 0$, denn es gilt für jedes $\varepsilon > 0$:

$$|(\tfrac{1}{2}j)^n - 0| = \left|\frac{j^n}{2^n}\right| = \frac{1}{2^n} < \varepsilon \quad \text{für alle } n > \frac{\ln \dfrac{1}{\varepsilon}}{\ln 2}.$$

Mit Hilfe des folgenden Satzes kann die Konvergenzuntersuchung von komplexen Folgen auf die von reellen zurückgeführt werden.

Satz 2.19

Eine komplexe Folge $\langle z_n \rangle = \langle x_n + jy_n \rangle$ mit $x_n, y_n \in \mathbb{R}$ konvergiert genau dann gegen die Zahl $z = x + jy$ mit $x, y \in \mathbb{R}$, wenn

$$\lim_{n \to \infty} x_n = x \quad \text{und} \lim_{n \to \infty} y_n = y$$

gilt.

Beweis:

Für alle $z = x + jy$ gilt (vgl. Band 1, (5.10) und Satz 5.2) $\max(|x|, |y|) \leqq |x + jy| \leqq |x| + |y|$, also gilt für alle $n \in \mathbb{N}$:

$$\max(|x_n - x|, |y_n - y|) \leqq |z_n - z| \leqq |x_n - x| + |y_n - y|.$$

Aus der linken Ungleichung folgt die Notwendigkeit, aus der rechten die Hinlänglichkeit. ●

Folgerung aus Satz 2.19:

Sind $\langle z_n \rangle$ und $\langle w_n \rangle$ zwei konvergente komplexe Folgen mit den Grenzwerten z und w, so sind aufgrund von Satz 2.19 auch $\langle z_n + w_n \rangle$, $\langle z_n \cdot w_n \rangle$ bzw. (falls $z_n \neq 0$ für alle n und $z \neq 0$) $\left\langle \dfrac{w_n}{z_n} \right\rangle$ konvergente Folgen mit den Grenzwerten $z + w$, $z \cdot w$ bzw. $\dfrac{w}{z}$.

Beispiel 2.58

Aufgrund von Satz 2.19 ist die Folge $\left\langle \dfrac{n+1}{n} + \dfrac{2nj}{n+3} \right\rangle$ wegen $\lim\limits_{n \to \infty} \dfrac{n+1}{n} = 1$ und $\lim\limits_{n \to \infty} \dfrac{2n}{n+3} = 2$ konvergent gegen den Grenzwert $1 + 2j$.

Beispiel 2.59

Wir betrachten die geometrische Reihe $\sum\limits_{n=0}^{\infty} q^n$ mit $q \in \mathbb{C}$. Aus $z_n = \sum\limits_{k=0}^{n-1} q^k$ und $qz_n = \sum\limits_{k=1}^{n} q^k$ folgt durch Subtraktion:

$$(1-q)z_n = 1 - q^n, \quad \text{d.h.}\ z_n = \frac{1-q^n}{1-q} \text{ für alle } q \in \mathbb{C} \setminus \{0, 1\}.$$

Ist $|q| < 1$, so ist wegen $|q^n| = |q|^n$ die Folge $\langle q^n \rangle$ konvergent gegen Null. Aufgrund der Folgerung zu Satz 2.19 folgt also $\sum\limits_{n=0}^{\infty} q^n = \frac{1}{1-q}$ für alle $q \in \mathbb{C}$ mit $|q| < 1$.

Ist $|q| > 1$, so ist die Folge $\langle |q^n| \rangle = \langle |q|^n \rangle$ nicht beschränkt, also divergent und daher auch die geometrische Reihe $\sum\limits_{n=0}^{\infty} q^n$. Da auch bei komplexen Reihen $\sum\limits_{n=1}^{\infty} c_n$ (mit $c_n \in \mathbb{C}$) die Bedingung $\lim\limits_{n \to \infty} c_n = 0$ für die Konvergenz notwendig ist, ist die geometrische Reihe $\sum\limits_{n=0}^{\infty} q^n$ auch für $|q| = 1$ divergent. Zusammenfassend gilt also:

$$\sum_{n=0}^{\infty} q^n = \begin{cases} \dfrac{1}{1-q} & \text{für alle } q \in \mathbb{C} \text{ mit } |q| < 1 \\ \text{divergent} & \text{für alle } q \in \mathbb{C} \text{ mit } |q| \geqq 1. \end{cases}$$

Die geometrische Reihe konvergiert also für alle $q \in \mathbb{C}$, die im Innern des Einheitskreises der Gaußschen Zahlenebene liegen und divergiert für alle q, die außerhalb des Einheitskreises oder auf seinem Rand liegen.

In der Theorie der komplexen Reihen ist der Begriff der absoluten Konvergenz äußerst wichtig.

Wie im Reellen sagen wir, die komplexe Reihe $\sum\limits_{n=0}^{\infty} c_n$ mit $c_n \in \mathbb{C}$ ist **absolut konvergent**, wenn auch die (reelle) Reihe $\sum\limits_{n=0}^{\infty} |c_n|$ konvergiert.

Mit Hilfe des Cauchyschen Konvergenzkriteriums (Satz 2.4) zeigt man, daß aus der absoluten Konvergenz einer Reihe die Konvergenz dieser Reihe folgt, d.h.:

Ist $\sum\limits_{n=1}^{\infty} |c_n|$ konvergent, so ist auch $\sum\limits_{n=1}^{\infty} c_n$ mit $c_n \in \mathbb{C}$ konvergent. Für absolut konvergente Reihen mit komplexen Gliedern gilt auch (wie man zeigen kann) das für reelle Reihen auf Seite 125 mit der Bemerkung zu Satz 2.12 Gesagte; sie können umgeordnet werden, ohne daß dabei sich ihr Grenzwert ändert.

Wir wollen noch Potenzreihen mit komplexen Gliedern betrachten. Es seien $c_n \in \mathbb{C}$ für alle $n \in \mathbb{N}_0$, und wir fragen, für welche $z \in \mathbb{C}$ die Potenzreihe $\sum\limits_{n=0}^{\infty} c_n z^n$ absolut konvergiert.

Wegen $|c_n z^n| = |c_n||z|^n$ erhalten wir aus Satz 2.14 zusammen mit Definition 2.6 und der dazugehörigen Bemerkung 1:

Die Potenzreihe $\displaystyle\sum_{n=0}^{\infty} c_n z^n$ konvergiert absolut für alle die $z \in \mathbb{C}$, für die gilt

$$|z| < \rho = \lim_{n \to \infty} \left| \frac{c_n}{c_{n+1}} \right|.$$

Für diejenigen z, für die $|z| > \rho$ gilt, divergiert dagegen die Reihe. Ist $\displaystyle\lim_{n \to \infty} \left| \frac{c_n}{c_{n+1}} \right| = \infty$, so konvergiert die Reihe absolut für alle $z \in \mathbb{C}$.

Beispiel 2.60

Für welche $z \in \mathbb{C}$ konvergiert die Potenzreihe $\displaystyle\sum_{n=0}^{\infty} \frac{z^n}{n!}$ absolut?

Wir erhalten $\rho = \displaystyle\lim_{n \to \infty} \frac{(n+1)!}{n!} = \lim_{n \to \infty} (n+1) = \infty$, also ist die Reihe $\displaystyle\sum_{n=0}^{\infty} \frac{z^n}{n!}$ für alle $z \in \mathbb{C}$ absolut konvergent.

Nach (2.17) gilt $\mathrm{e}^x = \displaystyle\sum_{n=0}^{\infty} \frac{x^n}{n!}$ für alle $x \in \mathbb{R}$. Es ist daher naheliegend, die e-Funktion auf ganz $\mathbb{C}$ durch

$$z \mapsto \mathrm{e}^z = \sum_{n=0}^{\infty} \frac{z^n}{n!} \text{ zu erklären.}$$

Wir zeigen noch, daß die Funktionalgleichung $f(z_1) \cdot f(z_2) = f(z_1 + z_2)$ der e-Funktion auch auf ganz $\mathbb{C}$ gilt. Es ist nämlich für alle $z_1, z_2 \in \mathbb{C}$ wegen Satz 2.13

$$\mathrm{e}^{z_1} \cdot \mathrm{e}^{z_2} = \left(\sum_{n=0}^{\infty} \frac{z_1^n}{n!} \right) \cdot \left(\sum_{n=0}^{\infty} \frac{z_2^n}{n!} \right) = \sum_{n=0}^{\infty} \left(\sum_{k=0}^{n} \frac{z_1^k}{k!} \cdot \frac{z_2^{n-k}}{(n-k)!} \right)$$

$$= \sum_{n=0}^{\infty} \frac{1}{n!} \left(\sum_{k=0}^{n} \binom{n}{k} z_1^k \cdot z_2^{n-k} \right) = \sum_{n=0}^{\infty} \frac{(z_1 + z_2)^n}{n!} = \mathrm{e}^{z_1 + z_2}.$$

Ist also $z = x + \mathrm{j}y$ mit $x, y \in \mathbb{R}$, dann gilt

$$\mathrm{e}^z = \mathrm{e}^{x + \mathrm{j}y} = \mathrm{e}^x \cdot \mathrm{e}^{\mathrm{j}y} \qquad\qquad (2.32)$$

Die bereits in Band 1 durch (5.18) angegebene Eulersche Formel können wir nun beweisen. Für alle $y \in \mathbb{R}$ gilt, wenn wir in $\mathrm{e}^z = \displaystyle\sum_{n=0}^{\infty} \frac{z^n}{n!}$ für z die Zahl $\mathrm{j}y$ setzen: $\mathrm{e}^{\mathrm{j}y} = \displaystyle\sum_{n=0}^{\infty} \frac{(\mathrm{j}y)^n}{n!}$.

Diese Reihe ist für alle $y \in \mathbb{R}$ absolut konvergent und kann (ohne dabei den Grenzwert zu ändern) daher umgeordnet werden. Wir erhalten wegen $\mathrm{j}^{2n} = (-1)^n$ und $\mathrm{j}^{2n+1} = \mathrm{j}(-1)^n$ für alle $n \in \mathbb{N}$:

$$\mathrm{e}^{\mathrm{j}y} = \sum_{n=0}^{\infty} \frac{(\mathrm{j}y)^n}{n!} = \sum_{n=0}^{\infty} \frac{(\mathrm{j}y)^{2n}}{(2n)!} + \sum_{n=0}^{\infty} \frac{(\mathrm{j}y)^{2n+1}}{(2n+1)!} = \sum_{n=0}^{\infty} \frac{(-1)^n y^{2n}}{(2n)!} + \mathrm{j} \sum_{n=0}^{\infty} \frac{(-1)^n y^{2n+1}}{(2n+1)!} = \cos y + \mathrm{j} \cdot \sin y,$$

wenn man noch (2.18) und (2.19) beachtet. Also ist

$$\mathrm{e}^{\mathrm{j}y} = \cos y + \mathrm{j} \cdot \sin y \quad \text{für alle } y \in \mathbb{R} \qquad\qquad (2.33)$$

und, wegen (2.32)

$$e^{x+jy} = e^x(\cos y + j \cdot \sin y) \quad \text{für alle } x, y \in \mathbb{R}. \tag{2.34}$$

Aufgaben

1. Bestimmen Sie den Konvergenzradius folgender Potenzreihen:

   a) $\sum\limits_{n=0}^{\infty} n^2 x^n$;   b) $\sum\limits_{n=0}^{\infty} \dfrac{(n+1)x^n}{2^n}$;   c) $\sum\limits_{n=0}^{\infty} 2^n(n+2)x^n$;

   d) $\sum\limits_{n=1}^{\infty} \dfrac{x^n}{n^2}$;   e) $\sum\limits_{n=1}^{\infty} \dfrac{n!}{n^n} \cdot x^n$;   f) $\sum\limits_{n=1}^{\infty} \left(\sin\dfrac{1}{n}\right) \cdot x^n$;

   g) $\sum\limits_{n=1}^{\infty} (n!) \cdot x^n$;   h) $\sum\limits_{n=1}^{\infty} \dfrac{x^n}{n \cdot \sqrt{n+1}}$;   i) $\sum\limits_{n=0}^{\infty} \dfrac{n!}{(2n)!} \cdot x^n$.

2. Wie lauten die Taylor-Reihen der nachstehenden Funktionen bez. der Stelle Null?

   a) $f(x) = e^{2+x}$;   b) $f(x) = e^{2x}$;   c) $f(x) = e^{-2x^2}$.

   Werden die Funktionen durch ihre Taylor-Reihen dargestellt?

3. Entwickeln Sie die folgenden Funktionen in eine Potenzreihe mit dem Entwicklungspunkt Null, und geben Sie den Konvergenzradius an.

   a) $f(x) = \dfrac{1}{(1+x)^2}$;   b) $f(x) = \dfrac{\ln(1+x)}{1+x}$;   c) $f(x) = e^{\sin x}$;

   d) $f(x) = \cos^2 x$;   e) $f(x) = e^x \cdot \sin x$;   f) $f(x) = \sqrt{\dfrac{1+x}{1-x}}$.

4. Mit Hilfe einer Partialbruchzerlegung gebe man die Potenzreihenentwicklung mit einem geeigneten Entwicklungspunkt von folgenden Funktionen an:

   a) $f(x) = \dfrac{x}{x^2 + x - 2}$;   b) $f(x) = \dfrac{1}{x^2 + 4x + 5}$;

   c) $f(x) = \dfrac{5 - 2x}{6 - 5x + x^2}$;   d) $f(x) = \dfrac{11 - 9x}{6 + x - 12x^2}$.

5. Summieren Sie folgende Potenzreihen und geben Sie den Konvergenzradius ρ an.

   a) $\sum\limits_{n=1}^{\infty} \dfrac{x^n}{n(n+2)}$;   b) $\sum\limits_{n=1}^{\infty} \dfrac{n}{n+1} \cdot x^n$;   c) $\sum\limits_{n=1}^{\infty} (n+3)x^n$;

   d) $\sum\limits_{n=1}^{\infty} \dfrac{n-1}{n+1} \cdot x^n$;   e) $\sum\limits_{n=1}^{\infty} \dfrac{x^n}{n(n+1)(n+2)}$.

6. Mit Hilfe der Taylor-Reihe der sin-Funktion soll sin 20° auf 6 Stellen nach dem Komma genau berechnet werden. Wieviel Glieder dieser Reihe müssen mindestens berücksichtigt werden?

7. Die Taylor-Reihen der Funktionen f_1 und f_2 mit $f_1(x) = \ln(1+x)$ und $f_2(x) = \ln(1-x)$ sind nur für $x \in (-1, 1)$ konvergent. Daher verwendet man zur Berechnung der ln-Funktionswerte die Funktion f mit $f(x) = \ln\dfrac{1+x}{1-x}$, da $\dfrac{1+x}{1-x}$ ganz $\mathbb{R}^+$ durchläuft, wenn x das Intervall $(-1, 1)$ durchläuft.

   a) Bestimmen Sie die Potenzreihe der Funktion f mit Hilfe der Taylor-Reihen von f_1 und f_2.
   b) Berechnen Sie näherungsweise ln 7 mit der in Teil a) gewonnenen Potenzreihe.

8. Um die Zahl π näherungsweise zu berechnen kann die Taylor-Reihe der arctan-Funktion verwendet werden.

a) Wieviel Glieder der Reihe $\dfrac{\pi}{4} = \displaystyle\sum_{n=0}^{\infty} \dfrac{(-1)^n}{2n+1}$ müssen berücksichtigt werden, damit der Fehler $\left(\text{für } \dfrac{\pi}{4}\right)$ kleiner als 10^{-4} wird?

b) Wie das Ergebnis in a) zeigt, konvergiert diese Reihe »langsam«. Daher wird für die näherungsweise Berechnung von π u.a. folgender Ansatz gemacht: $\dfrac{\pi}{4} = 4 \cdot \arctan \frac{1}{5} - \arctan \frac{1}{239}$. Zeigen Sie die Richtigkeit dieses Ansatzes und berechnen Sie den Fehler, den man begeht, wenn man die zugehörige Reihe dieses Ansatzes nach dem 3. Glied abbricht.

9. Die Funktion f mit $f(x) = \sqrt{x}$ ist durch eine Potenzreihe mit Entwicklungspunkt 1 darzustellen. Geben Sie das Konvergenzintervall an.

10. Durch Potenzreihenentwicklung sind folgende Grenzwerte zu berechnen:

a) $\displaystyle\lim_{x \to \infty} x \cdot \ln \dfrac{x+3}{x-3}$;   b) $\displaystyle\lim_{x \to 0} \dfrac{x - \sin x}{x \cdot \sin x}$;

c) $\displaystyle\lim_{x \to 0} \dfrac{e^{x^2 - x} + x - 1}{1 - \sqrt{1 - x^2}}$;   d) $\displaystyle\lim_{x \to 0} \dfrac{2\sqrt{1 + x^2} - x^2 - 2}{(e^{x^2} - \cos x)\sin(x^2)}$.

11. Durch Potenzreihenentwicklung des Integranden sind folgende bestimmte Integrale (näherungsweise) zu berechnen.

a) $\displaystyle\int_0^1 \dfrac{e^{x^2} - 1}{x^2 \cdot e^{x^2}} \, dx$;   b) $\displaystyle\int_0^1 \dfrac{\sin x}{x} \, dx$;   c) $\displaystyle\int_0^{0.4} \sqrt{1 + x^4} \, dx$;

d) $\displaystyle\int_0^{0.2} \sqrt{1 - x^2 - x^3} \, dx$;   e) $\displaystyle\int_0^{0.5} \dfrac{dx}{\cos x}$;   f) $\displaystyle\int_0^{\pi/2} \sqrt{1 - \tfrac{3}{4} \sin^2 2\varphi} \, d\varphi$.

12. Bestimmen Sie die Potenzreihe $f(x) = \displaystyle\sum_{n=0}^{\infty} a_n x^n$, die den folgenden Bedingungen genügt:

   $f(0) = f'(0) = 1$ und $f'' = -f$.

13. Mit Hilfe eines Potenzreihenansatzes bestimme man eine Funktion, die den folgenden Bedingungen genügt:

   $f(0) = 2$, $f'(0) = 1$ und $f'' + 2f' = 0$.

14. Die Bogenlänge l eines Kreisbogens mit Radius r, der Sehnenlänge $2a$, dem Zentriwinkel α und der Höhe h (vgl. Bild 2.15) ist nach Potenzen von $\dfrac{h}{a}$ zu entwickeln.

15. Für den Kreuzkopfabstand x eines Schubkurbelgetriebes (vgl. Bild 2.16) gilt

   $$x = l(\lambda \cdot \cos \varphi + \sqrt{1 - \lambda^2 \sin^2 \varphi}), \tag{2.35}$$

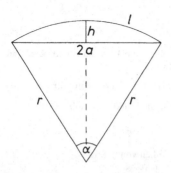

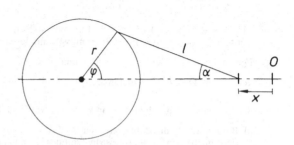

Bild 2.15: Zu Aufgabe 14   **Bild 2.16:** Zu Aufgabe 15

wobei $\lambda = \dfrac{r}{l}$ gesetzt wurde.

a) Entwickeln Sie (2.35) in Potenzen von λ.

b) Mit Hilfe von a) ist die Geschwindigkeit $v = \dot{x} = \dfrac{\mathrm{d}x}{\mathrm{d}\varphi} \cdot \omega \left(\omega = \dfrac{\mathrm{d}\varphi}{\mathrm{d}t} \text{ ist die (konstante) Winkelgeschwindigkeit} \right)$

und die Beschleunigung $a = \dot{v} = \dfrac{\mathrm{d}^2 x}{\mathrm{d}\varphi^2} \cdot \omega^2$ des Kreuzkopfes zu berechnen.

16. Lösen Sie näherungsweise die Gleichung $\cos x = x^2$.
    Anleitung: Ersetzen Sie die Kosinusfunktion durch ihr viertes Taylorpolynom.

*17. Die Funktion E sei durch die auf ganz $\mathbb{R}$ konvergente Potenzreihe

$$E(x) = \sum_{n=0}^{\infty} \frac{x^n}{n!}$$

definiert. Zeigen Sie:

a) Für jedes $x, y \in \mathbb{R}$ gilt $E(x) \cdot E(y) = E(x + y)$.
b) Mit Hilfe von a) zeige man:
   Es ist $E(x) \neq 0$ für alle $x \in \mathbb{R}$, und es gilt $E(0) = 1$.
c) Es gilt $E' = E$.
d) Die Funktion E ist äquivalent mit der in Band 1 eingeführten e-Funktion.

18. Gegeben sei die Funktion f mit $f(x) = x^2$.

a) Wie lautet die Gleichung $y = \kappa(x)$ des Scheitelkrümmungskreises?
b) Bestimmen Sie den ersten nicht verschwindenden Koeffizienten in der Taylorentwicklung der Funktion d mit $d(x) = f(x) - \kappa(x)$.

19. Durch Vergleich der zugehörigen Reihe zeige man:

a) Die Graphen der Funktionen f und φ mit $f(x) = \ln x$ und $\varphi(x) = \sqrt{x} - \dfrac{1}{\sqrt{x}}$ berühren sich an der Stelle 1 von genau zweiter Ordnung.

b) Die Graphen der Funktionen f und φ mit $f(x) = e^{-x^2}$ und $\varphi(x) = \dfrac{1}{1 + x^2}$ berühren sich an der Stelle 0 genau von dritter Ordnung.

*20. Für die von $(0, 1)$ aus gemessene Bogenlänge $s(x)$ der Funktion $x \mapsto e^x$ gilt für große x:
    $s(x) = \frac{1}{2} e^x + \sinh x + C$, wobei C eine unendliche Reihe ist.
    Begründen Sie diese Formel und geben Sie einen Näherungswert für C an.

21. Man nähere die Funktion f mit $f(x) = \int\limits_0^x \dfrac{\sin t}{t}\,\mathrm{d}t$ so durch eine ganzrationale Funktion p an, daß
    $|f(x) - p(x)| \leqq \frac{1}{2} \cdot 10^{-2}$ für alle $x \in [-2, 2]$ gilt.

22. Zeigen Sie:

Für alle $x \in [-1, 1]$ gilt $-\int\limits_0^x \dfrac{\ln(1 - t)}{t}\,\mathrm{d}t = \sum_{n=1}^{\infty} \dfrac{x^n}{n^2}$.

23. Gegeben sei die komplexe Zahl $z = \frac{1}{2}(\sqrt{3} - \mathrm{j})$. Bestimmen Sie alle natürlichen Zahlen n, für die die Summe
    $s_n = \sum_{k=0}^{n-1} z^{2k}$ reell wird.

24. Mit Hilfe des modifizierten Horner-Schemas sind die ersten acht Glieder (bis x^7) der Potenzreihe mit Entwicklungspunkt 0 der folgenden Funktionen zu berechnen.

a) $f(x) = \dfrac{\cos x}{\cosh x}$; b) $f(x) = e^{-x}\cos x$; c) $f(x) = \dfrac{x}{\sin x}$; d) $f(x) = x^2 \cot x$.

2.3 Fourier-Reihen

In der Praxis treten häufig periodische Vorgänge auf (z.B. Schwingungen in der Akustik, Optik und Elektrotechnik usw.), die nicht immer durch trigonometrische Funktionen darstellbar sind.

Als Beispiel sei nur die Sägezahnspannung u mit $u(t) = u_0\left(\dfrac{t}{2\pi} - \left[\dfrac{t}{2\pi}\right]\right)$ erwähnt (vgl. Bild 2.17).

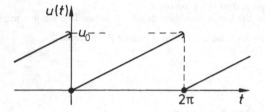

Bild 2.17: Sägezahnspannung

Man kann nun versuchen, periodische Funktionen mit Hilfe sogenannter trigonometrischen Reihen anzunähern bzw. darzustellen, ähnlich, wie im vorigen Abschnitt Funktionen durch Potenzreihen dargestellt wurden.

2.3.1 Trigonometrische Reihen und Fourier-Reihen

Definition 2.10

> Gegeben seien zwei Folgen $\langle a_n \rangle$ mit $n \in \mathbb{N}_0$ und $\langle b_n \rangle$ mit $n \in \mathbb{N}$, dann nennt man
>
> $$\frac{a_0}{2} + \sum_{n=1}^{\infty} (a_n \cos nx + b_n \sin nx) \qquad (2.36)$$
>
> **trigonometrische Reihe.**

Bemerkungen:

1. Ist in (2.36) $b_n = 0$ für alle $n \in \mathbb{N}$, so spricht man von einer (reinen) Kosinusreihe:

$$\frac{a_0}{2} + \sum_{n=1}^{\infty} a_n \cos nx = \frac{a_0}{2} + a_1 \cos x + a_2 \cos 2x + \cdots$$

Ist $a_n = 0$ für alle $n \in \mathbb{N}_0$, so nennt man (2.36) eine (reine) Sinusreihe:

$$\sum_{n=1}^{\infty} b_n \sin nx = b_1 \sin x + b_2 \sin 2x + b_3 \sin 3x + \cdots.$$

2. Ist die trigonometrische Reihe (2.36) für alle $x \in \mathbb{R}$ konvergent, so wird durch (2.36) eine auf $\mathbb{R}$ definierte Funktion $f : x \mapsto \dfrac{a_0}{2} + \sum_{n=1}^{\infty} (a_n \cos nx + b_n \sin nx)$ dargestellt, und man sagt, die trigonometrische Reihe ist **punktweise konvergent gegen die Funktion** f. In diesem Fall ist f eine

2π-periodische Funktion, da für alle $x \in \mathbb{R}$ gilt:

$$f(x + 2\pi) = \frac{a_0}{2} + \sum_{n=1}^{\infty} (a_n \cos n(x + 2\pi) + b_n \sin n(x + 2\pi))$$

$$= \frac{a_0}{2} + \sum_{n=1}^{\infty} (a_n \cos nx + b_n \sin nx) = f(x).$$

Satz 2.20

Wenn die Reihen $\sum_{n=1}^{\infty} a_n$ und $\sum_{n=1}^{\infty} b_n$ absolut konvergent sind, dann gilt:

a) Die trigonometrische Reihe

$$\frac{a_0}{2} + \sum_{n=1}^{\infty} (a_n \cos nx + b_n \sin nx) \qquad (2.37)$$

ist für alle $x \in \mathbb{R}$ konvergent.

b) Die Funktion f mit $f(x) = \frac{a_0}{2} + \sum_{n=1}^{\infty} (a_n \cos nx + b_n \sin nx)$ ist auf $\mathbb{R}$ stetig.

Beweis:

Wir zeigen nur Teil a)

Wegen $|\sin nx| \leq 1$ und $|\cos nx| \leq 1$ für alle $x \in \mathbb{R}$ und alle $n \in \mathbb{N}$ folgt mit der Dreiecksungleichung

$$|a_n \cos nx + b_n \sin nx| \leq |a_n \cos nx| + |b_n \sin nx| \leq |a_n| + |b_n|,$$

womit wir eine für alle $x \in \mathbb{R}$ konvergente Majorante der trigonometrischen Reihe (2.37) haben. ●

Bemerkung:

Es gibt aber auch trigonometrische Reihen, z.B. $\sum_{n=1}^{\infty} \frac{\sin nx}{n}$, die auf ganz $\mathbb{R}$ konvergieren, obwohl die zugehörigen Koeffizientenreihen, in diesem Beispiel $\sum_{n=1}^{\infty} \frac{1}{n}$, nicht absolut konvergent sind. Wir werden später zeigen (vgl. Beispiel 2.64), daß die Reihe $\sum_{n=1}^{\infty} \frac{\sin nx}{n}$ für alle $x \in \mathbb{R}$ konvergiert.

Beispiel 2.61

a) Die trigonometrische Reihe $\sum_{n=1}^{\infty} \left(\frac{\cos nx}{n^2} + \frac{\sin nx}{(n+1)^2} \right)$ ist wegen Satz 2.20 für alle $x \in \mathbb{R}$ konvergent und stellt somit eine auf $\mathbb{R}$ definierte Funktion f dar. Wir schreiben

$$f(x) = \sum_{n=1}^{\infty} \left(\frac{\cos nx}{n^2} + \frac{\sin nx}{(n+1)^2} \right) = \cos x + \frac{1}{4} \cdot \sin x + \frac{\cos 2x}{4} + \frac{\sin 2x}{9} + \cdots.$$

b) Die cos-Reihe $\sum_{n=1}^{\infty} \frac{\cos(2n-1)x}{(2n-1)^2} = \cos x + \frac{\cos 3x}{3^2} + \frac{\cos 5x}{5^2} + \cdots$ ist für alle $x \in \mathbb{R}$ konvergent.

Es seien $\langle a_n \rangle$ mit $n \in \mathbb{N}_0$ und $\langle b_n \rangle$ mit $n \in \mathbb{N}$ zwei Folgen, deren zugehörige Reihen absolut konvergent sind. Dann ist die trigonometrische Reihe (2.36) nach Satz 2.20 für alle $x \in \mathbb{R}$ konvergent und stellt eine auf $\mathbb{R}$ stetige Funktion f dar, also ist

$$f(x) = \frac{a_0}{2} + \sum_{n=1}^{\infty} (a_n \cos nx + b_n \sin nx). \tag{2.38}$$

Es besteht nun ein enger Zusammenhang zwischen den Koeffizienten a_n, b_n und der Funktion f, den wir im folgenden herleiten wollen. Dazu integrieren wir zunächst (2.38) über $[-\pi, \pi]$, was möglich ist, da f auf $\mathbb{R}$ stetig ist.

$$\int_{-\pi}^{\pi} f(x)\,dx = \int_{-\pi}^{\pi} \left[\frac{a_0}{2} + \sum_{n=1}^{\infty} (a_n \cos nx + b_n \sin nx) \right] dx. \tag{2.39}$$

Da $\sum_{n=1}^{\infty} a_n$ und $\sum_{n=1}^{\infty} b_n$ absolut konvergent sind, darf (wie man zeigen kann) auf der rechten Seite von (2.39) gliedweise integriert werden.

$$\int_{-\pi}^{\pi} f(x)\,dx = \int_{-\pi}^{\pi} \frac{a_0}{2}\,dx + \sum_{n=1}^{\infty} \int_{-\pi}^{\pi} a_n \cos nx\,dx + \sum_{n=1}^{\infty} \int_{-\pi}^{\pi} b_n \sin nx\,dx.$$

Wegen $\int_{-\pi}^{\pi} \cos nx\,dx = \int_{-\pi}^{\pi} \sin nx\,dx = 0$ für alle $n \in \mathbb{N}$ und $\int_{-\pi}^{\pi} \frac{a_0}{2}\,dx = \pi a_0$ folgt

$$a_0 = \frac{1}{\pi} \int_{-\pi}^{\pi} f(x)\,dx.$$

Damit haben wir einen Zusammenhang zwischen f und dem Koeffizienten a_0.

Um entsprechende Beziehungen zwischen den Koeffizienten a_n und der Funktion f zu erhalten, multiplizieren wir (2.38) mit $\cos mx$, wobei $m \in \mathbb{N}$ sei, und integrieren über $[-\pi, \pi]$.

$$\int_{-\pi}^{\pi} f(x) \cdot \cos mx\,dx = \int_{-\pi}^{\pi} \left[\frac{a_0}{2} \cos mx + \sum_{n=1}^{\infty} (a_n \cos nx \cdot \cos mx + b_n \sin nx \cdot \cos mx) \right] dx.$$

Es darf gliedweise integriert werden. Unter Berücksichtigung von

$$\int_{-\pi}^{\pi} \cos mx\,dx = \int_{-\pi}^{\pi} \sin nx \cdot \cos mx\,dx = 0 \quad \text{für alle } n, m \in \mathbb{N} \text{ und}$$

$$\int_{-\pi}^{\pi} \cos nx \cdot \cos mx\,dx = \begin{cases} 0 & \text{für } n \neq m \\ \pi & \text{für } n = m \end{cases}$$

(vgl. Band 1, Aufgabe 11 zu Abschnitt 9.3, Lösung auf Seite 605) erhalten wir

$$a_m = \frac{1}{\pi} \int_{-\pi}^{\pi} f(x) \cdot \cos mx\,dx \quad \text{für alle } m \in \mathbb{N}.$$

Entsprechend erhält man, wenn (2.38) mit $\sin mx$ multipliziert und anschließend integriert wird

$$b_m = \frac{1}{\pi} \int_{-\pi}^{\pi} f(x) \cdot \sin mx\,dx.$$

Damit hat man

$$a_n = \frac{1}{\pi} \int_{-\pi}^{\pi} f(x) \cdot \cos nx \, dx \quad \text{für alle } n \in \mathbb{N}_0$$

$$b_n = \frac{1}{\pi} \int_{-\pi}^{\pi} f(x) \cdot \sin nx \, dx \quad \text{für alle } n \in \mathbb{N}.$$

(2.40)

Da die Integranden 2π-periodisch sind, kann jedes Intervall der Länge 2π als Integrationsintervall (vgl. Band 1, Beispiel 9.12) verwendet werden, so z.B. $[0, 2\pi]$.

Ist f eine gerade Funktion, so ist

$$a_n = \frac{2}{\pi} \cdot \int_{0}^{\pi} f(x) \cdot \cos nx \, dx \quad \text{für alle } n \in \mathbb{N}_0$$

$$b_n = 0 \qquad\qquad\qquad \text{für alle } n \in \mathbb{N}.$$

(2.41)

Ist f eine ungerade Funktion, dann gilt

$$a_n = 0 \qquad\qquad\qquad \text{für alle } n \in \mathbb{N}_0$$

$$b_n = \frac{2}{\pi} \cdot \int_{0}^{\pi} f(x) \cdot \sin nx \, dx \quad \text{für alle } n \in \mathbb{N}.$$

(2.42)

Die Formeln (2.40) haben auch dann einen Sinn, wenn die Funktion f nicht durch eine trigonometrische Reihe gegeben ist. Es genügt offensichtlich die Integrierbarkeit von f über $[-\pi, \pi]$. Das führt zu folgender

Definition 2.11

Es sei f über $[-\pi, \pi]$ integrierbar. Dann heißen die Zahlen a_n und b_n mit

$$a_n = \frac{1}{\pi} \cdot \int_{-\pi}^{\pi} f(x) \cdot \cos nx \, dx, \quad n \in \mathbb{N}_0$$

$$b_n = \frac{1}{\pi} \int_{-\pi}^{\pi} f(x) \cdot \sin nx \, dx, \quad n \in \mathbb{N}$$

die **Fourier-Koeffizienten der Funktion** f und die mit Hilfe dieser Fourier-Koeffizienten gebildete trigonometrische Reihe

$$\frac{a_0}{2} + \sum_{n=1}^{\infty} (a_n \cos nx + b_n \sin nx)$$

die **zur Funktion** f **gehörende Fourier-Reihe.**

Schreibweise: $f(x) \sim \dfrac{a_0}{2} + \sum\limits_{n=1}^{\infty} (a_n \cos nx + b_n \sin nx)$.

Bemerkung:

Die Bestimmung der Fourier-Koeffizienten einer Funktion heißt **harmonische Analyse**.

Beispiel 2.62

Wir wollen die Fourier-Reihe der auf $[-\pi, \pi]$ definierten Funktion f mit $f(x) = x$ für alle $x \in [-\pi, \pi]$ ermitteln.

Da f ungerade ist, kann (2.42) verwendet werden. Für die Fourier-Koeffizienten erhalten wir damit

$$a_n = 0 \quad \text{für alle } n \in \mathbb{N}_0 \text{ und}$$

$$b_n = \frac{2}{\pi} \cdot \int_0^\pi x \cdot \sin nx \, dx = \frac{2}{\pi} \left[\frac{\sin nx}{n^2} - \frac{x \cdot \cos nx}{n} \right]_0^\pi = -\frac{2}{\pi} \cdot \frac{\pi}{n} \cdot \cos n\pi = (-1)^{n+1} \cdot \frac{2}{n},$$

daher lautet die Fourier-Reihe s dieser Funktion:

$$s(x) = 2 \cdot \sum_{n=1}^\infty \frac{(-1)^{n+1}}{n} \cdot \sin nx = 2 \left(\sin x - \frac{\sin 2x}{2} + \frac{\sin 3x}{3} - + \cdots \right). \tag{2.43}$$

Man kann zeigen, daß (2.43) für alle $x \in \mathbb{R}$ konvergiert. Nach Bemerkung 2 zu Definition 2.10 ist s eine 2π-periodische Funktion, wohingegen f nur auf $[-\pi, \pi]$ definiert ist, also ist für dieses Beispiel $s \neq f$, d.h. die Fourier-Reihe s von f stellt die Funktion f nicht dar. Auch die naheliegende Vermutung, daß die zu einer integrierbaren Funktion f gehörende (konvergente) Fourier-Reihe für alle $x \in [-\pi, \pi]$ mit $f(x)$ übereinstimmt ist nicht immer richtig. So ist in Beispiel 2.62 $s(\pi) = 0$, da für $x = \pi$ alle Summanden von (2.43) verschwinden, aber $f(\pi) = \pi$. Man sieht das auch, wenn man eine integrierbare Funktion f an endlich vielen Stellen abändert und dadurch eine neue Funktion g erhält. Aufgrund dieser Änderung ist $f \neq g$. Die Fourier-Koeffizienten von f und g sind jedoch gleich, da das Abändern eines Integranden an endlich vielen Stellen den Wert des Integrals nicht ändert (vgl. dazu Band 1, Beispiel 9.6). Also haben in diesem Fall f und g die gleiche Fourier-Reihe, obwohl $f \neq g$ ist.

Es ergeben sich zunächst folgende zwei Fragen:

1. Für welche $x \in \mathbb{R}$ konvergiert die Fourier-Reihe einer auf $[-\pi, \pi]$ integrierbaren Funktion?

2. Wenn die Fourier-Reihe für gewisse $x \in \mathbb{R}$ konvergiert, stimmt dann der Wert der Fourier-Reihe mit dem Funktionswert überein?

Daß die zweite Frage im allgemeinen zu verneinen ist, wurde schon oben ausgeführt. Zur ersten Frage: Es gibt sogar stetige Funktionen, deren Fourier-Reihen nicht für alle $x \in \mathbb{R}$ konvergieren. Konvergiert die Fourier-Reihe einer Funktion f für alle $x \in [-\pi, \pi]$, so konvergiert sie für alle $x \in \mathbb{R}$, da sie dann eine 2π-periodische Funktion darstellt. Insofern ist es zweckmäßig, die auf $[-\pi, \pi]$ definierte Funktion f, deren zugehörige Fourier-Reihe ermittelt werden soll, 2π-periodisch auf ganz $\mathbb{R}$ fortzusetzen[1]).

Wir wollen nun eine hinreichende Bedingung für Funktionen angeben, deren zugehörige Fourier-Reihen konvergieren. Dazu benötigen wir folgende

---

[1]) Um eine auf $[-\pi, \pi]$ definierte Funktion 2π-periodisch fortsetzen zu können, muß $f(-\pi) = f(\pi)$ sein. Gegebenenfalls ist der Wert der Funktion f an der Stelle π bzw. $-\pi$ abzuändern.

Definition 2.12

> Die Funktion $f:[a,b] \to \mathbb{R}$ heißt auf $[a,b]$ **stückweise stetig**, wenn f auf $[a,b]$ bis auf endlich viele Sprungstellen stetig ist.
>
> Sie heißt auf $[a,b]$ **stückweise glatt**, wenn f und f' auf $[a,b]$ stückweise stetig sind.

In Bild 2.18 sind die Graphen einiger auf $[-\pi, \pi]$ stückweise glatten Funktionen dargestellt.

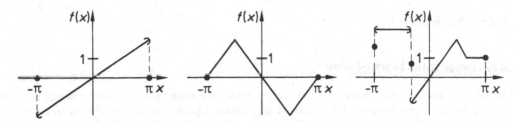

Bild 2.18: Stückweise glatte Funktionen

Es gilt folgender

Satz 2.21

> Es sei f eine auf $\mathbb{R}$ definierte, 2π-periodische und auf $[-\pi, \pi]$ stückweise glatte Funktion. Dann konvergiert die zu f gehörende Fourier-Reihe s mit
>
> $$s(x) = \frac{a_0}{2} + \sum_{n=1}^{\infty} (a_n \cos nx + b_n \sin nx)$$
>
> für alle $x \in \mathbb{R}$, und es gilt:
>
> $$s(x) = \tfrac{1}{2} \cdot (f(x+0) + f(x-0)) \quad \text{für alle } x \in \mathbb{R}.$$

Bemerkungen:

1. Mit $f(x+0)$ bzw. $f(x-0)$ sind die Grenzwerte $\lim\limits_{t \downarrow x} f(t)$ bzw. $\lim\limits_{t \uparrow x} f(t)$ bezeichnet. Ist f also an der Stelle $x \in \mathbb{R}$ insbesondere stetig, d.h. $f(x+0) = f(x-0)$, so ist offensichtlich $s(x) = f(x)$. In allen Stetigkeitspunkten von f ist daher der Wert der Fourier-Reihe von f gleich dem Funktionswert. Wenn also f auf $\mathbb{R}$ zusätzlich stetig ist, dann gilt:

   $$f(x) = \frac{a_0}{2} + \sum_{n=1}^{\infty} (a_n \cos nx + b_n \sin nx) \quad \text{für alle } x \in \mathbb{R}.$$

2. Hat f in $x \in \mathbb{R}$ eine Sprungstelle, so nimmt die Fourier-Reihe von f dort das arithmetische Mittel der einseitigen Grenzwerte an.

3. Die Bedingung, daß f auf $[-\pi, \pi]$ stückweise glatt ist, ist nur hinreichend. Es sind Funktionen bekannt, die nicht stückweise glatt sind, deren zugehörige Fourier-Reihen aber trotzdem konvergent sind. In der Praxis ist meist jedoch diese hinreichende Bedingung ausreichend.

Mit Satz 2.21 haben wir nun die Möglichkeit, 2π-periodische Funktionen mit Hilfe ihrer zugehörigen Fourier-Reihe darzustellen, was ja zunächst auch unser Anliegen war. Teilsummen der zu f gehörenden Fourier-Reihen werden in diesem Zusammenhang als **Näherung von** f benutzt, so heißt beispielsweise $s_0 = \dfrac{a_0}{2}$ die 0. Näherung, $s_1(x) = \dfrac{a_0}{2} + a_1 \cos x + b_1 \sin x$ die 1. Näherung, allgemein

$$s_n(x) = \frac{a_0}{2} + \sum_{k=1}^{n} (a_k \cos kx + b_k \sin kx)$$

die *n*-te **Näherung von** *f.*

2.3.2 Beispiele von Fourier-Reihen

In diesem Abschnitt wollen wir die zugehörigen Fourier-Reihen von Funktionen berechnen, die häufig in der Praxis (hauptsächlich in der Elektrotechnik) auftreten. Da es sich dabei meist um sogenannte Zeitfunktionen handelt (d.h. die unabhängige Variable ist die Zeit), wollen wir in diesen Beispielen die unabhängige Veränderliche mit t bezeichnen.

Beispiel 2.63 (Rechteckpuls)

Es sei f die 2π-periodische Funktion mit

$$f(t) = \begin{cases} A & \text{für } |t| < \tfrac{1}{2}\pi \\[2mm] \dfrac{A}{2} & \text{für } |t| = \tfrac{1}{2}\pi \\[2mm] 0 & \text{für } \tfrac{1}{2}\pi < |t| \leq \pi. \end{cases}$$

Der Graph dieser Funktion ist in Bild 2.19 dargestellt.

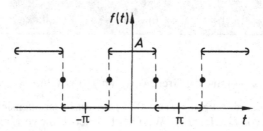

Bild 2.19: Rechteckpuls

Da f stückweise glatt auf $[-\pi, \pi]$ ist und außerdem der Funktionswert an den Sprungstellen gleich dem arithmetischen Mittel der einseitigen Grenzwerte ist $\left(\text{z.B. ist } f\left(\dfrac{\pi}{2} - 0\right) = A, \right.$ $\left. f\left(\dfrac{\pi}{2} + 0\right) = 0 \right)$, kann Satz 2.21 angewendet werden. Also stellt die zu f gehörende Fourier-Reihe die Funktion f für alle $t \in \mathbb{R}$ dar.

Berechnung der Fourier-Koeffizienten von f:

f ist gerade, daher kann (2.41) verwendet werden. Wir erhalten

für $n = 0$:

$$a_0 = \frac{2}{\pi} \int_0^\pi f(t)\,\mathrm{d}t = \frac{2}{\pi} \int_0^{\pi/2} A\,\mathrm{d}t = A.$$

für $n \in \mathbb{N}$:

$$a_n = \frac{2}{\pi} \int_0^\pi f(t)\cdot\cos nt\,\mathrm{d}t = \frac{2A}{\pi} \int_0^{\pi/2} \cos nt\,\mathrm{d}t = \frac{2A}{n\pi}\cdot\sin\frac{n\pi}{2} = \begin{cases} \dfrac{2A(-1)^{k+1}}{(2k-1)\cdot\pi} & \text{für } n = 2k-1 \\[2mm] 0 & \text{für } n = 2k. \end{cases}$$

Nach Satz 2.21 gilt also, weil nach (2.41) $b_n = 0$ ist für alle $n \in \mathbb{N}$:

$$f(t) = \frac{A}{2} + \frac{2A}{\pi} \sum_{n=1}^\infty \frac{(-1)^{n+1}}{2n-1}\cdot\cos(2n-1)t = \frac{A}{2} + \frac{2A}{\pi}\left(\cos t - \frac{\cos 3t}{3} + \frac{\cos 5t}{5} - + \cdots \right). \quad (2.44)$$

In der Schwingungslehre spricht man in diesem Zusammenhang von der Grundschwingung und den Oberschwingungen eines periodischen Vorganges.

In Bild 2.20 sind die Näherungen

$$s_0(t) = \frac{A}{2}, \quad s_1(t) = \frac{A}{2} + \frac{2A}{\pi}\cdot\cos t,$$

$$s_3(t) = \frac{A}{2} + \frac{2A}{\pi}\cdot\cos t - \frac{2A}{3\pi}\cdot\cos 3t \text{ und}$$

$$s_5(t) = \frac{A}{2} + \frac{2A}{\pi}\cdot\cos t - \frac{2A}{3\pi}\cdot\cos 3t + \frac{2A}{5\pi}\cdot\cos 5t,$$

sowie der Graph von f eingezeichnet.

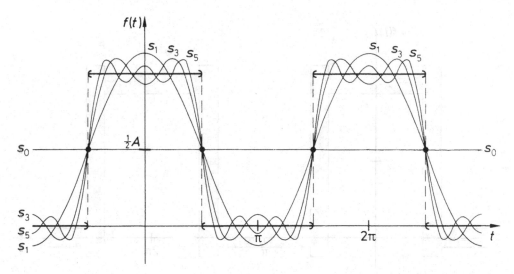

Bild 2.20: Näherungen und Graph des Rechteckpulses

Um die Konvergenz der Fourier-Reihe des Rechteckpulses deutlicher zu zeigen, haben wir in Bild 2.21 die neunzehnte Näherung eingezeichnet. Aus diesem Bild entnimmt man u.a. ein eigenartiges Verhalten der Teilsummen der Fourier-Reihe an den Sprungstellen, das als **Gibbssches Phänomen** bekannt ist. Man sieht sehr deutlich, daß die Teilsummen an den Sprungstellen » überschwingen«, d.h. daß in einer (kleinen) Umgebung der Sprungstellen die Näherungen s_n ein Maximum bzw. Minimum aufweisen. Man kann zeigen, daß die Teilsummen den rechtsseitigen Grenzwert (vorausgesetzt, daß die Funktion an der Sprungstelle streng monoton wächst) an der Sprungstelle

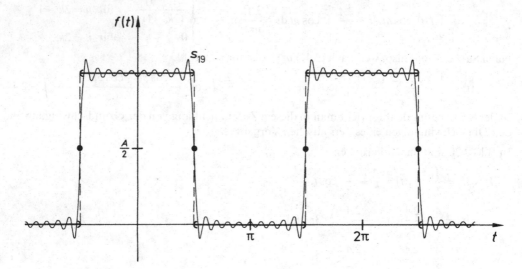

Bild 2.21: Das Gibbssche Phänomen

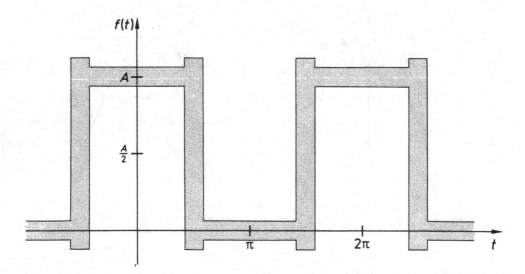

Bild 2.22: Das Gibbssche Phänomen

immer um etwa das 0,09fache der Sprunghöhe übersteigen. Entsprechendes gilt für den links-seitigen Grenzwert. Dieses »Überschwingen« wird also mit wachsendem n nicht kleiner, es verlagert sich lediglich die Maximum- bzw. Minimumstelle von s_n und zwar nähern sie sich immer mehr der Sprungstelle, so daß ab einem »gewissen« n alle Teilsummen s_n der Fourier-Reihe obiger Funktion in dem in Bild 2.22 schraffierten Bereich liegen.

Aus (2.44) erhalten wir, wenn wir dort $t = 0$ setzen (wegen $f(0) = A$):

$$A = \frac{A}{2} + \frac{2A}{\pi} \cdot \sum_{n=1}^{\infty} \frac{(-1)^{n+1}}{2n-1}, \text{ woraus}$$

$$\frac{\pi}{4} = \sum_{n=1}^{\infty} \frac{(-1)^{n+1}}{2n-1} = 1 - \tfrac{1}{3} + \tfrac{1}{5} - \tfrac{1}{7} + - \cdots$$

folgt, was wir bereits in Beispiel 2.45 auf andere Weise gezeigt haben.

Beispiel 2.64 (Sägezahn)

Es sei f 2π-periodisch mit

$$f(t) = \begin{cases} \dfrac{A}{2\pi} t - \dfrac{A}{2} & \text{für } 0 < t < 2\pi \\ 0 & \text{für } t = 0. \end{cases}$$

In Bild 2.23 ist der Graph dieser Funktion gezeichnet.

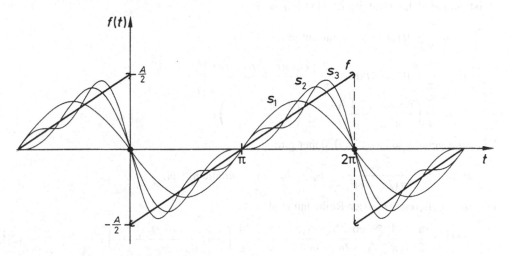

Bild 2.23: Sägezahnfunktion und ihre ersten drei Näherungen

f erfüllt die Bedingungen von Satz 2.21. Der Funktionswert an den Sprungstellen ist wiederum das arithmetische Mittel der einseitigen Grenzwerte, so daß die zu f gehörende Fourier-Reihe die Funktion f in allen Punkten darstellt.

Da f ungerade ist, kann (2.42) verwendet werden, also ist

$$a_n = 0 \quad \text{für alle } n \in \mathbb{N}_0 \text{ und}$$

$$b_n = \frac{2}{\pi} \int\limits_0^\pi \left(\frac{A}{2\pi} t - \frac{A}{2} \right) \sin nt \, \mathrm{d}t = \frac{A}{\pi^2} \left[\frac{\sin nt}{n^2} - \frac{t \cdot \cos nt}{n} \right]_0^\pi + \frac{A}{\pi} \left[\frac{\cos nt}{n} \right]_0^\pi$$

$$= \frac{A}{\pi^2} \cdot \frac{\pi \cdot \cos n\pi}{n} + \frac{A}{\pi} \left(\frac{\cos n\pi}{n} - \frac{1}{n} \right) = -\frac{A}{\pi} \cdot \frac{1}{n}.$$

Die Fourier-Reihe von f lautet daher

$$f(t) = -\frac{A}{\pi} \cdot \sum_{n=1}^\infty \frac{\sin nt}{n} = -\frac{A}{\pi} \left(\sin t + \frac{\sin 2t}{2} + \frac{\sin 3t}{3} + \cdots \right).$$

In Bild 2.23 sind die ersten drei Näherungen von f dargestellt.

Der Fourier-Reihe der Sägezahnfunktion entnimmt man, daß die Sägezahnfunktion aus lauter Sinusschwingungen besteht, die als Frequenzen alle ganzzahligen Vielfachen der Frequenz $\frac{1}{2\pi}$, nämlich $f_1 = \frac{1}{2\pi}, f_2 = \frac{2}{2\pi}, f_3 = \frac{3}{2\pi}$, usw. enthält. Dabei sind die auftretenden Sinusschwingungen alle in Phase. So können beispielsweise aus einer Sägezahnspannung mit Hilfe von Filtern diese Sinusschwingungen phasengleich entnommen werden.

Da nach Satz 2.21 die Fourier-Reihe von f für alle $t \in \mathbb{R}$ konvergiert, ist die Behauptung in Bemerkung zu Satz 2.20 gezeigt.

Beispiel 2.65 (Dreieckpuls)

Es sei f 2π-periodisch mit $f(t) = |t|$ für $-\pi \leqq t \leqq \pi$ (vgl. Bild 2.24).
f ist gerade, daher folgt mit (2.41) für $n = 0$:

$$a_0 = \frac{2}{\pi} \int\limits_0^\pi |t| \, \mathrm{d}t = \pi, \quad \text{und für alle } n \in \mathbb{N}:$$

$$a_n = \frac{2}{\pi} \int\limits_0^\pi |t| \cos nt \, \mathrm{d}t = \frac{2}{\pi} \left[\frac{\cos nt}{n^2} + \frac{t \cdot \sin nt}{n} \right]_0^\pi$$

$$= \frac{2}{\pi} \left(\frac{\cos n\pi}{n^2} - \frac{1}{n^2} \right) = \frac{2}{\pi} \left(\frac{(-1)^n}{n^2} - \frac{1}{n^2} \right).$$

Ist also n gerade, so ist $a_n = 0$, daher gilt:

$$a_{2n-1} = -\frac{4}{\pi(2n-1)^2}, \quad a_{2n} = b_n = 0 \quad \text{für alle } n \in \mathbb{N}.$$

Die zu f gehörende Fourier-Reihe lautet also:

$$f(t) = \frac{\pi}{2} - \frac{4}{\pi} \sum_{n=1}^\infty \frac{\cos(2n-1)t}{(2n-1)^2} = \frac{\pi}{2} - \frac{4}{\pi} \left(\cos t + \frac{\cos 3t}{3^2} + \cdots \right). \tag{2.45}$$

Die Funktionswerte von f stimmen (nach Satz 2.21) mit den Werten der Fourier-Reihe überein. Insbesondere erhält man aus (2.45) für $t = 0$ die Beziehung

$$0 = \frac{\pi}{2} - \frac{4}{\pi} \sum_{n=0}^\infty \frac{1}{(2n-1)^2}, \quad \text{woraus} \quad \frac{\pi^2}{8} = 1 + \frac{1}{3^2} + \frac{1}{5^2} + \cdots$$

folgt.

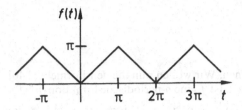

Bild 2.24: Dreieckpuls

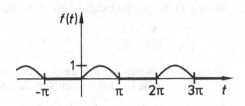

Bild 2.25: Einweggleichrichter

Beispiel 2.66 (Einweggleichrichter)

Es sei f eine 2π-periodische Funktion mit

$$f(t) = \begin{cases} 0 & \text{für } -\pi \prec t \prec 0 \\ \sin t & \text{für } 0 \leq t \leq \pi \end{cases} \quad \text{(vgl. Bild 2.25)}$$

f erfüllt die Voraussetzungen von Satz 2.21 und ist darüberhinaus auf $\mathbb{R}$ stetig.

Wir erhalten wegen (2.40) (beachte, daß der Integrand auf $[-\pi, 0]$ die Nullfunktion ist):

$$a_0 = \frac{1}{\pi} \int_0^\pi \sin t \, dt = -\frac{1}{\pi} \cdot \cos t \Big|_0^\pi = \frac{2}{\pi},$$

$$a_1 = \frac{1}{\pi} \int_0^\pi (\sin t) \cdot (\cos t) \, dt = \frac{1}{2\pi} \cdot \sin^2 t \Big|_0^\pi = 0$$

und für alle $n \in \mathbb{N} \setminus \{1\}$:

$$a_n = \frac{1}{\pi} \int_0^\pi (\sin t)(\cos nt) \, dt = \frac{1}{\pi} \left[-\frac{\cos(n+1)t}{2(n+1)} + \frac{\cos(n-1)t}{2(n-1)} \right]_0^\pi$$

$$= \frac{1}{\pi} \left(\frac{\cos(n-1)\pi}{2(n-1)} - \frac{\cos(n+1)\pi}{2(n+1)} + \frac{1}{2(n+1)} - \frac{1}{2(n-1)} \right)$$

$$= \frac{1}{\pi} \left(\frac{(-1)^{n+1}}{2(n-1)} - \frac{(-1)^{n+1}}{2(n+1)} + \frac{1}{2(n+1)} - \frac{1}{2(n-1)} \right),$$

d.h $a_{2n+1} = 0$ und $a_{2n} = -\frac{2}{\pi} \cdot \frac{1}{(2n+1)(2n-1)}$ für alle $n \in \mathbb{N} \setminus \{1\}$.

$$b_1 = \frac{1}{\pi} \int_0^\pi \sin^2 t \cdot dt = \frac{1}{\pi} [\tfrac{1}{2}t - \tfrac{1}{4}\sin 2t]_0^\pi = \tfrac{1}{2},$$

für alle $n \in \mathbb{N} \setminus \{1\}$:

$$b_n = \frac{1}{\pi} \int_0^\pi (\sin t)(\sin nt) \, dt = \frac{1}{\pi} \left[\frac{\sin(n-1)t}{2(n-1)} - \frac{\sin(n+1)t}{2(n+1)} \right]_0^\pi = 0.$$

Daher lautet die zu f gehörende Fourier-Reihe:

$$f(t) = \frac{1}{\pi} + \frac{1}{2} \cdot \sin t - \frac{2}{\pi} \sum_{n=1}^\infty \frac{\cos 2nt}{(2n-1)(2n+1)} = \frac{1}{\pi} + \frac{1}{2} \cdot \sin t - \frac{2}{\pi} \left(\frac{\cos 2t}{1 \cdot 3} + \frac{\cos 4t}{3 \cdot 5} + \frac{\cos 6t}{5 \cdot 7} + \cdots \right)$$

Wegen $f(0) = 0$ ergibt sich für $t = 0$ die Beziehung:

$$\frac{1}{1\cdot 3} + \frac{1}{3\cdot 5} + \frac{1}{5\cdot 7} + \cdots = \frac{1}{2}.$$

Bisher betrachteten wir nur 2π-periodische Funktionen. Wir wollen nun die den Formeln (2.40) für p-periodische Funktionen entsprechenden herleiten. Ist f eine p-periodische Funktion $(p > 0)$, dann ist g mit $g(x) = f\left(\dfrac{p}{2\pi} x\right)$ eine 2π-periodische Funktion. In der Tat gilt für alle $k \in \mathbb{Z}$ und alle $x \in \mathbb{R}$:

$$g(x + 2k\pi) = f\left(\frac{p}{2\pi}(x + 2k\pi)\right) = f\left(\frac{p}{2\pi} x + kp\right) = f\left(\frac{p}{2\pi} x\right) = g(x).$$

Aus (2.40) ergibt sich

$$a_n = \frac{1}{\pi} \int_{-\pi}^{\pi} g(x) \cdot \cos nx\, dx = \frac{1}{\pi} \int_{-\pi}^{\pi} f\left(\frac{p}{2\pi} x\right) \cdot \cos nx\, dx.$$

Durch die Substitution $u = \dfrac{p}{2\pi} x$, also $dx = \dfrac{2\pi}{p} du$ ergibt sich daraus

$$a_n = \frac{2}{p} \int_{-p/2}^{p/2} f(u) \cdot \cos n\frac{2\pi}{p} u\, du,$$

oder, da die Integration über eine Periode erfolgt:

$$a_n = \frac{2}{p} \int_0^p f(x) \cdot \cos\frac{2\pi}{p} nx\, dx \quad \text{für alle } n \in \mathbb{N}_0,$$

ebenso erhält man

$$b_n = \frac{2}{p} \int_0^p f(x) \cdot \sin\frac{2\pi}{p} nx\, dx \quad \text{für alle } n \in \mathbb{N}.$$

Damit erhalten wir:

Es sei f über $[0, p]$ integrierbar. Dann heißen die Zahlen a_n und b_n mit

$$a_n = \frac{2}{p} \int_0^p f(x) \cdot \cos\frac{2\pi}{p} nx\, dx \quad \text{für alle } n \in \mathbb{N}_0,$$

$$b_n = \frac{2}{p} \int_0^p f(x) \cdot \sin\frac{2\pi}{p} nx\, dx \quad \text{für alle } n \in \mathbb{N}$$

(2.46)

die Fourier-Koeffizienten der Funktion f und die mit Hilfe dieser Fourier-Koeffizienten gebildete trigonometrische Reihe

$$\frac{a_0}{2} + \sum_{n=1}^{\infty} \left(a_n \cdot \cos\frac{2\pi}{p} nx + b_n \cdot \sin\frac{2\pi}{p} nx \right)$$

die zur Funktion f gehörende Fourier-Reihe.

Beispiel 2.67

Es sei f eine π-periodische Funktion und $f(x) = x(\pi - x)$ für $x \in [0, \pi)$ (vgl. Bild 2.26).

Die Voraussetzungen an f von Satz 2.21 sind erfüllt auf $[0, \pi]$, weiterhin ist f auf $\mathbb{R}$ stetig, so daß die zu f gehörende Fourier-Reihe für alle $x \in \mathbb{R}$ konvergiert und auch die Funktion f darstellt. Für $p = \pi$ ergibt sich aus (2.46):

$$a_0 = \frac{2}{\pi} \int_0^\pi x(\pi - x)\,dx = \frac{2}{\pi}\left[\pi \frac{x^2}{2} - \frac{x^3}{3} \right]_0^\pi = \frac{\pi^2}{3}$$

und für alle $n \in \mathbb{N}$:

$$a_n = \frac{2}{\pi} \int_0^\pi x(\pi - x) \cdot \cos 2nx\,dx$$

$$= \frac{2}{\pi}\left[\pi \left(\frac{\cos 2nx}{(2n)^2} + \frac{x \cdot \sin 2nx}{2n} \right) - \frac{2x}{(2n)^2} \cdot \cos 2nx - \left(\frac{x^2}{2n} - \frac{2}{(2n)^3} \right) \sin 2nx \right]_0^\pi$$

$$= \frac{2}{4n^2} \cdot \cos 2n\pi - \frac{2}{4n^2} - \frac{4}{4n^2} \cdot \cos 2n\pi = -\frac{1}{n^2}.$$

Da f gerade ist, gilt $b_n = 0$ für alle $n \in \mathbb{N}$, also ist

$$f(x) = \frac{\pi^2}{6} - \sum_{n=1}^\infty \frac{\cos 2nx}{n^2} = \frac{\pi^2}{6} - \left(\cos 2x + \frac{\cos 4x}{2^2} + \frac{\cos 6x}{3^2} + \cdots \right).$$

Wegen $f(0) = 0$ erhält man für $x = 0$ die bereits in Beispiel 2.10 behauptete Beziehung

$$\frac{\pi^2}{6} = \sum_{n=1}^\infty \frac{1}{n^2}.$$

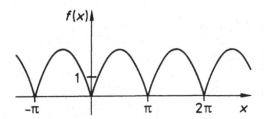

Bild 2.26: Zu Beispiel 2.67

2.3.3 Komplexe Schreibweise der Fourier-Reihe

Mit Hilfe der Eulerschen Formel (2.33) können wir eine Summe der Form

$$\frac{a_0}{2} + \sum_{k=1}^n (a_k \cos kx + b_k \sin kx) \tag{2.47}$$

auch exponentiell darstellen.

Aus $e^{jx} = \cos x + j \cdot \sin x$ und $e^{-jx} = \cos x - j \cdot \sin x$ erhalten wir durch Addition bzw. Subtraktion:

$$\cos x = \tfrac{1}{2}(e^{jx} + e^{-jx}) \quad \text{bzw.} \quad \sin x = \frac{1}{2j}(e^{jx} - e^{-jx}). \tag{2.48}$$

Dies eingesetzt in (2.47) ergibt

$$\frac{a_0}{2} + \sum_{k=1}^{n} \left(\frac{a_k - jb_k}{2} \cdot e^{jkx} + \frac{a_k + jb_k}{2} \cdot e^{-jkx} \right). \tag{2.49}$$

Setzt man nun

$$c_0 = \frac{a_0}{2}, \quad c_k = \tfrac{1}{2}(a_k - jb_k), \quad c_{-k} = \tfrac{1}{2}(a_k + jb_k), \tag{2.50}$$

so ergibt sich aus (2.49):

$$c_0 + \sum_{k=1}^{n} c_k e^{jkx} + \sum_{k=1}^{n} c_{-k} e^{-jkx}$$

oder, wenn wir in der zweiten Summe den Summationsindex umbenennen:

$$c_0 + \sum_{k=1}^{n} c_k e^{jkx} + \sum_{k=-1}^{-n} c_k e^{jkx}.$$

Dafür können wir auch schreiben $\displaystyle\sum_{k=-n}^{n} c_k e^{jkx}$.

In dieser Schreibweise ist der Summationsindex aus der Menge der ganzen Zahlen, es sind also nacheinander die Zahlen $-n, -n+1, \ldots, -1, 0, 1, \ldots, n-1, n$ einzusetzen.

Eine trigonometrische Reihe

$$\frac{a_0}{2} + \sum_{n=1}^{\infty} (a_n \cos nx + b_n \sin nx) \tag{2.51}$$

kann daher auch durch die Reihe

$$\sum_{n=-\infty}^{\infty} c_n e^{jnx} \quad \text{mit } c_n \in \mathbb{C} \tag{2.52}$$

komplex dargestellt werden, wobei die Konvergenz von (2.52) bedeutet, daß der Grenzwert $\displaystyle\lim_{n \to \infty} \sum_{k=-n}^{n} c_k e^{jkx}$ existiert.

Den Zusammenhang zwischen den Koeffizienten a_n, b_n aus (2.51) einerseits und den Koeffizienten c_n aus (2.52) andererseits erhalten wir aus (2.50)

$$c_n = \begin{cases} \tfrac{1}{2}(a_n - jb_n) & \text{für } n > 0 \\ \tfrac{1}{2}a_0 & \text{für } n = 0 \\ \tfrac{1}{2}(a_{-n} + jb_{-n}) & \text{für } n < 0 \end{cases} \tag{2.53}$$

bzw.

$$a_0 = 2c_0, \quad a_n = c_n + c_{-n}, \quad b_n = \mathrm{j}(c_n - c_{-n}) \quad \text{für alle } n \in \mathbb{N}.$$ (2.54)

Aus (2.50) ergibt sich weiter

$$c_{-n} = c_n^* \quad \text{für alle } n \in \mathbb{N}.$$

Aufgrund dieser Beziehung sind die durch (2.54) gegebenen Koeffizienten a_n und b_n in der Tat reell.

Um die Fourier-Reihe einer Funktion komplex darzustellen, muß nicht (2.53) verwendet werden. Man erhält nämlich aus (2.40) zusammen mit (2.48) und (2.53):

$$c_0 = \tfrac{1}{2}a_0 = \frac{1}{2\pi} \int_{-\pi}^{\pi} f(x)\,\mathrm{d}x \quad \text{und für alle } n \in \mathbb{N}:$$

$$c_n = \tfrac{1}{2}(a_n - \mathrm{j}b_n) = \frac{1}{2\pi} \int_{-\pi}^{\pi} f(x) \cdot \cos nx\,\mathrm{d}x - \frac{\mathrm{j}}{2\pi} \int_{-\pi}^{\pi} f(x) \cdot \sin nx\,\mathrm{d}x$$

$$= \frac{1}{4\pi} \int_{-\pi}^{\pi} f(x)(\mathrm{e}^{\mathrm{j}nx} + \mathrm{e}^{-\mathrm{j}nx})\,\mathrm{d}x - \frac{1}{4\pi} \int_{-\pi}^{\pi} f(x)(\mathrm{e}^{\mathrm{j}nx} - \mathrm{e}^{-\mathrm{j}nx})\,\mathrm{d}x = \frac{1}{2\pi} \int_{-\pi}^{\pi} f(x)\mathrm{e}^{-\mathrm{j}nx}\,\mathrm{d}x.$$

Ebenso ergibt sich für alle $n \in \mathbb{N}$: $c_{-n} = \dfrac{1}{2\pi} \displaystyle\int_{-\pi}^{\pi} f(x)\mathrm{e}^{\mathrm{j}nx}\,\mathrm{d}x.$

Daher gilt:

$$c_n = \frac{1}{2\pi} \int_{-\pi}^{\pi} f(x) \cdot \mathrm{e}^{-\mathrm{j}nx}\,\mathrm{d}x \quad \text{für alle } n \in \mathbb{Z}.$$ (2.55)

Beispiel 2.68

Es sei f eine 2π-periodische Funktion mit $f(x) = \begin{cases} \mathrm{e}^x & \text{für } -\pi < x < \pi \\ \tfrac{1}{2}(\mathrm{e}^{\pi} + \mathrm{e}^{-\pi}) & \text{für } x = \pi. \end{cases}$

Die zugehörige Fourier-Reihe ist in komplexer Form anzugeben. In Bild 2.27 ist der Graph der Funktion f dargestellt.

Wir erhalten wegen (2.55) für alle $n \in \mathbb{Z}$:

$$c_n = \frac{1}{2\pi} \int_{-\pi}^{\pi} \mathrm{e}^{(1-\mathrm{j}n)x}\,\mathrm{d}x = \frac{1}{2\pi} \cdot \frac{1}{1-\mathrm{j}n} \cdot \mathrm{e}^{(1-\mathrm{j}n)x} \Big|_{-\pi}^{\pi}$$

$$= \frac{1}{2\pi} \cdot \frac{1+\mathrm{j}n}{1+n^2}(\mathrm{e}^{(1-\mathrm{j}n)\pi} - \mathrm{e}^{-(1-\mathrm{j}n)\pi})$$

$$= \frac{1}{2\pi} \cdot \frac{1+\mathrm{j}n}{1+n^2}(\mathrm{e}^x(\cos n\pi - \mathrm{j} \cdot \sin n\pi) - \mathrm{e}^{-\pi}(\cos n\pi + \mathrm{j} \cdot \sin n\pi))$$

$$= \frac{1}{2\pi} \cdot \frac{1+\mathrm{j}n}{1+n^2}(\mathrm{e}^{\pi} - \mathrm{e}^{-\pi}) \cdot (-1)^n.$$

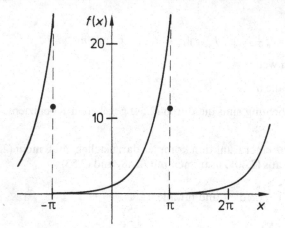

Bild 2.27: Zu Beispiel 2.68

Also lautet die Fourier-Reihe von f in komplexer Form:

$$\frac{e^{\pi}-e^{-\pi}}{2\pi}\cdot\sum_{n=-\infty}^{\infty}(-1)^n\cdot\frac{1+jn}{1+n^2}\cdot e^{jnx}.$$

Abschließend geben wir noch die komplexe Form der Fourier-Reihe einer p-periodischen Funktion an:

Ist f eine p-periodische Funktion, so lautet die komplexe Form der Fourier-Reihe von f:

$$\sum_{n=-\infty}^{\infty}c_n\cdot e^{j\cdot 2n\pi x/p}.$$

Die komplexen Fourier-Koeffizienten c_n ergeben sich aus

$$c_n=\frac{1}{p}\cdot\int_0^p f(x)\cdot e^{-j\cdot 2n\pi x/p}\,dx\quad\text{für alle }n\in\mathbb{Z}.$$

Aufgaben

1. Geben Sie die Fourier-Reihen der folgenden 2π-periodischen Funktionen f an. Skizzieren Sie den Graph von f sowie die ersten beiden Näherungen s_1 und s_2.

   a) $f(x)=\begin{cases}x & \text{für }0<x<2\pi\\ \pi & \text{für }x=0;\end{cases}$
   b) $f(x)=\begin{cases}x & \text{für }-\pi<x<\pi\\ 0 & \text{für }x=-\pi;\end{cases}$

   c) $f(x)=\left|x+\frac{\pi}{2}\right|-\frac{\pi}{2}\quad\text{für }-\frac{3}{2}\pi\leqq x<\frac{1}{2}\pi;$
   d) $f(x)=x^2\quad\text{für }-\pi\leqq x<\pi.$

2. Die 2π-periodische Funktion f sei gegeben durch

   $$f(x)=\begin{cases}x(\pi-x) & \text{für }0\leqq x<\pi\\ x^2-3\pi x+2\pi^2 & \text{für }\pi\leqq x<2\pi.\end{cases}$$

   a) Skizzieren Sie den Graphen von f.

b) Berechnen Sie $f(20)$ und $f(30)$.
c) Zeigen Sie, daß f auf $\mathbb{R}$ genau einmal stetig differenzierbar ist.
d) Geben Sie die Fourier-Reihe von f an.

3. Gegeben sei die 2π-periodische Funktion f durch

$$f(x) = \begin{cases} \dfrac{1}{\pi^3} x^4 - \dfrac{3}{2\pi} x^2 + \dfrac{5\pi}{16} & \text{für } |x| < \dfrac{\pi}{2} \\[2mm] \cos x & \text{für } \dfrac{\pi}{2} \leqq |x| \leqq \pi. \end{cases}$$

a) Skizzieren Sie den Graphen von f.
b) Beweisen Sie, daß f auf $\mathbb{R}$ genau zweimal stetig differenzierbar ist.
c) Berechnen Sie die Fourier-Reihe von f.

4. Wie lauten die Fourier-Reihen der folgenden π-periodischen Funktionen?

a) $f(t) = t^2$ für $\dfrac{\pi}{2} \leqq t < \dfrac{\pi}{2}$;

b) $f(t) = \begin{cases} \cos t & \text{für } 0 < t < \pi \\ 0 & \text{für } t = 0. \end{cases}$

5. In Bild 2.28 a)–d) sind die Graphen von periodischen Funktionen abgebildet. Bestimmen Sie die Fourier-Reihen dieser Funktionen.

6. Es sei $0 < \alpha < \dfrac{\pi}{2}$. Die auf $\mathbb{R}$ definierte Funktion f sei durch

$$f(x) = \begin{cases} \dfrac{ax}{\alpha} & \text{für } 0 \leqq x \leqq \alpha \\[2mm] a & \text{für } \alpha < x \leqq \pi - \alpha \\[2mm] \dfrac{a(\pi - x)}{\alpha} & \text{für } \pi - \alpha < x \leqq \pi \end{cases}$$

gegeben. Weiterhin sei f ungerade, d.h. $f(-x) = -f(x)$ für alle $x \in \mathbb{R}$ und 2π-periodisch.

a) Zeichnen Sie den Graph von f und stellen Sie die Fourier-Reihe von f auf.

b) Wie lautet die Fourier-Reihe von f, wenn $\alpha = \dfrac{\pi}{3}$ ist?

*7. Es sei $a \in \mathbb{R}$ und f eine 2π-periodische Funktion mit $f(x) = \sin ax$ für $0 \leqq x < 2\pi$.

a) Entwickeln Sie f in eine Fourier-Reihe.
   Welchen Wert hat die Fourier-Reihe an der Stelle $x = 0$?
b) Beweisen Sie mit Hilfe von a) die Formel

$$\sum_{n=1}^{\infty} \frac{1}{n^2 - a^2} = \frac{1}{2a^2} - \frac{\pi}{2a} \cdot \frac{\sin 2\pi a}{1 - \cos 2\pi a}. \tag{2.56}$$

c) In (2.56) ist der Grenzwert für $a \to 0$ zu berechnen.

   Welcher Wert ergibt sich für $\sum\limits_{n=1}^{\infty} \dfrac{1}{n^2}$?
   (Hinweis: In (2.56) kann eine Vertauschung der Summation mit dem Grenzübergang $a \to 0$ erfolgen.)

d) Skizzieren Sie die Funktion f und ihre Näherungen erster und zweiter Ordnung für den Fall $a = \tfrac{1}{2}$.

8. a) Wie lautet die Fourier-Reihe der Funktion f mit $f(x) = |\cos x|$?
   b) Beweisen Sie mit Hilfe von a) die Beziehung

$$\frac{1}{1 \cdot 3} - \frac{1}{3 \cdot 5} + \frac{1}{5 \cdot 7} - + \cdots = \frac{\pi}{4} - \frac{1}{2}.$$

a)

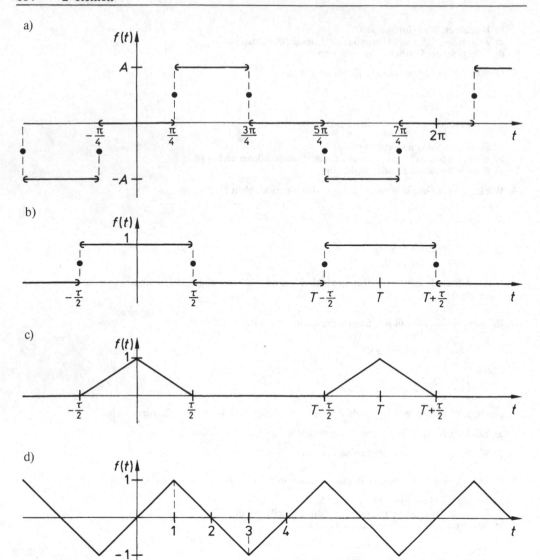

Bild 2.28a–d: Zu Aufgabe 5

9. An einem Zweiweggleichrichter sei die Eingangsspannung durch $u(t) = u_0 \sin \omega t$ gegeben. Geben Sie die Fourier-Reihe der Ausgangsspannung an.

10. Geben Sie die Fourier-Reihe in komplexer Form von folgenden Funktionen an:

a) $f(x) = e^{-|x|}$ für $-\pi \leqq x < \pi$ und $f(x + 2k\pi) = f(x)$ für alle $x \in \mathbb{R}$ und alle $k \in \mathbb{Z}$;

b) $f(x) = e^{|x|}$ für $-1 \leqq x < 1$ und $f(x + 2k) = f(x)$ für alle $x \in \mathbb{R}$ und alle $k \in \mathbb{Z}$.

2.4 Fourier-Transformation

2.4.1 Einführung und Definition der Fourier-Transformation

Mit Hilfe der Fourier-Reihe kann eine T-periodische Funktion $(T > 0)$, die die in Satz 2.21 angeführten Eigenschaften hat, als Summe von harmonischen Schwingungen dargestellt werden. Dabei ist beachtenswert, daß nur ganzzahlige Vielfache der Kreisfrequenz $\omega = \dfrac{2\pi}{T}$ auftreten. Man sagt, eine periodische Funktion habe ein diskretes Spektrum, und meint damit, daß die auftretenden Frequenzen der vorkommenden harmonischen Schwingungen durch Abstände voneinander getrennt sind. Die Fourier-Koeffizienten a_n und b_n bzw. $\sqrt{a_n^2 + b_n^2}$ einer T-periodischen Funktion können dann als Amplitude der harmonischen Schwingungen mit den Kreisfrequenzen $n\omega$ interpretiert werden. Eine ähnliche Theorie soll nun für nichtperiodische Funktionen hergeleitet werden.

Als Zugang bietet sich an, ausgehend von der Theorie der Fourier-Reihe einer T-periodischen Funktion mit $T \to \infty$ eine Theorie für nicht periodische Funktionen zu erhalten. Dabei eignet sich besonders gut die komplexe Schreibweise der Fourier-Reihe bzw. der Fourier-Koeffizienten. Ist f_T eine T-periodische Funktion, dann kann unter den Voraussetzungen von Satz 2.21 diese durch ihre Fourier-Reihe wie folgt dargestellt werden:

$$f_T(t) = \sum_{n=-\infty}^{\infty} c_n e^{jn\omega t} \quad \text{für alle } t \in \mathbb{R} \quad \text{mit } \omega = \frac{2\pi}{T}. \tag{2.57}$$

Die komplexen Fourier-Koeffizienten c_n der Funktion f_T lassen sich durch

$$c_n = \frac{1}{T} \int_{-T/2}^{T/2} f_T(\tau) e^{-jn\omega\tau} \, d\tau \quad \text{für alle } n \in \mathbb{Z} \tag{2.58}$$

berechnen. Wird (2.58) in (2.57) eingesetzt, so ergibt sich

$$f_T(t) = \sum_{n=-\infty}^{\infty} \frac{1}{T} \int_{-T/2}^{T/2} f_T(\tau) e^{-jn\omega\tau} \, d\tau \, e^{jn\omega t}$$

oder, wenn wir mit 2π erweitern und $\omega = \dfrac{2\pi}{T}$ beachten

$$f_T(t) = \frac{1}{2\pi} \sum_{n=-\infty}^{\infty} \omega \int_{-T/2}^{T/2} f_T(\tau) e^{jn\omega(t-\tau)} \, d\tau. \tag{2.59}$$

Wir zerlegen nun das Intervall $(-\infty, \infty)$ äquidistant durch die Zerlegung $Z: \cdots, -2\omega, -\omega, 0, \omega, 2\omega, \cdots$; also durch die Zahlen $\omega_n = n\omega, n \in \mathbb{Z}$. Jedes Intervall hat die Länge $\Delta\omega = \omega_n - \omega_{n-1} = \omega$. Das Feinheitsmaß δ von Z ist daher $\delta = \omega$. Aus (2.59) folgt damit:

$$f_T(t) = \frac{1}{2\pi} \sum_{n=-\infty}^{\infty} \left(\int_{-T/2}^{T/2} f_T(\tau) e^{j\omega_n(t-\tau)} \, d\tau \right) \Delta\omega = \frac{1}{2\pi} \sum_{n=-\infty}^{\infty} g_{f_T}(\omega_n) \Delta\omega, \tag{2.60}$$

wobei $g_{f_\tau}(\omega) = \displaystyle\int_{-T/2}^{T/2} f_T(\tau) e^{j\omega(t-\tau)} \, d\tau$ gesetzt wurde.

Die Summe in (2.60) kann als Riemannsche Zwischensumme der Funktion g_{f_T} über das Intervall $(-\infty, \infty)$ mit der Zerlegung Z interpretiert werden.

Der Grenzwert für $T \to \infty$ ergibt eine nichtperiodische Funktion, sagen wir f. Wegen $\omega = \dfrac{2\pi}{T}$ ist dies gleichbedeutend mit $\omega \downarrow 0$ und damit auch $\delta \downarrow 0$. Aus der Riemannschen Zwischensumme wird das uneigentliche Integral von $-\infty$ bis ∞, da durch Z ganz $\mathbb{R}$ zerlegt wird. Wir erhalten

$$f(t) = \lim_{T \to \infty} f_T(t) = \lim_{\delta \downarrow 0} \frac{1}{2\pi} \sum_{n=-\infty}^{\infty} g_{f_\tau}(\omega_n)\Delta\omega = \frac{1}{2\pi} \int_{-\infty}^{\infty} g_f(\omega)\,d\omega \qquad (2.61)$$

mit

$$g_f(\omega) = \lim_{T \to \infty} \int_{-T/2}^{T/2} f_T(\tau)e^{j\omega(t-\tau)}\,d\tau = \int_{-\infty}^{\infty} f(\tau)e^{j\omega(t-\tau)}\,d\tau. \qquad (2.62)$$

Wir setzen (2.62) in (2.61) ein:

$$f(t) = \frac{1}{2\pi} \int_{-\infty}^{\infty} \int_{-\infty}^{\infty} f(\tau)e^{j\omega(t-\tau)}\,d\tau\,d\omega = \frac{1}{2\pi} \int_{-\infty}^{\infty} \left(\int_{-\infty}^{\infty} f(\tau)e^{-j\omega\tau}\,d\tau \right) e^{j\omega t}\,d\omega,$$

also

$$f(t) = \frac{1}{2\pi} \int_{-\infty}^{\infty} F(\omega)e^{jt\omega}\,d\omega \quad \text{mit} \quad F(\omega) = \int_{-\infty}^{\infty} f(t)e^{-j\omega t}\,dt \qquad (2.63)$$

Das Ergebnis (2.63) gibt Anlaß zu folgender

Definition 2.13

Es sei f eine auf $\mathbb{R}$ definierte Funktion. Existiert das Integral $\displaystyle\int_{-\infty}^{\infty} f(t)e^{-j\omega t}\,dt$ für alle $\omega \in \mathbb{R}$, so wird dadurch auf $\mathbb{R}$ eine Funktion F mit

$$F(\omega) = \int_{-\infty}^{\infty} f(t)e^{-j\omega t}\,dt \qquad (2.64)$$

definiert. F heißt die **Fourier-Transformierte** von f.
Die durch (2.64) gegebene Zuordnung $f \mapsto F$ heißt **Fourier-Transformation**.
Schreibweise: $F(\omega) = \mathscr{F}\{f(t)\}$ bzw. $F = \mathscr{F}\{f\}$.

Bemerkungen:

1. Das Integral auf der rechten Seite von (2.64) wird als **Fourier-Integral** bezeichnet.
2. Üblich sind auch folgende Schreibweisen: $f \circ\!\!-\!\!\bullet\, F$ oder $f(t) \circ\!\!-\!\!\bullet\, F(\omega)$ bzw. $F \bullet\!\!-\!\!\circ\, f$ oder $F(\omega) \bullet\!\!-\!\!\circ f(t)$ und man sagt, F korrespondiere mit f. Man verwendet i.a. Großbuchstaben für die transformierte Funktion.
3. Durch die Fourier-Transformation wird einer Funktion f eindeutig eine andere Funktion F zugeordnet. Daher heißt f **Originalfunktion** oder **Oberfunktion** und F **Bildfunktion** oder **Unterfunktion**. Wie wir später begründen werden, wird für F auch der Name **Spektraldichte** bzw. für $|F|$ **Amplitudendichte** gebraucht. In diesem Zusammenhang wird f auch als **Zeitfunktion** bezeichnet.
4. Die Fourier-Transformation ist nicht eineindeutig. Sind z.B. f_1 und f_2 zwei auf $\mathbb{R}$ definierte Funktionen, deren Funktionswerte sich nur an endlich vielen Stellen unterscheiden (also

$f_1 \ne f_2$), so besitzen doch beide die gleiche Fourier-Transformierte, da sich der Wert eines Integrals nicht ändert, wenn der Integrand an endlich vielen Stellen abgeändert wird.

5. Für alle $\omega \in \mathbb{R}$ gilt $F(-\omega) = F^*(\omega)$, wenn F^* wie folgt definiert ist: $F^*: \omega \to F^*(\omega) = (F(\omega))^*$, dabei bedeutet der Stern die Bildung der konjugiert komplexen Zahl.

Nicht jede auf $\mathbb{R}$ definierte Funktion besitzt eine Fourier-Transformierte. So hat z.B. die konstante Funktion keine Fourier-Transformierte. Das Integral

$$\int_{-\infty}^{\infty} c \, e^{-j\omega t} \, dt = \lim_{R_1 \to -\infty} \int_{R_1}^{0} c \, e^{-j\omega t} \, dt + \lim_{R_2 \to \infty} \int_{0}^{R_2} c \, e^{-j\omega t} \, dt$$

$$= c \lim_{R_1 \to -\infty} \left(-\frac{1}{j\omega} e^{-j\omega t} \Big|_{R_1}^{0} \right) + c \lim_{R_2 \to \infty} \left(-\frac{1}{j\omega} e^{-j\omega t} \Big|_{0}^{R_2} \right)$$

existiert nicht, da $e^{-j\omega R} = \cos(\omega R) - j \sin(\omega R)$ für $R \to \infty$ und $R \to -\infty$ unbestimmt divergent ist. Der folgende Satz liefert eine hinreichende Bedingung für die Existenz der Fourier-Transformation.

Satz 2.22

Wenn die auf $\mathbb{R}$ definierte Funktion f absolut integrierbar ist, d.h. $\int_{-\infty}^{\infty} |f(t)| \, dt < \infty$, dann besitzt f eine Fourier-Transformierte.

Beweis:

Für alle $\omega \in \mathbb{R}$ gilt:

$$\left| \int_{-\infty}^{\infty} f(t) e^{-j\omega t} \, dt \right| \le \int_{-\infty}^{\infty} |f(t) e^{-j\omega t}| \, dt = \int_{-\infty}^{\infty} |f(t)| |e^{-j\omega t}| \, dt = \int_{-\infty}^{\infty} |f(t)| \, dt < \infty$$

da $|e^{-j\omega t}| = 1$, also existiert die Fourier-Transformierte von f.   ●

Wie eingangs schon erwähnt, können unterschiedliche Funktionen die gleiche Fourier-Transformierte haben. Daher ist die Rücktransformation $\mathscr{F}^{-1}$ nicht immer möglich. Es gibt jedoch hinreichende Bedingungen dafür. eine, die i.a. für technische Probleme ausreicht, wird ohne Beweis angegeben.

Satz 2.23

Die Funktion f sei auf $\mathbb{R}$ absolut integrierbar, auf jedem beschränkten Intervall stückweise glatt und an den Unstetigkeitsstellen soll der Funktionswert gleich dem arithmetischen Mittel der einseitigen Grenzwerte sein. Dann gilt für alle $t \in \mathbb{R}$:

$$f(t) = \frac{1}{2\pi} \int_{-\infty}^{\infty} F(\omega) e^{j t\omega} \, d\omega, \qquad (2.65)$$

dabei ist F die Fourier-Transformierte von f.

Bemerkungen:

1. Der obige Satz macht deutlich, daß f mit Hilfe der Funktion F dargestellt werden kann, wobei die harmonischen Schwingungen mit F multipliziert werden. Im Unterschied zur Fourier-Reihe treten hier jedoch alle Frequenzen auf. Man spricht daher von einem **kontinuierlichen Spektrum**. Jeder Kreisfrequenz (ω) wird der (i. allg. komplexe) Wert $F(\omega)$ zugeordnet. Ähnlich wie bei der Fourier-Reihe, wo die reelle Zahl $|c_n|$ die Amplitude der n-ten Oberschwingung angibt, kann der Betrag $|F|$ der Fourier-Transformierten F als **Amplitudendichte** interpretiert werden. Der Begriff „Dichte" ist angebracht, da für die Darstellung von f ein Integral nötig ist. Entsprechend wird F als **Spektraldichte** der Funktion f bezeichnet.

2. Ein Vergleich mit der Mechanik macht den Begriff Spektraldichte deutlicher. Liegen n Massepunkte vor mit den Massen m_i, $i \in \{1, \ldots, n\}$, so ist die Gesamtmasse m gegeben durch $m = \sum\limits_{i=1}^{n} m_i$. Auch hier spricht man von „diskreten Massepunkten". Ist hingegen die Masse m (sagen wir über die s-Achse) „verschmiert", ist es sinnlos, nach der Masse an der Stelle $s = s_0$ zu fragen, allenfalls kann über die Dichte an der Stelle s_0 Auskunft gegeben werden. Ist $\rho : s \mapsto \rho(s)$ die Dichtefunktion der verschmierten Masse, so ist die Gesamtmasse m gegeben durch $m = \int\limits_{-\infty}^{\infty} \rho(s)\,ds$, die Summe, die bei den diskreten Massen genügt, wird bei der verschmierten Masse durch das Integral ersetzt.

3. Man kann diesen Satz auch ein wenig schwächer formulieren, indem man auf die Festlegung der Funktionswerte an den Sprungstellen verzichtet. Statt (2.65) gilt dann

$$\frac{1}{2}(f(t+0) + f(t-0)) = \frac{1}{2\pi} \int\limits_{-\infty}^{\infty} F(\omega) e^{jt\omega}\,d\omega \quad \text{für alle } t \in \mathbb{R}.$$

Dabei bedeuten $f(t+0) = \lim\limits_{h \downarrow 0} f(t+h)$ und $f(t-0) = \lim\limits_{h \uparrow 0} f(t+h)$. Ist f an der Stelle t stetig, so ist $f(t+0) = f(t-0) = f(t)$.

2.4.2 Beispiele zur Fourier-Transformation

Es sei f eine gerade, auf $\mathbb{R}$ absolut integrierbare Funktion. Dann hat f nach Satz 2.22 eine Fourier Transformierte, und es gilt:

$$F(\omega) = \int\limits_{-\infty}^{\infty} f(t) e^{-j\omega t}\,dt = \int\limits_{-\infty}^{\infty} f(t) \cos \omega t\,dt - j \int\limits_{-\infty}^{\infty} f(t) \sin \omega t\,dt.$$

Da f nach Voraussetzung gerade ist, ist der Integrand des ersten Integrals ebenfalls gerade, der Integrand des zweiten jedoch ungerade. Das zweite Integral ist also Null, beim ersten genügt es, von Null an zu integrieren, wenn gleichzeitig mit zwei mutlipliziert wird. Also gilt

$$F(\omega) = 2 \int\limits_{0}^{\infty} f(t) \cos \omega t\,dt, \quad \text{falls } f \text{ gerade}. \tag{2.66}$$

Ähnlich zeigt man

$$F(\omega) = -2j \int\limits_{0}^{\infty} f(t) \sin \omega t\,dt, \quad \text{falls } f \text{ ungerade}. \tag{2.67}$$

Wenn f eine gerade Funktion ist, ist nach (2.66) ihre Fourier-Transformierte eine reelle Funktion. Erfüllt f die Voraussetzungen von Satz 2.23, so gilt die Äquivalenz:

f ist gerade genau dann, wenn $F = \mathscr{F}\{f\}$ reell ist.

Die Umkehrung ist rasch bewiesen. Da f die Voraussetzungen von Satz 2.23 erfüllt, gilt für alle $t \in \mathbb{R}$:

$$f(t) = \frac{1}{2\pi} \int\limits_{-\infty}^{\infty} F(\omega) e^{jt\omega}\, d\omega = \frac{1}{2\pi} \int\limits_{-\infty}^{\infty} F(\omega)\cos\omega t\, d\omega + \frac{j}{2\pi} \int\limits_{-\infty}^{\infty} F(\omega)\sin\omega t\, d\omega.$$

Die linke Seite ist reell, und da nach Voraussetzung F ebenfalls reell ist, ist der Imaginärteil der rechten Seite Null. Daher gilt für alle $t \in \mathbb{R}$:

$$f(t) = \frac{1}{2\pi} \int\limits_{-\infty}^{\infty} F(\omega)\cos\omega t\, d\omega,$$

woraus

$$f(-t) = \frac{1}{2\pi} \int\limits_{-\infty}^{\infty} F(\omega)\cos(-\omega t)\, d\omega = \frac{1}{2\pi} \int\limits_{-\infty}^{\infty} F(\omega)\cos\omega t\, d\omega = f(t)$$

für alle $t \in \mathbb{R}$ folgt; f ist also gerade.

Zu der Klasse der transformierbaren Funktionen gehören die sogenannten Impulsfunktionen. Diese sind dadurch charakterisiert, daß sie außerhalb eines beschränkten Intervalls Null sind; dadurch wird aus dem uneigentlichen Integral ein eigentliches. Um diese Impulsfunktionen analytisch darzustellen, eignet sich die **Sprungfunktion** ε, die auf $\mathbb{R}$ wie folgt definiert ist:

$$\varepsilon(t) = \begin{cases} 1 & \text{für } t > 0 \\ \frac{1}{2} & \text{für } t = 0. \\ 0 & \text{für } t < 0 \end{cases}$$

Sie wird oft auch als **Einheitssprung** bezeichnet.

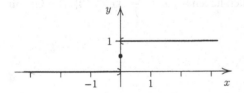

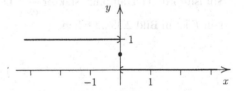

Bild 2.29: Graph der Sprungfunktion ε **Bild 2.30:** Graph der Funktion $t \mapsto \varepsilon(-t)$

Wie man leicht erkennt gilt: $\varepsilon(-t) = 1 - \varepsilon(t)$ für alle $t \in \mathbb{R}$ (vgl. Bild 2.30).

Die um T verschobene Sprungfunktion ε_T ist: $\varepsilon_T(t) = \varepsilon(t - T)$ für alle $t \in \mathbb{R}$. In Bild 2.31 ist der Graph dieser Funktion abgebildet.

Mit ε_T lassen sich sogenannte **Rechteckimpulse** analytisch angeben, so ist z.B. f mit

$$f(t) = a(\varepsilon(t - T_1) - \varepsilon(t - T_2)), T_1 < T_2$$

ein Rechteckimpuls mit der Höhe a und der Dauer $T_2 - T_1$ beginnend bei T_1 (vgl. Bild 2.32).

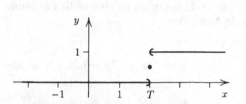

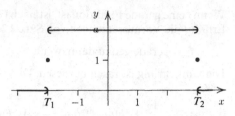

Bild 2.31: Die um T verschobene Sprungfunktion ε_T **Bild 2.32:** Rechteckimpuls $t \mapsto a\,(\varepsilon(t - T_1) - \varepsilon(t - T_2))$

Nun einige Beispiele zur Fourier-Transformation, wobei die benutzten Funktionen die in Satz 2.23 geforderten Eigenschaften haben, also auch die Umkehrtransformation anwendbar ist.

1. Der Rechteckimpuls

Es sei $T > 0$. Dann heißt p_T mit $p_T(t) = \varepsilon(t + T) - \varepsilon(t - T)$ der Rechteckimpuls. Mit $a > 0$ wird daraus ein Rechteckimpuls f mit $f(t) = a p_T(t)$ für alle $t \in \mathbb{R}$. Dieser Rechteckimpuls hat die Dauer $2T$ und die Höhe a.

f ist gerade, wir können (2.66) verwenden.

$$F(\omega) = 2a \int_0^T \cos \omega t \, dt = \frac{2a}{\omega} \sin \omega t \Big|_0^T = \frac{2a}{\omega} \sin T\omega \quad \text{für } \omega \neq 0.$$

Wegen $F(0) = 2a \int_0^T dt = 2aT$ ergibt sich

$$F(\omega) = \begin{cases} \dfrac{2a \sin T\omega}{\omega} & \text{für } \omega \neq 0 \\[2mm] 2aT & \text{für } \omega = 0 \end{cases} \tag{2.68}$$

Es ist $\lim\limits_{\omega \to 0} F(\omega) = \lim\limits_{\omega \to 0} 2aT \dfrac{\sin T\omega}{T\omega} = 2aT$, daraus folgt, F ist auf $\mathbb{R}$ stetig. F ist eine gedämpfte Sinusfunktion $\left(\text{Dämpfungsfaktor } \dfrac{2a}{\omega}\right)$. Die Nullstellen liegen bei $\omega_k = \dfrac{k\pi}{T}, k \in \mathbb{Z} \setminus \{0\}$. Der Graph von F ist in Bild 2.33 zu sehen.

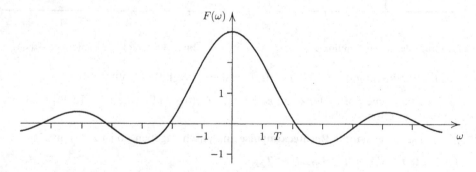

Bild 2.33: Spektraldichte des Rechteckimpulses (dabei ist $T = 1{,}5$ und $a = 1$)

2. Der Dreieckimpuls

Es sei $T > 0$, dann heißt die Funktion q_T mit $q_T(t) = \left(1 - \dfrac{|t|}{T}\right)p_T(t)$ Dreieckimpuls (vgl. Bild 2.34).

Da q_T gerade ist, können wir (2.66) anwenden und erhalten für $\omega \neq 0$:

$$Q_T(\omega) = 2\int_0^T \left(1 - \frac{t}{T}\right)\cos\omega t\, dt = \frac{2}{\omega}\sin\omega t \Big|_0^T - \frac{2}{T}\left(\frac{\cos\omega t}{\omega^2} + \frac{t\sin\omega t}{\omega}\right)\Big|_0^T$$

$$Q_T(\omega) = \frac{2\sin T\omega}{\omega} - \frac{2\cos T\omega}{T\omega^2} + \frac{2}{T\omega^2} - \frac{2\sin T\omega}{\omega} = \frac{2(1 - \cos T\omega)}{T\omega^2}.$$

Für $\omega = 0$ ergibt sich $Q_T(0) = 2\int_0^T \left(1 - \dfrac{t}{T}\right) dt = T$, also

$$Q_T(\omega) = \begin{cases} \dfrac{4\sin^2\left(\frac{T}{2}\omega\right)}{T\omega^2} & \text{für } \omega \neq 0 \\[3mm] T & \text{für } \omega = 0 \end{cases}. \tag{2.69}$$

Wegen $\lim\limits_{\omega \to 0} Q_T(\omega) = T$ ist Q_T auf $\mathbb{R}$ stetig. Der Graph von Q_T ist in Bild 2.35 dargestellt.

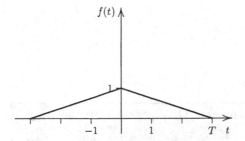

Bild 2.34: Dreieckimpuls q_T (mit $T = 3$)

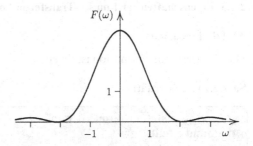

Bild 2.35: Spektraldichte Q_T des Dreieckimpulses q_T

3. Die Zeitfunktion f mit $f(t) = e^{-a|t|}$, $a \in \mathbb{R}^+$

Für die Fourier-Transformation F von f erhalten wir, da f gerade ist:

$$F(\omega) = 2\int_0^\infty e^{-at}\cos\omega t\, dt = 2\lim_{R\to\infty}\int_0^R e^{-at}\cos\omega t\, dt$$

$$= 2\lim_{R\to\infty} \frac{e^{-at}}{a^2 + \omega^2}(-a\cos(\omega t) + \omega\sin(\omega t))\Big|_0^R$$

$$= 2\lim_{R\to\infty}\left(\frac{e^{-aR}}{a^2+\omega^2}(-a\cos(\omega R) + \omega\sin(\omega R))\right) + \frac{2a}{a^2+\omega^2} = \frac{2a}{a^2+\omega^2}.$$

Für alle $a \in \mathbb{R}^+$ gilt daher

$$\mathscr{F}\{e^{-a|t|}\} = \frac{2a}{a^2+\omega^2}.$$

4. Die Zeitfunktion f mit $f(t) = \varepsilon(t)e^{-at}, a \in \mathbb{R}^+$

Aufgrund der Definition der Fourier-Transformation ergibt sich:

$$F(\omega) = \int_0^\infty e^{-at}e^{-j\omega t}\,dt = \lim_{R \to \infty} \int_0^R e^{-(a+j\omega)t}\,dt = \lim_{R \to \infty}\left(-\frac{1}{a+j\omega}(e^{-(a+j\omega)R} - 1)\right)$$

$$= \frac{1}{a+j\omega} = \frac{a}{a^2+\omega^2} - \frac{j\omega}{a^2+\omega^2},$$

denn es ist (beachte $a > 0$)

$$\lim_{R \to \infty}|e^{-(a+j\omega)R}| = \lim_{R \to \infty}(|e^{-aR}||e^{-j\omega R}|) = 0, \quad \text{da } |e^{-j\omega R}| = 1 \text{ für alle } \omega, R \in \mathbb{R}.$$

In diesem Beispiel ist die Fourier-Transformierte eine komplexwertige Funktion. Die Amplitudendichte $|F|$ ergibt sich zu

$$|F(\omega)| = \left|\frac{1}{a+j\omega}\right| = \frac{1}{|a+j\omega|} = \frac{1}{\sqrt{a^2+\omega^2}}.$$

2.4.3 Eigenschaften der Fourier-Transformation

A) Die Linearität

Die Fourier-Transformation ist linear.

Satz 2.24 (Linearität)

f_1 und f_2 seien transformierbar und $c_1, c_2 \in \mathbb{R}$. Dann ist auch $f = c_1 f_1 + c_2 f_2$ transformierbar, und es gilt

$$\mathscr{F}\{c_1 f_1 + c_2 f_2\} = c_1 \mathscr{F}\{f_1\} + c_2 \mathscr{F}\{f_2\}.$$

Beispiel 2.69

Es soll die Fourier-Transformierte F der Funktion f mit

$$f(t) = \begin{cases} e^{at} & \text{für } t < 0 \\ \frac{1}{2} & \text{für } t = 0 \\ 0 & \text{für } t > 0 \end{cases} \tag{2.70}$$

berechnet werden, wobei $a > 0$ vorausgesetzt sei.

Bezeichnen wir mit $f_1: t \to f_1(t) = e^{-a|t|}$ und $f_2: t \to f_2(t) = \varepsilon(t) \cdot e^{-at}$, so gilt offensichtlich $f = f_1 - f_2$. Mit den Beispielen 3 und 4 des vorigen Abschnitts und mit Hilfe der Linearität (Satz 2.24) folgt also

$$F(\omega) = \frac{2a}{a^2+\omega^2} - \left(\frac{a}{a^2+\omega^2} - \frac{j\omega}{a^2+\omega^2}\right) = \frac{a+j\omega}{a^2+\omega^2}.$$

B) Der Vertauschungssatz

Die auf $\mathbb{R}$ definierte Funktion u besitze die in Satz 2.23 geforderten Eigenschaften, $U:\omega \to U(\omega)$ sei die Transformierte von u, also $U = \mathscr{F}\{u\}$ bzw.

$$U(\omega) = \int\limits_{-\infty}^{\infty} u(t)e^{-j\omega t}\,dt. \tag{2.71}$$

Dann ist u durch U darstellbar, und für alle $t \in \mathbb{R}$ gilt:

$$u(t) = \frac{1}{2\pi} \int\limits_{-\infty}^{\infty} U(\omega)e^{j\omega t}\,d\omega. \tag{2.72}$$

Es sei nun u^* definiert durch $u^*:\omega \mapsto u^*(\omega) = (u(\omega))^*$. Wegen (2.72) gilt also

$$u(\omega) = \frac{1}{2\pi} \int\limits_{-\infty}^{\infty} U(\tau)e^{j\omega\tau}\,d\tau \quad \text{und daher} \quad u^*(\omega) = \frac{1}{2\pi} \int\limits_{-\infty}^{\infty} U^*(\tau)e^{-j\omega\tau}\,d\tau, \tag{2.73}$$

wobei U^* ähnlich wie u^* definiert ist. Ersetzt man in (2.73) die Integrationsvariable τ durch t und multipliziert mit 2π, so sieht man, daß $2\pi u^*$ die Transformierte von U^* ist. Damit ist folgender Satz bewiesen.

Satz 2.25 (Vertauschungssatz)

> Die auf $\mathbb{R}$ definierte Funktion u besitze die in Satz 2.23 geforderten Eigenschaften. Wenn mit U die Fourier-Transformierte von u bezeichnet wird, dann ist $2\pi u^*$ die Fourier-Transformierte von U^*.

Bemerkungen:

1. Kurz lautet der Vertauschungssatz: $U = \mathscr{F}\{u\} \Rightarrow u^* = \dfrac{1}{2\pi}\mathscr{F}\{U^*\}$.

2. Ist u reell und gerade, also U ebenfalls reell, dann lautet der Vertauschungssatz

$$U = \mathscr{F}\{u\} \Rightarrow u = \frac{1}{2\pi}\mathscr{F}\{U\}.$$

3. Oft wird die Fourier-Transformation in Abhängigkeit der Frequenz f anstatt der Kreisfrequenz ω dargestellt. Wegen $\omega = 2\pi f$ ist dies nicht nur eine Umbenennung der Variablen, sondern eine Variablentransformation. Die Fourier-Transformation lautet dann

$$U(f) = \int\limits_{-\infty}^{\infty} u(t)e^{-j2\pi ft}\,dt \tag{2.74}$$

und die Umkehrtransformation (beachte $d\omega = 2\pi\,df$)

$$u(t) = \int\limits_{-\infty}^{\infty} U(f)e^{j2\pi ft}\,df. \tag{2.75}$$

In diesem Fall lautet der Vertauschungssatz: Wenn U die Fourier-Transformierte von u ist, dann ist u^* die Fourier-Transformierte von U^*, oder

$$U(f) = \mathscr{F}\{u(t)\} \Rightarrow u(f) = \mathscr{F}\{U(t)\}, \quad \text{falls } u \text{ gerade.}$$

In dieser Form wird der Name dieses Satzes besonders deutlich.

Es sei noch darauf hingewiesen, daß (2.74) zusammen mit (2.75) eine andere Definition der Fourier-Transformation bedeutet.

Beispiel 2.70

Der Rechteckimpuls $u_T = \dfrac{1}{2T} p_T$ hat nach (2.68) die Fourier-Transformierte

$$F(\omega) = \begin{cases} \dfrac{\sin T\omega}{T\omega} & \text{für } \omega \neq 0 \\ 1 & \text{für } \omega = 0 \end{cases}.$$

Beide Funktionen sind reell ($u_T^* = u_T$ und $U_T^* = U_T$), mit dem Vertauschungssatz (Satz 2.25) folgt daher:

$$\frac{\pi}{T} p_T(\omega) = \mathscr{F}\left\{\frac{\sin Tt}{Tt}\right\},$$

oder, wenn beachtet wird, daß die Zeitfunktion gerade ist, d.h. die Eigenschaft (2.66) verwendet werden kann

$$\int_0^\infty \frac{\sin Tt}{Tt} \cos \omega t \, dt = \begin{cases} \dfrac{\pi}{2T} & \text{für } |\omega| < T \\ \dfrac{\pi}{4T} & \text{für } |\omega| = T. \\ 0 & \text{für } |\omega| > T \end{cases}$$

Bemerkenswert an diesem Ergebnis ist die Lösung eines uneigentlichen Integrals, dessen Integrand keine elementare Stammfunktion besitzt. Mit der klassischen Methode (Aufsuchen einer Stammfunktion des Integranden) kann die Fourier-Transformierte der Zeitfunktion f mit $f(t) = \dfrac{\sin Tt}{Tt}$ nicht berechnet werden.

Beispiel 2.71

Die Funktion u sei der Dreieckimpuls mit $u(t) = (1 - |t|)\,(\varepsilon(t+1) - \varepsilon(t-1))$. Setzen wir $T = 1$ in (2.69), so erhalten wir für die Fourier-Transformierte

$$U(\omega) = \begin{cases} \left(\dfrac{\sin \frac{\omega}{2}}{\frac{\omega}{2}}\right)^2 & \text{für } \omega \neq 0 \\ 1 & \text{für } \omega = 0 \end{cases}.$$

Wiederum sind beide Funktionen reell. Mit dem Vertauschungssatz (Satz 2.25) folgt

$$\mathscr{F}\left\{\left(\frac{\sin \frac{t}{2}}{\frac{t}{2}}\right)^2\right\} = 2\pi(1 - |\omega|)(\varepsilon(\omega + 1) - \varepsilon(\omega - 1)),$$

oder, wenn wir die Definition der Fourier-Transformation verwenden und wie oben beachten, daß die Zeitfunktion gerade ist

$$\int_0^\infty \left(\frac{\sin \frac{t}{2}}{\frac{t}{2}}\right)^2 \cos \omega t \, dt = \begin{cases} \pi(1 - |\omega|) & \text{für } |\omega| < 1 \\ 0 & \text{für } |\omega| \geq 1 \end{cases}.$$

Für $\omega = 0$ ergibt sich daraus, wenn wir $2x = t$ $(2\mathrm{d}x = \mathrm{d}t)$ setzen:

$$\int_0^\infty \frac{\sin^2 x}{x^2}\,\mathrm{d}x = \frac{\pi}{2}.$$

C) Der Zeitverschiebungssatz

Es sei $t_0 \in \mathbb{R}$ und f eine auf $\mathbb{R}$ definierte Funktion, die Fourier-transformierbar sei. Die Funktion g entstehe aus f durch Zeitverschiebung um t_0, also $g(t) = f(t - t_0)$ für alle $t \in \mathbb{R}$. Es soll die Fourier-Transformierte $G = \mathscr{F}\{g\}$ der Zeitfunktion g bestimmt werden.

$$G(\omega) = \int_{-\infty}^\infty g(t)\mathrm{e}^{-\mathrm{j}\omega t}\,\mathrm{d}t = \int_{-\infty}^\infty f(t - t_0)\mathrm{e}^{-\mathrm{j}\omega t}\,\mathrm{d}t.$$

Mit Hilfe der Substitution $t - t_0 = \tau$, also $\mathrm{d}t = \mathrm{d}\tau$ ergibt sich

$$G(\omega) = \int_{-\infty}^\infty f(\tau)\mathrm{e}^{-\mathrm{j}\omega(\tau + t_0)}\,\mathrm{d}\tau = \mathrm{e}^{-\mathrm{j}\omega t_0}\int_{-\infty}^\infty f(\tau)\mathrm{e}^{-\mathrm{j}\omega t}\,\mathrm{d}t = \mathrm{e}^{-\mathrm{j}\omega t_0}F(\omega),$$

wobei $F = \mathscr{F}\{f\}$ ist. Damit haben wir folgenden Satz bewiesen.

Satz 2.26 (Zeitverschiebungssatz)

> Es sei $t_0 \in \mathbb{R}$ und f eine auf $\mathbb{R}$ definierte Funktion, die Fourier-transformierbar sei. Dann besitzt die Funktion g mit $g(t) = f(t - t_0)$ für alle $t \in \mathbb{R}$ ebenfalls eine Fourier-Transformierte G und für alle $t_0 \in \mathbb{R}$ und alle $\omega \in \mathbb{R}$ gilt
>
> $$G(\omega) = \mathrm{e}^{-\mathrm{j}t_0\omega}F(\omega),$$
>
> wobei $F = \mathscr{F}\{f\}$ ist.

Bemerkungen:

1. In Kurzform lautet der Zeitverschiebungssatz:

$$\mathscr{F}\{f(t)\} = F(\omega) \Rightarrow \mathscr{F}\{f(t - t_0)\} = \mathrm{e}^{-\mathrm{j}t_0\omega}F(\omega).$$

2. Der Satz besagt, daß einer Verschiebung im Zeitbereich eine Multiplikation mit $\mathrm{e}^{-\mathrm{j}t_0\omega}$ im Frequenzbereich entspricht.
3. Wegen $|\mathrm{e}^{-\mathrm{j}t_0\omega}| = 1$ für alle ω, $t_0 \in \mathbb{R}$ gilt für die Amplitudendichte $|G| = |F|$, eine reine Zeitverschiebung ändert sie also nicht.

Beispiel 2.72

Die Fourier-Transformierte des Rechteckimpulses g mit $g(t) = a(\varepsilon(t) - \varepsilon(t - 2T))$ soll berechnet werden. Bezeichnen wir mit f die im ersten Beispiel vorgestellte Funktion, also $f(t) = ap_T(t)$, so gilt $g(t) = f(t - T)$ für alle $t \in \mathbb{R}$. Mit (2.68) und dem Zeitverschiebungssatz (Satz 2.26) folgt

$$G(\omega) = \begin{cases} \dfrac{2a}{\omega}\mathrm{e}^{-\mathrm{j}T\omega}\sin T\omega & \text{für } \omega \neq 0 \\[2mm] 2aT & \text{für } \omega = 0 \end{cases}.$$

D) Der Frequenzverschiebungssatz

Den mathematischen Hintergrund eines in der Praxis häufig angewandten Verfahrens liefert der folgende

Satz 2.27 (Frequenzverschiebungssatz)

> Es sei $\omega_0 \in \mathbb{R}$ und f eine auf $\mathbb{R}$ definierte Funktion, die Fourier-transformierbar sei. Dann besitzt die Funktion g mit
>
> $$g(t) = e^{j\omega_0 t} f(t) \quad \text{für alle } t \in \mathbb{R}$$
>
> eine Fourier-Transformierte G und für alle $\omega_0, \omega \in \mathbb{R}$ gilt
>
> $$G(\omega) = F(\omega - \omega_0),$$
>
> wobei $F = \mathscr{F}\{f\}$ ist.

Beweis:

Für alle $\omega \in \mathbb{R}$ gilt

$$G(\omega) = \int\limits_{-\infty}^{\infty} g(t)e^{-j\omega t}\,dt = \int\limits_{-\infty}^{\infty} e^{j\omega_0 t} f(t)e^{-j\omega t}\,dt = \int\limits_{-\infty}^{\infty} f(t)e^{-j(\omega - \omega_0)t}\,dt = F(\omega - \omega_0). \qquad \bullet$$

Bemerkung:

In Kurzform lautet der Frequenzverschiebungssatz: $\mathscr{F}\{f(t)\} = F(\omega) \Rightarrow \mathscr{F}\{e^{j\omega_0 t} f(t)\} = F(\omega - \omega_0)$.

Physikalische Interpretation des Frequenzverschiebungssatzes.

Es sei g die im obigen Satz definierte Funktion. Wegen $\mathrm{Re}(g(t)) = \mathrm{Re}(e^{j\omega_0 t} f(t)) = f(t)\cos(\omega_0 t)$ kann g als ein durch f amplitudenmoduliertes Signal mit der Trägerfrequenz ω_0 interpretiert werden. Der Frequenzverschiebungssatz besagt nun, daß durch die Amplitudenmodulation der Trägerfrequenz die Spektraldichte bzw. die Amplitudendichte des Signals f um ω_0 verschoben wird. Eine technische Realisierung ist in Bild 2.36 zu sehen. Darin ist u_N das Nachrichtensignal und u_{TR} der zu modulierende Träger mit der Kreisfrequenz ω_{TR}, d.h. $u_{TR}(t) = \hat{U}_{TR}\cos\omega_{TR}t = \frac{1}{2}\hat{U}_{TR}(e^{j\omega_{TR}t} + e^{-j\omega_{TR}t})$.

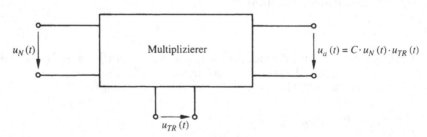

Bild 2.36: Amplitudenmodulation

Verwendet man verschiedene Trägerfrequenzen ω_{TR_1}, ω_{TR_2}, ..., ω_{TR_n}, die genügend weit auseinander liegen, so werden die Spektraldichten der durch das Signal modulierten Trägerfrequenzen entzerrt. Werden insbesondere die Nachrichtensignale u_{N_1}, u_{N_2}, ..., u_{N_n} zuvor auf einen Tiefpaß mit der Sperrfrequenz $\omega_S < \frac{1}{2}|\omega_{TR_1} - \omega_{TR_2}|$ geschaltet, so beeinflussen sich die Spektren der modulierten Signale nicht, d.h. auf einer Übertragungsleitung lassen sich mehrere Signale gleichzeitig übertragen (z.B. mehrere Telefongespräche über eine Leitung bei der Telecom). Die Bandbreite ω_S der zu übermittelnden Nachricht, die meist technisch bedingt ist, bestimmt den Abstand der einzelnen Trägerfrequenzen. Mit Hilfe von Bandpaßfiltern lassen sich am Ende der Übertragungsleitung die einzelnen Nachrichtensignale wieder trennen.

Beispiel 2.73

Die Fourier-Transformierte der (komplexwertigen) Funktion f mit

$$f(t) = p_T(t)e^{j\omega_0 t}, \text{ wobei } T > 0$$

soll berechnet werden.

Aufgrund des Frequenzverschiebungssatzes (Satz 2.27) und wegen (2.68) erhalten wir

$$F(\omega) = \begin{cases} \dfrac{2a\sin(T(\omega - \omega_0))}{\omega - \omega_0} & \text{für } \omega \neq \omega_0 \\ 2aT & \text{für } \omega = \omega_0 \end{cases}.$$

E) Der Faltungssatz

Wenn während der Zeit von $\tau = 0$ bis $\tau = t$ gewisse Ursachen, sagen wir $f_1(\tau)$, wirken, so wird der „Effekt" durch das Integral $\int\limits_0^t f_1(\tau)\,d\tau$ gegeben (beispielsweise die Ladung $q(t) = \int\limits_0^t i(\tau)\,d\tau$, wenn mit $i(t)$ die Stromstärke bezeichnet wird). Wenn jedoch jede Ursache mit einem Gewichtsfaktor f_2 zu versehen ist, der von der Zeitspanne zwischen dem Zeitpunkt τ ihres Auftretens und dem Zeitpunkt t der Beobachtung, also von $t - \tau$ abhängt, so wird der Effekt durch das Integral $\int\limits_0^t f_1(\tau)f_2(t - \tau)\,d\tau$ gegeben.

Definition 2.14

Die Funktionen f_1 und f_2 seien auf $\mathbb{R}$ absolut integrierbar. Dann heißt die Funktion f mit

$$f(t) = \int\limits_{-\infty}^{\infty} f_1(\tau)f_2(t - \tau)\,d\tau$$

die **Faltung** von f_1 und f_2. Schreibweise: $f = f_1 * f_2$

Bemerkungen:

1. Wird die τ-Achse in der Mitte zwischen 0 und t gefaltet, so liegt der Punkt $t - \tau_1$ auf τ_1, daher der Name „Faltung".
2. Wird mit $g: \tau \mapsto g(\tau)$ die auf $\mathbb{R}$ definierte Funktion mit $g(\tau) = f_2(t - \tau)$ für alle $\tau, t \in \mathbb{R}$ bezeichnet, so erhält man wegen $g(\tau) = f_2(t - \tau) = f_2(-(\tau - t)) = f_2(-u)$ den Graphen von g aus f_2, indem

man zunächst den Graphen von f_2 an der Ordinatenachse spiegelt und anschließend um t vorzeichenbehaftet (d.h. nach links, falls $t < 0$, andernfalls nach rechts) verschiebt.

Die Faltung ist kommutativ und assoziativ, d.h. für alle auf $\mathbb{R}$ absolut integrierbaren Funktionen f_1, f_2 und f_3 gilt:

$$f_1 * f_2 = f_2 * f_1 \quad \text{und} \quad f_1 * (f_2 * f_3) = (f_1 * f_2) * f_3.$$

Exemplarisch soll nur die Kommutativität bewiesen werden:

Es sei $f = f_1 * f_2$, dann gilt $f(t) = \int\limits_{-\infty}^{\infty} f_1(\tau) f_2(t - \tau) \, d\tau$. Mit $u = t - \tau$, also $\tau = t - u$, $d\tau = -du$ folgt:

$$f(t) = - \int\limits_{\infty}^{-\infty} f_2(u) f_1(t - u) \, du = \int\limits_{-\infty}^{\infty} f_2(u) f_1(t - u) \, du = (f_2 * f_1)(t). \quad \bullet$$

Da bei der Fourier-Transformation häufig Impulsfunktionen auftreten, soll zunächst eine Darstellung für die Faltung einiger spezieller Funktionen angegeben werden.

Es sei $T_1, T_2 \in \mathbb{R}$ und $f_1(t) = 0$ für alle $t < T_1$ und $f_2(t) = 0$ für alle $t < T_2$, dann gilt, wenn mit $f = f_1 * f_2$ bezeichnet wird:

$$f(t) = \begin{cases} \int\limits_{T_1}^{t-T_2} f_1(\tau) f_2(t - \tau) \, d\tau & \text{für } t > T_1 + T_2 \\ 0 & \text{für } t \le T_1 + T_2 \end{cases}. \tag{2.76}$$

Als untere Grenze genügt T_1 wegen f_1. Wenn $t - \tau < T_2 \Leftrightarrow \tau > t - T_2$ ist, wird wegen f_2 der Integrand Null. Daher genügt $t - T_2$ als obere Grenze. Ist die untere Grenze größer oder gleich der oberen, so wird das Integral Null; dies ist dann der Fall, wenn $T_1 \ge t - T_2 \Leftrightarrow t \le T_1 + T_2$.

Ebenso kann man zeigen:

Wenn $f_1(t) = 0$ für alle $t > T_1$ und $f_2(t) = 0$ für alle $t > T_2$, dann gilt für die Faltung $f = f_1 * f_2$:

$$f(t) = \begin{cases} \int\limits_{t-T_2}^{T_1} f_1(\tau) f_2(t - \tau) \, d\tau & \text{für } t < T_1 + T_2 \\ 0 & \text{für } t \ge T_1 + T_2 \end{cases}. \tag{2.77}$$

Es sei nun f_2 ein Rechteckimpuls, also $f_2(t) = \varepsilon(t - T_1) - \varepsilon(t - T_2)$ wobei $T_1 < T_2$ vorausgesetzt sei. Ist f_1 eine auf $\mathbb{R}$ absolut integrierbare Funktion, dann gilt für die Faltung $f = f_1 * f_2$:

$$f(t) = \int\limits_{t-T_2}^{t-T_1} f_1(\tau) \, d\tau. \tag{2.78}$$

Wählen wir den Rechteckimpuls p_T mit $T > 0$, so ergibt sich aus (2.78) (wegen $T_1 = -T$ und $T_2 = T$):

$$(f * p_T)(t) = \int\limits_{t-T}^{t+T} f(\tau) \, d\tau \text{ für alle auf } \mathbb{R} \text{ absolut integrierbaren Funktionen } f. \tag{2.79}$$

Beispiel 2.74

Die ε-Funktion soll mit dem Rechteckimpuls p_T gefaltet werden.

Mit (2.79) erhalten wir $(\varepsilon * p_T)(t) = \int\limits_{t-T}^{t+T} \varepsilon(\tau) \, d\tau$.

Ist die obere Grenze $(t + T)$ kleiner als Null, so ist das Ergebnis des Integrals Null. Ist $t - T < 0$ und $t + T > 0$ d.h. $|t| < T$, so genügt als untere Grenze Null, der Integrand ist die konstante Funktion 1, also hat die Faltung den Wert $t + T$. Ist die untere Grenze größer als Null, d.h. $t > T$, dann ist der Wert des Integrals $2T$. Damit ergibt sich:

$$(\varepsilon * p_T)(t) = \begin{cases} 0 & \text{für } t \le -T \\ t + T & \text{für } |t| < T \\ 2T & \text{für } t \ge T \end{cases} .$$

Beispiel 2.75

Faltung f zweier Rechteckimpulse p_{T_1} und p_{T_2}.

Wir erhalten mit (2.79): $f(t) = \int\limits_{t-T_1}^{t+T_1} p_{T_2}(\tau)\,d\tau$.

Die Faltung ist kommutativ, ohne Einschränkung der Allgemeinheit kann daher $T_1 \ge T_2 (T_1, T_2 \in \mathbb{R}^+)$ vorausgesetzt werden.

Fallunterscheidung:

α) Die untere Integrationsgrenze ist größer als T_2, also $t - T_1 > T_2 \Leftrightarrow t > T_1 + T_2$, dann ist $f(t) = 0$.

β) Die untere Integrationsgrenze ist zwischen $-T_2$ und T_2, d.h. $-T_2 \le t - T_1 \le T_2 \Leftrightarrow T_1 - T_2 \le t \le T_1 + T_2$, dann folgt, da $T_1 \ge T_2$ ist

$$f(t) = \int\limits_{t-T_1}^{T_2} p_{T_2}(\tau)\,d\tau = T_1 + T_2 - t.$$

γ) Die untere Integrationsgrenze ist kleiner als $-T_2$, die obere jedoch größer als T_2 (dies ist möglich, da $T_1 \ge T_2$ ist), d.h. $-(T_1 - T_2) < t < T_1 - T_2$. Das Integral liefert dann den Flächeninhalt unter p_{T_2}, also $f(t) = 2T_2$.

Die Faltung zweier gerader Funktionen ergibt wieder eine gerade, somit erhalten wir für f:

$$f(t) = \begin{cases} 0 & \text{für } |t| > T_1 + T_2 \\ -t + T_1 + T_2 & \text{für } T_1 - T_2 \le |t| \le T_1 + T_2 \\ 2T_2 & \text{für } |t| < T_1 - T_2 \end{cases} .$$

Der Graph von f ist offensichtlich ein Trapez.

Beispiel 2.76

Die Funktion f mit $f(t) = \dfrac{1}{1 + t^2}$ soll mit dem Rechteckimpuls gefaltet werden.

Mit (2.79) erhalten wir:

$$(f * p_T)(t) = \int\limits_{t-T}^{t+T} \frac{1}{1+\tau^2}\,d\tau = \arctan(t + T) - \arctan(t - T) = \arctan \frac{2T}{t^2 + 1 - T^2}, \text{ falls } 0 < T < 1.$$

Die Einschränkung $0 < T < 1$ ist nur für den letzten Term nötig.

Satz 2.28 (Faltungssatz)

Sind die Funktionen f_1 und f_2 auf $\mathbb{R}$ absolut integrierbar, dann gilt

$$\mathscr{F}\{f_1 * f_2\} = \mathscr{F}\{f_1\} \cdot \mathscr{F}\{f_2\}.$$

Bemerkung:

Der Faltungssatz besagt, daß einer Multiplikation im Frequenzbereich eine Faltung im Zeit-bereich entspricht.

Beispiel 2.77

Gesucht ist die Zeitfunktion f, deren Fourier-Transformierte F gegeben sei durch

$$F(\omega) = \frac{4 \sin^3 T\omega}{T\omega^3}, T > 0.$$

F kann als Produkt von F_1 und F_2 geschrieben werden mit

$$F_1(\omega) = \frac{2 \sin T\omega}{\omega} \text{ und } F_2(\omega) = \frac{2 \sin^2 T\omega}{T\omega^2}.$$

Nach (2.68) und (2.69) lauten die zugehörigen Zeitfunktionen:

$$f_1(t) = p_T(t) \text{ und } f_2(t) = \left(1 - \frac{|t|}{2T}\right)(\varepsilon(t + 2T) - \varepsilon(t - 2T)).$$

Also ist die gesuchte Zeitfunktion aufgrund des Faltungssatzes (Satz 2.28) gegeben durch $f = f_1 * f_2$. Wir verwenden die Beziehung (2.79):

$$f(t) = \int_{t-T}^{t+T} \left(1 - \frac{|\tau|}{2T}\right)(\varepsilon(\tau + 2T) - \varepsilon(\tau - 2T)) \, d\tau. \tag{2.80}$$

Da F eine reelle Funktion ist, ist nach einer Bemerkung zur Eigenschaft (2.66) die Zeitfunktion f gerade, es genügt daher die Berechnung für $t > 0$. Wie man sieht, ist der Integrand Null für $\tau \le -2T$ oder $\tau \ge 2T$ (vgl. Bild 2.32). Ist also die obere Grenze kleiner als $-2T$ (also $t + T \le -2T$) oder die untere größer als $2T$ (also $t - T \ge 2T$), so ist das Integral Null. Daher ist

$$f(t) = 0 \text{ für alle } t \text{ mit } |t| \ge 3T.$$

Um das Intgeral (2.80) zu berechnen machen wir eine Fallunterscheidung.

α) $T \le t \le 3T$:
Aus $T \le t$ folgt für die obere Grenze des Integrals (2.80) $t + T \ge 2T$, für $\tau \ge 2T$ ist der Integrand jedoch Null, also genügt als obere Grenze $2T$. Für die untere Grenze gilt: $t - T \ge 0$, d.h. $\tau \ge 0$, die Betragsstriche in (2.80) können daher weggelassen werden. Wir erhalten:

$$f(t) = \int_{t-T}^{2T} \left(1 - \frac{\tau}{2T}\right) d\tau = \left(\tau - \frac{\tau^2}{4T}\right)\bigg|_{t-T}^{2T} = 2T - t + T - \frac{1}{4T}(4T^2 - (t - T)^2)$$

$$= \frac{1}{4T}(t - 3T)^2 \text{ für alle } t \text{ mit } |t - 2T| \le T.$$

β) $-T < t < T$:

Das Integrationsintervall enthält in diesem Fall immer die Null, die Aufspaltung in zwei Integrale (Intervalladditivität) ist sinnvoll:

$$f(t) = \int_{t-T}^{0} \left(1 + \frac{\tau}{2T}\right)d\tau + \int_{0}^{t+T} \left(1 - \frac{\tau}{2T}\right)d\tau = \left(\tau + \frac{\tau^2}{4T}\right)\Big|_{t-T}^{0} + \left(\tau - \frac{\tau^2}{4T}\right)\Big|_{0}^{t+T}$$

$$= \frac{3}{2}T - \frac{t^2}{2T} \text{ für alle } t \text{ mit } |t| < T.$$

Da, wie oben bereits erwähnt, f gerade ist ergibt sich:

$$f(t) = \begin{cases} \dfrac{3}{2}T - \dfrac{t^2}{2T} & \text{für } |t| < T \\[2mm] \dfrac{1}{4T}(|t| - 3T)^2 & \text{für } ||t| - 2T| \leq T \\[2mm] 0 & \text{für } |t| > 3T \end{cases} \tag{2.81}$$

f ist als Integralfunktion auf $\mathbb{R}$ stetig. Man kann rasch zeigen, daß f auch auf $\mathbb{R}$ differenzierbar ist, so gilt z.B. $f'(T) = -1$ und $f'(3T) = 0$. In Bild 2.37 ist der Graph von f dargestellt.

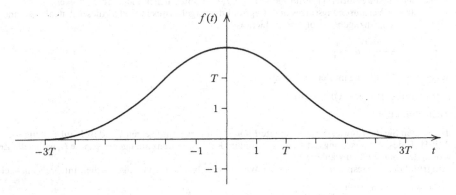

Bild 2.37: Der Graph der Funktion f von (2.81)

Aufgaben

1. Berechnen Sie die Fourier-Transformierten F der folgenden Funktionen f.

   a) $f(t) = (1 - t^2)(\varepsilon(t + 1) - \varepsilon(t - 1))$;   b) $f(t) = (1 - |t^3|)(\varepsilon(t + 1) - \varepsilon(t - 1))$;

   c) $f(t) = \left(\varepsilon\left(t + \dfrac{\pi}{2}\right) - \varepsilon\left(t - \dfrac{\pi}{2}\right)\right)\cos t$;   d) $f(t) = (\varepsilon(t + \pi) - \varepsilon(t - \pi))|\sin t|$.

2. Im Zeitbereich ist die Funktion f durch

$$f(t) = \left(\varepsilon\left(t + \frac{\pi}{4}\right) - \varepsilon\left(t - \frac{\pi}{4}\right)\right)\cos t, \quad t \in \mathbb{R}$$

   gegeben.
   a) Berechnen Sie die Fourier-Transformierte $F : \omega \mapsto F(\omega)$ von f und zeigen Sie, daß F auf $\mathbb{R}$ stetig ist.
   b) Mit Hilfe des Vertauschungssatzes ist eine weitere Korrespondenz anzugeben $g \circ\!\!-\!\!\bullet\, G$, wobei die Zeitfunktion g durch $g = F^*$ zu wählen ist.

c) Aufgrund der Korrespondenz in b) ist der Wert des nachstehenden uneigentlichen Integrals anzugeben

$$\int\limits_0^\infty \frac{\cos\frac{\pi}{4}t - t\sin\frac{\pi}{4}t}{1 - t^2}\,dt.$$

3. Es sei $a, b \in \mathbb{R}^+$ und f_a eine auf $\mathbb{R}$ definierte Funktion mit

$$f_a(t) = \begin{cases} b & \text{für } |t| \le \frac{1}{a} \\ be^{1-a|t|} & \text{für } \frac{1}{a} < |t| \end{cases}$$

a) Wie ist $b \in \mathbb{R}^+$ zu wählen, damit $\int\limits_{-\infty}^\infty f_a(t)dt = 1$ für alle $a \in \mathbb{R}^+$ gilt?

b) Für $b = \frac{a}{4}$ ist die Fourier-Transformierte F_a von f_a zu berechnen. Zeigen Sie, daß F_a auf $\mathbb{R}$ stetig ist.

c) Mit Hilfe des Vertauschungssatzes ist eine weitere Korrespondenz $g \circ\!\!-\!\!\bullet G$ anzugeben, wobei die Zeitfunktion g durch $g = F_a^*$ zu wählen ist. Berechnen Sie daraus den Wert des uneigentlichen Integrals

$$\int\limits_0^\infty \frac{t\cos t + \sin t}{t(1 + t^2)}\,dt.$$

4. Im Zeitbereich ist die Impulsfunktion f durch

$$f(t) = (\varepsilon(t+2) - \varepsilon(t-2))(1 - ||t| - 1|)$$

gegeben.

a) Berechnen Sie die Fourier-Transformierte F von f, und untersuchen Sie F auf Stetigkeit.

b) Mit Hilfe des Vertauschungssatzes und aufgrund des Ergebnisses in Teil a) dieser Aufgabe ist eine weitere Korrespondenz anzugeben. Folgern Sie hieraus

$$\int\limits_0^\infty \frac{\cos^2 t(1 - \cos t)}{t^2}\,dt = \frac{\pi}{4}.$$

5. Es sei $a, \tau \in \mathbb{R}^+$ und f eine im Zeitbereich durch

$$f(t) = a(\varepsilon(t + \tau) - \varepsilon(t - \tau))|t|, \quad t \in \mathbb{R}$$

gegebene Funktion.

a) Berechnen Sie die Fourier-Transformierte $F : \omega \mapsto F(\omega)$ von f und zeigen Sie, daß F auf $\mathbb{R}$ stetig ist.

b) Mit Hilfe des Vertauschungssatzes ist eine weitere Korrespondenz anzugeben $g \circ\!\!-\!\!\bullet G$, wobei die Zeitfunktion g durch $g = F^*$ zu wählen ist.

c) Aufgrund der Korrespondenz in b) ist der Wert des nachstehenden uneigentlichen Integrals anzugeben

$$\int\limits_0^\infty \frac{\cos\tau t + \tau t\sin\tau t - 1}{t^2}\cos\omega t\,dt \text{ für alle } \omega \in \mathbb{R} \text{ und alle } \tau \in \mathbb{R}^+.$$

Berechnen Sie hieraus $\int\limits_0^\infty \frac{(\cos\tau t + \tau t\;\sin\tau t - 1)\cos\tau t}{t^2}\,dt.$

6. Es sei $\Omega > 0$ und $F : \omega \mapsto F(\omega)$ die Spektraldichte der Zeitfunktion $f : t \mapsto f(t)$. Das Spektrum F werde durch eine Impulsfunktion r_Ω beschnitten, d.h. es ist $F_\Omega = F \cdot r_\Omega$. Bestimmen Sie die Zeitfunktion $f_\Omega = \mathscr{F}^{-1}(F_\Omega)$ für folgende Impulsfunktionen.

a) Der Rechteckimpuls $r_\Omega = p_\Omega$ mit $p_\Omega(\omega) = \varepsilon(\omega + \Omega) - \varepsilon(\omega - \Omega)$. Folgern Sie hieraus $f_\Omega = f * \delta_\Omega$, wobei δ_Ω der Fouriersche Kern $\delta_\Omega(t) = \frac{\sin\Omega t}{\pi t}$ ist.

b) Der Dreieckimpuls $r_\Omega = q_\Omega$ mit $q_\Omega(\omega) = \frac{1}{2}\left(1 - \frac{|\omega|}{\Omega}\right)(\varepsilon(\omega + \Omega) - \varepsilon(\omega - \Omega))$. Folgern Sie hieraus $f_\Omega = f * \varepsilon_\Omega$, wobei ε_Ω der Fejèrsche Kern $\varepsilon_\Omega(t) = \frac{\sin^2\frac{\Omega t}{2}}{\pi\Omega t^2}$ ist.

3 Funktionen mehrerer Variablen

Die kinetische Energie E eines Körpers hängt von seiner Masse m und seiner Geschwindigkeit v ab, E ist eine Funktion der zwei Variablen m und v, es gilt $E = \frac{1}{2}mv^2$. Wenn der Körper zusätzlich eine Rotationsbewegung um eine feste Achse ausführt, so hängt E ferner von der Winkelgeschwindigkeit ω und dem Trägheitsmoment J des Körpers bez. dieser Achse ab. E ist dann eine Funktion der vier Veränderlichen m, v, ω und J. Im folgenden werden wir Funktionen von zwei oder mehr Veränderlichen untersuchen und Teile der Differential- und Integralrechnung auf sie übertragen.

3.1 Grundbegriffe: n-dimensionaler Raum, Stetigkeit

Folgende Begriffe treten beim Aufbau der Differential- und Integral-Rechnung auf: Teilmengen in $\mathbb{R}$, insbesondere Umgebungen einer Zahl. Teilmengen, insbesondere offene und abgeschlossene Intervalle begegnen uns als Definitions- und Integrationsbereiche, Umgebungen spielen beim Grenzwertbegriff eine entscheidende Rolle. Diese Begriffe werden nun verallgemeinert.

3.1.1 Die Ebene

Wir legen in der Ebene ein rechtwinkliges Koordinatensystem zugrunde.

Definition 3.1

> Unter dem **zweidimensionalen Raum** $\mathbb{R}^2$ versteht man die Menge aller geordneten Paare reeller Zahlen. Seine Elemente heißen **Punkte**.
>
> Kurz: $\mathbb{R}^2 = \{(x, y) \mid x \in \mathbb{R} \text{ und } y \in \mathbb{R}\}$.

Um eine formale Ähnlichkeit zwischen Funktionen einer und solchen mehrerer Variablen zu erhalten, verwenden wir auch hier Betragsstriche im Zusammenhang mit Abständen. Dazu sei daran erinnert, daß der Betrag einer Zahl x ihr Abstand vom Nullpunkt ist und daß $|x - y|$ der Abstand der Zahlen x und y (der Punkte auf der Zahlengeraden) voneinander ist. Diese Bezeichnungen übernehmen wir für die entsprechenden Begriffe und bezeichnen mit $|P - Q|$ den Abstand der Punkte P und Q voneinander. Wenn $P = (a, b)$ und $Q = (c, d)$ ist, so gilt nach dem Satz von Pythagoras

$$|P - Q| = \sqrt{(a-c)^2 + (b-d)^2}, \tag{3.1}$$

und es ist $|P| = \sqrt{a^2 + b^2}$ der Abstand des Punktes P vom Nullpunkt $(0,0)$, vgl. Bild 3.1.

A. Fetzer, H. Fränkel, *Mathematik 2*,
DOI 10.1007/978-3-642-24115-4_3, © Springer-Verlag Berlin Heidelberg 2012

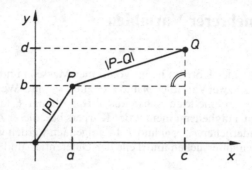

Bild 3.1: Punkte in der Ebene und ihr Abstand

Definition 3.2

Es sei $P_0 \in \mathbb{R}^2$ und $\varepsilon > 0$. Die Menge

$$U_\varepsilon(P_0) = \{P \mid P \in \mathbb{R}^2 \quad \text{und} \quad |P - P_0| < \varepsilon\} \tag{3.2}$$

heißt die (offene) ε-**Umgebung** des Punktes P_0, kurz eine Umgebung von P_0.

Bemerkungen:

1. $U_\varepsilon(P_0)$ ist eine Kreisscheibe mit dem Mittelpunkt P_0 vom Radius ε, deren Rand, die Kreislinie, nicht zu $U_\varepsilon(P_0)$ gehört (vgl. Bild 3.2). Sind $P = (x, y)$ und $P_0 = (a, b)$, so ist die Ungleichung $|P - P_0| < \varepsilon$ gleichwertig mit $(x - a)^2 + (y - b)^2 < \varepsilon^2$.
2. Aus $0 < \varepsilon' < \varepsilon$ folgt offenbar $U_{\varepsilon'}(P) \subset U_\varepsilon(P)$.

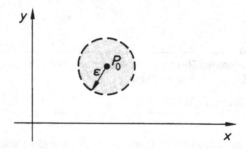

Bild 3.2: Die offene ε-Umgebung von P_0

Definition 3.3

Es sei $D \subset \mathbb{R}^2$. Der Punkt $P \in \mathbb{R}^2$ heißt

a) **innerer Punkt** von D, wenn es eine Umgebung $U_\varepsilon(P)$ gibt, die in D liegt, für die also $U_\varepsilon(P) \subset D$ gilt;
b) **Randpunkt** von D, wenn in jeder Umgebung $U_\varepsilon(P)$ sowohl ein Punkt von D als auch ein Punkt von $\mathbb{R}^2 \setminus D$ liegt, d.h. wenn für jedes $\varepsilon > 0$ sowohl $U_\varepsilon(P) \cap D \neq \phi$ als auch $U_\varepsilon(P) \cap (\mathbb{R}^2 \setminus D) \neq \phi$ gilt.

Bemerkungen:

1. Wenn P innerer Punkt von D ist, so gibt es sogar unendlich viele Umgebungen von P, die in D liegen, denn mit $U_\varepsilon(P)$ liegt auch jede Umgebung $U_{\varepsilon'}(P)$ in D, wenn $0 < \varepsilon' < \varepsilon$.
2. Ist P innerer Punkt von D, so ist P nicht Randpunkt von D, ist P Randpunkt von D, so ist P nicht innerer Punkt von D.
3. Wenn P innerer Punkt von D ist, so gilt $P \in D$. Wenn P Randpunkt von D ist, so kann $P \in D$ oder $P \notin D$ gelten.

Definition 3.4

> Die Menge $D \subset \mathbb{R}^2$ heißt **offen**, wenn jeder Punkt $P \in D$ innerer Punkt von D ist. D heißt **abgeschlossen**, wenn $\mathbb{R}^2 \setminus D$ offen ist. Die Menge aller Randpunkte von D heißt der **Rand** von D.

Bemerkungen:

1. Wenn D offen ist, so ist $\mathbb{R}^2 \setminus D$ abgeschlossen.
2. $\mathbb{R}^2$ und ϕ sind sowohl offen als auch abgeschlossen. Dies sind allerdings auch die einzigen Mengen in $\mathbb{R}^2$, die offen und abgeschlossen sind.
3. Es gibt Mengen, die weder offen noch abgeschlossen sind (z.B. die Menge D_3 aus dem folgenden Beispiel).
4. Liegt jeder Randpunkt von D in D, so ist D abgeschlossen und umgekehrt. D ist daher genau dann abgeschlossen, wenn der Rand von D Teilmenge von D ist.

Beispiel 3.1

Es seien

$$D_1 = \{(x, y) \mid 1 < x < 3 \text{ und } -1 < y < 2\},$$
$$D_2 = \{(x, y) \mid 1 \leqq x \leqq 3 \text{ und } -1 \leqq y \leqq 2\},$$
$$D_3 = \{(x, y) \mid 1 \leqq x < 3 \text{ und } -1 < y \leqq 2\}.$$

Jede dieser drei Mengen stellt ein Rechteck dar (vgl. Bild 3.3). Der Punkt $P = (\frac{3}{2}, 1)$ ist innerer Punkt jeder dieser drei Mengen, denn die Umgebung $U_{0,1}(P)$ ist Teilmenge jeder dieser drei Mengen. Der Punkt $Q = (1, 1)$ ist Randpunkt jeder dieser drei Mengen. Diejenigen Teile des Randes, die nicht zur jeweiligen Menge gehören, sind in Bild 3.3 gestrichelt gezeichnet, die zur Menge gehörenden ausgezogen. D_1 ist eine offene Menge, D_2 eine abgeschlossene und D_3 eine weder offene noch abgeschlossene Menge.

Definition 3.5

> Die Menge $D \subset \mathbb{R}^2$ heißt **beschränkt**, wenn es eine Zahl A gibt, so daß für alle $P \in D$ gilt $|P| \leq A$, andernfalls heißt D **unbeschränkt**.

Bemerkung:

Die Menge D ist also genau dann beschränkt, wenn es eine Kreisscheibe $U_A(0, 0)$ um $(0, 0)$ gibt, für die $D \subset U_A(0, 0)$ gilt.

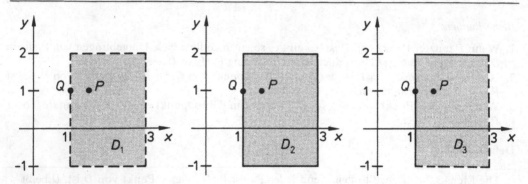

Bild 3.3: Die drei Rechtecke aus Beispiel 3.1

Beispiel 3.2

a) Die Menge

$$D = \left\{(x,y)| -1 \leqq x < 2 \text{ und } -\frac{x}{2} - 2 < y < x+1\right\}$$

ist beschränkt, denn $D \subset U_4(0,0)$ für z.B. $A = 5$ oder auch $\sqrt{13}$. Die Zahl $\sqrt{13}$ ist die kleinste aller dieser Schranken. D ist übrigens weder offen noch abgeschlossen, vgl. Bild 3.4.

b) Die Menge

$$D = \{(x,y)| -2 < y < 1 \text{ und } -y^2 < x\}$$

ist nicht beschränkt und offen, vgl. Bild 3.5.

Das bisher zugrunde gelegte x, y-Koordinatensystem erweist sich bei der Behandlung mancher Probleme als unzweckmäßig. Ein anderes Koordinatensystem erhält man durch Verwendung von **Polarkoordinaten** (vgl. Bild 3.6). Dabei bedeuten r den Abstand des Punktes $P = (x,y)$ von $(0,0)$ und φ das Bogenmaß des Winkels, den die Strecke von $(0,0)$ nach $(x,y) \neq (0,0)$ mit der positiven Richtung der x-Achse bildet, und zwar in mathematisch positivem Sinn mit $0 \leqq \varphi < 2\pi$. Dem Bild 3.6 entnimmt man die Umrechnungsformeln

$$x = r \cdot \cos\varphi \quad \text{und} \quad y = r \cdot \sin\varphi \quad \text{für } r \geqq 0 \quad \text{und } 0 \leqq \varphi < 2\pi. \tag{3.3}$$

Es gilt dann $|P| = r$.

Beispiel 3.3

a) Der Punkt $P = (x,y) = (2, -3)$ hat im Polarkoordinatensystem die Koordinaten

$r = \sqrt{4+9} = 3,60555\ldots, \varphi = 5,30039\ldots$, denn aus $x = r \cdot \cos\varphi$ folgt, da offenbar $\frac{3}{2}\pi < \varphi < 2\pi$ gilt:

$\varphi = 2\pi - 0,98279\ldots = 5,30039\ldots$

b) Umgekehrt gilt, wenn der Punkt P die Koordinaten $r = 3$ und $\varphi = 0,73$ (Bogenmaß!) hat:
$x = r \cdot \cos\varphi = 2,2355\ldots$ und $y = r \cdot \sin\varphi = 2,0006\ldots$

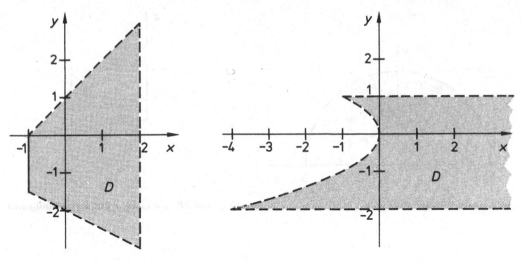

Bild 3.4: Die Menge aus Beispiel 3.2 a)   **Bild 3.5:** Die Menge aus Beispiel 3.2 b)

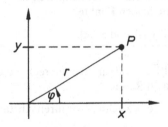

Bild 3.6: Polarkoordinaten und kartesische Koordinaten eines Punktes P

Beispiel 3.4

a) Die Kreisscheibe $D = \{(x, y) \,|\, x^2 + y^2 < 9\}$ wird in Polarkoordinaten durch die Ungleichungen $0 \leq r < 3$ und $0 \leq \varphi < 2\pi$ beschrieben.

b) Durch die Ungleichungen $2 < r \leq 5$ und $0 \leq \varphi < \pi$ wird die obere Hälfte eines Kreisringes festgelegt, vgl. Bild 3.7.

3.1.2 Der drei- und der *n*-dimensionale Raum

Legt man im dreidimensionalen Raum ein kartesisches Koordinatensystem zugrunde, so erkennt man, daß jeder Punkt P durch seine drei Koordinaten x, y und z gekennzeichnet ist, d.h. durch ein geordnetes Zahlentripel (x, y, z), siehe Bild 3.8. Wir identifizieren den Punkt P mit diesem Tripel und schreiben $P = (x, y, z)$.

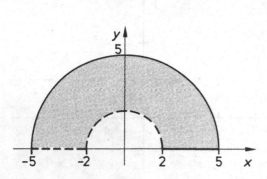

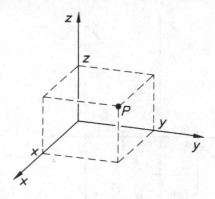

Bild 3.7: Zu Beispiel 3.4 b)   **Bild 3.8:** Ein Punkt P und seine Koordinaten

Definition 3.6

Unter dem **dreidimensionalen Raum** $\mathbb{R}^3$ versteht man die Menge aller geordneten Tripel reeller Zahlen. Seine Elemente heißen **Punkte**.

Kurz: $\mathbb{R}^3 = \{(x, y, z) \mid x \in \mathbb{R}$ und $y \in \mathbb{R}$ und $z \in \mathbb{R}\}$.

Die folgenden Definitionen sind Übertragungen entsprechender Begriffe des zweidimensionalen Raumes auf den dreidimensionalen Raum.

Sind $P = (u, v, w)$ und $Q = (x, y, z)$, so bezeichnen wir ihren Abstand mit $|P - Q|$. Aus dem Satz von Pythagoras folgt dann

$$|P - Q| = \sqrt{(u - x)^2 + (v - y)^2 + (w - z)^2}. \tag{3.4}$$

Dann ist $|P| = \sqrt{u^2 + v^2 + w^2}$ der Abstand des Punktes P vom Nullpunkt $(0, 0, 0)$.

Definition 3.7

Es sei $P_0 \in \mathbb{R}^3$ und $\varepsilon > 0$. Die Menge

$$U_\varepsilon(P_0) = \{P \mid P \in \mathbb{R}^3 \text{ und } |P - P_0| < \varepsilon\} \tag{3.5}$$

heißt die (offene) **ε-Umgebung** des Punktes P_0, kurz eine Umgebung von P_0.

Bemerkungen:

1. $U_\varepsilon(P_0)$ ist eine Kugel mit dem Mittelpunkt P_0 und dem Radius ε, deren »Rand«, das ist ihre Oberfläche, nicht zu $U_\varepsilon(P_0)$ gehört. Sind $P_0 = (a, b, c)$ und $P = (x, y, z)$, so sind die Ungleichungen $|P - P_0| < \varepsilon$ und $(x - a)^2 + (y - b)^2 + (z - c)^2 < \varepsilon^2$ gleichwertig.
2. Aus $0 < \varepsilon' < \varepsilon$ folgt $U_{\varepsilon'}(P) \subset U_\varepsilon(P)$.

Definition 3.8

Es sei $D \subset \mathbb{R}^3$. Der Punkt $P \in \mathbb{R}^3$ heißt

a) **innerer Punkt** von D, wenn es eine Umgebung $U_\varepsilon(P)$ gibt, die in D liegt, für die also $U_\varepsilon(P) \subset D$ gilt;

b) **Randpunkt** von D, wenn in jeder Umgebung $U_\varepsilon(P)$ von P sowohl ein Punkt von D als auch ein Punkt von $\mathbb{R}^3 \setminus D$ liegt, d.h. wenn für jedes $\varepsilon > 0$ sowohl $U_\varepsilon(P) \cap D \neq \phi$ als auch $U_\varepsilon(P) \cap (\mathbb{R}^3 \setminus D) \neq \phi$ gilt.

Bemerkung:

Die im Anschluß an die Definition 3.3 gemachten drei Bemerkungen gelten auch hier.

Definition 3.9

Die Menge $D \subset \mathbb{R}^3$ heißt **offen**, wenn jeder Punkt $P \in D$ innerer Punkt von D ist. D heißt **abgeschlossen**, wenn $\mathbb{R}^3 \setminus D$ offen ist.

Die Menge aller Randpunkte von D heißt der **Rand** von D.

Definition 3.10

Die Menge $D \subset \mathbb{R}^3$ heißt **beschränkt**, wenn es eine Zahl A gibt, so daß für alle $P \in D$ gilt $|P| \leq A$, andernfalls heißt D **unbeschränkt**.

Bemerkung:

Die Menge D ist also genau dann beschränkt, wenn es eine Umgebung $U_A(0,0,0)$ gibt, für die $D \subset U_A(0,0,0)$ gilt.

Beispiel 3.5

Die Menge

$$D_1 = \{(x,y,z) \in \mathbb{R}^3 \mid 1 \leq x \leq 3 \text{ und } 0 \leq y \leq 3 \text{ und } 1 \leq z \leq 4\}$$

ist der in Bild 3.9 dargestellte Quader. Da in allen D_1 definierenden Ungleichungen Gleichheit zugelassen ist, gehört die Quaderoberfläche zur Menge D_1, diese Menge ist also abgeschlossen. Die Menge ist auch beschränkt, denn jeder Punkt $P \in D$ hat einen Abstand $|P|$ von $(0,0,0)$, der kleiner ist, als z.B. 6; es gilt daher $D_1 \subset U_6(0,0,0)$. Den größten Abstand vom Ursprung von allen Punkten aus D_1 hat $(3,3,4)$ mit $\sqrt{9+9+16} = 5,83\ldots < 6$. Wenn man in den drei D_1 definierenden doppelten Ungleichungen alle $\leq$-Zeichen durch $<$-Zeichen ersetzt, entsteht eine Menge D_2, die sich von D_1 nur dadurch unterscheidet, daß die Quaderoberfläche, das sind die sechs begrenzenden Rechtecke, nicht zur Menge D_2 gehört, D_2 ist eine offene Menge.

In vielen Fällen hat man das Problem, einen gegebenen Körper, etwa eine Kugel, einen Kegel, einen Zylinder durch ein System von Ungleichungen zu beschreiben. Das folgende Beispiel zeigt, wie man vorgehen kann, um diese Ungleichungen aufzustellen.

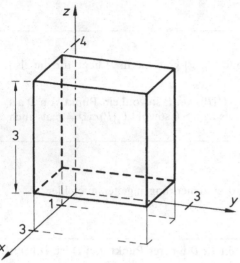

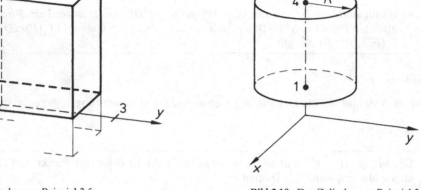

Bild 3.9: Der Quader aus Beispiel 3.5   **Bild 3.10:** Der Zylinder aus Beispiel 3.6

Beispiel 3.6

Der gerade Kreiszylinder Z aus Bild 3.10 ist durch ein System von Ungleichungen zu beschreiben (seine Oberfläche gehöre zu Z). Jeder Punkt (x, y, z) von Z genügt offenbar der Ungleichung $1 \leq z \leq 4$, denn der »untere Deckel« liegt in der Höhe $z = 1$, der »obere« in der Höhe $z = 4$, alle anderen Zylinderpunkte liegen zwischen diesen zwei Ebenen. Aber es gehören nicht alle zwischen diesen Ebenen liegenden Punkte zum Zylinder, zu ihm gehören nämlich genau diejenigen Punkte, deren Abstand von der Zylinderachse, das ist die z-Achse, höchstens R ist. Der Abstand des Punktes (x, y, z) von der z-Achse ist $\sqrt{x^2 + y^2}$. Daher tritt zu obiger Ungleichung noch die Ungleichung $\sqrt{x^2 + y^2} \leq R$ hinzu. Es ist also $Z = \{(x, y, z) | \sqrt{x^2 + y^2} \leq R$ und $1 \leq z \leq 4\}$. Wir wollen die Ungleichung $\sqrt{x^2 + y^2} \leq R$ durch je eine doppelte Ungleichung für x bzw. y ersetzen: Diese Ungleichung beschreibt in der x, y-Ebene eine Kreisscheibe (Bild 3.11), deren Punkte (x, y) zunächst der Ungleichung $-R \leq x \leq R$ genügen. Für jedes solche x liegt y zwischen der unteren und der oberen Kreislinie, diese haben die Gleichungen $y = -\sqrt{R^2 - x^2}$ bzw. $y = \sqrt{R^2 - x^2}$, also gilt $-\sqrt{R^2 - x^2} \leq y \leq \sqrt{R^2 - x^2}$. Daher ist

$$Z = \{(x, y, z) | -R \leq x \leq R \text{ und } -\sqrt{R^2 - x^2} \leq y \leq \sqrt{R^2 - x^2} \text{ und } 1 \leq z \leq 4\}.$$

Wir wollen noch zwei weitere Koordinatensysteme im Raum einführen, das der Zylinder- und das der Kugelkoordinaten.

Zylinderkoordinaten

Es sei $P = (x, y, z) \in \mathbb{R}^3$. Dann bezeichnen (vgl. Bild 3.12)
r den Abstand des Punktes P von der z-Achse,
φ den Winkel der Verbindungsstrecke von $(0, 0, 0)$ nach $P' = (x, y, 0) \neq (0, 0, 0)$ gegen die positive Richtung der x-Achse in mathematisch positivem Sinn mit $0 \leq \varphi < 2\pi$ (im Bogenmaß), und
z habe dieselbe geometrische Bedeutung wie bisher.

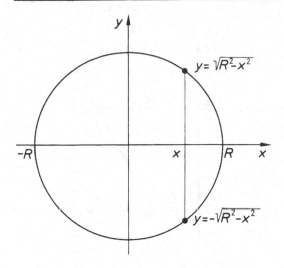

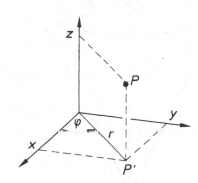

Bild 3.11: Zur Darstellung der Menge Z aus Beispiel 3.6

Bild 3.12: Ein Punkt P mit seinen kartesischen und Zylinderkoordinaten

Man entnimmt Bild 3.12 folgende Umrechnungsformeln zwischen kartesischen und Zylinderkoordinaten:

$$x = r \cos \varphi, \quad y = r \sin \varphi, \quad z = z \quad (0 \leqq \varphi < 2\pi, r \geqq 0), \tag{3.6}$$

ferner ist $r = \sqrt{x^2 + y^2}$.

Bemerkung:

Die Gleichung $z = z$ soll in diesem Zusammenhang andeuten, daß die z-Koordinate in beiden Systemen dieselbe ist.

Beispiel 3.7

Der Punkt $P = (2, -3, 1)$ hat die Zylinderkoordinaten

$$r = \sqrt{4 + 9} = 3,60555\ldots, \quad \varphi = 5,30039\ldots, \quad z = 1$$

(vgl. auch Beispiel 3.3).

Beispiel 3.8

Der Zylinder aus Beispiel 3.6 ist in Zylinderkoordinaten durch jeweils feste Grenzen der Koordinaten zu beschreiben:

$$0 \leqq r \leqq R \quad \text{und} \quad 0 \leqq \varphi < 2\pi \quad \text{und} \quad 1 \leqq z \leqq 4.$$

Beispiel 3.9

Der Kegel aus Bild 3.13 ist in Zylinderkoordinaten durch ein System von Ungleichungen zu beschreiben.

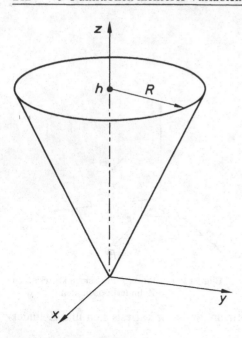

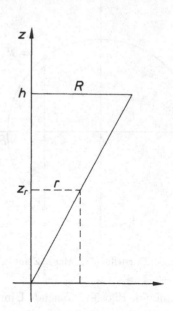

Bild 3.13: Zu Beispiel 3.9

Bild 3.14: Ein senkrechter Schnitt durch den Kegel aus Bild 3.13

Für alle Punkte des Kegels gilt $0 \leqq r \leqq R$ und $0 \leqq \varphi < 2\pi$. Durch diese zwei Ungleichungen ist zunächst ein Zylinder beschrieben, der nach oben und unten (d.h. in beiden Richtungen der z-Achse) nicht beschränkt ist. Die untere Begrenzung für z ist durch den Kegelmantel festgelegt, sie hängt offenbar von r ab. Bei gegebenem r »läuft« z von z_r bis h, vgl. Bild 3.14. Diesem Bild entnimmt man 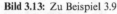 $\dfrac{z_r}{r} = \dfrac{h}{R}$, d.h. für die Punkte der Mantelfläche gilt $z_r = \dfrac{h}{R} \cdot r$.

Der Kegel wird also in Zylinderkoordinaten beschrieben durch folgende Ungleichungen:

$$0 \leqq r \leqq R \quad \text{und} \quad 0 \leqq \varphi < 2\pi \quad \text{und} \quad \frac{h}{R} \cdot r \leqq z \leqq h.$$

Durch $r = 3$, $0 \leqq \varphi < 2\pi$ und $z \in \mathbb{R}$ (in Zylinderkoordinaten) werden genau diejenigen Punkte $P \in \mathbb{R}^3$ beschrieben, deren Abstand von der z-Achse 3 beträgt, also eine nach oben und unten unbeschränkte Zylinderfläche mit der z-Achse als Zylinderachse. Diese Fläche heißt die zu $r = 3$ gehörende Koordinatenfläche.

Allgemein wird jede Fläche, die dadurch gegeben ist, daß genau eine der drei Koordinaten einen festen Wert hat und die zwei anderen beliebige Werte ihres Bereiches annehmen, eine **Koordinatenfläche** des Koordinatensystems genannt. Die Koordinatenflächen des Systems der Zylinderkoordinaten sind daher (vgl. Bild 3.15 und 3.16).

a) $r = $ const. z

b) $\varphi = $ const. z

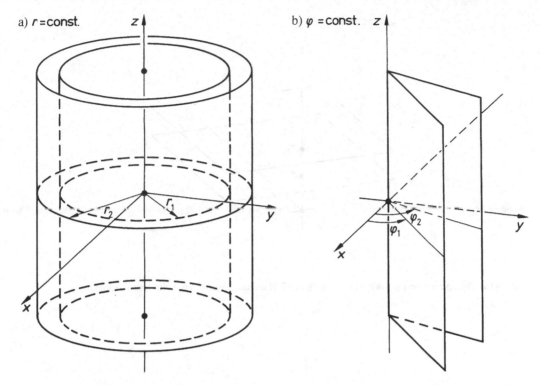

Bild 3.15a, b: Koordinatenflächen des Systems der Zylinderkoordinaten. Es sind jeweils zwei verschiedene Koordinatenflächen gezeichnet

In Bild 3.15 und 3.16 sind dargestellt:

a) Zylinderflächen (zu $r = $ const. gehörig),
b) Halbebenen (zu $\varphi = $ const. gehörig) und
c) Ebenen (zu $z = $ const. gehörig).

Kugelkoordinaten oder **räumliche Polarkoordinaten**

Es bedeuten, wenn $P = (x, y, z) \in \mathbb{R}^3$ (vgl. Bild 3.17)
r den Abstand des Punktes P vom Ursprung $(0, 0, 0)$,
φ denselben Winkel φ, wie er bei Zylinderkoordinaten verwendet wurde und
ϑ den Winkel, den die Strecke von $(0, 0, 0)$ nach $P \neq (0, 0, 0)$ mit der positiven Richtung der z-Achse bildet, von dieser ausgehend positiv gerechnet, wobei $0 \leqq \vartheta \leqq \pi$ (Bogenmaß).

Bild 3.17 entnimmt man folgende Umrechnungsformeln:

$$x = r \cdot \cos \varphi \cdot \sin \vartheta, \quad y = r \cdot \sin \varphi \cdot \sin \vartheta, \quad z = r \cdot \cos \vartheta, \tag{3.7}$$

ferner ist $r = \sqrt{x^2 + y^2 + z^2}$.

c) $z =$ const.

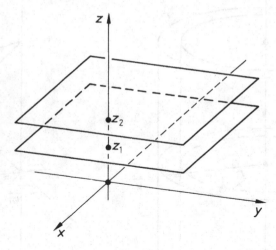

Bild 3.16: Die zu $z =$ const gehörenden Koordinatenflächen des Systems der Zylinderkoordinaten

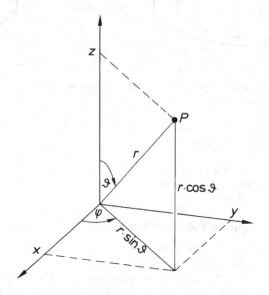

Bild 3.17: Ein Punkt P und seine kartesischen und Kugelkoordinaten

Bemerkung:

Bei dieser Wahl der Kugelkoordinaten erhält der »Nordpol«, das ist der Durchstoßpunkt der positiven z-Achse durch die Kugel vom Radius R, den Winkel $\vartheta = 0$. Der dem Nordpol gegenüberliegende »Südpol« bekommt den Winkel $\vartheta = \pi$. Der »Äquator«, der in der x, y-Ebene liegt, erhält den Winkel $\vartheta = \frac{\pi}{2}$. Ersetzt man ϑ durch $\frac{\pi}{2} - \vartheta$, so erhält der Äquator den Winkel $\vartheta = 0$, der Nordpol $\vartheta = \frac{\pi}{2}$ und der Südpol $\vartheta = -\frac{\pi}{2}$. Dieses zuletzt genannte System heißt auch das der geographischen Koordinaten, ersteres hier eingeführtes System wird im Gegensatz hierzu astronomisches Kugelkoordinatensystem genannt.

Beispiel 3.10

Der Punkt $P = (2, -3, 1)$ hat in Kugelkoordinaten die Komponenten

$$r = \sqrt{4+9+1} = 3{,}74165\ldots, \quad \varphi = 5{,}30039\ldots, \quad \vartheta = 1{,}30024\ldots$$

Die Koordinatenflächen des Systems der Kugelkoordinaten sind

a) Kugelflächen mit dem Mittelpunkt $(0, 0, 0)$, für sie ist r konstant,
b) Halbebenen, wie bei den Zylinderkoordinaten, für sie ist φ konstant und
c) Kegelflächen, deren Spitze in $(0, 0, 0)$ liegt und deren Achse die z-Achse ist, für sie ist ϑ konstant, s. Bild 3.18.

Beispiel 3.11

Eine Kugel vom Radius R mit Mittelpunkt $(0, 0, 0)$ wird in Kugelkoordinaten durch die Ungleichungen

$$0 \leqq r \leqq R \quad \text{und} \quad 0 \leqq \varphi < 2\pi \quad \text{und} \quad 0 \leqq \vartheta \leqq \pi \tag{3.8}$$

beschrieben. Bemerkenswert hierbei ist die Tatsache, daß die Grenzen für die drei Koordinaten konstant sind.

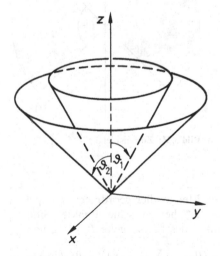

Bild 3.18: Zwei zu konstantem ϑ gehörende Koordinatenflächen des Systems der Kugelkoordinaten

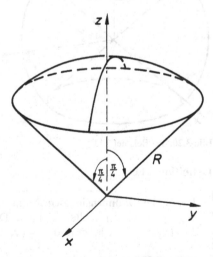

Bild 3.19: Der durch die Ungleichungen (3.9) beschriebene Kugelausschnitt

Beispiel 3.12

Durch das Ungleichungssystem

$$0 \leqq r \leqq R \quad \text{und} \quad 0 \leqq \varphi < 2\pi \quad \text{und} \quad 0 \leqq \vartheta \leqq \tfrac{1}{4}\pi \tag{3.9}$$

in Kugelkoordinaten wird der in Bild 3.19 dargestellte Kugelausschnitt mit dem Öffnungswinkel $\dfrac{\pi}{2}$ beschrieben.

Beispiel 3.13

Durch das Ungleichungssystem

$$0 \leqq r \leqq R \quad \text{und} \quad 0 \leqq \varphi < 2\pi \quad \text{und} \quad \tfrac{1}{4}\pi \leqq \vartheta \leqq \tfrac{3}{4}\pi \tag{3.10}$$

(in Kugelkoordinaten) wird der in Bild 3.20 dargestellte Körper beschrieben. Er entsteht durch Rotation der in Bild 3.21 unterlegten Fläche um die z-Achse.

Viele der Beispiele zeigen, daß die Einfachheit der mathematischen Beschreibung eines Körpers vom gewählten Koordinatensystem abhängt.

Einige der Begriffe dieses und des vorigen Abschnittes sollen abschließend auf den sogenannten n-dimensionalen Raum verallgemeinert werden.

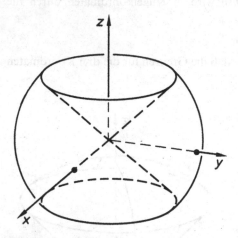

Bild 3.20: Zu Beispiel 3.13

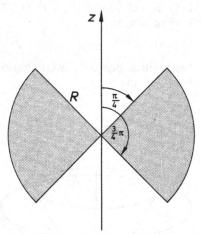

Bild 3.21: Zu Beispiel 3.13

Definition 3.11

Unter dem **n-dimensionalen Raum** $\mathbb{R}^n$ versteht man die Menge aller geordneten n-Tupel $(x_1, x_2, x_3, \ldots, x_n)$ reeller Zahlen. Die Elemente von $\mathbb{R}^n$ heißen seine **Punkte**. Sind $P = (x_1, x_2, \ldots, x_n) \in \mathbb{R}^n$ und $Q = (y_1, y_2, \ldots, y_n) \in \mathbb{R}^n$ Punkte des $\mathbb{R}^n$, so gelte $P = Q$ genau dann, wenn $x_1 = y_1, x_2 = y_2, \ldots, x_n = y_n$. Die Zahl $|P - Q| = \sqrt{\displaystyle\sum_{i=1}^{n} (x_i - y_i)^2}$ heißt der **Abstand** der Punkte P und Q voneinander.

Bemerkungen:

1. x_i heißt die i-te Koordinate des Punktes $P = (x_1, \ldots, x_n) \in \mathbb{R}^n$.
2. Der Abstand zweier Punkte voneinander ist im zwei- und dreidimensionalen Fall nach dem Satz von Pythagoras zu berechnen. Hier (im unanschaulichen Fall) wird die dort gewonnene Formel in naheliegender Weise verallgemeinert, der Abstand durch obigen Wurzelausdruck also definiert.
3. Es sei ausdrücklich bemerkt, daß im Gegensatz zu $\mathbb{R}$ im $\mathbb{R}^n$ ($n > 1$) keine Anordnung definiert ist. Formeln wie » $P < Q$ « sind hier sinnlos.

Definition 3.12

Es sei $P_0 \in \mathbb{R}^n$ und $\varepsilon > 0$. Die Menge

$$U_\varepsilon(P_0) = \{P \mid P \in \mathbb{R}^n \text{ und } |P - P_0| < \varepsilon\} \tag{3.11}$$

heißt die (offene) ε-**Umgebung** (kurz eine Umgebung) von P_0. Der Punkt $P \in \mathbb{R}^n$ heißt **innerer Punkt** der Menge $D \subset \mathbb{R}^n$, wenn es eine Umgebung $U_\varepsilon(P)$ gibt, die in D liegt. Wenn jeder Punkt von D innerer Punkt von D ist, so heißt D eine **offene Menge**. Wenn $\mathbb{R}^n \backslash D$ eine offene Menge ist, heißt D **abgeschlossen**.

Bemerkungen:

1. Man übernimmt Bezeichnungen aus dem dreidimensionalen Fall, spricht von Punkten, Abständen und von Kugeln: $U_\varepsilon(P)$ ist eine Kugel vom Radius ε mit dem Mittelpunkt P.
2. Die Bemerkungen im Anschluß an die Definitionen 3.3 und 3.4 gelten hier sinngemäß, man ersetze $\mathbb{R}^2$ jeweils durch $\mathbb{R}^n$.

3.1.3 Beispiele für Funktionen mehrerer Variablen und die Veranschaulichung von Funktionen zweier Variablen

Der Gesamtwiderstand des in Bild 3.22 skizzierten Stromkreises beträgt $R_1 + \dfrac{R_2 \cdot R_3}{R_2 + R_3}$. Der Widerstand wird also durch eine Funktion f von drei Veränderlichen beschrieben, nämlich

$$f(x, y, z) = x + \frac{y \cdot z}{y + z},$$

wobei x, y bzw. z die Widerstände R_1, R_2 bzw. R_3 bedeuten. Der größte Definitionsbereich von f ist

$$D_f = \{(x, y, z) \in \mathbb{R}^3 \mid y + z \neq 0\}.$$

Die Punkte, die der Gleichung $y + z = 0$ genügen, bilden übrigens eine Ebene. Es ist z.B. $f(2, -1, 3) = \frac{1}{2}$.

Gegeben sei die Menge $D_f \subset \mathbb{R}^n$ und eine Zuordnungsvorschrift, die jedem Punkt $P \in D_f$ eine reelle Zahl zuordnet. Dann ist durch D_f und diese Zuordnungsvorschrift eine **Funktion** f von D_f in $\mathbb{R}$ gegeben. Die dem Punkt $P = (x_1, x_2, \ldots, x_n)$ zugeordnete Zahl wird mit $f(P)$ oder $f(x_1, x_2, \ldots, x_n)$ bezeichnet. Da $f(P)$ von den n reellen Zahlen $x_1, x_2, \ldots, x_n$ abhängt, heißt f eine **(reellwertige) Funktion von n (reellen) Veränderlichen**.

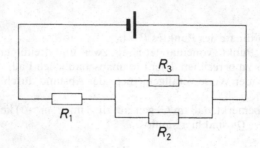

Bild 3.22: Gesamtwiderstand in Abhängigkeit von R_1, R_2 und R_3

Bemerkungen:

1. Die im Anschluß an die Definition der Funktion in Band 1, Seite 24 gemachten Bemerkungen und Sprechweisen werden sinngemäß übernommen.
2. Man beachte, daß im Falle $n > 1$ Definitionsbereich und Wertevorrat verschiedenen Mengen angehören. Ersterer liegt in $\mathbb{R}^n$, letzterer aber in $\mathbb{R}$.

Eine geometrische Veranschaulichung ist bei Funktionen zweier Variablen möglich. Ist f eine solche Funktion mit dem Definitionsbereich D, so ist $\{(x, y, z) \mid (x, y) \in D \text{ und } z = f(x, y)\}$ eine Menge in $\mathbb{R}^3$, die man versuchen kann, zu veranschaulichen. Das folgende Beispiel zeigt verschiedene Möglichkeiten der geometrischen Veranschaulichung dieser Menge.

Beispiel 3.14

Wir betrachten die durch

$$f(x, y) = (x - 2)^2 + 2y \tag{3.12}$$

definierte Funktion f, deren Definitionsbereich $\mathbb{R}^2$ ist.

Wir stellen zunächst eine Wertetabelle auf, wobei wir uns auf das Rechteck $\{(x, y) \mid -2 \leq x \leq 6 \text{ und } -2 \leq y \leq 4\}$ beschränken:

$x \backslash y$	-2	-1	0	1	2	3	4
-2	12	14	16	18	20	22	24
-1	5	7	9	11	13	15	17
0	0	2	4	6	8	10	12
1	-3	-1	1	3	5	7	9
2	-4	-2	0	2	4	6	8
3	-3	-1	1	3	5	7	9
4	0	2	4	6	8	10	12
5	5	7	9	11	13	15	17
6	12	14	16	18	20	22	24

Diese Tabelle mit den zwei »Eingängen« für x bzw. y enthält z.B. für $x = 1$ und $y = 3$ den Funktionswert $f(1, 3) = (1 - 2)^2 + 2 \cdot 3 = 7$, der im Schnittpunkt der entsprechenden x-Zeile und y-Spalte notiert wird. Diese Tabelle liefert uns einen groben Überblick über den »Verlauf« dieser

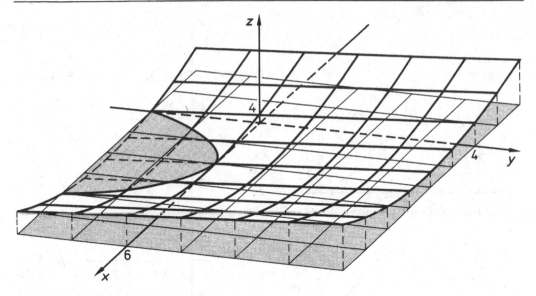

Bild 3.23: Zu Beispiel 3.14

Funktion, z.B. den, daß mit wachsendem y für gleiches x auch die zugehörigen Funktionswerte $f(x, y)$ zunehmen.

Trägt man über jedem Punkt (x, y) den zugehörigen Funktionswert $f(x, y)$ in z-Richtung ab, so entsteht als Schaubild von f eine Fläche im Raum, der Oberfläche eines Gebirges vergleichbar. Diese Fläche wollen wir nun zu skizzieren versuchen, s. Bild 3.23. Wir verwenden dazu u.a. Methoden, die von Landkarten her geläufig sind, vgl. Bild 3.24.

1. Höhenlinienskizze

In der x, y-Ebene markieren wir alle Punkte (x, y) mit gleichem Funktionswert c, was wir für verschiedene Werte c tun wollen. Auf diese Weise erhalten wir z.B. für $c = -3$ die Menge aller Punkte (x, y) mit $f(x, y) = -3$, also $(x - 2)^2 + 2y = -3$.

Löst man nach y auf, so erkennt man, daß es sich um die Parabel mit der Gleichung

$$y = -\tfrac{1}{2}(x - 2)^2 - \tfrac{3}{2}$$

handelt; in Bild 3.24 ist sie mit der Zahl -3 versehen. Diese Parabel verbindet also alle Punkte der x, y-Ebene, für die der Funktionswert -3 ist, man hat sie sich im Raum um 3 Einheiten unter (da -3) der Zeichenebene zu denken. Man stellt fest, daß für andere Werte von c wieder Parabeln entstehen, zu $z = c$ die Parabel mit der Gleichung

$$y = -\tfrac{1}{2}(x - 2)^2 + \frac{c}{2}.$$

In Bild 3.24 sind zu verschiedenen c-Werten die Parabeln skizziert, die zugehörige Zahl c ist jeweils an der entsprechenden Parabel vermerkt. Man hat sich zur Gewinnung einer räumlichen

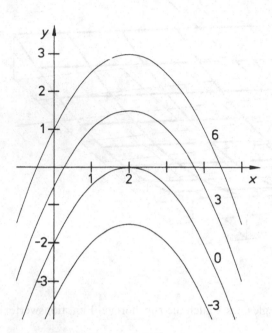

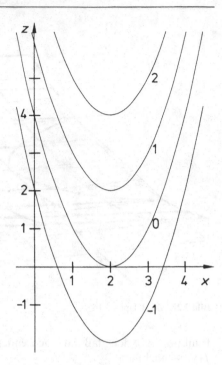

Bild 3.24: Höhenlinien von f **Bild 3.25:** Schnitte mit $y = c$

Vorstellung jede Parabel in entsprechender Höhe zu denken, die einzige in der Zeichenebene liegende Höhenlinie ist die für $c = 0$. Diese Höhenlinien sind als »Linien gleicher Höhe« den Kurven eines Meßtischblattes vergleichbar. Eine ähnliche Bedeutung haben die Isobaren auf Landkarten als »Linien gleichen Luftdruckes«, die Isothermen als »Linien gleicher Temperatur«.

2. Senkrechte Schnitte

Ein weiteres Hilfsmittel zur Veranschaulichung der Fläche sind Schnitte mit zur z-Achse parallelen Ebenen, insbesondere solchen, die die x-Achse bzw. die y-Achse senkrecht schneiden, d.h. zur y-bzw. x-Achse parallel sind. Schneiden wir die Fläche mit der zur x, z-Ebene parallelen Ebene, die der Gleichung $y = c$ genügt, so erhalten wir z.B. für $c = 2$ aus der Funktionsgleichung (3.12) die Gleichung $z = (x - 2)^2 + 4$. Dies ist die Gleichung einer Parabel, die im Raum 2 Einheiten hinter der Zeichenebene von Bild 3.25 liegt, in dem die y-Achse nach unten in die Zeichenebene zeigt. Weitere Schnitte bekommt man, wenn man andere Werte für c wählt, die in Bild 3.25 mit den entsprechenden c-Werten vermerkt sind.

Ebenen, die zur y, z-Ebene parallel sind, haben die Gleichung $x = c$. Setzt man in (3.12) $x = c$, so erhält man die Gleichung $z = 2y + (c - 2)^2$. Für jedes c beschreibt diese Gleichung eine Gerade in der y, z-Ebene, die im Raum auf der Fläche im Abstand c vor bzw. hinter dieser Ebene liegt. In Bild 3.26 sind einige Geraden skizziert, die entsprechenden c-Werte sind vermerkt. Die x-Achse zeigt aus der Zeichenebene heraus.

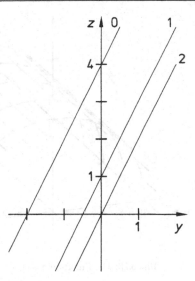

Bild 3.26: Schnitte mit $x = c$

Beispiel 3.15

Sind A, B und C reelle Zahlen, so wird durch

$$f(x, y) = Ax + By + C \tag{3.13}$$

eine Funktion f zweier Variablen mit dem Definitionsbereich $\mathbb{R}^2$ definiert. Falls $A = B = 0$ gilt, ist das Schaubild von f eine zur x, y-Ebene parallele Ebene mit der Gleichung $z = C$. Andernfalls erhält man als Höhenlinien Geraden. Auch die Schnitte mit $x = c$ und mit $y = c$ sind Geraden. Es handelt sich bei dem Schaubild der Funktion f aus (3.13) um eine Ebene im Raum. Daher beschreibt auch die Gleichung

$$z = z_0 + A(x - x_0) + B(y - y_0) \tag{3.14}$$

eine Ebene im Raum, wie man durch Ausmultiplizieren erkennt. Es ist dann in (3.13) $C = z_0 - Ax_0 - By_0$. Die Ebene geht durch den Punkt (x_0, y_0, z_0).

Wir wollen noch zwei Sonderfälle von Funktionen zweier Variablen betrachten, nämlich solche, die von einer der zwei Variablen unabhängig sind (also nur von einer der zwei Variablen abhängen) und solche, deren Schaubilder rotationssymmetrische Flächen sind, deren Achse die z-Achse ist.

1. Funktionen zweier Variablen, die von einer der Veränderlichen unabhängig sind.

Es sei g eine auf einem Intervall $J \subset \mathbb{R}$ definierte Funktion einer Variablen. Dann wird durch $f(x, y) = g(x)$ auf $D = \{(x, y) | x \in J \text{ und } y \in \mathbb{R}\}$ eine Funktion f zweier Variablen definiert. Die Höhenlinien dieser Funktion f sind die Geraden mit der Gleichung $g(x) = c$, die man nach x auflösen wird. Alle Schnitte mit Ebenen $y = c$ sind einander gleich und genügen der Gleichung $z = g(x)$.

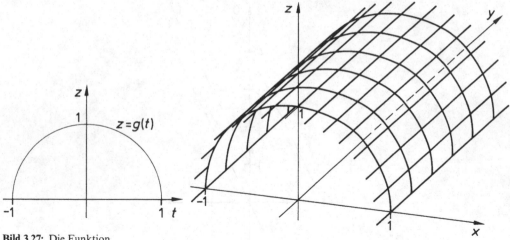

Bild 3.27: Die Funktion
$z = g(t) = \sqrt{1 - t^2}$ in der
t, z-Ebene

Bild 3.28: Die Funktion $z = g(x) = \sqrt{1 - x^2} = f(x, y)$ im Raum

Beispiel 3.16

Es sei $g(t) = \sqrt{1 - t^2}$ mit dem Definitionsbereich $J = [-1, 1]$. Bild 3.27 zeigt das Schaubild dieser Funktion $z = g(t)$, Bild 3.28 zeigt das Schaubild von $z = f(x, y)$ mit $f(x, y) = g(x) = \sqrt{1 - x^2}$ mit dem Definitionsbereich $D = \{(x, y) | -1 \leq x \leq 1 \text{ und } y \in \mathbb{R}\}$, einem »Streifen« in der x, y-Ebene. Man kann sich die Fläche wie folgt kinematisch entstanden denken: Die durch $z = g(x) = \sqrt{1 - x^2}$ in der x, z-Ebene definierte Kurve (das ist ein Halbkreis) wird in der zu dieser Ebene senkrechten Richtung nach beiden Seiten bewegt. Die dann »überstrichene« Fläche hat die Gleichung $z = f(x, y) = \sqrt{1 - x^2}$.

2. Funktion zweier Variablen, deren Schaubilder rotationssymetrisch sind.

Es sei $0 \leq a < b$ und g eine auf $[a, b]$ definierte Funktion. Bild 3.29 zeigt die durch $z = g(x)$ definierte Kurve in der x, z-Ebene für alle $x \in [a, b]$. Diese Kurve rotiere um die z-Achse. Dann »überstreicht« sie eine Fläche, die in Bild 3.30 skizziert ist. Die Gleichung dieser Fläche sei $z = f(x, y)$, der Ausdruck für f soll nun berechnet werden.

a) f ist definiert für alle $(x, y) \in \mathbb{R}^2$, deren Abstand $\sqrt{x^2 + y^2}$ von der Drehachse, also von $(0, 0)$, zwischen a und b liegt, d.h. für alle (x, y) mit $a^2 \leq x^2 + y^2 \leq b^2$. Also ist $D = \{(x, y) | a^2 \leq x^2 + y^2 \leq b^2\}$ der Definitionsbereich von f.

b) Sei $P = (x, y) \in D$. Der Funktionswert $f(P)$ ist derselbe wie der in demjenigen Punkt $u \in [a, b]$ auf der x-Achse, der denselben Abstand von 0 wie P von der Drehachse hat. P hat den Abstand $\sqrt{x^2 + y^2}$ von der Rotationsachse und u den Abstand u von 0 (man beachte $0 \leq a \leq u$). Daher ist $f(x, y) = g(u) = g(\sqrt{x^2 + y^2})$ Funktionsgleichung von f. Die in D verlaufenden konzentrischen Kreise mit Mittelpunkt $(0, 0)$ sind offenbar Höhenlinien von f. Hat umgekehrt eine Funktion f solche Kreise als Höhenlinien, d.h. ist sie nur von $\sqrt{x^2 + y^2}$ abhängig, so ist ihr Schaubild offensichtlich eine zur z-Achse rotationssymmetrische Fläche.

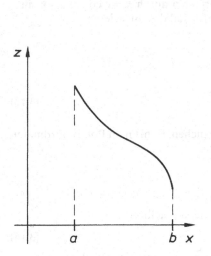

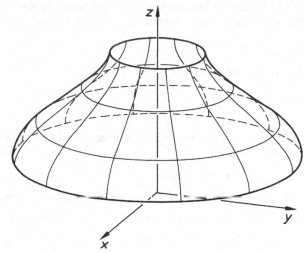

Bild 3.29: Funktionsbild von $z = g(x)$ **Bild 3.30:** Funktionsbild von $z = g(\sqrt{x^2 + y^2})$

Beispiel 3.17

Der Halbkreis mit der Gleichung $(x - R)^2 + z^2 = \rho^2$ für $z \geqq 0$ und $0 < \rho < R$ rotiere um die z-Achse. Explizit ist dieser Halbkreis durch $z = g(x) = \sqrt{\rho^2 - (x - R)^2}$ definiert.

Nach dem Gesagten wird die entstehende Fläche durch die Gleichung $z = f(x, y)$ mit $f(x, y) = \sqrt{\rho^2 - (\sqrt{x^2 + y^2} - R)^2}$ beschrieben. Bild 3.31 zeigt den Halbkreis, Bild 3.32 die durch $z = f(x, y)$ definierte Fläche. Bei ihr handelt es sich um die obere Hälfte einer sogenannten »**Ringfläche**« (**Torus**) mit großem Radius R und kleinem Radius ρ.

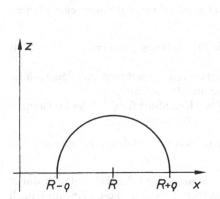

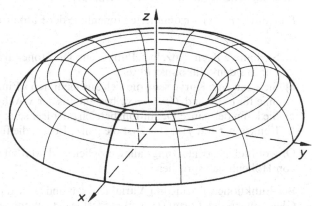

Bild 3.31: Zu Beispiel 3.17   **Bild 3.32:** Zu Beispiel 3.17

Es kann mitunter günstig sein, bei Funktionen zweier Variablen durch $x = r \cdot \cos \varphi$, $y = r \cdot \sin \varphi$ Polarkoordinaten einzuführen (s. (3.3)). Das folgende Beispiel soll das illustrieren.

Beispiel 3.18

Wir wollen die durch

$$f(x, y) = \frac{xy}{x^2 + y^2} \tag{3.15}$$

auf $D = \{(x, y) | x \neq 0 \text{ oder } y \neq 0\}$ definierte Funktion f untersuchen. Führt man Polarkoordinaten ein, so erhält man

$$f(x, y) = \frac{r \cdot \cos \varphi \cdot r \cdot \sin \varphi}{r^2}$$

und wegen $2 \cdot \sin \varphi \cdot \cos \varphi = \sin 2\varphi$ weiter die Polarkoordinatendarstellung

$$z = \tfrac{1}{2} \cdot \sin 2\varphi \tag{3.16}$$

für die durch f dargestellte Fläche. Aus dieser Darstellung liest man ab, daß für alle $(x, y) \in D$ gilt $|f(x, y)| \leq \tfrac{1}{2}$. Ferner hängt der Funktionswert $f(x, y)$ nicht vom Abstand $r = \sqrt{x^2 + y^2}$ des Punktes (x, y) von $(0, 0)$ ab, sondern nur vom Polarwinkel φ dieses Punktes. Die Höhenlinien sind durch $\varphi = \text{const.}$ festgelegt. Die durch $f(x, y) = \tfrac{1}{4} \cdot \sqrt{3}$ festgelegte Höhenlinie entnimmt man (3.16): $\tfrac{1}{2} \cdot \sin 2\varphi = \tfrac{1}{4} \cdot \sqrt{3}$; aus dieser Gleichung folgt $\varphi_1 = \tfrac{1}{6}\pi$ oder $\varphi_2 = \tfrac{1}{3}\pi$, $\varphi_3 = \tfrac{7}{6}\pi$ oder $\varphi_4 = \tfrac{4}{3}\pi$ (man beachte, daß $0 \leq \varphi < 2\pi$ gilt). In Bild 3.33 ist die Höhe der Fläche $z = f(x, y)$ an den Höhenlinien vermerkt. Man kann sich diese Fläche folgendermaßen veranschaulichen: Man nimmt einen Stock (Strahl), der auf der z-Achse beginnt und dreht ihn, stets waagerecht haltend, um die z-Achse, wobei man ihn anhebt und senkt in Abhängigkeit vom Winkel φ, nach der Vorschrift

$$z = \tfrac{1}{2} \cdot \sin 2\varphi.$$

Da wir mehrfach auf diese Funktion f zurückkommen werden, empfehlen wir dem Leser dringend, sich diese Fläche gut zu veranschaulichen, s. Bild 3.34.

Abschließend sei noch folgendes bemerkt:

Eine durch $f(x, y) = c$ definierte Höhenlinie der Funktion f muß keineswegs immer eine »Linie« sein:

a) Sie kann z.B. ein einzelner Punkt sein: Die Höhenlinie für $c = 0$ und $f(x, y) = x^2 + y^2$ besteht nur aus dem Nullpunkt $(0, 0)$.

b) Sie kann eine Kurve sein, die sich aus mehreren »Einzelkurven« zusammensetzt: Die Höhenlinie für $c = 0$ und $f(x, y) = xy$ besteht aus der x-Achse und der y-Achse.

c) Sie kann der ganze Definitionsbereich oder leer sein: Die Höhenlinie für $c = 3$ der konstanten Funktion f mit $f(x, y) = 3$ ist die ganze Ebene, die für $c = 4$ ist leer.

Obwohl solche »Entartungsfälle« möglich sind, werden wir doch auch in diesen Fällen weiterhin von Höhenlinien sprechen.

Bei Funktionen f von drei Variablen x, y und z ist das Analogon zu den Höhenlinien durch Gleichungen der Form $f(x, y, z) = c$ festgelegt. (Wenn möglich, löse man diese Gleichung nach z auf, es handelt sich dann um eine »Fläche« im Raum.)

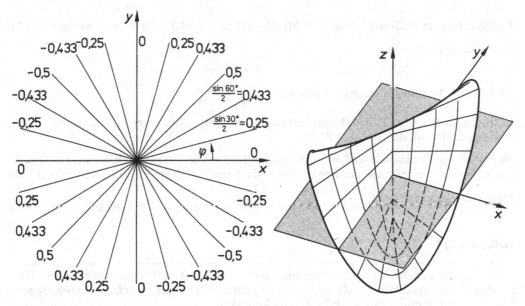

Bild 3.33: Höhenlinien zu Beispiel 3.18   **Bild 3.34:** Schaubild zu Beispiel 3.18

Definition 3.13

f sei eine auf einer nichtleeren Menge $D \subset \mathbb{R}^3$ definierte Funktion. Die Menge aller Punkte $(x, y, z) \in \mathbb{R}^3$, für die $f(x, y, z) = c$ ist, heißt die **Niveaufläche von f zum Niveau c**.

Bemerkungen:

1. Auch hier sind Entartungsfälle möglich: Die Niveaufläche kann aus nur einem Punkt bestehen, kann der ganze Raum $\mathbb{R}^3$ sein oder auch beliebige Teilmengen von $\mathbb{R}^3$ enthalten. Trotzdem werden wir von Niveauflächen sprechen.

2. Bei Funktionen von mehr als drei Variablen sind entsprechende Begriffe definiert, von Anwendungen her gesehen jedoch nicht von großem Interesse.

Beispiel 3.19

Die Niveaufläche der Funktion f mit

$$f(x, y, z) = \frac{1}{[(x-2)^2 + (y+3)^2 + z^2]^2},$$

deren Definitionsbereich $\mathbb{R}^3 \setminus \{(2, -3, 0)\}$ ist, zum Niveau c ist durch die Gleichung $f(x, y, z) = c$ definiert, also durch $(x-2)^2 + (y+3) + z^2 = \sqrt{\dfrac{1}{c}}$, wenn $c > 0$ ist. Diese Gleichung beschreibt eine

Kugelfläche vom Radius $\sqrt[4]{\dfrac{1}{c}}$ und dem Mittelpunkt $(2, -3, 0)$. Im Falle $c \leq 0$ ist die »Niveaufläche« die leere Menge.

3.1.4 Stetige Funktionen mehrerer Variablen

Im folgenden bezeichne D_f den Definitionsbereich der Funktion f, dabei sei, wenn nichts anderes vorausgesetzt wird, stets $\emptyset \neq D_f \subset \mathbb{R}^n$.

Sind f und g Funktionen und ist $c \in \mathbb{R}$, so sind die Summe $f + g$, das Produkt $f \cdot g$ und die Funktion $c \cdot f$ wie im Falle der Funktionen einer Variablen definiert. Entsprechend wird der Quotient $\dfrac{f}{g}$ definiert.

Definition 3.14

> Es sei g eine auf $D \subset \mathbb{R}$ definierte Funktion und f eine auf $D_f \subset \mathbb{R}^n$ definierte Funktion, für deren Wertevorrat $W_f = \{z \in \mathbb{R} \mid \text{es gibt ein } P \in D_f \text{ mit } z = f(P)\}$ gilt: $W_f \subset D$. Dann bezeichnet $g \circ f$ die auf D_f durch $P \mapsto g(f(P))$ definierte Funktion.

Bemerkung:

Wenn $g \circ f$ definiert ist, ist $f \circ g$ nicht definiert, da der Wertevorrat von g eine Teilmenge von $\mathbb{R}$ ist und nicht von $\mathbb{R}^n (n > 1)$.

Beispiel 3.20

Ist $f(P) = f(x, y, z) = x^2 + 3e^x \cdot \sqrt{y}$ und $g(t) = \sqrt{t} \cdot \sin t$, so wird

$$g(f(P)) = \sqrt{f(P)} \cdot \sin f(P) = \sqrt{x^2 + 3e^x \cdot \sqrt{y}} \cdot \sin(x^2 + 3e^x \cdot \sqrt{y}).$$

Definition 3.15

> Die auf D definierte Funktion f heißt auf D **beschränkt**, wenn es eine Zahl A gibt, so daß für alle $P \in D$ gilt $|f(P)| \leq A$.

Beispiel 3.21

Die durch $f(x, y) = \sin(x + e^{x \cdot y})$ definierte Funktion f ist auf $\mathbb{R}^2$ beschränkt, da für alle $(x, y) \in \mathbb{R}^2$ gilt $|f(x, y)| \leq 1$. Die durch $f(x, y, z) = (x^2 + y^2 + z^2)^{-2}$ definierte Funktion ist auf $D = \{(x, y, z) \in \mathbb{R}^3 \mid x^2 + y^2 + z^2 > 10\}$ beschränkt, da für alle $P \in D$ gilt $|f(P)| \leq \frac{1}{100}$.

Die folgende Definition des Begriffes der Stetigkeit ist eine Verallgemeinerung der Bemerkung 4. zur Definition 4.8 aus Band 1:

Definition 3.16

> Die Funktion f sei auf D_f definiert und $P_0 \in D_f$. f heißt **stetig** im Punkte P_0, wenn es zu jedem $\varepsilon > 0$ eine Zahl $\delta > 0$ gibt, so daß für alle Punkte $P \in U_\delta(P_0) \cap D_f$ gilt: $|f(P) - f(P_0)| < \varepsilon$. f heißt **in D_f stetig**, wenn f in jedem Punkt $P_0 \in D_f$ stetig ist.

Bemerkungen:

1. Da $P \in U_\delta(P_0) \cap D_f$ genau dann gilt, wenn $P \in D_f$ und $|P - P_0| < \delta$, kann man die Stetigkeits-definition auch so formulieren: f ist in P_0 stetig, wenn zu jedem $\varepsilon > 0$ eine Zahl $\delta > 0$ existiert, so daß für alle $P \in D_f$ mit $|P - P_0| < \delta$ gilt $|f(P) - f(P_0)| < \varepsilon$.
2. Ist P_0 Randpunkt von D_f, so enthält jede Umgebung $U_\delta(P_0)$ Punkte, die nicht zu D_f gehören; in diesem Falle ist für die Ungleichung $|f(P) - f(P_0)| < \varepsilon$ die Forderung $P \in D_f \cap U_\delta(P_0)$, wesentlich, da sie $P \in D_f$ sicherstellt.

Beispiel 3.22

Die Funktion $f: (x, y, z) \mapsto x$ ist auf $\mathbb{R}^3$ stetig. Zum Beweis sei $P_0 = (x_0, y_0, z_0)$ ein beliebiger Punkt des $\mathbb{R}^3$ und $\varepsilon > 0$. Für die Zahl $\delta = \varepsilon$ gilt dann: Wenn $P \in U_\delta(P_0)$, d.h. wenn

$$|P - P_0| = \sqrt{(x - x_0)^2 + (y - y_0)^2 + (z - z_0)^2} < \delta,$$

so ist

$$|f(P) - f(P_0)| = |x - x_0| = \sqrt{(x - x_0)^2} \leqq \sqrt{(x - x_0)^2 + (y - y_0)^2 + (z - z_0)^2} < \delta = \varepsilon.$$

Beispiel 3.23

Die durch $f(x, y) = x + y$ definierte Funktion f ist in $\mathbb{R}^2$ stetig. Zum Beweis sei $\varepsilon > 0$ und $P_0 = (x_0, y_0) \in \mathbb{R}^2$. Wir wählen $\delta = \dfrac{\varepsilon}{2}$. Dann gilt für alle $P = (x, y) \in \mathbb{R}^2$ mit $|P - P_0| < \delta$ die Abschätzung (mit Hilfe der Dreiecksungleichung)

$$|f(P) - f(P_0)| = |(x - x_0) + (y - y_0)| \leqq |P - P_0| + |P - P_0| < \varepsilon.$$

Beispiel 3.24

Es sei g eine auf dem Intervall $[a, b] \subset \mathbb{R}$ stetige Funktion (einer Veränderlichen). Dann ist $f: (x, y) \mapsto g(x)$ eine in $D_f = \{(x, y) \mid x \in [a, b] \text{ und } y \in \mathbb{R}\}$ stetige Funktion.

Beweis:

Es sei $P_0 = (x_0, y_0) \in D_f$ und $\varepsilon > 0$. Die Zahl δ sei so gewählt, daß aus $|x - x_0| < \delta$ die Ungleichung $|g(x) - g(x_0)| < \varepsilon$ folgt, was möglich ist, da g stetig ist ($x \in [a, b]$). Ist $P = (x, y) \in D_f$ mit $|P - P_0| = \sqrt{(x - x_0)^2 + (y - y_0)^2} < \delta$, so folgt

$$|x - x_0| = \sqrt{(x - x_0)^2} \leqq \sqrt{(x - x_0)^2 + (y - y_0)^2} < \delta$$

und wegen $f(P) = g(x)$ weiter $|f(P) - f(P_0)| = |g(x) - g(x_0)| < \varepsilon$.

Analog kann man auch die Stetigkeit der durch $f(x_1, x_2, \dots, x_n) = g(x_i)$ definierten Funktion für jedes $i = 1, \dots, n$ beweisen.

Definition 3.17

Für jedes $i = 1, 2, \ldots, n$ sei

$$x_1^{(i)}, x_2^{(i)}, \ldots, x_k^{(i)}, \ldots$$

eine Zahlenfolge und $P_k = (x_k^{(1)}, x_k^{(2)}, \ldots, x_k^{(n)})$. Dann heißt $\langle P_k \rangle = P_1, P_2, \ldots$ eine **Punktfolge** in $\mathbb{R}^n$. Wenn für alle $i = 1, 2, \ldots, n$ gilt $\lim\limits_{k \to \infty} x_k^{(i)} = a_i$, so heißt die Punktfolge **konvergent** gegen den

Punkt $(a_1, a_2, \ldots, a_n) = P$.

Schreibweise: $\lim\limits_{k \to \infty} P_k = P$.

Beispiel 3.25

Die durch $P_k = \left(\left(1 + \dfrac{1}{k} \right)^k, \left(\tfrac{2}{3} \right)^k - \sqrt[k]{k}, \dfrac{2}{k} \right)$ in $\mathbb{R}^3$ definierte Punktfolge ist konvergent, es gilt

$\lim\limits_{k \to \infty} P_k = (e, -1, 0)$.

Der folgende Satz entspricht dem Übertragungsprinzip, Band 1, Satz 4.3 in Verbindung mit der Definition 4.8 aus Band 1.

Satz 3.1

Die auf D_f definierte Funktion f ist im Punkt $P \in D_f$ genau dann stetig, wenn für jede gegen P konvergente Punktfolge $\langle P_k \rangle$ aus D_f gilt $\lim\limits_{k \to \infty} f(P_k) = f(P)$.

Bemerkung:

Ist die Funktion f im Punkte P ihres Definitionsbereiches nicht stetig, so läßt sich dieses oft bequem mit diesem Satz nachweisen, indem man eine Punktfolge $\langle P_k \rangle$ angibt, die gegen P konvergiert, aber für die die Folge $\langle f(P_k) \rangle$ entweder divergiert oder gegen eine von $f(P)$ verschiedene Zahl konvergiert.

Beispiel 3.26

Die durch

$$f(x, y) = \begin{cases} \dfrac{x \cdot y}{x^2 + y^2}, & \text{wenn } x^2 + y^2 \neq 0 \\ 0, & \text{wenn } x = y = 0 \end{cases}$$

definierte Funktion f ist im Punkte $(0, 0)$ nicht stetig (man vergleiche Beispiel 3.18). Zum Beweis wählen wir die Punktfolge mit $P_k = \left(\dfrac{1}{k}, \dfrac{1}{k} \right)$, die offensichtlich gegen $(0, 0)$ konvergiert. Es ist für alle k dann $f(P_k) = \tfrac{1}{2}$, also auch $\lim\limits_{k \to \infty} f(P_k) = \tfrac{1}{2}$. Dieser Grenzwert ist vom Funktionswert $f(0, 0) = 0$ verschieden. Da übrigens für die ebenfalls gegen $(0, 0)$ konvergente Folge mit

$P_k = \left(0, \dfrac{1}{k}\right)$ gilt $\lim\limits_{k \to \infty} f(P_k) = 0$, läßt sich f auch nicht durch Abändern nur des Wertes in $(0,0)$ zu einer im Nullpunkt stetigen Funktion machen.

Satz 3.2

Sind f und g in $P \in \mathbb{R}^n$ stetige Funktionen und ist $c \in \mathbb{R}$, so sind auch $f + g$, $f \cdot g$ und $c \cdot f$ in P stetig. Ist darüber hinaus $g(P) \neq 0$, so ist auch $\dfrac{f}{g}$ in P stetig.

Satz 3.3

Ist die Funktion F in $J \subset \mathbb{R}$ stetig, die Funktion f in $D \subset \mathbb{R}^n$ stetig und gilt $f(P) \in J$ für alle $P \in D$, so ist auch $F \circ f$ auf D stetig.

Beispiel 3.27

Die durch $f(x,y) = e^{x+y^2}$ auf $\mathbb{R}^2$ definierte Funktion f ist in $\mathbb{R}^2$ stetig, denn nach Beispiel 3.24 sind g mit $g(x,y) = x$ und h mit $h(x,y) = y$ stetig in $\mathbb{R}^2$, nach Satz 3.2 dann auch $h \cdot h \colon (x,y) \mapsto y^2$ und daher auch die Summe $g + h \cdot h \colon (x,y) \mapsto x + y^2$. Die Funktion $F \colon u \mapsto e^u$ ist auf $\mathbb{R}$ stetig und also auch die zusammengesetzte Funktion $f = F \circ (g + h \cdot h)$ nach Satz 3.3.

Beispiel 3.28

Die Funktion aus Beispiel 3.26 ist für alle $(x,y) \neq (0,0)$ stetig, denn der Zähler $x \cdot y$ definiert als Produkt stetiger Funktionen eine stetige Funktion, der Nenner $x^2 + y^2$ als Produkt und Summe stetiger Funktionen desgleichen. Daher ist deren Quotient f stetig für alle (x,y) mit $(x,y) \neq (0,0)$.

Folgende drei Sätze beschreiben wichtige Eigenschaften stetiger Funktionen mehrerer Variablen.

Der erste Satz ist eine Verallgemeinerung von Satz 4.13 aus Band 1.

Satz 3.4

Die Funktion f sei in $P_0 \in D_f$ stetig. Wenn $f(P_0) > 0$ ist, so gibt es eine Umgebung U von P_0, so daß für alle $P \in U \cap D_f$ gilt $f(P) > 0$.

Bemerkung:

Ersetzt man alle $>$-Zeichen durch $<$-Zeichen, so bleibt der Satz richtig.

Beweis:

Es sei $\varepsilon = \frac{1}{2} f(P_0)$. Wegen der Stetigkeit von f in P_0 gibt es eine Zahl $\delta > 0$, so daß aus $P \in U_\delta(P_0) \cap D_f$ folgt $|f(P) - f(P_0)| < \varepsilon$. Diese Ungleichung lautet ausgeschrieben
$f(P_0) - \varepsilon < f(P) < f(P_0) + \varepsilon$, woraus wegen $f(P_0) - \varepsilon = \frac{1}{2} f(P_0) > 0$ die Behauptung folgt.   ●

Den folgenden Satz zitieren wir ohne Beweis.

Satz 3.5 (Satz vom Maximum und Minimum)

> A sei eine abgeschlossene und beschränkte Menge in $\mathbb{R}^n$ und f eine auf A stetige Funktion. Dann gibt es Punkte P_1 und P_2 in A, so daß für alle $P \in A$ gilt $f(P_1) \leq f(P) \leq f(P_2)$.

Bemerkungen:

1. Dieser Satz läßt sich kurz so formulieren: Der Wertevorrat einer auf einer abgeschlossenen beschränkten Menge stetigen Funktion ist beschränkt; die Funktion nimmt auf der Menge sowohl ihr Maximum als auch ihr Minimum an.
2. f nimmt in P_1 das absolute Minimum, in P_2 das absolute Maximum an, jedoch kann es auch noch weitere Punkte mit dieser Eigenschaft geben.
3. Ist A nicht abgeschlossen oder nicht beschränkt, so ist die Aussage i. allg. nicht richtig, wie folgendes Beispiel zeigt.

Beispiel 3.29

Die Funktion f mit $f(x, y) = \dfrac{1}{x}$ ist auf der beschränkten Menge $D = \{(x, y)|0 < x \leq 2$ und $0 \leq y \leq 1\}$ stetig aber nicht beschränkt; D ist nicht abgeschlossen.

Beispiel 3.30

Wir betrachten die auf $\mathbb{R}^2$ stetige Funktion f mit $f(x, y) = x \cdot (y - x) \cdot (2 - x - 2y)$. Es ist $f(x, y) = 0$ genau dann wenn einer der drei Faktoren verschwindet, wenn also einer der folgenden drei Fälle eintritt: $x = 0$ oder $y - x = 0$ oder $2 - x - 2y = 0$.

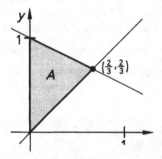

Bild 3.35: Zu Beispiel 3.30

In Bild 3.35 sind diese drei Geraden, die Höhenlinie zur Höhe 0, eingezeichnet. Wir betrachten die entstehende Dreiecksfläche mit den drei Eckpunkten $(0, 0)$, $(0, 1)$ und $(\frac{2}{3}, \frac{2}{3})$, in denen sich je zwei der drei Geraden schneiden. Dieses Dreieck A, einschließlich seiner drei begrenzenden Strecken, ist eine abgeschlossene beschränkte Menge in $\mathbb{R}^2$. Daher hat f in A sowohl ein Maximum als auch ein Minimum. Da z.B. $P = (\frac{1}{4}, \frac{3}{4})$ innerer Punkt von A ist und $f(P) = 0{,}03125 > 0$ ist, hat f ein Maximum sogar in einem inneren Punkt von A. Da übrigens für alle inneren Punkte $P \in A$ jeder der drei Faktoren in $f(x, y)$ positiv ist, liegt das Minimum von f auf dem Rand von A (und hat den Wert 0).

Satz 3.6

Sei f eine auf $D = \{(x, y) | a < x < b \text{ und } c < y < d\}$ stetige Funktion, $(x_0, y_0) \in D$. Dann sind die Funktionen $g: x \mapsto f(x, y_0)$ bzw. $h: y \mapsto f(x_0, y)$ auf (a, b) bzw. (c, d) stetig.

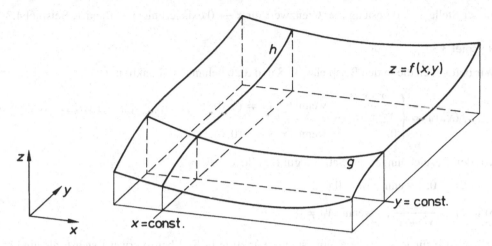

Bild 3.36: Zu Satz 3.6

Bemerkungen:

1. Der Satz besagt, daß (achsenparallele) senkrechte Schnitte durch die Fläche mit der Gleichung $z = f(x, y)$ bei stetiger Funktion f auch stetige Kurven sind. (Vgl. Bild 3.36) Für nicht-achsenparallele Schnitte gilt das ebenfalls.
2. Der Satz gilt auch für stetige Funktionen mehrerer Variablen: gibt man einigen der Variablen feste Werte, so ist die entstehende Funktion eine stetige Funktion der verbleibenden Variablen.
3. Die naheliegende Umkehrung des Satzes ist falsch. Selbst wenn g und h stetig sind für alle y_0 bzw. x_0, ist f nicht notwendig in D stetig, *s.* Beispiel 3.32.
4. Der Satz läßt sich so anwenden: Ist eine der Funktionen g oder h nicht stetig, so ist auch f nicht stetig (s. Beispiel 3.32).

Der Beweis des Satzes soll hier unterbleiben.

Beispiel 3.31

Die auf $\mathbb{R}^2$ durch

$$f(x, y) = \begin{cases} y^2 \sin\dfrac{1}{x}, & \text{wenn } x \neq 0 \\ 0, & \text{wenn } x = 0 \end{cases}$$

definierte Funktion f ist in keinem Punkt $(0, y)$, für den $y \neq 0$ ist, stetig. Ist nämlich $y_0 \neq 0$, so ist die Funktion g einer Veränderlichen mit

$$g(x) = \begin{cases} y_0^2 \cdot \sin \dfrac{1}{x}, & \text{wenn } x \neq 0 \\ 0, & \text{wenn } x = 0 \end{cases}$$

an der Stelle $x = 0$ unstetig (der Grenzwert für $x \to 0$ existiert nicht, s. Band 1, Beispiel 4.39).

Beispiel 3.32

Wir betrachten die in den Beispielen 3.18 und 3.26 behandelte Funktion f:

$$f(x, y) = \begin{cases} \dfrac{x \cdot y}{x^2 + y^2}, & \text{wenn } (x, y) \neq (0,0) \\ 0, & \text{wenn } (x, y) = (0,0). \end{cases}$$

Mit den Bezeichnungen aus Satz 3.6 gilt für alle $x \in \mathbb{R}$

a) $g(x) = 0$,   wenn $y_0 = 0$ und

b) $g(x) = \dfrac{x \cdot y_0}{x^2 + y_0^2}$,   wenn $y_0 \neq 0$.

Daher ist g für jedes $y_0 \in \mathbb{R}$ eine stetige Funktion in $\mathbb{R}$. Ebenso erweist sich h als eine in $\mathbb{R}$ stetige Funktion. Die Funktion f aber ist in $(0,0)$ nicht stetig, siehe Beispiel 3.26. Man kann also nicht von der Stetigkeit der Funktionen g und h auf die von f schließen.

Aufgaben

1. Skizzieren Sie folgende Mengen D und stellen Sie fest, ob D beschränkt ist und ob D offen, abgeschlossen oder keines von beiden ist.

   a) $D = \{(x, y) | (x - 2)^2 + (y + 1)^2 \leq 9\}$;
   b) $D = \{(x, y) | 1 < (x - 2)^2 + (y + 1)^2 \leq 9\}$;
   c) $D = \{(x, y) | 1 < (x - 2)^2 + (y + 1)^2 \leq 9 \text{ und } x \geq 0\}$;
   d) $D = \{(x, y) | (x - 2)^2 + (y + 1)^2 > 4 \text{ und } x \geq 0\}$;
   e) $D = \{(x, y) | 0 \leq x < 1 \text{ und } -x < y < 2x\}$;
   f) $D = \{(x, y) | \ln x < y < e^{x/2} \text{ und } 0 < x < 2\}$;
   g) $D = \{(x, y) | y > 0 \text{ und } |x| \leq y\}$;
   h) $D = \{(x, y) | 0 \leq x \leq 1 \text{ und } x^2 < y < \sqrt{x}\}$;
   i) $D = \{(x, y) | 0 \leq y \leq 1 \text{ und } y^2 < x < \sqrt{y}\}$.

2. Man skizziere folgende Mengen D in einem kartesischen Koordinatensystem. D sei in Polarkoordinaten durch folgende Ungleichungen beschrieben:

   a) $0 \leq \varphi < 2\pi$ und $0 \leq r \leq \varphi$;   b) $2 < r < 4$ und $\frac{1}{4}\pi < \varphi < \frac{3}{4}\pi$;
   c) $0 \leq \varphi < 2\pi$ und $0 \leq r \leq |\cos \varphi|$;   d) $0 \leq \varphi < 2\pi$ und $0 \leq r \leq |\sin 2\varphi|$;
   e) $0 \leq r < 2\pi$ und $\dfrac{r}{2} < \varphi < r$.

3. Welche Menge $D \subset \mathbb{R}^3$ wird durch folgende Ungleichungen beschrieben? Ist D beschränkt, offen, abgeschlossen oder weder offen noch abgeschlossen?

a) $3 \leq x \leq 4$ und $1 \leq y \leq 2$ und $0 \leq z \leq x$;

b) $0 \leq x \leq 2$ und $0 \leq y \leq x$ und $0 \leq z \leq x + y + 1$;

c) $2 \leq r \leq 3$ und $0 \leq \varphi < 2\pi$ und $0 \leq \vartheta \leq \dfrac{\pi}{2}$ (Kugelkoordinaten);

d) $0 \leq r \leq R$ und $0 \leq \varphi < 2\pi$ und $0 \leq z \leq r^2$ (Zylinderkoordinaten).

4. Skizzieren Sie Höhenlinien, ggf. andere Schnitte und versuchen Sie, ein perspektivisches Bild der Fläche, die durch $z = f(x, y)$ definiert ist, zu entwerfen. Untersuchen Sie ferner, an welchen Stellen ihres Definitionsbereiches D die Funktion f stetig ist.

a) $f(x, y) = x^2 + 4y^2$;   b) $f(x, y) = 3x + 4y - 7$;

c) $f(x, y) = \dfrac{x}{\sqrt{x^2 + y^2}}$ (Hinweis: Polarkoordinaten verwenden);

d) Wie c), jedoch mit der Festsetzung $f(0, 0) = 0$;   e) $f(x, y) = a \cdot \sqrt{x^2 + y^2}$ $(a \in \mathbb{R})$.

5. Folgende Funktionen sind auf Stetigkeit zu untersuchen.

a) $f(x, y) = \sin(x \cdot y + \sqrt{y})$;   b) $f(x, y) = \ln(x^2 + \sqrt{xy})$;

c) $f(x, y) = \begin{cases} x \cdot \cos(x^2 + y), & \text{wenn } x > 0; \\ x^2, & \text{wenn } x \leq 0 \end{cases}$ d) $f(x, y) = \begin{cases} \dfrac{e^y - 1}{x^2 + y^2}, & \text{wenn } (x, y) \neq (0, 0) \\ 0, & \text{wenn } x = y = 0. \end{cases}$

6. Wie lautet die Gleichung der Fläche, die entsteht, wenn die Kurve mit der Gleichung $z = \ln x$ für $x > 0$ um die z-Achse rotiert?

7. Es sei g eine auf dem Intervall $[a, b] \subset \mathbb{R}^+$ definierte stetige Funktion. Die durch die Gleichung $z = g(x)$ in der x, z-Ebene beschriebene Kurve rotiere um die z-Achse. Beweisen Sie, daß die entstehende Fläche das Schaubild einer stetigen Funktion f ist.

3.2 Differentialrechnung der Funktionen mehrerer Variablen

3.2.1 Partielle Ableitungen

Zur Erläuterung der folgenden Begriffe beginnen wir mit

Beispiel 3.33

Wir betrachten die Funktion f mit $f(x, y) = (x - 2)^2 + 2y$ (s. auch Beispiel 3.14). Wir wollen Steigungen der durch $z = f(x, y)$ definierten Fläche F etwa im Flächenpunkt $(1, 2, f(1, 2)) = (1, 2, 5)$ bestimmen, d.h. das Steigungsverhalten der durch die Funktion f definierten Fläche über $P_0 = (1, 2)$ untersuchen. Die Frage: »Welche Steigung hat die Fläche F an der Stelle $(1, 2, 5)$?« ist sinnlos, denn offensichtlich hängt die Steigung von der Richtung ab, in der man sich von $(1, 2, 5)$ aus bewegt, s. Bild 3.37. Zwei dieser Richtungen aber spielen eine besondere Rolle: Die der x- und y-Achse. Sinnvoll ist demnach die Frage »Welche Steigung hat die Fläche im Punkt $(1, 2, 5)$ in Richtung der x-Achse und welche in Richtung der y-Achse?«. Eine weitere wichtige Fragestellung ist diese: »In welcher Richtung ist der Anstieg der Fläche im Punkt $(1, 2, 5)$ am größten, in welcher am kleinsten?«. Diese letzte Frage beantwortet Satz 3.15, die erste soll nun behandelt werden.

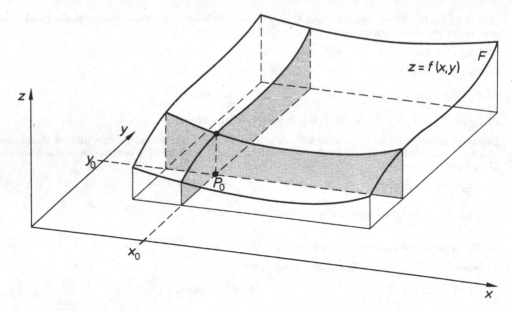

Bild 3.37: Zur Definition der partiellen Ableitungen

Wir schneiden die Fläche F mit der durch $y = 2$ definierten Ebene, die parallel zur x, z-Ebene ist. Die Schnittkurve dieser Ebene mit der Fläche F hat in jedem ihrer Punkte dieselbe Steigung wie die Fläche in x-Richtung für $y = 2$. Die Gleichung dieser Schnittkurve ist $z = f(x, 2) = g(x) = (x - 2)^2 + 4$, an der Stelle $x = 1$ hat diese die Steigung -2, wie sich aus der Ableitung $g'(x) = 2 \cdot (x - 2)$ bei $x = 1$ ergibt. Die Fläche hat daher an der Stelle $(1, 2, 5)$ in x-Richtung die Steigung -2, d.h. f hat im Punkt $P_0 = (1, 2)$ die Steigung -2 in x-Richtung. Man sagt, -2 sei die partielle Ableitung von f nach x im Punkt $P_0 = (1, 2)$ und schreibt dafür $f_x(1, 2) = -2$.

Die Steigung der Fläche in y-Richtung an der Stelle $(1, 2, 5)$ erhält man durch Schnitt mit der durch $x = 1$ bestimmten Ebene, also aus der Ableitung der durch $f(1, y) = h(y) = (1 - 2)^2 + 2y$ definierten Funktion. Diese Ableitung hat für $y = 2$ den Wert 2, so daß die gesuchte Steigung den Wert 2 hat; die partielle Ableitung von f nach y im Punkt $P_0 = (1, 2)$ ist 2. Als Schreibweise ist $f_y(1, 2) = 2$ üblich.

Definition 3.18

Es sei f eine auf der offenen Menge $D \subset \mathbb{R}^2$ definierte Funktion und $P_0 = (x_0, y_0) \in D$. f heißt im Punkte P_0 nach der ersten Variablen x **partiell differenzierbar**, wenn die Funktion $x \mapsto f(x, y_0)$ im Punkte x_0 differenzierbar ist. Deren Ableitung heißt dann die **partielle Ableitung** von f nach x im Punkte P_0.

Schreibweisen: $f_x(P_0) = \dfrac{\partial f}{\partial x}(P_0)$.

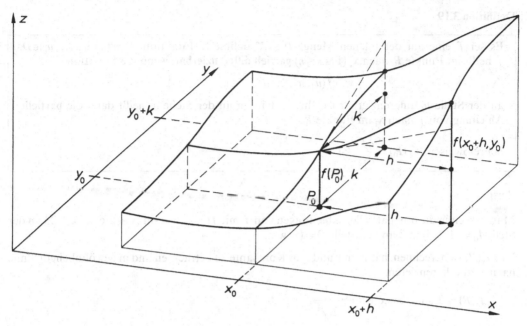

Bild 3.38: Zu den partiellen Ableitungen von f in P_0

Bemerkungen:

1. f_x liest man auch kurz » f partiell nach x« oder, wenn keine Mißverständnisse zu befürchten sind, » f nach x«.
2. Die Zahl $f_x(P_0)$ gibt die Änderung des Funktionswertes an der Stelle P_0 bei Änderung der Variablen x an, wobei die andere Variable die durch P_0 festgelegten Werte beibehält.
3. Man berechnet eine partielle Ableitung, indem man alle Variablen bis auf die, nach der differenziert werden soll, als Konstante betrachtet und dann nach dieser einen Veränderlichen im gewöhnlichen Sinne differenziert. Es ist also (s. auch Bild 3.38)

$$f_x(x_0, y_0) = \lim_{h \to 0} \frac{f(x_0 + h, y_0) - f(x_0, y_0)}{h}. \tag{3.17}$$

4. Die partielle Ableitung von f nach y ist analog definiert. Hier gilt dann (s. auch Bild 3.38)

$$f_y(x_0, y_0) = \lim_{k \to 0} \frac{f(x_0, y_0 + k) - f(x_0, y_0)}{k}. \tag{3.18}$$

Die folgende Definition verallgemeinert diesen Begriff auf Funktionen von n Variablen:

Definition 3.19

Es sei f eine auf der offenen Menge $D \subset \mathbb{R}^n$ definierte Funktion, $P_0 = (u_1, u_2, \ldots, u_n) \in D$. f heißt im Punkte P_0 nach x_i ($1 \leq i \leq n$) **partiell differenzierbar**, wenn die Funktion

$$x \mapsto f(u_1, u_2, \ldots, u_{i-1}, x, u_{i+1}, \ldots, u_n)$$

an der Stelle u_i differenzierbar ist. Ihre Ableitung an der Stelle u_i heißt dann die **partielle Ableitung** von f nach x_i im Punkte P_0.

Schreibweisen: $f_{x_i}(P_0) = \dfrac{\partial f}{\partial x_i}(P_0)$.

Beispiel 3.34

Man berechne die drei partiellen Ableitungen von f mit $f(x, y, z) = \sin^2 x + z \cdot e^y \cdot \sqrt{x} + 23$ an der Stelle $P_0 = (1, 1, 5)$ und an der Stelle $P = (x, y, z)$.

Um $f_x(P)$ zu berechnen, hat man y und z als Konstante zu betrachten und in gewöhnlichem Sinne nach x zu differenzieren:

$$f_x(P) = 2 \cdot \sin x \cdot \cos x + z \cdot e^y \cdot \frac{1}{2\sqrt{x}}.$$

Entsprechend erhält man die beiden partiellen Ableitungen:

$$f_y(P) = z \cdot e^y \cdot \sqrt{x} \quad \text{und} \quad f_z(P) = e^y \cdot \sqrt{x}.$$

An der Stelle $(1, 1, 5)$ bekommt man hierfür:

$$f_x(1, 1, 5) = 2 \cdot \sin 1 \cdot \cos 1 + 5 \cdot e^{\frac{1}{2}} = 7{,}705\ldots$$
$$f_y(1, 1, 5) = 5e = 13{,}591\ldots$$
$$f_z(1, 1, 5) = e = 2{,}718\ldots$$

Ändert man genau eine der drei Veränderlichen x, y oder z ausgehend von der Stelle $(1, 1, 5)$, so erfährt der Funktionswert die größte Änderung, wenn y geändert wird, denn $f_y(P_0)$ ist die größte der drei Zahlen $f_x(P_0)$, $f_y(P_0)$ und $f_z(P_0)$. Die kleinste Änderung erfährt der Funktionswert bei Änderung von z, der kleinsten unter jenen drei partiellen Ableitungen in P_0. Im Punkte $(1, 1, 5)$ hat die Variable y den größten, die Variable z den kleinsten Einfluß auf den Funktionswert.

Beispiel 3.35

Es sei

$$f(x, y) = \begin{cases} \dfrac{xy}{x^2 + y^2}, & \text{wenn } (x, y) \neq (0, 0) \\ 0, & \text{wenn } (x, y) = (0, 0). \end{cases}$$

Diese Funktion f ist im Punkte $(0, 0)$ nicht stetig (vgl. Beispiel 3.26), ihre beiden partiellen Ableitungen existieren trotzdem in $\mathbb{R}^2$, also auch in $(0, 0)$:

Wenn $(x, y) \neq (0, 0)$, erhält man durch Ableiten $f_x(x, y) = \dfrac{y \cdot (y^2 - x^2)}{(x^2 + y^2)^2}$.

Da für alle $x \in \mathbb{R}$ gilt $f(x, 0) = 0$, erhält man $f_x(0, 0) = 0$. Die partielle Ableitung nach x lautet daher

$$f_x(x, y) = \begin{cases} \dfrac{y \cdot (y^2 - x^2)}{(x^2 + y^2)^2}, & \text{wenn } (x, y) \neq (0, 0) \\ 0, & \text{wenn } (x, y) = (0, 0), \end{cases}$$

sie existiert also in jedem Punkt $P \in \mathbb{R}^2$.

Entsprechend bekommt man

$$f_y(x, y) = \begin{cases} \dfrac{x \cdot (x^2 - y^2)}{(x^2 + y^2)^2}, & \text{wenn } (x, y) \neq (0, 0) \\ 0, & \text{wenn } (x, y) = (0, 0), \end{cases}$$

auch $f_y(x, y)$ existiert für alle Punkte $(x, y) \in \mathbb{R}^2$.

Definition 3.20

> Wenn die Funktion f auf der offenen Menge $D \subset \mathbb{R}^n$ definiert ist und die partielle Ableitung nach x_i in jedem Punkt $P \in D$ existiert, so nennt man die Funktion $f_{x_i} : P \mapsto f_{x_i}(P)$, die auf D erklärt ist, die **partielle Ableitung von f nach x_i.**

Definition 3.21

> f sei eine auf der offenen Menge $D \subset \mathbb{R}^n$ definierte Funktion und dort nach x_i partiell differenzierbar. Wenn f_{x_i} in $P \in D$ nach x_j partiell differenzierbar ist, so heißt diese Ableitung die **zweite partielle Ableitung** von f nach x_i, x_j im Punkte P.
>
> Schreibweisen: $f_{x_i x_j}(P) = \dfrac{\partial^2 f}{\partial x_j \partial x_i}(P)$.

Bemerkungen:

1. Man beachte in den Bezeichnungen $f_{x_i x_j}$ und $\dfrac{\partial^2 f}{\partial x_j \partial x_i}$ die Reihenfolge von x_i und x_j: Zuerst wird nach x_i, dann nach x_j abgeleitet. Die Zahlen $f_{x_i x_j}(P)$ und $f_{x_j x_i}(P)$ sind im allgemeinen nicht gleich. Der Satz von Schwarz, Satz 3.7 allerdings zeigt, daß unter recht schwachen Voraussetzungen beide einander gleich sind.
2. Eine Funktion f zweier Variablen besitzt also (wenn sie existieren) vier partielle Ableitungen zweiter Ordnung: $f_{xx}, f_{xy}, f_{yx}, f_{yy}$.
3. Die partielle Ableitung der Funktion $f_{x_i x_j}$ nach x_k ist eine partielle Ableitung dritter Ordnung, die (wenn sie existiert) entsprechend bezeichnet wird:

$$f_{x_i x_j x_k} = \frac{\partial^3 f}{\partial x_k \partial x_j \partial x_i}.$$

Beispielsweise besitzt eine Funktion f zweier Variablen die acht möglichen partiellen Ableitungen 3. Ordnung:

$$f_{xxx}, f_{xxy}, f_{xyx}, f_{yxx}, f_{xyy}, f_{yxy}, f_{yyx}, f_{yyy}.$$

Beispiel 3.36

Es sei $f(x, y, z) = x^2 y + z \cdot \sin(x + y^2)$. Die drei partiellen Ableitungen erster Ordnung sind

$$f_x(x, y, z) = 2xy + z \cdot \cos(x + y^2), \quad f_y(x, y, z) = x^2 + 2yz \cdot \cos(x + y^2)$$

und

$$f_z(x, y, z) = \sin(x + y^2).$$

Partielle Ableitungen zweiter Ordnung sind z.B.

$$f_{xx}(x, y, z) = 2y - z \cdot \sin(x + y^2),$$

$$f_{xy}(x, y, z) = 2x - 2yz \cdot \sin(x + y^2),$$

$$f_{yx}(x, y, z) = 2x - 2yz \cdot \sin(x + y^2) \text{ und } f_{zz}(x, y, z) = 0.$$

Die weiteren partiellen Ableitungen zweiter Ordnung möge der Leser berechnen. Man stellt übrigens fest, daß $f_{xy} = f_{yx}, f_{xz} = f_{zx}$ und $f_{yz} = f_{zy}$ gilt, es kommt also auf die Reihenfolge der Differentiation hierbei nicht an. Partielle Ableitungen dritter Ordnung sind z.B.

$$f_{xyx}(x, y, z) = 2 - 2yz \cdot \cos(x + y^2),$$
$$f_{xxy}(x, y, z) = 2 - 2zy \cdot \cos(x + y^2).$$

Weitere Ableitungen möge der Leser berechnen und feststellen, daß

$$f_{xxy} = f_{xyx} = f_{yxx} \quad \text{und} \quad f_{xyy} = f_{yxy} = f_{yyx} \quad \text{und}$$
$$f_{xyz} = f_{xzy} = f_{yxz} = f_{yzx} = f_{zxy} = f_{zyx}$$

usw. gilt. Diese Ableitungen sind also unabhängig von der Reihenfolge der Differentiation. Der folgende Satz nennt den Grund dafür.

Satz 3.7 (Satz von Schwarz über die Differentiationsreihenfolge)

Die Funktion f sei auf der offenen Menge $D \subset \mathbb{R}^n$ definiert und dort mögen sämtliche partiellen Ableitungen bis zur Ordnung k existieren und stetig sein. Dann hängen die partiellen Ableitungen der Ordnung $m \leq k$ nicht von der Reihenfolge der Differentiation ab.

Das folgende Beispiel zeigt, daß f_{yx} und f_{xy} verschieden sein können, wenn diese Ableitungen nicht stetig sind.

Beispiel 3.37

Die Funktion f mit

$$f(x, y) = \begin{cases} xy \cdot \dfrac{x^2 - y^2}{x^2 + y^2}, & \text{wenn } (x, y) \neq (0, 0) \\ 0, & \text{wenn } x = y = 0 \end{cases}$$

hat die partiellen Ableitungen (vgl. (3.17) und (3.18))

$$f_x(0, y) = \lim_{h \to 0} \frac{f(h, y) - f(0, y)}{h} = \lim_{h \to 0} y \cdot \frac{h^2 - y^2}{h^2 + y^2} = -y,$$

$$f_y(x, 0) = \lim_{k \to 0} \frac{f(x, k) - f(x, 0)}{k} = \lim_{k \to 0} x \cdot \frac{x^2 - k^2}{x^2 + k^2} = x.$$

Diese Gleichungen gelten für alle x und y. Hieraus folgt

$$f_{xy}(0, 0) = -1 \neq f_{yx}(0, 0) = 1.$$

In Polarkoordinaten ist $f(x, y) = \frac{1}{4} r^2 \cdot \sin 4\varphi$.

3.2.2 Differenzierbarkeit, totales Differential

Die Funktion f sei auf der offenen Menge $D \subset \mathbb{R}^2$ definiert und $P_0 = (x_0, y_0) \in D$, $f(P_0) = z_0$. Wir wollen die Gleichung der Tangentialebene an die durch $z = f(x, y)$ definierte Fläche F im Flächenpunkt (x_0, y_0, z_0) bestimmen unter der Voraussetzung, daß eine solche existiert.

Wir gehen dabei von der anschaulichen Vorstellung aus: Die Tangentialebene E ist eine Ebene, die die Fläche F berührt, d.h. jede zur x, y-Ebene senkrechte Ebene S durch den Punkt (x_0, y_0, z_0) schneidet die Tangentialebene E in einer Geraden, die Tangente an die Schnittkurve von S mit der Fläche F in (x_0, y_0, z_0) ist. Jede Ebene durch (x_0, y_0, z_0) hat die Gleichung $z = l(x, y)$, wobei $l(x, y) = z_0 + d_1 \cdot (x - x_0) + d_2 \cdot (y - y_0)$ ist. Die Zahlen d_1 und d_2 sind nun so zu bestimmen, daß das oben Gesagte gilt. Insbesondere muß das für solche Schnittebenen S gelten, die zur x- bzw. y-Achse parallel sind. Die Steigung von f in x- bzw. y-Richtung in P_0 ist $f_x(P_0)$ bzw. $f_y(P_0)$, die von der Funktion l entsprechend $l_x(P_0) = d_1$ bzw. $l_y(P_0) = d_2$. Aus der Gleichheit dieser Werte für die Tangentialebene folgt $d_1 = f_x(P_0)$ und $d_2 = f_y(P_0)$, so daß die Gleichung der Tangentialebene – falls letztere existiert – lautet

$$z = f(P_0) + f_x(P_0) \cdot (x - x_0) + f_y(P_0) \cdot (y - y_0). \tag{3.19}$$

Diese Gleichung legt die Vermutung nahe, daß aus der Existenz dieser beiden partiellen Ableitungen im Punkte P_0 auch die der Tangentialebene folgt. Daß dies aber keineswegs der Fall ist, zeigt die Funktion f aus Beispiel 3.35 für $P_0 = (0, 0)$: Wenn die Tangentialebene existiert, so lautet deren Gleichung wegen $f(P_0) = f_x(P_0) = f_y(P_0) = 0$ nach (3.19): $z = 0$ (das ist die (x, y)-Ebene). Bild 3.34 zeigt, daß diese Ebene wohl nicht als Tangentialebene bezeichnet werden sollte (f ist in P_0 nicht stetig und nimmt in jeder Umgebung von P_0 jeden Wert zwischen $-0,5$ und $0,5$ an).

Wir halten fest: Falls die Tangentialebene existiert, so ist sie durch die zwei partiellen Ableitungen bestimmt, aber aus der Existenz dieser zwei Ableitungen folgt nicht die der Tangentialebene. Wir überlegen, unter welchen Voraussetzungen über f die Existenz dieser Ebene gesichert ist. Unsere Überlegungen werden uns auf den wichtigen Begriff der Differenzierbarkeit von Funktionen mehrerer Variablen führen.

Eine Bemerkung vorweg: Wir notieren im folgenden in der linken Spalte geeignete Formulierungen für Funktionen einer Variablen (Tangente), in der rechten deren Übertragung auf Funktionen zweier Variablen (Tangentialebene); eine Verallgemeinerung auf Funktionen mehrerer Variablen schließt sich am Ende an.

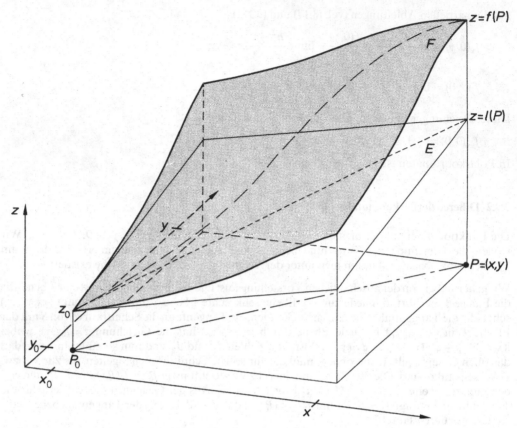

Bild 3.39: Die Fläche F und ihre Tangentialebene

1. Geometrisch-anschauliche Formulierung

Die Tangente an die Kurve mit der Gleichung $y = f(x)$ im Kurvenpunkt $(x_0, f(x_0))$ ist eine Gerade, die durch diesen Punkt geht und die Kurve »berührt«. Sie hat die Gleichung $y = l(x)$ mit $l(x) = f(x_0) + d \cdot (x - x_0)$ (vgl. Bild 3.40).

Die Tangentialebene an die Fläche mit der Gleichung $z = f(x, y)$ im Flächenpunkt $(x_0, y_0, f(x_0, y_0))$ ist eine Ebene, die durch diesen Punkt geht und die Fläche »berührt«. Sie hat die Gleichung $z = l(x, y)$ mit $l(x, y) = f(x_0, y_0) + d_1 \cdot (x - x_0) + d_2 \cdot (y - y_0)$ (vgl. Bild 3.41).

2. Analytische Formulierung

Diese Forderung bedeutet für Funktionen einer Variablen die Gültigkeit folgender Grenzwertbeziehung (vgl. Band 1, (8.9), Seite 352), die wir für Funktionen zweier Veränderlichen überneh-

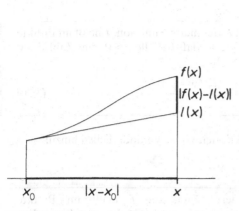

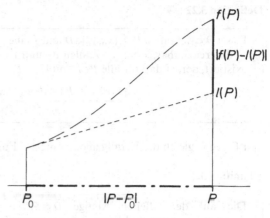

Bild 3.40: Eine Kurve $y = f(x)$ und deren Tangente $y = l(x)$

Bild 3.41: Ein Schnitt durch die Fläche $z = f(x, y)$ aus Bild 3.39 längs der strich-punktierten Geraden durch P_0 und P senkrecht zur x, y-Ebene

men:

Für $|x - x_0| \to 0$ gilt

$$\frac{|f(x) - l(x)|}{|x - x_0|} \to 0.$$

Für $|P - P_0| \to 0$ gilt

$$\frac{|f(P) - l(P)|}{|P - P_0|} \to 0.$$

Nun zum Begriff der Differenzierbarkeit, dem wir zunächst eine geometrische Formulierung geben:

Die auf $(a, b) \subset \mathbb{R}$ definierte Funktion f ist in $x_0 \in (a, b)$ differenzierbar, wenn die durch $y = f(x)$ definierte Kurve in $(x_0, f(x_0))$ eine Tangente mit der Gleichung

$$y = l(x) = f(x_0) + d \cdot (x - x_0)$$

besitzt.

Die auf der offenen Menge $D \subset \mathbb{R}^2$ definierte Funktion f ist in $P_0 = (x_0, y_0) \in D$ differenzierbar, wenn die durch $z = f(x, y)$ definierte Fläche in $(x_0, y_0, f(x_0, y_0))$ eine Tangentialebene mit der Gleichung

$$z = l(x, y) = f(P_0) + d_1 \cdot (x - x_0) + d_2 \cdot (y - y_0)$$

besitzt.

Faßt man obige Definition der Tangente bzw. Tangentialebene mit der soeben gegebenen Formulierung zusammen, so erhält man im ε-δ-Formalismus folgende Definition der Differenzierbarkeit für Funktionen einer Variablen:

f heißt im Punkt $x_0 \in (a, b) \subset \mathbb{R}$ differenzierbar, wenn es eine Zahl d gibt, so daß für alle $\varepsilon > 0$ eine Zahl $\delta > 0$ existiert, derart daß für alle $x \in (a, b)$ mit $|x - x_0| < \delta$ gilt

$$\frac{|f(x) - f(x_0) - d \cdot (x - x_0)|}{|x - x_0|} < \varepsilon.$$

Für Funktionen von zwei Veränderlichen übernehmen wir:

Definition 3.22

Es sei $D \subset \mathbb{R}^2$ offen, $P_0 = (x_0, y_0) \in D$ und f eine auf D definierte Funktion. f heißt im Punkte P_0 **differenzierbar**, wenn es Zahlen d_1 und d_2 gibt, so daß für alle $\varepsilon > 0$ eine Zahl $\delta > 0$ existiert, derart daß für alle $P \in D$ mit $|P - P_0| < \delta$ gilt

$$\frac{|f(P) - f(P_0) - d_1 \cdot (x - x_0) - d_2 \cdot (y - y_0)|}{|P - P_0|} < \varepsilon. \tag{3.20}$$

Wir fügen sogleich die Verallgemeinerung auf Funktionen von n Veränderlichen hinzu:

Definition 3.23

Die auf der offenen Menge $D \subset \mathbb{R}^n$ definierte Funktion f heißt im Punkte $P_0 = (a_1, a_2, \ldots, a_n) \in D$ **differenzierbar**, wenn es Zahlen $d_1, d_2, \ldots, d_n$ gibt derart, daß zu jedem $\varepsilon > 0$ eine Zahl $\delta > 0$ existiert, so daß aus $P = (x_1, x_2, \ldots, x_n) \in U_\delta(P_0) \cap D$ folgt

$$\frac{\left| f(P) - f(P_0) - \sum_{i=1}^{n} d_i \cdot (x_i - a_i) \right|}{|P - P_0|} < \varepsilon. \tag{3.21}$$

Beispiel 3.38

Es sei $f(x, y) = 2x^2 + y^2$. Wir wollen f in $\mathbb{R}^2$ auf Differenzierbarkeit untersuchen. Dazu sei $(x_0, y_0) \in \mathbb{R}^2$. Der Quotient in (3.20) lautet hier

$$\frac{|(2x^2 + y^2) - (2x_0^2 + y_0^2) - d_1 \cdot (x - x_0) - d_2 \cdot (y - y_0)|}{\sqrt{(x - x_0)^2 + (y - y_0)^2}}. \tag{3.22}$$

Da wir untersuchen müssen, ob der Quotient (3.22) beliebig klein wird für alle $P = (x, y)$, die hinreichend nahe bei $P_0 = (x_0, y_0)$ liegen, ist es vorteilhaft, den Zähler als eine Funktion von $(x - x_0)$ und $(y - y_0)$ umzuformen. Unter Verwendung geeigneter quadratischer Ergänzungen bekommt man dann für den Zähler, wie man leicht nachrechnen kann,

$$2 \cdot \left(x - \frac{d_1}{4} \right)^2 + \left(y - \frac{d_2}{2} \right)^2 - 2 \cdot \left(x_0 - \frac{d_1}{4} \right)^2 - \left(y_0 - \frac{d_2}{2} \right)^2.$$

Wenn wir nun $d_1 = 4x_0$ und $d_2 = 2y_0$ wählen, lautet der Zähler

$$2 \cdot (x - x_0)^2 + (y - y_0)^2$$

und hat also die gewünschte Form. Der Quotient (3.22) lautet für diese Wahl von d_1 und d_2

$$\frac{2 \cdot (x - x_0)^2 + (y - y_0)^2}{\sqrt{(x - x_0)^2 + (y - y_0)^2}}.$$

Sei nun $\varepsilon > 0$. Wir wählen $\delta = \dfrac{\varepsilon}{2}$ und erhalten dann für alle $(x, y) \in U_\delta(P_0)$, d.h. für alle (x, y) mit

$\sqrt{(x - x_0)^2 + (y - y_0)^2} < \delta$, die Ungleichung

$$\frac{2 \cdot (x - x_0)^2 + (y - y_0)^2}{\sqrt{(x - x_0)^2 + (y - y_0)^2}} \leqq \frac{2[(x - x_0)^2 + (y - y_0)^2]}{\sqrt{(x - x_0)^2 + (y - y_0)^2}} = 2\sqrt{(x - x_0)^2 + (y - y_0)^2} < 2\delta = \varepsilon.$$

Diese Ungleichung beweist die Differenzierbarkeit von f an der Stelle (x_0, y_0). Ferner sahen wir, daß $d_1 = 4x_0$ und $d_2 = 2y_0$ zwei Zahlen sind, die die in Definition 3.22 genannte Eigenschaft besitzen. Es fällt auf, daß $d_1 = f_x(x_0, y_0)$ und $d_2 = f_y(x_0, y_0)$ ist. Diese Tatsache legt die Frage nahe, ob das allgemein gilt und ob ferner d_1, d_2 durch die Definition 3.23 eindeutig bestimmt sind. Der folgende Satz gibt eine positive Antwort auf diese Fragen:

Satz 3.8

Die auf der offenen Menge $D \subset \mathbb{R}^n$ definierte Funktion sei im Punkte $P_0 \in D$ differenzierbar. Dann existieren die partiellen Ableitungen (erster Ordnung) von f in P_0, und die Zahlen $d_1, d_2, \ldots, d_n$ aus Definition 3.20 sind eindeutig bestimmt; es gilt $d_i = f_{x_i}(P_0)$ für $i = 1, \ldots, n$.

Bemerkung:

Dieser Satz besagt unter anderem, daß aus der Differenzierbarkeit die partielle Differenzierbarkeit nach jeder der n Variablen folgt. Die Umkehrung dieses Sachverhaltes gilt nicht, wie die zu Beginn dieses Abschnittes untersuchte Funktion aus Beispiel 3.35 zeigt; diese ist in $(0,0)$ nicht einmal stetig.

Beweis:

Wenn in (3.21) $P = (a_1 + h, a_2, \ldots, a_n)$ gesetzt wird ($h \neq 0$), so erhält man

$$f(P) - f(P_0) - \sum_{i=1}^{n} d_i \cdot (x_i - a_i) = f(P) - f(P_0) - d_1 \cdot h$$

und daher für den Quotienten aus (3.21) wegen $|P - P_0| = |h|$:

$$\frac{|f(a_1 + h, a_2, \ldots, a_n) - f(a_1, a_2, \ldots, a_n) - d_1 \cdot h|}{|h|}.$$

Aus der Differenzierbarkeit folgt, daß dieser Quotient für $h \to 0$ seinerseits gegen 0 konvergiert, d.h. es ist

$$\lim_{h \to 0} \frac{f(a_1 + h, a_2, \ldots, a_n) - f(a_1, a_2, \ldots, a_n)}{h} = d_1.$$

Der Grenzwert links ist nach der Definition der partiellen Ableitung gleich $f_{x_1}(a_1, a_2, \ldots, a_n)$. Analog beweist man die Behauptung für $i = 2, \ldots, n$. ●

Der folgende Satz ist das Analogon zu Satz 8.1 aus Band 1.

Satz 3.9

Ist die auf der offenen Menge $D \subset \mathbb{R}^n$ definierte Funktion f in P_0 differenzierbar, so ist f in P_0 stetig.

Beweis:

Sei $\varepsilon > 0$. Da f in $P_0 = (a_1, a_2, \ldots, a_n)$ differenzierbar ist, gibt es Zahlen $d_1, d_2, \ldots, d_n$ und eine Zahl $\delta > 0$, so daß aus $P = (x_1, \ldots, x_n) \in U_\delta(P_0) \cap D$ die Ungleichung (3.21) folgt. Aus dieser folgt

$$\sum_{i=1}^{n} d_i \cdot (x_i - a_i) - \varepsilon \cdot |P - P_0| < f(P) - f(P_0) < \sum_{i=1}^{n} d_i \cdot (x_i - a_i) + \varepsilon \cdot |P - P_0|.$$

Da die Funktion l mit $l(x_1, x_2, \ldots, x_n) = \sum_{i=1}^{n} d_i \cdot (x_i - a_i)$ in P_0 stetig ist, konvergieren für $P \to P_0$ in dieser Ungleichung die rechte und die linke Seite gegen Null. Also gilt $\lim_{P \to P_0} f(P) = f(P_0)$. ●

Definition 3.24

> Die auf der offenen Menge D definierte Funktion f heißt **auf D differenzierbar,** wenn f in jedem Punkt von D differenzierbar ist.

Hinreichende Bedingungen für Differenzierbarkeit haben wir bisher noch nicht kennengelernt. Als notwendig für die Differenzierbarkeit von f erweisen sich die Stetigkeit von f und die Existenz aller partiellen Ableitungen erster Ordnung, doch beide Bedingungen sind nicht hinreichend, wie Beispiel 3.35 zeigt, vgl. auch die Untersuchungen zu Beginn dieses Abschnittes. Kommt aber die Stetigkeit dieser partiellen Ableitungen hinzu, so folgt die Differenzierbarkeit:

Satz 3.10

> Die Funktion f sei auf der offenen Menge $D \subset \mathbb{R}^n$ definiert und alle partiellen Ableitungen erster Ordnung von f seien dort stetig. Dann ist f auf D differenzierbar.

Wir wollen auf den Beweis verzichten.

Hieraus folgt, daß wenigstens eine der beiden partiellen Ableitungen f_x und f_y aus Beispiel 3.35 in $(0,0)$ nicht stetig ist (tatsächlich sind sogar beide nicht stetig!).

Aufgrund der Überlegungen, mit denen wir diesen Abschnitt begannen, werden wir die Tangentialebene wie folgt definieren:

Definition 3.25

> $D \subset \mathbb{R}^2$ sei eine offene Menge, $P_0 = (x_0, y_0) \in D$ und f eine auf D definierte und in P_0 differenzierbare Funktion. Die Ebene mit der Gleichung
>
> $$z = f(P_0) + f_x(P_0) \cdot (x - x_0) + f_y(P_0) \cdot (y - y_0) \tag{3.23}$$
>
> heißt die **Tangentialebene** an die durch $z = f(x,y)$ definierte Fläche im Flächenpunkt $(x_0, y_0, f(P_0))$.

Bemerkungen:

1. Man beachte, daß von »Tangentialebene« nur gesprochen wird, wenn die Funktion f bei P_0 differenzierbar ist und nicht schon, wenn nur $f_x(P_0)$ und $f_y(P_0)$ definiert sind, also (3.23) sinnvoll ist.
2. Eine (3.23) entsprechende Gleichung läßt sich auch für Funktionen von n Veränderlichen aufstellen:

$$z = f(P_0) + \sum_{i=1}^{n} f_{x_i}(P_0) \cdot (x_i - a_i),$$

worin $P_0 = (a_1, a_2, \ldots, a_n)$ ist. Die hierdurch definierte Menge in $\mathbb{R}^n$ hat keine direkt geometrisch anschauliche Bedeutung.

Beispiel 3.39

Die Gleichung der Tangentialebene an die durch $z = f(x, y) = 2x^2 + xy^2$ definierte Fläche im Flächenpunkt $(3, -1, f(3, -1)) = (3, -1, 21)$ ist zu berechnen.

Da $f_x(x, y) = 4x + y^2$ und $f_y(x, y) = 2xy$ in $\mathbb{R}^2$ stetige Funktionen sind, ist f nach Satz 3.10 überall differenzierbar. Die Tangentialebene hat wegen $f_x(3, -1) = 13$ und $f_y(3, -1) = -6$ die Gleichung

$$z = 21 + 13 \cdot (x - 3) - 6 \cdot (y + 1) = 13x - 6y - 24.$$

Es sei f eine auf der offenen Menge $D \subset \mathbb{R}^2$ definierte Funktion, die im Punkte $P_0 \in D$ differenzierbar sei,

$$z = l(x, y) = f(P_0) + f_x(P_0) \cdot (x - x_0) + f_y(P_0) \cdot (y - y_0)$$

die Gleichung ihrer Tangentialebene und $P = (x, y) = (x_0 + h, y_0 + k) \in D$. Es seien $\Delta f(P_0) = f(P) - f(P_0)$ bzw. $\mathrm{d} f(P_0) = l(P) - l(P_0)$ Funktionswert-Differenz bzw. die Differenz der entsprechenden Werte auf der Tangentialebene, vgl. Bild 3.42. Da $l(P_0) = f(P_0)$, $x - x_0 = h$ und $y - y_0 = k$ ist, folgt aus (3.23)

$$\mathrm{d} f(P_0) = f_x(P_0) \cdot h + f_y(P_0) \cdot k. \tag{3.24}$$

Da f in P_0 differenzierbar ist, gilt nach Definition 3.22: Für alle $\varepsilon > 0$ gibt es eine Zahl $\delta > 0$, so daß aus $P \in U_\delta(P_0) \cap D$ folgt

$$\frac{|\Delta f(P_0) - \mathrm{d} f(P_0)|}{|P - P_0|} < \varepsilon. \tag{3.25}$$

Das heißt, daß die Zahl $\mathrm{d} f(P_0)$ eine Näherung für die Funktionswert-Differenz $\Delta f(P_0)$ ist; über die Güte dieser Näherung kann man also feststellen, daß mit $P \to P_0$ nicht nur $\Delta f(P_0) - \mathrm{d} f(P_0)$ gegen 0 konvergiert, sondern sogar der Quotient aus (3.25). Man sagt kurz, daß $\Delta f(P_0) - \mathrm{d} f(P_0)$ »von höherer Ordnung« als $|P - P_0|$ gegen 0 konvergiere, wenn $|P - P_0| \to 0$.

Definition 3.26

Es sei $P_0 \in D \subset \mathbb{R}^n$, D offen und f eine auf D definierte und in P_0 differenzierbare Funktion. Die auf $\mathbb{R}^n$ definierte Funktion

$$\mathrm{d}f(P_0) : (h_1, h_2, \ldots, h_n) \longmapsto \sum_{i=1}^{n} f_{x_i}(P_0) \cdot h_i \tag{3.26}$$

heißt **totales Differential** von f im Punkte P_0.

Bemerkungen:

1. Wesentliche Voraussetzung für diesen Begriff ist die Differenzierbarkeit, die Existenz der partiellen Ableitungen genügt nicht.
2. Meist schreibt man (in Abweichung von der Funktionsschreibweise) $\mathrm{d}f(P_0) = \sum_{i=1}^{n} f_{x_i}(P_0) \cdot h_i$ oder – noch kürzer – $\mathrm{d}f$ statt $\mathrm{d}f(P_0)$.
3. Eine andere sehr gebräuchliche Schreibweise bekommt man, wenn man $\mathrm{d}x_i = h_i$ setzt (h_i ist ja

   die Differenz in der i-ten Komponente zwischen P und P_0): $\mathrm{d}f = \sum_{i=1}^{n} f_{x_i}(P_0) \cdot \mathrm{d}x_i$. Für $n = 2$

$$\mathrm{d}f = f_x(x_0, y_0) \cdot \mathrm{d}x + f_y(x_0, y_0) \cdot \mathrm{d}y. \tag{3.27}$$

4. Aufgrund obiger Ausführungen gilt

$$\mathrm{d}f(P_0) \approx \Delta f(P_0) = f(P) - f(P_0) = f(x_1 + \mathrm{d}x_1, \ldots, x_n + \mathrm{d}x_n) - f(x_1, \ldots, x_n),$$

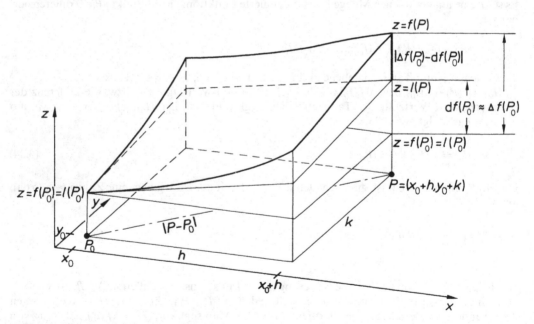

Bild 3.42: Zum Begriff des totalen Differentials

wobei der Fehler von höherer Ordnung als $|P - P_0|$ mit $P \to P_0$ gegen 0 konvergiert. Bei Funktionen zweier Variablen ist $df(P_0)$ der Zuwachs auf der Tangentialebene, $\Delta f(P_0)$ der auf der Fläche $z = f(x, y)$ beim Übergang von P_0 nach P (vgl. Bild 3.42).

Beispiel 3.40

Das totale Differential der Funktion f mit $f(x, y) = 2x^2 + xy^2$ im Punkte $P_0 = (3, -1)$ lautet nach Beispiel 3.39 $df(P_0) = 13 \, dx - 6 \, dy$, denn $f_x(P_0) = 13$ und $f_y(P_0) = -6$.

Die Form des totalen Differentials einer Funktion f zweier Variablen

$$f_x(x, y) \, dx + f_y(x, y) \, dy$$

legt es nahe, den folgenden Ausdruck zu bilden:

$$P(x, y) \, dx + Q(x, y) \, dy, \tag{3.28}$$

in dem P und Q auf derselben offenen Menge $D \subset \mathbb{R}^2$ definierte stetige Funktion seien. Wenn es eine auf D definierte differenzierbare Funktion f gibt, so daß $f_x = P$ und $f_y = Q$ gilt, ist (3.28) das totale Differential von f. Daß das nicht immer der Fall ist, zeigt

Beispiel 3.41

Der Ausdruck (3.28) mit $P(x, y) = 0$ und $Q(x, y) = x$ ist nicht totales Differential einer Funktion f zweier Variablen. Andernfalls wäre nämlich $f_x(x, y) = 0$, f also nicht von x abhängig, andererseits aber $f_y(x, y) = x$. Da f nicht von x abhängt, kann auch f_y nicht von x abhängen, also nicht gleich x sein.

Definition 3.27

> Es seien P und Q auf der offenen Menge $D \subset \mathbb{R}^2$ definierte stetige Funktionen. Dann heißt der Ausdruck (3.28) eine **Differentialform**.

Eine wichtige Frage ist: Unter welchen Voraussetzungen über P und Q ist die Differentialform (3.28) totales Differential einer Funktion f? In der Wärmelehre steht dahinter die Frage, welche Größen Zustandsgrößen sind, nur vom Zustand etwa des Gases abhängen, nicht aber von der Art und Weise, wie dieser Zustand erreicht wurde.

Satz 3.11

> Wenn die auf der offenen Menge $D \subset \mathbb{R}^2$ definierten stetigen Funktionen P und Q stetige partielle Ableitungen zweiter Ordnung besitzen, so ist (3.28) genau dann totales Differential einer auf D definierten Funktion, wenn $P_y = Q_x$ auf D gilt.

Auf den Beweis wollen wir verzichten.

Bemerkung:

Die Gleichung $P_y = Q_x$ heißt die **Integrabilitätsbedingung**.

Beispiel 3.42

Die Differentialform

$$(y + \cos x)\,\mathrm{d}x + (x + 2y)\,\mathrm{d}y$$

ist totales Differential einer auf $\mathbb{R}^2$ definierten Funktion f, da $P_y(x, y) = 1 = Q_x(x, y)$ ist. Wir wollen f bestimmen. Es gilt also

$$f_x(x, y) = y + \cos x$$
$$f_y(x, y) = x + 2y.$$

Aus der ersten Gleichung folgt durch Integration nach x die Gleichung $f(x, y) = xy + \sin x + g(y)$ mit einer geeigneten Funktion g, die nicht von x, also nur von y abhängt. Aus dieser Gleichung folgt $f_y(x, y) = x + g'(y)$. Da aber auch $f_y(x, y) = x + 2y$ ist (die zweite Gleichung oben), ist $g'(y) = 2y$, also $g(y) = y^2 + c$, $c \in \mathbb{R}$. Dann ist $f(x, y) = xy + \sin x + y^2 + c$. In der Tat ist das totale Differential von f dann $\mathrm{d}f = (y + \cos x)\,\mathrm{d}x + (x + 2y)\,\mathrm{d}y$.

Beispiel 3.43

Die Differentialform $2xy\,\mathrm{d}x + y\,\mathrm{d}y$ ist nicht totales Differential einer Funktion f auf $\mathbb{R}^2$, da (in den Bezeichnungen der Definition 3.27) $P_y(x, y) = 2x$, aber $Q_x = 0$ ist. Die Integrabilitätsbedingung ist nicht erfüllt. Würde man übrigens versuchen, trotzdem eine Funktion f nach dem Vorgehen des vorigen Beispiels zu bestimmen, so erhielte man $f_x(x, y) = 2xy$, daher $f(x, y) = x^2 y + g(y)$. Daraus dann $f_y(x, y) = x^2 + g'(y)$, da aber auch $f_y(x, y) = y$, folgt $g'(y) = y - x^2$, ein Widerspruch, da g' nicht von x abhängen darf.

Eine Anwendung für das vollständige Differential und der Näherungsformel

$$\Delta z = f(P) - f(P_0) \approx \mathrm{d}f(P_0) = \sum_{i=1}^{n} f_{x_i}(P_0) \cdot \Delta x_i \tag{3.29}$$

(siehe Bemerkungen 3 und 4 zu Definition 3.26) liefert die Fehlerrechnung, die in der Regel stets bei der Rechnung mit ungenauen Meßdaten anzuwenden ist.

z sei eine (physikalische oder technische) Größe, die nach einem bekannten Gesetz von den – direkt, aber nur mit begrenzter Genauigkeit meßbaren – n Größen $x_1, x_2, \ldots, x_n$ abhängt:

$$z = f(x_1, x_2, \ldots, x_n) = f(P). \tag{3.30}$$

Bezeichnen $\tilde{x}_1, \tilde{x}_2, \ldots, \tilde{x}_n$ die (gemessenen) Näherungswerte von $x_1, x_2, \ldots, x_n$, so läßt sich mit ihnen der Näherungswert

$$\tilde{z} = f(\tilde{x}_1, \tilde{x}_2, \ldots, \tilde{x}_n) = f(\tilde{P}) \tag{3.31}$$

von z berechnen. Gesucht ist ein Schätzwert des

absoluten Fehlers $|z - \tilde{z}| = |f(P) - f(\tilde{P})| = |\Delta z|$ und des $\tag{3.32}$

relativen Fehlers $\left| \dfrac{z - \tilde{z}}{z} \right| = \left| \dfrac{\Delta z}{z} \right|$ $\tag{3.33}$

von $\tilde{z}$ unter der Voraussetzung, daß obere Schranken für die Meßgenauigkeit $|x_i - \tilde{x}_i| = |\Delta x_i|$ bekannt sind, d.h. daß Werte $\delta_i \in \mathbb{R}^+$, $i = 1, \ldots, n$ so gegeben sind, daß

$$|\Delta x_i| = |x_i - \tilde{x}_i| \leqslant \delta_i \text{ für } i = 1, 2, \ldots, n \tag{3.34}$$

ist. Hierfür schreibt man auch

$$x_i = \tilde{x}_i \pm \delta_i \quad \text{für } i = 1, 2, \ldots, n \tag{3.35}$$

Sind die δ_i für alle $i = 1, 2, \ldots, n$, „klein", so gilt dies wegen (3.34) auch für die $|\Delta x_i|$, und es folgt wegen (3.29):

$$|\Delta z| \approx |dz| = \left| \sum_{i=1}^{n} f_{x_i}(\tilde{P}) \cdot \Delta x_i \right|$$

$$\leq \sum_{i=1}^{n} |f_{x_i}(\tilde{P})| \cdot |\Delta x_i| \leq \sum_{i=1}^{n} |f_{x_i}(\tilde{P})| \cdot \delta_i. \tag{3.36}$$

Hiermit erhält man

$$\sum_{i=1}^{n} |f_{x_i}(\tilde{P})| \cdot \delta_i - F_a \quad \text{als Schätzwert für den absoluten Fehler von } z, \tag{3.37}$$

$$\left| \frac{F_a}{f(\tilde{P})} \right| = F_r \qquad \text{als Schätzwert für den relativen Fehler von } \tilde{z}. \tag{3.38}$$

Dabei wurde im Nenner der letzten Formel $f(P)$ durch $f(\tilde{P})$ ersetzt.

Beispiel 3.44

Für einen Zylinder wurden die Masse m, die Höhe h und der Radius r mit den angegebenen Genauigkeiten gemessen:

$$m = (89 \pm 0,3)\,\text{g}, \quad h = (8,9 \pm 0,01)\,\text{cm}, \quad r = (4,5 \pm 0,01)\,\text{cm}.$$

Schätzen Sie den absoluten und relativen Fehler bei der Bestimmung der Dichte ρ des Zylinders mit Hilfe dieser Werte.

Aus $\rho = \rho(m, h, r) = \dfrac{m}{\pi \cdot r^2 \cdot h}$ ergibt sich durch partielle Differentiation in $\tilde{P} = (\tilde{m}, \tilde{h}, \tilde{r})$:

$$\rho_m(\tilde{P}) = \frac{1}{\pi \cdot \tilde{r}^2 \cdot \tilde{h}}, \quad \rho_h(\tilde{P}) = \frac{-\tilde{m}}{\pi \cdot \tilde{r}^2 \cdot \tilde{h}^2}, \quad \rho_r(\tilde{P}) = \frac{-2\tilde{m}}{\pi \cdot \tilde{r}^3 \cdot \tilde{h}}.$$

Folglich ist

$$F_a = |\rho_m(\tilde{P})| \cdot \delta_m + |\rho_h(\tilde{P})| \cdot \delta_h + |\rho_r(\tilde{P})| \cdot \delta_r$$

$$= \frac{\delta_m}{\pi \cdot \tilde{r}^2 \cdot \tilde{h}} + \frac{\tilde{m} \cdot \delta_h}{\pi \cdot \tilde{r}^2 \cdot \tilde{h}^2} + \frac{2\tilde{m} \cdot \delta_r}{\pi \cdot \tilde{r}^3 \cdot \tilde{h}} = \rho(\tilde{P}) \cdot \left(\frac{\delta_m}{\tilde{m}} + \frac{\delta_h}{\tilde{h}} + 2 \cdot \frac{\delta_r}{\tilde{r}} \right).$$

Mit $\tilde{m} = 89\,\text{g}$, $\tilde{h} = 8,9\,\text{cm}$, $\tilde{r} = 4,5\,\text{cm}$ erhält man $\rho(\tilde{P}) = 0,15719\,\text{g/cm}^3$ und mit $\delta_m = 0,3\,\text{g}$, $\delta_h = 0,01\,\text{cm}$ und $\delta_r = 0,01\,\text{cm}$ als Schätzwert für den absoluten Fehler

$$F_a = 0,15719 \cdot \left(\frac{0,3}{89} + \frac{0,01}{8,9} + \frac{0,02}{4,5} \right) \text{g/cm}^3, \quad \text{also } F_a = 0,00141\,\text{g/cm}^3.$$

Der Schätzwert für den relativen Fehler ergibt sich zu

$$F_r = \frac{F_a}{\rho(\tilde{P})} = 0,00894 \approx 0,89\%.$$

3.2.3 Extrema der Funktionen mehrerer Variablen

Der Begriff des Extremums von Funktionen mehrerer Variablen entspricht dem bei Funktionen einer Variablen:

Definition 3.28

> Die Funktion f sei auf der Menge $D \subset \mathbb{R}^n$ definiert und $P_0 \in D$. Wenn $f(P_0) \geq f(P)$ bzw. $f(P_0) \leq f(P)$
>
> a) für alle $P \in D$ gilt, so sagt man, f habe in P_0 ein **absolutes Maximum** bzw. **Minimum**,
> b) für alle $P \in U \cap D$ gilt, wobei U eine geeignete Umgebung von P_0 ist, so sagt man, f habe in P_0 ein **relatives Maximum** bzw. **Minimum**.
>
> Die Zahl $f(P_0)$ ist dann jeweils (absolutes oder relatives) Maximum bzw. Minimum der Funktion f.

Bemerkung:

Wenn in obiger Ungleichung $f(P_0) = f(P)$ nur für $P = P_0$ in D oder $U \cap D$ gilt, so spricht man von einem **eigentlichen Extremum**. Das Wort Extremum steht für Maximum oder Minimum.

Beispiel 3.45

Es sei $f(x, y, z) = (x - 3)^2 + (y + 5)^4 + 3^{|z - 2|} - 23$. Ist $x \neq 3$, $y \neq -5$ und $z \neq 2$, so gilt $(x - 3)^2 > 0$, $(y + 5)^4 > 0$ und $3^{|z - 2|} > 1$. Daraus folgt, daß die Funktion f im Punkte $(3, -5, 2)$ ein absolutes Minimum hat, sogar ein »eigentliches«, mit dem Wert $f(3, -5, 2) = -22$.

Satz 3.12

> Die Funktion f sei auf der offenen Menge $D \subset \mathbb{R}^n$ definiert und besitze in $P \in D$ ein relatives Extremum. Wenn die partielle Ableitung von f nach x_i in P existiert, so ist sie Null.

Beweis:

Wenn f in $P = (a_1, \ldots, a_n)$ ein relatives Extremum hat, hat auch die Funktion $g : x \mapsto f(a_1, \ldots, a_{i-1}, x, a_{i+1}, \ldots, a_n)$ (einer Variablen) an der Stelle a_i ein relatives Extremum. Die Ableitung von g existiert in a_i, da sie die partielle Ableitung von f nach x_i in P ist. Nach dem Satz von Fermat (Band 1, Satz 8.23) ist daher $g'(a_i) = 0$, daher $f_{x_i}(P) = 0$.   ●

Bemerkungen:

1. Der Satz verallgemeinert den Satz von Fermat (Band 1, Satz 8.23) auf Funktionen mehrerer Variablen. Auch hier ist die Bedingung keinesfalls hinreichend: Selbst wenn alle partiellen Ableitungen erster Ordnung von f in P verschwinden, braucht f in P kein relatives Extremum zu besitzen.

2. Der Satz wird folgendermaßen angewandt, um die Stellen der offenen Menge D zu bestimmen, an denen die auf D definierte Funktion f relative Extrema besitzen kann:

a) Man bestimmt alle diejenigen Punkte in D, in denen sämtliche partiellen Ableitungen erster Ordnung verschwinden.

b) Man bestimmt ferner diejenigen Punkte von D, in denen nicht alle partiellen Ableitungen erster Ordnung existieren.

Nur in den unter a) und b) genannten Punkten kann f relative Extrema besitzen.

Beispiel 3.46

Die Funktion f mit $f(x, y) = 2x^3 - 3x^2 + y^2$ ist in $\mathbb{R}^2$ auf relative Extrema zu untersuchen. Wir bilden beide partiellen Ableitungen und setzen sie Null, das liefert das Gleichungssystem $f_x(x, y) = 6x^2 - 6x = 0$ und $f_y(x, y) = 2y = 0$ mit den zwei Lösungen $x = 0$, $y = 0$ und $x = 1$, $y = 0$. Da f_x und f_y in ganz $\mathbb{R}^2$ existieren, sind die einzigen Punkte, in denen f relative Extrema haben kann, die Punkte $P_1 = (0, 0)$ und $P_2 = (1, 0)$.

Beginnen wir mit der Untersuchung des Punktes P_1: Längs der x-Achse, also für $y = 0$, lauten die Funktionswerte $f(x, 0) = 2x^3 - 3x^2$. Eine Untersuchung dieser Funktion einer Variablen x zeigt, daß für alle $\varepsilon \in (0, 1)$ und für alle $x \neq 0$ mit $-\varepsilon < x < \varepsilon$ gilt $f(x, 0) < 0 = f(P_1)$. Hingegen gilt für die Punkte der y-Achse $f(0, y) = y^2 > 0 = f(P_1)$, wenn $y \neq 0$. Das bedeutet, daß f in jeder ε-Umgebung $U_\varepsilon(P_1)$ Werte annimmt, die größer $f(P_1)$ sind und solche, die kleiner $f(P_1)$ sind: f hat im Punkte P_1 kein relatives Extremum.

Zur Untersuchung von P_2 kann man versuchen, die Funktionswerte längs der zwei Geraden $x = 1$ bzw. $y = 0$ zu untersuchen. Man findet dann, daß beide dann entstehenden Funktionen im betreffenden Punkt ein relatives Minimum haben. Hieraus folgt noch nicht, daß die Funktionswerte in einer vollen (Kreis-) Umgebung von P_2 nicht größer als in P_2 sind. Wir sind also gezwungen, f in einer solchen Umgebung $U_\varepsilon(P_2) = \{(x, y) | (x - 1)^2 + y^2 < \varepsilon^2\}$ zu untersuchen. Führt man Polarkoordinaten mit dem Zentrum P_2 ein, also $x - 1 = r \cdot \cos \varphi$ und $y = r \cdot \sin \varphi$, so wird diese ε-Umgebung durch die eine Ungleichung $0 \leq r < \varepsilon$ beschrieben. Man erhält dann nach leichter Rechnung

$$f(x, y) = 2 \cdot (1 + r \cdot \cos \varphi)^3 - 3 \cdot (1 + r \cdot \cos \varphi)^2 + r^2 \cdot \sin^2 \varphi$$

$$= -1 + r^2 \cdot [1 + 2 \cdot \cos^2 \varphi \cdot (1 + r \cdot \cos \varphi)].$$

Wenn nun $0 < r < \frac{1}{2}$, so gilt $1 + r \cdot \cos \varphi > 0$ und daher $[2 \cdot \cos^2 \varphi \cdot (1 + r \cdot \cos \varphi)] \geq 0$. Hieraus folgt, daß für diese r gilt $r^2 \cdot [1 + 2 \cdot \cos^2 \varphi \cdot (1 + r \cdot \cos \varphi)] \geq r^2 > 0$. Damit ist gezeigt: Wenn $P \in U_{\frac{1}{2}}(P_2)$ mit $P \neq P_2$, so gilt $f(P) > -1 = f(P_2)$. Im Punkt P_2 besitzt f daher ein eigentliches relatives Minimum.

Einfache hinreichende Bedingungen für relative Extrema, die den Satz 8.33 aus Band 1 verallgemeinern, also etwa partielle Ableitungen zweiter Ordnung verwenden, sind für Funktionen mehrerer Variablen nicht so einfach aufzustellen. Für Funktionen zweier Variablen zitieren wir folgenden Satz ohne Beweis:

Satz 3.13

Die Funktion f sei auf der offenen Menge $D \subset \mathbb{R}^2$ definiert, im Punkt $P \in D$ seien alle partiellen Ableitungen bis zur Ordnung 2 stetig, ferner sei $f_x(P) = f_y(P) = 0$ und

$$\Delta = f_{xx}(P) \cdot f_{yy}(P) - [f_{xy}(P)]^2. \tag{3.39}$$

Dann gilt:

a) Ist $\Delta > 0$, so besitzt f in P ein relatives Extremum, und zwar ein relatives Maximum, wenn $f_{xx}(P) < 0$ (bzw. $f_{yy}(P) < 0$) ist, ein relatives Minimum, wenn $f_{xx}(P) > 0$ (bzw. $f_{yy}(P) > 0$) ist.

b) Ist $\Delta < 0$, so hat f in P kein relatives Extremum, sondern einen sogenannten Sattelpunkt.

Bemerkungen:

1. Im Fall $\Delta = 0$ liefert dieser Satz keine Entscheidung. In der Tat kann dann ein Extremum vorliegen oder nicht.
2. Dieser Satz wird folgendermaßen angewendet:

   a) Man ermittelt alle Punkte von D, in denen f_x und f_y verschwinden, um dann
   b) für jeden dieser Punkte das Vorzeichen von Δ zu bestimmen.

Beispiel 3.47

$f(x, y) = x^2 y - 6xy + x^2 - 6x + 8y^2$ soll in $\mathbb{R}^2$ auf relative Extrema untersucht werden. Aus den zwei Gleichungen

$$f_x(x, y) = 2xy - 6y + 2x - 6 = 2(x - 3) \cdot (y + 1) = 0$$
$$f_y(x, y) = x^2 - 6x + 16y = 0$$

gewinnt man die folgenden Punkte: $P_1 = (3, \frac{9}{16})$, $P_2 = (8, -1)$ und $P_3 = (-2, -1)$. Nur in diesen drei Punkten kann f relative Extrema besitzen. Aus $f_{xx}(x, y) = 2y + 2$, $f_{yy}(x, y) = 16$ und $f_{xy}(x, y) = 2x - 6$ erhält man im Punkte (x, y): $\Delta = (2y + 2) \cdot 16 - (2x - 6)^2$. Im Punkte P_1 ist $\Delta = 50 > 0$. In P_1 liegt daher ein relatives Extremum, da $f_{yy}(P_1) = 16 > 0$ ist, handelt es sich dabei um ein Minimum.

Im Punkte P_2 ist $\Delta < 0$, hier liegt also kein Extremum. Das gleiche gilt auch für P_3. Als Ergebnis halten wir fest: Der einzige Punkt, in dem f ein relatives Extremum hat, ist $(3, \frac{9}{16})$. Hier liegt ein relatives Minimum, dessen Wert ist $f(3, \frac{9}{16}) = -\frac{369}{32}$.

Ein Problem der Ausgleichsrechnung

Gegeben seien n-Punkte $(n > 1)$ $P_i = (x_i, y_i)$ $(i = 1, \dots, n)$ in der Ebene, die x_i seien nicht alle einander gleich. Es soll eine Gerade durch diesen »Punkthaufen« so gelegt werden, daß sie »möglichst gut« hindurchgeht (Bild 3.43). Was dabei unter »möglichst gut« verstanden werden soll, wird nun erläutert: Wenn eine Gerade g die Gleichung $y = ax + b$ besitzt, so hat der Punkt P_i von ihr in y-Richtung den Abstand $d_i = |ax_i + b - y_i|$. Wir wollen »möglichst gut« so verstehen, daß die Summe der »Abweichungsquadrate«

$$\sum_{i=1}^{n} d_i^2 = \sum_{i=1}^{n} |ax_i + b - y_i|^2$$

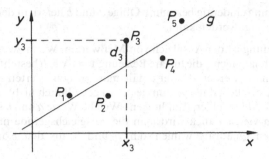

Bild 3.43: Zum Problem der Ausgleichsrechnung

ihr absolutes Minimum annimmt, d.h. a und b sollen so bestimmt werden, daß

$$f(a,b) = \sum_{i=1}^{n} (ax_i + b - y_i)^2$$

das absolute Minimum annimmt. Wie wir sehen werden, sind a und b durch diese Forderung eindeutig bestimmt.

Die dieser Forderung genügende Gerade nennt man die nach der »Methode der kleinsten Fehlerquadratsumme« bestimmte **Ausgleichsgerade«** (in anderem Zusammenhang auch **Regressions-** oder **Trendgerade**).

Da die Funktion f überall partielle Ableitungen hat, ist die notwendige Bedingung $f_a(a,b) = f_b(a,b) = 0$ an der Minimumstelle (wenn eine solche existiert). Wir erhalten

$$f_a(a,b) = 2 \cdot \sum_{i=1}^{n} x_i \cdot (ax_i + b - y_i) = 2 \cdot \left[a \cdot \sum_{i=1}^{n} x_i^2 + b \cdot \sum_{i=1}^{n} x_i - \sum_{i=1}^{n} x_i y_i \right]$$

$$f_b(a,b) = 2 \cdot \sum_{i=1}^{n} (ax_i + b - y_i) = 2 \cdot \left[a \cdot \sum_{i=1}^{n} x_i + b \cdot n - \sum_{i=1}^{n} y_i \right].$$

Man beachte, daß $\sum_{i=1}^{n} b = n \cdot b$ ist. Die Forderung $f_a(a,b) = f_b(a,b) = 0$ ergibt ein lineares Gleichungssystem für a, b mit der Lösung

$$a = \frac{n \cdot \sum_{i=1}^{n} x_i y_i - \left(\sum_{i=1}^{n} x_i \right) \cdot \left(\sum_{i=1}^{n} y_i \right)}{n \sum_{i=1}^{n} x_i^2 - \left(\sum_{i=1}^{n} x_i \right)^2}, \tag{3.40}$$

$$b = \frac{\sum_{i=1}^{n} y_i - a \cdot \sum_{i=1}^{n} x_i}{n}. \tag{3.41}$$

Wir werden sehen, daß der Nenner von a genau dann Null ist, wenn alle x_i einander gleich sind; diesen Fall haben wir allerdings ausdrücklich ausgeschlossen. Die Zahlen a und b sind also durch die Minimum-Forderung eindeutig bestimmt. Obige a und b liefern in der Tat das Minimum, wie mit Satz 3.13 leicht gezeigt werden kann.

Eine typische Anwendung ist der Ausgleich von Meßwerten: Wenn zwischen der unabhängigen Variablen x und der abhängigen y die lineare Bezieung $y = ax + b$ besteht, so sollen a und b durch ein Experiment bestimmt werden. Dabei erhält man zu den Werten $x_1, \ldots, x_n$ die Meßwerte $y_1, \ldots, y_n$. Man wird feststellen, daß die Punkte (x_i, y_i) gewöhnlich nicht auf einer Geraden liegen (Meßungenauigkeiten, Ablesefehler, Rundungen). Welche Werte a und b soll man als Resultat der Messung angeben? In vielen Fällen wird man die Ausgleichsgerade nach oben beschriebener Methode der kleinsten Quadrate wählen, d.h. a und b aus den Formeln (3.40) und (3.41) berechnen.

Bei dieser Gelegenheit wollen wir die Formeln anders schreiben und dabei die vier folgenden Größen benutzen, die bei solchen Problemen eine große Rolle spielen:

Die Zahlen $\bar{x} = \dfrac{1}{n} \cdot \sum\limits_{i=1}^{n} x_i$ bzw. $\bar{y} = \dfrac{1}{n} \cdot \sum\limits_{i=1}^{n} y_i$ sind **Mittelwerte** der x_i bzw. y_i, die Zahl $s_x \geqq 0$ mit

$s_x^2 = \dfrac{1}{n-1} \cdot \sum\limits_{i=1}^{n} (x_i - \bar{x})^2$ wird **Standardabweichung** der x_i genannt, die Zahl

$s_{xy} = \dfrac{1}{n-1} \cdot \sum\limits_{i=1}^{n} (x_i - \bar{x}) \cdot (y_i - \bar{y})$ die **Kovarianz** der Meßpunkte. Wir wollen die Zahlen a und b durch diese wichtigen Größen ausdrücken. Da $\sum\limits_{i=1}^{n} x_i = n\bar{x}$ ist, findet man

$$s_x^2 = \frac{1}{n-1} \cdot \sum_{i=1}^{n} (x_i^2 - 2x_i\bar{x} + \bar{x}^2) = \frac{1}{n-1} \cdot \left[\sum_{i=1}^{n} x_i^2 - 2n\bar{x}^2 + n\bar{x}^2 \right]$$

$$= \frac{1}{n-1} \cdot \left[\sum_{i=1}^{n} x_i^2 - n\bar{x}^2 \right] = \frac{1}{n-1} \cdot \left[\sum_{i=1}^{n} x_i^2 - \frac{1}{n} \left(\sum_{i=1}^{n} x_i \right)^2 \right].$$

Analog berechnet man durch Ausmultiplizieren

$$s_{xy} = \frac{1}{n-1} \cdot \left[\sum_{i=1}^{n} x_i y_i - n\bar{x}\bar{y} \right] = \frac{1}{n-1} \cdot \left[\sum_{i=1}^{n} x_i y_i - \frac{1}{n} \left(\sum_{i=1}^{n} x_i \right) \left(\sum_{i=1}^{n} y_i \right) \right].$$

Setzt man diese Zahlen in a bzw. b aus (3.40) und (3.41) ein, so erhält man

$$a = \frac{s_{xy}}{s_x^2}, \quad b = \bar{y} - a\bar{x}.$$

Damit vereinfacht sich die Gleichung $y = ax + b$ der Ausgleichsgeraden zu

$$\text{Ausgleichsgerade: } y - \bar{y} = a \cdot (x - \bar{x}), \quad a = \frac{s_{xy}}{s_x^2}. \tag{3.42}$$

Wir erkennen, daß diese Gerade durch den Punkt $(\bar{x}, \bar{y})$ geht. Ferner ist der Nenner in (3.42) in der Tat ungleich Null, denn $s_x = 0$ gilt aufgrund der Definitionsgleichung der Zahl s_x genau dann, wenn alle x_i einander gleich sind.

Beispiel 3.48

An eine Feder hängt man ein Gewicht, sie wird gedehnt. Die Länge y der Feder in Abhängigkeit vom Gewicht x wird gemessen. Zwischen x und y besteht bekanntlich die Gleichung $y = ax + b$ (Hookesches Gesetz).

Die folgende Tabelle enthält die Meßwerte in den Spalten 1 und 2, die weiteren Spalten dienen der Berechnung der Zahlen a und b.

x_i	y_i	x_i^2	$x_i \cdot y_i$
5	34	25	170
10	52	100	520
15	66	225	990
20	79	400	1580
25	97	625	2425
30	110	900	3300
$\sum$ 105	438	2275	8985

Man entnimmt den Spaltensummen (da $n = 6$):

$$\bar{x} = \tfrac{105}{6} = 17,5 \quad \text{und} \quad \bar{y} = \tfrac{438}{6} = 73.$$

Ferner erhält man aufgrund obiger Gleichungen für s_x bzw. s_{xy}:

$$s_x^2 = \tfrac{1}{5}(2275 - 6 \cdot 17,5^2) = 87,5$$

$$s_{xy} = \tfrac{1}{5}(8985 - 6 \cdot 17,5 \cdot 73) = 264.$$

Hieraus folgt $a = \dfrac{s_{xy}}{s_x^2} = 3,017\ldots$ und die Gleichung der Ausgleichsgeraden lautet (mit geeigneten Rundungen)

$$y - 73 = 3 \cdot (x - 17,5) \quad \text{oder} \quad y = 3 \cdot x + 20,5.$$

Wir weisen darauf hin, daß viele elektronische Taschenrechner feste Programme besitzen, die aus den Zahlen $x_1, \ldots, x_n$ automatisch $\bar{x}$ und s_x berechnen, aus den Paaren $(x_1, y_1), \ldots, (x_n, y_n)$ automatisch die Zahlen a und b.

Extrema mit Nebenbedingungen

Das folgende Beispiel wird auf einen bisher nicht behandelten Typ von Extremwertaufgaben führen, der für Funktionen einer Variablen kein Analogon besitzt.

Beispiel 3.49

Ein Punkt bewege sich auf der Ebene mit der Gleichung $x + y + z = 0$, sein Abstand vom Nullpunkt betrage 1. Welches ist sein kleinst-, welches sein größtmöglicher Abstand von der z-Achse?

Man kann dieses Problem auch wie folgt geometrisch formulieren: Welche Punkte jener Ebene E, die auf der Kugelfläche vom Radius 1 mit dem Mittelpunkt $(0, 0, 0)$ liegen, haben den kleinsten bzw. größten Abstand von der z-Achse und wie groß sind diese Abstände? Bild 3.44 veranschaulicht dieses Problem.

Der Punkt $P = (x, y, z)$ liegt auf der Kugel K genau dann, wenn $x^2 + y^2 + z^2 = 1$, auf der Ebene E genau dann, wenn $x + y + z = 0$ ist. Er liegt daher auf beiden Flächen dann und nur dann, wenn für seine Koordinaten beide Gleichungen gelten. Sein Abstand von der z-Achse beträgt $\sqrt{x^2 + y^2}$. Daher lautet die analytische Beschreibung des Problems: Man bestimme Minimum und Maximum der Funktion f mit $f(x, y, z) = \sqrt{x^2 + y^2}$ unter den zwei »Nebenbedingungen« $x^2 + y^2 + z^2 = 1$ und $x + y + z = 0$.

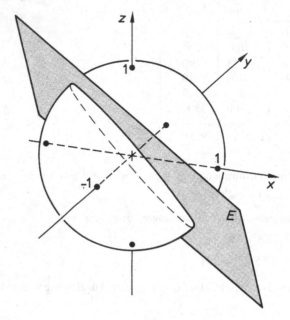

Bild 3.44: Zum Beispiel 3.49

Die Lösung eines solchen Problems, die Extrema von $f(P)$ unter den k Nebenbedingungen $g_j(P) = 0$ $(j = 1, \ldots, k)$ zu bestimmen, geschieht mit der folgenden

Multiplikatorenregel von Lagrange

$D \subset \mathbb{R}^n$ sei offen und $f, g_1, g_2, \ldots, g_k$ seien auf D definierte Funktionen mit stetigen partiellen Ableitungen erster Ordnung. Ferner sei

$$A = \{P \mid P \in D \text{ und für } j = 1, \ldots, k \text{ gilt } g_j(P) = 0\}.$$

Um Extremstellen $P_0 \in A$ von f zu bestimmen, berechnet man P_0 aus folgenden Gleichungen:

$$\frac{\partial f}{\partial x_i}(P_0) + \sum_{j=1}^{k} \lambda_j \frac{\partial g_j}{\partial x_i}(P_0) = 0, \quad i = 1, \ldots, n \tag{3.43}$$

$$g_j(P_0) = 0, \quad j = 1, \ldots, k \tag{3.44}$$

wobei $\lambda_1, \ldots, \lambda_k$ reelle Zahlen sind.

Bemerkungen:

1. Wenn für alle $P \in A$ gilt $f(P) \geqq f(P_0)$, so sagt man, f besitze in P_0 ein **Minimum unter den Nebenbedingungen** $g_j(P) = 0$ für $j = 1, \ldots, k$.

2. Setzt man $F(x_1, \ldots, x_n, \lambda_1, \ldots, \lambda_k) = f(x_1, \ldots, x_n) + \sum\limits_{j=1}^{k} \lambda_j \cdot g_j(x_1, \ldots, x_n)$, so kann man die Gleichungen (3.43) auch so schreiben:

$$\frac{\partial F}{\partial x_i}(P_0) = 0 \quad \text{für } i = 1, \ldots, n \tag{3.45}$$

und die Gleichungen (3.44)

$$\frac{\partial F}{\partial \lambda_j}(P_0) = 0 \quad \text{für } j = 1, \ldots, k. \tag{3.46}$$

Mit den Bezeichnungen dieser Bemerkung kann man kurz formulieren: Extremstellen von $f(P)$ unter den Nebenbedingungen $g_j(P) = 0$ ($j = 1, \ldots, k$) bestimmt man aus den notwendigen Bedingungen für Extrema von

$$F: (x_1, \ldots, x_n, \lambda_1, \ldots, \lambda_k) \mapsto f(x_1, \ldots, x_n) + \sum\limits_{j=1}^{k} \lambda_j \cdot g_j(x_1, \ldots, x_n).$$

3. Die Zahlen λ_j heißen **Lagrangesche Multiplikatoren**. Ihre Werte, die sich gewöhnlich bei der Lösung der Gleichungen (3.43) und (3.44) mit ergeben werden, sind für das Problem i. allg. nicht interessant, man wird sie auch nicht unnötig berechnen.

4. In vielen Fällen wird man aufgrund des Problems entscheiden können, ob an den gefundenen Stellen tatsächlich Extrema liegen – die Bedingungen sind nämlich keineswegs hinreichend.

Beispiel 3.50

Wir führen das Beispiel 3.49 fort. Es ist

$$f(x, y, z) = \sqrt{x^2 + y^2}$$

$$g_1(x, y, z) = x^2 + y^2 + z^2 - 1, \quad g_2(x, y, z) = x + y + z.$$

Setzt man $F = f + \lambda_1 g_1 + \lambda_2 g_2$, so erhält man als Gleichungssystem (3.45) und (3.46), wenn abkürzend $\sqrt{x^2 + y^2} = r$ gesetzt wird:

a) F_x: $\quad \dfrac{x}{r} + 2x\lambda_1 + \lambda_2 = 0$

b) F_y: $\quad \dfrac{y}{r} + 2y\lambda_1 + \lambda_2 = 0$

c) F_z: $\quad\quad 2z\lambda_1 + \lambda_2 = 0$

d) F_{λ_1}: $x^2 + y^2 + z^2 - 1 = 0$

e) F_{λ_2}: $\quad\quad x + y + z = 0.$

Wir lösen dieses nicht-lineare Gleichungssystem:

Aus a) und b) folgt, wenn a) mit y und b) mit x multipliziert wird und dann diese Gleichungen voneinander subtrahiert werden,

$$(y - x)\lambda_2 = 0.$$

Wir unterscheiden daher zwei Fälle: $\lambda_2 = 0$ und $y - x = 0$.

1) $\lambda_2 = 0$. Aus c) folgt dann $z\lambda_1 = 0$. Daher unterscheiden wir weiter:

    α) $z = 0$. Aus e) erhält man dann $x = -y$, aus d) dann $x = \pm\frac{1}{2}\sqrt{2}$. Damit haben wir die Punkte $P_1 = (\frac{1}{2}\sqrt{2}, -\frac{1}{2}\sqrt{2}, 0)$ und $P_2 = (-\frac{1}{2}\sqrt{2}, \frac{1}{2}\sqrt{2}, 0)$. Man stellt noch fest, daß dann auch a) und b) gelten mit $\lambda_1 = -\frac{1}{2}$.

    β) $\lambda_1 = 0$. Aus a) und b) folgt dann $x = y = 0$, aus e) weiter $z = 0$. Dann ist aber d) nicht erfüllt, dieser Fall tritt also nicht ein.

2) $x = y$. Aus e) und d) bekommt man dann $x = y = \pm\frac{1}{6}\sqrt{6}$ und $z = \mp\frac{1}{3}\sqrt{6}$. Man stellt dann fest, daß λ_1 und λ_2 aus a) und b) eindeutig bestimmt werden können, was aber nicht nötig ist. Wir haben also die zwei Punkte $P_3 = (\frac{1}{6}\sqrt{6}, \frac{1}{6}\sqrt{6}, -\frac{1}{3}\sqrt{6})$ und $P_4 = (-\frac{1}{6}\sqrt{6}, -\frac{1}{6}\sqrt{6}, \frac{1}{3}\sqrt{6})$.

Nun erhält man in diesen vier genannten Punkten $f(P_1) = f(P_2) = 1$ und $f(P_3) = f(P_4) = \frac{1}{3}\sqrt{3}$. Die Menge A ist hier eine Kreislinie (Schnittlinie zwischen der Kugel K und der Ebene E). Aus geometrischen Gründen ist klar, daß es auf diesem Kreis (mindestens) je einen Punkt gibt, der der z-Achse am nächsten liegt bzw. von ihr den größten Abstand hat. Die zwei Punkte P_3 und P_4 liegen der z-Achse am nächsten, ihr Abstand ist $\frac{1}{3}\sqrt{3}$, die Punkte P_1 und P_2 haben auf A von der z-Achse den größten Abstand, dieser beträgt 1.

Beispiel 3.51

Es sind die Extrema von $f(x, y) = x^2 + y^2$ unter der Nebenbedingung $(x-1)^2 + y^2 = 1$ zu bestimmen.

Geometrisch bedeutet diese Aufgabe, das Quadrat des kleinsten und größten Abstandes aller derjenigen Punkte auf der Fläche mit der Gleichung $z = f(x, y)$ von der x, y-Ebene zu finden, die über der Kreislinie mit der Gleichung $(x-1)^2 + y^2 = 1$ liegen (Bild 3.45).

Es ist $F(x, y, \lambda) = x^2 + y^2 + \lambda((x-1)^2 + y^2 - 1)$. Die Lösung der Aufgabe ist aus dem System:

$$F_x(x, y, \lambda) = 2x + 2\lambda(x - 1) = 0$$
$$F_y(x, y, \lambda) = 2y + 2\lambda y = 0$$
$$F_\lambda(x, y, \lambda) = (x-1)^2 + y^2 - 1 = 0$$

zu bestimmen.

Die sämtlichen Lösungen dieses Gleichungssystems sind

1) $x = y = \lambda = 0$ und   2) $x = 2$, $y = 0$, $\lambda = -2$.

Daher sind die einzigen Punkte, die diesen Gleichungen genügen, $P_1 = (0, 0)$ und $P_2 = (2, 0)$. Offensichtlich liegt im Punkt P_1 ein (das) Minimum, in P_2 das Maximum von f unter der genannten Nebenbedingung, die Extremwerte sind $f(0, 0) = 0$, $f(2, 0) = 4$.

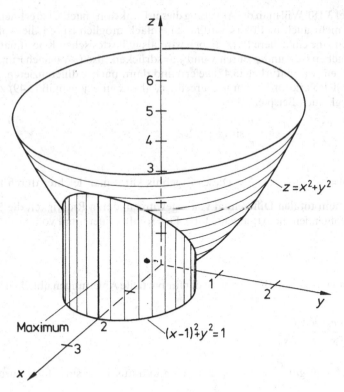

Bild 3.45: Zu Beispiel 3.51

3.2.4 Kettenregel

Folgendes Problem tritt in den Naturwissenschaften häufig auf: Eine Funktion zweier Variablen ist in Polarkoordinaten r, φ gegeben oder nimmt in ihnen eine besonders einfache Form an. Wie lauten dann ihre partiellen Ableitungen nach den kartesischen Veränderlichen x, y? Folgendes Beispiel soll das zeigen.

Beispiel 3.52

Die Funktion f mit

$$f(x, y) = \frac{xy}{x^2 + y^2}, \quad (x^2 + y^2 \neq 0) \tag{3.47}$$

lautet in Polarkoordinaten

$$f(x, y) = \tfrac{1}{2} \cdot \sin 2\varphi = u(r, \varphi), \quad (r \neq 0), \tag{3.48}$$

wobei

$$x = r \cdot \cos \varphi, \quad y = r \cdot \sin \varphi \tag{3.49}$$

gilt (vgl. Beispiel 3.18). Will man die Ableitung dieser Funktion f nach x berechnen, so stellt sich die Frage, ob das nicht auch in Polarkoordinaten einfach möglich ist, da die Ableitung in diesen vermutlich auch eine einfachere Form haben wird als in kartesischen Koordinaten. Man könnte, wenn $u(r, \varphi)$ gegeben ist, r und φ durch x und y ausdrücken, also (3.49) nach r und φ auflösen, das in $u(r, \varphi)$ einsetzen (was natürlich (3.47) liefert) und dann nach x differenzieren. Anschließend ist dann wieder auf Polarkoordinaten umzurechnen, also x und y gemäß (3.49) zu ersetzen. Man bekommt so (vgl. auch Beispiel 3.35)

$$f_x(x, y) = \frac{y \cdot (y^2 - x^2)}{(x^2 + y^2)^2} = -\frac{1}{r} \cdot \sin \varphi \cdot \cos 2\varphi. \tag{3.50}$$

Also ist $u_x(r, \varphi) = -\frac{1}{r} \sin \varphi \cdot \cos 2\varphi$. Dieses Ergebnis kann man leichter durch folgende formale Rechnung mit dem totalen Differential von u gewinnen, deren Richtigkeit die Kettenregel zeigt (wir lassen im folgenden die Argumente fort): Das totale Differential von u ist

$$du = \frac{\partial u}{\partial r} dr + \frac{\partial u}{\partial \varphi} d\varphi. \tag{3.51}$$

»Dividiert« man nun du durch dx (bzw. in der für partielle Ableitungen üblichen Schreibweise ∂x), so ergibt sich

$$\frac{\partial u}{\partial x} = \frac{\partial u}{\partial r} \cdot \frac{\partial r}{\partial x} + \frac{\partial u}{\partial \varphi} \cdot \frac{\partial \varphi}{\partial x}. \tag{3.52}$$

Wegen $r = \sqrt{x^2 + y^2}$ gilt $\dfrac{\partial r}{\partial x} = \dfrac{x}{\sqrt{x^2 + y^2}} = \cos \varphi$ und aus $y = r \cdot \sin \varphi$ folgt durch Ableiten nach x $\left(\text{da} \dfrac{\partial y}{\partial x} = 0 \right)$ die Gleichung $0 = \dfrac{\partial r}{\partial x} \cdot \sin \varphi + r \cdot \cos \varphi \cdot \dfrac{\partial \varphi}{\partial x}$, aus der dann wegen $\dfrac{\partial r}{\partial x} = \cos \varphi$ folgt $\dfrac{\partial \varphi}{\partial x} = -\dfrac{1}{r} \cdot \sin \varphi$. Wir haben also zusammenfassend

$$\frac{\partial r}{\partial x} = \cos \varphi, \quad \frac{\partial \varphi}{\partial x} = -\frac{1}{r} \cdot \sin \varphi. \tag{3.53}$$

Diese Ableitungen hängen, das ist wichtig zu bemerken, nicht von der Funktion f bzw. u ab, sondern nur von den Transformationsformeln (3.49). Setzen wir diese beiden Gleichungen in (3.52) ein, so erhalten wir

$$\frac{\partial u}{\partial x} = \frac{\partial u}{\partial r} \cdot \cos \varphi + \frac{\partial u}{\partial \varphi} \cdot \left(-\frac{1}{r} \sin \varphi \right). \tag{3.54}$$

Da nach (3.48) $\dfrac{\partial u}{\partial r} = 0$ und $\dfrac{\partial u}{\partial \varphi} = \cos 2\varphi$ ist, erhält man

$$\frac{\partial u}{\partial x} = -\frac{1}{r} \cdot \cos 2\varphi \cdot \sin \varphi,$$

das nach (3.50) richtige Ergebnis. Analog erhält man übrigens aus (3.51) nach »Division« durch dy

(bzw. ∂y) über die (3.53) entsprechenden Gleichungen

$$\frac{\partial r}{\partial y} = \sin \varphi, \quad \frac{\partial \varphi}{\partial y} = \frac{1}{r} \cdot \cos \varphi \qquad (3.55)$$

die Ableitung $\dfrac{\partial u}{\partial y} = \dfrac{1}{r} \cdot \cos 2\varphi \cdot \cos \varphi$. Ein Vergleich mit Beispiel 3.35 zeigt, daß auch dieses Ergebnis richtig ist.

Um die Bedeutung der Kettenregel zu illustrieren, wollen wir ein weiteres Beispiel behandeln:

Beispiel 3.53

Die in Polarkoordinaten durch

$$u(r, \varphi) = r^2 + \sin \varphi \cdot \ln r$$

definierte Funktion u ist nach x bzw. y zu differenzieren. Man beachte: u_r bzw. u_φ sind geometrisch die Steigungen der entsprechenden Fläche in r- bzw. φ-Richtung, nicht in x- bzw. y-Richtung. Wir erhalten – ohne u in kartesische Koordinaten umzuschreiben! – aus dem totalen Differential

$$du = \frac{\partial u}{\partial r} \cdot dr + \frac{\partial u}{\partial \varphi} \cdot d\varphi = \left(2r + \frac{1}{r} \cdot \sin \varphi \right) \cdot dr + (\cos \varphi \cdot \ln r) \cdot d\varphi$$

durch Division durch ∂x bzw. ∂y unter Verwendung der Formeln (3.53) und (3.55)

$$\frac{\partial u}{\partial x} = \left(2r + \frac{1}{r} \cdot \sin \varphi \right) \cdot \cos \varphi - (\cos \varphi \cdot \ln r) \cdot \frac{1}{r} \cdot \sin \varphi$$

$$\frac{\partial u}{\partial y} = \left(2r + \frac{1}{r} \cdot \sin \varphi \right) \cdot \sin \varphi + (\cos \varphi \cdot \ln r) \cdot \frac{1}{r} \cdot \cos \varphi.$$

Wir wollen die Fragestellung, die beiden Beispielen zugrunde liegt, verallgemeinern: Gegeben sei eine Funktion (in den Beispielen u) von n Veränderlichen $x_1, \dots, x_n$ (in den Beispielen r, φ). Diese Variablen werden ihrerseits durch Funktionen einer Variablen t oder mehrerer Variablen $t_1, \dots, t_k$ ersetzt (im Beispiel jeweils r, φ durch x, y vermöge (3.49) bzw. deren Umkehrformeln). Also ist

$$x_1 = v_1(t), \dots, x_n = v_n(t) \quad \text{bzw.} \quad x_1 = v_1(t_1, \dots, t_k), \dots, x_n = v_n(t_1, \dots, t_k).$$

Wir fragen nach den Ableitungen der Funktion nach t bzw. nach den t_i. Ein entsprechender Sachverhalt ist uns von Funktionen einer Variablen her bekannt: Ist $y = f(x)$ und $x = x(t)$, so ist nach der Kettenregel (vgl. Band 1, Satz 8.14) $\dfrac{df}{dt} = \dfrac{df}{dx} \cdot \dfrac{dx}{dt}$ (in laxer aber prägnanter Schreibweise).

Auch hier entsteht übrigens $\dfrac{df}{dt}$ durch »Division« des Differentials $df = \dfrac{df}{dx} \cdot dx$ durch dt. In unserem Falle gilt folgender

Satz 3.14 (Kettenregel)

f sei eine auf der offenen Menge $D \subset \mathbb{R}^n$ definierte und differenzierbare Funktion der Variablen $x_1, \ldots, x_n$.

a) $v_1, \ldots, v_n$ seien auf dem Intervall $(a, b) \subset \mathbb{R}$ definierte und differenzierbare Funktionen und für alle $t \in (a, b)$ sei $(v_1(t), \ldots, v_n(t)) \in D$. Dann ist die Funktion

$$g : t \mapsto f(v_1(t), \ldots, v_n(t))$$

auf (a, b) differenzierbar mit

$$g'(t) = \sum_{i=1}^{n} f_{x_i}(v_1(t), \ldots, v_n(t)) \cdot v_i'(t) \tag{3.56}$$

für alle $t \in (a, b)$.

b) $v_1, \ldots, v_n$ seien auf der offenen Menge $M \subset \mathbb{R}^k$ definierte und differenzierbare Funktionen und für alle $(t_1, \ldots, t_k) = P \in M$ sei $(v_1(P), \ldots, v_n(P)) \in D$. Dann ist die Funktion

$$h : P \mapsto f(v_1(P), \ldots, v_n(P))$$

der k Variablen $t_1, \ldots, t_k$ auf M differenzierbar und es gilt für $j = 1, \ldots, k$

$$\frac{\partial h}{\partial t_j}(P) = \sum_{i=1}^{n} f_{x_i}(v_1(P), \ldots, v_n(P)) \cdot \frac{\partial v_i}{\partial t_j}(P) \tag{3.57}$$

für alle $P \in M$.

Auf den Beweis des Satzes wollen wir verzichten.

Bemerkungen:

1. Setzt man in $f(x_1, x_2, \ldots, x_n)$ kurz $x_i = v_i(t)$ bzw. $x_i = v_i(t_1, t_2, \ldots, t_k)$ und läßt die Argumente fort, so erhält man für diese beiden Kettenregeln die ungenauen aber prägnanten Schreibweisen

$$\frac{\mathrm{d}f}{\mathrm{d}t} = \sum_{i=1}^{n} \frac{\partial f}{\partial x_i} \cdot \frac{\mathrm{d}x_i}{\mathrm{d}t} \tag{3.58}$$

$$\frac{\partial f}{\partial t_j} = \sum_{i=1}^{n} \frac{\partial f}{\partial x_i} \frac{\partial x_i}{\partial t_j}, \quad j = 1, 2, \ldots, k. \tag{3.59}$$

2. Formal entsteht z.B. $\dfrac{\mathrm{d}f}{\mathrm{d}t}$ durch »Division« des totalen Differentials $\mathrm{d}f$ durch $\mathrm{d}t$; das zeigt die Zweckmäßigkeit der Schreibweise $\mathrm{d}f$ für das totale Differential.

Beispiel 3.54

Es sei u eine auf der offenen Menge $D \subset \mathbb{R}^2$ definierte Funktion mit stetigen partiellen Ableitungen zweiter Ordnung. Die Summe

$$u_{xx} + u_{yy} \tag{3.60}$$

spielt in vielen Problemen der Physik eine große Rolle. Oft ist dabei die Funktion u in Polarkoordinaten gegeben bzw. hat in diesem Koordinatensystem eine besonders einfache Form:

$z = u(x, y) = f(r, \varphi)$, wobei $x = r \cdot \cos \varphi$ und $y = r \cdot \sin \varphi$ ist. Für diesen Fall wollen wir die (3.60) entsprechende Formel für Polarkoordinaten herleiten. Es ist nach (3.53) und (3.55)

$$\frac{\partial r}{\partial x} = \cos \varphi, \quad \frac{\partial r}{\partial y} = \sin \varphi, \quad \frac{\partial \varphi}{\partial x} = -\frac{1}{r} \cdot \sin \varphi, \quad \frac{\partial \varphi}{\partial y} = \frac{1}{r} \cdot \cos \varphi. \tag{3.61}$$

Damit erhalten wir nach der Kettenregel (3.57) bzw. (3.59)

$$\frac{\partial u}{\partial x} = \frac{\partial f}{\partial r} \cdot \frac{\partial r}{\partial x} + \frac{\partial f}{\partial \varphi} \cdot \frac{\partial \varphi}{\partial x} = \frac{\partial f}{\partial r} \cdot \cos \varphi - \frac{\partial f}{\partial \varphi} \frac{1}{r} \cdot \sin \varphi \tag{3.62}$$

$$\frac{\partial u}{\partial y} = \frac{\partial f}{\partial r} \cdot \frac{\partial r}{\partial y} + \frac{\partial f}{\partial \varphi} \cdot \frac{\partial \varphi}{\partial y} = \frac{\partial f}{\partial r} \cdot \sin \varphi + \frac{\partial f}{\partial \varphi} \cdot \frac{1}{r} \cdot \cos \varphi. \tag{3.63}$$

Erneute Differentiation ergibt mit (3.61) nach der Kettenregel und der Produktregel

$$\frac{\partial^2 u}{\partial x^2} = \frac{\partial}{\partial r}\left(\frac{\partial u}{\partial x}\right) \cdot \frac{\partial r}{\partial x} + \frac{\partial}{\partial \varphi}\left(\frac{\partial u}{\partial x}\right) \cdot \frac{\partial \varphi}{\partial x}$$

$$= \left(\frac{\partial^2 f}{\partial r^2} \cdot \cos \varphi - \frac{\partial^2 f}{\partial r \partial \varphi} \cdot \frac{1}{r} \cdot \sin \varphi + \frac{\partial f}{\partial \varphi} \cdot \frac{1}{r^2} \cdot \sin \varphi\right) \cdot \cos \varphi$$

$$+ \left(\frac{\partial^2 f}{\partial \varphi \partial r} \cdot \cos \varphi - \frac{\partial f}{\partial r} \cdot \sin \varphi - \frac{\partial^2 f}{\partial \varphi^2} \cdot \frac{1}{r} \cdot \sin \varphi - \frac{\partial f}{\partial \varphi} \cdot \frac{1}{r} \cdot \cos \varphi\right) \cdot \left(-\frac{1}{r} \cdot \sin \varphi\right)$$

$$\frac{\partial^2 u}{\partial y^2} = \frac{\partial}{\partial r}\left(\frac{\partial u}{\partial y}\right) \cdot \frac{\partial r}{\partial y} + \frac{\partial}{\partial \varphi}\left(\frac{\partial u}{\partial y}\right) \cdot \frac{\partial \varphi}{\partial y}$$

$$= \left(\frac{\partial^2 f}{\partial r^2} \cdot \sin \varphi + \frac{\partial^2 f}{\partial r \partial \varphi} \cdot \frac{1}{r} \cdot \cos \varphi - \frac{\partial f}{\partial \varphi} \cdot \frac{1}{r^2} \cdot \cos \varphi\right) \cdot \sin \varphi$$

$$+ \left(\frac{\partial^2 f}{\partial \varphi \partial r} \cdot \sin \varphi + \frac{\partial f}{\partial r} \cdot \cos \varphi + \frac{\partial^2 f}{\partial \varphi^2} \cdot \frac{1}{r} \cdot \cos \varphi - \frac{\partial f}{\partial \varphi} \cdot \frac{1}{r} \cdot \sin \varphi\right) \cdot \frac{1}{r} \cdot \cos \varphi.$$

Daraus ergibt sich, wie man leicht nachrechnet

$$u_{xx} + u_{yy} = f_{rr} + \frac{1}{r} \cdot f_r + \frac{1}{r^2} \cdot f_{\varphi\varphi}. \tag{3.64}$$

3.2.5 Richtungsableitung und Gradient

Zu Beginn dieses Abschnittes wurde folgende Frage aufgeworfen: In welcher Richtung ist die Steigung der durch $z = f(x, y)$ definierten Fläche in einem gegebenen Flächenpunkt am größten? Wir werden dieses Problem allgemeiner untersuchen, nämlich: Welche Steigung hat diese Fläche in einer beliebig vorgegebenen Richtung? Bevor wir an die Beantwortung dieser Frage gehen, stellen wir zwei aus Band 1, Abschnitt 7 bekannte Tatsachen der Vektorrechung zusammen:

I. Jeder Vektor $\vec{a}$ in $\mathbb{R}^3$ ist durch seine drei Koordinaten a_1, a_2, a_3 gekennzeichnet, $|\vec{a}| = \sqrt{a_1^2 + a_2^2 + a_3^2}$ ist seine Länge. Wenn $|\vec{a}| \neq 0$, so kennzeichnet der Pfeil von $(0, 0, 0)$ nach (a_1, a_2, a_3) eine Richtung. Für das Skalarprodukt zweier Vektoren $\vec{a} = (a_1, a_2, a_3)$ und

$\vec{b} = (b_1, b_2, b_3)$ gilt $\vec{a} \cdot \vec{b} = a_1 b_1 + a_2 b_2 + a_3 b_3$ und die Schwarzsche Ungleichung

$$|\vec{a} \cdot \vec{b}| \leqq |\vec{a}| \cdot |\vec{b}| \tag{3.65}$$

mit Gleichheit genau dann, wenn $\vec{a}$ und $\vec{b}$ kollinear sind (vgl. Band 1, Seite 263).

II. Die durch die zwei verschiedenen Punkte (a_1, a_2, a_3) und (b_1, b_2, b_3) gehende Gerade hat eine Parameterdarstellung

$$(x, y, z) = (a_1, a_2, a_3) + (b_1 - a_1, b_2 - a_2, b_3 - a_3) \cdot t \text{ mit } -\infty < t < \infty. \tag{3.66}$$

Für $t = 0$ erhält man den ersten, für $t = 1$ den zweiten der Punkte, für $0 \leqq t \leqq 1$ die Punkte der Verbindungsstrecke dieser zwei Punkte.

Um einige der folgenden Begriffe bequemer formulieren zu können, schließen wir an:

Definition 3.29

> Die Funktion f sei auf der offenen Menge $D \subset \mathbb{R}^2$ definiert und im Punkte $P \in D$ differenzierbar. Der Vektor $(f_x(P), f_y(P))$ heißt der **Gradient von f im Punkte P**.
>
> Schreibweise: grad $f(P)$.

Bemerkung:

Man beachte, daß von Gradient nur dann gesprochen wird, wenn die Funktion f an der entsprechenden Stelle differenzierbar ist und nicht schon, wenn lediglich die beiden partiellen Ableitungen dort existieren.

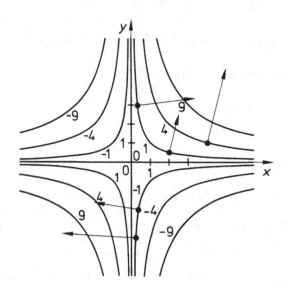

Bild 3.46: In ein Höhenlinienbild von $f(x, y) = x \cdot y$ ist in fünf Punkten der Gradient grad $f(x, y) = (y, x)$ eingezeichnet

Beispiel 3.55

Die Funktion f mit $f(x, y) = x^2 y + x \cdot e^{2y}$ ist nach Satz 3.10 überall differenzierbar. Es ist

$$\operatorname{grad} f(x, y) = (2xy + e^{2y}, x^2 + 2xe^{2y}).$$

Wir wenden uns nun der zu Beginn des Abschnittes 3.2.1 aufgeworfenen Frage nach der »Steigung in einer bestimmten Richtung« zu. Es wird durch den Vektor $\vec{a} = (a_1, a_2) \neq (0, 0)$ eine Richtung in der Ebene festgelegt. Ferner sei $P_0 = (x_0, y_0)$ ein Punkt, in dem die Funktion f der Variablen x und y differenzierbar ist.

Da die Gerade durch P_0 mit der Richtung $\vec{a}$ durch den Punkt $(x_0 + a_1, y_0 + a_2)$ geht (vgl. Bild 3.47), hat diese Gerade nach (3.66) als Parameterdarstellung: $x = x_0 + a_1 t$, $y = y_0 + a_2 t$. Wenn man nun die Fläche mit der Gleichung $z = f(x, y)$ mit einer senkrecht auf der x, y-Ebene stehenden Ebene, die diese Gerade enthält, schneidet (Bild 3.47), entsteht als Schnitt eine Kurve mit der Gleichung $z - f(x(t), y(t)) - f(x_0 + a_1 t, y_0 + a_2 t) = g(t)$ (Bild 3.48). Die Steigung der Tangente an diese Kurve an der Stelle $t = 0$ ist die gesuchte Steigung (denn $t = 0$ entspricht der Punkt (x_0, y_0) der Geraden). Da Steigungen immer auf die Länge 1 bezogen werden, ist die Steigung dieser Tangente $\dfrac{g'(0)}{d}$, wobei d der Abstand der Punkte P_0 und $(x_0 + a_1, y_0 + a_2)$ voneinander ist, also $d = \sqrt{a_1^2 + a_2^2}$. Nach der Kettenregel (3.56) gilt

$$g'(t) = f_x(x(t), y(t)) \cdot x'(t) + f_y(x(t), y(t)) \cdot y'(t)$$

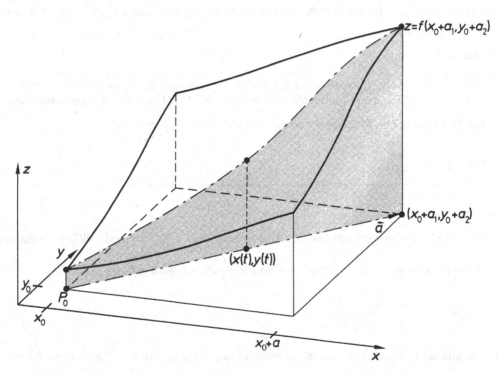

Bild 3.47: Zur Richtungsableitung von f in P_0 in Richtung $\vec{a} = (a_1, a_2)$

und wegen $x(0) = x_0$, $y(0) = y_0$ und $x'(0) = a_1$, $y'(0) = a_2$ folgt weiter für die gesuchte Steigung

$$\frac{g'(0)}{d} = \frac{1}{\sqrt{a_1^2 + a_2^2}}[f_x(P_0) \cdot a_1 + f_y(P_0) \cdot a_2].$$

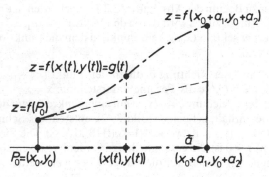

Bild 3.48: Senkrechter Schnitt durch die Fläche aus Bild 3.47 längs der strich-punktierten Geraden

Mit der Definition des Gradienten und dem inneren Produkt erkennt man, daß dieses gleich $\frac{1}{|\vec{a}|}\vec{a} \cdot \text{grad } f(P_0)$ ist. Diese Zahl nennt man wegen ihrer geometrischen Bedeutung die »Richtungsableitung der Funktion f an der Stelle P_0 in Richtung des Vektors $\vec{a} = (a_1, a_2)$«. Wir fassen zusammen:

Definition 3.30

Die Funktion f sei auf der offenen Menge $D \subset \mathbb{R}^2$ definiert und im Punkte $P \in D$ differenzierbar, $\vec{a} = (a_1, a_2)$ ein vom Nullvektor verschiedener Vektor. Unter der **Richtungsableitung von f im Punkte P in Richtung $\vec{a}$** versteht man die Zahl $\frac{1}{|\vec{a}|} \cdot \vec{a} \cdot \text{grad } f(P)$.

Schreibweise: $\frac{\partial f}{\partial \vec{a}}(P)$.

Bemerkungen:

1. Von Richtungsableitung werden wir nur sprechen, wenn f an jener Stelle differenzierbar ist.

2. Wenn $\vec{a}$ Einheitsvektor ist, d.h. $|\vec{a}| = 1$, so gilt $\frac{\partial f}{\partial \vec{a}}(P) = \vec{a} \cdot \text{grad } f(P)$.

3. Es gilt $\frac{\partial f}{\partial \vec{a}}(P) = \frac{f_x(P) \cdot a_1 + f_y(P) \cdot a_2}{\sqrt{a_1^2 + a_2^2}}$.

4. Nach Band 1, Seite 257 ist das Skalarprodukt des Einheitsvektors $\frac{\vec{a}}{|\vec{a}|}$ mit einem Vektor $\vec{b}$ dessen Projektion auf die Richtung von $\vec{a}$. Daher kann man auch so definieren: Die Richtungs-

sableitung der Funktion f im Punkte P in Richtung $\vec{a}$ ist die Projektion des Gradienten von f im Punkte P auf die Richtung von $\vec{a}$.

5. Für den Einheitsvektor $\vec{a} = (1, 0)$ erhält man $\frac{\partial f}{\partial \vec{a}}(P) = \frac{\partial f}{\partial x}(P)$: Die Richtungsableitung in Richtung der (positiven) x-Achse ist die partielle Ableitung nach x – in Übereinstimmung mit dem Begriff der partiellen Ableitung (entsprechendes gilt natürlich für die partielle Ableitung $\frac{\partial f}{\partial y}(P)$).

Aus dem Gradienten der Funktion f lassen sich die Ableitungen von f in allen Richtungen berechnen. Welche geometrischen Eigenschaften hat der Gradient selber? Der folgende Satz gibt eine Antwort:

Satz 3.15

Die Funktion f sei auf der offenen Menge $D \subset \mathbb{R}^2$ definiert und im Punkt $P \in D$ differenzierbar, $|\operatorname{grad} f(P)| \neq 0$. Dann gilt:

a) Der Vektor $\operatorname{grad} f(P)$ zeigt in die Richtung des stärksten Anstiegs von f im Punkt P.
b) $|\operatorname{grad} f(P)|$ ist der größte Anstieg von f in P.

Beweis:

Da $\frac{\partial f}{\partial \vec{a}}(P) = \frac{\vec{a}}{|\vec{a}|} \cdot \operatorname{grad} f(P)$ ist, folgt aus der Schwarzschen Ungleichung (3.65)

$$\left| \frac{\partial f}{\partial \vec{a}}(P) \right| \leq \left| \frac{\vec{a}}{|\vec{a}|} \right| \cdot |\operatorname{grad} f(P)| = |\operatorname{grad} f(P)|.$$

In dieser Ungleichung gilt Gleichheit genau dann, wenn $\vec{a}$ und $\operatorname{grad} f(P)$ kollinear sind, wenn also $\vec{a} = \lambda \operatorname{grad} f(P)$ für eine Zahl λ gilt. Dann folgt

$$\frac{\partial f}{\partial \vec{a}}(P) = \frac{\lambda \cdot \operatorname{grad} f(P)}{|\lambda| \cdot |\operatorname{grad} f(P)|} \cdot \operatorname{grad} f(P) = \frac{\lambda}{|\lambda|} \cdot |\operatorname{grad} f(P)|.$$

Dieser Ausdruck ist am größten, wenn $\lambda > 0$, also wenn $\vec{a}$ in Richtung von $\operatorname{grad} f(P)$ zeigt. Dann ist $\frac{\lambda}{|\lambda|} = 1$ und $\left| \frac{\partial f}{\partial \vec{a}}(P) \right| = |\operatorname{grad} f(P)|.$ ●

Bemerkungen:

1. Bild 3.49 zeigt verschiedene Steigungen von f im Punkte P, d.h. Steigungen der Fläche mit der Gleichung $z = f(x, y)$ in verschiedenen Richtungen; die strichpunktierten Geraden haben die Steigung $\frac{\partial f}{\partial \vec{a}}(P)$ für den darunter liegenden Pfeil (Vektor) $\vec{a}$. Die größtmögliche dieser Steigungen ist die in Richtung von $\operatorname{grad} f(P)$.
2. Der Vektor $- \operatorname{grad} f(P)$ zeigt in Richtung größten Gefälles.

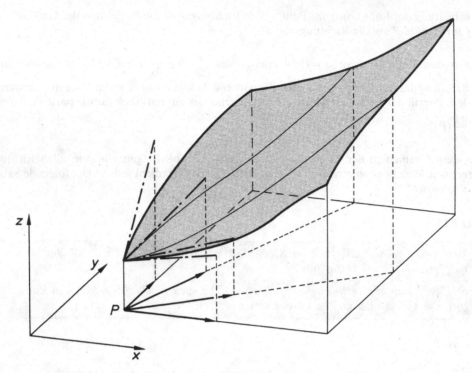

Bild 3.49: Zur geometrischen Bedeutung der Richtungsableitung

Beispiel 3.56

Sei $f(x, y) = xy + x^2$. Dann ist $f_x(x, y) = y + 2x$ und $f_y(x, y) = x$. Im Punkte $P = (1, 2)$ erhalten wir grad $f(P) = (4, 1)$ und daher als Richtungsableitungen an dieser Stelle in Richtung

$$\vec{a}_1 = (1, 1): \quad \frac{\partial f}{\partial \vec{a}_1}(P) = \tfrac{1}{2}\sqrt{2} \cdot [1 \cdot 4 + 1 \cdot 1] = 3{,}5355\ldots$$

$$\vec{a}_2 = (2, 1): \quad \frac{\partial f}{\partial \vec{a}_2}(P) = \tfrac{1}{5}\sqrt{5} \cdot [2 \cdot 4 + 1 \cdot 1] = 4{,}0249\ldots$$

$$\vec{a}_3 = (3, 1): \quad \frac{\partial f}{\partial \vec{a}_3}(P) = \tfrac{1}{10}\sqrt{10} \cdot [3 \cdot 4 + 1 \cdot 1] = 4{,}1109\ldots$$

$$\vec{a}_4 = (4, 1): \quad \frac{\partial f}{\partial \vec{a}_4}(P) = \tfrac{1}{17}\sqrt{17} \cdot [4 \cdot 4 + 1 \cdot 1] = 4{,}1231\ldots$$

$$\vec{a}_5 = (5, 1): \quad \frac{\partial f}{\partial \vec{a}_5}(P) = \tfrac{1}{26}\sqrt{26} \cdot [5 \cdot 4 + 1 \cdot 1] = 4{,}1184\ldots$$

Die Richtungsableitung ist am größten in Richtung des Gradienten von f im Punkte P, also in Richtung $\vec{a}_4 = (4, 1)$, was die berechneten Werte auch andeuten, die Ableitung in dieser Richtung ist 4,1231 ... Der Vektor $-\vec{a}_4 = -\operatorname{grad} f(P)$ zeigt dann offenbar in die Richtung des stärksten Gefälles.

Für Vektoren $\vec{a}$, die zu grad $f(P)$ senkrecht stehen, gilt $\dfrac{\partial f}{\partial \vec{a}}(P) = 0$; z.B. für $\vec{a} = \vec{a}_6 = (1, -4)$.

Solche Vektoren zeigen nämlich in Richtung der Tangente an die Höhenlinie durch den Punkt P, eine Richtung, in der sich f an der Stelle P nicht ändert. Man kann allgemein beweisen, daß der Vektor grad $f(P)$ auf der durch P gehenden Höhenlinie senkrecht steht (vgl. Bild 3.50).

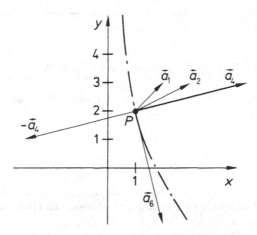

Bild 3.50: Höhenlinie $-\cdot-\cdot-$ durch P und verschiedene Richtungen in P für die Funktion f aus Beispiel 3.56

Wir wollen nun diese Begriffe und Resultate auf Funktionen von drei Variablen (x, y, z) übertragen.

Definition 3.31

> Die Funktion f sei auf der offenen Menge $D \subset \mathbb{R}^3$ definiert und im Punkte $P \in D$ differenzierbar. Der Vektor $(f_x(P), f_y(P), f_z(P))$ heißt der **Gradient von f im Punkte P**.
>
> Schreibweise: grad $f(P)$.

Bemerkung:

Wichtige Voraussetzung ist auch hier die Differenzierbarkeit von f im Punkte P.

Beispiel 3.57

Ist $f(x, y, z) = \sqrt{x^2 + y^2 + z^2}$, so ist $\operatorname{grad} f(x, y, z) = \dfrac{1}{\sqrt{x^2 + y^2 + z^2}} \cdot (x, y, z)$, mit $\vec{r} = (x, y, z)$ also grad $f(P) = \dfrac{\vec{r}}{|\vec{r}|}$.

Überlegungen, die denen entsprechen, die zur Definition 3.30 führten, ergeben

Definition 3.32

Die Funktion f sei auf der offenen Menge $D \subset \mathbb{R}^3$ definiert und im Punkte $P \in D$ differenzierbar, $\vec{a} = (a_1, a_2, a_3)$ ein vom Nullvektor verschiedener Vektor. Unter der **Richtungsableitung von f im Punkte P in Richtung $\vec{a}$** versteht man die Zahl $\dfrac{1}{|\vec{a}|} \cdot \vec{a} \cdot \operatorname{grad} f(P)$.

Schreibweise: $\dfrac{\partial f}{\partial \vec{a}}(P)$.

Bemerkung:

Es gelten hier sinngemäß die Bemerkungen zur Definition 3.30.

Die Zahl $\dfrac{\partial f}{\partial \vec{a}}(P)$ gibt also die Änderung von f im Punkte P an, wenn man in Richtung von $\vec{a}$ fortschreitet.

Satz 3.15 entspricht

Satz 3.16

Die Funktion f sei auf der offenen Menge $D \subset \mathbb{R}^3$ definiert und im Punkte $P \in D$ differenzierbar, $|\operatorname{grad} f(P)| \neq 0$. Dann gilt:

a) Der Vektor $\operatorname{grad} f(P)$ zeigt in die Richtung des stärksten Anstiegs von f im Punkte P.
b) $|\operatorname{grad} f(P)|$ ist der größte Anstieg von f im Punkte P.

Der Beweis entspricht wörtlich dem von Satz 3.15

Beispiel 3.58

In jedem Körper, in dem kein Temperaturgleichgewicht herrscht, treten »Wärmeströmungen« auf. Der »Wärmefluß« im Punkte P des Körpers wird durch einen Vektor $\vec{q}(P)$ beschrieben, dessen Richtung die der Wärmeströmung und dessen Länge deren Stärke oder Intensität angibt.

Es sei $T(P)$ die Temperatur des Körpers im Punkte P. Es zeigt sich, daß für feste Körper folgendes gilt:

a) Der Wärmefluß in P hat die Richtung des stärksten Gefälles der Temperatur in P (vom Wärmeren zum Kälteren) und
b) die Stärke des Wärmeflusses ist proportional zum Temperaturgefälle in der unter a) genannten Richtung.

Der Vektor $- \operatorname{grad} T(P)$ hat diese zwei Eigenschaften (wir unterstellen, daß T eine differenzierbare Funktion ist). Daher gilt in jedem Punkt P des Körpers das »Grundgesetz der Wärmeleitung« $\vec{q}(P) = - \lambda(P) \cdot \operatorname{grad} T(P)$, wobei die Zahl $\lambda(P) > 0$ vom Zustand des Körpers in P abhängt und (innere) Wärmeleitfähigkeit genannt wird. Der Vektor $\operatorname{grad} T$ wird **Temperaturgradient** genannt, der Vektor $- \operatorname{grad} T$ **Temperaturgefälle.**

3.2.6 Implizite Funktionen

Wir wollen untersuchen, unter welchen Voraussetzungen die Gleichung $x^2 + e^x y e^y = 0$ für jede Zahl x eindeutig nach y auflösbar ist. Wenn das der Fall ist, ist y eine Funktion von x. Eine Verallgemeinerung dieser Fragestellung führt auf folgendes Problem: Wenn g eine in der offenen Menge $U \in \mathbb{R}^2$ definierte Funktion ist, so fragen wir:

a) Unter welchen Voraussetzungen ist die Gleichung $g(x, y) = 0$ für jedes x eines geeigneten Intervalles $(a, b) \subset \mathbb{R}$ eindeutig nach y auflösbar?

b) Wenn das der Fall ist, was kann man dann über die so entstehende Funktion f mit $y = f(x)$ sagen? Unter welchen Voraussetzungen ist f stetig, unter welchen differenzierbar und wie lautet dann ihre Ableitung?

Eine Antwort auf diese Fragen gibt der

Satz 3.17

Die Funktion g sei in einer Umgebung $U \subset \mathbb{R}^2$ des Punktes (x_0, y_0) stetig und $g(x_0, y_0) = 0$. Ferner existiere die partielle Ableitung g_y in U und für alle $(x, y) \in U$ gelte $g_y(x, y) \neq 0$. Dann existiert ein x_0 enthaltendes Intervall $(a, b) \subset \mathbb{R}$ so, daß für alle $x \in (a, b)$ die Gleichung $g(x, y) = 0$ genau eine Lösung $y = f(x)$ hat. Die Funktion f ist in (a, b) stetig. Existiert darüberhinaus g_x in U und sind in U g_x und g_y stetig, so ist f in (a, b) differenzierbar und für alle $x \in (a, b)$ gilt

$$g_x(x, f(x)) + g_y(x, f(x)) \cdot f'(x) = 0. \tag{3.65}$$

Bemerkungen:

1. Um Mißverständnissen vorzubeugen, sei betont, daß $g_x(x, f(x))$ entsteht, indem man g partiell nach der ersten Variablen x differenziert und erst danach für die zweite Variable y den Ausdruck $f(x)$ einsetzt – und nicht umgekehrt!
2. Man sagt, daß durch die Gleichung $g(x, y) = 0$ die Funktion f implizit definiert sei; für alle $x \in (a, b)$ gilt $g(x, f(x)) = 0$.
3. Die Aussage des Satzes läßt sich auch so formulieren: Unter den gemachten Voraussetzungen über g existiert genau eine auf (a, b) definierte Funktion f, so daß für alle $x \in (a, b)$ gilt $g(x, f(x)) = 0$.
4. Die Gleichung (3.65) dient zur Berechnung von $f'(x)$.
5. Die Tatsache, daß die Gleichung $g(x, y) = 0$ genau eine Lösung y hat, also nach y »auflösbar« ist, heißt nicht, daß man die entstehende Funktion f explizit »hinschreiben« kann in dem Sinne, daß f sich aus den bekannten elementaren Funktionen aufbaut. Die Situation ist vergleichbar der von den Stammfunktionen einer Funktion her bekannten: Die Funktion f mit $f(x) = \dfrac{\sin x}{x}$ besitzt als stetige Funktion in $(0, \infty)$ eine Stammfunktion, doch läßt sich keine dieser Stammfunktionen durch elementare Funktionen einfach aufbauen.

Beweis von Satz 3.17:

Es sei $\varepsilon > 0$ so gewählt, daß für alle y mit $|y - y_0| \leqq \varepsilon$ gilt $(x_0, y) \in U$; das ist möglich, da U eine Umgebung von (x_0, y_0) ist. Da $g_y(x, y) \neq 0$ für alle $(x, y) \in U$, ist die Funktion g für jedes x, für das

$(x, y) \in U$, eine streng monotone Funktion der Variablen y (vgl. Band 1, Satz 8.32). Da $g(x_0, y_0) = 0$ ist, hat $g(x_0, y)$ in den Punkten $y = y_0 - \varepsilon$ und $y = y_0 + \varepsilon$ verschiedenes Vorzeichen; sei ohne Beschränkung der Allgemeinheit $g(x_0, y_0 - \varepsilon) < 0$ und $g(x_0, y_0 + \varepsilon) > 0$. Wir wählen nun $\delta > 0$ so, daß für alle $(x, y) \in \mathbb{R}^2$, für die $|x - x_0| < \delta$ und $|y - y_0| < \varepsilon$ gilt, a) $(x, y) \in U$ ist (was möglich ist, da U eine Umgebung von (x_0, y_0) ist) und b) $g(x, y_0 - \varepsilon) < 0$ und $g(x, y_0 + \varepsilon) > 0$ gilt (was möglich ist, da g in U stetig ist). Es sei nun $J = (a, b) = (x_0 - \delta, x_0 + \delta)$ und $x \in J$. Da g auch stetige Funktion ihrer zweiten Variablen y ist (vgl. Satz 3.6), hat die Funktion $y \mapsto g(x, y)$ wegen der verschiedenen Vorzeichen in $y_0 - \varepsilon$ und $y_0 + \varepsilon$ und der strengen Monotonie genau eine Nullstelle y in $(y_0 - \varepsilon, y_0 + \varepsilon)$, das heißt, daß die Gleichung $g(x, y) = 0$ für jedes $x \in J$ genau eine Lösung $y = f(x)$ hat. Damit ist die Existenz bewiesen.

Es ist dann für alle x mit $|x - x_0| < \delta$ und $\varepsilon > 0$ (wobei ε obiger Bedingung genüge, insbesondere beliebig klein gewählt werden kann): $|f(x) - y_0| < \varepsilon$, d.h., daß f in x_0 stetig ist, da nach Konstruktion $f(x_0) = y_0$ ist.

Auf den Beweis der Differenzierbarkeit wollen wir verzichten. Wenn aber f differenzierbar ist, so folgt (3.65) aus der Kettenregel (3.57): Da für alle $x \in J$ gilt $g(x, f(x)) = 0$, folgt durch Differenzieren $g_x(x, f(x)) + g_y(x, f(x)) \cdot f'(x) = 0$ für alle $x \in J$.   ●

Beispiel 3.59

Wir setzen unser einführendes Beispiel fort: $g(x, y) = x^2 + e^x y e^y$. Es ist $g(0, 0) = 0$ und für alle $(x, y) \in \mathbb{R}^2$ mit $y \neq -1$ ist $g_y(x, y) \neq 0$. Daher besitzt die Gleichung $g(x, y) = 0$ in einer geeigneten Umgebung des Punktes $(0, 0)$ genau eine Lösung $y = f(x)$. Diese Funktion f läßt sich – wir betonen das erneut – nicht »elementar hinschreiben«, dennoch existiert sie; sie ist eben durch die Gleichung $g(x, y) = 0$ »implizit definiert«, wie man sagt. Da g_x und g_y stetig sind, ist f differenzierbar und es gilt nach (3.65) für die Ableitung $f'(x)$:

$$2x + e^x \cdot f(x) \cdot e^{f(x)} + e^x \cdot e^{f(x)} \cdot (1 + f(x)) \cdot f'(x) = 0. \tag{3.66}$$

Da $g(0, f(0)) = f(0) \cdot e^{f(0)} = 0$ ist, folgt $f(0) = 0$. Setzt man das in (3.66) ein, so folgt $f'(0) = 0$.

Beispiel 3.60

Es sei

$$g(x, y) = x^3 + y^3 - \frac{9}{2} x \cdot y. \tag{3.67}$$

Bild 3.51 veranschaulicht die durch

$$g(x, y) = 0 \tag{3.68}$$

definierte Punktmenge in $\mathbb{R}^2$; diese Kurve heißt **Kartesisches Blatt**. Wir wollen sie näher untersuchen.

a) Zunächst soll ermittelt werden, zu welchen Kurvenpunkten (x_0, y_0) eine Umgebung $(a, b) \subset \mathbb{R}$ von x_0 existiert, so daß (3.68) in (a, b) eindeutig nach y aufgelöst werden kann: $y = f(x)$ mit $g(x_0, y_0) = 0$ und $g(x, f(x)) = 0$ für alle $x \in (a, b)$. Da g und g_y in $\mathbb{R}^2$ stetige Funktionen sind, ist das der Fall, wenn $g_y(x_0, y_0) \neq 0$ (nach Satz 3.4 ist g_y dann auch in einer Umgebung U von (x_0, y_0) ungleich Null). Wir bestimmen die »Ausnahmepunkte«, d.h. diejenigen Kurvenpunkte, für die g_y verschwindet, die Punkte also, für die

$$g(x, y) = x^3 + y^3 - \frac{9}{2} xy = 0 \tag{3.69}$$

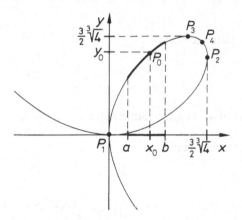

Bild 3.51: Das Kartesische Blatt aus Beispiel 3.60

und

$$g_y(x, y) = 3y^2 - \tfrac{9}{2}x = 0 \tag{3.70}$$

ist. Löst man (3.70) nach x auf und setzt das in (3.69) ein, so bekommt man die Punkte $P_1 = (0, 0)$ und $P_2 = (\tfrac{3}{2} \cdot \sqrt[3]{4}, \tfrac{3}{2} \cdot \sqrt[3]{2})$. In diesen zwei Kurvenpunkten läßt sich die Existenz der Funktion f aus dem Satz nicht folgern. Bild 3.51 zeigt, daß die Kurve sich in P_1 selbst schneidet, eine eindeutige Auflösbarkeit von $g(x, y) = 0$ also in keinem $x_1 = 0$ enthaltenden Intervall (a, b) möglich ist. In P_2 hat die Kurve eine senkrechte Tangente, um $x_2 = \tfrac{3}{2}\sqrt[3]{4}$ existiert ebenfalls kein Intervall, in dem die Gleichung $g(x, y) = 0$ eindeutig nach y auflösbar ist. Zu jedem von P_1 und P_2 verschiedenen Kurvenpunkt $P_0 = (x_0, y_0)$ existiert ein solches x_0 enthaltendes Intervall (a, b), in dem $g(x, y) = 0$ eindeutig nach y auflösbar ist. In Bild 3.51 ist zu P_0 ein solches x_0 enthaltendes offenes Intervall (a, b) dick nebst dem Kurvenstück eingezeichnet: dieses Kurvenstück hat die Gleichung $y = f(x)$. Man beachte aber den »lokalen« Charakter des Satzes: In einer Umgebung von x_0 kann nach y aufgelöst werden, das gesamte Kartesische Blatt läßt sich offensichtlich nicht durch eine Funktion $y = f(x)$ beschreiben, die Gleichung $g(x, y) = 0$ sich demnach nicht in ganz $\mathbb{R}$ eindeutig nach y auflösen.

b) Wir wollen noch einige besondere Punkte des Kartesischen Blattes bestimmen. Nach (3.65) gilt, wenn $g(x, y) = 0$ nach y aufgelöst werden kann, mit $y = f(x)$:

$$f'(x) = -\frac{g_x(x, y)}{g_y(x, y)} = -\frac{2x^2 - 3y}{2y^2 - 3x}. \tag{3.71}$$

Der Zähler ist 0, wenn $2x^2 - 3y = 0$. Setzt man das in (3.69) ein, so erhält man nach kurzer Rechnung die Punkte $P_1 = (0, 0)$ und $P_3 = (\tfrac{3}{2} \cdot \sqrt[3]{2}, \tfrac{3}{2} \cdot \sqrt[3]{4})$. P_1 wurde oben schon erwähnt, in P_3 ist der Nenner aus (3.71) von Null verschieden, so daß in P_3 gilt $f'(x) = 0$: Das Kartesische Blatt hat dort eine waagerechte Tangente. In P_4 (s. Bild 3.51) ist $f'(x) = -1$.

Im Abschnitt 7.4, Band 1 wurden quadratische Formen behandelt. Wir wollen die dortige Behauptung beweisen, daß $A\vec{x}$ eine Normale an die durch die quadratische Form $\vec{x}^T A \vec{x} = c$ beschriebene Kurve ist. Dazu folgendes

Beispiel 3.61

Wir betrachten die „quadratische Form"

$$f(x, y) = a_{11}x^2 + 2a_{12}xy + a_{22}y^2.$$

Setzt man

$$A = \begin{pmatrix} a_{11} & a_{12} \\ a_{21} & a_{22} \end{pmatrix} \quad \text{mit } a_{12} = a_{21} \text{ (Symmetrie) und } \vec{x} = \begin{pmatrix} x \\ y \end{pmatrix},$$

so rechnet man leicht nach, daß dann

$$f(x, y) = \vec{x}^T A \vec{x}$$

gilt und ferner

$$\text{grad} f(x, y) = 2 \cdot (a_{11}x + a_{12}y, a_{12}x + a_{22}y) = 2 \cdot A\vec{x}.$$

Daher steht der Vektor $A\vec{x}$ senkrecht auf der durch $f(x, y) = c$ definierten Kurve im hierdurch bestimmten Kurvenpunkt.

Beispiel 3.62

Durch die Gleichung

$$7x^2 - 6 \cdot \sqrt{3} \cdot xy + 13y^2 = 32$$

wird eine Ellipse beschrieben (s. Bild 3.52). Die sie bestimmende Matrix ist demnach

$$A = \begin{pmatrix} 7 & -3\sqrt{3} \\ -3\sqrt{3} & 13 \end{pmatrix}.$$

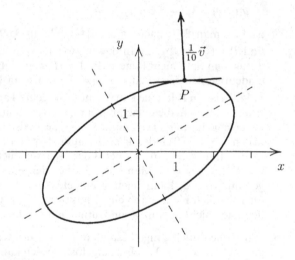

Der Punkt $P = (-\frac{1}{2} + \sqrt{3}, 1 + \frac{1}{2}\sqrt{3})$ liegt auf der Ellipse.

Daher steht der Vektor

$$\vec{v} = A \cdot \begin{pmatrix} -1/2 + \sqrt{3} \\ 1 + \sqrt{3}/2 \end{pmatrix} = 4 \cdot \begin{pmatrix} -2 + \sqrt{3} \\ 1 + 2\sqrt{3} \end{pmatrix}$$

in P senkrecht auf der Ellipse, d.h. auf ihrer Tangente dort.

Bild 3.52: Ellipse

Beispiel 3.63

Es sei

$$A = \begin{pmatrix} -\sqrt{3} & 1 \\ 1 & \sqrt{3} \end{pmatrix}. \quad \text{Dann lautet die hierdurch bestimmte}$$

quadratische Form

$$f(x, y) = \vec{x}^T A \vec{x} = -\sqrt{3} \cdot x^2 + 2xy + \sqrt{3} \cdot y^2.$$

Durch $f(x, y) = 4$ wird die abgebildete Hyperbel beschrieben, auf ihr liegt der Punkt

$$P = (-1/4 + \sqrt{3}, \quad 1 + \sqrt{3}/4).$$

Daher steht in diesem Punkt der Vektor

$$\vec{v} = A\vec{x} = \begin{pmatrix} -2 + \sqrt{3}/2 \\ \frac{1}{2} + 2\sqrt{3} \end{pmatrix} \approx \begin{pmatrix} -1.134 \\ 3.964 \end{pmatrix}$$

senkrecht auf der Kurve.

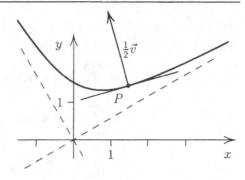

Bild 3.53: Hyperbel

3.2.7 Integrale, die von einem Parameter abhängen

Wir betrachten eine stetige Funktion g der zwei Veränderlichen x und t. Dann läßt sich g nach t integrieren. Sind obere und untere Grenze Funktionen von x, so ergibt sich die Frage, ob die entstehende Funktion von x stetig ist, unter welchen Voraussetzungen sie differenzierbar ist, und wie dann ihre Ableitung lautet. Es gilt der folgende

Satz 3.18 (Leibnizsche Regel)

Sei $D = \{(x, t) \in \mathbb{R}^2 \, | \, a \leq x \leq b \text{ und } \alpha \leq t \leq \beta\}$ und g eine auf D definierte stetige Funktion, g_x auf D stetig. Ferner seien u und v auf $[a, b]$ stetig differenzierbare Funktionen und für alle $x \in [a, b]$ sei $\alpha \leq u(x) \leq \beta$ und $\alpha \leq v(x) \leq \beta$. Dann wird durch

$$f(x) = \int_{u(x)}^{v(x)} g(x, t)\,\mathrm{d}t \tag{3.72}$$

eine auf $[a, b]$ differenzierbare Funktion f definiert. Es gilt darüberhinaus für alle $x \in [a, b]$

$$f'(x) = \int_{u(x)}^{v(x)} g_x(x, t)\,\mathrm{d}t + g(x, v(x)) \cdot v'(x) - g(x, u(x)) \cdot u'(x). \tag{3.73}$$

Bemerkungen:

1. Da in (3.72) die Integrationsvariable t ist, nennt man x auch einen Parameter, man sagt, das Integral hänge von einem Parameter – nämlich x – ab. Man spricht dann von der Differentiation nach einem Parameter oder Differentiation unter dem Integralzeichen. (3.73) heißt die Leibnizsche Regel.

2. Zwei wichtige Sonderfälle ergeben sich, wenn u oder v oder beide konstant sind. Insbesondere erhält man für $c, d \in \mathbb{R}$ dann

$$\frac{\mathrm{d}}{\mathrm{d}x} \int_c^d g(x, t)\,\mathrm{d}t = \int_c^d g_x(x, t)\,\mathrm{d}t, \tag{3.74}$$

$$\frac{\mathrm{d}}{\mathrm{d}x} \int_c^x g(x, t)\,\mathrm{d}t = \int_c^x g_x(x, t)\,\mathrm{d}t + g(x, x). \tag{3.75}$$

Die Ausdrucksweise »Differentiation unter dem Integral« rührt von (3.74) her.

Beweis:

Es sei $x \in [a, b]$, $x + h \in [a, b]$. Dann gilt

$$f(x+h) - f(x) = \int_{u(x+h)}^{v(x+h)} g(x+h,t)\,dt - \int_{u(x)}^{v(x)} g(x,t)\,dt$$

$$= \int_{u(x+h)}^{u(x)} g(x+h,t)\,dt + \int_{u(x)}^{v(x)} g(x+h,t)\,dt + \int_{v(x)}^{v(x+h)} g(x+h,t)\,dt - \int_{u(x)}^{v(x)} g(x,t)\,dt$$

$$= \int_{u(x)}^{v(x)} [g(x+h,t) - g(x,t)]\,dt + \int_{v(x)}^{v(x+h)} g(x+h,t)\,dt - \int_{u(x)}^{u(x+h)} g(x+h,t)\,dt.$$

Nach dem Mittelwertsatz der Integralrechnung (s. Band 1, Satz 9.12) gibt es Zahlen τ_1 bzw. τ_2 zwischen $v(x)$ und $v(x+h)$ bzw. $u(x)$ und $u(x+h)$, so daß folgende Gleichungen gelten:

$$\int_{v(x)}^{v(x+h)} g(x+h,t)\,dt = g(x+h,\tau_1) \cdot [v(x+h) - v(x)] \tag{3.76}$$

$$\int_{u(x)}^{u(x+h)} g(x+h,t)\,dt = g(x+h,\tau_2) \cdot [u(x+h) - u(x)] \tag{3.77}$$

Nach dem Mittelwertsatz der Differentialrechnung (s. Band 1, Satz 8.25) gibt es, da g nach x differenzierbar ist, eine Zahl ξ zwischen x und $x+h$, so daß gilt:

$$g(x+h,t) - g(x,t) = g_x(\xi, t) \cdot h.$$

Hieraus folgt

$$\int_{u(x)}^{v(x)} [g(x+h,t) - g(x,t)]\,dt = h \cdot \int_{u(x)}^{v(x)} g_x(\xi, t)\,dt. \tag{3.78}$$

Setzt man (3.76), (3.77) und (3.78) in obige Gleichung für die Differenz $f(x+h) - f(x)$ ein, so erhält man

$$\frac{f(x+h) - f(x)}{h} = \int_{u(x)}^{v(x)} g_x(\xi, t)\,dt + g(x+h,\tau_1) \cdot \frac{v(x+h) - v(x)}{h} - g(x+h,\tau_2) \cdot \frac{u(x+h) - u(x)}{h}.$$

Wenn nun $h \to 0$ strebt, so folgt:

1. $\tau_1 \to v(x)$ und $\tau_2 \to u(x)$, da u und v stetig sind.
2. $g(x+h,\tau_1) \to g(x, v(x))$ und $g(x+h,\tau_2) \to g(x, u(x))$, da g auf D stetig ist.
3. $g_x(\xi, t) \to g_x(x, t)$, da $\xi \to x$ und g_x stetig ist in D.
4. $\dfrac{v(x+h) - v(x)}{h} \to v'(x)$ und $\dfrac{u(x+h) - u(x)}{h} \to u'(x)$, da u und v in $[a, b]$ differenzierbar sind.

Daher konvergiert der obige Differenzenquotient mit $h \to 0$ gegen die rechte Seite in (3.73). Also ist f differenzierbar und (3.73) bewiesen. ●

Beispiel 3.64

Die Funktion

$$t \mapsto e^{(x-t)^2} = g(x, t) \tag{3.79}$$

ist für alle $x \in \mathbb{R}$ eine auf $\mathbb{R}$ stetige Funktion. Daher ist sie für jedes $x \in \mathbb{R}$ (nach t) integrierbar über jedes abgeschlossene Intervall (Band 1, Satz 9.5). Da g_x auf $\mathbb{R}^2$ stetig ist und $u(x) = x$ und $v(x) = x^2$ auf $\mathbb{R}$ stetig differenzierbare Funktionen sind, wird durch

$$f(x) = \int_{u(x)}^{v(x)} g(x,t)\,\mathrm{d}t = \int_{x}^{x^2} \mathrm{e}^{(x-t)^2}\,\mathrm{d}t \tag{3.80}$$

eine auf $\mathbb{R}$ stetige Funktion f definiert. Obwohl g nicht elementar integrierbar ist, f sich also in gewissem Sinne nicht »integralfrei« schreiben läßt, kann man f' berechnen: Nach (3.73) ist

$$f'(x) = \int_{x}^{x^2} 2 \cdot (x-t) \cdot \mathrm{e}^{(x-t)^2}\,\mathrm{d}t + \mathrm{e}^{(x-x^2)^2} 2x - 1$$

$$= -\mathrm{e}^{(x-t)^2}\big|_{t=x}^{t=x^2} + 2x \cdot \mathrm{e}^{(x-x^2)^2} - 1$$

$$= (2x-1)\,\mathrm{e}^{(x-x^2)^2}.$$

Beispiel 3.65

g und h seien auf $\mathbb{R}$ stetige Funktionen, a und b reelle Zahlen. Ferner sei f eine zweimal stetig differenzierbare Funktion, für die für alle $t \in \mathbb{R}$ gilt $t \cdot f''(t) + f'(t) - f(t) = 0$. Dann gilt für die Funktion w mit

$$w(x,y) = \int_{a}^{x} f(u) \cdot g(t)\,\mathrm{d}t + \int_{b}^{y} f(v) \cdot h(t)\,\mathrm{d}t, \tag{3.81}$$

wobei $u = (y-b) \cdot (x-t)$ und $v = (x-a) \cdot (y-t)$ sind, die Gleichung $w_{xy} - w = 0$. Diese Gleichung heißt **Telegraphengleichung**.

Beweis:

Um w nach x zu differenzieren, müssen wir nach der Leibnizschen Regel (Satz 3.18) zuerst unter beiden Integralen differenzieren (Kettenregel) und dann die entsprechenden Produkte aus (3.73) addieren. Die Ableitung des ersten Integranden nach x lautet $f'(u) \cdot (y-b) \cdot g(t)$, die des zweiten $f'(v) \cdot (y-t) \cdot h(t)$. Der erste Integrand an der oberen Grenze ist $f(0) \cdot g(x)$ – man beachte, daß für $t = x$ sich $u = 0$ ergibt – dieser wird mit der Ableitung der oberen Grenze nach x multipliziert, also mit 1; die Ableitung der oberen Grenze des zweiten Integrals nach x ist 0. Also erhält man

$$w_x(x,y) = \int_{a}^{x} f'(u) \cdot (y-b) \cdot g(t)\,\mathrm{d}t + f(0) \cdot g(x) + \int_{b}^{y} f'(v) \cdot (y-t) \cdot h(t)\,\mathrm{d}t.$$

Differenziert man diesen Ausdruck nach y, bekommt man

$$w_{xy}(x,y) = \int_{a}^{x} [f''(u) \cdot (y-b) \cdot (x-t) + f'(u)] \cdot g(t)\,\mathrm{d}t + \int_{b}^{y} [f''(v) \cdot (y-t) \cdot (x-a) + f'(v)] \cdot h(t)\,\mathrm{d}t;$$

man beachte dabei, daß nach der Produktregel unter den Integralen zu differenzieren ist. Bildet man nun $w_{xy} - w$ und faßt entsprechende Integrale zusammen, bekommt man

$$w_{xy}(x,y) - w(x,y) = \int_{a}^{x} [f''(u) \cdot (y-b) \cdot (x-t) + f'(u) - f(u)] \cdot g(t)\,\mathrm{d}t$$

$$+ \int_{b}^{y} [f''(v) \cdot (y-t) \cdot (x-a) + f'(v) - f(v)] \cdot h(t)\,\mathrm{d}t.$$

Da die Integranden verschwinden, weil die in den eckigen Klammern stehenden Ausdrücke nach Voraussetzung Null sind, ist $w_{xy} - w = 0$. ●

Aufgaben

1. Es sei $f(x, y) = \dfrac{x^2}{2} + xy$ und $P_0 = (1, 2)$, $P = (1,1; 1,9)$.

   a) Berechnen Sie alle partiellen Ableitungen von f bis zur Ordnung 3.

   b) In welchen Punkten ist f differenzierbar?

   c) Berechnen Sie in P_0 das totale Differential von f.

   d) Berechnen Sie $f(P_0)$ und $f(P)$ sowie deren Differenz $f(P) - f(P_0)$.

   e) Berechnen Sie den Wert a des totalen Differentials aus c) für die Zuwächse $dx = 0,1$ und $dy = -0,1$.

   f) Vergleichen Sie die Zahl aus e) mit der Differenz aus d).

   g) Vergleichen Sie $f(P)$ mit $f(P_0) + a$; was gilt für deren Werte?

   h) Wie lautet die Gleichung $z = l(x, y)$ der Tangentialebene an die Fläche mit der Gleichung $z = f(x, y)$ im Flächenpunkt $(1; 2; 2,5)$?

   i) Berechnen Sie $l(P)$ und vergleichen Sie diese Zahl mit denen aus d) bis f).

   j) Wie lautet grad f im Punkte (x, y)?

   k) Berechnen Sie die Richtungsableitung von f im Punkte P_0 in den Richtungen $(2, 3)$, $(-1, -3)$, $(3, 2)$, $(3, 1)$, $(-2, -3)$, $(-3, -1)$ und $(-1, 3)$.

   l) Welchen Wert hat die größtmögliche aller Richtungsableitungen von f im Punkte P_0 und in welcher Richtung wird sie angenommen?

   m) Skizzieren Sie Höhenlinien von f, insbesondere die durch P_0 gehende Höhenlinie, und in P_0 die Vektoren aus k).

2. Ein beidseitig aufliegender Stab der Länge l mit quadratischem Querschnitt (Kantenlänge a klein gegen l) wird in der Mitte mit einer Kraft belastet, er biegt sich durch. Die Durchbiegung sei durch den Winkel α (siehe Bild) gekennzeichnet. Für seinen Elastizitätsmodul E gilt dann

$$E = \frac{3}{4} \cdot \frac{l^2}{a^4} \cdot F \cdot \cot \alpha.$$

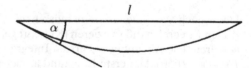

Es wurden gemessen:

$l = (100 \pm 0,01)\,\text{cm}, \quad a = (1 \pm 0,01)\,\text{cm},$

$F = (120 \pm 0,96)\,\text{N}, \quad \alpha = 0,017 \pm 0,000085.$

Bild 3.53a: Zu Aufgabe 2

Schätzen Sie den absoluten und relativen Fehler bei der Berechnung von E.

3. Die magnetische Feldstärke im Mittelpunkt einer zylindrischen Spule mit 1000 Windungen und der Länge l, dem Radius r und der Stromstärke I beträgt

$$H = H(I, l, r) = \frac{1000 \cdot I}{l} \cdot \left(1 - 2 \cdot \left(\frac{r}{l}\right)^2\right).$$

Schätzen Sie den absoluten und relativen Fehler bei der Berechnung von H, wenn

$l = (20 \pm 0,01)\,\text{cm}$, $r = (2 \pm 0,01)\,\text{cm}$, $I = (1 \pm 0,03)\,\text{A}$ gemessen wurden.

4. Die Funktion f mit $f(x, y) = x^3 \cdot y^2 \cdot (1 - x - y)$ ist in $\mathbb{R}^2$ auf relative Extrema zu untersuchen.

5. Die absoluten Extrema von $f(x, y) = x^2 + xy + y^2 - 2x - \frac{5}{2}y$ sind in den Dreiecken

   a) $C = \{(x, y) \in \mathbb{R}^2 \,|\, -1 \leq x \leq 1 \text{ und } 0 \leq y \leq x + 1\};$

   b) $D = \{(x, y) \in \mathbb{R}^2 \,|\, -1 < x < 1 \text{ und } 0 < y < x + 1\}.$

   zu bestimmen.

6. f mit $f(x,y) = [(x-3)^2 + (y+1)^2 - 4] \cdot \sqrt{(x-3)^2 + (y+1)^2}$ ist auf relative und absolute Extrema zu untersuchen.

7. Für welche Punkte (x, y, z), die auf der Kugel vom Radius 1 um den Ursprung $(0, 0, 0)$ und auf der Zylinderfläche vom Radius $\sqrt{\frac{1}{2}}$ mit der z-Achse als Mittellinie liegen, ist die Summe ihrer Koordinaten am größten?

8. Welche Abmessungen muß ein quaderförmiger Behälter von $32\,\mathrm{m}^3$ Rauminhalt haben, der an einer Seite offen ist, damit seine Oberfläche möglichst klein ist?

*9. Ein Viereck (eben) ist so zu konstruieren, daß sein Inhalt bei gegebenen Seitenlängen möglichst groß ist.

10. Man bestimme den höchsten und tiefsten Punkt auf der Ellipse mit der Gleichung $2x^2 + 6xy + 3y^2 + 6 = 0$.

11. Es soll der Ohmsche Widerstand R eines Stromkreises ermittelt werden. Dazu mißt man zu verschiedenen Spannungen U den Strom I und erhält folgende Tabelle:

U [V]	10	12	14	16	18	20
I [mA]	2,0	2,3	2,9	3,2	3,5	4,1

Mit der Methode der kleinsten Quadrate bestimme man hieraus R.

12. Es sei $f(x, y, z) = 2xy^3 - yz^2$ und $P = (2, 1, -1)$.
   a) Bestimmen Sie die Richtungsableitung von f in P in Richtung $\vec{a} = (3, 0, 1)$.
   b) Desgleichen mit $\vec{b} = -\vec{a}$.
   c) In welcher Richtung $\vec{c}$ ist die Richtungsableitung von f in P am größten, in welcher am kleinsten? Wie groß ist in jedem dieser Fälle diese Ableitung?

13. Beweisen Sie die Gültigkeit folgender Produktregel für Gradienten: $\mathrm{grad}\,(fg) = f\cdot\mathrm{grad}\,g + g\cdot\mathrm{grad}\,f$, wobei f und g auf derselben offenen Menge $D \subset \mathbb{R}^3$ definierte Funktionen seien.

14. Die Funktion f habe in Polarkoordinaten die Gleichung $z = u(r, \varphi) = r^2 - 8\cdot\cos 2\varphi$ (Lemniskate). Wie lauten ihre partiellen Ableitungen nach den kartesischen Koordinaten x und y?

15. Die Funktionen f und g seien auf $\mathbb{R}$ zweimal stetig differenzierbar und $c \in \mathbb{R}$. Zeigen Sie, daß für die Funktion u mit $u(x, t) = f(x + ct) + g(x - ct)$ die sogenannte **Wellengleichung** $u_{tt} = c^2 \cdot u_{xx}$ gilt.

16. Untersuchen Sie die durch $g(x, y) = 0$ definierte Kurve, wenn $g(x, y) = (x^2 + y^2)^2 - 8\cdot(x^2 - y^2)$ ist (Lemniskate).

17. Untersuchen Sie, welche der folgenden Differentialformen $P(x, y)\,\mathrm{d}x + Q(x, y)\,\mathrm{d}y$ totale Differentiale sind und berechnen Sie ggf. das zugehörige Potential.

   a) $x^2 y\,\mathrm{d}x + x^2 y\,\mathrm{d}y$;   b) $(ye^x + 2xy)\,\mathrm{d}x + (e^x + x^2 + y^4)\,\mathrm{d}y$.

18. Für die einem Gas vom Volumen V und der Temperatur T zugeführte Wärmemenge δQ gilt unter gewissen Voraussetzungen

$$\delta Q = \frac{RT}{V}\,\mathrm{d}V + c(T)\,\mathrm{d}T,$$

wobei R die allgemeine Gaskonstante und $c(T)$ seine spezifische Wärme ist.
   a) Untersuchen Sie, ob δQ totales Differential einer Funktion der zwei Variablen (V, T) ist.
   b) Bestimmen Sie eine nur von T abhängende Funktion f so, daß die Differentialform $f(T) \cdot \delta Q$ totales Differential einer Funktion S von (V, T) ist.
   c) Wie lautet dann $S(V, T)$, wenn $c(T) - c_V = \mathrm{const.}$ ist (ideales Gas)? S ist die **Entropie** des Gases.

3.3 Mehrfache Integrale (Bereichsintegrale)

In diesem Abschnitt wird der Begriff des bestimmten Integrals auf Funktionen mehrerer Variablen übertragen.

3.3.1 Doppelintegrale

Es sei $G \subset \mathbb{R}^2$ eine beschränkte abgeschlossene (nichtleere) Menge und f eine auf G definierte beschränkte Funktion. Wir gehen von folgendem Problem aus, das dem Flächeninhaltsproblem aus dem Abschnitt Integralrechnung (Band 1, Abschnitt 9.1.1) entspricht: Es sei $f(P) \geq 0$ für alle $P \in G$. Wir wollen das Volumen V desjenigen Körpers bestimmen, der durch die Menge

$$\{(x, y, z) \in \mathbb{R}^3 \,|\, (x, y) \in G \text{ und } 0 \leq z \leq f(x, y)\}$$

beschrieben ist (Bild 3.54). Es handelt sich dabei um einen »Zylinder«, der senkrecht auf der x, y-Ebene steht und nach oben durch die Fläche mit der Gleichung $z = f(x, y)$ und nach unten durch die x, y-Ebene begrenzt ist und dessen horizontaler »Querschnitt« G ist. Um das genannte Volumen-Problem zu lösen, werden wir analog zur Flächenberechnung (Band 1, Abschnitt 9.1.2) vorgehen. Dabei ist, wie auch dort, unwesentlich, ob $f(P) \geq 0$ in G, doch nur in diesem Fall lösen wir dieses Volumenproblem (s. Band 1, Definition 9.1, Bemerkung 3).

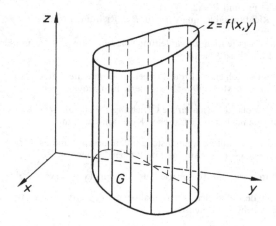

Bild 3.54: Der Körper, dessen Volumen bestimmt werden soll

Wir »zerlegen« G in Teilbereiche $g_1, g_2, \ldots, g_n$ und berechnen als Näherung für das gesuchte Volumen die Summe der Volumina der »Säulen« aus Bild 3.55, die nach oben waagerecht begrenzt sind. Genauer:

1. Z sei eine Zerlegung von G in n nichtleere Teilmengen $g_1, \ldots, g_n$, für die folgendes gilt:

   a) Jede Teilmenge g_i hat einen Flächeninhalt, den wir mit Δg_i bezeichnen.
   b) Die Vereinigung aller g_i ist G.
   c) Die g_i sind paarweise disjunkt, d.h. aus $i \neq j$ folgt $g_i \cap g_j = \emptyset$.

d) Sei $\delta_i = \sup\{|P - Q|\,|\,P \in g_i$ und $Q \in g_i\}$; dann heiße $d = d(Z) = \max\{\delta_i\,|\,i = 1, 2, \ldots, n\}$ das **Feinheitsmaß** der Zerlegung Z.

2. a) In jeder Menge g_i wird ein »Zwischenpunkt« $P_i \in g_i$ gewählt und das Produkt $f(P_i) \cdot \Delta g_i$ gebildet.

   b) Es wird die zur gewählten Zerlegung Z und zu den gewählten Zwischenpunkten gehörige »Riemannsche Zwischensumme«

   $$S = S(Z) = \sum_{i=1}^{n} f(P_i) \cdot \Delta g_i \qquad (3.82)$$

   gebildet (sie ist eine Näherung für das gesuchte Volumen).

Bild 3.55 zeigt die Menge G in der x, y-Ebene (hier der Einfachheit wegen ein Rechteck) und eine Menge g_i der Zerlegung Z (ebenfalls als Rechteck gezeichnet). In g_i liegt der Punkt P_i. Über g_i sind zwei Säulen eingezeichnet: Eine wird durch die Fläche mit der Gleichung $z = f(x, y)$ begrenzt, die andere durch eine horizontale Ebene in der Höhe $f(P_i)$. Ihre Volumina sind etwa gleich, letztere hat das Volumen $f(P_i) \cdot \Delta g_i$ (Höhe mal Grundfläche). Das Bild entspricht Bild 9.5 aus Band 1.

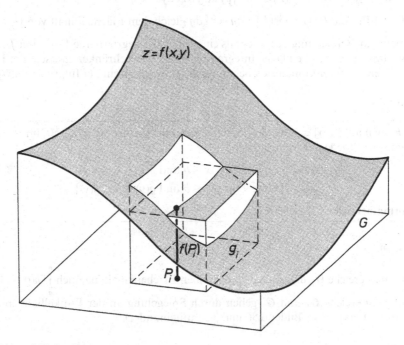

Bild 3.55: Die zwei Säulen über g_i

Nach diesen Vorbereitungen schließen wir die Definition des Integrals einer Funktion zweier Variablen an, das eine Verallgemeinerung der Definition des bestimmten Integrals von Funktionen einer Veränderlichen ist (Band 1, Definition 9.1):

Definition 3.33

> Die Funktion f sei auf der abgeschlossenen beschränkten Menge $G \subset \mathbb{R}^2$ definiert und beschränkt. Dann heißt f über G **integrierbar**, wenn es eine Zahl I gibt, so daß zu jedem $\varepsilon > 0$ ein $\delta > 0$ existiert, so daß für jede Zerlegung Z, deren Feinheitsmaß $d(Z) < \delta$ ist, und für jede Wahl der Zwischenpunkte P_i gilt: $|S(Z) - I| < \varepsilon$.
>
> Die Zahl I nennt man das **Integral** von f über G.
>
> Schreibweise: $I = {}^G\!\int f \,\mathrm{d}g$.

Bemerkungen:

1. ${}^G\!\int f \,\mathrm{d}g$ wird auch **Doppelintegral** oder **zweifaches Integral** genannt. Der Grund hierfür ist in Formel (3.83) zu sehen.

2. Weitere Namen sind **Bereichsintegral, Gebietsintegral**. Die Menge G heißt der **Integrationsbereich**. Es sind folgende weitere Schreibweisen verbreitet:

$$
{}^G\!\int f \,\mathrm{d}g = {}_G\!\int f \,\mathrm{d}g = {}^G\!\iint f(P) \,\mathrm{d}g = {}^G\!\iint f(x,y) \,\mathrm{d}x\,\mathrm{d}y.
$$

3. Ist $f(P) = 1$ für alle $P \in G$, so ist ${}^G\!\int f \,\mathrm{d}g = {}^G\!\int \mathrm{d}g$ gleich dem Flächeninhalt von G.

Um Formeln zur Berechnung des Integrals einer über G integrierbaren Funktion f zu erhalten, werden wir uns auf gewisse einfache Integrationsbereiche beschränken müssen. Bei Funktionen einer Variablen beschränkt man sich bekanntlich von vornherein auf Intervalle $[a,b] \subset \mathbb{R}$.

Definition 3.34

> g und h seien auf $[a,b] \subset \mathbb{R}$ definierte stetige Funktionen, für die $g(t) \leqq h(t)$ für alle $t \in [a,b]$ gilt. Dann heißt jede der Mengen
>
> $$
> G_1 = \{(x,y) \in \mathbb{R}^2 \mid a \leqq x \leqq b \text{ und } g(x) \leqq y \leqq h(x)\}
> $$
> $$
> G_2 = \{(x,y) \in \mathbb{R}^2 \mid a \leqq y \leqq b \text{ und } g(y) \leqq x \leqq h(y)\}
> $$
>
> ein **Normalbereich** in der Ebene $\mathbb{R}^2$.

Bemerkungen:

1. Die Normalbereiche G_1 und G_2 haben denselben Flächeninhalt, nämlich $\int_a^b [h(t) - g(t)] \,\mathrm{d}t$.

2. Die Normalbereiche G_1 und G_2 gehen durch Spiegelung an der Winkelhalbierenden $y = x$ auseinander hervor (vgl. Bilder 3.56 und 3.57 miteinander).

Beispiel 3.66

Sei $h(t) = \dfrac{t^2}{4}$ und $g(t) = -\sin t$ und $[a,b] = [0,2]$. Dann sind

$$
G_1 = \left\{(x,y) \in \mathbb{R}^2 \,\middle|\, 0 \leqq x \leqq 2 \text{ und } -\sin x \leqq y \leqq \frac{x^2}{4}\right\}
$$

und

$$G_2 = \left\{ (x, y) \in \mathbb{R}^2 \,\middle|\, 0 \leqq y \leqq 2 \text{ und } -\sin y \leqq x \leqq \frac{y^2}{4} \right\},$$

die in Bild 3.56 und 3.57 skizzierten Normalbereiche.

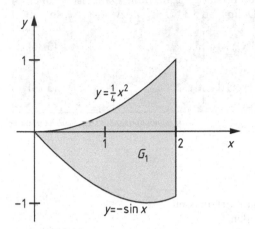

Bild 3.56: Zu Beispiel 3.66

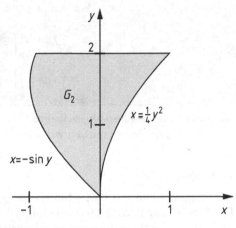

Bild 3.57: Zu Beispiel 3.66

Beispiel 3.67

Der Kreis aus Bild 3.58 ist ein Normalbereich, da er sich wie folgt beschreiben läßt:

$$\left\{ (x, y) \in \mathbb{R}^2 \,\middle|\, -2 \leqq x \leqq 2 \text{ und } -\sqrt{4 - x^2} \leqq y \leqq \sqrt{4 - x^2} \right\}.$$

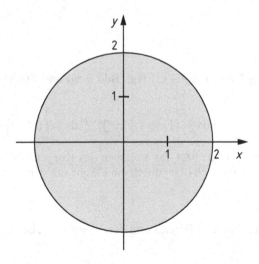

Bild 3.58: Zu Beispiel 3.67

Der folgende Satz enthält eine Existenzaussage und eine Berechnungsformel für Gebietsintegrale:

Satz 3.19

$G \subset \mathbb{R}^2$ sei ein Normalbereich und f eine auf G stetige Funktion. Dann ist f über G integrierbar. Ist mit den Bezeichnungen aus Definition 3.34 $G = G_1$ bzw. $G = G_2$, so gilt

$$^{G_1}\!\int f \, dg = \int_a^b \left[\int_{g(x)}^{h(x)} f(x,y)\,dy \right] dx, \tag{3.83}$$

$$^{G_2}\!\int f \, dg = \int_a^b \left[\int_{g(y)}^{h(y)} f(x,y)\,dx \right] dy. \tag{3.84}$$

Auf den Beweis des Satzes müssen wir verzichten.

Bemerkungen:

1. Die Klammern um das innere Integral pflegt man fortzulassen.
2. Die Berechnung nach (3.83) erfolgt folgendermaßen:
   a) Man integriert $f(x,y)$ »nach y«, d.h. man betrachtet x bez. dieser Integration als Konstante, setzt dann für y die obere Grenze $h(x)$ bzw. untere Grenze $g(x)$ ein und bildet die entsprechende Differenz wie beim bestimmten Integral.
   b) Das dann entstandene Integral ist ein gewöhnliches Integral für eine Funktion einer Variablen x, erstreckt über $[a,b]$.
3. Wenn f in G nicht-negativ ist, so ist $^G\!\int f \, dg$ das Volumen des oben beschriebenen Körpers; wenn $f(P) = 1$ für alle $P \in G$ gilt, so ist $^G\!\int f \, dg = {}^G\!\int dg = \int_a^b [h(x) - g(x)]\,dx$ der Flächeninhalt von G.

Beispiel 3.68

Es sei $G = \{(x,y) \mid 1 \leq x \leq 3 \text{ und } 1 \leq y \leq x^2\}$ (vgl. Bild 3.59) und $f(x,y) = x^2 + xy$. Dann erhält man

$$^G\!\int f \, dg = \int_1^3 \int_1^{x^2} (x^2 + xy)\,dy\,dx = \int_1^3 [x^2 y + \tfrac{1}{2} xy^2]_{y=1}^{y=x^2}\,dx = \int_1^3 (x^4 + \tfrac{1}{2} x^5 - x^2 - \tfrac{1}{2} x)\,dx = 98{,}4.$$

Da $f(x,y) \geq 0$ für alle $(x,y) \in G$, ist 98,4 das Volumen des Körpers, der in der x,y-Ebene durch G nach unten begrenzt ist und nach oben durch die Fläche mit der Gleichung $z = x^2 + xy$.

Beispiel 3.69

Es sei G der in Bild (3.60) skizzierte Bereich und $f(x,y) = x$. Man berechne $^G\!\int f \, dg$.

Es ist

$$G = \{(x,y) \mid 0 \leq x \leq 1 \text{ und } -x \leq y \leq x^2\}.$$

Daher erhält man

$$^G\!\!\int f\,dg = \int\limits_0^1 \int\limits_{-x}^{x^2} x\,dy\,dx = \int\limits_0^1 (x^2 + x)\cdot x\,dx = \tfrac14 + \tfrac13 = \tfrac{7}{12}.$$

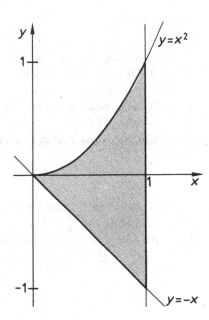

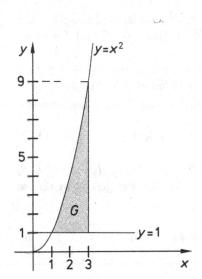

Bild 3.59: Zu Beispiel 3.68   **Bild 3.60:** Zu Beispiel 3.69

Ist der Integrationsbereich G ein Rechteck, also alle vier Integrationsgrenzen konstant, so kommt es auf die Reihenfolge der Integrationen in (3.83) nicht an. Es kann aber sein, daß man zuerst nach x integriert und dann nach y, während es umgekehrt nicht möglich ist. So ist z.B. $\int\limits_0^{2\pi} \int\limits_0^1 e^{x^2}\cdot\sin y\,dx\,dy$ in dieser Integrationsreihenfolge nicht zu bestimmen (da e^{x^2} nicht elementar zu integrieren ist), aber dieses Integral ist gleich

$$\int\limits_0^1 \int\limits_0^{2\pi} e^{x^2}\cdot\sin y\,dy\,dx = -\int\limits_0^1 e^{x^2}\cdot(\cos 2\pi - \cos 0)\,dx = 0.$$

Zur Integration von Funktionen f einer Variablen erweist sich die Substitutionsregel in vielen Fällen als zweckmäßig (Band 1, Satz 9.25). Die Substitutionsregel lautet $\int\limits_a^b f(x)\,dx = \int\limits_\alpha^\beta f(g(t))\cdot g'(t)\,dt$ (wenn f über $[a,b]$ integrierbar ist, g auf $[\alpha,\beta]$ stetig differenzierbar und umkehrbar und $g(\alpha) = a$ und $g(\beta) = b$ gilt). Für Funktionen zweier Variablen x, y werden Substitutionen durch ein Paar von Gleichungen beschrieben: $x = x(u,v)$, $y = y(u,v)$ [Polarkoordinaten z.B. $x = x(r,\varphi) = r\cdot\cos\varphi$, $y = y(r,\varphi) = r\cdot\sin\varphi$]. Ziel ist dabei, a) den Integranden zu vereinfachen oder b) die den Integrationsbereich beschreibenden Ungleichungen zu vereinfachen. Dieser zweite Gesichtspunkt – fast der wichtigere–fehlt bei Funktionen einer Variablen völlig: Sowohl $[a,b]$ als auch $[\alpha,\beta]$ sind

Intervalle. Es erhebt sich die Frage: Durch welchen Ausdruck ist dann dg zu ersetzen? (Bei einer Variablen ist dx durch $g'(t)\,\mathrm{d}t$ zu ersetzen). Wir beschränken uns hier auf den praktisch wichtigsten Fall der Polarkoordinaten, durch die Kreise, Ringe u.ä. einfach zu beschreiben sind. Der folgende Satz entspricht Satz 3.19 und wird hier ebenfalls ohne Beweis angegeben:

Satz 3.20

Die Funktion f sei auf der abgeschlossenen Menge $G \subset \mathbb{R}^2$ definiert und stetig. g und h seien auf $[a, b]$ definierte stetige Funktionen, für alle $t \in [a, b]$ sei $g(t) \le h(t)$. Ferner sei $x = r \cdot \cos \varphi$, $y = r \cdot \sin \varphi$.

a) Wenn G beschrieben wird durch die Ungleichungen $a \le r \le b$ und $g(r) \le \varphi \le h(r)$ (wobei $a \ge 0$ und $0 \le g(r) \le 2\pi$ und $0 \le h(r) \le 2\pi$ für alle $r \in [a, b]$ vorausgesetzt werden), so ist f über G integrierbar, und es gilt

$$^{G}\!\!\int\!\! f\,\mathrm{d}g = \int\limits_{a}^{b} \int\limits_{g(r)}^{h(r)} f(r \cdot \cos\varphi, r \cdot \sin\varphi) \cdot r\,\mathrm{d}\varphi\,\mathrm{d}r. \tag{3.85}$$

b) Wenn G beschrieben wird durch die Ungleichungen $a \le \varphi \le b$ und $g(\varphi) \le r \le h(\varphi)$ (wobei $0 \le a \le b \le 2\pi$ und $0 \le g(\varphi)$ für alle $\varphi = [a, b]$ vorausgesetzt werde), so ist f über G integrierbar, und es gilt

$$^{G}\!\!\int\!\! f\,\mathrm{d}g = \int\limits_{a}^{b} \int\limits_{g(\varphi)}^{h(\varphi)} f(r \cdot \cos\varphi, r \cdot \sin\varphi) \cdot r\,\mathrm{d}r\,\mathrm{d}\varphi. \tag{3.86}$$

Bemerkung:

Der Ausdruck $r\,\mathrm{d}r\,\mathrm{d}\varphi$ ist hier für dg einzusetzen, die Grenzen sind die von G in Polarkoordinaten. Man nennt d$g = r\,\mathrm{d}r\,\mathrm{d}\varphi$ das »Flächenelement« in Polarkoordinaten.

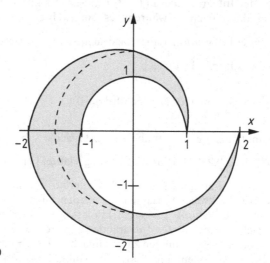

Bild 3.61: Zu Beispiel 3.70

Beispiel 3.70

Der in Polarkoordinaten durch die Ungleichungen $1 \leqq r \leqq 2$ und $(r-1)\pi \leqq \varphi \leqq r\pi$ beschriebene Bereich G der x, y-Ebene ist in Bild 3.61 skizziert. Wir wollen den Inhalt von G berechnen. Zur Skizze: Wenn $r = 1$ (untere Grenze), das sind Punkte eines Kreisbogens vom Radius 1 um $(0, 0)$, so »läuft« φ von $(r-1)\pi = 0$ bis $r\pi = \pi$ ($0°$ bis $180°$). Wenn $r = \frac{3}{2}$, das sind Punkte des gestrichelt gezeichneten Kreises, so läuft φ von $(r-1)\pi = \frac{1}{2}\pi$ bis $r\pi = \frac{3}{2}\pi$. Wenn $r = 2$ (obere Grenze), so läuft φ entsprechend von π bis 2π. Für andere Werte von r, die zwischen 1 und 2 liegen, ergeben sich entsprechende Laufbereiche für den Winkel φ.

Der Inhalt von G ist nach Bemerkung 3 zu Satz 3.19 gleich $^G\!\int dg$. In Polarkoordinaten ist $dg = r\, dr\, d\varphi$ und daher aufgrund der Grenzen:

$$^G\!\int dg = \int_1^2 \int_{(r-1)\pi}^{r\pi} r\, d\varphi\, dr = \pi \int_1^2 r\, dr = \tfrac{3}{2}\pi.$$

Beispiel 3.71

Es soll das Volumen V des Kegels aus Beispiel 3.9 berechnet werden. Der Bereich G in der x, y-Ebene wird in Polarkoordinaten durch die Ungleichungen $0 \leqq r \leqq R$ und $0 \leqq \varphi \leqq 2\pi$ beschrieben. Vom Volumen des Zylinders der Höhe h, das $R^2 h \pi$ beträgt, subtrahieren wir das Volumen V^* des Körpers, der nach unten durch den Bereich G und nach oben durch die Fläche, deren Gleichung in Polarkoordinaten $z = \dfrac{h}{R} r$ lautet, begrenzt wird (s. Beispiel 3.9). Es ist $V^* = {}^G\!\int \dfrac{h}{R} r\, dg$ mit $dg = r\, dr\, d\varphi$, also

$$V^* = \int_0^R \int_0^{2\pi} \frac{h}{R} r^2\, d\varphi\, dr = \int_0^R \frac{h}{R} r^2 \cdot 2\pi\, dr = \tfrac{2}{3}\pi R^2 h,$$

so daß $V = R^2 h \pi - V^* = \dfrac{\pi}{3} R^2 h$ ist, eine bekannte Formel für das Volumen eines geraden Kreiskegels.

Beispiel 3.72

Es ist das Volumen des in Bild 3.62 dargestellten Körpers zu berechnen: Aus dem Körper, dessen obere Begrenzungsfläche die Gleichung $z = 1 - x^2 - y^2$ hat (Paraboloid), ist ein zylindrisches Loch gebohrt worden, dessen Achse zur z-Achse parallel ist und das den Durchmesser 1 hat.

Wir berechnen zunächst das Volumen V des herausgebohrten Teiles. Es wird nach unten durch den Kreis G in der x, y-Ebene begrenzt und nach oben durch die Fläche mit der Gleichung $z = 1 - x^2 - y^2$. Daher ist

$$V = {}^G\!\int (1 - x^2 - y^2)\, dg. \tag{3.87}$$

Wir verwenden Polarkoordinaten. Dann ist $z = 1 - r^2$, $dg = r\, dr\, d\varphi$ und die obere Hälfte von G wird durch die Ungleichungen $0 \leqq \varphi \leqq \frac{1}{2}\pi$, $0 \leqq r \leqq \cos \varphi$ beschrieben (s. Bild 3.63). Daher folgt mit (3.87) aus Symmetriegründen

$$V = 2 \cdot \int_0^{\frac{1}{2}\pi} \int_0^{\cos\varphi} (1 - r^2) \cdot r\, dr\, d\varphi = 2 \int_0^{\frac{1}{2}\pi} (\tfrac{1}{2}\cos^2\varphi - \tfrac{1}{4}\cos^4\varphi)\, d\varphi = \tfrac{5}{32}\pi.$$

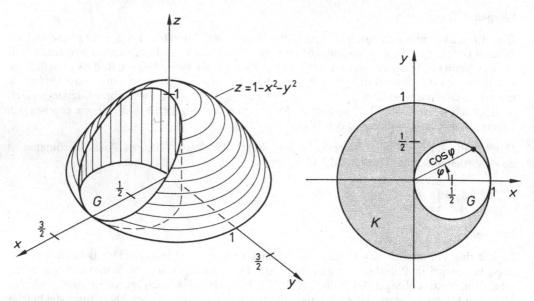

Bild 3.62: Zu Beispiel 3.72   **Bild 3.63:** Zu Beispiel 3.72: Draufsicht

Das Volumen des Paraboloids ohne die Bohrung ist $^K\!\int (1 - x^2 - y^2)\,\mathrm{d}g$, worin K der Einheitskreis ist, in Polarkoordinaten: $0 \leqq \varphi \leqq 2\pi$, $0 \leqq r \leqq 1$. Daher ist dessen Volumen gleich

$$\int\limits_0^{2\pi} \int\limits_0^1 (1 - r^2) r \, \mathrm{d}r \, \mathrm{d}\varphi = \tfrac{1}{2}\pi.$$

Das Volumen des genannten Restkörpers ist die Differenz $\tfrac{1}{2}\pi - \tfrac{5}{32}\pi = \tfrac{11}{32}\pi$.

3.3.2 Dreifache Integrale

Bei der Einführung von Doppelintegralen im vorigen Abschnitt ließen wir uns vom geometrisch-anschaulichen Begriff »Volumen« leiten. Um zu dreifachen Integralen – die für Anwendungen wichtiger sind – zu gelangen, können wir uns von geometrischen Problemen nicht mehr leiten lassen. Die Anwendungsbeispiele im folgenden Abschnitt illustrieren jedoch, daß der nun einzuschlagende Weg zu wichtigen und sinnvollen Begriffen führt. Wir werden nämlich die Definition 3.33 wörtlich übernehmen.

Vorbemerkung:

$G \subset \mathbb{R}^3$ sei eine nichtleere beschränkte abgeschlossene Menge und f eine auf G definierte beschränkte Funktion. Wir zerlegen G in Teilmengen $g_1, \ldots, g_n$, die dieselben Eigenschaften wie die unter 1) zu Beginn des vorigen Abschnittes genannten haben mögen (dabei ist natürlich jeweils »Flächeninhalt« durch »Rauminhalt« zu ersetzen). Die Punkte 2) und 3) aus jenem Abschnitt übernehmen wir wörtlich (die Riemannsche Zwischensumme hat allerdings keine geometrische Bedeutung mehr). Die Definition 3.33 wird wörtlich übernommen, man ersetze nur $\mathbb{R}^2$ durch $\mathbb{R}^3$.

Bemerkungen:

1. Es ist weitgehend üblich, die Menge $G \subset \mathbb{R}^3$ mit V (»Volumen«) oder K (»Körper«) zu bezeichnen und dann statt $^G\!\int f\,dg$ zu schreiben $^V\!\int f\,dv$ oder $^K\!\int f\,dk$, auch $^K\!\int f\,dV$ ist eine verbreitete Schreibweise.

2. $^K\!\int f\,dk$ wird **dreifaches Integral** von f über K genannt, K sein Integrationsbereich.

3. $^K\!\int dk$ ist das Volumen des Körpers K.

Um zu Berechnungsformeln, die (3.83) und (3.84) entsprechen, zu gelangen, werden wir uns wieder auf Normalbereichen entsprechende Bereiche $K \subset \mathbb{R}^3$ beschränken.

Definition 3.35

Es seien f_1 und f_2 in $[a,b] \subset \mathbb{R}$ und g_1 und g_2 in

$$G = \{(x,y) \in \mathbb{R}^2 | x \in [a,b] \text{ und } f_1(x) \leq y \leq f_2(x)\}$$

stetige Funktionen. Dann heißt die Menge

$$K = \{(x,y,z) \in \mathbb{R}^3 | a \leq x \leq b \text{ und } f_1(x) \leq y \leq f_2(x) \text{ und } g_1(x,y) \leq z \leq g_2(x,y)\}$$

ein **Normalbereich** in $\mathbb{R}^3$ (vgl. Bild 3.64).

Bemerkung:

Vertauscht man in den definierenden Ungleichungen x, y und z untereinander, so entstehen weitere Mengen, die man auch Normalbereiche nennt, der Leser möge sich alle 6 möglichen Fälle veranschaulichen!

Durch den folgenden Satz werden Integrale über Normalbereiche auf drei »verschachtelte« Integrale zurückgeführt:

Satz 3.21

Die Funktion f sei auf dem Normalbereich K aus Definition 3.35 stetig. Dann ist f über K integrierbar, und es gilt

$$^K\!\int f\,dk = \int_a^b \int_{f_1(x)}^{f_2(x)} \int_{g_1(x,y)}^{g_2(x,y)} f(x,y,z)\,dz\,dy\,dx. \tag{3.88}$$

Bemerkungen:

1. Die Berechnung dieses Integrals erfolgt durch Integration »von innen heraus«, völlig analog zum Vorgehen bei doppelten Integralen, man hat lediglich eine Integration mehr auszuführen.

2. Bei den anderen fünf möglichen Normalbereichen sind die Integrationen nach z, y und x entsprechend zu vertauschen.

3. Wenn $f(P) = 1$ für alle $P \in K$, so erhält man mit

$$^K\!\!\int f \, dk = \int\limits_a^b \int\limits_{f_1(x)}^{f_2(x)} [g_2(x, y) - g_1(x, y)] \, dy \, dx,$$

wie oben schon bemerkt, das Volumen von K.

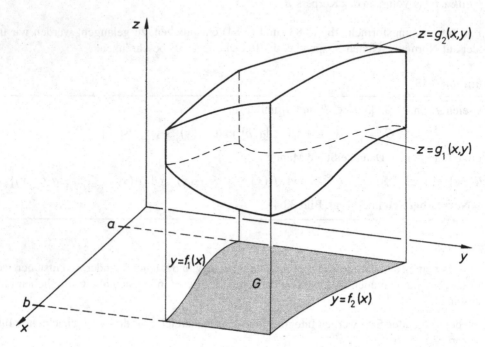

Bild 3.64: Der Normalbereich $K = \{(x, y, z) | a \le x \le b \text{ und } f_1(x) \le y \le f_2(x) \text{ und } g_1(x, y) \le z \le g_2(x, y)\}$

Beispiel 3.73

Es sei

$$K = \{(x, y, z) \in \mathbb{R}^3 | 0 \le x \le 2 \text{ und } 0 \le y \le x \text{ und } 0 \le z \le x + y + 1\}$$

und $f(x, y, z) = 2xz + y^2$. Dann ist

$$^K\!\!\int f \, dk = \int\limits_0^2 \int\limits_0^x \int\limits_0^{x+y+1} (2xz + y^2) \, dz \, dy \, dx = \int\limits_0^2 \int\limits_0^x \left[2x \cdot \frac{z^2}{2} + y^2 z \right]_{z=0}^{z=x+y+1} dy \, dx$$

$$= \int\limits_0^2 \int\limits_0^x [x \cdot (x + y + 1)^2 + y^2 \cdot (x + y + 1)] \, dy \, dx$$

$$= \int\limits_0^2 \left[x^4 + \frac{x^4}{3} + x^2 + x^4 + 2x^3 + x^3 + \frac{x^4}{3} + \frac{x^4}{4} + \frac{x^3}{3} \right] dx = \tfrac{104}{3}.$$

Beispiel 3.74

Es sei $K = \left\{ (x, y, z) \,\middle|\, 0 \leq x \leq \dfrac{\pi}{2} \text{ und } x \leq y \leq 2 \text{ und } 0 \leq z \leq y \right\}$ und $f(x, y, z) = e^z \cdot \sin x - y$.

Dann erhält man

$$
{}^K\!\!\int f \, dk = \int\limits_0^{\frac{\pi}{2}} \int\limits_x^{2} \int\limits_0^{y} [e^z \cdot \sin x - y] \, dz \, dy \, dx = \int\limits_0^{\frac{\pi}{2}} \int\limits_x^{2} [e^z \cdot \sin x - y \cdot z]_{z=0}^{z=y} \, dy \, dx
$$

$$
= \int\limits_0^{\frac{\pi}{2}} \int\limits_x^{2} [e^y \cdot \sin x - y^2 - \sin x] \, dy \, dx
$$

$$
= \int\limits_0^{\frac{\pi}{2}} [e^2 \sin x - \tfrac{8}{3} - 2 \cdot \sin x - e^x \sin x + \tfrac{1}{3} x^3 + x \cdot \sin x] \, dx
$$

$$
= e^2 - \tfrac{4}{3}\pi - 2 - \tfrac{1}{2} e^{\pi/2} - \tfrac{1}{2} + \tfrac{\pi^4}{12 \cdot 16} + 1 = -0{,}1976\ldots
$$

Wird im dreifachen Integral ${}^K\!\!\int f \, dk$ eine Substitution der Variablen x, y, z durchgeführt, z.B. durch Verwendung von Zylinder- oder Kugelkoordinaten, so ergeben sich die Grenzen als entsprechende Grenzen der neuen Variablen. Es bleibt die Frage, durch welchen Ausdruck dk zu ersetzen ist. Es gilt der

Satz 3.22

Es seien g_1 und g_2 auf $[a, b] \subset [0, \infty)$ stetige Funktionen, für die für alle $u \in [a, b]$ gilt $0 \leq g_1(u) \leq g_2(u) \leq 2\pi$. Ferner seien h_1 und h_2 auf

$$
G = \{ (u, v) \,|\, a \leq u \leq b \text{ und } g_1(u) \leq v \leq g_2(u) \}
$$

stetige Funktionen. Es sei $K \subset \mathbb{R}^3$ in Zylinderkoordinaten durch die Ungleichungen

$$
a \leq r \leq b, \quad g_1(r) \leq \varphi \leq g_2(r), \quad h_1(r, \varphi) \leq z \leq h_2(r, \varphi)
$$

beschrieben und f eine auf K stetige Funktion. Dann gilt

$$
{}^K\!\!\int f \, dk = \int\limits_a^{b} \int\limits_{g_1(r)}^{g_2(r)} \int\limits_{h_1(r, \varphi)}^{h_2(r, \varphi)} f(x, y, z) \cdot r \, dz \, d\varphi \, dr,
$$

wobei $x = r \cdot \cos \varphi$ und $y = r \cdot \sin \varphi$ zu setzen ist.

Bemerkung:

Das Wesentliche ist, daß in Zylinderkoordinaten

$$
dk = r \, dr \, d\varphi \, dz \tag{3.89}
$$

ist. Das gilt auch, wenn K durch ein System von drei Ungleichungen in anderer Reihenfolge beschrieben ist. $r \, dr \, d\varphi \, dz$ heißt auch Volumenelement in Zylinderkoordinaten, s. Bild 3.65.

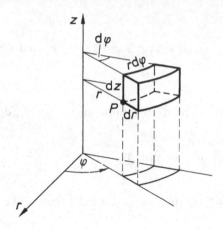

Bild 3.65: Volumenelement in Zylinderkoordinaten

Beispiel 3.75

Das in Bild 3.66 schraffierte Flächenstück rotiere um die z-Achse, der entstehende Körper sei K. Man berechne $^K\!\!\int f\,\mathrm{d}k$ für $f(x,y,z) = x^2 + y^2$.

Lösung: In Zylinderkoordinaten wird der Körper K durch die Ungleichungen $0 \leqq r \leqq 1$, $0 \leqq \varphi \leqq 2\pi$, $\sqrt{r} \leqq z \leqq 1$ beschrieben, ferner ist dann $f(x,y,z) = r^2$. Daher bekommt man

$$^K\!\!\int f\,\mathrm{d}k = \int\limits_0^1 \int\limits_0^{2\pi} \int\limits_{\sqrt{r}}^1 r^2 \cdot r\,\mathrm{d}z\,\mathrm{d}\varphi\,\mathrm{d}r = \int\limits_0^1 \int\limits_0^{2\pi} r^3(1 - \sqrt{r})\,\mathrm{d}\varphi\,\mathrm{d}r = \tfrac{1}{18}\pi.$$

Zu demselben Ergebnis kommt man, wenn man ein anderes System von Ungleichungen zur Beschreibung heranzieht: $0 \leqq \varphi \leqq 2\pi$, $0 \leqq z \leqq 1$, $0 \leqq r \leqq z^2$. Man erhält dann nämlich

$$^K\!\!\int f\,\mathrm{d}k = \int\limits_0^{2\pi} \int\limits_0^1 \int\limits_0^{z^2} r^2 \cdot r\,\mathrm{d}r\,\mathrm{d}z\,\mathrm{d}\varphi = \int\limits_0^{2\pi} \int\limits_0^1 \tfrac{1}{4}z^8\,\mathrm{d}z\,\mathrm{d}\varphi = \tfrac{1}{18}\pi.$$

Verwendet man Kugelkoordinaten: $x = r\cdot\cos\varphi\sin\vartheta$, $y = r\cdot\sin\varphi\cdot\sin\vartheta$, $z = r\cdot\cos\vartheta$, so gilt

$$\mathrm{d}k = r^2 \cdot \sin\vartheta\,\mathrm{d}\varphi\,\mathrm{d}\vartheta\,\mathrm{d}r, \tag{3.90}$$

dieses ist das Volumenelement in Kugelkoordinaten, s. Bild 3.67.

Beispiel 3.76

Es sei K die obere Hälfte der Kugel vom Radius R mit dem Mittelpunkt $(0,0,0)$ und $f(x,y,z) = x^2 + y^2 - xz$. Man berechne das Integral von f über K.

Wir verwenden Kugelkoordinaten. Dann ist

$$f(x,y,z) = r^2 \cdot \sin^2\vartheta - r^2 \cdot \cos\varphi \cdot \sin\vartheta \cdot \cos\vartheta,$$

$$\mathrm{d}k = r^2 \cdot \sin\vartheta\,\mathrm{d}\varphi\,\mathrm{d}\vartheta\,\mathrm{d}r$$

$$K : 0 \leqq r \leqq R, \quad 0 \leqq \varphi \leqq 2\pi, \quad 0 \leqq \vartheta \leqq \tfrac{1}{2}\pi.$$

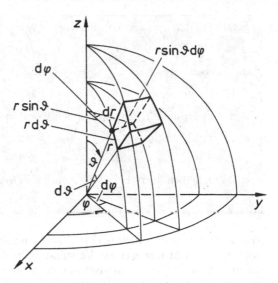

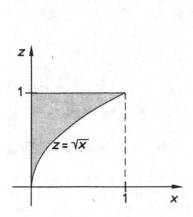

Bild 3.66: Zu Beispiel 3.75   **Bild 3.67:** Das Volumenelement in Kugelkoordinaten

Daher ergibt sich

$$^K\!\!\int f\,\mathrm{d}k = \int\limits_0^R \int\limits_0^{2\pi} \int\limits_0^{\frac{1}{2}\pi} (r^2\cdot\sin^2\vartheta - r^2\cdot\cos\varphi\cdot\sin\vartheta\cdot\cos\vartheta)\cdot r^2\cdot\sin\vartheta\,\mathrm{d}\vartheta\,\mathrm{d}\varphi\,\mathrm{d}r$$

$$= \tfrac{1}{5}R^5 \int\limits_0^{\frac{1}{2}\pi} \int\limits_0^{2\pi} (\sin^3\vartheta - \cos\varphi\cdot\sin^2\vartheta\cdot\cos\vartheta)\mathrm{d}\varphi\,\mathrm{d}\vartheta$$

$$= \tfrac{1}{5}R^5\cdot 2\pi\cdot \int\limits_0^{\frac{1}{2}\pi} \sin^3\vartheta\,\mathrm{d}\vartheta = \tfrac{4}{15}\pi R^5.$$

3.3.3 Anwendungen dreifacher Integrale: Masse, Schwerpunkt und Trägheitsmoment eines Körpers

Gegenstand dieses Abschnittes sind wichtige Anwendungsbeispiele mehrfacher Integrale. Im folgenden sei $K \subset \mathbb{R}^3$ ein Körper, der durch ein System von Ungleichungen beschrieben ist, wie dies im vorigen Abschnitt der Fall war. Der Körper sei inhomogen, im Punkt $P \in K$ betrage die Massendichte $\rho(P)$ (dabei setzen wir ρ als stetig in K voraus). ρ ist konstant, wenn es sich um einen homogenen Körper handelt. Im Rahmen der Statik und Dynamik solcher Körper sind insbesondere folgende Größen von Interesse: das Volumen des Körpers K, seine Gesamtmasse, sein Schwerpunkt und sein Trägheitsmoment in Bezug auf eine gegebene Drehachse. Es ergeben sich hierfür folgende Zahlen (wenn die Maßsysteme aufeinander abgestimmt sind):

Setzt man $dm = \rho dk$, so hat der Körper K mit der Massendichte ρ das Volumen

$$V = {}^K\!\!\int dk,$$ (3.91)

die Masse

$$M = {}^K\!\!\int dm,$$ (3.92)

den Schwerpunkt[1] (x_s, y_s, z_s) mit den Koordinaten

$$x_s = \frac{1}{M} \cdot {}^K\!\!\int x \, dm, \quad y_s = \frac{1}{M} \cdot {}^K\!\!\int y \, dm, \quad z_s = \frac{1}{M} \cdot {}^K\!\!\int z \, dm,$$ (3.93)

das Trägheitsmoment bez. der z-Achse als Drechachse[2]

$$\theta = {}^K\!\!\int (x^2 + y^2) \, dm.$$ (3.94)

Wir wollen diese Formeln herleiten und empfehlen dem Leser dringend, den Gedankengang nachzuvollziehen, um zu einem Verständnis dreifacher Integrale zu gelangen, das nützlich ist bei deren Anwendung auf naturwissenschaftlich-technische Problemstellungen. Da wir den Gedankengang nicht durch Beispiele unterbrechen wollen, folgen sie am Schluß dieses Abschnittes.

Bevor wir mit der Herleitung der Formeln beginnen, wiederholen wir folgende

Bemerkung:

Ist f über $K \subset \mathbb{R}^3$ integrierbar und $\varepsilon > 0$, so gibt es eine Zerlegung Z von K in die Teilmengen $k_i \subset K$ $(i = 1, \ldots, n)$, so daß für jede Wahl von Zwischenpunkten $P_i = (x_i, y_i, z_i) \in k_i$ gilt

$$|S - {}^K\!\!\int f \, dk| < \varepsilon,$$ (3.95)

wobei S die zugehörige Riemannsche Zwischensumme ist. Δk_i bezeichne im folgenden wieder das Volumen von k_i. Mit diesen Bezeichnungen leiten wir obige Formeln her.

Formel (3.91) ist bereits aus einer Bemerkung zu Beginn dieses Abschnittes bekannt.

Herleitung von (3.92)

1) Physikalischer Teil

Wir denken uns K zerlegt durch die k_i. Die Masse M ist dann die Summe der Massen Δm_i der Teile k_i. Wir tun so, als wäre die Massendichte in jedem k_i konstant und zwar so groß, wie im Punkte $P_i \in k_i$, also gleich $\rho(P_i)$. Wir ersetzen demzufolge Δm_i durch die Näherung $\rho(P_i)\Delta k_i$. Dann ist

$$S = \sum_{i=1}^{n} \rho(P_i)\Delta k_i$$ (3.96)

eine Näherung für M. Es gibt daher zu vorgegebenem $\varepsilon > 0$ eine Zerlegung Z von K, so daß $|S - M| < \varepsilon$ ist.

---

[1] Ist $\rho = 1$, so heißt dieser Punkt auch **geometrischer Schwerpunkt** oder Mittelpunkt.
[2] Vergleiche auch (3.103) bei beliebiger Drehachse.

2) Mathematischer Teil

Da die Funktion ρ auf K als stetig vorausgesetzt wurde, ist ρ über K integrierbar. Nach obiger Bemerkung existiert also eine Zerlegung Z, so daß auch

$$|S - {}^K\!\!\int \rho \, dk| < \varepsilon \tag{3.97}$$

ist. Wählen wir die unter 1) genannte Zerlegung so, daß auch die Ungleichung (3.97) gilt, so folgt aus der Dreiecksungleichung

$$|M - {}^K\!\!\int \rho \, dk| \le |M - S| + |S - {}^K\!\!\int \rho \, dk| < 2\varepsilon,$$

woraus die Behauptung folgt.

Herleitung von (3.93)

1) Physikalischer Teil

Der Schwerpunkt eines Körpers ist als derjenige Punkt definiert, in dem der Körper zu unterstützen ist, damit er unter dem Einfluß der Schwerkraft im Gleichgewicht ist. Der Teil k_i bewirkt ein Moment M_i in bezug auf die zur y, z-Ebene parallele Ebene E mit der Gleichung $x = c$, das das Produkt aus der Masse Δm_i von k_i und seinem Abstand von E ist, der positiv zu rechnen ist, wenn $x_i < c$ und negativ, wenn $x_i > c$ ist. Die Masse Δm_i von k_i ersetzen wir wieder durch $\rho(P_i) \cdot \Delta k_i$ und erhalten für M_i die Näherung $(c - x_i) \cdot \rho(P_i) \cdot \Delta k_i$, für das Gesamtmoment M_c mithin die Näherung

$$S = \sum_{i=1}^{n} (c - x_i) \cdot \rho(P_i) \cdot \Delta k_i. \tag{3.98}$$

Auch hier gilt für hinreichend feine Zerlegungen von K die Ungleichung $|M_c - S| < \varepsilon$.

2) Mathematischer Teil

In S erkennt man eine Riemannsche Zwischensumme (zur genannten Zerlegung) für die stetige Funktion f mit $f(x, y, z) = (c - x) \cdot \rho(x, y, z)$. Nach demselben Schluß, wie er bei der Herleitung von (3.92) gemacht wurde, erhält man

$$|M_c - {}^K\!\!\int f \, dk| < 2\varepsilon \tag{3.99}$$

und daher, da $\varepsilon > 0$ beliebig ist, daß die linke Seite in (3.99) verschwindet, also

$$M_c = {}^K\!\!\int (c - x)\rho \, dk \tag{3.100}$$

gilt. Dieses Moment ist nach Definition genau dann Null, wenn $c = x_s$ ist, wenn also

$${}^K\!\!\int x_s \cdot \rho \, dk = {}^K\!\!\int x \cdot \rho \, dk \tag{3.101}$$

ist. Zieht man die Zahl x_s vor das links stehende Integral, so folgt durch Auflösung nach x_s wegen (3.92) und $\rho \, dk = dm$ die Behauptung. Analog beweist man die Formeln für y_s und z_s. Es sei noch bemerkt, daß (3.100) die Formel für das oben näher bezeichnete Gesamtmoment M_c von K bez. E ist.

Herleitung von (3.94)

1) Physikalischer Teil

Das Trägheitsmoment eines Massenpunktes mit der Masse m im Abstand a von der Drehachse ist nach Definition die Zahl $a^2 m$. Das Trägheitsmoment des Teiles k_i wird wie folgt angenähert: a) Die Masse Δm_i von k_i wird wieder durch $\rho(P_i) \cdot \Delta k_i$ ersetzt und b) der Abstand durch den Abstand des Punktes P_i von der Drehachse, da diese die z-Achse ist, also durch $\sqrt{x_i^2 + y_i^2}$. Daher ist

$$(x_i^2 + y_i^2) \cdot \rho(P_i) \cdot \Delta k_i$$

eine Näherung für jenes Trägheitsmoment des Teiles k_i und mithin ist die Zahl

$$S = \sum_{i=1}^{n} (x_i^2 + y_i^2) \cdot \rho(P_i) \cdot \Delta k_i \tag{3.102}$$

eine Näherung für θ. Bei hinreichend feiner Zerlegung kann man daher erreichen, daß $|S - \theta| < \varepsilon$ ist.

2) Mathematischer Teil

Man erkennt, daß S Riemannsche Zwischensumme (zur gewählten Zerlegung) der Funktion f mit $f(x, y, z) = (x^2 + y^2) \cdot \rho(x, y, z)$ ist und nach dem schon mehrfach gemachten Schluß hat man

$$|\theta - {}^K\!\!\int f \, \mathrm{d}k| < 2\varepsilon,$$

woraus die Behauptung folgt.

Diese Herleitung liefert noch folgende Formel: Dreht sich ein Körper K um eine Achse, so ist sein Trägheitsmoment bez. dieser Achse

$$\theta = {}^K\!\!\int a^2 \mathrm{d}m, \tag{3.103}$$

wobei a der Abstand von $\mathrm{d}m$ von der Drehachse ist.

Beispiel 3.77

Aus einer Kugel vom Radius R wird ein Zylinder vom Radius a herausgebohrt ($0 \leq a \leq R$), dessen Achse durch den Kugelmittelpunkt geht (s. Bild 3.68). Wir wollen das Volumen des verbleibenden Teiles berechnen. Hierzu legen wir die Kugel mit ihrem Mittelpunkt nach $(0, 0, 0)$, dann wird sie in Zylinderkoordinaten durch

$$0 \leq r \leq R, \quad 0 \leq \varphi \leq 2\pi, \quad -\sqrt{R^2 - r^2} \leq z \leq \sqrt{R^2 - r^2}$$

beschrieben. Der herausgebohrte Zylinder habe die z-Achse als Symmetrieachse, er wird in Zylinderkoordinaten durch die Ungleichungen

$$0 \leq r \leq a, \quad 0 \leq \varphi \leq 2\pi, \quad -\sqrt{R^2 - r^2} \leq z \leq \sqrt{R^2 - r^2}$$

beschrieben. Der von der Kugel übrig bleibende Teil K ist daher durch

$$a \leq r \leq R, \quad 0 \leq \varphi \leq 2\pi, \quad -\sqrt{R^2 - r^2} \leq z \leq \sqrt{R^2 - r^2}$$

beschrieben. Sein Volumen ist wegen $dk = r \cdot dr\, d\varphi\, dz$ in Zylinderkoordinaten:

$$V = {}^K\!\!\int dk = \int\limits_a^R \int\limits_0^{2\pi} \int\limits_{-\sqrt{R^2-r^2}}^{\sqrt{R^2-r^2}} r\, dz\, d\varphi\, dr = \int\limits_0^{2\pi} \int\limits_a^R 2r \cdot \sqrt{R^2-r^2}\, dr\, d\varphi$$

$$= \int\limits_0^{2\pi} \left[-\tfrac{2}{3}(\sqrt{R^2-r^2})^3 \right]_{r=a}^{r=R} d\varphi = \tfrac{4}{3}\pi (\sqrt{R^2-a^2})^3$$

Wenn $a = 0$ ist, d.h. nichts herausgebohrt wird, bekommt man das Volumen der Kugel: $\tfrac{4}{3}\pi R^3$.

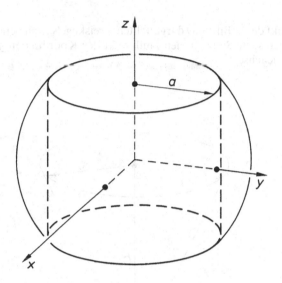

Bild 3.68: Zu Beispiel 3.77

Beispiel 3.78

In einem zylindrischen Gefäß (innerer Radius R, innere Höhe H) befindet sich ein Pulver. Die Dichte des Pulvers ist am Grund des Gefäßes wegen der darüber liegenden Masse am größten, nämlich ρ_1 und nimmt linear bis zur Höhe H auf den Wert ρ_2 ab. Welches ist die Gesamtmasse des Pulvers im Gefäß?

Wenn die Grundfläche in der x, y-Ebene liegt, ist die Dichte

$$\rho = (\rho_2 - \rho_1) \cdot \frac{z}{H} + \rho_1.$$

Der vom Pulver erfüllte Teil K ist dann, wenn die z-Achse die Symmetrieachse des Zylinders ist, in Zylinderkoordinaten durch die Ungleichungen $0 \leqq r \leqq R$, $0 \leqq \varphi \leqq 2\pi$, $0 \leqq z \leqq H$ beschrieben. Daher hat das Pulver nach (3.92) die Masse

$$M = {}^K\!\!\int \rho\, dk = \int\limits_0^H \int\limits_0^R \int\limits_0^{2\pi} \left[(\rho_2 - \rho_1) \cdot \frac{z}{H} + \rho_1 \right] \cdot r\, d\varphi\, dr\, dz,$$

man beachte $dk = r\,dr\,d\varphi\,dz$ in Zylinderkoordinaten. Integration liefert

$$M = 2\pi \cdot \int_0^R \left[(\rho_2 - \rho_1)\cdot\frac{H}{2} + \rho_1\cdot H \right] \cdot r\,dr = \tfrac{1}{2}R^2 H\pi\cdot(\rho_1 + \rho_2).$$

Da $V = R^2\cdot H\pi$ das Volumen des Pulvers ist, erhält man

$$M = \tfrac{1}{2}(\rho_1 + \rho_2)\cdot V,$$

ein Ergebnis, das wegen der Linearität von ρ als Funktion von z naheliegend ist.

Beispiel 3.79

Es ist der Schwerpunkt des in Bild 3.69 dargestellten Kreiskegels K zu berechnen (seine Dichte sei konstant 1). Wir legen seine Spitze in den Nullpunkt des Koordinatensystems und wählen die z-Achse als Symmetrieachse.

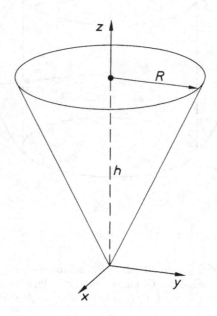

Bild 3.69: Zu Beispiel 3.79

Verwendet man Zylinderkoordinaten, so wird K nach Beispiel 3.9 durch die Ungleichungen

$$0 \leq r \leq R, \quad 0 \leq \varphi \leq 2\pi, \quad \frac{h}{R}\cdot r \leq z \leq h$$

beschrieben. Für die z-Komponente z_s des Schwerpunktes gilt nach (3.93)

$$z_s = \frac{1}{M}\cdot{}^K\!\!\int z\,dk = \frac{1}{M}\cdot \int_0^{2\pi}\int_0^R\int_{(h/R)r}^h z\cdot r\,dz\,dr\,d\varphi = \frac{\pi}{M}\cdot\int_0^R \left(h^2 - \frac{h^2}{R^2}\cdot r^2 \right)\cdot r\,dr = \frac{\pi}{4}h^2 R^2\cdot\frac{1}{M},$$

wobei $M = \frac{\pi}{3} R^2 \cdot h$ wegen $\rho = 1$ die Masse (Volumen) des Kegels ist. Daher folgt $z_s = \frac{3}{4} h$. Der Abstand des Schwerpunktes eines Kegels von der Kegelspitze beträgt $\frac{3}{4} h$, der von seiner Grundfläche demnach $\frac{1}{4} h$ (Dichte $\rho = 1$, also geometrischer Schwerpunkt). Aus Symmetriegründen liegt der Schwerpunkt auf der Kegelachse, d.h. $x_s = y_s = 0$.

Beispiel 3.80

Es soll das Trägheitsmoment einer Vollkugel (Dichte ρ) vom Radius R bez. einer durch den Kugelmittelpunkt gehenden Achse bestimmt werden. Nach Beispiel 3.11 wird die Kugel (Mittelpunkt im Koordinatenursprung) durch die Ungleichungen

$$0 \leqq r \leqq R, \quad 0 \leqq \varphi \leqq 2\pi, \quad 0 \leqq \vartheta \leqq \pi \tag{3.104}$$

beschrieben, wenn Kugelkoordinaten verwendet werden. Ist die z-Achse die Drehachse, so lautet der Integrand in (3.94)

$$x^2 + y^2 = r^2 \cdot \cos^2 \varphi \cdot \sin^2 \vartheta + r^2 \cdot \sin^2 \varphi \cdot \sin^2 \vartheta = r^2 \cdot \sin^2 \vartheta$$

(vgl. (3.7)). Das Trägheitsmoment ist daher und wegen $dk = r^2 \cdot \sin \vartheta \, dr \, d\varphi \, d\vartheta$ in Kugelkoordinaten (nach (3.94)):

$$\theta = \rho \cdot {}^K\!\!\int (x^2 + y^2) dk = \rho \int_0^\pi \int_0^{2\pi} \int_0^R r^2 \cdot \sin^2 \vartheta \, r^2 \cdot \sin \vartheta \, dr \, d\varphi \, d\vartheta$$

$$= \rho \frac{R^5}{5} \int_0^\pi \int_0^{2\pi} \sin^3 \vartheta \, d\varphi \, d\vartheta = \rho \cdot \frac{2}{5} \cdot \pi \cdot R^5 \int_0^\pi \sin^3 \vartheta \, d\vartheta = \frac{8}{15} \pi R^5 \rho.$$

Da $M = \frac{4}{3} \pi \cdot R^3 \rho$ die Masse der Kugel ist, ist $\theta = \frac{2}{5} M \cdot R^2$.

Beispiel 3.81

Wir wollen das Trägheitsmoment eines homogenen Quaders bez. einer durch seinen Mittelpunkt gehenden kantenparallelen Achse berechnen (Bild 3.70).

Der Quader besitze die Kantenlängen a, b und c, die Drehachse sei parallel zur Kante der Länge c und falle mit der z-Achse zusammen. Bezeichnet ρ die Dichte des Körpers, so ist nach (3.94)

$$\theta_c = {}^K\!\!\int (x^2 + y^2) dm \tag{3.105}$$

das gesuchte Trägheitsmoment. Der Quader K wird beschrieben durch die Ungleichungen

$$-\frac{a}{2} \leqq x \leqq \frac{a}{2}, \quad -\frac{b}{2} \leqq y \leqq \frac{b}{2}, \quad -\frac{c}{2} \leqq z \leqq \frac{c}{2}. \tag{3.106}$$

Mit (3.106) folgt aus (3.105)

$$\theta_c = \int_{-a/2}^{a/2} \int_{-b/2}^{b/2} \int_{-c/2}^{c/2} (x^2 + y^2) \cdot \rho \, dz \, dy \, dx.$$

Integration liefert, da ρ konstant ist,

$$\theta_c = \frac{1}{12} \cdot abc \cdot (a^2 + b^2) \cdot \rho, \tag{3.107}$$

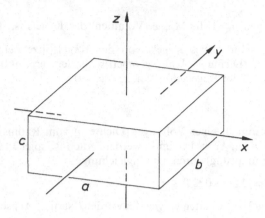

Bild 3.70: Zu Beispiel 3.81

und da $M = abc \cdot \rho$ die Masse des Quaders ist:

$$\theta_c = \tfrac{1}{12} M \cdot (a^2 + b^2) \tag{3.108}$$

Zwischen dem Trägheitsmoment eines Körpers bez. einer durch den Schwerpunkt gehenden Achse und einer dazu parallelen Achse besteht ein einfacher Zusammenhang:

Satz 3.23 (Satz von Steiner)

A sei eine durch den Schwerpunkt des Körpers *K* gehende Achse, θ_s sein Trägheitsmoment bez. *A*. *B* sei eine zu *A* parallele Achse im Abstand *a* von *A*. Dann ist

$$\theta_s + a^2 M \tag{3.109}$$

das Trägheitsmoment von *K* bez. *B*, wobei *M* die Masse des Körpers ist.

Beweis:

Wir legen das Koordinatensystem so, daß die *z*-Achse mit *A* zusammenfällt und die neue Drechachse *B* durch $(-a, 0, 0)$ geht (Bild 3.71). Der Abstand des Punktes (x, y, z) von *A* ist dann $\sqrt{x^2 + y^2}$, der von *B* ist $\sqrt{(x + a)^2 + y^2}$. Daher gilt für das Trägheitsmoment θ bez. *B*:

$$\theta = {}^K\!\!\int [(x + a)^2 + y^2] \cdot \rho \, dk = {}^K\!\!\int [x^2 + y^2 + 2ax + a^2] \cdot \rho \, dk$$
$$= {}^K\!\!\int (x^2 + y^2) \cdot \rho \, dk + 2a \cdot {}^K\!\!\int x \rho \, dk + a^2 \cdot {}^K\!\!\int \rho \, dk.$$

Das erste Integral dieser letzten Summe ist θ_s. Da nach Voraussetzung die Achse *A* durch den Schwerpunkt des Körpers geht, ist die erste Komponente des Schwerpunktes 0, da er auf der *z*-Achse liegt, also nach (3.93) $x_s = \dfrac{1}{M} \cdot {}^K\!\!\int x \rho \, dk = 0$, so daß der zweite Summand verschwindet. Das dritte Integral ist nach (3.92) gleich *M*, womit die Behauptung bewiesen ist. ●

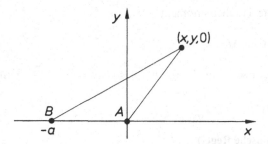

Bild 3.71: Zum Beweis des Satzes von Steiner

Beispiel 3.82

Die homogene Kugel vom Radius R hat bez. einer durch ihren Mittelpunkt gehenden Achse das Trägheitsmoment $\theta_s = \frac{2}{5} M \cdot R^2$ (s. Beispiel 3.80). Der Schwerpunkt der Kugel liegt offensichtlich in ihrem Mittelpunkt. Daher ist das Trägheitsmoment bez. einer die Kugel tangential berührenden Achse gleich $\frac{2}{5} M \cdot R^2 + R^2 M = \frac{7}{5} M \cdot R^2$.

Beispiel 3.83

Der Quader aus Bild 3.72 rotiere um die zur Seite mit der Länge c parallele Achse A, also um eine kantenparallele Achse. Diese Achse habe den Abstand r von der Symmetrieachse. Nach Beispiel 3.81 beträgt das Trägheitsmoment bez. der Symmetrieachse $\dfrac{M}{12} \cdot (a^2 + b^2)$ und nach dem Satz von

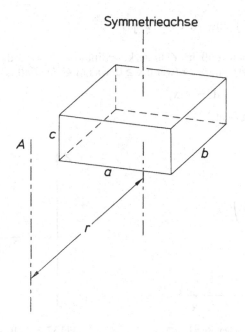

Bild 3.72: Zu Beispiel 3.83

Steiner ist das gesuchte Trägheitsmoment

$$\theta = \frac{M}{12} \cdot (a^2 + b^2) + r^2 M. \tag{3.106}$$

Ist die Kante der Länge c selbst die Drehachse A, so ist $r = \frac{1}{2} \cdot \sqrt{a^2 + b^2}$ und das Trägheitsmoment nach (3.106)

$$\theta = \tfrac{1}{3} M \cdot (a^2 + b^2). \tag{3.107}$$

Satz 3.24 (Erste Guldinsche Regel)

> Das in der x, z-Ebene gelegene Flächenstück G mit dem Flächeninhalt A rotiere um die z-Achse (für alle $(x, z) \in G$ sei $x \geq 0$). Wenn x_s die x-Komponente des Schwerpunktes von G ist, so gilt für das Volumen des entstehenden Rotationskörpers
>
> $$V = 2\pi \cdot A \cdot x_s. \tag{3.108}$$

Beweis:

Der Rotationskörper K läßt sich in Zylinderkoordinaten folgendermaßen beschreiben (Bild 3.73):

$$0 \leq \varphi \leq 2\pi \quad \text{und} \quad (r, z) \in G, \tag{3.109}$$

wobei G nicht von φ abhängt (denn jeder die z-Achse enthaltende ebene Schnitt zeigt dasselbe Bild des Rotationskörpers K).

Daher gilt

$$V = {}^K\!\int dk = {}^G\!\iint \left(\int_0^{2\pi} r \, d\varphi \right) dr \, dz = 2\pi \, {}^G\!\iint r \, dr \, dz, \tag{3.110}$$

wobei wir benutzt haben, daß in Zylinderkoordinaten $dk = r \, dr \, d\varphi \, dz$ gilt (s. (3.89)). In der x, z-Ebene (in der G liegt), gilt $x = r$ (wenn $x \geq 0$, was in G der Fall ist), also

$${}^G\!\int \int r \, dr \, dz = {}^G\!\int \int x \, dx \, dz = A \cdot x_s,$$

woraus die Behauptung folgt.   ●

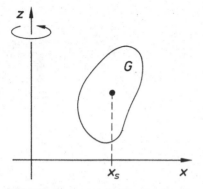

Bild 3.73: Zur ersten Guldinschen Regel

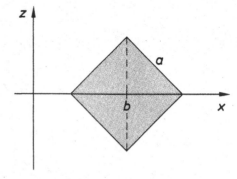

Bild 3.74: Zu Beispiel 3.84

Bemerkungen:

1. Etwas lässig läßt sich (3.108) so formulieren: Das Volumen des Rotationskörpers ist gleich dem Inhalt A der Fläche, multipliziert mit dem Umfang des Kreises, den der Flächenschwerpunkt bei der Rotation beschreibt.
2. Der Satz ist insbesondere dann vorteilhaft anwendbar, wenn der Flächenschwerpunkt leicht zu bestimmen ist, was oft aus Symmetriegründen der Fall ist.

Beispiel 3.84

Das in Bild 3.74 abgebildete Quadrat rotiere um die z-Achse. Der dabei entstehende Körper hat das Volumen $2\pi\cdot ba^2$, denn der Schwerpunkt des Quadrates ist offensichtlich $(b,0)$, seine x-Koordinate also b. Der Inhalt des Quadrates ist a^2.

Aufgaben

1. Es sei $G = \{(x,y)\in\mathbb{R}^2 \mid 2 \leq x \leq 5 \text{ und } 0 \leq y \leq \sqrt{x}\}, f(x,y) = x + 2xy$. Berechnen Sie $^G\!\int\!\int f \,\mathrm{d}g$.
2. Es sei $G = \{(x,y)\in\mathbb{R}^2 \mid x^2 + y^2 \leq 1 \text{ und } y \geq 0\}$, $f(x,y) = x + y$. Unter Verwendung von Polarkoordinaten berechne man $^G\!\int\!\int f \,\mathrm{d}g$.
3. Es sei G der in Bild 3.75 dargestellte Kreis und $f(x,y) = x^2 + y^2$. Unter Verwendung von Polarkoordinaten berechne man $^G\!\int\!\int f \,\mathrm{d}g$.
4. Es sei G der in Bild 3.76 schraffierte Bereich in der x,y-Ebene, $f(x,y) = x^2 + y^2$.
   a) Beschreiben Sie G in Polarkoordinaten.
   b) Berechnen Sie $^G\!\int\!\int f \,\mathrm{d}g$.
   c) Wo liegt der Schwerpunkt von G?
   d) Wenn G um die y-Achse rotiert, entsteht ein Rotationskörper, dessen Volumen gesucht ist.

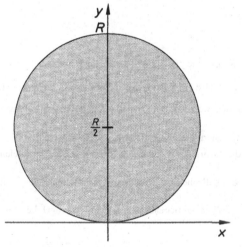

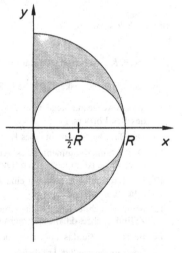

Bild 3.75: Zu Aufgabe 3   **Bild 3.76:** Zu Aufgabe 4

5. Es sei K ein achsenparalleler Würfel der Kantenlänge a mit dem Mittelpunkt $(0,0,0)$ und $f(x,y,z) = x^3 + xe^z$. Berechnen Sie $^K\!\int\!\int f \,\mathrm{d}k$.
6. Es sei K der von den Koordinatenebenen und der Ebene mit der Gleichung $x + y + z = 1$ begrenzte Körper, $f(x,y,z) = 2x + y + z$. Berechnen Sie $^K\!\int\!\int f \,\mathrm{d}k$.

7. Es sei K der in Bild 3.77 dargestellte Kreiszylinder und $f(x, y, z) = x^2 + y^2 + z^2$. Berechnen Sie unter Verwendung von Zylinderkoordinaten $^K \int f\, dk$.

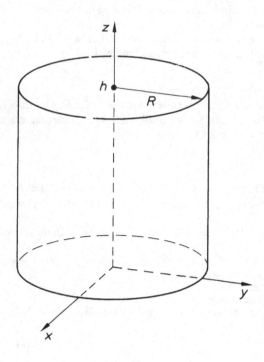

Bild 3.77: Zu Aufgabe 7

8. Es sei K eine Kugel vom Radius R mit dem Mittelpunkt $(0, 0, 0)$ und $f(x, y, z) = x^2 + y^2$. Berechnen Sie $^K \int f\, dk$.

9. Aus einem Kreiskegel (Höhe h, Radius der Grundfläche R) wird ein Zylinder vom Radius $\dfrac{R}{2}$ herausgebohrt, dessen Achse zur Kegelachse parallel ist und von ihr den Abstand $\dfrac{R}{2}$ hat (Bild 3.78). Berechnen Sie das Volumen des Restkörpers.

10. Das Trägheitsmoment eines Kreiskegels bez. seiner Achse ist zu berechnen (Dichte $\rho = \text{const.}$).

11. Das Trägheitsmoment eines Kreiskegels bez. einer die Grundfläche berührenden, zur Achse parallelen Drehachse ist zu bestimmen (Dichte $\rho = \text{const.}$).

*12. Ein Kreiskegel rotiere um eine Achse, die auf seiner Mantelfläche liegt. Welches ist das Trägheitsmoment (Dichte $\rho = \text{const.}$)?

13. Man berechne das Trägheitsmoment der in Beispiel 3.77 beschriebenen durchbohrten Kugel bez. der Zylinderachse, d.i. die Bohrachse (Dichte $\rho = \text{const.}$).

14. Berechnen Sie das Volumen eines Torus.

15. Bestimmen Sie das Trägheitsmoment eines homogenen Torus (Dichte ρ) bez. seiner Symmetrieachse.

*16. Ein geschlossener Zylinder mit kreisförmigem Querschnitt ist mit einem Pulver gefüllt. Das Gefäß rotiert um seine Achse. Dabei verdichtet sich das Pulver an der Mantelfläche, und zwar sei die Dichte im Abstand r von der Achse $c \cdot (r^2 + r_0^2)$. Welches Trägheitsmoment hat das Pulver? (c und r_0 seien positive Zahlen).

17. Berechnen Sie den Schwerpunkt einer homogenen Halbkugel.

18. Berechnen Sie das Trägheitsmoment eines Kreiszylinders der konstanten Massendichte ρ bez. seiner Achse.

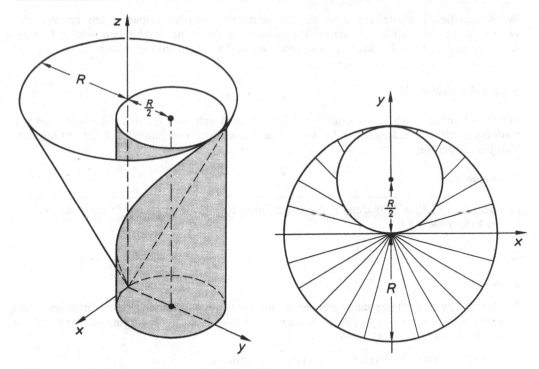

Bild 3.78: Durchbohrter Kegel perspektivisch, Draufsicht

19. Berechnen Sie das Trägheitsmoment eines Kreiszylinders konstanter Massendichte ρ bez. einer auf seiner Mantelfläche liegenden Drehachse.

3.4 Linienintegrale und ihre Anwendungen

Wir wollen von folgender Fragestellung ausgehen:

In jedem Punkt des Raumes herrscht durch die Gravitation eine Kraft. Wir bewegen eine Masse längs einer gegebenen Bahnkurve durch den Raum von einem Anfangs- zu einem Endpunkt und fragen nach der dazu erforderlichen Arbeit. Wir wollen dieses Problem genauer betrachten:

a) Die Kraft im Punkte P ist festgelegt durch ihren Betrag und ihre Richtung, sie ist also durch einen Vektor $\vec{F}(P)$ zu beschreiben, der von P abhängt. Wenn beispielsweise $\vec{F}(P)$ durch eine einzige punktförmige Masse erzeugt wird, so zeigt $\vec{F}(P)$ zu dieser hin und ihr Betrag ist umgekehrt proportional zu r^2, wenn r der Abstand des Punktes P von der Masse ist, es gilt nämlich das Gravitationsgesetz. Jedem Punkt P wird also ein Vektor $\vec{F}(P)$ zugeordnet.

b) Eine Bahnkurve kann in Parameterdarstellung beschrieben werden (Definition 1.1).

c) Welchen Wert hat die Arbeit bei gegebener Kurve und gegebenem $\vec{F}$?

d) Folgende Frage schließt sich an: Hängt die Arbeit nur von Anfangs- und Endpunkt der Bahnkurve ab oder auch von deren Verlauf? Unter welchen Voraussetzungen über $\vec{F}$ kann man zeigen, daß die Arbeit nur von Anfangs- und Endpunkt abhängt?

Wir wollen diese Fragestellungen nun verallgemeinern und werden zu mathematischen Begriffen gelangen, mit deren Hilfe viele naturwissenschaftliche Probleme beschrieben werden können. Entsprechend den vier Punkten a) bis d) gehen wir in den folgenden vier Abschnitten vor.

3.4.1 Vektorfelder

Die vom Punkte P abhängige Kraft $\vec{F} = \vec{F}(P)$ – es kann sich auch um das elektrische Feld von Ladungen oder das magnetische Feld von elektrischen Strömen handeln – führt auf folgende Verallgemeinerung.

Definition 3.36

> Es sei $D \subset \mathbb{R}^3$. Eine Abbildung $\vec{v}$, die jedem Punkt $P \in D$ einen Vektor $\vec{v}(P)$ zuordnet, heißt ein **Vektorfeld** auf D.
>
> Schreibweise: $\vec{v}: P \mapsto \vec{v}(P)$[1]).

Bemerkungen:

1. Da der Vektor $\vec{v}(P)$ bez. eines gegebenen kartesischen Koordinatensystems durch seine drei Vektorkoordinaten v_1, v_2, v_3 beschrieben wird, ist jede dieser drei Koordinaten eine Funktion von $P \in D$. Ist $P = (x, y, z)$, so ist

   $$\vec{v}(P) = \vec{v}(x, y, z) = (v_1(x, y, z), v_2(x, y, z), v_3(x, y, z)).$$

   Wir verwenden hier für die erste, die x-Koordinate von $\vec{v}$, die Schreibweise v_1 statt v_x, wie dies in der Vektorrechnung gemacht wurde, um Verwechslungen mit partiellen Ableitungen zu vermeiden; entsprechend v_2 statt v_y und v_3 statt v_z.
2. Die Veranschaulichung in Bild 3.79 ist folgendermaßen zu verstehen: Man skizziert den Pfeil des Vektors $\vec{v}(P)$ so, daß sein Anfangspunkt in P liegt – ausgehend von der Vorstellung der in P herrschenden Kraft. Die Tatsache, daß sich zwei Pfeile schneiden können, liegt an dieser Art der Veranschaulichung und ist bedeutungslos. Natürlich gehören diese Pfeile dann zu verschiedenen Punkten, denn jedem Punkt ist genau ein Pfeil zugeordnet, da $\vec{v}$ eine Funktion ist.
3. Im Rahmen dieser Theorie ist es weitgehend üblich, reellwertige Funktionen als **Skalarfelder** zu bezeichnen. Also: Bei einem Skalarfeld werden den Punkten reelle Zahlen zugeordnet, bei Vektorfeldern werden den Punkten Vektoren zugeordnet.
4. Ist $D \subset \mathbb{R}^2$ und sind die Vektoren $\vec{v}(P)$ für alle $P \in D$ zweidimensional: $\vec{v}(x, y) = (v_1(x, y), v_2(x, y))$, so spricht man auch von einem **ebenen** Vektorfeld, in unserem Falle dann von einem räumlichen Vektorfeld.

Beispiel 3.85

Das durch

$$\vec{v}(x, y) = \left(\frac{x}{(\sqrt{x^2 + y^2})^3}, \frac{y}{(\sqrt{x^2 + y^2})^3} \right) \tag{3.111}$$

---

[1]) Wir werden gelegentlich, um die Sprechweise zu vereinfachen, auch vom Vektorfeld $\vec{v}(P)$ sprechen.

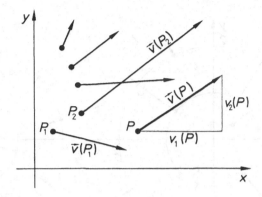

Bild 3.79: Zum Begriff des Vektorfeldes

definierte ebene Vektorfeld soll skizziert werden. Da $r = \sqrt{x^2 + y^2}$ der Abstand des Punktes $P = (x, y)$ von $(0, 0)$ ist, gilt

$$\vec{v}(x, y) = r^{-3} \cdot (x, y). \tag{3.112}$$

Der im Punkte (x, y) zu skizzierende Vektor $\vec{v}(x, y)$ hat daher dieselbe Richtung wie der Ortsvektor des Punktes (x, y).

Die Länge dieses Pfeiles ist $|\vec{v}(x, y)| = r^{-3} \cdot \sqrt{x^2 + y^2} = r^{-2}$, d.h. $|\vec{v}(P)|$ ist umgekehrt proportional zum Quadrat des Abstandes des Punktes P vom Ursprung. In Bild 3.80 haben daher die Pfeile in P_1 und P_2 gleiche Länge, die in P_1 und P_3 gleiche Richtung. Alle Pfeile zeigen vom Nullpunkt fort. Der Definitionsbereich von $\vec{v}$ ist $D = \mathbb{R}^2 \setminus \{(0, 0)\}$.

Beispiel 3.86

Das ebene Vektorfeld

$$\vec{v}(x, y) = -\left(\frac{x}{(\sqrt{x^2 + y^2})^3}, \frac{y}{(\sqrt{x^2 + y^2})^3} \right)$$

entsteht aus dem Vektorfeld aus Beispiel 3.85 dadurch, daß alle Vektoren entgegengesetztes Vorzeichen bekommen. Das entsprechende Bild entsteht aus Bild 3.80, indem alle Pfeile entgegengesetzte Richtung bekommen, sie zeigen daher alle zum Ursprung hin (Bild 3.81).

Beispiel 3.87

Für das räumliche Vektorfeld

$$\vec{v}(x, y, z) = -\left(\frac{x}{(\sqrt{x^2 + y^2 + z^2})^3}, \frac{y}{(\sqrt{x^2 + y^2 + z^2})^3}, \frac{z}{(\sqrt{x^2 + y^2 + z^2})^3} \right) \tag{3.113}$$

gilt entsprechendes wie für das ebene Feld des vorigen Beispiels: Jeder Vektor $\vec{v}(x, y, z)$ zeigt zum Nullpunkt hin, der Betrag von $\vec{v}(x, y, z)$ ist umgekehrt proportional zum Quadrat des Abstandes

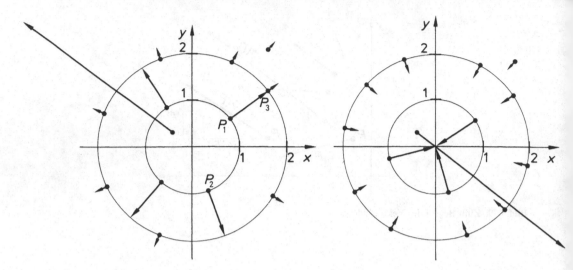

Bild 3.80: Das Vektorfeld aus Beispiel 3.85   **Bild 3.81:** Das Vektorfeld aus Beispiel 3.86

des Punktes $P = (x, y, z)$ von $(0, 0, 0)$. Wenn wir den Ortsvektor von P mit $\vec{r}$ bezeichnen, also $\vec{r} = (x, y, z)$ setzen, so erhalten wir mit $r = |P| = |\vec{r}|$ die weit verbreitete Schreibweise

$$\vec{v} = -\frac{\vec{r}}{r^3}. \tag{3.114}$$

Der Definitionsbereich von $\vec{v}$ ist $\mathbb{R}^3 \setminus \{(0, 0, 0)\}$.

Das Schwerefeld einer in $(0, 0, 0)$ liegenden punktförmigen Masse hat nach dem Gravitationsgesetz diese Eigenschaften: Die Schwerkraft ist auf die Masse gerichtet, ihr Betrag ist umgekehrt proportional zum Quadrat des Abstandes, der Proportionalitätsfaktor enthält die Gravitationskonstante γ und die Masse m. Auch das elektrische Feld einer im Nullpunkt liegenden elektrischen Ladung hat diese Form aufgrund des Coulombschen Gesetzes, der Proportionalitätsfaktor enthält die Ladung q und eine allgemeine Konstante, die vom Maßsystem abhängt. Ein solches Vektorfeld heißt auch ein **Coulombfeld**.

Beispiel 3.88

Wir nehmen an, ein Gas oder eine Flüssigkeit durchströme einen Behälter, ein Rohr oder etwas ähnliches (die Strömung sei stationär, d.h. zeitunabhängig). Dann wird jedem Punkt P derjenige Vektor $\vec{v}(P)$ zugeordnet, der die Geschwindigkeit des bei P befindlichen Teilchens angibt, $\vec{v}$ ist das **Strömungsfeld**. Es sei z.B. für alle

$$P = (x, y) \in D = \{(x, y) \in \mathbb{R}^2 \mid -1 \leqq x \leqq 1\}$$

das ebene Feld durch $\vec{v}(x, y) = (0, -x^2 + 1)$ definiert. Alle Vektoren $\vec{v}(P)$ sind wegen $v_1 = 0$ zur y-Achse parallel. Ferner hängt $\vec{v}$ nicht von y ab, daher sind die zu Punkten mit gleichem x-Wert gehörenden Vektoren gleich. Bild 3.82 zeigt Vektoren $\vec{v}(P)$ für Punkte P auf der x-Achse $(-1 \leqq x \leqq 1)$ und für Punkte P auf der Geraden $y = 2$. Wenn $\vec{v}$ ein Strömungsfeld ist, so zeigt das Bild das sogenannte **Strömungsprofil** der Strömung, es kann von einer ein Rohr durchströmenden Flüssigkeit herrühren. Wegen der Reibung ist die Geschwindigkeit an der Wandung Null und nimmt zur Mitte hin zu, wo sie am größten ist. Da alle Vektoren parallel sind, spricht man auch von einer laminaren oder schlichten Strömung.

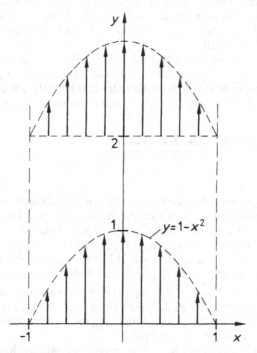

Bild 3.82: Das Strömungsfeld aus Beispiel 3.88

Definition 3.37

Das auf der offenen Menge $D \subset \mathbb{R}^3$ definierte Vektorfeld $\vec{v} = (v_1, v_2, v_3)$ heißt in D **stetig**, wenn die Funktionen v_1, v_2 und v_3 in D stetig sind. Das Feld heißt **differenzierbar**, wenn v_1, v_2 und v_3 es sind. Das Feld heißt nach x (bzw. y bzw. z) **partiell differenzierbar**, wenn v_1, v_2 und v_3 partiell nach x (bzw. y bzw. z) differenzierbar sind.

Alle in den Beispielen dieses Abschnittes genannten Felder sind in ihren Definitionsbereichen stetig, differenzierbar (und daher nach allen Variablen auch partiell differenzierbar).

Definition 3.38

Ein Vektorfeld $\vec{v}$ heißt ein

a) **Zentralfeld**, wenn es einen Punkt P_0 gibt, so daß $\vec{v}(P)$ für alle $P \neq P_0$ definiert ist und jeder Vektor $\vec{v}(P)$, der nicht Nullvektor ist, zu P_0 hin oder von P_0 fort gerichtet ist. P_0 heißt der **Pol** des Feldes.

b) **Sphärisches Feld**, wenn es ein Zentralfeld ist und zum Pol P_0 punktsymmetrisch ist, d.h. für Punkte P und Q mit gleichem Abstand von P_0 gilt $|\vec{v}(P)| = |\vec{v}(Q)|$ und die Vektoren $\vec{v}(P)$ und $\vec{v}(Q)$ sind beide entweder zu P_0 hin oder beide von P_0 fort gerichtet.

c) **Zylinderfeld** (zylindrisches Feld), wenn es eine Gerade g gibt, so daß $\vec{v}(P)$ für alle $P \notin g$ definiert ist und wenn gilt:
  1. jeder Vektor $\vec{v}(P)$, der nicht Nullvektor ist, zeigt zu g hin oder von g fort,
  2. alle vom Nullvektor verschiedenen Vektoren $\vec{v}(P)$ bilden mit g einen rechten Winkel,
  3. das Feld ist symmetrisch bez. der Geraden g, d.h.: Haben P und Q gleichen Abstand von g, so ist $|\vec{v}(P)| = |\vec{v}(Q)|$ und $\vec{v}(P)$ und $\vec{v}(Q)$ zeigen beide entweder zu g hin oder von g fort.

Die Gerade g heißt die **Achse des Feldes** $\vec{v}$.

Bemerkungen:

1. In den Anwendungen wird das Koordinatensystem gewöhnlich so gelegt, daß der Pol eines Zentralfeldes im Nullpunkt des Koordinatensystems liegt. Dann gilt $\vec{v}(P) = f(P) \cdot (x, y, z)$, wobei f ein Skalarfeld ist, das für alle $P = (x, y, z) \neq (0, 0, 0)$ definiert ist. Man beachte, daß $\vec{v}(P)$ für einige Punkte P zum Pol hin zeigen darf (dann ist $f(P) < 0$), für andere Punkte P vom Pol weg gerichtet sein kann (dann ist $f(P) > 0$). Bild 3.83 zeigt ein ebenes Zentralfeld.
2. Ist das Zentralfeld $\vec{v}$ ein sphärisches Feld mit dem Pol $(0, 0, 0)$, so ist $\vec{v}(P) = f(P) \cdot (x, y, z)$, wobei f nur von $|P| = r = \sqrt{x^2 + y^2 + z^2}$ abhängt: $f(P) = g(r)$ mit einer auf $(0, \infty)$ definierten Funktion g. Häufig wird sogar verlangt, daß alle Vektoren $\vec{v}(P)$ zum Pol P_0 hin gerichtet sind oder daß alle Vektoren $\vec{v}(P)$ von ihm weg gerichtet sind, dann ist für alle $r > 0$: $g(r) < 0$ oder $g(r) > 0$. Bild 3.84 zeigt ein ebenes sphärisches Feld.
3. Bei Zylinderfeldern legt man das Koordinatensystem gewöhnlich so, daß dessen z-Achse zur Achse des Feldes wird. In diesem Falle ist $\vec{v}(P) = f(P) \cdot (x, y, 0)$, wobei das Skalarfeld f für alle $(x, y, z) = P$, für die $a = \sqrt{x^2 + y^2} \neq 0$ ist, definiert ist und nur von a, dem Abstand des Punktes P von der z-Achse, abhängt. Die dritte Komponente v_3 ist für alle P Null, da $\vec{v}(P)$ zur z-Achse zeigt und mit ihr einen rechten Winkel bildet, $\vec{v}(P)$ ist daher zur x, y-Ebene parallel. Bild 3.85 zeigt ein zylindrisches Feld.

Beispiel 3.89

Das in Beispiel 3.87 behandelte Feld $\vec{v}$ mit

$$\vec{v}(x, y, z) = -\frac{\vec{r}}{r^3} = -(x^2 + y^2 + z^2)^{-\frac{3}{2}} \cdot (x, y, z)$$

ist ein sphärisches Feld mit dem Pol $(0, 0, 0)$. In den Bezeichnungen der Bemerkung 2 ist $f(P) = -(x^2 + y^2 + z^2)^{-\frac{3}{2}} = -r^{-3} = g(r)$. Hier zeigen alle Vektoren $\vec{v}(P)$ zum Pol hin.

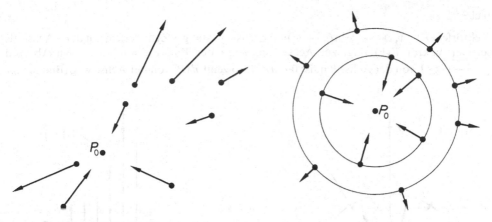

Bild 3.83: Ebenes Zentralfeld mit dem Pol P_0 **Bild 3.84:** Ebenes sphärisches Feld mit dem Pol P_0

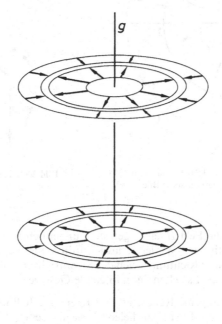

Bild 3.85: Ein zylindrisches Feld mit der Achse g

Beispiel 3.90

Das Feld $\vec{v}(x, y, z) = -\frac{1}{2} \cdot \ln(x^2 + y^2 + z^2) \cdot (x, y, z)$ ist ein sphärisches Feld mit dem Pol $(0, 0, 0)$. Mit $\vec{r} = (x, y, z)$ kann man auch schreiben $\vec{v}(P) = -\ln r \cdot \vec{r}$. Die Vektoren $\vec{v}(P)$ für alle P mit $0 < |P| < 1$ zeigen vom Pol weg, da für sie $\ln r \leq 0$ ist, die Vektoren $\vec{v}(P)$ für alle P mit $|P| > 1$ zeigen zum Pol hin. Ist $|P| = 1$, so ist $\vec{v}(P) = \vec{0}$. Das Feld $\vec{v}$ ist in seinem Definitionsbereich differenzierbar.

Beispiel 3.91

Das Vektorfeld $\vec{v}(x, y, z) = -\frac{1}{2} \cdot \ln(x^2 + y^2) \cdot (x, y, 0)$ ist ein stetiges Zylinderfeld mit der z-Achse als Achse. Der Vektor $\vec{v}(P)$ zeigt zur Achse hin, wenn der Punkt $P = (x, y, z)$ einen Abstand $a = \sqrt{x^2 + y^2} > 1$ von der Achse hat, ist $0 < a < 1$, so zeigt $\vec{v}(P)$ von der Achse weg (Bild 3.86).

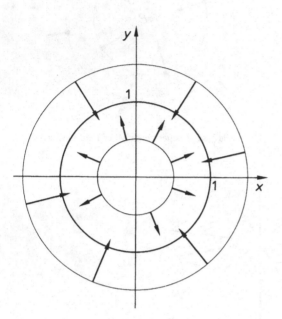

Bild 3.86: Das Feld aus Beispiel 3.91. In jeder zur x, y-Ebene parallelen Ebene erhält man dasselbe Bild

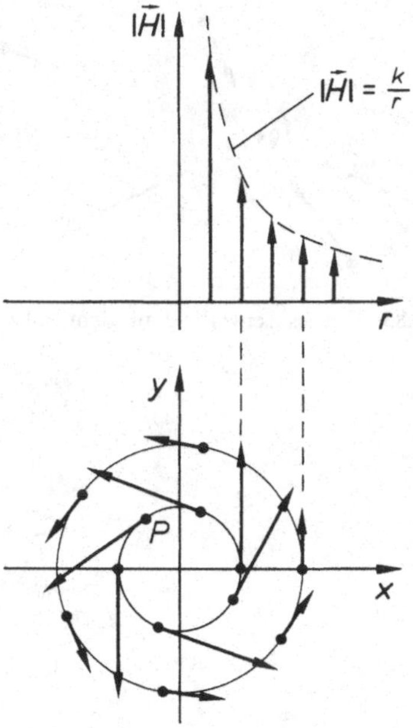

Bild 3.87: Zum magnetischen Feld des stromdurchflossenen Leiters in der x, y-Ebene

Beispiel 3.92

Wir wollen das **magnetische Feld** $\vec{H}$ eines geraden, unendlich langen, von einem Gleichstrom durchflossenen Leiters bestimmen. Wir legen das Koordinatensystem so, daß die z-Achse mit dem Leiter zusammenfällt und ihre Richtung gleich der Stromrichtung ist. In Bild 3.87 tritt der Strom aus der Zeichenebene heraus. Es gelten dann folgende Gesetze:

a) Der Vektor $\vec{H}(P)$ ist Tangentialvektor an den Kreis durch P mit dem Mittelpunkt auf der z-Achse, der in einer zur x, y-Ebene parallelen Ebene liegt; es gilt für die Richtung von $\vec{H}(P)$ die »Rechte-Hand-Regel«.

b) Die Länge von $\vec{H}(P)$, die Stärke des magnetischen Feldes, nimmt proportional zum Abstand vom Leiter ab, d.h. ist umgekehrt proportional zum Abstand des Punktes P vom Leiter. Der Proportionalitätsfaktor hängt von den gewählten Einheiten ab, von magnetischen Konstanten und vom Strom I, zu dem die Feldstärke $|\vec{H}(P)|$ proportional ist.

In $P = (x, y, z)$ gilt nach a) also: $\vec{H}(P) = (H_1, H_2, 0)$. Da $\vec{H}(P)$ auf dem Ortsvektor $(x, y, 0)$ von P senkrecht steht, gilt für das skalare Produkt $\vec{H}(P) \cdot (x, y, 0) = 0$. Nach b) ist

$$|\vec{H}(P)| = \sqrt{H_1^2(P) + H_2^2(P)} = k \cdot (x^2 + y^2)^{-\frac{1}{2}}.$$

Aus beiden Gleichungen folgt

$$H_1(P) = \frac{-k \cdot y}{x^2 + y^2}, \quad H_2(P) = \frac{k \cdot x}{x^2 + y^2}$$

oder

$$H_1(P) = \frac{k \cdot y}{x^2 + y^2}, \quad H_2(P) = \frac{-k \cdot x}{x^2 + y^2}.$$

Ist $x > 0$ und $y > 0$, so ist nach der »Rechte-Hand-Regel« $H_1(x, y, z) < 0$, woraus die erste Lösung folgt, wenn der Proportionalitätsfaktor k positiv ist:

$$\vec{H}(x, y, z) = \frac{k}{x^2 + y^2}(-y, x, 0). \tag{3.115}$$

Man beachte übrigens, daß $\vec{H}$ kein Zylinderfeld ist; die Vektoren $\vec{H}(P)$ zeigen nicht zur z-Achse.

3.4.2 Kurven im Raum

Eine ebene Kurve läßt sich in Parameterform nach Definition 1.1 so schreiben: $(x, y) = (x(t), y(t))$, wobei der Parameter t ein Intervall $J \subset \mathbb{R}$ »durchläuft«. Bezeichnet man den Ortsvektor des Punktes $P = (x, y)$ mit $\vec{r}$, so bekommt man die Parameterdarstellung in der Form $\vec{r} = \vec{r}(t)$, $t \in J \subset \mathbb{R}$. Ist andererseits $\vec{r}$ der Ortsvektor des Punktes $(x, y, z) \in \mathbb{R}^3$, so beschreibt die Gleichung $\vec{r} = \vec{r}(t)$, $t \in J \subset \mathbb{R}$ eine Raumkurve. Um schwerfällige Sprechweisen zu vermeiden, werden wir, wenn kein Mißverständnis zu befürchten ist, mit $\vec{r} = \vec{r}(t)$ sowohl Kurvenpunkte als auch die Parameterdarstellung bezeichnen. Wenn die drei auf J definierten Funktionen x, y und z auf J stetig sind, so heißt die Kurve stetig, sind sie differenzierbar, so sei $\vec{r}(t) = (\dot{x}(t), \dot{y}(t), \dot{z}(t))$.

Beispiel 3.93

Ist $R > 0$ und $h > 0$, so wird durch die Parameterdarstellung

$$\vec{r} = (R \cdot \cos t, R \cdot \sin t, h \cdot t), \quad t \in \mathbb{R} \tag{3.116}$$

die in Bild 3.88 skizzierte **Schraubenlinie** beschrieben.

Der Kurvenpunkt $\vec{r}(t)$ hat von der z-Achse den Abstand $\sqrt{x^2 + y^2} = \sqrt{R^2 \cdot \cos^2 t + R^2 \cdot \sin^2 t} = R$. Da dieser Abstand von t unabhängig ist, haben alle Punkte denselben Abstand R von der z-Achse, die Kurve liegt also auf der Zylinderfläche mit der z-Achse als Achse und dem Radius R, der der Radius der Schraubenlinie genannt wird. Die Kurvenpunkte

$$\vec{r}(t) = (R \cdot \cos t, R \cdot \sin t, ht) \quad \text{und } \vec{r}(t + 2\pi) = (R \cdot \cos t, R \cdot \sin t, ht + 2\pi h)$$

haben gleiche x- und y-Koordinaten, liegen daher im Abstand $2\pi h$ übereinander, dieses ist die **Ganghöhe** der Schraubenlinie. Wenn $0 \leq t \leq 2\pi$, wird der in Bild 3.88 dick gezeichnete Teil durchlaufen, ist $-\infty < t < \infty$, so ist die Kurve nicht beschränkt.

Beispiel 3.94

Die Parameterdarstellung

$$\vec{r} = (t \cdot \cos t, t \cdot \sin t, h \cdot t), \quad 0 \leq t \tag{3.117}$$

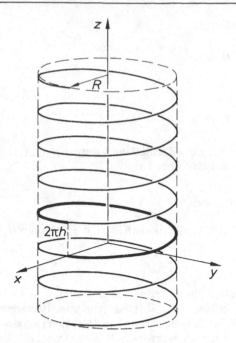

Bild 3.88: Die Schraubenlinie aus Beispiel 3.93

beschreibt die in Bild 3.89 skizzierte Kurve, die auf einem Kegelmantel liegt, dessen Achse die

z-Achse ist mit der Spitze in $(0, 0, 0)$ und für dessen Öffnungswinkel α gilt $\tan \dfrac{\alpha}{2} = h$.

Man könnte die Kurve eine Schraubenlinie der Ganghöhe $2\pi h$ nennen, die auf dem genannten Kegelmantel liegt und in $(0, 0, 0)$ beginnt, s. Bild 3.89.

Beispiel 3.95

Sind $\vec{a}$ und $\vec{b} \neq \vec{0}$ Vektoren in $\mathbb{R}^3$, so ist

$$\vec{r} = \vec{a} + t \cdot \vec{b}, \quad t \in \mathbb{R} \tag{3.118}$$

nach Band 1 (7.35) Parameterdarstellung einer Geraden durch den Punkt mit dem Ortsvektor $\vec{a}$ und der Richtung von $\vec{b}$.

Es gilt, wie auf Seite 17 für ebene Kurven gezeigt, der

Satz 3.25

Es sei $J = [a, b] \subset \mathbb{R}$ und x, y, z auf J stetig differenzierbare Funktionen. Ist $\dot{\vec{r}}(t) = (\dot{x}(t), \dot{y}(t), \dot{z}(t)) \neq (0, 0, 0)$, so ist $\dot{\vec{r}}(t)$ Tangentialvektor an die durch $\vec{r} = (x(t), y(t), z(t))$, $t \in J$ definierte Kurve im Kurvenpunkt $\vec{r}(t)$.

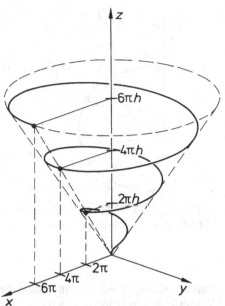

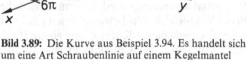

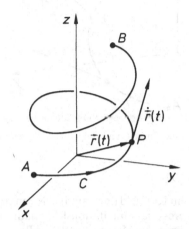

Bild 3.89: Die Kurve aus Beispiel 3.94. Es handelt sich um eine Art Schraubenlinie auf einem Kegelmantel

Bild 3.90: Die Kurve C mit ihrer Durchlaufungsrichtung und einem Tangentialvektor $\dot{\vec{r}}(t)$ in $\vec{r}(t)$

Bemerkungen:

1. Der Vektor $\dot{\vec{r}}(t)$ zeigt in die Richtung, die dem durch $a \leqq t \leqq b$ gegebenen Durchlaufungssinn der Kurve entspricht, s. Bild 3.90.

2. Der Vektor $\dfrac{\dot{\vec{r}}(t)}{|\dot{\vec{r}}(t)|}$ ist Tangenteneinheitsvektor an die Kurve im Kurvenpunkt $\vec{r}(t)$.

3. Die Gerade mit der Parameterdarstellung

$$\vec{r}(t) = \vec{r}(t_0) + t \cdot \dot{\vec{r}}(t_0), \quad t \in \mathbb{R} \tag{3.119}$$

ist die Tangente an die Kurve im Kurvenpunkt $\vec{r}(t_0)$.

Beispiel 3.96

Für die Schraubenlinie (3.116) gilt $\dot{\vec{r}}(t) = (-R \cdot \sin t, R \cdot \cos t, h)$, daher ist $\dot{\vec{r}}(0) = (0, R, h)$ Tangentialvektor an diese Kurve im Kurvenpunkt $\vec{r}(0) = (R, 0, 0)$. Die Gerade mit der Parameterdarstellung $\vec{r} = \vec{r}(0) + t \cdot \dot{\vec{r}}(0) = (R, 0, 0) + t \cdot (0, R, h)$ ist Tangente an die Schraubenlinie im Kurvenpunkt $\vec{r}(0)$.

3.4.3 Das Linien- oder Kurvenintegral

Wir beginnen zur Erläuterung des Begriffes Linienintegral mit einem typischen Beispiel (man vergleiche auch Band 1, Beispiel 9.3 und Abschnitt 1.2.3).

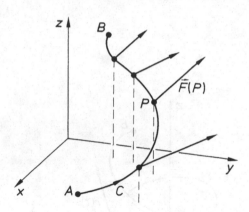
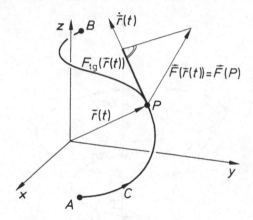

Bild 3.91: Eine Kurve C und einige Feldvektoren $F(P)$ **Bild 3.92:** Zur Herleitung von (3.121)

Beispiel 3.97

Es sei $\vec{F}$ ein Kraftfeld (im Raum), das von einem Massensystem erzeugt wird, $\vec{F}$ nennt man daher ein Schwere- oder Gravitationsfeld (mathematisch ein Vektorfeld). Wir bewegen einen punktförmigen Körper der Masse 1 durch den Raum längs einer vorgegebenen Kurve C von einem Punkt A zu einem Punkt B. Es soll die dazu erforderliche bzw. dabei freiwerdende Energie (Arbeit) berechnet werden. Bild 3.91 zeigt die Kurve C und einige der Feldvektoren des Feldes $\vec{F}$. Wir nehmen an, daß $\vec{F}$ außerhalb der Massen, die das Feld erzeugen, stetig ist. C habe eine Parameterdarstellung $\vec{r}(t) = (x(t), y(t), z(t))$, $a \le t \le b$ mit auf $[a,b]$ stetig differenzierbaren Funktionen x, y und z, ferner sei $|\dot{\vec{r}}(t)| \ne 0$ für alle $t \in [a,b]$ und $A = \vec{r}(a)$, $B = \vec{r}(b)$.

Im Kurvenpunkt $\vec{r}(t)$ wirkt auf den Körper die Kraft $\vec{F}(\vec{r}(t)) = \vec{F}(x(t), y(t), z(t))$, s. Bild 3.92. Nur die Tangentialkomponente von $\vec{F}(\vec{r}(t))$ liefert einen Beitrag zur Bewegung des an die Kurve C gebundenen Körpers. Nach Band 1, Beispiel 7.7 gilt für diese Tangentialkomponente $\vec{F}_{tg}(\vec{r}(t))$

$$\vec{F}_{tg}(\vec{r}(t)) = \frac{\vec{F}(\vec{r}(t)) \cdot \dot{\vec{r}}(t)}{|\dot{\vec{r}}(t)|} \cdot \frac{\dot{\vec{r}}(t)}{|\dot{\vec{r}}(t)|}, \tag{3.120}$$

denn $\dot{\vec{r}}(t)$ ist Tangentialvektor an die Kurve C im Kurvenpunkt $\vec{r}(t)$. Daher ist

$$F_{tg}(\vec{r}(t)) = \frac{\vec{F}(\vec{r}(t)) \cdot \dot{\vec{r}}(t)}{|\dot{\vec{r}}(t)|} \tag{3.121}$$

der Anteil der Kraft in Tangentialrichtung. Die Zahl $F_{tg}(\vec{r}(t))$ ist positiv bzw. negativ, wenn $\vec{F}(\vec{r}(t))$ mit $\dot{\vec{r}}(t)$ einen Winkel zwischen 0° und 90° bzw. zwischen 90° und 180° bildet, er ist 0, wenn der Kraftvektor im Punkt $\vec{r}(t)$ auf der Kurve senkrecht steht. Daher wird in Punkten $\vec{r}(t)$, in denen $F_{tg}(\vec{r}(t)) > 0$ ist, Energie frei, in den Punkten, für die $F_{tg}(\vec{r}(t)) < 0$ gilt, Arbeit verbraucht.

Wir zerlegen nun die Kurve C. Eine Zerlegung Z des Intervalles

$$[a,b]: a = t_0 < t_1 < t_2 < \cdots < t_n = b$$

erzeugt eine Zerlegung der Kurve durch die Kurvenpunkte $\vec{r}(t_0) = A, \vec{r}(t_1), \vec{r}(t_2), \ldots, \vec{r}(t_n) = B$, s. Bild 3.93. Es werden weitere Zwischenpunkte $\tau_1, \tau_2, \ldots, \tau_n$ mit $t_{i-1} \le \tau_i \le t_i$ ($i = 1, \ldots, n$) gewählt.

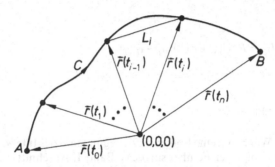

Bild 3.93: Zerlegung der Kurve C

Eine Näherung für die Energie ΔW_i, die frei wird, wenn der Körper vom Kurvenpunkt $\vec{r}(t_{i-1})$ zum Kurvenpunkt $\vec{r}(t_i)$ längs der Kurve C bewegt wird, erhalten wir, wenn wir folgende Ersetzungen vornehmen:

a) Die Kraft auf diesem Stück nehmen wir als konstant an, und zwar so groß, wie im Kurvenpunkt $\vec{r}(\tau_i)$; wir ersetzen also die längs des Kurvenstückes veränderliche Kraft durch $\vec{F}(\vec{r}(\tau_i))$.

b) Die Länge des genannten Kurvenstückes ersetzen wir durch die Länge der »einbeschriebenen« Sehne, also durch den Abstand L_i der Endpunkte $\vec{r}(t_{i-1})$ und $\vec{r}(t_i)$. Dieser ist $L_i = |\vec{r}(t_{i-1}) - \vec{r}(t_i)|$.

Wir erhalten damit als Näherung für die genannte Energie ΔW_i (Arbeit = Kraft mal Weg)

$$\frac{\vec{F}(\vec{r}(\tau_i)) \cdot \dot{\vec{r}}(\tau_i)}{|\dot{\vec{r}}(\tau_i)|} \cdot L_i, \quad i = 1, \dots, n. \tag{3.122}$$

Da die Gesamtenergie W die Summe der Energiebeträge ΔW_i ist, ist die Summe der Zahlen aus (3.122) eine Näherung für W. Nun ist

$$L_i = |\vec{r}(t_i) - \vec{r}(t_{i-1})| = \sqrt{|x(t_i) - x(t_{i-1})|^2 + |y(t_i) - y(t_{i-1})|^2 + |z(t_i) - z(t_{i-1})|^2}. \tag{3.123}$$

Nach dem Mittelwertsatz der Differentialrechnung (s. Band 1, Satz 8.25) gibt es Zahlen t_i^*, t_i^{**} und t_i^{***}, so daß

$$x(t_i) - x(t_{i-1}) = \dot{x}(t_i^*) \cdot (t_i - t_{i-1}),$$
$$y(t_i) - y(t_{i-1}) = \dot{y}(t_i^{**}) \cdot (t_i - t_{i-1}),$$
$$z(t_i) - z(t_{i-1}) = \dot{z}(t_i^{***}) \cdot (t_i - t_{i-1}).$$

Aufgrund der vorausgesetzten Stetigkeit der drei Funktionen x, y und z läßt sich zeigen, daß der Fehler, den man begeht, wenn man die drei Zahlen t_i^*, t_i^{**} und t_i^{***}, die i.allg. verschieden sind, alle durch τ_i ersetzt, beliebig klein wird, wenn $|t_i - t_{i-1}|$ hinreichend klein ist, die Zerlegung Z also hinreichend fein ist. Setzt man die so erhaltenen Werte in (3.123) ein, so bekommt man

$$L_i^* = \sqrt{|\dot{x}(\tau_i)|^2 + |\dot{y}(\tau_i)|^2 + |\dot{z}(\tau_i)|^2} \cdot (t_i - t_{i-1}).$$

als Näherung für L_i. Da die Wurzel gleich $|\dot{\vec{r}}(\tau_i)|$ ist, erhält man so als Näherung für (3.122), und damit auch für ΔW_i

$$\frac{\vec{F}(\vec{r}(\tau_i))\cdot\dot{\vec{r}}(\tau_i)}{|\dot{\vec{r}}(\tau_i)|}\cdot L_i^* = \vec{F}(\vec{r}(\tau_i))\cdot\dot{\vec{r}}(\tau_i)\cdot(t_i - t_{i-1}).$$ (3.124)

Daher ist die Zahl

$$\sum_{i=1}^{n}\vec{F}(\vec{r}(\tau_i))\cdot\dot{\vec{r}}(\tau_i)\cdot(t_i - t_{i-1})$$ (3.125)

eine Näherung für W. Wenn nun eine Folge von Zerlegungen Z des Intervalles $[a,b]$ gewählt wird, so daß die zugehörige Folge der Feinheitsmaße (s. Band 1, Abschnitt 9.1.2) gegen Null konvergiert, so konvergiert die entstehende Folge der Zahlen aus (3.125) gegen W. Andererseits erkennt man in der Summe (3.125) eine Zwischensumme $S(Z)$ zur Zerlegung Z (s. Band 1, (9.2)) der stetigen Funktion f mit $f(t) = \vec{F}(\vec{r}(t))\cdot\dot{\vec{r}}(t)$ (stetig, da $\vec{F}, \vec{r}$ und $\dot{\vec{r}}$ als stetig vorausgesetzt wurden). Da f als stetige Funktion über $[a,b]$ integrierbar ist (s. Band 1, Satz 9.5), konvergiert die Folge der Summen aus (3.125) gegen $\int_a^b f(t)\,dt$, daher erhält man endlich

$$W = \int_a^b \vec{F}(\vec{r}(t))\cdot\dot{\vec{r}}(t)\,dt.$$ (3.126)

Ein solches Integral wird allgemein Linienintegral genannt, in diesem Zusammenhang auch als Arbeitsintegral bezeichnet.

Definition 3.39

> Es sei $D \subset \mathbb{R}^3$ offen, $\vec{v}$ ein auf D definiertes stetiges Vektorfeld und $C:\vec{r} = \vec{r}(t)$, $a \leq t \leq b$ eine Kurve, für die für alle $t \in [a,b]$ gilt: $\vec{r}(t) \in D$, $\dot{\vec{r}}$ ist in $[a,b]$ stetig und $|\dot{\vec{r}}(t)| \neq 0$. Dann heißt
>
> $$\int_a^b \vec{v}(\vec{r}(t))\cdot\dot{\vec{r}}(t)\,dt$$ (3.127)
>
> das **Linienintegral** oder **Kurvenintegral** des Vektorfeldes $\vec{v}$ längs der Kurve C.
>
> Schreibweisen: $^C\!\int \vec{v}\,d\vec{r} = {}^C\!\int v_{tg}\,dt = {}^C\!\int \vec{v}\,d\vec{s}$.

Bemerkungen:

1. Es genügt die Forderung, daß $\dot{\vec{r}}$ stückweise stetig ist, auch darf $|\dot{\vec{r}}(t)|$ an endlich vielen Stellen in $[a,b]$ verschwinden.

2. Gelegentlich spricht man auch vom **Wegintegral** und bezeichnet C als **Integrationsweg**.

3. Man sagt auch, das Feld $\vec{v}$ werde längs C integriert.

4. Ist C eine geschlossene Kurve, also $\vec{r}(a) = \vec{r}(b)$, so deutet man dies gerne durch einen kleinen Kreis im Integralzeichen an: $^C\!\oint \vec{v}\,d\vec{r}$. Man spricht dann auch von einem **Umlaufintegral**.

5. Die zweite und dritte Schreibweise sind in der Tatsache begründet, daß man die Tangentialanteile von $\vec{v}$ integriert (das soll v_{tg} andeuten) bzw. daß man Längen mit s zu bezeichnen pflegt; die letzte Schreibweise ist in den Naturwissenschaften weit verbreitet.

6. Besteht die Kurve C aus zwei Teilkurven C_1 und C_2, wobei C_1 von A nach Q und C_2 von Q nach B verlaufen, so schreibt man $C = C_1 + C_2$. Es gilt dann offensichtlich

$$^C\!\!\int \vec{v}\,\mathrm{d}\vec{r} = {}^{C_1}\!\!\int \vec{v}\,\mathrm{d}\vec{r} + {}^{C_2}\!\!\int \vec{v}\,\mathrm{d}\vec{r}.$$

7. Ist C^* die in umgekehrter Richtung durchlaufene Kurve C (C^* verläuft dann von B nach A, wenn C von A nach B verläuft), so schreibt man auch $C^* = -C$. Es gilt dann offenbar

$$^{C^*}\!\!\int \vec{v}\,\mathrm{d}\vec{r} = -{}^C\!\!\int \vec{v}\,\mathrm{d}\vec{r}.$$

8. Sind $\vec{v}$ und $\vec{w}$ auf D stetige Vektorfelder, sind ferner p und q reelle Zahlen, so gilt

$$^C\!\!\int (p\vec{v} + q\vec{w})\mathrm{d}\vec{r} = p\cdot{}^C\!\!\int \vec{v}\,\mathrm{d}\vec{r} + q\cdot{}^C\!\!\int \vec{w}\,\mathrm{d}\vec{r}. \tag{3.128}$$

9. Es ist, namentlich in der Physik, weit verbreitet, den »Vektor« $(\mathrm{d}x, \mathrm{d}y, \mathrm{d}z)$ mit $\mathrm{d}\vec{r}$ (oder $\mathrm{d}\vec{s}$) zu bezeichnen, also

$$\mathrm{d}\vec{r} = (\mathrm{d}x, \mathrm{d}y, \mathrm{d}z) \tag{3.129}$$

zu setzen. Dann ist das innere Produkt

$$\vec{v}\cdot\mathrm{d}\vec{r} = v_1\,\mathrm{d}x + v_2\,\mathrm{d}y + v_3\,\mathrm{d}z \tag{3.130}$$

und es ergibt sich die Schreibweise

$$^C\!\!\int \vec{v}\,\mathrm{d}\vec{r} = {}^C\!\!\int v_1\,\mathrm{d}x + v_2\,\mathrm{d}y + v_3\,\mathrm{d}z, \tag{3.131}$$

in der man nicht einmal Klammern um die Summe zu setzen pflegt.

Beispiel 3.98

Es sei $\vec{v}(x, y, z) = (xy, x^2 + yz, xz)$ und

$$C: \vec{r}(t) = (t, 1 - t, t^2), \quad 1 \leq t \leq 2.$$

Dann ist $\vec{v}(\vec{r}(t)) = (t(1 - t), t^2 + (1 - t)t^2, t^3)$ – man hat in $\vec{v}(x, y, z)$ für x die erste Koordinate von $\vec{r}(t)$, also t einzusetzen, für y überall die zweite, also $(1 - t)$ und für z die dritte t^2. Ferner ist $\dot{\vec{r}}(t) = (1, -1, 2t)$. Der Integrand in (3.127) des Linienintegrals $^C\!\!\int \vec{v}\,\mathrm{d}\vec{r}$ lautet daher

$$\vec{v}(\vec{r}(t))\cdot\dot{\vec{r}}(t) = (t\cdot(1 - t), t^2 + (1 - t)\cdot t^2, t^3)\cdot(1, -1, 2t) = t - 3t^2 + t^3 + 2t^4.$$

Daher ist

$$^C\!\!\int \vec{v}\,\mathrm{d}\vec{r} = \int_1^2 (t - 3t^2 + t^3 + 2t^4)\,\mathrm{d}t = \tfrac{213}{20}.$$

Die Kurve C verläuft übrigens von $\vec{r}(1) = (1, 0, 1)$ nach $\vec{r}(2) = (2, -1, 4)$. Wir wollen $\vec{v}$ auch noch längs der diese zwei Punkte verbindenden Geraden integrieren. Eine Parameterdarstellung dieser Geraden ist nach (3.118) durch

$$C^*: \vec{r}(t) = (1, 0, 1) + t\cdot[(2, -1, 4) - (1, 0, 1)] = (1 + t, -t, 1 + 3t)$$

gegeben. Wenn $0 \leq t \leq 1$, bekommen wir den Teil der Geraden zwischen $(1, 0, 1)$ und $(2, -1, 4)$, mit wachsendem Parameter in dieser Richtung durchlaufen. Es ist nun $\vec{v}(\vec{r}(t)) = (-t - t^2, 1 + t - 2t^2, 1 + 4t + 3t^2)$ und $\dot{\vec{r}}(t) = (1, -1, 3)$. Daher erhält man

$$^C\!\!\int \vec{v}\,\mathrm{d}\vec{r} = \int_0^1 (-t - t^2, 1 + t - 2t^2, 1 + 4t + 3t^2)\cdot(1, -1, 3)\,\mathrm{d}t = \int_0^1 (2 + 10t + 10t^2)\mathrm{d}t = \tfrac{31}{3}.$$

Dieses Beispiel zeigt, daß der Wert eines Linienintegrals außer vom Anfangs- und Endpunkt der Kurve auch von deren Verlauf abhängt, man sagt, das Linienintegral $^C\!\int \vec{v}\,\mathrm{d}\vec{r}$ sei wegabhängig.

Es gibt aber auch Vektorfelder, für die das Linienintegral in diesem Sinne wegunabhängig ist, d.h. nur vom Anfangs- und Endpunkt des Integrationsweges abhängt. Felder mit dieser Eigenschaft sind von großer Bedeutung in den Naturwissenschaften.

Definition 3.40

> Es sei $\vec{v}$ ein auf der offenen Menge $D \subset \mathbb{R}^3$ definiertes stetiges Vektorfeld und C eine in D verlaufende Kurve. Dann heißt das Linienintegral $^C\!\int \vec{v}\,\mathrm{d}\vec{r}$ **wegunabhängig**, wenn für jede Kurve C^* mit demselben Anfangs- und Endpunkt wie C, die in D verläuft, gilt $^{C^*}\!\int \vec{v}\,\mathrm{d}\vec{r} = {}^C\!\int \vec{v}\,\mathrm{d}\vec{r}$. Das Feld $\vec{v}$ heißt **konservativ**, wenn das Linienintegral längs jeder in D verlaufenden Kurve wegunabhängig ist.

Bemerkung:

Im Falle eines konservativen Feldes $\vec{v}$ hängt also der Wert eines jeden Linienintegrals nur vom Anfangs- und Endpunkt der Kurve ab und nicht von ihrem Verlauf.

Folgerung:

> Das Feld $\vec{v}$ ist konservativ, jedes Linienintegral also wegunabhängig genau dann, wenn für jede geschlossene Kurve C gilt $^C\!\oint \vec{v}\,\mathrm{d}\vec{r} = 0$, Integrale über geschlossene Kurven also verschwinden.

Der Beweis soll nur angedeutet werden: Sind C_1 und C_2 Kurven von A nach B, so ist $C = C_1 - C_2$ eine geschlossene Kurve. Auf diese wende man die Bemerkungen 6 und 7 nach Definition 3.39 an (s. Bild 3.94).

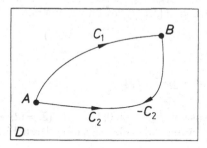

Bild 3.94: Zwei Kurven C_1 und C_2 von A nach B und die geschlossene Kurve $C_1 - C_2$

Beispiel 3.99

Es sei das Vektorfeld $\vec{v}$ aus Beispiel 3.92 gegeben:

$$\vec{v}(x, y, z) = \frac{1}{x^2 + y^2}(-y, x, 0).$$

a) C sei der Viertelkreis mit der Parameterdarstellung $\vec{r}(t) = (\cos t, \sin t, 0)$, $0 \leq t \leq \frac{1}{2}\pi$. Dann ist wegen $\vec{v}(\vec{r}(t)) = (-\sin t, \cos t, 0)$ und $\dot{\vec{r}}(t) = (-\sin t, \cos t, 0)$

$$^C\!\!\int \vec{v}\, d\vec{r} = \int_0^{\frac{1}{2}\pi} (-\sin t, \cos t, 0)\cdot(-\sin t, \cos t, 0)\, dt = \tfrac{1}{2}\pi.$$

b) Wir wollen $\vec{v}$ längs der Geraden g vom Anfangspunkt $A = \vec{r}(0) = (1,0,0)$ zum Endpunkt $B = \vec{r}(\frac{1}{2}\pi) = (0,1,0)$ von C integrieren. Da $\vec{r}(t) = (1-t, t, 0)$, $0 \leq t \leq 1$ Parameterdarstellung dieser Geraden ist, erhält man wegen $\vec{v}(\vec{r}(t)) = \dfrac{1}{(1-t)^2 + t^2}\cdot(-t, 1-t, 0)$ und $\dot{\vec{r}}(t) = (-1,1,0)$

$$^g\!\!\int \vec{v}\, d\vec{r} = \int_0^1 \frac{1}{(1-t)^2 + t^2}(-t, 1-t, 0)\cdot(-1,1,0)\, dt = \arctan(2t-1)\big|_0^1 = \tfrac{1}{2}\pi.$$

Es ist also $^C\!\!\int \vec{v}\, d\vec{r} - {}^g\!\!\int \vec{v}\, d\vec{r}$. Trotzdem darf man daraus nicht schließen, daß für jede Kurve von A nach B (die die z-Achse nicht schneidet) als Linienintegral $\frac{1}{2}\pi$ herauskommt. Wählen wir z.B.

c) $C^*: \vec{r}(t) = (\cos t, -\sin t, 0)$, $0 \leq t \leq \frac{3}{2}\pi$, so verläuft auch diese Kurve von A nach B (s. Bild 3.95).

Es ergibt sich aber

$$^{C^*}\!\!\int \vec{v}\, d\vec{r} = \int_0^{\frac{3}{2}\pi} (\sin t, \cos t, 0)\cdot(-\sin t, -\cos t, 0)\, dt = -\tfrac{3}{2}\pi,$$

also ein anderer Wert. Daher ist $^C\!\!\int \vec{v}\, d\vec{r}$ nicht wegunabhängig, $\vec{v}$ also erst recht nicht konservativ im Definitionsbereich.

d) Es gilt übrigens für den durch $\vec{r}(t) = (R\cdot\cos t, R\cdot\sin t, 0)$, $0 \leq t \leq 2\pi$ beschriebenen geschlossenen Kreis K

$$^K\!\!\int \vec{v}\, d\vec{r} = 2\pi.$$

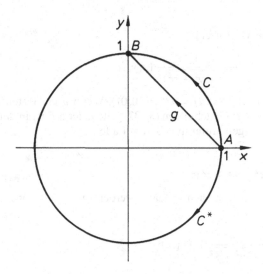

Bild 3.95: Die drei Kurven von A nach B aus Beispiel 3.99

3.4.4 Wegunabhängigkeit und Potentialfelder

Wir wollen in diesem Abschnitt eine wichtige Klasse von Vektorfeldern untersuchen und die Frage beantworten, wie man auf einfache Weise feststellen kann, ob ein Feld konservativ ist.

Definition 3.41

Es sei $D \subset \mathbb{R}^3$ offen und $\vec{v}$ ein auf D definiertes stetiges Vektorfeld. $\vec{v}$ heißt ein **Potentialfeld**, wenn es eine Funktion (Skalarfeld) U gibt, so daß auf D gilt $\vec{v} = \operatorname{grad} U$. Das Skalarfeld heißt dann ein **Potential** des Vektorfeldes $\vec{v}$.

Bemerkungen:

1. Ist $\vec{v} = (v_1, v_2, v_3)$, so lautet die Gleichung $\vec{v} = \operatorname{grad} U$ ausgeschrieben

$$v_1 = U_x, \quad v_2 = U_y, \quad v_3 = U_z. \tag{3.132}$$

2. Ist $\vec{v}$ ein Potentialfeld, U Potential von $\vec{v}$ und $\mathrm{d}\vec{r} = (\mathrm{d}x, \mathrm{d}y, \mathrm{d}z)$ (s. auch Bemerkung 9 zu Definition 3.39 und (3.129)), so gilt wegen $\vec{v} = \operatorname{grad} U$:

$$v_1\mathrm{d}x + v_2\mathrm{d}y + v_3\mathrm{d}z = U_x\mathrm{d}x + U_y\mathrm{d}y + U_z\mathrm{d}z, \tag{3.133}$$

d.h. $\vec{v}\,\mathrm{d}\vec{r}$, die in (3.130) genannte Differentialform, ist totales Differential $\mathrm{d}U$ der Funktion U.
3. Statt $\vec{v} = \operatorname{grad} U$ wird, namentlich in der Physik, oft $\vec{v} = -\operatorname{grad} U$ gefordert. Wegen $\operatorname{grad}(-U) = -\operatorname{grad} U$ ist $\vec{v}$ in beiden Fällen ein Potentialfeld, lediglich die Potentiale unterscheiden sich im Vorzeichen.
4. Ein Potentialfeld ist ein Vektorfeld, sein Potential dagegen ein Skalarfeld.
5. Ist $\vec{v}$ ein ebenes Vektorfeld, so entfallen die dritten Koordinaten: $v_1(x, y) = U_x(x, y)$ und $v_2(x, y) = U_y(x, y)$.

Beispiel 3.100

Es sei $\vec{v}$ das sphärische Vektorfeld

$$\vec{v}(x, y, z) = -\frac{\vec{r}}{r^3} = \frac{-1}{(\sqrt{x^2 + y^2 + z^2})^3} \cdot (x, y, z) \tag{3.134}$$

(s. auch Beispiele 3.87 und 3.89), $D = \mathbb{R}^3 \setminus \{(0, 0, 0)\}$. Wenn $\vec{v}$ ein Potentialfeld ist, so gibt es eine Funktion U, so daß die drei Gleichungen (3.132) gelten, denn $\vec{v}$ ist in der offenen Menge D stetig. Die erste dieser Gleichungen lautet in unserem Falle

$$U_x(x, y, z) = \frac{-x}{(\sqrt{x^2 + y^2 + z^2})^3}. \tag{3.135}$$

Durch gewöhnliche Integration nach x – dabei werden y und z als konstant betrachtet – bekommt man daraus

$$U(x, y, z) = \frac{1}{\sqrt{x^2 + y^2 + z^2}} + f(y, z) \tag{3.136}$$

mit einer zu bestimmenden Funktion f, die nur von y und z, nicht aber von x abhängt, und deren partielle Ableitungen beide stetig sind. Da deren Ableitung nach x verschwindet, bekommt man dann (3.135). Aus der zweiten Gleichung in (3.132) erhält man in Verbindung mit (3.136)

$$\frac{-y}{(\sqrt{x^2 + y^2 + z^2})^3} = v_2(x, y, z) = U_y(x, y, z) = \frac{-y}{(\sqrt{x^2 + y^2 + z^2})^3} + f_y(y, z).$$

Aus dieser letzten Gleichung bekommt man durch Integration nach y (x und z werden als konstant betrachtet) wegen $f_y(y, z) = 0$

$$f(y, z) = g(z), \tag{3.137}$$

wobei die stetig differenzierbare Funktion g nur von z abhängt. Daher ist wegen (3.136)

$$U(x, y, z) = \frac{1}{\sqrt{x^2 + y^2 + z^2}} + g(z). \tag{3.138}$$

Aus dieser Gleichung und der dritten aus (3.132) erhält man

$$\frac{-z}{(\sqrt{x^2 + y^2 + z^2})^3} = v_3(x, y, z) = U_z(x, y, z) = \frac{-z}{(\sqrt{x^2 + y^2 + z^2})^3} + g'(z).$$

Integration nach z ergibt wegen $g'(z) = 0$

$$g(z) = c \tag{3.139}$$

mit einer Konstanten c. Setzt man in (3.138) ein, so bekommt man

$$U(x, y, z) = \frac{1}{\sqrt{x^2 + y^2 + z^2}} + c. \tag{3.140}$$

Man stellt fest, daß dann für beliebiges $c \in \mathbb{R}$ die Gleichungen (3.132) gelten, also in der Tat grad $U = \overline{v}$ ist. Daher ist U aus (3.140) für jede Wahl von $c \in \mathbb{R}$ ein Potential von $\overline{v}$.

Beispiel 3.101

Das Vektorfeld

$$\overline{v}(x, y, z) = (xy, x^2 + yz, xz)$$

ist kein Potentialfeld (vgl. Beispiel 3.98). Wenn nämlich ein Potential U existierte, so müßte die Gleichung

$$U_x(x, y, z) = v_1(x, y, z) = xy$$

gelten, aus der dann durch Integration nach x folgt

$$U(x, y, z) = \tfrac{1}{2} x^2 y + f(y, z),$$

wobei f nicht von x abhängt. Aus dieser Gleichung folgt

$$x^2 + yz = v_2(x, y, z) = U_y(x, y, z) = \tfrac{1}{2} x^2 + f_y(y, z)$$

und hieraus

$$f_y(y, z) = \tfrac{1}{2} x^2 + yz.$$

Die rechte Seite dieser Gleichung ist von x abhängig, die linke jedoch nicht. Dieser Widerspruch beweist, daß $\vec{v}$ kein Potential besitzt, $\vec{v}$ ist daher kein Potentialfeld.

Satz 3.26

> Das Potential eines Potentialfeldes ist bis auf eine additive Konstante eindeutig bestimmt.

Auf den Beweis wollen wir verzichten.

Bemerkungen:

1. Dieser Satz entspricht dem Satz über Stammfunktionen einer Funktion einer Variablen, die ja auch nur bis auf additive Konstanten eindeutig bestimmt sind. Es werden sich im übrigen noch weitere Analogien zeigen, die belegen, daß die Rolle einer Stammfunktion bei Potentialfeldern weitgehend vom Potential übernommen wird.
2. In den Anwendungen wählt man die Konstante meist so, daß das Potential in einem bestimmten Punkt, dem »Aufpunkt«, einen vorgeschriebenen Wert hat, meist Null, oder daß das Potential für $r \to \infty$ gegen 0 konvergiert, in Beispiel 3.100 also $c = 0$.

Beispiel 3.102

Das Vektorfeld aus Beispiel 3.92 und Beispiel 3.99

$$\vec{v}(x,y,z) = \frac{1}{x^2 + y^2}(-y, x, 0) \tag{3.141}$$

besitzt für alle $(x,y,z) \in D = \{(x,y,z) \mid x^2 + y^2 \neq 0 \text{ und } x \neq 0\}$ das Potential U mit

$$U(x,y,z) = \arctan\frac{y}{x} + c. \quad c \in \mathbb{R}, \tag{3.142}$$

wie man leicht bestätigt.

Um den Zusammenhang zwischen Wegunabhängigkeit des Linienintegrals und der Existenz des Potentials näher zu untersuchen, müssen wir uns auf Mengen $D \subset \mathbb{R}^3$ beschränken, die eine bestimmte Form besitzen. Diese Mengen werden nun beschrieben:

Definition 3.42

> Die Menge D heißt ein **Halbraum**, wenn D durch eine Ebene begrenzt wird, wenn es also Zahlen a, b, c und d gibt mit $(a,b,c) \neq (0,0,0)$, so daß
> $$D = \{(x,y,z) \in \mathbb{R}^3 \mid ax + by + cz > d\}$$
> oder
> $$D = \{(x,y,z) \in \mathbb{R}^3 \mid ax + by + cz \geqq d\}$$
> ist.

Definition 3.43

Die Menge $D \subset \mathbb{R}^3$ heißt ein **zulässiger Bereich**, wenn D offen ist und wenn gilt:

a) $D = \mathbb{R}^3$ oder
b) D ist eine Kugel oder
c) D ist Durchschnitt endlich vieler Halbräume oder
d) $D = K_1 \backslash K_2$, wobei K_1 und K_2 Kugeln, Halbräume oder gleich $\mathbb{R}^3$ sind.

Bemerkungen:

1. K_1 und K_2 dürfen offen oder abgeschlossen sein, lediglich D muß eine offene Menge sein.
2. K_2 darf auch aus nur einem Punkt bestehen (Radius 0).

Beispiel 3.103

Die Menge

$$D = \{(x, y, z) \in \mathbb{R}^3 \,|\, 0,5 < x^2 + y^2 + z^2\}$$

ist ein zulässiger Bereich: Ist K_2 die Kugel

$$K_2 = \{(x, y, z) \in \mathbb{R}^3 \,|\, x^2 + y^2 + z^2 \leqq 0,5\},$$

so ist $D = \mathbb{R}^3 \backslash K_2$, und D eine offene Menge.

Beispiel 3.104

Die Menge

$$D = \{(x, y, z) \in \mathbb{R}^3 \,|\, 0,5 < x^2 + y^2 + z^2 < 4\}$$

ist ein zulässiger Bereich, denn D ist offene Menge und Differenz der Kugeln

$$K_1 = \{(x, y, z) \in \mathbb{R}^3 \,|\, x^2 + y^2 + z^2 < 4\}$$

$$K_2 = \{(x, y, z) \in \mathbb{R}^3 \,|\, x^2 + y^2 + z^2 \leqq 0,5\}.$$

Beispiel 3.105

Die Menge $D = \{(x, y, z) \in \mathbb{R}^3 \,|\, z > 0\}$ wird durch die x, y-Ebene begrenzt und ist offen, also ein zulässiger Bereich.

Beispiel 3.106

Die Menge $D = \mathbb{R}^3 \backslash \{(0, 0, 0)\}$ ist ein zulässiger Bereich, da D eine offene Menge ist und $\{(0, 0, 0)\}$ eine Kugel vom Radius 0 ist.

Beispiel 3.107

Die Menge

$$D = \{(x, y, z) \in \mathbb{R}^3 \,|\, x^2 + y^2 \neq 0\}$$

ist kein zulässiger Bereich, denn die (offene) Menge D besteht aus allen Punkten des Raumes, die nicht auf der z-Achse liegen, da nur für diese $x^2 + y^2 = 0$ ist. Diese Menge D läßt sich offensichtlich nicht als Differenz zweier Kugeln oder Halbräume darstellen. Der Definitionsbereich des Vektorfeldes (3.115) ist daher kein zulässiger Bereich, eine Tatsache, die weitreichende Konsequenzen hat.

Satz 3.27

> Es sei $D \subset \mathbb{R}^3$ ein zulässiger Bereich, C eine in D verlaufende Kurve, die den Voraussetzungen aus Definition 3.39 genügt, und $\vec{v}$ ein auf D definiertes differenzierbares Vektorfeld. Dann ist das Linienintegral
>
> $$^C\!\!\int \vec{v} \, d\vec{r}$$
>
> wegunabhängig dann und nur dann, wenn $\vec{v}$ ein Potentialfeld ist. Sind A bzw. B Anfangs- bzw. Endpunkt von C, ist ferner U ein Potential von $\vec{v}$, so gilt
>
> $$^C\!\!\int \vec{v} \, d\vec{r} = U(B) - U(A). \tag{3.143}$$

Bemerkungen:

1. Die Gleichung (3.143) entspricht der für bestimmte Integrale, wobei U die Rolle einer Stammfunktion spielt.
2. Man beachte die Voraussetzungen über D. Der Definitionsbereich D des Vektorfeldes $\vec{v}$ aus (3.115) ist kein zulässiger Bereich (Beispiel 3.107). Obwohl $\vec{v}$ Potentialfeld ist (Beispiel 3.102), ist das Linienintegral nicht für alle Kurven wegunabhängig (Beispiel 3.99).
3. Ist $\vec{v} = \mathrm{grad}\, U$, $d\vec{r} = (dx, dy, dz)$ (s. auch (3.129)), so ist nach (3.130) und (3.26) der Integrand

   $$\vec{v} \, d\vec{r} = U_x \, dx + U_y \, dy + U_z \, dz = dU$$

   totales Differential von U. Dann gilt für den Integranden in (3.127) nach der Kettenregel (3.56)

   $$\vec{v}(\vec{r}(t)) \cdot \dot{\vec{r}}(t) = \frac{dU}{dt}. \tag{3.144}$$

   In diesem Falle erhält man die Gleichung

   $$^C\!\!\int \vec{v} \, d\vec{r} = {}^C\!\!\int \mathrm{grad}\, U \, d\vec{r} = \int_A^B \frac{dU}{dt} \, dt = U(B) - U(A). \tag{3.145}$$

   Diese Gleichung zeigt eine formal weitgehende Übereinstimmung mit dem bestimmten Integral einer Funktion einer Variablen (s. Band 1, Satz 9.16).
4. Mit den Bezeichnungen aus Bemerkung 3 kann man den Satz 3.27 unter den dort gemachten Voraussetzungen auch so formulieren: $^C\!\!\int \vec{v} \, d\vec{r}$ ist wegunabhängig genau dann, wenn der Integrand $\vec{v} \, d\vec{r} = v_1 \, dx + v_2 \, dy + v_3 \, dz$ totales Differential einer Funktion U ist.

Wir wollen auf den Beweis des Satzes verzichten, die Formel (3.143) aber herleiten: Ist $\vec{v}$ ein Potentialfeld, so ist nach Definition $\vec{v} = \mathrm{grad}\, U$, wobei U Potential von $\vec{v}$ ist. Daraus folgt

$$^C\!\!\int \vec{v} \, d\vec{r} = \int_a^b \vec{v}(\vec{r}(t)) \cdot \dot{\vec{r}}(t) \, dt = \int_a^b [U_x(\vec{r}(t)) \cdot \dot{x}(t) + U_y(\vec{r}(t)) \cdot \dot{y}(t) + U_z(\vec{r}(t)) \cdot \dot{z}(t)] \, dt.$$

Nach der Kettenregel (3.56) ist der Integrand die Ableitung von

$$F(t) = U(x(t), y(t), z(t)), \tag{3.146}$$

daher bekommt man weiter

$${}^C\!\!\int \vec{v}\, d\vec{r} = \int\limits_a^b \frac{dF(t)}{dt}\, dt = F(t)\,\big|{}_a^b = F(b) - F(a),$$

was nach (3.146) gleich $U(B) - U(A)$ ist.

Um zu prüfen, ob ein Linienintegral wegunabhängig ist, kann man nach Satz 3.27 prüfen, ob das Feld ein Potentialfeld ist. Um das wiederum festzustellen, hat man gemäß Definition 3.41 zu prüfen, ob ein Potential existiert. Das führt gewöhnlich auf die Lösung der Gleichungen (3.132), also auf Integrationen, wie in den Beispielen gezeigt wurde. Daher wird man nach hinreichenden Bedingungen dafür suchen, daß ein Feld $\vec{v}$ Potentialfeld ist, ohne das Potential zu bestimmen. (Um zu prüfen, ob eine Funktion f einer Variablen über $[a, b]$ integrierbar ist, wird man sie zunächst auf Stetigkeit in $[a, b]$ untersuchen, da diese für Integrierbarkeit hinreichend ist, man wird also nicht versuchen, eine Stammfunktion zu berechnen!) Es sei $\vec{v}$ ein Potentialfeld und U Potential: $\vec{v} = \operatorname{grad} U$, also gilt

$$v_1 = U_x, \quad v_2 = U_y, \quad v_3 = U_z. \tag{3.147}$$

Wenn nun $\vec{v}$ partiell differenzierbar ist, so erhält man aus der ersten Gleichung von (3.147) $U_{xy} = \dfrac{\partial v_1}{\partial y}$ und aus der zweiten Gleichung $U_{yx} = \dfrac{\partial v_2}{\partial x}$. Wenn diese Ableitungen stetig sind, so folgt aus dem Satz von Schwarz (s. Satz 3.7) die Gleichheit von U_{xy} und U_{yx}, daher ist dann

$$\frac{\partial v_1}{\partial y} = \frac{\partial v_2}{\partial x}. \tag{3.148}$$

Analog erhält man die Gleichungen

$$\frac{\partial v_1}{\partial z} = \frac{\partial v_3}{\partial x}, \quad \frac{\partial v_2}{\partial z} = \frac{\partial v_3}{\partial y}. \tag{3.149}$$

Es zeigt sich nun, daß diese drei Gleichungen (3.148) und (3.149) notwendig und hinreichend für die Existenz des Potentials sind, es gilt

Satz 3.28

Es sei $\vec{v} = (v_1, v_2, v_3)$ ein auf dem zulässigen Bereich $D \subset \mathbb{R}^3$ definiertes Vektorfeld, die partiellen Ableitungen von v_1, v_2 und v_3 mögen in D existieren und stetig sein. Dann ist $\vec{v}$ ein Potentialfeld (in D) genau dann, wenn in D

$$\frac{\partial v_1}{\partial y} = \frac{\partial v_2}{\partial x}, \quad \frac{\partial v_1}{\partial z} = \frac{\partial v_3}{\partial x}, \quad \frac{\partial v_2}{\partial z} = \frac{\partial v_3}{\partial y}. \tag{3.150}$$

Bemerkungen:

1. Die Notwendigkeit von (3.150) ist oben gezeigt worden. Auf den Beweis dafür, daß diese Gleichungen auch hinreichend sind, wollen wir verzichten.
2. Die Gleichungen (3.150) heißen wegen der aus ihnen folgenden Formel (3.143) auch die **Integrabilitätsbedingungen**. Die Integrabilitätsbedingungen sind also notwendig und hinreichend für die Existenz eines Potentials unter den genannten Differenzierbarkeitsvoraussetzungen.

Beispiel 3.108

Für das in Beispiel 3.101 behandelte Vektorfeld

$$\vec{v}(x, y, z) = (xy, x^2 + yz, xz)$$

mit dem Definitionsbereich $D = \mathbb{R}^3$ gilt $\dfrac{\partial v_2}{\partial z} = y$ und $\dfrac{\partial v_3}{\partial y} = 0$, so daß für keine offene Menge in $\mathbb{R}^3$ die Integrabilitätsbedingungen erfüllt sind. Es gibt daher keine offene Menge, in der $\vec{v}$ ein Potential besitzt.

Beispiel 3.109

Wir untersuchen erneut das wichtige Beispiel des magnetischen Feldes eines stromdurchflossenen Leiters, s. auch Beispiel 3.92, Beispiel 3.99 und Beispiel 3.102. Es sei also

$$\vec{v}(x, y, z) = \frac{1}{x^2 + y^2}(-y, x, 0).$$

Es gelten in $D_{\vec{v}} = \{(x, y, z) \in \mathbb{R}^3 \mid x^2 + y^2 \neq 0\}$ die Integrabilitätsbedingungen, wie man leicht nachrechnet. Die Menge $D_{\vec{v}}$ ist aber nach Beispiel 3.107 kein zulässiger Bereich.

a) Die Menge $D_1 = \{(x, y, z) \in \mathbb{R}^3 \mid x > 0\}$ ist als Halbraum ein in $D_{\vec{v}}$ liegender zulässiger Bereich. $\vec{v}$ hat daher in D_1 ein Potential. Man rechnet leicht nach, daß die Funktion U mit

$$U(x, y, z) = \arctan\frac{y}{x} \text{ Potential von } \vec{v} \text{ auf } D_1 \text{ ist; man beachte, daß } U \text{ auf } D_1 \text{ definiert ist.}$$

b) Die Menge $D_2 = \{(x, y, z) \in \mathbb{R}^3 \mid y > 0\}$ ist als Halbraum ebenfalls ein in $D_{\vec{v}}$ liegender zulässiger Bereich. Die Funktion U mit $U(x, y, z) = \operatorname{arccot}\dfrac{x}{y}$ ist, wie man leicht bestätigt, auf D_2 Potential von $\vec{v}$.

c) Die Menge $D_3 = \{(x, y, z) \in \mathbb{R}^3 \mid x + y > 0\}$ ist als Halbraum auch ein in $D_{\vec{v}}$ liegender zulässiger Bereich. Diese Menge aber enthält Punkte (x, y, z) mit $x = 0$ als auch solche mit $y = 0$; in ersteren ist die Funktion U aus a), in letzteren die Funktion U aus b) nicht definiert. Die Funktion U mit

$$U(x, y, z) = \begin{cases} \arctan\dfrac{y}{x}, & \text{wenn } x \neq 0 \\[2mm] \operatorname{arccot}\dfrac{x}{y}, & \text{wenn } y \neq 0 \end{cases}$$

ist Potential auf D_3, denn für alle $(x, y, z) \in D$ mit $x \neq 0$ und $y \neq 0$ (für die sich die zwei Definitionen überschneiden) gilt nach Band 1, Tabelle S. 66: $\arctan\dfrac{y}{x} = \operatorname{arccot}\dfrac{x}{y}$.

Wir wollen die für zulässige Bereiche gefundenen Ergebnisse abschließend in einem Hauptsatz zusammenfassen.

Satz 3.29

Es sei $D \subset \mathbb{R}^3$ ein zulässiger Bereich und $\vec{v}$ ein auf D definiertes Vektorfeld mit stetigen partiellen Ableitungen 2. Ordnung, C eine in D liegende Kurve, die den Voraussetzungen aus Definition 3.39 genügt.

Dann sind folgende Aussagen gleichwertig:

a) $^C\int \vec{v} \, d\vec{r}$ ist wegunabhängig für jede solche Kurve C.

b) $^C\oint \vec{v} \, d\vec{r} = 0$, wenn C geschlossene Kurve ist.

c) $\vec{v}$ ist Potentialfeld.

d) Es gelten die Integrabilitätsbedingungen (3.150).

Wir wollen abschließend noch die drei wichtigen Fälle des Schwere- oder Gravitationsfeldes einer Masse, des elektrischen Feldes einer Ladung sowie des magnetischen Feldes eines geraden stromdurchflossenen Leiters untersuchen.

Beispiel 3.110

Das Vektorfeld

$$\vec{v}(x, y, z) = \frac{-1}{\left(\sqrt{x^2 + y^2 + z^2}\right)^3} \cdot (x, y, z) \tag{3.151}$$

ist nach Beispiel 3.100 ein Potentialfeld. Für jedes $c \in \mathbb{R}$ ist die Funktion U mit

$$U(x, y, z) = \frac{1}{\sqrt{x^2 + y^2 + z^2}} + c \tag{3.152}$$

nach (3.140) Potential von $\vec{v}$. Da $\vec{v}$ in dem nach Beispiel 3.106 zulässigen Bereich $D = \{(x, y, z) \in \mathbb{R}^3 \mid x^2 + y^2 + z^2 \neq 0\}$ definiert ist und dort stetige partielle Ableitungen 2. Ordnung hat, ist jedes Linienintegral $^C\int \vec{v} \, d\vec{r}$ wegunabhängig und für jede geschlossene Kurve C gilt $^C\oint \vec{v} \, d\vec{r} = 0$ (C muß natürlich in D liegen, darf also nicht durch den Ursprung $(0, 0, 0)$ gehen). Das Schwerefeld einer in $(0, 0, 0)$ liegenden Masse m hat das Kraftfeld (Schwerefeld) $\vec{F} = k \cdot \vec{v}$ mit einer Konstanten $k > 0$ (s. Beispiel 3.87). Auch das elektrische Feld einer in $(0, 0, 0)$ liegenden elektrischen Ladung q hat diese Form: $\vec{E} = k\vec{v}$, wie in demselben Beispiel gezeigt wurde. Die Arbeit W, die erforderlich ist, um eine Einheitsmasse (Einheitsladung) längs einer Kurve C von einem Punkt P_0 zum Punkt P zu bewegen, ist daher

$$W = {}^C\int \vec{F} \, d\vec{r} \quad \text{im Falle des Schwerefeldes } \vec{F} \tag{3.153}$$

und

$$W = {}^C\int \vec{E} \, d\vec{r} \quad \text{im Falle des elektrischen Feldes } \vec{E}. \tag{3.154}$$

Da das Integral $^C\int \vec{v} \, d\vec{r}$ wegunabhängig ist, sind es auch die Integrale aus (3.153) und (3.154), $U^* = k \cdot U$ ist Potential von $\vec{F}$ bzw. $\vec{E}$. Nach Satz 3.27 ist daher in beiden Fällen

$$W = U^*(P) - U^*(P_0). \tag{3.155}$$

Diese Formel ist Ausdruck der Tatsache, daß die Arbeit im Schwerefeld und im Coulombschen

Feld einer Ladung nur vom Anfangs- und Endpunkt der Kurve abhängt. Legt man einen dieser Punkte fest, etwa den Anfangspunkt P_0, so ist die Arbeit eine Funktion von P allein, eine »reine Ortsfunktion«, wie man betonend formuliert. Meist wählt man die Konstante c in (3.152) zu Null, dann gilt $U \to 0$ für $r \to \infty$, man sagt in diesem Falle, »das Potential U verschwindet im Unendlichen«.

$W(P) - W(Q)$ ist die Arbeit, die erforderlich ist, wenn im Falle des Schwerefeldes die Probemasse von Q nach P gebracht wird. Diese Differenz ist wegen $k > 0$ negativ, wenn Q näher als P an der das Feld erzeugenden Masse m liegt, wenn also $|Q| < |P|$. Man bewegt in diesem Falle die Masse von m fort. Will man die verbrauchte Arbeit als positiv normieren, so hat man U durch $-U$ zu ersetzen, für das Potential also $\vec{v} = -\text{grad } U$ zu fordern (vgl. Bemerkung 3 zu Definition 3.41). Das geschieht in der Physik häufig. $W(P) - W(Q)$ ist im Falle des Schwerefeldes $\vec{F}$ also die Differenz der potentiellen Energie (diese Tatsache gab dem Potential seinen Namen) und im elektrischen Feld $\vec{E}$ die elektrische Spannung zwischen Q und P (häufig ändert man auch hier das Vorzeichen).

Beispiel 3.111

Es sei $\vec{H}(x, y, z) = \dfrac{1}{x^2 + y^2} \cdot (-y, x, 0)$ das zuletzt in Beispiel 3.109 behandelte Feld. $\vec{H}$ ist bis auf eine positive Konstante das magnetische Feld eines stromdurchflossenen Leiters, der längs der z-Achse verläuft (s. Beispiel 3.92). Nach Beispiel 3.99 ist dann $^C\!\!\oint \vec{H} \, d\vec{r} = 2\pi$, wenn C der dort genannte den Leiter umschließende Kreis ist, einmal durchlaufen wird. Für jeden Kreis C, der den Leiter, also die z-Achse, nicht umschließt, gilt nach Beispiel 3.109 $^C\!\!\oint \vec{H} \, d\vec{r} = 0$. In der Physik ist $^C\!\!\int \vec{H} \, d\vec{r}$ die magnetische Spannung, ist C eine geschlossene Kurve, so spricht man von »**Ringspannung**«.

Wir wollen unsere Hauptergebnisse abschließend noch mit dem Begriff »totales Differential« statt »Potentialfeld« formulieren, da hiervon namentlich in der Wärmelehre Gebrauch gemacht wird. Es sei im folgenden $D \subset \mathbb{R}^3$ ein zulässiger Bereich, P, Q und R auf D definierte stetige Funktionen.

1. Der Ausdruck

$$P \, dx + Q \, dy + R \, dz \tag{3.156}$$

heißt eine **Differentialform**.

2. Die Differentialform (3.156) ist totales Differential einer auf D differenzierbaren Funktion U genau dann, wenn $(P, Q, R) = \text{grad } U$, also $P = U_x$, $Q = U_y$ and $R = U_z$ gilt. (P, Q, R) ist dann ein Potentialfeld, U Potential des Feldes.

3. Wenn P, Q und R auf D stetige partielle Ableitungen erster Ordnung haben, so ist (3.156) totales Differential genau dann, wenn $P_y = Q_x$, $P_z = R_x$ und $Q_z = R_y$ ist (s. Satz 3.28).

4. Ist $\vec{v} = (P, Q, R)$, so ist das Linienintegral

$$^C\!\!\int \vec{v} \, d\vec{r} = {}^C\!\!\int P \, dx + Q \, dy + R \, dz \tag{3.157}$$

genau dann wegunabhängig, wenn (3.156) ein totales Differential ist.

3.4.5 Divergenz und Rotor eines Vektorfeldes

Abschließend sollen noch die beiden in der Überschrift genannten Begriffe der »Vektoranalysis« behandelt werden. Es ist hier nicht der Raum, auf sie im einzelnen einzugehen, dennoch werden wir ihre anschauliche Bedeutung an einem Beispiel zu verdeutlichen versuchen. Beide Begriffe spielen in der Strömungslehre und der Elektrizitätslehre eine große Rolle.

Definition 3.44

Es sei $\vec{v} = (v_1, v_2, v_3)$ ein auf der offenen Menge $D \subset \mathbb{R}^3$ definiertes und dort differenzierbares Vektorfeld. Dann heißt das Skalarfeld

$$\operatorname{div} \vec{v} = \frac{\partial v_1}{\partial x} + \frac{\partial v_2}{\partial y} + \frac{\partial v_3}{\partial z} \tag{3.158}$$

die **Divergenz** oder **Quelldichte** von $\vec{v}$. Das Vektorfeld

$$\operatorname{rot} \vec{v} = \left(\frac{\partial v_3}{\partial y} - \frac{\partial v_2}{\partial z}, \frac{\partial v_1}{\partial z} - \frac{\partial v_3}{\partial x}, \frac{\partial v_2}{\partial x} - \frac{\partial v_1}{\partial y} \right) \tag{3.159}$$

heißt die **Rotation** oder der **Rotor** von $\vec{v}$.

Bemerkungen:

1. Die Divergenz wird bisweilen auch **Ergiebigkeit** genannt.
2. Es sei betont, daß die Divergenz eines Vektorfeldes ein Skalarfeld ist, d.h. eine reellwertige Funktion dreier Variablen, die Rotation eines Vektorfeldes aber wieder ein Vektorfeld ist.
3. Man nennt diejenigen Punkte $P \in D$, für die $\operatorname{div} \vec{v}(P) > 0$ bzw. $\operatorname{div} \vec{v}(P) < 0$ gilt, die **Quellen** bzw. **Senken** des Feldes $\vec{v}$. Ist $\operatorname{div} \vec{v} = 0$ in D, so heißt $\vec{v}$ ein **quellfreies Vektorfeld**.
4. Gilt $\operatorname{rot} \vec{v} = (0, 0, 0)$ in D, so heißt $\vec{v}$ **wirbelfreies Vektorfeld**.

Beispiel 3.112

Für das Vektorfeld $\vec{v}$ mit $\vec{v}(x, y, z) = (x^2 + xyz, y^2 - x^2, x + y \cdot \sin z)$ gilt

$$\operatorname{div} \vec{v} = 2x + yz + 2y + y \cdot \cos z \quad \text{und} \quad \operatorname{rot} \vec{v} = (\sin z, xy - 1, -2x - xz).$$

$\vec{v}$ ist daher weder quellfrei noch wirbelfrei.

Folgerung

Das Vektorfeld $\vec{v}$ ist auf der offenen Menge D genau dann wirbelfrei, wenn es den Integrabilitätsbedingungen (3.150) genügt.

Beweis:

Die erste Gleichung in (3.150) gilt genau dann, wenn die dritte Koordinate von $\operatorname{rot} \vec{v}$ verschwindet. Entsprechendes gilt für die zweite Gleichung und zweite Koordinate und die dritte Gleichung und erste Koordinate. ●

Beispiel 3.113

Das Vektorfeld aus Beispiel 3.109 ist wirbelfrei, weil es die Integrabilitätsbedingungen erfüllt. Man kann ebenso leicht nachrechnen, daß rot $\vec{v} = (0, 0, 0)$. Dieses Vektorfeld ist übrigens auch quellfrei, wie leicht zu bestätigen ist.

Beispiel 3.114

Man rechnet leicht nach, daß auch das Coulombfeld (3.114) quell- und wirbelfrei ist.

Das folgende Beispiel soll anhand eines Strömungsfeldes zeigen, welche Tatsache zu den der Strömungslehre entnommenen Begriffen »Quelldichte« und »Rotation« führten.

Beispiel 3.115

Es sei durch

$$\vec{v}(x, y, z) = (0, 0, z \cdot (1 - x^2 - y^2))$$

ein Vektorfeld $\vec{v}$ auf dem (unendlich langen) Zylinder $D = \{(x, y, z) \,|\, x^2 + y^2 \leq 1\}$ definiert. Zum besseren Verständnis der folgenden Ausführungen sei dem Leser empfohlen, sich dieses Feld möglichst genau vorzustellen: Das Feld ist zur z-Achse symmetrisch, alle Vektoren sind zu ihr parallel. Schneidet man mit einer zur z-Achse senkrechten Ebene, so bilden die auf ihr stehenden Vektoren eine Art »Strömungsprofil«. Die Vektoren auf der Ebene $z = 2$ sind doppelt so lang wie die entsprechenden auf der darunterliegenden Ebene $z = 1$ (s. Bild 3.96, das einen die x, z-Ebene enthaltenden Schnitt durch das Feld zeigt).

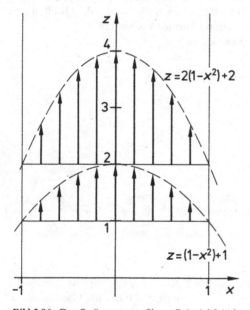

Bild 3.96: Das Strömungsprofil aus Beispiel 3.115

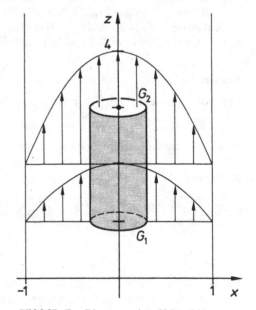

Bild 3.97: Zur Divergenz eines Vektorfeldes

Wir stellen uns vor, daß der Vektor $\vec{v}$ die Geschwindigkeit einer das Rohr (das ist der Zylindermantel) durchströmenden Flüssigkeit ist, $\vec{v}(P)$ also die Geschwindigkeit des sich im Punkt P befindenden Teilchens ist (etwa in cm/s).

a) Zur Divergenz des Vektorfeldes

Wir denken uns einen Zylinder in die Strömung gelegt und fragen nach der ihn pro Zeiteinheit durchströmenden Flüssigkeitsmenge, genauer: Wir wollen wissen, wieviel Flüssigkeit in ihn hinein und wieviel aus ihm herausfließt. Fließt mehr heraus als hinein, so muß in dem Zylinder Flüssigkeit entstehen, sich also Quellen in ihm befinden (ein Fall, der in Wirklichkeit nicht auftreten kann, hier hinkt also unser Modell!). Wir betonen: Der Zylinder sei entweder vollkommen durchlässig oder nur gedacht, jedenfalls beeinflusse er die Strömung nicht. In Bild 3.97 ist dieser Zylinder eingezeichnet, er hat die Höhe h, den Radius R, die z-Achse als Achse, seine Grundfläche liegt in der Höhe $z = 1$. Nun zur Beantwortung unserer Frage nach der Bilanz der ihn durchfließenden Flüssigkeitsmenge. Der Zylindermantel ist zur Strömungsrichtung parallel, durch ihn fließt also nichts. Welches Volumen fließt also pro Sekunde durch die obere Deckelfläche G_2, welches durch die untere G_1? Da beide Flächen gleich groß sind und die Strömung durch G_2 schneller als die durch G_1 ist, fließt pro Zeiteinheit sicher oben mehr aus dem Zylinder heraus als unten hinein, in ihm sind Quellen, wie man sagt. Wieviel fließt nun durch G_1 pro Zeiteinheit? Wir denken uns dazu diese Fläche zerlegt in Teile g_i ($i = 1, \ldots, n$) mit den Flächeninhalten dg_i (so, wie dies bei der Einführung des Doppelintegrals geschah). Ist $P_i \in g_i$, so ist die Geschwindigkeit aller g_i durchfließenden Teilchen (da $\vec{v}$ stetig ist) etwa so groß, wie die Geschwindigkeit des Teilchens in P_i.

Da die Strömung die Fläche G_1 senkrecht durchfließt, ist $|\vec{v}(P_i)| \cdot dg_i$ eine Näherung für das g_i pro Zeiteinheit durchfließende Volumen (wäre $\vec{v}$ nicht senkrecht zur Fläche, so hätte man die zur Fläche senkrechte Komponente von $\vec{v}(P_i)$ zu nehmen). Daher ist das die Grundfläche G_1 pro Zeiteinheit durchfließende Volumen etwa gleich $\sum\limits_{i=1}^{n} |\vec{v}(P_i)| \cdot dg_i$. In dieser Summe erkennt man eine Riemannsche Zwischensumme des Integrals $^{G_1}\!\!\int |\vec{v}(P)| \, dg$, so daß nach einem mehrfach in ähnlichem Zusammenhang gemachten Schluß dieses Doppelintegral das gesuchte Volumen angibt. Wir wollen dieses Integral berechnen: Da auf der Grundfläche G_1 gilt $z = 1$, ist $|\vec{v}(P)| = 1 - x^2 - y^2 = 1 - r^2$, wenn Polarkoordinaten verwendet werden. In diesem Koordinatensystem ist $dg = r \, dr \, d\varphi$ (s. die Bemerkung zu Satz 3.20) und G_1 durch $0 \leqq r \leqq R$, $0 \leqq \varphi \leqq 2\pi$ beschrieben. Daher ist

$$^{G_1}\!\!\int |\vec{v}(P)| \, dg = \int\limits_{0}^{2\pi} \int\limits_{0}^{R} (1 - r^2) r \, dr \, d\varphi = 2\pi \cdot (\tfrac{1}{2} R^2 - \tfrac{1}{4} R^4).$$

Für die obere Deckelfläche erhält man wegen $z = h + 1$ als Integranden in Polarkoordinaten $|\vec{v}(P)| = (h + 1) \cdot (1 - r^2)$ und daher

$$^{G_2}\!\!\int |\vec{v}(P)| \, dg = 2\pi (h + 1) \cdot (\tfrac{1}{2} R^2 - \tfrac{1}{4} R^4).$$

Zur Bilanz der hinein- und herausfließenden Mengen: Rechnet man hineinfließende Mengen negativ und herausfließende positiv, so ist die Differenz des G_2 und des G_1 durchfließenden Volumens die gesuchte Menge, sie hat den Wert $\pi R^2 h \cdot (1 - \tfrac{1}{2} R^2)$. Diese Menge entsteht also pro Zeiteinheit innerhalb des Zylinders durch in ihm sich befindende Quellen.

Wir berechnen als »Gegenstück« $^K\!\!\int \operatorname{div} \vec{v} \, dk$, wobei K der Zylinder ist (ein dreifaches Integral also). Es ist $\operatorname{div} \vec{v} = 1 - x^2 - y^2$. Wir verwenden Zylinderkoordinaten: Dann beschreiben die drei

Ungleichungen $0 \leq r \leq R$, $0 \leq \varphi \leq 2\pi$, $1 \leq z \leq h + 1$ den Zylinder K, ferner ist $dk = r\,dr\,d\varphi\,dz$ (s. (3.89)) und $\operatorname{div} \vec{v} = 1 - r^2$. Man erhält dann ${}^K\!\int \operatorname{div} \vec{v}\,dk = \pi R^2 h \cdot (1 - \frac{1}{2}R^2)$. Es ist also die die geschlossene Fläche durchströmende Menge, genauer der »Fluß von $\vec{v}$ durch den Zylinder« wie man sagt, gleich dem über den Zylinder erstreckten dreifachen Integral der Divergenz von $\vec{v}$. Diese Tatsache rechtfertigt den Namen »Quelldichte«. Wir wollen noch betonen, daß durch jede geschlossene Fläche, wenn sie oberhalb der x, y-Ebene liegt, mehr heraus als hineinfließt, da oben die Strömungsgeschwindigkeit größer als unten ist, auch wenn diese geschlossene Fläche noch so klein ist: Das Feld hat in allen Punkten Quellen (nur in der x, y-Ebene liegen keine).

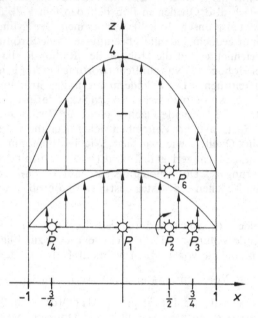

Bild 3.98: Zur Rotation eines Vektorfeldes

b) Zur Rotation des Vektorfeldes

Wir denken uns im Punkte P eine kleine mit Schaufeln versehene Kugel in die Strömung gelegt, so daß sie sich frei in der Strömung drehen kann (sie möge die Strömung nicht beeinflussen, in P festgehalten werden aber frei drehbar sein). Unsere Frage ist: Wie und wie schnell dreht sich die Kugel in der Strömung? – Dazu vorweg eine Vereinbarung: Dreht sich ein Körper um eine Achse, so beschreibt man diese Drehung durch einen Vektor $\vec{\omega}$, dessen Richtung die der Achse ist und dessen Richtungssinn sich aus der Rotation durch die Korkenzieherregel ergibt, dessen Betrag gleich dem Betrag der Winkelgeschwindigkeit ist. – In Bild 3.98 sind in mehreren Punkten solche Kugeln eingezeichnet. Die in $P_1 = (0, 0, 1)$ liegende Kugel wird sich nicht drehen, für den entsprechenden Vektor gilt $\vec{\omega}_1 = (0, 0, 0)$. Die in $P_2 = (\frac{1}{2}, 0, 1)$ liegende Kugel wird sich offensichtlich wie im Bild angedeutet drehen, und zwar um eine zur y-Achse parallele Achse; es ist daher $\vec{\omega}_2 = (0, \omega_2, 0)$ mit $\omega_2 > 0$ (im Bild zeigt die y-Achse in die Zeichenebene, $\vec{\omega}_2$ auch – Korkenzieherregel!). Die Kugel in $P_3 = (\frac{3}{4}, 0, 1)$ wird sich im selben Sinne wie die in P_2 drehen, aber schneller, da der Geschwindigkeitsunterschied der Strömung, der die Drehung ja hervorruft, größer als in P_2 ist, es ergibt sich also $\vec{\omega}_3 = (0, \omega_3, 0)$ mit $\omega_3 > \omega_2$. Die in $P_4 = (-\frac{3}{4}, 0, 1)$ liegende Kugel dreht sich entgegengesetzt, wie die in P_3, also $\vec{\omega}_4 = -\vec{\omega}_3$. Eine Kugel in $P_5 = (0, \frac{1}{2}, 1)$ wird sich mit derselben Geschwindigkeit wie die in P_2 drehen, allerdings um eine zur x-Achse parallele Achse, es gilt daher nach der Korkenzieherregel $\vec{\omega}_5 = (-\omega_2, 0, 0)$. Die in $P_6 = (\frac{1}{2}, 0, 2)$ liegende Kugel dreht sich wie die in P_2, nur wegen der dort doppelt so großen Strömungsgeschwindigkeit auch doppelt so schnell, daher ist $\vec{\omega}_6 = (0, 2\omega_2, 0) = 2\vec{\omega}_2$. Zuletzt wollen wir noch eine Kugel in $P_7 = (\frac{1}{8}\sqrt{8}, \frac{1}{8}\sqrt{8}, 1)$ betrachten. Aus Symmetriegründen hat ihre Drehachse offensichtlich die Richtung der Winkelhalbierenden $y = -x$ der x, y-Ebene, so daß mit der Korkenzieherregel $\vec{\omega}_7 = (-\omega_7, \omega_7, 0)$ ist mit $\omega_7 > 0$. Da P_7 denselben Abstand wie P_2 von der z-Achse hat, nämlich $\frac{1}{2}$, gilt für die Drehvektoren in beiden Punkten $|\vec{\omega}_7| = |\vec{\omega}_2|$.

Wir berechnen nun als »Gegenstück« die Vektoren rot $\vec{v}$ in den genannten Punkten. Der Leser möge sich überzeugen, daß in allen Punkten rot $\vec{v}(P_i)$ und $\vec{\omega}_i$ bis auf einen konstanten positiven Faktor gleich sind. Aus rot $\vec{v}(P) = (-2yz, 2xz, 0)$ erhalten wir die Vektoren rot $\vec{v}(P_i)$, die wir den entsprechenden Vektoren $\vec{\omega}_i$ der Übersichtlichkeit wegen gegenüberstellen:

$$\text{rot}\,\vec{v}(P_1) = (0, 0, 0) \qquad\qquad \vec{\omega}_1 = (0, 0, 0)$$

$$\text{rot}\,\vec{v}(P_2) = (0, 1, 0) \qquad\qquad \vec{\omega}_2 = (0, \omega_2, 0)$$

$$\text{rot}\,\vec{v}(P_3) = (0, \tfrac{3}{2}, 0) \qquad\qquad \vec{\omega}_3 = (0, \omega_3, 0)$$

$$\text{rot}\,\vec{v}(P_4) = (0, -\tfrac{3}{2}, 0) = -\text{rot}\,\vec{v}(P_3) \qquad \vec{\omega}_4 = -\vec{\omega}_3$$

$$\text{rot}\,\vec{v}(P_5) = (-1, 0, 0) \qquad\qquad \vec{\omega}_5 = (-\omega_2, 0, 0)$$

$$\text{rot}\,\vec{v}(P_6) = (0, 2, 0) = 2\cdot\text{rot}\,\vec{v}(P_2) \qquad \vec{\omega}_6 = 2\vec{\omega}_2$$

$$\text{rot}\,\vec{v}(P_7) = (-\tfrac{1}{2}\sqrt{2}, \tfrac{1}{2}\sqrt{2}, 0) \qquad \vec{\omega}_7 = (-\omega_7, \omega_7, 0)$$

$$|\text{rot}\,\vec{v}(P_7)| = 1 = |\text{rot}\,\vec{v}(P_2)| \qquad |\vec{\omega}_7| = |\vec{\omega}_2|.$$

Der sich hierin ausdrückende enge Zusammenhang zwischen dem Drehvektor $\vec{\omega}$ und der Rotation des Feldes rechtfertigt dessen Namen. Man sagt, das Feld (die Strömung) besitze Wirbel.

Aufgaben

1. Skizzieren Sie einige Vektoren des ebenen Vektorfeldes $\vec{v}(x, y) = (x + y, \frac{1}{4}x^2)$.

2. Skizzieren Sie das ebene Vektorfeld $\vec{v}(x, y) = (1, \sin x)$.

3. Veranschaulichen Sie das Vektorfeld

   a) $\vec{v}(x, y, z) = (0, 0, \sqrt{1 - x^2 - y^2})$; b) $\vec{v}(x, y, z) = (0, 0, 1 - x^2 - y^2)$.

4. Skizzieren Sie die Kurve mit der Parameterdarstellung

   $$\vec{r}(t) = (R\cos t, R\sin t, \sqrt{t}), \quad t \geqq 0$$

   und berechnen Sie einen Tangentialvektor in den Kurvenpunkten $\vec{r}(2\pi)$ und $\vec{r}(4\pi)$ und $\vec{r}(t)$.

5. Veranschaulichen Sie sich die Kurve mit der Parameterdarstellung $\vec{r}(t) = (t^2 \cdot \cos t, t^2 \cdot \sin t, 0)$,

   a) für $t \geqq 0$ und b) für $t \in \mathbb{R}$.

6. Veranschaulichen Sie sich die Kurve mit der Parameterdarstellung

   $$\vec{r}(t) = (t^2 \cos t, t^2 \cdot \sin t, t), \quad t \geqq 0.$$

   Hinweis: Vergleichen Sie die Kurve mit der aus Aufgabe 5a).

7. Diese Aufgabe dient dazu, die Herleitung des Begriffes Linienintegral zu Beginn des Abschnittes 3.4.3 an einem Beispiel verständlich zu machen. Gegeben sei das Kraftfeld

$$\vec{F}(x, y, z) = \left(\frac{-y}{x^2 + y^2}, \frac{x}{x^2 + y^2}, 0 \right), \quad (x, y) \neq (0, 0)$$

und die Kurve C mit der Parameterdarstellung

$$\vec{r}(t) = (t \cdot \cos t, t \cdot \sin t, 0), \quad t \in \mathbb{R}.$$

Es sei $t_0 = \dfrac{\pi}{2}$.

a) Skizzieren Sie Kurve und Kraftfeld in der x, y-Ebene und markieren Sie den Kurvenpunkt $\vec{r}(t_0)$.
b) Welche Kraft wirkt im Kurvenpunkt $\vec{r}(t_0)$?
c) Welche Richtung hat die Tangente an die Kurve im Kurvenpunkt $\vec{r}(t_0)$?
d) Welches ist die Tangentialkomponente der Kraft in $\vec{r}(t_0)$?
e) Welche Arbeit ist etwa erforderlich, um ein »Einheitsteilchen« auf der Kurve C von $\vec{r}(t_0)$ nach $\vec{r}(t_0 + 0,01)$ bzw. nach $\vec{r}(t_0 + \Delta t)$ zu bewegen (Δt klein)?
f) Welche Arbeit ist erforderlich, das Teilchen längs C von $\vec{r}(0)$ nach $\vec{r}(2\pi)$ zu bewegen?

8. Es sei $\vec{E} = \dfrac{1}{|\vec{x}|^3} \cdot \vec{x}$ mit $\vec{x} = (x, y, z)$ und C die Kurve mit der Parameterdarstellung $\vec{r}(t) = (t^3, t, t - 3)$, $2 \leq t \leq 3$. Berechnen Sie $^C\!\int \vec{E} \, d\vec{s}$.

9. Es sei $\vec{v} = (2y + 3, xz, yz - x)$. Man berechne $^C\!\int \vec{v} \, d\vec{r}$ für

a) $C: \vec{r}(t) = (2t^2, t, t^3)$, $0 \leq t \leq 1$.
b) C: die Strecke mit demselben Anfangs- und Endpunkt wie die Kurve aus a).

10. Berechnen Sie das über das Feld $\vec{v} = (x^2 + y^2)^{-1} \cdot (-y, x, 0)$ längs $C: \vec{r}(t) = (\cos t, \sin t, 1)$, $0 \leq t \leq 4\pi$ erstreckte Linienintegral.

11. Berechnen Sie $^C\!\int \vec{v} \, d\vec{r}$ für $\vec{v} = (2x - y, -y^2 z^2, xyz)$ und $C: \vec{r}(t) = (\cos t, \sin t, 0)$, $0 \leq t \leq 2\pi$. Was für eine Kurve ist C? Ist $\vec{v}$ konservativ?

12. Untersuchen Sie, ob das Vektorfeld

$$\vec{v} = (2xy + 2z \cdot \sin x \cdot \cos x, x^2 + z, y + \sin^2 x)$$

ein Potentialfeld ist und bestimmen Sie ggf. sein Potential.

13. Untersuchen Sie, ob die Differentialform

$$(2xy + 2z \cdot \sin x \cdot \cos x) dx + (x^2 + z) dy + (y + \sin^2 x) dz$$

totales Differential einer Funktion f dreier Variablen ist und berechnen Sie ggf. f. Vergleichen Sie auch mit Aufgabe 12.

14. Es sei $C: \vec{r}(t) = (\cos 2\pi t, \cos^2 \pi t, \ln t)$, $1 \leq t \leq 2$ und $\vec{v}$ das Vektorfeld aus Aufgabe 12. Berechnen Sie $^C\!\int \vec{v} \, d\vec{r}$.

15. Es sei C eine a) einmal, b) n-mal durchlaufene Kreislinie im Raum, die die z-Achse nicht schneidet und

$$\vec{v}(x, y, z) = \frac{1}{x^2 + y^2} \cdot (-y, x, 0).$$ Welchen Wert hat $^C\!\oint \vec{v} \, d\vec{r}$?

16. Untersuchen Sie, ob das Vektorfeld $\vec{v} = (y, x, 0)$ ein Potentialfeld ist und bestimmen Sie ggf. das Potential. Ist $y \, dx + x \, dy$ totales Differential einer Funktion f dreier Veränderlichen (x, y, z)? Wie lautet f gegebenenfalls?

17. Es sei $f(x, y, z) = e^x + x \cdot \ln(x^2 + y^2 + 1)$ und $C: \vec{r}(t) = (t^2, t \cdot \ln t, 2^t)$, $1 \leq t \leq 4$. Berechnen Sie $^C\!\int \operatorname{grad} f \, d\vec{r}$.

18. Es sei $\vec{v} = \left(e^y, xe^y, \dfrac{1}{z} \right)$ und $C: \vec{r}(t) = (\cos t, \sin t, 5 + \cos 3t)$, $0 \leq t \leq 2\pi$. Berechnen Sie $^C\!\int \vec{v} \, d\vec{r}$.

19. Es sei $\vec{v} = \operatorname{grad} \ln(x^2 + y^2)$, C ein Kreis in der x, y-Ebene, der die z-Achse nicht schneidet. Berechnen Sie $^C\!\int \vec{v} \, d\vec{r}$.

20. Es sei $\vec{v} = \mathrm{grad}\, \ln(x^2 + y^2)$, C eine von A nach B verlaufende Gerade, die die z-Achse nicht schneidet. Berechnen Sie $^C\!\oint \vec{v}\, d\vec{r}$.

21. Beweisen Sie: Sind $\vec{v}$ und $\vec{w}$ Potentialfelder im Gebiet $G \subset \mathbb{R}^3$ mit den Potentialen V bzw. W, sind ferner c und d reelle Zahlen, so ist $c\,\vec{v} + d\,\vec{w}$ ein Potentialfeld in G und $cV + dW$ Potential.

22. Beweisen Sie: Ist $\vec{v}$ ein stetiges Zentralfeld mit dem Pol P_0 und C ein Kreis mit dem Mittelpunkt P_0, einmal durchlaufen, so ist $^C\!\int \vec{v}\, d\vec{r} = 0$. Was gilt, wenn C nur ein Teilbogen eines solchen Kreises ist?

23. Es sei $\vec{r} = (x, y, z)$. Ist das Vektorfeld $\vec{v} = |\vec{r}|^2\,\vec{r}$ konservativ? Wie lautet ggf. das Potential von $\vec{v}$?

24. Es sei $\vec{v}(x, y, z) = (yz, xz, xy)$. Berechnen Sie $\mathrm{div}\,\vec{v}$ und $\mathrm{rot}\,\vec{v}$.

25. Es sei $\vec{v}$ das Vektorfeld aus Aufgabe 3a bzw. 3b. Berechnen Sie $\mathrm{div}\,\vec{v}$ und $\mathrm{rot}\,\vec{v}$ und erklären Sie anschaulich, warum diese beiden Felder quellfrei sind. Führen Sie eine ähnliche Diskussion durch, wie dies in Beispiel 3.115 gemacht wurde.

26. Das Vektorfeld $\vec{v}$ und das Skalarfeld f seien auf der offenen Menge $D \subset \mathbb{R}^3$ definiert und haben dort stetige partielle Ableitungen zweiter Ordnung. Beweisen Sie folgende Rechenregeln:

   a) $\mathrm{div}\,\mathrm{rot}\,\vec{v} = 0$
   b) $\mathrm{rot}\,\mathrm{grad}\, f = \vec{0}$
   c) $\mathrm{div}\,(f\cdot\vec{v}) = f\cdot\mathrm{div}\,\vec{v} + \vec{v}\cdot\mathrm{grad}\, f$
   d) $\mathrm{rot}\,(f\cdot\vec{v}) = f\cdot\mathrm{rot}\,\vec{v} + (\mathrm{grad}\, f)\times\vec{v}$.

27. Beweisen Sie: Sind $\vec{v}$ und $\vec{w}$ auf derselben offenen Menge $D \subset \mathbb{R}^3$ definierte und differenzierbare Vektorfelder, so gilt

$$\mathrm{div}\,(\vec{v}\times\vec{w}) = \vec{w}\cdot\mathrm{rot}\,\vec{v} - \vec{v}\cdot\mathrm{rot}\,\vec{w}.$$

4 Komplexwertige Funktionen

Dieser Abschnitt hat vor allem Anwendungen in der Wechselstromlehre zum Inhalt. Durch Einführung einer komplexen Schreibweise der Wechselstromgrößen gelingt es zum Beispiel, die Gesetze in Wechselstromkreisen analog zu denen in Gleichstromkreisen zu formulieren.

Sind die Funktionswerte einer Funktion f komplexe Zahlen und die Argumente reell, so sagt man, f sei eine komplexwertige Funktion einer reellen Variablen. Sind sowohl die Funktionswerte als auch die Argumente aus $\mathbb{C}$, so spricht man von einer komplexwertigen Funktion einer komplexen Variablen oder kurz von einer komplexen Funktion. In diesem Abschnitt werden zunächst komplexe Funktionen und dann solche mit reellen Argumenten behandelt.

4.1 Komplexe Funktionen

Zur Veranschaulichung von komplexen Funktionen können zwei Gaußsche Zahlenebenen dienen. In der einen werden Elemente z_i des Definitionsbereiches gekennzeichnet, in der anderen die zugehörigen Funktionswerte $w_i = f(z_i)$.

Beispiel 4.1

Durch $w = f(z) = z^2$ mit $z \in \mathbb{C}$ wird eine Funktion f definiert, die jeder Zahl $z = r \cdot e^{j\varphi} \in \mathbb{C}$ die Zahl $w = r^2 e^{j2\varphi}$ zuordnet (vgl. Band 1, S. 195). Hat ein Punkt in der z-Ebene das Argument φ, so hat der zugehörige Funktionswert das Argument 2φ. Alle Punkte einer in der z-Ebene durch den Nullpunkt gehenden Geraden werden so auf Punkte in der w-Ebene abgebildet, die wiederum auf einer Geraden durch den Nullpunkt liegen. Alle Punkte, die in der z-Ebene auf einem Kreis vom Radius R um den Nullpunkt liegen, haben Funktionswerte, die in der w-Ebene auf einem Kreis vom Radius R^2 um $w = 0$ liegen. Bild 4.1 veranschaulicht dies.

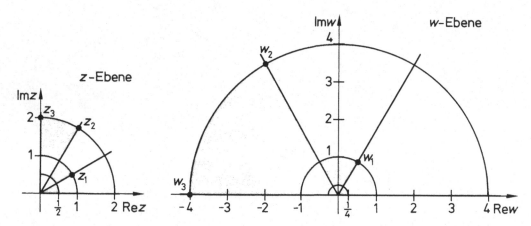

Bild 4.1: Veranschaulichung der Funktion $u = f(z) = z^2$

A. Fetzer, H. Fränkel, *Mathematik 2*,
DOI 10.1007/978-3-642-24115-4_4, © Springer-Verlag Berlin Heidelberg 2012

4.1.1 Lineare komplexe Funktionen

Entsprechend der Definition bei reellen Funktionen verstehen wir unter einer linearen Funktion eine Funktion f mit

$$w = f(z) = a \cdot z + b \quad (a, b \in \mathbb{C}, a \neq 0).$$

Der Fall $a = 0$ wird ausgenommen, da $w = f(z) = b$ eine konstante Funktion ist.

1. Wir betrachten zunächst den Fall $a = 1$:

$$w = z + b.$$

Nach dieser Zuordnungsvorschrift wird zu jedem z die Konstante $b = b_1 + jb_2$ mit $b_1, b_2 \in \mathbb{R}$ addiert. Das bedeutet eine Parallelverschiebung. Bild 4.2 veranschaulicht dies für $b = 1 + j2$.

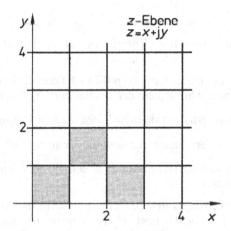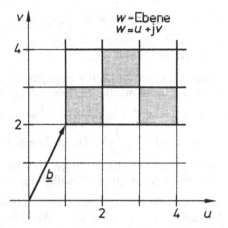

Bild 4.2: Veranschaulichung der Funktion $w = z + 1 + j2$

2. Wir betrachten nun den Fall $a \neq 0$, $a \neq 1$ und $b = 0$. Es ist dann $w = a \cdot z$, und es wird jeder z-Wert mit derselben komplexen Zahl a multipliziert. Da bei einer Multiplikation komplexer Zahlen die Argumente addiert und die Beträge multipliziert werden, wird für alle $z \in \mathbb{C}$ zum Argument $\arg z$ derselbe Winkel $\arg a$ addiert und jeder Betrag $|z|$ wird mit $|a|$ multipliziert. Man spricht deshalb von einer Drehstreckung. In Bild 4.3 ist die Abbildung $w = (1 + j) \cdot z$ veranschaulicht.

3. Im allgemeinen Fall ist die lineare Funktion $w = f(z) = a \cdot z + b$ als Verkettung $g \circ h$ der Funktionen h mit $h(z) = a \cdot z$ und g mit $g(\zeta) = \zeta + b$ eine Drehstreckung mit nachfolgender Parallelverschiebung.

4.1.2 Die Funktion f mit $f(z) = \dfrac{1}{z}$

Die auf $\mathbb{C} \setminus \{0\}$ definierte Funktion f mit $w = f(z) = \dfrac{1}{z}$ ordnet jeder von Null verschiedenen komplexen Zahl $z = r \cdot e^{j\varphi}$ die Zahl

$$w = \frac{1}{z} = \frac{1}{r \cdot e^{j\varphi}} = \frac{1}{r} \cdot e^{j(-\varphi)}$$

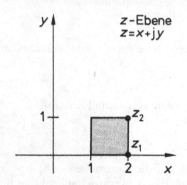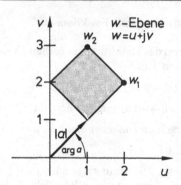

Bild 4.3: Veranschaulichung der Funktion $w = (1 + j) \cdot z$

zu. Die Argumente von z und w unterscheiden sich also nur im Vorzeichen, und der Betrag von w ist der Kehrwert von $|z|$.

Wie man den Funktionswert w zu gegebenem z konstruieren kann zeigt Bild 4.4. Dazu denkt man sich die w-Ebene auf die z-Ebene gelegt. Aus der Ähnlichkeit der beiden hervorgehobenen Dreiecke folgt $\dfrac{1}{r} = \dfrac{a}{1}$. Folglich ist $a = \dfrac{1}{r} = |w|$, und wir erhalten auf diese Weise die zu w konjugiert komplexe Zahl $w^* = \dfrac{1}{r} e^{j\varphi}$. Durch Spiegelung an der reellen Achse erhält man aus w^* den Funktionswert w. Die Ermittlung eines Funktionswertes zu einem Punkt außerhalb des Einheitskreises erfolgt demnach zweckmäßig in zwei Schritten:

1. Man zeichnet die Tangente von z an den Einheitskreis und das Lot vom Berührpunkt der Tangente aus auf den Pfeil z. Wo das Lot $\underline{z}$ schneidet liegt w^*. Man nennt w^* den am Einheitskreis gespiegelten Punkt z oder den bez. des Einheitskreises inversen Punkt zu z (Spiegelung oder Inversion am Einheitskreis)[1].

2. Man spiegelt w^* an der reellen Achse und erhält w als die komplexe Zahl, deren Betrag $\dfrac{1}{r}$ und deren Argument $-\varphi$ ist.

Durch die Funktion f mit $f(z) = \dfrac{1}{z}$ wird so jedem Punkt außerhalb des Einheitskreises ein Punkt innerhalb des Einheitskreises zugeordnet. Umgekehrt kann durch entsprechendes Vorgehen zu jedem Punkt z innerhalb des Einheitskreises ein Funktionswert außerhalb gefunden werden, wie Bild 4.4 b) zeigt. Für Punkte auf dem Einheitskreis ist der Funktionswert die konjugiert komplexe Zahl der unabhängigen Variablen: $w = z^*$, denn für diese Punkte gilt: $z \cdot z^* = x^2 + y^2 = 1$, also $z^* = \dfrac{1}{z}$.

Die Punkte z, die außerhalb eines Kreises vom Radius R liegen, werden durch f mit $f(z) = \dfrac{1}{z}$ auf

---

[1] Würde man an einem Kreis vom Radius R mit der gleichen Konstruktion spiegeln, so wäre $\dfrac{R}{r} = \dfrac{a}{R}$, also $a = \dfrac{1}{r} R^2$.

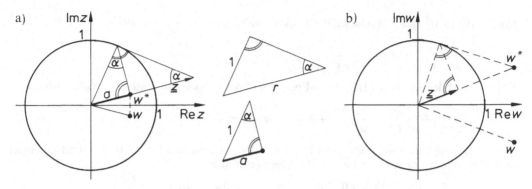

Bild 4.4a, b: Konstruktion von $w = \dfrac{1}{z}$ zu gegebenem z

Funktionswerte w abgebildet, die innerhalb eines Kreises vom Radius $\dfrac{1}{R}$ liegen. Je weiter z vom Nullpunkt entfernt liegt, um so näher liegt $w = f(z)$ an $w = 0$. Ergänzt man die Menge der komplexen Zahlen durch eine »uneigentliche« Zahl[1] $z = \infty$, so ist es sinnvoll, dieser Zahl den Funktionswert $w = 0$ zuzuordnen. Schreibweise: $f(\infty) = 0$.

Da umgekehrt die innerhalb eines Kreises vom Radius ε liegenden Argumente z auf das Äußere eines Kreises vom Radius $\dfrac{1}{\varepsilon}$ in der w-Ebene abgebildet werden, kann man die Zuordnung zusätzlich so erweitern, daß der Zahl $z = 0$ als Funktionswert die uneigentliche Zahl $w = \infty$ zugeordnet wird. Schreibweise: $f(0) = \infty$.

In den Anwendungen ist es von besonderem Interesse, in welche Kurven Geraden und Kreise der z-Ebene übergehen, wenn man ihre Punkte mittels $w = \dfrac{1}{z}$ auf die w-Ebene abbildet.

Kreisverwandtschaft von $w = f(z) = \dfrac{1}{z}$:

Jeder Kreis der x, y-Ebene kann durch

$$\alpha(x^2 + y^2) + \beta x + \gamma y + \delta = 0 \tag{4.1}$$

mit $\alpha, \beta, \gamma, \delta \in \mathbb{R}$ und $\alpha \neq 0$ beschrieben werden. Für einen Kreis durch den Nullpunkt gilt $\delta = 0$. Im Falle $\alpha = 0$ beschreibt (4.1) auch alle Geraden der x, y-Ebene.

Für Real- und Imaginärteil der Funktionswerte von f gilt:

$$w = u + jv = \frac{1}{x + jy} = \frac{x}{x^2 + y^2} + j \cdot \frac{-y}{x^2 + y^2},$$

---

[1]) Es wird darauf hingewiesen, daß mit dieser uneigentlichen Zahl $z = \infty$ keine Rechenoperationen wie $+, -, \cdot$ und $:$ definiert sind.

woraus für Real- und Imaginärteil der Umkehrfunktion $f^{-1}(w) = \dfrac{1}{w}$ folgt:

$$x = \frac{u}{u^2 + v^2} \quad \text{und} \quad y = \frac{-v}{u^2 + v^2}.$$

Für das Bild des Kreises (4.1) in der w-Ebene (bzw. der Geraden im Falle $\alpha = 0$) gilt deshalb:

$$\frac{\alpha(u^2 + v^2)}{(u^2 + v^2)^2} + \frac{\beta u}{u^2 + v^2} - \frac{\gamma v}{u^2 + v^2} + \delta = 0 \quad \text{bzw.} \quad \delta(u^2 + v^2) + \beta u - \gamma v + \alpha = 0.$$

Dies ist für $\delta \neq 0$ die Gleichung eines Kreises in der w-Ebene und für $\delta = 0$ die Gleichung einer Geraden. Wir fassen das Ergebnis für die folgenden Fälle

a) $\alpha \neq 0, \quad \delta \neq 0$ b) $\alpha \neq 0, \quad \delta = 0$ c) $\alpha = 0, \quad \delta \neq 0$ d) $\alpha = 0, \quad \delta = 0$

als Satz:

Satz 4.1

a) Ein beliebiger nicht durch den Nullpunkt gehender Kreis der z-Ebene geht bei der Abbildung mittels der Funktion $w = f(z) = \dfrac{1}{z}$ in einen nicht durch den Nullpunkt gehenden Kreis der w-Ebene über.

b) Ein durch den Nullpunkt gehender Kreis der z-Ebene geht bei der Abbildung mittels $w = \dfrac{1}{z}$ in eine Gerade über, die nicht durch den Nullpunkt geht.

c) Eine nicht durch den Nullpunkt gehende Gerade der z-Ebene geht bei der Abbildung mittels $w = \dfrac{1}{z}$ in einen durch den Nullpunkt gehenden Kreis über.

d) Eine durch den Nullpunkt gehende Gerade der z-Ebene geht bei Abbildung mittels $w = \dfrac{1}{z}$ in eine Gerade durch $w = 0$ über.

Beispiel 4.2

Bild einer nicht durch den Nullpunkt gehenden Geraden.

Wie man zu einer Geraden der z-Ebene den zugehörigen Kreis in der w-Ebene konstruieren kann, zeigt Bild 4.5. Dabei wurde verwendet, daß der Punkt z_1 der Geraden, der dem Nullpunkt am nächsten liegt auf den Punkt w_1 abgebildet wird, der am weitesten von $w = 0$ entfernt ist. In der w-Ebene ist dann die Länge des Zeigers $\underline{w}_1$ ein Durchmesser des Kreises. Um einen beliebigen Punkt z der Geraden g abzubilden braucht dann nur der Punkt w auf dem Kreis k gesucht werden, für den $\arg w = -\arg z$ gilt.

Beispiel 4.3

Bild eines nicht durch den Nullpunkt gehenden Kreises k.

Der am weitesten vom Nullpunkt entfernte Punkt P_1 des Kreises k geht bei der Abbildung mittels $w = \dfrac{1}{z}$ in den Punkt $\bar{P}_1$ über, der dem Nullpunkt am nächsten liegt und umgekehrt geht der am

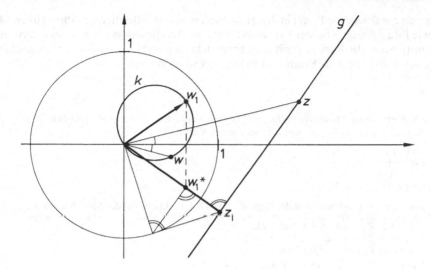

Bild 4.5: Abbildung einer Geraden g mittels $w = \dfrac{1}{z}$

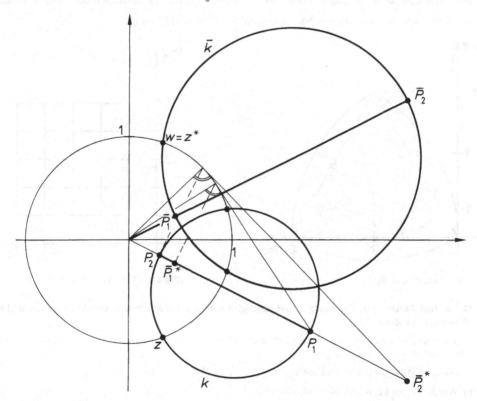

Bild 4.6: Abbildung eines nicht durch den Nullpunkt gehenden Kreises K

nächsten an $z = 0$ liegende Punkt in den am weitesten von $w = 0$ entfernten Punkt über. Man kann dies – wie Bild 4.6 zeigt – bei der Konstruktion eines Durchmessers des Kreises $\bar{k}$ verwenden. Für die Schnittpunkte des Kreises k mit dem Einheitskreis gilt $|z| = 1$, also $w = z^*$, was ebenfalls bei der Konstruktion (oder als Kontrolle) ausgenutzt werden kann.

Aufgaben

1. In welche Kurve der w-Ebene geht die folgende Gerade g der z-Ebene über, wenn mittels $w = \dfrac{1}{z}$ abgebildet wird? Man skizziere jeweils die Gerade und die zugeordnete Kurve.

   a) $g\colon z = (1 + j)t,$ $t \in \mathbb{R}$
   b) $g\colon z = 2 + jt,$ $t \in \mathbb{R}$
   c) $g\colon z = t + j,$ $t \in \mathbb{R}$
   d) $g\colon z = j - t(1 + j),$ $t \in \mathbb{R}$

2. In welche Kurve der w-Ebene geht der folgende Kreis k der z-Ebene bei der Abbildung mittels $w = \dfrac{1}{z}$ über?

   a) k: Kreis vom Radius 4 um den Nullpunkt
   b) k: Kreis vom Radius 2 um den Punkt $z = 2$
   c) k: Kreis vom Radius 3 um den Punkt $z = 3j$
   d) k: Kreis vom Radius $\sqrt{2}$ um den Punkt $z = 1 + j$
   e) k: Kreis vom Radius 2 um den Punkt $z = 1$

3. Eine Figur wird von drei Kreisbögen vom Radius 6 gebildet (vgl. Bild 4.7). In welchen Bereich der w-Ebene geht der skizzierte Bereich der z-Ebene über, wenn mittels $w = \dfrac{1}{z}$ abgebildet wird?

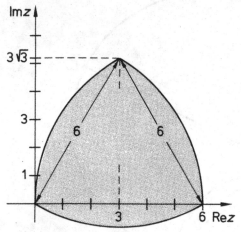

Bild 4.7: Skizze zu Aufgabe 3   **Bild 4.8:** Skizze zu Aufgabe 4

4. Das in Bild 4.8 skizzierte Gitternetz der z-Ebene wird mittels $w = \dfrac{1}{z}$ abgebildet. Skizzieren Sie das Bild dieses Netzes in der w-Ebene!

5. Gegeben sei eine Funktion f. Gilt für ein $z \in D_f$ die Gleichung $z = f(z)$, so wird ein solches Argument z Fixpunkt von f genannt.

   a) Welche Fixpunkte besitzt die Funktion $w = f(z) = a \cdot z + b$?

   b) Welche Fixpunkte besitzt die Funktion $w = f(z) = \dfrac{1}{z}$?

   c) Welche lineare Funktion $w = a \cdot z + b$ besitzt den Fixpunkt $z = 1$ und bildet $z = 1 + j$ auf $w = -2$ ab?

4.2 Komplexwertige Funktionen einer reellen Variablen

Die komplexwertige Funktion $w = f(t)$ mit $t \in \mathbb{R}$ kann dadurch veranschaulicht werden, daß man die Funktionswerte in einer Gaußschen Zahlenebene zeichnet und die Argumente als Graduierung dazu. Bild 4.9 veranschaulicht dies für die Funktionen f mit

a) $w = f(t) = 2 + j\frac{t}{2}$,   b) $w = f(t) = 3t + 2 + j(t - 2)$,   c) $w = f(t) = -5\sin t + j6\cos t$.

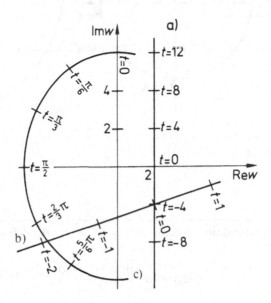

Bild 4.9: Veranschaulichung von komplexwertigen Funktionen

Sind Real- und Imaginärteil von $w = f(t)$ stetige Funktionen, so ist das Schaubild in der w-Ebene eine stetige Kurve.

Beispiel 4.4 (vgl. Bild 4.10)

a) Der Graph der für alle $t \in \mathbb{R}$ definierten Funktion f mit $w = f(t) = z_1 + tz_2$ mit $z_1, z_2 \in \mathbb{C}$ ist eine Gerade mit der Richtung z_2.
b) Der Graph der Funktion f mit $w = f(t) = \cos t + j \cdot \sin t$ mit $t \in [0, 2\pi)$ ist der einmal durchlaufene Einheitskreis.
c) Der Graph der für alle $t = \mathbb{R}_0^+$ definierten Funktion f mit $w = f(t) = t \cdot e^{jt}$ ist in der Gaußschen Zahlenebene eine Spirale.

Genau wie bei reellen Funktionen wird erklärt:

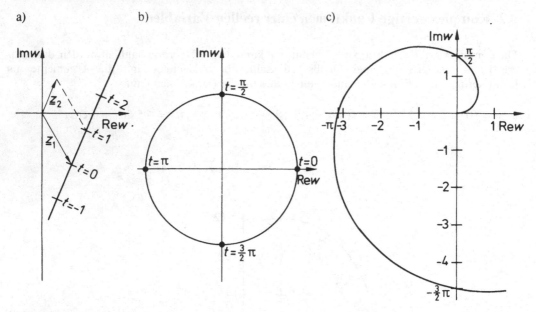

Bild 4.10a–c: Graphen zu Beispiel 4.4

Definition 4.1

Die komplexwertige Funktion f heißt an der Stelle $t_0 \in D_f$ **differenzierbar**, wenn der Grenzwert

$$f'(t_0) = \lim_{h \to 0} \frac{f(t_0 + h) - f(t_0)}{h}$$

existiert.

Bezeichnen $u(t)$ bzw. $v(t)$ den Real- bzw. den Imaginärteil des Funktionswertes $f(t)$, so gilt für den Grenzwert (falls er existiert) wegen $\dfrac{f(t_0 + h) - f(t_0)}{h} = \dfrac{u(t_0 + h) - u(t_0)}{h} + \mathrm{j}\dfrac{v(t_0 + h) - v(t_0)}{h}$:

$$f'(t_0) = u'(t_0) + \mathrm{j}v'(t_0).$$

Beispiel 4.5

f mit $f(t) = z_1 + tz_2$ mit $z_1 = x_1 + \mathrm{j}y_1$, $z_2 = x_2 + \mathrm{j}y_2$ ist auf ganz $\mathbb{R}$ differenzierbar, und es gilt

$$f'(t) = [x_1 + \mathrm{j}y_1 + t(x_2 + \mathrm{j}y_2)]' = [(x_1 + tx_2) + \mathrm{j}(y_1 + ty_2)]' = x_2 + \mathrm{j}y_2, \quad \text{also}$$

$$(z_1 + tz_2)' = z_2.$$

Beispiel 4.6

Für $\omega \in \mathbb{R}$ ist f mit $f(t) = e^{j\omega t} = \cos(\omega t) + j\sin(\omega t)$ auf ganz $\mathbb{R}$ differenzierbar, und es gilt

$$f'(t) = -\omega \cdot \sin(\omega t) + j\omega \cos(\omega t) = j\omega[\cos(\omega t) + j\sin(\omega t)], \quad \text{also}$$

$$(e^{j\omega t})' = j\omega e^{j\omega t} \quad \text{für alle } \omega \in \mathbb{R}. \tag{4.2}$$

Das Ergebnis läßt sich graphisch deuten, denn eine Multiplikation mit $j\omega$ bedeutet

im Falle $1 < \omega$ eine Streckung und Drehung um $90°$,
im Falle $0 < \omega < 1$ eine Stauchung und Drehung um $90°$,
Im Falle $-1 < \omega < 0$ eine Stauchung und Drehung um $-90°$,
im Falle $\omega < -1$ eine Streckung und Drehung um $-90°$.

Der Zeiger $\underline{f'(t)}$ liegt also für $\omega \neq 0$ gegenüber dem Zeiger $\underline{f(t)}$ um $90°$ gedreht.

Beispiel 4.7

Es sei $z = x + jy(x, y \in \mathbb{R})$. Dann ist $f(t) = e^{jzt}$ auf ganz $\mathbb{R}$ differenzierbar, und es gilt

$$f'(t) = (e^{j(x+jy)t})' = (e^{-yt} \cdot e^{jxt})' = \{e^{-yt}[\cos(xt) + j\cdot\sin(xt)]\}'$$

$$f'(t) = e^{-yt}\{-y\cdot\cos(xt) - x\cdot\sin(xt) + j[-y\cdot\sin(xt) + x\cdot\cos(xt)]\}$$

$$f'(t) = e^{-yt}\{-y[\cos(xt) + j\sin(xt)] + jx[\cos(xt) + j\sin(xt)]\} = e^{-yt}(-y+jx)e^{jxt}, \quad \text{d.h.}$$

$$(e^{jzt})' = jz\cdot e^{jzt} \quad \text{für alle } z \in \mathbb{C}. \tag{4.3}$$

Der Formalismus beim Differenzieren von e^{jzt} nach t ist also der gleiche wie bei reellen Argumenten.

Aufgaben

1. Man skizziere in der Gaußschen Zahlenebene die Graphen der folgenden Funktionen $f : \mathbb{R} \to \mathbb{C}$

a) $f(t) = (1+j)t^2 + 2jt - 1$

b) $f(t) = \dfrac{1}{1+j+t}$.

2. Man differenziere die in Aufgabe 1 genannten Funktionen f. Welchen Wert haben die Ableitungen an der Stelle 1?

4.3 Anwendungen bei der Berechnung von Wechselstromkreisen

4.3.1 Komplexe Schreibweisen in der Wechselstromtechnik

Wird ein Wechselstrom i beschrieben durch $i(t) = i_m \cos(\omega t + \varphi_i)$, so kann er nach der Eulerschen Formel (2.34) als Realteil von

$$\underline{i} = i_m e^{j(\omega t + \varphi_i)} = i_m \cdot e^{j\varphi_i} \cdot e^{j\omega t} = \underline{I} e^{j\omega t} \text{ mit } \underline{I} = i_m \cdot e^{j\varphi_i}$$

angesehen werden. Entsprechend ist eine durch $u(t) = u_m \cdot \cos(\omega t + \varphi_u)$ gegebene Wechselspannung u derselben Frequenz ω der Realteil von

$$\underline{u} = u_m \cdot e^{j(\omega t + \varphi_u)} = u_m \cdot e^{j\cdot\varphi_u} \cdot e^{j\omega t} = \underline{U} e^{j\omega t} \text{ mit } \underline{U} = u_m \cdot e^{j\varphi_u}.$$

Die Funktionswerte der beiden komplexwertigen Funktionen $\underline{i}$ und $\underline{u}$ lassen sich in der Gaußschen Zahlenebene als Zeiger darstellen. Wegen $|e^{j\alpha}| = 1$ für $\alpha \in \mathbb{R}$ hat der Zeiger $\underline{i}$ für alle t dieselbe Länge $|\underline{i}| = |\underline{I}| = i_m$. Auch der Zeiger $\underline{u}$ hat konstante Länge $|\underline{u}| = |\underline{U}| = u_m$. Beide Zeiger rotieren mit der gleichen Winkelgeschwindigkeit ω, so daß die Phasendifferenz $\Delta\varphi = \varphi_u - \varphi_i$ konstant ist (vgl. Bild 4.11).

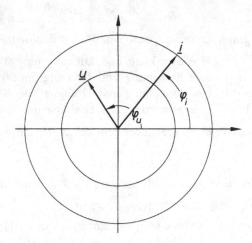

Bild 4.11: Konstante Phasendifferenz

Es soll nun der Zusammenhang zwischen Strom und Spannung bei einigen Bauelementen untersucht und in die komplexe Schreibweise übertragen werden.

Bauelemente:

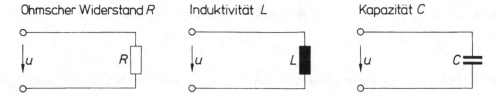

Bild 4.12: Bauelemente in Wechselstromkreisen

Es gelten für ideale Bauelemente folgende Gesetze:

$$u = R \cdot i \qquad u = L \cdot \frac{di}{dt} \qquad i = C \cdot \frac{du}{dt}$$

(Ohmsches Gesetz)   (Induktionsgesetz)

In der komplexen Schreibweise heißt das:

$$\underline{u} = R \cdot \underline{i} \quad \underline{u} = L \cdot \frac{d\underline{i}}{dt} \quad \underline{i} = C \cdot \frac{d\underline{u}}{dt}$$

und entsprechend (4.2):

$$\underline{U}\cdot e^{j\omega t} = R\cdot\underline{I}\cdot e^{j\omega t} \qquad \underline{U}\cdot e^{j\omega t} = j\omega L\cdot\underline{I}\cdot e^{j\omega t} \qquad \underline{I}\cdot e^{j\omega t} = C\cdot j\omega\cdot\underline{U}\cdot e^{j\omega t}$$

$$\underline{U} = R\cdot\underline{I} \qquad\qquad \underline{U} = j\omega L\cdot\underline{I} \qquad\qquad \underline{U} = \frac{1}{j\omega C}\cdot\underline{I}. \tag{4.4}$$

Führen wir einen **komplexen Widerstand (Scheinwiderstand)** $\underline{Z}$ ein, so gilt für alle drei Bauelemente das folgende Ohmsche Gesetz für Wechselstrom in komplexer Schreibweise:

$$\underline{U} = \underline{Z}\cdot\underline{I} = (R + jX)\cdot\underline{I}.$$

Man nennt $R = \operatorname{Re}\underline{Z}$ den **Wirkwiderstand** und $X = \operatorname{Im}\underline{Z}$ den **Blindwiderstand**.

Bei einem Ohmschen Widerstand unterscheiden sich $\underline{U}$ und $\underline{I}$ nach (4.4) um den reellen Faktor R, weshalb die Phasendifferenz Null ist. Bei einer Induktivität L als Bauelement unterscheiden sich $\underline{U}$ und $\underline{I}$ um den rein imaginären Faktor $+ j\omega L$, weshalb die Phasendifferenz $+\dfrac{\pi}{2}$ ist. Bei einer Kapazität C heißt der Faktor $-\dfrac{j}{\omega C}$, dort ist die Phasendifferenz $-\dfrac{\pi}{2}$.

Auch die Kirchhoffschen Gesetze (Summe aller Ströme in einem Knoten gleich Null: $\sum\limits_{k} i_k = 0$ und Summe aller Spannungen in einer »Masche« gleich Null: $\sum\limits_{k} u_k = 0$) lassen sich komplex schreiben, z.B.

$$\sum_{k} i_k = 0 \Rightarrow \sum_{k}\underline{I}_k\cdot e^{j\omega t} = 0 \Rightarrow e^{j\omega t}\cdot\sum_{k}\underline{I}_k = 0 \Rightarrow \sum_{k}\underline{I}_k = 0$$

$$\sum_{k} u_k = 0 \Rightarrow \sum_{k}\underline{U}_k\cdot e^{j\omega t} = 0 \Rightarrow e^{j\omega t}\cdot\sum_{k}\underline{U}_k = 0 \Rightarrow \sum_{k}\underline{U}_k = 0.$$

Bemerkenswert ist auch hier, daß die Gesetze schließlich nicht mehr für die zeitabhängigen Größen i_k und u_k formuliert sind, sondern für die zeitunabhängigen Größen $\underline{I}_k$ und $\underline{U}_k$. Der große Vorteil der komplexen Schreibweise besteht also darin, daß Wechselstromkreise nach den gleichen Gesetzen berechnet werden können, wie solche für Gleichstrom.

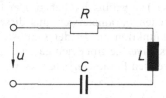

Bild 4.13: Zu Beispiel 4.8

Beispiel 4.8 (vgl. Bild 4.13)

Werden ein Ohmscher Widerstand, eine Induktivität und eine Kapazität in Serie geschaltet, so addieren sich die Einzel-Widerstände:

$$\underline{Z} = R + j\omega L + \frac{1}{j\omega C} = R + j\left(\omega L - \frac{1}{\omega C}\right). \tag{4.5}$$

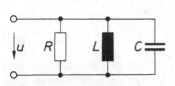

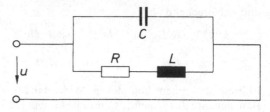

Bild 4.14: Zu Beispiel 4.9   **Bild 4.15:** Zu Beispiel 4.10

Beispiel 4.9 (vgl. Bild 4.14)

Werden ein Ohmscher Widerstand, eine Induktivität und eine Kapazität parallel geschaltet, so ist der komplexe Scheinleitwert $\underline{Y} = \dfrac{1}{\underline{Z}}$ die Summe der einzelnen Leitwerte:

$$\underline{Y} = \frac{1}{R} + \frac{1}{j\omega L} + j\omega C = \frac{1}{R} + j\left(\omega C - \frac{1}{\omega L}\right). \tag{4.6}$$

Beispiel 4.10

Für die in Bild 4.15 gezeigte Schaltung gilt:

$$\underline{Y} = j\omega C + \frac{1}{R + j\omega L} = \frac{R}{R^2 + (\omega L)^2} + j\left[\omega C - \frac{\omega L}{R^2 + (\omega L)^2}\right]$$

$$\underline{Z} = \frac{1}{\underline{Y}} = \frac{1}{j\omega C + \dfrac{1}{R + j\omega L}} = \frac{R + j\omega L}{(1 - \omega^2 LC) + j\omega RC} = \frac{R + j\omega[L - \omega^2 L^2 C - R^2 C]}{(1 - \omega^2 LC)^2 + (\omega RC)^2}.$$

4.3.2 Ortskurven von Netzwerkfunktionen

Oft besteht der Wunsch, Netzwerkfunktionen (wie z.B. den komplexen Widerstand, den komplexen Leitwert, die komplexe Spannung usw.) in Abhängigkeit von einem Parameter (z.B. von der Frequenz, der Kapazität usw.) zu veranschaulichen. Der Parameter durchläuft dabei einen interessierenden Bereich. Für jeden Parameterwert aus diesem Bereich gibt der zugeordnete Zeiger den Wert der Netzwerkfunktion an. In der Gaußschen Zahlenebene beschreiben die Pfeilspitzen eine Kurve, die **Ortskurve.** Sie gibt einen guten Überblick über das Netzwerkverhalten für den gesamten interessierenden Parameterbereich.

Beispiel 4.11 (vgl. Bild 4.16)

Wir wollen untersuchen, wie in der skizzierten Schaltung der komplexe Widerstand von der Frequenz $f = \dfrac{\omega}{2\pi}$ abhängt.

Offenbar gilt $\underline{Z} = R + j\omega L = 2 + j \cdot 2\pi \cdot 0{,}001 f$. Es ist Re $\underline{Z} = 2$ konstant und Im $\underline{Z} = 0{,}002\pi f$. Die Ortskurve des komplexen Widerstandes ist eine Parallele zur imaginären Achse (s. Bild 4.17). Zum Zeichnen der Graduierung auf der Ortskurve dient folgende Tabelle:

f	0	50	100	150	200	300
Im $\underline{Z}$	0	0,314	0,628	0,942	1,257	1,885

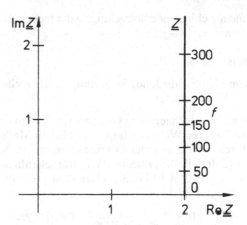

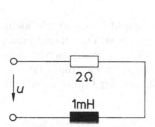

Bild 4.16: Zu Beispiel 4.11

Bild 4.17: Beispiel einer Ortskurve (Beispiel 4.11)

Beispiel 4.12

Für den komplexen Leitwert der in Bild 4.16 skizzierten Schaltung erhalten wir:

$$\underline{Y} = \frac{1}{\underline{Z}} = \frac{1}{R + j\omega L}.$$

Die Ortskurve ergibt sich entsprechend dem Vorgehen in Abschnitt 4.1.2 aus der von $\underline{Z}$. Sie ist nach Satz 4.1 ein Kreis durch den Nullpunkt. Der dem Ursprung am nächsten liegende Punkt der Geraden geht in den Punkt über, der am weitesten vom Nullpunkt entfernt ist. Folglich ist die Ortskurve für $\underline{Y}$ ein Kreis vom Durchmesser $\frac{1}{2}$ mit dem Mittelpunkt $(\frac{1}{4}, 0)$ (vgl. Bild 4.18).

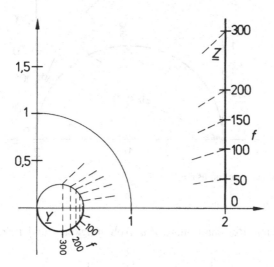

Bild 4.18. Konstruktion der Ortskurve zu $\underline{Y}$ aus der für $\underline{Z}$

Die Graduierung erhält man aus derjenigen der Ortskurve für $\underline{Z}$ durch Inversion am Einheitskreis und anschließende Spiegelung an der reellen Achse. Für eine Frequenz von 150 Hz ergibt sich z.B. etwa $\underline{Y} = 0{,}4 - \mathrm{j}0{,}2$.

Bemerkung:

Um die abschließende Spiegelung an der reellen Achse zu vermeiden, wird häufig die Ortskurve für $\underline{Y}^*$ gezeichnet.

Eine mittels Spiegelung konstruierte Ortskurve für $\underline{Y}$ oder $\underline{Z}$ ist – wie in Bild 4.18 – oft sehr klein, weshalb die Wahl von unterschiedlichen Maßstäben für $\underline{Z}$ und $\underline{Y}$ sinnvoll ist. Dies erreicht man durch Spiegelung der Ortskurve an einem Kreis um den Nullpunkt, der einen zweckmäßig gewählten Radius r besitzt. Wir veranschaulichen eine solche Spiegelung, indem wir die Ortskurve von $\underline{Z}$ aus Bild 4.17 nun am Kreis mit $r = 2$ um $z = 0$ spiegeln. Es gilt nach der Fußnote auf Seite 340 (vgl. Bild 4.4):

$$a = \left| \frac{r^2}{\underline{Z}} \right| = |r^2 \cdot \underline{Y}| = 4|\underline{Y}|.$$

In Bild 4.19 gilt z.B. für eine Frequenz von 150 Hz angenähert

$$|\underline{Y}^*| = \frac{1}{r^2}\, a = \tfrac{1}{4}|1{,}65 + \mathrm{j}\,0{,}77| = |0{,}41 + \mathrm{j}\,0{,}19|.$$

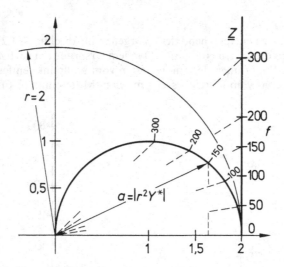

Bild 4.19: Inversion am Kreis vom Radius $r \neq 1$

Beispiel 4.13

Für die in Bild 4.20 skizzierte Schaltung ist $\underline{Z}$ in Abhängigkeit von der Frequenz $f = \dfrac{\omega}{2\pi}$ gesucht. Es gilt

$$\underline{Z} = R_1 + \underline{Z}_{\mathrm{p}} \quad \text{mit} \quad \underline{Z}_{\mathrm{p}} = \frac{1}{\underline{Y}_{\mathrm{p}}} \quad \text{und} \quad \underline{Y}_{\mathrm{p}} = \mathrm{j}\omega C + \frac{1}{R_2}.$$

Man konstruiert zweckmäßig zunächst die Ortskurve von $\underline{Y}_{\mathrm{p}}$ und erhält durch Inversion am

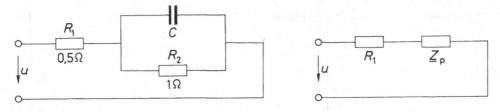

Bild 4.20: Zu Beispiel 4.13

Einheitskreis die für $\underline{Z}_p^*$. Die Addition von R_1 entspricht einer Parallelverschiebung des Koordinatensystems. Das Vorgehen ist in Bild 4.21 für Widerstände von $0,5\,\Omega$ und $1\,\Omega$ und einer Kapazität von $1\,\mu\,F$ demonstriert.

Zum Zeichnen der Ortskurve für $\underline{Y}_p$ wurde die folgende Tabelle verwendet:

$f\,[\mathrm{kHz}]$	0	50	100	150	200
$\mathrm{Re}\,\underline{Y}_p$	1	1	1	1	1
$\mathrm{Im}\,\underline{Y}_p$	0	0,314	0,628	0,942	1,257

Weil die Ortskurve für $\underline{Y}_p$ eine Parallele zur imaginären Achse im Abstand $\dfrac{1}{R_2} = 1$ ist, ergibt die Inversion am Einheitskreis für $\underline{Z}_p^*$ als Ortskurve einen Kreis vom Durchmesser 1 um $z = \tfrac{1}{2}$. Für $200\,\mathrm{kHz}$ erhält man angenähert $\underline{Z}^* = 0,4 + \mathrm{j}\,0,5$. Der größte Blindanteil tritt zwischen den Frequenzen $150\,\mathrm{kHz}$ und $200\,\mathrm{kHz}$ auf.

Im vorausgehenden Beispiel wurde zum Abschluß eine Konstante addiert, was einer Parallelverschiebung des Koordinatensystems entsprach. Mitunter muß aber zum Abschluß eine von der Frequenz abhängige Größe addiert werden, wie das folgende Beispiel zeigt.

Beispiel 4.14

Für die in Bild 4.22 skizzierte Schaltung ist der komplexe Widerstand in Abhängigkeit von der Frequenz anzugeben.

Es gilt

$$\underline{Z} = \frac{1}{\mathrm{j}\omega C} + \underline{Z}_p \quad \text{mit} \quad \underline{Z}_p = \frac{1}{\underline{Y}_p} \quad \text{und} \quad \underline{Y}_p = \frac{1}{R} + \frac{1}{\mathrm{j}\omega L} = \frac{1}{R} - \frac{\mathrm{j}}{\omega L} = \frac{1}{R} - \frac{\mathrm{j}}{2\pi f L}.$$

Die Konstruktion der Ortskurve für $\underline{Z}$ geschieht zweckmäßig in drei Schritten:

1. Zeichnen der Ortskurve für $\underline{Y}_p$, also einer Parallelen zur imaginären Achse,
2. Inversion und Spiegelung am Kreis vom Radius $r = \tfrac{1}{2}$ um $z = \tfrac{1}{2}$,
3. Addition der von der Frequenz abhängigen Werte $\dfrac{1}{\mathrm{j}\omega C}$, die in Bild 4.23 auf der imaginären Achse gekennzeichnet sind.

Das Bild zeigt, daß für eine Frequenz von etwa $160\,\mathrm{Hz}$ der Widerstand rein reell ist, also ein Ohmscher ist (die Einheit für $\underline{Z}$ entspricht $1\,\mathrm{k}\Omega$). Zum Zeichnen wurde die folgende Tabelle verwendet.

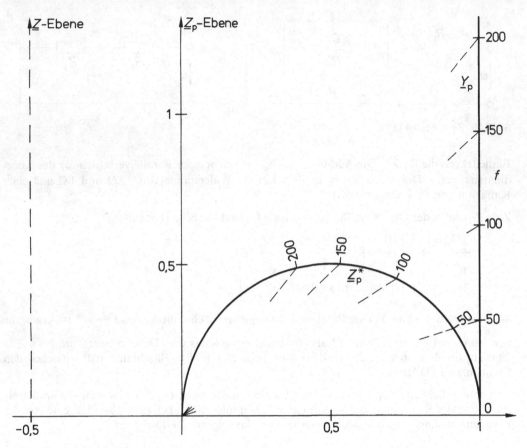

Bild 4.21: Zu Beispiel 4.13

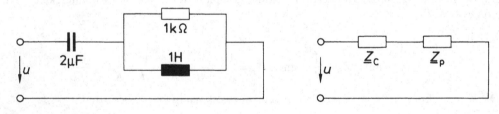

Bild 4.22: Zu Beispiel 4.14

f	100	150	200	400	∞
$1000\,\underline{Y}_\mathrm{p}$	$1-\mathrm{j}\,1{,}59$	$1-\mathrm{j}\,1{,}06$	$1-\mathrm{j}\,0{,}80$	$1-\mathrm{j}\,0{,}40$	1
$\dfrac{0{,}001}{\mathrm{j}\omega C}$	$-\mathrm{j}\,0{,}80$	$-\mathrm{j}\,0{,}53$	$-\mathrm{j}\,0{,}40$	$-\mathrm{j}\,0{,}20$	0

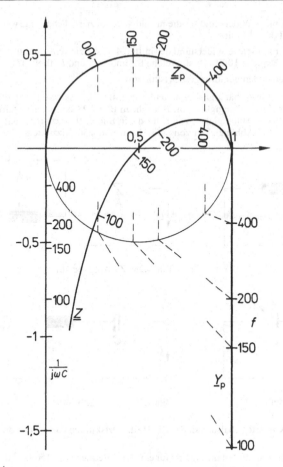

Bild 4.23: Zu Beispiel 4.14

Aufgaben

1. Wie groß ist für die in Bild 4.24 skizzierte Schaltung der komplexe Widerstand und welche Werte haben die Einzelspannungen $\underline{U}_R$, $\underline{U}_L$ und $\underline{U}_C$, falls die anliegende Spannung von 10 V mit der Kreisfrequenz von $1000\,\mathrm{s}^{-1}$ rotiert? (Man wähle $\varphi_u = 0$.)

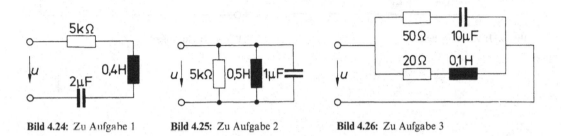

Bild 4.24: Zu Aufgabe 1   **Bild 4.25:** Zu Aufgabe 2   **Bild 4.26:** Zu Aufgabe 3

2. Wie groß ist der komplexe Widerstand für die in Bild 4.25 skizzierte Schaltung, wenn die anliegende Spannung eine Kreisfrequenz $1000\,\mathrm{s}^{-1}$ besitzt?

3. Welchen Wert hat der komplexe Widerstand der in Bild 4.26 skizzierten Schaltung, wenn die Gesamtspannung 220 V und die Kreisfrequenz $1000\,\mathrm{s}^{-1}$ ist. Welche Ströme $\underline{I}$, $\underline{I}_1$ und $\underline{I}_2$ fließen?

4. Skizzieren Sie die folgenden geradlinigen Ortskurven!

   a) Die Ortskurve für $\underline{U}$ in Abhängigkeit von ω für die in Bild 4.27 skizzierte Schaltung.
   b) Die Ortskurve für $\underline{Z}$ in Abhängigkeit von R für die in Bild 4.28 skizzierte Schaltung.
   c) Die Ortskurve für $\underline{U}$ in Abhängigkeit von C für die in Bild 4.29 skizzierte Schaltung.
   d) Die Ortskurve für $\underline{Z}$ in Abhängigkeit von ω für die in Bild 4.30 skizzierte Schaltung.

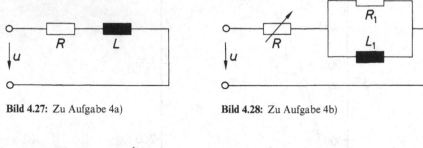

Bild 4.27: Zu Aufgabe 4a)   **Bild 4.28:** Zu Aufgabe 4b)

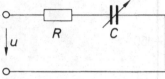

Bild 4.29: Zu Aufgabe 4c)   **Bild 4.30:** Zu Aufgabe 4d)

5. Für die in Bild 4.31 skizzierte Schaltung sind für 50 Hz die Ortskurven von $\underline{Z}$ und von $\underline{Y}$ in Abhängigkeit von R zu zeichnen.

6. Für die in Bild 4.32 dargestellte Schaltung sind für eine Kreisfrequenz von $1500\,\mathrm{s}^{-1}$ die Ortskurven für $\underline{Z}$ und $\underline{Y}$ in Abhängigkeit von L zu zeichnen.

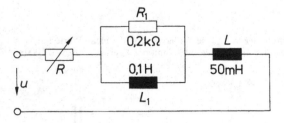
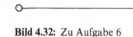
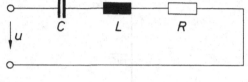

Bild 4.31: Zu Aufgabe 5   **Bild 4.32:** Zu Aufgabe 6

5 Gewöhnliche Differentialgleichungen

5.1 Grundlegende Begriffe

Bei der mathematischen Beschreibung physikalischer Probleme ergeben sich oft Gleichungen, in denen Funktionen mit ihren Ableitungen verknüpft sind. Wir betrachten

Beispiel 5.1

Eine Kugel der Masse m hänge an einer Feder mit der Federkonstanten k. Zur Zeit $t = 0$ werde die Feder um x_0 gedehnt und dann losgelassen. Wir wollen die Bewegung der Kugel beschreiben. Dazu wählen wir die vertikale, nach unten zeigende Richtung als positiv und den Mittelpunkt der Kugel in der Ruhelage als Nullpunkt. Die Lage des Mittelpunktes der Kugel zur Zeit t bezeichnen wir mit $x(t)$. Nach dem Grundgesetz der Mechanik ist das Produkt aus Masse und Beschleunigung gleich der Summe aller Kräfte. Im vorliegenden Falle wirkt, wenn wir die Reibung vernachlässigen, nur eine Kraft auf die Kugel ein: die der Längenänderung der Feder proportionale Federkraft $k \cdot x(t)$, die der Bewegung entgegenwirkt. Nach dem Grundgesetz der Mechanik folgt also

$$m \cdot \ddot{x}(t) = -k \cdot x(t). \tag{5.1}$$

In dieser Gleichung sind die Funktion x und ihre zweite Ableitung $\ddot{x}$ miteinander verknüpft.

Beispiel 5.2

An einem Kondensator mit der Kapazität C liege zur Zeit $t = 0$ die Spannung $u_c(0) = 0$. Er werde für $t > 0$ über dem Ohmschen Widerstand R mit der Gleichspannung U_0 aufgeladen (vgl. Bild 5.1). Wir bestimmen den zeitlichen Verlauf der am Kondensator anliegenden Spannung $u_c(t)$ und des in den Kondensator fließenden Stromes $i_c(t)$.

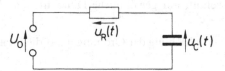

Bild 5.1: Aufladung eines Kondensators

Aus der Physik entnehmen wir

$$u_c(t) = \frac{1}{C} \int_0^t i_c(\tau)\, d\tau. \tag{5.2}$$

Durch Anwendung der Kirchhoffschen Regeln erhalten wir $U_0 = u_R(t) + u_c(t)$, wenn wir mit $u_R(t)$ die am Widerstand R abfallende Spannung bezeichnen. Nach dem Ohmschen Gesetz folgt weiter

$$u_c(t) = U_0 - R \cdot i_c(t). \tag{5.3}$$

A. Fetzer, H. Fränkel, *Mathematik 2*,
DOI 10.1007/978-3-642-24115-4_5, © Springer-Verlag Berlin Heidelberg 2012

Durch Einsetzen in Gleichung (5.2) ergibt sich

$$U_0 - Ri_c(t) = \frac{1}{C} \int\limits_0^t i_c(\tau)\, d\tau$$

und durch Differentiation nach t (vgl. Band 1, Formel (9.9) auf Seite 474):

$$- R\frac{di_c(t)}{dt} = \frac{1}{C}\, i_c(t). \tag{5.4}$$

In dieser Gleichung sind der Strom $i_c(t)$ und seine Ableitung miteinander verknüpft.

Eine Gleichung zur Bestimmung einer Funktion heißt **Differentialgleichung**, wenn sie mindestens eine Ableitung der gesuchten Funktion enthält.

Die Ordnung der in der Differentialgleichung vorkommenden höchsten Ableitung der gesuchten Funktion heißt **Ordnung der Differentialgleichung.**

Hängt die in der Differentialgleichung gesuchte Funktion nur von einer Veränderlichen ab, so nennt man die Differentialgleichung **gewöhnlich**. Enthält die Differentialgleichung partielle Ableitungen, so heißt sie **partiell.**

Beispiel 5.3

a) Gleichung (5.1) ist eine gewöhnliche Differentialgleichung der Ordnung 2 für die Funktion x.

b) Gleichung (5.4) ist eine gewöhnliche Differentialgleichung der Ordnung 1 für die Funktion i_c.

c) $y'''(x) + 2y'(x) + 3y(x) = \sin x$ ist eine gewöhnliche Differentialgleichung der Ordnung 3 für die Funktion y.

d) $\dfrac{\partial u(x, y)}{\partial x} = \dfrac{\partial u(x, y)}{\partial y}$ ist eine partielle Differentialgleichung der Ordnung 1 für die Funktion u.

Wir wollen in diesem Abschnitt nur gewöhnliche Differentialgleichungen behandeln. Aus den obigen Erklärungen ergibt sich:

Eine gewöhnliche Differentialgleichung der Ordnung n hat die **implizite Form**

$$F(x, y, y', \dots, y^{(n)}) = 0 \tag{5.5}$$

oder, falls die Auflösung nach der höchsten Ableitung möglich ist, die **explizite Form**

$$y^{(n)} = f(x, y, y', \dots, y^{(n-1)}). \tag{5.6}$$

Wir haben hier mit x die unabhängige Variable bezeichnet, mit y die gesuchte Funktion[1]), mit y', $y'', \dots, y^{(n)}$ die zugehörigen Ableitungen.

---

[1]) Die Bezeichnungsweise einer Funktion unterscheidet sich in diesem Abschnitt von der in diesem Buche üblichen. Wir sprechen hier von der Funktion $y = f(x)$ oder $y(x)$ als Abkürzung für $f: x \mapsto f(x)$ oder $y: x \mapsto y(x)$. Diese etwas kürzere Sprechweise ist bei Differentialgleichungen üblich. Wir wollen ferner die Sprechweise »der zu f gehörige Graph« in einigen Fällen ersetzen durch »die Kurve $y = f(x)$«.

Definition 5.1

Eine Funktion $y = \varphi(x)$ heißt **Lösung** oder **Integral der Differentialgleichung**

$$F(x, y, y', \ldots, y^{(n)}) = 0 \quad \text{bzw.} \quad y^{(n)} = f(x, y, y', \ldots, y^{(n-1)})$$

auf dem Intervall I, wenn

a) φ auf dem Intervall I n-mal differenzierbar ist und
b) $F(x, \varphi(x), \varphi'(x), \ldots, \varphi^{(n)}(x)) = 0$ bzw. $\varphi^{(n)}(x) = f(x, \varphi(x), \varphi'(x), \ldots, \varphi^{(n-1)}(x))$ für alle $x \in I$
gilt.

Bemerkung:

Man sagt in diesem Falle, daß die Differentialgleichung von $y = \varphi(x)$ gelöst wird.

Beispiel 5.4

Die Differentialgleichung $y'' + y = 0$ hat auf $\mathbb{R}$ als Lösung $y = \sin x$. Die Sinusfunktion ist zweimal stetig differenzierbar. Es ist $y' = \cos x$, $y'' = -\sin x$, also $y'' + y = 0$. Weitere Integrale der Differentialgleichung sind etwa $y = \cos x$ oder $y = 2 \cdot \sin x - 3 \cdot \cos x$.

Beispiel 5.5

Die für den Strom $i_c(t)$ geltende Differentialgleichung (5.4) wird auf $\mathbb{R}_0^+$ durch

$$i_c(t) = k \cdot e^{-\frac{1}{R \cdot C} t} \quad \text{für jedes } k \in \mathbb{R} \tag{5.7}$$

gelöst. Die Herleitung dieser Lösung erfolgt später. Es gibt also, bedingt durch die beliebige Konstante k unendlich viele Lösungen der Differentialgleichung (5.4). Man kann zeigen (vgl. Beispiel 5.9), daß man durch (5.7) sogar alle Lösungen der Differentialgleichung (5.4) erhält. Da das physikalische Problem genau eine Lösung hat, muß es möglich sein, k zu bestimmen.

Zur Zeit $t = 0$ gilt nach (5.3) wegen $u_c(0) = 0$

$$i_c(0) = \frac{U_0}{R}. \tag{5.8}$$

Wir erhalten durch Einsetzen von $t = 0$ in (5.7) in Verbindung mit (5.8)

$$i_c(0) = k = \frac{U_0}{R}. \tag{5.9}$$

Als Lösung von (5.4) mit (5.9) ergibt sich

$$i_c(t) = \frac{U_0}{R} e^{-\frac{1}{R \cdot C} t} \quad \text{für } t \in \mathbb{R}_0^+.$$

Für die am Kondensator anliegende Spannung folgt dann aus (5.3)

$$u_c(t) = U_0 - R \frac{U_0}{R} e^{-\frac{1}{R \cdot C} t} = U_0(1 - e^{-\frac{1}{R \cdot C} t}) \quad \text{für } t \in \mathbb{R}_0^+.$$

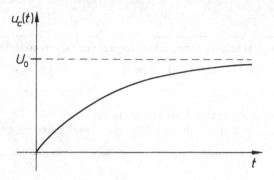

Bild 5.2: Spannungsverlauf beim Aufladen eines Kondensators

Wie wir an den Beispielen 5.4 und 5.5 gesehen haben, kann eine Differentialgleichung mehr als eine Lösung haben.

Wir vereinbaren

Die Menge aller Lösungen einer Differentialgleichung heißt deren **allgemeine Lösung** oder **allgemeines Integral**.

Beispiel 5.6

a) Die allgemeine Lösung von (5.4) ist

$$I_c = \{i_c \,|\, i_c(t) = k \cdot e^{-\frac{1}{R \cdot C} t} \text{ mit } k \in \mathbb{R}\}.$$

Der Beweis folgt später.

b) Gegeben sei die Differentialgleichung $y'' + y = 0$. Man kann zeigen, daß

$$Y = \{y \,|\, y(x) = c_1 \cos x + c_2 \sin x \text{ mit } c_1, c_2 \in \mathbb{R}\}$$

die allgemeine Lösung ist. Der Beweis folgt später. Es ist üblich, auch

$$y = c_1 \cos x + c_2 \sin x \quad \text{mit } c_1, c_2 \in \mathbb{R} \tag{5.10}$$

als allgemeine Lösung zu bezeichnen. Das hat den Vorteil, daß Formulierungen wie: »man differenziert die allgemeine Lösung« oder »man setzt die allgemeine Lösung in die Differentialgleichung ein« sinnvoll sind, weshalb wir im folgenden die allgemeine Lösung einer Differentialgleichung meist in der Form (5.10) angeben werden.

Beispiel 5.7

Die Differentialgleichung $y''' - y'' - y' + y = 0$ wird von $y = a \cdot e^x + b \cdot e^{-x} + c \cdot \sinh x$ mit $a, b, c \in \mathbb{R}$ gelöst. Das ist aber nicht die allgemeine Lösung, da die Differentialgleichung auch noch von $y = x \cdot e^x$ gelöst wird und man dieses Integral durch keine Wahl der Konstanten a, b, c aus der ersten Lösung gewinnen kann.

Die allgemeine Lösung einer Differentialgleichung enthält Konstanten, die wir als **Integrationskonstanten** bezeichnen.

Jedes durch eine spezielle Wahl aller Konstanten in der allgemeinen Lösung entstehende Integral der Differentialgleichung heißt **spezielle** oder **partikuläre Lösung.**

Die Konstante der Lösung in Beispiel 5.5 läßt sich durch eine zusätzliche Bedingung festlegen. Bei einer Differentialgleichung der Ordnung n gelingt das in einigen Fällen durch Vorgabe von n Bedingungen. Man unterscheidet Anfangsbedingungen und Randbedingungen. In Beispiel 5.5 ist (5.8) eine solche Anfangsbedingung. Man sagt deshalb auch, man habe ein Anfangswertproblem gelöst.

Allgemein vereinbart man

Gegeben sei die Differentialgleichung $y^{(n)} = f(x, y, y', \ldots, y^{(n-1)})$ sowie $x_0, y_0, y_1, \ldots, y_{n-1} \in \mathbb{R}$. Dann bezeichnet man als **Anfangswertproblem** die Aufgabe, eine Funktion zu finden, die

a) der Differentialgleichung auf dem Intervall I mit $x_0 \in I$ genügt und
b) die Bedingungen

$$y(x_0) = y_0, \quad y'(x_0) = y_1, \quad y''(x_0) = y_2, \ldots, y^{(n-1)}(x_0) = y_{n-1} \qquad (5.11)$$

erfüllt.

Die Werte $y_0, y_1, \ldots, y_{n-1} \in \mathbb{R}$ heißen **Anfangswerte**, die Bedingungen (5.11) **Anfangsbedingungen**, x_0 heißt **Anfangspunkt.**

Unter gewissen Bedingungen hat das Anfangswertproblem genau eine Lösung. Es gilt

Satz 5.1 (Existenz- und Eindeutigkeitssatz)

Die Funktion $f(x, u, u_1, \ldots, u_{n-1})$ sei in einer Umgebung der Stelle $(x_0, y_0, y_1, \ldots, y_{n-1}) \in \mathbb{R}^{n+1}$ stetig und besitze dort stetige partielle Ableitungen nach $u, u_1, \ldots, u_{n-1}$. Dann existiert in einer geeigneten Umgebung des Anfangspunktes x_0 genau eine Lösung des Anfangswertproblems

$$y^{(n)} = f(x, y, y', \ldots, y^{(n-1)}) \text{ mit} \qquad (5.12)$$

$$y(x_0) = y_0, y'(x_0) = y_1, \ldots, y^{(n-1)}(x_0) = y_{n-1}. \qquad (5.13)$$

Auf den Beweis soll verzichtet werden.

Bemerkung:

Man kann diesen Satz verwenden, um nachzuprüfen, ob eine Menge M von Lösungen der Differentialgleichung (5.12) die allgemeine Lösung dieser Differentialgleichung ist: Die Funktion f erfülle auf ganz $\mathbb{R}^{n+1}$ die Voraussetzungen des Existenz- und Eindeutigkeitssatzes. Dann ist die Menge der Lösungen aller Anfangswertprobleme gleich der allgemeinen Lösung der Differentialgleichung (5.12). Um in diesem Falle zu beweisen, daß eine Menge M von Lösungen dieser Differentialgleichung die allgemeine Lösung ist, genügt es, zu zeigen, daß die Lösung jedes Anfangswertproblems (5.12) und (5.13) Element von M ist.

Beispiel 5.8

Die Funktion f mit $f(x, u, u_1) = -u$ erfüllt auf ganz $\mathbb{R}^3$ die Voraussetzungen des Existenz- und Eindeutigkeitssatzes. Es sind nämlich $f, \dfrac{\partial f}{\partial u}, \dfrac{\partial f}{\partial u_1}$ wegen $\dfrac{\partial f(x, u, u_1)}{\partial u} = -1, \dfrac{\partial f(x, u, u_1)}{\partial u_1} = 0$ auf $\mathbb{R}^3$ stetig.

Daher hat das Anfangswertproblem $y'' = f(x, y, y') = -y$ mit beliebigen Anfangsbedingungen $y(x_0) = y_0, y'(x_0) = y_1$ genau eine Lösung. Sind k_1, k_2 reelle Zahlen, so ist

$$y = k_1 \sin x + k_2 \cos x \qquad (5.14)$$

Lösung obiger Differentialgleichung. Es ist sogar jede Lösung in dieser Form darstellbar. Setzt man nämlich die Anfangswerte ein, so folgt

$$k_1 \sin x_0 + k_2 \cos x_0 = y_0$$
$$k_1 \cos x_0 - k_2 \sin x_0 = y_1.$$

Wegen

$$D = \begin{vmatrix} \sin x_0 & \cos x_0 \\ \cos x_0 & -\sin x_0 \end{vmatrix} = -(\sin^2 x_0 + \cos^2 x_0) = -1 \neq 0$$

hat dieses Gleichungssystem für k_1, k_2 die eindeutige Lösung (vgl. Band 1, Satz 6.17)

$$k_1 = y_0 \sin x_0 + y_1 \cos x_0$$
$$k_2 = -y_1 \sin x_0 + y_0 \cos x_0.$$

Die Lösung des Anfangswertproblems ist also

$$y = (y_0 \sin x_0 + y_1 \cos x_0) \sin x + (y_0 \cos x_0 - y_1 \sin x_0) \cos x.$$

Da die Lösung eindeutig bestimmt ist, ist jedes Integral dieser Differentialgleichung in der Form (5.14) darstellbar.

Beispiel 5.9

Die Differentialgleichung (5.4) erfüllt ebenfalls die Voraussetzungen des Existenz- und Eindeutigkeitssatzes (Satz 5.1). Es ist nämlich

$$\frac{di_c}{dt} = -\frac{1}{R \cdot C} i_c = f(t, i_c).$$

f und die partielle Ableitung $\dfrac{\partial f}{\partial i_c}$ sind stetig auf $\mathbb{R}_0^+ \times \mathbb{R}$. Die Lösung (5.7) ist die allgemeine Lösung, da man wegen $e^{-\frac{1}{R \cdot C} t_0} \neq 0$ für alle t_0, i_0 jede Anfangsbedingung erfüllen kann.

Beispiel 5.10

Die Differentialgleichung $y' = f(x, y) = -\dfrac{x}{2} + \sqrt{\dfrac{x^2}{4} + y}$ mit der Anfangsbedingung $y(2) = -1$ erfüllt die Voraussetzungen des Existenz- und Eindeutigkeitssatzes (Satz 5.1) nicht. An der Stelle $x_0 = 2, y_0 = -1$ existiert die partielle Ableitung von f nach y nicht. Es ist $f_y(x, y) = \dfrac{1}{2\sqrt{\frac{1}{4}x^2 + y}}$ für

$y \neq -\frac{1}{4}x^2$. Das obige Anfangswertproblem hat für $x \geqq 2$ die beiden Lösungen $y = -\frac{1}{4}x^2$ und $y = -x + 1$, wie man durch Einsetzen bestätigt. In Bild 5.3 sind die beiden Lösungen skizziert.

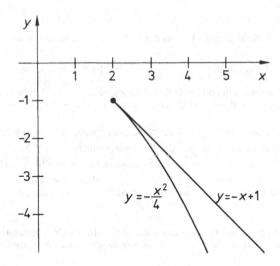

Bild 5.3: Zu Beispiel 5.10

Beispiel 5.11

Die Funktion g sei auf dem Intervall (a, b) stetig. Ist y Lösung der Differentialgleichung $y' + g(x)y = 0$ und $\xi \in (a, b)$ Nullstelle von y, so ist y die Nullfunktion auf (a, b).

Dazu betrachten wir das Anfangswertproblem

$$y' + g(x)y = 0 \quad \text{mit} \quad y(\xi) = 0.$$

Es hat nach dem Existenz- und Eindeutigkeitssatz (Satz 5.1) in (a, b) genau eine Lösung. $y = 0$ ist Lösung des Problems und damit auch einzige Lösung.

Wir betrachten Randwertprobleme. Hierbei werden Funktionswerte an verschiedenen Stellen vorgeschrieben. Wir wollen Randwertprobleme nur an Beispielen behandeln. Eine allgemeine Aussage übersteigt den Rahmen dieses Buches.

Beispiel 5.12

Gesucht sind Lösungen der Differentialgleichung $y'' + y = 0$ mit den folgenden Randbedingungen:

a) $y(0) = 1$, $y(\frac{1}{2}\pi) = 0$.
   Nach Beispiel 5.8 ist die allgemeine Lösung dieser Differentialgleichung $y = k_1 \sin x + k_2 \cos x$. Die Randwerte fordern $y(0) = k_2 = 1$, $y(\frac{1}{2}\pi) = k_1 = 0$. Wir erhalten als Lösung $y = \cos x$.

b) $y(0) = 1$, $y(\pi) = 0$.
   Es folgt $y(0) = k_2 = 1$, $y(\pi) = -k_2 = 0$. Diese beiden Gleichungen enthalten einen Widerspruch. Es existiert keine Lösung des Randwertproblems.

c) $y(0) = 1$, $y(\pi) = -1$.

Wegen $y(0) = k_2 = 1$, $y(\pi) = -k_2 = -1$ ist $k_2 = 1$ eindeutig bestimmt, k_1 ist beliebig. Es gibt unendlich viele Lösungen, nämlich $y = k_1 \sin x + \cos x$ mit $k_1 \in \mathbb{R}$.

Aufgaben

1. Man zeige, daß $y = c e^{-4x}$ die allgemeine Lösung der Differentialgleichung $y' + 4y = 0$ ist.

2. Hat das Anfangswertproblem $y' = -\dfrac{x}{2} - \sqrt{y + \dfrac{x^2}{4}}$ mit $y(0) = 1$ genau eine Lösung?

3. Man zeige, daß das allgemeine Integral der Differentialgleichung $y'' - y = 0$ in der Form
   a) $y = a \cdot e^x + b \cdot e^{-x}$;   b) $y = a \cdot e^x + b \cdot \sinh x$;   c) $y = a \cdot \sinh x + b \cdot \cosh x$
   darstellbar ist.

4. Man löse unter Zuhilfenahme von Aufgabe 3 das Anfangswertproblem $y'' - y = 0$ mit $y(0) = 0$, $y'(0) = 1$.

5. Man löse unter Zuhilfenahme von Aufgabe 3 das Randwertproblem $y'' - y = 0$ mit $y(0) = 0$, $y(1) = 1$.

6. Man zeige, daß $y = a \cdot e^x + b \cdot e^{-x} + c \cdot \sinh x + d \cdot \cosh x$ Lösung, aber nicht allgemeine Lösung von $y^{(4)} - y = 0$ ist.

7. Welche der folgenden Funktionen sind Lösung bzw. allgemeine Lösung der Differentialgleichung $y'' + 2y' + y = 0$? Welche Funktion erfüllt zusätzlich die Anfangsbedingungen $y(0) = 0$, $y'(0) = 1$?
   a) $y = a \cdot e^x + b \cdot e^{-2x}$;   b) $y = a \cdot e^{-x} + b \cdot x \cdot e^{-x}$;
   c) $y = a \cdot (\sinh x - \cosh x) + b \cdot e^{-x}$;   d) $y = x \cdot e^{-x}$?

8. Für die Geschwindigkeit eines Teilchens in einer Flüssigkeit gelte die Differentialgleichung $v'(t) + \frac{1}{2} v(t) - g = 0$ mit $v(0) = 0$. Man zeige, daß $v(t) = 2 g (1 - e^{-0,5 t})$ Lösung dieses Anfangswertproblems ist. Man bestimme $v(1)$ und $\lim\limits_{t \to \infty} v(t)$.

5.2 Differentialgleichungen erster Ordnung

Wir betrachten die Differentialgleichung

$$y' = f(x, y).$$

Es sei vorausgesetzt, daß die Funktion f in dem Rechteck $G \subset \mathbb{R}^2$ stetig ist.

5.2.1 Geometrische Deutung

Wir setzen voraus, daß das zu $y(x_0) = y_0$ gehörige Anfangswertproblem eine eindeutige Lösung besitzt.

In jedem Punkte $P = (x_0, y_0) \in G$ ist ein Funktionswert $f(x_0, y_0)$ gegeben. Dieser Funktionswert ist wegen $y' = f(x_0, y_0)$ gleich dem Anstieg der durch (x_0, y_0) gehenden Lösungskurve an dieser Stelle. In P können wir also die Tangente konstruieren. Der zu der Lösung gehörende Graph läßt sich in der Umgebung von P durch ein kleines Tangentenstück, das wir **Richtungselement** nennen, annähern. Wir wollen uns mit Hilfe der Richtungselemente einen Überblick über die durch den vorgegebenen Punkt $P = (x_0, y_0)$ gehende Lösungskurve verschaffen. Dabei beschränken wir uns auf den Bereich $x > x_0$ und wählen eine Länge des Richtungselementes mit dem Mittelpunkt (x_0, y_0). Dadurch können wir die Koordinaten der beiden Endpunkte bestimmen. Sind etwa x_1, y_1 die Koordinaten des rechten Endpunktes, so ist y_1 eine Näherung für die gesuchte Lösung an der Stelle x_1. Wir setzen x_1 und y_1 in $f(x, y)$ ein und erhalten dadurch einen Näherungswert für den Anstieg der gesuchten Kurve an der Stelle x_1 (vgl. Bild 5.4). Mit diesem Näherungswert

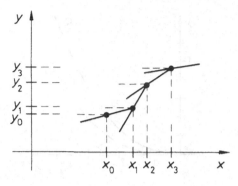

Bild 5.4: Geometrische Deutung des Näherungsverfahrens für die Differentialgleichung $y' = f(x, y)$

konstruieren wir ein weiteres Richtungselement. In gleicherWeise verfahren wir mit dem rechten Endpunkt dieses zweiten Richtungselementes. Die Methode läßt sich im allgemeinen fortsetzen. In analoger Weise können wir uns einen Überblick über den Bereich $x < x_0$ verschaffen, wenn wir vom linken Endpunkt des erstenRichtungselementes ausgehen und das Verfahren nach links fortsetzen.

Beispiel 5.13

Wir betrachten das Anfangswertproblem $y' = f(x, y) = x + y$ mit $y(0) = 0$. Durch Einsetzen erkennt man, daß $y = c \cdot e^x - x - 1$ Lösung der Differentialgleichung ist, nach dem Existenz- und Eindeutigkeitssatz (Satz 5.1) ist diese Funktionenschar sogar allgemeine Lösung, da jede Anfangsbedingung mit dieser Lösung erfüllbar ist. Die gegebene Anfangsbedingung $y(0) = 0$ fordert $c = 1$, so daß $y = g(x) = e^x - x - 1$ Lösung des gegebenen Anfangswertproblems ist. Wir wollen jetzt das oben beschriebene Verfahren anwenden, um Näherungen für die Lösung zu berechnen. Da die exakte Lösung bekannt ist, ist auch ein Vergleich möglich. Wegen $x_0 = y_0 = 0$ ist $f(x_0, y_0) = 0$. Das erste Richtungselement hat den Anstieg 0. Wir wählen $x_1 = \frac{1}{3}$ für den rechten Endpunkt. Dann ist $y_1 = 0$. Wegen $f(\frac{1}{3}, 0) = \frac{1}{3}$ hat das zweite Richtungselement den Anstieg $\frac{1}{3}$ und, da der Mittelpunkt $(\frac{1}{3}, 0)$ ist, liegt es auf der Geraden $y = \frac{1}{3}x - \frac{1}{9}$. Wir wählen $x_2 = \frac{2}{3}$. Dann ist $y_2 = \frac{1}{9}$ und $f(x_2, y_2) = \frac{7}{9}$. Das dritte Richtungselement liegt auf der Geraden $y = \frac{7}{9}x - \frac{11}{27}$. Wir setzen das Verfahren fort und fassen die Ergebnisse in Form einer Tabelle zusammen.

i	x_i	Näherung y_i	$f(x_i, y_i)$	Gerade, auf der das Richtungselement liegt	Exakter Wert $g(x_i)$
0	0	0	0	$y = 0$	0
1	$\frac{1}{3}$	0	$\frac{1}{3}$	$y = \frac{1}{3}x - \frac{1}{9}$	0,06...
2	$\frac{2}{3}$	$\frac{1}{9} \approx 0,11$	$\frac{7}{9}$	$y = \frac{7}{9}x - \frac{11}{27}$	0,28...
3	1	$\frac{10}{27} \approx 0,37$	$\frac{37}{27}$	$y = \frac{37}{27}x - 1$	0,718...
4	$\frac{4}{3}$	$\frac{67}{81} \approx 0,83$	$\frac{175}{81}$	$y = \frac{175}{81}x - \frac{499}{243}$	1,46...

Man erkennt an Hand der Tabelle und am Bild 5.5, daß das Verfahren ungenau ist. Eine Verkleinerung der Schrittweite könnte unter Umständen eine Verbesserung bringen.

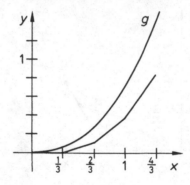

Bild 5.5: Näherung und exakte Lösung von $y' = x + y$ mit $y(0) = 0$

Mit dem oben beschriebenen Verfahren konnten wir eine Näherung für eine Lösung gewinnen. Ist ein Überblick über alle Lösungskurven gewünscht, wenden wir das **Isoklinenverfahren** an.

Definition 5.2

> Gegeben sei die Differentialgleichung $y' = f(x, y)$. Jede durch die Gleichung $f(x, y) = c$ bestimmte Kurve heißt **Isokline** der Differentialgleichung zum Wert c.

Mit Hilfe der Isoklinen wollen wir Näherungslösungen der Differentialgleichung skizzieren. Wir zeichnen dazu die Isoklinen der Differentialgleichung und tragen auf ihnen die Richtungselemente ein. Dazu brauchen wir auf jeder Isoklinen nur ein Richtungselement zu konstruieren, die anderen erhalten wir durch Parallelverschiebung. Die Näherungen für die Lösungskurven sind dann so zu zeichnen, daß sie in den Schnittpunkten mit den Isoklinen parallel zu den zugehörigen Richtungselementen verlaufen.

Beispiel 5.14

Wir wenden das Isoklinenverfahren auf die Differentialgleichung $y' = x^2 + y^2$ an. Die Isoklinen (vgl. Bild 5.6) sind konzentrische Kreise um den Nullpunkt mit dem Radius $r = \sqrt{c}\ (c > 0)$. Für $c < 0$ gibt es keine Isoklinen.

Beispiel 5.15

Wir betrachten $y' = y$. Die Isoklinen $y = c$ sind die Parallelen zur x-Achse (vgl. Bild 5.7).

Beispiel 5.16

Wir betrachten die Differentialgleichung $y' = \dfrac{y}{x}(x \neq 0)$. Die Isoklinen sind $\dfrac{y}{x} = c$ für $x \neq 0$, d.h. $y = c \cdot x$ für $x \neq 0$. Die Richtungselemente sind parallel zu den Isoklinen. Die Isoklinen sind in diesem Falle gleichzeitig die Lösungskurven (vgl. Bild 5.8).

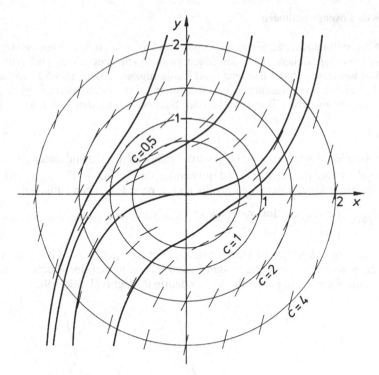

Bild 5.6: Isoklinen der Differentialgleichung $y' = x^2 + y^2$

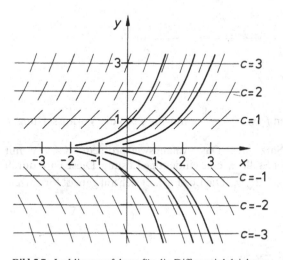

Bild 5.7: Isoklinenverfahren für die Differentialgleichung $y' = y$

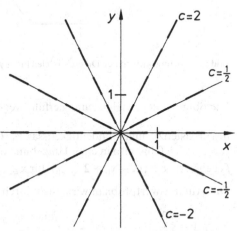

Bild 5.8: Isoklinenverfahren für die Differentialglei-chung $y' = \dfrac{y}{x}$, $x \neq 0$

5.2.2 Spezielle Lösungsmethoden

In diesem Abschnitt betrachten wir einige Typen von Differentialgleichungen erster Ordnung, die man mit Hilfe von speziellen Methoden lösen kann. Nicht jede dieser Differentialgleichungen erfüllt die Voraussetzungen des Existenz- und Eindeutigkeitssatzes (Satz 5.1), so daß durch einen Punkt auch mehrere Lösungskurven gehen können. Das Anfangswertproblem braucht nicht genau eine Lösung zu haben. Wir erläutern den Sachverhalt an den folgenden Beispielen.

Beispiel 5.17

Die Differentialgleichung $y' = \sqrt{y} = f(x, y)$ wird durch $y = f_1(x) = 0$ und durch $y = f_2(x) = \frac{1}{4}(x + c)^2$ für $x \geqq -c$ gelöst. Der Zusatz $x \geqq -c$ ist notwendig, da $y' = \frac{1}{2}(x + c) = \sqrt{y} > 0$ ist. Aus f_1 und f_2 lassen sich durch Zusammensetzung unendlich viele neue Lösungen aufbauen:

$$y = f_3(x) = \begin{cases} 0 & \text{für } x < -c \\ \frac{1}{4}(x + c)^2 & \text{für } x \geqq -c. \end{cases}$$

Diese neuen Lösungen konnten gebildet werden, da der zu f_1 gehörende Graph bei $x_1 = -c$ die zu f_2 gehörende Kurve schneidet. Die beiden Steigungen stimmen dort überein, da die Differentialgleichung die Steigung in jedem Punkte eindeutig festlegt (vgl. Bild 5.9).

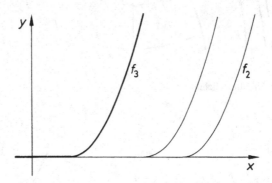

Bild 5.9 Lösungskurven der Differentialgleichung $y' = \sqrt{y}$

Die obige Differentialgleichung erfüllt wegen $f_y(x, y) = \dfrac{1}{2 \cdot \sqrt{y}}$ nur für $y > 0$ die Voraussetzungen des Existenz- und Eindeutigkeitssatzes (Satz 5.1). Das Anfangswertproblem $y' = \sqrt{y}$ mit $y(x_0) = y_0 > 0$ hat also in einer Umgebung der Stelle x_0 eine eindeutige Lösung. Diese wird durch f_2 geliefert: $y = \frac{1}{4}(x - x_0 + 2 \cdot \sqrt{y_0})^2$ für $x \geqq x_0 - 2\sqrt{y_0}$. Die Lösung läßt sich auf ganz $\mathbb{R}$ fortsetzen:

Das Anfangswertproblem wird auch durch

$$y = \begin{cases} 0 & \text{für } x < x_0 - 2\sqrt{y_0} \\ \frac{1}{4}(x - x_0 + 2\sqrt{y_0})^2 & \text{für } x \geqq x_0 - 2\sqrt{y_0} \end{cases}$$

gelöst. Es existiert für alle x genau eine Lösung, obwohl die Differentialgleichung die Voraussetzungen des Existenz- und Eindeutigkeitssatzes (Satz 5.1) nicht für alle x erfüllt.

Unendlich viele Lösungen hat das Anfangswertproblem $y' = \sqrt{y}$ mit $y(x_0) = y_0 = 0$. Lösung ist $y = f_3(x)$ für jedes $c \in \mathbb{R}$ mit $c \geq x_0$.

Beispiel 5.18

Die Differentialgleichung $y' = \sqrt{|y|}$ hat die Lösungen $y = f_1(x) = 0$, $y = f_2(x) = \frac{1}{4}(x + c_1)^2$ für $x \geq -c_1$ und $y = f_3(x) = -\frac{1}{4}(x + c_2)^2$ für $x \leq -c_2$. Die Bedingungen $x \geq -c_1$ bzw. $x \leq -c_2$ sind notwendig, da wegen der Differentialgleichung die erste Ableitung y' keine negativen Werte annehmen kann. Die zugehörigen Lösungskurven haben Schnittpunkte und es lassen sich durch Übergang von einer Lösungskurve auf eine andere neue Lösungskurven gewinnen: Für $-c_2 < -c_1$ ist

$$y = f_4(x) = \begin{cases} f_3(x) = -\frac{1}{4}(x + c_2)^2 & \text{für } x \leq -c_2 \\ f_1(x) = 0 & \text{für } -c_2 < x < -c_1 \\ f_2(x) = \frac{1}{4}(x + c_1)^2 & \text{für } x \geq -c_1 \end{cases}$$

ebenfalls Lösung des Anfangswertproblems. Hinsichtlich der Eindeutigkeit gelten hier ähnliche Überlegungen wie im Beispiel 5.17. Die Voraussetzungen des Existenz- und Eindeutigkeitssatzes (Satz 5.1) sind nur für $y \neq 0$ erfüllt. Das Anfangswertproblem $y' = \sqrt{|y|}$ mit $y(x_0) = y_0 \neq 0$ hat nur in einer gewissen Umgebung der Stelle x_0 eine eindeutig bestimmte Lösung. Die Eindeutigkeit gilt in jedem Intervall, in dem $y \neq 0$ ist. Ist etwa $y_0 > 0$, so ist $y = \frac{1}{4}(x - x_0 + 2\sqrt{y_0})^2$ für $x \geq x_0 - 2\sqrt{y_0}$ Lösung des Anfangswertproblems. Die Lösung ist aber nur in dem angegebenen Bereich eindeutig bestimmt, auf ganz $\mathbb{R}$ gibt es unendlich viele Lösungen, für alle $c_2 > 2\sqrt{y_0} - x_0$ sind nämlich

$$y = \begin{cases} -\frac{1}{4}(x + c_2)^2 & \text{für } x \leq -c_2 \in \mathbb{R} \\ 0 & \text{für } -c_2 < x < x_0 - 2\sqrt{y_0} \\ \frac{1}{4}(x - x_0 + 2\sqrt{y_0})^2 & \text{für } x \geq x_0 - 2\sqrt{y_0} \end{cases}$$

Lösungen des Anfangswertproblems (vgl. Bild 5.10).

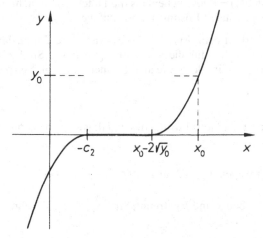

Bild 5.10 Lösungen des Anfangswertproblems $y' = \sqrt{|y|}$ mit $y(x_0) = y_0 > 0$

Das Anfangswertproblem $y' = \sqrt{|y|}$ mit $y(x_0) = y_0 = 0$ hat unendlich viele Lösungen: $y = f_4(x)$ mit beliebigen c_1, c_2 und $c_2 > c_1$.

Bei den folgenden Betrachtungen können ähnliche Fälle auftreten, wenn die Voraussetzungen des Existenz- und Eindeutigkeitssatzes nicht erfüllt sind. Wir werden im einzelnen nicht mehr darauf eingehen.

Trennung der Veränderlichen

Die Funktionen f bzw. g seien auf den Intervallen I_1 bzw. I_2 definiert. Dann heißt $y' = f(x) \cdot g(y)$ eine **separable Differentialgleichung**.

Lösungen einer separablen Differentialgleichung lassen sich gegebenenfalls mit Hilfe des folgenden Satzes ermitteln.

Satz 5.2

Die Funktion f sei auf dem Intervall I_1 stetig und besitze dort nur endlich viele Nullstellen. Die Funktion g habe auf dem Intervall I_2 keine Nullstellen und sei dort stetig. F sei eine Stammfunktion von f auf I_1, G eine Stammfunktion von $\dfrac{1}{g}$ auf I_2. Ist $x_0 \in I_1$ und $y_0 \in I_2$, so ist jede Funktion $y = y(x)$, die die Gleichung

$$F(x) - F(x_0) = G(y) - G(y_0) \tag{5.15}$$

erfüllt, auch eine Lösung des Anfangswertproblems $y' = f(x) \cdot g(y)$ mit $y(x_0) = y_0$ und umgekehrt.

Bemerkungen:

1. Alle Lösungen y von $g(y) = 0$ lösen ebenfalls die Differentialgleichung $y' = f(x) \cdot g(y)$. Sie sind den nach Satz 5.2 berechneten Lösungen hinzuzufügen.

2. Schreibt man (5.15) in der Form $G(y) = F(x) + c$, so ist zu beachten, daß nur solche Konstanten $c \in \mathbb{R}$ gewählt werden dürfen, für die gilt $c = G(y_0) - F(x_0)$. Sind z.B. F und G beschränkte Funktionen, so kann c nicht alle Werte aus $\mathbb{R}$ annehmen (vgl. Beispiel 5.24).

Beweis:

a) Wir beweisen zunächst, daß jede Lösung des Anfangswertproblems auch die Gleichung (5.15) erfüllt.

Aus $y' = f(x) \cdot g(y)$ folgt wegen $g(y) \neq 0$ für alle $y \in I_2$: $\dfrac{y'}{g(y)} = f(x)$.

Hier sind die Veränderlichen x und y getrennt. Sind x_0, $x \in I_1$, so folgt durch Integration bez. x

$$\int_{x_0}^{x} \frac{y'(t)}{g(y(t))}\, dt = \int_{x_0}^{x} f(t)\, dt.$$

Für $y'(t) \neq 0$ erhalten wir mit der Substitution $y = y(t)$ das Differential $y'(t)dt = dy$. Es ergibt sich mit $y(x_0) = y_0$, $y(x) = y$

$$\int_{y_0}^{y} \frac{1}{g(y)} dy = \int_{x_0}^{x} f(t)dt.$$

Wegen $G' = \dfrac{1}{g}$ und $F' = f$ folgt weiter

$$G(y) = F(x) + G(y_0) - F(x_0). \tag{5.16}$$

b) Wir beweisen, daß jede Lösung $y = y(x)$ der Gleichung (5.15) auch Lösung des Anfangswertproblems ist.

Wir differenzieren Gleichung (5.15) und erhalten die Differentialgleichung. Man erkennt durch Einsetzen, daß Gleichung (5.15) für $x = x_0$, $y = y_0$ erfüllt ist.

Ist $y'(x_1) = 0$ für $x_1 \in I_1$, so ist I_1 so aufzuteilen, daß $y(x)$ in den Teilintervallen monoton ist. Das ist möglich, da f in I_1 nur endlich viele Nullstellen besitzt. ●

Beispiel 5.19

Man löse die Differentialgleichung $y' = x^2(y^2 - 1)$.

Die Differentialgleichung hat die gewünschte Form mit $f(x) = x^2$, $g(y) = y^2 - 1$. f ist für alle $x \in \mathbb{R}$ stetig, g für alle $y \in \mathbb{R}$ und es ist $g(y) \neq 0$ für $y \neq \pm 1$. Wir betrachten daher die Intervalle $y < -1$, $-1 < y < 1$, $y > 1$. Für diese Intervalle gilt $\dfrac{y'}{y^2 - 1} = x^2$, also $\int \dfrac{dy}{y^2 - 1} = \int x^2 dx + c$ mit $c \in \mathbb{R}$.

Wir erhalten

$$G(y) = \begin{cases} -\operatorname{artanh} y & \text{für } |y| < 1 \\ -\operatorname{arcoth} y & \text{für } |y| > 1 \end{cases} \quad \text{und} \quad F(x) = \tfrac{1}{3}x^3.$$

Daraus folgt mit $c \in \mathbb{R}$

$$y = \begin{cases} -\tanh(\tfrac{1}{3}x^3 + c) & \text{für } |y(x_0)| = |y_0| < 1 \\ -\coth(\tfrac{1}{3}x^3 + c) & \text{für } |y(x_0)| = |y_0| > 1. \end{cases} \tag{5.17}$$

Die Auswahl der Lösung in (5.17) hängt von einer vorgeschriebenen Anfangsbedingung $y(x_0) = y_0$ ab. Die Konstante c kann hier alle Werte aus $\mathbb{R}$ annehmen.

$y = 1$ bzw. $y = -1$ sind auch Lösungen der Differentialgleichung. Sie sind zu nehmen, wenn $y_0 = 1$ bzw. $y_0 = -1$ ist.

Beispiel 5.20

Man löse die Differentialgleichung $y' = x^2(y^2 + 1)$.

Die Differentialgleichung hat die gewünschte Form mit $f(x) = x^2$ und $g(y) = y^2 + 1$. Dividieren wir durch $y^2 + 1$, so ergibt sich aus $\dfrac{y'}{y^2 + 1} = x^2$ durch Integration $\int \dfrac{dy}{y^2 + 1} = \tfrac{1}{3}x^3 + c$ mit $c \in \mathbb{R}$ und damit $\arctan y = \tfrac{1}{3}x^3 + c$.

Folglich erhält man als Lösung

$$y = \tan(\tfrac{1}{3}x^3 + c) \quad \text{mit } c \in \mathbb{R}.$$

Beispiel 5.21

Man bestimme alle Lösungen von $y' = y \cos x$.

Wir beschränken uns auf ein endliches Intervall. In diesem Intervall hat die Kosinusfunktion nur endlich viele Nullstellen.

Wir erhalten für $y \neq 0$:

$$\frac{y'}{y} = \cos x, \quad \text{also } \int \frac{dy}{y} = \sin x + c \quad \text{mit } c \in \mathbb{R}, \quad \text{d.h. } \ln|y| = \sin x + c$$

und weiter

$$|y| = e^{\sin x + c} = e^{\sin x} \cdot e^c = k_1 \cdot e^{\sin x} \quad \text{mit } k_1 = e^c > 0.$$

Da die Lösung einer Differentialgleichung stetig ist und $e^{\sin x} \neq 0$ ist für alle x, gilt entweder $y = k_1 e^{\sin x}$ für alle x oder $y = -k_1 e^{\sin x}$ für alle x, d.h. $y = k_2 e^{\sin x}$ mit $k_2 \neq 0$.

Wir hatten bisher $y = 0$ ausgeschlossen. Die Nullfunktion ist jedoch, wie man durch Einsetzen in die Differentialgleichung erkennt, ebenfalls Lösung der Differentialgleichung. Wir lassen deshalb $k_2 = 0$ zu und erhalten

$$y = k\,e^{\sin x} \quad \text{mit } k \in \mathbb{R}.$$

Da die Bedingungen des Existenz- und Eindeutigkeitssatzes (Satz 5.1) erfüllt sind, ist dies die allgemeine Lösung.

Beispiel 5.22

Man löse die Differentialgleichung $y' = \dfrac{y^2}{x^2}$ für $x \neq 0$.

Für $y \neq 0$ ist $\dfrac{y'}{y^2} = \dfrac{1}{x^2}$ und nach Integration $-\dfrac{1}{y} = -\dfrac{1}{x} + c$ mit $c \in \mathbb{R}$ oder $y = \dfrac{x}{1 - c \cdot x}$ mit $c \in \mathbb{R}$. Da $y = 0$ ebenfalls Lösung ist, erhalten wir

$$y = \frac{x}{1 - c \cdot x} \quad \text{und} \quad y = 0 \quad \text{für } x \neq 0.$$

Einige dieser Lösungen sind in Bild 5.11 dargestellt.

Wir betrachten das Anfangswertproblem $y' = \dfrac{y^2}{x^2}$ mit $x \neq 0$ und $y(x_0) = y_0$.

Die Bedingungen des Existenz- und Eindeutigkeitssatzes (Satz 5.1) sind für alle $x \neq 0$ und alle y erfüllt. Trotzdem kann es vorkommen, daß die Lösung des Anfangswertproblems nicht für alle $x > 0$ oder alle $x < 0$ definiert ist, wie wir an den folgenden Beispielen zeigen:

1. Ist $y_0 = 0$, so ist
   a) $y = 0$ für $x > 0$ Lösung, falls $x_0 > 0$ ist,
   b) $y = 0$ für $x < 0$ Lösung, falls $x_0 < 0$ ist.

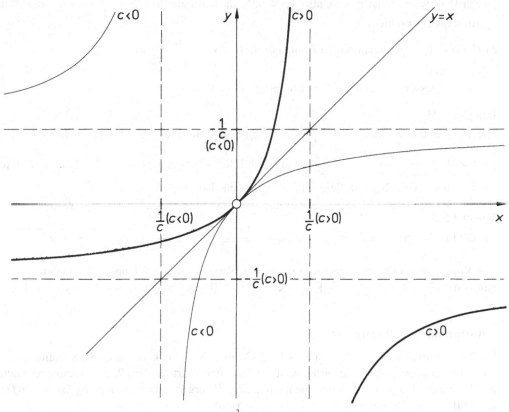

Bild 5.11: Lösungen der Differentialgleichung $y' = \dfrac{y^2}{x^2}$

2. Ist $y_0 = x_0 \neq 0$, so ist

   a) $y = x$ für $x > 0$ Lösung, falls $x_0 > 0$ ist,

   b) $y = x$ für $x < 0$ Lösung, falls $x_0 < 0$ ist.

3. Ist $y_0 \neq x_0$ und $y_0 \neq 0$, so ist

$$y = \frac{x}{1 - cx} \quad \text{für } x \neq 0 \quad \text{mit} \quad c = \frac{y_0 - x_0}{x_0 y_0} \neq 0 \quad \text{Lösung.}$$

y hat bei $x_1 = \dfrac{1}{c} = \dfrac{x_0 y_0}{y_0 - x_0}$ eine Polstelle.

a) Für $y_0 < x_0$ ist $c > 0$, also $x_1 > 0$.

$y = \dfrac{x}{1 - cx}$ ist nur für $x > \dfrac{1}{c}$ Lösung des Anfangswertproblems, da die Lösung differenzierbar sein muß. Obwohl die Bedingungen des Existenz- und Eindeutigkeitssatzes (Satz 5.1) für alle $x > 0$ erfüllt sind, existiert die Lösung nur in einem Teilbereich von $\mathbb{R}^+$.

b) Für $0 < y_0 < x_0$ ist $c < 0$, also $x_1 < 0$. In diesem Falle löst $y = \dfrac{x}{1 - cx}$ für $x > 0$ das Anfangswertproblem.

c) Für $0 < x_0 < y_0$ existiert die Lösung nur für $0 < x < \dfrac{x_0 y_0}{y_0 - x_0} = x_1$.

Für $x_0 < 0$ lassen sich analoge Betrachtungen durchführen.

Beispiel 5.23

Die Differentialgleichung $-R\dfrac{di_c(t)}{dt} = \dfrac{1}{C} i_c(t)$ aus Beispiel 5.3 ist separabel. Es folgt, da $i_c(t) \neq 0$ ist, $\dfrac{1}{i_c(t)} \dfrac{di_c(t)}{dt} = -\dfrac{1}{RC}$ und durch Integration $i_c(t) = k\,e^{-t/(R \cdot C)}$ mit $k \in \mathbb{R}$ und $t \geq 0$, d.h. man erhält die in Beispiel 5.5 angegebene Lösung.

Beispiel 5.24

Für die Lösungen der Differentialgleichung $\dfrac{y y'}{\sqrt{1 - y^2}} = \dfrac{x}{\sqrt{1 - x^2}}$ gilt $\sqrt{1 - y^2} = \sqrt{1 - x^2} + c$.

Die Konstante c kann nicht jeden, sondern nur Werte zwischen -1 und $+1$ annehmen. Es ist nämlich $0 < \sqrt{1 - y^2} \leq 1$, $-1 \leq -\sqrt{1 - x^2} < 0$, also wegen $c = \sqrt{1 - y^2} - \sqrt{1 - x^2}$: $-1 \leq c \leq 1$.

Substitution eines linearen Terms

Die Differentialgleichung $y' = f(ax + by + c)$ mit $a, b, c \in \mathbb{R}$ kann durch die Substitution $z = ax + by + c$ in eine separable Differentialgleichung überführt werden. Wir differenzieren nach x und beachten, daß y und z Funktionen von x sind. Es ergibt sich $z' = a + by' = a + bf(z)$. Die Differentialgleichung $z' = a + bf(z)$ ist separabel.

Beispiel 5.25

Man löse die Differentialgleichung $y' = (x + y)^2$.

Wir setzen $z = x + y$. Dann ist $z' = 1 + y' = 1 + z^2$. Die Trennung der Veränderlichen liefert $\dfrac{z'}{1 + z^2}$. Durch Integration folgt

$$\arctan z = x + c \quad \text{mit} \quad -\tfrac{1}{2}\pi < x + c < \tfrac{1}{2}\pi, \quad \text{also} \quad z = \tan(x + c).$$

Machen wir die Substitution rückgängig, so haben wir

$$x + y = \tan(x + c), \quad \text{d.h.} \quad y = -x + \tan(x + c) \quad \text{für } x \in \left(-\tfrac{1}{2}\pi - c, \tfrac{1}{2}\pi - c\right).$$

Gleichgradige Differentialgleichung

Die Funktion f sei auf dem Intervall I stetig. Die Differentialgleichung $y' = f\left(\dfrac{y}{x}\right)$ heißt **gleichgradige Differentialgleichung** oder **Ähnlichkeitsdifferentialgleichung**.

Wir substituieren $z = \dfrac{y}{x}$ und erhalten $x \neq 0$:

$$y = xz, \quad \text{also} \quad y' = xz' + z \quad \text{und} \quad f(z) = xz' + z, \quad \text{d.h.} \quad xz' = f(z) - z.$$

Es folgt

$$z' = \frac{1}{x}(f(z) - z).$$

Diese Differentialgleichung für die Funktion z ist separabel.

Beispiel 5.26

Man löse die Differentialgleichung $(x^2 + y^2) \cdot y' = x \cdot y$.

Es ist $y' = \dfrac{xy}{x^2 + y^2}$, wobei $x = y = 0$ auszuschließen ist. Für $x \neq 0$ folgt weiter $y' = \dfrac{\dfrac{y}{x}}{1 + \left(\dfrac{y}{x}\right)^2}$ und

mit $z = \dfrac{y}{x}$, d.h. $y' = xz' + z$, ergibt sich

$$xz' + z = \frac{z}{1 + z^2}, \quad \text{also} \quad xz' = \frac{z}{1 + z^2} - z = \frac{-z^3}{1 + z^2}.$$

Für $z \neq 0$, d.h. $y \neq 0$ gilt $\dfrac{1 + z^2}{z^3} z' = -\dfrac{1}{x}$. Daraus folgt durch Integration

$$\int \left(\frac{1}{z^3} + \frac{1}{z}\right) dz = -\ln|x| + c \text{ mit } c \in \mathbb{R} \quad \text{und} \quad -\frac{1}{2z^2} + \ln|z| = -\ln|x| + c.$$

Setzt man wieder $z = \dfrac{y}{x}$, so folgt

$$-\frac{x^2}{2y^2} + \ln\left|\frac{y}{x}\right| = -\ln|x| + c, \quad \text{d.h.} \quad -\frac{x^2}{2y^2} + \ln|y| = c \text{ und } x^2 = 2y^2(\ln|y| - c) \quad \text{mit } c \in \mathbb{R}.$$

Die Lösung erscheint in impliziter Form. Bisher wurde $y = 0$ ausgeschlossen. Die Nullfunktion ist aber Lösung. Sie wird noch hinzugenommen.

Lineare Differentialgleichung erster Ordnung

Die Funktionen f und g seien auf demselben Intervall I stetig. Die Differentialgleichung

$$y' + f(x)y = g(x) \tag{5.18}$$

heißt **lineare Differentialgleichung erster Ordnung**. Man nennt sie **homogen**, wenn g die Nullfunktion auf I ist, sonst **inhomogen**. g heißt **Störglied**.

Jedes zu (5.18) gehörige Anfangswertproblem mit $x_0 \in I$ hat aufgrund des Existenz- und Eindeutigkeitssatzes (Satz 5.1) genau eine Lösung. Es seien y_1 und y_2 beliebige Integrale von Gleichung

(5.18). Dann ist

$$y_1' + f(x)y_1 = g(x)$$
$$y_2' + f(x)y_2 = g(x).$$

Durch Subtraktion dieser Gleichungen erhalten wir

$$(y_2 - y_1)' + f(x)(y_2 - y_1) = 0.$$

Die Differenzfunktion $y_2 - y_1$ löst also die (zugehörige) homogene Differentialgleichung $y' + f(x)y = 0$.

Wir wählen für y_1 eine beliebige Lösung und lassen y_2 alle Integrale der inhomogenen Differentialgleichung durchlaufen. Dann ist die Differenzfunktion $y_2 - y_1 = y_H$ immer Lösung der homogenen Differentialgleichung. Bei diesem Prozess durchläuft y_H sogar alle Lösungen der homogenen Gleichung. Wäre nämlich y_{H1} eine Lösung der homogenen Differentialgleichung, die auf diese Weise nicht erhalten wird, so hätten wir in $y_{H1} + y_1$ eine zusätzliche Lösung von Gleichung (5.18) im Widerspruch dazu, daß y_2 alle Lösungen der inhomogenen Differentialgleichung durchlaufen sollte. Es folgt also

Satz 5.3

> Die Funktionen f und g seien auf dem Intervall I stetig. Es sei Y_H die Menge aller Lösungen der homogenen Differentialgleichung
>
> $$y' + f(x)y = 0$$
>
> und y_p eine spezielle Lösung der inhomogenen Differentialgleichung
>
> $$y' + f(x)y = g(x).$$
>
> Dann ist $Y = \{y \mid y = y_H + y_p \text{ mit } y_H \in Y_H\}$ die allgemeine Lösung der inhomogenen Differentialgleichung.

Wir wollen zunächst die homogene Differentialgleichung lösen. Dazu setzen wir zunächst voraus, daß f nur endlich viele Nullstellen besitzt. Aus $y' + f(x)y = 0$ folgt $y' = -f(x)y$. Die Nullfunktion löst diese Gleichung. Nach Beispiel 5.11 haben alle anderen Lösungen keine Nullstellen. Schließen wir also die Nullfunktion auf I aus, so folgt $\dfrac{y'}{y} = -f(x)$ und durch Integration $\ln|y| = -\int f(x)\mathrm{d}x + c$ mit $c \in \mathbb{R}$. Wir erhalten weiter

$$|y| = \mathrm{e}^{-\int f(x)\mathrm{d}x + c} = \mathrm{e}^c \mathrm{e}^{-\int f(x)\mathrm{d}x} = k_1 \mathrm{e}^{-\int f(x)\mathrm{d}x}$$

mit $k_1 = \mathrm{e}^c > 0$. Da $\mathrm{e}^{-\int f(x)\mathrm{d}x} \neq 0$ ist und die Lösung einer Differentialgleichung stetig ist, erhalten wir

$$y = k_1 \mathrm{e}^{-\int f(x)\mathrm{d}x} \quad \text{oder} \quad y = -k_1 \mathrm{e}^{-\int f(x)\mathrm{d}x} \quad \text{für alle } x, \quad \text{d.h.}$$
$$y = k\mathrm{e}^{-\int f(x)\mathrm{d}x} \quad \text{mit } k \in \mathbb{R}\setminus\{0\}.$$

Dies ist auch dann Lösung, wenn f unendlich viele Nullstellen hat. Die bisher ausgeschlossene Nullfunktion auf I löst ebenfalls die Differentialgleichung. Sie muß noch hinzugenommen werden. Das kann geschehen, indem wir auch $k = 0$ zulassen. Es ergibt sich

$$y_H = k\mathrm{e}^{-\int f(x)\mathrm{d}x} \quad \text{mit } k \in \mathbb{R}. \tag{5.19}$$

Als nächstes bestimmen wir eine spezielle Lösung der inhomogenen Differentialgleichung. Dies geschieht mit Hilfe der **Variation der Konstanten**: Wir ersetzen in der allgemeinen Lösung (5.19) der zugehörigen homogenen Differentialgleichung die Konstante k durch $k(x)$, also

$$y_p = k(x)e^{-\int f(x)dx}.$$

Dann folgt

$$y'_p = k'(x)e^{-\int f(x)dx} - k(x)e^{-\int f(x)dx} f(x).$$

Durch Einsetzen in Gleichung (5.18) erhalten wir

$$k'(x)e^{-\int f(x)dx} - k(x)e^{-\int f(x)dx} f(x) + f(x)k(x)e^{-\int f(x)dx} = g(x).$$

Daraus folgt

$$k'(x) = g(x)e^{\int f(x)dx}, \quad \text{also} \quad k(x) = \int g(x)e^{\int f(x)dx} dx.$$

Für $k(x)$ wählen wir nur eine Stammfunktion, da nur eine einzige Lösung der inhomogenen Differentialgleichung gesucht ist. Für y_p ergibt daraus

$$y_p = \int g(x)e^{\int f(x)dx} dx \cdot e^{-\int f(x)dx}.$$

Durch Einsetzen erkennt man, daß y_p Lösung ist. Zusammenfassend erhalten wir

Satz 5.4

Die Funktionen f und g seien auf demselben Intervall I stetig. Dann ist

$$y = e^{-\int f(x)dx}(k + \int g(x)e^{\int f(x)dx} dx) \quad \text{mit } k \in \mathbb{R} \qquad (5.20)$$

die allgemeine Lösung der Differentialgleichung $y' + f(x) \cdot y = g(x)$.

Beispiel 5.27

Man löse die Differentialgleichung $y' - 2y = \sin x$.

Die homogene Differentialgleichung $y' - 2y = 0$ liefert für $y \neq 0$

$$\frac{y'}{y} = 2, \quad \text{d.h.} \quad \ln|y| = 2x + c \quad \text{mit } c \in \mathbb{R}, \quad \text{also ist } y = k \cdot e^{2x} \quad \text{mit } k \neq 0.$$

Unter Hinzunahme der Nullfunktion, die auch Lösung ist, folgt

$$y_H = ke^{2x} \quad \text{mit } k \in \mathbb{R}.$$

Für y_p machen wir den Ansatz

$$y_p = k(x) \cdot e^{2x}. \qquad (5.21)$$

Dann ist $y'_p = k'(x) \cdot e^{2x} + 2k(x) \cdot e^{2x}$. Setzen wir dies in die gegebene Differentialgleichung ein, so folgt

$$k'(x)e^{2x} + 2k(x)e^{2x} - 2k(x)e^{2x} = \sin x \quad \text{und daraus}$$

$k'(x) = \sin x e^{-2x}$. Wir erhalten $k(x) = e^{-2x}(-\frac{2}{5}\sin x - \frac{1}{5}\cos x)$. Eine partikuläre Lösung ist also nach (5.21) $y_p = -\frac{2}{5}\sin x - \frac{1}{5}\cos x$. Als allgemeines Integral ergibt sich

$$y = ke^{2x} - \frac{2}{5}\sin x - \frac{1}{5}\cos x \quad \text{mit } k \in \mathbb{R}.$$

Beispiel 5.28

Man löse die Differentialgleichung $y' + y \tan x = \dfrac{1}{\cos x}$ für $x \in (-\frac{1}{2}\pi, \frac{1}{2}\pi)$.

Es handelt sich um eine lineare Differentialgleichung erster Ordnung. Die homogene Gleichung $y' + y \tan x = 0$ liefert für $y \neq 0$ (vgl. Band 1, Seite 496 Formel 31)

$$\frac{y'}{y} = -\tan x = \frac{-\sin x}{\cos x} \quad \text{und} \quad \ln|y| = \ln|\cos x| + c \quad \text{mit } c \in \mathbb{R}.$$

Wir erhalten $y = k \cos x$ mit $k \neq 0$ und unter Hinzunahme der zunächst ausgeschlossenen Lösung $y = 0$:

$$y_H = k \cos x \quad \text{mit } k \in \mathbb{R}.$$

Eine spezielle Lösung der inhomogenen Differentialgleichung bestimmen wir mit Hilfe des Ansatzes $y_p = k(x) \cos x$. Dann ist $y'_p = k'(x) \cos x - k(x) \sin x$. Setzen wir dies in die inhomogene Differentialgleichung ein, so folgt

$$k'(x) \cos x - k(x) \sin x + k(x) \cos x \tan x = \frac{1}{\cos x} \quad \text{und} \quad k'(x) = \frac{1}{\cos^2 x}.$$

Mit $k(x) = \tan x$ ist $y_p = k(x) \cdot \cos x = \sin x$.

Wir erhalten als allgemeine Lösung für alle $x \in (-\frac{1}{2}\pi, \frac{1}{2}\pi)$

$$y = y_H + y_p = k \cdot \cos x + \sin x \quad \text{mit } k \in \mathbb{R}.$$

Beispiel 5.29

Man bestimme die allgemeine Lösung der Differentialgleichung $y' + 2xy = x$.

Die Anwendung der Formel (5.20) liefert mit $f(x) = 2x$, $g(x) = x$:

$$y = e^{-\int 2x\,dx}\left(k + \int x e^{\int 2x\,dx}\,dx\right) = e^{-x^2}\left(k + \int x e^{x^2}\,dx\right) \quad \text{mit } k \in \mathbb{R}.$$

Nach Band 1, Beispiel 9.58 ist $\int x e^{x^2}\,dx = \frac{1}{2}e^{x^2} + c$ und wir erhalten

$$y = k e^{-x^2} + \frac{1}{2}.$$

5.2.3 Geometrische Anwendungen

Differentialgleichung einer Kurvenschar

Wir haben bisher Lösungen einer Differentialgleichung bestimmt. Wir wollen jetzt Funktionen vorgeben und eine Differentialgleichung suchen, in deren Lösungsschar die gegebenen Funktionen enthalten sind.

> Es sei $A \subset \mathbb{R}$. Für jedes $c \in A$ sei durch $y = f(x, c)$ eine Kurve gegeben. Die Gesamtheit der Kurven heißt eine **Kurvenschar**, die Zahl c der **Scharparameter**.

Bemerkung:

Es handelt sich um eine **einparametrige** Kurvenschar, da die definierende Gleichung nur den einen Parameter c enthält. Eine **zweiparametrige** Kurvenschar ist in Beispiel 5.32 gegeben.

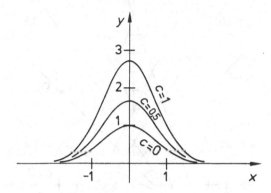

Bild 5.12: Die Kurvenschar $y = e^{c-x^2}$ mit $c \in \mathbb{R}$

Beispiel 5.30

Durch $y = f(x, c) = e^{c-x^2}$ mit $c \in \mathbb{R}$ ist die in Bild 5.12 dargestellte Kurvenschar gegeben.

Beispiel 5.31

Durch $y = cx + c^2$ mit $c \in \mathbb{R}$ ist eine Geradenschar gegeben. Einige dieser Kurven sind in Bild 5.13 dargestellt.

Beispiel 5.32

In Bild 5.14 sind einige Kurven der zweiparametrige Kurvenschar $\dfrac{x^2}{a} + \dfrac{y^2}{b} = 1$ dargestellt. Für $a, b > 0$ ergeben sich Ellipsen, für $a = b > 0$ Kreise, für $a \cdot b < 0$ Hyperbeln.

Wir beschränken uns im folgenden auf einparametrige Kurvenscharen und suchen eine Differentialgleichung, in deren allgemeiner Lösung die gegebene Kurvenschar enthalten ist. Diese Differentialgleichung kann durchaus noch andere Lösungen haben als die gegebene Kurvenschar.

Wir nehmen an, f sei partiell nach x differenzierbar. Dann erhalten wir die Differentialgleichung dieser Kurvenschar, indem wir versuchen, aus der Gleichung der Kurvenschar $y = f(x, c)$ und der Ableitung dieser Gleichung nach x, also aus $y' = \dfrac{\partial f(x, c)}{\partial x}$, den Scharparameter c zu eliminieren.

Beispiel 5.33

Für die Kurvenschar $y = e^{c-x^2}$ mit $c \in \mathbb{R}$ (vgl. Beispiel 5.30) ist $y' = -2xe^{c-x^2}$. Folglich lautet die Differentialgleichung der Kurvenschar $y' = -2xy$. Die allgemeine Lösung dieser Differentialgleichung ist $y = ke^{-x^2}$ mit $k \in \mathbb{R}$, während für die Kurvenschar nur

$$y = e^{c-x^2} = e^c e^{-x^2} = k_1 e^{-x^2} \quad \text{mit } k_1 > 0$$

gilt. Die Differentialgleichung hat also zusätzlich die Lösungen $y = k_2 e^{-x^2}$ mit $k_2 \leqq 0$.

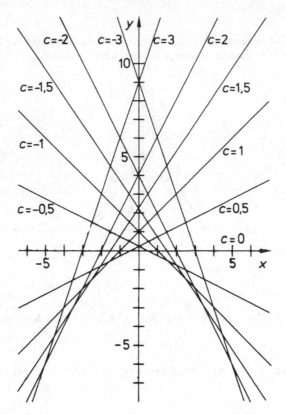

Bild 5.13: Die Geradenschar $y = cx + c^2$ mit $c \in \mathbb{R}$

Beispiel 5.34

Für die Geradenschar $y = cx + c^2$ mit $c \in \mathbb{R}$ (vgl. Beispiel 5.31) gilt $y' = c$, also $y = xy' + (y')^2$. Wie man durch Einsetzen bestätigt, wird diese Differentialgleichung auch durch $y = -\dfrac{x^2}{4}$ gelöst.

Beispiel 5.35

Für die Kurvenschar $y = c \cdot e^{-2x}$ mit $c \in \mathbb{R}$ gilt $y' = -2c e^{-2x} = -2y$. Die allgemeine Lösung dieser Differentialgleichung stimmt mit der gegebenen Kurvenschar überein. Hier treten keine zusätzlichen Lösungen auf.

Orthogonale Trajektorien

Jede Gerade, die durch den Mittelpunkt einer Schar konzentrischer Kreise verläuft, schneidet jeden dieser Kreise rechtwinklig (orthogonal) (vgl. Bild 5.15). Man nennt diese Geraden orthogonale Trajektorien der Kreise. Allgemein vereinbart man:

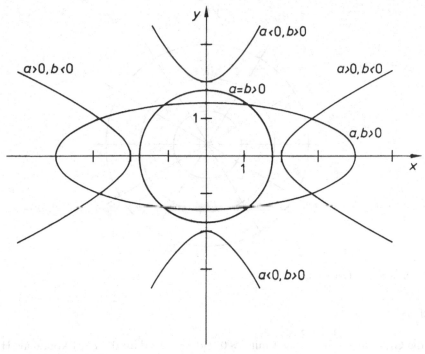

Bild 5.14: Die Kurvenschar $\dfrac{x^2}{a} + \dfrac{y^2}{b} = 1$

Gegeben sei die Kurvenschar $y = f(x, c)$. Unter den **orthogonalen Trajektorien** dieser Kurvenschar versteht man diejenigen Kurven, die alle Kurven der gegebenen Kurvenschar senkrecht schneiden.

Wir setzen voraus, daß die orthogonalen Trajektorien existieren, und daß f nach x differenzierbar sei. Wir bestimmen die Differentialgleichung der gegebenen Kurvenschar. Diese sei $F(x, y, y') = 0$.

Ersetzen wir in dieser Differentialgleichung y' durch $-\dfrac{1}{y'}$, so erhalten wir (siehe Orthogonalitäts-

bedingung: Band 1, Seite 351) die Differentialgleichung der orthogonalen Trajektorien. Diese Differentialgleichung ist zu lösen.

Beispiel 5.36

Gesucht sind die orthogonalen Trajektorien der Kurvenschar $y = cx$ mit $c \in \mathbb{R}$. Wir finden $y' = c$ und $y = y'x$, die Differentialgleichung der Kurvenschar.

Für die orthogonalen Trajektorien gilt also $y = -\dfrac{1}{y'}x$, d.h. $yy' = -x$. Durch Integration dieser

separablen Differentialgleichung folgt $\frac{1}{2}y^2 = -\frac{1}{2}x^2 + c_1$, also $x^2 + y^2 = k$. Das sind für $k > 0$ konzentrische Kreise um den Nullpunkt (vgl. Bild 5.15).

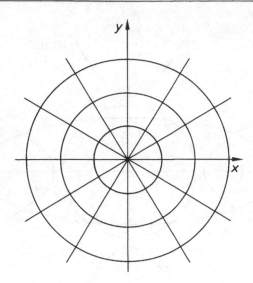

Bild 5.15: Orthogonale Trajektorien

Beispiel 5.37

Durch die Gleichung $\dfrac{x^2}{c} + \dfrac{y^2}{c-1} = 1$ mit $c > 0$ und $c \neq 1$ sind für $0 < c < 1$ konfokale Hyperbeln (alle Hyperbeln haben die gleichen Brennpunkte), für $c > 1$ konfokale Ellipsen mit den gleichen Brennpunkten $F_1 = (1,0)$ und $F_2 = (-1,0)$ gegeben. Um die Differentialgleichung dieser Kurvenschar zu erhalten, differenzieren wir nach x:

$\dfrac{2x}{c} + \dfrac{2yy'}{c-1} = 0$ und erhalten durch Auflösung nach c: $c = \dfrac{x}{x + yy'}$. Setzen wir diesen Wert in die Gleichung der Kurvenschar ein, so folgt $\left(x - \dfrac{y}{y'}\right)(x + yy') = 1$, die Differentialgleichung der gegebenen Kurvenschar. Ersetzen wir in dieser Differentialgleichung y' durch $-\dfrac{1}{y'}$, so ändert sich die Differentialgleichung nicht. Die orthogonalen Trajektorien sind in dieser Kurvenschar enthalten. Die orthogonalen Trajektorien von konfokalen Ellipsen und Hyperbeln sind wieder konfokale Ellipsen und Hyperbeln mit denselben Brennpunkten (vgl. Bild 5.16).

Beispiel 5.38

Wir betrachten die Fläche $z = f(x, y)$. Ihre Höhenlinien sind gegeben durch $f(x, y) = c$. Differenzieren wir nach x, so folgt $f_x(x, y) + f_y(x, y)y' = 0$. Die Höhenlinien erfüllen die Differentialgleichungen $y' = -\dfrac{f_x(x, y)}{f_y(x, y)}$, falls $f_y(x, y) \neq 0$ ist. Ersetzen wir y' durch $-\dfrac{1}{y'}$, so erhalten wir $y' = \dfrac{f_y(x, y)}{f_x(x, y)}$, falls $f_x(x, y) \neq 0$ ist. Dies ist die Differentialgleichung der zugehörigen orthogonalen Trajektorien, d.h. der Fallinien. Sie verlaufen in Richtung des stärksten Anstiegs (s. Satz 3.15).

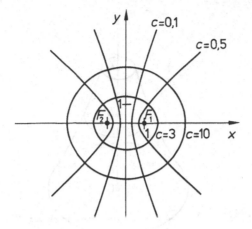

Bild 5.16: Konfokale Ellipsen und Hyperbeln

Beispiel 5.39

Bei einem ebenen elektrischen Feld bilden die Feldlinien und die Äquipotentiallinien orthogonale Trajektorien. Bei einer Punktladung im Punkte P sind dies alle Geraden durch P und die konzentrischen Kreise um P.

5.2.4 Physikalische Anwendungen

Radioaktiver Zerfall

Beim radioaktiven Zerfall ist die Geschwindigkeit des Zerfalls proportional zu der vorhandenen Menge des radioaktiven Stoffes. Bezeichnen wir die Menge mit $n(t)$, so ist $n'(t) = -\lambda n(t)$ mit $\lambda > 0$. Das negative Vorzeichen ist zu nehmen, da die Menge des radioaktiven Stoffes ständig abnimmt, $n'(t)$ ist also negativ.

Diese Differentialgleichung wird gelöst durch $n(t) = k e^{-\lambda t}$ mit $k \in \mathbb{R}$. Man erhält für $t = 0$: $n(0) = k$. Daraus folgt $n(t) = n(0) e^{-\lambda t}$. Unter der Halbwertszeit T versteht man die Zeit, in der sich die Hälfte der Menge des zur Zeit $t = 0$ vorhandenen radioaktiven Stoffes umgewandelt hat.

Aus $n(T) = \frac{1}{2}n(0)$ erhält man: $e^{-\lambda T} = \frac{1}{2}$, d.h. $T = -\frac{1}{\lambda}\ln\frac{1}{2} = \frac{\ln 2}{\lambda}$.

Säule gleicher Querschnittsbelastung

Eine Säule der Höhe H (s. Bild 5.17) wird oben mit der Kraft F belastet. Der Querschnitt soll in jeder Höhe h so gewählt werden, daß der Druck in jeder Höhe gleich ist (konstante Querschnittsbelastung). Die Säule bestehe aus Material der Dichte ρ. In der Höhe h wirken auf den Querschnitt $q(h)$ die Kräfte F und das Gewicht des darüberliegenden Teiles der Säule. Für das Volumen dieses Teiles gilt $V = \int_V dV = \int_h^H q(t)\,dt$, also ist das Gewicht $g \cdot \rho \cdot \int_h^H q(t)\,dt$ für $0 \leqq h < H$. Der Druck in der

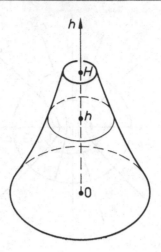

Bild 5.17: Säule gleicher Querschnittsbelastung

vom Boden aus gemessenen Höhe h ist also $\dfrac{F + \mathrm{g}\cdot\rho\cdot\int\limits_h^H q(t)\,\mathrm{d}t}{q(h)}$. Wenn an jeder Stelle h der Druck gleich sein soll, muß gelten

$$\frac{F}{q(H)} = \frac{F + \mathrm{g}\cdot\rho\cdot\int\limits_h^H q(t)\,\mathrm{d}t}{q(h)}. \tag{5.22}$$

Nach Band 1, Beispiel 9.19 folgt aus (5.22), wobei wir voraussetzen, daß $q(h)$ differenzierbar ist, durch Differentiation nach h

$$F\frac{q'(h)}{q(H)} = -\mathrm{g}\rho q(h).$$

Diese Differentialgleichung wird gelöst durch $q(h) = k\mathrm{e}^{-\frac{\mathrm{g}\cdot\rho\cdot q(H)}{F}h}$ mit $k\in\mathbb{R}$. Für $h = H$ erhalten wir

$$q(H) = k\mathrm{e}^{-\frac{\mathrm{g}\rho q(H)}{F}H}, \quad \text{also } k = q(H)\mathrm{e}^{\frac{\rho\mathrm{g}q(H)}{F}H}.$$

Setzen wir dieses Ergebnis ein, so folgt

$$q(h) = q(H)\mathrm{e}^{\frac{\mathrm{g}\rho q(H)}{F}(H-h)} \quad \text{für } 0 \leqq h \leqq H.$$

Wählen wir insbesondere als Säule einen Rotationskörper, so ergibt sich mit $q(H) = \pi R^2$, $q(h) = \pi r^2$

$$r(h) = R\mathrm{e}^{\frac{\mathrm{g}\cdot\rho\cdot\pi R^2}{2F}(H-h)}.$$

Die Abhängigkeit des Radius r von der Höhe h ist in Bild 5.18 dargestellt. Durch Rotation dieser Kurve um die h-Achse entsteht die Säule mit der gewünschten Eigenschaft.

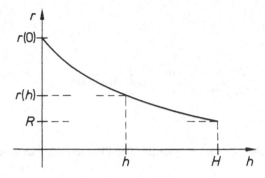

Bild 5.18: Abhängigkeit des Radius r von der Höhe h

Newtonsches Abkühlungsgesetz

Die Abkühlung eines Körpers in bewegter Luft ist proportional zu der Temperaturdifferenz zwischen der Temperatur des Körpers und der Temperatur der den Körper umgebenden Luft.

Bezeichnen wir die Temperatur des Körpers zur Zeit t mit $T(t)$, die Temperatur der umgebenden Luft mit T_L, so ist mit $\alpha > 0$

$$\frac{\mathrm{d}T(t)}{\mathrm{d}t} = -\alpha \cdot (T(t) - T_L).$$

Diese Differentialgleichung ist separabel, sie hat die Lösung $T(t) = T_L + k\mathrm{e}^{-\alpha t}$ mit $k \in \mathbb{R}$.

Beispiel 5.39

Ein Körper kühle sich in 10 Minuten von 300° C auf 200° C ab, wobei die Temperatur der umgebenden Luft 30° C ist. Wann hat dieser Körper sich auf 100° C abgekühlt?

Ist $T(t)$ die Temperatur nach t Minuten, so erhalten wir mit $T(0) = 300$, $T(10) = 200$ die Gleichung $T(t) = 30 + k\mathrm{e}^{-\alpha t}$. Wegen $T(0) = 30 + k = 300$ folgt $k = 270$. Aus $T(10) = 30 + 270\mathrm{e}^{-\alpha \cdot 10} = 200$ ergibt sich $\alpha \approx 0{,}0463$. Wir setzen angenähert

$$T(t) = 30 + 270\mathrm{e}^{-0{,}0463t}.$$

Mit $T(t) = 100$ folgt $100 = 30 + 270\mathrm{e}^{-0{,}0463t}$ und $t \approx 29{,}16$. Der Körper hat sich nach 29,16 Minuten von 300° C auf 100° C abgekühlt.

Freier Fall aus großer Höhe

Wir betrachten den freien Fall eines Körpers mit der Masse m aus großer Höhe ohne Reibung. Es sei R der Erdradius, g die Erdbeschleunigung. Dann wirkt in der Entfernung s vom Erdmittelpunkt die Gravitationskraft $F = -\mathrm{g}\,m\dfrac{\mathrm{R}^2}{s^2}$. Das Minuszeichen ist zu nehmen, da die Gravitationskraft zum Erdmittelpunkt hin weist, der Richtung von s entgegengesetzt. Nach einem Grundgesetz der Mechanik ist $F = m\dfrac{\mathrm{d}v}{\mathrm{d}t}$, wobei $v(t)$ die Fallgeschwindigkeit zur Zeit t ist. Setzen wir ein, so ergibt sich

$$m\frac{\mathrm{d}v}{\mathrm{d}t} = -gm\frac{R^2}{s^2}.$$

Nach der Kettenregel ist $\dfrac{\mathrm{d}v}{\mathrm{d}t} = \dfrac{\mathrm{d}v}{\mathrm{d}s}\cdot\dfrac{\mathrm{d}s}{\mathrm{d}t} = \dfrac{\mathrm{d}v}{\mathrm{d}s}\cdot v$ und wir erhalten

$$v\cdot\frac{\mathrm{d}v}{\mathrm{d}s} = -g\cdot\frac{R^2}{s^2}, \tag{5.23}$$

wobei wir v in Abhängigkeit von s betrachten. Die Differentialgleichung (5.23) ist separabel. Die Integration liefert

$$v^2 = \frac{2gR^2}{s} + 2k \quad \text{mit } k \in \mathbb{R}. \tag{5.24}$$

Beispiel 5.40

Ein Körper falle aus einer Höhe von 10 km auf die Erde. Man berechne die Geschwindigkeit, mit der er an der Erdoberfläche ankommt. Die Reibung ist zu vernachlässigen.

Es ist $v_1 = 0$ für $s = 10 + 6370$. Aus $0 = \dfrac{2gR^2}{6380} + 2k$ folgt $2k = -\dfrac{2gR^2}{6380}$. Wir erhalten aus (5.24) für $s = R = 6370$

$$v^2 = 2\cdot 9{,}81\cdot 6370\cdot\left(1 - \frac{6370}{6380}\right)\cdot 10^3.$$

Die numerische Rechnung liefert für die Auftreffgeschwindigkeit $1593\,\dfrac{\text{km}}{\text{h}}$.

Fordern wir $\lim\limits_{s\to\infty} v = 0$, so ist $k = 0$ und $v^2 = \dfrac{2gR^2}{s}$. Es ergibt sich für $s = R$: $v = \sqrt{2gR}$. Die numerische Rechnung liefert $11{,}18\,\dfrac{\text{km}}{\text{s}}$.

Mit dieser Geschwindigkeit würde ein Körper beliebiger Masse aus dem Unendlichen kommend auf der Erdoberfläche auftreffen. Umgekehrt müßte ein Körper beliebiger Masse diese Geschwindigkeit senkrecht zur Erdoberfläche mindestens haben, wenn er ohne zusätzliche äußere Einwirkung den Anziehungsbereich der Erde für immer verlassen soll. Man nennt diese Geschwindigkeit **Fluchtgeschwindigkeit** (vgl. Band 1, Beispiel 9.66).

Bewegung mit Reibung

An einem Massenpunkt der Masse m greife die äußere Kraft F an, der Bewegung wirke die zur Geschwindigkeit proportionale Reibungskraft $F_r = -rv(t)$ mit $r > 0$ entgegen (r heißt Reibungskoeffizient), wobei $v(t)$ die Geschwindigkeit des Massenpunktes ist. Nach einem Grundgesetz der Mechanik ist dann

$$m\frac{\mathrm{d}v}{\mathrm{d}t} = F - rv, \quad \text{also} \quad v + \frac{m}{r}\frac{\mathrm{d}v}{\mathrm{d}t} = \frac{F}{r}.$$

Es handelt sich um eine lineare Differentialgleichung erster Ordnung. Die allgemeine Lösung ist $v = k e^{-rt/m} + \dfrac{F}{r}$ mit $k \in \mathbb{R}$. Ist $v = 0$ zur Zeit $t = 0$, so folgt $k = -\dfrac{F}{r}$ und wir erhalten

$$v = \frac{F}{r}(1 - e^{-\frac{r}{m}t}).\tag{5.25}$$

Bilden wir in (5.25) den Grenzübergang für $t \to \infty$, so ergibt sich $\lim\limits_{t \to \infty} v = \dfrac{F}{r}$. Bei Reibung kann die Geschwindigkeit also nicht beliebig groß werden, sie kann den Grenzwert $\dfrac{F}{r}$ nicht überschreiten. Der Verlauf der Geschwindigkeit ist in Bild 5.19 dargestellt.

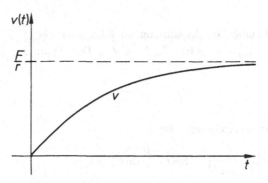

Bild 5.19: Geschwindigkeits-Zeitdiagramm beim freien Fall mit Reibung

Spannungsverlauf an einer verlustbehafteten Spule

Nach der untenstehenden Schaltung soll die Ausgangsspannung $u_a(t)$ angegeben werden. Die Größen $u_e(t)$, L, R sind dabei als bekannt vorauszusetzen.

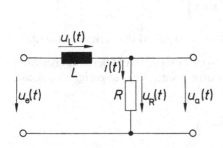

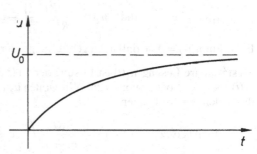

Bild 5.20: Serienschaltung einer Spule und eines Ohmschen Widerstandes

Bild 5.21: Skizze zu Beispiel 5.41

Mit den in der Schaltung gewählten Richtungspfeilen ist $u_a(t) = u_e(t) - u_L(t)$. Wegen

$$u_L(t) = L\frac{di(t)}{dt} \quad \text{und} \quad i(t) = \frac{u_R(t)}{R} = \frac{u_a(t)}{R}$$

folgt $u_{\mathrm{L}}(t) = \dfrac{L}{R}\dfrac{\mathrm{d}u_{\mathrm{a}}(t)}{\mathrm{d}t}$ und wir erhalten für $u_{\mathrm{a}}(t)$ die Differentialgleichung

$$u_{\mathrm{a}}(t) = u_{\mathrm{e}}(t) - \frac{L}{R}\frac{\mathrm{d}u_{\mathrm{a}}(t)}{\mathrm{d}t}. \tag{5.26}$$

Es handelt sich um eine lineare Differentialgleichung erster Ordnung. Die allgemeine Lösung ist nach (5.20)

$$u_{\mathrm{a}}(t) = \mathrm{e}^{-\frac{R}{L}t}\left(k + \frac{R}{L}\int \mathrm{e}^{\frac{R}{L}t}u_{\mathrm{e}}(t)\mathrm{d}t \right) \quad \text{mit } k \in \mathbb{R}. \tag{5.27}$$

Beispiel 5.41

Ist in (5.27) $u_{\mathrm{e}}(t) = U_0$ eine Gleichspannung, so folgt $u_{\mathrm{a}}(t) = k\mathrm{e}^{-\frac{R}{L}t} + U_0$. Fordern wir weiter $u_{\mathrm{a}}(0) = 0$, so ist $k = -U_0$ und $u_{\mathrm{a}}(t) = U_0(1 - \mathrm{e}^{-\frac{R}{L}t})$. Der Spannungsverlauf ist in Bild 5.21 dargestellt.

Beispiel 5.42

Ist in (5.27) $u_{\mathrm{e}}(t) = \sin t$, so erhält man wegen

$$\int \mathrm{e}^{\frac{R}{L}t}\sin t\,\mathrm{d}t = \mathrm{e}^{\frac{R}{L}t}\frac{L^2}{R^2 + L^2}\left(-\cos t + \frac{R}{L}\sin t \right)$$

die Ausgangsspannung

$$u_{\mathrm{a}}(t) = k\mathrm{e}^{-\frac{R}{L}t} + \frac{RL}{R^2 + L^2}\left(-\cos t + \frac{R}{L}\sin t \right). \tag{5.28}$$

Wir zerlegen $u_{\mathrm{a}}(t)$ in

$$u_1(t) = k\mathrm{e}^{-\frac{R}{L}t} \quad \text{und} \quad u_2(t) = \frac{RL}{R^2 + L^2}\left(-\cos t + \frac{R}{L}\sin t \right).$$

Es ist $\lim\limits_{t \to \infty} u_1(t) = 0$, so daß nach genügend großer Zeit $u_{\mathrm{a}}(t) \approx u_2(t)$ gilt. Man bezeichnet $u_2(t)$ daher als **stationäre Lösung**. $u_1(t)$ ist Lösung der zu (5.26) gehörigen homogenen Differentialgleichung, $u_2(t)$ spezielle Lösung von (5.26). Wir wollen $u_2(t)$ in der Form $A\sin(t + \alpha)$ mit geeigneten $A, \alpha \in \mathbb{R}$ darstellen. Es muß gelten

$$A(\sin t \cos \alpha + \cos t \sin \alpha) = \frac{RL}{R^2 + L^2}\left(-\cos t + \frac{R}{L}\sin t \right).$$

Diese Gleichung ist erfüllt, wenn

$$A\cos\alpha = \frac{R^2}{R^2 + L^2} \quad \text{und} \quad A\sin\alpha = \frac{-RL}{R^2 + L^2}$$

gilt. Daraus folgt $A^2 = \dfrac{R^2(R^2 + L^2)}{(R^2 + L^2)^2}$. Wir setzen $A = \dfrac{R}{\sqrt{R^2 + L^2}}$, dann ist $\tan\alpha = -\dfrac{L}{R}$ und wegen

$\sin\alpha < 0$, $\cos\alpha > 0$ ergibt sich $-\dfrac{\pi}{2} < \alpha < 0$. Wir erhalten

$$u_2(t) = \frac{R}{\sqrt{R^2 + L^2}} \sin\left(t - \arctan\frac{L}{R} \right).$$

$u_2(t)$ ist gegenüber $u_e(t)$ phasenverschoben. Diese Phasenverschiebung ist kleiner als $\dfrac{\pi}{2}$. Die Funktionen $u_e(t)$ und $u_2(t)$ sind in Bild 5.22 dargestellt.

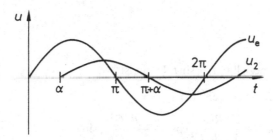

Bild 5.22: Skizze zu Beispiel 5.42

Spannungsverlauf an einem RC-Glied

In der unten stehenden Schaltung soll die Spannung $u_R(t)$ berechnet werden, wobei $R, C, u_e(t)$ bekannt sind.

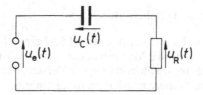

Bild 5.23: Serienschaltung eines Kondensators und eines Widerstandes

Mit den gewählten Bezeichnungen und Richtungspfeilen gilt $u_e(t) = u_c(t) + u_R(t)$. Wegen

$$u_c(t) = \frac{1}{C}\int_0^t i_c(\tau)\,\mathrm{d}\tau \quad \text{und} \quad u_R(t) = R \cdot i_C(t)$$

folgt

$$u_e(t) = \frac{1}{C}\int_0^t i_c(\tau)\,\mathrm{d}\tau + Ri_C(t).$$

Differenzieren wir diese Gleichung nach t, so ergibt sich weiter

$$\frac{\mathrm{d}u_e(t)}{\mathrm{d}t} = \frac{1}{C}i_C(t) + R\frac{\mathrm{d}i_C(t)}{\mathrm{d}t}$$

Diese lineare Differentialgleichung erster Ordnung hat die allgemeine Lösung (s. (5.20))

$$i_C(t) = e^{-\frac{1}{RC}t}\left(k + \frac{1}{R}\int \frac{du_e(t)}{dt}\, e^{\frac{1}{RC}t}\, dt \right),$$

woraus

$$u_R(t) = e^{-\frac{1}{RC}t}\left(k\cdot R + \int \frac{du_e(t)}{dt}\, e^{\frac{1}{RC}\cdot t}\, dt \right) \tag{5.29}$$

folgt.

Beispiel 5.43

Wir wählen in (5.29) speziell $u_e(t) = \sin t$. Dann ist

$$u_R(t) = e^{-\frac{1}{RC}t}(kR + \int \cos t\, e^{\frac{1}{RC}t}\, dt)$$

$$= e^{-\frac{1}{R\cdot C}t}\cdot k\cdot R + \frac{RC}{1+R^2C^2}\cos t + \frac{R^2C^2}{1+R^2C^2}\sin t.$$

Wir zerlegen wie in Beispiel 5.42 in $u_1(t) = e^{-\frac{1}{RC}t}\cdot k\cdot R$ mit $\lim\limits_{t\to\infty} u_1(t) = 0$ und in die stationäre Lösung

$$u_2(t) = \frac{RC}{1+R^2C^2}\cos t + \frac{R^2C^2}{1+R^2C^2}\sin t.$$

Der Ansatz $u_2(t) = A\sin(t+\alpha)$ ist erfüllbar durch $A = \dfrac{RC}{\sqrt{1+R^2C^2}}$ und $\tan\alpha = \dfrac{1}{RC}$ mit $0 < \alpha < \dfrac{\pi}{2}$

wegen $\sin\alpha > 0$ und $\cos\alpha > 0$. Es tritt wie in Beispiel 5.42 eine Phasenverschiebung ein. Hier ist α allerdings positiv, dort war α negativ. Man erhält dadurch in Beispiel 5.42 eine Verschiebung der Eingangsspannung $u_e(t)$ nach links, während hier eine Verschiebung nach rechts stattfindet. Es ist zu vermuten, daß durch eine Hintereinanderschaltung einer geeigneten Spule und eines geeigneten Kondensators diese Phasenverschiebung zu Null gemacht werden kann.

Aufgaben

1. Lösen Sie folgende Differentialgleichungen

   a) $xyy' = \dfrac{1+y^2}{1+x^2}$;

   b) $y' = \sin(x-y)$;

   c) $x^2y' = x^2 + xy + y^2$;

   d) $y' = \dfrac{x^2+y^2}{xy}$;

   e) $y' + 2y = \cos x$;

   f) $xy' = x^2 - y$;

   g) $y^2 - x^2 + xyy' = 0$;

   h) $(x^2 + xy + 2y^2)\, y' = xy + y^2$

   i) $(x^2 + xy)y' = x^2 + y^2$;

   j) $(3x - 2y)y' = 6x - 4y + 1$;

   k) $y' + y\tan x = \cos x$;

   l) $y' + y\tan x = 2\sin x \cos x$.

2. Mit Hilfe der angegebenen Substitution löse man die folgenden Differentialgleichungen

a) $y' + \dfrac{y}{x} = y^3$ Substitution: $z = y^{-2}$;

b) $y' - y = \dfrac{x}{3y^2}$ Substitution: $z = y^3$.

3. Lösen Sie die folgenden Anfangswertprobleme

a) $y' + 2y = x$ mit $y(0) = 1$;   b) $y' + 2\dfrac{y}{x} = e^x$ mit $y(1) = e$;

c) $(x + y + 1)y' = x + y - 2$ mit $y(0) = 0$.

4. Bestimmen Sie die Differentialgleichungen folgender Kurvenscharen

a) $x^2 + y^2 = c^2$;   b) $y = c \cdot \cos x$;

c) $\dfrac{x^2}{c^2} + y^2 = 1$,   d) $y = cx + c^2$;

e) alle Kreise mit $r = 1$ und dem Mittelpunkt auf der x-Achse;
f) alle Parabeln 2. Ordnung mit dem Scheitel im Nullpunkt.

5. Berechnen Sie die orthogonalen Trajektorien folgender Kurvenscharen

a) $x^2 + y^2 = c^2$;   b) $y = cx^2$;

c) $y = c \ln x$;   d) $y = c \dfrac{(x-1)^2}{x}$.

6. Gesucht sind alle Kurven, bei denen die Tangentenabschnitte zwischen den Koordinatenachsen durch die Berührungspunkte halbiert werden.

7. Es sollen diejenigen Kurven bestimmt werden, bei denen der Schnittpunkt der Tangente mit der Ordinatenachse vom Ursprung des Koordinatensystems jeweils den gleichen Abstand hat wie der Berührungspunkt der Tangente mit der Kurve.

8. Bestimmen Sie alle Kurven der Ebene, deren Subtangenten (Abstand des Schnittpunktes der Tangente mit der x-Achse von der Projektion des Berührungspunktes auf die x-Achse) ein konstantes Längenmaß besitzen.

9. Man bestimme alle Kurven, deren Subtangenten gleich den zugehörigen Subnormalen (Abstand des Schnittpunktes der Normalen mit der x-Achse von der Projektion des Schnittpunktes der Normalen mit der Kurve auf die x-Achse) sind.

10. Für welche den Ursprung enthaltende Kurve ist der Subnormalenabschnitt überall gleich dem geometrischen Mittel aus den Koordinaten des zugehörigen Punktes?

11. Bei welchen Kurven ist der Flächeninhalt des von den Achsen, der Tangente und der Ordinate begrenzten Trapezes gleich 1?

12. Aus einem Behälter, der bis zur vom Boden aus gemessenen Höhe h mit Flüssigkeit gefüllt ist, ströme diese durch ein Loch im Boden mit der Geschwindigkeit $v = 0,6 \cdot \sqrt{2gh}$ (g = Erdbeschleunigung) aus. Wann hat sich eine mit Wasser gefüllte Halbkugel mit dem Radius 1 m durch ein unten angebrachtes Loch mit der Öffnung $5\,cm^2$ entleert?

13. Ein Spiegel ist so auszubilden, daß parallel einfallende Strahlen so reflektiert werden, daß diese durch einen Punkt gehen.

14. Man berechne $\lim\limits_{t \to \infty} i(t)$ für die Schaltung aus Bild 5.20 für $u_e(t) = U_0 \in \mathbb{R}$ und $i(0) = 0$.

15. Man berechne $\lim\limits_{t \to \infty} i(t)$ für die Schaltung aus Bild 5.23 für $u_e(t) = U_0 \in \mathbb{R}$.

5.3 Lineare Differentialgleichungen zweiter Ordnung mit konstanten Koeffizienten

Die Funktion f sei auf dem Intervall (a, b) stetig und $a_0, a_1 \in \mathbb{R}$. Eine Differentialgleichung der Form

$$y'' + a_1 \cdot y' + a_0 \cdot y = f(x) \qquad (5.30)$$

bezeichnet man als **lineare Differentialgleichung zweiter Ordnung mit konstanten Koeffizienten**. Ist f die Nullfunktion, so heißt die Differentialgleichung **homogen**, sonst **inhomogen**. f heißt **Störfunktion** oder **Störglied**.

Die Lösungen der Differentialgleichung (5.30) lassen sich ähnlich wie die Lösungen der linearen Differentialgleichung erster Ordnung finden. Es gilt ein zu Satz 5.3 analoger

Satz 5.5

Die Funktion f sei auf dem Intervall I stetig und $a_0, a_1 \in \mathbb{R}$. Ist Y_H die allgemeine Lösung der homogenen Differentialgleichung

$$y'' + a_1 \cdot y' + a_0 \cdot y = 0$$

und y_P eine spezielle Lösung der inhomogenen Differentialgleichung

$$y'' + a_1 \cdot y' + a_0 \cdot y = f(x),$$

so ist $Y = \{ y \mid y = y_H + y_P \text{ mit } y_H \in Y_H \}$ die allgemeine Lösung der inhomogenen Differentialgleichung.

Der Beweis bleibt dem Leser überlassen.

Um die allgemeine Lösung der Differentialgleichung (5.30) zu erhalten, ist nach Satz 5.5 folgendes Vorgehen zweckmäßig: Man bestimmt

a) alle Lösungen der zugehörigen homogenen Differentialgleichung,
b) eine Lösung der Differentialgleichung (5.30).

5.3.1 Die homogene Differentialgleichung

Die homogene Differentialgleichung erfüllt in ganz $\mathbb{R}^3$ die Voraussetzungen des Existenz- und Eindeutigkeitssatzes (Satz 5.1). Zu beliebigen Anfangsbedingungen $y(x_0) = y_0$, $y'(x_0) = y_1$ mit $x_0, y_0, y_1 \in \mathbb{R}$ gibt es also eine eindeutig bestimmte Lösung. Umgekehrt ist eine Lösungsschar die allgemeine Lösung der homogenen Differentialgleichung, wenn diese Lösungsschar für alle $x_0, y_0, y_1 \in \mathbb{R}$ jeweils eine Funktion enthält, die die Anfangsbedingungen $y(x_0) = y_0$, $y'(x_0) = y_1$ erfüllt.

Beispiel 5.44

Die Differentialgleichung $y'' + 2y' - 3y = 0$ wird gelöst durch $y = a \cdot e^x$ mit $a \in \mathbb{R}$. Diese Lösungsschar enthält aber nicht für alle $x_0, y_0, y_1 \in \mathbb{R}$ jeweils eine Funktion, die zusätzlich den Anfangsbedingungen $y(x_0) = y_0$, $y'(x_0) = y_1$ genügt. Fordern wir beispielsweise $y(0) = 1$, so folgt $a = 1$ und $y = e^x$. Eine zweite Anfangsbedingung $y'(0) = 2$ ist dann nicht mehr mit dieser Lösung erfüllbar. Das gleiche gilt für $y = be^{x+c}$ mit $b, c \in \mathbb{R}$ oder $y = d \cdot e^{-3x}$ mit $d \in \mathbb{R}$. Kombinieren wir jedoch die Lösungen $y = a \cdot e^x$ und $y = d \cdot e^{-3x}$ in der Form $y = a \cdot e^x + d \cdot e^{-3x}$, so erhalten wir hierdurch die allgemeine Lösung der Differentialgleichung. Durch Einsetzen zeigt man zunächst, daß auch die Summe Lösung ist. Es lassen sich auch beide Anfangsbedingungen mit jeweils einer Funktion dieser Lösungsschar erfüllen. Wir erhalten nämlich

$$y(x_0) = a \cdot e^{x_0} + d \cdot e^{-3x_0} = y_0, \quad y'(x_0) = a \cdot e^{x_0} - 3d \cdot e^{-3x_0} = y_1.$$

Beide Bedingungen sind für

$$a = \tfrac{1}{4} e^{-x_0}(3y_0 + y_1), \quad d = \tfrac{1}{4} e^{3x_0}(y_0 - y_1)$$

erfüllt. Es ist zu vermuten, daß die allgemeine Lösung zwei frei wählbare Konstanten enthalten muß, da auch zwei Anfangsbedingungen zu erfüllen sind. Allerdings ist nicht jede Lösungsschar, die zwei frei wählbare Konstanten enthält, allgemeine Lösung, wie $y = b \cdot e^{x+c}$ zeigt. Die beiden Anfangsbedingungen $y(0) = 1$, $y'(0) = 2$ führen nämlich wegen $be^c = 1$ und $be^c = 2$ auf einen Widerspruch.

Eine Kombination der Lösungen $y = a \cdot e^x$ und $y = b \cdot e^{x+c}$ in der Form $y = a \cdot e^x + b \cdot e^{x+c}$ liefert auch nicht die allgemeine Lösung, wie man leicht nachweist, obwohl diese Kombination sogar drei frei wählbare Konstanten enthält.

Um die allgemeine Lösung der homogenen Differentialgleichung zu erhalten, werden wir auch komplexwertige Funktionen einer reellen Veränderlichen betrachten.

> Es seien $a_0, a_1 \in \mathbb{R}$, u, v seien auf dem Intervall I definierte Funktionen, die Funktionen f, g seien auf I stetig. Dann heißt die komplexwertige Funktion $w = u + jv$ Lösung der Differentialgleichung $y'' + a_1 y' + a_0 y = f(x) + jg(x)$, wenn u Lösung der Differentialgleichung $y'' + a_1 y' + a_0 y = f(x)$ und v Lösung der Differentialgleichung $y'' + a_1 y' + a_0 y = g(x)$ ist.

Bemerkung:

Ist g die Nullfunktion, so erhält man die Differentialgleichung (5.30).

Als Verallgemeinerung von Beispiel 5.44 gilt

Satz 5.6

> Es seien y_1, y_2 Lösungen von $y'' + a_1 \cdot y' + a_0 \cdot y = 0$. Dann ist auch $c_1 y_1 + c_2 y_2$ mit beliebigen komplexen Zahlen c_1, c_2 Lösung dieser Differentialgleichung.

Der Beweis folgt durch Einsetzen der Linearkombination in die homogene Differentialgleichung.

Wir betrachten zunächst noch einmal die lineare Differentialgleichung erster Ordnung $y' + a \cdot y = 0$ mit $a \in \mathbb{R}$. Diese Differentialgleichung ist separabel, sie hat die allgemeine Lösung $y = ke^{-ax}$ mit $k \in \mathbb{R}$. Die Lösung können wir auch durch einen speziellen Ansatz bestimmen, wir setzen $y = A \cdot e^{\lambda x}$ mit $A, \lambda \in \mathbb{R}$. Dann ist $y' = A\lambda e^{\lambda x}$, und wir erhalten durch Einsetzen $Ae^{\lambda x}(\lambda + a) = 0$. Diese Gleichung ist mit $\lambda = -a$ für alle x erfüllt, und es ergibt sich $y = Ae^{-ax}$.

Es muß jetzt noch gezeigt werden, daß dies die allgemeine Lösung ist, d.h. daß mit der Lösung jedes Anfangswertproblem zu lösen ist.

Wir gehen bei der homogenen Differentialgleichung zweiter Ordnung ähnlich vor und machen auch hier den Ansatz

$$y = A e^{\lambda x} \quad \text{mit } A, \lambda \in \mathbb{C}.$$

Um die allgemeine Lösung zu erhalten, müssen wir komplexe Werte zulassen. λ soll so bestimmt werden, daß $A e^{\lambda x}$ Lösung der betrachteten Differentialgleichung ist. Aus $y'' + a_1 \cdot y' + a_0 \cdot y = 0$ folgt dann

$$A e^{\lambda x}(\lambda^2 + a_1 \cdot \lambda + a_0) = 0.$$

Da $A = 0$ nicht die allgemeine Lösung liefert und $e^{\lambda x}$ nicht verschwindet, muß $\lambda^2 + a_1 \lambda + a_0 = 0$ sein.

Definition 5.3

> Das Polynom $p(\lambda) = \lambda^2 + a_1 \cdot \lambda + a_0$ heißt **charakteristisches Polynom** der Differential-gleichung $y'' + a_1 y' + a_0 y = 0$, die Gleichung $p(\lambda) = 0$ ihre **charakteristische Gleichung**.

Als quadratische Gleichung hat $p(\lambda) = 0$ zwei Lösungen

$$\lambda_{1,2} = -\frac{a_1}{2} \pm \sqrt{\left(\frac{a_1}{2}\right)^2 - a_0}.$$

Es sind 3 Fälle zu unterscheiden:

1. Das charakteristische Polynom besitzt 2 verschiedene reelle Nullstellen λ_1, λ_2.
   In diesem Falle sind $y_1 = A_1 e^{\lambda_1 x}, y_2 = A_2 e^{\lambda_2 x}$ Lösungen der homogenen Differentialgleichung und wir erhalten in

$$y_H = A_1 e^{\lambda_1 x} + A_2 e^{\lambda_2 x}$$

die allgemeine Lösung. Betrachten wir nämlich die Anfangsbedingungen $y(x_0) = y_0, y'(x_0) = y_1$ mit $x_0, y_0, y_1 \in \mathbb{R}$, so können wir A_1 und A_2 stets so bestimmen, daß diese erfüllt sind. Es muß gelten

$$y(x_0) = A_1 e^{\lambda_1 x_0} + A_2 e^{\lambda_2 x_0} = y_0$$
$$y'(x_0) = A_1 \lambda_1 e^{\lambda_1 x_0} + A_2 \lambda_2 e^{\lambda_2 x_0} = y_1.$$

Dieses Gleichungssystem für die Unbekannten A_1, A_2 hat, da seine Koeffizientendeterminante

$$D = \begin{vmatrix} e^{\lambda_1 x_0} & e^{\lambda_2 x_0} \\ \lambda_1 e^{\lambda_1 x_0} & \lambda_2 e^{\lambda_2 x_0} \end{vmatrix} = (\lambda_2 - \lambda_1) e^{(\lambda_1 + \lambda_2) x_0}$$

wegen $\lambda_1 \neq \lambda_2$ nicht verschwindet, immer genau eine Lösung.
2. Das charakteristische Polynom besitzt zwei konjugiert komplexe Lösungen λ_1, λ_2.

Wir machen den Ansatz $y_H = A_1 e^{\lambda_1 x} + A_2 e^{\lambda_2 x}$. Die beiden e-Funktionen sind hier komplexwertig, die Zahlen A_1, A_2 reell.

Setzen wir $\alpha = \sqrt{\left| \dfrac{a_1^2}{4} - a_0 \right|}$, so ist

$$\lambda_1 = -\frac{a_1}{2} + j\alpha, \quad \lambda_2 = -\frac{a_1}{2} - j\alpha.$$

Dann folgt

$$y = A_1 e^{-\frac{1}{2} a_1 x} e^{j\alpha x} + A_2 e^{-\frac{1}{2} a_1 x} e^{-j\alpha x}$$

und nach der Eulerschen Formel (vgl. (2.33))

$$y = e^{-\frac{1}{2} a_1 x} (A_1 (\cos \alpha x + j \sin \alpha x) + A_2 (\cos \alpha x - j \sin \alpha x))$$
$$= e^{-\frac{1}{2} a_1 x} ((A_1 + A_2) \cos \alpha x + (jA_1 - jA_2) \sin \alpha x).$$

Da der Realteil und der Imaginärteil auch für sich allein die Differentialgleichung lösen, ist auch

$$y = e^{-\frac{1}{2} a_1 x} (B_1 \cos \alpha x + B_2 \sin \alpha x)$$

Lösung der Differentialgleichung. $-\dfrac{a_1}{2}$ ist hierbei der Realteil und α der Imaginärteil der Lösungen der charakteristischen Gleichung.

Wie im ersten Falle kann auch hier gezeigt werden, daß y die allgemeine Lösung der Differentialgleichung ist.

3. Das charakteristische Polynom hat zwei gleiche reelle Lösungen. Wie erhalten zunächst nur eine Lösung

$$y_1 = A_1 e^{-\frac{1}{2} a_1 x}$$

und bestimmen die zweite Lösung durch Variation der Konstanten. Dazu setzen wir

$$y_2 = A(x) e^{-\frac{1}{2} a_1 x}.$$

Durch Differenzieren und Einsetzen ergibt sich

$$y_2'' + a_1 \cdot y_2' + a_0 \cdot y_2 = (A''(x) + (a_0 - \tfrac{1}{4} a_1^2) A(x)) e^{-\frac{1}{2} a_1 x}.$$

Da das charakteristische Polynom zwei gleiche Nullstellen hat, ist $a_0 = \frac{1}{4} a_1^2$, und es folgt $A''(x) = 0$, also $A'(x) = A_2$ und $A(x) = A_2 \cdot x + A_3$ mit $A_2, A_3 \in \mathbb{R}$. Wir erhalten in $y_2 = (A_2 x + A_3) e^{-\frac{1}{2} a_1 x}$ eine zweite Lösung der homogenen Differentialgleichung. Wie im ersten Fall, zeigt man auch hier, daß

$$y = y_1 + y_2 = ((A_1 + A_3) + A_2 x) e^{-\frac{1}{2} a_1 x} = (B_1 + B_2 x) e^{-\frac{1}{2} a_1 x}$$

mit $B_1 = A_1 + A_3 \in \mathbb{R}$ und $B_2 = A_2 \in \mathbb{R}$ die allgemeine Lösung ist.

Zusammenfassend ergibt sich

Satz 5.7

Es seien $a_0, a_1 \in \mathbb{R}$ und λ_1, λ_2 die Lösungen der charakteristischen Gleichung $\lambda^2 + a_1 \cdot \lambda + a_0 = 0$ der Differentialgleichung $y'' + a_1 \cdot y' + a_0 \cdot y = 0$. Dann ist die allgemeine Lösung dieser Differentialgleichung

a) $Y_H = \{y \mid y = A_1 e^{\lambda_1 x} + A_2 e^{\lambda_2 x} \text{ mit } A_1, A_2 \in \mathbb{R}\}$, falls $\lambda_1, \lambda_2 \in \mathbb{R}$ und $\lambda_1 \neq \lambda_2$ ist,

b) $Y_H = \{y \mid y = e^{\lambda_1 x}(A_1 + A_2 \cdot x) \text{ mit } A_1, A_2 \in \mathbb{R}\}$, falls $\lambda_1, \lambda_2 \in \mathbb{R}$ und $\lambda_1 = \lambda_2$ ist,

c) $Y_H = \{y \mid y = e^{-\frac{1}{2}a_1 \cdot x}(A_1 \cos \alpha x + A_2 \sin \alpha x) \text{ mit } A_1, A_2 \in \mathbb{R}\}$, falls $\lambda_{1,2} = -\dfrac{a_1}{2} \pm j\alpha$ mit $\alpha \neq 0$ ist.

Beispiel 5.45

Man löse die Differentialgleichung $y'' + 4y' - 5y = 0$.

Die charakteristische Gleichung ist $\lambda^2 + 4 \cdot \lambda - 5 = 0$. Die Lösungen sind $\lambda_1 = 1$, $\lambda_2 = -5$. Die allgemeine Lösung der Differentialgleichung lautet $y_H = A_1 \cdot e^x + A_2 \cdot e^{-5x}$.

Beispiel 5.46

Man bestimme die allgemeine Lösung von $y'' + 4y' + 4y = 0$.

Die charakteristische Gleichung hat die Lösungen $\lambda_1 = \lambda_2 = -2$. Damit ist $y_H = A_1 e^{-2x} + A_2 x e^{-2x}$.

Beispiel 5.47

Man löse die Differentialgleichung $y'' + 4y' + 13y = 0$.

Die charakteristische Gleichung lautet $\lambda^2 + 4 \cdot \lambda + 13 = 0$. Sie hat die Lösungen $\lambda_1 = -2 + 3j$, $\lambda_2 = -2 - 3j$. Daher ist die allgemeine Lösung der Differentialgleichung $y_H = e^{-2x}(A_1 \cos 3x + A_2 \sin 3x)$.

Die inhomogene Differentialgleichung

Wir bestimmen jetzt eine partikuläre Lösung der inhomogenen Differentialgleichung. Es gibt hierzu mehrere Verfahren. Wir stellen drei von ihnen vor.

Das erste, das Grundlösungsverfahren, ist auf sehr viele Typen anwendbar. Es erfordert aber einen höheren Rechenaufwand. Die beiden anderen haben einen kleineren Anwendungsbereich, der Aufwand ist dafür weitaus geringer. Sie umfassen aber fast alle in der Praxis vorkommenden Fälle.

5.3.2 Das Grundlösungsverfahren zur Lösung der inhomogenen Differentialgleichung

Satz 5.8

Die Funktion f sei auf (a, b) stetig und $x_0 \in (a, b)$. g sei diejenige Lösung der homogenen Differentialgleichung $y'' + a_1 \cdot y' + a_0 \cdot y = 0$, für die $g(x_0) = 0$, $g'(x_0) = 1$ gilt. Dann ist

$$y_p(x) = \int_{x_0}^{x} g(x + x_0 - t) f(t) \, dt$$

auf (a, b) eine partikuläre Lösung von $y'' + a_1 \cdot y' + a_0 \cdot y = f(x)$.

Beweis:

Nach dem Existenz- und Eindeutigkeitssatz (Satz 5.1) existiert die Funktion g. Wir differenzieren $y_p(x)$ nach x (vgl. Leibnizsche Regel (Satz 3.18)).

$$y_p'(x) = g(x_0) f(x) + \int_{x_0}^{x} g'(x + x_0 - t) f(t) \, dt$$

und erhalten wegen $g(x_0) = 0$

$$y_p'(x) = \int_{x_0}^{x} g'(x + x_0 - t) f(t) \, dt. \tag{5.31}$$

Daraus folgt

$$y_p''(x) = f(x) g'(x_0) + \int_{x_0}^{x} g''(x + x_0 - t) f(t) \, dt$$

und wegen $g'(x_0) = 1$

$$y_p''(x) = f(x) + \int_{x_0}^{x} g''(x + x_0 - t) f(t) \, dt. \tag{5.32}$$

Setzen wir (5.31) und (5.32) in die linke Seite der inhomogenen Differentialgleichung ein, so ergibt sich

$$f(x) + \int_{x_0}^{x} [g''(x + x_0 - t) + a_1 g'(x + x_0 - t) + a_0 g(x + x_0 - t)] f(t) \, dt.$$

Der Inhalt der eckigen Klammer verschwindet, da g Lösung der homogenen Differentialgleichung ist, und die obige inhomogene Gleichung ist erfüllt. ●

Beispiel 5.48

Mit Hilfe des Grundlösungsverfahrens löse man $y'' + y = x$.

Es ist $y_H = A \cos x + B \sin x$. Wir wählen $x_0 = 0$ und bestimmen g aus $g(x) = y_H$ mit $g(0) = A = 0$, $g'(0) = B = 1$ zu $g(x) = \sin x$. Daraus folgt

$$y_p(x) = \int_{0}^{x} g(x - t) f(t) \, dt = \int_{0}^{x} \sin(x - t) t \, dt$$

und durch partielle Integration mit $u = t$, $v' = \sin(x - t)$

$$y_\mathrm{p}(x) = t\cos(x - t)\ \Big|_{t=0}^{t=x} - \int\limits_0^x \cos(x - t)\,\mathrm{d}t = x + \sin(x - t)\ \Big|_{t=0}^{t=x} = x - \sin x.$$

Für die allgemeine Lösung der inhomogenen Differentialgleichung erhalten wir

$$y = y_\mathrm{H} + y_\mathrm{P} = A\cos x + B\sin x + x - \sin x = A\cos x + (B - 1)\sin x + x.$$

Führen wir neue Konstanten $A_1 = A$, $B_1 = B - 1$ ein, so ergibt sich

$$y = A_1\cos x + B_1\sin x + x,$$

so daß auch $y_{\mathrm{P}1} = x$ eine spezielle Lösung der inhomogenen Differentialgleichung ist.

Beispiel 5.49

Man bestimme die allgemeine Lösung von $y'' + y = \dfrac{1}{\sin x}$.

Wir erhalten $y_\mathrm{H} = A\cos x + B\sin x$. Die Wahl $x_0 = 0$ ist hier nicht möglich, da die Störfunktion an dieser Stelle nicht definiert ist. Wir wählen $x_0 = \dfrac{\pi}{2}$. Dann wird $g(x) = -\cos x$, weil $g\left(\dfrac{\pi}{2}\right) = B = 0$, $g'\left(\dfrac{\pi}{2}\right) = -A = 1$ ist.

Wir erhalten also

$$y_\mathrm{p}(x) = \int\limits_{\frac{\pi}{2}}^x g\left(x + \frac{\pi}{2} - t\right) f(t)\,\mathrm{d}t = -\int\limits_{\frac{\pi}{2}}^x \cos\left(x + \frac{\pi}{2} - t\right)\frac{1}{\sin t}\,\mathrm{d}t.$$

Unter Anwendung des Additionstheorems für $\cos(\alpha + \beta)$ mit $\alpha = x - t$, $\beta = \dfrac{\pi}{2}$ folgt:

$$y_\mathrm{p}(x) = \int\limits_{\frac{\pi}{2}}^x \sin(x - t)\frac{1}{\sin t}\,\mathrm{d}t = \int\limits_{\frac{\pi}{2}}^x (\sin x\cos t - \cos x\sin t)\frac{1}{\sin t}\,\mathrm{d}t = \sin x\int\limits_{\frac{\pi}{2}}^x \frac{\cos t}{\sin t}\,\mathrm{d}t - \cos x\int\limits_{\frac{\pi}{2}}^x \mathrm{d}t.$$

Das erste Integral hat die Form $\int \dfrac{f'(t)}{f(t)}\,\mathrm{d}t$ und es ist

$$y_\mathrm{p}(x) = \sin x\cdot\ln|\sin t|\ \Big|_{t=\frac{1}{2}\pi}^{t=x} - t\cdot\cos x\ \Big|_{t=\frac{1}{2}\pi}^{t=x} = \sin x\cdot\ln|\sin x| - \left(x - \frac{\pi}{2}\right)\cos x$$

mit $x \in (0, \pi)$. Die allgemeine Lösung der betrachteten Differentialgleichung in $(0, \pi)$ ist also

$$y = A\cos x + B\sin x + (\sin x)\cdot\ln|\sin x| - x\cos x.$$

5.3.3 Der Ansatz in Form des Störgliedes

Mit der hier beschriebenen Methode ist es möglich, eine partikuläre Lösung der inhomogenen Differentialgleichung zu bestimmen, wenn die rechte Seite eine spezielle Form hat.

Satz 5.9

Gegeben sei die Differentialgleichung $y'' + a_1 y' + a_0 y = p_n(x)$, wobei $a_0, a_1 \in \mathbb{R}$ und p_n ein Polynom vom Grade n ist. Dann gibt es ein Polynom q_n gleichen Grades n, so daß

a) für $a_0 \neq 0$ die Funktion $y_p = q_n(x)$
b) für $a_0 = 0, a_1 \neq 0$ die Funktion $y_p = x \cdot q_n(x)$
c) für $a_0 = a_1 = 0$ die Funktion $y_p = x^2 \cdot q_n(x)$

eine Lösung der Differentialgleichung ist.

Bemerkung:

Ist die rechte Seite ein Polynom, so gibt es eine Lösung, die wieder ein Polynom ist. Diese spezielle Lösung hat die Form der rechten Seite.

Beweis:

Es sei $p_n(x) = \sum_{k=0}^{n} \alpha_k x^k$. Wir setzen $q_n(x) = \sum_{k=0}^{n} \beta_k x^k$ und versuchen, die β_k so zu bestimmen, daß y_p Lösung der inhomogenen Differentialgleichung ist.

a) Für $a_0 \neq 0$ folgt durch Einsetzen von $y_p = q_n(x)$ in die Differentialgleichung

$$\sum_{k=2}^{n} \beta_k \cdot k \cdot (k-1) x^{k-2} + a_1 \cdot \sum_{k=1}^{n} \beta_k \cdot k \cdot x^{k-1} + a_0 \cdot \sum_{k=0}^{n} \beta_k x^k = \sum_{k=0}^{n} \alpha_k x^k$$

und nach Umbenennung der Summationsindizes

$$\sum_{k=0}^{n-2} \beta_{k+2}(k+2)(k+1)x^k + a_1 \cdot \sum_{k=0}^{n-1} \beta_{k+1}(k+1)x^k + a_0 \cdot \sum_{k=0}^{n} \beta_k x^k = \sum_{k=0}^{n} \alpha_k x^k.$$

Führen wir einen Koeffizientenvergleich durch, so ergibt sich bei den jeweils angegebenen Funktionen

$$x^n: \quad a_0 \cdot \beta_n = \alpha_n, \quad \text{also } \beta_n = \frac{\alpha_n}{a_0}$$

$$x^{n-1}: a_1 \cdot \beta_n \cdot n + a_0 \beta_{n-1} = \alpha_{n-1}, \quad \text{d.h. } \beta_{n-1} = \frac{1}{a_0}(\alpha_{n-1} - a_1 \beta_n \cdot n)$$

$$x^k: \quad \beta_{k+2}(k+2)(k+1) + a_1 \cdot \beta_{k+1} \cdot (k+1) + a_0 \cdot \beta_k = \alpha_k \text{ für } 0 \leq k \leq n-2.$$

Diese Gleichung läßt sich immer nach β_k auflösen. Setzt man der Reihe nach $k = n - 2$, $n - 1, \ldots, 0$, so erhält man nacheinander die Koeffizienten des Polynoms q_n.
Durch Einsetzen bestätigt man, daß das so berechnete Polynom die betrachtete Differentialgleichung löst.

b) Für $a_0 = 0, a_1 \neq 0$ verläuft der Beweis analog.
c) Für $a_0 = a_1 = 0$ folgt die Behauptung durch zweifache Integration der Differentialgleichung.

●

Beispiel 5.50

Man bestimme eine partikuläre Lösung der Differentialgleichung $y'' + y' - 2y = x^2$.

Wegen $a_0 = -2 \neq 0$ und $p_2(x) = x^2$ setzen wir $y_p = q_2(x) = ax^2 + bx + c$ und erhalten wegen

$y'_p = 2ax + b, y''_p = 2a$ durch Einsetzen in die Differentialgleichung

$$-2ax^2 + (2a - 2b)x + (2a + b - 2c) = x^2.$$

Der Koeffizientenvergleich ergibt $-2a = 1, 2a - 2b = 0, 2a + b - 2c = 0$.

Daraus folgt $a = -\frac{1}{2}, b = -\frac{1}{2}, c = -\frac{3}{4}$. Eine partikuläre Lösung lautet also $y_p = -\dfrac{x^2}{2} - \dfrac{x}{2} - \dfrac{3}{4}$.

Beispiel 5.51

Man bestimme eine partikuläre Lösung der Differentialgleichung $y'' + y' = x^2$. Wegen $a_0 = 0$, $a_1 = 1 \neq 0$ setzen wir

$$y_p = x(ax^2 + bx + c) = ax^3 + bx^2 + cx.$$

Durch Einsetzen in die Differentialgleichung ergibt sich

$$(6ax + 2b) + (3ax^2 + 2bx + c) = x^2.$$

Daraus folgt durch Koeffizientenvergleich $3a = 1, 6a + 2b = 0, 2b + c = 0$. Die Lösung ist $a = \frac{1}{3}$, $b = -1, c = 2$. Wir erhalten $y_p = \dfrac{x^3}{3} - x^2 + 2x$.

Wir wollen den Anwendungsbereich der Methode erweitern.

Satz 5.10

> Gegeben sei die Differentialgleichung $y'' + a_1 y' + a_0 y = e^{bx} p_n(x)$, wobei $a_0, a_1, b \in \mathbb{R}$ und p_n ein Polynom vom Grade n ist. Dann gibt es ein Polynom q_n gleichen Grades n, so daß,
>
> a) falls b nicht Nullstelle des charakteristischen Polynoms ist, die Funktion $y_p = e^{bx} q_n(x)$,
> b) falls b einfache Nullstelle des charakteristischen Polynoms ist, die Funktion $y_p = e^{bx} x q_n(x)$,
> c) falls b zweifache Nullstelle des charakteristischen Polynoms ist, die Funktion $y_p = e^{bx} x^2 q_n(x)$
>
> eine Lösung der Differentialgleichung ist.

Bemerkungen:

1. Eine spezielle Lösung hat wie bei Satz 5.9 die Form der rechten Seite.
2. Für $b = 0$ folgt Satz 5.9 aus Satz 5.10.
3. Bei den Sätzen 5.9 und 5.10 spricht man im Falle b) von einfacher **Resonanz**, im Falle c) von zweifacher Resonanz. Die physikalische Begründung folgt später.

Beweis:

Wir beweisen exemplarisch nur den Fall b). Da b einfache Nullstelle des charakteristischen Polynoms ist, gilt $b^2 + a_1 b + a_0 = 0$ und $2b + a_1 \neq 0$, da die Ableitung des charakteristischen Polynoms an der Stelle b nicht verschwindet (vgl. Band 1, Beispiel 8.29).

Es sei $p_n(x) = \sum\limits_{k=0}^{n} \alpha_k x^k$. Wir setzen $q_n(x) = \sum\limits_{k=0}^{n} \beta_k x^k$. Dann ist

$$y_p = e^{bx} \cdot x \cdot \sum_{k=0}^{n} \beta_k x^k = e^{bx} \cdot \sum_{k=0}^{n} \beta_k x^{k+1}$$

$$y_p' = e^{bx}\left(b \sum_{k=0}^{n} \beta_k x^{k+1} + \sum_{k=0}^{n} \beta_k (k+1) x^k \right)$$

$$y_p'' = e^{bx}\left(b^2 \sum_{k=0}^{n} \beta_k \cdot x^{k+1} + 2b \sum_{k=0}^{n} \beta_k \cdot (k+1) \cdot x^k + \sum_{k=1}^{n} \beta_k \cdot (k+1) \cdot k \cdot x^{k-1} \right).$$

Wählt man β_k so, daß die folgenden Gleichungen gelten, so ist die Differentialgleichung erfüllt. Die Koeffizienten der links angegebenen Ausdrücke stimmen dann überein.

$$x^{n+1} e^{bx}: \quad b^2 \beta_n + a_1 b \beta_n + a_0 \beta_n = \beta_n(b^2 + a_1 b + a_0) = 0,$$

da b Lösung der charakteristischen Gleichung ist.

$$x^n e^{bx}: \quad b^2 \beta_{n-1} + 2b\beta_n(n+1) + a_1(b\beta_{n-1} + \beta_n(n+1)) + a_0\beta_{n-1} = \alpha_n, \quad \text{also}$$

$$\beta_{n-1}(b^2 + a_1 b + a_0) + \beta_n(2b + a_1)(n+1) = \alpha_n \quad \text{d.h. wegen } b^2 + a_1 b + a_0 = 0,$$

$2b + a_1 \neq 0$:

$$\beta_n = \frac{\alpha_n}{(2b + a_1)(n+1)}. \tag{5.33}$$

$$x^k e^{bk}: \quad b^2 \beta_{k-1} + 2b\beta_k(k+1) + \beta_{k+1}(k+2)(k+1) + a_1(b\beta_{k-1} + \beta_k(k+1)) + a_0\beta_{k-1} = \alpha_k$$

für $1 \leqq k \leqq n-1$

$$(b^2 + a_1 b + a_0)\beta_{k-1} + \beta_k(2b + a_1)(k+1) + \beta_{k+1}(k+2)(k+1) = \alpha_k.$$

Diese Gleichung läßt sich wegen $2b + a_1 \neq 0$ nach β_k auflösen, und man erhält, da $b^2 + a_1 b + a_0 = 0$ ist:

$$\beta_k = \frac{\alpha_k - \beta_{k+1} \cdot (k+2)(k+1)}{(2b + a_1)(k+1)}. \tag{5.34}$$

$$x^0 e^{bx}: \quad 2b\beta_0 + 2\beta_1 + a_1\beta_0 = \alpha_0 \tag{5.35}$$

Aus (5.33) erhält man β_n. Setzt man in (5.34) der Reihe nach $k = n - 1, n - 2, \ldots, 1$, so lassen sich alle Koeffizienten von q_n bestimmen. β_0 erhält man aus (5.35). ●

Beispiel 5.52

Man bestimme eine partikuläre Lösung der Differentialgleichung $y'' + y' - 2y = xe^{3x}$.

Die charakteristische Gleichung $\lambda^2 + \lambda - 2 = 0$ hat die Lösungen $\lambda_1 = 1, \lambda_2 = -2$. Es liegt also keine Resonanz vor. Nach Satz 5.10 machen wir den Ansatz $y_p = e^{3x}(ax + b)$ und erhalten

$$y_p' = e^{3x}(3ax + 3b + a), \quad y_p'' = e^{3x}(9ax + 9b + 6a).$$

Setzen wir dies in die Differentialgleichung ein, so folgt

$$e^{3x}(9ax + 9b + 6a + 3ax + 3b + a - 2ax - 2b) = xe^{3x}.$$

Setzen wir $10a = 1$, $7a + 10b = 0$, so ist die Differentialgleichung erfüllt. Daraus folgt $a = \frac{1}{10}$, $b = -\frac{7}{100}$. Also ist $y_p = e^{3x}\left(\dfrac{x}{10} - \dfrac{7}{100}\right)$.

Beispiel 5.53

Gesucht ist eine spezielle Lösung der Differentialgleichung $y'' + y' - 2y = xe^x$.

Die charakteristische Gleichung $\lambda^2 + \lambda - 2 = 0$ hat die Lösungen $\lambda_1 = 1$, $\lambda_2 = -2$. Da $\lambda_1 = 1$ einfache Lösung ist, besteht einfache Resonanz. Nach Satz 5.10 lautet der Lösungsansatz

$y_p = e^x x(ax + b) = e^x(ax^2 + bx)$. Das liefert

$$y_p' = e^x(ax^2 + (2a + b)x + b), \quad y_p'' = e^x(ax^2 + (4a + b)x + 2a + 2b).$$

Wir erhalten durch Einsetzen in die Differentialgleichung

$$e^x(ax^2 + (4a + b)x + 2a + 2b + ax^2 + (2a + b)x + b - 2ax^2 - 2bx) = xe^x.$$

Setzen wir $6a = 1$, $2a + 3b = 0$, d.h. $a = \frac{1}{6}$, $b = -\frac{1}{9}$, so ist die obige Gleichung erfüllt. Es ist daher

$$y_p = e^x\left(\frac{x^2}{6} - \frac{x}{9}\right).$$

Beispiel 5.54

Gesucht ist eine partikuläre Lösung der Differentialgleichung $y'' - 2y' + y = x \cdot e^x$.

Die charakteristische Gleichung hat die Lösungen $\lambda_1 = \lambda_2 = 1$. Es besteht zweifache Resonanz. Nach Satz 5.10 lautet der Ansatz

$$y_p = e^x x^2(ax + b) = e^x(ax^3 + bx^2).$$

Es ist

$$y_p' = e^x(ax^3 + (3a + b)x^2 + 2bx),$$
$$y_p'' = e^x(ax^3 + (6a + b)x^2 + (6a + 4b)x + 2b).$$

Die Differentialgleichung ist erfüllt, wenn wir $6a = 1$, $2b = 0$ setzen. Daraus folgt $a = \frac{1}{6}$, $b = 0$ und

$$y_p = e^x \frac{x^3}{6}.$$

Die Methode läßt sich auf noch allgemeinere rechte Seiten anwenden. Es gilt

Satz 5.11

Gegeben sei die Differentialgleichung $y'' + a_1 y' + a_0 y = e^{cx}(p_n(x)\cos bx + q_n(x)\sin bx)$, wobei a_0, a_1, b, $c \in \mathbb{R}$ und p_n, q_n Polynome höchstens n-ten Grades sind. Dann gibt es Polynome r_n, s_n höchstens n-ten Grades, so daß,

a) falls $c + jb$ nicht Lösung der charakteristischen Gleichung ist, die Funktion

$$y_p = e^{cx}(r_n(x)\cos bx + s_n(x)\sin bx),$$

b) falls $c + jb$ Lösung der charakteristischen Gleichung ist, die Funktion

$$y_p = e^{cx}x(r_n(x)\cos bx + s_n(x)\sin bx)$$

spezielle Lösung der Differentialgleichung ist.

Auf den Beweis wird verzichtet.

Bemerkungen:

1. Für $b = 0$ ergibt sich Satz 5.10
2. Im Falle b) spricht man von einfacher Resonanz, zweifache Resonanz kann hier nicht auftreten.
3. Die Polynome p_n, q_n können auch verschiedene Grade haben. In diesem Falle ist der höhere Grad für n zu nehmen.

Beispiel 5.55

Man bestimme eine spezielle Lösung der Differentialgleichung $y'' + y = x e^x \sin x$.

Das charakteristische Polynom $p(\lambda) = \lambda^2 + 1$ hat nicht die Nullstelle $1 + j$. Es besteht daher keine Resonanz. Mit den Bezeichnungen des Satzes 5.11 hat q_n den Grad 1. Wir wählen daher für r_n und s_n auch Polynome vom Grad 1. Wir setzen

$$y_p = e^x((ax + b)\cos x + (cx + d)\sin x).$$

Dann ist

$$y'_p = e^x(((a + c)x + a + b + d)\cos x + ((c - a)x + d - b + c)\sin x)$$
$$y''_p = e^x((2cx + 2d + 2a + 2c)\cos x + (-2ax - 2b + 2c - 2a)\sin x).$$

Durch Einsetzen erkennt man, daß die Differentialgleichung erfüllt ist, wenn wir fordern: $a + 2c = 0$, $2a + b + 2c + 2d = 0$, $c - 2a = 1$, $-2a - 2b + 2c + d = 0$. Dieses Gleichungssystem hat die Lösungen $a = -\frac{2}{5}$, $b = \frac{14}{25}$, $c = \frac{1}{5}$, $d = -\frac{2}{25}$. Es ist also

$$y_p = e^x((-\tfrac{2}{5}x + \tfrac{14}{25})\cos x + (\tfrac{1}{5}x - \tfrac{2}{25})\sin x).$$

Beispiel 5.56

Gesucht ist eine partikuläre Lösung der Differentialgleichung $y'' + y = \sin x$.

Die charakteristische Gleichung hat die Lösungen $\lambda_1 = j$, $\lambda_2 = -j$. Es liegt einfache Resonanz vor. Der Lösungsansatz lautet $y_p = ax \cos x + bx \sin x$. Dann ist

$$y'_p = (bx + a)\cos x + (b - ax)\sin x, \quad y''_p = (-ax + 2b)\cos x + (-bx - 2a)\sin x.$$

Durch Einsetzen in die Differentialgleichung erhalten wir $2b \cos x - 2a \sin x = \sin x$. Diese Gleichung ist für $a = -\frac{1}{2}$, $b = 0$ erfüllt. Daher ist $y_p = -\dfrac{x}{2}\cos x$.

Beispiel 5.57

Gesucht ist eine spezielle Lösung der Differentialgleichung $y'' + y' - y = x e^{-x} \cos 3x$.

Die charakteristische Gleichung hat die Lösungen $\lambda_1 = -\frac{1}{2} + \frac{1}{2}\sqrt{5}$, $\lambda_2 = -\frac{1}{2} - \frac{1}{2}\sqrt{5}$. Da keine Resonanz vorliegt, machen wir nach Satz 5.11 den Ansatz
$y_p = (ax + b)e^{-x}\cos 3x + (cx + d)e^{-x}\sin 3x$. Daraus folgt

$$y'_p = ((3c - a)x + a - b + 3d)\,e^{-x}\cos 3x + ((-3a - c)x - 3b + c - d)e^{-x}\sin 3x$$

und

$$y''_p = ((-8a - 6c)x - 2a - 8b + 6c - 6d)e^{-x}\cos 3x + ((6a - 8c)x - 6a + 6b - 2c - 8d)e^{-x}\sin 3x.$$

Die Differentialgleichung ist erfüllt, wenn wir fordern, daß die Koeffizienten gleicher Funktionen übereinstimmen. Daraus folgt für die jeweils angegebenen Funktionen

$$xe^{-x}\cos 3x: \ -10a - 3c = 1, \qquad xe^{-x}\sin 3x: \ 3a - 10c = 0,$$
$$e^{-x}\cos 3x: \ -a - 10b + 6c - 3d = 0, \qquad e^{-x}\sin 3x: \ -6a + 3b - c - 10d = 0.$$

Aus den beiden ersten Gleichungen folgt $a = -\frac{10}{109}, c = -\frac{3}{109}$.

Setzt man diese Werte in die dritte und vierte Gleichung ein, so ergibt sich $b = -\dfrac{269}{109^2}, d = \dfrac{606}{109^2}$. Daher ist

$$y_p = \frac{e^{-x}}{109}\left(-10x\cos 3x - 3x\sin 3x - \tfrac{269}{109}\cos 3x + \tfrac{606}{109}\sin 3x\right).$$

Man kann diese Lösung auch noch auf eine andere Art bestimmen. Die rechte Seite $f(x) = xe^{-x}\cos 3x$ der gegebenen Differentialgleichung ist nach der Eulerschen Formel $e^{j3x} = \cos 3x + j\sin 3x$ der Realteil von $xe^{-x}e^{j3x} = xe^{x(-1+3j)}$. Wir bestimmen zunächst eine spezielle Lösung z_p der Differentialgleichung $z'' + z' - z = xe^{x(-1+3j)}$. Die Rechnung ist bei dieser Differentialgleichung einfacher als bei der gegebenen. Die Funktion z_p ist komplexwertig. Der Realteil von z_p ist spezielle Lösung der gegebenen Differentialgleichung $y'' + y' - y = xe^{-x}\cos 3x$, der Imaginärteil löst die Differentialgleichung $y'' + y' - y = xe^{-x}\sin 3x$.

Es liegt keine Resonanz vor. Wir setzen daher $z_p = (ax + b)e^{x(-1+3j)}$. In diesem Ansatz sind nur zwei komplexe Unbekannte vorhanden, die erste Rechnung enthielt vier reelle Unbekannte. Wir erhalten

$$z_p' = (a(-1+3j)x + a + b(-1+3j))e^{x(-1+3j)},$$
$$z_p'' = (a(-8-6j)x + a(-2+6j) + b(-8-6j))e^{x(-1+3j)}.$$

Die Differentialgleichung ist erfüllt, wenn wir fordern, daß die Koeffizienten gleicher Funktionen übereinstimmen. Wir erhalten bei den angegebenen Funktionen:

$$xe^{x(-1+3j)}: \quad a = \frac{1}{-10-3j} = \frac{-10+3j}{109}$$

$$e^{x(-1+3j)}: \quad b = \frac{a(-1+6j)}{10+3j} = \frac{-269-606j}{109^2}.$$

Es ergibt sich

$$z_p = \frac{e^{-x}}{109}\left(x(-10+3j)(\cos 3x + j\sin 3x) + \left(-\tfrac{269}{109} - j\tfrac{606}{109}\right)(\cos 3x + j\sin 3x)\right).$$

Um eine spezielle Lösung der gegebenen Differentialgleichung zu erhalten, müssen wir noch den Realteil der Lösung z_p bestimmen.

Spezielle Lösungen von Differentialgleichungen, deren rechte Seiten aus Linearkombinationen der in den Sätzen 5.9, 5.10 und 5.11 betrachteten Funktionen bestehen, kann man mit Hilfe des Superpositionsprinzips bestimmen.

Satz 5.12 (Superpositionsprinzip)

Es seien $a_0, a_1 \in \mathbb{R}$, die Funktionen f_1, f_2 seien auf dem Intervall I stetig. Ist y_1 eine spezielle Lösung der Differentialgleichung $y'' + a_1 y' + a_0 y = f_1(x)$, y_2 eine spezielle Lösung der Differentialgleichung $y'' + a_1 y' + a_0 y = f_2(x)$ auf I, so ist $y_p = c_1 y_1 + c_2 y_2$ mit $c_1, c_2 \in \mathbb{R}$ Lösung der Differentialgleichung

$$y'' + a_1 y' + a_0 y = c_1 f_1(x) + c_2 f_2(x).$$

Beweis:

Da y_1 und y_2 spezielle Lösungen sind, folgt

$$y_1'' + a_1 y_1' + a_0 y_1 = f_1(x),$$
$$y_2'' + a_1 y_2' + a_0 y_2 = f_2(x).$$

Multiplizieren wir die erste Gleichung mit c_1, die zweite mit c_2 und addieren die multiplizierten Gleichungen, so ergibt sich

$$(c_1 y_1 + c_2 y_2)'' + a_1 (c_1 y_1 + c_2 y_2)' + a_0 (c_1 y_1 + c_2 y_2) = c_1 f_1(x) + c_2 f_2(x)$$

und mit $y_p = c_1 y_1 + c_2 y_2$:

$$y_p'' + a_1 y_p' + a_0 y_p = c_1 f_1(x) + c_2 f_2(x). \qquad \bullet$$

Wir wenden Satz 5.12 in den folgenden Beispielen an.

Beispiel 5.58

Gesucht ist eine partikuläre Lösung der Differentialgleichung $y'' + 2y' - 3y = e^x + x^2 + 4x - 5$.

a) Wir bestimmen zunächst eine spezielle Lösung von $y'' + 2y' - 3y = e^x$.
   Die charakteristische Gleichung hat die Lösungen $\lambda_1 = 1, \lambda_2 = -3$. Es liegt einfache Resonanz vor. Daher ist $y_1 = axe^x$ und $y_1' = (ax + a)e^x$, $y_1'' = (ax + 2a)e^x$. Durch Einsetzen in die Differentialgleichung folgt $e^x(ax + 2a + 2ax + 2a - 3ax) = e^x$. Diese Gleichung ist für $4a = 1$, d.h. $a = \frac{1}{4}$ erfüllt und wir erhalten $y_1 = \frac{x}{4} e^x$.

b) Wir berechnen als nächstes eine partikuläre Lösung von $y'' + 2y' - 3y = x^2 + 4x - 5$.
   Hier liegt keine Resonanz vor, wir setzen $y_2 = ax^2 + bx + c$. Dann ergibt sich durch Einsetzen in die Differentialgleichung $2a + 2(2ax + b) - 3(ax^2 + bx + c) = x^2 + 4x - 5$. Wir erhalten durch Koeffizientenvergleich $-3a = 1$, $4a - 3b = 4$, $2a + 2b - 3c = -5$ und daher $a = -\frac{1}{3}$, $b = -\frac{16}{9}$, $c = \frac{7}{27}$. Es folgt

$$y_2 = -\frac{x^2}{3} - \frac{16x}{9} + \frac{7}{27}.$$

Eine spezielle Lösung der Differentialgleichung $y'' + 2y' - 3y = e^x + x^2 + 4x - 5$ ist also

$$y_p = y_1 + y_2 = \frac{x}{4} e^x - \frac{x^2}{3} - \frac{16x}{9} + \frac{7}{27}.$$

Beispiel 5.59

Gesucht ist eine partikuläre Lösung der Differentialgleichung $y'' + 2y' - y = e^{3x} + \sin 2x$

a) $y'' + 2y' - y = e^{3x}$.
   Die charakteristische Gleichung hat die Lösung $\lambda_1 = -1 + \sqrt{2}$, $\lambda_2 = -1 - \sqrt{2}$. Es liegt keine Resonanz vor. Wir setzen $y_1 = ae^{3x}$ und erhalten durch Einsetzen in die Differentialgleichung $14ae^{3x} = e^{3x}$. Es ergibt sich $y_1 = \frac{1}{14}e^{3x}$.

b) $y'' + 2y' - y = \sin 2x$.
   Es ist $y_2 = a \sin 2x + b \cos 2x$. Durch Einsetzen in die Differentialgleichung erhalten wir $(-5a - 4b)\sin 2x + (4a - 5b)\cos 2x = \sin 2x$. Daraus folgt $a = -\frac{5}{41}$, $b = -\frac{4}{41}$, d.h. $y_2 = \frac{1}{41}(-5 \sin 2x - 4 \cos 2x)$.

Eine spezielle Lösung der gegebenen Differentialgleichung ist also

$$y_p = \frac{1}{14}e^{3x} - \frac{1}{41}(5 \sin 2x + 4 \cos 2x).$$

5.3.4 Operatorenmethode

Im folgenden stellen wir eine Methode vor, mit der man für gewisse rechte Seiten von Differentialgleichungen eine partikuläre Lösung sehr einfach bestimmen kann. Wir werden zunächst durch rein formale Rechenoperationen eine Funktion bestimmen. Wir werden dann nachweisen, daß die so berechnete Funktion die Differentialgleichung erfüllt, daß die formale Rechnung also zu einer Lösung der Differentialgleichung führt.

Unter der Voraussetzung, daß die vorkommenden Ausdrücke existieren, schreibt man

$$\frac{d}{dx}f(x) = Df(x)$$

und nennt D **Differentiationsoperator**. Man vereinbart ferner

$$D^n f(x) = f^{(n)}(x) \quad \text{für } n \in \mathbb{N} \quad \text{und} \quad D^0 f(x) = f(x)$$

Beispiel 5.60

Mit den oben getroffenen Vereinbarungen ist

a) $D \sin x = \cos x$;   b) $D^2 \sin x = -\sin x$;
c) $D^n e^x = e^x$ für $n \in \mathbb{N}_0$;   d) $D^n x^n = n!$ für $n \in \mathbb{N}_0$;
e) $Df(x) = 0$ für f mit $f(x) = c \in \mathbb{R}$ für alle $x \in \mathbb{R}$.

Die Differentiationsregeln lauten unter Verwendung dieser Schreibweise:

1. Es seien f_1 und f_2 n-mal differenzierbar, $c_1, c_2 \in \mathbb{R}$, $n \in \mathbb{N}_0$. Dann ist

$$D^n(c_1 f_1(x) + c_2 f_2(x)) = c_1 D^n f_1(x) + c_2 D^n f_2(x).$$

2. f sei $(n + m)$-mal differenzierbar, $n, m \in \mathbb{N}_0$. Dann ist

$$D^n(D^m f(x)) = D^{n+m} f(x) = D^m(D^n f(x)).$$

3. Es seien $a, b \in \mathbb{R}$, $n, m \in \mathbb{N}_0$. Die Funktion f sei n-mal und m-mal differenzierbar. Dann gilt

$$(a\mathrm{D}^n + b\mathrm{D}^m)f(x) = a\mathrm{D}^n f(x) + b\mathrm{D}^m f(x).$$

Beispiel 5.61

a) $\mathrm{D}^3(3\mathrm{e}^x + 2\sin x) = 3\mathrm{D}^3\mathrm{e}^x + 2\mathrm{D}^3 \sin x = 3\mathrm{e}^x - 2\cos x$;
b) $\mathrm{D}^5(4\cosh x + 5x^3) = 4\mathrm{D}^5 \cosh x + 5\mathrm{D}^5 x^3 = 4\sinh x$;
c) $\mathrm{D}^n(ax^m) = 0$ für alle $a \in \mathbb{R}$ und $n, m \in \mathbb{N}_0$, falls $n > m$ ist.

Beispiel 5.62

Es ist

a) $(2\mathrm{D}^3 - 4\mathrm{D}^2)x^3 = 2\mathrm{D}^3 x^3 - 4\mathrm{D}^2 x^3 = 12 - 24x$;
b) $(3\mathrm{D} + 2\mathrm{D}^4)\cos x = 3\mathrm{D}\cos x + 2\mathrm{D}^4 \cos x = -3\sin x + 2\cos x$;
c) $(a\mathrm{D}^n + b\mathrm{D}^m)x^k = 0$ für $n, m, k \in \mathbb{N}_0$; $n, m > k$ und $a, b \in \mathbb{R}$;
d) $(2\mathrm{D}^2 + 4)x^3 = 2\mathrm{D}^2 x^3 + 4\mathrm{D}^0 x^3 = 12x + 4x^3$.
    Der Operator D^0 wird häufig weggelassen.

Es ergeben sich folgende weitere Eigenschaften des Operators D:

Es seien $a, b, c, d \in \mathbb{R}$ und $k, l, m, n \in \mathbb{N}_0$. Die Funktion f sei genügend oft differenzierbar. Dann ist

1. $(a\mathrm{D}^k + b\mathrm{D}^l)f(x) = (b\mathrm{D}^l + a\mathrm{D}^k)f(x)$;

2. $(a\mathrm{D}^k + b\mathrm{D}^l)(c\mathrm{D}^m + d\mathrm{D}^n)f(x) = (ac\mathrm{D}^{k+m} + bc\mathrm{D}^{l+m} + ad\mathrm{D}^{k+n} + bd\mathrm{D}^{l+n})f(x)$;

3. $(a\mathrm{D}^k + b\mathrm{D}^l)^n f(x) = \displaystyle\sum_{i=0}^{n} \binom{n}{i} a^i b^{n-i} \mathrm{D}^{k \cdot i + l \cdot (n-i)} f(x) = \sum_{i=0}^{n} \binom{n}{i} a^{n-i} b^i \mathrm{D}^{k \cdot (n-i) + l \cdot i} f(x)$.

Wegen der Analogie zu den Rechenregeln für Polynome sprechen wir auch von Polynomen in D.

Beispiel 5.63

a) $(2 + 3\mathrm{D})^2 f(x) = (4 + 12\mathrm{D} + 9\mathrm{D}^2)f(x) = 4f(x) + 12f'(x) + 9f''(x)$
b) $(1 + 4\mathrm{D})^3 x^2 = (1 + 12\mathrm{D} + 48\mathrm{D}^2 + 64\mathrm{D}^3)x^2 = x^2 + 24x + 96$
c) $(a\mathrm{D} + b\mathrm{D}^2)^n(cx^k) = 0$ für alle $a, b, c \in \mathbb{R}$ und $n, k \in \mathbb{N}_0$, falls $n > k$.

Wir wollen die obigen Regeln anwenden, um partikuläre Lösungen von Differentialgleichungen zu bestimmen.

Dazu betrachten wir zunächst die lineare Differentialgleichung erster Ordnung $y' + 2y = x^2 + 1$.

Eine spezielle Lösung dieser Differentialgleichung ist $y_\mathrm{p} = \dfrac{x^2}{2} - \dfrac{x}{2} + \dfrac{3}{4}$. Wir wollen zeigen, daß wir

diese Lösung mit Hilfe der Differentiationsoperatoren durch eine formale Rechnung erhalten können. Dabei treten Ausdrücke auf, die wir noch nicht erklärt haben.

Wir schreiben die Differentialgleichung in der Form $(\mathrm{D} + 2)y = x^2 + 1$ und lösen formal nach y auf:

$$y = \frac{1}{\mathrm{D} + 2}(x^2 + 1) = \frac{1}{2} \frac{1}{1 + \dfrac{\mathrm{D}}{2}}(x^2 + 1).$$

Den Ausdruck $\dfrac{1}{1+\dfrac{D}{2}}$ entwickeln wir formal in eine geometrische Reihe:

$$\frac{1}{1+\dfrac{D}{2}}=1-\frac{D}{2}+\frac{D^2}{4}-\frac{D^3}{8}\pm\cdots$$

Wir erhalten durch Einsetzen

$$y=\frac{1}{2}\left(1-\frac{D}{2}+\frac{D^2}{4}-\frac{D^3}{8}\pm\cdots\right)(x^2+1)$$

und wegen $D^n(x^2+1)=0$ für $n\geqq 3$

$$y=\frac{1}{2}\left(x^2+1-\frac{D(x^2+1)}{2}+\frac{D^2(x^2+1)}{4}\right)=\frac{1}{2}\left(x^2+1-\frac{2x}{2}+\frac{2}{4}\right)=\frac{x^2}{2}-\frac{x}{2}+\frac{3}{4},$$

d.h. die oben angegebene Lösung.

Wir wenden das Verfahren auf die Differentialgleichung

$$y''+a_1y'+a_0y=f(x) \tag{5.36}$$

an. Sie läßt sich in die Form

$$(D^2+a_1D+a_0)y=f(x) \tag{5.37}$$

bringen. Wir werden eine Funktion durch rein formale Rechnung gewinnen und anschließend beweisen, daß diese Funktion eine Lösung von (5.36) ist. Aus (5.37) folgt formal

$$y=\frac{1}{D^2+a_1D+a_0}f(x).$$

Setzen wir zunächst $a_0\neq 0$ voraus, so ist

$$y=\frac{1}{a_0}\frac{1}{1+\dfrac{D^2+a_1D}{a_0}}f(x),$$

und es ergibt sich durch formale Entwicklung in eine geometrische Reihe

$$y=\frac{1}{a_0}\left(1-\frac{D^2+a_1D}{a_0}+\left(\frac{D^2+a_1D}{a_0}\right)^2-\left(\frac{D^2+a_1D}{a_0}\right)^3\pm\cdots\right)f(x)$$

$$=\frac{1}{a_0}\left(f(x)-\frac{D^2+a_1D}{a_0}f(x)+\left(\frac{D^2+a_1D}{a_0}\right)^2f(x)-\left(\frac{D^2+a_1D}{a_0}\right)^3f(x)\pm\cdots\right).$$

Ist f ein Polynom p_n vom Grade n, so bricht diese Reihe ab, da der Summand $\left(\dfrac{D^2+a_1D}{a_0}\right)^k f(x)$ nur die k-te bis $(2k)$-te Ableitung von f enthält und $p_n^{(n+1)}(x)=0$ ist. Die Methode ist zunächst auf diesen Fall beschränkt. Wir erhalten

$$y_p = \frac{1}{a_0}\left(p_n(x) - \left(\frac{D^2 + a_1 D}{a_0}\right) p_n(x) \pm \cdots + (-1)^n \left(\frac{D^2 + a_1 D}{a_0}\right)^n p_n(x)\right)$$

$$= \frac{1}{a_0}\sum_{k=0}^{n}(-1)^k\left(\frac{D^2 + a_1 D}{a_0}\right)^k p_n(x). \tag{5.38}$$

Wir beenden hier die formale Rechnung und zeigen, daß (5.38) Lösung der Differentialgleichung (5.36) ist.

Satz 5.13

Es sei p_n ein Polynom vom Grade n. Dann ist für $a_0 \neq 0$

$$y_p = \frac{1}{a_0}\sum_{k=0}^{n}(-1)^k\left(\frac{D^2 + a_1 D}{a_0}\right)^k p_n(x)$$

eine partikuläre Lösung der Differentialgleichung $y'' + a_1 y' + a_0 y = p_n(x)$.

Beweis:

Es ist

$$y_p'' + a_1 y_p' + a_0 y_p = (D^2 + a_1 D)y_p + a_0 y_p$$

$$= (D^2 + a_1 D)\frac{1}{a_0}\sum_{k=0}^{n}(-1)^k\left(\frac{D^2 + a_1 D}{a_0}\right)^k p_n(x) + \sum_{k=0}^{n}(-1)^k\left(\frac{D^2 + a_1 D}{a_0}\right)^k p_n(x)$$

$$= \sum_{k=0}^{n}(-1)^k\left(\frac{D^2 + a_1 D}{a_0}\right)^{k+1} p_n(x) + \sum_{k=0}^{n}(-1)^k\left(\frac{D^2 + a_1 D}{a_0}\right)^k p_n(x).$$

Durch Verschiebung des Summationsindex in der ersten Summe ergibt sich

$$-\sum_{k=1}^{n+1}(-1)^k\left(\frac{D^2 + a_1 D}{a_0}\right)^k p_n(x) + \sum_{k=0}^{n}(-1)^k\left(\frac{D^2 + a_1 D}{a_0}\right)^k p_n(x).$$

Hieraus folgt weiter, da sich einige Summanden aufheben

$$y_p'' + a_1 y_p' + a_1 y_p = -(-1)^{n+1}\left(\frac{D^2 + a_1 D}{a_0}\right)^{n+1} p_n(x) + (-1)^0\left(\frac{D^2 + a_1 D}{a_0}\right)^0 p_n(x). \tag{5.39}$$

In (5.39) verschwindet der erste Summand auf der rechten Seite, da die $(n+1)$-te Ableitung eines Polynoms vom Grad n Null ist. Der zweite Summand ergibt $p_n(x)$. ●

Beispiel 5.63

Mit Hilfe der Operatorenmethode bestimme man eine partikuläre Lösung der Differentialgleichung

$$y'' + 2y' - 3y = x^2 + 3x - 4.$$

In Operatorenschreibweise lautet die Differentialgleichung

$$(D^2 + 2D - 3)y = x^2 + 3x - 4.$$

Dann folgt durch formale Rechnung

$$y_p = \frac{1}{D^2 + 2D - 3}(x^2 + 3x - 4) = -\frac{1}{3}\frac{1}{1 - \frac{D^2 + 2D}{3}}(x^2 + 3x - 4)$$

$$= -\frac{1}{3}\left(1 + \frac{D^2 + 2D}{3} + \left(\frac{D^2 + 2D}{3}\right)^2 + \cdots\right)(x^2 + 3x + 4)$$

$$= -\frac{1}{3}\left(1 + \frac{D^2 + 2D}{3} + \frac{D^4 + 4D^3 + 4D^2}{9} + \cdots\right)(x^2 + 3x - 4).$$

Führen wir die Differentiationen aus und beachten dabei, daß alle Ableitungen von der dritten Ordnung an verschwinden, so erhalten wir

$$y_p = -\frac{1}{3}\left(x^2 + 3x - 4 + \frac{2 + 2(2x + 3)}{3} + \frac{0 + 4\cdot 0 + 4\cdot 2}{9} + 0\right) = -\frac{x^2}{3} - \frac{13}{9}x + \frac{4}{27}.$$

Wir betrachten den bisher ausgeschlossenen Fall $a_0 = 0$. Die Differentialgleichung lautet dann

$$y'' + a_1 y' = f(x), \text{ d.h. } (D^2 + a_1 D)y = f(x). \tag{5.40}$$

Die formale Auflösung liefert

$$y_p = \frac{1}{D^2 + a_1 D}f(x) = \frac{1}{D}\frac{1}{D + a_1}f(x). \tag{5.41}$$

Es ist also noch der Operator $\frac{1}{D}$ zu definieren.

Es sei u stetig, v differenzierbar. Dann erhalten wir aus $\frac{1}{D}u(x) = v(x)$ durch formale Auflösung $u(x) = Dv(x) = v'(x)$. Daraus folgt $v(x) = \int u(x)\,dx$, so daß folgende Vereinbarung sinnvoll ist:

Die Funktion u sei stetig. Dann setzen wir

$$\frac{1}{D}u(x) = \int u(x)\,dx.$$

Unter dem Operator $\frac{1}{D^n}$ verstehen wir eine n-fache Integration.

Bemerkung:

Die Reihenfolge der Operatoren D und $\frac{1}{D}$ ist im allgemeinen nicht vertauschbar, d.h. es ist $\frac{1}{D}Df(x) \neq D\frac{1}{D}f(x)$. Bei der Berechnung einer partikulären Lösung der Differentialgleichung (5.40) sind diese beiden Operatoren allerdings kommutativ.

Wir erhalten aus (5.41) für $a_1 \neq 0$

$$y_p = \frac{1}{a_1} \frac{1}{D} \frac{1}{1 + \dfrac{D}{a_1}} p_n(x) = \frac{1}{a_1} \int \sum_{k=0}^{n} (-1)^k \left(\frac{D}{a_1}\right)^k p_n(x)\, dx.$$

Da nur eine partikuläre Lösung gesucht ist, ist auch nur eine Stammfunktion zu nehmen, wir setzen also die Integrationskonstante $c = 0$. Wir wollen beweisen, daß das formal berechnete Ergebnis richtig ist.

Satz 5.14

Es sei p_n ein Polynom vom Grade n, $a_1 \in \mathbb{R}$, $a_1 \neq 0$. Dann ist

$$y_p = \frac{1}{a_1} \int \sum_{k=0}^{n} (-1)^k \left(\frac{D}{a_1}\right)^k p_n(x)\, dx$$

eine partikuläre Lösung der Differentialgleichung $y'' + a_1 y' = p_n(x)$.

Bemerkung:

Ist $a_1 = 0$, so erhält man die Lösung der Differentialgleichung durch zweifache Integration.

Beweis:

Wir setzen y_p in die Differentialgleichung ein und erhalten

$$y_p'' + a_1 y_p' = (D^2 + a_1 D) y_p = (D + a_1) D \frac{1}{a_1} \int \sum_{k=0}^{n} (-1)^k \left(\frac{D}{a_1}\right)^k p_n(x)\, dx$$

$$= (D + a_1)\left(\frac{1}{a_1} \sum_{k=0}^{n} (-1)^k \left(\frac{D}{a_1}\right)^k p_n(x)\right)$$

$$= \sum_{k=0}^{n} (-1)^k \left(\frac{D}{a_1}\right)^{k+1} p_n(x) + \sum_{k=0}^{n} (-1)^k \left(\frac{D}{a_1}\right)^k p_n(x)$$

$$= (-1)^n \left(\frac{D}{a_1}\right)^{n+1} p_n(x) + (-1)^0 \left(\frac{D}{a_1}\right)^0 p_n(x).$$

Nach der gleichen Schlußweise wie im Beweis des Satzes 5.13 folgt dann $y_p'' + a_1 y_p' = p_n(x)$.   ●

Beispiel 5.64

Mit Hilfe der Operatorenmethode bestimme man eine partikuläre Lösung der Differentialgleichung $y'' + 2y' = x^2$.

Es ist $(D^2 + 2D)y = x^2$ und

$$y_p = \frac{1}{D^2 + 2D} x^2 = \frac{1}{D} \frac{1}{D + 2} x^2 = \frac{1}{2} \frac{1}{D} \frac{1}{1 + \dfrac{D}{2}} x^2 = \frac{1}{2} \frac{1}{D}\left(1 - \frac{D}{2} + \frac{D^2}{4} - \frac{D^3}{8} \pm \cdots\right) x^2$$

$$= \frac{1}{2} \frac{1}{D}\left(x^2 - x + \frac{1}{2}\right) = \frac{1}{2}\left(\frac{x^3}{3} - \frac{x^2}{2} + \frac{x}{2}\right).$$

Die Integrationskonstante kann 0 gesetzt werden, da nur eine partikuläre Lösung gesucht ist.

Wir wollen den Anwendungsbereich der Operatorenmethode erweitern. Für differenzierbare Funktionen f gilt nach der Produktregel

$$D(e^{ax}f(x)) = a\,e^{ax}f(x) + e^{ax}Df(x) = e^{ax}(a + D)f(x). \tag{5.42}$$

Der Vorteil dieser Formel besteht darin, daß der Operator D auf der rechten Seite nicht mehr auf die e-Funktion angewandt werden muß.

Gleichung (5.42) gilt auch noch in verallgemeinerter Form. Es ist

$$D^k(e^{ax}f(x)) = e^{ax}(a + D)^k f(x) \quad \text{für alle } k \in \mathbb{N}_0. \tag{5.43}$$

Diese Formel kann durch vollständige Induktion bewiesen werden. Aus (5.43) folgt

Satz 5.15 (Verschiebungssatz)

Es sei q_k ein Polynom vom Grade k, f auf $\mathbb{R}$ k-mal differenzierbar. Dann ist

$$q_k(D)(e^{ax}f(x)) = e^{ax}q_k(a + D)f(x). \tag{5.44}$$

Es sei $f(x)$ ein Polynom. Dann ist auch $q_k(a + D)f(x)$ ein Polynom. Wir setzen

$$q_k(a + D)f(x) = p_n(x) \tag{5.45}$$

und erhalten durch formale Auflösung nach $f(x)$

$$f(x) = \frac{1}{q_k(a + D)} p_n(x). \tag{5.46}$$

Nach dem Verschiebungssatz gilt

$$q_k(D)\,e^{ax}f(x) = q_k(D)\,e^{ax}\frac{1}{q_k(a + D)}\,p_n(x) = e^{ax}q_k(a + D)\frac{1}{q_k(a + D)}\,p_n(x) = e^{ax}p_n(x).$$

Daraus folgt

$$\frac{1}{q_k(D)}e^{ax}p_n(x) = e^{ax}\frac{1}{q_k(a + D)}\,p_n(x) \tag{5.47}$$

und

$$\frac{1}{q_k(D)}e^{ax} = \frac{e^{ax}}{q_k(a)}, \quad \text{falls} \quad q_k(a) \neq 0 \quad \text{ist.} \tag{5.48}$$

Mit Hilfe von (5.47) und (5.48) läßt sich der Anwendungsbereich der Operatorenmethode erweitern.

Es sei p_n ein Polynom vom Grade n. Wir betrachten die Differentialgleichung

$$y'' + a_1 y' + a_0 y = e^{bx}p_n(x) \quad \text{mit } a_1, a_0, b \in \mathbb{R}.$$

Die formale Rechnung liefert

$$(D^2 + a_1 D + a_0)y = e^{bx}p_n(x), \quad \text{d.h.} \quad y_p = \frac{1}{D^2 + a_1 D + a_0} e^{bx}p_n(x).$$

Wenden wir (5.47) an, so ergibt sich

$$y_p = e^{bx} \frac{1}{(D + b)^2 + a_1(D + b) + a_0} p_n(x)$$

$$= e^{bx} \frac{1}{D^2 + (2b + a_1)D + b^2 + a_1 b + a_0} p_n(x).$$

Wir setzen voraus, daß $b^2 + a_1 b + a_0 \neq 0$ ist, d.h. daß b nicht Nullstelle des charakteristischen Polynoms ist. Ist diese Voraussetzung nicht erfüllt, so kann wie im Falle $a_0 = 0$ weiter gerechnet werden. Wir erhalten

$$y_p = \frac{e^{bx}}{b^2 + a_1 b + a_0} \frac{1}{1 + \dfrac{D^2 + (2b + a_1)D}{b^2 + a_1 b + a_0}} p_n(x)$$

$$= \frac{e^{bx}}{b^2 + a_1 b + a_0} \sum_{k=0}^{n} (-1)^k \left(\frac{D^2 + (2b + a_1)D}{b^2 + a_1 b + a_0} \right)^k p_n(x).$$

Die Reihe bricht ab, da p_n nur endlich viele von Null verschiedene Ableitungen besitzt.

Die formale Rechnung ist damit beendet.

Satz 5.16

Es sei p_n ein Polynom vom Grade n. Dann ist

$$y_p = \frac{e^{bx}}{b^2 + a_1 b + a_0} \sum_{k=0}^{n} (-1)^k \left(\frac{D^2 + (2b + a_1)D}{b^2 + a_1 b + a_0} \right)^k p_n(x)$$

für $b^2 + a_1 b + a_0 \neq 0$ eine partikuläre Lösung der Differentialgleichung
$y'' + a_1 y' + a_0 y = p_n(x)e^{bx}$.

Der Beweis erfolgt durch Einsetzen in die Differentialgleichung.

Beispiel 5.65

Mit Hilfe der Operatorenmethode bestimme man eine partikuläre Lösung der Differentialgleichung $y'' + 3y' - 4y = e^{2x}x$.

Es ist $(D^2 + 3D - 4)y = e^{2x} \cdot x$, d.h. $y_p = \dfrac{1}{D^2 + 3D - 4} e^{2x} \cdot x$.

Nach (5.47) gilt weiter

$$y_p = e^{2x} \frac{1}{(D + 2)^2 + 3(D + 2) - 4} x = e^{2x} \frac{1}{D^2 + 7D + 6} x$$

$$= \frac{e^{2x}}{6} \frac{1}{1 + \dfrac{D^2 + 7D}{6}} x = \frac{e^{2x}}{6} \left(1 - \frac{D^2 + 7D}{6} + \left(\frac{D^2 + 7D}{6} \right)^2 \mp \cdots \right) x = \frac{e^{2x}}{6} \left(x - \tfrac{7}{6} \right).$$

Beispiel 5.66

Man bestimme eine partikuläre Lösung von $y'' + 4y' + 4y = e^{-2x}x^3$.

Wir haben $(D^2 + 4D + 4)y = e^{-2x}x^3$ und $y_p = \dfrac{1}{D^2 + 4D + 4}e^{-2x}x^3$.

Die Formel (5.47) liefert

$$y_p = e^{-2x}\frac{1}{(D-2)^2 + 4(D-2) + 4}x^3 = e^{-2x}\frac{1}{D^2}x^3 = e^{-2x}\frac{1}{D}\frac{x^4}{4} = e^{-2x}\frac{x^5}{20}.$$

Die Aussage von Satz 5.16 ist auch für komplexes b richtig (ohne Beweis). Dadurch können wir den Anwendungsbereich der Operatorenmethode noch einmal erweitern. Setzen wir $b = \alpha + j\beta$, so können wir mit Hilfe der Operatorenmethode eine partikuläre Lösung der Differentialgleichung

$$y'' + a_1 y' + a_0 y = e^{(\alpha + j\beta)x}p_n(x) \tag{5.49}$$

bestimmen. Diese partikuläre Lösung ist eine komplexwertige Funktion einer reellen Veränderlichen.

Nach der Eulerschen Formel gilt

$$e^{j\beta x} = \cos\beta x + j\sin\beta x. \tag{5.50}$$

Setzen wir (5.50) in die Differentialgleichung ein, so folgt

$$y'' + a_1 y' + a_0 y = e^{\alpha x}p_n(x)(\cos\beta x + j\sin\beta x).$$

Der Realteil von y_p ist partikuläre Lösung der Differentialgleichung

$$y'' + a_1 y' + a_0 y = e^{\alpha x}p_n(x)\cos\beta x,$$

der Imaginärteil von y_p ist partikuläre Lösung der Differentialgleichung

$$y'' + a_1 y' + a_0 y = e^{\alpha x}p_n(x)\sin\beta x.$$

Man kann also mit Hilfe der Operatorenmethode auch dann eine partikuläre Lösung der betrachteten Differentialgleichung bestimmen, wenn die rechte Seite von der Form $e^{\alpha x}p_n(x)\cos\beta x$ bzw. $e^{\alpha x}p_n(x)\sin\beta x$ ist. In diesem Falle sind zunächst $\cos\beta x$ bzw. $\sin\beta x$ durch $e^{j\beta x}$ zu ersetzen, und dann ist der Realteil bzw. der Imaginärteil der berechneten Lösung zu nehmen. Das folgende Beispiel erläutert das Verfahren.

Beispiel 5.66a

Man bestimme eine partikuläre Lösung der Differentialgleichung $y'' + y = x\sin x$.

Wir ersetzen $\sin x$ durch e^{jx} und lösen zunächst die Differentialgleichung $z'' + z = x e^{jx}$. Die partikuläre Lösung der gegebenen Differentialgleichung ist dann der Imaginärteil der berechneten Lösung von $(D^2 + 1)z = x e^{jx}$.

$$z_p = \frac{1}{D^2 + 1}x e^{jx} = e^{jx}\frac{1}{(D+j)^2 + 1}x = e^{jx}\frac{1}{D^2 + 2jD}x$$

$$= e^{jx}\frac{1}{D}\frac{1}{D + 2j}x = e^{jx}\frac{1}{2j}\frac{1}{D}\left(1 - \frac{D}{2j} + \frac{D^2}{4j^2} \mp \cdots\right)x$$

$$= \frac{e^{jx}}{2j}\int\left(x - \frac{1}{2j}\right)dx = \frac{e^{jx}}{2j}\left(\frac{x^2}{2} - \frac{x}{2j}\right).$$

Diese berechnete Lösung ist in Real- und Imaginärteil zu zerlegen

$$z_p = \frac{\cos x + j \sin x}{2j} \left(\frac{x^2}{2} - \frac{x}{2j} \right) = \left(\frac{x^2}{4} \sin x + \frac{x}{4} \cos x \right) + j \left(-\frac{x^2}{4} \cos x + \frac{x}{4} \sin x \right).$$

Eine partikuläre Lösung der gegebenen Differentialgleichung ist also

$$y_p = \mathrm{Im}(z_p) = -\frac{x^2}{4} \cos x + \frac{x}{4} \sin x.$$

Anmerkung:

$y_p = \mathrm{Re}(z_p) = \dfrac{x^2}{4} \sin x + \dfrac{x}{4} \cos x$ ist eine spezielle Lösung der Differentialgleichung $y'' + y = x \cos x$.

Beispiel 5.67 (vgl. Beispiel 5.57)

Man bestimme eine Lösung der Differentialgleichung $y'' + y' - y = x\, e^{-x} \cos 3x$.

Wir lösen zunächst $z'' + z' - z = x\, e^{-x} e^{j3x}$ und bestimmen dann den Realteil dieser Lösung, weil $x \cdot e^{-x} \cdot \cos 3x$ der Realteil von $x \cdot e^{-x} \cdot e^{j3x}$ ist. In Operatorenschreibweise lautet die Differentialgleichung für die Funktion z

$$(D^2 + D - 1)z = x\, e^{x(-1+3j)}, \quad \text{also} \quad z_p = \frac{1}{D^2 + D - 1} x\, e^{x(-1+3j)}.$$

Daraus folgt wegen (5.47)

$$z_p = e^{x(-1+3j)} \frac{1}{(D-1+3j)^2 + (D-1+3j) - 1} x = e^{x(-1+3j)} \frac{1}{D^2 + D(-1+6j) + (-10-3j)} x$$

$$= \frac{e^{x(-1+3j)}}{-10-3j} \frac{1}{1 + \dfrac{D^2 + D(-1+6j)}{-10-3j}} x = \frac{e^{x(-1+3j)}}{-10-3j} \left(1 - \frac{D^2 + D(-1+6j)}{-10-3j} \pm \cdots \right) x$$

$$= \frac{e^{x(-1+3j)}}{-10-3j} \left(x - \frac{-1+6j}{-10-3j} \right).$$

Wir zerlegen in Real- und Imaginärteil:

$$z_p = \frac{e^{-x}(\cos 3x + j \sin 3x)(-10+3j)}{(-10-3j)(-10+3j)} \left(x - \frac{(-1+6j)(-10+3j)}{(-10-3j)(-10+3j)} \right)$$

$$= \frac{e^{-x}}{109} ((-10\cos 3x - 3\sin 3x) + j(3\cos 3x - 10\sin 3x))(x + \tfrac{8}{109} + j\tfrac{63}{109})$$

$$= \frac{e^{-x}}{109} ((-10x\cos 3x - 3x\sin 3x - \tfrac{269}{109}\cos 3x + \tfrac{606}{109}\sin 3x)$$

$$+ j(3x\cos 3x - 10x\sin 3x - \tfrac{606}{109}\cos 3x - \tfrac{269}{109}\sin 3x)).$$

Eine partikuläre Lösung der Differentialgleichung $y'' + y' - y = x\,\mathrm{e}^{-x}\cos 3x$ ist also

$$y_p = \mathrm{Re}(z_p) = \frac{\mathrm{e}^{-x}}{109}(-10x\cdot\cos 3x - 3x\cdot\sin 3x - \tfrac{269}{109}\cos 3x + \tfrac{606}{109}\sin 3x).$$

Die Operatorenmethode läßt sich auch dann anwenden, wenn die rechte Seite der Differentialgleichung $y'' + a_1 y' + a_0 y = f(x)$ eine Linearkombination aus den bisher betrachteten rechten Seiten ist. Wir wenden das Superpositionsprinzip (Satz 5.12) in den beiden folgenden Beispielen an.

Beispiel 5.68 (vgl. Beispiel 5.58)

Man bestimme eine partikuläre Lösung der Differentialgleichung $y'' + 2y' - 3y = \mathrm{e}^x + x^2 + 4x - 5$.

a) Wir berechnen zunächst eine partikuläre Lösung der Differentialgleichung $y'' + 2y' - 3y = \mathrm{e}^x$.
    Wir erhalten aus $(\mathrm{D}^2 + 2\mathrm{D} - 3)y = \mathrm{e}^x$

$$y_{p1} = \frac{1}{\mathrm{D}^2 + 2\mathrm{D} - 3}\mathrm{e}^x = \mathrm{e}^x\frac{1}{(\mathrm{D}+1)^2 + 2(\mathrm{D}+1) - 3}1 = \mathrm{e}^x\frac{1}{\mathrm{D}^2 + 4\mathrm{D}}1$$

$$= \mathrm{e}^x\frac{1}{\mathrm{D}}\frac{1}{4}\frac{1}{1 + \dfrac{\mathrm{D}}{4}}1 = \frac{\mathrm{e}^x}{4}\frac{1}{\mathrm{D}}\left(1 - \frac{\mathrm{D}}{4} \pm \cdots\right)1 = \frac{x\,\mathrm{e}^x}{4}.$$

Man beachte, daß 1 hier für die Funktion f mit $f(x) = 1$ für alle x steht.

b) Wir bestimmen eine Lösung der Differentialgleichung $y'' + 2y' - 3y = x^2 + 4x - 5$.

$$y_{p2} = \frac{1}{\mathrm{D}^2 + 2\mathrm{D} - 3}(x^2 + 4x - 5) = -\frac{1}{3}\frac{1}{1 - \dfrac{\mathrm{D}^2 + 2\mathrm{D}}{3}}(x^2 + 4x - 5)$$

$$= -\frac{1}{3}\left(1 + \frac{\mathrm{D}^2 + 2\mathrm{D}}{3} + \left(\frac{\mathrm{D}^2 + 2\mathrm{D}}{3}\right)^2 + \cdots\right)(x^2 + 4x - 5)$$

$$= -\frac{1}{3}\left(x^2 + 4x - 5 + \frac{2 + 2(2x+4)}{3} + \frac{4\cdot 2}{9}\right) = -\frac{x^2}{3} - \frac{16x}{9} + \frac{7}{27}.$$

Eine partikuläre Lösung der gegebenen Differentialgleichung ist daher

$$y_p = y_{p1} + y_{p2} = \frac{x\,\mathrm{e}^x}{4} - \frac{x^2}{3} - \frac{16x}{9} + \frac{7}{27}.$$

Beispiel 5.69 (vgl. Beispiel 5.59)

Man bestimme eine Lösung der Differentialgleichung $y'' + 2y' - y = \mathrm{e}^{3x} + \sin 2x$.

Zu lösen sind die Differentialgleichungen $y'' + 2y' - y = \mathrm{e}^{3x}$ und $y'' + 2y' - y = \sin 2x$.

a) $y'' + 2y' - y = \mathrm{e}^{3x}$.
    Wir erhalten

$$y_{p1} = \frac{1}{\mathrm{D}^2 + 2\mathrm{D} - 1}\mathrm{e}^{3x} = \tfrac{1}{14}\mathrm{e}^{3x} \quad \text{nach Formel (5.48).}$$

b) $y'' + 2y' - y = \sin 2x$.

Wir lösen zunächst $z'' + 2z' - z = e^{j2x}$ und bestimmen dann den Imaginärteil dieser Lösung. Es ist

$$z_p = \frac{1}{D^2 + 2D - 1} e^{j2x} = \frac{1}{4j - 5} e^{j2x} \quad \text{nach Formel (5.48).}$$

Wir zerlegen diese Lösung in Real- und Imaginärteil:

$$z_p = \frac{(\cos 2x + j\sin 2x)(-4j - 5)}{(4j - 5)(-4j - 5)} = \frac{-5\cos 2x + 4\sin 2x}{41} + j\frac{-4\cos 2x - 5\sin 2x}{41}.$$

Der Imaginärteil $\operatorname{Im}(z_p) = -\frac{1}{41}(4\cos 2x + 5\sin 2x)$ ist partikuläre Lösung der Differentialgleichung $y'' + 2y' - y = \sin 2x$.

Eine Lösung der Differentialgleichung $y'' + 2y' - y = e^{3x} + \sin 2x$ ist daher

$$y_p = \frac{e^{3x}}{14} - \frac{1}{41}(4\cos 2x + 5\sin 2x).$$

5.3.5 Lösung mit Hilfe der Laplace-Transformation

Wir stellen in diesem Abschnitt ein Verfahren zur Lösung der Differentialgleichung

$$y'' + a_1 y' + a_0 y = f(x)$$

vor, das die allgemeine Lösung in einer speziellen Form liefert.

Das Verfahren ist in der Elektrotechnik weit verbreitet und wird dort erfolgreich angewandt. Eine mathematische Begründung würde den Rahmen des Buches überschreiten, wir wollen daher das Verfahren nur anwenden und auf strenge Beweise verzichten.

Die allgemeine Lösung, die man mit diesem Verfahren erhält, enthält an Stelle allgemeiner Integrationskonstanten $a, b \in \mathbb{R}$ die Anfangswerte für $x_0 = 0$, so daß man das zugehörige Anfangswertproblem einfach lösen kann. Außerdem kann man die Abhängigkeit der Lösung von diesen Anfangswerten leicht erkennen.

Definition 5.4

Die Funktion f sei auf $[0, \infty)$ stetig, $f = 0$ auf $(-\infty, 0)$ und $s, s_0 \in \mathbb{R}$. Wenn das uneigentliche Integral $\int_0^\infty f(x) e^{-sx} \, dx$ für jedes $s > s_0$ existiert, so heißt die durch

$$F(s) = \int_0^\infty f(x) e^{-sx} \, dx \tag{5.51}$$

für $s > s_0$ definierte Funktion F die **Laplace-Transformierte** der Funktion f.

Schreibweise: $\mathscr{L}\{f\}$ oder $F(s) = \mathscr{L}\{f(x)\}$.

Bemerkung:

Durch die Laplace-Transformation wird der auf $[0, \infty)$ definierten Funktion f (**Originalfunktion**) eine auf (s_0, ∞) definierte Funktion F (**Bildfunktion**) zugeordnet: $f \mapsto F$.

Das in der Definition vorkommende Integral heißt **Laplace-Integral**.

Beispiel 5.70

Es sei $f(x) = 1$ für alle $x \in [0, \infty)$. Dann ist

$$\mathscr{L}\{1\} = \int_0^\infty e^{-sx} dx = \lim_{A \to \infty} \frac{e^{-sx}}{-s} \Big|_0^A.$$

Das Integral existiert nur für $s > s_0 = 0$ und es gilt

$$\mathscr{L}\{1\} = \frac{1}{s} \quad \text{für } s > 0,$$

Der Funktion f mit $f(x) = 1$ für $x \in [0, \infty)$ wird also die Funktion F mit $F(s) = \frac{1}{s}$ für $s > 0$ zugeordnet.

Beispiel 5.71

Wir berechnen die Laplace-Transformierte der Funktion f mit $f(x) = x$ für $x \geqq 0$. Wir erhalten

$$\mathscr{L}\{x\} = \int_0^\infty x e^{-sx} dx = \lim_{t \to \infty} \left(x \frac{e^{-sx}}{-s} \Big|_0^t + \frac{1}{s} \int_0^t e^{-sx} dx \right) \quad \text{für } s \neq 0.$$

Da $\lim\limits_{t \to \infty} t e^{-st}$ nur für $s > 0$ existiert und das uneigentliche Integral für $s = 0$ nicht existiert, ist die Laplace-Transformierte der Funktion f nur für $s > s_0 = 0$ definiert.

Der ausintegrierte Term verschwindet an beiden Grenzen. Das verbleibende Integral ist die Laplace-Transformierte der Funktion f mit $f(x) = 1$. Wir erhalten

$$\mathscr{L}\{x\} = \frac{1}{s} \mathscr{L}\{1\} = \frac{1}{s^2} \quad \text{für } s > 0.$$

Beispiel 5.72

Wir berechnen die Laplace-Transformierte der Funktion f mit $f(x) = x^n$ für $n \in \mathbb{N}_0$. Wir erhalten

$$\mathscr{L}\{x^n\} = \int_0^\infty x^n e^{-sx} dx = \lim_{t \to \infty} \left(x^n \frac{e^{-sx}}{-s} \Big|_0^t + \frac{n}{s} \int_0^t x^{n-1} e^{-sx} dx \right) \quad \text{für } s \neq 0.$$

Das Integral existiert nur für $s > 0$. In diesem Falle verschwindet der ausintegrierte Term an beiden Grenzen. Es ergibt sich die Rekursionsformel

$$\mathscr{L}\{x^n\} = \frac{n}{s} \mathscr{L}\{x^{n-1}\}.$$

Durch wiederholte Anwendung der Rekursionsformel folgt

$$\mathscr{L}\{x^n\} = \frac{n}{s}\mathscr{L}\{x^{n-1}\} = \frac{n}{s}\frac{n-1}{s}\mathscr{L}\{x^{n-2}\} = \frac{n}{s}\frac{n-1}{s}\frac{n-2}{s}\mathscr{L}\{x^{n-3}\} = \cdots$$

$$= \frac{n!}{s^n}\mathscr{L}\{1\}.$$

Daraus folgt

$$\mathscr{L}\{x^n\} = \frac{n!}{s^{n+1}} \quad \text{für } s > 0.$$

Das Ergebnis kann durch vollständige Induktion bewiesen werden.

Beispiel 5.73

Wir berechnen die Laplace-Transformierte der Funktion f mit $f(x) = e^{ax}$ mit $a \in \mathbb{R}$ und $x \geq 0$. Wir erhalten

$$\mathscr{L}\{e^{ax}\} = \int_0^\infty e^{ax}\,e^{-sx}\,dx = \int_0^\infty e^{(a-s)x}\,dx = \lim_{t\to\infty}\left(\frac{e^{(a-s)x}}{a-s}\bigg|_0^t\right) \quad \text{für } s \neq a.$$

Das Integral existiert nur für $s > s_0 = a$. In diesem Falle ergibt sich

$$\mathscr{L}\{e^{ax}\} = \frac{1}{s-a} \quad \text{für } s > a.$$

Beispiel 5.74

Gesucht ist die Laplace-Transformierte der Funktion f mit $f(x) = \sin ax$ mit $a \in \mathbb{R}$ und $x \geq 0$. Es ist

$$\mathscr{L}\{\sin ax\} = \int_0^\infty e^{-sx}\sin ax\,dx.$$

Das Integral existiert nur für $s > 0$. Für diese s folgt durch partielle Integration

$$\mathscr{L}\{\sin ax\} = \lim_{t\to\infty}\left(\sin ax\,\frac{e^{-sx}}{-s}\bigg|_0^t + \frac{a}{s}\int_0^t e^{-sx}\cos ax\,dx\right)$$

$$= \lim_{t\to\infty}\left(\frac{a}{s}\left(\cos ax\,\frac{e^{-sx}}{-s}\bigg|_0^t - \frac{a}{s}\int_0^t e^{-sx}\sin ax\,dx\right)\right)$$

$$= \frac{a}{s}\left(\frac{1}{s} - \frac{a}{s}\mathscr{L}\{\sin ax\}\right)$$

$$= \frac{a}{s^2} - \frac{a^2}{s^2}\mathscr{L}\{\sin ax\}.$$

Die Auflösung nach $\mathscr{L}\{\sin ax\}$ liefert

$$\mathscr{L}\{\sin ax\} = \frac{\dfrac{a}{s^2}}{1 + \dfrac{a^2}{s^2}} = \frac{a}{s^2 + a^2} \quad \text{für } s > 0. \tag{5.52}$$

Die folgende Tabelle gibt eine Übersicht über einige Originalfunktionen f und ihre Laplace-Transformierten F.

Tabelle der Laplace-Transformierten

Originalfunktion f mit $D_f = \mathbb{R}_0^+$	Bildfunktion F mit $D_F = (s_0, \infty)$
x^n mit $n \in \mathbb{N}_0$	$\dfrac{n!}{s^{n+1}}$ mit $s_0 = 0$
e^{ax} mit $a \in \mathbb{R}$	$\dfrac{1}{s - a}$ mit $s_0 = a$
$\sin ax$ mit $a \in \mathbb{R}$	$\dfrac{a}{s^2 + a^2}$ mit $s_0 = 0$
$\cos ax$ mit $a \in \mathbb{R}$	$\dfrac{s}{s^2 + a^2}$ mit $s_0 = 0$
$e^{ax} \sin bx$ mit $a, b \in \mathbb{R}$	$\dfrac{b}{(s - a)^2 + b^2}$ mit $s_0 = a$
$e^{ax} \cos bx$ mit $a, b \in \mathbb{R}$	$\dfrac{s - a}{(s - a)^2 + b^2}$ mit $s_0 = a$
$x \sin ax$ mit $a \in \mathbb{R}$	$\dfrac{2as}{(s^2 + a^2)^2}$ mit $s_0 = 0$
$x \cos ax$ mit $a \in \mathbb{R}$	$\dfrac{s^2 - a^2}{(s^2 + a^2)^2}$ mit $s_0 = 0$
$e^{ax} \dfrac{x^n}{n!}$ mit $a \in \mathbb{R}, n \in \mathbb{N}_0$	$\dfrac{1}{(s - a)^{n+1}}$ mit $s_0 = a$
$x^n \cdot e^{ax} \cdot \cos bx$ mit $n \in \mathbb{N}_0; a, b \in \mathbb{R}$	$\dfrac{n!}{((s-a)^2 + b^2)^{n+1}} \displaystyle\sum_{l=0}^{\left[\frac{n+1}{2}\right]} \binom{n+1}{2l} (-1)^l b^{2l} (s-a)^{n+1-2l}$ mit $s_0 = a$
$x^n \cdot e^{ax} \cdot \sin bx$ mit $n \in \mathbb{N}_0; a, b \in \mathbb{R}$	$\dfrac{n!}{((s-a)^2 + b^2)^{n+1}} \displaystyle\sum_{l=0}^{\left[\frac{n-1}{2}\right]} \binom{n+1}{2l+1} (-1)^l b^{2l+1} (s-a)^{n-2l}$ mit $s_0 = a$

Wir stellen im folgenden einige Sätze über die Laplace-Transformation zusammen.

Satz 5.17 (Linearität der Laplace-Transformation)

Es sei $F_1 = \mathscr{L}\{f_1\}$ und $F_2 = \mathscr{L}\{f_2\}$. Dann ist für $c_1, c_2 \in \mathbb{R}$

$$\mathscr{L}\{c_1 f_1 + c_2 f_2\} = c_1 F_1 + c_2 F_2.$$

Der Beweis folgt unmittelbar durch Einsetzen der Linearkombination in die definierende Gleichung.

Satz 5.18

Die Funktionen $f_1: \mathbb{R}_0^+ \to \mathbb{R}$ und $f_2: \mathbb{R}_0^+ \to \mathbb{R}$ seien stetig, es existiere $\mathscr{L}\{f_1\}$ und $\mathscr{L}\{f_2\}$. Dann sind $\mathscr{L}\{f_1\}$ und $\mathscr{L}\{f_2\}$ genau dann gleich, wenn $f_1 = f_2$ ist.

Auf den Beweis wird verzichtet.

Definition 5.5

Die Funktionen $f_1: \mathbb{R}_0^+ \to \mathbb{R}$ und $f_2: \mathbb{R}_0^+ \mapsto \mathbb{R}$ seien stetig, $x \in \mathbb{R}_0^+$. Dann heißt die Funktion f mit

$$f(x) = \int\limits_0^x f_1(x-t) f_2(t)\, dt$$

die **Faltung der Funktionen** f_1 und f_2.

Schreibweise: $f = f_1 * f_2$.

Bemerkung:

Da wir die Laplace-Transformierten der Funktionen f_1 und f_2 bilden werden, ist nach Definition 5.4 $f_1(t) = 0$ für $t < 0$ und $f_2(x-t) = 0$ für $x - t < 0 \Leftrightarrow t > x$ zu setzen. Daraus ergibt sich

$$f(x) = \int\limits_0^x f_1(x-t) f_2(t)\, dt = \int\limits_{-\infty}^{\infty} f_1(x-t) f_2(t)\, dt$$

Die obige Definition stimmt also mit der des Kapitels Fourier-Transformation überein. Wir verweisen insbesondere auf Formel 2.76 mit $T_1 = T_2 = 0$.

Beispiel 5.75

Es soll die Faltung f der Funktionen f_1 mit $f_1(x) = x$ für $x \in [0, \infty)$ und f_2 mit $f_2(x) = e^{2x}$ für $x \in [0, \infty)$ berechnet werden. Wir erhalten durch partielle Integration

$$f(x) = \int\limits_0^x (x-t) e^{2t}\, dt = (x-t)\frac{e^{2t}}{2}\Big|_0^x + \int\limits_0^x \frac{e^{2t}}{2}\, dt = -\frac{x}{2} + \frac{e^{2x} - 1}{4}.$$

Bemerkung:

Die Faltung ist kommutativ, d.h. es gilt $f_1 * f_2 = f_2 * f_1$, wie man leicht mit Hilfe der Substitution $z = x - t$ erkennt.

Satz 5.19 (Faltungssatz)

Die Funktionen $f_1: \mathbb{R}_0^+ \to \mathbb{R}$ und $f_2: \mathbb{R}_0^+ \to \mathbb{R}$ seien stetig. Existieren für $s \geq s_0$ ihre Laplace-Transformierten und ist mindestens eines dieser beiden Laplace-Integrale absolut konvergent, so existiert für $s \geq s_0$ auch die Laplace-Transformierte der Faltung $f_1 * f_2$, und es ist

$$\mathscr{L}\{f_1 * f_2\} = \mathscr{L}\{f_1\} \cdot \mathscr{L}\{f_2\}.$$

Auf den Beweis wird verzichtet.

Beispiel 5.76

Es ist $\mathscr{L}\{1\} = \dfrac{1}{s}$, $\mathscr{L}\{e^x\} = \dfrac{1}{s-1}$ für $s > 1$. Daraus folgt nach dem Faltungssatz (Satz 5.19) für $s \geq 1 + \varepsilon$ mit $\varepsilon > 0$, da für $s_0 = 1 + \varepsilon$ sogar beide Laplace-Integrale absolut konvergieren:

$$\mathscr{L}\{1\} \cdot \mathscr{L}\{e^x\} = \frac{1}{s(s-1)} = \mathscr{L}\left\{ \int_0^x 1 \cdot e^t \, dt \right\} = \mathscr{L}\{e^x - 1\}.$$

Wir können das Ergebnis in diesem Falle nachprüfen:

$$\mathscr{L}\{e^x - 1\} = \mathscr{L}\{e^x\} - \mathscr{L}\{1\} = \frac{1}{s-1} - \frac{1}{s} = \frac{1}{s(s-1)}.$$

Satz 5.20 (Differentiationssatz)

Die Funktion f sei für $x \in [0, \infty)$ stetig differenzierbar. Es existiere für $s > s_0$ die Laplace-Transformierte $\mathscr{L}\{f'\}$.

Dann existiert für $s \geq s_0$ die Laplace-Transformierte $\mathscr{L}\{f\}$ und es ist

$$\mathscr{L}\{f'\} = -f(0) + s\mathscr{L}\{f\}.$$

Beweis:

Wir beweisen nur die Formel, nicht die Existenz von $\mathscr{L}\{f\}$.

Es ist

$$\int_0^A f'(x) e^{-sx} \, dx = f(x) e^{-sx} |_0^A + s \int_0^A f(x) e^{-sx} \, dx$$

$$= f(A) e^{-sA} - f(0) + s \int_0^A f(x) e^{-sx} \, dx.$$

Es existieren die Grenzwerte der beiden Integrale für $A \to \infty$ nach Voraussetzung, es muß also auch $\lim\limits_{A \to \infty} f(A) e^{-sA}$ existieren. Dieser Grenzwert ist Null nach Band 1, Satz 9.29, da sonst $\mathscr{L}\{f\}$

nicht existiert. Es folgt

$$\int_0^\infty f'(x)\,e^{-sx}\,dx = -f(0) + s\int_0^\infty f(x)\,e^{-sx}\,dx$$

$$\mathscr{L}\{f'\} = -f(0) + s\mathscr{L}\{f\},$$

die Behauptung des Satzes.   ●

Beispiel 5.77

Mit Hilfe des Differentiationssatzes bestimmen wir die Laplace-Transformierte der Funktion f mit $f(x) = \cos ax$ für $x \in [0, \infty)$ und $a \in \mathbb{R}$.

Es ist $(\sin ax)' = a\cos ax$ und daher für $s > 0$ nach dem Differentiationssatz (Satz 5.20)

$$a\mathscr{L}\{\cos ax\} = \mathscr{L}\{(\sin ax)'\} = -\sin 0 + s\mathscr{L}\{\sin ax\} = \frac{as}{s^2 + a^2}.$$

Daraus folgt

$$\mathscr{L}\{\cos ax\} = \frac{s}{s^2 + a^2} \quad \text{für} \ \ s > 0.$$

Satz 5.21

> Die Funktion f sei auf $\mathbb{R}_0^+$ n-mal stetig differenzierbar. Es existiere für $s > s_0$ die Laplace-Transformierte $\mathscr{L}\{f^{(n)}\}$.
>
> Dann existieren für $s \geq s_0$ die Laplace-Transformierten $\mathscr{L}\{f\}, \mathscr{L}\{f'\}, \ldots, \mathscr{L}\{f^{(n-1)}\}$ und es ist
>
> $$\mathscr{L}\{f^{(n)}\} = -(f^{(n-1)}(0) + s\cdot f^{(n-2)}(0) + \cdots + s^{n-1}\cdot f(0)) + s^n\,\mathscr{L}\{f\}.$$

Beweis:

Wir beschränken uns wie bei Satz 5.20 auf den Nachweis der Formel.

Wir beweisen die Behauptung durch vollständige Induktion.

Nach Satz 5.20 ist die Behauptung für $n = 1$ richtig.

Gilt die Behauptung für $n = k$, ist also

$$\mathscr{L}\{f^{(k)}\} = -(f^{(k-1)}(0) + sf^{(k-2)}(0) + \cdots + s^{k-1}f(0)) + s^k\mathscr{L}\{f\}, \tag{5.53}$$

so gilt nach Satz 5.20, wobei wir in diesem Satz die Funktion f durch ihre k-te Ableitung ersetzen,

$$\mathscr{L}\{f^{(k+1)}(x)\} = -f^{(k)}(0) + s\cdot\mathscr{L}\{f^{(k)}(x)\} \tag{5.54}$$

Setzen wir (5.53) in (5.54) ein, so folgt die Behauptung für $n = k + 1$.   ●

Satz 5.22 (Integrationssatz)

Die Funktion $f: \mathbb{R}_0^+ \to \mathbb{R}$ sei stetig. Es sei $g(x) = \int\limits_0^x f(t)\, dt$. Existiert für $s \geqq s_0 > 0$ die Laplace-Transformierte $\mathscr{L}\{f\}$, so existiert für $s \geqq s_0$ auch $\mathscr{L}\{g\}$ und es ist

$$\mathscr{L}\left\{ \int\limits_0^x f(t)\, dt \right\} = \frac{1}{s} \mathscr{L}\{f(x)\}.$$

Wir wenden jetzt die Laplace-Transformation auf die Differentialgleichung

$$y'' + a_1 y' + a_0 y = f(x) \tag{5.55}$$

an. Dabei lassen wir für f nur Funktionen zu, die in der Tabelle der Laplace-Transformierten (Seite 420) vorkommen. Löst man die Differentialgleichung mit einem der bisher beschriebenen Verfahren, so erkennt man, daß in diesem Falle die allgemeine Lösung eine Linearkombination aus Funktionen ist, die in der Tabelle enthalten sind. Das Gleiche gilt für die erste und zweite Ableitung der allgemeinen Lösung, so daß die Laplace-Transformierten der allgemeinen Lösung, ihrer ersten und zweiten Ableitung für genügend große s existieren.

Wir setzen $\mathscr{L}\{y\} = Y$. Dann folgt nach Satz 5.21

$$\mathscr{L}\{y'\} = -y(0) + sY, \quad \mathscr{L}\{y''\} = -(y'(0) + sy(0)) + s^2 Y. \tag{5.56}$$

Bilden wir die Laplace-Transformierten beider Seiten der Differentialgleichung, so stimmen diese nach Satz 5.18 überein und wir erhalten mit $F = \mathscr{L}\{f\}$

$$\mathscr{L}\{y'' + a_1 y' + a_0 y\} = \mathscr{L}\{f\}.$$

Daraus folgt wegen der Linearität der Laplace-Transformation (Satz 5.17)

$$\mathscr{L}\{y''\} + a_1 \mathscr{L}\{y'\} + a_0 \mathscr{L}\{y\} = \mathscr{L}\{f\}. \tag{5.57}$$

Setzen wir (5.56) in (5.57) ein, so erhalten wir

$$-(y'(0) + sy(0)) + s^2 Y(s) + a_1(-y(0) + sY(s)) + a_0 Y(s) = F(s)$$
$$(s^2 + a_1 s + a_0)Y(s) = F(s) + y'(0) + (s + a_1)y(0).$$

Setzen wir voraus, daß s so groß ist, daß $s^2 + a_1 s + a_0 \neq 0$ für alle $s > s_0$ ist, so folgt

$$Y(s) = \frac{F(s) + y'(0) + (s + a_1)y(0)}{s^2 + a_1 s + a_0}. \tag{5.58}$$

Bemerkung:

Durch die Anwendung der Laplace-Transformation geht die Differentialgleichung für die Originalfunktion y über in eine algebraische Gleichung für die Bildfunktion $\mathscr{L}\{y\} = Y$. Diese algebraische Gleichung läßt sich für genügend große s nach $Y(s)$ auflösen. Wir haben jetzt die Aufgabe, zu dieser Bildfunktion Y die Originalfunktion zu bestimmen. Das geschieht mit Hilfe der Tabelle (Seite 420). Y ist eine gebrochen-rationale Funktion in s. Wir können die Partialbruchzerlegung anwenden. Dadurch erhalten wir nur Bildfunktionen, die in der Tabelle vorkommen. Es ergibt sich folgendes Lösungsschema:

Beispiel 5.78

Mit Hilfe der Laplace-Transformation löse man die Differentialgleichung $y'' + 3y' - 4y = e^{2x}$.

Da auf der rechten Seite der Differentialgleichung nur eine Funktion vorkommt, die in der Tabelle der Laplace-Transformierten (Seite 420) enthalten ist, existieren alle benötigten Laplace-Transformierten. Wir erhalten

$$- y'(0) - sy(0) + s^2 Y(s) + 3(- y(0) + s Y(s)) - 4 Y(s) = \frac{1}{s - 2},$$

$$(s^2 + 3s - 4)Y(s) = \frac{1}{s - 2} + y'(0) + (s + 3)y(0),$$

$$Y(s) = \frac{1}{(s - 2)(s^2 + 3s - 4)} + \frac{y'(0) + (s + 3)y(0)}{s^2 + 3s - 4}$$

für $(s - 2) \cdot (s^2 + 3s - 4) \neq 0$. Wegen $s^2 + 3s - 4 = (s - 1)(s + 4)$ gilt weiter (Partialbruchzerlegung)

$$Y(s) = \frac{1}{(s - 2)(s - 1)(s + 4)} + \frac{y'(0) + (s + 3)y(0)}{(s - 1)(s + 4)}$$

$$= \frac{\frac{1}{6}}{s - 2} + \frac{-\frac{1}{5}}{s - 1} + \frac{\frac{1}{30}}{s + 4} + \frac{\frac{y'(0) + 4y(0)}{5}}{s - 1} + \frac{\frac{y'(0) - y(0)}{-5}}{s + 4}.$$

Die Summe existiert für $s > 2$. Durch Anwendung der Tabelle auf Seite 420 kann die Rücktransformation erfolgen. Wir erhalten

$$y = \frac{1}{6}e^{2x} - \frac{1}{5}e^{x} + \frac{1}{30}e^{-4x} + \frac{y'(0) + 4y(0)}{5}e^{x} - \frac{y'(0) - y(0)}{5}e^{-4x}$$

Sind neben der Differentialgleichung noch Anfangsbedingungen an der Stelle $x_0 = 0$ vorgeschrieben, so erhält man die Lösung des Anfangswertproblems unmittelbar durch Einsetzen der beiden Anfangswerte $y(0)$ und $y'(0)$.

Beispiel 5.79

Mit Hilfe der Laplace-Transformation löse man das Anfangswertproblem $y'' + y = x$ mit $y\left(\frac{\pi}{2}\right) = 0$, $y'\left(\frac{\pi}{2}\right) = 1$.

Die Laplace-Transformation ist bei dieser Differentialgleichung anwendbar. Wir erhalten

$$(s^2 + 1)Y(s) = y'(0) + sy(0) + \frac{1}{s^2},$$

$$Y(s) = y'(0)\frac{1}{s^2 + 1} + y(0)\frac{s}{s^2 + 1} + \frac{1}{s^2(s^2 + 1)}.$$

Wegen $\dfrac{1}{s^2(s^2 + 1)} = \dfrac{1}{s^2} - \dfrac{1}{s^2 + 1}$ erhalten wir durch Rücktransformation mit Hilfe der Tabelle (Seite 420)

$$y = y'(0)\sin x + y(0)\cos x + x - \sin x.$$

Die Anfangsbedingungen fordern

$$0 = y\left(\frac{\pi}{2}\right) = y'(0) + \frac{\pi}{2} - 1, \quad \text{also } y'(0) = 1 - \frac{\pi}{2}$$

$$1 = y'\left(\frac{\pi}{2}\right) = -y(0) + 1, \quad \text{also } y(0) = 0.$$

Als Lösung des Anfangswertproblems ergibt sich

$$y = -\frac{\pi}{2}\sin x + x.$$

Beispiel 5.80

Mit Hilfe der Laplace-Transformation löse man das Anfangswertproblem $y'' + 2y' - 3y = e^x$ mit $y(0) = 0$, $y'(0) = 0$.

Die Laplace-Transformation ist auch bei dieser Differentialgleichung anwendbar. Wir erhalten für genügend große s

$$-y'(0) - sy(0) + s^2 Y(s) + 2(-y(0) + sY(s)) - 3Y(s) = \frac{1}{s - 1}$$

und durch Einsetzen der Anfangswerte

$$(s^2 + 2s - 3)\,Y(s) = \frac{1}{s - 1}.$$

Wegen $s^2 + 2s - 3 = (s - 1)(s + 3)$ folgt für $s > 1$

$$Y(s) = \frac{1}{(s - 1)^2(s + 3)} = \frac{\frac{1}{4}}{(s - 1)^2} + \frac{-\frac{1}{16}}{s - 1} + \frac{\frac{1}{16}}{s + 3}.$$

Aus der Tabelle entnehmen wir

$$y = \tfrac{1}{4}x\,e^x - \tfrac{1}{16}e^x + \tfrac{1}{16}e^{-3x}$$

Beispiel 5.81

Mit Hilfe der Laplace-Transformation löse man die Differentialgleichung $y'' - y = \cos x$. Wir erhalten

$$-y'(0) - s y(0) + s^2 Y(s) - Y(s) = \frac{s}{s^2 + 1},$$

$$Y(s) = \frac{s}{(s^2 + 1)(s^2 - 1)} + \frac{y'(0) + s y(0)}{s^2 - 1}$$

für $s > 1$. Durch Zerlegung in Partialbrüche folgt

$$Y(s) = \frac{\frac{1}{4}}{s - 1} + \frac{\frac{1}{4}}{s + 1} + \frac{-\frac{1}{2}s}{s^2 + 1} + \frac{\dfrac{y'(0) + y(0)}{2}}{s - 1} + \frac{\dfrac{y'(0) - y(0)}{-2}}{s + 1},$$

Durch Anwendung der Tabelle erhalten wir

$$y = \tfrac{1}{4} e^x + \tfrac{1}{4} e^{-x} - \tfrac{1}{2} \cos x + \frac{y'(0) + y(0)}{2} e^x - \frac{y'(0) - y(0)}{2} e^{-x}.$$

Beispiel 5.82

Mit Hilfe der Laplace-Transformation löse man

$$y'' + y' - 2y = e^x \sin x.$$

Die Transformation ergibt für genügend große s

$$-y'(0) - s y(0) + s^2 Y(s) - y(0) + s Y(s) - 2 Y(s) = \frac{1}{(s - 1)^2 + 1},$$

$$Y(s)(s^2 + s - 2) = \frac{1}{(s - 1)^2 + 1} + y'(0) + (s + 1)y(0).$$

Wegen $s^2 + s - 2 = (s - 1)(s + 2)$ gilt für $s > 1$ weiter

$$Y(s) = \frac{1}{((s - 1)^2 + 1)(s - 1)(s + 2)} + \frac{y'(0) + (s + 1)y(0)}{(s - 1)(s + 2)}.$$

Durch Partialbruchzerlegung ergibt sich

$$Y(s) = \frac{\frac{1}{3}}{s - 1} + \frac{-\frac{1}{30}}{s + 2} + \frac{-\frac{3}{10}s + \frac{1}{5}}{(s - 1)^2 + 1} + \frac{\dfrac{y'(0) + 2y(0)}{3}}{s - 1} + \frac{\dfrac{y'(0) - y(0)}{-3}}{s + 2}.$$

Wegen

$$\frac{-\frac{3}{10}s + \frac{1}{5}}{(s - 1)^2 + 1} = -\frac{1}{10} \frac{3s - 2}{(s - 1)^2 + 1} = -\frac{1}{10} \frac{3(s - 1) + 1}{(s - 1)^2 + 1}$$

erhalten wir

$$y = \tfrac{1}{3}e^x - \tfrac{1}{30}e^{-2x} - \tfrac{1}{10}(3e^x \cos x + e^x \sin x) + \frac{y'(0) + 2y(0)}{3}e^x - \frac{y'(0) - y(0)}{3}e^{-2x}.$$

Die Laplace-Transformation kann auch unter schwächeren Bedingungen an die Funktion f definiert werden.

Die Funktion f sei auf $[0, \infty)$ erklärt, für $(0, \infty)$ stetig und über $[0, a]$ mit $a > 0$ uneigentlich absolut integrierbar. Es sei $s, s_0 \in \mathbb{R}$.

Wenn der Grenzwert $\lim\limits_{a \downarrow 0} \int\limits_a^\infty f(x)e^{-sx}\,dx$ für jedes $s > s_0$ existiert, so heißt die durch

$$F(s) = \lim\limits_{a \downarrow 0} \int\limits_a^\infty f(x)e^{-sx}\,dx$$

für $s > s_0$ definierte Funktion F die Laplace-Transformierte der Funktion f.

Bemerkungen:

1. Ist f auf $[0, \infty)$ stetig, so stimmt diese Definition mit der Definition 5.4 überein.

2. Ist f eine in der Tabelle auf Seite 420 vorkommende Funktion, so kann man also auch Funktionen g mit

$$g(x) = \begin{cases} 0 & \text{für } x \leq 0 \\ f(x) & \text{für } x > 0 \end{cases}$$

transformieren. Ist bei der Berechnung des Integrals der Wert an der Stelle 0 einzusetzen, so ist bei der Funktion g nicht der Funktionswert an der Stelle 0 zu nehmen, sondern der rechtsseitige Grenzwert. Es ist dann $\mathscr{L}\{f\} = \mathscr{L}\{g\}$. Ist $f(0) \neq 0$, so bezeichnet man g als Sprungfunktion. Solche Funktionen beschreiben in der Elektrotechnik Einschaltvorgänge.

Beispiel 5.83

Man löse die Differentialgleichung $y'' + y = g(x)$ mit $g(x) = \begin{cases} \cos x & \text{für } x > 0 \\ 0 & \text{für } x \leq 0. \end{cases}$

Die Laplace-Transformation liefert für genügend große s

$$-y'(0) - sy(0) + s^2 Y(s) + Y(s) = \frac{s}{s^2 + 1},$$

$$Y(s) = \frac{s}{(s^2 + 1)^2} + \frac{y'(0) + sy(0)}{s^2 + 1}.$$

Durch Rücktransformation mit Hilfe der Tabelle erhalten wir die in diesem Falle nur für $x > 0$ gültige Lösung

$$y = \tfrac{1}{2}x \sin x + y'(+0)\sin x + y(+0)\cos x \quad \text{für } x > 0$$

mit $y'(+0) = \lim\limits_{x \downarrow 0} y'(x)$ und $y(+0) = \lim\limits_{x \downarrow 0} y(x)$.

Auch wenn f im Innern des Intervalls $[0, \infty)$ Unstetigkeitsstellen hat, kann unter gewissen Bedingungen die Laplace-Transformierte definiert werden.

Die Funktion f sei auf $[0, \infty)$ erklärt, für $x \neq x_0 > 0$ stetig und über das Intervall $[a, b]$ mit $x_0 \in [a, b]$ uneigentlich absolut integrierbar. Existieren die Grenzwerte

$$\lim_{x \uparrow x_0} \int_0^x f(t)e^{-st}\,dt \quad \text{und} \quad \lim_{x \downarrow x_0} \int_x^\infty f(t)e^{-st}\,dt \quad \text{für jedes } s > s_0 \qquad (5.59)$$

so heißt die durch

$$F(s) = \lim_{x \uparrow x_0} \int_0^x f(t)e^{-st}\,dt + \lim_{x \downarrow x_0} \int_x^\infty f(t)e^{-st}\,dt \quad \text{für } s > s_0 \qquad (5.60)$$

definierte Funktion F die Laplace-Transformierte der Funktion f.

Bemerkungen:

1. Bei der Berechnung der Laplace-Transformierten spielt also der Funktionswert $f(x_0)$ keine Rolle.
2. Die Definition kann auch auf mehrere, endlich viele Unstetigkeitsstellen erweitert werden.

Beispiel 5.84

Es sei f die Impulsfunktion mit $f(x) = \begin{cases} A > 0 & \text{für } x_1 \leqq x \leqq x_2 \text{ mit } A, x_1, x_2 \in \mathbb{R}^+ \\ 0 & \text{sonst.} \end{cases}$

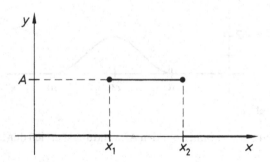

Bild 5.24: Die Impulsfunktion aus Beispiel 5.84

Wir berechnen die Laplace-Transformierte F der Impulsfunktion.

Die Grenzwerte (5.59) und (5.60) existieren an den Stellen $x = x_1$ und $x = x_2$ für $s > 0$, so daß die Laplace-Transformierte für $s > 0$ definiert ist. Da $f(x)$ nur für $x_1 \leqq x \leqq x_2$ ungleich Null ist, erhalten wir

$$F(s) = \int_{x_1}^{x_2} A e^{-sx}\,dx = A \frac{e^{-sx}}{-s}\bigg|_{x_1}^{x_2} = \frac{A}{s}(e^{-sx_1} - e^{-sx_2}).$$

Beispiel 5.85

Es sei f die Impulsfunktion mit $A = 1$, $x_1 = \pi$, $x_2 = 3\pi$. Wir lösen das Anfangswertproblem $y'' + y = f(x)$ mit $y(0) = y'(0) = 0$.

Durch Anwendung der Laplace-Transformation erhalten wir für genügend große s

$$s^2 Y(s) + Y(s) = \frac{1}{s}(e^{-s\pi} - e^{-3s\pi})$$

$$Y(s) = \frac{1}{s}(e^{-s\pi} - e^{-3s\pi})\frac{1}{s^2 + 1}.$$

Die Rücktransformation ergibt wegen

$$Y(s) = \mathscr{L}\{f(x)\} \cdot \mathscr{L}\{\sin x\}$$

mit Hilfe des Faltungssatzes (Satz 5.19)

$$y = \int_0^x \sin(x - t)\,f(t)\mathrm{d}t = \begin{cases} 0 & \text{für } x < \pi \\ \int_\pi^x \sin(x - t)\mathrm{d}t = 1 + \cos x & \text{für } \pi \leqq x \leqq 3\pi \\ 0 & \text{für } x > 3\pi. \end{cases}$$

Für $x = \pi$ bzw. $x = 3\pi$ ist y nicht zweimal differenzierbar, also ist y nur in solchen Intervallen Lösung, die die Punkte $x = \pi$ bzw. $x = 3\pi$ nicht enthalten.

Die Lösung ist in Bild 5.25 dargestellt.

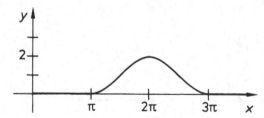

Bild 5.25: Skizze zu Beispiel 5.85

Mit Hilfe des folgenden Satzes können wir den Anwendungsbereich der Laplace-Transformation erweitern.

Satz 5.23 (Verschiebungssatz)

Es sei $x_0 > 0$. Die Laplace-Transformierte F der Funktion f existiere für $s > s_0$.

Dann existiert für $s > s_0$ auch die Laplace-Transformierte G der Funktion g mit

$$g(x) = \begin{cases} 0 & \text{für } x < x_0 \\ f(x - x_0) & \text{für } x \geqq x_0 \end{cases}$$

und es ist $G(s) = e^{-sx_0}F(s)$.

Bemerkung:

Den Graphen der Funktion g erhält man, indem man den Graphen der Funktion f um x_0 nach rechts verschiebt.

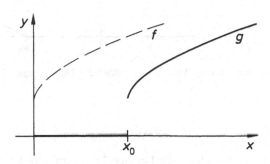

Bild 5.26: Die Graphen der Funktionen f und g aus Satz 5.23

Beweis:

Es ist für $A > x_0$: $\int\limits_0^A g(x)\mathrm{e}^{-sx}\mathrm{d}x = \int\limits_{x_0}^A g(x)\mathrm{e}^{-sx}\mathrm{d}x$. Wir substituieren $x = t + x_0$, d.h. $\mathrm{d}x = \mathrm{d}t$ und erhalten

$$\int\limits_0^A g(x)\mathrm{e}^{-sx}\mathrm{d}x = \int\limits_0^{A-x_0} g(t+x_0)\mathrm{e}^{-s(t+x_0)}\mathrm{d}t = \mathrm{e}^{-sx_0}\int\limits_0^{A-x_0} f(t)\mathrm{e}^{-st}\mathrm{d}t$$

wegen $g(x) = f(x - x_0)$, also $g(t + x_0) = f(t)$ mit $t = x - x_0$. Bilden wir den Grenzübergang $A \to \infty$, so konvergiert $\int\limits_0^{A-x_0} f(t)\mathrm{e}^{-st}\mathrm{d}t$ für $s > s_0$, da die Laplace-Transformierte der Funktion f existiert. Dann konvergiert auch $\int\limits_0^A g(x)\mathrm{e}^{-sx}\mathrm{d}x$ für $s > s_0$, d.h. die Laplace-Transformierte der Funktion g existiert und es folgt mit den Bezeichnungen des Satzes

$$G(s) = \mathrm{e}^{-sx_0}F(s) \quad \text{für } s > s_0. \qquad \bullet$$

Wir wenden den Verschiebungssatz in den folgenden Beispielen an.

Beispiel 5.86

Wir berechnen die Laplace-Transformierte der **Sprungfunktion** f mit

$$f(x) = \begin{cases} 0 & \text{für alle } x < x_0 \\ A & \text{für alle } x \geq x_0 \end{cases} \quad \text{wobei } A, x_0 > 0 \text{ ist.}$$

Aus dem Verschiebungssatz folgt mit $F = \mathscr{L}\{f\}$

$$F(s) = \mathrm{e}^{-sx_0}\mathscr{L}\{A\} = \mathrm{e}^{-sx_0} \cdot A \cdot \mathscr{L}\{1\} = \mathrm{e}^{-sx_0}A\frac{1}{s} \quad \text{für } s > 0.$$

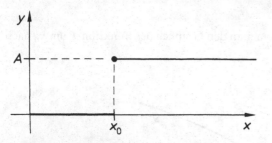

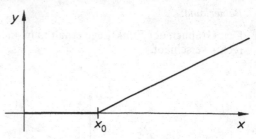

Bild 5.27: Die Sprungfunktion aus Beispiel 5.86   **Bild 5.28:** Die Anstiegsfunktion aus Beispiel 5.87

Beispiel 5.87

Es sei $x_0 > 0$ und $A \in \mathbb{R}$. Wir berechnen die Laplace-Transformierte der **Anstiegsfunktion** f mit

$$f(x) = \begin{cases} 0 & \text{für } x < x_0 \\ A(x - x_0) & \text{für } x \geqq x_0 \end{cases}$$

Nach Satz 5.23 ergibt sich mit $F = \mathscr{L}\{f\}$

$$F(s) = e^{-sx_0} \mathscr{L}\{Ax\} = e^{-sx_0} A \frac{1}{s^2} \quad \text{für } s > 0$$

Beispiel 5.88

Es sei $A \in \mathbb{R}$ und $x_1 < x_2$. Wir berechnen die Laplace-Transformierte der **Rampenfunktion** f mit

$$f(x) = \begin{cases} 0 & \text{für } x < x_1 \\ A \dfrac{x - x_1}{x_2 - x_1} & \text{für } x_1 \leqq x \leqq x_2 \\ A & \text{für } x > x_2. \end{cases}$$

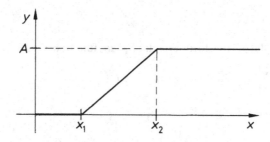

Bild 5.29: Die Rampenfunktion aus Beispiel 5.88

Wir stellen f als Summe zweier Funktionen f_1 und f_2 dar mit

$$f_1(x) = \begin{cases} 0 & \text{für } x < x_1 \\ A\dfrac{x - x_1}{x_2 - x_1} & \text{für } x \geq x_1 \end{cases} \quad \text{und} \quad f_2(x) = \begin{cases} 0 & \text{für } x < x_2 \\ -A\dfrac{x - x_2}{x_2 - x_1} & \text{für } x \geq x_2. \end{cases}$$

Dann ist mit $F = \mathscr{L}\{f\}$, $F_1 = \mathscr{L}\{f_1\}$ und $F_2 = \mathscr{L}\{f_2\}$

$$F_1(s) = e^{-sx_1}\frac{A}{x_2 - x_1}\frac{1}{s^2}, \quad F_2(s) = -e^{-sx_2}\frac{A}{x_2 - x_1}\frac{1}{s^2} \quad \text{und}$$

$$F(s) = F_1(s) + F_2(s) = \frac{A}{x_2 - x_1}\frac{1}{s^2}(e^{-sx_1} - e^{-sx_2}) \quad \text{für } s > 0. \tag{5.61}$$

Beispiel 5.89

Wir lösen das Anfangswertproblem $y'' + y = f(x)$ mit $y(0) = y'(0) = 0$, wo f die Rampenfunktion ist mit $A = \dfrac{\pi}{2}$, $x_1 = \dfrac{\pi}{2}$, $x_2 = \pi$.

Nach Beispiel 5.88 ist die Laplace-Transformierte dieser Rampenfunktion

$$F(s) = \frac{1}{s^2}(e^{-\pi s/2} - e^{-s\pi}).$$

Durch Anwendung der Laplace-Transformation folgt mit $Y = \mathscr{L}\{y\}$ für genügend große s

$$(s^2 + 1)Y(s) = \frac{1}{s^2}(e^{-\pi s/2} - e^{-s\pi}),$$

$$Y(s) = \frac{1}{s^2}(e^{-\pi s/2} - e^{-s\pi}) \cdot \frac{1}{s^2 + 1}.$$

Zur Rücktransformation benutzen wir den Faltungssatz (Satz 5.19). Es folgt

$$y = \int_0^x \sin(x - t)f(t)\,dt$$

$$= \begin{cases} 0 & \text{für } x < \dfrac{\pi}{2} \\[2mm] \displaystyle\int_{\frac{\pi}{2}}^x \left(t - \frac{\pi}{2}\right)\sin(x - t)\,dt = \cos x + x - \frac{\pi}{2} & \text{für } \dfrac{\pi}{2} \leq x \leq \pi \\[2mm] \displaystyle\int_{\frac{\pi}{2}}^{\pi} \left(t - \frac{\pi}{2}\right)\sin(x - t)\,dt + \int_{\pi}^x \frac{\pi}{2}\sin(x - t)\,dt = \frac{\pi}{2} + \cos x - \sin x = \frac{\pi}{2} + \sqrt{2}\sin(x + \tfrac{3}{4}\pi) & \text{für } x > \pi. \end{cases}$$

Die Lösung ist in Bild 5.30 dargestellt.

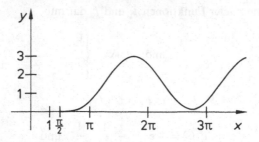

Bild 5.30: Die Lösung aus Beispiel 5.89

5.3.6 Anwendungen der linearen Differentialgleichungen zweiter Ordnung mit konstanten Koeffizienten

Die linearen Differentialgleichungen zweiter Ordnung mit konstanten Koeffizienten treten häufig bei Schwingungsproblemen auf.

Mechanische Schwingungen

Wir betrachten einen Körper der Masse m, der an einer Feder mit der Federkonstanten c hängt. Durch die Schwerkraft ist die Feder gedehnt. Wir wählen den Schwerpunkt des Körpers in dieser Ruhelage als Nullpunkt einer vertikalen x-Achse, deren positive Richtung nach unten weist. Wir bezeichnen die Auslenkung des Schwerpunktes zur Zeit t mit $x(t)$.

Zur Zeit $t = 0$ befinde sich der Schwerpunkt des Körpers an der Stelle $x(0)$, ihm werde in diesem Zeitpunkt die Anfangsgeschwindigkeit $v_0 = \left.\dfrac{dx}{dt}\right|_{t=0} = \dot{x}(0)$ verliehen. Der Bewegung wirke eine der Geschwindigkeit proportionale Reibungskraft entgegen, außerdem greife für $t \geq 0$ im Schwerpunkt die in Richtung der x-Achse wirkende Kraft $F(t)$ an.

Bezeichnen wir die Ableitung der Funktion x nach der Zeit t durch einen Punkt: $\dfrac{dx}{dt} = \dot{x}, \dfrac{d^2x}{dt^2} = \ddot{x}$, so wirken folgende Kräfte auf den Körper

1. die Federkraft $-cx(t)$ mit $c \in \mathbb{R}^+$
2. die Reibungs- oder Dämpfungskraft $-k\dot{x}(t)$ mit $k \in \mathbb{R}_0^+$
3. die äußere Kraft $F(t)$

Die Schwerkraft kann wegen der speziellen Wahl des Nullpunktes unberücksichtigt bleiben. Nach dem Grundgesetz der Mechanik ist das Produkt aus Masse m und Beschleunigung $\ddot{x}(t)$ gleich der Summe aller Kräfte

$$m\ddot{x}(t) = -k\dot{x}(t) - cx(t) + F(t)$$
$$m\ddot{x}(t) + k\dot{x}(t) + cx(t) = F(t) \qquad (5.62)$$

Die Bewegung wird also durch eine lineare Differentialgleichung zweiter Ordnung mit konstanten Koeffizienten beschrieben.

Wir wollen im folgenden einige Sonderfälle betrachten:

1. $F(t) = 0$, $k = 0$: freie ungedämpfte Schwingung
   In diesem Falle wirkt keine äußere Kraft, es ist keine Reibung vorhanden.
2. $F(t) = 0$, $k > 0$: freie gedämpfte Schwingung
   In diesem Falle wirkt ebenfalls keine äußere Kraft, wir lassen aber Reibung zu.
3. $F(t) = F_0 \in \mathbb{R}$, $k > 0$:
   Es wirkt eine konstante äußere Kraft, es ist Reibung vorhanden.
4. $F(t) = F_0 \sin \omega_E t$, $k > 0$: erzwungene Schwingung mit Dämpfung
   Es wirkt eine periodische äußere Kraft, es ist Reibung vorhanden.

1. Freie ungedämpfte Schwingung

Gleichung (5.62) lautet dann

$$m\ddot{x}(t) + cx(t) = 0. \tag{5.63}$$

Die charakteristische Gleichung $m\lambda^2 + c = 0$ hat die Lösungen

$$\lambda_1 = j\sqrt{\frac{c}{m}}, \quad \lambda_2 = -j\sqrt{\frac{c}{m}} \quad \text{mit } \frac{c}{m} \in \mathbb{R}^+.$$

Wir setzen

$$\omega_0 = \sqrt{\frac{c}{m}}. \tag{5.64}$$

ω_0 heißt **Eigenkreisfrequenz** des Systems. Dann ist

$$\lambda_1 = j\omega_0, \quad \lambda_2 = -j\omega_0 \quad \text{mit } \omega_0 \in \mathbb{R}^+.$$

Für die allgemeine Lösung der Differentialgleichung (5.63) ergibt sich dann

$$x(t) = A \cos \omega_0 t + B \sin \omega_0 t \text{ mit } A, B \in \mathbb{R} \tag{5.65}$$

Aus $x(0) = x_0$ folgt $A = x_0$, aus $\dot{x}(0) = v_0$ ergibt sich $B = \dfrac{1}{\omega_0} v_0$.

Setzen wir diese Werte in (5.65) ein, so erhalten wir

$$x(t) = x_0 \cos \omega_0 t + \frac{v_0}{\omega_0} \sin \omega_0 t. \tag{5.66}$$

$x(t)$ ist die Summe einer Sinusfunktion und einer Kosinusfunktion gleicher Frequenz.

Wir wollen zeigen, daß man eine Linearkombination einer Sinusfunktion und einer Kosinusfunktion gleicher Frequenz a in der Form $C \sin(at + b)$ mit geeigneten $C, b \in \mathbb{R}$ darstellen kann:

$$c_1 \sin at + c_2 \cos at = C \sin(at + b). \tag{5.67}$$

Benutzen wir das Additionstheorem für die Sinusfunktion, so folgt

$$c_1 \sin at + c_2 \cos at = C(\sin at \cos b + \cos at \sin b).$$

Diese Gleichung ist erfüllt, wenn wir

$$c_1 = C \cos b, \quad c_2 = C \sin b \tag{5.68}$$

setzen. Aus diesem Ansatz folgt

$$c_1^2 + c_2^2 = C^2(\cos^2 b + \sin^2 b) = C^2, \quad \text{also } C = \pm\sqrt{c_1^2 + c_2^2}.$$

Wir wählen

$$C = \sqrt{c_1^2 + c_2^2}. \tag{5.69}$$

Aus (5.68) ergibt sich für $c_1 \neq 0$ weiter

$$\tan b = \frac{c_2}{c_1}.$$

Daraus folgt in Verbindung mit (5.68)

$$b = \begin{cases} \arctan \dfrac{c_2}{c_1} & \text{für } c_1 > 0 \\[2mm] \arctan \dfrac{c_2}{c_1} + \pi & \text{für } c_1 < 0 \\[2mm] \dfrac{\pi}{2} & \text{für } c_1 = 0, \ c_2 > 0 \\[2mm] \dfrac{3}{2}\pi & \text{für } c_1 = 0, c_2 < 0. \end{cases}$$

Setzen wir (5.66) in der Form $A_1 \cdot \sin(\omega_0 t + \varphi)$ an, so ergibt sich

$$A_1 = \sqrt{x_0^2 + \left(\frac{v_0}{\omega_0}\right)^2}$$

$$\varphi = \begin{cases} \arctan \dfrac{x_0\omega_0}{v_0} & \text{für } v_0 > 0 \\[2mm] \arctan \dfrac{x_0\omega_0}{v_0} + \pi & \text{für } v_0 < 0 \\[2mm] \dfrac{\pi}{2} & \text{für } v_0 = 0 \text{ und } x_0 > 0 \\[2mm] \dfrac{3}{2}\pi & \text{für } v_0 = 0 \text{ und } x_0 < 0. \end{cases}$$

Insgesamt erhalten wir

$$x(t) = \begin{cases} A_1 \sin(\omega_0 t + \varphi) & \text{für } v_0 \neq 0 \\ x_0 \cos \omega_0 t & \text{für } v_0 = 0. \end{cases}$$

$x(t)$ beschreibt eine ungedämpfte Schwingung mit der Amplitude $A_1 = \sqrt{x_0^2 + \left(\dfrac{v_0}{\omega_0}\right)^2}$ und der Anfangsphase φ. $\dfrac{\omega_0}{2\pi}$ ist die Frequenz dieser ungedämpften Schwingung, ω_0 ihre Kreisfrequenz. Die Lösung ist in Bild 5.31 dargestellt.

2. Freie, gedämpfte Schwingung

In diesem Falle lautet Gleichung (5.62)

$$m\ddot{x}(t) + k\dot{x}(t) + cx(t) = 0. \tag{5.70}$$

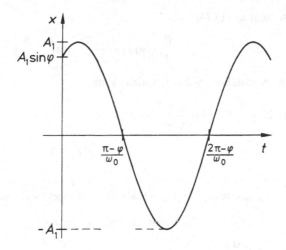

Bild 5.31: Ungedämpfte Schwingung mit $v_0 \neq 0$

Die charakteristische Gleichung $m\lambda^2 + k\lambda + c = 0$ hat die Lösungen

$$\lambda_1 = \frac{-k + \sqrt{k^2 - 4mc}}{2m}, \quad \lambda_2 = \frac{-k - \sqrt{k^2 - 4mc}}{2m}. \tag{5.71}$$

Wir setzen

$$\frac{k}{2m} = \delta \tag{5.72}$$

und nennen $\delta > 0$ **Dämpfungsfaktor** oder **Abklingkonstante**. Dann ist mit der Eigenkreisfrequenz $\omega_0 = \sqrt{\dfrac{c}{m}}$ (vgl. (5.64))

$$\lambda_1 = -\delta + \sqrt{\delta^2 - \omega_0^2}, \quad \lambda_2 = -\delta - \sqrt{\delta^2 - \omega_0^2}. \tag{5.73}$$

In Abhängigkeit vom Radikanden in (5.73) sind 3 Fälle zu diskutieren:

a) Es sei $\delta^2 - \omega_0^2 > 0$.

In diesem Falle herrscht eine große Reibung, d.h. **starke Dämpfung**. Man spricht vom **Kriechfall**. Der Radikand in (5.73) ist positiv und wegen $|\delta| > \sqrt{\delta^2 - \omega_0^2}$ ist $0 > \lambda_1 > \lambda_2$. Die allgemeine Lösung der Differentialgleichung lautet

$$x(t) = A\,e^{\lambda_1 t} + B\,e^{\lambda_2 t} \quad \text{mit } A, B \in \mathbb{R}. \tag{5.74}$$

Die Anfangsbedingungen $x(0) = x_0$, $\dot{x}(0) = v_0$ liefern

$$A = \frac{x_0 \lambda_2 - v_0}{\lambda_2 - \lambda_1}, \quad B = \frac{v_0 - \lambda_1 x_0}{\lambda_2 - \lambda_1}.$$

Wir bestimmen Nullstellen und Extremwerte der Lösung.

Setzen wir $x(t) = 0$, so folgt aus (5.74)

$$0 = A\,e^{\lambda_1 t} + B\,e^{\lambda_2 t}, \text{ d.h. } e^{(\lambda_1 - \lambda_2)t} = -\frac{B}{A}, \text{ also } t_1 = \frac{1}{\lambda_1 - \lambda_2}\ln\left(-\frac{B}{A}\right).$$

Wegen $\lambda_1 > \lambda_2$ ist eine Nullstelle $t_1 > 0$ vorhanden, wenn

$$\ln\left(-\frac{B}{A}\right) > 0, \text{ d.h. } -\frac{B}{A} > 1 \text{ also } \frac{v_0 - \lambda_1 x_0}{v_0 - \lambda_2 x_0} > 1$$

ist. Daraus folgt

α) für $v_0 - \lambda_2 x_0 > 0$:

$$v_0 - \lambda_1 x_0 > v_0 - \lambda_2 x_0, \text{ d.h. } (\lambda_2 - \lambda_1)x_0 > 0 \text{ also } x_0 < 0 \text{ wegen } \lambda_2 - \lambda_1 < 0,$$

β) für $v_0 - \lambda_2 x_0 < 0$:

$$v_0 - \lambda_1 x_0 < v_0 - \lambda_2 x_0, \text{ d.h. } x_0 > 0.$$

Wegen $\dot{x}(t) = A\lambda_1\,e^{\lambda_1 t} + B\lambda_2\,e^{\lambda_2 t}$ folgt aus $\dot{x}(t) = 0$:

$$A\lambda_1\,e^{\lambda_1 t} + B\lambda_2\,e^{\lambda_2 t} = 0, \text{ d.h. } e^{(\lambda_1 - \lambda_2)t} = -\frac{B\lambda_2}{A\lambda_1} \text{ also}$$

$$t_2 = \frac{1}{\lambda_1 - \lambda_2}\ln\left(-\frac{B\lambda_2}{A\lambda_1}\right). \tag{5.75}$$

Folglich ist ein Extremwert vorhanden, wenn

$$\ln\left(-\frac{B\lambda_2}{A\lambda_1}\right) > 0, \text{ d.h. } -\frac{B\lambda_2}{A\lambda_1} > 1, \text{ also } \frac{\lambda_2(v_0 - \lambda_1 x_0)}{\lambda_1(v_0 - \lambda_2 x_0)} > 1$$

ist. Man erhält einerseits für $x_0 > 0$: $v_0 < \lambda_2 x_0$ oder $v_0 > 0$, andererseits für $x_0 < 0$: $v_0 > \lambda_2 x_0$ oder $v_0 < 0$. Aus

$$\ddot{x}(t) = A\lambda_1^2\,e^{\lambda_1 t} + B\lambda_2^2\,e^{\lambda_2 t} = e^{\lambda_2 t}(A\lambda_1^2\,e^{(\lambda_1 - \lambda_2)t} + B\lambda_2^2)$$

folgt für $t = t_2$ wegen (5.75):

$$\ddot{x}(t_2) = e^{\lambda_2 t_2}\left(A\lambda_1^2\left(-\frac{B\lambda_2}{A\lambda_1}\right) + B\lambda_2^2\right) = B\lambda_2\,e^{\lambda_2 t_2}(-\lambda_1 + \lambda_2) \neq 0,$$

so daß bei $t = t_2$ für $t_2 > 0$ ein Extremum vorhanden ist.

In Bild 5.32 sind einige Funktionen $x(t)$ dargestellt.

b) Es sei $\delta^2 - \omega_0^2 = 0$.

In diesem Falle ist $k^2 = 4mc$. Man spricht dann vom **aperiodischen Grenzfall**. Da der Radikand in (5.73) verschwindet, ist $\lambda_1 = \lambda_2 < 0$. Die Lösung der Differentialgleichung (5.63) lautet

$$x(t) = e^{\lambda_1 t}(A + Bt).$$

Die Anfangsbedingungen liefern $A = x_0$, $B = v_0 - \lambda_1 x_0$.

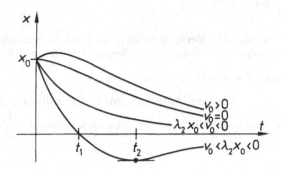

Bild 5.32: Zum Fall der starken Dämpfung

Wir diskutieren die Lösung. Dazu bestimmen wir insbesondere die Nullstellen und Extremwerte von $x(t)$.

Setzen wir $x(t) = 0$, so folgt $t_1 = -\dfrac{A}{B}$. Eine Nullstelle $t_1 > 0$ ist daher vorhanden, wenn $x_0 > 0$ und $v_0 < \lambda_1 x_0 = \lambda_2 x_0$ oder $x_0 < 0$ und $v_0 > \lambda_1 x_0 = \lambda_2 x_0$ ist.

Die erste Ableitung $\dot{x}(t) = e^{\lambda_1 t}(B\lambda_1 t + A\lambda_1 + B)$ verschwindet für $t_2 = -\dfrac{1}{\lambda_1} - \dfrac{A}{B}$. Ein Extremum kann nur vorhanden sein, wenn $t_2 > 0$ ist. Daraus folgt einerseits für $x_0 > 0$: $v_0 < \lambda_1 x_0$ oder $v_0 > 0$, andererseits für $x_0 < 0$: $v_0 > \lambda_1 x_0$ oder $v_0 < 0$. Mit Hilfe der zweiten Ableitung zeigt man, daß für $B \neq 0$ auch die hinreichende Bedingung für ein Extremum erfüllt ist.

In Bild 5.33 sind einige Fälle von $x(t)$ dargestellt.

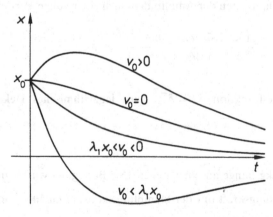

Bild 5.33: Schwingung beim aperiodischen Grenzfall

c) Es sei $\delta^2 - \omega_0^2 < 0$.

In diesem Falle ist $k^2 < 4mc$. Die Reibung ist klein, es herrscht eine **schwache Dämpfung**. Der Radikand in (5.73) ist negativ, die Lösung der Differentialgleichung (5.70) lautet

$$x(t) = e^{-\delta t}(A \cos \omega t + B \sin \omega t)$$

mit $\omega = \sqrt{\omega_0^2 - \delta^2}$, $\delta > 0$. Aus den Anfangsbedingungen $x(0) = x_0$, $\dot{x}(0) = v_0$ folgt $A = x_0$, $B = \dfrac{1}{\omega}(v_0 + x_0\delta)$. Wie im ersten Falle kann der Ausdruck $x_0 \cos \omega t + \dfrac{1}{\omega}(v_0 + x_0\delta)\sin \omega t$ in der Form $A_1 \sin(\omega t + \varphi)$ mit

$$A_1 = \sqrt{x_0^2 + \frac{1}{\omega^2}(v_0 + x_0\delta)^2},$$

$$\varphi = \begin{cases} \arctan\dfrac{\omega x_0}{v_0 + x_0\delta} & \text{für } v_0 + x_0\delta > 0 \\[2mm] \arctan\dfrac{\omega x_0}{v_0 + x_0\delta} + \pi & \text{für } v_0 + x_0\delta < 0 \\[2mm] \dfrac{\pi}{2} & \text{für } v_0 + x_0\delta = 0 \text{ und } x_0 > 0 \\[2mm] \dfrac{3}{2}\pi & \text{für } v_0 + x_0\delta = 0 \text{ und } x_0 < 0. \end{cases}$$

dargestellt werden. Wir erhalten

$$x(t) = A_1 e^{-\delta t} \sin(\omega t + \varphi). \tag{5.76}$$

Gleichung (5.76) beschreibt eine gedämpfte Schwingung mit der Frequenz $\dfrac{\omega}{2\pi}$ und der Anfangsphase φ. ω heißt **Eigenkreisfrequenz** der gedämpften Schwingung. Die Lösung ist in Bild 5.34 skizziert. Der Fall wird als **Schwingfall** bezeichnet.

Wir berechnen den Quotienten der Amplituden nach einer vollen Periodendauer $T = \dfrac{2\pi}{\omega}$:

$$\frac{x(t)}{x\left(t + \dfrac{2\pi}{\omega}\right)} = \frac{A_1 e^{-\delta t} \sin(\omega t + \varphi)}{A_1 e^{-\delta t} e^{-\delta T} \sin(\omega t + 2\pi + \varphi)} = e^{\delta T}. \tag{5.77}$$

Der Exponent der e-Funktion $\delta T = \delta \dfrac{2\pi}{\omega}$ wird **logarithmisches Dekrement** der Dämpfung genannt.

Beispiel 5.90

Eine Masse von 100 kg hänge an einer Feder. Der Bewegung wirke eine der Geschwindigkeit proportionale Dämpfungskraft mit der Dämpfungskonstanten $500 \dfrac{\text{kg}}{\text{s}}$ entgegen (Stoßdämpfer). Wie groß muß die Federkonstante sein, damit der aperiodische Grenzfall eintritt?

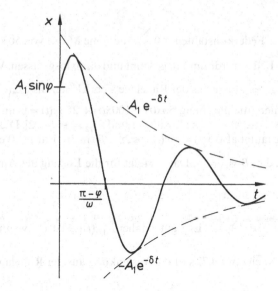

Bild 5.34: Gedämpfte Schwingung

Die Differentialgleichung lautet $100\ddot{x}(t) + 500\dot{x}(t) + cx(t) = 0$, die charakteristische Gleichung $100\lambda^2 + 500\lambda + c = 0$. Die Lösungen sind

$$\lambda_{1/2} = -\tfrac{5}{2} \pm \sqrt{\frac{2500 - 4c}{400}}.$$

Beim aperiodischen Grenzfall muß der Radikand Null sein. Wir erhalten $4c = 2500$, also $c = 625$. Die Federkonstante muß also $625\,\dfrac{\mathrm{N}}{\mathrm{m}}$ betragen.

Beispiel 5.91

Ein Federbein habe die Federkonstante $100\,\dfrac{\mathrm{N}}{\mathrm{m}}$ und die Dämpfungskonstante $1000\,\dfrac{\mathrm{kg}}{\mathrm{s}}$. Es werde durch eine Masse belastet. Für welche Massen erhält man eine gedämpfte Schwingung?

Die Differentialgleichung lautet $m\ddot{x}(t) + 1000\dot{x}(t) + 100x(t) = 0$, die charakteristische Gleichung $m\lambda^2 + 1000\lambda + 100 = 0$. Die Lösungen sind

$$\lambda_{1/2} = -\frac{500}{m} \pm \sqrt{\frac{250000 - 100\,m}{m^2}}.$$

Gedämpfte Schwingungen kommen zustande, wenn der Radikand negativ ist, also für $m > 2500$. Ist die belastende Masse also größer als $2500\,\mathrm{kg}$, kommt eine gedämpfte Schwingung zustande.

Beispiel 5.92

An einer Feder mit der Federkonstanten $250\,\dfrac{\text{N}}{\text{m}}$ hänge eine Masse von 50 kg. Die Dämpfungskonstante sei $100\,\dfrac{\text{kg}}{\text{s}}$. Die Feder werde um 1 m gedehnt und dann losgelassen. Von welchem Zeitpunkt an ist die Auslenkung der Masse aus der Ruhelage stets kleiner als 1 cm?

Wir erhalten die Differentialgleichung $50\ddot{x}(t) + 100\dot{x}(t) + 250x(t) = 0$ und die charakteristische Gleichung $50\lambda^2 + 100\lambda + 250 = 0$. Die Lösungen sind $\lambda_{1/2} = -1 \pm 2j$. Die allgemeine Lösung der Differentialgleichung lautet also $x(t) = e^{-t}(A\cos 2t + B\sin 2t)$. Für $t = 0$ ergibt sich $x(0) = A = 1$, $\dot{x}(0) = -A + 2B = 0$, d.h. $B = \dfrac{A}{2} = \dfrac{1}{2}$. Daraus folgt für die Lösung des Anfangswertproblems

$$x(t) = e^{-t}(\cos 2t + \tfrac{1}{2}\sin 2t) = e^{-t}\cdot\tfrac{1}{2}\sqrt{5}\cdot\sin(2t + \arctan 2).$$

Wir erhalten $|x(t)| \leqq e^{-t}\dfrac{\sqrt{5}}{2}$. Es gilt daher $|x(t)| \leqq 0{,}01$, wenn $e^{-t}\dfrac{\sqrt{5}}{2} \leqq 0{,}01$, d.h.

$t \geqq -\ln\dfrac{0{,}02}{\sqrt{5}} \approx 4{,}72$. Nach etwa 4,72 s ist die Auslenkung aus der Ruhelage stets kleiner als 1 cm.

3. Der Fall einer konstanten äußeren Kraft

Die Differentialgleichung $m\ddot{x}(t) + k\dot{x}(t) + cx(t) = F_0$ hat die partikuläre Lösung $x_\text{p}(t) = \dfrac{F_0}{c}$. für die Lösung der homogenen Differentialgleichung gilt

a) bei starker Dämpfung $x_\text{H}(t) = A\,e^{\lambda_1 t} + B\,e^{\lambda_2 t}$
b) bei schwacher Dämpfung $x_\text{H}(t) = e^{-\delta t}(A\cos\omega t + B\sin\omega t)$

mit $A, B \in \mathbb{R}$. Mit den Anfangsbedingungen $x(0) = 0$, $\dot{x}(0) = 0$ ergeben sich die in den Bildern 5.35 und 5.36 skizzierten Kurven für den Bewegungsablauf.

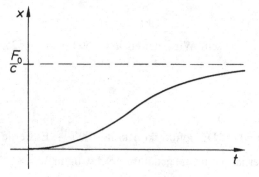

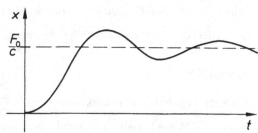

Bild 5.35: Lösung bei starker Dämpfung und konstanter äußerer Kraft

Bild 5.36: Lösung bei schwacher Dämpfung und konstanter äußerer Kraft

4. Es wirke eine periodische äußere Kraft $F(t) = F_0 \sin\omega_\text{E}t$ für $t \geqq 0$ mit $\omega_\text{E} > 0$.

Die äußere Kraft sei also eine ungedämpfte Schwingung mit der Amplitude $|F_0|$ und der Frequenz $\dfrac{\omega_\text{E}}{2\pi}$. ω_E heißt **Erregerkreisfrequenz**.

a) Wir betrachten zunächst den Fall der starken Dämpfung. Die zu (5.62) gehörige homogene Differentialgleichung hat die allgemeine Lösung

$$x_H(t) = A\,e^{\lambda_1 t} + B\,e^{\lambda_2 t} \quad \text{mit } A, B \in \mathbb{R}, \ \lambda_2 < \lambda_1 < 0.$$

Um eine partikuläre Lösung zu erhalten, berechnen wir zuerst eine spezielle Lösung der Differentialgleichung

$$m\ddot{z}(t) + k\dot{z}(t) + cz(t) = F_0 e^{j\omega_E t}. \tag{5.78}$$

Der Imaginärteil von $z(t)$ löst dann die Differentialgleichung

$$m\ddot{x}(t) + k\dot{x}(t) + cx(t) = F_0 \sin \omega_E t, \tag{5.79}$$

da $\sin \omega_E t = \mathrm{Im}\,(e^{j\omega_E t})$ ist.

Wir wenden die Operatorenmethode an. Es ergibt sich

$$z_p(t) = \frac{1}{m D^2 + k D + c}\, F_0\, e^{j\omega_E t}$$

und durch Anwendung der Formel (5.48)

$$z_p(t) = e^{j\omega_E t} \frac{1}{m(j\omega_E)^2 + kj\omega_E + c}\, F_0 = \frac{e^{j\omega_E t}}{c - m\omega_E^2 + jk\omega_E}\, F_0.$$

Es ist

$$c - m\omega_E^2 + jk\omega_E = \alpha\, e^{j\gamma}$$

mit

$$\alpha = \sqrt{(c - m\omega_E^2)^2 + k^2\omega_E^2} \quad \text{und}$$

$$\gamma = \begin{cases} \arctan\dfrac{k\omega_E}{c - m\omega_E^2} & \text{für } c - m\omega_E^2 > 0 \\[2mm] \dfrac{\pi}{2} & \text{für } c - m\omega_E^2 = 0 \\[2mm] \arctan\dfrac{k\omega_E}{c - m\omega_E^2} + \pi & \text{für } c - m\omega_E^2 < 0. \end{cases}$$

Daraus folgt $0 \leq \gamma \leq \pi$ wegen $k, \omega_E \in \mathbb{R}_0^+$.

Wegen $\omega_0 = \sqrt{\dfrac{c}{m}}$ (vgl. (5.64)) ergibt sich mit

$$\rho = \frac{k}{\sqrt{cm}} \tag{5.80}$$

hieraus weiter

$$\alpha = c \cdot \sqrt{\left(1 - \frac{\omega_E^2}{\omega_0^2}\right)^2 + \left(\rho \cdot \frac{\omega_E}{\omega_0}\right)^2} \quad \text{und} \tag{5.81}$$

$$\gamma = \begin{cases} -\arctan \dfrac{\rho \dfrac{\omega_E}{\omega_0}}{\left(\dfrac{\omega_E}{\omega_0}\right)^2 - 1} & \text{für } \omega_E < \omega_0 \\[4ex] \dfrac{\pi}{2} & \text{für } \omega_E = \omega_0 \\[4ex] -\arctan \dfrac{\rho \dfrac{\omega_E}{\omega_0}}{\left(\dfrac{\omega_E}{\omega_0}\right)^2 - 1} + \pi & \text{für } \omega_E > \omega_0. \end{cases}$$

Wir erhalten

$$z_p(t) = \frac{F_0}{\alpha} e^{j(\omega_E t - \gamma)}.$$

Eine spezielle Lösung der Differentialgleichung (5.79) ist also

$$x_p(t) = \frac{F_0}{\alpha} \sin(\omega_E t - \gamma).$$

Es handelt sich um eine ungedämpfte Schwingung mit der Amplitude $\left|\dfrac{F_0}{\alpha}\right|$ und der Kreisfrequenz ω_E, γ ist die Phasenverschiebung zwischen der Erregerschwingung und $x_p(t)$.

Für die allgemeine Lösung der Differentialgleichung (5.79) folgt

$$x(t) = x_H(t) + x_p(t) = A e^{\lambda_1 t} + B e^{\lambda_2 t} + \frac{F_0}{\alpha} \sin(\omega_E t - \gamma).$$

Wegen $\lambda_2 < \lambda_1 < 0$ ist $\lim\limits_{t \to \infty} x_H(t) = 0$, so daß $x(t) \approx x_p(t)$ für große t gilt. $x_p(t)$ heißt daher **stationäre Lösung**. Für große t schwingt das System daher mit der Erregerkreisfrequenz. $x_H(t)$ beschreibt die Bewegung für kleine t, den **Einschwingvorgang.**

b) Wir betrachten den Fall der schwachen Dämpfung. Die zu (5.62) gehörige homogene Differentialgleichung hat die allgemeine Lösung

$$x_H(t) = e^{-\delta t}(A \cos \omega t + B \sin \omega t).$$

Wie bei der starken Dämpfung ist $x_p(t) = \dfrac{F_0}{\alpha} \sin(\omega_E t - \gamma)$, so daß die allgemeine Lösung

$$x(t) = e^{-\delta t}(A \cos \omega t + B \sin \omega t) + \frac{F_0}{\alpha} \sin(\omega_E t - \gamma)$$

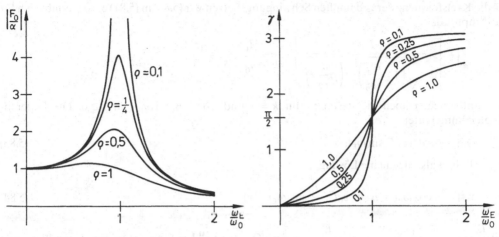

Bild 5.37: Amplitude der stationären Lösung   **Bild 5.38:** Phasenverschiebung der stationären Lösung

ist. Stationäre Lösung ist wieder $x_p(t) = \dfrac{F_0}{\alpha} \sin(\omega_E t - \gamma)$. Wir wollen die stationäre Lösung diskutieren.

Die Frequenz wird nur von der äußeren Kraft bestimmt, sie ist unabhängig von m, k, c. Es handelt sich um eine erzwungene Schwingung. In Bild 5.37 ist die Amplitude, in Bild 5.38 die Phasenverschiebung in Abhängigkeit von $\dfrac{\omega_E}{\omega_0}$ dargestellt.

Die Amplitude $\left|\dfrac{F_0}{\alpha}\right|$ und die Phasenverschiebung γ der stationären Lösung hängen von der Erregerkreisfrequenz ω_E ab. Wir wollen diejenigen ω_E^* bestimmen, für die die Amplitude maximal wird. Das Maximum wird erreicht, wenn in (5.81) der Radikand am kleinsten ist. Wir setzen die erste Ableitung des Radikanden Null:

$$2\left(1 - \frac{\omega_E^{*2}}{\omega_0^2}\right)\left(-2\frac{\omega_E^*}{\omega_0^2}\right) + 2\omega_E^* \frac{\rho^2}{\omega_0^2} = 0$$

$$2\frac{\omega_E^*}{\omega_0^2}\left(-2 + 2\frac{\omega_E^{*2}}{\omega_0^2} + \rho^2\right) = 0.$$

Da $\omega_E^* \neq 0$ ist, muß der Inhalt der Klammer verschwinden. Daraus folgt wegen (5.64), (5.72) und (5.80)

$$\omega_E^* = \sqrt{\frac{\omega_0^2}{2}(2 - \rho^2)} = \sqrt{\omega_0^2 - 2\delta^2}. \tag{5.82}$$

Man zeigt durch Differenzieren und Einsetzen, daß die zweite Ableitung des Radikanden an dieser Stelle positiv ist.

Ist die Erregerkreisfrequenz so gewählt, daß die Amplitude der erzwungenen Schwingung maximal wird, sagt man, das System sei in Resonanz. $\omega_R = \sqrt{\omega_0^2 - 2\delta^2}$ heißt die **Resonanz-Kreisfrequenz**. Wegen $\omega = \sqrt{\omega_0^2 - \delta^2}$ ist $\omega_R < \omega$, die Resonanz-Kreisfrequenz ist also stets kleiner als die Kreisfrequenz der gedämpften Schwingung. Setzen wir (5.82) in (5.81) ein, so ergibt sich für die Amplitude

$$\left|\frac{F_0}{\alpha}\right| = \left|\frac{F_0}{c \cdot \sqrt{\left(1 - \frac{\omega_R^2}{\omega_0^2}\right)^2 + \left(\rho\,\frac{\omega_R}{\omega_0}\right)^2}}\right| = \frac{|F_0|}{k\sqrt{\omega_0^2 - \delta^2}} = \frac{|F_0|}{k\omega}.$$

Wir untersuchen noch die Resonanz für $k = 0$ und $F(t) = F_0 \sin \omega_E t$ für $t \geqq 0$. Die Differentialgleichung lautet

$$m\ddot{x}(t) + cx(t) = F_0 \sin \omega_E t. \tag{5.83}$$

Wir erhalten als allgemeine Lösung

$$x(t) = A \cos \omega_0 t + B \sin \omega_0 t + \frac{F_0}{\alpha} \sin(\omega_E t - \gamma) \tag{5.84}$$

mit $\dfrac{F_0}{\alpha} = \dfrac{F_0}{\sqrt{\left(1 - \left(\dfrac{\omega_E}{\omega_0}\right)^2\right)^2}} = \dfrac{F_0}{\left|1 - \left(\dfrac{\omega_E}{\omega_0}\right)^2\right|}$. Der Quotient $\dfrac{F_0}{\alpha}$ hat für $\omega_0 = \omega_E$ eine Unendlichkeits-

stelle, Gleichung (5.84) stellt nur für $\omega_0 \neq \omega_E$ die allgemeine Lösung dar. Je näher ω_E bei ω_0 liegt, um so größer wird die Amplitude der erzwungenen Schwingung. Für $\omega_0 = \omega_E$ ist eine spezielle Lösung der Differentialgleichung (5.83)

$$x_p(t) = \frac{F_0}{2m\omega_0} t \cos \omega_0 t,$$

wie man durch Einsetzen bestätigt. Es handelt sich um eine Schwingung mit der Kreisfrequenz ω_0.

Beispiel 5.93

Eine Masse von $100\,\text{kg}$ hänge an einer Feder mit der Federkonstanten $500\,\dfrac{\text{N}}{\text{m}}$. Der Bewegung wirke eine geschwindigkeitsproportionale Dämpfungskraft mit der Dämpfungskonstanten $200\,\dfrac{\text{kg}}{\text{s}}$ entgegen. Außerdem wirke eine äußere Kraft von $(50 \sin 2t)\text{N}$ auf die Masse ein. Die Bewegung der Masse ist zu beschreiben.

Wir erhalten die Differentialgleichung

$$100\ddot{x}(t) + 200\dot{x}(t) + 500x(t) = 50 \sin 2t. \tag{5.85}$$

Die charakteristische Gleichung $\lambda^2 + 2\lambda + 5 = 0$ hat die Lösungen $\lambda_{1/2} = -1 \pm 2\text{j}$, so daß die allgemeine Lösung der homogenen Gleichung

$$x_H(t) = e^{-t}(A \cos 2t + B \sin 2t)$$

ist. Eine spezielle Lösung der Differentialgleichung (5.85) ist $x_p(t) = \frac{1}{34}(\sin 2t - 4\cos 2t)$. x_p ist gleichzeitig die stationäre Lösung. Wegen $\sin 2t - 4\cos 2t = \sqrt{17} \sin(2t + 4{,}957\ldots)$ ist die allgemeine Lösung der Differentialgleichung

$$x(t) = e^{-t}(A \cos 2t + B \sin 2t) + \tfrac{1}{34}\sqrt{17}\sin(2t + 4{,}957\ldots).$$

Die Resonanz-Kreisfrequenz ist für dieses Beispiel $\omega_R = \sqrt{3}$. Wäre die äußere Kraft $(50 \sin \sqrt{3}t)$N, so wäre die stationäre Lösung $x_p(t) = \frac{1}{8} \sin(\sqrt{3}t + 5{,}235\ldots)$, bei Resonanz wäre die Amplitude also 0,125; bei der oben angegebenen äußeren Kraft ist sie $\frac{1}{34}\sqrt{17} = 0{,}121\ldots$.

Das mathematische Pendel

An einem masselosen Faden hänge eine Punktmasse der Masse m. Man nennt eine solche Anordnung mathematisches Pendel.

Das Pendel werde ausgelenkt und zur Zeit $t = 0$ losgelassen. Wir wollen die Bewegung des Massenpunktes unter Vernachlässigung der Reibung beschreiben (vgl. Bild 5.39).

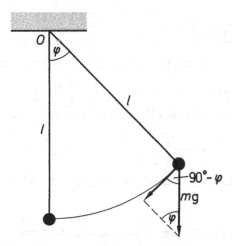

Bild 5.39: Mathematisches Pendel

Wir bezeichnen den Abstand der Punktmasse vom Aufhängepunkt mit l, den Winkel, den der Faden zur Zeit t mit der Ruhelage einschließt, mit $\varphi(t)$, wobei φ im Gegenuhrzeigersinn positiv gezählt wird. In Bild 5.39 ist φ also positiv. Den auf dem Kreis um 0 mit dem Radius l zurückgelegten Weg bezeichnen wir mit $s(t)$. $s = 0$ soll dabei der Ruhelage entsprechen, rechts von der Ruhelage sei $s(t)$ positiv, links von der Ruhelage negativ.

Da die Reibung nicht beachtet wird, wirkt nur die Schwerkraft mg auf den Massenpunkt, in Richtung der Bewegung wirkt die Kraft $F(t) = mg \sin \varphi$, wie man Bild 5.39 entnehmen kann. Nach dem Grundgesetz der Mechanik ist daher

$$m\ddot{s}(t) = -mg \sin \varphi. \tag{5.86}$$

Das negative Vorzeichen ist zu nehmen, da in Bild 5.39 $\ddot{s}(t) < 0$ ist. Aus $s(t) = l\varphi(t)$ folgt $\ddot{s}(t) = l\ddot{\varphi}(t)$ und wir erhalten aus (5.86)

$$ml\ddot{\varphi}(t) = -mg \sin \varphi(t), \quad \text{also } l\ddot{\varphi}(t) = -g \sin \varphi(t)$$

Die letzte Differentialgleichung ist unabhängig von m, so daß die Bewegung des Pendels nicht von der Masse der Kugel abhängt. Diese Differentialgleichung hat außer $\varphi = 0$ keine Lösung unter den elementaren Funktionen. Wir wollen daher eine Näherung durchführen. Wir beschränken uns auf kleine Ausschläge $\varphi(t)$. Dann ist $\sin \varphi \approx \varphi$. Diese Annäherung heißt Linearisierung. Wir erhalten

$$l\ddot{\varphi}(t) = -\,g\varphi(t), \text{ also } \ddot{\varphi}(t) + \frac{g}{l}\,\varphi(t) = 0.$$

Es handelt sich um eine homogene Differentialgleichung zweiter Ordnung mit konstanten Koeffizienten. Die allgemeine Lösung ist

$$\varphi(t) = A\cos\sqrt{\frac{g}{l}}\,t + B\sin\sqrt{\frac{g}{l}}\,t.$$

$\varphi(t)$ ist in der Form

$$\varphi(t) = \sqrt{A^2 + B^2}\,\sin\left(\sqrt{\frac{g}{l}}\,t + \alpha\right)$$

mit einem geeigneten α darstellbar. Es handelt sich um eine ungedämpfte Schwingung mit der Kreisfrequenz $\omega_0 = \sqrt{\dfrac{g}{l}}$, die Frequenz ist also $f = \dfrac{1}{2\pi}\sqrt{\dfrac{g}{l}}$. Bezeichnen wir mit T die Schwingungsdauer, also die Zeit für einen Hin- und Hergang des Pendels, so ist

$$\frac{1}{T} = f = \frac{1}{2\pi}\sqrt{\frac{g}{l}}, \text{ d.h. } T = 2\pi\sqrt{\frac{l}{g}}.$$

Die Schwingungsdauer ist der Wurzel aus der Länge des Pendels proportional.

Beispiel 5.94

Die Fadenlänge eines mathematischen Pendels ist so zu bestimmen, daß die Schwingungsdauer 1 s beträgt.

Aus $T = 2\pi\sqrt{\dfrac{l}{g}}$ folgt $l = \dfrac{gT^2}{4\pi^2}$. Für eine Schwingungsdauer von 1 s ergibt sich daher eine Länge von etwa 25 cm.

Beispiel 5.95

Man berechne die Schwingungsdauer eines mathematischen Pendels von 1 m Fadenlänge! Wir erhalten durch Einsetzen etwa 2 s.

Rutschen eines Seils

Ein vollkommen biegsames Seil der Länge l und der Masse m rutsche über eine Tischkante. Wir bezeichnen die Länge des zur Zeit t überhängenden Seiles mit $x(t)$. Es sei $x(0) = l_0$, $\dot{x}(0) = 0$ mit $0 < l_0 < l$ (siehe Bild 5.40).

Wir bestimmen $x(t)$ unter Vernachlässigung der Reibung. Dazu wenden wir das Grundgesetz der Mechanik an. Die wirksame Kraft ist gleich dem Gewicht des überhängenden Seiles, also näherungsweise $\dfrac{x(t)}{l} \cdot m \cdot g$, wenn wir mit g die Erdbeschleunigung bezeichnen. Wir erhalten für die

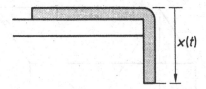

Bild 5.40: Rutschendes Seil

Zeit, in der das Seil rutscht,

$$m\ddot{x}(t) = \frac{mg}{l}x(t), \text{ also } \ddot{x}(t) - \frac{g}{l}x(t) = 0.$$

In der letzten Differentialgleichung kommt die Masse des Seiles nicht mehr vor, so daß das Rutschen von der Masse unabhängig ist. Die charakteristische Gleichung $\lambda^2 - \frac{g}{l} = 0$ hat die Lösungen $\lambda_{1,2} = \pm\sqrt{\frac{g}{l}}$, so daß die allgemeine Lösung der Differentialgleichung

$$x(t) = A\,e^{\sqrt{\frac{g}{l}}t} + B\,e^{-\sqrt{\frac{g}{l}}t}$$

ist. Aus $x(0) = l_0, \dot{x}(0) = 0$ folgt $A = B = \frac{l_0}{2}$. Wir erhalten daher

$$x(t) = l_0 \tfrac{1}{2}(e^{\sqrt{\frac{g}{l}}t} + e^{-\sqrt{\frac{g}{l}}t}) = l_0 \cosh\sqrt{\frac{g}{l}}\,t.$$

Das Rutschen ist beendet für

$$x(t) = l, \text{ also } \cosh\sqrt{\frac{g}{l}}\,t = \frac{l}{l_0}, \text{ d.h. } t = \sqrt{\frac{l}{g}}\,\text{arcosh}\,\frac{l}{l_0}.$$

Beispiel

Ein Seil von 1 m Länge hängt zur Hälfte über der Tischkante. Wann ist es ganz abgerutscht?

Aus der allgemeinen Diskussion folgt $t = 0{,}42\ldots$. Das Seil ist also nach etwa 0,42 s abgerutscht, wobei allerdings die Reibung vernachlässigt wurde.

Schwingungen in einer Flüssigkeit

Ein homogener, quaderförmiger Körper der Länge a, Breite b und Höhe c tauche im Wasser schwimmend zur Hälfte ein. Zur Zeit $t = 0$ werde der Körper um x_0 senkrecht nach unten getaucht und dann losgelassen. Das Wasserbecken sei so groß, daß der Wasserspiegel durch das Untertauchen nur unwesentlich steigt. Die Bewegung des Körpers ist unter Vernachlässigung der Reibung zu bestimmen (siehe Bild 5.41).

Wir wählen den Schwerpunkt des Körpers in der Ruhelage als Nullpunkt einer vertikalen x-Achse, deren positive Richtung nach unten weist. Dann ist der Auftrieb nach dem Archimedi-

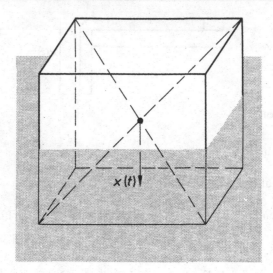

Bild 5.41: Schwimmender Körper

schen Prinzip gleich dem Gewicht der verdrängten Wassermenge. Da der Körper in der Ruhelage zur Hälfte eintaucht, ist seine Masse $m = 0,5 \cdot a \cdot b \cdot c \cdot \rho$, wenn wir mit ρ die Dichte des Wassers bezeichnen. Der durch das Untertauchen verursachte Auftrieb ist $F(t) = a \cdot b \cdot x(t) \cdot \rho \cdot g$. Nach dem Grundgesetz der Mechanik gilt daher

$$0,5 \cdot a \cdot b \cdot c \cdot \rho \cdot \ddot{x}(t) = - a \cdot b \cdot \rho \cdot g \cdot x(t), \text{ d.h. } \ddot{x}(t) + 2\frac{g}{c}x(t) = 0.$$

Diese Differentialgleichung hat die allgemeine Lösung

$$x(t) = A \cos \sqrt{\frac{2g}{c}}t + B \sin \sqrt{\frac{2g}{c}}t.$$

Aus $x(0) = x_0$ folgt $A = x_0$, wegen $\dot{x}(0) = 0$ ist $B = 0$. Wir erhalten also

$$x(t) = x_0 \cos \sqrt{\frac{2g}{c}}t.$$

Elektrischer Reihenschwingkreis

Wir betrachten den in Bild 5.42 dargestellten elektrischen Reihenschwingkreis.

Nach den Kirchhoffschen Regeln gilt mit den in Bild 5.42 gewählten Bezeichnungen

$$u_C(t) + u_L(t) + u_R(t) = u_a(t). \tag{5.87}$$

Durch Differentiation folgt

$$\dot{u}_C(t) + \dot{u}_L(t) + \dot{u}_R(t) = \dot{u}_a(t). \tag{5.88}$$

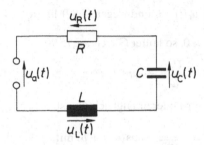

Bild 5.42: Elektrischer Reihenschwingkreis

Bezeichnen wir mit $i(t)$ den im Schwingkreis fließenden Strom, so gilt

$$u_L(t) = L\frac{\mathrm{d}i(t)}{\mathrm{d}t}, \quad u_R(t) = Ri(t), \quad \frac{\mathrm{d}u_C(t)}{\mathrm{d}t} = \frac{1}{C}i(t). \tag{5.89}$$

Setzen wir (5.89) in (5.88) ein, so ergibt sich

$$\frac{1}{C}i(t) + L\frac{\mathrm{d}^2 i(t)}{\mathrm{d}t^2} + R\frac{\mathrm{d}i(t)}{\mathrm{d}t} = \dot{u}_a(t),$$

$$\ddot{i}(t) + \frac{R}{L}\dot{i}(t) + \frac{1}{L\cdot C}i(t) = \frac{1}{L}\dot{u}_a(t). \tag{5.90}$$

Der Strom $i(t)$ genügt also einer linearen Differentialgleichung zweiter Ordnung mit konstanten Koeffizienten. Die charakteristische Gleichung der zu (5.90) gehörigen homogenen Differentialgleichung lautet

$$\lambda^2 + \frac{R}{L}\lambda + \frac{1}{L\cdot C} = 0.$$

Sie hat die Lösungen

$$\lambda_{1/2} = -\frac{R}{2L} \pm \sqrt{\frac{R^2}{4L^2} - \frac{1}{L\cdot C}} = \frac{-R \pm \sqrt{R^2 - 4\frac{L}{C}}}{2L}.$$

Wir erhalten für $R^2 - 4\frac{L}{C} > 0$ den Fall der starken Dämpfung, für $R^2 = 4\frac{L}{C}$ den aperiodischen Grenzfall, für $R^2 - 4\frac{L}{C} < 0$ den Schwingfall.

Wir betrachten verschiedene Störfunktionen.

Ist $u_a(t) = U_0 \in \mathbb{R}$, so ist $i_p(t) = 0$ wegen $\dot{u}_a(t) = 0$ eine partikuläre Lösung der Differentialgleichung (5.90). Diese Lösung ist gleichzeitig die stationäre Lösung, so daß in diesem Falle $\lim_{t \to \infty} i(t) = 0$ ist.

Daraus folgt $\lim\limits_{t\to\infty} u_R(t) = \lim\limits_{t\to\infty} u_L(t) = 0$ und wegen (5.89) $\lim\limits_{t\to\infty} u_C(t) = U_0$.

Ist $u_a(t) = U_0 \sin \omega_E t$ mit $\omega_E > 0$, so lautet Gleichung (5.90)

$$\ddot{i}(t) + \frac{R}{L}\dot{i}(t) + \frac{1}{L\cdot C}i(t) = \omega_E \frac{U_0}{L}\cos \omega_E t. \tag{5.91}$$

Eine partikuläre Lösung dieser Differentialgleichung ist

$$i_p(t) = \frac{U_0\omega_E}{L\sqrt{\left(\dfrac{1}{L\cdot C}-\omega_E^2\right)^2 + \dfrac{R^2}{L^2}\omega_E^2}}\cos(\omega_E t + \beta)\text{ mit}$$

$$\beta = \begin{cases} \arctan\dfrac{R\omega_E}{L\left(\omega_E^2 - \dfrac{1}{L\cdot C}\right)} & \text{für } \omega_E^2 < \dfrac{1}{L\cdot C} \\[3em] -\dfrac{\pi}{2} & \text{für } \omega_E^2 = \dfrac{1}{L\cdot C} \\[3em] \arctan\dfrac{R\omega_E}{L\left(\omega_E^2 - \dfrac{1}{L\cdot C}\right)} - \pi & \text{für } \omega_E^2 > \dfrac{1}{L\cdot C}. \end{cases}$$

Diese Lösung ist gleichzeitig stationäre Lösung. Es handelt sich um eine ungedämpfte Schwingung mit der Amplitude

$$\alpha = \left| \frac{U_0\omega_E}{L\sqrt{\left(\dfrac{1}{L\cdot C}-\omega_E^2\right)^2 + \dfrac{R^2}{L^2}\omega_E^2}} \right| \tag{5.92}$$

und der Anfangsphase $\beta + \dfrac{\pi}{2}$ wegen $\cos(\omega_E t + \beta) = \sin\left(\omega_E t + \beta + \dfrac{\pi}{2}\right)$.

Wir untersuchen die Resonanz.

Die Amplitude α wird am größten, wenn

$$\frac{U_0^2}{L^2\alpha^2} = \frac{1}{\omega_E^2}\left(\left(\frac{1}{L\cdot C}-\omega_E^2\right)^2 + \frac{R^2}{L^2}\omega_E^2\right)$$

am kleinsten wird. Wir differenzieren den zweiten Ausdruck nach ω_E und setzen diese Ableitung Null. Es ergibt sich

$$\omega_E = \frac{1}{\sqrt{L\cdot C}}.$$

Man kann zeigen, daß für dieses ω_E die zweite Ableitung des obigen Ausdrucks positiv ist.

Für dieses ω_E wird die Amplitude des stationären Stromes am größten. Wegen (5.89) ist für dieses ω_E auch die Spannung $u_R(t)$ am Widerstand maximal. Für die Amplitude der an der Kapazität anliegenden stationären Spannung $u_C(t)$ folgt wegen (5.92)

$$\alpha_C = \frac{U_0}{L \cdot C \sqrt{\left(\dfrac{1}{L \cdot C} - \omega_E^2\right)^2 + \dfrac{R^2}{L^2} \omega_E^2}} \cdot$$

Nach den Überlegungen bei den mechanischen Schwingungen wird in diesem Falle für

$$\omega_E = \sqrt{\frac{1}{L \cdot C} - \frac{R^2}{2 \cdot L^2}} \tag{5.93}$$

die Amplitude maximal.

Wir erhalten für die an der Induktivität anliegende Spannung $u_L(t)$

$$\alpha_L = \left| \frac{U_0 \omega_E^2}{\sqrt{\left(\dfrac{1}{L \cdot C} - \omega_E^2\right)^2 + \dfrac{R^2}{L^2} \omega_E^2}} \right|$$

α_L wird am größten, wenn

$$\frac{1}{\omega_E^4}\left(\left(\frac{1}{L \cdot C} - \omega_E^2\right)^2 + \frac{R^2}{L^2} \omega_E^2\right) \tag{5.94}$$

am kleinsten wird. Setzen wir die erste Ableitung von (5.94) nach ω_E Null, so folgt

$$\omega_E = \frac{1}{\sqrt{L \cdot C - \dfrac{R^2 C^2}{2}}} \cdot$$

Für dieses ω_E wird die zweite Ableitung von (5.94) positiv.

Beispiel 5.96

Gegeben sei ein elektrischer Reihenschwingkreis mit dem Widerstand $100\,\Omega$, der Kapazität $10\,\mu\mathrm{F}$, der Induktivität $50\,\mathrm{mH}$. Wie groß muß die Frequenz der von außen angelegten Spannung sein, damit die Amplitude der stationären Spannung am Kondensator am größten wird?

Es ergibt sich wegen (5.93) $\omega_E = 4{,}2426 \ldots \cdot 10^3$. Daraus folgt $f = \dfrac{1}{2\pi} \omega_E = 0{,}675 \ldots \cdot 10^3$. Die Spannung am Kondensator ist also ungefähr dann am größten, wenn die von außen angelegte Spannung die Frequenz $675\,\mathrm{Hz}$ hat.

Elektrischer Parallelschwingkreis

Wir betrachten den in Bild 5.43 dargestellten elektrischen Parallelschwingkreis.

Nach den Kirchhoffschen Regeln gilt für den Knotenpunkt K

$$i_L(t) + i_C(t) + i_R(t) = i(t).$$

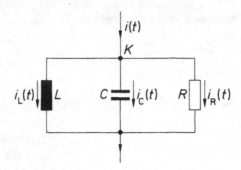

Bild 5.43: Elektrischer Parallelschwingkreis

Daraus folgt durch Differentiation nach t:

$$i_L(t) + i_C(t) + i_R(t) = i(t)$$

und wegen (5.89) und $u_L(t) = u_C(t) = u_R(t)$

$$\frac{1}{L} u_C(t) + C\ddot{u}_C(t) + \frac{1}{R}\dot{u}_C(t) = \dot{i}(t),$$

$$\ddot{u}_C(t) + \frac{1}{R \cdot C}\dot{u}_C(t) + \frac{1}{L \cdot C}u_C(t) = \frac{1}{C}\dot{i}(t).$$

Wir erhalten auch in diesem Falle eine lineare Differentialgleichung zweiter Ordnung mit konstanten Koeffizienten. Die beim elektrischen Reihenschwingkreis durchgeführten Betrachtungen lassen sich auf diesen Fall übertragen.

Aufgaben

1. Man bestimme die allgemeine Lösung folgender Differentialgleichungen
   a) $y'' + 7y' - 8y = 0$;
   b) $y'' + 8y' + 16y = 0$;
   c) $y'' + 8y' + 25y = 0$;
   d) $y'' + 8y' = 0$;
   e) $y'' + 8y = 0$;
   f) $y'' - 4y' + 4y = 0$.

2. Mit Hilfe des Grundlösungsverfahrens bestimme man die allgemeine Lösung folgender Differentialgleichungen
   a) $y'' + y = \tan x$;
   b) $y'' + y = \cot x$;
   c) $y'' + 2y' + y = xe^{-x}$;
   d) $y'' + 3y' - 4y = \sin x$;
   e) $y'' + y' = x^2 + 4$;
   f) $y'' + y = \cos x$.

3. Mit Hilfe des Ansatzes in Form der rechten Seite bestimme man die allgemeine Lösung folgender Differentialgleichungen
   a) $y'' + 2y' + y = xe^{-x}$;
   b) $y'' + 3y' - 4y = \sin x$;
   c) $y'' + y' = x^2 + 4$;
   d) $y'' + 4y' - 5y = x^2 e^x + x$;
   e) $y'' + 4y = \sin 2x$;
   f) $y'' + 4y' = x^3$;
   g) $y'' - 2y' + 5y = e^x \sin 2x$.

4. Mit Hilfe der Operatorenmethode bestimme man die allgemeine Lösung der Differentialgleichungen aus Aufgabe 3.

5. Man löse die Differentialgleichungen aus Aufgabe 3 mit Hilfe der Laplace-Transformation.

6. Man bestimme die allgemeine Lösung folgender Differentialgleichungen

   a) $y'' + y = \dfrac{1}{\cos x}$; b) $y'' - 3y' + 2y = xe^x$;

   c) $y'' - 6y' + 9y = x^2 + e^x$; d) $y'' + 4y' + 13y = e^x \sin x$.

7. Man löse die folgenden Anfangswertprobleme

   a) $y'' + y = \sin x$ mit $y(0) = 0$, $y'(0) = 2$;

   b) $y'' + 2y' + y = x + \sin x$ mit $y(0) = 1$, $y'(0) = 1$;

   c) $y'' + 9y = x^2 + e^{2x}$ mit $y(3) = 7$, $y'(3) = 6$.

8. Man bestimme die Differentialgleichung folgender Kurvenscharen

   a) $y = ae^x + be^{3x}$ mit $a, b \in \mathbb{R}$;

   b) $y = a \cosh 3x + b \sinh 3x$ mit $a, b \in \mathbb{R}$;

   c) $y = e^{2x}(a \sin 4x + b \cos 4x)$ mit $a, b \in \mathbb{R}$.

9. Eine Feder wird durch ein Gewicht von 1 N um 5 cm gedehnt. Man hängt eine Masse von 20 kg an die Feder, dehnt die Feder zusätzlich um 5 cm und läßt sie dann los. Man beschreibe die Bewegung unter Vernachlässigung der Reibung.

10. Man beschreibe die Bewegung der Feder aus Aufgabe 9, wenn zusätzlich die Kraft $(3 \cdot \sin 4t)$N auf die Feder einwirkt.

11. Man beschreibe die Bewegung der Feder aus Aufgabe 10, wenn eine der Geschwindigkeit proportionale Reibungskraft mit dem Reibungsfaktor $120 \dfrac{\text{kg}}{\text{s}}$ der Bewegung entgegenwirkt.

12. Ein elektrischer Schwingkreis besteht aus einer Reihenschaltung einer Induktivität mit $L = 50$ mH, eines Widerstandes mit $R = 500 \,\Omega$ und eines Kondensators mit $C = 50 \mu$F. Man berechne die Spannung $u_C(t)$ am Kondensator, wenn zur Zeit $t = 0$ am Kondensator eine Spannung von 10 V liegt und kein Strom fließt.

13. Man zeige, daß die Ladung $q(t)$ des Kondensators im elektrischen Reihenschwingkreis (Bild 5.42) der Differentialgleichung $\ddot{q}(t) + \dfrac{R}{L}\dot{q}(t) + \dfrac{1}{L \cdot C}q(t) = \dfrac{1}{L}u_a(t)$ genügt.

5.4 Lineare Differentialgleichungen der Ordnung n mit konstanten Koeffizienten

Das folgende Kapitel ist eine Verallgemeinerung der Aussagen von 5.3. Es erschien sinnvoll, zunächst den Fall $n = 2$ zu behandeln, da in vielen Fällen nur dieser gebraucht wird. Es wird auch dem Leser empfohlen, vor dem Abschnitt 5.4 das Kapitel 5.3 durchzuarbeiten.

Die Funktion f sei auf dem Intervall (a, b) stetig und $a_i \in \mathbb{R}$ für $0 \leqq i \leqq n - 1$, $a_n = 1$. Die Differentialgleichung der Form

$$\sum_{k=0}^{n} a_k y^{(k)} = y^{(n)} + a_{n-1} y^{(n-1)} + \cdots + a_1 y' + a_0 y = f(x) \qquad (5.95)$$

bezeichnet man als **lineare Differentialgleichung der Ordnung n mit konstanten Koeffizienten**. Ist f die Nullfunktion, so heißt die Differentialgleichung **homogen**, sonst **inhomogen**. f heißt **Störfunktion** oder **Störglied**.

Die Lösungen der Differentialgleichung (5.95) lassen sich ähnlich wie die Lösungen der linearen Differentialgleichung der Ordnung 2 bestimmen.

Satz 5.24

Die Funktion f sei auf dem Intervall I stetig und $a_i \in \mathbb{R}$ für $0 \leq i \leq n-1$, $a_n = 1$. Ist Y_H die allgemeine Lösung der homogenen Differentialgleichung

$$\sum_{k=0}^{n} a_k y^{(k)} = 0$$

und y_p eine spezielle Lösung der inhomogenen Differentialgleichung

$$\sum_{k=0}^{n} a_k y^{(k)} = f(x),$$

so ist $Y = \{ y \mid y = y_H + y_p \text{ mit } y_H \in Y_H \}$ die allgemeine Lösung der inhomogenen Differentialgleichung.

Auf den Beweis wird verzichtet.

Um die allgemeine Lösung der Differentialgleichung (5.95) zu erhalten, gehen wir wie im Falle $n = 2$ vor: Wir bestimmen

a) alle Lösungen der homogenen Differentialgleichung
b) eine Lösung der inhomogenen Differentialgleichung

und bilden dann aus diesen beiden Lösungen die allgemeine Lösung der Differentialgleichung (5.95).

5.4.1 Die homogene Differentialgleichung

Wir bestimmen die allgemeine Lösung der Differentialgleichung

$$\sum_{k=0}^{n} a_k y^{(k)} = 0.$$

Dazu verallgemeinern wir zunächst Satz 5.6:

Satz 5.25

Es seien $g_1, g_2, \ldots, g_k$ Lösungen der Differentialgleichung

$$\sum_{k=0}^{n} a_k y^{(k)} = 0$$

Dann ist auch

$$g = c_1 g_1 + c_2 g_2 + \cdots + c_k g_k \quad \text{mit} \quad c_1, c_2, \ldots, c_k \in \mathbb{R}$$

Lösung dieser Differentialgleichung.

Der Beweis bleibt dem Leser überlassen.

Die homogene Differentialgleichung erfüllt die Voraussetzungen des Existenz- und Eindeutigkeitssatzes. Eine Lösungsschar ist daher die allgemeine Lösung, wenn diese Lösungsschar für alle $x_0, y_0, y_1, \ldots, y_{n-1} \in \mathbb{R}$ jeweils eine Funktion enthält, die die Anfangsbedingungen

$$y(x_0) = y_0, y'(x_0) = y_1, \ldots, y^{(n-1)}(x_0) = y_{n-1} \tag{5.96}$$

erfüllt.

Sind $g_1, g_2, \ldots, g_n$ Lösungen der homogenen Differentialgleichung, so ist nach Satz 5.25 auch $g = c_1 g_1 + c_2 g_2 + \cdots + c_n g_n$ mit $c_1, c_2, \ldots, c_n \in \mathbb{R}$ Lösung. Soll g die allgemeine Lösung sein, muß das sich aus den Anfangsbedingungen (5.96) ergebende Gleichungssystem

$$\begin{aligned}
c_1 g_1(x_0) + \quad c_2 g_2(x_0) \quad + \cdots + \quad c_n g_n(x_0) &= y_0 \\
c_1 g_1'(x_0) + \quad c_2 g_2'(x_0) \quad + \cdots + \quad c_n g_n'(x_0) &= y_1 \\
&\vdots \\
c_1 g_1^{(n-1)}(x_0) + c_2 g_2^{(n-1)}(x_0) + \cdots + c_n g_n^{(n-1)}(x_0) &= y_{n-1}
\end{aligned}$$

genau eine Lösung haben. Daraus folgt, daß seine Determinante nicht verschwinden darf.

Definition 5.6

Die Determinante

$$W(x_0) = \begin{vmatrix}
g_1(x_0) & g_2(x_0) & \cdots & g_n(x_0) \\
g_1'(x_0) & g_2'(x_0) & \cdots & g_n'(x_0) \\
\vdots & \vdots & & \vdots \\
g_1^{(n-1)}(x_0) & g_2^{(n-1)}(x_0) & \cdots & g_n^{(n-1)}(x_0)
\end{vmatrix}$$

heißt **Wronski-Determinante** des Systems $g_1, g_2, \ldots, g_n$ in x_0.

Definition 5.7

Sind die Funktionen $g_1, g_2, \ldots, g_n$ Lösungen der homogenen Differentialgleichung und ist ihre Wronski-Determinante von Null verschieden, so sagt man, diese Funktionen bilden ein **Fundamentalsystem**.

Bemerkung:

Ist die Wronski-Determinante an einer Stelle x_0 von Null verschieden, so gilt das für alle Stellen x. Aus dem Gesagten ergibt sich

Satz 5.26

Bilden die Funktionen $g_1, g_2, \ldots, g_n$ ein Fundamentalsystem, so kann jede Lösung der homogenen Differentialgleichung in der Form $g = c_1 g_1 + c_2 g_2 + \cdots + c_n g_n$ mit $c_1, c_2, \ldots, c_n \in \mathbb{R}$ dargestellt werden.

Um die allgemeine Lösung der linearen Differentialgleichung der Ordnung n zu bestimmen gehen wir wie bei der Ordnung 2 vor und setzen

$$y = e^{\lambda x} \quad \text{mit} \quad \lambda \in \mathbb{C}$$

λ ist so zu bestimmen, daß y Lösung der betrachteten Differentialgleichung ist. Durch Einsetzen in die Differentialgleichung

$$\sum_{k=0}^{n} a_k y^{(k)} = 0$$

ergibt sich wegen $y^{(k)} = \lambda^k e^{\lambda x}$

$$e^{\lambda x} \sum_{k=0}^{n} a_k \lambda^k = 0.$$

Da $e^{\lambda x} \neq 0$ ist, muß

$$\sum_{k=0}^{n} a_k \lambda^k = 0$$

sein.

Definition 5.8

Das Polynom

$$p(\lambda) = \sum_{k=0}^{n} a_k \lambda^k$$

heißt **charakteristisches Polynom** der Differentialgleichung

$$\sum_{k=0}^{n} a_k y^{(k)} = 0,$$

die Gleichung $p(\lambda) = 0$ ihre **charakteristische Gleichung**.

Die Gleichung $p(\lambda) = 0$ hat n Lösungen. Es gilt

Satz 5.27

Es sei $a_0, a_1, \ldots, a_{n-1} \in \mathbb{R}$, $a_n = 1$. Hat die charakteristische Gleichung

$$\sum_{k=0}^{n} a_k \lambda^k = 0$$

der homogenen linearen Differentialgleichung der Ordnung n

$$\sum_{k=0}^{n} a_k y^{(k)} = 0$$

a) die r-fache Lösung $\lambda_1 \in \mathbb{R}$, so sind

$$y_1 = e^{\lambda_1 x}, y_2 = x e^{\lambda_1 x}, \ldots, y_r = x^{r-1} e^{\lambda_1 x}$$

Lösungen der homogenen Differentialgleichung.

b) die k-fache Lösung $\lambda_2 \in \mathbb{C}$ mit $\lambda_2 = \alpha + j\beta$ und $\beta \neq 0$, so ist auch $\lambda_3 = \lambda_2^*$ Lösung des charakteristischen Polynoms. Die homogene Differentialgleichung hat die Lösungen

$$y_1 = e^{\alpha x} \cos \beta x, y_2 = e^{\alpha x} x \cos \beta x, \ldots, y_k = e^{\alpha x} x^{k-1} \cos \beta x$$
$$y_{k+1} = e^{\alpha x} \sin \beta x, y_{k+2} = e^{\alpha x} x \sin \beta x, \ldots y_{2k} = e^{\alpha x} x^{k-1} \sin \beta x.$$

Wir verzichten auf den Beweis.

Es sind mehrere Fälle zu unterscheiden.

1. Das charakteristische Polynom besitzt n **verschiedene reelle Lösungen** $\lambda_1, \lambda_2, \ldots, \lambda_n$.

Dann sind

$$y_1 = e^{\lambda_1 x}, y_2 = e^{\lambda_2 x}, \ldots, y_n = e^{\lambda_n x}$$

Lösungen der homogenen Differentialgleichung. Die allgemeine Lösung ist in diesem Falle

$$y_H = A_1 e^{\lambda_1 x} + A_2 e^{\lambda_2 x} + \cdots + A_n e^{\lambda_n x}$$

Wir beweisen die Aussage für $n = 3$. Nach Satz 5.25 ist die Linearkombination ebenfalls Lösung der betrachteten Differentialgleichung. Die Wronski-Determinante der Lösungen ist

$$\begin{vmatrix} e^{\lambda_1 x_0} & e^{\lambda_2 x_0} & e^{\lambda_3 x_0} \\ \lambda_1 e^{\lambda_1 x_0} & \lambda_2 e^{\lambda_2 x_0} & \lambda_3 e^{\lambda_3 x_0} \\ \lambda_1^2 e^{\lambda_1 x_0} & \lambda_2^2 e^{\lambda_2 x_0} & \lambda_3^2 e^{\lambda_3 x_0} \end{vmatrix}$$

Die Linearkombination ist die allgemeine Lösung, wenn diese Determinante nicht verschwindet. Man rechnet leicht nach, daß die Determinante den Wert

$$e^{(\lambda_1 + \lambda_2 + \lambda_3) x_0} (\lambda_3 - \lambda_2)(\lambda_3 - \lambda_1)(\lambda_2 - \lambda_1)$$

hat und damit von Null verschieden ist, da im ersten Fall alle Lösungen der charakteristischen Gleichung verschieden sind.

Beispiel 5.97

Die Differentialgleichung $y''' + 2y'' - y' - 2y = 0$ hat die charakteristische Gleichung $\lambda^3 + 2\lambda^2 - \lambda - 2 = 0$ mit den Lösungen $\lambda_1 = 1$, $\lambda_2 = -1$, $\lambda_3 = -2$. Die allgemeine Lösung der Differentialgleichung ist also

$$y_H = A e^x + B e^{-x} + C e^{-2x}$$

Beispiel 5.98

Nach Beispiel 5.97 hat die Differentialgleichung $y''' + 2y'' - y' - 2y = 0$ die allgemeine Lösung $y_H = A e^x + B e^{-x} + C e^{-2x}$. Man rechnet leicht nach, daß die Funktionen $f_1(x) = \sinh x$, $f_2(x) = \cosh x$, $f_3(x) = e^{-2x}$ ebenfalls Lösungen der Differentialgleichung sind und auf jedem Intervall ein Fundamentalsystem bilden. Die allgemeine Lösung der Differentialgleichung ist also auch in der Form $y_H = A_1 \sinh x + B_1 \cosh x + C_1 e^{-2x}$ darstellbar.

2. Das charakteristische Polynom besitzt die **r-fache reelle Nullstelle** λ_1.

Dann hat nach Satz 5.27 die homogene Differentialgleichung die Lösungen

$$y_1 = e^{\lambda_1 x}, y_2 = x e^{\lambda_1 x}, \ldots, y_r = x^{r-1} e^{\lambda_1 x}$$

Jede Linearkombination dieser Funktionen ist ebenfalls Lösung der homogenen Differentialgleichung.

Beispiel 5.99

Die Differentialgleichung $y''' - y'' - y' + y = 0$ hat die charakteristische Gleichung $\lambda^3 - \lambda^2 - \lambda + 1 = 0$ mit den Lösungen $\lambda_1 = \lambda_2 = 1$, $\lambda_3 = -1$. Lösungen der Differentialgleichung sind also $y_1 = A_1 e^x$, $y_2 = A_2 x e^x$, $y_3 = A_3 e^{-x}$. Die Lösungen bilden ein Fundamentalsystem, allgemeine Lösung ist daher

$$y_H = A_1 e^x + A_2 x e^x + A_3 e^{-x}.$$

Beispiel 5.100

Die Differentialgleichung $y^{(4)} + 4y''' + 6y'' + 4y' + y = 0$ hat die charakteristische Gleichung $\lambda^4 + 4\lambda^3 + 6\lambda^2 + 4\lambda + 1 = (\lambda + 1)^4 = 0$ mit der vierfachen Lösung $\lambda_1 = -1$. Die allgemeine Lösung der Differentialgleichung ist also

$$y = e^{-x}(A_1 + A_2 x + A_3 x^2 + A_4 x^3).$$

3. Das charakteristische Polynom besitzt die **k-fache komplexe Nullstelle** $\lambda_1 = \alpha + j\beta$ **mit** $\beta \neq 0$.

Dann hat es auch die k-fache Nullstelle $\lambda_2 = \lambda_1^* = \alpha - j\beta$. Lösungen der homogenen Differentialgleichung sind dann nach Satz 5.27 $y_1 = e^{\alpha x} \cos \beta x$, $y_2 = e^{\alpha x} x \cos \beta x, \ldots, y_k = e^{\alpha x} x^{k-1} \cos \beta x$, $y_{k+1} = e^{\alpha x} \sin \beta x$, $y_{k+2} = e^{\alpha x} x \sin \beta x, \ldots, y_{2k} = e^{\alpha x} x^{k-1} \sin \beta x$.

Beispiel 5.101

Die Differentialgleichung $y^{(4)} + 2y'' + y = 0$ hat die charakteristische Gleichung $\lambda^4 + 2\lambda^2 + 1 = 0$ mit den Lösungen $\lambda_1 = \lambda_2 = j$ und daher auch $\lambda_3 = \lambda_4 = -j$. Die allgemeine Lösung der Differentialgleichung ist also

$$y = A_1 \cos x + A_2 x \cos x + B_1 \sin x + B_2 x \sin x.$$

Beispiel 5.102

Die Differentialgleichung $y^{(5)} + 7y^{(4)} + 34y''' + 62y'' + 65y' - 169y = 0$ hat die charakteristische Gleichung $\lambda^5 + 7\lambda^4 + 34\lambda^3 + 62\lambda^2 + 65\lambda - 169 = 0$ mit den Lösungen $\lambda_1 = 1$, $\lambda_2 = \lambda_3 = -2 + 3j$ und daher auch $\lambda_4 = \lambda_5 = -2 - 3j$. Die allgemeine Lösung der Differentialgleichung ist daher

$$y = A_1 e^x + e^{-2x}(A_2 \cos 3x + A_3 x \cos 3x + A_4 \sin 3x + A_5 x \sin 3x).$$

Die inhomogene Differentialgleichung

Im folgenden Abschnitt bestimmen wir eine Lösung der inhomogenen Differentialgleichung. Die Verfahren des vorigen Kapitels lassen sich auch hier übertragen.

5.4.2 Das Grundlösungsverfahren

Satz 5.28

Die Funktion f sei auf (a, b) stetig und $x_0 \in (a, b)$. g sei diejenige Lösung der homogenen Differentialgleichung

$$\sum_{k=0}^{n} a_k y^{(k)} = 0 \quad \text{mit} \quad a_k \in \mathbb{R} \quad \text{für} \quad 0 \leq k \leq n - 1, a_n = 1$$

für die

$$g(x_0) = g'(x_0) = \cdots = g^{(n-2)}(x_0) = 0, \quad g^{(n-1)}(x_0) = 1$$

gilt. Dann ist

$$y_p(x) = \int_{x_0}^{x} g(x + x_0 - t) f(t)\, dt$$

eine partikuläre Lösung von

$$\sum_{k=0}^{n} a_k y^{(k)} = f(x).$$

Auf den Beweis wird verzichtet.

Nach dem Existenz- und Eindeutigkeitssatz existiert die Lösung g immer.

Beispiel 5.103

Mit Hilfe des Grundlösungsverfahrens bestimme man die allgemeine Lösung der Differentialgleichung $y''' + 2y'' - y' - 2y = e^x$.

Nach Beispiel 5.97 ist die allgemeine Lösung der homogenen Differentialgleichung $y_H = A e^x + B e^{-x} + C e^{-2x}$. Da die rechte Seite $f(x) = e^x$ für alle x stetig ist, wählen wir $x_0 = 0$. Dann ergibt sich mit $g(x) = y_H$

$$g(0) = 0 = A + B + C$$
$$g'(0) = 0 = A - B - 2C$$
$$g''(0) = 1 = A + B + 4C$$

Das Gleichungssystem hat die Lösung

$$A = \tfrac{1}{6}, \quad B = -\tfrac{1}{2}, \quad C = \tfrac{1}{3}$$

so daß

$$g(x) = \tfrac{1}{6} e^x - \tfrac{1}{2} e^{-x} + \tfrac{1}{3} e^{-2x}$$

und

$$y_P = \int_0^x (\tfrac{1}{6}e^{x-t} - \tfrac{1}{2}e^{-(x-t)} + \tfrac{1}{3}e^{-2(x-t)})e^t \, dt$$

$$= \tfrac{1}{6}e^x \int_0^x dt - \tfrac{1}{2}e^{-x} \int_0^x e^{2t} \, dt + \tfrac{1}{3}e^{-2x} \int_0^x e^{3t} \, dt$$

$$= -\tfrac{5}{36}e^x + \tfrac{1}{6}x\,e^x - \tfrac{1}{9}e^{-2x} + \tfrac{1}{4}e^{-x} \quad \text{gilt.}$$

Da $y_{H1} = -\tfrac{5}{36}e^x - \tfrac{1}{9}e^{-2x} + \tfrac{1}{4}e^{-x}$ eine spezielle Lösung der homogenen Differentialgleichung ist, löst $y_{P1} = \tfrac{1}{6}x\,e^x$ ebenfalls die inhomogene Differentialgleichung. Die allgemeine Lösung der inhomogenen Differentialgleichung ist also

$$y = A\,e^x + B\,e^{-x} + C\,e^{-2x} + \tfrac{1}{6}x\,e^x.$$

Beispiel 5.104

Mit Hilfe des Grundlösungsverfahrens berechne man die allgemeine Lösung der Differentialgleichung $y^{(4)} + 2y'' + y = \sin x$.

Nach Beispiel 5.101 ist die allgemeine Lösung der homogenen Gleichung $y_H = A\cos x + B\sin x + Cx\cos x + Dx\sin x$. Wir wählen wieder $x_0 = 0$ und erhalten

$$g(x) = \tfrac{1}{2}\sin x - \tfrac{1}{2}x\cos x.$$

Wegen

$$\int_0^x (\tfrac{1}{2}\sin(x-t) - \tfrac{1}{2}(x-t)\cos(x-t))\sin t \, dt = \tfrac{3}{8}\sin x - \tfrac{3}{8}x\cos x - \tfrac{1}{8}x^2\sin x$$

ergibt sich als allgemeine Lösung

$$y = A\cos x + B\sin x + Cx\cos x + Dx\sin x - \tfrac{1}{8}x^2\sin x.$$

5.4.3 Der Ansatz in Form des Störgliedes

Satz 5.29

> Gegeben sei die Differentialgleichung
>
> $$\sum_{k=0}^n a_k y^{(k)} = e^{\alpha x} p_m(x),$$
>
> wobei $a_i \in \mathbb{R}$ für $0 \le i \le n-1$, $a_n = 1$, $\alpha \in \mathbb{R}$ und p_m ein Polynom vom Grade m ist. Dann gibt es ein Polynom q_m gleichen Grades m, so daß,
>
> a) falls α nicht Lösung der charakteristischen Gleichung ist, die Funktion $y_P = e^{\alpha x} q_m(x)$
> b) falls α r-fache Lösung der charakteristischen Gleichung ist, die Funktion $y_P = e^{\alpha x} x^r q_m(x)$
>
> eine Lösung der Differentialgleichung ist.

Wir verzichten auf den Beweis.

Bemerkungen:

1. Ist $\alpha = 0$, so ist die rechte Seite ein Polynom.
2. Im Falle b) spricht man von *r-facher Resonanz.*

Beispiel 5.105

Man bestimme eine Lösung der Differentialgleichung $y''' + 2y'' - y' - 2y = e^{2x}$.

Die charakteristische Gleichung $\lambda^3 + 2\lambda^2 - \lambda - 2 = 0$ hat die Lösungen $\lambda_1 = 1$, $\lambda_2 = -1$, $\lambda_3 = -2$. $\alpha = 2$ ist also nicht Lösung der charakteristischen Gleichung. Nach Fall a) des obigen Satzes machen wir also wegen $m = 0$ den Ansatz $y_p = a\,e^{2x}$. Durch Einsetzen in die Differentialgleichung ergibt sich dann

$$12a\,e^{2x} = e^{2x} \quad \text{und} \quad y_P = \tfrac{1}{12}e^{2x}.$$

Beispiel 5.106

Man berechne eine Lösung der Differentialgleichung $y''' - 3y'' + 2y' = x^2$.

Es ist $\alpha = 0$ einfache Lösung der charakteristischen Gleichung $\lambda^3 - 3\lambda^2 + 2\lambda = 0$. Es herrscht einfache Resonanz. Wir setzen wegen $m = 2$ an $y_P = x(ax^2 + bx + c) = ax^3 + bx^2 + cx$. Differenziert man dreimal und setzt in die Differentialgleichung ein, so ergibt sich

$$a = \tfrac{1}{6}, b = \tfrac{3}{4}, c = \tfrac{7}{4} \quad \text{und} \quad y_P = \tfrac{1}{6}x^3 + \tfrac{3}{4}x^2 + \tfrac{7}{4}x$$

Beispiel 5.107

Gesucht ist eine Lösung der Differentialgleichung $y''' - 3y' + 2y = x\,e^x$.

$\alpha = 1$ ist zweifache Lösung der charakteristischen Gleichung, es herrscht zweifache Resonanz. Wegen $m = 1$ machen wir den Ansatz $y_P = e^x x^2(ax + b) = e^x(ax^3 + bx^2)$. Nach dreimaliger Differentiation und Einsetzen in die Differentialgleichung erhalten wir

$$a = \tfrac{1}{18}, b = -\tfrac{1}{18} \quad \text{und} \quad y_P = \tfrac{1}{18}(x^3 - x^2)e^x.$$

Beispiel 5.108

Man berechne eine Lösung der Differentialgleichung $y^{(4)} + 4y''' + 6y'' + 4y' + y = x^2 e^{-x}$.

Die charakteristische Gleichung hat die vierfache Lösung $\lambda_1 = -1$. Da auch $\alpha = -1$ ist, herrscht vierfache Resonanz. Wir machen wegen $m = 2$ den Ansatz $y_P = e^{-x}x^4(ax^2 + bx + c) = e^{-x}(ax^6 + bx^5 + cx^4)$. Differenziert man diesen Ansatz viermal und setzt in die Differentialgleichung ein, so folgt

$$a = \tfrac{1}{360}, b = c = 0 \quad \text{und} \quad y_P = \tfrac{1}{360}x^6 e^{-x}.$$

Satz 5.30

Gegeben ist die Differentialgleichung

$$\sum_{k=0}^{n} a_k y^{(k)} = e^{\alpha x}(p_m(x)\cos\beta x + q_m(x)\sin\beta x),$$

wobei $a_k \in \mathbb{R}$ für $0 \leq k \leq n-1$, $a_n = 1$, $\alpha, \beta \in \mathbb{R}$ und p_m, q_m Polynome höchstens m-ten Grades sind. Dann gibt es Polynome r_m, s_m höchstens m-ten Grades, so daß

a) falls $\alpha + j\beta$ nicht Lösung der charakteristischen Gleichung ist, die Funktion
   $y_P = e^{\alpha x}(r_m(x)\cos\beta x + s_m(x)\sin\beta x)$
b) falls $\alpha + j\beta$ r-fache Lösung der charakteristischen Gleichung ist, die Funktion
   $y_P = e^{\alpha x}x^r(r_m(x)\cos\beta x + s_m(x)\sin\beta x)$

eine Lösung der Differentialgleichung ist.

Der Satz wird nicht bewiesen.

Bemerkung:

Im Falle b) spricht man von **r-facher Resonanz**.

Beispiel 5.109

Man bestimme eine Lösung der Differentialgleichung $y''' + y'' + y' + y = \sin 2x$.

Die charakteristische Gleichung hat die Lösungen $\lambda_1 = -1$, $\lambda_2 = j$, $\lambda_3 = -j$. Wegen $\alpha + j\beta = 2j$ herrscht keine Resonanz. Wir setzen daher $y_P = a\sin 2x + b\cos 2x$. Differenziert man diesen Ansatz dreimal und setzt in die Differentialgleichung ein, so folgt

$$(-3a + 6b)\sin 2x + (-6a - 3b)\cos 2x = \sin 2x.$$

Durch Koeffizientenvergleich bei $\sin 2x$ und $\cos 2x$ erhält man das lineare Gleichungssystem

$$-3a + 6b = 1$$
$$-6a - 3b = 0.$$

Die Lösungen sind $a = -1/15$, $b = 2/15$. Es ist also

$$y_P = -\tfrac{1}{15}\sin 2x + \tfrac{2}{15}\cos 2x$$

Beispiel 5.110

Man bestimme eine Lösung der Differentialgleichung $y''' + y'' + y' + y = \cos x$.

Wie bei Beispiel 5.109 hat die charakteristische Gleichung die Lösungen $\lambda_1 = -1$, $\lambda_2 = j$, $\lambda_3 = -j$. Wegen $\alpha + j\beta = j$ herrscht aber bei dieser Differentialgleichung einfache Resonanz. Wir setzen also $y_P = x(a\sin x + b\cos x)$ und erhalten durch Differentiation und Einsetzen in die Differentialgleichung $(-2a - 2b)\sin x + (2a - 2b)\cos x = \cos x$.

Der Koeffizientenvergleich liefert

$$a = \tfrac{1}{4}, b = -\tfrac{1}{4} \quad \text{und} \quad y_P = \frac{x}{4} \sin x - \frac{x}{4} \cos x.$$

Beispiel 5.111

Man berechne eine Lösung von $y''' + y'' - 2y = \sin x$.

Die Lösungen der charakteristischen Gleichung sind $\lambda_1 = 1$, $\lambda_2 = -1 + j$, $\lambda_3 = -1 - j$. Wegen $\alpha + j\beta = j$ herrscht keine Resonanz. Man setzt $y_P = a \sin x + b \cos x$ und erhält durch Einsetzen in die Differentialgleichung $(-3a + b) \sin x + (-a - 3b) \cos x = \sin x$ und

$$y_P = -\tfrac{3}{10} \sin x + \tfrac{1}{10} \cos x.$$

Beispiel 5.112

Man bestimme eine Lösung der Differentialgleichung $y''' + y'' - 2y = e^{-x} \cos x$.

Wie bei Beispiel 5.111 hat die charakteristische Gleichung die Lösungen $\lambda_1 = 1$, $\lambda_2 = -1 + j$, $\lambda_3 = -1 - j$. Wegen $\alpha + j\beta = -1 + j$ herrscht aber hier einfache Resonanz. Wir setzen $y_P = x e^{-x}(a \sin x + b \cos x)$. Durch Einsetzen in die Differentialgleichung ergibt sich

$$e^{-x}((-2a + 4b) \sin x + (-4a - 2b) \cos x) = e^{-x} \cos x$$

und

$$-2a + 4b = 0$$
$$-4a - 2b = 1.$$

Es ist also

$$y_P = x e^{-x}(-\tfrac{1}{5} \sin x - \tfrac{1}{10} \cos x).$$

Beispiel 5.113

Gesucht ist eine Lösung der Differentialgleichung $y^{(4)} + 2y'' + y = \sin x$.

Die charakteristische Gleichung hat die Lösungen $\lambda_1 = \lambda_2 = j$, $\lambda_3 = \lambda_4 = -j$. Wegen $\alpha + j\beta = j$ herrscht zweifache Resonanz. Der Ansatz lautet in diesem Falle $y_P = x^2(a \sin x + b \cos x)$. Differenziert man diesen Ansatz viermal und setzt in die Differentialgleichung ein, so ergibt sich nach längerer Zwischenrechnung

$$-8a \sin x - 8b \cos x = \sin x, \quad \text{also} \quad a = -\tfrac{1}{8}, \quad b = 0.$$

Wir erhalten

$$y_P = -\frac{x^2}{8} \sin x.$$

Das in Abschnitt 5.3 formulierte Superpositionsprinzip läßt sich auf die hier betrachteten Differentialgleichungen übertragen.

Satz 5.31

Es sei $a_k \in \mathbb{R}$ für $0 \leq k \leq n-1$, $a_n = 1$. Die Funktionen f_1, f_2 seien auf dem Intervall I stetig. Ist y_1 eine Lösung der Differentialgleichung

$$\sum_{k=0}^{n} a_k y^{(k)} = f_1(x),$$

y_2 eine Lösung der Differentialgleichung

$$\sum_{k=0}^{n} a_k y^{(k)} = f_2(x),$$

so ist $c_1 y_1 + c_2 y_2$ mit $c_1, c_2 \in \mathbb{R}$ eine Lösung der Differentialgleichung

$$\sum_{k=0}^{n} a_k y^{(k)} = c_1 f_1(x) + c_2 f_2(x).$$

Der Beweis folgt durch Einsetzen.

Beispiel 5.114

Gesucht ist die allgemeine Lösung der Differentialgleichung $y''' - 3y' + 2y = x e^x + x \sin x$.

Wir bestimmen zunächst eine Lösung der Differentialgleichung $y''' - 3y' + 2y = x e^x$. Da die charakteristische Gleichung die Lösungen $\lambda_1 = \lambda_2 = 1$, $\lambda_3 = -2$ hat, herrscht bei dieser rechten Seite zweifache Resonanz. Wir setzen daher $y_1 = e^x x^2 (ax + b)$ und erhalten durch Einsetzen

$$e^x (18ax + 6a + 6b) = x e^x.$$

Daraus folgt

$$a = \tfrac{1}{18} \quad \text{und} \quad b = -\tfrac{1}{18}.$$

Wir erhalten

$$y_1 = (\tfrac{1}{18} x^3 - \tfrac{1}{18} x^2) e^x.$$

Als nächstes bestimmen wir eine Lösung der Differentialgleichung $y''' - 3y' + 2y = x \sin x$. Es herrscht keine Resonanz. Wir setzen $y_2 = (ax + b) \sin x + (cx + d) \cos x$ und erhalten durch Einsetzen in die jetzt betrachtete Differentialgleichung

$$((2a + 4c)x + (-6a + 2b + 4d)) \sin x + ((-4a + 2c)x + (-4b - 6c + 2d)) \cos x = x \sin x.$$

Daraus folgt durch Koeffizientenvergleich

$$a = \tfrac{1}{10}, b = -\tfrac{9}{50}, c = \tfrac{1}{5}, d = \tfrac{6}{25} \quad \text{und} \quad y_2 = (\tfrac{1}{10} x - \tfrac{9}{50}) \sin x + (\tfrac{1}{5} x + \tfrac{6}{25}) \cos x.$$

Die allgemeine Lösung der gegebenen Differentialgleichung ist also

$$y = (Ax + B) e^x + C e^{-2x} + (\tfrac{1}{18} x^3 - \tfrac{1}{18} x^2) e^x + (\tfrac{1}{10} x - \tfrac{9}{50}) \sin x + (\tfrac{1}{5} x + \tfrac{6}{25}) \cos x.$$

5.4.4 Operatorenmethode

Wir stellen die Operatorenmethode in diesem Abschnitt an einigen Beispielen vor. Wir verweisen auf die in 5.3.4 eingeführten Definitionen und Eigenschaften des Operators D. Wir werden insbesondere die Formeln (5.47) und (5.48) benutzen.

Beispiel 5.115

Mit Hilfe der Operatorenmethode ist eine Lösung der Differentialgleichung $y''' + 2y'' - y' - 2y = e^{2x}$ zu bestimmen.

In Operatorenschreibweise lautet die Differentialgleichung $(D^3 + 2D^2 - D - 2)y = e^{2x}$. Man erhält also

$$y_P = \frac{1}{D^3 + 2D^2 - D - 2} e^{2x}$$

und nach Formel (5.47)

$$y_P = e^{2x} \frac{1}{(D+2)^3 + 2(D+2)^2 - (D+2) - 2} 1 = e^{2x} \frac{1}{D^3 + 8D^2 + 19D + 12} 1.$$

Nach Formel (5.48) ergibt sich $y_P = \dfrac{e^{2x}}{12}$.

Beispiel 5.116

Es ist eine Lösung der Differentialgleichung $y''' - 3y' + 2y = x\, e^x$ nach der Operatorenmethode zu bestimmen.

Wir erhalten

$$y_P = \frac{1}{D^3 - 3D + 2} x\, e^x = e^x \frac{1}{(D+1)^3 - 3(D+1) + 2} x$$

$$= e^x \frac{1}{D^3 + 3D^2} x = e^x \frac{1}{D^2} \frac{1}{D+3} x = \frac{e^x}{3} \frac{1}{D^2} \frac{1}{1 + \dfrac{D}{3}} x$$

$$= \frac{e^x}{3} \frac{1}{D^2} \left(1 - \frac{D}{3} + \frac{D^2}{9} \mp \cdots \right) x = \frac{e^x}{3} \frac{1}{D^2} (x - \tfrac{1}{3})$$

$$= \frac{e^x}{3} \left(\frac{x^3}{6} - \frac{x^2}{6} \right) = \frac{1}{18} e^x (x^3 - x^2).$$

Beispiel 5.117

Man berechne eine Lösung der Differentialgleichung $y^{(4)} + 4y''' + 6y'' + 4y' + y = x^2 e^{-x}$.

Es ist

$$y_P = \frac{1}{D^4 + 4D^3 + 6D^2 + 4D + 1} x^2 e^{-x} = e^{-x} \frac{1}{D^4} x^2 = e^{-x} \frac{x^6}{360}.$$

Die Operatorenmethode hat gerade bei Resonanz, insbesondere bei mehrfacher Resonanz wesentliche Rechenvorteile gegenüber den anderen Verfahren.

Beispiel 5.118

Gesucht ist eine Lösung der Differentialgleichung $y''' + y'' + y' + y = \sin 2x$.

Wir lösen zunächst die Differentialgleichung $z''' + z'' + z' + z = e^{j2x}$ und bestimmen dann den Imaginärteil der Lösung, da $\sin 2x$ auch der Imaginärteil von e^{j2x} ist. Die Rechnung liefert

$$z_P = \frac{1}{D^3 + D^2 + D + 1} e^{j2x} = e^{j2x} \frac{1}{(D+2j)^3 + (D+2j)^2 + (D+2j) + 1} 1$$

$$= e^{j2x} \frac{1}{D^3 + (1+6j)D^2 + (-11+4j)D + (-3-6j)} 1 = \frac{e^{j2x}}{-3-6j}.$$

Die Lösung der gegebenen Differentialgleichung ist also

$$y_p = \text{Im}(z_P) = \text{Im}\left(\frac{(\cos 2x + j\sin 2x)(-3+6j)}{(-3-6j)(-3+6j)}\right) = -\tfrac{1}{15}\sin 2x + \tfrac{2}{15}\cos 2x.$$

Beispiel 5.119

Gesucht ist die allgemeine Lösung der Differentialgleichung $y''' + y'' + y' + y = \cos x$.

Nach Beispiel 5.110 kann die allgemeine Lösung der homogenen Differentialgleichung in der Form $y_H = A e^{-x} + B\sin x + C\cos x$ dargestellt werden. Wir bestimmen eine Lösung der inhomogenen Differentialgleichung mit Hilfe der Operatorenmethode. Wir berechnen zunächst eine Lösung der Differentialgleichung $z''' + z'' + z' + z = e^{jx}$. Es ist

$$z_P = e^{jx}\frac{1}{(D+j)^3 + (D+j)^2 + (D+j) + 1} 1 = e^{jx}\frac{1}{D^3 + (1+3j)D^2 + (-2+2j)D} 1$$

$$= e^{jx}\frac{1}{D}\frac{1}{D^2 + (1+3j)D + (-2+2j)} 1 = e^{jx}\frac{1}{D}\frac{1}{-2+2j} = \frac{xe^{jx}}{-2+2j}.$$

Eine Lösung der gegebenen Differentialgleichung ist daher

$$y_P = \text{Re}\left(\frac{xe^{jx}}{-2+2j}\right) = \text{Re}\left(\frac{x(\cos x + j\sin x)(-2-2j)}{(-2+2j)(-2-2j)}\right) = \frac{x}{4}(\sin x - \cos x).$$

Als allgemeine Lösung ergibt sich also

$$y = A e^{-x} + B\sin x + C\cos x + \frac{x}{4}(\sin x - \cos x).$$

Beispiel 5.120

Man berechne eine Lösung der Differentialgleichung $y''' + y'' - 2y = e^{-x}\cos x$.

Wir lösen zuerst $z''' + z'' - 2z = e^{x(-1+j)}$. Wir erhalten

$$z_P = e^{x(-1+j)}\frac{1}{(D-1+j)^3 + (D-1+j)^2 - 2}1$$

$$= e^{x(-1+j)}\frac{1}{D^3 + (-2+3j)D^2 + (-2-4j)D}1$$

$$= e^{x(-1+j)}\frac{1}{D}\frac{1}{D^2 + (-2+3j)D + (-2-4j)}1 = e^{x(-1+j)}\frac{1}{D}\frac{1}{-2-4j} = \frac{xe^{x(-1+j)}}{-2-4j}$$

Eine Lösung der gegebenen Differentialgleichung ist dann

$$y_P = \text{Re}\left(\frac{xe^{x(-1+j)}}{-2-4j}\right) = \text{Re}\left(\frac{xe^{-x}(\cos x + j\sin x)(-2+4j)}{(-2-4j)(-2+4j)}\right)$$

$$= xe^{-x}(-\tfrac{1}{5}\sin x - \tfrac{1}{10}\cos x).$$

Beispiel 5.121

Man bestimme eine Lösung der Differentialgleichung $y^{(4)} + 2y'' + y = \sin x$.

Nach der Operatorenmethode ist zunächst eine Lösung der Differentialgleichung $z^{(4)} + 2z'' + z = e^{jx}$ zu bestimmen. Wir erhalten

$$z_P = \frac{1}{D^4 + 2D^2 + 1}e^{jx} = \frac{1}{(D^2+1)^2}e^{jx} = e^{jx}\frac{1}{((D+j)^2 + 1)^2}1$$

$$= e^{jx}\frac{1}{(D^2 + 2jD)^2}1 = e^{jx}\frac{1}{D^2}\frac{1}{D^2 + 4jD - 4}1 = e^{jx}\frac{1}{D^2}\left(-\frac{1}{4}\right) = -e^{jx}\frac{x^2}{8}.$$

Eine Lösung der gegebenen Differentialgleichung ist also

$$y_P = -\frac{x^2}{8}\sin x.$$

Aufgaben

1. Man bestimme die allgemeine Lösung der Differentialgleichungen
   a) $y''' - 4y'' + y' + 6y = 0$
   b) $y''' - 4y'' - 3y' + 18y = 0$
   c) $y''' - 2y'' + 4y' - 8y = 0$
   d) $y^{(4)} - 4y''' + 6y'' - 4y' + y = 0$
   e) $y^{(5)} + y^{(4)} - 2y''' - 2y'' + y' + y = 0$
   f) $y^{(6)} - 8y^{(5)} + 27y^{(4)} - 48y''' + 51y'' - 40y' + 25y = 0$
   Anleitung: Die charakteristische Gleichung hat die Lösungen $\lambda_1 = j$, $\lambda_2 = 2 + j$.

2. Mit Hilfe des Grundlösungsverfahrens berechne man alle Lösungen der Differentialgleichungen
   a) $y''' - 2y'' + 4y' - 8y = xe^x$
   b) $y''' - 2y'' + 4y' - 8y = \sin 2x$
   c) $y''' - 3y'' + 3y' - y = x^2e^{2x}$
   d) $y''' - 3y'' + 3y' - y = xe^x$
   e) $y^{(4)} + 8y'' + 16y = \sin x$
   f) $y^{(4)} + 8y'' + 16y = \sin 2x$

3. Man löse die Differentialgleichungen der Aufgabe 2 mit Hilfe des Ansatzes in Form der rechten Seite.

4. Man löse die Differentialgleichungen der Aufgabe 2 mit Hilfe der Operatorenmethode.

5.5 Lineare Differentialgleichungssysteme erster Ordnung mit konstanten Koeffizienten

5.5.1 Grundlagen

Die Funktionen f, g seien auf dem Intervall I stetig, x und y auf I differenzierbare Funktionen und $a, b, c, d \in \mathbb{R}$. Dann bilden die Differentialgleichungen

$$\frac{dx(t)}{dt} = ax(t) + by(t) + f(t)$$

$$\frac{dy(t)}{dt} = cx(t) + dy(t) + g(t)$$

(5.97)

ein **lineares Differentialgleichungssystem erster Ordnung mit konstanten Koeffizienten.**

Bemerkung:

In diesem Abschnitt bezeichnen wir die unabhängige Veränderliche mit t. x und y sind Funktionen. Wir wollen die Ableitung der Funktionen x, y, f, g nach t mit $\dot{x}, \dot{y}, \dot{f}, \dot{g}$ bezeichnen. Es ist auch hier üblich, bei $x(t), y(t), \dot{x}(t), \dot{y}(t)$ die unabhängige Variable wegzulassen. Das System läßt sich dann kürzer in der Form

$$\dot{x} = ax + by + f(t)$$
$$\dot{y} = cx + dy + g(t)$$

schreiben.

Beispiel 5.122

Wir betrachten das Differentialgleichungssystem

$$\dot{x} = 2x + 3y + 1$$

$$\dot{y} = 3x + 2y + t.$$

Die erste Gleichung dieses Systems enthält die beiden unbekannten Funktionen x und y, so daß eine Auflösung nach x etwa in Form der Lösung einer Differentialgleichung erster Ordnung, nicht möglich ist. Die Funktion y müßte dazu bekannt sein. Analoges gilt für die zweite Gleichung, die auch die beiden unbekannten Funktionen enthält.

Der Begriff Lösung des Systems (5.97) ist analog zu dem Begriff Lösung einer Differentialgleichung definiert.

Die Funktionen f, g seien auf dem Intervall I stetig und $a, b, c, d \in \mathbb{R}$. Zwei Funktionen $x = \varphi(t)$, $y = \psi(t)$ heißen **Lösung des Differentialgleichungssystems**

$$\dot{x} = ax + by + f(t)$$
$$\dot{y} = cx + dy + g(t),$$

auf I, wenn

1. φ, ψ auf I stetig differenzierbar sind,

2. $\dot{\varphi}(t) = a\varphi(t) + b\psi(t) + f(t)$
   $\dot{\psi}(t) = c\varphi(t) + d\psi(t) + g(t)$

auf I gilt.

Auch das Anfangswertproblem ist analog definiert. Wir vereinbaren:

Die Funktionen f, g seien auf dem Intervall I stetig, $t_0 \in I$ und $a, b, c, d \in \mathbb{R}$.

Gegeben sei das Differentialgleichungssystem

$$\dot{x} = ax + by + f(t)$$
$$\dot{y} = cx + dy + g(t),$$

sowie $x_0, y_0 \in \mathbb{R}$.

Dann bezeichnet man als zugehöriges **Anfangswertproblem**, Funktionen φ, ψ zu finden, die

1. Lösung des Systems auf I sind,
2. den Bedingungen $\varphi(t_0) = x_0$, $\psi(t_0) = y_0$ genügen.

Die Werte x_0, y_0 heißen **Anfangswerte**, die Bedingungen **Anfangsbedingungen**, t_0 heißt **Anfangspunkt**.

Für das System (5.97) gibt es ebenfalls einen zu dem Existenz- und Eindeutigkeitssatz für Differentialgleichungen (Satz 5.1) analogen Satz:

Satz 5.32

> Die Funktionen f, g seien auf dem Intervall I stetig, $t_0 \in I$ und $a, b, c, d, x_0, y_0 \in \mathbb{R}$. Dann existiert in einer geeigneten Umgebung der Stelle t_0 genau eine Lösung des zugehörigen Anfangswertproblems
>
> $$\dot{x} = ax + by + f(t)$$
> $$\dot{y} = cx + dy + g(t)$$
>
> mit $x(t_0) = x_0$, $y(t_0) = y_0$.

Auf den Beweis wird verzichtet.

Wir wollen ein Lösungsverfahren für die betrachteten Differentialgleichungssysteme an dem folgenden Beispiel demonstrieren.

Beispiel 5.123

Man bestimme die allgemeine Lösung des Differentialgleichungssystems

$$\dot{x} = 2x + 3y + e^t$$
$$\dot{y} = 3x + 2y + \sin t.$$

Wir differenzieren die erste Gleichung des Systems nach t:

$$\ddot{x} = 2\dot{x} + 3\dot{y} + e^t.$$

und ersetzen $\dot{y}$ mit Hilfe der zweiten Gleichung

$$\ddot{x} = 2\dot{x} + 3(3x + 2y + \sin t) + e^t = 2\dot{x} + 9x + 6y + 3\sin t + e^t. \tag{5.98}$$

Durch Auflösung der ersten Gleichung des Systems nach y erhalten wir

$$y = \tfrac{1}{3}(\dot{x} - 2x - e^t). \tag{5.99}$$

Ersetzen wir in (5.98) y mit Hilfe von (5.99), so ergibt sich

$$\ddot{x} = 2\dot{x} + 9x + 2\dot{x} - 4x - 2e^t + 3\sin t + e^t,$$
$$\ddot{x} - 4\dot{x} - 5x = 3\sin t - e^t. \tag{5.100}$$

Die allgemeine Lösung der Differentialgleichung (5.100) ist

$$x(t) = Ae^{-t} + Be^{5t} + \tfrac{1}{8}e^t - \tfrac{9}{26}\sin t + \tfrac{3}{13}\cos t.$$

Für $y(t)$ folgt aus (5.99)

$$\begin{aligned}
y(t) &= \tfrac{1}{3}(-Ae^{-t} + 5Be^{5t} + \tfrac{1}{8}e^t - \tfrac{9}{26}\cos t - \tfrac{3}{13}\sin t \\
&\quad - 2Ae^{-t} - 2Be^{5t} - \tfrac{2}{8}e^t + \tfrac{9}{13}\sin t - \tfrac{6}{13}\cos t - e^t) \\
&= -Ae^{-t} + Be^{5t} - \tfrac{3}{8}e^t + \tfrac{2}{13}\sin t - \tfrac{7}{26}\cos t.
\end{aligned}$$

Daß wir mit der in dem obigen Beispiel beschriebenen Methode die allgemeine Lösung des Differentialgleichungssystems erhalten, gewährleistet der Satz 5.33.

Auf den Beweis wird verzichtet.

Bemerkung:

Ist $b = 0$, so zerfällt das System. Die erste Gleichung ist eine Differentialgleichung erster Ordnung für x allein. Sie kann nach 5.2.2 gelöst werden. Setzen wir diese Lösung in die zweite Gleichung des Systems ein, so erhalten wir eine lineare Differentialgleichung erster Ordnung für y allein. Diese kann ebenfalls nach 5.2.2 gelöst werden.

Satz 5.33

Die Funktionen f, g seien auf dem Intervall I stetig, f sei auf I stetig differenzierbar, $a, b, c, d \in \mathbb{R}$, $b \neq 0$.

Dann ergibt sich die allgemeine Lösung des Differentialgleichungssystems

$$\dot{x} = ax + by + f(t)$$
$$\dot{y} = cx + dy + g(t)$$

aus der allgemeinen Lösung der Differentialgleichung

$$\ddot{x} - (a+d)\dot{x} + (ad - bc)x = \dot{f}(t) - df(t) + bg(t),$$

sowie

$$y = \frac{1}{b}(\dot{x} - ax - f(t)).$$

Beispiel 5.124

Man bestimme die allgemeine Lösung des Differentialgleichungssystems

$$\dot{x} = 2x - y + e^t$$
$$\dot{y} = -x + 2y.$$

Durch Differentiation der ersten Gleichung folgt

$$\ddot{x} = 2\dot{x} - \dot{y} + e^t.$$

Ersetzen wir $\dot{y}$ mit Hilfe der zweiten Gleichung, so ist

$$\ddot{x} = 2\dot{x} + x - 2y + e^t. \tag{5.101}$$

Aus der ersten Gleichung des Systems folgt

$$y = 2x - \dot{x} + e^t. \tag{5.102}$$

Eliminieren wir in (5.101) y mit Hilfe von (5.102), so erhalten wir

$$\ddot{x} - 4\dot{x} + 3x = -e^t. \tag{5.103}$$

Die allgemeine Lösung der Differentialgleichung (5.103) ist

$$x = Ae^t + Be^{3t} + \tfrac{1}{2}te^t \quad \text{mit } A, B \in \mathbb{R}.$$

Aus (5.102) folgt

$$y = Ae^t - Be^{3t} + \tfrac{1}{2}(t+1)e^t.$$

Das Differentialgleichungssystem (5.97) läßt sich auch mit Hilfe der Laplace-Transformation lösen. Wir lassen dazu für f und g nur Funktionen aus der Tabelle der Laplace-Transformierten zu.

Dann existieren für genügend große s alle benötigten Laplace-Transformierten. Unter Anwendung der Sätze aus 5.3.5 erhalten wir aus (5.97)

$$-x(0) + s\mathscr{L}\{x\} = a\mathscr{L}\{x\} + b\mathscr{L}\{y\} + \mathscr{L}\{f\}$$
$$-y(0) + s\mathscr{L}\{y\} = c\mathscr{L}\{x\} + d\mathscr{L}\{y\} + \mathscr{L}\{g\}, \quad \text{d.h.}$$

$$(s-a)\mathscr{L}\{x\} - \quad b\mathscr{L}\{y\} \quad = x(0) + \mathscr{L}\{f\}$$
$$-c\mathscr{L}\{x\} + (s-d)\mathscr{L}\{y\} = y(0) + \mathscr{L}(g) \tag{5.104}$$

Durch die Laplace-Transformation geht das Differentialgleichungssystem (5.97) also über in ein lineares Gleichungssystem für die Unbekannten $\mathscr{L}\{x\}$ und $\mathscr{L}\{y\}$. Wir lösen (5.104) nach $\mathscr{L}\{x\}$ auf und erhalten

$$((s-a)(s-d) - bc)\mathscr{L}\{x\} = (x(0) + \mathscr{L}\{f\})(s-d) + (y(0) + \mathscr{L}\{g\})b. \tag{5.105}$$

Es gibt eine Stelle s_0, so daß für $s > s_0$ der Ausdruck $(s-a)(s-d) - bc \neq 0$ ist. Die Gleichung (5.105) läßt sich für diese s nach $\mathscr{L}\{x\}$ auflösen. Zerlegen wir in Partialbrüche, so können wir dann mit Hilfe der Tabelle der Laplace-Transformierten x bestimmen. y folgt schließlich durch Auflösung der ersten Gleichung des Systems. Es ergibt sich folgendes Schema

Wir wenden das Verfahren in dem folgenden Beispiel an.

Beispiel 5.125

Mit Hilfe der Laplace-Transformation löse man das Differentialgleichungssystem

$$\dot{x} = 2x + y + t$$
$$\dot{y} = x \ + 2y + 1.$$

Durch Anwendung der Laplace-Transformation erhalten wir für genügend große s

$$-x(0) + s\mathscr{L}\{x\} = 2\mathscr{L}\{x\} + \mathscr{L}\{y\} + \frac{1}{s^2}$$

$$-y(0) + s\mathscr{L}\{y\} = \ \mathscr{L}\{x\} \ + 2\mathscr{L}\{y\} + \frac{1}{s}.$$

Daraus folgt

$$(s-2)\mathscr{L}\{x\} - \mathscr{L}\{y\} = x(0) + \frac{1}{s^2}$$

$$-\mathscr{L}\{x\} + (s-2)\mathscr{L}\{y\} = y(0) + \frac{1}{s}.$$

Wir multiplizieren die erste Gleichung mit $(s - 2)$, addieren beide Gleichungen, lösen nach $\mathscr{L}\{x\}$ auf und erhalten für genügend große s

$$\mathscr{L}\{x\} = \frac{(s^2 x(0) + 1)(s - 2) + s^2 y(0) + s}{s^2(s^2 - 4s + 3)}.$$

Zerlegen wir diesen Ausdruck in Partialbrüche, so ergibt sich wegen $s^2 - 4s + 3 = (s - 1)(s - 3)$:

$$\mathscr{L}\{x\} = \frac{-\frac{2}{3}}{s^2} + \frac{-\frac{2}{9}}{s} + \frac{\dfrac{x(0) - y(0)}{2}}{s - 1} + \frac{\dfrac{x(0) + y(0)}{2} + \dfrac{2}{9}}{s - 3}.$$

Die Rücktransformation ergibt

$$x(t) = -\frac{2}{3}t - \frac{2}{9} + \frac{x(0) - y(0)}{2}e^t + \left(\frac{x(0) + y(0)}{2} + \frac{2}{9}\right)e^{3t}.$$

Die Lösung $y(t)$ egibt sich aus der ersten Gleichung des Systems

$$y(t) = \dot{x}(t) - 2x(t) - t$$

$$= -\frac{2}{3} + \frac{x(0) - y(0)}{2}e^t + 3\left(\frac{x(0) + y(0)}{2} + \frac{2}{9}\right)e^{3t}$$

$$+ \frac{4}{3}t + \frac{4}{9} - 2\frac{x(0) - y(0)}{2}e^t - 2\left(\frac{x(0) + y(0)}{2} + \frac{2}{9}\right)e^{3t} - t$$

$$= \frac{1}{3}t - \frac{2}{9} + \frac{-x(0) + y(0)}{2}e^t + \left(\frac{x(0) + y(0)}{2} + \frac{2}{9}\right)e^{3t}.$$

5.5.2 Anwendungen

Beispiel 5.126

Wir betrachten die in Bild 5.44 dargestellte Stoßspannungsanlage. Man benutzt diese Schaltung zur Erzeugung kurzer Spannungsstöße bei der Prüfung von elektrischen Isolatoren.

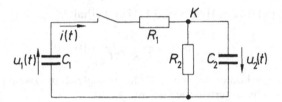

Bild 5.44: Stoßspannungsanlage

Zur Zeit $t = 0$ sei der Kondensator C_1 aufgeladen, es liege die Spannung $u_1(0)$ an, der Kondensator C_2 sei entladen. Der Schalter werde zur Zeit $t = 0$ geschlossen.

Im Knotenpunkt K ist die Summe aller Ströme Null. Der aus dem Kondensator C_1 fließende Strom muß also gleich der Summe der Ströme sein, die durch den Widerstand R_2 und in den Kondensator C_2 fließen. Mit den in Bild 5.44 gewählten Bezeichnungen ist

$$i(t) = -C_1\dot{u}_1(t) = \frac{u_2(t)}{R_2} + C_2\dot{u}_2(t). \tag{5.106}$$

Aus den Kirchhoffschen Regeln folgt

$$u_1(t) = R_1 i(t) + u_2(t). \tag{5.107}$$

Ersetzen wir $i(t)$ mit Hilfe von (5.106), so erhalten wir

$$u_1(t) = R_1\left(\frac{u_2(t)}{R_2} + C_2\dot{u}_2(t)\right) + u_2(t)$$

$$\dot{u}_2(t) = \frac{1}{R_1 C_2}u_1(t) - \left(\frac{1}{R_1 C_2} + \frac{1}{R_2 C_2}\right)u_2(t). \tag{5.108}$$

Aus der Gleichung (5.106) folgt dann mit Hilfe von (5.108)

$$\dot{u}_1(t) = -\frac{1}{R_1 C_1} u_1(t) + \frac{1}{R_1 C_1} u_2(t). \tag{5.109}$$

Die Gleichungen (5.108) und (5.109) bilden ein lineares Differentialgleichungssystem mit konstanten Koeffizienten. Wir wollen $u_2(t)$ berechnen. Dazu leiten wir aus dem System eine Differentialgleichung für $u_2(t)$ allein her. Wir differenzieren (5.108) nach t:

$$\ddot{u}_2(t) = \frac{1}{R_1 C_2} \dot{u}_1(t) - \left(\frac{1}{R_1 C_2} + \frac{1}{R_2 C_2}\right)\dot{u}_2(t).$$

Ersetzen wir $\dot{u}_1(t)$ mit Hilfe von (5.109), so folgt

$$\ddot{u}_2(t) = \frac{1}{R_1 C_2}\left(-\frac{1}{R_1 C_1} u_1(t) + \frac{1}{R_1 C_1} u_2(t)\right) - \left(\frac{1}{R_1 C_2} + \frac{1}{R_2 C_2}\right)\dot{u}_2(t). \tag{5.110}$$

Aus (5.108) ergibt sich durch Auflösung nach $u_1(t)$:

$$u_1(t) = R_1 C_2 \left(\dot{u}_2(t) + \left(\frac{1}{R_1 C_2} + \frac{1}{R_2 C_2}\right)u_2(t)\right). \tag{5.111}$$

Wir ersetzen $u_1(t)$ in (5.110) mit Hilfe von (5.111) und erhalten

$$\ddot{u}_2(t) + \left(\frac{1}{R_1 C_1} + \frac{1}{R_1 C_2} + \frac{1}{R_2 C_2}\right)\dot{u}_2(t) + \frac{1}{R_1 R_2 C_1 C_2} u_2(t) = 0. \tag{5.112}$$

Gleichung (5.112) ist eine homogene lineare Differentialgleichung zweiter Ordnung mit konstanten Koeffizienten. Die charakteristische Gleichung lautet

$$\lambda^2 + \left(\frac{1}{R_1 C_1} + \frac{1}{R_1 C_2} + \frac{1}{R_2 C_2}\right)\lambda + \frac{1}{R_1 R_2 C_1 C_2} = 0.$$

Ihre Lösungen sind

$$\lambda_{1,2} = -\frac{1}{2}\left(\frac{1}{R_1 C_1} + \frac{1}{R_1 C_2} + \frac{1}{R_2 C_2}\right) \pm \sqrt{\frac{1}{4}\left(\frac{1}{R_1 C_1} + \frac{1}{R_1 C_2} + \frac{1}{R_2 C_2}\right)^2 - \frac{1}{R_1 R_2 C_1 C_2}}.$$

Wir betrachten den Radikanden

$$\frac{1}{4}\left(\frac{1}{R_1 C_1} + \frac{1}{R_1 C_2} + \frac{1}{R_2 C_2}\right)^2 - \frac{1}{R_1 R_2 C_1 C_2}$$

$$= \frac{1}{4}\left(\left(\frac{1}{R_1 C_1}\right)^2 + \left(\frac{1}{R_1 C_2}\right)^2 + \left(\frac{1}{R_2 C_2}\right)^2 + 2\frac{1}{R_1^2 C_1 C_2} + 2\frac{1}{R_1 R_2 C_2^2} + 2\frac{1}{R_1 R_2 C_1 C_2}\right.$$

$$\left. - 4\frac{1}{R_1 R_2 C_1 C_2}\right)$$

$$= \frac{1}{4}\left(\left(\frac{1}{R_1 C_1} - \frac{1}{R_2 C_2}\right)^2 + \left(\frac{1}{R_1 C_2}\right)^2 + 2\frac{1}{R_1^2 C_1 C_2} + 2\frac{1}{R_1 R_2 C_2^2}\right) > 0.$$

Der Radikand ist also positiv, die Lösungen der charakteristischen Gleichung sind reell. Wegen

$$\sqrt{\frac{1}{4}\left(\frac{1}{R_1 C_1} + \frac{1}{R_1 C_2} + \frac{1}{R_2 C_2}\right)^2 - \frac{1}{R_1 R_2 C_1 C_2}} < \frac{1}{2}\left(\frac{1}{R_1 C_1} + \frac{1}{R_1 C_2} + \frac{1}{R_2 C_2}\right)$$

sind beide Lösungen negativ. Für die allgemeine Lösung der Differentialgleichung (5.112) ergibt sich

$$u_2(t) = A e^{\lambda_1 t} + B e^{\lambda_2 t} \quad \text{mit } A, B \in \mathbb{R}. \tag{5.113}$$

Zur Zeit $t = 0$ ist $u_2(0) = 0$. Also wegen (5.106) und (5.108)

$$\dot{u}_2(0) = \frac{1}{C_2} i(0) = \frac{1}{R_1 C_2} u_1(0).$$

Daraus folgt

$$A + B = 0; \quad A\lambda_1 + B\lambda_2 = \frac{1}{R_1 C_2} u_1(0).$$

Die Lösungen dieses Gleichungssystems sind

$$A = \frac{1}{\lambda_1 - \lambda_2} \frac{1}{R_1 C_2} u_1(0); \quad B = -\frac{1}{\lambda_1 - \lambda_2} \frac{1}{R_1 C_2} u_1(0). \tag{5.114}$$

Durch Einsetzen von (5.114) in (5.113) erhalten wir

$$u_2(t) = \frac{1}{\lambda_1 - \lambda_2} \frac{1}{R_1 C_2} u_1(0)(e^{\lambda_1 t} - e^{\lambda_2 t}). \tag{5.115}$$

Zur Diskussion des Spannungsverlaufs betrachten wir

$$\dot{u}_2(t) = \frac{1}{\lambda_1 - \lambda_2} \frac{1}{R_1 C_2} u_1(0)(\lambda_1 e^{\lambda_1 t} - \lambda_2 e^{\lambda_2 t}).$$

Aus $\dot{u}_2(t) = 0$ folgt

$$\lambda_1 e^{\lambda_1 t} - \lambda_2 e^{\lambda_2 t} = 0, \quad \text{d.h.} \quad e^{(\lambda_1 - \lambda_2)t} = \frac{\lambda_2}{\lambda_1}.$$

Wegen $\lambda_1 < 0$, $\lambda_2 < 0$ kann die letzte Gleichung nach t aufgelöst werden. Es ergibt sich

$$t_1 = \frac{1}{\lambda_1 - \lambda_2} \ln \frac{\lambda_2}{\lambda_1} > 0$$

wegen $\lambda_1 > \lambda_2$. An der Stelle t_1 ist nach (5.112) die zweite Ableitung $\dfrac{d^2 u_2(t)}{dt^2}$ negativ, so daß ein Maximum vorliegt. Für $t \to \infty$ folgt $u_2(t) \to 0$. Der Spannungsstoß am Kondensator C_2 ist in Bild 5.45 dargestellt.

Beispiel 5.127

Wir betrachten zwei mit Salzlösung gefüllte Behälter. Die Salzlösung im ersten Behälter habe das Volumen V_1, die im zweiten das Volumen V_2. Zur Zeit $t = 0$ sei die im ersten Behälter gelöste

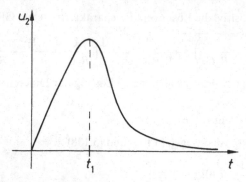

Bild 5.45: Spannungsverlauf am Kondensator C_2 aus Beispiel 5.126

Salzmenge $s_1(0)$, die im zweiten Behälter $s_2(0)$. Danach ströme mit der Geschwindigkeit v durch ein Rohr mit dem Querschnitt A Lösung aus dem ersten Behälter in den zweiten, durch ein zweites Rohr mit dem gleichen Querschnitt A Lösung mit der Geschwindigkeit v in den ersten Behälter. In beiden Behältern werden die Lösungen ständig gut durchmischt. Wir wollen die Salzmengen $s_1(t)$ und $s_2(t)$ zur Zeit t in den einzelnen Behältern berechnen.

Die Salzmenge, die bis zur Zeit t vom ersten Behälter in den zweiten fließt, ist $\int\limits_0^t v \cdot A \cdot \dfrac{s_1(\tau)}{V_1}\, d\tau$, vom

zweiten Behälter in den ersten strömt die Salzmenge $\int\limits_0^t v \cdot A \cdot \dfrac{s_2(\tau)}{V_2}\, d\tau$. Daraus folgt

$$s_1(t) = s_1(0) - \int\limits_0^t v \cdot A \cdot \frac{s_1(\tau)}{V_1}\, d\tau + \int\limits_0^t v \cdot A \cdot \frac{s_2(\tau)}{V_2}\, d\tau.$$

Durch Differentiation erhalten wir hieraus (vgl. Band 1 (9.9))

$$\dot{s}_1(t) = -\frac{v}{V_1} \cdot A \cdot s_1(t) + \frac{v}{V_2} \cdot A \cdot s_2(t). \tag{5.116}$$

Analog ergibt sich

$$\dot{s}_2(t) = \frac{v}{V_1} \cdot A \cdot s_1(t) - \frac{v}{V_2} \cdot A \cdot s_2(t). \tag{5.117}$$

Die Gleichungen (5.116) und (5.117) bilden ein lineares Differentialgleichungssystem mit konstanten Koeffizienten.

Wir wollen dieses System lösen.

Wir erhalten für $s_1(t)$ die Differentialgleichung

$$\ddot{s}_1(t) + \left(\frac{v}{V_1} + \frac{v}{V_2}\right) \cdot A \cdot \dot{s}_1(t) = 0.$$

Die allgemeine Lösung ist

$$s_1(t) = C_1 + C_2 \cdot e^{-\left(\frac{v}{V_1} + \frac{v}{V_2}\right) \cdot A \cdot t} \quad \text{mit } C_1, C_2 \in \mathbb{R}. \tag{5.118}$$

Aus Gleichung (5.116) folgt dann

$$s_2(t) = \frac{V_2}{v}\left(\frac{v}{V_1}C_1 - \frac{v}{V_2}C_2 \cdot e^{-\left(\frac{v}{V_1}+\frac{v}{V_2}\right)At}\right). \tag{5.119}$$

Zur Zeit $t = 0$ gilt

$$s_1(0) = C_1 + C_2$$

$$s_2(0) = \frac{V_2}{V_1}C_1 - C_2.$$

Daraus folgt

$$C_1 = \frac{V_1}{V_1 + V_2}(s_1(0) + s_2(0))$$

$$C_2 = \frac{1}{V_1 + V_2}(V_2 s_1(0) - V_1 s_2(0)).$$

Setzt man diese Ausdrücke in (5.118) und (5.119) ein, so erhält man für den Grenzübergang $t \to \infty$

$$\lim_{t\to\infty} s_1(t) = \frac{V_1}{V_1 + V_2}(s_1(0) + s_2(0))$$

$$\lim_{t\to\infty} s_2(t) = \frac{V_2}{V_1 + V_2}(s_1(0) + s_2(0)).$$

Für $V_1 = V_2$ sind beide Grenzwerte gleich. In diesem Falle gleichen sich die Salzmengen aus. Die Konzentrationen der Salzmengen in den einzelnen Behältern $\frac{s_1(t)}{V_1}$ und $\frac{s_2(t)}{V_2}$ gleichen sich immer aus.

Beispiel 5.128

Wir übernehmen die Bezeichnungen des Beispiels 5.127.

Zur Zeit $t = 0$ seien im ersten Behälter 10 kg Salz in 100 l Wasser gelöst, im zweiten Behälter mögen sich 900 l reines Wasser befinden. Durch je ein Rohr mit dem Querschnitt 10 cm^2 ströme Flüssigkeit mit der Geschwindigkeit $1\,\frac{\text{m}}{\text{s}}$ von dem ersten Behälter in den zweiten und umgekehrt.

Dann ergibt sich

$$s_1(t) = 1 + 9e^{-\frac{1}{90}t},$$

$$s_2(t) = 9 - 9e^{-\frac{1}{90}t}.$$

Die Salzmengen in beiden Behältern sind gleich, wenn

$$1 + 9e^{-\frac{1}{90}t} = 9 - 9e^{-\frac{1}{90}t}, \quad \text{d.h.} \quad t = -90\ln\frac{4}{9}$$

gilt. Die numerische Rechnung liefert etwa 73 s.

Der zeitliche Verlauf der Salzmengen ist in Bild 5.46 dargestellt.

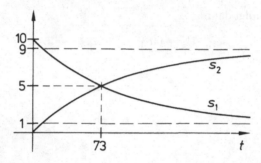

Bild 5.46: Skizze zu Beispiel 5.128

Aufgaben

1. Man bestimme die allgemeine Lösung der folgenden Differentialgleichungssysteme

   a) $\dot{x} = 2x - 4y + e^t$
   $\dot{y} = -4x + 2y + e^{-t}$;

   b) $\dot{x} = x - 2y + \sin t$
   $\dot{y} = -2x + y + t$;

   c) $\dot{x} = 3x + 5y + t^2$
   $\dot{y} = 5x + 3y + t + 1$;

   d) $\dot{x} = x + 3y + e^t$
   $\dot{y} = 3x + y + \cos t$.

2. Man bestimme die allgemeine Lösung der Systeme aus Aufgabe 1 mit Hilfe der Laplace-Transformation.

3. Man löse die Anfangswertprobleme

   a) $\dot{x} = 3x + 4y + e^{-t}$
   $\dot{y} = 4x + 3y$ mit $x(0) = 0$, $y(0) = 1$;

   b) $\dot{x} = 2x + y$
   $\dot{y} = x + 2y$ mit $x(1) = e$; $y(1) = -e$.

4. Man beschreibe die in Bild 5.47 dargestellte Schaltung durch ein Differentialgleichungssystem für die Spannungen $u_1(t)$ und $u_2(t)$ und löse dieses.

   Zur Zeit $t = 0$ sei der Kondensator C_1 aufgeladen: $u_1(0) = u_0$, der Kondensator C_2 entladen. Zur Zeit $t = 0$ werde der Schalter geschlossen.

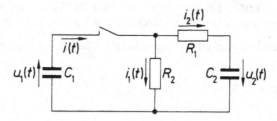

Bild 5.47: Stoßspannungsanlage

5.6 Numerische Verfahren für Anfangswertaufgaben

In vielen Fällen ist es nicht möglich oder sinnvoll, Anfangswertaufgaben mit den Methoden zu lösen oder es zu versuchen, die bisher beschrieben wurden. Gründe dafür gibt es viele.

1. Oft ist es gar nicht möglich, die Lösung einer Anfangswertaufgabe in der Form $y = y(x)$ (endlicher Ausdruck, ohne Integrale usw.) hinzuschreiben. Beispielsweise hat die Anfangswertaufgabe $y' = x^2 + y^2$, $y(0) = 0$ genau eine Lösung, diese kann man im angegebenen Sinn nicht hinschreiben. Ähnliches gilt auch für die lineare Anfangswertaufgabe

   $$y' = e^{x^2} \cdot y + 1, \; y(0) = 2.$$

   Hiert tritt ein Integral auf, daß seinerseits so ebenfalls nicht berechnet werden kann.

2.. Häufig ist die Berechnung der Lösung einer Anfangswertaufgabe lediglich Teilaufgabe eines umfangreicheren Problems, das man mit dem Computer behandelt. In dieser Situation ist es wünschenswert und erforderlich, auch diese Teilaufgabe mit ihm zu behandeln. Gewöhnlich benötigt man ohnehin nur eine Wertetabelle der Lösung, die dann weiter bearbeitet werden soll.

3. Es erscheint auch nicht besonders sinnvoll, wenn möglich die allgemeine Lösung der Differentialgleichung zu bestimmen, um aus dieser dann durch Berechnung der Konstanten aus den Anfangswerten die Lösung der Anfangswertaufgabe zu ermitteln; nur in seltenen Fällen wird es überhaupt möglich sein, die allgemeine Lösung zu berechnen.

In diesem Abschnitt geht es zunächst um die Anfangswertaufgabe 1. Ordnung

$$y' = f(x, y), \; y(x_0) = y_0. \tag{5.120}$$

Wir nehmen an, daß es genau eine Lösung y im interessierenden Intervall gibt.

Es werden, ausgehend vom Anfangswert, Näherungen y_k für $y(x_k)$ berechnet für $k = 1, 2, 3, \ldots$, wobei $x_k = x_0 + k \cdot h$ und $h > 0$ die Schrittweite ist.

Allen Verfahren gemeinsam ist, daß aus dem Anfangswert (x_0, y_0) in einem ersten Schritt die Näherung y_1 für $y(x_1)$ berechnet wird. Dann wird mit derselben Formel aus dieser Näherung (x_1, y_1) eine Näherung y_2 für $y(x_2)$ berechnet usw. (vergl. Bild 5.48).

Abbrechen wird man, wenn eine Wertetabelle in dem interessierenden Bereich vorliegt.

Im folgenden werden Formeln angegeben, mit denen man aus der Näherung y_k für $y(x_k)$ die folgende Näherung y_{k+1} für $y(x_{k+1})$ gewinnt.

Zu einem brauchbaren Computer-Algorithmus wird das, indem die entsprechende Formel in eine Schleife geschrieben wird, die sooft durchlaufen wird, bis ein sinnvolles Abbruchkriterium erfüllt ist. Die berechneten Werte werden ausgedruckt, gespeichert oder sonstwie bearbeitet.

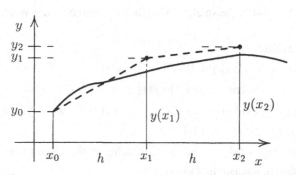

Bild 5.48: Näherungsverfahren

5.6.1 Das Polygonzugverfahren (Euler-Verfahren) der Ordnung 1

Dieses ist das einfachste Verfahren. Die Lösung y von (5.120) hat im Punkt x_0 die Steigung $k_1 = y'(x_0) = f(x_0, y(x_0)) = f(x_0, y_0)$ (siehe Bild 5.49).

Die Näherung y_1 für $y(x_1)$ ergibt sich dadurch, daß man y im Intervall $[x_0, x_1]$ durch die Tangente an die Lösungsfunktion im Anfangspunkt ersetzt: $y_1 = y_0 + h \cdot k_1$. Dann wird nach dieser Formel die Näherung y_2 berechnet usw. Allgemein bekommt man daher

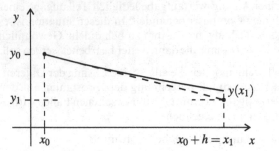

$$k_1 = f(x_k, y_k)$$
$$y_{k+1} = y_k + h \cdot k_1 \qquad (5.121)$$

Bild 5.49: Zum Polygonzugverfahren

Beispiel 5.129

Für die Anfangswertaufgabe $y' = (x + y)^2$, $y(0) = 1$ sollen zwei Schritte mit dem Polygonzugverfahren durchgeführt werden, Schrittweite sei $h = 0.05$.

Hier sind $f(x, y) = (x + y)^2$, $x_0 = 0$, $y_0 = 1$.

1. Schritt: Berechnung von y_1 als Näherung für $y(x_1)$, wobei $x_1 = x_0 + h = 0.05$.

   Man bekommt $k_1 = f(0, 1) = 1$ und daher $y_1 = 1 + 0.05 \cdot 1 = 1.05 \approx y(0.05)$.

2. Schritt: Berechnung von y_2 als Näherung für $y(x_2)$, wobei $x_2 = x_0 + 2 \cdot h = 0.1$.

   Es ergibt sich $k_1 = f(x_1, y_1) = (0.05 + 1.05)^2 = 1.21$, daher bekommt man $y_2 = 1.05 + 0.05 \cdot 1.21 = 1.1105 \approx y(1.1)$.

Wir wollen noch mit den exakten Werten vergleichen: Die Lösung dieser Anfangswertaufgabe lautet $y(x) = -x + \tan(x + \pi/4)$, sie wurde in Beispiel 5.25 berechnet. Es ergibt sich $y(0.05) = 1.055356$, $y(0.1) = 1.123049$ (gerundet).

In der Tabelle auf Seite 489, Beispiel 5.133 stehen die berechneten Werte bis y_{10} als Näherung für $y(0.5)$.

Entwickelt man die Differenz

$$r_{k+1} := y(x_{k+1}) - (y(x_k) + h \cdot f(x_k, y(x_k)))$$

in $h = 0$ nach Taylor, so bekommt man, da $y(x_{k+1}) = y(x_k + h)$ ist

$$r_{k+1} = y(x_k) + y'(x_k) \cdot h + \tfrac{1}{2} \cdot y''(\xi) \cdot h^2 - (y(x_k) + h \cdot f(x_k, y(x_k)))$$
$$= \big(y'(x_k) - f(x_k, y(x_k))\big) \cdot h + c \cdot h^2.$$

Da y die Lösung ist, ist $y'(x_k) = f(x_k, y(x_k))$, daher ist der Faktor von h gleich 0:

Man sagt, das Verfahren besitze die Ordnung 1.

5.6.2 Das verbesserte Polygonzugverfahren der Ordnung 2

Man berechnet die Steigung der Lösung in x_0, also $k_1 = f(x_0, y_0)$, und – wie beim Polygonzugverfahren – dann den Punkt $(x_0 + \frac{1}{2} \cdot h, y_0 + h \cdot \frac{1}{2} \cdot k_1)$, der auf der dort genannten Tangente liegt (siehe Bild 5.50). Die Steigung der durch diesen Punkt gehenden Lösung ist

$$k_2 = f(x_0 + \tfrac{1}{2} \cdot h, y_0 + h \cdot \tfrac{1}{2} \cdot k_1).$$

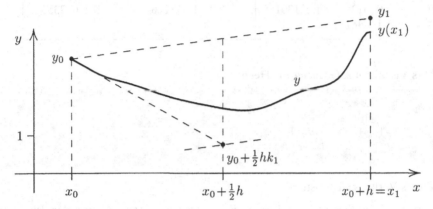

Bild 5.50: Zum verbesserten Polygonzugverfahren

Dann ersetzt man die Lösung y in $[x_0, x_1]$ durch die Gerade durch (x_0, y_0) mit der Steigung k_2. Man bekommt also $y_1 = y_0 + h \cdot k_2$. Somit lautet das gewonnene Verfahren

$$
\begin{aligned}
k_1 &= f(x_k, y_k) \\
k_2 &= f(x_k + \tfrac{1}{2}h, y_k + h \cdot \tfrac{1}{2} \cdot k_1) \\
y_{k+1} &= y_k + h \cdot k_2
\end{aligned}
\tag{5.122}
$$

Man nennt dieses Verfahren 2-stufig, da der neue Wert aus 2 Steigungen berechnet wird, was 2 Funktionsauswertungen der Funktion f entspricht. Das gewöhnliche Polygonzugverfahren ist daher 1-stufig.

Beispiel 5.130

Wir nehmen wieder die Anfangswertaufgabe aus Beispiel 5.129 mit derselben Schrittweite $h = 0.05$.

Hier sind $k_1 = 1$ und $k_2 = f(0.025, 1.025) = 1.05^2 = 1.1025$. Daher bekommt man

$$y_1 = 1 + 0.05 \cdot 1.1025 = 1.055125 \text{ als Näherung für } y(0.05) = 1.055356.$$

Im nächsten Schritt erhält man

$$k_1 = f(0.05, 1.055125) = 1.221301 \text{ und } k_2 = f(0.075, 1.085658) = 1.160658^2 = 1.347126$$

und daher

$y_2 = 1.055125 + 0.05 \cdot 1.347126 = 1.122481$ als Näherung für $y(0.1)$.

Bei Handrechnung kann man die berechneten Werte übersichtlich so schreiben:

x	y	$k_1 = f(x, y)$	$k_2 = f(x + h/2, y + k_1 h/2)$	$h \cdot k_2$
0.000	1.000000	1.000000	1.102500	0.055125
0.050	1.055125	1.221301	1.347126	0.067356
0.100	1.122481			

5.6.3 Das Verfahren 2. Ordnung von Heun

$$k_1 = f(x_k, y_k)$$
$$k_2 = f(x_k + h, y_k + h \cdot k_1) \tag{5.123}$$
$$y_{k+1} = y_k + h \cdot \tfrac{1}{2} \cdot (k_1 + k_2)$$

Auch dieses Verfahren ist 2-stufig.

Man berechnet die Steigung der Lösung in x_0, also $k_1 = f(x_0, y_0)$ und den Punkt $(x_1, y_1) = (x_0 + h, y_0 + h \cdot k_1)$ wie beim Polygonzugverfahren. Die Steigung der durch diesen Punkt gehenden Lösung ist dort $k_2 = f(x_0 + h, y_0 + h \cdot k_1)$.

Man ersetzt die Lösung y in $[x_0, x_1]$ durch die durch (x_0, y_0) gehende Gerade mit derjenigen Steigung, die arithmetisches Mittel der zwei genannten Steigungen ist: $(k_1 + k_2)/2$. Es ergibt sich die Näherung

$$y_1 = y_0 + h \cdot \tfrac{1}{2} \cdot (k_1 + k_2).$$

Beispiel 5.131

Wir wollen erneut die Anfangswertaufgabe aus Beispiel 5.129 nehmen und einen Schritt, wieder mit $h = 0.05$, durchführen.

Es ergeben sich

$k_1 = f(0, 1) = 1$, $k_2 = f(0.05, 1.05) = 1.1^2 = 1.21$. Damit erhält man die Näherung

$y_2 = 1 + 0.05 \cdot \tfrac{1}{2} \cdot (1 + 1.21) = 1.055250$ für $y(0.05) = 1.055356$.

Ein zweiter Schritt liefert die Näherung (wir lassen die Rechnung fort)

$y_2 = 1.122776$ für $y(0.1) = 1.123049$

Bei Handrechnung wird man die Werte so wie in der obigen Anordnung notieren.

Man wird vermuten, daß dieses Verfahren in gewisser Hinsicht besser als das Polygonzugverfahren ist, denn hier werden zwei Werte von $f(x, y)$ zur Berechnung der Steigung benutzt, deren arithmetisches Mittel schließlich genommen wird. Wir werden das zeigen, indem wir die Ordnung des Verfahrens berechnen.

5.6.4 Gewinnung zweistufiger Verfahren

Wir wollen zeigen, wie 2-stufige Verfahren gewonnen werden können. Diese werden durch folgende Formeln beschrieben

$$
\begin{aligned}
k_1 &= f(x_k, y_k) \\
k_2 &= f(x_k + a_2 h, y_k + h \cdot b_2 k_1) \\
y_{k+1} &= y_k + h \cdot (c_1 k_1 + c_2 k_2) = y_k + \Phi(x_k, y_k, h)
\end{aligned}
\tag{5.124}
$$

2-stufig bedeutet dabei, daß 2 Funktionswerte berechnet werden. Man sieht, daß es Verallgemeinerung des soeben besprochenen Verfahrens ist.

Wir wollen die Zahlen a_2, b_2, c_1 und c_2 so bestimmen, daß das Verfahren „möglichst gut" wird.

Wir fordern noch speziell $a_2 = b_2$; diese Gleichung läßt sich dadurch begründen, daß dann der Punkt $(x_k + a_2 h, y_k + h \cdot b_2 k_1)$, der k_2 bestimmt, auf der durch (x_k, y_k) gehenden Geraden mit der Steigung k_1 liegt.

Zunächst wollen wir angeben, was „möglichst gut" heißen soll.

Es sei y die Lösung der Anfangswertaufgabe (5.120), dann ist $y'(x) = f(x, y, (x))$ für alle x eines x_0 enthaltenden Intervalls.

Die Differenz

$$
\delta_{k+1} = (y(x_{k+1}) - y(x_k)) - \Phi(x_k, y(x_k), h)
$$

bezeichnet man als **lokalen Diskretisationsfehler** in x_k; er ist die Abweichung, mit der das Verfahren (5.124) *im einzelnen Schritt* von der Lösung y nicht erfüllt wird. Es ist also vernünftig, zu versuchen, diesen Ausdruck „asymptotisch" für $h \to 0$ klein zu machen, die genannten Parameter geeignet zu bestimmen. Anders ausgedrückt: Für die Taylorentwicklung von δ_{k+1} nach h in $h = 0$:

$$
\delta_{k+1} = d_0 + d_1 h + d_2 h^2 + d_3 h^3 + \cdots + d_p h^p + \cdots
$$

soll gelten, daß möglichst viele Koeffizienten 0 werden, so daß gilt

$$
\delta_{k+1} = d_p h^p + d_{p+1} h^{p+1} + \cdots, d_p \neq 0
$$

Das bedeutet, daß der lokale Diskretisationsfehler etwa proportional zu h^p ist. Man sagt dann, das Verfahren (5.124) habe die Ordnung $p-1$. Dann ist übrigens der Fehler $y(x_k) - y_k$ etwa proportional zu h^{p-1}.

Um die Taylorreihe zu berechnen, müssen $y(x_{k+1}) = y(x_k + h)$ und $\Phi(x_k, y(x_k), h)$ entwickelt werden. Wir beginnen mit ersterem.

$$
y(x_k + h) = y(x_k) + y'(x_k) \cdot h + \tfrac{1}{2} \cdot y''(x_k) \cdot h^2 + \tfrac{1}{6} \cdot y'''(x_k) \cdot h^3 + \tfrac{1}{24} \cdot y^{(4)}(\xi) \cdot h^4
$$

wobei ξ zwischen x_k und $x_k + h$ liegt. Hier sind nun aufgrund der Differentialgleichung und der Kettenregel (3.14)

$$
\begin{aligned}
y'(x) &= f(x, y(x)) \\
y''(x) &= f_x(x, y(x)) + f_y(x, y(x)) \cdot y'(x) \\
y'''(x) &= f_{xx}(x, y(x)) + 2 f_{xy}(x, y(x)) \cdot y'(x) + f_{yy}(x, y(x)) \cdot y'^2(x) + f_y(x, y(x)) \cdot y''(x),
\end{aligned}
$$

so daß

$$y'(x_k) = f(x_k, y(x_k))$$
$$y''(x_k) = f_x(x_k, y(x_k)) + f_y(x_k, y(x_k)) \cdot y'(x_k)$$
$$y'''(x_k) = f_{xx}(x_k, y(x_k)) + 2f_{xy}(x_k, y(x_k)) \cdot y'(x_k) + f_{yy}(x_k, y(x_k)) \cdot y'^2(x_k) + f_y(x_k, y(x_k)) \cdot y''(x_k).$$

Ferner ist

$$\phi(x_k, y(x_k), h) = h \cdot (c_1 \cdot k_1 + c_2 \cdot k_2)$$

wobei

$$k_1 = f(x_k, y(x_k))$$
$$k_2 = k_2(h) = f(x_k + a_2 h, y(x_k) + h \cdot b_2 \cdot k_1).$$

Wir entwickeln $k_2(h)$:

$$\frac{\mathrm{d}}{\mathrm{d}h} k_2 = f_x(x_k + a_2 h, y(x_k) + hb_2 k_1) \cdot a_2 + f_y(x_k + a_2 h, y(x_k) + hb_2 k_1) \cdot b_2 k_1$$

$$\frac{\mathrm{d}^2}{\mathrm{d}h^2} k_2 = f_{xx}(x_k + a_2 h, y(x_k) + hb_2 k_1) \cdot a_2^2 + 2f_{xy}(x_k + a_2 h, y(x_k) + hb_2 k_1) \cdot a_2 b_2 k_1$$
$$+ f_{yy}(x_k + a_2 h, y(x_k) + hb_2 k_1) \cdot b_2^2 k_1^2$$

so daß für $h = 0$ wegen $a_2 = b_2$ gilt

$$k_2(0) = f(x_k, y(x_k)) = y'(x_k) = k_1$$

$$\frac{\mathrm{d}}{\mathrm{d}h} k_2(0) = f_x(x_k, y(x_k)) \cdot a_2 + f_y(x_k, y(x_k)) \cdot b_2 k_1 = a_2 \cdot y''(x_k)$$

$$\frac{\mathrm{d}^2}{\mathrm{d}h^2} k_2(0) = f_{xx}(x_k, y(x_k)) \cdot a_2^2 + 2f_{xy}(x_k, y(x_k)) \cdot a_2 b_2 k_1 + f_{yy}(x_k, y(x_k)) \cdot b_2^2 k_1^2$$

$$= (y'''(x_k) - f_y(x_k, y(x_k)) \cdot y''(x_k)) \cdot a_2^2.$$

Daher lautet die Taylorentwicklung von ϕ:

$$\phi(x_k, y(x_k), h) = c_1 y'(x_k)h + c_2 y'(x_k)h + c_2 a_2 y''(x_k)h^2$$
$$+ \tfrac{1}{2} \cdot a_2^2 (y'''(x_k) - f_y(x_k, y(x_k)) y''(x_k))h^3 + R^* h^4$$

wobei R^* das Restglied bestimmt.

Setzt man die beiden Entwicklungen in δ_{k+1} ein, so bekommt man

$$\delta_{k+1} = (1 - c_1 - c_2) \cdot y'(x_k) \cdot h + (\tfrac{1}{2} - c_2 a_2) \cdot y''(x_k) \cdot h^2$$
$$+ ((\tfrac{1}{6} - \tfrac{1}{2} a_2^2) \cdot y'''(x_k) + \tfrac{1}{2} a_2^2 f_y(x_k, y(x_k)) \cdot y''(x_k)) \cdot h^3 + R \cdot h^4,$$

wobei R beschränkt ist.

Wir fordern, wie bereits erwähnt, daß möglichst viele Koeffizienten Null werden:

$$c_1 + c_2 = 1$$
$$c_2 \cdot a_2 = 1/2.$$

Man kann zeigen, daß dann der Faktor von h^3 i.a. von 0 verschieden ist: Wir bekommen demnach Verfahren der Ordnung 2.

Dieses (nichtlineare) Gleichungssystem hat u.a. die drei Lösungen

$c_1 = 0$, $c_2 = 1$, $a_2 = \frac{1}{2}$ ($= b_2$): verbessertes Polygonzug-Verfahren (5.122);

$c_1 = c_2 = \frac{1}{2}$, $a_2 = 1$ ($= b_2$): Verfahren von Heun (5.123);

$c_1 = \frac{1}{4}$, $c_2 = \frac{3}{4}$, $a_2 = \frac{2}{3}$ ($= b_2$): ein nicht namentlich benanntes Verfahren.

Dieses 2-stufige Verfahren zweiter Ordnung lautet also

$$
\begin{aligned}
k_1 &= f(x_k, y_k) \\
k_2 &= f(x_k + \tfrac{2}{3} \cdot h, y_k + \tfrac{2}{3} \cdot h \cdot k_1) \\
y_{k+1} &= y_k + h \cdot (\tfrac{1}{4} \cdot k_1 + \tfrac{3}{4} \cdot k_2)
\end{aligned}
\tag{5.125}
$$

5.6.5 Das klassische Runge-Kutta-Verfahren 4. Ordnung

Dieses ist ein häufig benutztes Verfahren. Es ist 4-stufig und hat, wie bereits erwähnt, die Ordnung 4. Wir werden das nicht beweisen, es ist mühselig.

Das Verfahren wird durch folgende Formeln beschrieben

$$
\begin{aligned}
k_1 &= f(x_k, y_k) \\
k_2 &= f(x_k + \tfrac{1}{2}h, y_k + h \tfrac{1}{2}k_1) \\
k_3 &= f(x_k + \tfrac{1}{2}h, y_k + h \tfrac{1}{2}k_2) \\
k_4 &= f(x_k + h, y_k + h \cdot k_3) \\
y_{k+1} &= y_k + h \cdot (\tfrac{1}{6}k_1 + \tfrac{2}{6}k_2 + \tfrac{2}{6}k_3 + \tfrac{1}{6}k_4)
\end{aligned}
\tag{5.126}
$$

Bei Handrechnung schreibe man die nötigen Zwischenergebnisse in ein Schema, etwa

j	x	y	$k_j = f(x, y)$	
1	x_0	y_0	k_1	
2	$x_0 + \frac{1}{2}h$	$y_0 + \frac{1}{2}k_1 h$	k_2	
3	$x_0 + \frac{1}{2}h$	$y_0 + \frac{1}{2}k_2 h$	k_3	
4	$x_0 + h$	$y_0 + k_3 h$	k_4	$k = \frac{1}{6}(k_1 + 2k_2 + 2k_3 + k_4)$ $h \cdot k$
	$x_1 = x_0 + h$	$y_1 = y_0 + h \cdot k$		

Beispiel 5.132

Wir wollen die schon in den vorigen Beispielen genannte Anfangswertaufgabe $y' = (x + y)^2$, $y(0) = 1$ mit dem Runge-Kutta-Verfahren behandeln.

Als Schrittweite soll wieder $h = 0.05$ genommen werden, wir wollen zwei Schritte durchführen und geben die Ergebnisse in Tabellenform an.

j	x	y	k_j		
1	0.000	1.000000	1.000000		
2	0.025	1.025000	1.102500		
3	0.025	1.027563	1.107888		
4	0.050	1.055394	1.221897	1.107112	0.055356
1	0.050	1.055356	1.221811		
2	0.075	1.085901	1.347691		
3	0.075	1.089048	1.355007		
4	0.100	1.123106	1.495988	1.353866	0.067693
1	0.100	1.123049			

Es gilt also $y(0.05) \approx y_1 = 1.055356$ und $y(0.1) \approx y_2 = 1.123049$.

In der Tabelle unten sind die Werte bis $x = 0.5$, also 10 Schritte, enthalten.

Es gibt noch viele weitere Verfahren 4. Ordnung. Ebenso Verfahren höherer Ordnung mit mehr als 4 Stufen. Dabei werden dann mehr arithmetische Rechenoperationen erforderlich und die theoretisch gewonnene Genauigkeit kann dadurch wieder verloren gehen.

Das gleiche gilt auch, wenn man die Schrittweite verkleinert. Auch hier kann die theoretisch zu erwartende höhere Genauigkeit durch die zunehmende Zahl arithmetischer Operationen mit ihren notwendigen Rundungen bei Gleitkommadarstellung der Zahlen im Rechner wieder zunichte gemacht werden.

Bemerkungen

Die behandelten Verfahren werden in vielerlei Hinsicht modifiziert und verbessert. Einige Punkte sollen noch kurz angesprochen werden.

1. Man kann die Schrittweite entsprechend der Genauigkeitsanforderung von Schritt zu Schritt variieren. Wenn y betragsmäßig eine kleine 2. Ableitung hat, ist die Funktion nahezu linear. Dann wird man mit großer Schrittweite auskommen. Im anderen Extremfall muß sie verkleinert werden. Man kann sie automatisch steuern.
2. Man kann durch Vergleich von Rechnungen mit verschiedener Schrittweite die gewonnenen Ergebnisse korrigieren (Richardson-Korrektur).
3. Bei den hier genannten Verfahren kommen in jedem der k_i nur die vorherigen k_i vor. Man kann auch die anderen k_i einbeziehen, dann stehen in den Gleichungen für die k_i diese auf beiden Seiten und man muß Gleichungen zu deren Berechnung lösen. Solche Verfahren werden implizit genannt im Gegensatz zu den besprochenen, die als explizit bezeichnet werden.

4. Bei allen vorgestellten Verfahren wird der neue Wert y_k nur aus dem vorigen y_{k-1} berechnet. Man kann zu seiner Berechnung zusätzlich auch Werte y_{k-2}, y_{k-3} usw. benutzen. Solche Verfahren heißen **Mehrschrittverfahren** im Gegensatz zu den hier besprochenen **Einschrittverfahren**.

Beispiel 5.133

Die Anfangswertaufgabe $y' = (x + y)^2$, $y(0) = 1$ soll mit verschiedenen Verfahren numerisch behandelt werden. Wir wählen die Schrittweite $h = 0.05$. Ein oder zwei Schritte sind in den vorigen Beispielen bereits berechnet worden.

Es bedeuten die Spalten:

A: Näherungen nach dem Polygonzugverfahren (5.121)
B: Näherungen nach dem verbesserten Polygonzugverfahren (5.122)
C: Näherungen nach dem Verfahren 2. Ordnung von Heun (5.123)
D: Näherungen nach dem unbenannten Verfahren 2. Ordnung (5.125)
E: Näherungen nach dem Runge-Kutta-Verfahren 4. Ordnung (5.126)
F: exakte Werte der Lösung $y(x) = -x + \tan(x + \pi/4)$

x_k	A	B	C	D	E	F	
0.000	1.000000	1.000000	1.000000	1.000000	1.000000	1.000000	(Anfangswert)
0.050	1.050000	1.055125	1.055250	1.055167	1.055356	1.055356	
0.100	1.110500	1.122481	1.122776	1.122579	1.123049	1.123049	
0.150	1.183766	1.205022	1.205552	1.205199	1.206088	1.206088	
0.200	1.272712	1.306685	1.307547	1.306972	1.308498	1.308498	
0.250	1.381156	1.432842	1.434186	1.433290	1.435796	1.435796	
0.300	1.514190	1.591020	1.593083	1.591707	1.595765	1.595765	
0.350	1.678754	1.792106	1.795278	1.793162	1.799746	1.799748	
0.400	1.884546	2.052441	2.057396	2.054090	2.064959	2.064963	
0.450	2.145503	2.397708	2.405675	2.400358	2.418875	2.418884	
0.500	2.482335	2.870626	2.884016	2.875074	2.908197	2.908223	

Folgende Tabelle enthält für diese Verfahren die absoluten Fehler $|y_k - y(x_k)|$.

(1.3E–002 bedeutet $1.3 \cdot 10^{-2}$)

0.050	5.4E–003	2.3E–004	1.1E–004	1.9E–004	1.3E–008
0.100	1.3E–002	5.7E–004	2.7E–004	4.7E–004	2.2E–008
0.150	2.2E–002	1.1E–003	5.4E–004	8.9E–004	1.6E–008
0.200	3.6E–002	1.8E–003	9.5E–004	1.5E–003	2.8E–008
0.250	5.5E–002	3.0E–003	1.6E–003	2.5E–003	1.6E–007
0.300	8.2E–002	4.7E–003	2.7E–003	4.1E–003	5.2E–007
0.350	1.2E–001	7.6E–003	4.5E–003	6.6E–003	1.4E–006
0.400	1.8E–001	1.3E–002	7.6E–003	1.1E–002	3.6E–006
0.450	2.7E–001	2.1E–002	1.3E–002	1.9E–002	9.4E–006
0.500	4.3E–001	3.8E–002	2.4E–002	3.3E–002	2.6E–005

Zu Vergleichszwecken wollen wir die Schrittweite halbieren, also mit $h = 0.025$ rechnen.

In diesem Fall ergeben sich folgende absoluten Fehler

x_k	A	B	C	D	E
0.025	1.3E–003	2.7E–005	1.2E–005	2.2E–005	5.4E–010
0.050	2.8E–003	6.0E–005	2.7E–005	4.9E–005	1.1E–009
0.075	4.5E–003	1.0E–004	4.6E–005	8.2E–005	1.6E–009
0.100	6.6E–003	1.5E–004	6.9E–005	1.2E–004	2.1E–009
0.125	9.0E–003	2.1E–004	9.9E–005	1.7E–004	2.4E–009
0.150	1.2E–002	2.8E–004	1.4E–004	2.3E–004	2.5E–009
0.175	1.5E–002	3.7E–004	1.8E–004	3.1E–004	2.1E–009
0.200	1.9E–002	4.8E–004	2.4E–004	4.0E–004	8.8E–010
0.225	2.4E–002	6.2E–004	3.2E–004	5.2E–004	1.5E–009
0.250	2.9E–002	7.9E–004	4.1E–004	6.6E–004	5.8E–009
0.275	3.6E–002	1.0E–003	5.4E–004	8.4E–004	1.3E–008
0.300	4.4E–002	1.3E–003	6.9E–004	1.1E–003	2.5E–008
0.325	5.4E–002	1.6E–003	9.0E–004	1.4E–003	4.5E–008
0.350	6.6E–002	2.1E–003	1.2E–003	1.8E–003	7.6E–008
0.375	8.1E–002	2.6E–003	1.5E–003	2.3E–003	1.3E–007
0.400	1.0E–001	3.4E–003	2.0E–003	2.9E–003	2.1E–007
0.425	1.2E–001	4.4E–003	2.6E–003	3.8E–003	3.4E–007
0.450	1.5E–001	5.8E–003	3.5E–003	5.0E–003	5.6E–007
0.475	1.9E–001	7.7E–003	4.7E–003	6.7E–003	9.3E–007
0.500	2.4E–001	1.0E–002	6.5E–003	9.2E–003	1.6E–006

Man vergleiche einmal die Fehler etwa für $x = 0.5$ für die Schrittweite $h = 0.05$ mit den sich bei halber Schrittweite $h = 0.025$ ergebenden Fehlern:

A: 0.43 gegen 0.24: der Fehler ist etwa mit $\frac{1}{2}$ multipliziert.
B: 0.038 gegen 0.010: Der Fehler ist etwa mit $\left(\frac{1}{2}\right)^2$ multipliziert: Verfahren 2. Ordnung.
C: 0.024 gegen 0.0065: wie bei B
D: 0.033 gegen 0.0092: wie bei B
E: $2.6 \cdot 10^{-5}$ gegen $1.6 \cdot 10^{-6}$: Der Fehler ist etwa mit $\left(\frac{1}{2}\right)^4$ multipliziert: Verfahren 4. Ordnung. Man beachte dabei, daß es sich bei der Ordnung stets um asymptotische Angaben für $h \to 0$ handelt.

Die Verfahren, die wir für Anfangswertaufgaben 1. Ordnung gewonnen haben, lassen sich auf Systeme und auf Probleme höherer Ordnung übertragen.

Wir wollen das klassische Runge-Kutta-Verfahren auf Systeme von zwei Gleichungen 1. Ordnung sowie auf Anfangswertaufgaben 2. Ordnung übertragen. Dabei begnügen wir uns mit der Angabe der entsprechenden Formeln.

5.6.6 Runge-Kutta-Verfahren für 2×2-Systeme 1. Ordnung

Es handelt sich um die Anfangswertaufgabe

$$\dot{x} = f(t, x, y), \quad \dot{y} = g(t, x, y), \quad x(t_0) = x_0, \quad y(t_0) = y_0 \tag{5.127}$$

Gesucht sind demnach die beiden Funktionen $x = x(t)$, $y = y(t)$, wobei die unabhängige Variable hier mit t bezeichnet wurde und der Punkt die Ableitung nach t bedeute.

Das Runge-Kutta-Verfahren wird durch folgende Formeln beschrieben:

Ausgehend von den Anfangswerten berechne man mit der Schrittweite h

$$
\begin{aligned}
k_1 &= f(t_k, x_k, y_k) & l_1 &= g(t_k, x_k, y_k) \\
k_2 &= f(t_k + \tfrac{1}{2}h, x_k + h\cdot\tfrac{1}{2}k_1, y_k + h\cdot\tfrac{1}{2}l_1) & l_2 &= g(t_k + \tfrac{1}{2}h, x_k + h\cdot\tfrac{1}{2}k_1, y_k + h\cdot\tfrac{1}{2}l_1) \\
k_3 &= f(t_k + \tfrac{1}{2}h, x_k + h\cdot\tfrac{1}{2}k_2, y_k + h\cdot\tfrac{1}{2}l_2) & l_3 &= g(t_k + \tfrac{1}{2}h, x_k + h\cdot\tfrac{1}{2}k_2, y_k + h\cdot\tfrac{1}{2}l_2) \\
k_4 &= f(t_k + h, x_k + h\cdot k_3, y_k + h\cdot l_3) & l_4 &= g(t_k + h, x_k + h\cdot k_3, y_k + h\cdot l_3) \\
x_{k+1} &= x_k + h\cdot\tfrac{1}{6}(k_1 + 2k_2 + 2k_3 + k_4) & y_{k+1} &= y_k + h\cdot\tfrac{1}{6}(l_1 + 2l_2 + 2l_3 + l_4)
\end{aligned}
\tag{5.128}
$$

Dieses sind Näherungen für $x(t_{k+1})$ bzw. $y(t_{k+1})$.

Beispiel 5.134

Folgendes Räuber-Beute-Modell soll numerisch behandelt werden:

Es gibt Beutetiere (z.B. Mäuse) und Räuber (Bussarde), letztere fressen erstere. $x(t)$ bzw. $y(t)$ seien die Populationen der Beute bzw. Räuber zur Zeit t. Dann sind $\dot{x}/x$ bzw. $\dot{y}/y$ deren Wachstumsraten.

Nun gelte folgendes: Beide Wachstumsraten sind Differenzen aus entsprechender Geburtsrate und Sterberate.

Die Geburtsrate der Beute sei konstant g_B, deren Sterberate proportional zur Population der Räuber, also $s_B y$.

Die Geburtsrate der Räuber sei proportional zur Population der Beute, also $g_R x$ und ihre Sterberate konstant s_R.

Dann gilt also insgesamt

$$
\frac{\dot{x}}{x} = g_B - s_B y, \quad \frac{\dot{y}}{y} = g_R x - s_R
$$

Hieraus folgt das nichtlineare Differentialgleichungssystem für die Populationen x und y

$$
\dot{x} = g_B x - s_B x y
$$
$$
\dot{y} = g_R x y - s_R y
$$

Die Lösung ist eindeutig bestimmt, wenn $x(0)$ und $y(0)$ bekannt sind.

Wir wollen Näherungen für $x(t)$ und $y(t)$ für folgende Anfangswertaufgabe berechnen:

$$
\dot{x} = 1.0\cdot x - 0.02\cdot xy, \quad \dot{y} = 0.002\cdot xy - 1.0\cdot y, \quad x(0) = 500, y(0) = 80.
$$

Als Schrittweite wählen wir $h = 0.1$.

$t = 0.00$ $x(t) = 500.0000$ $y(t) = 80.0000$

$$
\begin{aligned}
k_1 &= -300.00000 & l_1 &= -0.00000 \\
k_2 &= -291.00000 & l_2 &= -2.40000 \\
k_3 &= -290.10492 & l_3 &= -2.32451 \\
k_4 &= -280.40407 & l_4 &= -4.62819
\end{aligned}
$$

$t = 0.10$ $x(t) = 470.9564$ $y(t) = 79.7654$

$$
\begin{aligned}
k_1 &= -280.36394 & l_1 &= -4.63334 \\
k_2 &= -269.90165 & l_2 &= -6.84972 \\
k_3 &= -269.19673 & l_3 &= -6.75709 \\
k_4 &= -258.33767 & l_4 &= -8.85223
\end{aligned}
$$

$t = 0.20$ $x(t) = 444.0081$ $y(t) = 79.0871$

Folgende Tabelle wurde mit $h = 0.01$ berechnet, viele Werte wurden im Ausdruck weggelassen, was durch Punkte angedeutet wird.

t	$x(t)$ Beute	$y(t)$ Räuber	
0.00	500.0000	80.0000	A: Anfangswerte
0.01	497.0091	79.9976	
0.02	494.0365	79.9904	
0.03	491.0826	79.9785	
......			
0.10	470.9564	79.7654	
......			
0.20	444.0080	79.0870	
......			
1.58	286.4216	50.2226	
1.59	286.4150	50.0086	B: kleinste Beutepopulation
1.60	286.4206	49.7954	
......			
3.54	496.8005	28.6429	
3.55	498.9272	28.6416	C: kleinste Räuberpopulation
3.56	501.0630	28.6416	
3.57	503.2079	28.6429	
......			
5.13	799.9430	49.5393	
5.14	799.9929	49.8374	
5.15	799.9950	50.1373	D: größte Beutepopulation
5.16	799.9489	50.4390	
......			
6.38	512.1532	79.9612	
6.39	509.0926	79.9782	
6.40	506.0487	79.9903	
6.41	503.0221	79.9976	
6.42	500.0130	80.0000	E: Anfangszustand

Das bedeutet, daß (wenn man t in Jahren rechnet) alle 6.42 Jahre sich alles wiederholt. Bild 5.51 zeigt die beiden Funktionen $x(t)$ und $y(t)$, die Punkte entsprechen denen der Tabelle.

Man mache sich anhand des Modells klar, warum die Entwicklung dieser Populationen einen Verlauf dieser Art nehmen wird.

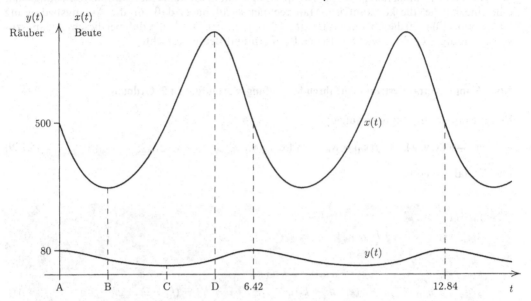

Bild 5.51: Funktionen $x(t)$; $y(t)$

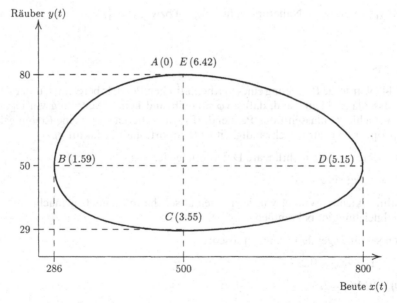

Bild 5.52: Funktionen $x(t)$; $y(t)$ als Kurve in der x,y-Ebene

Bild 5.52 zeigt $(x(t), y(t))$ als Kurve in der (x, y)-Ebene mit t als Parameter; die Punkte entsprechen denen der Tabelle. Hier entsteht eine geschlossene Kurve, was zeigt, daß beide Funktionen dieselbe Periode besitzen.

Wir wollen noch anmerken, daß das Differentialgleichungssystem eine „stationäre Lösung" hat, d.h. eine solche, die konstant ist: Man rechnet leicht nach, daß für die Anfangsbedingung $x(0) = 500$, $y(0) = 50$ die Lösung lautet $x(t) = 500$, $y(t) = 50$. Das heißt, daß bei diesem Anfangszustand ständiges Gleichgewicht zwischen Räubern und Beute herrscht.

5.6.7 Runge-Kutta-Nyström-Verfahren für Anfangswertaufgaben 2. Ordnung

Es geht um die Anfangswertaufgabe

$$y'' = f(x, y, y'), \qquad y(x_0) = y_0, \qquad y'(x_0) = y'_0. \tag{5.129}$$

Das Verfahren lautet

$$
\begin{aligned}
k_1 &= f(x_k, y_k, y'_k) \quad w = y'_k + \tfrac{h}{4} k_1 \\
k_2 &= f(x_k + \tfrac{1}{2}h, y_k + h \cdot \tfrac{1}{2}w, y'_k + h \cdot \tfrac{1}{2}k_1) \\
k_3 &= f(x_k + \tfrac{1}{2}h, y_k + h \cdot \tfrac{1}{2}w, y'_k + h \cdot \tfrac{1}{2}k_2) \\
k_4 &= f(x_k + h, y_k + h \cdot (y'_k + \tfrac{1}{2}h \cdot k_3), y'_k + h \cdot k_3) \\
y_{k+1} &= y_k + h \cdot (y'_k + h \cdot \tfrac{1}{6} \cdot (k_1 + k_2 + k_3)), \quad y'_{k+1} = y'_k + h \cdot \tfrac{1}{6} \cdot (k_1 + 2k_2 + 2k_3 + k_4)
\end{aligned}
\tag{5.130}
$$

Dann sind y_{k+1} bzw. y'_{k+1} Näherungen für $y(x_{k+1})$ bzw. $y'(x_{k+1})$.

Beispiel 5.135

Auf Seite 447 wurde die Bewegung eines mathematischen Pendels berechnet, unter der Annahme, daß die Ausschläge „klein" sind, daß $\sin \varphi \approx \varphi$ gilt und keine Dämpfung vorliegt. Wir wollen beliebige Ausschläge zulassen – das Pendel darf sogar rotieren – und eine Reibungskraft annehmen, die proportional zur Geschwindigkeit ist (Proportionalitätsfaktor c).

Dann bekommen wir die nichtlineare Differentialgleichung

$$ml\ddot{\varphi} = -mg \cdot \sin \varphi - c\dot{\varphi}$$

Die Annahme kleiner Winkel wurde mathematisch hauptsächlich gemacht, um eine lineare Differentialgleichung zu bekommen.

Wir wollen sie für folgende Parameter lösen:

$$\ddot{\varphi} = -1.5 \cdot \sin \varphi - 0.2 \cdot \dot{\varphi}$$

$$\varphi(0) = 0, \dot{\varphi}(0) = 2.$$

Für die Schrittweite $h = 0.1$ ergibt sich folgende Wertetabelle.

t	$\varphi(t)$	$\dot{\varphi}(t)$	
0.00	0.000000	2.000000	Anfangsbedingung
0.10	0.197519	1.945662	
0.20	0.388225	1.864183	
0.30	0.569556	1.758775	
0.40	0.739317	1.633501	
...			
1.30	1.580267	0.215446	
1.40	1.594148	0.062694	1. rechter Umkehrpunkt: Maximum
1.50	1.592907	-0.087014	
...			
3.00	0.085901	-1.527665	
3.10	-0.065608	-1.498847	1. Nulldurchgang von rechts nach links
3.20	-0.213147	-1.448457	
...			
4.30	-1.146682	-0.114341	
4.40	-1.151204	0.023484	1. linker Umkehrpunkt: Minimum
4.50	-1.142081	0.158436	
...			
5.80	-0.071912	1.168994	
5.90	0.044072	1.147857	2. Nulldurchgang von links nach rechts
...			
7.00	0.849807	0.159953	
7.10	0.860025	0.044638	2. rechter Umkehrpunkt: Maximum
7.20	0.858796	-0.068827	
...			
8.50	0.053971	-0.898164	
8.60	-0.035133	-0.881735	3. Nulldurchgang von rechts nach links
...			

Das Bild 5.53 zeigt die Funktionen φ für die Anfangsbedingungen $\dot{\varphi}(0) = 2$ sowie für $\dot{\varphi}(0) = 3$ und jeweils $\varphi(0) = 0$. Erstere ist oben tabelliert.

Sie führt von Anfang an eine Pendelschwingung aus während letztere (wegen der größeren Anfangsgeschwindigkeit) zunächst eine Drehung ausführt und dann die Pendelschwingung um $\varphi = 2\pi$ (φ ist der Drehwinkel im Bogenmaß).

Bild 5.54 zeigt die Lösung, dargestellt im Phasenraum, also als Kurve $(\varphi(t), \dot{\varphi}(t))$ für $\varphi(0) = 0$ und $\dot{\varphi}(0) = 2$ sowie 2.5, 3.0, 3.5 und 4.0: Kurven A bis E.

Hier sieht man, daß A sofort „pendelt" während C zuerst eine Drehung ausführt und für $t = 2.06$ die kleinste Geschwindigkeit hat, dann ist $\varphi = 3.24$ und $\dot{\varphi} = 0.70$.

Die Kurve E beschreibt den Verlauf für $\dot{\varphi}(0) = 4$: Hier ist die Anfangsgeschwindigkeit so groß, daß zunächst zwei Drehungen gemacht werden und erst dann eine Pendelbewegung beginnt, die bei $\varphi = 4\pi$ „endet".

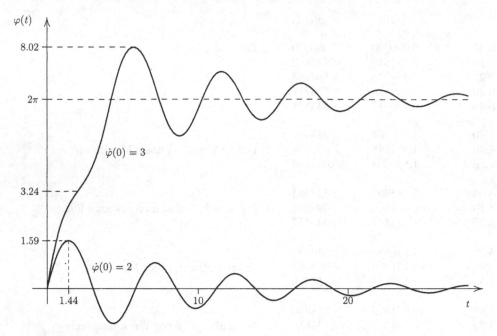

Bild 5.53: Gedämpfte Pendelschwingungen

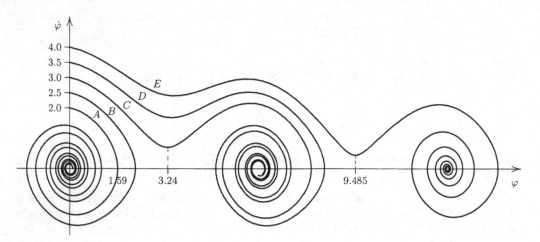

Bild 5.54: Gedämpfte Pendelschwingungen; Phasenbild

Beispiel 5.136

Folgende nach Van der Pol benannte Gleichung tritt in Zusammenhang mit Triodenschaltungen auf:

$$\ddot{y} = a \cdot (1 - y^2) \cdot \dot{y} - y$$

dabei ist y die Änderung einer Gittervorspannung.

Wir wollen sie für $a = 0.1$ behandeln, genauer die Anfangswertaufgabe

$$\ddot{y} = 0.1 \cdot (1 - y^2) \cdot \dot{y} - y, \qquad y(0) = 5, \qquad \dot{y}(0) = 0.$$

Als Schrittweite wählen wir $h = 0.01$ und bekommen folgende Werte

t	$y(t)$	$\dot{y}(t)$	
0.00	5.000000	0.000000	(Anfangswerte)
0.01	4.999752	-0.049404	
0.02	4.999016	-0.097632	
und nach weiterer Rechnung z.B.			
2.30	0.027624	-3.415882	
2.31	-0.006553	-3.419404	(y wechselt das Vorzeichen)
2.32	-0.040763	-3.422586	
...			
3.70	-3.066061	-0.026588	
3.71	-3.066173	0.004168	(Minimum von y)
3.72	-3.065978	0.034665	
...			
6.93	2.614683	0.015617	
6.94	2.614708	-0.010545	
...			
40.08	0.006343	-2.016286	
40.09	-0.013829	-2.018266	
...			
43.22	-0.013693	2.011389	
43.23	0.006431	2.013438	
...			
44.74	2.009519	0.015413	
44.75	2.009573	-0.004699	
...			
46.37	0.000877	-2.009721	(etwa dieselben Werte wie bei $t = 40.08$)
46.38	-0.019230	-2.011640	
...			
47.89	-2.007005	-0.003091	
47.90	-2.006936	0.016958	

Für große t ergibt sich ein periodischer Vorgang, der eine Periode von etwa $T = 6.29$ hat und für den $y(t)$ zwischen etwa -2.00 und $+2.00$ liegt.

Das Bild 5.55 zeigt die Lösung im Phasenraum, also als Kurve $(y(t), \dot{y}(t))$, dabei sind einige Punkte beschriftet, die z.T in obiger Wertetabelle stehen.

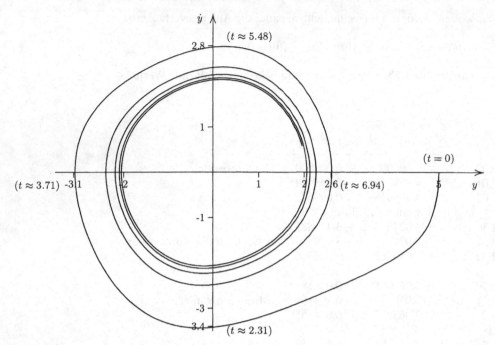

Bild 5.55: Van der Pol; Lösung im Phasenraum

Anhang: Aufgabenlösungen

1 Anwendungen der Differential- und Integralrechnung

1.1

1. $y = \sinh x$
2. s. Bild L1.1

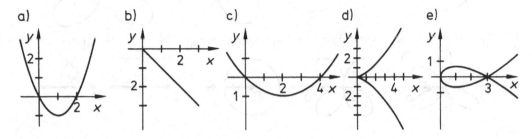

Bild L1.1 a-e: Zu Aufgabe 2

3. Zum Beispiel: a) $x = t$, $y = t^2$, $t \in \mathbb{R}$,   b) $x = -t$, $y = t^2$, $t \in \mathbb{R}$

4. a) $x^2 - y^2 = 1$ mit $x \geq 1$, $y \geq 0$ oder $y = \sqrt{x^2 - 1}$ mit $x \geq 1$

   b) $y = \dfrac{1+x}{x}$ mit $x \in \mathbb{R}\backslash\{0\}$ c) $\left(\dfrac{x}{4}\right)^2 = \left(\dfrac{2y-1}{6}\right)^3$, $y = \frac{1}{2}(1 + \sqrt[3]{13,5x^2})$

   d) $\left(\dfrac{x-\alpha}{a}\right)^2 + \left(\dfrac{y-\beta}{b}\right)^2 = 1$ e) $x^3 = 4y^2$ f) $y = x \cdot t$, $x^3 + y^3 = 3xy$

5. $t^2 = \dfrac{x}{2a-x}$, $y^2 = \dfrac{x(x-a)^2}{2a-x}$

6. $(\sqrt{2}, \sqrt{2})$, $(0,3)$, $(-2,0)$, $(0,-3)$

7. $(1,249\ldots; \sqrt{10})$, $(1,892\ldots; \sqrt{10})$, $(3,463\ldots; \sqrt{10})$, $(5,034\ldots; \sqrt{10})$

8. s. Bild 1.2

9. $x^2 + (y-a)^2 = a^2$, $r = 2a \cdot \sin \varphi$ mit $\varphi \in [0, \pi)$

10. a) $r = \dfrac{a}{\sqrt{\cos 2\varphi}}$ für φ mit $\cos 2\varphi > 0$,   b) $r = \dfrac{\varphi}{\sin 2\varphi}$ mit $\varphi \in \left(-\dfrac{\pi}{2}, \dfrac{\pi}{2}\right)\backslash\{0\}$ oder $\varphi = 0$, $r \neq 0$

   c) $r = \dfrac{3\sin\varphi \cos\varphi}{\cos^3\varphi + \sin^3\varphi}$ mit φ, für die $r \geq 0$

11. a) Ellipse $\left(\dfrac{x-4}{5}\right)^2 + \left(\dfrac{y}{3}\right)^2 = 1$ b) Hyperbel $\left(\dfrac{x+5}{4}\right)^2 - \left(\dfrac{y}{3}\right)^2 = 1$ c) Parabel $y^2 = 18x + 81$

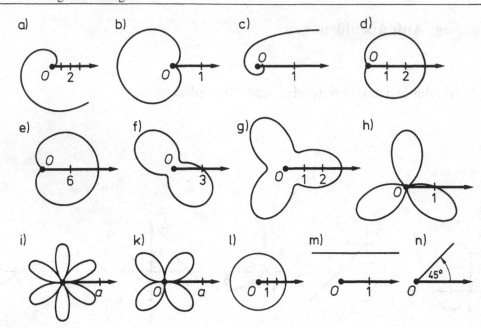

a) b) c) d) e) f) g) h) i) k) l) m) n)

Bild L1.2 a-n: Zu Aufgabe 8

12. a) $(x^2 + y^2)(x^2 + y^2 - 2ax) = a^2 y^2$ b) Parabel $y = x^2 - \frac{1}{4}$ c) Gerade $x = a$
    d) Kreis $x^2 + (y - a)^2 = a^2$ e) Hyperbel $xy = a^2$ f) Gerade $y + x = 2a$

13. $\left. \begin{array}{l} r_1 = a(1 + \cos\varphi) \\ r_2 = a(1 + \cos(\varphi + \pi)) = a(1 - \cos\varphi) \end{array} \right\} \Rightarrow r = \frac{r_1 - r_2}{2} = a\cos\varphi$ für $\varphi \in \left[-\frac{\pi}{2}, \frac{\pi}{2} \right]$

$\left(x - \frac{a}{2} \right)^2 + y^2 = \left(\frac{a}{2} \right)^2$, d.h. Kreis um $\left(\frac{a}{2}, 0 \right)$ mit Radius $\frac{a}{2}$

14. Vgl. Bild L1.3

a) Strahlensatz: $\dfrac{y}{b} = \dfrac{c - x}{c}$

Höhensatz: $(c - x)^2 = y(b - y)$ $\left. \right\} \Rightarrow y = \dfrac{b^3}{b^2 + c^2} = \dfrac{b^3}{a^2}, \quad x = \dfrac{c^3}{a^2}.$

Mit $\sin t = \dfrac{b}{a}$, $\cos t = \dfrac{c}{a}$ gilt: $C: x = a\cos^3 t, \quad y = a\sin^3 t$ oder $x^{\frac{2}{3}} + y^{\frac{2}{3}} = a^{\frac{2}{3}}$

b) $\left. \begin{array}{l} r_1^2 = c^2 + r^2 - 2 \cdot c \cdot r \cdot \cos\varphi \\ r_2^2 = c^2 + r^2 + 2 \cdot c \cdot r \cdot \cos\varphi \end{array} \right\} \Rightarrow c^4 = (c^2 + r^2)^2 - 4 \cdot c^2 \cdot r^2 \cdot \cos^2\varphi \Rightarrow$

$r = c\sqrt{2 \cdot \cos 2\varphi}$ für φ mit $\cos 2\varphi \geqq 0$ oder $(x^2 + y^2)^2 = 2c^2(x^2 - y^2)$

c) Strahlensatz: $\dfrac{r}{d} = \dfrac{b}{b + 0,5 \cdot d}$ $\left. \right\} \Rightarrow r = d(1 - \cos\varphi)$

$\dfrac{r}{2} = b\cos\varphi$

a)

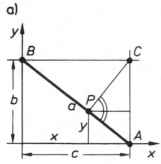

b)

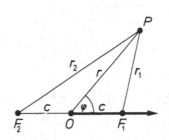

c)

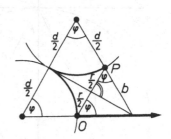

Bild L1.3 a–c: Zu Aufgabe 14

15. Vgl. Bild L1.4

$$\left.\begin{array}{ll} x_M = r \cdot \sin t, & x = x_M - a \cdot \sin t = (r-a)\sin t \\ y_M = -r \cdot \cos t, & y = y_M - a \cdot \cos t = -(r+a)\cos t \end{array}\right\} \Rightarrow \left(\frac{x}{r-a}\right)^2 + \left(\frac{y}{r+a}\right)^2 = 1$$

16. Vgl. Bild L1.5

Strahlensatz: $\dfrac{y}{l_2} = \dfrac{a}{s} = \dfrac{l_1 - x}{l_1}$ mit $l_1^2 + l_2^2 = s^2$, $l_2 = \dfrac{s \cdot y}{a}$, $l_1 = \dfrac{s \cdot x}{s-a}$,

Ellipse $\left(\dfrac{x}{s-a}\right)^2 + \left(\dfrac{y}{a}\right)^2 = 1$

17. $y' = \dfrac{\dot{\psi}}{\dot{\phi}} = \dfrac{\dot{y}}{\dot{x}}$, $\quad y'' = \dfrac{\dot{x}\ddot{y} - \ddot{x}\dot{y}}{\dot{x}^3} = \dfrac{\mathrm{d}y'}{\mathrm{d}t} \cdot \dfrac{1}{\dot{x}}$

    a) $y' = 2t$, $y'' = 2$ b) $y' = \dfrac{t^2}{t^2 - 1}$, $y'' = \dfrac{-2t^3}{(t^2-1)^3}$ c) $y' = \dfrac{1+3t^2}{2t}$, $y'' = \dfrac{3t^2-1}{4t^3}$

    d) $y' = e$, $y'' = 0$ e) $y' = 2t^2$, $y'' = 4t^2$ f) $y' = -2 \cdot \sin t$, $y'' = -1$

18. $y' = -2$

19. $y' = 1 - 0{,}5 \cdot t$, $\quad y' = 0$ in $P(2)$, $\quad y'' < 0$ in $P(2)$, $\quad H(32,16)$

20. $y' = \dfrac{f'(\varphi)\sin\varphi + f(\varphi)\cos\varphi}{f'(\varphi)\cos\varphi - f(\varphi)\sin\varphi}$

    a) $f'(\varphi) = \sin\varphi$, $\quad f'\left(\dfrac{\pi}{2}\right) = 1$, $\quad f\left(\dfrac{\pi}{2}\right) = 1$, $\quad y' = -1$

    b) Vgl. Bild L1.6 Im Pol gilt $3 \cdot \varphi_0 = \dfrac{\pi}{2} + k\pi (k \in \mathbb{Z})$, dort nur einseitig differenzierbar: $f(\varphi_0) = 0$, $f'(\varphi_0) \neq 0$

    $y' = \tan\varphi_0$ mit $\varphi_0 = \dfrac{\pi}{6} + k\dfrac{\pi}{3}$ (Tangenten unter $-30°$ bzw. $+30°$ bzw. $90°$ gegen positive x-Achse)

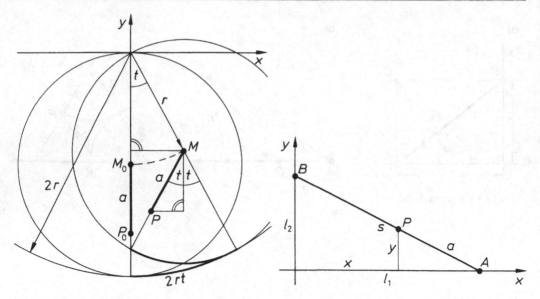

Bild L1.4: Zu Aufgabe 15   **Bild L1.5:** Zu Aufgabe 16

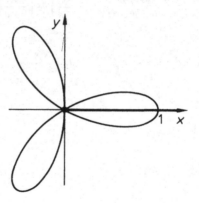

Bild L1.6: Zu Aufgabe 20b)

c) $y' = \dfrac{3\sqrt{3} - \pi}{\pi\sqrt{3} + 3}$

21. $f_1(\varphi) = f_2(\varphi)$. Es gilt für alle $k \in \mathbb{Z}$:

a) $f_1(\varphi) = 3 \cdot \cos\varphi$, $f_2(\varphi) = 1 + \cos\varphi$

$\varphi_1 = \dfrac{\pi}{3} + k \cdot 2\pi$: $f_1(\varphi_1) = f_2(\varphi_1) = \tfrac{3}{2}$, $f_1'(\varphi_1) = \dfrac{-3\sqrt{3}}{2}$, $f_2'(\varphi_1) = \dfrac{-\sqrt{3}}{2}$

$y_1' = \dfrac{1}{\sqrt{3}}$, $y_2' = 0$, $|\tan\delta| = \dfrac{\sqrt{3}}{3}$, $\delta = \dfrac{\pi}{6}$ (d.h. 30°)

$$\varphi_2 = \frac{-\pi}{3} + k \cdot 2\pi: \quad f_1(\varphi_2) = f_2(\varphi_2) = \tfrac{3}{2}, \quad f_1'(\varphi_2) = \frac{3\sqrt{3}}{2}, \quad f_2'(\varphi_2) = \frac{\sqrt{3}}{2}$$

$$y_1' = \frac{-1}{\sqrt{3}}, \quad y_2' = 0, \quad |\tan \delta| = \frac{\sqrt{3}}{3}, \quad \delta = \frac{\pi}{6} \quad \text{(d.h. 30°)}$$

b) $f_1(\varphi) = 2 \cdot \sin \varphi \cdot \cos \varphi, \quad f_2(\varphi) = \cos \varphi$

$$\varphi_1 = \frac{\pi}{2} + k\pi: \quad f_1(\varphi_1) = f_2(\varphi_1) = 0, \quad f_1'(\varphi_1) = -2, \quad f_2'(\varphi_1) = -1$$

$$y_1' \to \infty, \; y_2' \to \infty, \text{ d.h. beide Richtungen senkrecht zur x-Achse} \Rightarrow \delta = 0$$

$$\varphi_2 = \frac{\pi}{6} + k \cdot 2\pi: \quad f_1(\varphi_2) = f_2(\varphi_2) = \frac{\sqrt{3}}{2}, \quad f_1'(\varphi_2) = 1. \quad f_2'(\varphi_2) = -0{,}5$$

$$y_1' = \frac{5}{\sqrt{3}}, \quad y_2' = -\frac{1}{\sqrt{3}}, \quad \text{d.h. } |\tan \delta| = 3\sqrt{3} \Rightarrow \delta = 1{,}38\ldots \text{ (d.h. 79,1°}\ldots)$$

c) $C_1 \colon \sqrt{3}y = x + 1, \; S \colon \sqrt{3} \cdot 2 \cdot \sin t \cdot (1 - \cos t) = (2\cos t + 2\cos^2 t - 1) + 1 \Rightarrow \sqrt{3}\,\dfrac{1 - \cos t}{1 + \cos t} = \cot t \Rightarrow$

$$\sqrt{3}\tan^2\frac{t}{2} = \frac{\cot^2\left(\dfrac{t}{2}\right) - 1}{2\cot\dfrac{t}{2}} \Rightarrow 2\sqrt{3} \cdot z = z^2(z^2 - 1) \quad \text{mit} \quad \cot\frac{t}{2} = z:$$

$$z_1 = 0, \quad t_1 = \pi, \quad S_1(-1,0), \quad y_1' = \frac{1}{\sqrt{3}}, \quad y_2' \to \infty, \quad |\tan \delta| = \sqrt{3}$$
$$\left.\begin{array}{l} \\ \\ z_2 = \sqrt{3}, \quad t_2 = 1{,}047\ldots, \quad S_2\!\left(\frac{1}{2}, \frac{\sqrt{3}}{2}\right), \quad y_1' = -y_2' = \frac{1}{\sqrt{3}}, \quad |\tan \delta| = \sqrt{3} \end{array}\right\} \Rightarrow \delta_1 = \delta_2 = 1{,}047\ldots \text{(d.h. 60°)}$$

22. Orthogonalitätsbedingung: $y_1' y_2' = -1$

a) $f_1(\varphi) = a \cdot e^{\varphi}$ und $f_1'(\varphi) = a \cdot e^{\varphi}$ ergibt $y_1' = \dfrac{a e^{\varphi}(\sin \varphi + \cos \varphi)}{a e^{\varphi}(\cos \varphi - \sin \varphi)}$,

$\quad f_2(\varphi) = b e^{-\varphi}$ und $f_2'(\varphi) = -b e^{-\varphi}$ ergibt $y_2' = \dfrac{-b e^{-\varphi}(\sin \varphi - \cos \varphi)}{-b e^{-\varphi}(\cos \varphi + \sin \varphi)} = -\dfrac{1}{y_1'}$.

b) $f_1(\varphi) = 4 \cdot \cos \varphi$ und $f_1'(\varphi) = -4 \cdot \sin \varphi$ ergibt $y_1' = -\cot 2\varphi$,

$\quad f_2(\varphi) = 4 \cdot \sin \varphi$ und $f_2'(\varphi) = 4 \cdot \cos \varphi$ ergibt $y_2' = \tan 2\varphi = -\dfrac{1}{y_1'}$.

c) Im Schnittpunkt gilt: $\cos \varphi = 0, \quad \cos 2\varphi = -1, \quad \sin 2\varphi = 0, \quad \sin \varphi = \pm 1$.

$\quad f_1(\varphi) = 1 + \cos \varphi$ und $f_1'(\varphi) = -\sin \varphi$ ergibt $y_1' = \dfrac{\cos \varphi + \cos 2\varphi}{-\sin \varphi - \sin 2\varphi} = \dfrac{0 - 1}{\mp 1 - 0} = \pm 1$.

$\quad f_2(\varphi) = 1 - \cos \varphi$ und $f_2'(\varphi) = \sin \varphi$ ergibt $y_2' = \dfrac{\cos \varphi - \cos 2\varphi}{-\sin \varphi + \sin 2\varphi} = \dfrac{0 - (-1)}{\mp 1 + 0} = \mp 1 = -\dfrac{1}{y_1'}$.

23. $f(\varphi) = 2 - 4 \cdot \sin \varphi, \quad f'(\varphi) = -4 \cdot \cos \varphi, \quad y' = \dfrac{\cos \varphi - 2 \cdot \sin 2\varphi}{-\sin \varphi - 2 \cdot \cos^2 \varphi}$

$$\left.\begin{array}{l} \text{Im Pol:} \; \varphi_1 = \frac{\pi}{6} + k \cdot 2\pi \; (k \in \mathbb{Z}), \; y_1' = \frac{\sqrt{3}}{3} \\[2mm] \text{oder} \; \varphi_2 = \frac{5\pi}{6} + k \cdot 2\pi \; (k \in \mathbb{Z}), \; y_2' = -\frac{\sqrt{3}}{3} \end{array}\right\} \Rightarrow |\tan \delta| = \sqrt{3}, \quad \delta = \frac{\pi}{3} \text{ (d.h. 60°)}$$

24. Tangentengleichung: $y - y_0 = y_0'(x - x_0)$

mit $y_0' = \dfrac{\dot{\psi}(t_0)}{\dot{\phi}(t_0)}$ bzw. $y_0' = \dfrac{f'(\varphi_0)\sin\varphi_0 + f(\varphi_0)\cos\varphi_0}{f'(\varphi_0)\cos\varphi_0 - f(\varphi_0)\sin\varphi_0}$.

a) $x_0 = y_0 = \dfrac{\sqrt{2}}{4}a$, $\dot{y}_0 = -\dot{x}_0 = 3\cdot\dfrac{\sqrt{2}}{4}a$, $y_0' = -1$; $t: y = -x + \dfrac{\sqrt{2}}{2}a$

b) $x_0 = \dfrac{\sqrt{2}}{2}a\left(1 + \dfrac{\pi}{4}\right)$, $y_0 = \dfrac{\sqrt{2}}{2}a\left(1 - \dfrac{\pi}{4}\right)$, $\dot{x}_0 = \dot{y}_0$, $y_0' = 1$, $t: y = x - \dfrac{\sqrt{2}}{4}\cdot a\cdot\pi$

c) $P(-1,3)$ bei $t_0 = 1$, $\dot{x}_0 = 1$, $\dot{y}_0 = 3$, $y_0' = 3$, $t: y = 3x + 6$

d) $t_0 = 0$, $\dot{x}_0 = 0$, $\dot{y}_0 = 3$, $t: \dot{x}_0(y - y_0) = \dot{y}_0(x - x_0)$, d.h. hier: $x = 3$

e) $f'(\varphi) = 10\cdot\sin\varphi$, $y_0' = -\cot 2\varphi_0 = \tfrac{3}{4}$; $x_0 = -8$, $y_0 = +4$; $t: y = \tfrac{3}{4}x + 10$

25. a) $x_0 = y_0 = \dfrac{a}{4}$, $\dot{y}_0 = -\dot{x}_0 = a$, $y_0' = -1$; $t: y = -x + \dfrac{a}{2}$, $n: y = x$

b) $x_0 = \tfrac{1}{2}$, $y_0 = \sqrt{3}$, $\dot{x}_0 = -\dfrac{\sqrt{3}}{2}$, $\dot{y}_0 = 1$; $y_0' = -\dfrac{2}{\sqrt{3}}$; $t: y = \dfrac{-2x + 4}{\sqrt{3}}$, $n: y = \dfrac{\sqrt{3}}{2}(x + \tfrac{3}{2})$

c) $y_0' = -\tfrac{5}{3}$; $t: y = -\tfrac{5}{3}x + 10$, $n: y = 0.6x + 3.2$

d) $x_0 = 0$, $y_0 = \dfrac{2}{\pi}$; $y_0' = \dfrac{2}{\pi}$; $t: y = \dfrac{2}{\pi}(x + 1)$, $n: y = \dfrac{-\pi}{2}x + \dfrac{2}{\pi}$

26. a) $\dot{y} = 0$ bei $t_1 = \dfrac{1}{\sqrt{3}}$, $t_2 = \dfrac{-1}{\sqrt{3}}$; $P_1\left(-\tfrac{2}{3}, \dfrac{-2}{3\sqrt{3}}\right)$, $P_2\left(-\tfrac{2}{3}, \dfrac{2}{3\sqrt{3}}\right)$

b) $P(1) = P(-1) = (0.0)$; $y_1' = 1$, $y_2' = -1$; $\delta = \dfrac{\pi}{2}$ (d.h. 90°)

27. horizontale Tangente in $P(1) = (3, -2)$; vertikale Tangente in $P(-1) = (-1, 2)$; $(x - y + 3)^2 = 16(x + 1)$

28. Vgl. Bild L1.7

a) Tangente parallel zur x-Achse, falls $\cos\varphi(2\cdot\sin\varphi + 1) = 0$, d.h. für

$$\varphi_1 = \dfrac{\pi}{2} + k\cdot 2\pi, \quad \varphi_2 = \dfrac{7\pi}{6} + k\cdot 2\pi, \quad \varphi_3 = \dfrac{11\pi}{6} + k\cdot 2\pi$$

b) Tangente parallel zur y-Achse, falls $2\cdot\sin^2\varphi + \sin\varphi - 1 = 0$, d.h. für

$$\varphi_1 = \dfrac{\pi}{6} + k\cdot 2\pi, \varphi_2 = \dfrac{5\pi}{6} + k\cdot 2\pi.$$

Wegen $\lim\limits_{\varphi \to \frac{3}{2}\pi} y'(\varphi) = \infty$ ist die entsprechende Tangente parallel zur y-Achse.

29. $r = f(\varphi) = a(1 - \cos\varphi)$, $f'(\varphi) = a\cdot\sin\varphi$ und $y' = \dfrac{f'(\varphi)\sin\varphi + f(\varphi)\cos\varphi}{f'(\varphi)\cos\varphi - f(\varphi)\sin\varphi}$ liefert

$$|\tan\delta| = \left|\dfrac{\tan\varphi - y'}{1 + y'\tan\varphi}\right| = \left|\dfrac{f(\varphi)}{f'(\varphi)}\right| = \left|\dfrac{1 - \cos\varphi}{\sin\varphi}\right| = \left|\tan\dfrac{\varphi}{2}\right|, \text{ d.h. } \delta = \dfrac{\varphi}{2}$$

30. $|\tan\delta| = \left|\dfrac{f(\varphi)}{f'(\varphi)}\right|$ (s. Lösung zu Aufgabe 29) $\Rightarrow |\tan\delta| = \dfrac{1}{a}$, d.h. δ ist unabhängig von φ

31. $x = a\cdot\cos^3 t$, $y = a\cdot\sin^3 t$, $y' = -\tan t$

Tangente in $P(t_0): y - a\cdot\sin^3 t_0 = -\tan t_0(x - a\cdot\cos^3 t_0)$

Hessesche Normalform: $x\cdot\sin t_0 + y\cdot\cos t_0 - a\cdot\sin t_0\cdot\cos t_0 = 0$

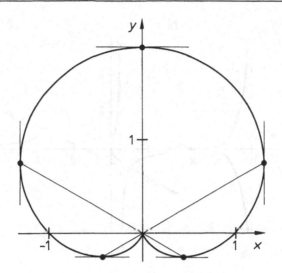

Bild L1.7: Zu Aufgabe 28

Distanz zu $(0,0)$: $D = -a \cdot \sin t_0 \cdot \cos t_0$; $D' = 0$ bei $t_0 = \dfrac{\pi}{4} + k \dfrac{\pi}{2}$, $k \in \mathbb{Z}$

Tangenten: $(y + x)\sqrt{2} = a$; $(y - x)\sqrt{2} = a$; $(y + x)\sqrt{2} = -a$; $(y - x)\sqrt{2} = -a$

32. $y' = \tan t$
Normale: $y - a(\sin t_0 - t_0 \cos t_0) = -\cot t_0 [x - a(\cos t_0 + t_0 \sin t_0)]$
Hessesche Normalform: $x \cdot \cos t_0 + y \cdot \sin t_0 - a = 0$
Abstand: $|D| = a$

33. a) (Vgl. Bild L1.8a)): Kein Schnittpunkt mit y-Achse, Schnitt mit x-Achse bei $(2,0)$

Wegen $x = 1 + \dfrac{1}{1 + t^2}$ gilt: $1 < x \leqq 2$;

$\dot{x} = \dfrac{-2t}{N}$, $\dot{y} = \dfrac{t^2(3 + t^2)}{N}$ mit $N = (1 + t^2)^2$;

$y' = \dfrac{t(3 + t^2)}{-2}$, $y' = 0$ bei $t = 0$ (dort aber $\dot{x} = \dot{y} = 0$: »Spitze« in (2.0))

Asymptote: Für $t \to \pm \infty$: $x = 1$

b) (Vgl Bild L1.8b): Schnitt mit den Achsen nur in (0.0); $\dot{x} = \dfrac{t(t - 2)}{(t - 1)^2}$, $\dot{y} = -\dfrac{t^2 + 1}{(t^2 - 1)^2}$

$\dot{x} = 0$ bei $t_1 = 0$ und $t_2 = 2$: Tangenten parallel zur y-Achse in $(0,0)$ und $(4, \frac{2}{3})$
$\dot{y} \neq 0$: Keine Tangente parallel zur x-Achse

Asymptoten: Für $t \to + 1$: $y = \frac{1}{2}x - \frac{3}{4}$, für $t \to - 1$: $x = -\frac{1}{2}$, für $t \to \pm \infty$: $y = 0$

34. a) (Vgl. Bild 1.9a)): $r^2 = \dfrac{2 \cdot \sin \varphi \cdot \cos \varphi}{\cos^4 \varphi + \sin^4 \varphi}$,   keine Punkte für $\varphi \in \left(\dfrac{\pi}{2}, \pi \right) \cup \left(\dfrac{3\pi}{2}, 2\pi \right)$, $(0,0)$ ist Doppelpunkt,

Symmetrie zur Geraden $y = x$: $r\left(\dfrac{\pi}{4} + \alpha \right) = r\left(\dfrac{\pi}{4} - \alpha \right)$ und $r\left(\dfrac{5\pi}{4} + \alpha \right) = r\left(\dfrac{5\pi}{4} - \alpha \right)$,

$rr' = \dfrac{4 \cdot \sin^6 \varphi - 6 \cdot \sin^4 \varphi + 1}{(\cos^4 \varphi + \sin^4 \varphi)^2}$, $r' = 0$ nur dort, wo $\sin^2 \varphi = 0{,}5$ gilt.

Extreme r-Werte bei $r_k = \dfrac{\pi}{4} + k \cdot \pi$, $k \in \mathbb{Z}$

a)   b)

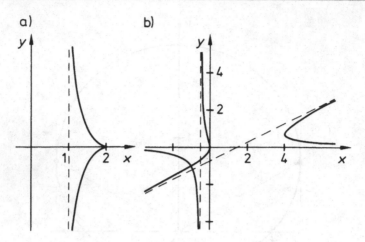

Bild L1.8: Zu Aufgabe 33 a) – b)

b) (Vgl. Bild 1.9b)): $r = 6 \cos \varphi \pm 1$

1. Fall: $r = 6 \cdot \cos \varphi + 1$ für φ mit $\cos \varphi \geqq -\frac{1}{6}$, $r' = -6 \cdot \sin \varphi$, r ist extrem in $(7,0)$,
    $y' = 0$ nur für $\cos \varphi = \frac{2}{3}$, d.h. in $(\frac{10}{3}; 3{,}726\ldots)$ und in $(\frac{10}{3}; -3{,}726\ldots)$

2. Fall: $r = 6 \cdot \cos \varphi - 1$ für φ mit $\cos \varphi \geqq +\frac{1}{6}$, $r' = -6 \cdot \sin \varphi$, r ist extrem in $(5,0)$,
    $y' = 0$ nur für $\cos \varphi = \frac{3}{4}$, d.h. in $(\frac{21}{8}; 2{,}315\ldots)$ und in $(\frac{21}{8}; -2{,}315\ldots)$

$(0,0)$ ist Doppelpunkt mit den Tangenten $y = \sqrt{35}x$ und $y = -\sqrt{35}x$

c) (Vgl. Bild 1.9 c)): $r^4(\cos^4\varphi + \sin^4\varphi) = r^2$

1. Fall: $r = 0$, $(0,0)$ ist isolierter Punkt,

2. Fall: $r \neq 0$, $r^2 = \dfrac{1}{\cos^4\varphi + \sin^4\varphi} = \dfrac{1}{N}\left(\text{Symmetrie zu } \varphi_k = \dfrac{\pi}{4} + k\cdot\dfrac{\pi}{2}, k \in \mathbb{Z}\right)$,

$2rr' = \dfrac{-2\cdot\sin 2\varphi \cdot \cos 2\varphi}{N^2} = \dfrac{-\sin 4\varphi}{N^2}$, $r' = 0$ bei $\varphi_k = k\cdot\dfrac{\pi}{4}$ $(k \in \mathbb{Z})$

Extrem weit von O sind: $(1,1), (-1,1), (-1,-1), (1,-1)$

Extrem nah an O sind: $(1,0), (0,1), (-1,0), (0,-1)$

Tangenten parallel zur x-Achse aus $4x^3 + 4y^3 \cdot y' = 2x + 2y \cdot y'$:

$y' = 0$ bei $x_1 = 0$ oder $x_2 = \sqrt{\frac{1}{2}}$ oder $x_3 = -\sqrt{\frac{1}{2}}$

Tangenten parallel zur x-Achse in: $(0,1); (0,-1); (\pm\sqrt{\frac{1}{2}}, \pm\sqrt{\frac{1}{2}(1+\sqrt{2})})$

35.

	Länge von			
	Subtangente	Subnormale	Tangente	Normale
a) $x_0 = y_0 = 1$, $y'_0 = 2$	0,5	2	$\sqrt{1,25}$	$\sqrt{5}$
b) $x_0 = y_0 = 1$, $1 = y' + \dfrac{y'}{y}$, $y'_0 = \frac{1}{2}$	2	0,5	$\sqrt{5}$	$\sqrt{1,25}$
c) $3x^2 + 3y^2 y' = 3y + 3xy'$, $y'_0 = -1$	1,5	1,5	$1,5 \cdot \sqrt{2}$	$1,5 \cdot \sqrt{2}$
d) $x_0 = -1$, $y_0 = 3$, $y'_0 = 3$	1	9	$\sqrt{10}$	$\sqrt{90}$
e) $x_0 = \frac{1}{2}$, $y_0 = \dfrac{\sqrt{3}}{2}$, $y'_0 = \dfrac{\sqrt{3}}{3}$	1,5	0,5	$\sqrt{3}$	1
f) $r_0 = \frac{3}{2}$, $x_0 = \frac{3}{4}$, $y_0 = \dfrac{3\sqrt{3}}{4}$, $r'_0 = \frac{5}{2}\sqrt{3}$, $y'_0 = 3\sqrt{3}$	$\frac{1}{4}$	$\frac{27}{4}$	$\frac{1}{2}\sqrt{7}$	$\frac{3}{2}\sqrt{21}$
g) $r_0 = a$, $y_0 = a \cdot \sin 1$, $r'_0 = \dfrac{a}{2}$, $y'_0 = \dfrac{\tan 1 + 2}{1 - 2 \cdot \tan 1} = -1,682\ldots$	0,5002a	1,415a	0,9789a	1,646a

36. a) $W(-1,2)$; $m_t = -3$; $t_w : y = -3x - 1$
   b) $1 = (2y - e^y) \cdot y'$, $0 = (2y - e^y)y'' + (2y - e^y)(y')^2$
      $y'' = 0$, falls $e^y = 2$, $W((\ln 2)^2 - 2, \ln 2)$, $m_t = -1,629\ldots$, $t_W : y = -1,629\ldots x - 1,782\ldots$
   c) $f'(\varphi) = \dfrac{\sin \varphi}{\cos^2 \varphi}$, $f''(\varphi) = \dfrac{1 + \sin^2 \varphi}{\cos^3 \varphi}$

   $y'' = 0 \Rightarrow 2(f'(\varphi))^2 - f(\varphi)f''(\varphi) + (f(\varphi))^2 = 0 \Rightarrow \cos \varphi(\cos^3 \varphi + 3 \cdot \cos^2 \varphi - 2) = 0$
   $\cos \varphi_1 = 0$ scheidet aus

a)   b)   c)

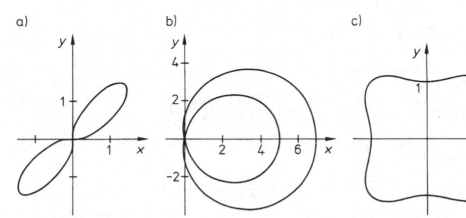

Bild L1.9 a–e: Zu Aufgabe 34

$\cos\varphi_2 = -1$, $r_2 = 0$, $(0,0)$ ist isolierter Punkt

$\cos\varphi_3 = \sqrt{3}-1$, $r_3 = \frac{1}{2}(3+\sqrt{3})$, $W_1(\sqrt{3};\frac{1}{2}(3+\sqrt{3})\sqrt{2\sqrt{3}-3}) = (1,732\ldots:1,611\ldots)$.

$m_{t_1} = -3,813\ldots$, $t_1: y = -3,813\ldots x + 8,217\ldots$, $W_2(1,732\ldots; -1,611\ldots)$.

$m_{t_2} = 3,813\ldots$, t_2; $y = 3,813\ldots x - 8,217\ldots$

d) $y'' = 0 \Rightarrow \dot{x}\ddot{y} = \dot{y}\ddot{x} \Rightarrow t = 2$, $W(3,-14)$, $m_t = -12$, $t: y = -12x + 22$

37. a) $S(2,1)$; $y_1(2) = y_2(2) = 1$, $y_1'(2) = y_2'(2) = 1$, $y_1''(2) \neq y_2''(2)$.
Die Kurven berühren genau von der Ordnung 1.
b) Die Kurven schneiden sich in $(9,-6)$ und berühren einander in $(1,2)$ genau von der Ordnung 2.
c) Die Kurven berühren einander in $(1,-1)$ genau von der Ordnung 2.
d) Die Kurven berühren einander in $(0,1)$ genau von der Ordnung 5.
e) Die Kurven berühren einander in $(0,1)$ genau von der Ordnung 11.

38. f mit $f(x) = -0,5x^2 + \frac{\pi}{2}x + 1 - \frac{\pi^2}{8}$

39. $y = -0,144338x^3 - 0,023275x^2 + 1,009112x - 0,001269$

40. $y = -\dfrac{x^4}{64} + \dfrac{x^3}{24} - \dfrac{x^2}{8} + \dfrac{x}{2} + \ln 2$

41. $f'(x) = \dfrac{-2x}{3(\sqrt[3]{1+x^2})^4}$, $f''(x) = -\dfrac{2}{9}\dfrac{(3-5x^2)}{(\sqrt[3]{1+x^2})^7}$, $f'''(x) = \dfrac{4x(36-20x^2)}{27(\sqrt[3]{1+x^2})^{10}}$

$y = 0,181904x^3 - 0,388381x^2 + 0,004402x + 1,000474 \Rightarrow I \approx 0,91869$

42. $x_0 = \dfrac{4a}{3}$, $y_0 = \dfrac{2a}{3}$, implizites Differenzieren ergibt $y' = \dfrac{ay - x^2}{y^2 - ax}$, $y_0' = \frac{5}{4}$

Kreis: $(x - x_M)^2 + (y - y_M)^2 = a^2$, $2(x - x_M) + 2(y - y_M)y' = 0$

Aus Übereinstimmung von y und y' ergibt sich: $x_M = (\frac{4}{3} \pm \frac{5}{41}\sqrt{41})a$, $y_M = (\frac{2}{3} \mp \frac{4}{41}\sqrt{41})a$

43. a) $y' = \sinh\dfrac{x}{4}$, $s = \displaystyle\int_0^4 \sqrt{\cosh^2\dfrac{x}{4}}\,dx = 4\sinh 1$

b) $s = \displaystyle\int_0^{2\pi} \sqrt{a^2(1-\cos t)^2 + a^2\sin^2 t}\,dt = \sqrt{2}a\int_0^{2\pi}\sqrt{1-\cos t}\,dt = 2a\sqrt{2}[-2\sqrt{1+\cos t}]_0^\pi = 8a$

c) $s = \displaystyle\int_0^{\sqrt[4]{8}} \sqrt{t^{10}+t^6}\,dt = \int_0^{\sqrt[4]{8}} t^3\sqrt{t^4+1}\,dt = [\tfrac{1}{6}(\sqrt{t^4+1})^3]_0^{\sqrt[4]{8}} = \tfrac{13}{3}$

d) $s = \displaystyle\int_{\varphi_1}^{\varphi_2} \cos\dfrac{\varphi}{2}\,d\varphi = \left[2\sin\dfrac{\varphi}{2}\right]_{-\pi}^{\pi} = 4$

44. a) $s = \displaystyle\int_0^1 \sqrt{1+x}\,dx = \tfrac{2}{3}(2\sqrt{2}-1)$

b) $s = \displaystyle\int_{\frac{\pi}{6}}^{\frac{\pi}{4}} \sqrt{1+\dfrac{\sin^2 x}{\cos^2 x}}\,dx = \int_{\frac{\pi}{6}}^{\frac{\pi}{4}} \dfrac{1}{\cos x}\,dx = \left[\ln\tan\left(\dfrac{x}{2}+\dfrac{\pi}{4}\right)\right]_{\frac{\pi}{6}}^{\frac{\pi}{4}} = \ln\left(\dfrac{\tan\frac{3}{8}\pi}{\tan\frac{1}{3}\pi}\right)$

c) $s = \displaystyle\int_{y_1}^{y_2} \sqrt{1+\left(\dfrac{dx}{dy}\right)^2}\,dy = \int_0^1 \dfrac{y+1}{2\sqrt{y}}\,dy = \tfrac{4}{3}$

d) $y' = \dfrac{2e^x}{e^{2x}-1}$, $s = \displaystyle\int_2^4 \dfrac{e^{2x}+1}{e^{2x}-1}\,dx = \int_2^4 \coth x\,dx = \ln\dfrac{\sinh 4}{\sinh 2} \ (= \ln(e^4+1)-2)$

e) $s = \displaystyle\int_{y_1}^{y_2} \sqrt{1+\left(\dfrac{dx}{dy}\right)^2}\,dy = \int_0^4 \sqrt{1+\dfrac{81y}{4}}\,dy = \dfrac{9}{2}\int_0^4 \sqrt{\tfrac{4}{81}+y}\,dy = [3(\sqrt{\tfrac{4}{81}+y})^3]_0^4 = \dfrac{328\sqrt{328}-8}{243}$

f) $s = 8$ (vgl. Aufgabe 43b)

g) $s = \int\limits_{\frac{\pi}{2}}^{\pi} \sqrt{\cos^2 t + \sin^2 t}\, dt = \frac{\pi}{2}$

h) $s = \int\limits_{0}^{4} \sqrt{e^{2t} \cdot 2}\, dt = \sqrt{2}(e^4 - 1)$

i) $s = \int\limits_{0}^{2\pi} \sqrt{(f(\varphi))^2 + (f'(\varphi))^2}\, d\varphi = 2\int\limits_{0}^{\pi} \sqrt{2 - 2\cos\varphi}\, d\varphi = 2\sqrt{2}\int\limits_{0}^{\pi} \frac{\sin\varphi}{\sqrt{1 + \cos\varphi}}\, d\varphi = -4\sqrt{2}\,[\sqrt{1 + \cos\varphi}]_0^{\pi} = 8$

j) $s = \int\limits_{0}^{\frac{\pi}{2}} \sqrt{4 + 4\varphi^2}\, d\varphi = [\varphi\sqrt{1 + \varphi^2} + \ln(\varphi + \sqrt{1 + \varphi^2})]_0^{\frac{\pi}{2}} = \frac{\pi}{2}\sqrt{1 + \left(\frac{\pi}{2}\right)^2} + \ln\left(\frac{\pi}{2} + \sqrt{1 + \left(\frac{\pi}{2}\right)^2}\right)$

45. $y' = \pm\frac{3}{2}\sqrt{x}$. Wegen der Symmetrie bez. der x-Achse gilt:

$s = 2\int\limits_{0}^{\frac{4}{3}} \sqrt{1 + \frac{9}{4}x}\, dx = 3\int\limits_{0}^{\frac{4}{3}} \sqrt{\frac{4}{9} + x}\, dx = 2[(\sqrt{\frac{4}{9} + x})^3]_0^{\frac{4}{3}} = \frac{112}{27}$

46. $s = \int\limits_{0}^{4} \sqrt{t^2 + 6t + 9}\, dt = \int\limits_{0}^{4} (t + 3)\, dt = 20$

47. a) $\kappa = \dfrac{x^2 e^{2x}(x^2 - 8x + 12)}{(\sqrt{e^{2x} + x^6(4 - x)^2})^3}$, $\kappa_0 = 0$, Krümmungskreis existiert nicht

b) $\kappa = -\dfrac{x''}{(\sqrt{1 + (x')^2})^3} = \dfrac{(y - 2)e^{2y}}{(\sqrt{e^{2y} + (1 - y)^2})^3}$, $\kappa_0 = -\dfrac{1}{e}, M\left(\dfrac{1}{e} - e, 1\right)$

c) $\kappa = \dfrac{-2(1 - x^2)}{(1 + x^2)^2}$, $\kappa_0 = -2, M(0, -\frac{1}{2})$

d) $\kappa = \dfrac{\pm 1}{2(\sqrt{x + 1})^3}$, $\kappa_0 = \dfrac{\pm 1}{4\sqrt{2}}, M(5, \mp 2)$

e) $\kappa = \dfrac{-\cos x}{(\sqrt{1 + \sin^2 x})^3}$, $\kappa_0 = \dfrac{-2}{3\sqrt{3}}, M(\frac{1}{4}\pi - \frac{3}{2}, -\sqrt{2})$

f) $\kappa = \left(\dfrac{2x}{\sqrt{x^4 + 16}}\right)^3$, $\kappa_0 = \dfrac{\sqrt{2}}{4}, M(4,4)$

g) $\kappa = \dfrac{3\sqrt{2}}{4a\sqrt{1 + \cos\varphi}}$, $\kappa_0 = \dfrac{3}{4a}, M(\frac{2}{3}a, 0)$

h) $\kappa = \dfrac{1}{\sqrt{2e^{\varphi}}}$, $\kappa_0 = \dfrac{\sqrt{2}}{2}, M(0, 1)$

i) $\kappa = \frac{2}{5}$ (konstant), $M(-2, \frac{9}{2})$

j) $\kappa = \dfrac{1}{3a\sin t \cos t}$, $\kappa_0 = \dfrac{2}{3a}, M(a\sqrt{2}, a\sqrt{2})$

k) $\kappa = \dfrac{-1}{2a\sqrt{2(1 - \cos t)}}$, $\kappa_0 = \dfrac{-1}{4a}, M(a\pi, -2a)$

l) $\kappa = 1$ (konstant, da Kreis), $M(0, 1)$

48. a) $\kappa = \dfrac{-x}{(\sqrt{x^2+1})^3}$, $S\left(\dfrac{\sqrt{2}}{2}, \dfrac{-\ln 2}{2}\right)$

   b) $\kappa = \mp\dfrac{2(1-y^2)}{(1+y^2)^2}$, $S(0,0)$

   c) $\kappa = \dfrac{12}{(\sqrt{2y^2+9})^3}$, $S_1(-4,0), S_2(4,0)$

   d) $\kappa = \dfrac{6(1+\cos\varphi)}{a(\sqrt{5+4\cos\varphi})^3}$, $S_1(3a,0), S_2(-a,0), S_3\left(-\dfrac{3a}{4}, \dfrac{3\sqrt{3}a}{4}\right), S_4\left(-\dfrac{3a}{4}, -\dfrac{3\sqrt{3}a}{4}\right)$

   e) $\kappa = \dfrac{5}{(\sqrt{2(1-\sin t \cdot \sin 4t - \cos t \cdot \cos 4t)})^3}$, $S_1(\tfrac{5}{2}, \tfrac{5}{2}\sqrt{3}), S_2(-5,0), S_3(\tfrac{5}{2}, -\tfrac{5}{2}\sqrt{3})$

49. a) $\rho = \dfrac{5\sqrt{10}}{3}$ b) $\rho = a$ c) $\rho = 1$ d) $\rho = \dfrac{2\sqrt{2}a}{3}$

   e) $\rho = \dfrac{a}{3}$ f) $\rho = 0$ g) $\rho = 2\sqrt{2}a$

50. a) konvex auf $\mathbb{R}_0^+$, $W(0,7)$

   b) $y'' = \dfrac{2(1+t^3)^4}{a(1-2t^3)^3}$,   konvex auf $(-\infty, -1)$, konvex auf $(-1, \sqrt[3]{0.5})$, kein Wendepunkt, kein Flachpunkt

   c) $y'' = \dfrac{-1}{\sin^3 t}$,   konvex auf $[\pi, 2\pi]$, kein Wendepunkt, kein Flachpunkt (Kreis)

   d) $y'' = -\left(\dfrac{1+t^2}{1-t^2}\right)^3$,   konvex auf $(-\infty, -1]$ und auf $[1, \infty)$, kein Wendepunkt (Kreis)

   e) $y'' = \dfrac{27(t^2-6t+12)}{32(3-t)^3}$,   konvex auf $(-\infty, 3)$, kein Wendepunkt, kein Flachpunkt

   f) $y'' = \dfrac{-2e^\varphi}{(\cos\varphi + \sin\varphi)^3}$,   konvex auf den Intervallen $(\tfrac{3}{4}\pi + k2\pi, \tfrac{7}{4}\pi + k2\pi)$ mit $k \in \mathbb{N}_0$

   g) $y'' = \dfrac{8\cos^2\varphi - 12}{64\sin^3\varphi\cos^5\varphi}$,   konvex auf den φ-Intervallen $\left(\dfrac{\pi}{2}, \dfrac{3\pi}{4}\right]$ und $\left[\dfrac{7\pi}{4}, \pi\right]$ keine Wende- oder Flachpunkte

51. $\kappa = -\sin x$, $S\left(\dfrac{\pi}{2}, 0\right)$, $\rho = 1$, Schaubild s. Bild L1.10

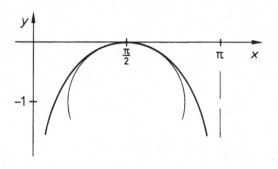

Bild L1.10: Zu Aufgabe 51

52. $\kappa = \dfrac{1}{\cosh^2 x}$. In $P_0(x_0, y_0)$: $\rho_0 = \cosh^2 x_0$, Normale: $y - \cosh x_0 = \dfrac{-1}{\sinh x_0}(x - x_0)$,

Schnitt mit Achse in $S(x_0 + \sinh x_0 \cdot \cosh x_0, 0)$, $\overline{SP_0} = \cosh^2 x_0$

53. a) $\rho_0 = \dfrac{(\sqrt{1 + \cosh^2 x_0})^3}{|\sinh x_0|}$, $x_M = x_0 - \cosh x_0 \dfrac{1 + \cosh^2 x_0}{\sinh x_0}$, $y_M = \dfrac{2 \cosh^2 x_0}{\sinh x_0}$

   b) $\kappa' = \dfrac{2 \cosh x (1 - \sinh^2 x)}{(\sqrt{1 + \cosh^2 x})^5}$, $S_1(\ln(1 + \sqrt{2}), 1)$, $S_2(-\ln(1 + \sqrt{2}), -1)$

   c) $\rho_1 = \rho_2 = 3\sqrt{3}$, $M_1(\ln(1 + \sqrt{2}) - 3\sqrt{2}, 4)$, $M_2(-\ln(1 + \sqrt{2}) + 3\sqrt{2}, -4)$

   $k_1 : (x - \ln(1 + \sqrt{2}) + 3\sqrt{2})^2 + (y - 4)^2 = 27$, $\quad k_2 : (x + \ln(1 + \sqrt{2}) - 3\sqrt{2})^2 + (y + 4)^2 = 27$

54. a) Wegen

$$\vec{r}_0(1) = \begin{pmatrix} 0 \\ -1 \end{pmatrix} = \vec{x}_1(0), \quad \vec{x}_1(1) = \begin{pmatrix} 1 \\ 1 \end{pmatrix} = \vec{x}_2(0),$$

$$\dot{\vec{x}}_0(1) = \begin{pmatrix} 1 \\ 1 \end{pmatrix} = \dot{\vec{x}}_1(0), \quad \dot{\vec{x}}_1(1) = \begin{pmatrix} 1 \\ 1 \end{pmatrix} = \dot{\vec{x}}_2(0),$$

$$\ddot{\vec{x}}_0(1) = \begin{pmatrix} 0 \\ 6 \end{pmatrix} = \ddot{\vec{x}}_1(0), \quad \ddot{\vec{x}}_1(1) = \begin{pmatrix} 0 \\ -6 \end{pmatrix} = \ddot{\vec{x}}_2(0) \text{ und } \ddot{\vec{x}}_0(0) = \ddot{\vec{x}}_2(1) = \vec{0}$$

ist S eine natürliche, kubische Spline-Kurve. Man erhält:

$$S : \begin{cases} s_0(x) = x^3 + 3x^2 + x - 1 & \text{für } -1 \le x \le 0 \\ s_1(x) = -2x^3 + 3x^2 + x - 1 & \text{für } 0 \le x \le 1 \\ s_2(x) = x^3 - 6x^2 + 10x - 4 & \text{für } 1 \le x \le 2 \end{cases}$$

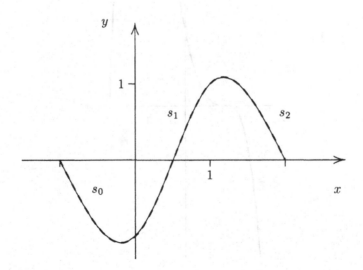

Bild L1.11: Splinekurve aus Aufgabe 54a)

b) Wegen

$$\vec{x}_0(1)=\begin{pmatrix}-1\\0\end{pmatrix}=\vec{x}_1(0),\ \vec{x}_1(1)=\begin{pmatrix}0\\2\end{pmatrix}=\vec{x}_2(0),\ \vec{x}_2(1)=\begin{pmatrix}1\\8\end{pmatrix}=\vec{x}_3(0),$$

$$\dot{\vec{x}}_0(1)=\begin{pmatrix}1\\0\end{pmatrix}\ =\dot{\vec{x}}_1(0),\ \dot{\vec{x}}_1(1)=\begin{pmatrix}1\\5\end{pmatrix}=\dot{\vec{x}}_2(0),\ \dot{\vec{x}}_2(1)=\begin{pmatrix}1\\4\end{pmatrix}=\dot{\vec{x}}_3(0),$$

$$\ddot{\vec{x}}_0(1)=\begin{pmatrix}0\\2\end{pmatrix}\ =\ddot{\vec{x}}_1(0),\ \ddot{\vec{x}}_1(1)=\begin{pmatrix}0\\8\end{pmatrix}=\ddot{\vec{x}}_2(0),\ \ddot{\vec{x}}_2(1)=\begin{pmatrix}0\\-10\end{pmatrix}=\ddot{\vec{x}}_3(0),$$

ist S eine kubische Spline-Kurve, wegen $\ddot{\vec{x}}_0(0)=\begin{pmatrix}0\\-28\end{pmatrix}\neq\vec{0}$ und

$$\ddot{\vec{x}}_3(1)=\begin{pmatrix}0\\-52\end{pmatrix}\neq\vec{0}\ \text{aber \textit{keine} natürliche Spline-Kurve.}$$

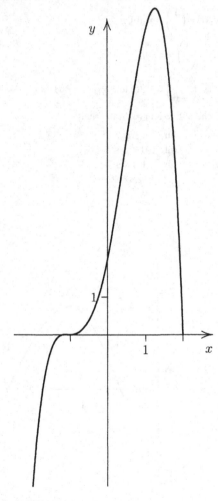

Bild L1.12: Splinekurve aus Aufgabe 54b)

Durch Elimination von t erhält man:

$$S: \begin{cases} s_0(x) = 5x^3 + 16x^2 + 17x + 6 & \text{für } -2 \le x \le -1 \\ s_1(x) = x^3 + 4x^2 + 5x + 2 & \text{für } -1 \le x \le 0 \\ s_2(x) = -3x^3 + 4x^2 + 5x + 2 & \text{für } 0 \le x \le 1 \\ s_3(x) = -7x^3 + 16x^2 - 7x + 6 & \text{für } 1 \le x \le 2 \end{cases}$$

55. Wir rechnen mit 3 Stellen nach dem Komma.

a) Mit $R = \begin{pmatrix} \vec{r}_0^{\,T} \\ \vec{r}_1^{\,T} \\ \vec{r}_2^{\,T} \\ \vec{r}_3^{\,T} \\ \vec{r}_4^{\,T} \end{pmatrix} = \begin{pmatrix} 0 & \sin 0 \\ \pi/2 & \sin \pi/2 \\ \pi & \sin \pi \\ 3\pi/2 & \sin 3\pi/2 \\ 2\pi & \sin 2\pi \end{pmatrix} = \begin{pmatrix} 0 & 0 \\ 1{,}571 & 1 \\ 3{,}142 & 0 \\ 4{,}712 & -1 \\ 6{,}283 & 0 \end{pmatrix}$ und der

Matrix P (siehe (1.47)) erhalten wir die Tangentenrichtungsvektoren in den Knoten aus (1.45) zu

$\begin{pmatrix} \vec{\tau}_0^{\,T} \\ \vec{\tau}_1^{\,T} \\ \vec{\tau}_2^{\,T} \\ \vec{\tau}_3^{\,T} \\ \vec{\tau}_4^{\,T} \end{pmatrix} = P \cdot R = \begin{pmatrix} 1{,}571 & 1{,}5 \\ 1{,}571 & 0 \\ 1{,}571 & -1{,}5 \\ 1{,}571 & 0 \\ 6{,}283 & 1{,}5 \end{pmatrix}$. Folglich lauten die Geometriematrizen G_i der Spline-Segmente $\vec{x}_i(t) = G_i \cdot \vec{b}(t)$, $i = 0, 1, 2, 3$ (siehe (1.36)):

$$G_0 = \begin{pmatrix} 0 & 1{,}571 & 1{,}571 & 1{,}571 \\ 0 & 1 & 1{,}5 & 0 \end{pmatrix}, \qquad G_1 = \begin{pmatrix} 1{,}571 & 3{,}142 & 1{,}571 & 1{,}571 \\ 1 & 0 & 0 & -1{,}5 \end{pmatrix},$$

$$G_2 = \begin{pmatrix} 3{,}142 & 4{,}712 & 1{,}571 & 1{,}571 \\ 0 & -1 & -1{,}5 & 0 \end{pmatrix}, \qquad G_3 = \begin{pmatrix} 4{,}712 & 6{,}283 & 1{,}571 & 1{,}571 \\ -1 & 0 & 0 & 1{,}5 \end{pmatrix}.$$

Man erhält mit $t \in [0,1]$:

$$\vec{x}_0(t) = G_0 \cdot \vec{b}(t) = \begin{pmatrix} 0 & 1{,}571 & 1{,}571 & 1{,}571 \\ 0 & 1 & 1{,}5 & 0 \end{pmatrix} \cdot \begin{pmatrix} 1 - 3t^2 + 2t^3 \\ 3t^2 - 2t^3 \\ t - 2t^2 + t^3 \\ -t^2 + t^3 \end{pmatrix}$$

$$= \begin{pmatrix} 1{,}571t \\ -0{,}5t^3 + 1{,}5t \end{pmatrix}$$

Entsprechend wird

$$\vec{x}_1(t) = G_1 \cdot \vec{b}(t) = \begin{pmatrix} 1{,}571t + 1{,}571 \\ 0{,}5t^3 - 1{,}5t^2 + 1 \end{pmatrix},$$

$$\vec{x}_2(t) = G_2 \cdot \vec{b}(t) = \begin{pmatrix} 0{,}002t^3 - 0{,}003t^2 + 1{,}571t + 3{,}142 \\ 0{,}5t^3 - 1{,}5t \end{pmatrix},$$

$$\vec{x}_3(t) = G_3 \cdot \vec{b}(t) = \begin{pmatrix} 1{,}571t + 4{,}712 \\ -0{,}5t^3 + 1{,}5t^2 - 1 \end{pmatrix}.$$

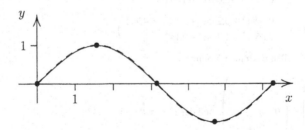

Bild L1.13: Splinekurve aus Aufgabe 55a)

b) Wegen $f'(0) = f'(2\pi) = 1$ wählen wir als Richtungsvektoren in den Randpunkten $\vec{a}_0 = \vec{a}'_4 = \begin{pmatrix} 1 \\ 1 \end{pmatrix}$. Hiermit lautet die Matrix R (siehe (1.48)):

$$
R = \begin{pmatrix} \vec{a}_0^T \\ \vec{r}_0^T \\ \vec{r}_1^T \\ \vdots \\ \vec{r}_4^T \\ \vec{a}_4^T \end{pmatrix} = \begin{pmatrix} 1 & 1 \\ 0 & \sin 0 \\ \pi/2 & \sin \pi/2 \\ \pi & \sin \pi \\ 3\pi/2 & \sin 3\pi/2 \\ 2\pi & \sin 2\pi \\ 1 & 1 \end{pmatrix} = \begin{pmatrix} 1 & 1 \\ 0 & 0 \\ 1{,}571 & 1 \\ 3{,}142 & 0 \\ 4{,}712 & -1 \\ 6{,}283 & 0 \\ 1 & 1 \end{pmatrix}
$$

Die Tangentenrichtungsvektoren in den Knoten ergeben sich aus (1.45) mit Hilfe der Matrix P (siehe (1.49)) zu

$$
\begin{pmatrix} \vec{\tau}_0^T \\ \vec{\tau}_1^T \\ \vec{\tau}_2^T \\ \vec{\tau}_3^T \\ \vec{\tau}_4^T \end{pmatrix} = P \cdot R = \begin{pmatrix} 1 & 1 \\ 1{,}734 & 0{,}143 \\ 1{,}489 & -1{,}571 \\ 1{.}734 & 0{,}143 \\ 1 & 1 \end{pmatrix}
$$

Folglich lauten die Geometriematrizen G_i der Spline-Segmente $\vec{x}_i(t) = G_i \cdot \vec{b}(t), i = 0, 1, 2, 3$ (siehe (1.36)):

$$
G_0 = \begin{pmatrix} 0 & 1{,}571 & 1 & 1{,}734 \\ 0 & 1 & 1 & 0{,}143 \end{pmatrix}, \qquad G_1 = \begin{pmatrix} 1{,}571 & 3{,}142 & 1{,}734 & 1{,}489 \\ 1 & 0 & 0{,}143 & -1{,}571 \end{pmatrix},
$$

$$
G_2 = \begin{pmatrix} 3{,}142 & 4{,}712 & 1{,}489 & 1{,}734 \\ 0 & -1 & -1{,}571 & 0{,}143 \end{pmatrix}, \qquad G_3 = \begin{pmatrix} 4{,}712 & 6{,}283 & 1{,}734 & 1 \\ -1 & 0 & 0{,}143 & 1 \end{pmatrix}.
$$

Man erhält mit $t \in [0,1]$:

$$
\vec{x}_0(t) = G_0 \cdot \vec{b}(t) = \begin{pmatrix} 0 & 1{,}571 & 1 & 1{,}734 \\ 0 & 1 & 1 & 0{,}143 \end{pmatrix} \cdot \begin{pmatrix} 1 - 3t^2 + 2t^3 \\ 3t^2 - 2t^3 \\ t - 2t^2 + t^3 \\ -t^2 + t^3 \end{pmatrix}
$$

$$
= \begin{pmatrix} -0{,}408t^3 + 0{,}979t^2 + t \\ -0{,}857t^3 + 0{,}857t^2 + t \end{pmatrix}.
$$

Entsprechend wird

$$
\vec{x}_1(t) = G_1 \cdot \vec{b}(t) = \begin{pmatrix} 0{,}081t^3 - 0{,}244t^2 + 1{,}734t + 1{,}571 \\ 0{,}572t^3 - 1{,}715t^2 + 0{,}143t + 1 \end{pmatrix},
$$

$$
\vec{x}_2(t) = G_2 \cdot \vec{b}(t) = \begin{pmatrix} -0{,}002t^3 + 0{,}083t^2 + 1{,}489t + 3{,}142 \\ 0{,}572t^3 - 0{,}001t^2 - 1{,}571t \end{pmatrix},
$$

$$
\vec{x}_3(t) = G_3 \cdot \vec{b}(t) = \begin{pmatrix} -0{,}408t^3 + 0{,}245t^2 + 1{,}734t + 4{,}712 \\ -0{,}857t^3 + 1{,}714t^2 + 0{,}143t - 1 \end{pmatrix}.
$$

56. Wir rechnen mit 3 Stellen nach dem Komma.

a) Mit $R = \begin{pmatrix} \vec{r}_0^T \\ \vec{r}_1^T \\ \vec{r}_2^T \\ \vec{r}_3^T \\ \vec{r}_4^T \end{pmatrix} = \begin{pmatrix} 4 & 2 \\ 2 & 1{,}414 \\ 0 & 0 \\ 2 & -1{,}414 \\ 4 & -2 \end{pmatrix}$ und der Matrx P (siehe (1.47))

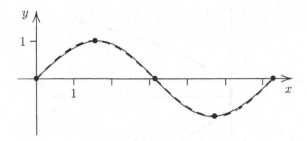

Bild L1.14: Splinekurve aus Aufgabe 55b)

erhalten wir die Tangentenrichtungsvektoren in den Knoten aus (1.45) zu

$$
\begin{pmatrix} \vec{\tau}_0^T \\ \vec{\tau}_1^T \\ \vec{\tau}_2^T \\ \vec{\tau}_3^T \\ \vec{\tau}_4^T \end{pmatrix} = P \cdot R = \begin{pmatrix} -1{,}714 & -0{,}379 \\ -2{,}571 & -1 \\ 0 & -1{,}621 \\ 2{,}571 & -1 \\ 1{,}714 & -0{,}379 \end{pmatrix}
$$

Folglich lauten die Geometriematrizen G_i der Spline-Segmente $\vec{x}_i(t) = G_i \cdot \vec{b}(t)$, $i = 0, 1, 2, 3$ (siehe (1.36)):

$$
G_0 = \begin{pmatrix} 4 & 2 & -1{,}714 & -2{,}571 \\ 2 & 1{,}414 & -0{,}379 & -1 \end{pmatrix}, \quad G_1 = \begin{pmatrix} 2 & 0 & -2{,}571 & 0 \\ 1{,}414 & 0 & -1 & -1{,}621 \end{pmatrix},
$$

$$
G_2 = \begin{pmatrix} 0 & 2 & 0 & 2{,}571 \\ 0 & -1{,}414 & -1{,}621 & -1 \end{pmatrix}, \quad G_3 = \begin{pmatrix} 2 & 4 & 2{,}571 & 1{,}714 \\ -1{,}414 & -2 & -1 & -0{,}379 \end{pmatrix}.
$$

Man erhält mit $t \in [0, 1]$:

$$
\vec{x}_0(t) = G_0 \cdot \vec{b}(t) = \begin{pmatrix} 4 & 2 & -1{,}714 & -2{,}571 \\ 2 & 1{,}414 & -0{,}379 & -1 \end{pmatrix} \cdot \begin{pmatrix} 1 - 3t^2 + 2t^3 \\ 3t^2 - 2t^3 \\ t - 2t^2 + t^3 \\ -t^2 + t^3 \end{pmatrix}
$$

$$
= \begin{pmatrix} -0{,}285t^3 - 0{,}001t^2 - 1{,}714t + 4 \\ -0{,}207t^3 - 0{,}379t + 2 \end{pmatrix}.
$$

Entsprechend wird

$$
\vec{x}_1(t) = G_1 \cdot \vec{b}(t) = \begin{pmatrix} 1{,}429t^3 - 0{,}858t^2 - 2{,}571t + 2 \\ 0{,}207t^3 - 0{,}621t^2 - t + 1{,}414 \end{pmatrix},
$$

$$
\vec{x}_2(t) = G_2 \cdot \vec{b}(t) = \begin{pmatrix} -1{,}429t^3 + 3{,}429t^2 \\ 0{,}207t^3 - 1{,}621t \end{pmatrix},
$$

$$
\vec{x}_3(t) = G_3 \cdot \vec{b}(t) = \begin{pmatrix} 0{,}285t^3 - 0{,}856t^2 + 2{,}571t + 2 \\ -0{,}207t^3 + 0{,}621t^2 - t - 1{,}414 \end{pmatrix}.
$$

b) Hier wählen wir als Richtungsvektor im ersten Knoten den Tangentenrichtungsvektor $\vec{a}_0 = \begin{pmatrix} 1 \\ 1/4 \end{pmatrix}$, im Endknoten $\vec{a}_4 = \begin{pmatrix} 1 \\ -1/4 \end{pmatrix}$. Hiermit lautet die Matrix R (siehe (1.48)):

$$
R = \begin{pmatrix} \vec{a}_0^T \\ \vec{r}_0^T \\ \vec{r}_1^T \\ \vdots \\ \vec{r}_4^T \\ \vec{a}_4^T \end{pmatrix} = \begin{pmatrix} 1 & 0{,}25 \\ 4 & 2 \\ 2 & 1{,}414 \\ 0 & 0 \\ 2 & -1{,}414 \\ 4 & -2 \\ 1 & -0{,}25 \end{pmatrix}
$$

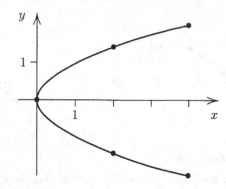

Bild L1.15: Splinekurve aus Aufgabe 56a)

Die Tangentenrichtungsvektoren in den Knoten ergeben sich aus (1.45) mit Hilfe der Matrix P (siehe (1.49)) zu

$$\begin{pmatrix} T_0^T \\ T_1^T \\ T_2^T \\ T_3^T \\ T_4^T \end{pmatrix} = P \cdot R = \begin{pmatrix} 1 & 0,25 \\ -3.286 & -1.171 \\ 0,143 & -1,567 \\ 2,714 & -1,046 \\ 1 & -0,25 \end{pmatrix} \cdot$$ Folglich lauten die Geometriematrizen G_i der Spline-Segmente $\overline{x}_i(t) = G_i \cdot \vec{b}(t), i = 0,1,2,3$ (siehe (1.36)):

$$G_0 = \begin{pmatrix} 4 & 2 & 1 & -3,286 \\ 2 & 1,414 & 0,25 & -1,171 \end{pmatrix}, \qquad G_1 = \begin{pmatrix} 2 & 0 & -3,286 & 0,143 \\ 1.414 & 0 & -1,171 & -1,567 \end{pmatrix},$$

$$G_2 = \begin{pmatrix} 0 & 2 & 0,143 & 2,714 \\ 0 & -1,414 & -1,567 & -1,046 \end{pmatrix}, \quad G_3 = \begin{pmatrix} 2 & 4 & 2,714 & 1 \\ -1,414 & -2 & -1,046 & -0,25 \end{pmatrix}.$$

Man erhält mit $t \in [0,1]$:

$$\overline{x}_0(t) = G_0 \cdot \vec{b}(t) = \begin{pmatrix} 4 & 2 & 1 & -3,286 \\ 2 & 1,414 & 0,25 & -1,171 \end{pmatrix} \cdot \begin{pmatrix} 1 - 3t^2 + 2t^3 \\ 3t^2 - 2t^3 \\ t - 2t^2 + t^3 \\ -t^2 + t^3 \end{pmatrix}$$

$$= \begin{pmatrix} 1,714t^3 - 4,714t^2 + t + 4 \\ 0,251t^3 - 1,087t^2 + 0,25t + 2 \end{pmatrix}.$$

Entsprechend wird

$$\overline{x}_1(t) = G_1 \cdot \vec{b}(t) = \begin{pmatrix} 0,857t^3 + 0,429t^2 - 3,286t + 2 \\ 0,090t^3 - 0,333t^2 - 1,171t + 1,414 \end{pmatrix},$$

$$\overline{x}_2(t) = G_2 \cdot \vec{b}(t) = \begin{pmatrix} -1,143t^3 + 3t^2 + 0,143t \\ 0,215t^3 - 0,062t^2 - 1,567t \end{pmatrix},$$

$$\overline{x}_3(t) = G_3 \cdot \vec{b}(t) = \begin{pmatrix} -0,286t^3 - 0,428t^2 + 2,714t + 2 \\ -0,124t^3 + 0,584t^2 - 1,046t - 1,414 \end{pmatrix}.$$

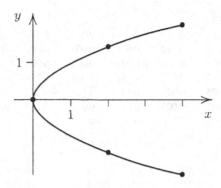

Bild L1.16: Splinekurve aus Aufgabe 56b)

57. a) Es ist (vgl. Beispiel 1.29 a))

$$A = \begin{pmatrix} 2 & 1 & 0 & 0 & 0 & 0 & 0 \\ 1 & 4 & 1 & 0 & 0 & 0 & 0 \\ 0 & 1 & 4 & 1 & 0 & 0 & 0 \\ 0 & 0 & 1 & 4 & 1 & 0 & 0 \\ 0 & 0 & 0 & 1 & 4 & 1 & 0 \\ 0 & 0 & 0 & 0 & 1 & 4 & 1 \\ 0 & 0 & 0 & 0 & 0 & 1 & 2 \end{pmatrix} \quad \text{und} \quad B = \begin{pmatrix} -3 & 3 & 0 & 0 & 0 & 0 & 0 \\ -3 & 0 & 3 & 0 & 0 & 0 & 0 \\ 0 & -3 & 0 & 3 & 0 & 0 & 0 \\ 0 & 0 & -3 & 0 & 3 & 0 & 0 \\ 0 & 0 & 0 & -3 & 0 & 3 & 0 \\ 0 & 0 & 0 & 0 & -3 & 0 & 3 \\ 0 & 0 & 0 & 0 & 0 & -3 & 3 \end{pmatrix}.$$

Folglich ergibt sich wegen

$$A^{-1} = \begin{pmatrix} 0{,}577 & -0{,}155 & 0{,}041 & -0{,}011 & 0{,}003 & -0{,}001 & 0 \\ -0{,}155 & 0{,}309 & -0{,}083 & 0{,}022 & -0{,}006 & 0{,}002 & -0{,}001 \\ 0{,}041 & -0{,}083 & 0{,}290 & -0{,}078 & 0{,}021 & -0{,}006 & 0{,}003 \\ -0{,}011 & 0{,}022 & -0{,}078 & 0{,}289 & -0{,}078 & 0{,}022 & -0{,}011 \\ 0{,}003 & -0{,}006 & 0{,}021 & -0{,}078 & 0{,}290 & -0{,}083 & 0{,}041 \\ -0{,}001 & 0{,}002 & -0{,}006 & 0{,}022 & -0{,}083 & 0{,}309 & -0{,}155 \\ 0 & -0{,}001 & 0{,}003 & -0{,}011 & 0{,}041 & -0{,}155 & 0{,}577 \end{pmatrix}$$

die gesuchte Matrix zu

$$P = A^{-1} \cdot B = \begin{pmatrix} -1{.}268 & 1{.}608 & -0{.}431 & 0{.}115 & -0{.}031 & 0{.}008 & -0{.}001 \\ -0{.}464 & -0{.}215 & 0{.}862 & -0{.}231 & 0{.}062 & -0{.}015 & 0{.}003 \\ 0{.}124 & -0{.}746 & -0{.}015 & 0{.}808 & -0{.}215 & 0{.}054 & -0{.}009 \\ -0{.}033 & 0{.}2 & -0{.}8 & 0 & 0{.}8 & -0{.}2 & 0{.}033 \\ 0{.}009 & -0{.}054 & 0{.}215 & -0{.}808 & 0{.}015 & 0{.}746 & -0{.}124 \\ -0{.}003 & 0{.}015 & -0{.}062 & 0{.}231 & -0{.}862 & 0{.}215 & 0{.}464 \\ 0{.}001 & -0{.}008 & 0{.}031 & -0{.}115 & 0{.}431 & -1{.}608 & 1{.}268 \end{pmatrix}$$

b) Entsprechend Beispiel 1.29b) nehmen wir die Richtungsvektoren $\vec{a}_0$ und $\vec{a}_8$ in die Matrix R auf (siehe (1.48)) und erhalten die Matrizen

$$A = \begin{pmatrix} 1 & 0 & 0 & 0 & 0 & 0 & 0 \\ 1 & 4 & 1 & 0 & 0 & 0 & 0 \\ 0 & 1 & 4 & 1 & 0 & 0 & 0 \\ 0 & 0 & 1 & 4 & 1 & 0 & 0 \\ 0 & 0 & 0 & 1 & 4 & 1 & 0 \\ 0 & 0 & 0 & 0 & 1 & 4 & 1 \\ 0 & 0 & 0 & 0 & 0 & 0 & 1 \end{pmatrix} \quad \text{und} \quad B = \begin{pmatrix} 1 & 0 & 0 & 0 & 0 & 0 & 0 & 0 & 0 \\ 0 & -3 & 0 & 3 & 0 & 0 & 0 & 0 & 0 \\ 0 & 0 & -3 & 0 & 3 & 0 & 0 & 0 & 0 \\ 0 & 0 & 0 & -3 & 0 & 3 & 0 & 0 & 0 \\ 0 & 0 & 0 & 0 & -3 & 0 & 3 & 0 & 0 \\ 0 & 0 & 0 & 0 & 0 & -3 & 0 & 3 & 0 \\ 0 & 0 & 0 & 0 & 0 & 0 & 0 & 0 & 1 \end{pmatrix}$$

Hieraus ergibt sich wegen

$$
A^{-1} = \begin{pmatrix}
1 & 0 & 0 & 0 & 0 & 0 & 0 \\
-0.268 & 0.268 & -0.072 & 0.019 & -0.005 & 0.001 & -0.001 \\
0.072 & -0.072 & 0.287 & -0.077 & 0.021 & -0.005 & 0.005 \\
-0.019 & 0.019 & -0.077 & 0.288 & -0.077 & 0.019 & -0.019 \\
0.005 & -0.005 & 0.021 & -0.077 & 0.287 & -0.072 & 0.072 \\
-0.001 & 0.001 & -0.005 & 0.019 & -0.072 & 0.268 & -0.268 \\
0 & 0 & 0 & 0 & 0 & 0 & 1
\end{pmatrix}
$$

die gesuchte Matrix zu

$$
P = A^{-1}\cdot B = \begin{pmatrix}
1 & 0 & 0 & 0 & 0 & 0 & 0 & 0 & 0 \\
-0.268 & -0.804 & 0.215 & 0.746 & -0.2 & 0.054 & -0.015 & 0.004 & -0.001 \\
0.072 & 0.215 & -0.862 & 0.015 & 0.8 & -0.215 & 0.062 & -0.015 & 0.005 \\
-0.019 & -0.058 & 0.231 & -0.808 & 0 & 0.808 & -0.231 & 0.058 & -0.019 \\
0.005 & 0.015 & -0.062 & 0.215 & -0.8 & -0.015 & 0.862 & -0.215 & 0.072 \\
-0.001 & -0.004 & 0.015 & -0.054 & 0.2 & -0.746 & -0.215 & 0.804 & -0.268 \\
0 & 0 & 0 & 0 & 0 & 0 & 0 & 0 & 1
\end{pmatrix}
$$

58. Die zu den angegebenen Knoten gehörige Matrix R lautet

$$
R = \begin{pmatrix} \vec{r}_0^{\,T} \\ \vec{r}_1^{\,T} \\ \vdots \\ \vec{r}_5^{\,T} \\ \vec{r}_6^{\,T} \end{pmatrix} = \begin{pmatrix} (\vec{x}(-1))^T \\ (\vec{x}(0))^T \\ (\vec{x}(1/3))^T \\ (\vec{x}(1/2))^T \\ (\vec{x}(2/3))^T \\ (\vec{x}(1))^T \\ (\vec{x}(2))^T \end{pmatrix} = \begin{pmatrix}
0,286 & -0,571 \\
0 & 0 \\
0,222 & 0,444 \\
0,5 & 0,5 \\
0,444 & 0,222 \\
0 & 0 \\
-0,571 & 0,286
\end{pmatrix}
$$

Unter Verwendung der Matrizen A, A^{-1}, B und P aus Aufgabe 57 a) erhält man die Tangentenrichtungsvektoren in den Knoten zu

$$
\begin{pmatrix} \vec{\tau}_0^{\,T} \\ \vec{\tau}_1^{\,T} \\ \vec{\tau}_2^{\,T} \\ \vec{\tau}_3^{\,T} \\ \vec{\tau}_4^{\,T} \\ \vec{\tau}_5^{\,T} \\ \vec{\tau}_6^{\,T} \end{pmatrix} = P\cdot R = \begin{pmatrix}
-0,413 & 0,584 \\
-0,031 & 0,547 \\
0,345 & 0,276 \\
0,149 & -0,149 \\
-0,276 & -0,345 \\
-0,547 & 0,031 \\
-0,584 & 0,413
\end{pmatrix}
$$

. Folglich lauten die Geometriematrizen G_i der Spline-Segmente $\vec{x}_i(t) = G_i\cdot\vec{b}(t)$, $i = 0,1,\ldots,5$ (siehe (1.36)):

$$
G_0 = \begin{pmatrix} 0,286 & 0 & -0,413 & -0,031 \\ -0,571 & 0 & 0,584 & 0,547 \end{pmatrix}, \quad
G_1 = \begin{pmatrix} 0 & 0,222 & -0,031 & 0,345 \\ 0 & 0,444 & 0,547 & 0,276 \end{pmatrix},
$$

$$
G_2 = \begin{pmatrix} 0,222 & 0,5 & 0,345 & 0,149 \\ 0,444 & 0,5 & 0,276 & -0,149 \end{pmatrix}, \quad
G_3 = \begin{pmatrix} 0,5 & 0,444 & 0,149 & -0,276 \\ 0,5 & 0,222 & -0,149 & -0,345 \end{pmatrix},
$$

$$
G_4 = \begin{pmatrix} 0,444 & 0 & -0,276 & -0,547 \\ 0,222 & 0 & -0,345 & 0,031 \end{pmatrix}, \quad
G_5 = \begin{pmatrix} 0 & -0,571 & -0,547 & -0,548 \\ 0 & 0,286 & 0,031 & 0,413 \end{pmatrix}.
$$

Man erhält mit $t\in[0,1]$:

$$
\vec{x}_0(t) = G_0\cdot\vec{b}(t) = \begin{pmatrix} 0,286 & 0 & -0,413 & -0,031 \\ -0,571 & 0 & 0,584 & 0,547 \end{pmatrix} \cdot \begin{pmatrix} 1-3t^2+2t^3 \\ 3t^2-2t^3 \\ t-2t^2+t^3 \\ -t^2+t^3 \end{pmatrix}
$$

$$
= \begin{pmatrix} 0,128t^3 - 0,001t^2 - 0,413t + 0,286 \\ -0,011t^3 - 0,002t^2 + 0,584t - 0,571 \end{pmatrix}.
$$

Entsprechend wird

$$\vec{x}_1(t) = G_1 \cdot \vec{b}(t) = \begin{pmatrix} -0{,}130t^3 + 0{,}383t^2 - 0{,}031t \\ -0{,}065t^3 - 0{,}038t^2 + 0{,}547t \end{pmatrix},$$

$$\vec{x}_2(t) = G_2 \cdot \vec{b}(t) = \begin{pmatrix} -0{,}005t^3 - 0{,}062t^2 + 0{,}345t + 0{,}222 \\ 0{,}015t^3 - 0{,}235t^2 + 0{,}276t + 0{,}444 \end{pmatrix},$$

$$\vec{x}_3(t) = G_3 \cdot \vec{b}(t) = \begin{pmatrix} -0{,}015t^3 - 0{,}190t^2 + 0{,}149t + 0{,}5 \\ 0{,}062t^3 - 0{,}191t^2 - 0{,}149t + 0{,}5 \end{pmatrix},$$

$$\vec{x}_4(t) = G_4 \cdot \vec{b}(t) = \begin{pmatrix} 0{,}065t^3 - 0{,}233t^2 - 0{,}276t + 0{,}444 \\ 0{,}130t^3 - 0{,}007t^2 - 0{,}345t + 0{,}222 \end{pmatrix},$$

$$\vec{x}_5(t) = G_5 \cdot \vec{b}(t) = \begin{pmatrix} 0{,}011t^3 - 0{,}035t^2 - 0{,}547t \\ -0{,}128t^3 + 0{,}383t^2 + 0{,}031t \end{pmatrix}.$$

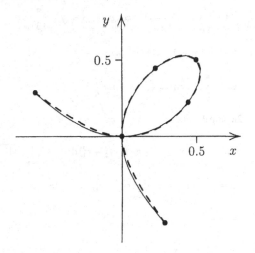

Bild L1.17: Splinekurve aus Aufgabe 58

59. a) $r^2 = \dfrac{1}{\cos^4\varphi + \sin^4\varphi}$, $\quad A = 8 \cdot \frac{1}{2}\int_0^{\frac{\pi}{4}} r^2 \, d\varphi = 4\int_0^{\frac{\pi}{4}} \dfrac{1}{\frac{1}{4}\cos 4\varphi + \frac{3}{4}} \, d\varphi = \sqrt{2}\pi$

b) $A = 4 \cdot \frac{1}{2}\int_0^{\frac{\pi}{2}} 3a^2(\cos^4 t \sin^2 t + \cos^2 t \sin^4 t)\, dt = \dfrac{3\pi a^2}{8}$

c) $A = \frac{1}{2}\int_{2\pi}^0 4a^2(-1 - \cos 3t)\, dt = 2a^2\left[-t - \dfrac{\sin 3t}{3}\right]_{2\pi}^0 = 4\pi a^2$

d) $A = 2 \cdot \frac{1}{2}\int_0^{\frac{\pi}{2}} a^2 \cos^2\varphi \, d\varphi = \dfrac{\pi}{4}a^2$

e) $A = 2 \cdot \frac{1}{2}\int_{-\frac{\pi}{4}}^{\frac{\pi}{4}} a^2 \cos^2 2\varphi \, d\varphi = \dfrac{\pi}{4}a^2$

f) $A = 3 \cdot \frac{1}{2}\int_{-\frac{\pi}{6}}^{\frac{\pi}{6}} a^2 \cos^2 3\varphi \, d\varphi = \dfrac{\pi}{4}a^2$

g) $A = 4 \cdot \frac{1}{2} \int\limits_0^{\frac{\pi}{2}} (1 + \cos 2\varphi)\, d\varphi = \pi$

h) $A = \int\limits_0^{\pi} (2 + \cos \varphi)^2\, d\varphi = \frac{9\pi}{2}$

i) $A = 2 \cdot \frac{1}{2} \int\limits_0^{\frac{2\pi}{3}} (\frac{1}{2} + \cos \varphi)^2\, d\varphi = \frac{\pi}{2} + \frac{3\sqrt{3}}{8}$

60. a) $x_1 = 0,\ x_2 = 2a$. Die Parabel teilt den Kreis in drei Gebiete mit: $A_1 = A_2 = \frac{a^2}{3}(3\pi - 8),\ A_3 = \frac{a^2}{3}(6\pi + 16)$

b) $x_1 = 0,\quad x_2 = 1,\quad A = \int\limits_0^1 (\sqrt{x} - x^2)\, dx = \frac{1}{3}$

c) $x_1 = \frac{1}{2},\quad x_2 = 4,\quad A = \int\limits_{0,5}^4 \left(\log_2 x - \frac{6x - 10}{7}\right) dx = \left[x \cdot \log_2 x - \frac{x}{\ln 2} - \frac{3x^2 - 10x}{7}\right]_{0,5}^4 = \frac{27}{4} - \frac{7}{2 \cdot \ln 2}$

61. a) $\varphi_1 = -\frac{\pi}{3},\quad \varphi_2 = +\frac{\pi}{3},\quad A = \frac{1}{2} \int\limits_{\varphi_1}^{\varphi_2} (\cos^2 \varphi - (1 - \cos \varphi)^2)\, d\varphi = \sqrt{3} - \frac{\pi}{3}$

b) $\varphi_1 = 0,\quad \varphi_2 = \frac{\pi}{2},\quad A = \frac{1}{2} \cdot \int\limits_0^{\frac{\pi}{2}} (\sin^2 \varphi - (1 - \cos \varphi)^2)\, d\varphi = 1 - \frac{\pi}{4}$

62. $\int\limits_0^{\frac{\pi}{2}} \cos x\, dx = 1$,   Parallele: $x = a$, $\int\limits_0^a \cos x\, dx = \frac{1}{2}$, $x = a = \frac{\pi}{6}$

63. a) $V = \pi \int\limits_{-2}^2 \frac{1}{\cosh^2 x}\, dx = 2\pi \tanh 2$

b) $y_2 = 2 + \sqrt{1 - x^2},\quad y_1 = 2 - \sqrt{1 - x^2},\quad V = \pi \int\limits_{-1}^1 (y_2^2 - y_1^2)\, dx = 8\pi \int\limits_{-1}^1 \sqrt{1 - x^2}\, dx = 4\pi^2$

c) $y_2 = 3 + \sqrt{-3x},\quad y_1 = 3 - \sqrt{-3x},\quad V = \pi \int\limits_{-3}^0 (y_2^2 - y_1^2)\, dx = 72\pi$

d) $V = 2\pi \int\limits_0^{\pi} \sin^2 x\, dx = \pi^2$

e) $V = \pi \int\limits_{y_1}^{y_2} x^2\, dy = \pi \int\limits_{-2}^2 (4 + y^2)\, dy = \frac{64}{3}\pi$

f) $V = \pi \int\limits_{-\frac{\pi}{4}}^{\frac{\pi}{4}} \frac{1}{\cos^2 x}\, dx = 2\pi$

g) $V = \frac{\pi}{9} \int\limits_0^3 (9x - 6x^2 + x^3)\, dx = \frac{3\pi}{4}$

h) $V = \pi \int\limits_0^{2\pi} a^3 (1 - \cos t)^3\, dt = 5\pi^2 a^3$

i) $V = \pi \int\limits_{\frac{\pi}{2}}^0 r^2 \sin^2 \varphi (r' \cos \varphi - r \cdot \sin \varphi)\, d\varphi = -128\,\pi \int\limits_{\frac{\pi}{2}}^0 \sin^3 \varphi \cdot \cos^3 \varphi\, d\varphi = \frac{32\pi}{3}$

j) $V = \pi \int\limits_{\pi}^0 r^2 \cdot \sin^2 \varphi (r' \cdot \cos \varphi - r \sin \varphi)\, d\varphi = -\pi \int\limits_{\pi}^0 \sin^3 \varphi\,[2 \cos^3 \varphi + 5 \cos^2 \varphi + 4 \cos \varphi + 1]\, d\varphi = \frac{8\pi}{3}$

64. a) $A = \int\limits_{-0,5}^1 (x + 1 - 2x^2)\, dx = \frac{9}{8},\quad V = \pi \int\limits_{-0,5}^1 [(x + 1)^2 - 4x^4]\, dx = 1{,}8\pi$

b) $A = \int\limits_{-1,8}^3 (-5x^2 + 6x + 27)\, dx = 92{,}16;\quad V = \pi \int\limits_{-1,8}^3 [(-3x^2 + 6x + 27)^2 - 4x^4]\, dx \approx 2680{,}75\pi$

c) $A = \int_0^{16} x \, dy = \frac{64}{3}$, $\quad V = \pi \int_0^2 [16^2 - 16x^4] \, dx = 409{,}6\pi$

d) $A = \int_0^2 (4x - 2x^2) \, dx = \frac{8}{3}$, $\quad V = \pi \int_0^2 [(4x - x^2)^2 - x^4] \, dx = \frac{32}{3}\pi$

65. $V_1 = \pi \int_{-4}^{14} x^2 \, dy = 27\pi$, $\quad V_2 = \frac{1}{4} V_1$

66. a) $V = \pi \int_0^{2\pi} y^2 \, dx = 3\pi^2$

b) $x_2 = 2\pi - \arccos(1 - y)$, $\quad x_1 = \arccos(1 - y)$, $\quad V = \pi \int_0^2 (x_2^2 - x_1^2) \, dy = 4\pi^3$

67. a) $16y^2 = x^2(16 - x^2)$ $\quad$ b) $A = 4 \cdot \frac{1}{2} \int_0^{\frac{\pi}{2}} (x\dot{y} - \dot{x}y) \, dt = \frac{64}{3}$

c) $V = 2 \cdot \pi \int_0^{\frac{\pi}{2}} y^2 \dot{x} \, dt = \frac{256}{15}\pi$

68. Vgl. Bild L1.18: Mulde im Bereich $2 \leqq y \leqq \frac{17}{8}$, $\quad x^2 = \frac{1}{4}(1 - \sqrt{17 - 8y})$.

$$V = \pi \int_2^{\frac{17}{8}} x^2 \, dy = \frac{\pi}{96}$$

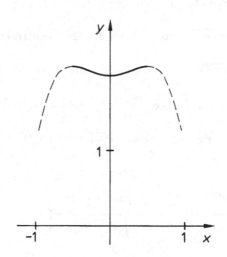

Bild L1.18: Zu Aufgabe 68

69. a) $S_1(1, 2), S_2(-3, 6)$, $\quad V = \pi \int_{-3}^{1} [(x^2 + 3x - 6)^2 - (3 - x)^2] \, dx = \frac{1792}{15}\pi$

b) Meridiane: $x_1 = -y$, $\quad x_2 = \dfrac{-9 + \sqrt{33 - 4y}}{2}$, $\quad x_3 = \dfrac{-9 - \sqrt{33 - 4y}}{2}$

$$V = \pi \int_6^{8{,}25} (x_3^2 - x_2^2) \, dx + \pi \int_2^6 (x_1^2 - x_2^2) \, dx = \frac{9}{2}\pi + \frac{269}{6}\pi = \frac{256}{3}\pi$$

70. a) $V = \pi \int\limits_{x_1}^{x_2} y^2 \, dx = \frac{4}{3}\pi ab^2$ b) $V = \pi \int\limits_{y_1}^{y_2} x^2 \, dy = \frac{4}{3}\pi a^2 b$

71. a) $O = 2\pi \int\limits_0^2 mx\sqrt{1+m^2}\, dx = 4m\pi\sqrt{1+m^2}$

b) $O = 2\pi \int\limits_0^3 \frac{x^3}{3}\sqrt{1+x^4}\, dx = \frac{\pi}{9}[(\sqrt{1+x^4})^3]_0^3 = \frac{\pi}{9}[82\sqrt{82}-1]$

c) $O = 2\pi \int\limits_0^1 x\sqrt{\frac{1-x^2}{8}}\sqrt{1+\frac{(1-2x^2)^2}{8(1-x^2)}}\, dx = \frac{\pi}{4}\int\limits_0^1 x(3-2x^2)\, dx = \frac{\pi}{4}$

d) $O = 2\pi \int\limits_0^{\ln 7} e^y\sqrt{1+e^{2y}}\, dy = 2\pi \int\limits_1^7 \sqrt{1+u^2}\, du = \pi[34\sqrt{2}+\ln(3+2\sqrt{2})]$

e) $O = 2\pi \int\limits_{-a}^{a} a\cosh\frac{x}{a}\sqrt{1+\sinh^2\frac{x}{a}}\, dx = 2\pi a\int\limits_{-a}^{a}\cosh^2\frac{x}{a}\, dx = 2\pi a^2[\sinh 1\cosh 1+1]$

f) $O = 2\pi \int\limits_{-a}^{a}\sqrt{r^2-x^2}\sqrt{1+\frac{x^2}{r^2-x^2}}\, dx = 4\pi ar$

g) $O = 2\pi \int\limits_{x_1}^{x_2} y\sqrt{1+(y')^2}\, dx = 2\pi \int\limits_{y_1}^{y_2} x\sqrt{1+(x')^2}\, dy = 2\pi \int\limits_1^3 y\frac{1+y^2}{2y}\, dy = \frac{32}{3}\pi$

h) $O = 2\pi \int\limits_0^{\frac{\pi}{2}} e^t\sin t\sqrt{e^{2t}\cdot 2}\, dt = 2\pi\sqrt{2}\int\limits_0^{\frac{\pi}{2}} e^{2t}\sin t\, dt = \frac{2\pi\sqrt{2}}{5}[2e^\pi+1]$

i) $O = 2\cdot 2\pi \int\limits_0^{\frac{\pi}{2}} a\sin^3 t\sqrt{9a^2\cos^2 t\sin^2 t(\cos^2 t+\sin^2 t)}\, dt = 12\pi a^2\int\limits_0^{\frac{\pi}{2}}\sin^4 t\cos t\, dt = \frac{12\pi a^2}{5}$

j) $O = 2\pi \int\limits_{\sqrt{3}}^{0} \frac{t^3-3t}{3}\sqrt{t^4+2t^2+1}\, dt = \frac{2\pi}{3}\int\limits_{\sqrt{3}}^{0}(t^5-2t^3-3t)\, dt = 3\pi$

k) $O = 2\pi \int\limits_0^\pi a(1+\cos\varphi)\sin\varphi\sqrt{a^2\cdot 2\cdot(1+\cos\varphi)}\, d\varphi = 2\sqrt{2}\pi a^2\int\limits_0^\pi \sin\varphi(\sqrt{1+\cos\varphi})^3\, d\varphi = \frac{32}{5}\pi a^2$

l) $O = 2\pi \int\limits_{-\frac{\pi}{4}}^{\frac{\pi}{4}} r\cos\varphi\sqrt{r^2+(r')^2}\, d\varphi = 2\pi \int\limits_{-\frac{\pi}{4}}^{\frac{\pi}{4}}\cos\varphi\sqrt{r^4+(rr')^2}\, d\varphi = 2\sqrt{2}\pi a^2$

1.2

1. a) $y_s = \dfrac{\pi\int\limits_0^9 y(g(y))^2\, dy}{\pi\int\limits_0^9 (g(y))^2\, dy} = \dfrac{\int\limits_0^9 y^2\, dy}{\int\limits_0^9 y\, dy} = 6$ b) $x_s = \dfrac{\int\limits_0^3 x(81-x^4)\, dx}{\int\limits_0^3 (81-x^4)\, dx} = \frac{5}{4}$

c) $x_1 = 0, \quad x_2 = 3, \quad x_s = \dfrac{\int\limits_0^3 x[x^2(4-x)^2-x^2]\, dx}{\int\limits_0^3 [x^2(4-x)^2-x^2]\, dx} = \frac{27}{16}$

d) $x_1 = y, \quad x_2 = 2+\sqrt{4-y}, \quad x_3 = 2-\sqrt{4-y}$

$y_s = \dfrac{\int\limits_0^3 y(x_1^2-x_3^2)\, dy + \int\limits_3^4 y(x_2^2-x_3^2)\, dy}{\int\limits_0^3 (x_1^2-x_3^2)\, dy + \int\limits_3^4 (x_2^2-x_3^2)\, dy} = \dfrac{\frac{2187}{60}}{\frac{27}{2}} = \frac{27}{10} = 2{,}7$

e) $x_S = \dfrac{\int\limits_4^8 x(x^2-16)\,dx}{\int\limits_4^8 (x^2-16)\,dx} = \dfrac{27}{4}$ f) $y_S = \dfrac{\int\limits_0^{4\sqrt{3}} y(64-x^2)\,dy}{\int\limits_0^{4\sqrt{3}} (64-x^2)\,dy} = \dfrac{3\sqrt{3}}{2}$

g) $x_S = \dfrac{\int\limits_0^2 (4x-3x^2+\frac{9}{16}x^3)\,dx}{\int\limits_0^2 (4-3x+\frac{9}{16}x^2)\,dx} = \dfrac{9}{34}$

h) $y_S = \dfrac{\int\limits_1^5 y(4y-4)\,dy}{\int\limits_1^5 (4y-4)\,dy} = \dfrac{11}{3}$

i) $x_S = 0$ aus Symmetrie-Gründen

2. $y_S = \dfrac{\int\limits_0^h y(R^2-y^2)\,dy}{\int\limits_0^h (R^2-y^2)\,dy} = \dfrac{3}{4}h\dfrac{(2R^2-h^2)}{(3R^2-h^2)}$

3. (vgl. Bild 1.44 mit $R_1 = R$ und $R_2 = r$)

$x_S = \dfrac{\int\limits_0^h x\left(R-\dfrac{R-r}{h}x\right)^2 dx}{\int\limits_0^h \left(R-\dfrac{R-r}{h}x\right)^2 dx} = \dfrac{\int\limits_0^h [R^2h^2x - 2Rh(R-r)x^2 + (R-r)^2x^3]\,dx}{\int\limits_0^h [R^2h^2 - 2Rh(R-r)x + (R-r)^2x^2]\,dx} = \dfrac{h}{4}\cdot\dfrac{R^2+2Rr+3r^2}{R^2+Rr+r^2}$

4. $x_S = \dfrac{\int\limits_1^a x\cdot\dfrac{1}{x^2}\,dx}{\int\limits_1^a \dfrac{1}{x^2}\,dx} = \dfrac{\ln a}{-\dfrac{1}{a}+1} = \dfrac{a\cdot\ln a}{a-1}$,   der Grenzwert existiert nicht

5. a) $x_S = \dfrac{\int\limits_2^3 (x^4-8x)\,dx}{\int\limits_2^3 (x^3-8)\,dx} = \dfrac{148}{55}$, $y_S = \dfrac{\frac{1}{2}\int\limits_2^3 (x^6-16x^3+64)\,dx}{\int\limits_2^3 (x^3-8)\,dx} = \dfrac{458}{77}$

b) $x_S = \dfrac{\int\limits_0^2 x^{\frac{4}{3}}\,dx}{\int\limits_0^2 x^{\frac{1}{3}}\,dx} = \dfrac{8}{7}$, $y_S = \dfrac{\frac{1}{2}\int\limits_0^2 x^{\frac{2}{3}}\,dx}{\int\limits_0^2 x^{\frac{1}{3}}\,dx} = \dfrac{2}{5}\cdot\sqrt[3]{2}$

c) $x_S = \dfrac{\int\limits_0^3 (3x^2-x^3)\,dx}{\int\limits_0^3 (3x-x^2)\,dx} = \dfrac{3}{2}$, $y_S = \dfrac{\frac{1}{2}\int\limits_0^3 x^2(9-6x+x^2)\,dx}{\int\limits_0^3 (3x-x^2)\,dx} = \dfrac{9}{10}$

d) $x_S = \dfrac{\int\limits_0^{x_0} x\cosh x\,dx}{\int\limits_0^{x_0} \cosh x\,dx} = \dfrac{x_0\sinh x_0 - \cosh x_0 + 1}{\sinh x_0}$, $y_S = \dfrac{\frac{1}{2}\int\limits_0^{x_0} \cosh^2 x\,dx}{\int\limits_0^{x_0} \cosh x\,dx} = \dfrac{\sinh x_0\cosh x_0 + x_0}{4\sinh x_0}$

e) $x_{\mathrm{S}} = \dfrac{\int\limits_{0}^{1} x(\sqrt{x} - x^2)\,dx}{\int\limits_{0}^{1} (\sqrt{x} - x^2)\,dx} = \dfrac{9}{20}$, $y_{\mathrm{S}} = x_{\mathrm{S}}$ (wegen Symmetrie zu $y = x$)

f) $x_{\mathrm{S}} = \dfrac{\int\limits_{0}^{2} (4x - x^3)\,dx}{\int\limits_{0}^{2} (4 - x^2)\,dx} = \dfrac{3}{4}$, $y_{\mathrm{S}} = \dfrac{\frac{1}{2}\int\limits_{0}^{2} (16 - 8x^2 + x^4)\,dx}{\int\limits_{0}^{2} (4 - x^2)\,dx} = \dfrac{8}{5}$

g) $x_{\mathrm{S}} = \dfrac{\int\limits_{0}^{1} x(x - x^2)\,dx}{\int\limits_{0}^{1} (x - x^2)\,dx} = \dfrac{1}{2}$, $y_{\mathrm{S}} = \dfrac{\frac{1}{2}\int\limits_{0}^{1} (x^2 - x^4)\,dx}{\int\limits_{0}^{1} (x - x^2)\,dx} = \dfrac{2}{5}$

h) $x_{\mathrm{S}} = \dfrac{\pi}{6}$ (wegen der Symmetrie), $y_{\mathrm{S}} = \dfrac{\frac{1}{2}\int\limits_{0}^{\frac{1}{3}\pi} 4\sin^2(3x)\,dx}{\int\limits_{0}^{\frac{1}{3}\pi} 2\sin(3x)\,dx} = \dfrac{\pi}{4}$

i) $x_{\mathrm{S}} = \dfrac{\pi}{2}$ (wegen der Symmetrie), $y_{\mathrm{S}} = \dfrac{\frac{1}{2}\int\limits_{0}^{\pi} \sin^4 x\,dx}{\int\limits_{0}^{\pi} \sin^2 x\,dx} = \dfrac{3}{8}$

k) $x_{\mathrm{S}} = \dfrac{\int\limits_{-1}^{2} x(x + 2 - x^2)\,dx}{\int\limits_{-1}^{2} (x + 2 - x^2)\,dx} = \dfrac{1}{2}$, $y_{\mathrm{S}} = \dfrac{\frac{1}{2}\int\limits_{-1}^{2} [(x + 2)^2 - x^4]\,dx}{\int\limits_{-1}^{2} (x + 2 - x^2)\,dx} = \dfrac{8}{5}$

l) $x_{\mathrm{S}} = \dfrac{\int\limits_{0}^{\pi/2} xy\dot{x}\,dt}{\int\limits_{0}^{\pi/2} y\dot{x}\,dt} = a\dfrac{\int\limits_{0}^{\pi/2} \sin^4 t \cdot \cos^5 t\,dt}{\int\limits_{0}^{\pi/2} \sin^4 t \cdot \cos^2 t\,dt} = \dfrac{256a}{315\pi}$, $y_{\mathrm{S}} = x_{\mathrm{S}}$ wegen der Symmetrie

m) $r\cos\varphi = 1$ beschreibt eine Parallele zur y-Achse: nämlich $x = 1$. Der Schwerpunkt des Dreiecks liegt von den Seiten jeweils ein Drittel der Höhe entfernt:

$$x_{\mathrm{S}} = \tfrac{2}{3}, \quad y_{\mathrm{S}} = \dfrac{\frac{1}{2}\int\limits_{0}^{1} [(\sqrt{3}x)^2 - (-x)^2]\,dx}{A} = \dfrac{2}{3(\sqrt{3} + 1)} = \dfrac{\sqrt{3} - 1}{3}$$

6. Die x-Achse falle mit der Strecke zusammen, und $(0, 0)$ sei der Mittelpunkt der Strecke. Dann gilt $x_{\mathrm{S}} = 0$ und für die Kreise: $k_1 : (x + 2{,}5)^2 + y^2 = 25$, $k_2 : (x - 2{,}5)^2 + y^2 = 25$. Ferner gilt:

$$y_{\mathrm{S}} = \dfrac{\frac{1}{2}\int\limits_{-2,5}^{0} [25 - (x - 2{,}5)^2]\,dx + \frac{1}{2}\int\limits_{0}^{2,5} [25 - (x + 2{,}5)^2]\,dx}{A} = \dfrac{\int\limits_{0}^{2,5} [\frac{75}{4} - x^2 - 5x]\,dx}{2\left[\frac{1}{2}\cdot\frac{\pi}{3}5\cdot 5 - \frac{1}{2}\cdot\frac{5}{2}\cdot\frac{5}{2}\sqrt{3}\right]} = \dfrac{25}{8\pi - 6\sqrt{3}}$$

7. a) $x_S = \dfrac{\int\limits_0^{\frac{\pi}{2}} r\cos\varphi\, r\sin\varphi(r'\cos\varphi - r\sin\varphi)\,d\varphi}{\int\limits_0^{\frac{\pi}{2}} r\sin\varphi(r'\cos\varphi - r\sin\varphi)\,d\varphi} = 4\dfrac{\int\limits_0^{\frac{\pi}{2}}(2\sin^6\varphi - 3\sin^8\varphi)\cos\varphi\, d\varphi}{\int\limits_0^{\frac{\pi}{2}}(2\sin^4\varphi - 3\sin^6\varphi)\,d\varphi} = \dfrac{128}{63\pi}$

$y_S = \dfrac{1}{A}\cdot\dfrac{1}{2}\cdot\int\limits_0^{\frac{\pi}{2}} r^2\sin^2\varphi(r'\cos\varphi - r\sin\varphi)\,d\varphi = \dfrac{-2}{3\pi}\cdot\dfrac{1}{2}\cdot 64\int\limits_0^{\frac{\pi}{2}}\sin^7\varphi[2\cos^2\varphi - \sin^2\varphi]\,d\varphi = \dfrac{2048}{315\pi}$

b) $x_S = \dfrac{\int\limits_0^{\frac{\pi}{2}}(1+\cos\varphi)^2\cos\varphi\sin\varphi(-2\sin\varphi\cos\varphi - \sin\varphi)\,d\varphi}{\int\limits_0^{\frac{\pi}{2}}(1+\cos\varphi)\sin\varphi(-2\sin\varphi\cos\varphi - \sin\varphi)\,d\varphi}$

$= \dfrac{\int\limits_0^{\frac{\pi}{2}}(-2\cos^6\varphi - 5\cos^5\varphi - 2\cos^4\varphi + 4\cos^3\varphi + 4\cos^2\varphi + \cos\varphi)\,d\varphi}{\int\limits_0^{\frac{\pi}{2}}(-2\cos^4\varphi - 3\cos^3\varphi + \cos^2\varphi + 3\cos\varphi + 1)\,d\varphi} = \dfrac{5\pi + 16}{6\pi + 16}$

$y_S = \dfrac{1}{A}\cdot\dfrac{1}{2}\int\limits_0^{\frac{\pi}{2}}(1+\cos\varphi)^2\sin^2\varphi(-2\sin\varphi\cos\varphi - \sin\varphi)\,d\varphi$

$= \dfrac{4}{3\pi + 8}\int\limits_0^{\frac{\pi}{2}}(-2\cos^5\varphi - 5\cos^4\varphi - 2\cos^3\varphi + 4\cos^2\varphi + 4\cos\varphi + 1)\sin\varphi\, d\varphi = \dfrac{10}{3\pi + 8}$

8. a) $1 + (y')^2 = \dfrac{25}{25 - x^2}$, $x_S = \dfrac{\int\limits_0^5 x\dfrac{5}{\sqrt{25 - x^2}}\,dx}{\int\limits_0^5 \dfrac{5}{\sqrt{25 - x^2}}\,dx} = \dfrac{10}{\pi}$, $y_S = x_S$ (wegen der Symmetrie)

b) $1 + (y')^2 = \left(\dfrac{a}{x}\right)^{\frac{2}{3}}$, $x_S = \dfrac{\int\limits_0^a x\left(\dfrac{a}{x}\right)^{\frac{1}{3}}\,dx}{\int\limits_0^a \left(\dfrac{a}{x}\right)^{\frac{1}{3}}\,dx} = \dfrac{2}{5}a$, $y_S = x_S$ (wegen der Symmetrie)

c) $(\dot{x})^2 + (\dot{y})^2 = 2a^2(1 - \cos t)$, $x_S = \pi a$ (wegen der Symmetrie zur Geraden $x = \pi a$),

$y_S = \dfrac{\int\limits_0^{2\pi} a(1 - \cos t)\sqrt{2a}\sqrt{1 - \cos t}\,dt}{\int\limits_0^{2\pi}\sqrt{2a}\sqrt{1 - \cos t}\,dt} = \dfrac{4}{3}a$

d) Es handelt sich um das gleiche Kurvenstück wie in Aufgabe 8b)

e) $(\dot{x})^2 + (\dot{y})^2 = 20$, $x_S = \dfrac{\int\limits_0^{\frac{\pi}{2}}(2\sin\varphi\cos\varphi + 4\cos^2\varphi)\sqrt{20}\,d\varphi}{\int\limits_0^{\frac{\pi}{2}}\sqrt{20}\,d\varphi} = 2\dfrac{1 + \pi}{\pi}$,

$y_S = \dfrac{\int\limits_0^{\frac{\pi}{2}}(2\sin^2\varphi + 2\sin(2\varphi))\,d\varphi}{\dfrac{\pi}{2}} = \dfrac{4 + \pi}{\pi}$

f) $(\dot{x})^2 + (\dot{y})^2 = R^2$, $\quad x_S = \dfrac{\displaystyle\int_{-\varphi_0}^{\varphi_0} R\cos\varphi\, R\, d\varphi}{\displaystyle\int_{-\varphi_0}^{\varphi_0} R\, d\varphi} = R\,\dfrac{\sin\varphi_0}{\varphi_0}$, $\quad y_S = 0$ (wegen der Symmetrie)

9. $V_x = 2\pi|y_S|\cdot A$, $V_y = 2\pi|x_S|\cdot A$, wobei V_x(bzw. V_y) das Volumen bei Rotation um die x-Achse (bzw. y-Achse) bezeichnet, $|x_S| = \dfrac{V_y}{2\pi A}$, $|y_S| = \dfrac{V_x}{2\pi A}$

   a) $V_x = \frac{1}{2}\cdot\frac{4}{3}\pi R^3$, $\quad A = \frac{1}{4}\pi R^2$, $\quad y_S = \dfrac{4R}{3\pi}$, $\quad x_S = y_S$ (wegen der Symmetrie zur Geraden $y = x$)

   b) $V_x = \pi\int_{-6}^{6} y^2\, dx = \frac{2592}{5}\pi$, $\quad A = -\frac{1}{4}\int_{-6}^{6}(x^2 - 36)\, dx = \frac{216}{3}$, $\quad |y_S| = \frac{18}{5}$, $\quad S(0|-\frac{18}{5})$

   c) Mit den Bezeichnungen von Bild 1.44: $A = \frac{1}{2}hR$, $\quad |y_S| = \frac{1}{3}R$, $\quad V = 2\pi|y_S|\cdot A = \frac{1}{3}\pi R^2 h$

   d) Ellipse: $\left(\dfrac{x-6}{3}\right)^2 + \left(\dfrac{y-5}{2}\right)^2 = 1$, $\quad A = \pi ab = 6\pi$, $\quad |y_S| = 5$, $\quad V = 60\pi^2$

10. $O = 2\pi x_S\cdot s$ bzw. $O = 2\pi y_S\cdot s$

    a) $O = \frac{1}{2}4\pi R^2$, $\quad s = \frac{1}{4}\cdot 2\pi R$, $\quad x_S = \dfrac{O}{2\pi s} = \dfrac{2R}{\pi}$, $\quad y_S = x_S$ (wegen der Symmetrie)

    b) $s = 2\pi r$, $\quad y_S = r$, $\quad O = 4\pi^2 r^2$

    c) $s = 3a$, $\quad y_S = c$, $\quad O = 6\pi ac$

    d) $s = 2(a + b)$, $\quad y_S = c$, $\quad O = 4\pi c(a + b)$

11. $V_x = \frac{1}{2}\cdot\frac{4}{3}\pi ab^2$, $\quad V_y = \frac{1}{2}\cdot\frac{4}{3}\pi a^2 b$, $\quad A = \frac{1}{4}\pi ab$, $\quad |x_S| = \dfrac{V_y}{2\pi A} = 4 \Rightarrow a = 3\pi$, $\quad |y_S| = \dfrac{V_x}{2\pi A} = 2 \Rightarrow b = \frac{3}{2}\pi$

12. Die zur x-Achse parallele Seite habe die Länge a und den Abstand c zur x-Achse. Die beiden anderen Seiten haben die Länge b (s. Bild 1.19). Dann gilt mit $m = \sqrt{b^2 - c^2}$:

$$V_x = \pi c^2 a, \quad V_y = \frac{\pi c}{3}\left[(a + m)^2 + a(a + m) + a^2\right] - \frac{\pi m^2 c}{3} = \pi ac(a + m), \quad y_S = \frac{V_x}{2\pi A} = \frac{c}{2}, \quad x_S = \frac{V_y}{2\pi A} = \frac{a + m}{2}$$

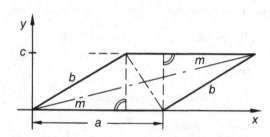

Bild L1.19: Zu Aufgabe 12

13. a) $I_x = \int_0^4 y^2(\sqrt{4 - y} - 0)\, dy = \frac{2048}{105}$, $\quad I_y = \int_0^2 x^2(4 - x^2 - 0)\, dx = \frac{64}{15}$, $\quad I_g = \int_0^2 (4 - x)^2(4 - x^2 - 0)\, dx = \frac{288}{5}$

    b) $I_x = \int_0^8 y^2(1 - \frac{1}{2}y^{\frac{1}{3}})\, dy = \frac{256}{15}$, $\quad I_y = \int_0^1 x^2(8x^3 - 0)\, dx = \frac{4}{3}$

c) $I_x = \int\limits_{-2}^{2} y^2(1 - \tfrac{1}{4}y^2)\,dy = \tfrac{32}{15}$, $I_y = \int\limits_{0}^{1} x^2[2\sqrt{x} - (-2\sqrt{x})]\,dx = \tfrac{8}{7}$, $I_g = \int\limits_{0}^{1}(x-1)^2[4\sqrt{x}]\,dx = \tfrac{64}{105}$

d) $I_x = \int\limits_{0}^{0,5} y^2(2-0)\,dy + \int\limits_{0,5}^{0,5e^2} y^2(2 - \ln 2y)\,dy = \dfrac{e^6}{12} - \dfrac{5e^6+1}{72} = \dfrac{e^6-1}{72}$, $I_y = \int\limits_{0}^{2} x^2(0,5e^x - 0)\,dx = e^2 - 1$

e) $I_y = \int\limits_{0}^{2} x^2(x^2 - 0)\,dx = 6,4$

14. $I = \tfrac{1}{4}\pi r^4 + \pi r^2 a^2 = \pi r^2(\tfrac{1}{4}r^2 + a^2)$ (vgl. Beispiel 1.48b))

15. Die Indizes bezeichnen die Rotationsachsen:

a) $V_x = \pi \int\limits_{0}^{4} y^2\,dx = \tfrac{1}{30}\pi 4^5$, $I_x = \tfrac{1}{2}\rho\pi \int\limits_{0}^{4} y^4\,dx = \tfrac{1}{315}\rho\pi 4^8 = \tfrac{128}{21}m_x$,

$V_y = \pi \int\limits_{0}^{4}[(2+\sqrt{4-y})^2 - (2-\sqrt{4-y})^2]\,dy = \tfrac{1}{3}\pi 2^7$,

$I_y = \tfrac{1}{2}\rho\pi \int\limits_{0}^{4}[(2+\sqrt{4-y})^4 - (2-\sqrt{4-y})^4]\,dy = \tfrac{1}{15}\rho\pi 4^6 = \tfrac{32}{5}m_y$

b) $V_x = \tfrac{4}{3}\pi ab^2 = 16\pi$, $V_y = \tfrac{4}{3}\pi a^2 b = 24\pi$, $I_x = \tfrac{1}{2}\rho\pi \int\limits_{-3}^{3} y^4\,dx = \tfrac{128}{5}\rho\pi = \tfrac{8}{5}m_x$,

$I_y = \tfrac{1}{2}\rho\pi \int\limits_{-2}^{2} x^4\,dy = \tfrac{432}{5}\rho\pi = \tfrac{18}{5}m_y$

c) $V_x = \pi \int\limits_{0}^{\frac{1}{3}\pi} y^2\,dx = \tfrac{1}{6}\pi^2$, $I_x = \tfrac{1}{2}\rho\pi \int\limits_{0}^{\frac{1}{3}\pi} y^4\,dx = \tfrac{1}{16}\rho\pi^2 = \tfrac{3}{8}m_x$

16. Rotationsachse sei die y-Achse, der Mittelpunkt des Abschlußkreises sei der Nullpunkt. Dann beschreibt

$y = h - \dfrac{h}{R^2}x^2$ mit $x \in [-R, R]$ einen Meridian.

$V_y = \pi \int\limits_{0}^{h} x^2\,dy = \tfrac{1}{2}\pi R^2 h$, $I_y = \tfrac{1}{2}\rho\pi \int\limits_{0}^{h} x^4\,dy = \tfrac{1}{6}\rho\pi R^4 h = \tfrac{1}{3}m_y R^2$

17. Mit den Bezeichnungen $R_1 = R, R_2 = r$ entsprechend Bild 1.44:

$I_x = \tfrac{1}{2}\rho\pi \int\limits_{0}^{h}\left[R + \dfrac{r-R}{h}x\right]^4 dx = \tfrac{1}{10}\rho\pi h[R^4 + R^3 r + R^2 r^2 + R r^3 + r^4]$

18. $I_x = \tfrac{1}{2}\rho\pi \int\limits_{0}^{R}(\sqrt{R^2 - x^2})^4\,dx = \tfrac{4}{15}\rho\pi R^5 = \tfrac{2}{5}m_x R^2$

19. Bezeichnen $y_a = \sqrt{R_a^2 - x^2}$ und $y_i = \sqrt{R_i^2 - x^2}$ die Meridiane, dann gilt (vgl. Beispiel 1.47): $I_{HK} = \tfrac{8}{15}\pi\rho(R_a^5 - R_i^5)$

20. H möge die Höhe des Ausflusses kennzeichnen. Zerlegt man das der Wasserhöhe entsprechende Intervall $[0, h]$ in Teilintervalle der Höhe Δy_k, so wird zum Anheben des zugehörigen Volumenteils ΔV_k, welches sich in der Höhe y_k befindet, die Leistung $\Delta W_k = \Delta m_k\, g(H - y_k) = g\rho\Delta V_k(H - y_k) = g\rho\pi r^2(H - y_k)\Delta y_k$ benötigt. Zum Auspumpen des gesamten Wassers ist dann nach $W = \rho\pi r^2 g \int\limits_{0}^{h}(H - y)\,dy = \rho\pi r^2 g h(H - \tfrac{1}{2}h)$ eine Arbeit von 0,707 Nm nötig.

21. Durch $y = \dfrac{h}{r^2}x^2$ wird ein Meridian beschrieben. Entsprechend der Lösung von Aufgabe 20 gilt:

$\Delta W_k = \Delta m_k\, g(h - y_k) = g\rho\pi(h - y_k)x_k^2\Delta y_k$,

und zum Auspumpen des gesamten Wassers wird nach $W = \rho\pi g \int\limits_{0}^{h}(h - y)x^2\,dy = \tfrac{1}{6}\rho\pi r^2 h^2 g$ eine Arbeit von 33510 Nm benötigt.

22. Durch $y = \dfrac{h}{r}x$ wird ein Meridian beschrieben. Nach der Lösung von Aufgabe 21 gilt:

$$W = \rho\pi g \int\limits_0^h (h-y)x^2\,\mathrm{d}y = \tfrac{1}{12}\rho\pi r^2 h^2 g,$$

d.h. die benötigte Leistung ist halb so groß wie in Aufgabe 21.

23. Mit den Bezeichnungen von Aufgabe 21 gilt $W = \pi r^2 h \cdot \rho \cdot g(H - \tfrac{1}{2}h)$. Der Schwerpunkt des gesamten Wassers ist $(H - \tfrac{1}{2}h)$ von der Austrittshöhe entfernt. Entsprechend $W = V\rho g(H - \tfrac{1}{2}h) = mg(H - \tfrac{1}{2}h)$ ist die Arbeit für das Auspumpen genau so groß, wie die Arbeit zum Heben der Gesamtmasse bis zur Austrittshöhe.

24. Wegen $W = -\int\limits_{R_0}^{R_1} F\,\mathrm{d}r = -\int\limits_{R_0}^{R_1}\left(-\gamma\dfrac{mM}{r^2}\right)\mathrm{d}r = \gamma mM\left[-\dfrac{1}{r}\right]_{R_0}^{R_1} = \dfrac{mgR_0 h}{R_0 + h}$ erhält man mit der Erdbeschleunigung $9.81\,\mathrm{m\,s^{-2}}$ und dem Erdradius $6.36 \cdot 10^6$ m für die zu leistende Arbeit $8{,}642 \cdot 10^5$ Nm.

25. Nach $W = \gamma mM\dfrac{R_1 - R_0}{R_1 \cdot R_0} = \dfrac{mgR_0 h}{R_0 + h}$ (vgl. Lösung von Aufgabe 24) erhält man für die zu leistende Arbeit $3.038 \cdot 10^8$ Nm.

26. Bezeichnet x die Seillänge (in m), so gilt für die Kraft (in N): $F = 100 \cdot 9{,}81 + (55-x)30 = 2631 - 30x$ und für die zu leistende Arbeit $W = -\int\limits_{x_0}^{x_1} F\,\mathrm{d}x$ erhält man 99330 Nm.

27. Bezeichnet x die Seillänge (in m), so gilt für die Kraft (in N): $F = 7000 + (30-x)70 = 70(130 - x)$, und für die zu leistende Arbeit erhält man 198240 Nm.

28. Aus $F = -kx$ wird die Federkonstante $1500\,\mathrm{Nm^{-1}}$ bestimmt. Damit erhält man aus $W = \tfrac{1}{2}ks^2$ für die zu leistende Arbeit $67{,}5$ Nm.

29. Die Arbeit hat wegen $W = \tfrac{1}{2}ks^2$ den Wert 800 Nm.

30. a) Aus $W = p_1 V_1 \ln\dfrac{V_2}{V_1}$ erhält man für die zu leistende Arbeit 3568 Nm.

   b) Wegen $W = \dfrac{p_2 V_2 - p_1 V_1}{1-\kappa} = \dfrac{p_1(V_1^\kappa V_2^{1-\kappa} - V_1)}{1-\kappa}$ erhält man für die zu leistende Arbeit 4811 Nm.

31. Es sei $V_2 = \alpha V_1$ (hier also $\alpha = 2$), dann gilt wegen $p_1 V_1^\kappa = k = p_2 V_2^\kappa$ für die geleistete Arbeit

$$W = \dfrac{p_2 V_2 - p_1 V_1}{1-\kappa} = p_1 V_1 \dfrac{\alpha^{1-\kappa} - 1}{1-\kappa} = kV_1^{1-\kappa}\dfrac{\alpha^{1-\kappa} - 1}{1-\kappa}.$$

   Mit den Werten der Aufgabenstellung ergibt sich $0{,}0727\,k$.

32. Mit $W = p_1\dfrac{V_1^\kappa V_2^{1-\kappa} - V_1}{1-\kappa}$ erhält man für die nötige Arbeit 37055 Nm.

33. a) $y_\mathrm{m} = \tfrac{1}{4}\pi a$ b) $y_\mathrm{m} = \tfrac{8}{3}$ c) $y_\mathrm{m} = \tfrac{3}{2}a$

34. $v_\mathrm{m} = \dfrac{1}{t_1}\int\limits_0^{t_1} v\,\mathrm{d}t = \dfrac{1}{t_1}\int\limits_0^{t_1} gt\,\mathrm{d}t = \tfrac{1}{2}gt_1 = \tfrac{1}{2}v_1$

35. Es gilt: $s = \int\limits_0^t \sqrt{(\dot{x})^2 + (\dot{y})^2}\,\mathrm{d}t = \int\limits_0^t \sqrt{\sin^2\tau + 4\cos^2\tau}\,d\tau,\ \dot{s} = \sqrt{\sin^2 t + 4\cos^2 t},\ \ddot{s} = \dfrac{-3\sin t\cos t}{\sqrt{\sin^2 t + 4\cos^2 t}}.$

   Die Geschwindigkeit in $P(\tfrac{5}{6}\pi)$ beträgt $\tfrac{1}{2}\sqrt{13}\,\mathrm{ms^{-1}}$, in $P(\tfrac{5}{3}\pi)$ beträgt sie $\tfrac{1}{2}\sqrt{7}\,\mathrm{ms^{-1}}$, sie ist extrem groß, nämlich $2\,\mathrm{ms^{-1}}$, in $P(0)$ sowie in $P(\pi)$ und extrem klein in $P(\tfrac{1}{2}\pi)$ sowie in $P(\tfrac{3}{2}\pi)$.

36. Für den Weg gilt: $s = \int\limits_0^T \sqrt{v_0^2 + (gt)^2}\,\mathrm{d}t = \dfrac{1}{2g}\left[\sqrt{2hg}\sqrt{v_0^2 + 2hg} + v_0^2\ln\dfrac{\sqrt{2hg} + \sqrt{v_0^2 + 2hg}}{v_0}\right]$. Dabei wurde $T = \sqrt{\dfrac{2h}{g}}$ verwendet.

37. Es gilt: $\pi \int\limits_{h_0}^{h} x^2 \mathrm{d}y = \pi \int\limits_{h_0}^{h} (2Ry - y^2)\,\mathrm{d}y = \int\limits_{0}^{t} v_0\,\mathrm{d}t$ und nach implizitem Differenzieren (nach t):

$$\dot{h} = \frac{\mathrm{d}h}{\mathrm{d}t} = \frac{v_0}{\pi h(2R - h)}.$$

38. Durch x werde die Entfernung von der Wand gekennzeichnet, dann gilt wegen $q(x) = q\dfrac{l-x}{l}$ für das Bie-

gemoment $M_b(x) = \dfrac{q}{6l}(l - x)^3$. Aus der Differentialgleichung für die Biegelinie folgt: $y'' = \dfrac{-q}{6EIl}(l - x)^3$,

$y' = \dfrac{-q}{6EIl}\left[-\frac{1}{4}(l - x)^4 + C_1\right]$, $y = \dfrac{-q}{6EIl}\left[\frac{1}{20}(l - x)^5 + C_1 x + C_2\right]$. Die Anfangsbedingungen lauten (wegen der

Einspannung): $y(0) = y'(0) = 0$, woraus $C_2 = -\frac{1}{20}l^5$ und $C_1 = \frac{1}{4}l^4$ folgt. Für die Durchbiegung gilt:

$$y = \frac{-qx^2}{120EIl}\left[10l^3 - 10l^2 x + 5lx^2 - x^3\right] \text{ und } y_{\min} = y(l) = \frac{-ql^4}{30EI}.$$

2 Reihen

2.1

1. a) $s_n = \frac{1}{3}\sum\limits_{k=1}^{n}\left(\dfrac{1}{3k - 2} - \dfrac{1}{3k + 1}\right) = \frac{1}{3}\left(\sum\limits_{i=0}^{n-1}\dfrac{1}{3i + 1} - \sum\limits_{k=1}^{n}\dfrac{1}{3k + 1}\right) = \frac{1}{3}\left(1 - \dfrac{1}{3n + 1}\right)$, d.h. $\lim\limits_{n \to \infty} s_n = \frac{1}{3}$.

   b) $s_n = 5\sum\limits_{k=1}^{n}\left(\dfrac{1}{k + 5} - \dfrac{1}{k + 6}\right) = 5\left(\sum\limits_{i=0}^{n-1}\dfrac{1}{i + 6} - \sum\limits_{k=1}^{n}\dfrac{1}{k + 6}\right) = 5\left(\dfrac{1}{6} - \dfrac{1}{n + 6}\right)$, d.h. $\lim\limits_{n \to \infty} s_n = \frac{5}{6}$.

   c) $s_n = \frac{1}{2}\sum\limits_{k=1}^{n}\left(\dfrac{4}{k + 2} - \dfrac{1}{k + 1} - \dfrac{3}{k + 3}\right) = \frac{1}{2}\left(\sum\limits_{k=1}^{n}\dfrac{4}{k + 2} - \sum\limits_{i=0}^{n-1}\dfrac{1}{i + 2} - \sum\limits_{i=2}^{n+1}\dfrac{3}{i + 2}\right)$

   $= \frac{1}{2}\left(\dfrac{1}{2} + \dfrac{1}{n + 2} - \dfrac{3}{n + 3}\right)$, d.h. $\lim\limits_{n \to \infty} s_n = \frac{1}{4}$.

   d) Für $n > m$ gilt: $s_n = \dfrac{1}{m}\sum\limits_{k=1}^{n}\left(\dfrac{1}{k} - \dfrac{1}{k + m}\right) = \dfrac{1}{m}\left(\sum\limits_{k=1}^{n}\dfrac{1}{k} - \sum\limits_{i=m+1}^{m+n}\dfrac{1}{i}\right) = \dfrac{1}{m}\left(\sum\limits_{k=1}^{m}\dfrac{1}{k} - \sum\limits_{i=n+1}^{m+n}\dfrac{1}{i}\right)$, d.h. $\lim\limits_{n \to \infty} s_n = \dfrac{1}{m}\sum\limits_{k=1}^{m}\dfrac{1}{k}$.

   e) $s_n = \frac{1}{2}\sum\limits_{k=1}^{n}\left(\dfrac{1}{k} - \dfrac{2}{k + 1} + \dfrac{1}{k + 2}\right) = \frac{1}{2}\left(\sum\limits_{i=0}^{n-1}\dfrac{1}{i + 1} - 2\sum\limits_{k=1}^{n}\dfrac{1}{k + 1} + \sum\limits_{i=2}^{n+1}\dfrac{1}{i + 1}\right)$

   $= \frac{1}{2}\left(\dfrac{1}{2} - \dfrac{1}{n + 1} + \dfrac{1}{n + 2}\right)$, d.h. $\lim\limits_{n \to \infty} s_n = \frac{1}{4}$.

2. a) $\lim\limits_{n \to \infty}\dfrac{1}{\sqrt[n]{n}} = 1$ (s. Band 1, Beispiel 3.17), d.h. die Reihe divergiert.

   b) $\lim\limits_{n \to \infty}\left(\dfrac{n}{n + 1}\right)^{2n} = \lim\limits_{n \to \infty}\left(\dfrac{1}{\left(1 + \dfrac{1}{n}\right)^{n}}\right)^2 = \dfrac{1}{e^2}$, d.h. die Reihe divergiert.

   c) Nach Band 1, (1.35) gilt $\dfrac{n^5}{n!} < \dfrac{n^5}{2^{n-1}}$ für alle $n \geq 3$ und wegen (3.11) aus Band 1 folgt dann $\lim\limits_{n \to \infty}\dfrac{n^5}{n!} = 0$, d.h. eine Aussage über das Konvergenzverhalten der Reihe ist aufgrund von Satz 2.5 nicht möglich.

   d) $\left\langle (-1)^n\dfrac{n - 1}{n + 1}\right\rangle$ ist unbestimmt divergent, d.h. die Reihe ist divergent.

e) $\lim\limits_{n\to\infty} \dfrac{1}{\arctan n} = \dfrac{2}{\pi}$, d.h. die Reihe ist divergent.

f) $\lim\limits_{n\to\infty} \dfrac{1}{n\ln\left(1+\frac{1}{n}\right)} = \lim\limits_{n\to\infty} \dfrac{1}{\ln\left(1+\frac{1}{n}\right)^n} = \dfrac{1}{\ln e} = 1$, d.h. die Reihe ist divergent.

g) $\left\langle (-1)^{n+1}\dfrac{n+1}{3n}\right\rangle$ ist unbestimmt divergent, d.h. die Reihe ist divergent.

h) $\lim\limits_{n\to\infty}\left(\dfrac{n}{n+1}\right)^n = \lim\limits_{n\to\infty}\dfrac{1}{\left(1+\frac{1}{n}\right)^n} = \dfrac{1}{e}$, d.h. die Reihe ist divergent.

3. a) Die Reihe konvergiert, da wegen $\left|\dfrac{\sqrt{n-1}}{n^2+1}\right| < \dfrac{\sqrt{n}}{n^2} = \dfrac{1}{n^{3/2}}$ für alle $n\in\mathbb{N}$ die Reihe $\sum\limits_{n=1}^{\infty}\dfrac{1}{n^{3/2}}$ eine konvergente Majorante ist (s. (2.1)).

b) Die Reihe ist konvergent, da wegen $\left|\dfrac{2^{n-1}}{3^n+1}\right| < \dfrac{2^{n-1}}{3^n} = \tfrac{1}{3}(\tfrac{2}{3})^{n-1}$ für alle $n\in\mathbb{N}$ die Reihe $\tfrac{1}{3}\sum\limits_{n=1}^{\infty}(\tfrac{2}{3})^{n-1}$ eine konvergente Majorante (geometrische Reihe mit $q=2/3<1$) ist.

c) Wegen $n>\sqrt{n^2-1}$ ist $\left|\dfrac{1}{\sqrt{n^2-1}}\right| > \dfrac{1}{n}$ für alle $n\geqq 2$. Die Reihe ist folglich divergent, da $\sum\limits_{n=2}^{\infty}\dfrac{1}{n}$ eine divergente Minorante ist (s. Beispiel 2.5).

d) Wegen $\dfrac{\sqrt[3]{n^2+1}}{n\sqrt[6]{n^5+n-1}} \leqq \dfrac{\sqrt[3]{2n^2}}{n\sqrt[6]{n^5}} = \dfrac{\sqrt[3]{2}}{n^{7/6}}$ für alle $n\in\mathbb{N}$ ist $\sum\limits_{n=1}^{\infty}\dfrac{\sqrt[3]{2}}{n^{7/6}}$ eine konvergente Majorante (vgl. (2.1)), die Reihe ist also konvergent.

e) Wegen $\dfrac{\sqrt[4]{n+4}}{\sqrt[6]{n^7+3n^2-2}} \geqq \dfrac{\sqrt[4]{n}}{\sqrt[6]{2n^7}} = \dfrac{1}{\sqrt[6]{2}n^{11/12}}$ für alle $n\in\mathbb{N}$ ist $\dfrac{1}{\sqrt[6]{2}}\sum\limits_{n=1}^{\infty}\dfrac{1}{n^{11/12}}$ eine divergente Minorante (vgl. (2.1)), die Reihe ist also divergent.

4. a) $\lim\limits_{n\to\infty}\sqrt[n]{|((\sqrt[n]{a}-1)^n|} = \lim\limits_{n\to\infty}(\sqrt[n]{a}-1) = 0$, d.h. die Reihe konvergiert

b) $\lim\limits_{n\to\infty}\sqrt[n]{|((\sqrt[n]{n}-1)^n|} = \lim\limits_{n\to\infty}(\sqrt[n]{n}-1) = 0$, d.h. die Reihe konvergiert

c) $\lim\limits_{n\to\infty}\left|\dfrac{(n+1)!2\cdot 4\cdot\ldots\cdot 2n}{2\cdot 4\ldots 2n\cdot 2(n+1)\cdot n!}\right| = \lim\limits_{n\to\infty}\dfrac{n+1}{2(n+1)} = \tfrac{1}{2}$, d.h. die Reihe ist konvergent.

d) $\lim\limits_{n\to\infty}(\tfrac{5}{6})^{n+1}\dfrac{(n+1)-2}{(n+1)+2}\cdot(\tfrac{6}{5})^n\dfrac{n+2}{n-2} = \tfrac{5}{6}\lim\limits_{n\to\infty}\dfrac{n^2+n-2}{n^2+n-6} = \tfrac{5}{6}$, d.h. die Reihe ist konvergent.

e) $\lim\limits_{n\to\infty}\left|\dfrac{100^{n+1}\cdot n!}{(n+1)!\cdot 100^n}\right| = \lim\limits_{n\to\infty}\dfrac{100}{n+1} = 0$, d.h. die Reihe ist konvergent.

f) $\lim\limits_{n\to\infty}\left|\dfrac{(n+1)^5\cdot n!}{(n+1)!\cdot n^5}\right| = \lim\limits_{n\to\infty}\dfrac{1}{n+1}\left(1+\dfrac{1}{n}\right)^5 = 0$, d.h. die Reihe ist konvergent.

g) $\lim\limits_{n\to\infty}\left|\dfrac{(n+1)!n^9}{(n+1)^9 n!}\right| = \lim\limits_{n\to\infty}(n+1)\left(1-\dfrac{1}{n+1}\right)^9 = \infty$, d.h. die Reihe ist divergent.

h) $\lim\limits_{n\to\infty}\sqrt[n]{|n^4(\tfrac{9}{10})^n|} = \lim\limits_{n\to\infty}\tfrac{9}{10}(\sqrt[n]{n})^4 = \tfrac{9}{10}$, d.h. die Reihe ist konvergent.

i) $\lim\limits_{n\to\infty}\sqrt[n]{\left|\left(\dfrac{1}{\arctan n}\right)^n\right|} = \lim\limits_{n\to\infty}\dfrac{1}{\arctan n} = \dfrac{2}{\pi} < 1$, d.h. die Reihe ist konvergent.

j) $\lim\limits_{n\to\infty}\sqrt[n]{\left|\dfrac{3^n}{n^n}\right|} = \lim\limits_{n\to\infty}\dfrac{3}{n} = 0$, d.h. die Reihe ist konvergent.

5. a) $\left\langle \left| \dfrac{(-1)^{n+1}}{2n+1} \right| \right\rangle$ ist monoton fallend und $\lim\limits_{n \to \infty} \left| \dfrac{(-1)^{n+1}}{2n+1} \right| = 0$, d.h. die Reihe konvergiert.

b) $\left\langle \left| \dfrac{(-1)^{n+1}n}{n^2+1} \right| \right\rangle$ ist monoton fallend und $\lim\limits_{n \to \infty} \left| \dfrac{(-1)^{n+1}n}{n^2+1} \right| = 0$, d.h. die Reihe konvergiert.

c) $\left\langle \left| \dfrac{(-1)^{n}n}{(n-3)^2+1} \right| \right\rangle$ ist für $n \geq 4$ monoton fallend und $\lim\limits_{n \to \infty} \left| \dfrac{(-1)^{n}n}{(n-3)^2+1} \right| = 0$, d.h. die Reihe konvergiert.

d) $\left\langle |(-1)^{n+1}(1-\sqrt[n]{a}| \right\rangle$ ist für alle $a > 0$, $a \neq 1$ streng monoton fallend und $\lim\limits_{n \to \infty} |(-1)^{n+1}(1-\sqrt[n]{a}| = 0$, d.h. die Reihe konvergiert für $a > 0$, $a \neq 1$. Für $a = 1$ ist die Reihe ebenfalls konvergent, für $a = 0$ ist sie divergent.

e) Es ist $\frac{1}{2}\ln(\ln 2) - \frac{1}{3}\ln(\ln 3) \pm \cdots = \sum\limits_{n=1}^{\infty} \dfrac{(-1)^{n+1}}{n+1}\ln(\ln(n+1))$. Da $\left\langle \left| \dfrac{(-1)^{n+1}n}{n^2+1}\ln(\ln(n+1)) \right| \right\rangle$ für $n \geq 6$ monoton fallend ist (Beweis durch vollständige Induktion) und

$$\lim\limits_{n \to \infty} \left| \dfrac{(-1)^{n+1}}{n+1}\ln(\ln(n+1)) \right| = \lim\limits_{n \to \infty} \dfrac{\ln(\ln(n+1))}{n+1} = 0$$

gilt (Beweis z.B. mit Regel von Bernoulli-de l'Hospital), ist die Reihe konvergent.

6. Vgl. (2.6). Es ist $|s_n - s| \leq |a_{n+1}| = \dfrac{1}{2n+1} < 0{,}5 \cdot 10^{-3}$ für $n > 999{,}5$, d.h. man muß mindestens 1000 Glieder addieren.

7. a) $s_4 = 1 - \frac{1}{4} + \frac{1}{9} - \frac{1}{16} = \frac{115}{144}$; $|s - s_4| \leq |a_5| = 0{,}04$,

b) $s_4 = -1 + \frac{1}{2!} - \frac{1}{3!} + \frac{1}{4!} = -\frac{15}{24}$; $|s - s_4| \leq |a_5| = \dfrac{1}{5!} = 0{,}008\overline{3}$.

8. a) Da $\sum\limits_{n=1}^{\infty} a_n$ konvergiert, ist nach Satz 2.5 $\lim\limits_{n \to \infty} a_n = 0$. Folglich existiert zu einem $\varepsilon > 0$ ein $n_0 \in \mathbb{N}$ so, daß $|a_n| < \varepsilon$, d.h. wegen $a_n \geq 0$, auch $a_n^2 \leq \varepsilon \cdot a_n$ ist für alle $n \geq n_0$. Damit ist $\sum\limits_{n=n_0}^{\infty} \varepsilon a_n$ eine konvergente Majorante der Reihe $\sum\limits_{n=n_0}^{\infty} a_n^2$.

b) Es sei $a_n = \dfrac{(-1)^n}{\sqrt{n}}$ für $n \in \mathbb{N}$. $\sum\limits_{n=1}^{\infty} \dfrac{(-1)^n}{\sqrt{n}}$ ist nach dem Leibniz-Kriterium (Satz 2.10) konvergent, die Reihe $\sum\limits_{n=1}^{\infty} a_n^2 = \sum\limits_{n=1}^{\infty} \dfrac{1}{n}$ jedoch nicht (harmonische Reihe).

9. a) Die Reihe konvergiert, da wegen $\dfrac{\sqrt{(n^2+1)^3}}{\sqrt[4]{(n^4+n^2+1)^5}} < \dfrac{\sqrt{(2n^2)^3}}{\sqrt[4]{(n^4)^5}} = \dfrac{2\sqrt{2n^3}}{n^5} = \dfrac{2\sqrt{2}}{n^2}$ für alle $n \in \mathbb{N}$ die Reihe $\sum\limits_{n=1}^{\infty} \dfrac{2\sqrt{2}}{n^2}$ eine konvergente Majorante ist.

b) Integralkriterium: Wegen $a_n = \dfrac{1}{n(\ln n)(\ln \ln n)^p}$ ist $f: [3, \infty) \to \mathbb{R}$ mit $f(x) = \dfrac{1}{x(\ln x)(\ln \ln x)^p}$. f erfüllt für $p > 0$ die Voraussetzungen des Integralkriteriums. Für $p \neq 1$ ist

$$\int\limits_{3}^{\infty} f(x)dx = \lim\limits_{R \to \infty} \int\limits_{3}^{R} f(x)dx = \lim\limits_{R \to \infty} \left[\dfrac{1}{1-p} \dfrac{1}{(\ln(\ln x))^{p-1}} \right]_{3}^{R}.$$

Das uneigentliche Integral $\int\limits_{3}^{\infty} f(x)dx$ konvergiert folglich für $p > 1$ und divergiert für $p < 1$. Für $p = 1$ ist das Integral ebenfalls divergent. Damit konvergiert die Reihe für $p > 1$ und divergiert für $p \leq 1$. Für $p < 0$ ist die Reihe wegen Satz 2.5 divergent.

c) Die Reihe konvergiert, da mit dem Quotientenkriterium folgt:

$$\lim_{n \to \infty} \left| \frac{(n+1)!n^n}{(n+1)^{n+1}n!} \right| = \lim_{n \to \infty} \frac{n^n}{(n+1)^n} = \lim_{n \to \infty} \frac{1}{\left(1+\dfrac{1}{n}\right)^n} = \frac{1}{e} < 1.$$

d) Die Reihe divergiert. Es ist nämlich

$$\frac{(n+1)^n}{n^{n+1}} = \left(\frac{n+1}{n} \right)^n \frac{1}{n} > \frac{1}{n} \text{ für alle } n \in \mathbb{N}. \text{ Damit hat man mit } \sum_{n=1}^{\infty} \frac{1}{n} \text{ eine divergente Minorante.}$$

e) Die Reihe konvergiert, da $\left\langle \left| \dfrac{(-1)^n n}{(n+1)(n+2)} \right| \right\rangle$ eine monoton fallende Nullfolge ist (vgl. Leibniz-Kriterium).

f) Die Reihe konvergiert, da mit dem Quotientenkriterium folgt: $\lim\limits_{n \to \infty} \left| \dfrac{((n+1)!)^2(2n)!}{(2(n+1))!(n!)^2} \right| = \frac{1}{4} < 1.$

g) Die Reihe divergiert, da mit dem Wurzelkriterium folgt:

$$\lim_{n \to \infty} \sqrt[n]{|a_n|} = \lim_{n \to \infty} n \cdot \sin \frac{2}{n} = \lim_{n \to \infty} 2 \frac{\sin \dfrac{2}{n}}{\dfrac{2}{n}} = 2 > 1.$$

h) Die Reihe konvergiert, da mit dem Wurzelkriterium folgt: $\lim\limits_{n \to \infty} \sqrt[n]{|a_n|} = \lim\limits_{n \to \infty} \dfrac{3}{2 \cdot \arctan n} = \dfrac{3}{\pi} < 1.$

i) Die Reihe konvergiert, da wegen $\left| \dfrac{\sin 2^n}{3^n} \right| \leq \dfrac{1}{3^n}$ für alle $n \in \mathbb{N}$ die Reihe $\sum\limits_{n=1}^{\infty} (\frac{1}{3})^n$ eine konvergente Majorante (geometrische Reihe mit $q < 1$) ist.

10. a) Wegen $\sum\limits_{n=1}^{\infty} \dfrac{\alpha^{2n}}{(1+\alpha^2)^{n-1}} = (1+\alpha^2) \sum\limits_{n=1}^{\infty} q^n$ mit $q = \dfrac{\alpha^2}{1+\alpha^2} < 1$ ist die Reihe für alle $\alpha \in \mathbb{R}$ konvergent (vgl. Beispiel 2.3).

b) Für $\alpha = 0$ ist jedes Glied Null, die Reihe demnach konvergent. Für $|\alpha| = 1$ ist jedes Glied $\frac{1}{2}$, die Reihe also bestimmt divergent.

Es sei $\alpha \in \mathbb{R} \backslash \{0, \pm 1\}$. Die Funktion $f: [1, \infty) \to \mathbb{R}$ mit $f(x) = \dfrac{\alpha^{2x}}{1+\alpha^{4x}}$ erfüllt das Integralkriterium, und es ist

$$\int\limits_{1}^{\infty} \frac{\alpha^{2x}}{1+\alpha^{4x}} dx = \frac{1}{\ln \alpha^2} \lim_{R \to \infty} [\arctan \alpha^{2x}]_1^R = \frac{1}{\ln \alpha^2} \lim_{R \to \infty} (\arctan \alpha^{2R} - \arctan \alpha^2).$$

Da das uneigentliche Integral für alle $\alpha \in \mathbb{R} \backslash \{0, \pm 1\}$ existiert, konvergiert die Reihe für $\alpha \in \mathbb{R} \backslash \{0, \pm 1\}$.

11. a) $\sum\limits_{n=1}^{\infty} \dfrac{(-1)^n}{\sqrt{n}}$ ist nach dem Leibniz-Kriterium (Satz 2.10) konvergent, jedoch nicht absolut konvergent, da

$$\sum_{n=1}^{\infty} \frac{1}{\sqrt{n}} \text{ nach (2.1) divergiert.}$$

b) Mit $a_n = b_n = \dfrac{(-1)^n}{\sqrt{n}}$ erhält man $c_n = (-1)^{n+1} \sum\limits_{k=1}^{\infty} \dfrac{1}{\sqrt{k}\sqrt{n-k+1}}$. Wegen

$$\frac{1}{\sqrt{k}\sqrt{n-k+1}} \geq \frac{2}{n+1} \text{ für alle } k \in \mathbb{N}, \text{ ist } |c_n| \geq \frac{2n}{n+1}$$

und damit $\langle c_n \rangle$ keine Nullfolge. Nach Satz 2.5 divergiert die Reihe.

12. Da $\sum\limits_{n=1}^{\infty} \dfrac{1}{n^2}$ absolut konvergiert, konvergiert auch ihre Umordnung $\sum\limits_{n=1}^{\infty} \left(\dfrac{1}{(2n-1)^2} + \dfrac{1}{(2n)^2} \right)$ und es gilt

$$\sum_{n=1}^{\infty} \left(\frac{1}{(2n-1)^2} + \frac{1}{(2n)^2} \right) = \sum_{n=1}^{\infty} \frac{1}{n^2} = a. \text{ Folglich ist } \sum_{n=1}^{\infty} \frac{1}{(2n-1)^2} = a - \sum_{n=1}^{\infty} \frac{1}{(2n)^2} = a - \frac{1}{4} \sum_{n=1}^{\infty} \frac{1}{n^2} = \frac{3}{4}a.$$

13. Für alle $|q| < 1$ ist $\sum\limits_{n=1}^{\infty} q^{n-1}$ absolut konvergent und $\sum\limits_{n=1}^{\infty} q^{n-1} = \dfrac{1}{1-q}$. Damit folgt nach Satz 2.13:

a) $\dfrac{1}{(1-q)^2} = \left(\sum\limits_{n=1}^{\infty} q^{n-1}\right)^2 = \left(\sum\limits_{n=1}^{\infty} q^{n-1}\right)\left(\sum\limits_{n=1}^{\infty} q^{n-1}\right) = \sum\limits_{n=1}^{\infty} \sum\limits_{k=1}^{n} q^{k-1} q^{n-k} = \sum\limits_{n=1}^{\infty}\left(\sum\limits_{k=1}^{n} q^{n-1}\right) = \sum\limits_{n=1}^{\infty} nq^{n-1}$

b) $\dfrac{1}{(1-q)^3} = \left(\sum\limits_{n=1}^{\infty} q^{n-1}\right)^3 = \left(\sum\limits_{n=1}^{\infty} q^{n-1}\right)^2 \left(\sum\limits_{n=1}^{\infty} q^{n-1}\right) = \left(\sum\limits_{n=1}^{\infty} nq^{n-1}\right)\left(\sum\limits_{n=1}^{\infty} q^{n-1}\right) = \sum\limits_{n=1}^{\infty}\left(\sum\limits_{k=1}^{n} kq^{k-1} q^{n-k}\right)$

$= \sum\limits_{n=1}^{\infty}\left(\sum\limits_{k=1}^{n} kq^{n-1}\right) = \sum\limits_{n=1}^{\infty}\left(q^{n-1}\sum\limits_{k=1}^{n} k\right) = \sum\limits_{n=1}^{\infty} \dfrac{n}{2}(n+1)q^{n-1}$, d.h. $\sum\limits_{n=1}^{\infty} n(n+1)q^{n-1} = \dfrac{2}{(1-q)^3}$.

14. Der Radius des k-ten Halbkreises ist $a(\tfrac{3}{4})^{k-1}$, $k = 1, 2, 3, \ldots$, seine Länge ist $a\pi(\tfrac{3}{4})^{k-1}$. Damit besitzt die Spirale die Länge $a\pi \sum\limits_{k=1}^{\infty} (\tfrac{3}{4})^{k-1}$. Dies ist eine geometrische Reihe mit $q = \tfrac{3}{4}$. Ihre Summe ist $4\pi a$.

15. Die Ziegelsteine werden von oben nach unten numeriert. Legt man $k-1$ Ziegelsteine auf den k-ten Ziegelstein soweit wie möglich nach rechts, so beträgt der Abstand des Schwerpunktes aller k Ziegelsteine vom linken Ende des untersten Ziegelsteins $\dfrac{\tfrac{1}{2}l + (k-1)l}{k} = l - \dfrac{1}{2k}l$. Der Stapel fällt also dann um, wenn der k-te Ziegelstein mehr als $\dfrac{1}{2k}l$ auf dem darunterliegenden Stein nach rechts verschoben wird. Der Überhang T bei n Steinen kann daher maximal $T = \sum\limits_{k=1}^{n} \dfrac{l}{2k} = \dfrac{l}{2} \sum\limits_{k=1}^{n} \dfrac{1}{k}$ betragen. Das bedeutet, daß man theoretisch, da hier die divergente, harmonische Reihe auftritt, beliebig viele Ziegelsteine stapeln kann, ohne daß der Stapel umfällt.

16. Es sei $A \in \mathbb{R}^+$, $B, C \in \mathbb{R}$ und φ eine auf $\mathbb{R}$ definierte Funktion mit

$$\varphi(u) = Au^2 + 2Bu + C = A\left(\left(u + \dfrac{B}{A}\right)^2 + \dfrac{C}{A} - \left(\dfrac{B}{A}\right)^2\right).$$ Es ist $\varphi(u) \geqq 0$ für alle $u \in \mathbb{R}$ genau dann, wenn $B^2 \leqq AC$ ist. Wir wählen

$$\varphi(u) = \sum\limits_{n=1}^{\infty} (ua_n + b_n)^2 = u^2 \sum\limits_{n=1}^{\infty} a_n^2 + 2u \sum\limits_{n=1}^{\infty} a_n b_n + \sum\limits_{n=1}^{\infty} b_n^2,$$

dann ist $\varphi(u) \geqq 0$ für alle $u \in \mathbb{R}$. Folglich gilt $B^2 \leqq AC$, d.h.

$$\left(\sum\limits_{n=1}^{\infty} a_n b_n\right)^2 \leqq \left(\sum\limits_{n=1}^{\infty} a_n^2\right)\left(\sum\limits_{n=1}^{\infty} b_n^2\right).$$

17. a) $P_1 = (1, 1)$; $P_2 = (\tfrac{7}{4}, \tfrac{1}{4})$; $P_3 = (\tfrac{37}{16}, \tfrac{13}{16})$; $P_4 = (\tfrac{175}{64}, \tfrac{25}{64})$ (vgl. Bild L2.1).

b) $x = \lim\limits_{n\to\infty} x_n = \lim\limits_{n\to\infty} \sum\limits_{k=1}^{n} (\tfrac{3}{4})^{k-1} = \dfrac{1}{1-\tfrac{3}{4}} = 4$, $y = \lim\limits_{n\to\infty} y_n = \lim\limits_{n\to\infty} \sum\limits_{k=1}^{n} (-\tfrac{3}{4})^{k-1} = \dfrac{1}{1+\tfrac{3}{4}} = \tfrac{4}{7}$.

Die Punktfolge besitzt den Grenzpunkt $P = (4, \tfrac{4}{7})$.

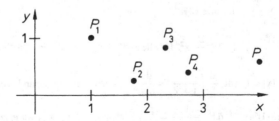

Bild L2.1: Zu Aufgabe 17a)

18. Nach Beispiel 1.55 beträgt die Wurfweite beim k-ten Wurf bzw. Aufspringen $x_k = \dfrac{\sin 2\alpha}{g}(v_{k-1})^2$, $k = 1, 2, \ldots$

Wegen $v_{k-1} = \dfrac{v_0}{c^{k-1}}$, $k = 1, 2, \ldots$ erhält man die geometrische Reihe

$$\sum_{k=1}^{\infty} x_k = \sum_{k=1}^{\infty} \frac{\sin 2\alpha}{g} \cdot \frac{v_0^2}{c^{2k-2}} = \frac{(cv_0)^2 \sin 2\alpha}{g} \sum_{k=1}^{\infty} \left(\frac{1}{c^2}\right)^k.$$

Wegen $q = \left(\dfrac{1}{c}\right)^2 < 1$ beträgt die Sprungweite $\dfrac{(cv_0)^2 \sin 2\alpha}{g} \cdot \dfrac{1}{1 - \left(\dfrac{1}{c}\right)^2} = \dfrac{v_0^2 c^4 \sin 2\alpha}{g(c^2-1)}.$

19. Wir setzen $\dfrac{b_{k-1}}{b_k} = c > 1$, d.h. $b_k = \dfrac{b_0}{c^k}$ für $k = 1, 2, 3, \ldots$. Dann beträgt der Flächeninhalt der k-ten Viertelellipse

$$A_k = \tfrac{1}{4}\pi a_k b_k = \tfrac{1}{4}\pi b_{k-1} b_k = \tfrac{1}{4}\pi c b_k^2 = \frac{\pi b_0^2}{4c(c^2)^{k-1}}, \text{ und der Gesamtflächeninhalt ist } \left(\text{ wegen } q = \frac{1}{c^2} < 1\right)$$

$$\tfrac{1}{4}\pi a_0 b_0 + \sum_{k=1}^{\infty} \frac{\pi b_0^2}{4c(c^2)^{k-1}} = \tfrac{1}{4}\pi a_0 b_0 + \frac{\pi b_0^2}{4c} \cdot \frac{1}{1 - \dfrac{1}{c^2}} = \frac{\pi b_0}{4}\left(a_0 + \frac{b_0 c}{c^2 - 1}\right).$$

2.2

1. a) $\rho = \lim\limits_{n\to\infty} \dfrac{n^2}{(n+1)^2} = 1;$ b) $\rho = \lim\limits_{n\to\infty} \dfrac{(n+1)\cdot 2^{n+1}}{(n+2)\cdot 2^n} = 2;$

c) $\rho = \lim\limits_{n\to\infty} \dfrac{2^n(n+2)}{2^{n+1}(n+3)} = \tfrac{1}{2};$ d) $\rho = \lim\limits_{n\to\infty} \dfrac{(n+1)^2}{n^2} = 1;$

e) $\rho = \lim\limits_{n\to\infty} \dfrac{n!(n+1)^{n+1}}{n^n(n+1)!} = \lim\limits_{n\to\infty} \dfrac{n+1}{n+1}\left(1 + \dfrac{1}{n}\right)^n = e;$

f) $\rho = \lim\limits_{n\to\infty} \dfrac{\sin\dfrac{1}{n}}{\sin\dfrac{1}{n+1}} = \lim\limits_{n\to\infty} \dfrac{\dfrac{1}{n^2}\cos\dfrac{1}{n}}{\dfrac{1}{(n+1)^2}\cdot\cos\dfrac{1}{n+1}} = 1;$

g) $\rho = \lim\limits_{n\to\infty} \dfrac{n!}{(n+1)!} = 0;$ h) $\rho = \lim\limits_{n\to\infty} \dfrac{(n+1)\sqrt{n+2}}{n\sqrt{n+1}} = 1;$

i) $\rho = \lim\limits_{n\to\infty} \dfrac{n!(2n+2)!}{(2n)!(n+1)!} = \lim\limits_{n\to\infty} \dfrac{(2n+1)\cdot(2n+2)}{n+1} = \infty.$

2. a) $e^{2+x} = e^2 e^x = e^2 \sum\limits_{n=0}^{\infty} \dfrac{x^n}{n!}$ für alle $x \in \mathbb{R};$

b) $e^{2x} = \sum\limits_{n=0}^{\infty} \dfrac{(2x)^n}{n!} = \sum\limits_{n=0}^{\infty} \dfrac{2^n}{n!}\cdot x^n$ für alle $x \in \mathbb{R};$

c) $e^{-2x^2} = \sum\limits_{n=0}^{\infty} \dfrac{(-2x^2)^n}{n!} = \sum\limits_{n=0}^{\infty} (-1)^n \cdot \dfrac{2^n}{n!}\cdot x^{2n}$ für alle $x \in \mathbb{R}.$

3. a) Für alle x mit $|x| < 1$ gilt $\dfrac{d}{dx}\left(\dfrac{1}{1+x}\right) = \dfrac{d}{dx}\sum\limits_{n=0}^{\infty}(-1)^n x^n$ und aufgrund von Satz 2.16 folgt daraus

$$-\frac{1}{(1+x)^2} = \sum_{n=1}^{\infty}(-1)^n n x^{n-1}, \text{ d.h. } \frac{1}{(1+x)^2} = \sum_{n=0}^{\infty}(-1)^n(n+1)x^n \text{ mit Konvergenzradius } 1;$$

b) Mit Satz 2.15 folgt für alle $x \in (-1, 1)$:

$$\frac{\ln(1+x)}{1+x} = \left(x \cdot \sum_{n=0}^{\infty} \frac{(-1)^n}{n+1} \cdot x^n \right) \cdot \left(\sum_{n=0}^{\infty} (-1)^n x^n \right) = x \cdot \sum_{n=0}^{\infty} \left(\sum_{k=0}^{n} (-1)^k \cdot \frac{1}{1+k} \cdot (-1)^{n-k} \right) x^n$$

$$= \sum_{n=0}^{\infty} (-1)^n \left(\sum_{k=0}^{n} \frac{1}{1+k} \right) x^{n+1} = x - \frac{3}{2}x^2 + \frac{11}{6}x^3 - \frac{25}{12}x^4 + - \cdots$$

c) Als Verkettung der e-Funktion und der Sinusfunktion ist die Potenzreihenentwicklung der Funktion f mit $f(x) = e^{\sin x}$ für alle $x \in \mathbb{R}$ konvergent. Wir berechnen die Potenzreihe nur bis zum 5. Glied.
Es ist $e^u = 1 + u + \frac{1}{2}u^2 + \frac{1}{6}u^3 + \frac{1}{24}u^4 + \frac{1}{120}u^5 + \ldots$ und $u = \sin x = x - \frac{1}{6}x^3 + \frac{1}{120}x^5 - + \ldots$, damit ergibt sich
$e^{\sin x} = 1 + x + \frac{1}{2}x^2 - \frac{1}{8}x^4 - \frac{1}{15}x^5 + \ldots$

d) $f(x) = \cos^2 x = (1 - \frac{1}{2}x^2 + \frac{1}{24}x^4 - \frac{1}{720}x^6 + - \ldots)^2 = 1 - x^2 + \frac{1}{3}x^4 - \frac{2}{45}x^6 + - \ldots$

e) Für alle $n \in \mathbb{N}_0$ gilt:

$$f^{(4n)}(x) = (-4)^n e^x \sin x, \qquad\qquad f^{(4n)}(0) = 0$$
$$f^{(4n+1)}(x) = (-4)^n e^x (\sin x + \cos x), \qquad f^{(4n+1)}(0) = (-4)^n$$
$$f^{(4n+2)}(x) = 2(-4)^n e^x \cos x, \qquad\qquad f^{(4n+2)}(0) = 2(-4)^n$$
$$f^{(4n+3)}(x) = 2(-4)^n e^x (\cos x - \sin x), \qquad f^{(4n+3)}(0) = 2(-4)^n.$$

Daher ist

$$e^x \sin x = \sum_{n=0}^{\infty} \left(\frac{(-4)^n}{(4n+1)!} x^{4n+1} + \frac{2(-4)^n}{(4n+2)!} x^{4n+2} + \frac{2(-4)^n}{(4n+3)!} x^{4n+3} \right) = x + x^2 + \frac{1}{3}x^3 - \frac{1}{30}x^5 - \frac{1}{90}x^6 - \ldots$$

f) $\ln f(x) = \ln \sqrt{\dfrac{1+x}{1-x}} = \frac{1}{2} \cdot \ln \dfrac{1+x}{1-x} = \sum_{n=0}^{\infty} \dfrac{x^{2n+1}}{2n+1}$.

Wegen $f(x) = e^{\ln \sqrt{\frac{1+x}{1-x}}}$ erhalten wir, wenn wir nur Glieder bis x^5 anschreiben:

$$\sqrt{\frac{1+x}{1-x}} = 1 + x + \frac{1}{2}x^2 + \frac{1}{2}x^3 + \frac{3}{8}x^4 + \frac{3}{8}x^5 + \ldots$$

4. a) $\dfrac{x}{x^2+x-2} = \frac{2}{3} \cdot \dfrac{1}{x+2} + \frac{1}{3} \cdot \dfrac{1}{x-1} = \frac{1}{3} \cdot \sum_{n=0}^{\infty} (-1)^n \left(\dfrac{x}{2} \right)^n - \frac{1}{3} \cdot \sum_{n=0}^{\infty} x^n = -\frac{1}{3} \cdot \sum_{n=0}^{\infty} \left(\dfrac{2^n + (-1)^{n-1}}{2^n} \right) x^n$

für alle x mit $|x| < 1$ (Entwicklungspunkt 0);

b) $\dfrac{1}{x^2+4x+5} = \dfrac{1}{(x+2)^2+1} = \sum_{n=0}^{\infty} (-1)^n (x+2)^{2n}$ für alle x mit $|x+2| < 1$, (Entwicklungspunkt -2);

c) $\dfrac{5-2x}{6-5x+x^2} = \frac{1}{2} \cdot \dfrac{1}{1 - \dfrac{x}{2}} + \frac{1}{3} \cdot \dfrac{1}{1 - \dfrac{x}{3}} = \frac{1}{2} \cdot \sum_{n=0}^{\infty} \left(\dfrac{x}{2} \right)^n + \frac{1}{3} \cdot \sum_{n=0}^{\infty} \left(\dfrac{x}{3} \right)^n$

für alle x mit $|x| < 2$, (Entwicklungspunkt 0);

d) $\dfrac{11-9x}{6+x-12x^2} = \frac{3}{2} \cdot \dfrac{1}{1 + \frac{3}{2}x} + \frac{1}{3} \cdot \dfrac{1}{1 - \frac{4}{3}x} = \frac{3}{2} \cdot \sum_{n=0}^{\infty} (-1)^n (\frac{3}{2}x)^n + \frac{1}{3} \cdot \sum_{n=0}^{\infty} (\frac{4}{3}x)^n$

für alle x mit $|x| < \frac{2}{3}$, (Entwicklungspunkt 0).

5. a) $\displaystyle\sum_{n=1}^{\infty} \dfrac{x^n}{n(n+2)} = \frac{1}{2} \cdot \sum_{n=1}^{\infty} \dfrac{x^n}{n} - \frac{1}{2} \cdot \sum_{n=1}^{\infty} \dfrac{x^n}{n+2} = -\frac{1}{2}\ln(1-x) + \dfrac{1}{2x^2}\ln(1-x) + \dfrac{1}{2x} - \frac{1}{4}$

$$= \dfrac{1-x^2}{2x^2} \cdot \ln(1-x) + \dfrac{1}{2x} - \frac{1}{4} \text{ für alle } x \text{ mit } 0 < |x| < 1.$$

$\left(\text{Beachte: Durch Integration von } \dfrac{1}{1-x} = \sum_{n=0}^{\infty} x^n \text{ ergibt sich } -\ln(1-x) = \sum_{n=1}^{\infty} \dfrac{x^n}{n}.\right)$

b) $\displaystyle\sum_{n=1}^{\infty}\frac{n}{n+1}x^n = \sum_{n=1}^{\infty}x^n - \sum_{n=1}^{\infty}\frac{x^n}{n+1} = -1 + \sum_{n=0}^{\infty}x^n - \frac{1}{x}\cdot\sum_{n=1}^{\infty}\frac{x^{n+1}}{n+1}$

$\displaystyle = -1 + \frac{1}{1-x} - \frac{1}{x}(-x - \ln(1-x)) = \frac{x + (1-x)\ln(1-x)}{x(1-x)}$ für alle x mit $0 < |x| < 1$;

c) $\displaystyle\sum_{n=1}^{\infty}(n+3)x^n = \frac{1}{x^2}\cdot\sum_{n=1}^{\infty}(n+3)x^{n+2} = \frac{1}{x^2}\left(-1 - 2x - 3x^2 + \sum_{n=1}^{\infty}nx^{n-1}\right)$

$\displaystyle = -\frac{1}{x^2} - \frac{2}{x} - 3 + \frac{1}{x^2(1-x)^2} = \frac{2x^2 + 4x^3 - 3x^4}{x^2(1-x)^2}$ für alle $x \in (-1, 1)$;

d) $\displaystyle\sum_{n=1}^{\infty}\frac{n-1}{n+1}x^n = \sum_{n=1}^{\infty}x^n - \frac{2}{x}\cdot\sum_{n=1}^{\infty}\frac{x^{n+1}}{n+1} = \frac{1}{1-x} - \frac{2}{x}(-x - \ln(1-x))$

$\displaystyle = \frac{x}{1-x} + 2 + \frac{2}{x}\ln(1-x)$ für alle x mit $0 < |x| < 1$;

e) Durch dreimalige Integration von $\displaystyle\frac{1}{1-x} = \sum_{n=0}^{\infty}x^n$ ergibt sich für $x \neq 0$:

$\displaystyle\sum_{n=1}^{\infty}\frac{x^n}{n(n+1)(n+2)} = \frac{1}{x^2}\cdot\sum_{n=1}^{\infty}\frac{x^{n+2}}{n(n+1)(n+2)} = \frac{3}{4} - \frac{1}{2x} - \frac{(1-x)^2}{2x^2}\ln(1-x).$

6. Mit $x_0 = \dfrac{\pi}{9}$ ergibt sich wegen $n! > 2^{n-1}$ für alle $n \in \mathbb{N}\backslash\{1, 2\}$ aus (2.6) mit (2.18):

$\displaystyle\left|s_n - \sin\frac{\pi}{9}\right| \leq \left(\frac{\pi}{9}\right)^{2n+1}\cdot\frac{1}{(2n+1)!} \leq \left(\frac{\pi}{9}\right)^{2n+1}\cdot\frac{1}{2^{2n}} < \tfrac{1}{2}\cdot 10^{-7}$, woraus $n > 4,5$ folgt. Also ist

$\displaystyle\sin 20° \approx s_5 = \sum_{n=0}^{4}(-1)^n\cdot\frac{x_0^{2n+1}}{(2n+1)!} = 0,34202014\ldots$

7. a) $\displaystyle\ln\frac{1+x}{1-x} = \ln(1+x) - \ln(1-x) = \sum_{n=1}^{\infty}\frac{(-1)^{n-1}}{n}\cdot x^n + \sum_{n=1}^{\infty}\frac{x^n}{2} = 2\cdot\sum_{n=1}^{\infty}\frac{x^{2n-1}}{2n-1}$ für alle $x \in (-1, 1)$;

b) Aus $\dfrac{1+x}{1-x} = 7$ folgt $x = \tfrac{3}{4}$, daher ist $\ln 7 = 2\cdot\displaystyle\sum_{n=1}^{\infty}\frac{3^{2n-1}}{4^{2n-1}(2n-1)}$. Es ist z.B. $s_1 = 1,5$; $s_2 = 1,78125$;

$s_3 = 1,87617\ldots$; $s_{30} = 1,94591014\ldots$.

8. a) Aus $\displaystyle\left|s_n - \frac{\pi}{4}\right| \leq \left|\frac{(-1)^{n+1}}{2n+3}\right| = \frac{1}{2n+3} < 10^{-4}$ folgt $n > \tfrac{1}{2}(10^4 - 3)$, also $n \geq 4999$;

b) Mit $2\arctan x = \arctan\dfrac{2x}{1-x^2}$ für alle x mit $|x| < 1$ und $\arctan x - \arctan y = \arctan\dfrac{x-y}{1+xy}$ für alle x, y mit $xy > -1$ folgt

$4\arctan\tfrac{1}{5} - \arctan\tfrac{1}{239} = 2\arctan\tfrac{5}{12} - \arctan\tfrac{1}{239} = \arctan\tfrac{120}{119} - \arctan\tfrac{1}{239} = \arctan 1 = \dfrac{\pi}{4}$.

Es ist $\varepsilon_1 \leq \dfrac{4}{5^7\cdot 7}$ und $\varepsilon_2 \leq \dfrac{1}{239^7\cdot 7}$, also der Fehler bei Abbruch nach dem 3. Glied kleiner als $8\cdot 10^{-6}$.

9. $\displaystyle\sqrt{x} = (1 + (x-1))^{1/2} = \sum_{n=0}^{\infty}\binom{\frac{1}{2}}{n}(x-1)^n$ für alle x mit $0 \leq x \leq 2$.

10. a) $\displaystyle\lim_{x\to\infty} x\cdot\ln\frac{x+3}{x-3} = \lim_{u\downarrow 0}\frac{3}{u}\cdot\ln\frac{1+u}{1-u} = \lim_{u\downarrow 0}6\left(1 + \frac{u^2}{3} + \cdots\right) = 6;$

b) $\displaystyle\lim_{x\to\infty}\frac{x-\sin x}{x\cdot\sin x}=\lim_{x\to\infty}\frac{\dfrac{x^3}{3!}-\dfrac{x^5}{5!}+\cdots}{x^2-\dfrac{x^4}{3!}+-\cdots}=0;$

c) $\displaystyle\lim_{x\to\infty}\frac{e^{x^2-x}+x-1}{1-\sqrt{1-x^2}}=\lim_{x\to0}\frac{x^2+\dfrac{(x^2-x)^2}{2!}+\cdots}{\frac12 x^2+\frac18 x^4+-\cdots}=3;$

d) $\displaystyle\lim_{x\to0}\frac{2\sqrt{1+x^2}-x^2-2}{(e^{x^2}-\cos x)\sin x^2}=\lim_{x\to0}\frac{-\frac14+\frac18 x^2-+\cdots}{\frac32+\frac{11}{24}x^2+\cdots}=-\frac16.$

11. a) $\displaystyle\int_0^1\frac{e^{x^2}-1}{x^2 e^{x^2}}\,dx=\int_0^1\left(\frac{1}{x^2}-\frac{1}{x^2}e^{-x^2}\right)dx=\int_0^1\sum_{n=1}^\infty\frac{(-1)^{n+1}x^{2n-2}}{n!}\,dx=\sum_{n=1}^\infty\frac{(-1)^{n+1}}{(2n-1)n!}=0,8615277\ldots$

Bemerkung: Wegen $\displaystyle\lim_{x\downarrow0}\frac{e^{x^2}-1}{x^2 e^{x^2}}=1$, kann der Integrand an der Stelle Null stetig ergänzt werden.

b) $\displaystyle\int_0^1\frac{\sin x}{x}\,dx=\int_0^1\sum_{n=0}^\infty\frac{(-1)^n x^{2n}}{(2n+1)!}\,dx=\sum_{n=0}^\infty\frac{(-1)^n}{(2n+1)!(2n+1)}=0,946083\ldots;$

c) $\displaystyle\int_0^{0,4}\sqrt{1+x^4}\,dx=\int_0^{0,4}\sum_{n=0}^\infty\binom{\frac12}{n}x^{4n}\,dx=\sum_{n=0}^\infty\binom{\frac12}{n}\frac{0,4^{4n+1}}{4n+1}=0,40102\ldots;$

d) $\displaystyle\int_0^{0,2}\sqrt{1-x^2-x^3}\,dx=\int_0^{0,2}\sum_{n=0}^\infty\binom{\frac12}{n}(-1)^n x^{2n}(1+x)^n\,dx$

$\displaystyle\qquad=\sum_{n=0}^\infty\binom{\frac12}{n}(-1)^n\cdot\int_0^{0,2}x^{2n}\cdot\sum_{k=0}^n\binom{n}{k}x^k\,dx$

$\displaystyle\qquad=\sum_{n=0}^\infty\left(\binom{\frac12}{n}(-1)^n\cdot\sum_{k=0}^n\binom{n}{k}\frac{0,2^{2n+k+1}}{2n+k+1}\right)$

$\displaystyle\qquad=\frac15-\frac12\left(\frac{1}{5^3\cdot3}+\frac{1}{5^4\cdot4}\right)-\frac18\left(\frac{1}{5^5\cdot5}+\frac{2}{5^6\cdot6}+\frac{1}{5^7\cdot7}\right)-\cdots\approx0,1975.$

e) Mit Beispiel 2.55 ergibt sich

$\displaystyle\int_0^{0,5}\frac{dx}{\cos x}=\int_0^{0,5}\left(1+\frac{1}{2!}x^2+\frac{5}{4!}x^4+\frac{61}{6!}x^6+\cdots\right)dx=\frac12+\frac{1}{2!2^3\cdot3}+\frac{5}{4!2^5\cdot5}+\frac{61}{6!2^7\cdot7}+\cdots\approx0,5222.$

Exakter Wert: $\displaystyle\int_0^{0,5}\frac{dx}{\cos x}=\ln\tan\left(\frac14+\frac{\pi}{4}\right)=0,5222381\ldots$

f) Aus $\displaystyle\int\sin^{2n}2\varphi\,d\varphi=\frac{\sin^{2n-1}2\varphi\cdot\cos2\varphi}{4n}+\frac{2n-1}{2n}\cdot\int\sin^{2n-2}2\varphi\,d\varphi$ für alle $n\in\mathbb{N}\setminus\{1\}$ folgt

$$\int_0^{\frac12\pi}\sin^{2n}2\varphi\,d\varphi=\begin{cases}\displaystyle\prod_{k=1}^n\frac{2n-2k+1}{2n-2k+2}\cdot\frac{\pi}{2} & \text{für alle } n\in\mathbb{N}\\[2ex]\dfrac{\pi}{2} & \text{für } n=0.\end{cases}$$

Damit ergibt sich

$\displaystyle\int_0^{\frac12\pi}\sqrt{1-\tfrac34\sin^2 2\varphi}\,d\varphi=\int_0^{\frac12\pi}\sum_{n=0}^\infty\binom{\frac12}{n}\cdot(-1)^n\cdot(\tfrac34)^n\cdot\sin^{2n}2\varphi\,d\varphi=\sum_{n=0}^\infty\binom{\frac12}{n}\cdot(-1)^n\cdot(\tfrac34)^n\cdot\int_0^{\frac12\pi}\sin^{2n}2\varphi\,d\varphi$

$\displaystyle\qquad=\frac{\pi}{2}\cdot\left(1+\sum_{n=1}^\infty\binom{\frac12}{n}\cdot(-1)^n\cdot(\tfrac34)^n\prod_{k=1}^n\frac{2n-2k+1}{2n-2k+2}\right)\approx1,25.$

12. $f(x) = \sum\limits_{n=0}^{\infty} a_n x^n$, $f'(x) = \sum\limits_{n=1}^{\infty} n \cdot a_n x^{n-1}$, $f''(x) = \sum\limits_{n=2}^{\infty} n(n-1)a_n x^{n-2}$.

Aus

$f'' = -f$ folgt $\sum\limits_{n=0}^{\infty}(n+2)(n+1)a_{n+2}x^n = -\sum\limits_{n=0}^{\infty} a_n x^n$,

also $a_{n+2} = -\dfrac{a_n}{(n+2)(n+1)}$ für alle $n \in \mathbb{N}_0$. Wegen $f(0) = 1$ ist $a_0 = 1$ und wegen $f'(0) = 1$ ist $a_1 = 1$. Mit Hilfe der vollständigen Induktion folgt daraus

$a_{2n} = (-1)^n \cdot \dfrac{1}{(2n)!}$ für alle $n \in \mathbb{N}_0$

und

$a_{2n-1} = (-1)^{n+1} \cdot \dfrac{1}{(2n-1)!}$ für alle $n \in \mathbb{N}$,

also ist $f(x) = \cos x + \sin x$.

13. Aus $f'' + 2f' = 0$ folgt mit $f(x) = \sum\limits_{n=0}^{\infty} a_n x^n$ die Rekursionsformel $a_{n+1} = -\dfrac{2a_n}{n+1}$ für alle $n \in \mathbb{N}$. Aus $f(0) = 2$ und $f'(0) = 1$ ergibt sich $a_0 = 2$ und $a_1 = 1$.

Mit Hilfe der vollständigen Induktion zeigt man mit der Rekursionsformel $a_n = -\dfrac{1}{2} \cdot \dfrac{(-2)^n}{n!}$ für alle $n \in \mathbb{N}$, also ist $f(x) = \frac{5}{2} - \frac{1}{2} e^{-2x}$.

14. Aus $r = \dfrac{1}{2h}(a^2 + h^2)$ und $\tan\dfrac{\alpha}{2} = \dfrac{a}{r-h}$ folgt nach kurzer Rechnung $\alpha = 4 \arctan\dfrac{h}{a}$. Wegen $l = r \cdot \alpha$ folgt damit

$l = 2a \cdot \dfrac{a}{h} \cdot \left(1 + \left(\dfrac{h}{a}\right)^2\right) \cdot \arctan\dfrac{h}{a} = 2a \cdot \left(1 + \sum\limits_{n=1}^{\infty}(-1)^n\left(\dfrac{1}{2n+1} - \dfrac{1}{2n-1}\right)\left(\dfrac{h}{a}\right)^{2n}\right)$

$= 4a\left(\dfrac{1}{2} + \sum\limits_{n=1}^{\infty}(-1)^{n+1} \cdot \dfrac{1}{4n^2-1} \cdot \left(\dfrac{h}{a}\right)^{2n}\right) = 4a\left(\dfrac{1}{2} + \dfrac{1}{3}\left(\dfrac{h}{a}\right)^2 - \dfrac{1}{15}\left(\dfrac{h}{a}\right)^4 + \dfrac{1}{33}\left(\dfrac{h}{a}\right)^6 - + \cdots\right)$

15. a) Für alle λ mit $|\lambda| < 1$ gilt:

$x = l\left(\lambda \cdot \cos\varphi + \sum\limits_{n=0}^{\infty}(-1)^n\binom{\frac{1}{2}}{n}(\lambda \cdot \sin\varphi)^{2n}\right) = l(1 + \lambda \cdot \cos\varphi - \frac{1}{2}\lambda^2 \cdot \sin^2\varphi - \frac{1}{8}\lambda^4 \cdot \sin^4\varphi - \cdots)$;

b) $v = \dot{x} = \omega l \cdot \sin\varphi \cdot \left(-\lambda + 2\cos\varphi \sum\limits_{n=1}^{\infty}(-1)^n\binom{\frac{1}{2}}{n}\lambda^{2n} \cdot n \cdot \sin^{2n-2}\varphi\right)$

$= -\omega l \cdot \sin\varphi(\lambda + \cos\varphi(\lambda^2 + \frac{1}{2}\lambda^4 \cdot \sin^2\varphi + \frac{3}{8}\lambda^6 \cdot \sin^4\varphi + \cdots))$

$a = \dot{v} = -\omega^2 l(\lambda \cdot \cos\varphi + (2\cos^2\varphi - 1) \cdot \lambda^2 + \cdots)$.

16. Ersetzt man die Kosinusfunktion durch ihr viertes Taylorpolynom, so erhält man $1 - \dfrac{x^2}{2} + \dfrac{x^4}{24} = x^2$ mit $x^2 \leq 1$, woraus $x^4 - 36x^2 + 24 = 0$ folgt, also $x^2 = 18 \pm \sqrt{300}$, daher ist $x_{1,2} = \pm 0{,}8243\ldots$ ($x^2 = 35{,}3205\ldots$ entfällt wegen $x^2 \leq 1$).

17. a) Für alle $x, y \in \mathbb{R}$ folgt mit Hilfe des Binomischen Satzes

$E(x) \cdot E(y) = \left(\sum\limits_{n=0}^{\infty}\dfrac{x^n}{n!}\right) \cdot \left(\sum\limits_{n=0}^{\infty}\dfrac{y^n}{n!}\right) = \sum\limits_{n=0}^{\infty}\left(\sum\limits_{k=0}^{\infty}\dfrac{x^k}{k!} \cdot \dfrac{y^{n-k}}{(n-k)!}\right)$

$= \sum\limits_{n=0}^{\infty}\dfrac{1}{n!} \cdot \sum\limits_{k=0}^{\infty}\binom{n}{k}x^n y^{n-k} = \sum\limits_{n=0}^{\infty}\dfrac{(x+y)^n}{n!} = E(x+y)$.

b) Indirekter Beweis: Es sei $E(x) = 0$, dann folgt für alle $y \in \mathbb{R}$: $0 \cdot E(y) = E(x+y)$, d.h. E wäre die Nullfunktion im Widerspruch zu $E(1) = \sum\limits_{n=0}^{\infty} \dfrac{1}{n!} > 0$.

Für $x = 0$ in $E(x) \cdot E(y) = E(x+y)$ folgt: $E(0) \cdot E(y) = E(y)$, d.h. $(E(0) - 1)E(y) = 0$. Wegen $E(y) \neq 0$ für alle $y \in \mathbb{R}$ ist $E(0) = 1$.

c) Der Konvergenzradius der Funktion E ist ∞, daher darf für alle $x \in \mathbb{R}$ gliedweise differenziert werden. Wir erhalten für alle $x \in \mathbb{R}$:

$$E'(x) = \left(\sum_{n=0}^{\infty} \frac{x^n}{n!} \right)' = \sum_{n=1}^{\infty} \frac{x^{n-1}}{(n-1)!} = \sum_{n=0}^{\infty} \frac{x^n}{n!} = E(x).$$

d) Aus $E(x) = E'(x)$ für alle $x \in \mathbb{R}$ folgt wegen $E(x) \neq 0$: $\dfrac{E'(x)}{E(x)} = 1$. Durch Integration erhält man daraus $\ln E(x) = x + C$ für alle $x \in \mathbb{R}$. Für $x = 0$ ergibt sich daraus $\ln 1 = C$, d.h. $C = 0$, also ist die Verkettung der ln-Funktion mit der Funktion E die Identität und somit die Funktion E die Umkehrfunktion der ln-Funktion.

18. a) Die Krümmung im Scheitelpunkt $S = (0,0)$ ist 2, also ist $\kappa(x) = \frac{1}{2}(1 - \sqrt{1 - 4x^2})$

b) $d(x) = \frac{1}{2}(2x^2 - 1 + \sqrt{1 - 4x^2}) = \frac{1}{2}\left(2x^2 - 1 + \sum\limits_{n=0}^{\infty} \binom{\frac{1}{2}}{n} \cdot (-4)^n x^{2n} \right) = -x^4 - 2x^6 - \cdots$

Wegen $d(x) = \sum\limits_{n=0}^{\infty} \dfrac{d^{(n)}(0)}{n!} \cdot x^n$ ist also $d(0) = d'(0) = d''(0) = d'''(0) = 0$ und $\dfrac{d^{(4)}(0)}{24} = -1$, also $d^{(4)}(0) = -24$.

19. a) Anstatt der Graphen von f und φ an der Stelle 1 betrachten wir die Graphen der Funktionen f_1 und φ_1 mit $f_1(x) = \ln(1 + x)$ und $\varphi_1(x) = \sqrt{1 + x} - \dfrac{1}{\sqrt{1 + x}}$ an der Stelle Null. Es ist

$$\ln(1 + x) = x - \frac{x^2}{2} + \frac{x^3}{3} - + \cdots \text{ und}$$

$$(1+x)^{\frac{1}{2}} - (1+x)^{-\frac{1}{2}} = (1 + \tfrac{1}{2}x - \tfrac{1}{8}x^2 + \tfrac{1}{16}x^3 - + \cdots) - (1 - \tfrac{1}{2}x + \tfrac{3}{8}x^2 - \tfrac{5}{16}x^3 - \cdots) = x - \tfrac{1}{2}x^2 + \tfrac{3}{8}x^3 - + \cdots$$

also berühren sich die Graphen genau von zweiter Ordnung.

b) Es ist $e^{-x^2} = 1 - x^2 + \dfrac{x^4}{2} - \dfrac{x^6}{6} + - \cdots$ und $\dfrac{1}{1 + x^2} = \sum\limits_{n=0}^{\infty} (-1)^n x^{2n} = 1 - x^2 + x^4 - + \cdots$, die Graphen berühren sich also an der Stelle Null genau von dritter Ordnung.

20. Wegen $s(x) = \int\limits_{0}^{x} \sqrt{1 + e^{2t}}\, dt$ folgt $\frac{1}{2}e^x + \sinh x + C(x) = \int\limits_{0}^{x} \sqrt{1 + e^{2t}}\, dt$. Durch Differentiation erhält man $\frac{1}{2}e^x + \cosh x + C'(x) = \sqrt{1 + e^{2x}}$, also

$$C'(x) = \sqrt{1 + e^{2x}} - e^x - \tfrac{1}{2}e^{-x} = e^x(\sqrt{1 + e^{-2x}} - 1 - \tfrac{1}{2}e^{-2x})$$

$$= e^x \left[\sum_{n=0}^{\infty} \binom{\frac{1}{2}}{n}(e^{-2nx}) - 1 - \tfrac{1}{2}e^{-2x} \right] = \sum_{n=2}^{\infty} \binom{\frac{1}{2}}{n} \cdot e^{-(2n-1)x}.$$

Durch Integration ergibt sich

$$C(x) = -\sum_{n=2}^{\infty} \binom{\frac{1}{2}}{n} \cdot \frac{1}{2n-1} \cdot e^{-(2n-1)x} + K.$$

Wegen $C(0) = -\frac{1}{2}$ erhält man

$$K = \sum_{n=2}^{\infty} \binom{\frac{1}{2}}{n} \cdot \frac{1}{2n-1} - \frac{1}{2},$$

also

$$C(x) = \sum_{n=2}^{\infty} \binom{\frac{1}{2}}{n} \cdot \frac{1}{2n-1} \cdot (1 - e^{-(2n-1)x}) - \frac{1}{2}.$$

Für große x kann $e^{-(2n-1)x}$ vernachlässigt werden, daher ist

$$\sum_{n=2}^{\infty} \binom{\frac{1}{2}}{n} \cdot \frac{1}{2n-1} - \frac{1}{2} = -\frac{1}{24} + \frac{1}{80} - \frac{5}{896} + \frac{7}{2304} - + \cdots = -0{,}53 \cdots$$

ein Näherungswert von C, also $s(x) \approx \frac{1}{2} e^x + \sinh x - 0{,}53$.

21. $|f(x) - p(x)| = \left| \int_0^x \frac{\sin t}{t} dt - p(x) \right| = \left| \int_0^x \sum_{n=0}^{\infty} \frac{(-1)^n t^{2n}}{(2n+1)!} dt - p(x) \right| = \left| \sum_{n=0}^{\infty} \frac{(-1)^n x^{2n+1}}{(2n+1)!(2n+1)} - p(x) \right|$.

Wählt man $p(x) = \sum_{k=0}^{n-1} \frac{(-1)^k x^{2k+1}}{(2k+1)!(2k+1)}$, so ergibt sich (da die Reihe alternierend ist)

$$|f(x) - p(x)| = \left| \sum_{k=n}^{\infty} \frac{(-1)^k x^{2k+1}}{(2k+1)!(2k+1)} \right| \leq \frac{|x|^{2n+1}}{(2n+1)!(2n+1)}$$

$$\leq \frac{2^{2n+1}}{(2n+1)!(2n+1)} \leq \frac{1}{2} \cdot 10^{-2} \quad \text{für alle } x \in [-2, 2).$$

Diese Ungleichung ist erfüllt für alle $n \geq 3$, daher ist $p(x) = x - \frac{1}{18} x^3 + \frac{1}{600} x^5$.

22. $-\int_0^x \frac{\ln(1-t)}{t} dt = \int_0^x \sum_{n=1}^{\infty} \frac{t^{n-1}}{n} dt = \sum_{n=1}^{\infty} \frac{t^n}{n^2} \Big|_0^x = \sum_{n=1}^{\infty} \frac{x^n}{n^2}$.

23. Es ist $z^2 = \frac{1}{2}(1 - \sqrt{3} \cdot j) = \cos \varphi + j \cdot \sin \varphi$ mit $\varphi = \frac{10}{6} \pi$.
Wegen $|z^2| = 1$ ist $|z^2|^n = 1$ für alle $n \in \mathbb{N}_0$. Daher sind die s_n die Eckpunkte eines regelmäßigen Sechsecks (vgl. Bild L2.2). Danach sind s_{6n} und s_{6n-5} für alle $n \in \mathbb{N}$ reell.

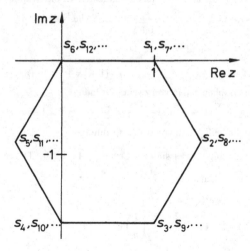

Bild L2.2: Zu Aufgabe 23

24. a) Es ist $\cos x = \sum_{n=0}^{\infty} \frac{(-1)^n x^{2n}}{(2n)!}$ und $\cosh x = \sum_{n=0}^{\infty} \frac{x^{2n}}{(2n)!}$ für alle $x \in \mathbb{R}$. Die hyperbolische Kosinusfunktion hat keine
Nullstelle in $\mathbb{R}$. Damit ergibt sich für alle $x \in \mathbb{R}$:

$$\frac{\cos x}{\cosh x} = 1 - x^2 + \frac{1}{2} x^4 - \frac{19}{90} x^6 + \cdots$$

b) Mit $e^{-x} \cos x = \frac{\cos x}{e^x}$ erhält man für alle $x \in \mathbb{R}$, da die e-Funktion keine Nullstell hat:

$$e^{-x} \cos x = 1 - x + \frac{1}{3} x^3 - \frac{1}{6} x^4 + \frac{1}{30} x^5 - \frac{1}{630} x^7 + \cdots$$

c) Bei der Potenzreihe für die Sinusfunktion ist das Absolutglied $b_0 = 0$. Aufgrund des Hinweises auf Seite 153 erhält man, wenn außerdem beachtet wir, daß die Sinusfunktion an den Stellen $-\pi$ und π Nullstellen besitzt:

$$f(x) = \cfrac{1}{\displaystyle\sum_{n=0}^{\infty} \frac{(-1)^n x^{2n}}{(2n+1)!}} \quad \text{und damit} \quad \frac{x}{\sin x} = 1 + \frac{x^2}{6} + \frac{7x^4}{360} + \frac{31x^6}{15120} + \cdots \quad \text{für alle } x \in (-\pi, \pi).$$

d) Wegen $x^2 \cot x = \cfrac{x \cos x}{\dfrac{\sin x}{x}}$, $\dfrac{\sin x}{x} = \displaystyle\sum_{n=0}^{\infty} \frac{(-1)^n x^{2n}}{(2n+1)!}$ und $x \cos x = \displaystyle\sum_{n=0}^{\infty} \frac{(-1)^n x^{2n+1}}{(2n)!}$ ist:

$$x^2 \cot x = x - \tfrac{1}{3} x^3 - \tfrac{1}{45} x^5 - \tfrac{2}{945} x^7 + \cdots \quad \text{für alle } x \in (-\pi, \pi).$$

2.3

1. a) $a_0 = \dfrac{1}{\pi} \displaystyle\int_0^{2\pi} x \, dx = 2\pi, \quad a_n = \dfrac{1}{\pi} \displaystyle\int_0^{2\pi} x \cdot \cos nx \, dx = 0$

$b_n = \dfrac{1}{\pi} \displaystyle\int_0^{2\pi} x \cdot \sin nx \, dx = \dfrac{1}{\pi} \left[\dfrac{\sin nx}{n^2} - \dfrac{x \cdot \cos nx}{n} \right]_0^{2\pi} = -\dfrac{2}{n}$ für alle $n \in \mathbb{N}$.

Fourier-Reihe: $\pi - 2 \cdot \displaystyle\sum_{n=1}^{\infty} \dfrac{\sin nx}{n} = \pi - 2\left(\sin x + \dfrac{\sin 2x}{2} + \cdots \right)$;

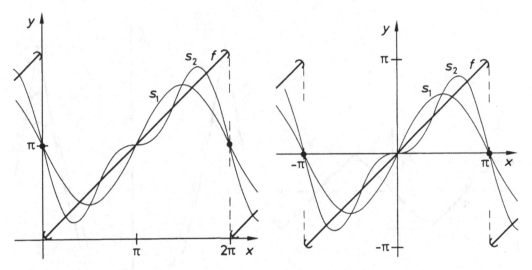

Bild L2.3: Zu Aufgabe 1a)   **Bild L2.4:** Zu Aufgabe 1b)

b) f ist ungerade, daher ist $a_n = 0$ für alle $n \in \mathbb{N}_0$,

$b_n = \dfrac{2}{\pi} \displaystyle\int_0^{\pi} x \cdot \sin nx \, dx = \dfrac{2}{\pi} \left[\dfrac{\sin nx}{n^2} - \dfrac{x \cdot \cos nx}{n} \right]_0^{\pi} = (-1)^{n+1} \cdot \dfrac{2}{n}$,

Fourier-Reihe:

$2 \cdot \displaystyle\sum_{n=1}^{\infty} (-1)^{n+1} \cdot \dfrac{\sin nx}{n} = 2\left(\sin x - \dfrac{\sin 2x}{2} + \dfrac{\sin 3x}{3} - \cdots \right)$;

c) f ist ungerade, also $a_n = 0$ für alle $n \in \mathbb{N}_0$,

$$b_n = \frac{2}{\pi} \int\limits_0^{\frac{1}{2}\pi} x \cdot \sin nx \, dx + \frac{2}{\pi} \int\limits_{\frac{1}{2}\pi}^{\pi} (\pi - x) \cdot \sin nx \, dx = \frac{4}{\pi} \cdot \frac{1}{n^2} \cdot \sin \frac{n}{2} \pi,$$

also

$$b_{2n} = 0 \text{ und } b_{2n-1} = \frac{4}{\pi} \cdot (-1)^{n+1} \cdot \frac{1}{(2n-1)^2} \text{ für alle } n \in \mathbb{N},$$

Fourier-Reihe:

$$\frac{4}{\pi} \cdot \sum_{n=1}^{\infty} (-1)^{n+1} \cdot \frac{\sin(2n-1)x}{(2n-1)^2} = \frac{4}{\pi} \left(\sin x - \frac{\sin 3x}{3^2} + - \cdots \right);$$

d) f ist gerade, daher ist $b_n = 0$ für alle $n \in \mathbb{N}$,

$$a_0 = \frac{2}{\pi} \int\limits_0^{\pi} x^2 \, dx = \frac{2}{3} \pi^2.$$

$$a_n = \frac{2}{\pi} \int\limits_0^{\pi} x^2 \cdot \cos nx \, dx = \frac{2}{\pi} \left[\frac{2x \cdot \cos nx}{n^2} + \left(\frac{x^2}{n} - \frac{2}{n^3} \right) \cdot \sin nx \right]_0^{\pi} = (-1)^n \cdot \frac{4}{n^2},$$

Fourier-Reihe:

$$\frac{1}{3} \pi^2 + 4 \cdot \sum_{n=1}^{\infty} \frac{(-1)^n}{n^2} \cdot \cos nx = \frac{1}{3} \pi^2 + 4 \cdot (-\cos x + \frac{1}{4} \cos 2x - \frac{1}{9} \cos 3x + - \cdots).$$

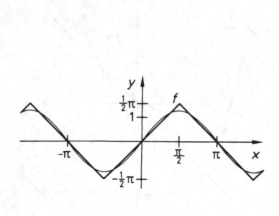

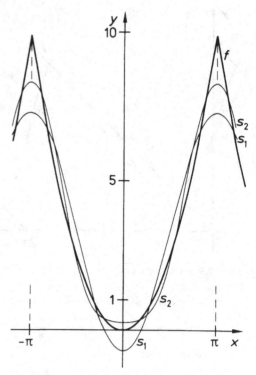

Bild L2.5: Zu Aufgabe 1c)

Bild L2.6: Zu Aufgabe 1d)

2. a) s. Bild L2.7

b) $f(20) = f(20 - 6\pi) = f(1,15\ldots) = 2,29\ldots$,
$f(30) = f(30 - 8\pi) = f(4,86\ldots) = -2,44\ldots$;

c) Wegen $\lim\limits_{x\uparrow\pi} x(\pi - x) = \lim\limits_{x\downarrow\pi}(x^2 - 3\pi x + 2\pi^2) = 0$ ist f an der Stelle π stetig.

Wegen $\lim\limits_{x\downarrow 0} x(\pi - x) = \lim\limits_{x\uparrow 2\pi}(x^2 - 3\pi x + 2\pi^2) = 0$ ist f an der Stelle 0 und, da f 2π-periodisch ist, auch an

der Stelle 2π stetig, also ist f auf $\mathbb{R}$ stetig.

$$f'_l(\pi) = \lim_{h\uparrow 0}\frac{(\pi + h)\cdot(-h)}{h} = -\pi, \quad f'_r(\pi) = \lim_{h\downarrow 0}\frac{(\pi + h)^2 - 3\pi(\pi + h) + 2\pi^2}{h} = -\pi, \quad \text{also} \quad f'(\pi) = -\pi,$$

$$f'_r(0) = \pi, \quad f'_l(0) = f'_l(2\pi) = \pi, \quad \text{also } f'(0) = \pi.$$

Damit ist

$$f'(x) = \begin{cases} \pi - 2x & \text{für } 0 \leq x < \pi \\ 2x - 3\pi & \text{für } \pi \leq x < 2\pi \end{cases}$$

f' ist auf $\mathbb{R}$ stetig, jedoch nicht differenzierbar, denn es ist $f''_l(\pi) = -2$, aber $f''_r(\pi) = 2$;

d) f ist (wie man zeigen kann) ungerade, also $a_n = 0$ für alle $n\in\mathbb{N}_0$,

$$b_n = \frac{2}{\pi}\int_0^\pi x(\pi - x)\cdot\sin nx\,dx = \frac{4}{\pi n^3}(1 + (-1)^{n+1}).$$

Fourier-Reihe von f:

$$\frac{8}{\pi}\cdot\sum_{n=1}^\infty \frac{\sin(2n - 1)x}{(2n - 1)^3} = \frac{8}{\pi}\cdot\left(\sin x + \frac{\sin 3x}{27} + \frac{\sin 5x}{125} + \cdots\right).$$

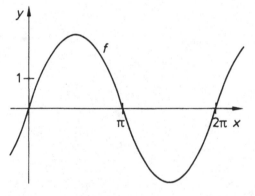

Bild L2.7: Zu Aufgabe 2a)   **Bild L2.8:** Zu Aufgabe 3a)

3. a) s. Bild L2.8

b) An der Stelle π und $-\pi$ ist f beliebig oft differenzierbar. Wir betrachten die Stelle $\frac{1}{2}\pi$, aus Symmetriegründen gilt dasselbe dann an der Stelle $-\frac{1}{2}\pi$.

Wegen $\lim\limits_{x\uparrow\frac{1}{2}\pi} f(x) = \lim\limits_{x\downarrow\frac{1}{2}\pi} f(x) = 0$ ist f an der Stelle $\frac{1}{2}\pi$ stetig. f ist auf $\mathbb{R}$ differenzierbar, und es gilt:

$$f'(x) = \begin{cases} \dfrac{4}{\pi^3}\cdot x^3 - \dfrac{3}{\pi}\cdot x & \text{für } |x| < \frac{1}{2}\pi \\ -\sin x & \text{für } \frac{1}{2}\pi \leq |x| \leq \pi. \end{cases}$$

f' ist an der Stelle $\frac{1}{2}\pi$ stetig, da $\lim\limits_{x\uparrow\frac{1}{2}\pi} f'(x) = \lim\limits_{x\downarrow\frac{1}{2}\pi} f'(x) = -1$ ist.

Wegen $f''_l(\tfrac{1}{2}\pi) = f''_r(\tfrac{1}{2}\pi) = 0$ ist f auf $\mathbb{R}$ zweimal differenzierbar, und es gilt

$$f''(x) = \begin{cases} \dfrac{12}{\pi^3}\cdot x^2 - \dfrac{3}{\pi} & \text{für } |x| < \tfrac{1}{2}\pi \\[2mm] -\cos x & \text{für } \tfrac{1}{2}\pi \leqq |x| \leqq \pi. \end{cases}$$

Wegen $f'''_l(\tfrac{1}{2}\pi) = \dfrac{12}{\pi^2}$, aber $f'''_r(\tfrac{1}{2}\pi) = 1$, ist f genau zweimal auf $\mathbb{R}$ differenzierbar.

c) f ist gerade, daher ist $b_n = 0$ für alle $n \in \mathbb{N}$,

$$a_0 = \frac{2}{\pi}\int_0^{\frac{1}{2}\pi}\left(\frac{1}{\pi^3}x^4 - \frac{3}{2\pi}x^2 + \frac{5\pi}{16}\right)dx + \frac{2}{\pi}\int_{\frac{1}{2}\pi}^{\pi}\cos x\,dx = \frac{2\pi}{10} - \frac{2}{\pi},$$

$$a_1 = \frac{2}{\pi}\int_0^{\frac{1}{2}\pi}\left(\frac{1}{\pi^3}x^4 - \frac{3}{2\pi}x^2 + \frac{5\pi}{16}\right)\cdot\cos x\,dx + \frac{2}{\pi}\int_{\frac{1}{2}\pi}^{\pi}\cos^2 x\,dx = \tfrac{1}{2} + \frac{48}{\pi^4},$$

$$a_n = \frac{2}{\pi}\int_0^{\frac{1}{2}\pi}\left(\frac{1}{\pi^3}x^4 - \frac{3}{2\pi}x^2 + \frac{5\pi}{16}\right)\cdot\cos nx\,dx + \frac{2}{\pi}\int_{\frac{1}{2}\pi}^{\pi}\cos x\cdot\cos nx\,dx,$$

also

$$a_{2n} = (-1)^{n+1}\left(\frac{1}{2\pi n^2} + \frac{3}{2\pi^3 n^4} - \frac{2}{\pi(4n^2-1)}\right), \quad a_{2n+1} = \frac{48}{\pi^4}\cdot\frac{(-1)^n}{(2n+1)^5}$$

Fourier-Reihe von f:

$$\frac{\pi}{10} - \frac{1}{\pi} + \left(\tfrac{1}{2} + \frac{48}{\pi^4}\right)\cdot\cos x + \sum_{n=1}^{\infty}\left(\frac{1}{2\pi n^2} + \frac{3}{2\pi^3 n^4} - \frac{2}{\pi(4n^2-1)}\right)(-1)^{n+1}\cdot\cos 2nx$$

$$+ \frac{48}{\pi^4}\cdot\sum_{n=1}^{\infty}(-1)^n\cdot\frac{1}{(2n+1)^5}\cdot\cos(2n+1)x.$$

4. a) f ist gerade, daher ist $b_n = 0$ für alle $n \in \mathbb{N}$,

$$a_0 = \frac{4}{\pi}\int_0^{\frac{1}{2}\pi} t^2\,dt = \frac{\pi^2}{6},$$

$$a_n = \frac{4}{\pi}\int_0^{\frac{1}{2}\pi} t^2\cdot\cos 2nt\,dt = (-1)^n\cdot\frac{1}{n^2},$$

Fourier-Reihe von f:

$$\frac{\pi^2}{12} + \sum_{n=1}^{\infty}\frac{(-1)^n}{n^2}\cdot\cos 2nt = \frac{\pi^2}{12} - \cos 2t + \tfrac{1}{4}\cos 4t - + \cdots$$

b) f ist ungerade, daher ist $a_n = 0$ für alle $n \in \mathbb{N}_0$,

$$b_n = \frac{4}{\pi}\int_0^{\frac{1}{2}\pi}\cos t\cdot\sin 2nt\,dt = \frac{8}{\pi}\cdot\frac{n}{4n^2-1},$$

Fourier-Reihe von f:

$$\frac{8}{\pi}\sum_{n=1}^{\infty}\frac{n}{4n^2-1}\cdot\sin 2nt = \frac{8}{\pi}(\tfrac{1}{3}\sin 2t + \tfrac{2}{15}\sin 4t + \cdots).$$

5. a) f ist 2π-periodisch und ungerade, also $a_n = 0$ für alle $n \in \mathbb{N}_0$,

$$b_n = \frac{2A}{\pi}\int_{\frac{1}{4}\pi}^{\frac{3}{4}\pi}\sin nt\,dt = \frac{4A}{n\pi}\cdot\sin n\frac{\pi}{2}\cdot\sin n\frac{\pi}{4},$$

daher ist

$$b_{4n-3} = \frac{2\sqrt{2}A}{\pi}\cdot\frac{(-1)^{n+1}}{4n-3}, \quad b_{4n-1} = \frac{2\sqrt{2}A}{\pi}\cdot\frac{(-1)^n}{4n-1}, \quad b_{2n-2} = b_{2n} = 0.$$

Fourier-Reihe:

$$\frac{2\sqrt{2}A}{\pi}\cdot\sum_{n=1}^{\infty}\frac{(-1)^{n+1}}{4n-3}\cdot\sin(4n-3)t+\frac{2\sqrt{2}A}{\pi}\cdot\sum_{n=1}^{\infty}\frac{(-1)^{n}}{4n-1}\cdot\sin(4n-1)t$$

$$=\frac{2\sqrt{2}A}{\pi}(\sin t-\tfrac{1}{3}\sin 3t-\tfrac{1}{5}\sin 5t+\tfrac{1}{7}\sin 7t+\cdots).$$

b) f ist T-periodisch und gerade, also $b_n=0$ für alle $n\in\mathbb{N}$,

$$a_0=\frac{4}{T}\int_0^{\frac{1}{4}\tau}dt=\frac{2\tau}{T},\quad a_n=\frac{4}{T}\int_0^{\frac{1}{4}\tau}\cos\frac{2\pi}{T}nt\,dt=\frac{2}{\pi n}\cdot\sin\frac{\pi n\tau}{T},$$

Fourier-Reihe: $\dfrac{\tau}{T}+\dfrac{2}{\pi}\cdot\sum_{n=1}^{\infty}\dfrac{1}{n}\cdot\sin\dfrac{\pi n\tau}{T}\cdot\cos\dfrac{2\pi}{T}nt.$

c) f ist T-periodisch und gerade, also $b_n=0$ für alle $n\in\mathbb{N}$,

$$a_0=\frac{\tau}{T},\quad a_n=\frac{4}{T}\int_0^{\frac{1}{4}\tau}\left(1-\frac{2}{\tau}t\right)\cdot\cos\frac{2\pi}{T}nt\,dt=\frac{2T}{\tau\pi^2 n^2}\cdot\left(1-\cos n\frac{\pi\tau}{T}\right),$$

Fourier-Reihe: $\dfrac{\tau}{2T}+\dfrac{2T}{\tau\pi^2}\cdot\sum_{n=1}^{\infty}\dfrac{1}{n^2}\left(1-\cos n\dfrac{\pi\tau}{T}\right)\cdot\cos\dfrac{2\pi}{T}nt.$

d) f hat die Periode 4 und ist ungerade, also $a_n=0$ für alle $n\in\mathbb{N}_0$,

$$b_n=\int_0^1 t\cdot\sin\frac{\pi}{2}nt\,dt+\int_1^2(2-t)\cdot\sin\frac{\pi}{2}nt\,dt=\frac{8}{n^2\pi^2}\cdot\sin n\frac{\pi}{2},$$

daher ist $b_{2n}=0$ und $b_{2n-1}=\dfrac{(-1)^{n+1}\cdot 8}{(2n-1)^2\pi^2}$,

Fourier-Reihe:

$$\frac{8}{\pi^2}\cdot\sum_{n=1}^{\infty}\frac{(-1)^{n+1}}{(2n-1)^2}\cdot\sin\frac{\pi}{2}(2n-1)t=\frac{8}{\pi^2}\left(\sin\frac{\pi}{2}t-\tfrac{1}{9}\sin\frac{3\pi}{2}t+-\cdots\right).$$

6. a) S. Bild L2.9. Da f ungerade ist, ist $a_n=0$ für alle $n\in\mathbb{N}_0$

$$b_n=\frac{2a}{\alpha\pi}\int_0^{\alpha}x\cdot\sin nx\,dx+\frac{2a}{\pi}\int_{\alpha}^{\pi-\alpha}\sin nx\,dx+\frac{2a}{\alpha\pi}\int_{\pi-\alpha}^{\pi}(\pi-x)\cdot\sin nx\,dx=\frac{2a}{\alpha\pi n^2}\cdot(\sin n\alpha+\sin n(\pi-\alpha)),$$

daher ist

$$b_{2n-1}=\frac{4a}{\alpha\pi}\cdot\frac{\sin(2n-1)\alpha}{(2n-1)^2}\quad\text{und}\quad b_{2n}=0\quad\text{für alle }n\in\mathbb{N},$$

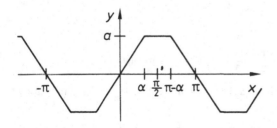

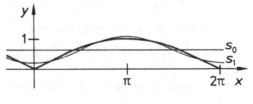

Bild L2.9: Zu Aufgabe 6a)

Bild L2.10: Zu Aufgabe 7d)

Fourier-Reihe:

$$\frac{4a}{\alpha\pi}\cdot\sum_{n=1}^{\infty}\frac{\sin(2n-1)\alpha}{(2n-1)^2}\cdot\sin(2n-1)x = \frac{4a}{\alpha\pi}(\sin\alpha\cdot\sin x + \tfrac{1}{9}\sin 3\alpha\cdot\sin 3x + \tfrac{1}{25}\sin 5\alpha\cdot\sin 5x + \cdots).$$

b) Für $\alpha = \dfrac{\pi}{3}$ lautet die Fourier-Reihe:

$$\frac{6\sqrt{3}a}{\pi^2}(\sin x - \tfrac{1}{25}\sin 5x + \tfrac{1}{49}\sin 7x - \tfrac{1}{121}\sin 11x + - \cdots).$$

7. a) Ist $a\in\mathbb{Z}$, so ist $\sin ax$ die Fourier-Reihe von f. Im folgenden sei daher $a\in\mathbb{R}\setminus\mathbb{Z}$, dann ist

$$a_n = \frac{1}{\pi}\int_0^{2\pi}\sin ax\cdot\cos nx\,\mathrm{d}x = \frac{a(1-\cos 2a\pi)}{\pi(a^2-n^2)}, \quad b_n = \frac{1}{\pi}\int_0^{2\pi}\sin ax\cdot\sin nx\,\mathrm{d}x = \frac{n\cdot\sin 2a\pi}{\pi(a^2-n^2)},$$

Fourier-Reihe:

$$s(x) = \frac{1-\cos 2a\pi}{2a\pi} + \frac{a}{\pi}\cdot\sum_{n=1}^{\infty}\frac{(1-\cos 2a\pi)}{a^2-n^2}\cdot\cos nx + \frac{1}{\pi}\sum_{n=1}^{\infty}\frac{n\cdot\sin 2a\pi}{a^2-n^2}\cdot\sin nx.$$

f hat an der Stelle 0 einen Sprung, die Fourier-Reihe nimmt dort das arithmetische Mittel der einseitigen Grenzwerte an, also gilt $s(0) = \tfrac{1}{2}\sin 2a\pi$.

b) Aus $s(0) = \tfrac{1}{2}\sin 2a\pi$ folgt:

$$\tfrac{1}{2}\sin 2a\pi = \frac{1-\cos 2a\pi}{2a\pi} + \frac{a}{\pi}(1-\cos 2a\pi)\cdot\sum_{n=1}^{\infty}\frac{1}{a^2-n^2},$$

also

$$\sum_{n=1}^{\infty}\frac{1}{n^2-a^2} = \frac{1}{2a^2} - \frac{\pi}{2a}\cdot\frac{\sin 2a\pi}{1-\cos 2a\pi}.$$

c) Aus $\displaystyle\lim_{a\to 0}\sum_{n=1}^{\infty}\frac{1}{n^2-a^2} = \lim_{a\to 0}\left(\frac{1}{2a^2} - \frac{\pi}{2a}\cdot\frac{\sin 2a\pi}{1-\cos 2a\pi}\right) = \lim_{a\to 0}\frac{1-\cos 2a\pi - a\pi\sin 2a\pi}{2a^2(1-\cos 2a\pi)}$

folgt durch Vertauschung der Grenzprozesse:

$$\sum_{n=1}^{\infty}\frac{1}{n^2} = \lim_{a\to 0}\frac{2\sin^2 a\pi - 2a\pi\sin a\pi\cdot\cos a\pi}{4a^2\sin^2 a\pi} = \lim_{a\to 0}\frac{\sin a\pi - a\pi\cos a\pi}{2a^2\sin a\pi} = \lim_{a\to 0}\frac{\pi^2\sin a\pi}{4\sin a\pi + 2a\pi\cos a\pi}$$

$$= \lim_{a\to 0}\frac{\pi^3\cos a\pi}{4\pi\cos a\pi + 2\pi\cos a\pi - 2a\pi^2\sin a\pi} = \frac{\pi^2}{6}.$$

d) S. Bild L2.10

8. a) f ist π-periodisch und gerade, also ist $b_n = 0$ für alle $n\in\mathbb{N}$,

$$a_0 = \frac{4}{\pi}\int_0^{\frac{1}{2}\pi}\cos x\,\mathrm{d}x = \frac{4}{\pi}, \quad a_n = \frac{4}{\pi}\int_0^{\frac{1}{2}\pi}\cos x\cdot\cos 2nx\,\mathrm{d}x = \frac{4}{\pi}(-1)^{n+1}\cdot\frac{1}{(2n-1)(2n+1)},$$

Fourier-Reihe:

$$\frac{2}{\pi} + \frac{4}{\pi}\cdot\sum_{n=1}^{\infty}\frac{(-1)^{n+1}}{4n^2-1}\cdot\cos 2nx = \frac{2}{\pi} + \frac{4}{\pi}\left(\frac{1}{1\cdot 3}\cos 2x - \frac{1}{3\cdot 5}\cos 4x + - \cdots\right).$$

b) Wegen $f(0) = 1$ und $\cos 0 = 1$ erhalten wir:

$$1 = \frac{2}{\pi} + \frac{4}{\pi}\left(\frac{1}{1\cdot 3} - \frac{1}{3\cdot 5} + \frac{1}{5\cdot 7} - + \cdots\right), \text{ woraus } \frac{\pi}{4} - \frac{1}{2} = \frac{1}{1\cdot 3} - \frac{1}{3\cdot 5} + \frac{1}{5\cdot 7} - + \cdots \text{ folgt.}$$

9. Die Ausgangsspannung sei u_A, dann ist $u_A(t) = |u_0\cdot\sin\omega t|$. u_A hat die primitive Periode $\dfrac{\pi}{\omega}$ und ist gerade, also ist $b_n = 0$,

$$a_0 = \frac{4\omega}{\pi}|u_0|\int_0^{\frac{\pi}{2\omega}}\sin\omega t\,\mathrm{d}t = \frac{4}{\pi}|u_0|, \quad a_n = \frac{4\omega}{\pi}|u_0|\int_0^{\frac{\pi}{2\omega}}\sin\omega t\cdot\cos 2n\omega t\,\mathrm{d}t = -\frac{4}{\pi}|u_0|\cdot\frac{1}{(2n+1)(2n-1)},$$

also gilt

$$u_A(t) = \frac{2}{\pi}|u_0| - \frac{4}{\pi}|u_0| \cdot \sum_{n=1}^{\infty} \frac{1}{4n^2 - 1} \cdot \cos 2n\omega t$$

$$= \frac{2}{\pi}|u_0| - \frac{4}{\pi}|u_0| \left(\frac{1}{1\cdot 3}\cos 2\omega t + \frac{1}{3\cdot 5}\cos 4\omega t + \frac{1}{5\cdot 7}\cos 6\omega t + \cdots \right).$$

10. a) $c_n = \dfrac{1}{2\pi} \displaystyle\int_{-\pi}^{0} e^{(1-jn)x}\,dx + \dfrac{1}{2\pi} \displaystyle\int_{0}^{\pi} e^{-(1+jn)x}\,dx = \dfrac{1 + (-1)^{n+1}\cdot e^{-\pi}}{\pi(1 + n^2)},$

Fourier-Reihe: $\dfrac{1}{\pi} \cdot \displaystyle\sum_{n=-\infty}^{\infty} \dfrac{1 + (-1)^{n+1}e^{-\pi}}{1 + n^2} \cdot e^{jnx};$

b) $c_n = \dfrac{1}{2} \displaystyle\int_{-1}^{0} e^{-(1+jn\pi)x}\,dx + \dfrac{1}{2}\displaystyle\int_{0}^{1} e^{(1-jn\pi)x}\,dx = \dfrac{(-1)^n\cdot e - 1}{1 + n^2\pi^2},$

Fourier-Reihe: $\displaystyle\sum_{n=-\infty}^{\infty} \dfrac{(-1)^n\cdot e - 1}{1 + n^2\pi^2} \cdot e^{jn\pi x}.$

2.4

1. a) f ist gerade $\Rightarrow F(\omega) = 2\displaystyle\int_{0}^{1}(1 - t^2)\cos\omega t\,dt.$ Für $\omega \neq 0$ ergibt sich daraus:

$$F(\omega) = \frac{2\sin\omega}{\omega} - 2\left[\frac{2t}{\omega^2}\cos\omega t + \left(\frac{t^2}{\omega} - \frac{2}{\omega^3}\right)\sin\omega t\right]_0^1. \text{ Für } \omega = 0: F(0) = 2\int_{0}^{1}(1 - t^2)\,dt = \tfrac{4}{3}.$$

Damit ist

$$F(\omega) = \begin{cases} \dfrac{4(\sin\omega - \omega\cos\omega)}{\omega^3} & \text{für } \omega \neq 0 \\[2mm] \dfrac{4}{3} & \text{für } \omega = 0 \end{cases}.$$

b) f ist gerade $\Rightarrow F(\omega) = 2\displaystyle\int_{0}^{1}(1 - t^3)\cos\omega t\,dt.$ Für $\omega \neq 0$ ergibt sich daraus:

$$F(\omega) = \frac{2\sin\omega}{\omega} - 2\left[\left(\frac{3t^2}{\omega^2} - \frac{6}{\omega^4}\right)\cos\omega t + \left(\frac{t^3}{\omega} - \frac{6t}{\omega^3}\right)\sin\omega t\right]_0^1.$$

Für $\omega = 0: F(0) = 2\displaystyle\int_{0}^{1}(1 - t^3)\,dt = \tfrac{3}{2}.$

Damit ist

$$F(\omega) = \begin{cases} \dfrac{6}{\omega^4}\left((2 - \omega^2)\cos\omega - 2(1 - \omega\sin\omega)\right) & \text{für } \omega \neq 0 \\[2mm] \dfrac{3}{2} & \text{für } \omega = 0 \end{cases}.$$

c) f ist gerade $\Rightarrow F(\omega) = 2\displaystyle\int_{0}^{\frac{\pi}{2}}\cos t\cos\omega t\,dt.$ Für $|\omega| \neq 1$ ergibt sich daraus:

$$F(\omega) = \left[\frac{\sin(1-\omega)t}{1-\omega} + \frac{\sin(1+\omega)t}{1+\omega}\right]_0^{\frac{\pi}{2}}. \text{ Für } |\omega| = 1: F(\pm 1) = 2\int_{0}^{\frac{\pi}{2}}\cos^2 t\,dt = \frac{\pi}{2}.$$

Wegen $\sin(1-\omega)\dfrac{\pi}{2} = \sin(1+\omega)\dfrac{\pi}{2} = \cos\dfrac{\pi}{2}\omega$ ist

$$F(\omega) = \begin{cases} \dfrac{2\cos\omega\dfrac{\pi}{2}}{1-\omega^2} & \text{für } |\omega| \neq 1 \\[3mm] \dfrac{\pi}{2} & \text{für } |\omega| = 1 \end{cases}.$$

d) f ist gerade $\Rightarrow F(\omega) = 2\int\limits_0^\pi \sin t \cos\omega t\,dt$. Für $|\omega| \neq 1$ ergibt sich daraus:

$$F(\omega) = \left[-\dfrac{\cos(1+\omega)t}{1+\omega} - \dfrac{\cos(1-\omega)t}{1-\omega} \right]_0^\pi. \text{ Für } |\omega| = 1: F(\pm 1) = 2\int\limits_0^\pi \sin t \cos t\,dt = 0.$$

Wegen $\cos(1-\omega)\pi = \cos(1+\omega)\pi = -\cos\pi\omega$ ist

$$F(\omega) = \begin{cases} \dfrac{2(1+\cos\pi\omega)}{1-\omega^2} & \text{für } |\omega| \neq 1 \\[3mm] 0 & \text{für } |\omega| = 1 \end{cases}.$$

2. a) f ist gerade $\Rightarrow F(\omega) = 2\int\limits_0^{\frac{\pi}{4}} \cos t \cos\omega t\,dt$. Für $|\omega| \neq 1$ ergibt sich daraus:

$$F(\omega) = \left[\dfrac{\sin(1-\omega)t}{1-\omega} + \dfrac{\sin(1+\omega)t}{1+\omega} \right]_0^{\frac{\pi}{4}}. \text{ Für } |\omega| = 1: F(\pm 1) = 2\int\limits_0^{\frac{\pi}{4}} \cos^2 t\,dt = \dfrac{\pi}{4} + \dfrac{1}{2}.$$

Wegen $\sin(\alpha \pm \beta) = \sin\alpha\cos\beta \pm \cos\alpha\sin\beta$ ist

$$F(\omega) = \begin{cases} \dfrac{\sqrt{2}\left(\cos\dfrac{\pi}{4}\omega - \omega\sin\dfrac{\pi}{4}\omega\right)}{1-\omega^2} & \text{für } |\omega| \neq 1 \\[3mm] \dfrac{\pi}{4} + \dfrac{1}{2} & \text{für } |\omega| = 1 \end{cases}.$$

Da F gerade ist, genügt es, die Stetigkeit an der Stelle 1 zu zeigen. Mit der Regel von Bernoulli-de l'Hospital erhalten wir

$$\lim_{\omega \to 1} F(\omega) = \dfrac{\sqrt{2}\left(-\dfrac{\pi}{4}\sin\dfrac{\pi}{4}\omega - \sin\dfrac{\pi}{4}\omega - \dfrac{\pi}{4}\omega\cos\dfrac{\pi}{4}\omega\right)}{-2\omega} = \dfrac{\pi}{4} + \dfrac{1}{2}.$$

b) Es ist

$$g(t) = \begin{cases} \dfrac{\sqrt{2}\left(\cos\dfrac{\pi}{4}t - t\sin\dfrac{\pi}{4}t\right)}{1-t^2} & \text{für } |t| \neq 1 \\[3mm] \dfrac{\pi}{4} + \dfrac{1}{2} & \text{für } |t| = 1 \end{cases}, \text{ woraus } G(\omega) = 2\pi\left(\varepsilon\left(\omega + \dfrac{\pi}{4}\right) - \varepsilon\left(\omega - \dfrac{\pi}{4}\right)\right)\cos\omega$$

mit Hilfe des Vertauschungssatzes folgt.

c) Es ist $G(\omega) = 2\sqrt{2}\int\limits_0^\infty \dfrac{\cos\dfrac{\pi}{4}t - t\sin\dfrac{\pi}{4}t}{1-t^2}\cos\omega t\,dt$. Mit $G(0) = 2\pi$ folgt hieraus:

$$\int\limits_0^\infty \dfrac{\cos\dfrac{\pi}{4}t - t\sin\dfrac{\pi}{4}t}{1-t^2}\,dt = \dfrac{\pi}{2}\sqrt{2}.$$

3. a) $\int\limits_{-\infty}^{\infty} f_a(t)\,dt = 2b\int\limits_0^{\frac{1}{a}} dt + 2eb\int\limits_{\frac{1}{a}}^{\infty} e^{-at}\,dt = \frac{4b}{a} = 1 \Leftrightarrow b = \frac{a}{4}.$

b) $F_a(0) = 1$ wegen a). Für $\omega \neq 0$ ergibt sich:

$$F_a(\omega) = \frac{a}{2}\int\limits_0^{\frac{1}{a}} \cos\omega t\,dt + \frac{ae}{2}\int\limits_{\frac{1}{a}}^{\infty} e^{-at}\cos\omega t\,dt$$

$$= \frac{a}{2\omega}\sin\frac{1}{a}\omega + \frac{ae}{2}\lim_{R\to\infty}\left[\frac{e^{-at}}{a^2+\omega^2}(-a\cos\omega t + \omega\sin\omega t)\right]_{\frac{1}{a}}^{R},$$

woraus

$$F_a(\omega) = \begin{cases} \dfrac{a^2\left(a\sin\frac{1}{a}\omega + \omega\cos\frac{1}{a}\omega\right)}{2\omega(a^2+\omega^1)} & \text{für } \omega \neq 0 \\ 1 & \text{für } \omega = 0 \end{cases}$$

folgt. Mit der Regel von Bernoulli-de l'Hospital: $\lim\limits_{\omega\to 0} F_a(\omega) = 1$, F_a ist auf $\mathbb{R}$ stetig.

c)

$$g(t) = \begin{cases} \dfrac{a^2\left(a\sin\frac{1}{a}t + t\cos\frac{1}{a}t\right)}{2t(a^2+t^2)} & \text{für } t \neq 0. \quad \text{Mit dem Vertauschungssatz folgt:} \\ 1 & \text{für } t = 0. \end{cases}$$

$$G(\omega) = 2\pi f(\omega) = \begin{cases} \dfrac{\pi a}{2} & \text{für } 0 \leq |\omega| \leq \frac{1}{a} \\ \dfrac{\pi a}{2}e^{1-a|\omega|} & \text{für } \frac{1}{a} < |\omega| \end{cases}.$$

Andererseits gilt, da G gerade ist

$G(\omega) = 2\int\limits_0^{\infty} g(t)\cos\omega t\,dt$, woraus, wenn $a = 1$ gesetzt wird, $G(0) = \int\limits_0^{\infty}\dfrac{t\cos t + \sin t}{t(1+t^2)}\,dt = \dfrac{\pi}{2}$

folgt.

4. a) Da f eine gerade Funktion ist, folgt:

$$F(\omega) = 2\int\limits_0^1 t\cos\omega t\,dt + 2\int\limits_1^2 (2-t)\cos\omega t\,dt = \frac{4\cos\omega(1-\cos\omega)}{\omega^2} \text{ für } \omega \neq 0; F(0) = 2.$$

Wegen (Regel von Bernoulli-de l'Hospital) $\lim\limits_{\omega\to 0} F(\omega) = 2\lim\limits_{\omega\to 0}\dfrac{-\sin\omega + 2\cos\omega\sin\omega}{\omega} = 2$ ist F auf $\mathbb{R}$ stetig.

b) Aufgrund des Vertauschungssatzes gilt:

$$\mathscr{F}\left\{\frac{4\cos t(1-\cos t)}{t^2}\right\} = 2\pi(\varepsilon(\omega+2) - \varepsilon(\omega-2))(1-||\omega|-1|).$$

Beachtet man, daß F gerade ist, so folgt mit der Definition der Fourier-Transformation:

$$\int\limits_0^{\infty}\frac{4\cos t(1-\cos t)}{t^2}\cos\omega t\,dt = \frac{\pi}{4}(\varepsilon(\omega+2) - \varepsilon(\omega-2))(1-||\omega|-1|).$$

Für $\omega = 1$ folgt (da $f(1) = 1$) die Behauptung.

5. a) Da f eine gerade Funktion ist, folgt:

$$F(\omega) = 2a\int\limits_0^{\tau} t\cos\omega t\,dt = \frac{2a(\cos\tau\omega + \tau\omega\sin\tau\omega - 1)}{\omega^2} \text{ für } \omega \neq 0 \text{ und } F(0) = a\tau^2.$$

Wegen $\lim\limits_{\omega\to 0} F(\omega) = a\lim\limits_{\omega\to 0}\dfrac{-\tau\sin\tau\omega + \tau\sin\tau\omega + \tau^2\omega\cos\tau\omega}{\omega} = a\tau^2$ ist F auf $\mathbb{R}$ stetig.

b) Der Vertauschungssatz liefert folgende Korrespondenz:

$$g(t) = \frac{2a(\cos \tau t - \tau t \sin \tau t - 1)}{t^2} \circ\!\!-\!\!-\!\!\bullet\; 2\pi a(\varepsilon(\omega + \tau) - \varepsilon(\omega - \tau))|\omega| = G(\omega).$$

c) Mit der oben angegebenen Korrespondenz und der Definition der Fourier-Transformation folgt:

$$\int_0^\infty \frac{\cos \tau t - \tau t \sin \tau t - 1}{t^2} \cos \omega t \, dt = \frac{\pi}{2}(\varepsilon(\omega + \tau) - \varepsilon(\omega - \tau))|\omega|.$$

Für $\omega = \tau$ erhalten wir, da $G(\tau) = \dfrac{\pi\tau}{4}$ (beachte $\varepsilon(0) = \frac{1}{2}$):

$$\int_0^\infty \frac{(\cos \tau t - \tau t \sin \tau t - 1)\cos \tau t}{t^2} \, dt = \frac{\pi\tau}{4}.$$

6. a) Im Bildbereich gilt: $F_\Omega = F \cdot p_\Omega$. Der Faltungssatz liefert $f_\Omega = f * P_\Omega$, wobei $P_\Omega = \mathscr{F}^{-1}\{p_\Omega\}$. Da p_Ω die Voraussetzungen des Satzes 2.23 erfüllt, gilt die Äquivalenz $P_\Omega = \mathscr{F}^{-1}\{p_\Omega\} \Leftrightarrow p_\Omega = \mathscr{F}\{P_\Omega\}$. Daraus folgt mit dem Vertauschungssatz (alle Funktionen sind reell): $P_\Omega = \dfrac{1}{2\pi}\mathscr{F}\{p_\Omega\}$. Mit dem Rechteckimpuls in Abschnitt 2.4.2 folgt wegen (2.68): $P_\Omega(t) = \delta_\Omega(t) = \dfrac{\sin \Omega t}{\pi t}$.

b) Wie in a) erhält man mit dem Dreieckimpuls in Abschnitt 2.42 nach (2.69) die Behauptung.

3 Funktionen mehrerer Variablen

3.1

1. a) D ist ein abgeschlossener Kreis vom Radius 3 mit dem Mittelpunkt $(2, -1)$.

   b) D ist weder offen noch abgeschlossen, D ist beschränkt (s. Bild L3.1).

   c) D ist beschränkt und weder offen noch abgeschlossen (s. Bild L3.2).

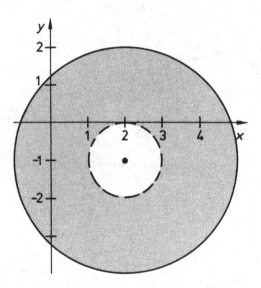

Bild L3.1: Zu Aufgabe 1b)

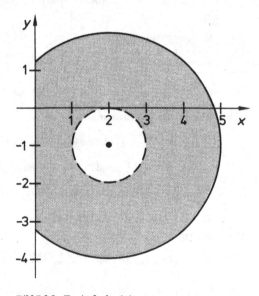

Bild L3.2: Zu Aufgabe 1c)

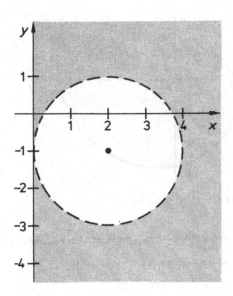

Bild L3.3: Zu Aufgabe 1d)

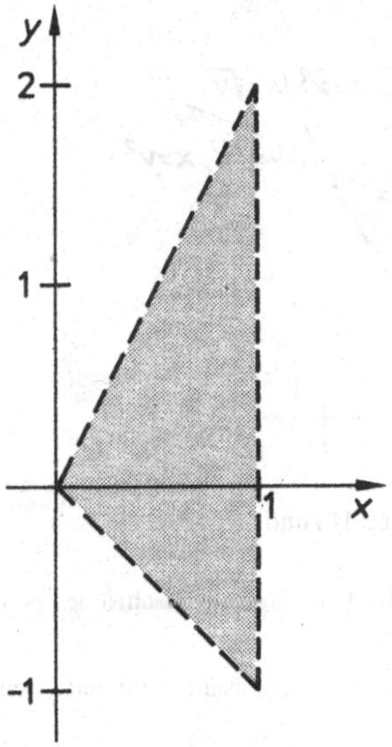

Bild L3.4: Zu Aufgabe 1e)

d) D ist nicht beschränkt und weder offen noch abgeschlossen (s. Bild L3.3).

e) D ist beschränkt und offen. Man beachte, daß $(0,0) \notin D$ ist (s. Bild L3.4).

f) D ist nicht beschränkt und offen (s. Bild L3.5).

g) D ist nicht beschränkt und weder offen noch abgeschlossen. Man beachte, daß $(0,0) \notin D$ gilt (s. Bild L3.6).

h) D ist beschränkt und offen (s. Bild L3.7).

i) D ist dieselbe Menge wie in der vorigen Aufgabe, vgl. Bild L3.7.

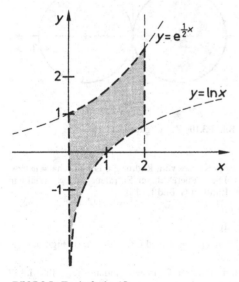

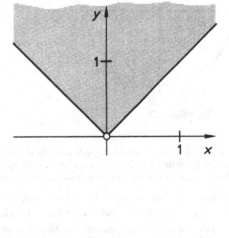

Bild L3.5: Zu Aufgabe 1f)

Bild L3.6: Zu Aufgabe 1g)

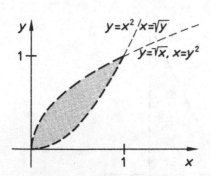

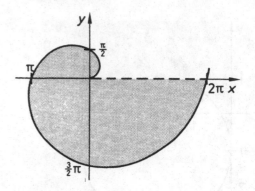

Bild L3.7: Zu Aufgabe 1h) und i)   **Bild L3.8:** Zu Aufgabe 2a)

2. a) Durch $r = \varphi$ wird eine Spirale beschrieben (s. Bild L3.8).

   b) Siehe Bild L3.9.

   c) Die Gleichung $r = \cos\varphi$ beschreibt einen Kreis: In kartesischen Koordinaten erhält man nämlich

   $$r = \sqrt{x^2 + y^2} = \cos\varphi = \frac{x}{r} = \frac{x}{\sqrt{x^2 + y^2}} \text{ und daraus}$$

   $(x - \frac{1}{2})^2 + y^2 = \frac{1}{4}$. Analog $r = -\cos\varphi$ (s. Bild L3.10).

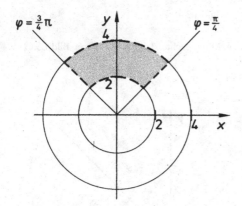

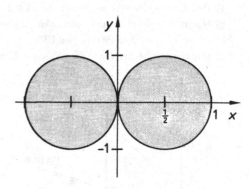

Bild L3.9: Zu Aufgabe 2b)   **Bild L3.10:** Zu Aufgabe 2c)

   d) Siehe Bild L3.11.

   e) Die erste der zwei Ungleichungen beschreibt das Innere eines Kreises vom Radius 2π. Die durch $r = \varphi$ bzw. $r = 2\varphi$ beschriebenen Begrenzungskurven sind Spiralen. Die „äußere" dieser Spiralen, $r = 2\varphi$, verläßt in $P = (-2\pi, 0)$ den Kreis, so daß von hier die Kreislinie der Rand ist (s. Bild L3.12).

3. a) D ist eine beschränkte abgeschlossene Menge (s. Bild L3.13).

   b) D ist eine beschränkte abgeschlossene Menge (s. Bild L3.14).

   c) D ist eine beschränkte abgeschlossene Menge. D entsteht, indem die in Bild L3.15 skizzierte Figur um die z-Achse rotiert.

   d) D ist eine beschränkte abgeschlossene Menge. Der Rotationskörper D entsteht, indem die in Bild L3.17 schraffiert wiedergegebene Figur um die z-Achse rotiert (s. Bild L3.16).

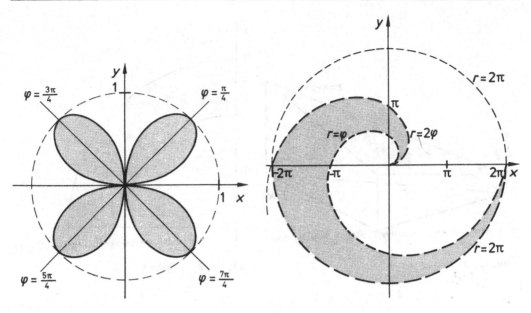

Bild L3.11: Zu Aufgabe 2d)   **Bild L3.12:** Zu Aufgabe 2e)

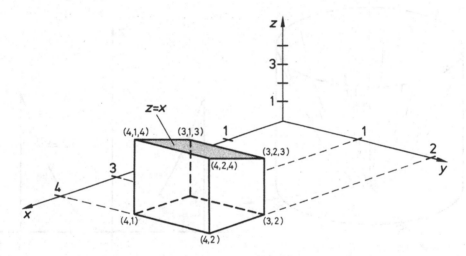

Bild L3.13: Zu Aufgabe 3a)

4. a) f ist auf $\mathbb{R}^2$ definiert und stetig. Die Höhenlinien sind Ellipsen, wie in Bild L3.18 dargestellt. Die Werte von c in $f(x,y) = c$ sind an die entsprechenden Höhenlinien geschrieben (s. Bild L3.18).

b) f ist auf $\mathbb{R}^2$ definiert und stetig. Nach Beispiel 3.15 ist das Schaubild von $z = f(x,y)$ eine Ebene im Raum, die Höhenlinien sind Geraden (s. Bild L3.19).

c) Die Funktion f ist in $\mathbb{R}^2 \setminus \{(0,0)\}$ definiert und stetig. In Polarkoordinaten erhält man

$$z = f(x,y) = \frac{x}{\sqrt{x^2 + y^2}} = \frac{r \cdot \cos\varphi}{r} = \cos\varphi.$$

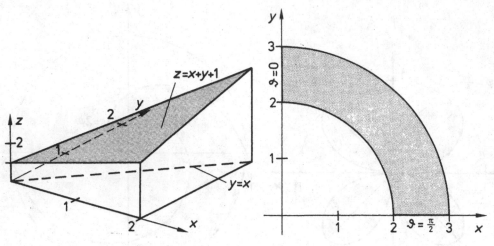

Bild L3.14: Zu Aufgabe 3b)

Bild L3.15: Zu Aufgabe 3c)

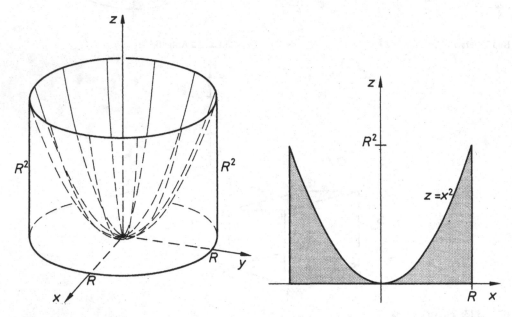

Bild L3.16: Zu Aufgabe 3d)

Bild L3.17: Zu Aufgabe 3d)

Die Höhenlinien sind also die durch $\varphi = $ const. festgelegten Strahlen aus Bild 3.20. Dabei hat man sich die mit ($\varphi = 60°$) gekennzeichnete Halbgerade in der dort vermerkten Höhe $z = \cos 60° = \frac{1}{2}$ zu denken. Man kann sich die durch $z = f(x, y) = \cos \varphi$ definierte Fläche dadurch entstanden denken, daß man einen Stock, der auf der z-Achse beginnt, um die z-Achse dreht, dabei aber stets waagerecht hält und in Abhängigkeit vom Winkel φ bei der Drehung auf und ab bewegt. Die Funktion f läßt sich in $(0,0)$ offensichtlich nicht stetig ergänzen.

d) Die Funktion f ist in $\mathbb{R}^2$ definiert und in $\mathbb{R}^2 \backslash \{(0,0)\}$ stetig (s. auch die vorige Aufgabe).

e) f ist in $\mathbb{R}^2$ definiert und stetig. Die Höhenlinien sind Kreise (vgl. Bild L3.21).

5. a) f ist in jedem Punkte ihres Definitionsbereiches $D_f = \{(x,y)\in\mathbb{R}^2 \mid x \geqq 0\}$ stetig.

   b) f ist in jedem Punkt des Definitionsbereiches

   $D_f = \{(x,y)\}\in\mathbb{R}^2 \mid [x > 0 \text{ und } y \geqq 0] \text{ oder } [x < 0 \text{ und } y \leqq 0]\}$ stetig.

   c) f ist in $\mathbb{R}^2$ stetig: Wenn $x > 0$ oder $x < 0$, so ist f stetig in (x,y). Im Punkt $(0, y_0)$ gilt folgendes: Ist $\varepsilon > 0$, so gilt für $\delta = \sqrt{\varepsilon}$, wenn $|(x,y) - (0, y_0)| = \sqrt{x^2 + (y - y_0)^2} < \delta$ ist:

   α) Wenn $x > 0$: $|f(x,y) - f(0, y_0)| = |x \cdot \cos(x^2 + y) - 0| \leqq |x| \leqq \sqrt{x^2 + (y - y_0)^2} < \delta = \sqrt{\varepsilon} < \varepsilon$ (wenn $\varepsilon < 1$).

   β) Wenn $x = 0$: $|f(x,y) - f(0, y_0)| = 0 < \varepsilon$.

   γ) Wenn $x < 0$: $|f(x,y) - f(0, y_0)| = |x|^2 \leqq \left(\sqrt{x^2 + (y - y_0)^2}\right)^2 < \delta^2 = \varepsilon$.

   d) f ist für alle $(x,y) \neq (0,0)$ stetig, in $(0,0)$ nicht stetig: Längs der y-Achse $(x = 0)$ ist $f(0, y) = (e^y - 1) \cdot y^{-2}$ (wenn $y \neq 0$) für $y \to 0$ nicht konvergent (Regel von L'Hospital), f also nach Satz 3.6 in $(0,0)$ nicht stetig.

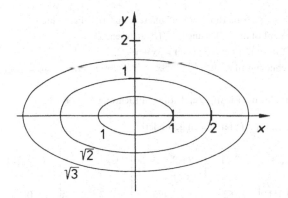

Bild L3.18: Höhenlinien zu Aufgabe 4a)

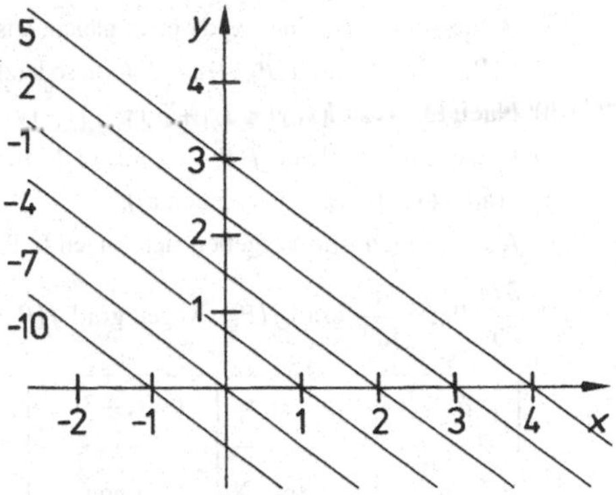

Bild L3.19: Höhenlinien zu Aufgabe 4b)

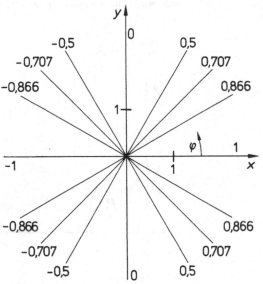

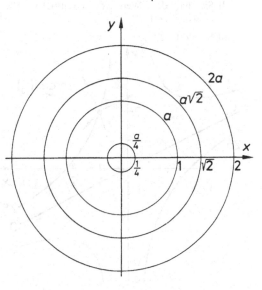

Bild L3.20: Höhenlinien zu Aufgabe 4c)

Bild L3.21: Höhenlinien zu Aufgabe 4e)

6. $z = \ln \sqrt{x^2 + y^2}$.

7. Die Gleichung der Fläche ist $z = g\left(\sqrt{x^2 + y^2}\right)$, nach Satz 3.3 ist f mit $f(x, y) = g\left(\sqrt{x^2 + y^2}\right)$ stetig; dabei ist $D_f = \{(x, y) \in \mathbb{R}^2 \mid a^2 \leqq x^2 + y^2 \leqq b^2\}$

3.2

1. a) $f_x(x, y) = x + y$, $f_y(x, y) = x$, $f_{xx}(x, y) = f_{xy}(x, y) = f_{yx}(x, y) = 1$, $f_{yy}(x, y) = 0$; alle partiellen Ableitungen höherer als zweiter Ordnung sind für alle (x, y) Null.

   b) In allen Punkten, da f_x und f_y stetig sind (Satz 3.10).

   c) Da $f_x(P_0) = 3$ und $f_y(P_0) = 1$, ist $\mathrm{d}f(P_0) = 3 \cdot \mathrm{d}x + \mathrm{d}y$.

   d) $f(P_0) = 2,5$; $f(P) = 2,695$; $f(P) - f(P_0) = 0,195$.

   e) $a = 3 \cdot \mathrm{d}x + \mathrm{d}y = 3 \cdot 0,1 - 0,1 = 0,2$.

   f) Beide sind für kleine $\mathrm{d}x$, $\mathrm{d}y$ etwa gleich, a ist als eine Näherung für die Differenz aus d) zu betrachten.

   g) $f(P) = 2,695$ und $f(P_0) + a = 2,7$; diese letzte Zahl ist als Näherung für $f(P)$ anzusehen.

   h) Nach (3.19) ist $l(x, y) = 2,5 + 3 \cdot (x - 1) + (y - 2)$, ausmultipliziert: $l(x, y) = 3x + y - 2,5$.

   i) Diese Zahl ist gleich $f(P_0) + a$ aus g). Man rechne mit h) nach.

   j) $\mathrm{grad}\, f(x, y) = (x + y, x)$ (nach a)).

   k) Aus der Definition ergeben sich folgende Werte für die Richtungsableitung in Richtung $\vec{a}$:

   $$\frac{\partial f}{\partial \vec{a}}(P_0) = \frac{\vec{a}}{|\vec{a}|} \cdot \mathrm{grad}\, f(P_0), \text{ wegen } \mathrm{grad}\, f(P_0) = (3, 1) \text{ (auf drei Stellen gerundet):}$$

$\vec{a}$	$(2, 3)$	$(-1, -3)$	$(3, 2)$	$(3, 1)$	$(-2, -3)$	$(-3, -1)$	$(-1, 3)$
$\dfrac{\partial f}{\partial \vec{a}}(P_0)$	$2,496$	$-1,897$	$3,051$	$3,162$	$-2,496$	$-3,162$	0

   l) Sie hat den Wert von $|\mathrm{grad}\, f(P_0)|$, also $\sqrt{10} = 3,162\ldots$ und wird angenommen in Richtung $\mathrm{grad}\, f(P_0) = (3, 1)$.

   m) S. Bild L3.22.

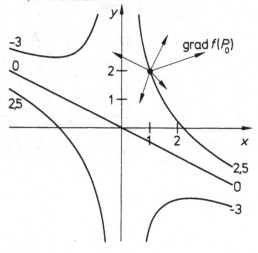

Bild L3.22: Zu Aufgabe 1m)

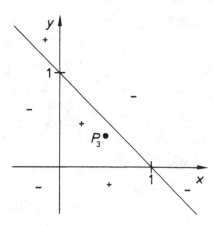

Bild L3.23: Zu Aufgabe 4

2. Partielle Differentiation von E liefert in $P = (I, a, F, \alpha)$:

$$E_l(P) = \frac{3}{2} \cdot \frac{l \cdot F \cdot \cot \alpha}{a^4}, \quad E_a(P) = -3 \cdot \frac{l^2 \cdot F \cdot \cot \alpha}{a^5}, \quad E_F(P) = \frac{3}{4} \cdot \frac{l^2 \cdot \cot \alpha}{a^4}$$

$$E_\alpha(P) = -\frac{3}{4} \cdot \frac{l^2 \cdot F}{a^4 \cdot \sin^2 \alpha}$$

Für $\tilde{P} = (\tilde{I}, \tilde{a}, \tilde{F}, \tilde{\alpha}) = (100; 1; 120; 0,017)$ erhält man somit

$E(\tilde{P}) = 5,29361 \cdot 10^7$ N/cm^2 und

$E_l(\tilde{P}) = 1,05872 \cdot 10^6$ N/cm, $\tilde{E}_a(P) = -2,11744 \cdot 10^8$ N/cm.

$E_F(\tilde{P}) = 4,41134 \cdot 10^5$ 1/cm^2, $E_\alpha(\tilde{P}) = -3,11449 \cdot 10^9$ N/cm^2.

Mit diesen Werten und den Meßfehlern ergibt sich als Schätzwert für den

absoluten Fehler:

$$F_a = |E_1(\tilde{P})| \cdot \delta_l + |E_a(\tilde{P})| \cdot \delta_a + |E_F(\tilde{P})| \cdot \delta_F + |E_\alpha(\tilde{P})| \cdot \delta_\alpha$$

$$= (1,05872 \cdot 10^6 \cdot 0,01 + 2,11744 \cdot 10^8 \cdot 0,01 + 4,41134 \cdot 10^5 \cdot 0,96 + 3,11449 \cdot 10^9 \cdot 0,000085)\ \text{N/cm}^2$$

$$= 2,81625 \cdot 10^6\ \text{N/cm}^2$$

relativen Fehler:

$$F_r = \left| \frac{F_a}{E(\tilde{P})} \right| = \frac{2,81625 \cdot 10^6}{5,29361 \cdot 10^7} = 0,0532 = 5,3\%$$

3. Partielle Differentiation von H liefert in $P = (I, l, r)$:

$$H_l(P) = 1000 \cdot I \cdot \frac{6r^2 - l^2}{l^4}, \quad H_I(P) = \frac{1000}{l} \cdot \left(1 - 2 \cdot \left(\frac{r}{l}\right)^2\right), \quad H_r(P) = -\frac{4000 \cdot I \cdot r}{l^3}$$

Für $\tilde{P} = (\tilde{I}, \tilde{l}, \tilde{r}) = (1; 20; 2)$ erhält man somit $H(\tilde{P}) = 49$ A/cm und

$H_l(\tilde{P}) = -2,35$ A/cm^2, $H_I(\tilde{P}) = 49$cm^{-1}, $H_r(\tilde{P}) = -1$ A/cm^2.

Mit diesen Werten und den Meßfehlern ergibt sich als Schätzwert für den

absoluten Fehler:

$$F_a = |H_l(\tilde{P})| \cdot \delta_l + |H_I(\tilde{P})| \cdot \delta_I + |H_r(\tilde{P})|| \cdot \delta_r = (2,35 \cdot 0,01 + 49 \cdot 0,03 + 1 \cdot 0,01)\ \text{A/cm}$$

relativen Fehler:

$$F_r = \left| \frac{F_a}{H(\tilde{P})} \right| = \frac{1,5035}{49} = 0,0307 = 3,1\%$$

4. Aus den notwendigen Bedingungen (f ist als Polynom überall differenzierbar)

$$f_x(x, y) = x^2 y^2 (3 - 4x - 3y) = 0$$

$$f_y(x, y) = x^3 y (2 - 2x - 3y) = 0$$

erhält man die Lösungen, indem man je einen der Faktoren jeder dieser zwei Gleichungen Null setzt: $P_1 = (0, y)$, $P_2 = (x, 0)$ [x und y jeweils beliebig], $P_3 = (\frac{1}{2}, \frac{1}{3})$. Da $f_{xx}(x, y) = 6xy^2(1 - 2x - y)$, $f_{yy}(x, y) = 2x^3(1 - x - 3y)$ und $f_{xy}(x, y) = x^2 y (6 - 8x - 9y)$, erhält man für die Zahl Δ aus (3.39) in P_1 und P_2 jeweils 0, in P_3 ist $\Delta > 0$; da $f_{xx}(P_3) < 0$, liegt in P_3 ein relatives Maximum von f.

Um zu einem Ergebnis über P_1 und P_2 zu gelangen, skizzieren wir die 0-Höhenlinie von f: Sie besteht aus den drei Geraden mit den Gleichungen $x = 0$, $y = 0$, und $1 - x - y = 0$ (Bild L3.23). Aus den im Bild L3.23 eingetragenen Vorzeichen von $f(x, y)$ geht hervor, daß in P_1 keine Extrema liegen können (Vorzeichenwechsel!). In P_2 liegen relative Maxima bzw. Minima und zwar für $x < 0$ und $x > 1$ Maxima, für $0 < x < 1$ Minima, es sind jedoch keine eigentlichen Extrema (siehe Bemerkung zu Definition 3.28 auf Seite 250). In dem von den Höhenlinien gebildeten abgeschlossenen Dreieck muß f nach Satz 3.5 ein Extremum haben, d.h. es folgt auch so, daß in P_3 ein Extremum liegen muß; da $f(P_3) > 0$, handelt es sich um ein Maximum.

5. Aus den Gleichungen $f_x(x, y) = 0$ und $f_y(x, y) = 0$ berechnet man den Punkt $P_1 = (\frac{1}{2}, 1) \in D$.
Die Punkte von C, die nicht innere Punkte von C sind, müssen gesondert untersucht werden, sie bilden die drei C begrenzenden Geraden (Bild L3.24).

1) $-1 \leqq x \leqq 1$ und $y = 0$: $f(x, y) = f(x, 0) = x^2 - 2x$. Diese Funktion (einer Variablen) hat in $[-1, 1]$ relative Extrema bei -1 und 1, d.h. f kann in den Punkten $P_2 = (-1, 0)$ und $P_3 = (1, 0)$ Extrema haben.
2) $0 \leqq y \leqq 2$ und $x = 1$: $f(x, y) = f(1, y) = 1 + y + y^2 - 2 - \frac{5}{2}y$. Diese Funktion hat relative Extrema bei $y = 0$, $y = \frac{3}{4}$ und $y = 2$, d.h. f kann in den Punkten $P_3 = (1, 0)$, $P_4 = (1, \frac{3}{4})$ und $P_5 = (1, 2)$ Extrema haben.
3) $y = x + 1$ und $-1 \leqq x \leqq 1$: $f(x, y) = 3x^2 - \frac{3}{2}x - \frac{3}{2}$. Diese Funktion hat in $[-1, 1]$ relative Extrema bei $x = -1, x = 1$ und $x = \frac{1}{4}$, d.h. f kann in den Punkten $P_6 = (-1, 0), P_7 = (1, 2)$ oder $P_8 = (\frac{1}{4}, \frac{5}{4})$ Extrema haben.

Die folgende Tabelle enthält die zu den P_i gehörenden Funktionswerte $f(P_i)$:

P_i	$(\frac{1}{2}, 1)$	$(-1, 0)$	$(1, 0)$	$(1, \frac{3}{4})$	$(1, 2)$	$(\frac{1}{4}, \frac{5}{4})$
$f(P_i)$	$-\frac{7}{4}$	3	-1	$-\frac{25}{16}$	0	$-\frac{27}{16}$

a) f hat auf C in P_2 ein absolutes Maximum und in P_1 ein absolutes Minimum.
b) f hat in D kein absolutes Maximum, da $P_2 \notin D$ und f stetig in C ist, in P_1 hat f ein absolutes Minimum in D.

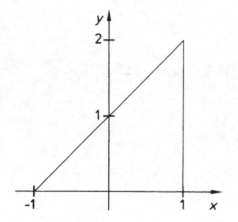

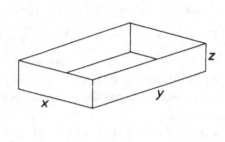

Bild L3.24: Zu Aufgabe 5   **Bild L3.25:** Zu Aufgabe 8

6. Setzt man $x - 3 = r \cdot \cos \varphi$ und $y + 1 = r \cdot \sin \varphi$, so erhält man $f(x, y) = r \cdot (r^2 - 4)$. Daher liegt bei $r = 0$, d.h. im Punkte $(3, -1)$ ein relatives Maximum von f. Die Punkte auf der Kreislinie $(r = \frac{2}{3}\sqrt{3})$ sind relative Minima, natürlich uneigentliche.

7. Das Minimum von $f(x, y, z) = x + y + z$ unter den Nebenbedingungen $x^2 + y^2 + z^2 = 1$ und $x^2 + y^2 = \frac{1}{2}$ ist zu berechnen. Die Multiplikatorenregel von Lagrange liefert das Gleichungssystem

$1 + 2\lambda x + 2\mu x = 0$
$1 + 2\lambda y + 2\mu y = 0$
$1 + 2\lambda z = 0$
$x^2 + y^2 + z^2 - 1 = 0$
$x^2 + y^2 - \frac{1}{2} = 0$.

Das System hat die vier Lösungen $P_1 = (\frac{1}{2}, \frac{1}{2}, \sqrt{\frac{1}{2}})$, $P_2 = (-\frac{1}{2}, -\frac{1}{2}, \sqrt{\frac{1}{2}})$, $P_3 = (\frac{1}{2}, \frac{1}{2}, -\sqrt{\frac{1}{2}})$ und $P_4 = (-\frac{1}{2}, -\frac{1}{2}, -\sqrt{\frac{1}{2}})$. Vergleich der Funktionswerte $f(P_i)$ zeigt, daß in P_1 das Maximum liegt mit $f(P_1) = 1 + \sqrt{\frac{1}{2}} = 1,707...$ und in P_4 das Minimum liegt mit $f(P_4) = -f(P_1)$.

8. Sind x, y und z die Kantenlängen, so ist $V = xyz = 32$ und die Oberfläche $f(x, y, z) = xy + 2xz + 2yz$ (Bild L3.25). Es ist das Minimum von $f(x, y, z)$ unter der Nebenbedingung $xyz - 32 = 0$ zu bestimmen, wobei natürlich x, y und z positiv sind.

Mit der Multiplikatoren-Regel von Lagrange erhält man die Lösung $x = y = 4$ und $z = 2$. Die Oberfläche ist $48 \, \text{m}^2$.

9. Es seien A, B, C und D die Ecken des Viereckes, x bzw. y die Winkel bei B bzw. D (s. Bild L3.26). Dann gilt für den Inhalt A_1 des Dreieckes ABC bzw. A_2 von ACD:

$$A_1 = \tfrac{1}{2} ab \cdot \sin x, \quad A_2 = \tfrac{1}{2} cd \cdot \sin y$$

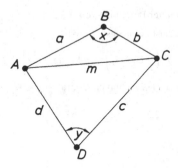

Bild L3.26: Zu Aufgabe 9

und daher ist

$$f(x, y) = \tfrac{1}{2} ab \cdot \sin x + \tfrac{1}{2} \cdot cd \cdot \sin y \tag{L3.1}$$

der Inhalt des Viereckes. Es sind nun x und y so zu bestimmen, daß $f(x, y)$ maximal wird, wobei o.B.d.A.

$$0 < x < 180° \text{ und } 0 < y < 180° \tag{L3.2}$$

gelte. Dabei sind x und y nicht unabhängig voneinander, denn nach dem Kosinussatz ist

$$m^2 = a^2 + b^2 - 2ab \cdot \cos x = c^2 + d^2 - 2cd \cdot \cos y$$

und mithin gilt

$$g(x, y) = a^2 + b^2 - c^2 - d^2 - 2ab \cdot \cos x + 2cd \cdot \cos y = 0. \tag{L3.3}$$

Es ist also das Maximum von f unter der Nebenbedingung $g(x, y) = 0$ zu berechnen. Mit $F = f + \lambda g$ erhält man für (3.43) und (3.44)

$$\frac{\partial F}{\partial x} = \tfrac{1}{2} ab \cdot \cos x + 2\lambda ab \cdot \sin x = 0 \tag{L3.4}$$

$$\frac{\partial F}{\partial y} = \tfrac{1}{2} cd \cdot \cos y - 2\lambda cd \cdot \sin y = 0 \tag{L3.5}$$

$$g = a^2 + b^2 - c^2 - d^2 - 2ab \cdot \cos x + 2cd \cdot \cos y = 0. \tag{L3.6}$$

Da $ab \neq 0$ und $cd \neq 0$, bekommt man aus (L3.4) bzw. (L3.5)

$$\cos x + 4\lambda \cdot \sin x = 0$$
$$\cos y - 4\lambda \cdot \sin y = 0.$$

Elimination von λ aus diesen Gleichungen ergibt

$$\cos x \cdot \sin y + \sin x \cdot \cos y = 0 \tag{L3.7}$$

Nach dem Additionstheorem (2.13) aus Band 1 ist die linke Seite dieser Gleichung gleich $\sin(x + y)$, so daß man

$$\sin(x+y)=0 \qquad\qquad (L3.8)$$

bekommt. Nach (L3.2) hat diese Gleichung die Lösung

$$x+y=180°. \qquad\qquad (L3.9)$$

Da die Winkelsumme im Viereck 360° beträgt, zeigt das übrigens, daß im gesuchten Fall möglichst großen Flächeninhaltes die vier Eckpunkte auf einem Kreis liegen. Aus (L3.3) folgt $\cos x = -\cos y$, und daher aus (3.6)

$$\cos x = \frac{a^2+b^2-c^2-d^2}{2(ab+cd)} \qquad\qquad (L3.10)$$

woraus x bestimmt werden kann unter Beachtung von (L3.2).

10. $(3,-2)$ ist der tiefste Punkt, $(-3,2)$ ist der höchste Punkt.

11. R ist so zu bestimen, daß $f(R) = \sum_{i=1}^{6}\left(\frac{1}{R}U_i - I_i\right)^2$ ein Minimum wird. $f'(R)=0$ liefert $R \approx 4993\,\Omega$.

12. Es ist $\operatorname{grad} f(x,y,z) = (2y^3, 6xy^2 - z^2, -2yz)$ und daher $\operatorname{grad} f(P) = (2,11,2)$.

   a) $\dfrac{\partial f}{\partial \vec{a}}(P) = \dfrac{\vec{a}}{|\vec{a}|}\cdot\operatorname{grad} f(P) = \frac{4}{5}\sqrt{10} \approx 2{,}53.$

   b) $\dfrac{\partial f}{\partial(-\vec{a})}(P) = -\dfrac{\partial f}{\partial\vec{a}}(P) = -\frac{4}{5}\sqrt{10}.$

   c) Am größten in Richtung des Gradienten $(2,11,2)$, die Ableitung in dieser Richtung ist $\sqrt{129} \approx 11{,}36$.
   Am kleinsten in entgegengesetzter Richtung $-(2,11,2)$ mit der Richtungsableitung $-\sqrt{129}$.

13. Die erste Koordinate von $\operatorname{grad} fg$ ist $(fg)_x = f_x\cdot g + f\cdot g_x$, die erste von $f\cdot\operatorname{grad} g + g\cdot\operatorname{grad} f$ ist ebenfalls $f\cdot g_x + g\cdot f_x$. Entsprechendes gilt für die beiden anderen Koordinaten.

14. Nach der Kettenregel (3.56) und (3.57) ist

$$u_x = u_r\cdot r_x + u_\varphi\cdot\varphi_x = 2r\cdot\cos\varphi - 16\cdot\sin 2\varphi\cdot\frac{1}{r}\cdot\sin\varphi,$$

$$u_y = u_r\cdot r_y + u_\varphi\cdot\varphi_y = 2r\cdot\sin\varphi - 16\cdot\sin 2\varphi\cdot\frac{1}{r}\cos\varphi.$$

15. Nach der Kettenregel gilt

$$u_x(x,t) = f'(x+ct) + g'(x-ct),$$
$$u_{xx}(x,t) = f''(x+ct) + g''(x-ct),$$
$$u_t(x,t) = f'(x+ct)\cdot c - g'(x-ct)\cdot c,$$
$$u_{tt}(x,t) = f''(x+ct)\cdot c^2 + g''(x-ct)\cdot c^2.$$

Hieraus folgt in der Tat $u_{tt} = c^2\cdot u_{xx}$.

16. g ist in $\mathbb{R}^2$ stetig und es gilt

$$g_x(x,y) = 4x\cdot(x^2+y^2-4)\ \text{und}\ g_y(x,y) = 4y\cdot(x^2+y^2+4). \qquad\qquad (L3.11)$$

Daher sind g_x und g_y in $\mathbb{R}^2$ stetig. Es gilt $g_y(x,y) = 0$ genau dann, wenn $y = 0$. Aus $g(x,y) = 0$ folgt dann $x = 0$ oder $x = \pm\sqrt{8}$. In diesen drei Punkten $(0,0)$, $(-\sqrt{8},0)$ und $(\sqrt{8},0)$ läßt sich aufgrund von Satz 3.17 über implizite Funktionen keine Aussage über die Auflösbarkeit von $g(x,y) = 0$ nach y machen. Nach dem Satz über implizite Funktionen gilt in jedem anderen Punkt (x,y), in dem $g(x,y) = 0$ ist: Diese Gleichung ist in einer Umgebung von x nach y auflösbar mit der Lösung $y = f(x)$, für die gilt

$$f'(x) = -\frac{g_x(x,y)}{g_y(x,y)} = -\frac{x}{y}\cdot\frac{x^2+y^2-4}{x^2+y^2+4}. \qquad\qquad (L3.12)$$

Daher ist $f'(x) = 0$ genau dann, wenn $x = 0$ oder $x^2 + y^2 = 4$ ist. $x = 0$ liefert wegen $g(x, y) = 0$ auch $y = 0$, einen der ausgeschlossenen Punkte (hier veschwinden Zähler und Nenner von $f'(x)$). $x^2 + y^2 = 4$ liefert wegen $g(x, y) = 0$ die Werte $y = -1$ oder $y = 1$. Also gilt $f'(x) = 0$ in diesen vier Kurvenpunkten: $(\sqrt{3}, 1)$, $(\sqrt{3}, -1), (-\sqrt{3}, 1)$ und $(-\sqrt{3}, -1)$. Diese Kurve ist auch in Beispiel 1.10 behandelt, hier ist $a = \sqrt{8}$, es handelt sich um eine Lemniskate. Im Bild 1.15 a findet man diese vier Punkte, die relative Extrema der durch $g(x, y) = 0$ definierten Lemniskate sind, der Punkt $(0, 0)$ erweist sich als sogenannter Doppelpunkt der Kurve,

17. a) Da $P_y(x, y) = x^2$ und $Q_x(x, y) = 2xy$, ist die Integrabilitätsbedingung für diese Differentialform nicht erfüllt, sie ist daher kein totales Differential.

   b) Es ist $P_y = Q_x$, die Integrabilitätsbedingung also erfüllt. Um eine Funktion f zu bestimmen, deren totales Differential die gegebene Differentialform ist, haben wir die zwei Gleichungen $f_x = P$ und $f_y = Q$ zu lösen. Aus $f_x(x, y) = P(x, y) = y\,e^x + 2xy$ folgt $f(x, y) = y\,e^x + x^2 y + g(y)$, mit einer geeigneten Funktion g, die nicht von x abhängt. Daraus folgt $f_y(x, y) = e^x + x^2 + g'(y) = Q(x, y) = e^x + x^2 + y^4$. Daher ist $g'(y) = y^4$ und $g(y) = \frac{1}{5} y^5 + c$ für jede Zahl $c \in \mathbb{R}$. Daher ist für jede Zahl c die Funktion f mit $f(x, y) = y\,e^x + x^2 y + \frac{1}{5} y^5$ eine solche, deren totales Differential df die gegebene Differentialform ist.

18. a) Es ist $\dfrac{\partial}{\partial T}\left(\dfrac{RT}{V}\right) = \dfrac{R}{V}$ und $\dfrac{\partial}{\partial V} c(T) = 0$, daher ist die Integrabilitätsbedingung nicht erfüllt, δQ also kein totales Differential. In der Wärmelehre besagt dieses Ergebnis, daß die dem Gase zugeführte Wärmemenge keine Zustandsgröße ist, d.h. nicht nur vom (durch V und T) gekennzeichneten Zustand des Gases abhängt, sondern auch davon, wie es in diesen Zustand gekommen ist, vom „Vorleben" sozusagen.

   b) Damit $f(T) \cdot \delta Q$ totales Differential ist, muß nach der Integrabilitätsbedingung gelten

   $\dfrac{\partial}{\partial T}\left(f(T) \cdot \dfrac{RT}{V}\right) = \dfrac{\partial}{\partial V}(f(T) \cdot c(T))$. Die rechte Seite verschwindet, es ergibt sich daher

   $f'(T) \cdot \dfrac{RT}{V} + f(T) \cdot \dfrac{R}{V} = 0$, also $f'(T) = -\dfrac{1}{T} \cdot f(T)$. Die Funktion f mit $f(T) = \dfrac{1}{T}$ hat diese Eigenschaft $\left(\text{weitere sind } f(T) = \dfrac{a}{T} \text{ für jede Zahl } a, \text{ das sind allerdings auch alle}\right)$. Also ist $dS = \dfrac{\delta Q}{T} = \dfrac{R}{V} dV + \dfrac{c(T)}{T} dT$ totales Differential einer Funktion S von (V, T).

   c) Ist $c(T) = c_V$ konstant, so ist $\dfrac{\partial S}{\partial V} = \dfrac{R}{V}$, also $S = R \cdot \ln V + g(T)$, ferner ist $\dfrac{\partial S}{\partial T} = c_V = g'(T)$, also $g(T) = c_V \cdot \ln T$. Daher bekommt man $S = R \cdot \ln V + c_V \cdot \ln T$. S heißt die **Entropie** des Gases.

3.3

1. $^G \int f \, dg = \int\limits_{2}^{5} \int\limits_{0}^{\sqrt{x}} (x + 2xy) \, dy \, dx = \frac{2}{5}\sqrt{5^5} + \frac{1}{3} \cdot 5^3 - \frac{2}{5}\sqrt{2^5} - \frac{1}{3} \cdot 2^3 = 59{,}09 \ldots .$

2. G ist die obere Hälfte des Einheitskreises, daher ist die Beschreibung von G in Polarkoordinaten durch $0 \leq r \leq 1$ und $0 \leq \varphi \leq \pi$ gegeben. Ferner ist in Polarkoordinaten $dg = r \, dr \, d\varphi$. Damit ist wegen $f(x, y) = r \cdot \cos \varphi + r \cdot \sin \varphi$

   $^G \int f \, dg = \int\limits_{0}^{\pi} \int\limits_{0}^{1} r(\cos \varphi + \sin \varphi) \cdot r \, dr \, d\varphi = \frac{2}{3}$.

3. Die Darstellung von G in Polarkoordinaten entnimmt man Bild L3.27: $0 \leq \varphi \leq \pi$ und $0 \leq r \leq R \cdot \sin \varphi$. Ferner sind in Polarkoordinaten $dg = r \, dr \, d\varphi$ und $f(x, y) = r^2$. Damit bekommt man

   $^G \int f \, dg = \int\limits_{0}^{\pi} \int\limits_{0}^{R \cdot \sin \varphi} r^2 r \, dr \, d\varphi = \frac{3}{32} \pi R^4$.

4. a) Bild 3.28 entnimmt man die Polarkoordinatendarstellung von G (Satz von Thales): G besteht aus der durch die Ungleichungen $R \cdot \cos \varphi \leq r \leq R$ und $0 \leq \varphi \leq \frac{1}{2}\pi$ sowie $R \cdot \cos \varphi \leq r \leq R$ und $\frac{3}{2}\pi \leq \varphi \leq 2\pi$ beschriebenen Menge. Diese zwei Ungleichungspaare lassen sich auch durch das eine Paar $R \cdot \cos \varphi \leq r \leq R$ und $-\frac{1}{2}\pi \leq \varphi \leq \frac{1}{2}\pi$ beschreiben.

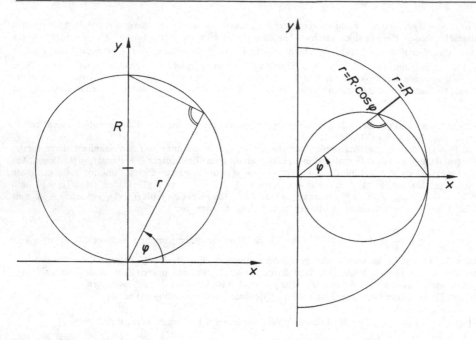

Bild L3.27: Zu Aufgabe 3   **Bild L3.28:** Zu Aufgabe 4

b) $^G\!\int f \, \mathrm{d}g = \int\limits_{-\frac{\pi}{2}}^{\frac{\pi}{2}} \int\limits_{R\cdot\cos\varphi}^{R} r^3 \, \mathrm{d}r \, \mathrm{d}\varphi = \frac{5}{32}\pi \cdot R^4$.

c) Der Flächeninhalt A von G ist $\frac{1}{2}R^2\pi - \frac{1}{4}R^2\pi = \frac{1}{4}R^2\pi$. Damit ergibt sich für den Schwerpunkt:

$$x_s = \frac{1}{A} \cdot {}^G\!\int x \, \mathrm{d}g = \frac{1}{A} \int\limits_{-\frac{\pi}{2}}^{\frac{\pi}{2}} \int\limits_{R\cdot\cos\varphi}^{R} r\cdot\cos\varphi \cdot r \, \mathrm{d}r \, \mathrm{d}\varphi = \frac{4}{3\pi} R \cdot (2 - \tfrac{3}{8}\pi),$$

und aus Symmetriegründen $y_s = 0$.

d) Mit den Bezeichnungen von c) ist nach der ersten Guldinschen Regel das Volumen gleich $2\pi A x_s = \frac{2}{3}\pi \cdot (2 - \tfrac{3}{8}\pi) \cdot R^3$.

5. Der Würfel wird durch $-\dfrac{a}{2} \leqq x \leqq \dfrac{a}{2}$, $-\dfrac{a}{2} \leqq y \leqq \dfrac{a}{2}$, $-\dfrac{a}{2} \leqq z \leqq \dfrac{a}{2}$ in kartesischen Koordinaten beschrieben. Daher ist

$$^K\!\int f \, \mathrm{d}k = \int\limits_{-\frac{a}{2}}^{\frac{a}{2}} \int\limits_{-\frac{a}{2}}^{\frac{a}{2}} \int\limits_{-\frac{a}{2}}^{\frac{a}{2}} (x^3 + x e^z) \, \mathrm{d}z \, \mathrm{d}y \, \mathrm{d}x = 0.$$

Dieses Resultat hätte man auch aus der Tatsache schließen können, daß f eine in x ungerade Funktion ist und K zur y, z-Ebene symmetrisch ist.

6. Nach Bild L3.29 wird die Menge K in der x, y-Ebene durch die zwei Ungleichungen $0 \leqq x \leqq 1$ und $0 \leqq y \leqq 1 - x$ beschriebene Menge (Dreieck) begrenzt, in z-Richtung durch $0 \leqq z \leqq 1 - x - y$ festgelegt. Diese drei doppelten

Ungleichungen bestimmen K. Daher ist

$$^K\!\!\int f\,\mathrm{d}k = \int\limits_0^1 \int\limits_0^{1-x} \int\limits_0^{1-x-y} (2x + y + z)\mathrm{d}z\,\mathrm{d}y\,\mathrm{d}x = \tfrac{1}{6}.$$

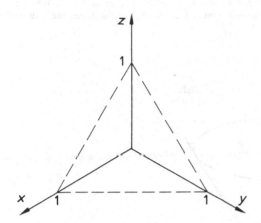

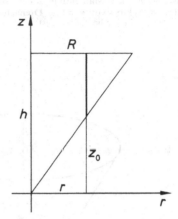

Bild L3.29: Zu Aufgabe 6   **Bild L3.30:** Zu Aufgabe 9

7. In Zylinderkoordinaten ist $f(x, y, z) = r^2 + z^2$, $\mathrm{d}k = r\,\mathrm{d}r\,\mathrm{d}\varphi$, und K wird durch $0 \leq r \leq R$, $0 \leq \varphi \leq 2\pi$, $0 \leq z \leq h$ beschrieben. Daher erhält man

$$^K\!\!\int f\,\mathrm{d}k = \int\limits_0^R \int\limits_0^{2\pi} \int\limits_0^h (r^2 + z^2)\cdot r\,\mathrm{d}z\,\mathrm{d}\varphi\,\mathrm{d}r = \tfrac{1}{6}\pi R^2 h\cdot(3R^2 + 2h^2).$$

8. Wir verwenden Kugelkoordinaten. Dann ist (s. (3.90)) $f(x, y, z) = r^2\cdot\sin^2\vartheta$ und $\mathrm{d}k = r^2\cdot\sin\vartheta\,\mathrm{d}r\,\mathrm{d}\varphi\,\mathrm{d}\vartheta$, ferner ist die Kugel K durch $0 \leq r \leq R$, $0 \leq \varphi \leq 2\pi$, $0 \leq \vartheta \leq \pi$ beschrieben. Daher bekommt man

$$^K\!\!\int f\,\mathrm{d}k = \int\limits_0^R \int\limits_0^{2\pi} \int\limits_0^\pi r^2\cdot\sin^2\vartheta\cdot r^2\cdot\sin\vartheta\,\mathrm{d}\vartheta\,\mathrm{d}\varphi\,\mathrm{d}r = \tfrac{8}{15}\pi R^5.$$

9. Wir beschreiben den herausgebohrten Teil K^* in Zylinderkoordinaten: In der x, y-Ebene erhält man als untere Begrenzung nach Bild 3.78 (s. Aufgabe 3) den Kreis mit der Beschreibung $0 \leq \varphi \leq \pi$ und $0 \leq r \leq R\cdot\sin\varphi$. Zur Beschreibung des herausgebohrten Teiles „läuft" z vom Kegelmantel zur Höhe h: $z_0 \leq z \leq h$. Hierin ist nach Bild L3.30: $\dfrac{z_0}{r} = \dfrac{h}{R}$, also $z_0 = r\cdot\dfrac{h}{R}$. Daher bekommt man als Volumen V^* des herausgebohrten Teiles K^*:

$$V^* = {}^{K^*}\!\!\int \mathrm{d}k = \int\limits_0^\pi \int\limits_0^{R\cdot\sin\varphi} \int\limits_{\frac{h}{R}r}^h r\,\mathrm{d}z\,\mathrm{d}r\,\mathrm{d}\varphi = (\tfrac{1}{4}\pi - \tfrac{4}{9})\cdot R^2 h$$

und daher, da $\tfrac{1}{3}\pi R^2 h$ das Volumen des Kegels ist, als gesuchtes Volumen V des Restkörpers $\tfrac{1}{3}\pi R^2 h - V^* = (\tfrac{1}{12}\pi + \tfrac{4}{9})\cdot R^2 h$.

10. Wählt man Zylinderkoordinaten mit der z-Achse als Drehachse (s. Beispiel 3.9), so erhält man nach (3.94) wegen $x^2 + y^2 = r^2$ und $\mathrm{d}k = r\,\mathrm{d}r\,\mathrm{d}\varphi\,\mathrm{d}z$ für das gesuchte Trägheitsmoment θ:

$$\theta = {}^K\!\!\int r^2\rho\,\mathrm{d}r\,\mathrm{d}\varphi\,\mathrm{d}z = \int\limits_0^R \int\limits_0^{2\pi} \int\limits_{\frac{h}{R}r}^h \rho r^3\,\mathrm{d}z\,\mathrm{d}\varphi\,\mathrm{d}r = \tfrac{3}{10}MR^2,$$

wobei $M = \tfrac{1}{3}\pi R^2 h\cdot\rho$ die Masse des Körpers ist.

11. Nach dem Satz von Steiner und Aufgabe 10 erhält man

$$\theta = \tfrac{3}{10}MR^2 + MR^2 = \tfrac{13}{10}MR^2.$$

12. Das Koordinatensystem sei so gelegt, wie in Bild L3.31 gezeigt, dabei liege die Drehachse in der x, z-Ebene. Der Abstand des Punktes $P = (x, y, z)$ von der Drehachse sei a, sein Abstand von der z-Achse r, wenn Zylinderkoordinaten verwendet werden. Man entnimmt dem Bild, daß $L^2 = r^2 + z^2 - a^2$ ist. Ferner ist L die Länge der Projektion des Ortsvektors von P auf die Drehachse, also die von (x, y, z) auf $(R, 0, h)$ – man beachte, daß die Drehachse in der x, z-Ebene liegt. Daher ist

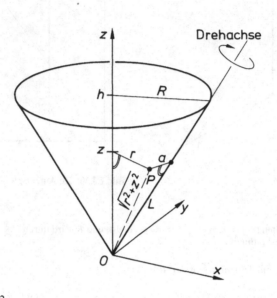

Bild L3.31: Zu Aufgabe 12

$$L = \frac{1}{\sqrt{R^2 + h^2}} \cdot (x, y, z) \cdot (R, 0, h) = \frac{1}{\sqrt{R^2 + h^2}} \cdot (Rr \cdot \cos\varphi + zh),$$

wenn Zylinderkoordinaten verwendet werden. Setzt man $b = \sqrt{R^2 + h^2}$, so folgt aus dieser Gleichung und der vorigen

$$L^2 = r^2 + z^2 - a^2 = \frac{1}{b^2} \cdot (Rr \cdot \cos\varphi + zh)^2,$$

daher hat man für den Abstand a des Punktes P von der Drehachse

$$a^2 = r^2 + z^2 - \frac{1}{b^2} \cdot (R^2 r^2 \cdot \cos\varphi + z^2 h^2 - 2Rhrz \cdot \cos\varphi). \tag{L3.13}$$

Da der Kegel in Zylinderkoordinaten durch

$$0 \leqq r \leqq R, \qquad 0 \leqq \varphi \leqq 2\pi, \qquad \frac{h}{R}r \leqq z \leqq h \tag{L3.14}$$

beschrieben wird und $dk = r\,dr\,d\varphi\,dz$ gilt, folgt für das gesuchte Trägheitsmoment nach (3.103)

$$\theta = {}^K\!\int a^2\cdot\rho\,dk = \rho\cdot\int_0^R\int_{\frac{h}{R}r}^h\int_0^{2\pi}\left[r^2 + z^2 - \frac{1}{b^2}(R^2 r^2\cos^2\varphi + z^2 h^2 - 2Rhrz\cdot\cos\varphi)\right]\cdot r\,d\varphi\,dz\,dr$$

$$= \rho\cdot\frac{2\pi}{b^2}\int_0^R\int_{\frac{h}{R}r}^h[b^2 r^3 + b^2 z^2 r - \tfrac{1}{2}R^2 r^3 - h^2 z^2 r]\,dz\,dr = \tfrac{3}{20}MR^2\cdot\frac{R^2 + 6h^2}{R^2 + h^2},$$

wobei $M = \rho\,\tfrac{\pi}{3}R^2 h$ die Masse des Kegels ist.

13. Wir verwenden Zylinderkoordinaten. Dann ist in (3.94): $a^2 = r^2$. Mit den aus Beispiel 3.77 bekannten Grenzen erhalten wir das Trägheitsmoment

$$\theta = {}^K\!\int r^2\rho\,dk = \rho\cdot\int_a^R\int_0^{2\pi}\int_{-\sqrt{R^2 - r^2}}^{\sqrt{R^2 - r^2}} r^3\,dz\,d\varphi\,dr = \tfrac{1}{5}M(2R^2 + 3a^2).$$

Hierin ist $M = \rho\cdot V$ die Masse des Körpers, s. Beispiel 3.77.

14. Nach der ersten Guldinschen Regel ist sein Volumen gleich $2\pi\cdot a^2\pi\cdot R$, da (s. Bild L3.32) die x-Koordinate des Schwerpunktes offensichtlich R und $a^2\pi$ der Inhalt des entsprechenden Kreises ist.

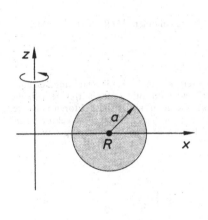

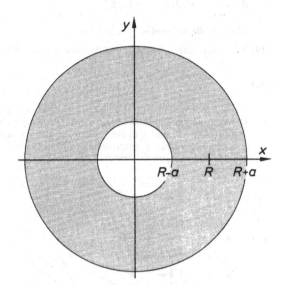

Bild L3.32: Zu Aufgabe 14 und 15   **Bild L3.33:** Zu Aufgabe 15

15. Wir wählen Zylinderkoordinaten, die z-Achse als Drehachse, der Torus liege wie in Beispiel 3.18 bzw. Bild L3.32. Dann wird der Torus durch folgende Ungleichungen beschrieben (s. Bild L3.33):

$$0 \leq \varphi \leq 2\pi \text{ und } R - a \leq r \leq R + a \text{ und } -\sqrt{a^2 - (r - R)^2} \leq z \leq \sqrt{a^2 - (r - R)^2}.$$

Daher bekommen wir für sein Trägheitsmoment

$$\theta = \rho\cdot\int_0^{2\pi}\int_{R-a}^{R+a}\int_{-\sqrt{a^2 - (r-R)^2}}^{\sqrt{a^2 - (r-R)^2}} r^3\,dz\,dr\,d\varphi = M\cdot(R^2 + \tfrac{3}{4}a^2),$$

worin $M = \rho\cdot V = 2\pi^2\rho a^2 R$ die Masse des Torus ist (s. Aufgabe 14).

16. Wir rechnen in Zylinderkoordinaten. Dann ist (s. Bild 3.77) das Trägheitsmoment

$$\theta = {}^K\!\!\int a^2 \cdot \rho \mathrm{d}k = \rho \cdot \int_0^R \int_0^{2\pi} \int_0^h r^2 \cdot c \cdot (r^2 + r_0^2) \cdot r \,\mathrm{d}z \,\mathrm{d}\varphi \,\mathrm{d}r = \tfrac{1}{6}\pi c h R^4 \cdot (2R^2 + 3r_0^2).$$

17. Wir berechnen den Schwerpunkt der oberen Hälfte der Kugel mit dem Mittelpunkt $(0,0,0)$. Aus Symmetriegründen ist dann $x_s = y_s = 0$. Nach (3.93) ist ferner

$$z_s = \frac{1}{M} \cdot {}^K\!\!\int z \,\mathrm{d}m. \tag{L3.15}$$

Wir verwenden Kugelkoordinaten. Dann ist die Halbkugel K durch

$$0 \leqq r \leqq R \quad \text{und} \quad 0 \leqq \varphi \leqq 2\pi \quad \text{und} \quad 0 \leqq \vartheta \leqq \tfrac{1}{2}\pi$$

beschrieben, ferner ist $\mathrm{d}k = r^2 \cdot \sin \vartheta \,\mathrm{d}r \,\mathrm{d}\varphi \,\mathrm{d}\vartheta$ (s. (3.89)). Damit erhalten wir aus (3.15) und $z = r \cdot \cos \vartheta$

$$z_s = \frac{1}{M} \rho \int_0^{\frac{1}{2}\pi} \int_0^{2\pi} \int_0^R r \cdot \cos \vartheta \cdot r^2 \cdot \sin \vartheta \,\mathrm{d}r \,\mathrm{d}\varphi \,\mathrm{d}\vartheta = \tfrac{3}{16}R.$$

18. Der Zylinder liege wie der in Bild 3.77. Dann erhalten wir

$$\theta = \rho \cdot \int_0^h \int_0^{2\pi} \int_0^R r^2 r \,\mathrm{d}r \,\mathrm{d}\varphi \,\mathrm{d}z = \tfrac{1}{2}MR^2,$$

worin M die Masse des Zylinders sei.

19. Nach dem Satz von Steiner und Aufgabe 18 erhalten wir für das Trägheitsmoment $\tfrac{1}{2}MR^2 + MR^2 = \tfrac{3}{2}MR^2$.

3.4

1. Der Vektor im Punkte $(2,1)$ ist $\vec{v}(2,1) = (3,1)$, er ist in Bild L3.34 mit seiner x- und y-Koordinate eingezeichnet. Die Vektoren in den Punkten auf der durch $y = -x$ bestimmten Geraden (im Bild gestrichelt) haben alle die x-Koordinate 0, sind also zur y-Achse parallel. „Unterhalb" dieser Geraden haben alle Vektoren negative, „oberhalb" positive x-Koordinate. Die y-Koordinate für jeden Vektor auf der y-Achse ist 0, diese Vektoren sind also zur x-Achse parallel, ferner ist $\vec{v}(0,0) = (0,0)$. Für alle anderen Punkte ist die y-Koordinate positiv.

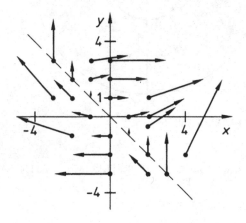

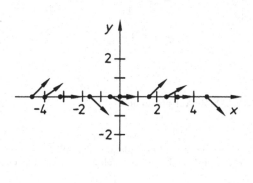

Bild L3.34: Zu Aufgabe 1   **Bild L3.35:** Zu Aufgabe 2

2. Alle Vektoren $\vec{v}$ des Feldes haben die x-Koordinate 1. Da $\vec{v}(x,y)$ nicht von y abhängt, sind Vektoren in Punkten mit gleicher x-Koordinate gleich. In Bild L3.35 sind daher nur Vektoren in Punkten auf der y-Achse skizziert.

3. Beide Vektorfelder sind im Zylinder $Z = \{(x,y,z) \mid x^2 + y^2 \leqq 1\}$ definiert. Die Vektoren $\vec{v}$ der Felder haben die x- und y-Koordinate 0. Auf dem Rand von Z, d.h. dem Zylindermantel, ist $\vec{v} = \vec{0}$, im Innern von Z ist die z-Koordinate positiv, auf der z-Achse am größten, nämlich 1. Die Felder sind zur z-Achse symmetrisch (aber keine Zylinderfelder, da die Vektoren $\vec{v}$ zur z-Achse parallel sind, mit ihr also keinen rechten Winkel bilden). Da $\vec{v}$ nicht von z abhängt, sind auch Vektoren in Punkten mit gleichem x und y gleich: Jede zur x,y-Ebene parallele Schnittebene zeigt dasselbe Bild. Die Bilder L3.36 und L3.37 zeigen daher nur Schnitte in der x,z-Ebene.

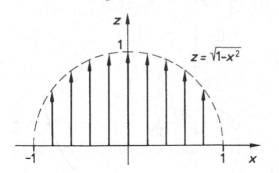

Bild L3.36: Zu Aufgabe 3a)   **Bild L3.37:** Zu Aufgabe 3b)

Durch Rotation um die z-Achse und Verschiebung parallel zur z-Achse entsteht daraus das vollständige Bild. Stellt man sich den Zylindermantel als Rohr vor, das von einer Flüssigkeit durchströmt wird (in z-Richtung), so ist wegen der Reibung i. allg. die Geschwindigkeit an der Wandung Null und in der Mitte am größten, außerdem ist sie symmetrisch zur Mittelachse verteilt. Das Geschwindigkeitsfeld einer solchen Strömung hat die Form, wie sie die Felder a) bzw. b) haben.

4. Es handelt sich um eine Art Schraubenlinie, deren „Ganghöhe" nach oben kleiner wird, die aber konstanten Radius R hat. Geht man von $\vec{r}(0) = (R,0,0)$ aus, so ist der erste Umlauf in $\vec{r}(2\pi) = (R,0,\sqrt{2\pi}) = (R;0;2{,}50\ldots)$ beendet, dieser Punkt liegt $2{,}50\ldots$ über dem Anfangspunkt. Der nächste Umlauf ist in $\vec{r}(4\pi) = (R,0,\sqrt{4\pi}) = (R;0;3{,}54\ldots)$ beendet, er liegt also $3{,}54\ldots$ über dem Anfangspunkt und $3{,}54\ldots - 2{,}50\ldots = 1{,}03\ldots$ über $\vec{r}(2\pi)$ (s. Bild L3.38).

Tangentenvektor in $\vec{r}(t)$ ist $\dot{\vec{r}}(t) = \left(-R\cdot\sin t,\, R\cdot\cos t,\, \tfrac{1}{2}\cdot\sqrt{\tfrac{1}{t}} \right)$, also in $\vec{r}(2\pi)$: $\dot{\vec{r}}(2\pi) = \left(0, R, \tfrac{1}{2}\sqrt{\tfrac{1}{2\pi}} \right)$ und in

$\vec{r}(4\pi)$: $\dot{\vec{r}}(4\pi) = \left(0, R, \tfrac{1}{2}\sqrt{\tfrac{1}{4\pi}} \right)$. Da $\sqrt{\tfrac{1}{4\pi}} < \sqrt{\tfrac{1}{2\pi}}$, verläuft die Tangente in $\vec{r}(4\pi)$ „flacher" als die in $\vec{r}(2\pi)$.

5. a) Es handelt sich um eine Spirale, die in $(0,0,0)$ beginnt und in der x,y-Ebene liegt (vgl. Bild L3.39).

   b) Für $t \leqq 0$ entsteht die Kurve aus der für $t \geqq 0$ durch Spiegelung letzterer an der x-Achse, da $t^2\cdot\cos t$ eine gerade Funktion in t ist und $t^2\cdot\sin t$ ungerade (vgl. Bild L3.39).

6. Diese Kurve entsteht aus der in Aufgabe 5a dadurch, daß mit wachsendem Parameter t die z-Koordinate von $\vec{r}(t)$ linear zunimmt. Es handelt sich um eine Art Schraubenlinie, deren „Radius" nach oben zunimmt. Sie liegt auf einer Fläche, die entsteht, wenn die in der x,z-Ebene liegende Parabel $z = \sqrt{x}$ um die z-Achse rotiert. Ihre „Ganghöhe" ist konstant 2π. Die Kurve beginnt in $(0,0,0)$ und verläuft zunächst im ersten Oktanden ($x > 0$, $y > 0$, $z > 0$). Bild L3.40 zeigt diese Kurve in einer nicht ganz maßstabsgerechten Form.

7. a) S. Bild L3.41 und Bild L3.42. Das Vektorfeld ist das in Bild 3.87 skizzierte. Die Kurve ist eine Spirale.

   b) $\vec{F}(\vec{r}(t_0)) = F\left(0, \tfrac{\pi}{2}, 0 \right) = \left(-\tfrac{2}{\pi}, 0, 0 \right)$

   c) $\dot{\vec{r}}(t) = (\cos t - t\cdot\sin t,\, \sin t + t\cdot\cos t,\, 0)$

   $\dot{\vec{r}}(t_0) = \left(-\tfrac{\pi}{2}, 1, 0 \right)$

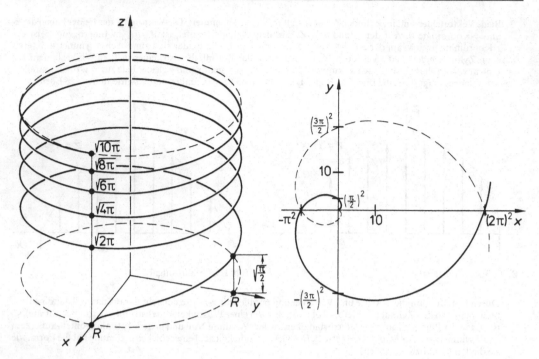

Bild L3.38: Zu Aufgabe 4

Bild L3.39: Zu Aufgabe 5

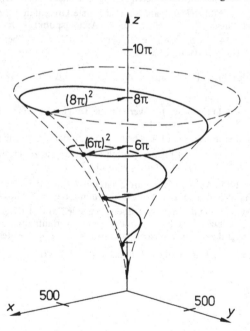

Bild L3.40: Zu Aufgabe 6

d) $\dfrac{\dot{\vec{r}}(t_0)}{|\dot{\vec{r}}(t_0)|} \cdot \vec{F}(\vec{r}(t_0)) = \dfrac{2}{\sqrt{\pi^2 + 4}}$

Tangentialkomponente: $\dfrac{4}{\pi^2 + 4} \cdot \left(-\dfrac{\pi}{2}, 1, 0\right)$

e) Die Länge dieses Kurvenstückes ist etwa gleich dem Abstand seines Anfangs- vom Endpunkt, also etwa $L = |\vec{r}(t_0) - \vec{r}(t_0 + 0{,}01)|$. Die Kraft ändert sich zwar, ist aber wegen der Stetigkeit von $\vec{F}$ längs des kurzen Wegstückes überall etwa gleich $\vec{F}(\vec{r}(t_0))$, der Kraft im Anfangspunkt. In Richtung der Kurve ist daher $\dfrac{\dot{\vec{r}}(t_0)}{|\dot{\vec{r}}(t_0)|} \cdot \vec{F}(\vec{r}(t_0))$ der Betrag der Kraft (nach d). Daher ist

$$|\vec{r}(t_0) - \vec{r}(t_0 + (0{,}01)| \cdot \dfrac{\dot{\vec{r}}(t_0)}{|\dot{\vec{r}}(t_0)|} \vec{F}(\vec{r}(t_0))$$

eine Näherung für die genannte Arbeit. Entsprechend mit Δt statt 0,01.

f) $^C\!\!\int \vec{F}\, d\vec{r} = 2\pi$.

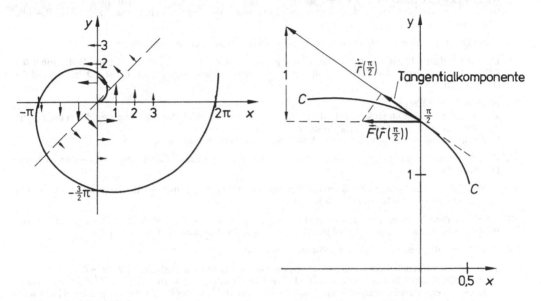

Bild L3.41: Zu Aufgabe 7a)   **Bild L3.42:** Zu Aufgabe 7

8. Das Vektorfeld E ist nach Beispiel 3.100 ein Potentialfeld, sein Potential ist U mit $U(x, y, z) = -\dfrac{1}{|\vec{r}|} + c$. Daher ist $^C\!\!\int \vec{E}\, d\vec{s} = U(B) - U(A)$, wobei A der Anfangs- und B der Endpunkt der Kurve C ist: $A = \vec{r}(2) = (8, 2, -1)$ und $B = (27, 3, 0)$. Also ist $U(B) - U(A) = -\dfrac{1}{\sqrt{27^2 + 3^2}} + \dfrac{1}{\sqrt{8^2 + 2^2 + 1^2}} = \sqrt{\tfrac{1}{69}} - \sqrt{\tfrac{1}{738}} \approx 0{,}0836$.

9. a) Es ist $\vec{v}(\vec{r}(t)) = (2t + 3, 2t^5, t^4 - 2t^2)$ und $\dot{\vec{r}}(t) = (4t, 1, 3t^2)$. Daher

$$^C\!\!\int \vec{v}\, d\vec{r} = \int\limits_0^1 (2t + 3, 2t^5, t^4 - 2t^2)\cdot(4t, 1, 3t^2)\, dt = \tfrac{288}{35} \approx 8{,}23.$$

b) Da $\vec{v}$ kein Potentialfeld ist (die Integrabilitätsbedingungen sind nicht erfüllt), ergibt sich nicht notwendig auch $\tfrac{288}{35}$. Eine Parameterdarstellung der durch $(0, 0, 0)$ und $(2, 1, 1)$ gehenden Geraden ist $\vec{r}(t) = (2t, t, t)$, für

$0 \leqq t \leqq 1$ erhält man den gewünschten Teil. Daher ist

$$\vec{v}(\vec{r}(t)) = (2t + 3, 2t^2, t^2 - 2t), \dot{\vec{r}}(t) = (2, 1, 1)$$

und damit

$$^C\!\int \vec{v} \, \mathrm{d}\vec{r} = \int_0^1 (4t + 6 + 2t^2 + t^2 - 2t)\,\mathrm{d}t = 8.$$

10. Nach Beispiel 3.99 ergibt sich 4π.

11. $\vec{v}(\vec{r}(t)) = (2 \cdot \cos t - \sin t, 0, 0), \dot{\vec{r}}(t) = (-\sin t, \cos t, 0)$ und also $^C\!\oint \vec{v}\,\mathrm{d}\vec{r} = \int_0^{2\pi} (-2 \cdot \sin t \cdot \cos t + \sin^2 t)\,\mathrm{d}t = \pi$.
    Nach der Folgerung nach Definition 3.40 ist das Feld nicht konservativ.

12. Da die Integrabilitätsbedingungen erfüllt sind, ist $\vec{v}$ ein Potentialfeld. Ist U Potential, so folgt aus (wir lassen Argumente teilweise fort) $U_x = 2xy + 2z \cdot \sin x \cdot \cos x$ durch Integration nach x für U die Gleichung $U = x^2 y + z \cdot \sin^2 x + f(y, z)$. Dann wegen $U_y = x^2 + z$ weiter $x^2 + f_y(y, z) = x^2 + z$, so daß $f_y(y, z) = z$ und daher $f(y, z) = yz + g(z)$. Daher ist $U = x^2 y + z \cdot \sin^2 x + yz + g(z)$. Da $U_z = y + \sin^2 x$ ist, gilt $\sin^2 x + y + g'(z) = y + \sin^2 x$. Also ist $g'(z) = 0$ und g konstante Funktion. Als Ergebnis hat man also das Potential $U = x^2 y + z \cdot \sin^2 x + yz + c$.

13. Diese Differentialform ist totales Differential der Funktion U aus der vorigen Aufgabe.

14. Da nach Aufgabe 12 gilt $\vec{v} = \operatorname{grad} U$ mit $U = x^2 y + yz + z \cdot \sin^2 x + c$, ist $^C\!\int \vec{v} \, \mathrm{d}\vec{r} = U(B) - U(A)$, wobei $B = \vec{r}(2) = (1, 1, \ln 2)$ bzw. $A = \vec{r}(1) = (1, 1, 0)$ der End- bzw. Anfangspunkt von C ist. Daher $^C\!\int \vec{v} \, \mathrm{d}\vec{r} = (1 + \sin^2 1) \cdot \ln 2 \approx 1{,}18$.

15. Nach Beispiel 3.109 gilt:
    a) Wenn die z-Achse umlaufen wird, ist $^C\!\int \vec{v} \, \mathrm{d}\vec{r} = \pm 2\pi$, je nach dem Durchlaufungssinn. Wird die z-Achse nicht umlaufen, verschwindet das Integral.
    b) Entsprechend den unter a) genannten Fällen bekommt man $\pm 2n\pi$ bzw. 0.

16. $\vec{v}$ ist Potentialfeld und $f(x, y, z) = xy + c$ Potential ($c \in \mathbb{R}$). Die Differentialform $y\,\mathrm{d}x + x\,\mathrm{d}y + 0\,\mathrm{d}z$ ist totales Differential von f.

17. $^C\!\int \operatorname{grad} f \, \mathrm{d}\vec{r} = f(B) - f(A)$, wobei $B = (16, 4 \cdot \ln 4, 16)$ bzw. $A = (1, 0, 2)$ End- bzw. Anfangspunkt von C ist. Also ist $^C\!\int \operatorname{grad} f \, \mathrm{d}\vec{r} = \mathrm{e}^{16} + 16 \cdot \ln(16^2 + 16 \cdot \ln^2 4 + 1) - \mathrm{e} - \ln 2 \approx 8{,}89 \cdot 10^6$.

18. $\vec{v}$ ist Potentialfeld im zulässigen Bereich $D = \{(x, y, z) \mid z > 0\}$, da die Integrabilitätsbedingungen erfüllt sind. Weil die Kurve C in D liegt und geschlossen ist (Anfangs- und Endpunkt $(1, 0, 6)$), ist $^C\!\int \vec{v} \, \mathrm{d}\vec{r} = 0$.

19. $\vec{v}$ ist Potentialfeld, da $U = \ln(x^2 + y^2)$ Potential von $\vec{v}$ ist.
    a) Wenn der Kreis die z-Achse (auf der $\vec{v}$ nicht definiert ist) nicht umschließt, ist $^C\!\int \vec{v} \, \mathrm{d}\vec{r} = 0$.
    b) Wenn der Kreis die z-Achse umschließt und einmal durchlaufen wird, so ist $^C\!\int \vec{v} \, \mathrm{d}\vec{r} = {}^D\!\int \vec{v} \, \mathrm{d}\vec{r}$, wobei D ein Kreis mit der Parameterdarstellung $\vec{r}(t) = R \cdot (\cos t, \sin t, 0)$ ist, wobei $0 \leqq t \leqq 2\pi$, der den gegebenen Kreis C schneidet. Da $\vec{v}(\vec{r}(t)) = \operatorname{grad} \ln R$ und $\dot{\vec{r}}(t) = (-\sin t, \cos t, 0)$, ergibt sich $^C\!\int \vec{v} \, \mathrm{d}r = 0$. Wird der Kreis mehrfach durchlaufen, ergibt sich natürlich ebenfalls 0.

20. Da $\vec{v}$ Potentialfeld ist und die Gerade in einem zulässigen Bereich liegt (er läßt sich offensichtlich geeignet wählen), ist $^C\!\int \vec{v} \, \mathrm{d}\vec{r} = U(B) - U(A)$ wobei $U(x, y, z) = \ln(x^2 + y^2)$.

21. Es ist $\dfrac{\partial}{\partial x}(cV + dW) = cV_x + dW_x$ gleich der ersten Koordinate von $cv + dw$, da nach Voraussetzung V_x bzw. W_x erste Koordinate von v bzw. w ist. Analog die beiden weiteren Koordinaten.

22. Da $\vec{v}(P)$ zu P_0 hin bzw. von P_0 fort zeigt ($P \neq P_0$), steht $\vec{v}(P)$ senkrecht auf der Tangente in P des durch P gehenden Kreises mit Mittelpunkt P_0. Daher verschwindet das innere Produkt $\vec{v}(P) \cdot \dot{\vec{r}}(t)$, der Integrand von $^C\!\int \vec{v} \, \mathrm{d}\vec{r}$ ist also Null, daher auch das Linienintegral. Das gilt auch, wenn C Teil eines solchen Kreises ist.

23. Das Feld ist konservativ, $U = \frac{1}{4}|\vec{r}|^4 + c$ Potential von $\vec{v}$.

24. $\operatorname{div} \vec{v} = 0$ und $\operatorname{rot} \vec{v} = \vec{0}$, das Feld ist daher quell- und wirbelfrei.

25. Beide Felder sind quellfrei. Für das Feld aus Aufgabe 3a) gilt rot $\bar{v} = \left(-\dfrac{y}{\sqrt{1-x^2-y^2}}, \dfrac{x}{\sqrt{1-x^2-y^2}}, 0 \right)$, für

   das aus 3b) gilt rot $\bar{v} = (-2y, 2x, 0)$. Keines dieser zwei Felder ist also wirbelfrei. Beide Felder hängen nicht von z ab.

26. Es sei $\bar{v} = (v_1, v_2, v_3)$.

   a) Bildet man von rot $\bar{v}$ die Divergenz, so erhält man in den Bezeichnungen von Definition 3.44 und (3.159):

   $$\text{div rot } \bar{v} = \frac{\partial^2 v_3}{\partial x \partial y} - \frac{\partial^2 v_2}{\partial x \partial z} + \frac{\partial^2 v_1}{\partial y \partial z} - \frac{\partial^2 v_3}{\partial y \partial x} + \frac{\partial^2 v_2}{\partial z \partial x} - \frac{\partial^2 v_1}{\partial z \partial y}.$$

   Da es auf die Differentiationsreihenfolge nicht ankommt, ist diese Summe gleich Null (Satz 3.7).

   b) Es sei $P \in D$. Da D offen ist, existiert eine Kugel K mit $P \in K \subset D$. Nach Definition 3.41 ist $\bar{v} = \text{grad } f$ ein Potentialfeld. Nach Satz 3.28 gelten für $\bar{v}$ in dem zulässigen Bereich K die Integrabilitätsbedingungen (3.150), also rot $\bar{v} = \bar{0}$.

   c) Es gilt

   $$\text{div}(f \cdot \bar{v}) = \frac{\partial}{\partial x} f \cdot v_1 + \frac{\partial}{\partial y} f \cdot v_2 + \frac{\partial}{\partial z} f \cdot v_3$$

   $$= f_x \cdot v_1 + f_y \cdot v_2 + f_z \cdot v_3 + f \cdot \frac{\partial v_1}{\partial x} + f \cdot \frac{\partial v_2}{\partial y} + f \cdot \frac{\partial v_3}{\partial z} = (\text{grad } f) \cdot \bar{v} + f \cdot \text{div } \bar{v}.$$

   d) Die erste Koordinate von rot $(f \cdot \bar{v})$ lautet

   $$\frac{\partial}{\partial y} f \cdot v_3 - \frac{\partial}{\partial z} f \cdot v_2 = f_y \cdot v_3 - f_z \cdot v_2 + f \cdot \frac{\partial v_3}{\partial y} - f \cdot \frac{\partial v_2}{\partial z},$$

   die erste Koordinate von $f \cdot \text{rot } \bar{v} + (\text{grad } f) \times \bar{v}$ lautet

   $$f \cdot \left(\frac{\partial v_3}{\partial y} - \frac{\partial v_2}{\partial z} \right) + (f_y \cdot v_3 - f_z \cdot v_2);$$

   also sind beide einander gleich. Entsprechend kann man die Gleichheit der übrigen zwei Koordinaten bestätigen.

27. Durch Ausrechnen bestätigt man diese Produktregel.

4 Komplexwertige Funktionen

4.1

1. Vgl. Bild L4.1

   a) $w = u + jv = \dfrac{1}{(1+j)t} = \dfrac{1}{2t} - \dfrac{1}{2t}j, \dfrac{u}{v} = -1$, Gerade durch $w = 0$ mit Anstieg -1.

   b) $w = u + jv = \dfrac{1}{2+jt} = \dfrac{2}{4+t^2} - j\dfrac{t}{4+t^2}, \dfrac{u}{v} = -\dfrac{2}{t}, u = \dfrac{2}{4+4\dfrac{v^2}{u^2}}, 4u^2 + 4v^2 = 2u, (u-\tfrac{1}{4})^2 + v^2 = (\tfrac{1}{4})^2,$

   Kreis um $w = \tfrac{1}{4}$ mit Radius $\tfrac{1}{4}$.

   c) $w = u + jv = \dfrac{1}{t+j} = \dfrac{t}{1+t^2} - j\dfrac{1}{1+t^2}, \dfrac{u}{v} = -t, v = \dfrac{-1}{1+\dfrac{u^2}{v^2}} = \dfrac{-v^2}{u^2+v^2}, u^2 + (v+\tfrac{1}{2})^2 = (\tfrac{1}{2})^2,$

   Kreis um $w = -\tfrac{1}{2}j$ mit Radius $\tfrac{1}{2}$.

   d) $w = u + jv = \dfrac{1}{-t+j(1-t)} = \dfrac{-t}{1-2t+2t^2} + j\dfrac{t-1}{1-2t+2t^2}, \dfrac{u}{v} = \dfrac{-t}{t-1}, t = \dfrac{u}{u+v},$

   $u = \dfrac{-t}{1-2t+2t^2} = \dfrac{-u(u+v)}{u^2+v^2}, (u+\tfrac{1}{2})^2 + (v+\tfrac{1}{2})^2 = \tfrac{1}{2}$, Kreis um $w = -\tfrac{1}{2}(1+j)$ mit Radius $\sqrt{\tfrac{1}{2}}$.

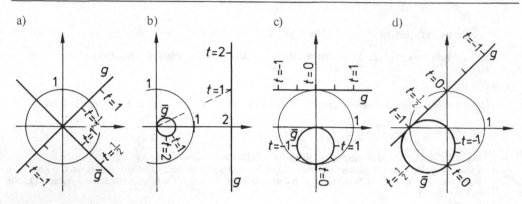

a)   b)   c)   d)

Bild L4.1 a–d: Zu Aufgabe 1

2. a) Kreis um $w = 0$ mit Radius $\frac{1}{4}$.

   b) Der von $z = 0$ am weitesten entfernte Punkt des Kreises ist $z = 4$. Es geht der Kreis k durch $z = 0$, also ist $\bar{k}$ eine Gerade und zwar durch $w = \frac{1}{4}$ parallel zur imaginären Achse.

   c) Der von $z = 0$ am weitesten entfernte Punkt des Kreises ist $z = 6j$. Es geht der Kreis k durch $z = 0$, also ist $\bar{k}$ eine Gerade und zwar durch $w = -\frac{1}{6}j$ parallel zur reellen Achse.

   d) Der von $z = 0$ am weitesten entfernte Punkt des Kreises ist $z = 2 + 2j$. Es geht der Kreis k durch $z = 0$, also ist $\bar{k}$ eine Gerade und zwar durch $w = \frac{1}{4} - j\frac{1}{4}$ mit dem Anstieg $+1$.

   e) Der von $z = 0$ am weitesten entfernte Punkt des Kreises k ist $z = 3$, dem Nullpunkt am nächsten liegt $z = -1$. Ein Durchmesser des Kreises $\bar{k}$ geht also von $w = \frac{1}{3}$ nach $w = -1$. $\bar{k}$ ist ein Kreis um $w = -\frac{1}{3}$ mit dem Radius $\frac{2}{3}$.

3. Vgl. Bild L4.2

   Der erste Rand ist ein Kreis k_1 um $z = 0$ mit dem Radius 6, weshalb $\bar{k}_1$ ein Kreis um $w = 0$ mit dem Radius $\frac{1}{6}$ ist.

   Der zweite Rand ist ein Kreis k_2 um $z = 6$ mit dem Radius 6, der durch $z = 0$ geht. $\bar{k}_2$ ist also eine Gerade. Von $z = 0$ am weitesten entfernt auf k_2 ist $z = 12$. Die Gerade $\bar{k}_2$ geht durch $w = \frac{1}{12}$ und ist parallel zur imaginären Achse.

   Der dritte Rand ist ein Kreis k_3 um $z = 3 + 3\sqrt{3}j$ mit dem Radius 6. der durch $z = 0$ geht. $\bar{k}_3$ ist also eine Gerade. Von $z = 0$ am weitesten entfernt auf k_3 ist $z = 6 + 6\sqrt{3}j$, auf der Geraden $\bar{k}_3$ liegt deshalb

   $$w = \frac{1}{6 + 6\sqrt{3}j} = \frac{1 - \sqrt{3}j}{24}$$ dem Punkt $w = 0$ am nächsten. $\bar{k}_3$ hat den Anstieg $\dfrac{1}{\sqrt{3}}$.

4. Vgl. Bild L4.3

   1. Geradenschar: g ist jeweils eine Parallele zur imaginären Achse im Abstand $a (a = 1, 2, 3, 4, 5)$. $\bar{g}$ ist jeweils ein Kreis mit einem Durchmesser von $w = 0$ nach $w = \dfrac{1}{a}$.

   2. Geradenschar: g ist jeweils eine Parallele zur reellen Achse im Abstand b ($b = 1, 2, 3, 4, 5$). $\bar{g}$ ist jeweils ein Kreis mit einem Durchmesser von $w = 0$ nach $w = -\dfrac{1}{b}j$.

5. a) Aus $z = a \cdot z + b$ folgt für $a \neq 1$: $z = \dfrac{b}{1 - a}$ ist Fixpunkt. Für $a = 1$ besitzt f keinen Fixpunkt.

   b) Aus $z = \dfrac{1}{z}$ folgt: $z_1 = +1$ und $z_2 = -1$ sind Fixpunkte von f.

   c) Aus $1 = a + b$ und $-2 = a(1 + j) + b$ folgt $a = 3j$, $b = 1 - 3j$. Die lineare Funktion $w = 3jz + (1 - 3j)$ besitzt die gwünschten Eigenschaften.

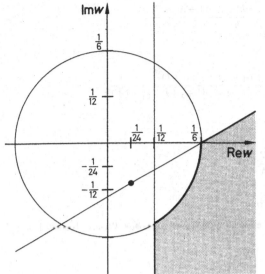

Bild L4.2: Zu Aufgabe 3

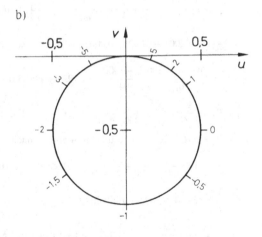

Bild L4.3: Zu Aufgabe 4

4.2

a)

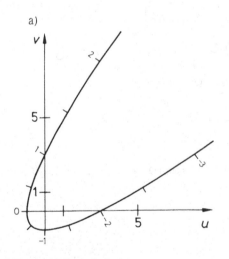

b)

Bild L4.4 a, b: Zu Aufgabe 1

1. Vgl. Bild L4.4

   a) $u = t^2 - 1$, $v = t(t + 2)$ für $w = u + jv$.

   b) $u = \dfrac{(1 + t)}{1 + (1 + t)^2}$, $v = \dfrac{-1}{1 + (1 + t)^2}$ für $w = u + jv$,

2. a) $f'(t) = \lim\limits_{h \to 0} \dfrac{f(t+h) - f(t)}{h} = \lim\limits_{h \to 0} \dfrac{(1+j)(t+h)^2 + 2j(t+h) - 1 - (1+j)t^2 - 2jt + 1}{h}$

$= \lim\limits_{h \to 0} \dfrac{1}{h}((1+j)(2th + h^2) + 2jh) = (1+j)2t + 2j$

b) $f'(t) = \lim\limits_{h \to 0} \dfrac{1}{h}\left(\dfrac{1}{1+j+(t+h)} - \dfrac{1}{1+j+t}\right) = \lim\limits_{h \to 0} \dfrac{1+j+t-1-j-(t+h)}{h(1+j+t+h)(1+j+t)} = \dfrac{-1}{(1+j+t)^2}.$

4.3

Für die Einheiten gilt: $1\,\mathrm{H} = 1\dfrac{\mathrm{Vs}}{\mathrm{A}}$, $1\mathrm{F} = 1\dfrac{\mathrm{As}}{\mathrm{V}}$, $1\,\Omega = 1\dfrac{\mathrm{V}}{\mathrm{A}}$.

1. $\underline{Z} = R + j\omega L + \dfrac{1}{j\omega C} = 5000 + j\left(1000 \cdot 0{,}4 - \dfrac{1}{1000 \cdot 2 \cdot 10^{-6}}\right) = 5000 - 100j$

$\underline{Z} = 5001 \cdot \mathrm{e}^{j(-1{,}14576^\circ)}$ (Einheit: $1\,\Omega$). Wegen $\underline{U} = \underline{Z} \cdot \underline{I}$ eilt $\underline{I}$ um $1{,}14576^\circ$ voraus ($\varphi_U = 0^\circ$, $\varphi_I = 1{,}14576^\circ$).

$\underline{I} = \dfrac{10}{5001} \cdot \mathrm{e}^{j \cdot 1{,}14576^\circ} = 0{,}001999 + j0{,}000040$ (Einheit: $1\,\mathrm{A}$)

$\underline{U}_R = R \cdot \underline{I} = 5000(0{,}001999 + j\,0{,}000040) = 9{,}996 + j\,0{,}2$ (Einheit $1\,\mathrm{V}$)

$\underline{U}_L = j\omega L \cdot \underline{I} = j \cdot 1000 \cdot 0{,}4(0{,}001999 + j\,0{,}000040) = -0{,}016 + j0{,}8$ (Einheit $1\,\mathrm{V}$)

$\underline{U}_C = \dfrac{\underline{I}}{j\omega C} = \dfrac{0{,}001999 + j0{,}000040}{j \cdot 1000 \cdot 2 \cdot 10^{-6}} = -500j(0{,}001999 + j0{,}000040) = 0{,}020 - j$ (Einheit $1\,\mathrm{V}$)

2. $\underline{Y} = \dfrac{1}{R} + \dfrac{1}{j\omega L} + j\omega C = \dfrac{1}{R} + j\left(\omega C - \dfrac{1}{\omega L}\right) = \dfrac{1}{5000} + j\left(1000 \cdot 10^{-6} - \dfrac{1}{1000 \cdot 0{,}5}\right)$

$= \dfrac{1}{5000} + j(0{,}001 - 0{,}002) = 0{,}0002 - j0{,}001$ (Einheit: $1\,\Omega^{-1}$)

$\underline{Z} = \dfrac{1}{\underline{Y}} = \dfrac{10000}{2 - 10j} = \dfrac{20000 + 100000j}{104} = 192{,}3 + j961{,}5$ (Einheit: $1\,\Omega$)

3. $\underline{Z}_1 = R_1 + \dfrac{1}{j\omega C} = 50 - \dfrac{j}{1000 \cdot 10 \cdot 10^{-6}} = 50 - 100j$ (Einheit: $1\,\Omega$)

$\underline{Z}_2 = R_2 + j\omega L = 20 + j \cdot 1000 \cdot 0{,}1 = 20 + 100j$ (Einheit: $1\,\Omega$)

$\underline{Y} = \underline{Y}_1 + \underline{Y}_2 = \dfrac{1}{50 - 100j} + \dfrac{1}{20 + 100j} = 0{,}005923 - j \cdot 0{,}001615$ (Einheit: $1\,\Omega^{-1}$)

$\underline{Z} = \dfrac{1}{\underline{Y}} = 157{,}14 + j \cdot 42{,}85$ (Einheit: $1\,\Omega$)

$\underline{I}_{\mathrm{ges}} = \dfrac{\underline{U}}{\underline{Z}} = \dfrac{220}{157{,}15 + j42{,}85} = 1{,}303 - j \cdot 0{,}355$ (Einheit: $1\,\mathrm{A}$)

$\underline{I}_1 = \dfrac{\underline{U}}{\underline{Z}_1} = \dfrac{220}{50 - 100j} = 0{,}88 + j \cdot 1{,}76$ (Einheit: $1\,\mathrm{A}$)

$\underline{I}_2 = \dfrac{\underline{U}}{\underline{Z}_2} = \dfrac{220}{20 + 100j} = 0{,}423 - j \cdot 2{,}115$ (Einheit: $1\,\mathrm{A}$)

4. Vgl. Bild L4.5

a) $\underline{Z} = R + j\omega L$, $\underline{U} = \underline{Z} \cdot \underline{I} = (R + j\omega L)I_0$

b) $Y_1 = \dfrac{1}{R_1} + \dfrac{1}{j\omega L_1} = \dfrac{R_1 + j\omega L_1}{j\omega L_1 R_1}$, $\underline{Z} = R + \dfrac{(\omega L_1)^2 R_1}{R_1^2 + (\omega L_1)^2} + j\left(\omega L + \dfrac{\omega L_1 R_1^2}{R_1^2 + (\omega L_1)^2}\right)$

c) $\underline{Z} = R + \dfrac{1}{j\omega C} = R - \dfrac{j}{\omega C}$, $\underline{U} = \underline{Z} \cdot \underline{I} = R \cdot I_0 - j\dfrac{I_0}{\omega C}$

d) $\underline{Z} = R + j\left(\omega L - \dfrac{1}{\omega C}\right)$

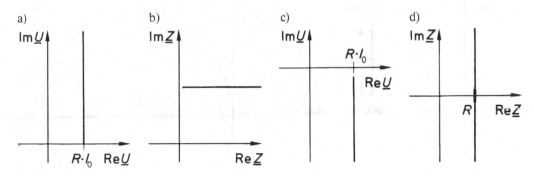

Bild L4.5 a-d: Zu Aufgabe 4

5. Sonderfall von 4b): Vgl. Bild L4.6a)

$\omega = 2\pi f = 100\,\pi$ (Einheit: $1\,\text{s}^{-1}$)

$\underline{Z} = R + j \cdot 100 \cdot \pi \cdot 0{,}05 + j\dfrac{100 \cdot \pi \cdot 0{,}1 \cdot 200}{200 + j \cdot 100 \cdot \pi \cdot 0{,}1} = R + 4{,}816 + 46{,}37j$ (Einheit: $1\,\Omega$)

$\underline{Y} = \dfrac{R + 4{,}816 - 46{,}37j}{(R + 4{,}816)^2 + 46{,}37^2}$, Kreis durch $\underline{Y} = 0$ mit dem Radius $\dfrac{1}{92{,}7}$ und dem Mittelpunkt in $\underline{Y} = -\dfrac{1}{92{,}7}j$.

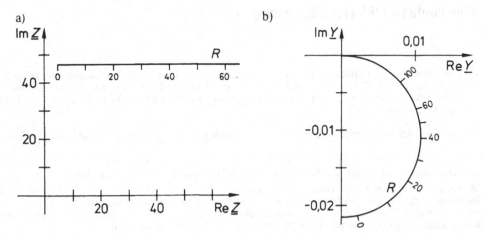

Bild L4.6 a, b: Zu Aufgabe 5

6. $\underline{Y}_1 = \dfrac{1}{j\omega L} + j\omega C = j\left(\omega C - \dfrac{1}{\omega L}\right)$

$\underline{Z} = R + \dfrac{1}{\underline{Y}_1} = R - \dfrac{j\omega L}{(\omega C)(\omega L) - 1} = 500 - j\dfrac{1500\,L}{2{,}25L - 1}$ (Einheit: 1 Ω)

$\underline{Y} = \dfrac{1}{\underline{Z}} = \dfrac{2{,}25L - 1}{500(2{,}25L - 1 - 3jL)}$, (Einheit: 1 Ω^{-1}), Kreis um $\underline{Y} = 0{,}001$ mit Radius 0.001 (vgl. Bild L4.7b))

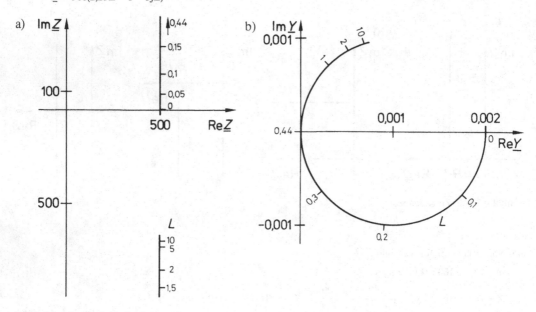

Bild L4.7 a, b: Zu Aufgabe 6

5 Gewöhnliche Differentialgleichungen

5.1

1. Man zeigt zunächst durch Differenzieren und Einsetzen, daß y Lösung ist. Die Differentialgleichung erfüllt in $\mathbb{R}^2$ die Voraussetzungen des Existenz- und Eindeutigkeitssatzes. Der Beweis ist erbracht, wenn man zeigen kann, daß man jede Anfangsbedingung $y(x_0) = y_0$ mit $x_0, y_0 \in \mathbb{R}$ mit einer Lösung y erfüllen kann. Wegen $e^{-4x_0} \neq 0$ ist das der Fall. Man erhält $c = y_0 e^{4x_0}$.

2. Die gegebene Differentialgleichung $y' = f(x, y)$ erfüllt wegen $f_y(x, y) = -\dfrac{1}{2\sqrt{y + \dfrac{x^2}{4}}}$ an der Stelle $x_0 = 0$, $y_0 = 1$

   die Bedingungen des Existenz- und Eindeutigkeitssatzes. Das Anfangswertproblem hat genau eine Lösung.

3. Man zeigt zunächst durch Differenzieren und Einsetzen, daß die angegebenen Funktionen Lösungen sind. Die Differentialgleichung erfüllt in $\mathbb{R}^3$ die Voraussetzungen des Existenz- und Eindeutigkeitssatzes. Man hat daher noch zu beweisen, daß das zu den Anfangsbedingungen $y(x_0) = y_0$, $y'(x_0) = y_1$ gehörige Anfangswertproblem mit den angegebenen Funktionen gelöst werden kann. Man erhält beispielsweise bei a):

   $a \cdot e^{x_0} + b \cdot e^{-x_0} = y_0, \quad a \cdot e^{x_0} - b \cdot e^{-x_0} = y_1.$

also

$a = \frac{1}{2}e^{-x_0}(y_0 + y_1), \quad b = \frac{1}{2}e^{x_0}(y_0 - y_1).$

4. Unter Zuhilfenahme von 3a folgt $a + b = 0, a - b = 1$, also $a = \frac{1}{2}, b = -\frac{1}{2}$.

5. Unter Zuhilfenahme von 3a folgt $a + b = 0, ae + be^{-1} = 1$, also $a = \dfrac{-e}{1 - e^2}, b = \dfrac{e}{1 - e^2}.$

6. Man zeigt durch Differenzieren und Einsetzen, daß y Lösung ist. Es folgt $y(0) = y''(0) = a + b + d$, $y'(0) = y'''(0) = a - b + c$. Die Anfangsbedingungen $y(0) = 0, y'(0) = 0, y''(0) = 1, y'''(0) = 1$ sind mit der Lösung nicht erfüllbar. Da die Differentialgleichung in $\mathbb{R}^5$ die Voraussetzungen des Existenz- und Eindeutigkeitssatzes erfüllt, gibt es auch zu diesen Anfangsbedingungen eine Lösung. Diese Lösung ist in der gegebenen Schar nicht enthalten. Die angegebene Lösung ist nicht die allgemeine.

7. a) Keine Lösung, b) allgemeine Lösung (Beweis analog wie bei Aufgabe 3), $y = e^{-x}(x + 1)$ erfüllt die Anfangsbedingungen, c) keine Lösung, d) Lösung, aber nicht allgemeine Lösung. Die Anfangsbedingungen $y(0) = 1, y'(0) = 0$ sind nicht erfüllbar.

8. Man zeigt durch Differenzieren und Einsetzen, daß $v(t)$ Lösung der Differentialgleichung ist. Setzt man $t = 0$, so folgt $v(0) = 0$. Es ist $v(1) = 2g(1 - e^{-0.5}) = 7,7\ldots$ und $\lim_{t \to \infty} v(t) = 2g = 19,62\ldots$.

5.2

1. a) Separable Differentialgleichung: $\ln|1 + y^2| = 2\ln|x| - \ln|1 + x^2| + c$ mit $c \in \mathbb{R}$;

   b) Substitution: $z = x - y$: $\dfrac{-2}{\tan\dfrac{x - y}{2} - 1} = x + c$ und $y = x - \dfrac{\pi}{2} + 2k\pi$ mit $c \in \mathbb{R}$ und $k \in \mathbb{Z}$;

   c) Substitution: $z = \dfrac{y}{x}$: $\arctan\dfrac{y}{x} = \ln|x| + c$ mit $c \in \mathbb{R}$;

   d) Substitution: $z = \dfrac{y}{x}$: $\left(\dfrac{y}{x}\right)^2 = 2\ln|x| + c$ mit $c \in \mathbb{R}$;

   e) lineare Differentialgleichung erster Ordnung: $y = k \cdot e^{-2x} + \frac{1}{5}(2 \cdot \cos x + \sin x)$ mit $k \in \mathbb{R}$;

   f) lineare Differentialgleichung erster Ordnung: $y = \dfrac{k}{x} + \frac{1}{3}x^2$ mit $k \in \mathbb{R}$;

   g) Substitution: $z = \dfrac{y}{x}$: $-\ln\left|1 - 2\dfrac{y^2}{x^2}\right| = 4 \cdot (c + \ln x)$ mit $c \in \mathbb{R}$ und $y = \pm\dfrac{1}{\sqrt{2}}x$;

   h) Substitution: $z = \dfrac{y}{x}$: $\dfrac{x^2}{2y^2} + \dfrac{x}{y} - 2\ln\left|\dfrac{y}{x}\right| = 2\ln|x| + c$ mit $c \in \mathbb{R}$ und $y = 0$;

   i) Substitution: $z = \dfrac{y}{x}$: $-\dfrac{y}{x} - 2\ln\left|1 - \dfrac{y}{x}\right| = \ln|x| + c$ mit $c \in \mathbb{R}$ und $y = x$;

   j) Substitution: $z = 3x - 2y$: $3x - 2y - 2\ln|3x - 2y + 2| = -x + c$ mit $c \in \mathbb{R}$;

   k) lineare Differentialgleichung erster Ordnung: $y = (k + x) \cdot \cos x$ mit $k \in \mathbb{R}$;

   l) lineare Differentialgleichung erster Ordnung: $y = k \cdot \cos x - 2\cos^2 x$ mit $k \in \mathbb{R}$.

2. a) Die Substitution führt auf die lineare Differentialgleichung erster Ordnung $z' - \dfrac{2}{x}z = -2$.

      Lösung: $z = k \cdot x^2 + 2x$ mit $k \in \mathbb{R}$, also $y = \pm\dfrac{1}{\sqrt{k \cdot x^2 + 2x}}$ und $y = 0$.

   b) Die Substitution liefert die lineare Differentialgleichung erster Ordnung $z' - 3z = x$.

      Lösung: $z = k \cdot e^{3x} - \frac{1}{9}(3x + 1)$ mit $k \in \mathbb{R}$, also $y = \sqrt[3]{k \cdot e^{3x} - \frac{1}{9}(3x + 1)}$.

3. a) Allgemeine Lösung: $y = k \cdot e^{-2x} + \frac{1}{4}(2x - 1)$; $y(0) = 1$, also $k = \frac{5}{4}$, d.h. $y = \frac{5}{4}e^{-2x} + \frac{1}{4}(2x - 1)$.

   b) Allgemeine Lösung: $y = \dfrac{k}{x^2} + e^x\left(1 - \dfrac{2}{x} + \dfrac{2}{x^2}\right)$; $y(1) = e$, also $k = 0$, d.h. $y = e^x\left(1 - \dfrac{2}{x} + \dfrac{2}{x^2}\right)$.

c) Allgemeine Lösung: $\frac{1}{2}(x+y+1) - \frac{1}{4}\ln|2x+2y+3| = x+c$ und $y = -x - \frac{3}{2}$. Wegen $y(0) = 0$ ergibt sich: $\frac{1}{2}(y-x) - \frac{1}{4}\ln|\frac{2}{3}x + \frac{2}{3}y + 1| = 0$.

4. a) $x + yy' = 0$; b) $y' = -y\tan x$; c) $1 - y^2 + xyy' = 0$; d) $y = xy' + (y')^3$:

   e) Die Gleichung der Kreisschar lautet $(x-c)^2 + y^2 = 1$, die Differentialgleichung dieser Kurvenschar ist $y^2(1 + (y')^2) = 1$;

   f) Die Gleichung der Parabelschar ist $y = cx^2$ mit $c \in \mathbb{R}$, die zugehörige Differentialgleichung lautet $x \cdot y' = 2y$.

5. a) Differentialgleichung der orthogonalen Trajektorien: $x \cdot y' = y$, Lösung: $y = k \cdot x$ mit $k \in \mathbb{R}$:
   b) $x^2 + 2y^2 = k$ mit $k \in \mathbb{R}^+$;
   c) $y^2 = -x^2 \ln x + \frac{1}{2}x^2 + k$ mit $k \in \mathbb{R}$;
   d) $y^2 = -x^2 + 4x - 4\ln|x+1| + k$ mit $k \in \mathbb{R}$.

Für die Lösung der Aufgaben 6–11 gilt folgendes Bild:

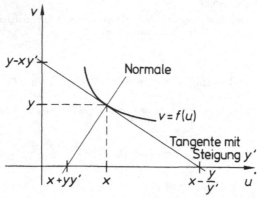

Bild L5.1: Zu den Aufgaben 6–11

6. Da der Fußpunkt des Lotes vom Berührungspunkt der Tangente auf die x-Achse die Strecke zwischen dem Ursprung des Koordinatensystems und dem Schnittpunkt der Tangente mit der x-Achse halbiert, folgt die Differentialgleichung $\left(x - \frac{y}{y'}\right) - x = x$, d.h. $y' = -\frac{y}{x}$. Die allgemeine Lösung ist $y = \frac{c}{x}$ mit $c \in \mathbb{R}$. Das sind Hyperbeln.

7. Aus Bild L5.1 folgt $y - xy' = \sqrt{x^2 + y^2}$. Diese Differentialgleichung hat die allgemeine Lösung $y = \frac{1 - k^2 x^2}{2k}$ mit $k \neq 0$.

8. Aus Bild L5.1 ergibt sich $\frac{y}{y'} = c$. Die allgemeine Lösung ist $y = K \cdot e^{\frac{x}{c}}$.

9. Es folgt $\frac{y}{y'} = yy'$, d.h. $y = \pm x + c$ mit $c \in \mathbb{R}$.

10. Das geometrische Mittel $\sqrt{x \cdot y}$ aus den Koordinaten x, y eines Punktes ist nur für $x, y \geq 0$ oder $x, y < 0$ definiert.

    Ist $x, y \geq 0$, so ergibt sich

    a) für $y' \geq 0$ die Differentialgleichung $yy' = \sqrt{xy}$. Die allgemeine Lösung ist $\sqrt{y^3} = \sqrt{x^3} + c$ mit $c \in \mathbb{R}$. Aus $y(0) = 0$ folgt $c = 0$ und wir erhalten $y = x$ für $x \geq 0$.
    b) für $y' < 0$ die Differentialgleichung $-yy' = \sqrt{xy}$. Die allgemeine Lösung ist $-\sqrt{y^3} = \sqrt{x^3} + c$ mit $c \in \mathbb{R}$. Aus $y(0) = 0$ folgt wieder $c = 0$. Die Gleichung $-\sqrt{y^3} = \sqrt{x^3}$ ist nur für $x = y = 0$ erfüllt.

    Ist $x, y < 0$, so ergibt sich

    a) für $y' \geq 0$ die Differentialgleichung $-yy' = \sqrt{xy}$. Wir erhalten als Lösung $y = x$ für $x < 0$.
    b) für $y' < 0$ die Differentialgleichung $yy' = \sqrt{xy}$. Wir erhalten $x = y = 0$.

11. Wir erhalten die Differentialgleichung $\frac{1}{2}x(y + y - xy') = \pm 1$. Die allgemeine Lösung ist $y = c \cdot x^2 \pm \dfrac{2}{3x}$ mit $c \in \mathbb{R}$.

12. Bezeichnen wir die Öffnungsfläche mit A und die Höhe des Wassers in der Halbkugel zur Zeit t mit $h(t)$, so hat das bis zur Zeit t durch das Loch geflossene Wasser das Volumen

$$V_1 = A \cdot \int_0^t 0{,}6 \sqrt{2g} \sqrt{h(\tau)}\, d\tau.$$

Durch diesen Ausfluß sinkt der Wasserspiegel in der Halbkugel von der Höhe $h(0) = R$ (Radius der Halbkugel) auf die Höhe $h(t)$. Das Volumen des Wassers in der Halbkugel nimmt nach Definition 1.8 ab um

$$V_2 = \pi \cdot \int_0^{R-h(t)} (R^2 - x^2)\, dx$$

$$= \pi \cdot (R^2(R - h(t)) - \tfrac{1}{3}(R - h(t))^3).$$

Aus $V_1 = V_2$ ergibt sich durch Differentiation die Differentialgleichung

$$\pi \cdot (h^2 - 2 \cdot R \cdot h)h' = A \cdot 0{,}6 \cdot \sqrt{2g} \sqrt{h}.$$

Die allgemeine Lösung ist

$$\pi \cdot (\tfrac{2}{5}\sqrt{h^5} - \tfrac{4}{3}R\sqrt{h^3}) = A \cdot 0{,}6 \sqrt{2g} \cdot t + c \text{ mit } c \in \mathbb{R}.$$

Aus $h(0) = R$ folgt $c = -\dfrac{14\pi}{15}\sqrt{R^5}$. Setzen wir $h = 0$, so ergibt sich $t = 2206{,}56 \ldots$. Der Behälter ist also nach etwa 36,8 Minuten leer.

13. Wir wählen die x-Achse so, daß sie zu den einfallenden Strahlen parallel ist und legen den Sammelpunkt der reflektierten Strahlen in den Nullpunkt (vgl. Bild L5.2).

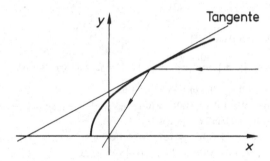

Bild L5.2: Zu Aufgabe 13

Aus Bild L5.2 folgt, da die Tangente die Steigung y' und der Strahl durch den Nullpunkt die Steigung $\dfrac{y}{x}$ haben, nach Band 1, (2.17)

$$y' = \frac{\dfrac{y}{x} - y'}{1 + \dfrac{y}{x} \cdot y'}, \text{ also } y' = \frac{x}{y}\left(-1 + \sqrt{1 + \left(\frac{y}{x}\right)^2}\right).$$

Die allgemeine Lösung ist $y^2 = k^2 + 2kx$ mit $k \in \mathbb{R}$. Das sind Parabeln mit dem Brennpunkt im Nullpunkt.

14. $\lim\limits_{t \to \infty} i(t) = \dfrac{U_0}{R}$.

15. $\lim\limits_{t \to \infty} i(t) = 0$.

5.3

1. a) $y = A e^x + B e^{-8x}$ mit $A, B \in R$: b) $y = e^{-4x}(A + B \cdot x)$;
   c) $y = e^{-4x}(A \cos 3x + B \sin 3x)$; d) $y = A + B e^{-8x}$;
   e) $y = A \cos \sqrt{8} x + B \sin \sqrt{8} x$; f) $y = e^{2x}(A + Bx)$.

2. a) $y = A \cos x + B \sin x - \cos x \ln \left| \dfrac{\tan \dfrac{x}{2} + 1}{\tan \dfrac{x}{2} - 1} \right|$;

   b) $y = A \cos x + B \sin x + \sin x \cdot \ln \left| \tan \dfrac{x}{2} \right|$;

   c) $y = e^{-x}(A + Bx + \frac{1}{6}x^3)$;

   d) $y = A e^x + B e^{-4x} - \frac{1}{34}(5 \sin x + 3 \cos x)$;

   e) $y = A + B e^{-x} + \frac{1}{3}x^3 - x^2 + 6x$;

   f) $y = A \cos x + B \sin x + \frac{1}{2}x \cdot \sin x$.

3. a) $y = e^{-x}(A + Bx + \frac{1}{6}x^3)$;

   b) $y = A e^x + B e^{-4x} - \frac{1}{34}(5 \sin x + 3 \cos x)$;

   c) $y = A + B e^{-x} + \frac{1}{3}x^3 - x^2 + 6x$;

   d) $y = A e^x + B e^{-5x} + \frac{1}{108}e^x(6x^3 - 3x^2 + x) - \frac{1}{25}(5x + 4)$;

   e) $y = A \cos 2x + B \sin 2x - \frac{1}{4} \cdot x \cdot \cos 2x$;

   f) $y = A + B e^{-4x} + \frac{1}{128}(8x^4 - 8x^3 + 6x^2 - 3x)$;

   g) $y = e^x(A \cos 2x + B \sin 2x) - \frac{1}{4}x \cdot e^x \cdot \cos 2x$.

4. Vgl. Aufgabe 3.

5. a) $y = e^{-x}[y(0) + (y(0) + y'(0))x + \frac{1}{6}x^3]$;

   b) $y = \left(\dfrac{4y(0) + y'(0)}{5} + \frac{1}{10} \right) e^x + \left(\dfrac{y(0) - y'(0)}{5} - \frac{1}{85} \right) e^{-4x} - \frac{1}{34}(5 \sin x + 3 \cos x)$;

   c) $y = (6 - y'(0))e^{-x} + (y'(0) + y(0) - 6) + \frac{1}{3}x^3 - x^2 + 6x$;

   d) $y = (\frac{1}{6}(5y(0) + y'(0)) + \frac{2675}{16200}) e^x + (\frac{1}{6}(y(0) - y'(0)) - \frac{83}{16200}) e^{-5x} + \frac{1}{108}e^x(6x^3 - 3x^2 + x) - \frac{1}{25}(5x + 4)$;

   e) $y = y(0) \cos 2x + (\frac{1}{2}y'(0) + \frac{1}{8}) \sin 2x - \frac{1}{4}x \cos 2x$;

   f) $y = y(0) + \frac{1}{4}y'(0) + \frac{3}{512} + (-\frac{1}{4}y'(0) - \frac{3}{512}) e^{-4x} + \frac{1}{128}(8x^4 - 8x^3 + 6x^2 - 3x)$;

   g) $y = e^x \cdot (y(0) \cos 2x + [\frac{1}{2}(y'(0) - y(0)) + \frac{1}{8}] \sin 2x) - \frac{1}{4}x e^x \cos 2x$.

6. a) $y = A \cos x + B \sin x + x \cdot \sin x + \cos x \cdot \ln |\cos x|$;

   b) $y = A e^x + B e^{2x} - e^x(\frac{1}{2}x^2 + x)$;

   c) $y = e^{3x}(A + Bx) + \frac{1}{27}(3x^2 + 4x + 2) + \frac{1}{4}e^x$;

   d) $y = e^{-2x}(A \cos 3x + B \sin 3x) + \frac{1}{325}e^x(17 \sin x - 6 \cos x)$.

7. a) $y = \frac{1}{2}(5 \sin x - x \cdot \cos x)$;

   b) $y = \frac{7}{2}e^{-x}(1 + x) + x - 2 - \frac{1}{2}\cos x$;

   c) $y = A \cos 3x + B \sin 3x + \frac{1}{9}x^2 - \frac{2}{81} + \frac{1}{13}e^{2x}$ mit $A = 30,57\ldots B = 6,92\ldots$.

8. Man differenziert zweimal und eliminiert die Parameter.
   a) $y'' - 4y' + 3y = 0$;
   b) $y'' - 9y = 0$;
   c) $y'' - 4y' + 20y = 0$.

9. Man erhält die Differentialgleichung $20\ddot{x}(t) + 20x(t) = 0$. Die allgemeine Lösung ist $x(t) = A \cos t + B \sin t$ mit $A, B \in \mathbb{R}$. Aus den Anfangsbedingungen $x(0) = 0,05$, $\dot{x}(0) = 0$ folgt $x(t) = 0,05 \cdot \cos t$. Man erhält eine ungedämpfte Schwingung mit der Amplitude $0,05$.

10. Es ergibt sich die Differentialgleichung $20\ddot{x}(t) + 20x(t) = 3\sin 4t$. Die allgemeine Lösung ist $x(t) = A\cos t + B\sin t - 0{,}01\sin 4t$. Aus den Anfangsbedingungen $x(0) = 0{,}05$, $\dot{x}(0) = 0$ folgt $A = 0{,}05$, $B = 16$. Die Lösung ist also $x(t) = 0{,}05\cos t + 0{,}04\sin t - 0{,}01\sin 4t$.

11. Man erhält die Differentialgleichung $20\ddot{x}(t) + 120\dot{x}(t) + 20x(t) = 3\sin 4t$. Die allgemeine Lösung ist
$x(t) = A\,e^{(-3+\sqrt{8})t} + B\,e^{(-3-\sqrt{8})t} - \frac{1}{1780}(5\sin 4t + 8\cos 4t)$.

Aus den Anfangsbedingungen $x(0) = 0{,}05$, $\dot{x}(0) = 0$ folgt $A = 0{,}058\ldots$, $B = -0{,}0036\ldots$.

12. Das Problem wird beschrieben durch die Differentialgleichung $\ddot{i}(t) + \dfrac{R}{L}\dot{i}(t) + \dfrac{1}{L\cdot C}i(t) = 0$. Setzt man die Zahlenwerte ein, so folgt $\ddot{i}(t) + 10^4\cdot\dot{i}(t) + 4\cdot 10^5\cdot i(t) = 0$. Die Lösungen der zugehörigen charakteristischen Gleichung sind $\lambda_1 \approx -10^4$, $\lambda_2 \approx -40$. Die allgemeine Lösung der Differentialgleichung ist daher

$i(t) = A\cdot e^{-10^4 t} + B\cdot e^{-40t}$ mit $A, B \in \mathbb{R}$.

Aus $i(0) = 0$ folgt $B = -A$ und

$i(t) = A(e^{-10^4 t} - e^{-40t}) \approx -A\,e^{-40t}$.

Wir setzen $i(t) = -A\,e^{-40t}$. Für die Ladung $q(t)$ des Kondensators gilt $\dot{q}(t) = i(t)$ und $q(t) = C\cdot u_c(t)$. Wir erhalten wegen $\lim\limits_{t\to\infty} q(t) = 0$

$$q(t) = \frac{A}{40}e^{-40t}, \text{ also } q(0) = \frac{A}{40} = 50\cdot 10^6\cdot 10, \text{ d.h. } A = 0{,}02.$$

Daraus folgt $i(t) = -0{,}02\,e^{-40t}$. Wegen $u_c(t) = 10 + \dfrac{1}{C}\int\limits_0^t i(\tau)\,d\tau$ ist $u_c(t) = 10\,e^{-40t}$.

13. Aus Gleichung (5.87) folgt mit (5.89) und $u_c(t) = \dfrac{1}{C}q(t)$ die gegebene Differentialgleichung.

5.4

1. a) $y = A\,e^{2x} + B\,e^{3x} + C\,e^{-x}$

   b) $y = e^{3x}(A + Bx) + C\,e^{-2x}$

   c) $y = A\,e^{2x} + B\cos 2x + C\sin 2x$

   d) $y = e^x(A + Bx + Cx^2 + Dx^3)$

   e) $y = e^{-x}(A + Bx + Cx^2) + e^x(D + Ex)$

   f) $y = A\cos x + B\sin x + e^{2x}(C\cos x + D\sin x + Ex\cos x + Fx\sin x)$

2. a) Mit $x_0 = 0$ ist $g(x) = \frac{1}{8}e^{2x} - \frac{1}{8}\sin 2x - \frac{1}{8}\cos 2x$

   und $y = A\,e^{2x} + B\sin 2x + C\cos 2x - \frac{1}{5}x\,e^x - \frac{3}{25}e^x$

   b) $g(x)$ vgl. a), $y = A\,e^{2x} + B\sin 2x + C\cos 2x - \frac{1}{16}x\sin 2x + \frac{1}{16}x\cos 2x$

   c) Mit $x_0 = 0$ ist $g(x) = \frac{1}{2}x^2\,e^x$ und $y = e^x(A + Bx + Cx^2) + e^{2x}(x^2 - 6x + 12)$

   d) $g(x)$ vgl. c), $y = e^x(A + Bx + Cx^2) + \frac{1}{24}x^4\,e^x$

   e) Mit $x_0 = 0$ ist $g(x) = \frac{1}{16}\sin 2x - \frac{1}{8}x\cos 2x$ und $y = (A + Bx)\sin 2x + (C + Dx)\cos 2x + \frac{1}{9}\sin x$

   f) $g(x)$ vgl. e), $y = (A + Bx)\sin 2x + (C + Dx)\cos 2x - \frac{1}{32}x^2\sin 2x$

3. Die Lösungen können der Aufgabe 2 entnommen werden. Wir geben nur die Ansätze an:

   a) $y = e^x(ax + b)$ b) $y = ax\sin 2x + bx\cos 2x$

   c) $y = e^{2x}(ax^2 + bx + c)$ d) $y = e^x x^3(ax + b)$

   e) $y = a\sin x + b\cos x$ f) $y = ax^2\sin 2x + bx^2\cos 2x$

4. Vgl. 2

5.5

1. a) Man erhält für die Funktion x die Differentialgleichung $\ddot{x} - 4\dot{x} - 12x = -e^t - 4e^{-t}$. Daraus folgt
   $x(t) = A\,e^{6t} + B\,e^{-2t} + \frac{1}{15}e^t + \frac{4}{7}e^{-t}$. Aus der ersten Gleichung des Systems erhält man
   $y(t) = -A\,e^{6t} + B\,e^{-2t} + \frac{4}{15}e^t + \frac{3}{7}e^{-t}$,

b) Es ist $\ddot{x} - 2\dot{x} - 3x = \cos t - \sin t - 2t$ und

$x(t) = A\,e^{3t} + B\,e^{-t} + \frac{1}{10}(-3\cos t + \sin t) + \frac{1}{9}(6t - 4)$ und

$y(t) = -A\,e^{3t} + B\,e^{-t} + \frac{1}{10}(-2\cos t + 4\sin t) + \frac{1}{9}(3t - 5)$.

c) $\ddot{x} - 6\dot{x} - 16x = -3t^2 + 7t + 5$, also

$x(t) = A\,e^{8t} + B\,e^{-2t} + \frac{1}{512}(96t^2 - 296t - 37)$ und

$y(t) = A\,e^{8t} - B\,e^{-2t} + \frac{1}{512}(-160t^2 + 216t - 37)$.

d) $\ddot{x} - 2\dot{x} - 8x = 3\cos t$, also

$x(t) = A\,e^{4t} + B\,e^{-2t} - \frac{1}{85}(27\cos t + 6\sin t)$

$y(t) = A\,e^{4t} - B\,e^{-2t} - \frac{1}{85}(-7\cos t - 11\sin t) - \frac{1}{3}e^t$.

2. a) $x(t) = [\frac{1}{2}(x(0) - y(0)) + \frac{1}{35}]e^{6t} + [\frac{1}{2}(x(0) + y(0)) - \frac{2}{3}]e^{-2t} + \frac{1}{15}e^t + \frac{4}{7}e^{-t}$;

$y(t) = -[\frac{1}{2}(x(0) - y(0)) + \frac{1}{35}]e^{6t} + [\frac{1}{2}(x(0) + y(0)) - \frac{2}{3}]e^{-2t} + \frac{4}{15}e^t + \frac{3}{7}e^{-t}$;

b) $x(t) = [\frac{1}{2}(x(0) - y(0)) - \frac{1}{180}]e^{3t} + [\frac{1}{2}(x(0) + y(0)) + \frac{3}{4}]e^{-t} + \frac{1}{10}(-3\cos t + \sin t) + \frac{1}{9}(6t - 4)$;

$y(t) = -[\frac{1}{2}(x(0) - y(0)) - \frac{1}{180}]e^{3t} + [\frac{1}{2}(x(0) + y(0)) + \frac{3}{4}]e^{-t} + \frac{1}{10}(-2\cos t + 4\sin t) + \frac{1}{9}(3t - 5)$;

c) $x(t) = [\frac{1}{2}(x(0) + y(0)) + \frac{37}{512}]e^{8t} + \frac{1}{2}(x(0) - y(0))e^{-2t} + \frac{1}{512}(96t^2 - 296t - 37)$

$y(t) = [\frac{1}{2}(x(0) + y(0)) + \frac{37}{512}]e^{8t} - \frac{1}{2}(x(0) - y(0))e^{-2t} + \frac{1}{512}(-160t^2 + 216t - 37)$

d) $x(t) = [\frac{1}{2}(x(0) + y(0)) + \frac{145}{510}]e^{4t} + [\frac{1}{2}(x(0) - y(0)) + \frac{1}{30}]e^{-2t} - \frac{1}{85}(27\cos t + 6\sin t)$

$y(t) = [\frac{1}{2}(x(0) + y(0)) + \frac{29}{102}]e^{4t} - [\frac{1}{2}(x(0) - y(0)) + \frac{1}{30}]e^{-2t} - \frac{1}{85}(-7\cos t - 11\sin t) - \frac{1}{3}e^t$.

3. a) $x(t) = \frac{9}{16}(e^{7t} - e^{-t}) + \frac{t}{2}e^{-t}$, $y(t) = \frac{9}{16}(e^{7t} + e^{-t}) - \frac{1}{8}e^{-t}(4t + 1)$;

b) $x(t) = e^t$; $y(t) = -e^t$.

4. Es ist $i(t) = -C_1\dot{u}_1(t)$, da der Kondensator C_1 entladen wird und $i(t) = i_1(t) + i_2(t) = \frac{1}{R_2}u_1(t) + C_2\dot{u}_2(t)$. Daraus folgt

$$-C_1\dot{u}_1(t) = \frac{1}{R_2}u_1(t) + C_2\dot{u}_2(t). \tag{L5.1}$$

Weiterhin gilt

$$u_1(t) = i_2(t)R_1 + u_2(t) = R_1C_2\dot{u}_2(t) + u_2(t). \tag{L5.2}$$

Aus (L5.2) folgt

$$\dot{u}_2(t) = \frac{1}{R_1C_2}u_1(t) - \frac{1}{R_1C_2}u_2(t) \tag{L5.3}$$

eine Gleichung des Differentialgleichungssystems.
Aus (L5.1) folgt mit (L5.3)

$$\dot{u}_1(t) = -\frac{1}{C_1}\left(\frac{1}{R_1} + \frac{1}{R_2}\right)u_1(t) + \frac{1}{R_1C_1}u_2(t), \tag{L5.4}$$

die andere Gleichung des Systems.

Für $u_1(t)$ ergibt sich die Differentialgleichung

$$\ddot{u}_1(t) - \left(\frac{1}{R_1C_1} + \frac{1}{R_2C_1} + \frac{1}{R_1C_2}\right)\dot{u}_1(t) + \frac{1}{R_1R_2C_1C_2}u_1(t) = 0.$$

Die Lösungen λ_1, λ_2 der zugehörigen charakteristischen Gleichung sind negativ (vgl. 5.4.2). Die allgemeine Lösung ist $u_1(t) = A\,e^{\lambda_1 t} + B\,e^{\lambda_2 t}$ mit $A, B \in \mathbb{R}$; $\lambda_1, \lambda_2 \in \mathbb{R}^-$.

Aus Gleichung (L5.4) folgt dann $u_2(t)$. Die Konstanten A, B lassen sich aus den Anfangsbedingungen $u_1(0) = u_0$, $u_2(0) = 0$ bestimmen. Die Diskussion der Lösung erfolgt wie in Abschnitt 5.4.2.

Sachverzeichnis

Gradient 263
– von f im Punkte P 264, 269
Gravitationsfeld 316
– einer Masse 329
Grenzfall, aperiodischer 438
Grenzwert 159
– einer Reihe 105
Grundgesetz der Wärmeleitung 270
Grundlösungsverfahren 396, 461
Grundschwingung 173
Guldinsche Regel 75, 76

Halbraum 324
Hessesche Normalform 9
Heun, Verfahren von 484, 487
Höhenlinie 220
Höhenlinienskizze 219
Horner-Schema
–, modifiziertes 153
Hyperbel 15
–, Anstieg einer 15

Implizite Funktion 271
Impulsfunktion 189, 429
innerer Punkt 204, 217
Integrabilitätsbedingung 247, 327
Integral 282
–, dreifaches 289
–, zweifaches 282
Integralkriterium 118
Integrationsbereich 282
Integrationssatz 424
Integrationsweg 318
Interpolation
–, kubische 35
–, lineare 35
– mit Hilfe kubischer Splines 35, 37
–, quadratische 35
Interpolationsbedingung 35
Interpolationsknoten 35
Interpolationspolynom 35

Inversion
– an einem Kreis 352
Inversion am Einheitskreis 340
Isokline 366
Isoklinenverfahren 366

Jordankurve, glatte 13

Kardioide 11
kartesisches Blatt 11, 272
Kegel
–, Schwerpunkt eines 70
–, Volumen eines 54
Kettenlinie 150
Kettenregel 259, 262
Kirchhoffsches Gesetz 349
klassisches Runge-Kutta-Verfahren 487
komplexer Scheinleitwert 350
komplexer Wechselstrom 349
Kondensator
–, Aufladung eines 357
kontinuierliches Spektrum 188
konvergente Reihe 104
Konvergenz
–, absolute 123, 161
–, bedingte 123
– von unendlichen Reihen 109
Konvergenzkriterium 108
–, Cauchysches 109
Konvergenzradius 132
Koordinatenfläche 212
Koordinatenfunktion 4
Kosinusreihe 166
Kovarianz 254
Kraft, äußere 434
Kreisverwandtschaft 341
Kreiszylinder Z 210
Kriechfall 437
Krümmung 27
– ebener Kurven 26
Krümmungskreis 32